W0269233

S

Gerhard Grau · Wolfgang Freude

Optische Nachrichtentechnik

Eine Einführung

Dritte, völlig neubearbeitete und erweiterte Auflage

Mit 142 Abbildungen

Springer-Verlag
Berlin Heidelberg NewYork
London Paris Tokyo
Hong Kong Barcelona Budapest

Dr.-techn. GERHARD GRAU
Universitätsprofessor, Leiter des Instituts für Hochfrequenztechnik
und Quantenelektronik der Universität Karlsruhe

Dr.-Ing. habil. WOLFGANG FREUDE
Privatdozent, Wissenschaftlicher Mitarbeiter an diesem Institut

ISBN 978-3-540-53872-1   ISBN 978-3-642-87733-9 (eBook)
DOI 10.1007/978-3-642-87733-9

CIP-Titelaufnahme der Deutschen Bibliothek
Grau, Gerhard
Optische Nachrichtentechnik : eine Einführung/Gerhard Grau; Wolfgang Freude
3., völlig neubearb. u. erw. Aufl.
Berlin ; Heidelberg ; NewYork ; London ; Paris ; Tokyo ; Hong Kong ; Barcelona ;
Budapest : Springer 1991
ISBN 978-3-540-53872-1
NE: Freude, Wolfgang

Vorwort

Der Inhalt des 1981 im Springer-Verlag erschienenen Buches „Optische Nachrichtentechnik" von G. Grau (zweite Auflage 1986; eine chinesische, nicht vom Verlag autorisierte Übersetzung erschien 1987 bei Science Publishers, Beijing) ist am Institut für Hochfrequenztechnik und Quantenelektronik der Universität Karlsruhe Stoff von Vorlesungen im Umfang von 6 Semesterwochenstunden im Studienmodell „Optische Nachrichtentechnik".

Der Wunsch des Verlages, eine dritte Auflage herauszugeben, erreichte den Autor G. Grau bei vorbereitenden Arbeiten zu einem Buch über „Kohärente optische Nachrichtentechnik". Es erschien sinnvoll, diesen Plan aufzuschieben, und kurzfristig (innerhalb eines Jahres) eine völlig neue Fassung der „Optischen Nachrichtentechnik" auf dem aktuellen technischen Stand zu erarbeiten: das Konzept der ersten Auflage, nur direkte Empfangsverfahren zu behandeln, sollte dabei zwar erhalten bleiben, aber die Grundlagen der Komponenten Lichtwellenleiter, Laser, optische Verstärker und Photodioden sollten so dargestellt werden, daß ein weiterführender Text über kohärente Techniken auf diesen Grundlagen zwanglos würde aufbauen können.

Dieses Programm war vom Autor neben seinen anderen Verpflichtungen in so kurzer Zeit nicht allein zu bewältigen. Es ergab sich, daß G. Grau und W. Freude (Privatdozent am selben Institut) den Versuch unternahmen, die Aufgabe gemeinsam als Team zu lösen: Das Ergebnis ist das vorliegende Buch.

Es hat mit der ersten Auflage gemeinsam, daß es über den Rahmen eines eigentlichen Lehrbuches hinausgeht (d. h. sich auch an Ingenieure in Forschung und Entwicklung wendet) und daß es ferner die Grundlagen betont (im Vergleich dazu unterliegt die tatsächliche Implementierung der Systeme einem schnelleren Wandel).

Die wesentlichen Unterschiede zur Erstauflage haben zwei Ursachen: erstens ergab sich aus den Erfahrungen der Lehre und aus Gesprächen mit Lesern, die im Berufsleben stehen, daß eine tiefergehende Darstellung mancher mathematischer und physikalischer Grundlagen erwünscht wäre (Beispiele dafür sind die Abschnitte „Grundbegriffe der Optik" und „Elektronen im Halbleiter"). Der zweite Unterschied resultiert aus der Entwicklung der Systeme zu immer höheren Bitraten, mit der Notwendigkeit einer sorgfältigen Behandlung etwa der Einmodenfasern, der dynamischen Eigenschaften der Laser und der Photodioden sowie der Rauschspektren der Laser. Laserverstärker wurden deshalb behandelt, weil sie auch in Systemen mit Direktempfang zu einer beachtlichen Steigerung der Empfindlichkeit führen können (ungeachtet dessen, daß ihre eigentlichen Vorteile erst in kohärenten Systemen ausgenutzt werden). Es erschien den Autoren nicht nötig, ihre jeweiligen Beiträge zu kennzeichnen, sie übernehmen die gemeinsame Verantwortung für das Ganze. Benutzer des Buches werden herzlich gebeten, gefundene Fehler oder Anregungen für Verbesserungen den Autoren oder dem Verlag bekanntzugeben.

Der Text wurde mit dem System LaTeX (modifiziert durch eigene Stilelemente) gesetzt.

Wir möchten den nachstehend genannten Personen für ihre Hilfe sehr herzlich danken: Frau B. Cwienk und Frau D. Goldmann für das Schreiben von Teilen der Texte; Frau I. Kober hat (wie schon für die erste Auflage) alle Zeichnungen angefertigt; die Herren Privatdozent Dr. E. G. Sauter, Dipl.-Ing. M. Bischoff und cand. el. H. Zech haben in mühevoller Arbeit das ganze Manuskript gelesen, alle Gleichungen überprüft und viele Verbesserungsvorschläge gemacht. Schließlich danken wir dem Springer-Verlag für die gute Zusammenarbeit und unseren Familien für ihre verständnisvolle Rücksichtnahme.

Karlsruhe, im Januar 1991 G. GRAU · W. FREUDE

Inhaltsverzeichnis

Kapitel 1

Einführung in die Probleme der optischen Nachrichtentechnik

Das Prinzip eines *optischen Nachrichtensystems mit direktem Empfang* ist in Abb. 1.1 dargestellt. Ein Halbleiterbauelement (eine Laserdiode oder eine Lumineszenzdiode) wird durch einen elektrischen Strom zur Emission von Licht angeregt. Die Nachricht wird als analoge oder digitale Modulation der Licht-

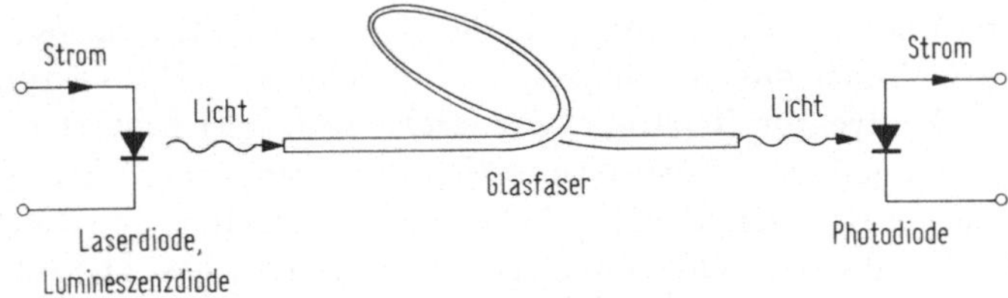

Abb. 1.1. Prinzip eines direkten optischen Nachrichtensystems

leistung $P(t)$ verschlüsselt. Dabei bezeichnet $P(t)$ die jeweils über wenige optische Perioden gemittelte Lichtleistung in klassischer Beschreibung. Das Licht wird längs eines dielektrischen Wellenleiters (einer Glasfaser) zum Empfänger übertragen und durch einen Photodetektor in einen zur Lichtleistung $P(t)$ proportionalen Photostrom $i(t)$ umgewandelt. Optische Nachrichtensysteme können konventionelle Systeme offensichtlich nur dann verdrängen, wenn die zweifache Umwandlung Strom-Licht und Licht-Strom im Vergleich zur direkten Übertragung des Signalstroms vom Sender zum Empfänger vorteilhaft ist. Tatsächlich ist der dielektrische Wellenleiter den üblichen elektrischen Leitern in mehrfacher Hinsicht überlegen: er besitzt weitaus kleinere Dämpfung und Dispersion (ist also speziell zur Übertragung von breitbandigen Digitalsignalen über große Entfernungen geeignet), er ist unempfindlich gegenüber elektromagnetischen Einstreuungen, Lichtwellenleiter-Kabel sind leichter und billiger als konventionelle Kabel.

Einige wichtige *Eigenschaften dielektrischer Wellenleiter* sollen anhand von Abb. 1.2 plausibel gemacht werden. Eine planparallele Schicht mit der Brech-

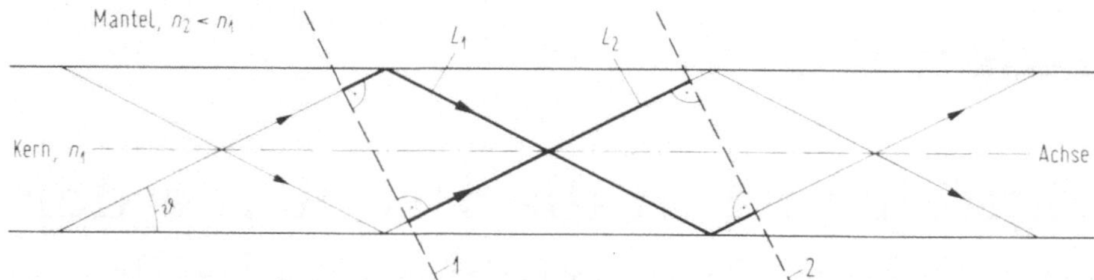

Abb. 1.2. Dielektrischer Schichtwellenleiter. n_1, n_2 Brechzahlen von Kern und Mantel; L_1, L_2 Weglängen zweier Lichtstrahlen zwischen den Phasenfronten 1, 2

zahl n_1 (der Kern) sei in einen Mantel der Brechzahl $n_2 < n_1$ eingebettet. Die Medien seien verlustlos. Eine ebene Welle, die im Kern unter dem Winkel $\vartheta < \vartheta_T$ (ϑ_T Grenzwinkel der Totalreflexion) zur Wellenleiterachse läuft, wird an den Grenzflächen jeweils totalreflektiert und transportiert somit verlustlos Leistung in Richtung der Wellenleiterachse. Zwei Lichtstrahlen, die normal auf die Phasenfront 1 stehen, müssen auch normal auf die parallele Phasenfront 2 stehen, und folglich müssen die Phasenänderungen längs der Wege L_1, L_2 entweder gleich groß sein oder sich durch ein ganzzahliges Vielfaches von 2π unterscheiden. Diese Phasenbedingung ist bei gegebener optischer Frequenz für eine endliche Anzahl von diskreten Winkeln $\vartheta_1 < \vartheta_2 < \ldots < \vartheta_T$ erfüllbar, die zugehörigen Feldformen (Moden) propagieren ohne Verluste. Diese Winkel sind auch von der Polarisation des Feldes abhängig, da die Phase des Reflexionsfaktors an der Kern-Mantel-Grenze davon abhängt, ob der elektrische Feldvektor $\vec{E}$ oder der magnetische Feldvektor $\vec{H}$ parallel zur Grenzfläche gerichtet ist.

Ganz allgemein gilt für jeden in Ausbreitungsrichtung homogenen dielektrischen Wellenleiter aus verlustlosen Medien, daß er bei jeder festen optischen Frequenz eine endliche Anzahl von Feldformen (geführte Moden) besitzt, welche Leistung ohne Verluste in Richtung der Wellenleiterachse transportieren (Vielmodenwellenleiter). Bei geeigneter Dimensionierung wird bei der Betriebsfrequenz nur ein einziger Modus geführt (Einmodenwellenleiter). Bei rotationssymmetrischen Wellenleitern (Glasfasern) existieren immer paarweise orthogonale Moden mit der azimutalen Feldabhängigkeit wie $\cos(\ell\varphi)$, $\sin(\ell\varphi)$ ($\ell = 0, 1, 2, \ldots$), aber mit sonst gleichen Eigenschaften. Eine Einmodenfaser ist somit eigentlich eine Zweimodenfaser.

Wie im folgenden erläutert wird, führen diese Eigenschaften zu einer *Dispersion* (Verbreiterung von Lichtimpulsen bei der Fortpflanzung auf der Faser).

In einer Einmodenfaser regt ein Lichtimpuls zufolge seiner endlichen spektralen Breite den Modus in einem Band benachbarter Frequenzen an. Dem entspricht in Abb. 1.2 ein kleiner Bereich benachbarter Winkel ϑ und somit ein Bereich leicht unterschiedlicher Gruppenlaufzeiten von der Eingangsebene zur Ausgangsebene der Faser. Dieser Effekt wird als *chromatische Dispersion* (genauer: chromatische Dispersion der Gruppenlaufzeit) oder als Intramodendispersion bezeichnet. Selbst bei frequenzunabhängigen Brechzahlen n_1, n_2 sind die Winkel ϑ wegen der einzuhaltenden Phasenbedingung leicht frequenzabhängig: Diese Dispersion wird als *Wellenleiterdispersion* bezeichnet. Zieht man von der gesamten chromatischen Dispersion die Wellenleiterdispersion ab, so ist der verbleibende Rest eine Folge der Frequenzabhängigkeit der Materialeigenschaften und sollte demnach als „Materialdispersion" bezeichnet werden (tatsächlich wird nur ein Anteil dieser „Materialdispersion" als *Materialdispersion* bezeichnet, nämlich jene Gruppenlaufzeitdispersion, die ebene Wellen in einem unendlich ausgedehnten Medium erfahren würden, dessen Brechzahl den Wert der Brechzahl auf der Achse der Faser besitzt; ebene Wellen haben keine Wellenleiterdispersion). Die chromatische Dispersion wird in $\mathrm{ps\,km^{-1}nm^{-1}}$ angegeben (Gruppenlaufzeitdifferenzen für Signale pro Kilometer Faserstrecke und pro Nanometer Abstand der Trägerwellenlängen). Typische Werte sind für $\lambda = 0{,}85 \ldots 1{,}6\,\mu\mathrm{m}$ im Bereich $-100 \ldots +20\,\mathrm{ps\,km^{-1}nm^{-1}}$. Mit mehrfach ummantelten Fasern läßt sich erreichen, daß die chromatische Dispersion in einem breiten Wellenlängenbereich zwei oder drei Nullstellen besitzt und in dem Bereich nur kleine Absolutwerte annimmt (z. B. $< 2\,\mathrm{ps\,km^{-1}nm^{-1}}$ für $\lambda = 1{,}3 \ldots 1{,}55\,\mu\mathrm{m}$). Die Materialdispersion von Quarz hat eine Nullstelle bei $\lambda \approx 1{,}3\,\mu\mathrm{m}$ (exakt verschwinden nur die zur spektralen Breite $\Delta\lambda$ proportionalen Gruppenlaufzeitdifferenzen; es bleibt ein in $\Delta\lambda$ quadratischer Beitrag der Größenordnung $10^{-2}\,\mathrm{ps\,km^{-1}nm^{-2}}$). Für $\lambda > 1{,}3\,\mu\mathrm{m}$ hat die Materialdispersion das entgegengesetzte Vorzeichen der Wellenleiterdispersion typischer Einmodenfasern: Bei geeigneter Dimensionierung der Faser läßt sich die Nullstelle der chromatischen Dispersion auf eine gewünschte Wellenlänge $> 1{,}3\,\mu\mathrm{m}$ verschieben (etwa zum Dämpfungsminimum von Quarz bei $\lambda = 1{,}55\,\mu\mathrm{m}$).

In Vielmodenfasern haben bei einer festen Frequenz die zu verschiedenen Moden „gehörenden" Lichtstrahlen verschiedene Winkel ϑ, siehe Abb. 1.2, und daher sind auch die Laufwege und die Gruppenlaufzeiten des Lichtes vom Eingang zum Ausgang in verschiedenen Moden verschieden groß. Dieser Effekt heißt Intermodendispersion oder kurz *Modendispersion*. Durch geeignete Brechzahlprofile kann man erreichen, daß die mittlere Brechzahl längs langer Laufwege kleiner ist als die längs kurzer Laufwege, sodaß sich die Laufzeitdifferenzen zwischen verschiedenen Moden reduzieren (siehe z. B. Abb. 2.14). Das führt zum Problem optimaler Brechzahlprofile für minimale Modendispersion. Je nach Fasertyp beträgt die Gruppenlaufzeitdifferenz zwischen dem langsamsten und dem schnellsten geführten Modus $0{,}5 \ldots 50\,\mathrm{ns\,km^{-1}}$. Im Vergleich zu dieser Modendispersion kann die chromatische Dispersion in der Vielmodenfaser meist vernachlässigt werden (siehe die oben angegebenen Zahlenwerte; einmodige Laser haben spektrale Breiten weit unterhalb $1\,\mathrm{nm}$, Lumineszenzdioden haben Werte von $10 \ldots 70\,\mathrm{nm}$).

Im Digitalsystem darf die Impulsverbreiterung zufolge Dispersion nicht größer werden als etwa eine Taktzeit T_t (bei binärer Modulation ist die Bitrate $f_t = 1/T_t$), weil sonst durch Impulsnebensprechen zunehmend Detektionsfehler auftreten. Die Impulsverbreiterung wächst linear mit der Gruppenlaufzeitdifferenz und diese linear mit der durchlaufenen Strecke L. Für eine Strecke mit einer Vielmodenfaser, bei der die chromatische Dispersion keine Rolle spielt, muß daher die Bedingung $f_t \cdot L \leq c_V$ erfüllt sein, wobei die Konstante c_V (Gbit/s·km) die *Modendispersion der Vielmodenfaser* charakterisiert (bei Berücksichtigung der Modenkopplung steigt aber bei der Vielmodenfaser die

Impulsbreite nur wie L^κ, $\kappa < 1$; dann gilt $f_t \cdot L^\kappa < c_V'$). Bei einer Einmodenfaser wächst die Impulsbreite durch chromatische Dispersion proportional zur Faserlänge L und zur spektralen Breite $\Delta\lambda$. Für die Strecke muß daher die Bedingung $f_t \cdot L \cdot \Delta\lambda \leq c_E$ erfüllt sein; der Wert von c_E (Gbit/s·km·nm) charakterisiert die *Dispersion der Einmodenfaser*.

Statt der Bitrate f_t kann auch die Basisbandbreite $B = f_t/2$ des Signals eingeführt werden. Die Beziehung hat dann auch für Analogmodulation Bedeutung, wenn man unter B die höchste zulässige Modulationsfrequenz versteht. Das wird aus Abb. 1.3 plausibel: $P(t)$ sei die mit der Frequenz B um den Mittel-

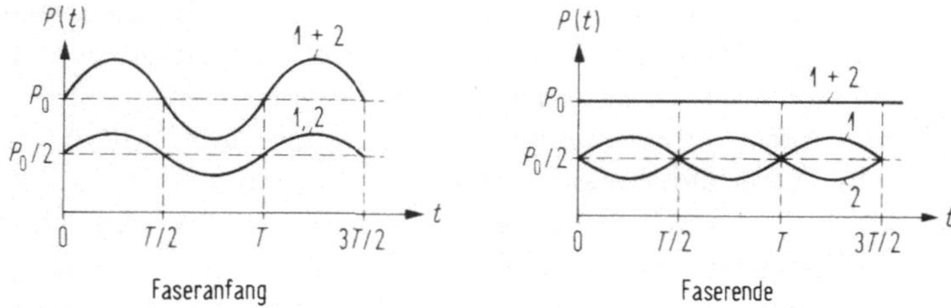

Abb. 1.3. Auslöschung des Modulationssignals zufolge Dispersion. $T = 1/B$ ist die Periodendauer einer sinusförmigen Modulation der Leistung $P(t)$

wert P_0 sinusförmig modulierte Lichtleistung am Faseranfang. Diese Leistung teile sich in zwei gleichgroße Anteile auf, die mit verschiedenen Gruppengeschwindigkeiten laufen (z. B. in zwei verschiedenen Moden einer Faser). Wenn die Gruppenlaufzeitdifferenz am Faserende den Wert $1/(2B)$ erreicht, sind die beiden Anteile um eine halbe Periode der Sinusfunktion gegeneinander verschoben: Ihre Summe ist in jedem Augenblick P_0. Ein Detektor, der die Summe beider Anteile registriert, stellt keine Modulation fest. Die Dispersion hat eine unendlich hohe *Dämpfung für das Modulationssignal* simuliert, obwohl beide Anteile in der Faser ohne Leistungsverlust übertragen wurden.

Reale Fasern haben Verluste, entlang der Faser gilt für die Leistungsabnahme $P(z) = P(0)\exp(-\alpha z)$ (α ist die Dämpfungskonstante). Je nach Fasertyp und Betriebswellenlänge hat das Dämpfungsmaß für Quarzfasern Werte zwischen $2\,\mathrm{dB\,km}^{-1}$ bei $\lambda = 0{,}85\,\mu\mathrm{m}$ und dem Minimalwert von $0{,}15\,\mathrm{dB\,km}^{-1}$ bei $\lambda = 1{,}55\,\mu\mathrm{m}$. Für die *Empfangsgüte* (Maß: Bitfehlerwahrscheinlichkeit, Signal-Rauschleistungsverhältnis) ist die in einer Taktzeit T_t (oder in einer Periodendauer der Modulation) am Empfänger ankommende Signalenergie maßgeblich. So entsteht z. B. in einem Detektor mit dem Quantenwirkungsgrad η in einer Taktzeit die Anzahl $\eta P T_t/(h f_L)$ Photoelektronen (der Strom ist somit $i = \eta e P/(h f_L)$, e Elementarladung, h Plancksches Wirkungsquantum, f_L Lichtfrequenz). Für konstante Empfangsgüte muß daher $T_t P(0)\exp(-\alpha L)$ (oder der Ausdruck $f_t \exp(\alpha L)/P(0)$) konstant gehalten werden. Statt f_t kann wieder $2B$ gesetzt werden, wobei B die Basisbandbreite des Modulationssignals bedeutet.

Die Dispersion legt der Strecke die erste Bedingung $2BL \leq c_V$ (oder $2BL \leq c_E/\Delta\lambda$) auf, die Dämpfung die zweite Bedingung $B\exp(\alpha L)/P(0) \leq c_D$. Je nachdem, ob für eine gegebene Übertragungsbandbreite B die erste oder die zweite Bedingung den kleineren Wert für die zulässige Streckenlänge L liefert, spricht man von *dispersionsbegrenzten* oder *dämpfungsbegrenzten* Strecken. In der Tendenz sind Strecken mit großem B dispersionsbegrenzt, solche mit kleinem B dämpfungsbegrenzt. Bei Dämpfungsbegrenzung sinkt L bei steigendem B nur schwach (wie $(1/\alpha)\ln[P(0)c_D/B]$), bei Dispersionsbegrenzung sinkt L stärker (wie $c_V/(2B)$ oder wie $c_E/(2B\Delta\lambda)$).

Als *Lichtquellen* werden bevorzugt sogenannte direkte Halbleiter verwendet. Bei ihnen ist die strahlende Rekombination eines Elektron-Loch-Paars ein sehr wahrscheinlicher Prozeß. Bei Mischkristallen kann sowohl ein gewünschter Bandabstand (Wahl der Emissionswellenlänge) als auch eine gewünschte Gitterkonstante (Anpassung an ein Substrat) eingestellt werden. Halbleiter aus $(\mathrm{Ga}_{1-x}\mathrm{Al}_x)(\mathrm{As}_y\mathrm{Sb}_{1-y})$ sind für $\lambda = 0{,}69\ldots0{,}87\,\mu\mathrm{m}$ und $\lambda = 1{,}25\ldots1{,}71\,\mu\mathrm{m}$ geeignet, solche aus $(\mathrm{In}_{1-x}\mathrm{Ga}_x)(\mathrm{As}_y\mathrm{P}_{1-y})$ für $\lambda = 0{,}92\ldots1{,}65\,\mu\mathrm{m}$.

Bei *Lumineszenzdioden* (LED) entsteht das Licht durch spontane strahlende Rekombination (in klassischer Beschreibung handelt es sich um gaußsches Rauschen). Die Linienbreite ist durch die Besetzungsänderung am Fermi-Niveau bestimmt und hat bei $T_0 = 293\,\mathrm{K}$ den Wert $12{,}1\,\mathrm{THz} \;\widehat{=}\; 50\,\mathrm{meV} = 2kT_0$. Wegen der resultierenden hohen chromatischen Dispersion sind Lumineszenzdioden vor allem in der Nähe der Nullstelle der Materialdispersion von Quarz bei $\lambda \approx 1{,}3\,\mu\mathrm{m}$ interessant. LED strahlen das Licht in vielen Freiheitsgraden ab (typisch in einigen 10^4); Vielmodenfasern haben typisch einige 10^2 geführte Moden. Für eine verlustlose Umformung von Feldern ist die Erhaltung der Anzahl der Freiheitsgrade gefordert: Daraus resultieren zwangsläufig bei der Kopplung einer LED an eine Vielmodenfaser Einkoppelverluste in der Größenordnung von $20\,\mathrm{dB}$, bei der Kopplung mit einer Einmodenfaser erhielte man Koppelverluste von $40\,\mathrm{dB}$. LED werden daher sinnvoll nur in Verbindung mit Vielmodenfasern eingesetzt. Die Modulation der Lichtleistung $P(t)$ erfolgt über den Diodenstrom. Die maximale Änderungsgeschwindigkeit von $P(t)$ ist durch die Trägerlebensdauer bestimmt. Daraus ergeben sich Grenzen der Modulation um $1\,\mathrm{Gbit/s}$.

Bei der *Laserdiode* (LD) sammeln sich die zu einer ganz bestimmten Feldform gehörenden Photonen in einem optischen Resonator. Da die Wahrscheinlichkeit einer induzierten Emission in einen Modus (das ist die phasenrichtige Verstärkung eines Feldes) proportional zur Anzahl der Photonen ist, die bereits in dem Modus vorhanden sind, erfolgen schließlich alle Emissionen induziert in den Resonanzmodus. Das Licht wird in einem einzigen Modus abgegeben (es ist kohärent) und läßt sich im Prinzip ohne Verluste in eine Einmodenfaser einkoppeln. In klassischer Beschreibung verhält sich das Laserlicht im Idealfall wie ein Feld $A\cos(\omega_L t + \varphi)$ mit konstanten Werten für A, ω_L und φ. Die Linienbreite ist sehr viel kleiner als bei LED und erreicht Werte im MHz-Bereich; damit ist auch die chromatische Dispersion auf kleine Werte reduziert. Die hohe Wahrscheinlichkeit der induzierten Emissionen reduziert entscheidend die Trägerlebensdauer: LD lassen sich über den Strom wesentlich schneller modulieren als LED (Werte über $20\,\mathrm{GHz}$ wurden erreicht, Werte bis $50\,\mathrm{GHz}$ werden für möglich gehalten).

Für die *Dynamik der Laserdiode* sind zwei Umstände maßgeblich. Erstens können aus der Wechselwirkung der Photonen mit den Ladungsträgern periodische Pulsationen der Lichtleistung $P(t)$ entstehen, sogenannte Relaxationsschwingungen: Bei hoher Photonendichte werden durch induzierte Emissionen mehr freie Träger vernichtet, als durch den Strom nachgeliefert werden, die Trägerdichte sinkt; damit sinkt auch die Rate der Photonenerzeugung, schließlich die Photonendichte, und die Trägerdichte nimmt langsamer ab; wird die Rate der Trägervernichtung kleiner als die Rate, mit der Träger durch den Strom zugeführt werden, so steigt die Trägerdichte wieder an und damit setzt schließlich auch der nächste Impuls von emittierten Photonen ein. Für die Modulation ist eine hohe Dämpfung der Relaxationsschwingungen erwünscht. Die Relaxationsfrequenz wird durch die Art der Kopplung zwischen Trägern und Photonen bestimmt; sie soll für eine schnelle Modulation möglichst groß sein, weil die Lichtleistung $P(t)$ einer Stromänderung nur dann folgen kann, wenn die Änderung langsamer als mit der Relaxationsfrequenz erfolgt. — Der zweite wichtige Umstand ist die sogenannte Amplituden-Phasen-Kopplung: Eine Änderung der Amplitude (der Photonendichte) ändert die Trägerdichte und damit die Brechzahl des Halbleiters (bei zunehmender Trägerdichte nimmt die Brechzahl ab), als Folge ändert sich die Resonanzfrequenz des Laserresonators. Eine Modulation der Lichtleistung bewirkt immer eine ungewollte Modulation der Frequenz, damit eine Linienverbreiterung und eine Vergrößerung der chromatischen Dispersion.

Als *Photodetektoren* werden fast ausschließlich Sperrschicht-Photodetektoren eingesetzt. In einer sperrgepolten *pin-Diode* wird durch die Absorption eines Photons in der Sperrschicht ein Elektron-Loch-Paar erzeugt, nach dessen Trennung durch das Feld zwischen den Klemmen des äußeren Stromkreises gerade eine Elementarladung transportiert wird. Angestrebt wird außer einem hohen Quantenwirkungsgrad (möglichst jedes auf den Detektor einfallende Photon soll ein Trägerpaar erzeugen) eine möglichst hohe Grenzfrequenz. Diese Forderungen sind in der Regel nicht vereinbar.

Jeder Träger, der nicht durch die Signalleistung erzeugt wird, setzt die Empfangsempfindlichkeit herab (Dunkelstrom, Einstreuung von Fremdlicht). In der Regel dominiert der Einfluß jener Träger, die aus Rauschquellen des ersten Vorverstärkers in die Schaltung injiziert werden: sie begrenzen die Empfindlichkeit. Eine Verbesserung bringt die *Lawinenphotodiode* (APD): in ihr wird der primäre Photostrom i_{pr} in einer Hochfeldzone durch Lawinenmultiplikation auf den Wert $M_0 i_{\mathrm{pr}}$ vergrößert ($M_0 > 1$ ist die Lawinenverstärkung). Die Signalleistung steigt von i_{pr}^2 auf $M_0^2 i_{\mathrm{pr}}^2$, das Signal-Rauschleistungsverhältnis steigt $\sim M_0^2$. Leider entsteht bei der Vervielfachung eine zusätzliche Schwankungsleistung $\sim M_0^2(M_0^x - 1)$ ($x > 0$ charakterisiert das Rauschen der APD). Bei hohen Werten von M_0 wird schließlich das Rauschen der APD größer als das des Vorverstärkers. Bei weiterer Erhöhung von M_0 sinkt der Quotient von Signalleistung $M_0^2 i_{\mathrm{pr}}^2$ und Rauschleistung $M_0^2(M_0^x - 1)$ annähernd wie $1/M_0^x$, das Signal-Rauschleistungsverhältnis nimmt wieder ab. Es existiert daher ein optimaler Wert für M_0, bei dem das Signal-Rauschleistungsverhältnis maximal wird. Es ist wichtig zu untersuchen, unter welchen Bedingungen das Zusatzrauschen einer APD klein ist und dafür zu sorgen, daß der optimale Wert von M_0 tatsächlich eingestellt werden kann. Ferner ist zu untersuchen, welche Faktoren die Dynamik einer APD bestimmen (Ziel: hohe Grenzfrequenz).

Schwankungsvorgänge begrenzen die Empfindlichkeit von idealisierten und realen Systemen. Ideale Laserstrahlung (in klassischer Beschreibung ein Feld $A\cos(\omega_L t + \varphi)$ mit konstanter Leistung $P = A^2/2$) verhält sich beim direkten Empfang mit einem Photodetektor wie ein Strom Poisson-verteilter Photonen, welche mit der Wahrscheinlichkeit η (Quantenwirkungsgrad) ebenfalls Poisson-verteilte Photoelektronen erzeugen. Der Photostrom $i = \eta e P/(h f_L)$ zeigt daher volles Schrotrauschen (Quantenrauschen beim direkten Empfang). Dieses wird durch einen Schwankungsstrom des Detektors i_{RD} erfaßt, dessen Varianz den Wert $\overline{|i_{RD}|^2} = 2ei\Delta f$ in der elektronischen Bandbreite Δf besitzt. Reale Laser haben außerdem klassische Schwankungen der Amplitude $A(t)$ und der Phase $\varphi(t)$, die wegen der Amplituden-Phasen-Kopplung teilweise korreliert sind. Das Intensitätsrauschen erzeugt zusätzliche Detektionsfehler, das Frequenzrauschen beeinflußt die Dispersion längs der Faserstrecke und hat somit indirekt ebenfalls Einfluß auf die Detektion. Das Rauschen im Photodetektor ist beim direkten Empfang von Digitalsignalen instationär, da Schrotrauschen nur bei Lichteinfall entsteht. Schließlich sind die Schwankungen im Photostrom bei Detektoren mit interner Stromverstärkung (Lawinenphotodioden, Photovervielfacher) zu behandeln.

Es gibt aber in der optischen Nachrichtentechnik auch Schwankungsvorgänge, die bei klassischen Nachrichtensystemen nicht auftreten: dazu zählen das Modenrauschen und das Modenverteilungsrauschen.

Als *Modenrauschen* bezeichnet man Intensitätsschwankungen, die bei der Aufteilung der Leistung eines Vielmoden-Wellenleiters entstehen (dabei kann es sich z. B. um einen Koppler oder um einen unvollkommenen Stecker handeln, bei dem nicht die gesamte Leistung aus der ankommenden Faser in die abgehende Faser transferiert wird). Die Ursache ist folgende: Das Feld am Faserende ist als Superposition aller Modenfelder ein kompliziertes Interferenzmuster aus hellen und dunklen Flecken (Granulationsmuster, speckle pattern). Wegen der Orthogonalität der Modenfunktionen ist die Gesamtleistung die Summe der Modenleistungen, da Kreuzleistungsterme bei Integration über den Querschnitt keinen Beitrag liefern. Wird jedoch nur ein Teil des Querschnitts betrachtet, so liefern die Kreuzleistungsterme einen endlichen (positiven oder negativen) Beitrag, der von den Phasendifferenzen der Modenfelder abhängt. Wenn sich diese Phasendifferenzen ändern, ändert sich der Beitrag der Kreuzleistungsterme und es kommt zu Intensitätsschwankungen in der Leistungsaufteilung. Die relativen Phasen der Moden ändern sich z. B. bei Frequenzschwankungen einer Quelle (wegen der Frequenzabhängigkeit der Fortpflanzungskonstanten): An Leistungsteilern mit Vielmodenfasern tritt eine FM-AM-Konversion ein.

Laserresonatoren haben in der Regel mehrere Resonanzfrequenzen im Bereich der Verstärkungslinie (das bedeutet nicht notwendig, daß mehrere Moden mit vergleichbaren Leistungen anschwingen, es kann sich auch um einen dominanten Schwingungsmodus und Nebenmoden handeln, die gaußsches Rauschen enthalten). Eine derartige Laserdiode gibt bei Ansteuerung mit einer Folge von gleichen Stromimpulsen zwar im wesentlichen jedesmal die gleiche Anzahl von Photonen ab, aber diese Photonenanzahl wird sich von Impuls zu Impuls anders auf die Moden aufteilen. Auf einer Faserstrecke laufen die Moden mit verschiedenen Gruppengeschwindigkeiten, und somit differieren die Impulsformen am Empfänger: Es kommt im Abtastzeitpunkt zu Schwankungen, dem *Modenverteilungsrauschen* (mode partition noise). Eine Erhöhung der Leistung bringt keine Verbesserung des Signal-Rauschleistungsverhältnisses, wenn sich an der prozentualen Aufteilung der Photonen auf die Moden dadurch nichts ändert. Der Effekt hat zur Folge, daß selbst für unendlich hohe Empfangsleistung eine endliche Rest-Bitfehlerwahrscheinlichkeit (floor error rate) bleibt.

Koppelelemente dienen zur Verbindung von Lichtquelle und Faser, von Faser und Detektor (auch hier kann Modenrauschen auftreten, wenn von einer Vielmodenfaser nicht die gesamte Leistung in den Detektor eingekoppelt wird), ferner zur lösbaren oder nichtlösbaren Verbindung der Teilstücke einer Faserstrecke sowie allgemein zur Verteilung der auf N' Wellenleitern einlaufenden Leistung auf N abgehende Wellenleiter. In einem Wellenlängenmultiplex (der Kanalabstand wird so gewählt, daß eine Trennung mit passiven optischen Filtern leicht möglich ist, z. B. $10 \dots 20 \, \text{nm}$) kann die Aufgabe einer wellenlängenselektiven Trennung der Signale auftreten. Abgesehen von wenigen Fällen ist die Feldtheorie von Koppelelementen sehr kompliziert und im Rahmen dieses Buches nicht durchführbar.

Für *optische Empfänger* schließlich ist die Frage zu klären, welche Konfigurationen zur höchsten Empfindlichkeit führen und welche Anzahl von Photoelektronen pro Taktzeit in einem Digitalsystem erforderlich ist, um eine Bitfehlerwahrscheinlichkeit von 10^{-9} zu unterschreiten (in einem idealen System mit direktem Empfang wären dies 10 Photoelektronen pro Bit, s. Schluß von Abschn. 6.5).

Gegenstand dieses Buches ist die optische Nachrichtentechnik mit *direktem Empfang*. Es soll kurz angedeutet werden, welche Vorteile neben der besseren Ausnutzung der Faser (Frequenzmultiplex mit Trägerabständen in der Größenordnung der doppelten Basisbandbreite der Nachrichten) ein *kohärenter Empfang* bringen könnte. Unter kohärentem Empfang versteht man die Überlagerung des Signallichtes mit dem Licht eines lokalen Lasers auf einem Photodetektor (auf Schwierigkeiten bei der Implementierung kohärenter Systeme wird hier nicht eingegangen).

Abb. 1.4 zeigt das Schema eines optischen Empfängers und sein Ersatzschaltbild. Es wird ideales Laserlicht vorausgesetzt. Das Signalfeld wird durch den Ausdruck $\sqrt{2P_S}\cos(\omega_S t)$ beschrieben.

Beim *direkten Empfang* ist die Leistung $P(t)$ — ein Mittelwert über einige optische Perioden — durch $P(t) = P_S$ gegeben. Der Vorverstärker ist ein Breitbandverstärker mit dem Übertragungsband $0 \le f \le B$, B ist die Basisbandbreite der Nachricht. Das Rauschen des Verstärkers wird durch die Rauschzahl F charakterisiert, siehe Abschn. 6.5. Damit gelten für den Photostrom $i(t)$, den Signalstrom i_S, den Rauschstrom i_{RD} der pin-Diode und den Rauschstrom i_R (der das Rauschen des Quellenleitwerts und des Verstärkers erfaßt) die Beziehungen

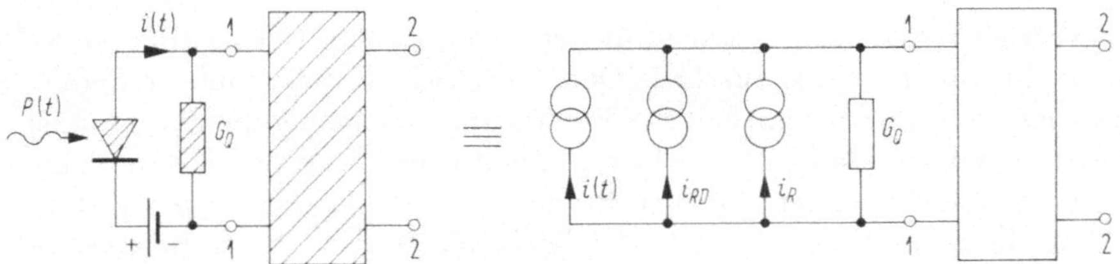

Abb. 1.4. Schema eines optischen Empfängers mit pin-Diode, Quellenleitwert G_Q und Verstärker (die Schraffur deutet rauschende Komponenten an). i_{RD} erfaßt das Schrotrauschen der pin-Diode, i_R das Rauschen des Quellenleitwerts und des Verstärkers

$$i(t) = \frac{\eta e}{h f_S}\, P(t) = \frac{\eta e}{h f_S}\, P_S = i_S,$$

$$\overline{|i_{RD}|^2} = 2 e i_S \Delta f, \qquad \overline{|i_R|^2} = 4 k T_0 G_Q F \Delta f. \tag{1.1}$$

Bei der Berechnung des Signal-Rauschleistungsverhältnisses für direkten Empfang γ_{dir} ist $\Delta f = B$ zu setzen. Man erhält

$$\gamma_{\mathrm{dir}} = \frac{i_S^2}{\overline{|i_{RD}|^2} + \overline{|i_R|^2}} = \frac{\eta P_S}{2 h f_S B} \frac{1}{1 + 4 k T_0 G_Q F/(2 e i_S)}. \tag{1.2}$$

Beim *Heterodynempfang* wird das Signalfeld mit dem Feld des lokalen Oszillators $\sqrt{2 P_O}\cos(\omega_O t)$ mit ebenen Phasenfronten und gleicher Polarisation auf dem Photodetektor überlagert. Die Leistung $P(t)$ ist der Mittelwert des Ausdrucks $[\sqrt{2 P_S}\cos(\omega_S t) + \sqrt{2 P_O}\cos(\omega_O t)]^2$, gebildet über einige optische Perioden. Für die Zwischenfrequenz wählt man einen Wert $f_Z = f_S - f_O \geq 3B$ (B ist wieder die Basisbandbreite der Nachricht). Man beachte, daß für die Quantenenergie $h f_S \approx h f_O$ gilt. Der Vorverstärker hat nun ein Übertragungsband der Breite $2B$ im Bereich $f_Z - B \leq f \leq f_Z + B$. Man erhält für $P_O \gg P_S$

$$P(t) = P_O + P_S + 2\sqrt{P_O P_S}\cos(\omega_Z t) \approx P_O + 2\sqrt{P_O P_S}\cos(\omega_Z t),$$

$$i(t) = i_O + i_Z \cos(\omega_Z t) = \frac{\eta e}{h f_S}\, [\, P_O + 2\sqrt{P_O P_S}\cos(\omega_Z t)\,], \tag{1.3}$$

$$\overline{|i_{RD}|^2} = 2 e i_O \Delta f, \qquad \overline{|i_R|^2} = 4 k T_0 G_Q F \Delta f.$$

Zur Berechnung des Signal-Rauschleistungsverhältnisses im Zwischenfrequenzbereich bei Heterodynempfang $\gamma_{\mathrm{Het}}(\mathrm{ZF})$ ist $\Delta f = 2B$ zu setzen. Es folgt

$$\gamma_{\mathrm{Het}}(\mathrm{ZF}) = \frac{i_Z^2/2}{\overline{|i_{RD}|^2} + \overline{|i_R|^2}} = \frac{\eta P_S}{2 h f_S B} \frac{1}{1 + 4 k T_0 G_Q F/(2 e i_O)}. \tag{1.4}$$

Bei der Demodulation ins Basisband addieren sich die Signalamplituden bei den Frequenzen $f_Z \pm f$ ($f \leq B$), für das Rauschen addieren sich die Leistungen, da die Rauschamplituden im oberen und unteren Seitenband unkorreliert sind; das Signal-Rauschleistungsverhältnis im Basisband ist daher doppelt so groß wie das im Zwischenfrequenzband:

$$\gamma_{\mathrm{Het}}(\mathrm{Basisband}) = 2\gamma_{\mathrm{Het}}(\mathrm{ZF}) = \frac{\eta P_S}{h f_S B} \frac{1}{1 + 4 k T_0 G_Q F/(2 e i_O)}. \tag{1.5}$$

Durch Vergleich von Gl. (1.2), Gl. (1.5) sieht man, daß im Grenzfall $i_S \to \infty$, $i_O \to \infty$ das durch Schrotrauschen (Quantenrauschen) determinierte Signal-Rauschleistungsverhältnis im Fall des Heterodynempfangs doppelt so groß ist wie bei direktem Empfang. Dieser Faktor 2 würde den Aufwand für ein kohärentes System nicht lohnen. In der Praxis ist aber $4kT_0 G_Q F/(2ei_S) \gg 1$, sodaß bei direktem Empfang $\gamma_{\text{dir}} \ll \eta P_S/(2hf_S B)$ gilt. Beim Heterodynempfang dagegen kann der Wert $\eta P_S/(hf_S B)$ auch für kleine Signalleistungen tatsächlich erreicht werden, weil für hohe Leistung des lokalen Oszillators immer $4kT_0 G_Q F/(2ei_O) \ll 1$ erreichbar ist (Ursache ist die von Zusatzrauschen freie „Verstärkung" des Signals durch den lokalen Oszillator, man beachte die Amplitude $2\sqrt{P_O P_S}$ des Zwischenfrequenzstroms).

Beim *Homodynempfang* gilt $\omega_Z \equiv 0$ (das bedeutet, daß der lokale Oszillator mit dem Träger des ankommenden Signals phasensynchronisiert werden muß). In Gl. (1.4) ist dann die Signalleistung i_Z^2 statt $i_Z^2/2$, der Verstärker hat wieder das Übertragungsband $0 \le f \le B$ und somit ist für die Bandbreite des Rauschens $\Delta f = B$ zu setzen: Damit wird das Signal-Rauschleistungsverhältnis bei Homodynempfang im Basisband doppelt so groß wie das bei Heterodynempfang im Basisband.

Optische Verstärker haben eine Verstärkungsbandbreite in der Größenordnung von 10 THz, sie ist also sehr groß im Vergleich zu den vorkommenden Nachrichtenbandbreiten. In diesem breiten Frequenzband fällt Quantenrauschen an (verstärkte spontane Emission), welches am Ausgang des Verstärkers klassisch als gaußsches Rauschen beschreibbar ist. Trotzdem bedingt in kohärenten Systemen der Einsatz eines optischen Verstärkers keine Verschlechterung des Signal-Rauschleistungsverhältnisses, und zwar dann, wenn im Empfänger eine Sperre für die optische Spiegelfrequenz $f_S + f_Z$ vorgesehen ist und wenn nicht mehrere Verstärker kaskadiert werden; das ist plausibel, weil das außerhalb des Signalbandes anfallende Quantenrauschen beim Überlagerungsempfang im Zwischenfrequenzfilter abgetrennt werden kann. Beim direkten Empfang mit dem Photodetektor (in klassischer Beschreibung ein Gleichrichter mit quadratischer Kennlinie) fallen dagegen alle Mischprodukte zwischen dem optischen Träger und Rauschseitenbändern sowie alle Mischprodukte zweier Rauschseitenbänder, für deren Differenzfrequenzen jeweils $f \le B$ gilt, untrennbar ins Basisband der Nachricht (der zweite Beitrag dominiert, wenn die Verstärkungsbandbreite groß ist gegen die Nachrichtenbandbreite). Dadurch kann das Signal-Rauschleistungsverhältnis nie den allein durch das minimale Quantenrauschen diktierten Grenzwert erreichen. Optische passive Filter vor dem Photodetektor können die Situation etwas verbessern. Trotzdem kann ein optischer Verstärker auch in einem direkten System praktische Vorteile bringen, falls ohne optischen Vorverstärker der Fall $4kT_0 G_Q F/(2ei_S) \gg 1$ gegeben ist.

Kapitel 2

Lichtwellenleiter

2.1 Grundbegriffe der Optik

2.1.1 Wellen

Grundgleichungen

Elektromagnetische Wellen breiten sich nach der Gesetzmäßigkeit der Maxwell-Gleichungen mit der Zeit t im Raum aus. Sie verknüpfen den magnetischen und elektrischen Feldstärkevektor $\vec{H}$ und $\vec{E}$ mit der dielektrischen Verschiebung $\vec{D}$ bzw. der Polarisation $\vec{P}$ und der magnetischen Induktion $\vec{B}$. Ströme und Raumladungen seien nicht vorhanden. Das Medium, in dem sich Wellen fortpflanzen, sei bei den betrachteten Schwingungsfrequenzen isotrop, linear und nicht magnetisierbar, d. h. die Mediumeigenschaften werden durch skalare, von den Amplituden der Feldstärken unabhängige Größen beschrieben, wobei die relative Permeabilitätskonstante $\mu_r = 1$ ist. Dielektrizitäts- und Permeabilitätskonstante des freien Raums sind mit ϵ_0 und μ_0 bezeichnet. Die Lichtgeschwindigkeit im Vakuum hat den Wert $c = 1/\sqrt{\epsilon_0\mu_0}$, die Vakuum-Wellenlänge für die Frequenz f bzw. die Kreisfrequenz $\omega = 2\pi f$ ist $\lambda = c/f$. Als Feldwellenwiderstand des Vakuums bezeichnet man die Größe $Z_0 = \sqrt{\mu_0/\epsilon_0}$. Die Grundgleichungen (Maxwell-Gleichungen) lauten

$$
\begin{aligned}
&\operatorname{rot}\vec{H} = \frac{\partial \vec{D}}{\partial t}, && \operatorname{rot}\vec{E} = -\frac{\partial \vec{B}}{\partial t}, \\
&\operatorname{div}\vec{D} = 0, && \operatorname{div}\vec{B} = 0, \\
&\vec{D} = \epsilon_0\vec{E} + \vec{P}, && \vec{B} = \mu_0\vec{H}.
\end{aligned}
\tag{2.1}
$$

Die Felder der Gl. (2.1) sind makroskopische Maxwell-Felder, die aus einer Mittelung der tatsächlichen Materiefelder über passend gewählte Bereiche im Medium resultieren [190, Abschn. 1.1]. Alle Vektorgrößen sind Funktionen der Zeit t und des Ortsvektors $\vec{r}$.

Die Dichte des elektromagnetischen Energieflusses (die Strahlungsdichte) im Raum beschreibt der Poynting-Vektor $\vec{S}$ mit dem Betrag S. Die Leistung, die aus einem Raumbereich durch eine Hüllfläche F mit auswärts gerichtetem Normaleneinheitsvektor $\vec{e}_n$ fließt, wird mit P bezeichnet,

$$\vec{S} = \vec{E} \times \vec{H}, \qquad S = |\vec{S}|, \qquad P = \oint_F \vec{S} \cdot \vec{e}_n \, \mathrm{d}F. \tag{2.2}$$

Der Poynting-Vektor gibt die Richtung des Energieflusses an und kann in vielen Fällen mit der Richtung eines Lichtstrahls assoziiert werden, s. Abschn. 2.1.6.

Dielektrische Relaxation

Der Polarisationsvektor $\vec{P}$ in Gl. (2.1) folgt dem elektrischen Feld $\vec{E}$ in realen Medien nur verzögert, da Relaxationsprozesse von Ladungsträgern eine Rolle spielen. Man erhält $\vec{P}$ zur Zeit t durch Summieren der (linearen) Feldeinwirkung von allen früheren Zeitpunkten mit der Gewichtung einer reellen, kausalen, endlich großen Einflußfunktion $u(t)$ (mit $u(t < 0) = 0$, $\lim_{t \to \infty} u(t) = 0$), die ein richtungsunabhängiges lokales „Gedächtnis" des Mediums berücksichtigt, s. z. B. [362, Kap. 4 Beisp. 1 S. 221],

$$\vec{P}(t, \vec{r}) = \epsilon_0 \int\limits_0^\infty u(\tau, \vec{r})\vec{E}(t - \tau, \vec{r}) \, \mathrm{d}\tau. \tag{2.3}$$

Dabei ist vorausgesetzt, daß im betrachteten Medium die Polarisation $\vec{P}$ am Ort $\vec{r}$ nur von $\vec{E}$ am selben Ort abhängt. Die Ortsabhängigkeit der Größen wird in den folgenden Gleichungen nicht angeschrieben. Eine Fourier-Transformation Gl. (A.5) (zur Schreibweise s. die Bemerkungen in Anh. A auf Seite 370) liefert unter Berücksichtigung des Faltungssatzes das Spektrum $\vec{P}(f)$,

$$\vec{P}(f) = \epsilon_0 \underline{\chi}(f)\vec{E}(f), \qquad \underline{\chi}(f) = \int\limits_0^\infty u(t)\,\mathrm{e}^{-\mathrm{j}\,2\pi ft} \, \mathrm{d}t,$$
$$\underline{\chi}(f) = \chi(f) + \mathrm{j}\,\chi_i(f) = \epsilon_r(f) - 1 - \mathrm{j}\,\epsilon_{ri}(f), \quad \underline{\chi}(f) = \underline{\chi}^*(-f). \tag{2.4}$$

Der Proportionalitätsfaktor zwischen dem Spektrum des elektrischen Feldstärkevektors und der Polarisation ist die sogenannte Suszeptibilität $\underline{\chi}$ (Realteil $\chi(f)$, Imaginärteil $\chi_i(f)$). Sie definiert die komplexe relative Dielektrizitätskonstante $\bar{\epsilon}_r$ (Realteil $\epsilon_r(f)$, Imaginärteil $-\epsilon_{ri}(f)$). Weiter definiert man eine komplexe Brechzahl $\bar{n}$ (Realteil $n(f)$, Imaginärteil $-n_i(f)$) aus der Beziehung $\bar{\epsilon}_r = \bar{n}^2$:

$$
\begin{aligned}
&\bar{n} = n - \mathrm{j}\,n_i, & &\bar{\epsilon}_r = \epsilon_r - \mathrm{j}\,\epsilon_{ri}, \\[2mm]
&\epsilon_r = n^2 - n_i^2, & &\epsilon_{ri} = 2nn_i, \\[2mm]
&n^2 = \tfrac{1}{2}\epsilon_r\left(1 + \sqrt{1 + \epsilon_{ri}^2/\epsilon_r^2}\right), & &n_i = \epsilon_{ri}/(2n), \\[2mm]
&n \approx \sqrt{\epsilon_r} & &\text{(für } |\epsilon_{ri}| \ll \epsilon_r) \quad n_i \approx \epsilon_{ri}/(2\sqrt{\epsilon_r}), \\[2mm]
&n \approx \sqrt{\epsilon_{ri}/2} & &\text{(für } |\epsilon_{ri}| \gg \epsilon_r) \quad n_i \approx \sqrt{\epsilon_{ri}/2}.
\end{aligned}
\tag{2.5}
$$

Wegen der Kausalität der Einflußfunktion $u(t)$ sind χ und χ_i voneinander abhängig und bilden ein Hilbert-Paar für Spektren Gl. (B.10); $\underline{\chi}(f)$ ist also ein analytisches Spektrum. Es folgt die Kramers-Kronig-Beziehung $-\epsilon_{ri}(f) = \mathcal{H}_F\{\epsilon_r(f) - 1\}$ [311, § 123–§ 126] [504].

Das einzige „Medium" mit $\chi(f) = \epsilon_r(f) - 1 = \text{const}$ ist das Vakuum mit $u(t) = (\epsilon_r - 1)\delta(t)$; es hat kein Gedächtnis und $\epsilon_r = 1$, $\epsilon_{ri} = \chi_i = 0$. Reale passive Medien haben immer ein Gedächtnis und nach Gl. (2.4) frequenzabhängiges χ, χ_i. Es ist möglich, daß in einem bestimmten Frequenzbereich χ konstant (oder nahezu konstant) und $\chi_i = 0$ ist. Dann hat das Medium in diesem Frequenzbereich eine reelle, konstante (oder nahezu konstante) Brechzahl und ist in diesem Frequenzbereich verlustlos. Diese Eigenschaft ist im folgenden vorausgesetzt, wenn nicht ausdrücklich anderes vermerkt wird. Für die dielektrische Verschiebung $\vec{D}(t)$ ist dann der Ansatz möglich

$$\vec{D} = \epsilon_0 \epsilon_r \vec{E}, \qquad n = \sqrt{\epsilon_r}. \tag{2.6}$$

Modell für dielektrische Relaxationen   Ein reales, verlustbehaftetes Medium kann man wie folgt modellieren (s. z. B. [52, Abschn. 2.3.4] [40, Abschn. I–III] [383, Kap. 3]):

Das elektrische Feld regt die Atome ortsfester Moleküle und an Atomrümpfe gebundene Elektronen zu Schwingungen an; ebenso werden freie Elektronen zu Schwingungen gezwungen. Der Einfluß des magnetischen Feldes auf die bewegten Ladungsträger wird vernachlässigt, da nicht-relativistische Trägergeschwindigkeiten vorausgesetzt werden.

Die gebundenen Ladungen können vor allem bei Frequenzen in der Nähe ihrer Resonanz Energie aus dem Feld aufnehmen. Gebundene und freie Ladungen geben die aufgenommene Energie durch Stoßprozesse teilweise wieder ab („Relaxation") und erwärmen dadurch das Medium; man spricht von Absorption.

Die schwingenden bewegten Ladungen strahlen (wie Hertzsche Dipole) ihrerseits ein in der Phase verschobenes und gedämpftes Feld ab, dessen Gesamtheit den Polarisationsvektor $\vec{P}$ ergibt. Für diese dielektrische Relaxation macht man den Ansatz

$$u(t) = \frac{c_0}{\tau_0}\left(1 - e^{-t/\tau_0}\right) + \sum_{r=1}^{R} \frac{c_r}{\tau_r} e^{-t/\tau_r} \frac{\sin\sqrt{\omega_r^2 \tau_r^2 - 1}\, t/\tau_r}{\sqrt{\omega_r^2 \tau_r^2 - 1}}. \tag{2.7}$$

Der erste Term beschreibt die Relaxation freier Elektronen, der zweite Term die Relaxation von R verschiedenen, resonanzfähigen, gebundenen Ladungsträgerkollektiven. Die Relaxationszeiten τ_0, τ_r sind ein Maß für die mittlere Zeit zwischen zwei Stößen. Große Relaxationszeiten bedeuten geringe Absorption und damit geringe Dämpfung des Feldes.

Die Konstanten c_0, c_r sind proportional zur Anzahl N_0, N_r der Träger im Kollektiv, $c_0 \sim N_0$, $c_r \sim N_r$. Die Eigen-Resonanzkreisfrequenz ω_r der gebundenen Ladungen wächst mit der Rückstellkraft K_r der Bindung und nimmt mit der Trägermasse m_r ab, $\omega_r \sim \sqrt{K_r/m_r}$.

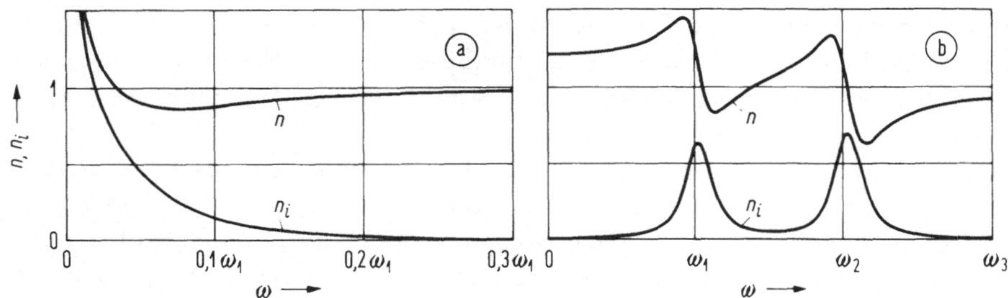

Abb. 2.1. Realteil n und negativer Imaginärteil (n_i) der komplexen Brechzahl $\bar{n} = n - \mathrm{j}\,n_i$: Frequenzabhängigkeit für die Parameter $\tau_1/\tau_0 = \tau_2/\tau_0 = 1$, $c_0 = 0{,}5$, $c_1 = 30$, $c_2 = 60$, $\omega_1\tau_1 = 10$, $\omega_2\tau_2 = 20$.   (a) nur freie Ladungsträger   (b) $R = 2$ Trägerkollektive von gebundenen Ladungen mit hoher Masse (ω_1) und niedriger Masse (ω_2)

Mit Gl. (2.4) und Gl. (2.5) erhält man für die Frequenzabhängigkeiten $\epsilon_r(f)$, $\epsilon_{ri}(f)$

$$
\begin{aligned}
\epsilon_r &= n^2 - n_i^2 = 1 - c_0\,\frac{1}{1 + \omega^2\tau_0^2} + \sum_{r=1}^{R} c_r\,\frac{\omega_r^2 - \omega^2}{(\omega_r^2 - \omega^2)^2\tau_r^2 + 4\omega^2}, \\
\epsilon_{ri} &= 2nn_i = +\frac{c_0}{\omega\tau_0}\,\frac{1}{1 + \omega^2\tau_0^2} + \sum_{r=1}^{R} \frac{c_r}{\omega\tau_r}\,\frac{2\omega^2}{(\omega_r^2 - \omega^2)^2\tau_r^2 + 4\omega^2}.
\end{aligned}
\tag{2.8}
$$

Mit wachsender Anzahl freier Träger wird wegen $c_0 \sim N_0$ die Brechzahl n kleiner, Gl. (2.8) und Gl. (2.5) für $|\epsilon_{ri}| \ll \epsilon_r$. In Abb. 2.1 ist die typische Frequenzabhängigkeit von n und n_i an einem Beispiel dargestellt.

Unter dem alleinigen Einfluß freier Ladungsträger, Abb. 2.1a, haben n und n_i bei der Frequenz null einen Pol entsprechend Gl. (2.5), Gl. (2.8). Mit wachsender Frequenz erreicht n ein Minimum (für $\tau_0 \to \infty$ kann n null werden) und strebt dann gegen eins: bei sehr hohen Frequenzen werden die trägen Ladungen vom Feld nicht mehr bewegt, die Absorption verschwindet.

Unter dem alleinigen Einfluß von zwei resonanzfähigen Trägerkollektiven macht sich eine Absorption nur in der Nähe der Eigenresonanzen bemerkbar, Abb. 2.1b. Die Brechzahl steigt von einem durch $n^2(0) = \sum_r[1 + c_r/(\omega_r \times \tau_r)^2] \geq 1$ bestimmten Wert mit wachsender Frequenz auf ein Maximum vor einer Resonanzstelle, erreicht nach der Resonanz ein Minimum und strebt erneut einem Maximum zu. In der Tendenz sinkt die mittlere Brechzahl. Nach dem letzten Minimum erreicht die Brechzahl asymptotisch von unten den Wert eins.

Wellengleichung

Nach einigen Umformungen der Gl. (2.1), Gl. (2.6) (s. z. B. [514, Abschn. 30-5] [52, Abschn. 1.2] [340, Abschn. 1.3] [190, Abschn. 1.7.2]) erhält man mit der Definition des Operators $\nabla^2\vec{E} = \operatorname{grad}\operatorname{div}\vec{E} - \operatorname{rot}\operatorname{rot}\vec{E}$ die exakte vektorielle Wellengleichung für den reellen Momentanwert der elektrischen bzw. magnetischen Feldstärke,

$$\nabla^2 \vec{E} + \operatorname{grad}\left((\operatorname{grad}\ln n^2)\cdot\vec{E}\right) = \frac{n^2}{c^2}\frac{\partial^2 \vec{E}}{\partial t^2},$$

$$\nabla^2 \vec{H} + (\operatorname{grad}\ln n^2)\times\operatorname{rot}\vec{H} = \frac{n^2}{c^2}\frac{\partial^2 \vec{H}}{\partial t^2}. \tag{2.9}$$

Der Differentialoperator ∇^2 in der oben angegebenen Definition wirkt auf einen Vektor und ist nicht identisch mit dem Laplace-Operator $\triangle$, welcher nur in der Anwendung auf Skalarfunktionen durch $\triangle\Psi = \operatorname{div}\operatorname{grad}\Psi$ definiert ist. Komponenten von Vektoren werden mit den entsprechenden Koordinaten indiziert. In kartesischen Koordinaten x, y, z heißen die Einheitsvektoren $\vec{e}_x, \vec{e}_y, \vec{e}_z$. Nur in diesem besonderen Koordinatensystem gilt die einfache Beziehung

$$\nabla^2 \vec{E} = \operatorname{grad}\operatorname{div}\vec{E} - \operatorname{rot}\operatorname{rot}\vec{E} =$$

$$= \vec{e}_x \operatorname{div}\operatorname{grad}E_x + \vec{e}_y \operatorname{div}\operatorname{grad}E_y + \vec{e}_z \operatorname{div}\operatorname{grad}E_z = \tag{2.10}$$

$$= \vec{e}_x \nabla^2 E_x + \vec{e}_y \nabla^2 E_y + \vec{e}_z \nabla^2 E_z = \vec{e}_x\triangle E_x + \vec{e}_y\triangle E_y + \vec{e}_z\triangle E_z.$$

Für ∇^2 in Zylinder- und Kugelkoordinaten s. z. B. [379, Kap. 1 (Ende) S. 116].

2.1.2   Wellen im homogenen Medium

Die Differentialgleichungen für die Komponenten von $\vec{E}$ bzw. von $\vec{H}$ sind bei inhomogenen Medien im allgemeinen gekoppelt. Für die folgenden Überlegungen werde ein verlustfreies homogenes Medium der Brechzahl $n = \text{const}$ vorausgesetzt. Dann wird $\operatorname{grad}\ln n^2 = 0$, und Gl. (2.9) vereinfacht sich durch Wegfall der entsprechenden Terme auf der linken Seite. In kartesischen Koordinaten (und nur in diesen!) resultieren 2×3 entkoppelte Wellengleichungen für die je drei Komponenten der beiden Feldstärkevektoren, während in Zylinderkoordinaten r, φ, z (s. Abb. 2.2) nur die Differentialgleichungen für die z-Komponenten von den anderen entkoppelt sind. Strukturell identische, skalare Wellengleichungen resultieren für diese ausgezeichneten Komponenten,

$$\Psi(t,x,y,z) = E_q(t,x,y,z), H_q(t,x,y,z), \qquad q = x,y,z,$$

$$\Psi(t,r,\varphi,z) = E_z(t,r,\varphi,z), H_z(t,r,\varphi,z), \tag{2.11}$$

$$\nabla^2\Psi(t,\vec{r}) = \frac{n^2}{c^2}\frac{\partial^2}{\partial t^2}\Psi(t,\vec{r}).$$

Die anderen Feldstärkekomponenten lassen sich über die Maxwell-Gleichungen Gl. (2.1) aus den z-Komponenten berechnen [514, Abschn. 11-14]. Anfangs- oder Randbedingungen schaffen zusätzliche Abhängigkeiten der Feldstärkekomponenten. Im folgenden werden, wenn nicht anders vermerkt, kartesische Koordinaten x, y, z vorausgesetzt.

Monochromatische Wellen

Vorgänge der Form (A, φ, φ_i sind reell)

$$\Psi(t, \vec{r}) = A(\vec{r})\, e^{j[\omega t - \varphi(\vec{r})]} = e^{j\,\omega t}\, e^{-j\,\bar{\varphi}(\vec{r})}, \qquad \bar{\varphi}(\vec{r}) = \varphi(\vec{r}) + j\,\varphi_i(\vec{r}) \qquad (2.12)$$

werden als monochromatische Wellen bezeichnet. $A(\vec{r})$ und $\varphi(\vec{r})$ heißen Amplitude und Phase der Welle, Flächen $A(\vec{r}) = \text{const}$ (oder $\varphi_i(\vec{r}) = \text{const}$) heißen Amplitudenflächen, Flächen $\varphi(\vec{r}) = \text{const}$ Phasenflächen. Die Amplitude nimmt am schnellsten in Richtung des Vektors $\vec{a} = -\,\text{grad}\,\varphi_i$ ab, die Phase wächst am schnellsten in Richtung des Vektors $\vec{b} = \text{grad}\,\varphi$; $\vec{a}$ ist der Amplitudenvektor der Welle, $\vec{b}$ der Phasenvektor. Als Ausbreitungsvektor bezeichnet man die Größe ($\vec{a}$, $\vec{b}$ sind reell)

$$\text{grad}\,\bar{\varphi} = \text{grad}\,\varphi + j\,\text{grad}\,\varphi_i = \vec{b} - j\,\vec{a}. \tag{2.13}$$

Als *Ausbreitungsrichtung* der Welle bezeichnet man nicht die Richtung des Ausbreitungsvektors $\text{grad}\,\bar{\varphi}$, sondern die Richtung des normal auf die Flächen konstanter Phase stehenden *Phasenvektors* $\vec{b}$ (Einheitsvektor $\vec{e}_b = \vec{b}/|\vec{b}| = \text{grad}\,\varphi/|\,\text{grad}\,\varphi|$). Die Geschwindigkeit der Phasenfläche (Phasenfront) in Ausbreitungsrichtung ist definitionsgemäß die Phasengeschwindigkeit v der Welle. Aus $\omega\,\text{d}t - \text{grad}\,\varphi \cdot \text{d}\vec{r} = 0$, $\text{d}\vec{r} = \vec{e}_b\,\text{d}s$ folgt

$$v = \frac{\text{d}s}{\text{d}t} = \frac{\omega}{|\,\text{grad}\,\varphi|} = \frac{\omega}{|\vec{b}|}\,. \tag{2.14}$$

Wellen werden nach der Form der Phasenflächen klassifiziert. Sind die Phasenflächen Ebenen, dann spricht man von ebenen Wellen. Wellen heißen gleichförmig (oder homogen), wenn Phasenflächen und Amplitudenflächen koinzidieren.

Ebene Wellen   Ebene Wellen sind Lösungen von Gl. (2.11) für

$$\bar{\varphi}(\vec{r}) = \vec{k} \cdot \vec{r}, \qquad \vec{k}^{\,2} = \vec{k} \cdot \vec{k} = n^2 k_0^2, \qquad k_0 = \omega/c\,. \tag{2.15}$$

Unter Verwendung von Gl. (2.13) folgt

$$\text{grad}\,\bar{\varphi} = \vec{k}, \qquad \vec{k} = \vec{b} - j\,\vec{a}, \qquad \vec{a} \cdot \vec{b} = 0. \tag{2.16}$$

Phasen- und Amplitudenvektor stehen normal aufeinander. Die Amplitude nimmt am schnellsten normal zur Ausbreitungsrichtung ab. Die Welle wird deshalb auch als quergedämpft oder als in Richtung von $\vec{a}$ evaneszent bezeichnet.

Aus der Quellenfreiheit von $\vec{E}$ und $\vec{H}$ Gl. (2.1) folgt $\vec{E} \cdot \vec{k} = 0$, $\vec{H} \cdot \vec{k} = 0$; ferner folgt aus Gl. (2.1), daß $\vec{E}$, $\vec{H}$ und $\vec{k}$ in dieser Reihenfolge ein rechtsorientiertes orthogonales Dreibein bilden. $\vec{E}$ und $\vec{H}$ haben somit im allgemeinen Komponenten in Richtung des Phasenvektors $\vec{b}$, d. h. in Ausbreitungsrichtung.

Für die Behandlung der nachfolgenden Probleme sollen quergedämpfte Wellen für den Fall betrachtet werden, daß der Amplitudenvektor $\vec{a}$ nur eine z-Komponente besitzt. Es werden zur Superposition der gewünschten Lösungen Bausteine folgender Form verwendet, s. Abb. 2.2:

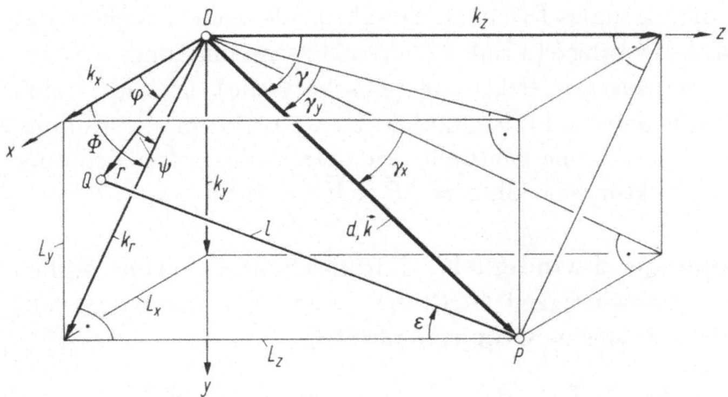

Abb. 2.2. Koordinatensysteme und Ausbreitungsvektor. $\int \mathrm{d}F = \int \mathrm{d}x\,\mathrm{d}y = \int r\,\mathrm{d}r\,\mathrm{d}\varphi$, $\mathrm{d}\Omega = \sin\gamma\,\mathrm{d}\gamma\,\mathrm{d}\Phi$, $\partial(k_x, k_y)/\partial(\gamma, \Phi) = k^2 \cos\gamma\sin\gamma$, $k = nk_0$, $k_0 = \omega/c$, $k_x = k\sin\gamma\cos\Phi$, $k_y = k\sin\gamma\sin\Phi$. Q und P sind Quellen- und Aufpunkt. Die Größen L_x, L_y, L_z, l, d, ε, ψ werden bei Verwendung im Text erläutert.

$$\Psi(t,\vec{r}) = \widetilde{\Psi}(\xi,\eta)\,\mathrm{e}^{\mathrm{j}(\omega t - \vec{k}\cdot\vec{r})}, \qquad \vec{k} = 2\pi\vec{\kappa} = k_x\vec{e}_x + k_y\vec{e}_y + k_z\vec{e}_z,$$

$$k = |\vec{k}| = nk_0 = 2\pi\frac{n}{\lambda} = 2\pi\kappa, \qquad k_x = 2\pi\xi = k\sin\gamma_x = 2\pi\varrho\cos\Phi,$$

$$k_r = 2\pi\varrho = k\sin\gamma = 2\pi\kappa\sin\gamma, \qquad k_y = 2\pi\eta = k\sin\gamma_y = 2\pi\varrho\sin\Phi,$$

$$\varrho^2 = \xi^2 + \eta^2, \qquad k_z = 2\pi\zeta = 2\pi\sqrt{\kappa^2 - \xi^2 - \eta^2}\,.$$

$$(2.17)$$

Die Komponenten des Ausbreitungsvektors $\vec{k}$ heißen Raum-Kreisfrequenzen, die des Vektors $\vec{\kappa}$ Raumfrequenzen; ξ, η und ϱ sind die Raumfrequenzen in x-, y- und r-Richtung, Abb. 2.2. Die Größen k_x und k_y sind reell vorausgesetzt. Solange auch noch k_z reell ist (d.h. $\sin^2\gamma_x + \sin^2\gamma_y \leq 1$), haben γ_x, γ_y die Bedeutung der Winkel, welche Projektionen von $\vec{k}$ in die Ebenen $x = 0$, $y = 0$ mit $\vec{k}$ einschließen; γ ist der Winkel zwischen $\vec{k}$ und der z-Achse. Wird k_z imaginär, wählt man $\Im\{k_z\} < 0$ für abnehmende Amplitude in z-Richtung. Die Ausbreitungsrichtung der Wellen ist identisch mit der Richtung von $\vec{k}$, solange alle Komponenten reell sind; sie ist die Richtung des Phasenvektors $\vec{b}$, wenn $\vec{k}$ ein komplexer Vektor ist (hier: für imaginäres k_z liegt $\vec{b}$ in der Ebene $z = 0$).

Der Realteil des komplexen Poynting-Vektors $\vec{S} = \tfrac{1}{2}\vec{E}\times\vec{H}^{*}$ (die Komponenten von $\vec{E}$, $\vec{H}$ sind komplexe Amplituden) zeigt in Richtung des Phasenvektors $\vec{b}$ (Wirkleistungsfluß), der Imaginärteil in Richtung des Amplitudenvektors $\vec{a}$ (Blindleistungsfluß).

Gleichförmige (homogene) ebene Wellen Aus der Definition der gleichförmigen ebenen Welle von Seite 16, Text nach Gl. (2.14), ergibt sich die Forderung, daß $\vec{a}$ und $\vec{b}$ parallel sein müssen, was wegen Gl. (2.16) nur für Wellen mit $|\vec{a}| = 0$ (konstante Amplitude) zu erfüllen ist. Aus Gl. (2.13) folgt, daß in diesem Fall Ausbreitungsvektor $\operatorname{grad}\bar{\varphi}$ und Phasenvektor $\vec{b}$ identisch und reell sind. Damit ist $\vec{b}\cdot\vec{E} = 0$, $\vec{b}\cdot\vec{H} = 0$. $\vec{E}$, $\vec{H}$, $\vec{b}$ bilden in dieser Reihenfolge ein rechtsorientiertes orthogonales Dreibein. Sowohl $\vec{E}$ als auch $\vec{H}$ stehen normal auf der Ausbreitungsrichtung $\vec{b}$ (TEM-Welle, elektrisches und magnetisches Feld sind transversal: transversale elektromagnetische Welle). $\vec{E}$ und $\vec{H}$ sind in Phase, der Feldwellenwiderstand (als Quotient zweier orthogonaler Komponenten von $\vec{E}$ und $\vec{H}$) ist der reelle Feldwellenwiderstand Z_0/n des Mediums. Der komplexe Poynting-Vektor ist reell, $\vec{S} = \frac{1}{2}\vec{E} \times \vec{H}^* = \frac{1}{2}n|\vec{E}|^2/Z_0$.

Phasen- und Gruppengeschwindigkeit   Für gleichförmige ebene Wellen erhält man als Phasengeschwindigkeit Gl. (2.14), Gruppengeschwindigkeit v_g und auf die Wegstrecke L bezogene Gruppenlaufzeit t_g

$$v = \frac{\omega}{k} = \frac{c}{n}, \qquad v_g = \frac{\mathrm{d}\omega}{\mathrm{d}k} = \frac{c}{n_g}, \qquad n_g = n + f\frac{\mathrm{d}n}{\mathrm{d}f} = n - \lambda\frac{\mathrm{d}n}{\mathrm{d}\lambda},$$
$$\frac{t_g}{L} = \frac{\mathrm{d}k}{\mathrm{d}\omega} = \frac{n_g}{c}, \qquad \frac{\mathrm{d}n_g}{\mathrm{d}\lambda} = -\lambda\frac{\mathrm{d}^2 n}{\mathrm{d}\lambda^2}. \tag{2.18}$$

Die Gruppenbrechzahl n_g charakterisiert die wirksame Brechzahl für eine Wellengruppe im dispersiven Medium, ihre Ableitung ist ein Maß für die Gruppenlaufzeitdifferenz.

Polarisation

Den Schwingungszustand des Vektors der dielektrischen Verschiebung $\vec{D}$ bezeichnet man als Polarisationszustand. Für die hier vorausgesetzten isotropen, linearen Medien gilt die Proportionalität Gl. (2.6), so daß der Schwingungszustand des elektrischen Feldstärkevektors $\vec{E}$ in gleicher Weise den Polarisationszustand kennzeichnet. Für die Überlagerung von in z-Richtung laufenden, monochromatischen, gleichförmigen ebenen Wellen Gl. (2.17) schreibt man die komplexen Komponenten von $\vec{E} = E_x \vec{e}_x + E_y \vec{e}_y$ mit dem Hilfsvektor $\vec{J} = J_x \vec{e}_x + J_y \vec{e}_y$ als

$$\begin{pmatrix} E_x \\ E_y \end{pmatrix} = E_0\, \mathrm{e}^{\mathrm{j}(\omega t - k_z z)} \begin{pmatrix} J_x \\ J_y \end{pmatrix}, \qquad \begin{pmatrix} J_x \\ J_y \end{pmatrix} = \mathrm{e}^{\mathrm{j}\delta} \begin{pmatrix} \mathrm{e}^{-\mathrm{j}\varphi}\cos\alpha \\ \mathrm{e}^{+\mathrm{j}\varphi}\sin\alpha \end{pmatrix},$$
$$0 \le \alpha \le \tfrac{\pi}{2}, \qquad 0 \le \varphi < \pi. \tag{2.19}$$

$\vec{J}$ wird Jones-Vektor genannt und kennzeichnet den Polarisationszustand. Für orthogonale Polarisationszustände $\vec{J}_1, \vec{J}_2$ gilt $\vec{J}_1 \cdot \vec{J}_2^* = 0$. Bei linearer Polarisation haben die Komponenten von $\vec{J}$ gleiche Phase und die Spitze des Feldstärkevektors läuft in jeder Ebene $z = $ const auf einer Geraden, Abb. 2.3a. Im allgemeinen wird sich der Feldstärkevektor auf einer Ellipse bewegen, deren große Hauptachse gegen die x-Achse geneigt ist. Wird diese Ellipse vom Betrachter aus, der auf das gegen ihn laufende Feld blickt ($-z$-Richtung in Abb. 2.3), für ($\varphi < 0$) $\varphi > 0$ im (Gegen-)Uhrzeigersinn durchlaufen, spricht man von (linkselliptischer) rechtselliptischer Polarisation, im Sonderfall gleicher Beträge der $\vec{J}$-Komponenten mit $2\varphi = \pi/2$ wie in Abb. 2.3c von (linkszirkularer) rechtszirkularer Polarisation. Beliebig polarisierte Wellen sind nach Gl. (2.19) zerlegbar in zwei orthogonal linear polarisierte Wellen geeigneter Amplitude und Phase. Ein

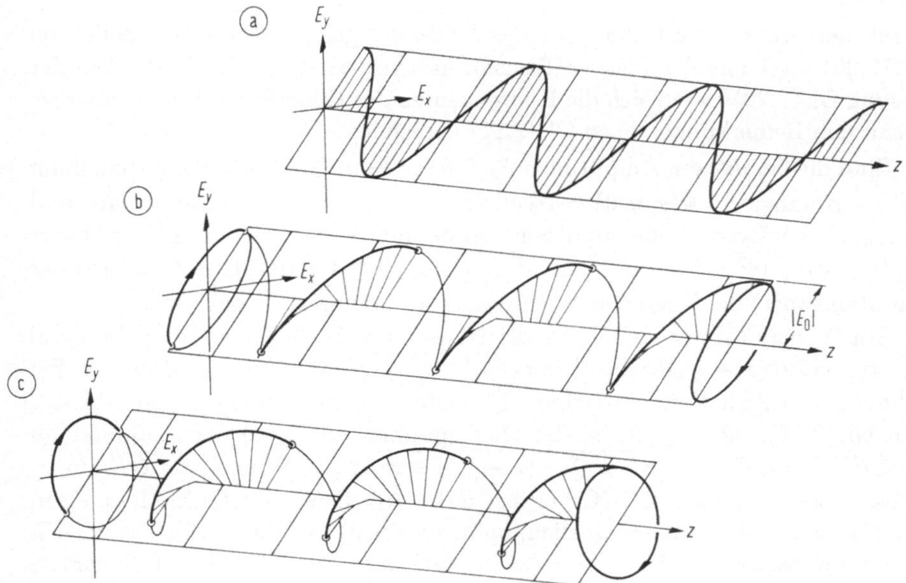

Abb. 2.3. Polarisationszustände bei Überlagerung zweier gleichförmiger ebener Wellen. Amplitude $|E_0|$, $\delta = 0$, $\cos\alpha = \sin\alpha = 1/\sqrt{2}$. Phasendifferenz von y- und x-Komponente: (a) lineare Polarisation, $2\varphi = 0$ (b) rechtselliptische Polarisation, $2\varphi = \pi/4$, Achsenverhältnis 0,414 (c) rechtszirkulare Polarisation, $2\varphi = \pi/2$

linear polarisiertes Feld kann man durch je eine rechts- und eine linkszirkular polarisierte Welle mit gleichen Amplituden darstellen. Ein elliptisch polarisiertes Feld läßt sich durch Überlagerung einer rechts- und einer linkszirkular polarisierten Welle mit jeweils verschiedenen Amplituden erzeugen.

Lösung der Wellengleichung

Die Lösung der Wellengleichung Gl. (2.11) im homogenen Medium für monochromatische Felder mit reellem k_x, k_y erhält man durch Überlagerung aller gleichförmigen und evaneszenten ebenen Wellen vom Typ Gl. (2.17),

$$\Psi(x,y,z) = \iint\limits_{-\infty}^{+\infty} \widetilde{\Psi}_0(\xi,\eta)\, e^{-j\,2\pi(\xi x+\eta y)}\, e^{-j\,2\pi\sigma\sqrt{|\kappa^2-\xi^2-\eta^2|}\,z}\, \mathrm{d}\xi\,\mathrm{d}\eta,$$

$$\sigma = \begin{cases} +1 & \text{für} \quad \xi^2+\eta^2 \leq \kappa^2, \\ -j & \text{für} \quad \xi^2+\eta^2 \geq \kappa^2, \end{cases} \tag{2.20}$$

$$\widetilde{\Psi}_0(\xi,\eta) = \iint\limits_{-\infty}^{+\infty} \Psi(x',y',0)\, e^{+j\,2\pi(\xi x'+\eta y')}\, \mathrm{d}x'\,\mathrm{d}y'.$$

Zur Schreibweise siehe die Bemerkungen in Anh. A auf Seite 370; $\widetilde{\Psi}_0$ ist die räumliche Fourier-Transformierte. Die komplexen Amplituden $\widetilde{\Psi}_0(\xi,\eta)$ werden

durch den Anfangswert $\Psi(x,y,0)$ des Feldes festgelegt. Die letzte Zeile von
Gl. (2.20) folgt mit der Fourier-Transformationsbeziehung Gl. (A.6). Aus der
Lösung Gl. (2.20) lassen sich die Komponenten der Feldstärkevektoren entspre-
chend den Bemerkungen nach Gl. (2.11) berechnen.

Sind die komplexen Amplituden $\widetilde{\Psi}_0(\xi,\eta) = \widetilde{\Psi}_0$ in Gl. (2.20) alle gleich, dann
ist das Anfangsfeld $\Psi(x,y,0) = \widetilde{\Psi}_0\,\delta(x)\delta(y)$ ein räumlicher Dirac-Impuls, und
$\Psi(x,y,z)$ repräsentiert die Impulsantwort des homogenen Mediums. Der Faktor
$\exp(-\mathrm{j}\,2\pi\sigma\sqrt{|\kappa^2 - \xi^2 - \eta^2|}\,z)$ ist demzufolge (als Fourier-Transformierte der
Impulsantwort) die Übertragungsfunktion des homogenen Mediums.

Zur Vereinfachung von Gl. (2.20) ist es zweckmäßig, das Doppelintegral
$\iint \exp[-\mathrm{j}\,2\pi(\xi x + \eta y)]\exp[-\mathrm{j}\,2\pi\sigma\sqrt{|\kappa^2 - \xi^2 - \eta^2|}\,z]\,\mathrm{d}\xi\,\mathrm{d}\eta$ mit Hilfe der Ergebnisse von Anh. C auszuwerten. Es gelten die Zuordnungen von Abb. 2.2
und Gl. (2.17). $Q(x',y',0)$ ist der Quellenpunkt, $P(x,y,z)$ der Aufpunkt im
Abstand $l = \overline{QP} = \sqrt{(x-x')^2 + (y-y')^2 + z^2}$, ε der Winkel von $\overline{QP}$ zur z-
Achse. Ersetzt man in Gl. (C.11) den festen Quellenpunkt Q durch einen in
der Ebene $z = 0$ variablen Quellenpunkt, $Q(0,0,0) \to Q(x',y',0)$, also $d \to l$,
$\gamma \to \varepsilon$ und weiter $u \to \xi/\kappa$, $v \to \eta/\kappa$, so erhält man für Gl. (2.20) die Näherung

$$\Psi(x,y,z) = \frac{\mathrm{j}}{\lambda/n}\int\limits_{-\infty}^{+\infty}\!\!\int \Psi(x',y',0)\,\frac{\cos\varepsilon}{l}\,\mathrm{e}^{-\mathrm{j}\,kl}\,\mathrm{d}x'\,\mathrm{d}y',$$
$$\frac{l}{\lambda/n} \gg 0{,}23(\cos\varepsilon)^{-3}. \tag{2.21}$$

Die zulässigen Koordinaten des Aufpunkts $P(x,y,z)$ für beliebige Anfangsfel-
der $\Psi(x,y,0)$, die Details mit Perioden kleiner als eine Medium-Wellenlänge
enthalten können (s. Text nach Gl. (C.11)), sind beschränkt; solange aber
$nl/\lambda \geq 10^3$ ist, muß nach Gl. (C.11) nur die Bedingung $|\varepsilon| \leq 73°$ eingehalten werden. Gleichung (2.21) gibt im Bereich $z \geq 0$ die Lösung der Wellengleichung Gl. (2.11) im homogenen Medium für ein Anfangsfeld $\Psi(x,y,0)$.
Sie besagt: Von einem Flächenelement des Anfangsfelds mit der scheinbaren
Größe $\cos\varepsilon\,\mathrm{d}x'\,\mathrm{d}y'$ gehen Kugelwellen der Stärke $\Psi(x',y',0)\cos\varepsilon\,\mathrm{d}x'\,\mathrm{d}y'$ aus.
Ihre Amplitude nimmt mit der Entfernung wie $1/l$ ab, ihre Phase mit $-kl$.
Die Kugelwellen aller Flächenelemente überlagern sich im Aufpunkt (Huygens-
Fresnel-Prinzip [52, Abschn. 8.2]).

Fernfeld auf Kugelflächen — Fourier-Näherung Bei Aufpunkten P, die
im Vergleich zur signifikanten radialen Ortsausdehnung r_M des Anfangsfeldes
$\Psi(x,y,0)$ weit entfernt sind, $l \gg r_M$ in Abb. 2.2, kann man für $k(x'^2 + y'^2)/(2 \times
d) \leq kr_M^2/(2d) \ll 1$ nähern $kl \approx kd - k(xx' + yy')/d$ und $\cos\varepsilon/l \approx \cos\gamma/d$, wo-
bei $d = \mathrm{const}$ der feste Abstand $\overline{OP}$ ist. Die Näherung wird Fourier-Näherung
genannt. Man erhält aus Gl. (2.21) für das sogenannte Fernfeld auf einer Kugelschale,

$$\Psi(x,y,z) = \mathrm{j}\,\mathrm{e}^{-\mathrm{j}\,kd}\,\frac{\cos\gamma}{d\lambda/n}\,\widetilde{\Psi}_0\!\left(\frac{x/d}{\lambda/n},\frac{y/d}{\lambda/n}\right), \quad \cos\gamma = z/d,$$
$$d = \sqrt{x^2 + y^2 + z^2}, \qquad d\lambda/n \gg \pi r_M^2, \qquad \frac{d}{\lambda/n} \gg 0{,}23(\cos\gamma)^{-3}. \tag{2.22}$$

Das Fernfeld $\Psi(x, y, z)$ auf einer Kugelschale mit Radius d ist der räumlichen Fourier-Transformierten $\widetilde{\Psi}_0$ Gl. (2.20) des Anfangsfelds in der Ebene $z = 0$ proportional. Dieses Anfangsfeld wird im folgenden — abweichend von der Terminologie der Beugungstheorie, aber im Einklang mit dem Sprachgebrauch bei Lichtwellenleitern — als Nahfeld bezeichnet. Lokal verhält sich das Fernfeld wie eine gleichförmige ebene Welle, die im Aufpunkt nur Transversalkomponenten in einer Tangentialebene an die Kugelfläche der sphärischen Phasenfronten hat (s. z. B. [566, Teil I Abschn. 1.7, 1.8] [580, Band 2 Abschn. 15.2]). Die Feldamplituden nehmen mit d ab und werden im übrigen durch diejenige Fourier-Amplitude des Nahfelds bestimmt, die einer ebenen Welle in Richtung des Aufpunkts entspricht. Für beliebige Nahfelder ist der zulässige Winkelbereich für $nd/\lambda \geq 10^3$ auf $|\gamma| \leq 73°$ eingeschränkt. Für spezielle Nahfelder in Zylinderkoordinaten r, φ, z mit harmonischer Winkelabhängigkeit berechnet man das Fernfeld in Kugelkoordinaten d, Φ, γ nach Gl. (2.17) und Gl. (A.7):

$$\Psi(r, \varphi, 0) = \Psi^{(\nu)}(r) \begin{Bmatrix} \cos \nu\varphi \\ \text{oder} \\ \sin \nu\varphi \end{Bmatrix}, \qquad \nu = 0, 1, 2, \ldots,$$

$$\Psi(d, \Phi, \gamma) = \mathrm{j}\, e^{-\mathrm{j}\,kd}\, \frac{\cos\gamma}{d\lambda/n}\, \widetilde{\Psi}^{(\nu)} \left(\frac{\sin\gamma}{\lambda/n}\right) \mathrm{j}^\nu \begin{Bmatrix} \cos \nu\Phi \\ \text{oder} \\ \sin \nu\Phi \end{Bmatrix}, \qquad (2.23)$$

$$d\lambda/n \gg \pi r_M^2, \qquad \frac{d}{\lambda/n} \gg 0{,}23(\cos\gamma)^{-3}.$$

Hat das radiale Nahfeld $\Psi^{(\nu)}(r)$ konstante Phase, dann bleibt auch die Phase des Fernfelds wegen Gl. (A.7) auf einer Kugelschale konstant.

Paraxiales Fernfeld — Fraunhofer-Näherung Ist für spezielle Anfangsfelder $\Psi(x, y, 0)$ in Gl. (2.20), Gl. (2.17) das Spektrum $\widetilde{\Psi}_0(\xi, \eta)$ auf niedrige Raumfrequenzen $\varrho \ll \kappa$ beschränkt, dann gilt $\sqrt{|\kappa^2 - \varrho^2|} \approx \kappa - \frac{1}{2}\varrho^2/\kappa$, und man erhielte mit Gl. (C.2) das Feld $\Psi(x, y, z)$ in der Ebene $z = $ const in paraxialer Näherung (Fresnel-Näherung, s. z. B. [183, Abschn. 4-1]). Nimmt man zusätzlich wie zuvor an, daß die Beobachtungsebene $z = $ const sehr viel weiter entfernt ist als der signifikanten radialen Ortsausdehnung r_M des Anfangsfeldes $\Psi(x, y, 0)$ entspricht, dann erhält man das paraxiale Fernfeld in Fraunhofer-Näherung,

$$\Psi(x, y, z) = \mathrm{j}\, e^{-\mathrm{j}\,kz}\, e^{-\mathrm{j}\,\frac{\pi}{z\lambda/n}(x^2+y^2)}\, \frac{1}{z\lambda/n}\, \widetilde{\Psi}_0 \left(\frac{x/z}{\lambda/n}, \frac{y/z}{\lambda/n}\right),$$

$$z\lambda/n \gg \pi r_M^2, \qquad x^2 + y^2 \ll z^2. \qquad (2.24)$$

Bis auf das Produkt der Exponentialterme, dessen Phase auf einer annähernd sphärischen Phasenfläche konstant ist, entspricht das Fernfeld der Fourier-Transformation des Nahfelds. Die paraxiale Näherung Gl. (2.24) gilt für kleine Abweichungen von der z-Achse im sogenannten Fraunhofer-Bereich, d. h. im Fernfeld für Entfernungen, die wesentlich größer sind als die signifikante Nahfeldfläche bezogen auf die Medium-Wellenlänge. Man hätte Gl. (2.24) auch unmittelbar aus Gl. (2.22) erhalten, indem man den Phasenfaktor $\exp(-\mathrm{j}\,kd)$

der Kugelwelle durch $\exp(-\mathrm{j}\,kz)\exp[-\mathrm{j}\,\frac{\pi}{z\lambda/n}(x^2+y^2)]$ nähert und sonst $d \approx z$, $\cos\gamma \approx 1$ setzt. Entsprechendes gilt für die paraxiale Näherung der Gl. (2.23).

Nahfeld und paraxiales Fernfeld des Gaußschen Strahls   Für ein Gaußsches Nahfeld erhält man nach Gl. (2.24) das paraxiale Gaußsche Fernfeld (P_0 ist die Gesamtleistung in Ebenen $z = $ const)

$$\Psi(x,y,0) = \sqrt{\frac{4P_0/n}{\pi w_{0x} w_{0y}}}\ \exp\left[-\left(\frac{x^2}{w_{0x}^2} + \frac{y^2}{w_{0y}^2}\right)\right],\tag{2.25}$$

$$\Psi(x,y,z) = \mathrm{j}\,\mathrm{e}^{-\mathrm{j}\,kz}\,\mathrm{e}^{-\mathrm{j}\,\frac{\pi}{z\lambda/n}(x^2+y^2)}\,\sqrt{\frac{4P_0/n}{\pi w_{0\xi} w_{0\eta}}}\,\frac{1}{z\lambda/n}\ \exp\left(-\frac{x^2/w_{0\xi}^2 + y^2/w_{0\eta}^2}{(z\lambda/n)^2}\right),$$

$$\pi w_{0x} w_{0y}\,\pi w_{0\xi} w_{0\eta} = 1, \qquad w_{0\xi} = (\pi w_{0x})^{-1}, \qquad w_{0\eta} = (\pi w_{0y})^{-1},$$

$$z\lambda/n \gg \pi w_{0x} w_{0y}, \qquad w_{0x}, w_{0y} \geq 1{,}59\lambda/n, \qquad x^2 + y^2 \ll z^2.$$

Die Strahlradien w_{0x}, w_{0y} bestimmen die effektiven $(1/e\text{-})$Breiten des Nahfeldes; sie dürfen wegen der paraxialen Näherung nach [590, Gl. (1.70)] nicht kleiner als $1{,}59\lambda/n$ sein. Die Phasenfläche des Nahfelds ist nach Gl. (2.25) eine Ebene. Der Gaußsche Strahl hat ein Fernfeld (s. Abb. 2.12) mit annähernd sphärischen Phasenflächen, der Strahlquerschnitt ist elliptisch und die Amplitudenflächen sind kegelförmig, wobei die Kegelspitze bei $x = y = z = 0$ lokalisiert ist und das Feld in $+z$-Richtung divergiert; weitere Einzelheiten s. [190, Abschn. 1.9.1, 1.9.5] [590].

Mit Gl. (2.17) kann das Fernfeld auch in (paraxial genäherten) Raumfrequenz-Koordinaten $\xi \approx \frac{x}{z\lambda/n}$, $\eta \approx \frac{y}{z\lambda/n}$ angeschrieben werden; $w_{0\xi}$, $w_{0\eta}$ sind dann die $1/e$-Raumfrequenz-Bandbreiten des Fernfelds in x- und y-Richtung. Für rotationssymmetrische Felder gilt $w_{0x} = w_{0y} = w_0$, $w_{0\xi} = w_{0\eta} = w_\varrho$. Das Produkt der effektiven Nahfeldfläche $F_0 = \pi w_0^2$ und der effektiven Raumfrequenz-„Fläche" πw_ϱ^2 ist eins. Mit $\Omega_0 = \pi\gamma_0^2$ bezeichnet man den effektiven Fernfeld-Raumwinkel, mit $A_{N0} = \sin\gamma_0 \approx \tan\gamma_0$ die effektive numerische Apertur des Fernfelds, mit $w_H = \sqrt{\ln 2/2}\,w_0$ bzw. $A_{NH} = \sin\gamma_H = \sqrt{\ln 2/2}\,A_{N0}$ den Radius bei halber *Intensität* des Nahfelds bzw. die numerische Apertur bei halber *Leistung* des Fernfelds. Mit Gl. (2.17), $\pi w_\varrho^2 = \pi\kappa^2 \sin^2\gamma_0$, und Gl. (2.25) folgt

$$F_0\,\Omega_0 = \frac{\lambda^2}{n^2}, \quad \tan\gamma_0 = \frac{2}{k w_0}, \quad 2w_0 A_{N0} \approx 0{,}6\frac{\lambda}{n}, \quad 2w_H A_{NH} \approx 0{,}2\frac{\lambda}{n}.\tag{2.26}$$

Je ausgedehnter das Nahfeld, desto kleiner ist der Öffnungs- oder Divergenzwinkel γ_0, γ_H des Fernfelds. Allgemein gilt wegen des Fourier-Zusammenhangs zwischen Nah- und Fernfeld: Empfängt ein optisches Instrument (z. B. eine Sammellinse mit Radius B und Brennweite f, numerische Apertur $A_{NL} = \sin\gamma_L = B/f$) die Strahlung eines Objekts nur aus Winkelbereichen $\sin\gamma \leq A_{NL}$, dann können nach Gl. (2.26) räumliche Objekteinzelheiten mit Durchmessern kleiner als ungefähr $2w_0 = 0{,}6\lambda/(nA_{NL})$ prinzipiell nicht aufgelöst werden.

2.1.3   Wellen an ebenen Grenzflächen

Zwei homogene, isotrope Bereiche mit reellen Brechzahlen n_1 und n_2 mögen in der Grenzfläche $x = 0$ aneinanderstoßen, Abb. 2.4a. Für diese Anordnung werden stationäre Lösungen der Maxwell-Gleichungen Gl. (2.1) bzw. der Wellengleichung Gl. (2.11) für eine aus dem dichteren Medium ($n_1 > n_2$) einfallende ebene Welle gesucht. Als Lösungsansatz dienen monochromatische ebene Wellen Gl. (2.17) $\vec{\Psi}_s(t, \vec{r}) = \vec{\Psi}_s \exp(\,\mathrm{j}\,\omega t - \mathrm{j}\,\vec{k}_s \cdot \vec{r}\,)$ für den allgemeinen (elektrischen, $\vec{\Psi}_s = \vec{E}_s$, oder magnetischen, $\vec{\Psi}_s = \vec{H}_s$) Feldstärkevektor. Einfallende, transmittierte und reflektierte ebene Welle werden mit $s = 1, 2, 3$ indiziert; nur ihre Gesamtheit löst das vorliegende Problem. Vektorkomponenten in die ($q = x, y, z$)-Richtungen werden mit den Indizes q versehen. Die Felder werden zerlegt in Wellen mit E-Polarisation ($\vec{E}_s = E_s \vec{e}_y$ parallel zur Grenzfläche, $E_{sz} = 0$, TE- bzw. H-Welle) und in Wellen mit H-Polarisation ($\vec{H}_s = H_s \vec{e}_y$ parallel zur Grenzfläche, $H_{sz} = 0$, TM- bzw. E-Welle). In Abb. 2.4a sind die $\vec{E}$- und $\vec{H}$-Vektoren ($\vec{H}$- und $\vec{E}$-Vektoren) für E-Polarisation (H-Polarisation) dargestellt.

Als Randbedingungen sind in der Grenzfläche $x = 0$ stetige Tangentialkomponenten von $\vec{E}_s$ und $\vec{H}_s$ zu fordern ([190, Abschn. 1.5.1] [340, Abschn. 1.5], identisch mit der Forderung stetiger Normalkomponenten von $\vec{D}$ und $\vec{B}$). Folglich muß in der Grenzfläche die räumliche Phase der beteiligten Wellen gleich sein (in Abb. 2.4a ist $k_{1y} = 0$ angenommen),

$$k_{1y} = k_{2y} = k_{3y} = 0, \qquad k_{1z} = k_{2z} = k_{3z}. \tag{2.27}$$

Da die z-Komponenten der Ausbreitungsvektoren $\vec{k}_s$ in beiden Medien gleich sind, bewegen sich die Felder auf beiden Seiten der Grenzfläche synchron entlang der z-Achse. Die Vektoren $\vec{k}_s$ liegen in einer Ebene, der Einfallsebene (sie

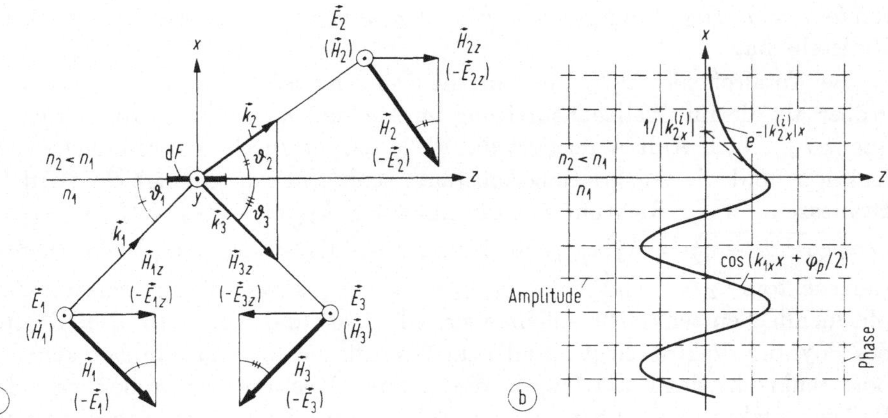

Abb. 2.4. Reflexion und Brechung von E-polarisierten (H-polarisierten) Wellen an ebenen Grenzflächen; die Indizes 1, 2 und 3 stehen für einfallende, transmittierte und reflektierte Welle. ⊙-Vektoren zeigen auf den Betrachter zu (senkrecht aus der Zeichenfläche heraus). (a) Reflexion und Brechung am Übergang zum dichteren Medium   (b) Totalreflexion

enthält $\vec{k}_1$ und steht normal auf der Grenzfläche). Daraus folgt das Reflexionsgesetz, wegen $k_{sz} = n_s k_0 \cos\vartheta_s$ das Snelliussche Brechungsgesetz sowie der Grenzwinkel der Totalreflexion,

$$\vartheta_1 = \vartheta_3, \qquad n_1\cos\vartheta_1 = n_2\cos\vartheta_2, \qquad \cos\vartheta_{1T} = \frac{n_2}{n_1}. \tag{2.28}$$

Für $n_2 < n_1$ bleibt immer $\vartheta_1 > \vartheta_2$. Beim Grenzwinkel der Totalreflexion ϑ_{1T} wird $\vartheta_2 = 0$. Vor einer detaillierten Diskussion der Totalreflexion müssen noch die Stetigkeitsbedingungen der Amplituden für E-Polarisation (H-Polarisation) formuliert werden,

$$\begin{aligned}
E_{2y} &= E_{1y} + E_{3y}, & H_{2y} &= H_{1y} + H_{3y}, \\
H_{2z} &= H_{1z} + H_{3z}, & E_{2z} &= E_{1z} + E_{3z}, \\
|H_{sz}| &= H_s\sin\vartheta_s, \quad (H_{3z} < 0), & |E_{sz}| &= E_s\sin\vartheta_s, \quad (E_{3z} > 0), \\
Z_s &= E_{sy}/H_{sz} = \tfrac{Z_0}{n_s}k_s/k_{sx}, & Y_s &= -H_{sy}/E_{sz} = \tfrac{n_s}{Z_0}k_s/k_{sx}.
\end{aligned} \tag{2.29}$$

Z_1, Z_2 bzw. Y_1, Y_2 sind die Feldwellenwiderstände bzw. -leitwerte der Feldkomponenten parallel zur Grenzfläche. Für das Verhältnis der reflektierten zu den einfallenden Transversalkomponenten bei E- bzw. H-Polarisation erhält man die Fresnel-Formeln für Reflexion,

$$\begin{aligned}
r_E &= \frac{E_3}{E_1} = \frac{Z_2 - Z_1}{Z_2 + Z_1} = \frac{k_{1x} - k_{2x}}{k_{1x} + k_{2x}} = \frac{n_1\sin\vartheta_1 - n_2\sin\vartheta_2}{n_1\sin\vartheta_1 + n_2\sin\vartheta_2}, \\
r_H &= \frac{H_3}{H_1} = \frac{Y_2 - Y_1}{Y_2 + Y_1} = \frac{n_2^2 k_{1x} - n_1^2 k_{2x}}{n_2^2 k_{1x} + n_1^2 k_{2x}} = \frac{n_2\sin\vartheta_1 - n_1\sin\vartheta_2}{n_2\sin\vartheta_1 + n_1\sin\vartheta_2}.
\end{aligned} \tag{2.30}$$

Es gilt $|r_H| \leq |r_E|$, da $r_H = 0$ ist für den sogenannten Brewster-Winkel $\tan\vartheta_{1B} = n_1/n_2$, $\tan\vartheta_{2B} = n_2/n_1$, $\vartheta_{1B} + \vartheta_{2B} = \pi/2$, während r_E keine Nullstelle hat.

Bei Totalreflexion $\vartheta_1 \leq \vartheta_{1T}$ wird die Raum-Kreisfrequenz k_{2z} in z-Richtung größer als die für Wellenausbreitung im Medium n_2 zulässige Raumkreisfrequenz k_2. Nach Anh. A reagiert die Welle darauf durch eine räumliche Kontraktion, und die Ausbreitungskonstante senkrecht zur Grenzfläche wird für Evaneszenz in $+x$-Richtung negativ imaginär, $k_{2x} = -\sqrt{k_2^2 - k_{2z}^2} = -\mathrm{j}\,k_0 \times \sqrt{n_1^2\cos^2\vartheta_1 - n_2^2} = -\mathrm{j}\,|k_{2x}^{(i)}|$. Real- und Imaginärteil des komplexen Ausbreitungsvektors $\vec{k}_2 = -\mathrm{j}\,|k_{2x}^{(i)}|\,\vec{e}_x + k_{1z}\,\vec{e}_z$ stehen ebenso wie die Phasen- und Amplitudenflächen senkrecht aufeinander, Gl. (2.16) und Abb. 2.4b. Der Realteil des Poynting-Vektors liegt parallel zur Grenzfläche , so daß kein Energietransport senkrecht dazu stattfindet: die gesamte Leistung wird reflektiert. Die Reflexionsfaktoren sind dem Betrag nach eins und bekommen eine Phasenverschiebung, $r_p = \exp(\mathrm{j}\,\varphi_p)$, $p = E, H$,

$$\varphi_E = 2\arctan\frac{|k_{2x}^{(i)}|}{k_{1x}}, \qquad \varphi_H = 2\arctan\frac{n_1^2|k_{2x}^{(i)}|}{n_2^2 k_{1x}}. \tag{2.31}$$

Einfallende und reflektierte Welle haben gleiche Amplitude und entgegengesetzte Ausbreitungsrichtung bezüglich der x-Achse; sie überlagern sich daher zu einer in x-Richtung wie $\cos(k_{1x}x)$ variierenden stehenden Welle. Im Medium n_2 klingt diese Welle wie $\exp(-|k_{2x}^{(i)}|x)$ ab, Abb. 2.4b. Die reziproke Eindringtiefe ist $|k_{2x}^{(i)}| = k_0\sqrt{n_1^2\cos^2\vartheta_1 - n_2^2}$. Je größer die Brechzahldifferenz ist, desto rascher klingt das Feld ab; die Phasenverschiebung nähert sich für $\vartheta_1 \to 0$ dem Wert π. Bei kleiner Brechzahldifferenz verschwindet der Unterschied zwischen E- und H-Polarisation, Gl. (2.30) und Gl. (2.31).

Die Leistung, die von der einfallenden Welle zu einem Flächenelement dF in der Grenzfläche $x = 0$ transportiert wird, Abb. 2.4a, muß von der reflektierten und transmittierten Welle übernommen werden. Man erhält die Leistungsbilanz $\frac{1}{2}n_2|E_2|^2\,dF\sin\vartheta_2 = \frac{1}{2}n_1|E_1|^2\,dF\sin\vartheta_1 - \frac{1}{2}n_1|E_3|^2\,dF\sin\vartheta_1$; daraus folgt für die Leistungs-Reflexions- und Transmissionsfaktoren

$$T_p = 1 - R_p, \qquad R_p = |r_p|^2, \qquad p = E, H. \tag{2.32}$$

Bei senkrechter Inzidenz beträgt für eine Glas-Luft-Grenzfläche mit $n_1 = 1$, $n_2 = 1{,}5$ (oder umgekehrt!) der Leistungs-Reflexionsfaktor $R_E = R_H = 4\,\%$; für $n_2 = 3{,}6$ wird $R_E = R_H = 32\,\%$.

Die verallgemeinerten Fresnel-Formeln für Reflexion und Brechung an beliebig gekrümmten Grenzflächen lassen sich nur mit einigem Aufwand berechnen [511]; ein Beispiel für die Anwendung auf Wellenleiterprobleme ist bei [514, Abschn. 7-14] zu finden.

2.1.4   Optik im schwach inhomogenen Medium

Bezeichnet man mit $|\Delta n|_\lambda/n$ und $|\Delta(\operatorname{grad} n)|_\lambda/|\operatorname{grad} n|$ die relativen Änderungen von n und $|\operatorname{grad} n|$ längs einer Strecke von der Größe der Medium-Wellenlänge λ/n, und sind diese relativen Änderungen klein gegen eins, dann können die Terme mit $\operatorname{grad}\ln n^2$ von Gl. (2.9) vernachlässigt werden [340, Abschn. 1.3] [190, Abschn. 1.7] [162, Abschn. 10.3.2], und die Differentialgleichungen für die Feldstärkekomponenten sind bei Verwendung kartesischer Koordinaten (wie im homogenen Medium) entkoppelt,

$$\nabla^2\vec{E} - \frac{n^2(\vec{r})}{c^2}\frac{\partial^2\vec{E}}{\partial t^2} = 0, \qquad \nabla^2\vec{H} - \frac{n^2(\vec{r})}{c^2}\frac{\partial^2\vec{H}}{\partial t^2} = 0. \tag{2.33}$$

Für das homogene Medium konnte die Wellengleichung gelöst werden, Gl. (2.20) – Gl. (2.24). Für das inhomogene Medium ist eine allgemeine Lösung von Gl. (2.33) — also selbst bei Annahme schwacher Inhomogenität — nicht möglich.

2.1.5   Skalare Optik im schwach inhomogenen Medium

Es gibt eine Klasse von Problemen, bei denen der Vektorcharakter der Felder nicht relevant ist: Für die Reflexion und Brechung an Grenzflächen beispielsweise verschwindet bei geringer Brechzahldifferenz der Unterschied zwischen E- und H-Polarisation, Text nach Gl. (2.31). Die Beugung elektromagnetischer Wellen ist unabhängig von der Polarisationsrichtung der Felder, sofern die beugenden Objekte groß gegen die Wellenlänge sind und sofern man sich für die Felder in kleinen Entfernungen (Größenordnung λ/n) von den beugenden Objekten nicht interessiert. Beim Durchgang natürlichen Lichtes durch optische Instrumente (dabei werden Strahlenbündel mit kleinen Öffnungswinkeln betrachtet) ist man an den Intensitäten an bestimmten Punkten des Feldes interessiert. Es liegt nahe, in all diesen Fällen das elektromagnetische Feld durch eine skalare Größe $\Psi(\vec{r})$ zu beschreiben, welche der Wellengleichung genügt. Die Feldintensität ist dann proportional $|\Psi(\vec{r})|^2$, die Interferenzfähigkeit der Felder ist dadurch gegeben, daß die komplexen Skalargrößen der Teilfelder sich additiv überlagern. Diese Näherung wird als skalare Optik [52, Abschn. 8.4] bezeichnet.

In der skalaren Optik wird jede Spektralkomponente des Feldes durch eine komplexe, geeignet normierte Wellenfunktion $\Psi(t,\vec{r}) = \Psi(\vec{r})\exp(\mathrm{j}\omega t)$ mit der komplexen Amplitude $\Psi(\vec{r})$ repräsentiert. Der über eine optische Periode gemittelte Betrag (Index T) der Energieflußdichte von Gl. (2.2) wird Intensität $I(\vec{r}) = \mathcal{S}_T$ genannt und legt die Normierung für das skalare Feld fest. Man erhält aus Gl. (2.33) die skalare Helmholtz-Gleichung für das schwach inhomogene Medium,

$$
\begin{aligned}
&\Psi(t,\vec{r}) = \Psi(\vec{r})\,\mathrm{e}^{\mathrm{j}\omega t}, &&\mathcal{S}_T(\vec{r}) = I(\vec{r}) = \tfrac{1}{2}n(\vec{r})\,|\Psi(\vec{r})|^2, \\
&\left(\nabla^2 + k_0^2 n^2(\vec{r})\right)\Psi(\vec{r}) = 0, &&\frac{|\Delta n|_\lambda}{n}, \frac{|\Delta(\operatorname{grad}n)|_\lambda}{|\operatorname{grad}n|} \ll 1.
\end{aligned}
\tag{2.34}
$$

2.1.6 Geometrische Optik im inhomogenen Medium

Die für Gl. (2.33) gemachte Voraussetzung schwacher Inhomogenität trifft immer dann zu, wenn nur hinreichend kleine Wellenlängen betrachtet werden. Das vektorielle Feld behält dann *lokal*, d. h. in der Umgebung weniger Wellenlängen, den Charakter einer gleichförmigen ebenen Welle Gl. (2.17), breitet sich aber im inhomogenen Medium nicht mehr geradlinig aus und hat eine ortsabhängige Amplitude. Wegen $\lambda \to 0$, $k_0 \to \infty$ gibt es keine evaneszenten Felder, $|k_{2x}^{(i)}| \to \infty$, s. Text nach Gl. (2.31), sondern scharfe Licht-Schatten-Grenzen.

Diese sogenannte geometrische Optik oder Strahlenoptik stellt ein Näherungsverfahren dar, dem die Maxwell-Gleichungen im Grenzfall $\lambda \to 0$ zu Grunde liegen. Die Beziehung zwischen Strahlen- und Wellenoptik ist dieselbe wie die zwischen klassischer Mechanik (de Broglie-Wellenlänge Abschn. 3.2.1 $\lambda_\mu \to 0$) und Quantenmechanik [340, Abschn. 3.6]. Als Lichtstrahl bezeichnet man in diesem Feld die lokale Richtung des Poynting-Vektors, die mit der Richtung des Phasenvektors $\vec{b}$ und der Richtung des Ausbreitungsvektors $\vec{k}$ übereinstimmt. Man kann Gl. (2.33) mit dem Ansatz

$$
\vec{\Psi}(t,\vec{r}) = \vec{A}(\vec{r})\,\mathrm{e}^{\mathrm{j}\left[\omega t - k_0 S(\vec{r})\right]}
\tag{2.35}
$$

lösen. Das reelle Eikonal $S(\vec{r})$ („Bild-Funktion", von griechisch η $\varepsilon\iota\kappa\acute\omega\nu$, das Bild) ist ein Maß für die optische Weglänge. Substitution des Ansatzes Gl.

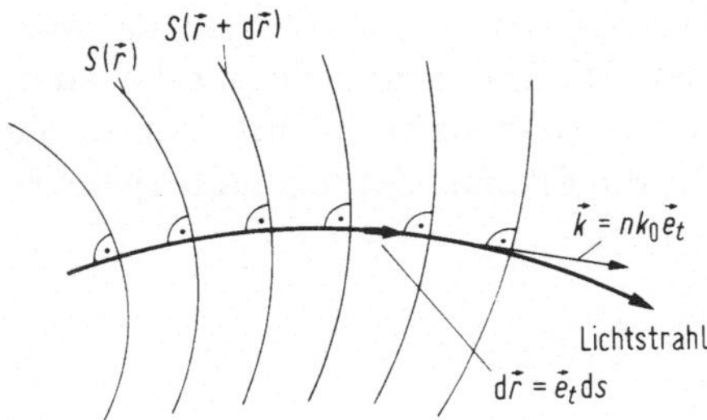

Abb. 2.5. Lichtstrahl als Orthogonaltrajektorie der Flächen $S(\vec{r}) = \text{const}$; $\vec{k}$ ist der Ausbreitungsvektor der lokal ebenen Welle

(2.35) in Gl. (2.33) führt im Grenzübergang $\lambda \to 0$ zur sogenannten Eikonal-Gleichung [340, Abschn. 3.2] [190, Abschn. 1.7.1] [52, Abschn. 3.1.1]

$$(\operatorname{grad} S)^2 = n^2, \qquad |\operatorname{grad} S| = n. \tag{2.36}$$

Auf einer Eikonal-Fläche ist die ortsabhängige Phase $k_0 S(\vec{r})$ konstant. Die Länge des lokalen Eikonal-Gradienten entspricht der lokalen Brechzahl, d. h. die lokale Phase ändert sich in Proportion zu n. Wie schon in Abschn. 2.1.2 auf Seite 18 ausgeführt, stehen die zugehörigen lokalen Vektoren der elektrischen und der magnetischen Feldstärke senkrecht aufeinander und liegen in der Eikonal-Fläche. $\vec{E}$ und $\vec{H}$ sind phasengleich; der Quotient ihrer komplexen Amplituden ist der lokale reelle Feldwellenwiderstand $Z_0/n(\vec{r})$. Der lokale Poynting-Vektor $\vec{S}$, Gl. (2.34), steht normal auf der Eikonal-Fläche und parallel zum lokalen Ausbreitungsvektor $\vec{k}$ der lokal ebenen Welle. Der assoziierte Lichtstrahl folgt den Orthogonaltrajektorien $\operatorname{grad} S$ der Eikonal-Fläche. (Diese Aussage gilt nur für die Felder der geometrischen Optik mit $\lambda \to 0$, die nicht evaneszent sind; die Normalen auf Flächen konstanter Phase bei evaneszenten Feldern, z. B. beim Gaußschen Strahl (s. [590] [190, Abschn. 1.9.1]) Abschn. 2.1.2 Gl. (2.25), dürfen nicht als Lichtstrahlen interpretiert werden und geben auch im allgemeinen nicht die Richtung des Energietransports an.) Sind die Voraussetzungen für skalare und geometrische Optik gleichzeitig erfüllt, kann man statt Gl. (2.33) die Gl. (2.34) mit dem Ansatz $\Psi(\vec{r}) = A(\vec{r})\,\mathrm{e}^{-\mathrm{j}\,k_0 S(\vec{r})}$ lösen, was wieder auf die Eikonal-Gleichung Gl. (2.36) führt.

Die Eikonal-Gleichung läßt sich auch ohne die Helmholtz-Gleichung ableiten, Abb. 2.5: Die Phasenverschiebung $-k_0\,\mathrm{d}S$ entlang der Bahnkurve $\vec{r}$ des Lichtstrahls zwischen zwei infinitesimal um ein vektorielles Linienelement $\mathrm{d}\vec{r}$ unterschiedenen Eikonalflächen muß so groß sein wie die Phasenänderung $-\vec{k} \cdot \mathrm{d}\vec{r}$ der lokal ebenen Welle $\exp(-\mathrm{j}\,\vec{k} \cdot \vec{r})$. Mit der Bogenlänge s, ihrem Differential $\mathrm{d}s = |\mathrm{d}\vec{r}|$, dem Tangenten-Einheitsvektor $\vec{e}_t = \mathrm{d}\vec{r}/\mathrm{d}s = \vec{k}/k = \operatorname{grad} S/|\operatorname{grad} S|$ erhält man $k_0\,\mathrm{d}S = \vec{k} \cdot \mathrm{d}\vec{r} = k_0 \operatorname{grad} S \cdot \mathrm{d}\vec{r} = nk_0 \frac{\operatorname{grad} S}{|\operatorname{grad} S|} \cdot \mathrm{d}\vec{r}$ und daraus $n = |\operatorname{grad} S|$, also Gl. (2.36). Ferner folgt aus der Beziehung für $\vec{e}_t$ die Bahngleichung für den Lichtstrahl, $n\,\mathrm{d}\vec{r}/\mathrm{d}s = \operatorname{grad} S$, aus der das Eikonal folgendermaßen eliminiert werden kann: Man differenziert sowohl die Bahngleichung nach der Bogenlänge, $\mathrm{d}(n\mathrm{d}\vec{r}/\mathrm{d}s)/\mathrm{d}s = \mathrm{d}\operatorname{grad} S/\mathrm{d}s$, als auch die Eikonal-

Gleichung Gl. (2.36), $\operatorname{grad} S \cdot (\mathrm{d}\operatorname{grad} S/\mathrm{d}s) = n\,\mathrm{d}n/\mathrm{d}s = n\operatorname{grad}n \cdot \mathrm{d}\vec{r}/\mathrm{d}s$, woraus $\mathrm{d}\vec{r}/\mathrm{d}s \cdot (\mathrm{d}\operatorname{grad} S/\mathrm{d}s - \operatorname{grad}n) = 0$ wird. Da $\operatorname{grad} S$ und $\mathrm{d}\vec{r}$ parallel sind, muß $\mathrm{d}\operatorname{grad} S/\mathrm{d}s - \operatorname{grad}n = 0$ sein, und man erhält nach Substitution in die Bahngleichung eine Differentialgleichung für die Eikonal-Orthogonaltrajektorie des assoziierten Lichtstrahls,

$$\frac{\mathrm{d}}{\mathrm{d}s}\left(n\frac{\mathrm{d}\vec{r}}{\mathrm{d}s}\right) = \operatorname{grad}n. \tag{2.37}$$

Im inhomogenen Medium ist der kürzeste *optische* Weg eines Lichtstrahls zwischen zwei Punkten keine Gerade mehr: Der Phasenzuwachs $k_0\,\mathrm{d}S = nk_0\,\mathrm{d}s$ für eine feste geometrische Bogenlänge ist proportional zur Brechzahl, folglich wird der geometrische Abstand $\mathrm{d}s$ der entsprechenden Eikonalflächen dort gering, wo die Brechzahl hoch ist und umgekehrt; das heißt aber, daß sich der Lichtstrahl in Richtung steigender Brechzahl krümmt, Abb. 2.5.

In paraxialer Näherung pflanzen sich Lichtstrahlen nur unter kleinen Winkeln ϑ zur Ausbreitungsrichtung (hier: der z-Achse) fort, und man kann $\mathrm{d}z = \cos\vartheta\,\mathrm{d}s \approx \mathrm{d}s$ nähern. Für die paraxiale Strahlgleichung erhält man aus Gl. (2.37)

$$\frac{\mathrm{d}}{\mathrm{d}z}\left(n\frac{\mathrm{d}\vec{r}}{\mathrm{d}z}\right) = \operatorname{grad}n, \qquad \tan\vartheta \approx \sin\vartheta \approx \vartheta, \qquad \cos\vartheta \approx 1. \tag{2.38}$$

Weil das Linienelement des Lichtstrahls und der Ausbreitungsvektor der lokal ebenen Welle parallel sind, gilt

$$\mathrm{d}x : \mathrm{d}y : \mathrm{d}z : \mathrm{d}s = k_x : k_y : k_z : k. \tag{2.39}$$

Diese Darstellung ist von Vorteil bei der Anwendung von Gl. (2.37), Gl. (2.38), wenn man die Komponenten des lokalen Ausbreitungsvektors angeben kann. Ist beispielsweise die Brechzahl des inhomogenen Mediums bezüglich der Ausbreitungsrichtung z konstant, $\partial n/\partial z = 0$, so folgt aus der z-Komponente von Gl. (2.37) wegen $\mathrm{d}z/\mathrm{d}s = k_z/k$ sofort $(\mathrm{d}k_z/\mathrm{d}s)/k_0 = 0$; k_z ist also eine Invariante des Lichtstrahls im ganzen Medium. Dieses Ergebnis wurde für die Reflexion und Brechung an ebenen Grenzflächen bei beliebigen Wellenlängen bereits abgeleitet, s. Abschn. 2.1.3.

Normalkongruenzen

Kurvenscharen, die einen betrachteten Raum so füllen, daß eine einzige Kurve durch jeden Punkt des Gebiets geht, nennt man eine Kongruenz [52, Abschn. 3.2.3]. Gibt es eine Flächenschar, die auf jeder Kurve senkrecht steht, nennt man die Kongruenz normal. Sind die Kurven einer Normalkongruenz Geraden, spricht man von einer rektilinearen Normalkongruenz; der allgemeine Fall wird im Gegensatz dazu gelegentlich als kurvilineare Normalkongruenz bezeichnet. Lichtstrahlen, die der Strahlgleichung Gl. (2.37) gehorchen, gehören also zu (kurvilinearen) Normalkongruenzen. Zwei Raumpunkte können nur dann durch Strahlen verschiedener Normalkongruenzen verbunden werden, wenn deren optische Weglänge gleich ist (ideale Abbildung, Reflexionen an Spiegeln sind ausgeschlossen; die Weglänge solcher Kongruenzen wird dann nach dem Fermatschen Prinzip minimal, d. h. jeder unmittelbar benachbarte Weg ist länger [340, Abschn. 3.4]).

Innerhalb einer Röhre, die von den zu einer Normalkongruenz gehörenden Lichtstrahlen gebildet wird, wird eine konstante Leistung transportiert [52, Abschn. 3.1.2 Gl. (30)]. In inhomogenen Medien verlaufen Lichtstrahlen nicht geradlinig. Als Kaustik („Brennfläche", von griechisch $\kappa\alpha\acute{\upsilon}\sigma\tau\epsilon\iota\rho\alpha$, heiß) wird eine Fläche bezeichnet, welche Einhüllende einer Schar von Lichtstrahlen ist. Da mit Annäherung an die Kaustikfläche der lokale Abstand Δr zweier benachbarter Lichtstrahlen linear gegen null geht, wächst die Leistungsdichte zwischen ihnen mit $1/\Delta r \to \infty$, und die Feldstärke hat eine Singularität $\Psi \sim 1/\sqrt{\Delta r}$; ähnliches ist in Brennpunkten zu beobachten. Die geometrische Optik versagt (angewandt auf reale Probleme mit $\lambda \neq 0$) in jenen Bereichen, in denen evaneszente Felder eine Rolle spielen (an Licht-Schatten-Grenzen). Eine Möglichkeit, Evaneszenz zu erfassen, ist die Einführung eines komplexen Eikonals [122].

2.1.7 Moden des Strahlungsfeldes. Phasenraum

In einem homogenen, nicht notwendigerweise dispersionsfreien Medium der Brechzahl n sei ein Strahlungsfeld in einem quaderförmigen Normierungsvolumen (dem „Laboratorium") $V = \prod_q L_q$, $q = x, y, z$ vorgegeben, s. Abb. 2.2. Diesen Quader denkt man sich in alle Koordinatenrichtungen periodisch fortgesetzt, was nichts an den tatsächlich beobachteten Verhältnissen in V ändert. Das Feld in V kann folglich in eine räumliche Fourier-Reihe von monochromatischen, gleichförmigen ebenen Wellen entwickelt werden. Wegen der periodischen Wiederholung des Grundgebietes muß das durch die Fourier-Summe repräsentierte Feld ebenfalls periodisch sein, $\exp[-\mathrm{j}\sum_q k_q q] = \exp[-\mathrm{j}\sum_q k_q \times (q + L_q)]$. Daraus folgt, daß die Ausbreitungskonstante ein ganzzahliges Vielfaches von Δk_q sein muß,

$$k_q = l_q \Delta k_q, \quad \Delta k_q = 2\pi/L_q, \qquad q = x, y, z, \quad l_q = 0, \pm 1, \pm 2, \ldots \qquad (2.40)$$

Wegen Gl. (2.15), Gl. (2.17) muß gelten $k^2 = \sum_q k_q^2 = 4\pi^2 \sum_q l_q^2/L_q^2 = (2\pi f \times n/c)^2$, d. h. die Gitterpunkte (l_x, l_y, l_z) liegen für eine feste Frequenz auf einem dreiachsigen Ellipsoid $\sum_q l_q^2/(L_q fn/c)^2 = 1$ im l-Raum. Sein Volumen $V_f = \frac{4\pi}{3} \prod_q L_q fn/c$ geteilt durch die Größe des Elementarvolumens $(l_x l_y l_z)_{\mathrm{Elem}} = 1$ gibt die Anzahl möglicher l_q-Werte für Wellen mit Frequenzen $0 \ldots f$, d. h. die Anzahl ebener Wellen („Moden"), die in jeweils zwei orthogonalen Polarisationen vorkommen können. Folglich wird die gesamte Modenanzahl $M_{\mathrm{ges}} = 2V_f$, wobei der ganzzahlige Anteil zu nehmen ist,

$$M_{\mathrm{ges}} = 2\,\frac{4\pi}{3}\prod_{q=x,y,z}\frac{L_q n}{c}f = \frac{8\pi V}{3c^3}(fn)^3. \qquad (2.41)$$

Die Änderung der Modenanzahl mit der Frequenz beträgt dann, s. Gl. (2.18),

$$\frac{\mathrm{d}M_{\mathrm{ges}}}{\mathrm{d}f} = \frac{8\pi V}{c^3}(fn)^2 n_g. \tag{2.42}$$

Transversale Moden

Es gelten die Bezeichnungen von Abb. 2.2. Wellen einer bestimmten Frequenz $f = ck/(2\pi)$, die im Normierungsvolumen von einer Fläche der scheinbaren Größe $L_x L_y \cos\gamma$ innerhalb des um γ geneigten Raumwinkels Ω in unterscheidbare Richtungen $\vec{k}$ laufen und senkrecht zu $\vec{k}$ eine bestimmte Polarisation haben, nennt man „transversale Moden" des Feldes. Es sei angenommen, daß $\Delta k_x, \Delta k_y \ll k_z \approx k$ gelte. Der Raumwinkel für einen in z-Richtung laufenden, transversalen Modus wird dann $\delta\Omega_M = \Delta k_x \Delta k_y/k^2 = c^2/(Ff^2n^2)$, $F = L_x L_y$. Die Änderung der transversalen Modenzahl M_T mit dem Raumwinkel beträgt $\mathrm{d}M_T/\mathrm{d}\Omega = 1/\delta\Omega_M$, die Änderung mit dem Raumwinkel und der Fläche $\mathrm{d}^2 M_T/(\mathrm{d}F\,\mathrm{d}\Omega) = (fn/c)^2$. Ist der Raumwinkel nicht auf die Flächennormale der abstrahlenden Fläche zentriert, so ist statt F die scheinbare Abstrahlfläche $F\cos\gamma$ einzusetzen, und man erhält

$$\frac{\mathrm{d}^2 M_T}{\mathrm{d}F\,\mathrm{d}\Omega} = \left(\frac{fn}{c}\right)^2 \cos\gamma = \frac{\cos\gamma}{(\lambda/n)^2}. \tag{2.43}$$

Für einen einzigen transversalen Modus $M_T = 1$ gilt daher

$$F_K \cos\gamma\, \Omega_K = (\lambda/n)^2. \tag{2.44}$$

Wird ein sonst beliebiges, monochromatisches Feld von der Fläche F_K unter dem Winkel γ zur Flächennormalen abgestrahlt, dann kann man es im sogenannten Kohärenzraumwinkel Ω_K als gleichförmige ebene Welle auffassen mit einem festen Ausbreitungsvektor, der unter dem Winkel γ zur Flächennormalen geneigt ist. Umgekehrt kann man Strahlung aus dem entsprechenden Raumwinkel Ω_K in der sogenannten Kohärenzfläche F_K als gleichförmige ebene Welle mit konstanter Amplitude betrachten, vgl. Gl. (2.26) für den Gaußschen Strahl.

Longitudinale Moden

Wellen einer festen Ausbreitungsrichtung und Polarisation mit unterscheidbaren Frequenzen nennt man „longitudinale Moden" des Feldes. Benachbarte longitudinale Moden, z. B. in z-Richtung ($k_z = nk_0 = n\omega/c$, $\Delta l_z = 1$ in Gl. (2.40)), unterscheiden sich um $\Delta k_z = 2\pi/L_z$. Ändert sich die Frequenz beim Übergang zwischen diesen beiden Moden um δf_M, so ist $\Delta k_z = \mathrm{d}k_z/\mathrm{d}f \times \delta f_M = (2\pi n_g/c)\delta f_M$ und folglich $\delta f_M = c/(n_g L_z)$. Daher ändert sich die longitudinale Modenzahl M_L mit der Frequenz wie $\mathrm{d}M_L/\mathrm{d}f = 1/\delta f_M$, also

$$\frac{\mathrm{d}M_L}{\mathrm{d}f} = \frac{L_z n_g}{c} = \tau. \tag{2.45}$$

Ein Signal der Dauer τ und Bandbreite Δf enthält $M_L = \tau\Delta f$ unterscheidbare Moden. Für die Messung eines Modus steht die Zeit $\tau_K = 1/\Delta f$ zur Verfügung, in dieser Zeit ist der Modus eine Strecke $L_K = \tau_K c/n_g$ gelaufen. Da klassisch ein Modus zwei Bestimmungsstücke enthält (Amplitude und Phase), steht im Mittel für eine Messung die Zeit $\tau_1 = \tau_K/2$ zur Verfügung,

$$\tau_K \Delta f = 1, \qquad L_K = \tau_K c/n_g, \qquad \tau_1 = 1/(2\Delta f) = \tau_K/2. \tag{2.46}$$

Die Kohärenzzeit τ_K legt fest, für welche Beobachtungszeitspanne ein Feld als ein einziger longitudinaler Modus, d. h. als sinusförmig variierendes Feld mit fester Amplitude und Phase betrachtet werden darf. Für ein weiteres Zeitintervall der Länge τ_K springen Amplitude und Phase dann auf zufällige, andere Werte. Die Kohärenzlänge L_K gibt an, über welche Laufstrecke hin ein Feld als longitudinaler Modus mit konstanter Amplitude und Phase betrachtet werden darf. Gleichung (2.46) ist das bekannte Abtasttheorem der Elektrotechnik; es besagt, daß ein Signal der Bandbreite B Hertz durch $2B$ Messungen pro Sekunde bestimmt ist, z. B. durch $2B$ äquidistante Abtastwerte pro Sekunde.

Die in einem kugelförmigen Normierungsvolumen V abgestrahlte Gesamtzahl aller Moden in beiden Polarisationen kann man auf einfache Weise berechnen. Aus Symmetriegründen spielt nur die Abstrahlung in radialer Richtung eine Rolle, so daß in Gl. (2.43) $\cos\gamma = 1$ gesetzt werden darf. Mit Gl. (2.45) erhält man $M_{\text{ges}} = 2 \iiint \mathrm{d}^2 M_T \, \mathrm{d}M_L = 8\pi V \int (fn)^2 n_g/c^3 \, \mathrm{d}f$ in Übereinstimmung mit Gl. (2.41), Gl. (2.42).

Phasenraum

Die Bahnkurve eines Lichtstrahls ist nach Abschn. 2.1.6 durch den lokalen Ausbreitungsvektor $\vec{k}$ bestimmt. Die Komponenten k_x, k_y im Punkt $x, y, z = \text{const}$ legen die Neigung des Lichtstrahls fest. Nach de Broglie, Abschn. 3.2.1, ist der lokal ebenen Welle ein Vektor des mechanischen Impulses $\vec{p} = \hbar\vec{k}$ zuzuordnen. Im Sinne des Hamilton-Formalismus [180, Abschn. 8.1] liegt es dann nahe, generalisierte Koordinaten x, y, p_x, p_y in einem $2g$-dimensionalen (hier: $g = 2$) Phasenraum einzuführen. Das Volumen im Phasenraum ist

$$V_\phi = \iiint\!\!\int \mathrm{d}x \, \mathrm{d}y \, \mathrm{d}p_x \, \mathrm{d}p_y = h^2 \iiint\!\!\int \mathrm{d}x \, \mathrm{d}y \frac{1}{(2\pi)^2} \, \mathrm{d}k_x \, \mathrm{d}k_y. \tag{2.47}$$

Mit den in Abb. 2.2 angegebenen Koordinatentransformationen wird daraus

$$V_\phi = \frac{h^2}{\lambda^2} \iint n^2 \, \mathrm{d}F \cos\gamma \, \mathrm{d}\Omega, \qquad M_T = V_\phi/h^2 = \text{const}. \tag{2.48}$$

Ein Vergleich mit Gl. (2.43) zeigt, daß das Phasenraumvolumen, geteilt durch h^2, gerade die Anzahl transversaler Moden liefert. Diese Moden sind durch ihre Richtungen k_x, k_y am Ort x, y in einer Ebene $z = \text{const}$ charakterisiert und daher mit den unterscheidbaren Zuständen im Phasenraum gleichzusetzen. Folglich gibt es für Systeme mit zwei Freiheitsgraden im vierdimensionalen Phasenraum ein kleinstes Volumen h^2 (für Systeme mit g Freiheitsgraden im $2g$-dimensionalen Phasenraum ein Volumen h^g), das gerade einem einzigen transversalen Modus zugeordnet ist. Die unterscheidbaren Zustände im Phasenraum, charakterisiert durch x, y, k_x, k_y, können somit nicht beliebig dicht liegen. Dieses Ergebnis ist auch aus der Heisenbergschen Unschärferelation zu erwarten, nach der Orts- und Impulsunsicherheit für einen Freiheitsgrad durch $\Delta x \Delta p_x \geq \hbar/2$ verknüpft sind.

Mit wachsendem z verändern sich x, y und p_x, p_y. Diese „Bewegung" kann im Hamilton-Formalismus durch eine kanonische Transformation [180, Abschn. 9-5] des Anfangs- in den Endzustand beschrieben werden. Mit der Bewegung deformiert sich die Gestalt des Phasenraumvolumens. Nach [180, Abschn. 9-4 S. 403 ($J_n \triangleq V_\phi$), 9-8 S. 427] ist aber V_ϕ bei kanonischen Transformationen eine Poincaré-Invariante, d. h. das Volumen V_ϕ und damit M_T ändern ihren Wert mit z *nicht*. Bei beliebigen verlustlosen optischen Transformationen kann sich die Anzahl transversaler Moden nicht ändern (kein Lichtstrahl wird blockiert).

Aus der Konstanz des Phasenraumvolumens Gl. (2.48) folgt, daß kein optisches System realisierbar ist, das in einem großen Flächenbereich ΔF_1 der Eingangsebene Licht aus einem großen Raumwinkel $\Delta\Omega_1$ sammelt und dieses Licht von einem kleinen Flächenbereich ΔF_2 der Ausgangsebene in einen kleinen Raumwinkel $\Delta\Omega_2$ wieder abstrahlt (es existiert kein „Licht-Einfülltrichter").

Wird ein ebenes Objekt der Fläche ΔF_1, das senkrecht zur Fläche in den Raumwinkel $\Delta\Omega_1$ strahlt, mit einem optischen System um die Linearvergrößerung v_l vergrößert, dann verkleinert sich der Abstrahlwinkel des Bildes um den Faktor v_l, $\Delta F_1 \Delta\Omega_1 = v_l^2 \Delta F_1 \Delta\Omega_2 \rightsquigarrow \Delta\Omega_2 = \Delta\Omega_1/v_l^2$.

Bei Abbildungen vergrößert oder verkleinert sich auch die Kohärenzfläche F_K. Da aber Ω_K höchstens den Wert 2π annimmt, kann die Kohärenzfläche nach Gl. (2.44) nie kleiner als ungefähr λ^2/n^2 werden.

2.2   Materialeigenschaften von Glas

Als Material für Lichtwellenleiter hoher Qualität, d. h. geringer Dämpfung und hoher Übertragungsbandbreite, wird hauptsächlich Quarzglas verwendet und neuerdings für den Bereich $\lambda > 2\,\mu$m die Verwendung von Halogenid- und Chalkogenid-Gläsern mit besonders geringer Dämpfung vorgeschlagen. Die Brechzahl kann durch Beigabe von Dotierungsstoffen ortsabhängig verändert werden. Als Quarzglas (Kieselglas) bezeichnet man amorphes SiO_2 (Siliziumdioxid). Von den Halogenid-Gläsern sind bisher die Fluorid-Gläser am besten bekannt.

Für die Signal-Übertragungsbandbreite ist die Frequenzabhängigkeit der Brechzahl wichtig. Ihr Einfluß wird in Abschn. 2.2.4 behandelt werden. Lichtverluste entstehen durch Streuung und Absorption. Dem Strahlungsfeld wird dadurch Energie entzogen; propagiert eine ebene Welle in z-Richtung, so verringert sich ihre Leistung von einem Anfangswert P_0 auf

$$P(z) = P_0\, e^{-\alpha z}, \qquad a = 10\lg\frac{P_0}{P(z)} = \alpha z\,10\lg e = 4{,}34\,\alpha z. \qquad (2.49)$$

Die Leistungsdämpfungkonstante α (km^{-1}) wird auch durch das dimensionslose Dämpfungsmaß a (dB) ausgedrückt.

2.2.1 Dotierung

Zur Dotierung von Quarzglas wird F oder B_2O_3 verwendet, um die Brechzahl zu erniedrigen, P_2O_5, GeO_2, Al_2O_3, TiO_2 oder ZrO_2 dagegen, um die Brechzahl zu erhöhen [365, Abb. 7.10A]. Eine Erhöhung der Brechzahl von 1,4 % ergibt sich z. B. für die Mischung 80 mol SiO_2, 20 mol GeO_2 (also für 20 Molprozent GeO_2 [565, S. 652]); der Anstieg der Brechzahl ist linear mit 0,07 % je Molprozent GeO_2. Die durch Ge-Dotierung erhöhte Rayleigh-Streuung (s. Abschn. 2.2.2) kann zwar durch Beigaben von P_2O_5 (1 %) reduziert werden, es ist jedoch günstiger, wie im folgenden erläutert wird, einen reinen Quarzglaskern mit einem Fluor-dotierten Mantel zu umgeben. Starke Dotierung mit B_2O_3 oder P_2O_5 verschiebt die Infrarot-Absorptionskante zu kürzeren Wellenlängen, so daß das Transmissionsfenster mit den geringsten Verlusten zwischen $1,4\,\mu$m und $1,7\,\mu$m verschwindet.

2.2.2 Streuung

In der Glasschmelze bewegen sich die Konstituenten regellos. Bei der Transformationstemperatur T_g erstarrt die Schmelze zum Glas, und die dann vorhandenen Unregelmäßigkeiten frieren ein. Sie prägen sich umso mehr aus, je höher T_g ist. Die Dichte und damit die Dielektrizitätskonstante ändern sich geringfügig auf Entfernungen, die klein gegenüber der Medium-Wellenlänge λ/n sind. Bei Quarzglas liegen Schmelz- bzw. Transformationstemperatur recht hoch, $T_s \approx 1\,750\,°$C (Viskosität $\eta = 4 \cdot 10^6$ Pa·s) bzw. $T_g \approx 1\,180\,°$C ($\eta = 2,5 \cdot 10^{12}$ Pa·s) [365, Abb. 9.5]; Mehrkomponentengläser wie Kalk-Natron-Silikat-Glas ($T_s \approx 700\,°$C, $T_g \approx 500\,°$C [365, Abb. 7.10C]) oder Schwermetall-Fluoridgläser ($T_g < 350\,°$C [103]) erstarren bei niedrigeren Temperaturen. Die Abweichung der lokalen Dielektrizitätskonstanten $\epsilon = \epsilon_r \epsilon_0$ vom Mittelwert $\bar{\epsilon}$ (nicht zu verwechseln mit der komplexen relativen Dielektrizitätskonstanten $\bar{\epsilon}_r$) kann man sich entstanden denken durch eine gebundene Ladung, die im Strahlungsfeld der Frequenz f oszilliert, d. h. durch einen Hertzschen Dipol [52, Abschn. 2.2.3]. Die vom Dipol abgestrahlte Leistung ist zu $\overline{(\epsilon - \bar{\epsilon})^2} f^4$ proportional [341, Gl. (4.7-31)] [565, Abschn. 1.2] [348, Gl. (2.4-33)]. Ist das Strahlungsfeld beispielsweise in y-Richtung polarisiert, dann schwingt der Dipol in eben dieser Richtung und strahlt unter dem Winkel δ zur Dipolachse eine Fernfeldleistung proportional zu $\sin^2 \delta = 1 - \sin^2 \gamma \sin^2 \Phi$ ab (für die Winkel γ, Φ s. Abb. 2.2), das einfallende Licht wird folglich gestreut (Rayleigh-Streuung). Die Streucharakteristik des in x-Richtung (also orthogonal) schwingenden Dipols ist $1 - \sin^2 \gamma \cos^2 \Phi$. Benachbarte Bereiche von eingefrorenen Dichtefluktuationen werden durch unabhängige Dipole charakterisiert. Für unpolarisiertes Licht addieren sich die Leistungs-Abstrahlcharakteristiken orthogonaler Dipole, und man erhält für die gestreute Fernfeldintensität die Proportionalitätsbeziehung

$$P_S(\Phi, \gamma) \sim \overline{(\epsilon - \bar{\epsilon})^2} f^4 (1 + \cos^2 \gamma) \qquad \text{(unpolarisiertes Licht)}. \qquad (2.50)$$

Die Streucharakteristik ist wegen $\frac{1}{4\pi} \int_{4\pi} (1 + \cos^2 \gamma)\, d\Omega = 4/3$ leicht anisotrop. Die Streuleistung steigt mit f^4 an. Die (frequenzabhängige) Leistungsdämpfungskonstante in Gl. (2.49) für Rayleigh-Streuung heißt α_S (km^{-1}), das entsprechende Dämpfungsmaß ist a_S (dB). Durch Dotierung von reinem Quarzglas mit beispielsweise GeO_2 erhöht sich dessen Brechzahl von n_2 auf $n_1 = n_2/\sqrt{1 - 2\Delta} \approx n_2(1+\Delta)$, wobei Δ die relative Brechzahldifferenz ist; damit wächst auch die Rayleigh-Streuung, da die Dotierungsstoffe zusätzliche Inhomogenitäten mit einer Ausdehnung klein gegen die Medium-Wellenlänge darstellen. Man erhält bei Ge-Dotierung für das bezogene Dämpfungsmaß [153, Gl. (12)]

$$\frac{a_S/z}{\text{dB/km}} = \frac{A(1 + B\Delta)}{(\lambda/\mu\text{m})^4}, \quad A = 0{,}63, \quad B = 180 \pm 35, \quad \Delta < 0{,}4\,\%. \quad (2.51)$$

Undotiertes Quarzglas dämpft also nach Gl. (2.51) bei $\lambda = 1\,\mu\text{m}$ mit $a_S/z = 0{,}63\,\text{dB/km}$. Für Ge-dotiertes Quarzglas mit $\Delta < 2\,\%$ wurden die Parameter $A = 0{,}8$; $B = 100$ [365, Gl. (6.4)] bzw. für undotiertes Quarzglas $A = 0{,}73 \ldots 0{,}78$ [250] publiziert; mit diesen Parametern werden im Bereich $0{,}2\,\% < \Delta < 0{,}4\,\%$ gegenüber den Werten von Gl. (2.51) zwar höchstens um $0{,}05\,\text{dB/km}$ größere Dämpfungen geschätzt, doch stimmt Gl. (2.51) bei $\Delta = 0$ mit Messungen an massivem Quarzglas überein und ist daher zu bevorzugen.

Das elektromagnetische Feld wird natürlich auch an Inhomogenitäten mit größeren Abmessungen als bisher angenommen gestreut: Gasblasen, Mikrorisse und sonstige Unregelmäßigkeiten bewirken weitere, im Prinzip allerdings vermeidbare Leistungsverluste. Die Rayleigh-Streuung dagegen kann durch keine technologische Maßnahme vollständig unterdrückt werden.

2.2.3   Absorption

In einem Nichtleiter wie Glas wird die Strahlungsleistung absorbiert, wenn die Wellen gebundene Ladungen in Atomen und Molekülen zu Schwingungen anregen, s. Abschn. 2.1.1, Abb. 2.1b, Gl. (2.8).

Quarzglas

Für gebundene Elektronen ist die Anregungsenergie mit $\hbar\omega_2 = 8{,}9\,\text{eV}$ (Bandabstand von amorphem SiO_2 [365, Abschn. 7.2.1]) so hoch, daß das elektronische Absorptionsmaximum mit $\lambda_2 = 140\,\text{nm}$ weit im Ultravioletten (UV) liegt. Molekülschwingungen von SiO_2 im Infraroten (IR, Absorptionsmaxima bei $8\,\mu\text{m}$ sowie bei Ober- und Kombinationsschwingungen bis zu $\lambda_1 = 3\,\mu\text{m}$) begrenzen den nutzbaren Wellenlängenbereich nach oben hin, vgl. Abb. 2.1b. Verunreinigungen durch Ionen der Übergangsmetalle, nämlich Cu^{2+}, Fe^{2+}, Ni^{2+}, V^{3+}, Cr^{3+}, Mn^{3+}, verursachen weitere Absorptionsstellen [348, Abschn. 2.4 Tabelle 2.4.1]. Mit heutigen technologischen Mitteln können die relativen Gewichtsanteile dieser Verunreinigungen unter $1\,\text{ppb}$ ($1\,\text{ppb} \,\hat{=}\, 10^{-9}$) gehalten werden, wozu auch ihre hohe Verdampfungsrate aus den hochschmelzenden Quarzgläsern beiträgt, so daß dadurch verursachte Absorptionen nicht mehr stören. Mehrkomponentengläser sind dagegen schwieriger zu reinigen und haben deshalb höhere Dämpfung.

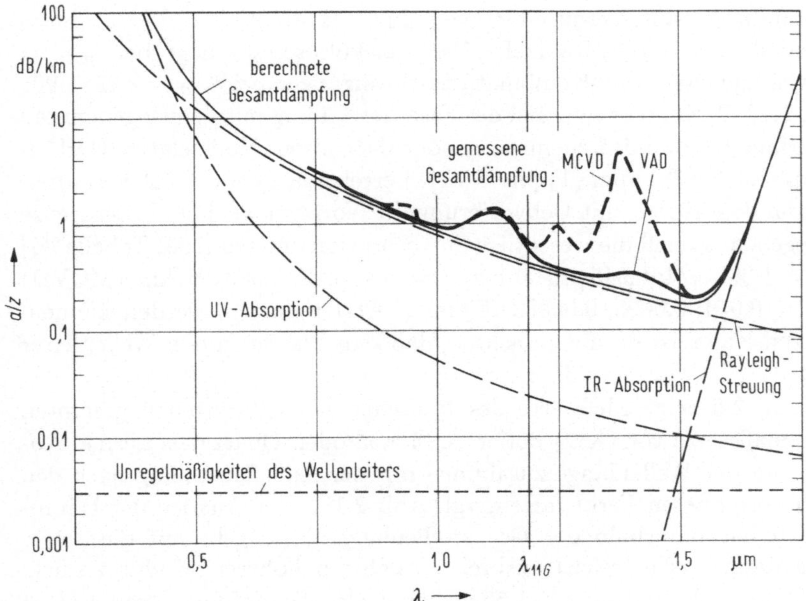

Abb. 2.6. Dämpfung einer Ge-dotierten ($\Delta = 0,25\,\%$) Einmodenfaser. VAD: hergestellt mit VAD-Verfahren (nach [557])   MCVD: hergestellt mit MCVD-Verfahren (nach [368], modifiziert)

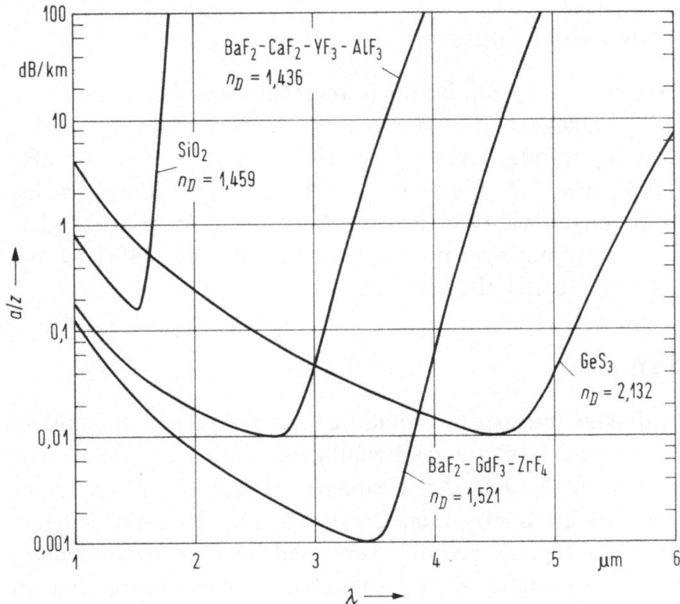

Abb. 2.7. Gesamtdämpfung von Halogenid-Gläsern (Fluorid-Gläser BaF_2-CaF_2-YF_3-AlF_3, BaF_2-GdF_3-ZrF_4) und Chalkogenid-Glas (GeS_3) (nach [502]). Zum Vergleich reines Quarzglas (SiO_2) von Abb. 2.6. n_D ist die Brechzahl bei der Na-D-Linie $\lambda_D = 0,589\,\mu m$

Problematischer sind Verunreinigungen durch Hydroxyl-Ionen, d. h. durch Wasser und dessen (OH^-)-Radikal. Die Molekülresonanz liegt bei $\lambda_{OH} = 2{,}72\,\mu m$, wichtige Ober- und Kombinationsschwingungen bei $\lambda_{OH} = 2{,}22$; 1,90; 1,38; 1,24; 1,13; 0,945; $0{,}88\,\mu m$. Bei der Faserherstellung mit dem sogenannten MCVD-Verfahren (modified chemical vapour deposition) sind relative (OH^-)-Gewichtsanteile von $0{,}1\,ppm$ $(1\,ppm \,\hat{=}\, 10^{-6})$ erreichbar, beim VAD-Verfahren (vapour axial deposition) mit Dehydrierung der Vorform wird als Untergrenze $1\,ppb$ angegeben, so daß die wesentlichen Absorptionsspitzen [365, Tabelle 7.1] bei $\lambda_{OH} = 1{,}38$; 1,24; $0{,}945\,\mu m$ auf $a/z = 5{,}4$; 0,23; $0{,}083\,dB/km$ (MCVD) bzw. $a/z = 0{,}054$; 0,0023; $0{,}00083\,dB/km$ (VAD) reduziert werden können. Beim fertigen Kabel ist darauf zu achten, daß kein Wasser in den Wellenleiter diffundiert.

Abbildung 2.6 zeigt Meßwerte des typischen längenbezogenen gesamten Dämpfungsmaßes a/z von GeO_2-dotierten Monomoden-Quarzglasfasern in Abhängigkeit von der Wellenlänge zusammen mit der Aufschlüsselung nach den theoretisch berechneten Verlustarten, vgl. Abb. 2.1b. Der Anstieg der Dämpfung unmittelbar unterhalb der Grenzwellenlänge λ_{11G} geht auf die Anregung eines dann (verlustreich) ausbreitungsfähigen höheren Modus zurück. Bei Wellenlängen $\lambda = 0{,}85$; 1,3; $1{,}55\,\mu m$ sind also Dämpfungen von $a/z = 2{,}2$; 0,35; $0{,}2\,dB/km$ realisierbar. Bestwerte liegen für Fasern mit SiO_2-Kern (nach Gl. (2.51) minimale Rayleigh-Streuung) und angepaßtem F-SiO_2-Mantel $(\Delta = 0{,}3\,\%)$ für $\lambda = 1{,}3$; $1{,}55\,\mu m$ bei $a/z = 0{,}291$; $0{,}154\,dB/km$ [250]. Damit sind die prinzipiellen Grenzen für Quarzglas erreicht.

Halogenid- und Chalkogenid-Gläser

Der langwellige IR-Bereich $\lambda > 1{,}6\,\mu m$ ist noch unerschlossen. Niedrigschmelzende Halogenid- und Chalkogenid-Mehrkomponentengläser versprechen bei $\lambda = 2{,}65$; 3,44; $4{,}54\,\mu m$ Dämpfungen von $a/z = 10^{-2}$; $1{,}1{\cdot}10^{-3}$; $1{,}1{\cdot}10^{-2}\,dB/km$ [502] [412] [260] [103], Abb. 2.7. Bis heute jedoch sind die technologischen Probleme mit Verunreinigungen während der Faserherstellung nicht gelöst. Die günstigsten Werte der Dämpfung sind noch größer $(0{,}7\,dB/km$ [548]) als bei konventionellen SiO_2-Fasern $(0{,}154\,dB/km$ [250]).

2.2.4   Dispersion

Nach Abschn. 2.1.1 bedingen Verluste im Medium eine Frequenzabhängigkeit der Brechzahl n. Phasen- und Gruppengeschwindigkeit sind dann nicht mehr gleich und ändern sich ebenfalls mit der Frequenz. Diese Eigenheit nennt man „Dispersion" (von lateinisch *dispersio*, Zerstreuung). Zu verschiedenen Frequenzkomponenten eines Signals gehören verschiedene Gruppenlaufzeiten t_g Gl. (2.18), so daß das Signal nach einer Laufstrecke L verzerrt empfangen wird. Bei Lichtwellenleitern kommen noch zu besprechende, andere Einflüsse hinzu, die zur Streuung von Signallaufzeiten führen. *In der optischen Nachrichtentechnik versteht man unter dem Begriff „Dispersion" alle Vorgänge, die zur Streuung der Gruppenlaufzeit führen.* Will man daher verdeutlichen, daß nur Änderungen der Gruppenlaufzeit mit der Frequenz betrachtet werden, so spricht man von „chromatischer Dispersion" .

Die Gruppenlaufzeitdifferenz zweier Signale, die auf Trägern mit um $\Delta\lambda$ verschiedener Wellenlänge im selben transversalen Modus laufen, beträgt

$$\Delta t_g = \frac{\mathrm{d}t_g}{\mathrm{d}\lambda}\Delta\lambda + \frac{1}{2!}\frac{\mathrm{d}^2 t_g}{\mathrm{d}\lambda^2}(\Delta\lambda)^2 + \ldots \tag{2.52}$$

Für ebene Wellen in einem unendlich ausgedehnten Medium gilt $k = nk_0$, und die Dispersion ist allein auf die Frequenzabhängigkeit der Brechzahl zurückzuführen; zur genaueren Charakterisierung dieser speziellen chromatischen Laufzeitdispersion wird der Begriff „Materialdispersion" verwendet. Man erhält für die längenbezogene Laufzeitdifferenz

$$\Delta t_g/L = M\Delta\lambda + N(\Delta\lambda)^2 + \ldots, \qquad M = \tfrac{1}{c}\tfrac{\mathrm{d}n_g}{\mathrm{d}\lambda}, \quad N = \tfrac{1}{2c}\tfrac{\mathrm{d}^2 n_g}{\mathrm{d}\lambda^2}. \tag{2.53}$$

Der Material-Dispersionskoeffizient (erster Ordnung) M gibt den Ausschlag mit Ausnahme der Nullstelle $M(\lambda_0) = 0$; λ_0 wird meist (ungenau) als Nullstelle der Materialdispersion bezeichnet, obwohl die Laufzeitdispersion hier keineswegs verschwindet, sondern durch höhere Terme in $\Delta\lambda$ bestimmt ist, vor allem durch den Material-Dispersionskoeffizienten zweiter Ordnung N.

Das in Gl. (2.8) formulierte Modell einer frequenzabhängigen Brechzahl kann für das schwach gedämpfte, nichtleitende Medium $\omega_r\tau_r \gg 1$ und für Frequenzen weit ab von den Eigen-Resonanzkreisfrequenzen ω_r ($|n_i| \ll n$) vereinfacht werden; man erhält die Sellmeier-Gleichungen und deren empirische Näherungen, $N_0 = N(\lambda_0) = \tfrac{1}{2}\,\mathrm{d}M(\lambda)/\mathrm{d}\lambda|_{\lambda_0}$,

$$n^2 = 1 + \lambda^2 \sum_{r=1}^{3} \tfrac{A_r}{\lambda^2 - l_r^2} \approx \sum_{r=-2}^{2} B_r\lambda^{2r},$$

$$n_g = n\left(1 + \frac{\lambda^2}{n^2}\sum_{r=1}^{3}\frac{A_r l_r^2}{(\lambda^2 - l_r^2)^2}\right) \approx n\left(1 - \tfrac{1}{n^2}\sum_{r=-2}^{2} r B_r\lambda^{2r}\right), \tag{2.54}$$

$$M = \tfrac{1}{c\lambda}\left((n_g - n)\frac{n_g}{n} - 4\frac{\lambda^4}{n}\sum_{r=1}^{3}\frac{A_r l_r^2}{(\lambda^2 - l_r^2)^3}\right) \approx 2N_0\lambda_0(1 - \lambda_0/\lambda),$$

Die Koeffizienten A_r, l_r^2 bzw. B_r findet man für verschiedene Quarzglas-Dotierungen bei [21, S. 419 Tabelle 5.6, GeO_2, B_2O_3] [285, GeO_2, B_2O_3] [128, GeO_2, B_2O_3, P_2O_5, Na_2O, F] [500, GeO_2] [501, GeO_2, B_2O_3 P_2O_5] [129, F] [130, GeO_2], für Halogenid- und Chalkogenid-Gläser bei [502] [366]. In Abb. 2.8 sind n, n_g und M für reines Quarzglas sowie für F- und GeO_2-dotiertes SiO_2 (entsprechend indiziert) als Funktion von λ aufgetragen. Die Lage der Nullstelle λ_0 von M ist dotierungsabhängig. Die Größe N_0 entnimmt man aus Abb. 2.8 für undotiertes Quarzglas (aber wenig abhängig von der Dotierung) zu

$$N_0 \approx 5{,}3{\cdot}10^{-2}\,\mathrm{ps/(km\ nm^2)}, \qquad 2N_0\lambda_0 \approx 135\,\mathrm{ps/(km\ nm)}. \tag{2.55}$$

Eine Lumineszenzdiode als Lichtquelle hat nach Abschn. 3.4.3 eine Frequenzbandbreite von $\Delta f \approx 12{,}1\,\mathrm{THz}$, dem entspricht bei der Wellenlänge $\lambda_0 = 1{,}28\,\mu\mathrm{m}$, $M(\lambda_0) = 0$ ein Wellenlängenintervall von $\Delta\lambda \approx 66\,\mathrm{nm}$. Nach Gl. (2.55) betragen dann die bezogenen Laufzeitdifferenzen 230 ps/km.

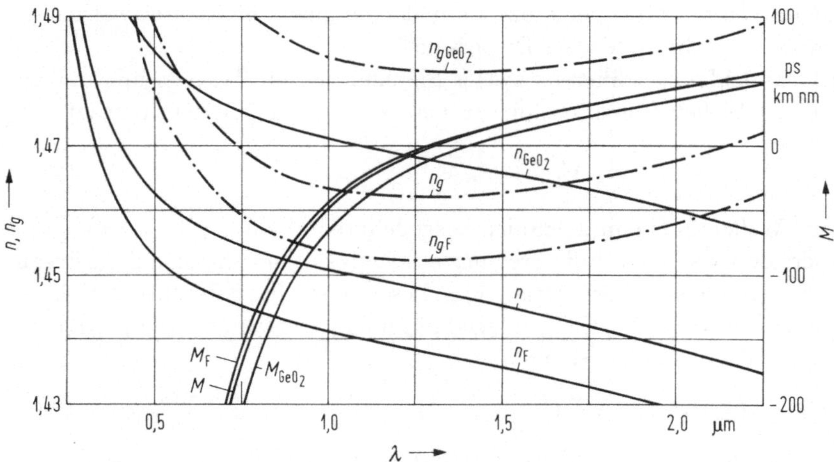

Abb. 2.8. Brechzahl n, Gruppenbrechzahl n_g und Material-Dispersionskoeffizient M, berechnet nach den Sellmeier-Koeffizienten für reines SiO_2 [128] und (entsprechend indiziert) für SiO_2 mit den Dotierungen $2\,mol\,\%$ F [129], $13,3\,mol\,\%$ GeO_2 [128]. Aus Gl. (2.54) berechnete Nullstellen von M bei $\lambda_{0F} = 1,2649\,\mu m$, $\lambda_0 = 1,2758\,\mu m$, $\lambda_{0GeO_2} = 1,3722\,\mu m$

2.3　Prinzip der Wellenführung

Ein dielektrischer, passiver Lichtwellenleiter (LWL) soll in allen Punkten seiner Querschnittsfläche die Energie eines optischen Strahlungsfelds parallel zur Richtung der Wellenleiterachse z transportieren und das Feld gleichzeitig in Achsennähe konzentrieren.

In geometrisch-optischer Sicht ist das möglich, wenn die Brechzahl auf der Achse maximal ist, da sich Lichtstrahlen nach Abb. 2.5 und dem nach Gl. (2.37) folgenden Text in Richtung wachsender Brechzahlen krümmen. Wird ein solchermaßen geführtes Feld durch die Überlagerung mehrerer Strahlkongruenzen repräsentiert, so kompensieren sich die Transversalkomponenten der lokal ebenen Wellenfelder in jeder Querschnittsfläche. Die z-Komponenten der jeweiligen Ausbreitungskonstanten sind in allen Punkten auf allen Querschnittsflächen identisch.

Wellenoptisch betrachtet muß das geführte Gesamtfeld ebene Phasenfronten haben, die senkrecht auf der z-Achse stehen. Der Ort eines Phasensprungs von $180°$ ist als Nullstelle des Transversalfeldes zu interpretieren. Aus Abschn. 2.1.2 Gl. (2.25), (2.26) erkennt man aber am Beispiel der Ausbreitung eines (hier rotationssymmetrisch angenommenen) Gaußschen Anfangsfelds, daß sich im homogenen Medium ein anfänglicher, felderfüllter Raumbereich mit wachsender Entfernung z von der Anfangsebene ausweitet: Bei $z = 0$ hat das Feld zwar eine ebene Phasenfront und ist im Abstand des $1/e$-Radius w_0 um die z-Achse konzentriert. Im Fernfeld wandelt sich jedoch die ursprünglich ebene Phasenfront in eine sphärische Phasenfläche, deren „bauchige" Seite in Ausbreitungsrichtung zeigt; der $1/e$-Radius vergrößert sich nach Gl. (2.26) proportional zu z auf $z \tan \gamma_0 = 2z/(k w_0)$. Um diese Krümmung der Phasenfronten einzuebnen und damit der natürlichen Aufweitung des Feldes entgegenzuwirken, muß die Phasengeschwindigkeit der Welle auf der z-Achse durch eine erhöhte Brechzahl verzögert werden.

Eine Wellenführung läßt sich also dadurch erreichen, daß man einen Kernbereich längs der z-Achse mit einem niedriger brechenden Mantelmedium umgibt, bzw. die Brechzahl mit wachsender Entfernung von der z-Achse graduell verringert. Eine solche inhomogene Struktur nennt man Kern-Mantel- bzw. Gradientenwellenleiter.

LWL bestehen aus transparenten dielektrischen Substanzen wie z.B. Glas (Abschn. 2.2) oder auch Halbleiter auf GaAs- bzw. InP-Basis (Abschn. 3.2.3). Dem symmetrischen Schichtwellenleiter und dem Streifenwellenleiter kommen besondere Bedeutung zu. Einerseits stellen sie Modelle für die wellenführenden Bereiche von integriert-optischen Schaltungen oder von Halbleiterlasern dar, andererseits lassen sich an ihnen alle wesentlichen Eigenschaften von LWL exemplarisch und ohne großen mathematischen Aufwand zeigen. Die dabei gewonnenen Erkenntnisse können dann auf kompliziertere LWL-Strukturen übertragen werden.

Für ausführliche Rechnungen, auch am unsymmetrischen Schicht- bzw. Streifenwellenleiter, sei auf [52, Abschn. 1.6–1.6.3] [340, Abschn. 8.3–8.4] [341, Kap. 1] [565, Kap. 2] [567, Teil I Kap. 2] [53, Kap. 2] verwiesen. Bei Halbleiterlasern kann eine *Antiwellenführung* [444] von Bedeutung sein: Der Realteil der Brechzahl ist dann auf der z-Achse verringert, so daß das Feld von der Achse weggedrängt wird.

2.4 Schichtwellenleiter

Die einfachste LWL-Struktur ist der symmetrische Schichtwellenleiter mit drei in y-Richtung unendlich ausgedehnten, homogenen, isotropen Schichten, Abb. 2.9. Ein Kernbereich der Höhe h und der Brechzahl n_1 wird umgeben von einem bis ins Unendliche ausgedehnten Mantelmedium der Brechzahl $n_2 < n_1$. Am Ort $x = z = 0$ sei eine in y-Richtung unendlich ausgedehnte, monochromatische Linienquelle Q angeordnet, vgl. Anh. C Abb. C.1. Von Q gehen evaneszente und gleichförmige ebene Wellen aus. Man interessiert sich nur für Felder, die sich im Halbraum $z > 0$ *ausbreiten*. Diese werden teils zwischen den Grenzflächen $x = \pm h/2$ zickzackförmig hin und her reflektiert, teils werden sie in das Man-

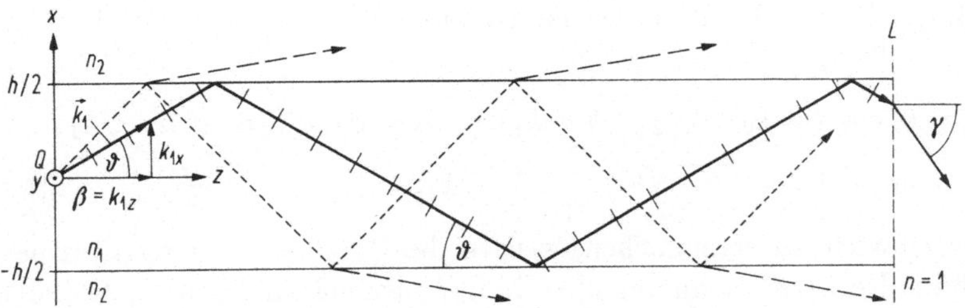

Abb. 2.9. Schichtwellenleiter. Geführte (——) und abstrahlende Wellen (– – –)

telmedium transmittiert (Strahlungsmoden). In Abb. 2.9 sind repräsentative
Normalkongruenzen (s. Abschn. 2.1.6) der lokal ebenen Wellen eingezeichnet:
je eine Kongruenz für die auf die Grenzflächen $x = \pm h/2$ zulaufenden Wellen, und je eine Normalkongruenz für die bei $x = \pm h/2$ ins Mantelmedium
übertretenden Wellen. Die Querstriche deuten den Verlauf der Phasenebenen
an.

Schließt der Ausbreitungsvektor $\vec{k}_1$ einer lokal ebenen Welle mit der z-
Achse einen Winkel ϑ ein, der kleiner ist als der Grenzwinkel der Totalreflexion $\vartheta_T = \arccos(n_2/n_1)$ von Gl. (2.28), so verliert diese Welle keine Energie
ins Mantelmedium und wird also längs der z-Achse geführt. Geführte Lichtstrahlen, die unter einem Maximalwinkel ϑ_T im LWL propagieren, werden weit
entfernt von Q von einer Querschnittsfläche $z = L$, die an das Vakuum $n = 1$
grenzt, unter einem Winkel γ_N abgestrahlt, vgl. Abb. 2.9; γ_N markiert die
strahlenoptische Licht-Schatten-Grenze des Fernfelds. Da γ_N außerhalb des
LWL definiert und daher leichter als ϑ_T zu messen ist, wird statt ϑ_T normalerweise γ_N spezifiziert. Wegen Gl. (2.28) gilt $n_1 \sin \vartheta = \sin \gamma$, und man erhält

$$\sin \gamma_N = n_1 \sin \vartheta_T = \sqrt{n_1^2 - n_2^2}, \qquad A_N = \sqrt{n_1^2 - n_2^2} = n_1 \sqrt{2\Delta}. \qquad (2.56)$$

A_N wird numerische Apertur genannt, und Δ steht für die relative Brechzahldifferenz. Wird diese entsprechend groß, ist $A_N > 1$ möglich, d. h. Totalreflexion an der Endfläche $z = L$. In dem Fall kann A_N nicht mehr mit $\sin \gamma_N$
gleichgesetzt werden und stellt dann nur noch eine zweckmäßige Rechengröße
dar.

Zur Analyse des LWL werden die Ergebnisse des Abschn. 2.1.3 für $\vartheta < \vartheta_T$
übertragen: $\vec{\Psi}_s(\vec{r}) = \vec{\Psi}_s \exp(-j\,\vec{k}_s \cdot \vec{r})$ mit $s = 1, 2$ im Kern- und Mantelbereich
steht für die entsprechenden elektrischen oder magnetischen Feldstärkevekto-
ren, deren Komponenten mit den Koordinaten indiziert werden, der Polarisationsindex $p = E, H$ markiert eine TE- bzw. TM-Welle (E-polarisiert, H-Welle
bzw. H-polarisiert, E-Welle) , und die Ausbreitungsvektoren lauten in Kompo-
nentenschreibweise $\vec{k}_s = k_{sx}\vec{e}_x + k_{sz}\vec{e}_z$; mit $\beta = k_{1z} = k_{2z}$ bezeichnet man die x-
unabhängige Phasenkonstante für die Ausbreitung geführter Wellen in z-Rich-
tung. Die Transversalkomponenten $k_{1x} = \sqrt{k_1^2 - \beta^2}$ bzw. $k_{2x} = \pm j \sqrt{\beta^2 - k_2^2}$
müssen bei Totalreflexion im Kern reell bzw. im Mantel imaginär sein; folglich
wird β kleiner als k_1, aber größer als k_2. Mit n_e wird die effektive Brechzahl
bezeichnet: eine gleichförmige ebene Welle würde sich in einem homogenen
Medium der Brechzahl n_e mit derselben Phasengeschwindigkeit ausbreiten wie
die im LWL geführte Welle der Phasenkonstanten β. Zusammenfassend erhält
man

$$\beta = k_{1z} = k_1 \cos \vartheta = k_{2z} \quad (k_2 < \beta < k_1), \quad n_e = \beta/k_0 \quad (n_2 < n_e < n_1),$$

$$k_{1x} = k_1 \sin \vartheta = \sqrt{k_1^2 - \beta^2}, \qquad\qquad k_{2x} = \pm j \sqrt{\beta^2 - k_2^2}. \qquad (2.57)$$

Um die Schreibweise zu vereinfachen, werden die Parameter u (transversales
Phasenmaß im Kern), w (transversales Dämpfungsmaß im Mantel), V (normierte Frequenz), Δ (relative Brechzahldifferenz, s. Gl. (2.56)) und B, δ (normierte Ausbreitungskonstanten) eingeführt,

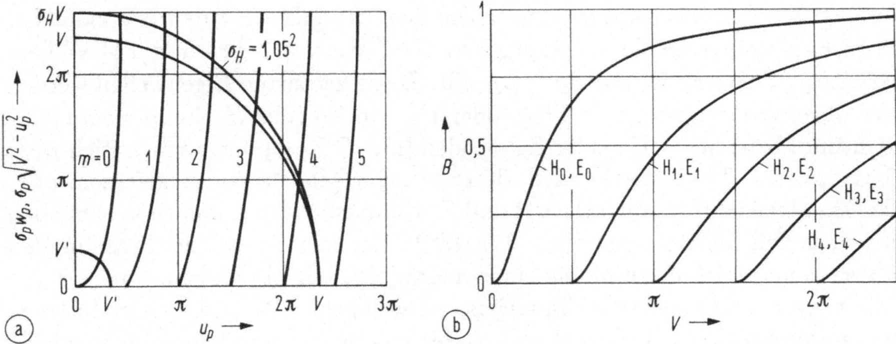

Abb. 2.10. Eigenwerte der Ausbreitungskonstanten β bzw. des Phasenmaßes u. (a) Graphische Lösung der Eigenwertgleichung für TE-Moden (H-Wellen, $\sigma_E = 1$) und TM-Moden (E-Wellen $\sigma_H = 1{,}05^2$), $V = 7{,}33$. $u_E \leq u_H$, $\beta_E \geq \beta_H$, $B_E \geq B_H$ (b) Normierte Ausbreitungskonstante für schwach führende LWL (nach [53, Abschn. 2.2.1.2 Abb. 2.8])

$$u = k_{1x}\frac{h}{2} = \frac{h}{2}\sqrt{k_1^2 - \beta^2}, \qquad w = |k_{2x}|\frac{h}{2} = \frac{h}{2}\sqrt{\beta^2 - k_2^2},$$

$$V = \frac{h}{2}k_0 A_N = \sqrt{u^2 + w^2}, \qquad \Delta = \frac{n_1^2 - n_2^2}{2n_1^2} \approx \{n_1 \approx n_2\} \approx \frac{n_1 - n_2}{n_1}, \qquad (2.58)$$

$$B = \frac{\beta^2 - k_2^2}{k_1^2 - k_2^2} = \frac{w^2}{V^2} = 1 - \frac{u^2}{V^2} = 1 - \frac{\delta}{\Delta} \approx \{\Delta \ll 1\} \approx \frac{\beta - k_2}{k_1 - k_2}.$$

Im interessierenden Bereich geführter Felder $k_2 < \beta < k_1$ sind nicht alle β zulässig. Wie schon in Abb. 2.4b skizziert, bilden sich bei Totalreflexion an den Grenzflächen $x = \pm h/2$, die hinreichend weit auseinander liegen sollen, stehende Wellen der Form $\cos(2ux/h)$, $\sin(2ux/h)$ aus. Für ein transversal konsistentes Feld muß unter Berücksichtigung der Phasenverschiebungen φ_p von Gl. (2.31) nach zweimaliger Totalreflexion die transversale Phasendifferenz $-2k_{1x}h + 2\varphi_p = -2m\pi$ sein (transversale Resonanz), oder mit Gl. (2.58) $-u + \varphi_p/2 = -m\pi/2$. Mit Gl. (2.31) folgt daraus für TE- und TM-Wellen

$$\sigma_p w_{pm} = \sigma_p \sqrt{V^2 - u_{pm}^2} = \begin{cases} u_{pm}\tan u_{pm} & m = 0, 2, 4, \ldots \\ -u_{pm}\cot u_{pm} & m = 1, 3, 5, \ldots \end{cases}$$

$$\text{TE-Welle (H-Welle):} \quad p = E, \qquad \sigma_E = 1 \qquad\qquad (2.59)$$

$$\text{TM-Welle (E-Welle):} \quad p = H, \qquad \sigma_H = n_1^2/n_2^2$$

Die charakteristische Gleichung (2.59) (Eigenwertgleichung) legt die erlaubten Winkel ϑ_m bzw. die Eigenwerte der Ausbreitungskonstanten β_m fest; die so bestimmten Wellen $\vec{\Psi}_m(\vec{r}) = \vec{\Psi}_m(x)\exp(-\mathrm{j}\beta_m z)$ nennt man Eigenwellen oder Moden des LWL. Felder mit anderer Ausbreitungskonstante $k_2 < \beta < k_1$ sind als geführte Wellen nicht ausbreitungsfähig und folglich in z-Richtung evaneszent.

Abbildung 2.10a zeigt die graphische Lösung der transzendenten Eigenwertgleichung als Schnittpunkte der Funktionen links und rechts der geschweiften Klammer in Gl. (2.59). Für TE-Moden sind zwei Kreise mit den Radien V, V' eingetragen, für TM-Moden eine Ellipse, deren kleinere Halbachse V und deren größere Halbachse $\sigma_H V$ mißt. Die Schnittpunkte mit den trigonometrischen Funktionen der Gl. (2.59) ergeben die β-Werte für TE- und TM-Wellen, wobei $u_E \leq u_H$, $w_E \geq w_H$, $\beta_E \geq \beta_H$ gilt. Diese geführten Eigenwellen werden nach ihrer Ordnungszahl als TE_m- oder H_m-Moden (nur H-Komponente in z-Richtung) bzw. als TM_m- oder E_m-Moden (nur E-Komponente in z-Richtung) klassifiziert.   Je kleiner V wird, desto weniger Moden sind zugelassen, aber die Grundwellen H_0 (y-polarisiert) und E_0 (hauptsächlich x-polarisiert) bleiben in jedem Fall ausbreitungsfähig. Ein LWL, der nur die beiden Grundmoden führen kann, wird als einmodig (monomodig, einwellig) bezeichnet im Gegensatz zum vielmodigen (multimodigen, vielwelligen) LWL. Die Grundmoden, die im wesentlichen orthogonal zueinander polarisiert sind, haben im Vergleich zu Moden höherer Ordnungszahl m den kleinstmöglichen Wert für u bzw. die größtmögliche Ausbreitungskonstante β, B. Bei schwacher Führung $\Delta \ll 1$, $\sigma_H \approx 1$ nähern sich die β-Werte für H- und E-Wellen asymptotisch; beide Modentypen bewegen sich dann praktisch mit derselben Ausbreitungskonstanten. In Abb. 2.10b sind für diesen Fall numerische Lösungen von Gl. (2.59) in Form eines Dispersionsdiagramms für B aufgetragen.

Wenn nicht anders vermerkt, wird im folgenden schwache Führung des LWL vorausgesetzt. Die z-Komponenten der Feldstärken können dann vernachlässigt werden, d. h. man betreibt skalare Optik, Abschn. 2.1.5. TE- bzw. TM-Wellen sind einheitlich *l*inear *p*olarisiert über den Querschnitt des LWL (LP-Moden) und unterscheiden sich nur noch in der Polarisationsrichtung des elektrischen Feldes parallel bzw. senkrecht zu den Grenzflächen, sind also näherungsweise TEM_m-Wellen.

In Gl. (2.57) wurde der β-Bereich geführter Moden spezifiziert. Die Grenze der Wellenführung ist dann erreicht, wenn sich das Feld in den gesamten Raum $|x| < \infty$ ausdehnt, wenn also das transversale Dämpfungsmaß $w_p = 0$ und die Ausbreitungskonstante $\beta = k_2$ wird. Normierte Grenzfrequenz V_{mG} (Grenzwellenlänge λ_{mG}) des Modus m wird dasjenige V (bzw. λ) genannt, bei dem $w_p = 0$ gilt. M_g bezeichnet die Gesamtzahl der Moden mit Grenzfrequenzen $V_{mG} < V$ in zwei Polarisationen. Für $w_p = 0$ liest man aus Gl. (2.59) ab $\tan u = 0$, $\cot u = 0$ unabhängig vom Polarisationsindex p, also $u_{mG} = V_{mG} = m\pi/2$ (s. Abb. 2.10a), und mit Gl. (2.58)

$$V_{mG} = m\frac{\pi}{2}, \quad \lambda_{mG} = 2hA_N/m, \quad M_g = \frac{4}{\pi}V_{mG} \approx \left\{ V \gg 1 \right\} \approx \frac{4}{\pi}V. \quad (2.60)$$

Der Grundmodus des symmetrischen Schichtwellenleiters hat die Grenzfrequenz (Grenzwellenlänge) null (unendlich). Beim unsymmetrischen Schichtwellenleiter mit unterschiedlichen Medien für die Bereiche $x \leq -h/2$ und $x \geq h/2$ ist die Grenzwellenlänge des Grundmodus endlich.

In Abb. 2.11a ist das Dispersionsdiagramm $\beta = \beta(k_0)$ aufgezeichnet mit einer Mantelbrechzahl von $n_2 = 3{,}5$ und zur Verdeutlichung mit stark überhöhter Kernbrechzahl $n_1 = 9$. Man erkennt, daß β mit wachsender Frequenz von der Asymptote für Freiraumausbreitung im Mantelmedium n_2 auf die Asymptote für das Kernmedium n_1 überwechselt. Im ersten Fall „sieht" die Welle den Kernbereich praktisch nicht ($w_p = 0$, $n_e = n_2$), im zweiten Fall konzentriert

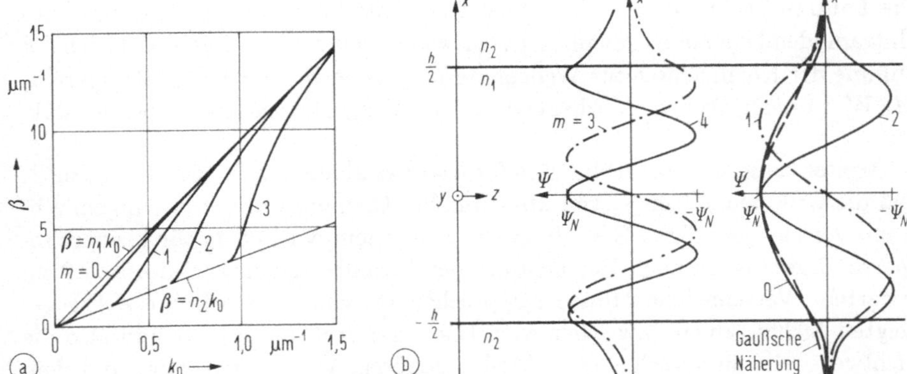

Abb. 2.11. Dispersionsdiagramm und Feldverteilungen des symmetrischen Schichtwellenleiters. (a) Dispersionsdiagramm (nach [205, Abschn. 6.2 Abb. 6.4]). Kernbrechzahl zur Verdeutlichung stark überhöht, $n_1 = 9$; $n_2 = 3,5$; $h = 0,6\,\mu\mathrm{m}$ (b) Feldverteilungen der fünf Wellenfunktionen niedrigster Ordnung nach den Eigenwerten von Abb. 2.10a: $V = 7,33$; $u_0 = 1,38$; $u_1 = 2,76$; $u_2 = 4,12$; $u_3 = 5,45$; $u_4 = 6,70$. Mit den Parametern der Abb. 2.11a wäre die Betriebswellenlänge $\lambda = 2,1\,\mu\mathrm{m}$

sich das Feld vollständig auf den Kernbereich ($w_p \to \infty$, $n_e = n_1$).

Nach Gl. (2.18), (2.58) und in der Näherung für schwach führende LWL ist die Gruppenlaufzeit eines Modus über einen LWL-Abschnitt der Länge L

$$\frac{t_g}{L} = \frac{\mathrm{d}\beta}{\mathrm{d}\omega} = \frac{1}{c}\frac{\mathrm{d}\beta}{\mathrm{d}k_0} \approx \left\{ \begin{array}{c} \Delta \ll 1 \\ \frac{\mathrm{d}V}{\mathrm{d}k_0} \approx \frac{V}{k_0} \\ n_{1g} - n_{2g} \\ \approx n_1 - n_2 \end{array} \right\} \approx \underbrace{\frac{n_{2g}}{c}}_{\text{Material}} + \underbrace{\frac{n_{1g} - n_{2g}}{c}\frac{\mathrm{d}(VB)}{\mathrm{d}V}}_{\text{Wellenleiter}}. \tag{2.61}$$

Der erste Term ist als modenunabhängige Laufzeit im dispersiven Material zu interpretieren, der zweite Term als Laufzeit zufolge von modenabhängigen Wellenleitereffekten (die Frequenzabhängigkeit der kleinen Differenz $n_{1g} - n_{2g}$ ist dabei unwesentlich); $\mathrm{d}(VB)/\mathrm{d}V$ wird Gruppenlaufzeitfaktor genannt. Für $V = V_{mG}$ ist das Feld nicht mehr evaneszent und es gilt $t_g/L = n_{2g}/c$, $\mathrm{d}(VB)/\mathrm{d}V = 0$. Für $V \to \infty$ erhält man wegen der starken Konzentration der Felder auf den Kernbereich $t_g/L = n_{1g}/c$, $\mathrm{d}(VB)/\mathrm{d}V = 1$, s. Abb. 2.11a.

Die längenbezogene Gruppenlaufzeitdifferenz zweier Signale, die auf Trägern mit um $\Delta\lambda$ verschiedener Wellenlänge im selben Modus m laufen, kann analog zu Gl. (2.53) aus Gl. (2.52), Gl. (2.61) mit den dort angegebenen Näherungen berechnet werden; zusätzlich darf man voraussetzen, daß die Material-Dispersionskoeffizienten erster Ordnung in Kern (M_1) und Mantel ($M_2 \approx M_1$) ähnlich groß sind. Man erhält für die chromatische Dispersion, ausgedrückt durch ihren Koeffizienten C (erster Ordnung),

$$\Delta t_g/L = \left[t_g(\lambda + \Delta\lambda, m) - t_g(\lambda, m)\right]/L = C\Delta\lambda = (M + W)\Delta\lambda, \tag{2.62}$$

$$M = M_s = \frac{1}{c}\frac{\mathrm{d}n_{sg}}{\mathrm{d}\lambda} \quad (s = 1 \text{ oder } 2), \qquad W = -\frac{n_{1g} - n_{2g}}{c\lambda}V\frac{\mathrm{d}^2(VB)}{\mathrm{d}V^2}.$$

Die Laufzeitdispersion *innerhalb* eines festen Modus m wie in Gl. (2.62) wird
„Intramodendispersion" genannt. In der verwendeten Näherung ist C gleich der
Summe der Koeffizienten für Wellenleiterdispersion W und Materialdispersion
M; $W\Delta\lambda$ heißt Wellenleiterdispersion, $V\mathrm{d}^2(VB)/\mathrm{d}V^2$ ist der Dispersionsfaktor.

Weiter kann man aus Abb. 2.11a für festes k_0 ablesen, z. B. für $k_0 = 1\,\mu\mathrm{m}^{-1}$,
daß die Gruppenlaufzeit t_g von Moden hoher Ordnungszahl m in einigem Abstand von der jeweiligen Grenzfrequenz größer sein wird als t_g für kleinere m.
Dieses Ergebnis ist nach Betrachtung der Strahlkongruenzen in Abb. 2.9 zu
erwarten: Verschiedene Moden entsprechen verschieden stark zur Achse geneigten Lichtstrahlen. Zwischen zwei Ebenen $z = 0$ und $z = L$ sind also die
Lichtwege, die zu verschiedenen Moden gehören, verschieden lang, und dem
entsprechen im allgemeinen unterschiedliche Signallaufzeiten. Ein kurzer, in
den Schichtwellenleiter bei $z = 0$ injizierter Lichtimpuls, der alle geführten
Moden anregt, wird bei $z = L$ als Serie so vieler zeitlich getrennter Impulse
erscheinen, wie geführte Moden vorhanden sind. Diese Streuung der Gruppenlaufzeit *zwischen verschiedenen* Moden nennt man „Intermodendispersion"
oder kurz „Modendispersion",

$$\Delta t_g/L = [t_g(\lambda, m + \Delta m) - t_g(\lambda, m)]/L = G\Delta m\,. \tag{2.63}$$

G ist der Koeffizient der Modendispersion. Der Vorteil schwach führender
Wellenleiter $\Delta \ll 1$ liegt darin, daß nach Gl. (2.56) der zulässige Winkelbereich
geführter Moden verringert wird, was die Intermodendispersion reduziert. Die
Gruppenlaufzeitdispersion hat für die Signalübertragung über große Distanzen
erhebliche Auswirkungen und wird im einzelnen noch zu diskutieren sein.
Die Wellenfunktionen $\Psi_m(x) = E_{ym}(x), H_{xm}(x)$ (für TE-Moden) beziehungsweise $\Psi_m(x) = E_{xm}(x), H_{ym}(x)$ (für TM-Moden) stehen repräsentativ für
die transversalen Komponenten der elektrischen oder der magnetischen Feldstärke. Um sie zu konstruieren, sind alle Informationen vorhanden: Die Felder
breiten sich in z-Richtung gemäß $\exp(-\mathrm{j}\beta_m z)$ aus. Im Kernbereich existieren in x-Richtung stehende Wellen $\cos(\frac{2u_m}{h}x)$, $\sin(\frac{2u_m}{h}x)$, im Mantelbereich
klingt das Feld exponentiell ab. Dieser Ansatz und die Stetigkeitsbedingungen
für die transversalen Feldkomponenten führen ebenfalls wieder auf die Eigenwertgleichung (2.59). Für den schwach führenden Schichtwellenleiter geben die
Wellenfunktionen $\Psi_m(x)$ unmittelbar das Nahfeld in skalarer Näherung an,

$$\Psi_m(x) = \Psi_N \begin{cases} \left.\begin{cases} \cos u_m & m\ \text{gerade} \\ \sin u_m & m\ \text{unger.} \end{cases}\right\} e^{-\frac{2w_m}{h}\left(x-\frac{h}{2}\right)} & \frac{h}{2} \le x < +\infty \\[3ex] \left.\begin{cases} \cos(\frac{2u_m}{h}x) & m\ \text{gerade} \\ \sin(\frac{2u_m}{h}x) & m\ \text{unger.} \end{cases}\right\} & -\frac{h}{2} \le x \le \frac{h}{2} \\[3ex] \left.\begin{cases} \cos u_m & m\ \text{gerade} \\ -\sin u_m & m\ \text{unger.} \end{cases}\right\} e^{+\frac{2w_m}{h}\left(x+\frac{h}{2}\right)} & -\infty < x \le -\frac{h}{2} \end{cases} \tag{2.64}$$

$$n_1 \int_{-\infty}^{+\infty} \Psi_m(x)\Psi_{m'}^*(x)\,\mathrm{d}x = \delta_{mm'}\,, \qquad \delta_{mm'} = \begin{cases} 1 & m = m' \\ 0 & m \ne m' \end{cases}.$$

Die auf eins normierte Gesamtleistung in der Querschnittsebene legt über eine sogenannte Orthogonalitätsrelation (letzte Zeile von Gl. (2.64)) die Normierungskonstante Ψ_N fest. Die normierte Intensität $I_m(x) = \frac{1}{2}n_1|\Psi_m(x)|^2$ ($n_1 \approx n_2$) des Feldes ist durch Gl. (2.34) definiert. Abbildung 2.11b stellt die Wellenfunktionen graphisch dar. Eine gerade Ordnungszahl m klassifiziert symmetrische, ungerades m antisymmetrische Moden, wobei $m+1$ die Anzahl der Intensitätsmaxima im Querschnitt zählt. Bei $V = V_{mG}$ ist mit Gl. (2.60) $|\Psi_m(\pm h/2)/\Psi_N| = 1$, für $V, w_{pm} \to \infty$ gilt mit Gl. (2.59) $\Psi_m(\pm h/2) = 0$.

Genau genommen sind β_E, w_E für TE-Moden größer als β_H, w_H für TM-Moden, s. Text zu Abb. 2.10a auf Seite 42. Daher wird mit Gl. (2.64) die signifikante Ausdehnung $h(1 + 1/w)$ einer TE-Welle geringer sein als die einer TM-Welle, d. h. der Feldkonzentrationsfaktor Γ_{TE} von Gl. (3.99) einer TE-Welle ist größer als der einer TM-Welle. In skalarer Näherung ist für einen einwelligen LWL mit $V \leq V_{1G}$ die signifikante Feldausdehnung $\geq 1,8\,h$.

Das von einer Endfläche des Schichtwellenleiters abgestrahlte Fernfeld kann in der Näherung skalarer Optik ausgehend von Gl. (2.64) mit Hilfe der Gleichungen (2.21)–(2.24) abgeleitet werden. Die Rechnung wird einfacher, wenn man sich nur für den Grundmodus Ψ_0 interessiert und diesen mit einem Gaußschen Nahfeld wie in Gl. (2.25) approximiert, $\Psi_0(x) \approx \Psi_N \exp(-x^2/w_0^2)$, Abb. 2.11b und Abb. 2.12. Dabei ist für den Strahlradius zu setzen [54, Gl. (15)]

$$w_0/h \approx 0,31 + 0,74\,V^{-1,5} + 0,06\,V^{-6}, \qquad 0,9 < V < 3\,. \tag{2.65}$$

Alle Ergebnisse der Gleichungen (2.25) und (2.26) lassen sich dann übernehmen; vorausgesetzt ist dabei eine paraxiale Näherung ($w_0 \geq 1{,}59\lambda/n$ bzw. $\gamma_0 \leq 11{,}3\,°$, Abb. 2.12). In Fourier-Näherung kann man die Resultate für das Fernfeld Gl. (2.22) übertragen, das beim Schichtwellenleiter nicht auf einer Kugel-, sondern auf einer Zylinderfläche spezifiziert ist; für ein Gaußsches Nahfeld tritt die Amplitude des entsprechenden Fernfelds in Gl. (2.22) gegenüber der paraxialen Näherung Gl. (2.25) mit einem zusätzlichen Faktor $\cos\gamma$ auf.

In [54, Gl. (24)] ist eine analytische Näherung für die Leistungsverteilung $P_F(\gamma)$ des Fernfelds auf einer Zylinderfläche um die LWL-Endfläche angegeben (unter Berücksichtigung des Faktors $\cos\gamma$); aus [54, Gl. (22)] kann man eine Näherung für den Winkel γ_H bei halber Fernfeld-Leistung errechnen. Den Maximalwert $\gamma_{H\,\mathrm{max}} \approx \arctan(0{,}2\,\lambda/h)$ (vgl. Gl. (2.26)) erreicht γ_H für festes A_N bei $V = V_{\mathrm{max}}$. Es ergibt sich

$$P_F(\gamma) = P_F(0)\,e^{-(\ln 2)\,\gamma^2/\gamma_H^2}, \quad 0{,}75 < V < 2{,}5\,, \quad n_1 \approx 3{,}6\,, \quad \Delta < 10\,\%\,,$$

$$\gamma_H = \arctan\left(\tfrac{A_N}{0{,}527\,V + 1{,}89\,V^{-0,5} + 0{,}053\,V^{-5}}\right), \quad (\text{Fehler} \leq 4\,\%); \tag{2.66}$$

$$\gamma_{H\,\mathrm{max}} = \arctan\left(0{,}427\,A_N\right) \text{ bei } V = A_N\pi h/\lambda = V_{\mathrm{max}} = 1{,}518 \approx V_{1\,G} = \tfrac{\pi}{2}\,.$$

V_{max} ist nahezu gleich der normierten Grenzwellenlänge des TEM_1-Modus, Gl. (2.60). Für kleinere V dominieren die Bereiche exponentieller Nahfeldabhängigkeit in Gl. (2.64), und die Gaußsche Näherung ist nicht mehr angemessen. Im Bereich $0 < V < 0{,}75$ gilt dann [54, Gl. (23)] bzw. Gl. (3.168).

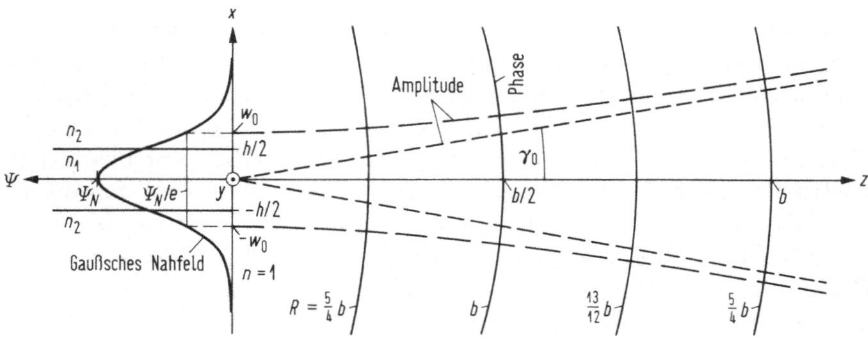

Abb. 2.12. Gaußsche Näherung für den Grundmodus des Schichtwellenleiters. Ins Vakuum $n = 1$ abgestrahltes Feld, paraxial genähert ($w_0 \geq 1{,}59\lambda/n$; $\gamma_0 \leq 11{,}3°$) durch den Gaußschen Strahl [190, Abschn. 1.9.1, 1.9.5] [590]: Kurven konstanter Feldstärkeamplitude (1/e vom Maximalwert, — —) sowie deren Asymptoten Gl. (2.25) (- - -) und Kurven konstanter Phase (——) Gl. (2.25). Weite der Strahltaille $w_{0x} = w_0 = 2\lambda$, „konfokaler Parameter" $b = nk_0w_0^2$, Radius R der sphärischen Phasenflächen, $R(z \rightarrow \infty) = z$

2.5   Streifenwellenleiter

Die Wellenführung in integriert-optischen Schaltungen und in Halbleiterlasern erfordert neben der vertikalen Strukturierung wie beim Schichtwellenleiter zusätzlich eine laterale Begrenzung. In Abb. 2.13a ist der Querschnitt eines solchen symmetrischen Streifenwellenleiters gezeigt. Ein Kernbereich (Brechzahl n_1) der Höhe h wie beim Schichtwellenleiter ist in lateraler Richtung auf die Breite b beschränkt. Das umgebende Medium hat die Brechzahl $n_2 < n_1$. Dieser Streifenwellenleiter wird als „vollständig versenkt" bezeichnet.

Geführte Moden können existieren, wenn das Feld auch an den Seitenflächen $y = \pm b/2$ total reflektiert wird, wobei sich eine transversale Resonanz ausbilden muß, s. Text vor Gl. (2.59), und das Feld auch in y-Richtung räumlich oszilliert. Diese Bedingung läßt sich z. B. dadurch erfüllen, daß man zwei E_m-Moden unter kleinen Winkeln $\pm\vartheta_S$ gegen die z-Achse (gemessen in der yz-Ebene, s. Abb. 2.9) laufen läßt und eine zu Gl. (2.59) analoge Phasenbedingung beachtet.

Dadurch wird ein zweiter, lateraler Modenindex $n = 0, 1, 2, \ldots$ notwendig, der die $n + 1$ Intensitätsmaxima innerhalb des Streifens entlang der y-Rich-

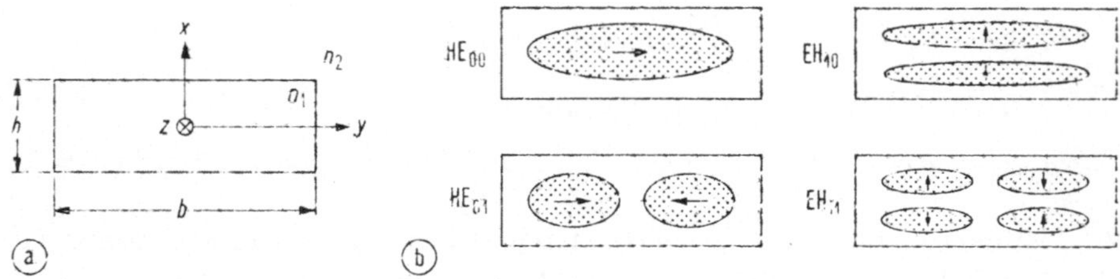

Abb. 2.13. Querschnitt eines völlig versenkten Streifenwellenleiters.   (a) Geometrische Anordnung   (b) Transversales elektrisches Feld und Nahfeld-Intensität (schattiert)

tung zählt. Durch die leichte Verkippung der beiden E_m-Wellen sind die resultierenden Moden des Streifenwellenleiters nicht mehr transversal magnetisch, sondern besitzen zusätzlich zur E-Komponente noch eine H-Komponente in z-Richtung. Man nennt derartige Felder deswegen hybrid und klassifiziert sie als EH_{mn}-Moden . Zur Ableitung der HE_{mn}-Moden von H_m-Wellen geht man analog vor. Beispiele für die transversalen elektrischen Felder und die Nahfeld-Intensitäten sind in Abb. 2.13b zu sehen. Die Felder lassen sich durch vier Kongruenzen gleicher Intensität und geeigneter Polarisation aufbauen; je zwei Kongruenzen sind orthogonal polarisiert.

Unter bestimmten Voraussetzungen läßt sich der schwach führende Streifenwellenleiter mit den vom Schichtwellenleiter her bekannten Beziehungen auf einfache Weise beschreiben: Der Streifenwellenleiter habe geringe Höhe $h \ll b$; die vertikalen Winkel ϑ der Normalkongruenzen in Abb. 2.9 seien wegen $\Delta \ll 1$ klein, und für die lateralen Winkel der Normalkongruenzen gelte bei den betrachteten Moden $\vartheta_S \ll \vartheta$. Folglich ist für alle lokal ebenen Wellen des Streifenwellenleiters die x-Komponente der Ausbreitungskonstante einer lokal ebenen Welle für Kern- und Mantelbereich nahezu dieselbe wie beim vertikalen Schichtwellenleiter der Höhe h, also $k_{1x} = k_{2x}$.

Im Kernbereich $|x| < h/2$, $|y| < b/2$ gilt für die Ausbreitungskonstante des Streifenwellenleiters $\beta_S \equiv k_{1z} = \sqrt{k_1^2 - k_{1x}^2 - k_{1y}^2}$ und mit Gl. (2.57) weiter $\beta_S = \sqrt{\beta^2 - k_{1y}^2} = \beta \cos \vartheta_S$. Da für geführte Kernwellen k_{1y} reell sein muß, ist die Ausbreitungskonstante des Streifenwellenleiters immer kleiner als die des vertikalen Schichtwellenleiters, $\beta_S < \beta$. Im Mantelbereich $|x| \leq h/2$, $|y| \geq b/2$ bleibt die Tangentialkomponente erhalten, $k_{2z} = k_{1z} = \beta_S$; für die Transversalkomponente gilt $k_{2y} = \sqrt{k_2^2 - k_{2x}^2 - k_{2z}^2} = \pm\mathrm{j}\sqrt{\beta_S^2 - (k_2^2 - k_{1x}^2)}$, und weiter mit Gl. (2.57) $k_{2y} = \pm\mathrm{j}\sqrt{\beta_S^2 - (k_2^2 - k_1^2 + \beta^2)}$. Da für geführte Kernwellen k_{2y} imaginär sein muß, ist die Ausbreitungskonstante des Streifenwellenleiters immer größer als die des Mantelmediums, $k_2 < \beta_S$. Zusammenfassend schreibt man

$$k_{1z} = \beta_S = \beta \cos \vartheta_S = k_{2z}, \quad (k_2 < \beta_S < \beta < k_1), \qquad (2.67)$$

$$k_{1y} = \beta \sin \vartheta_S = \sqrt{\beta^2 - \beta_S^2}, \quad k_{2y} = \pm\mathrm{j}\sqrt{\beta_S^2 - (k_2^2 - k_1^2 + \beta^2)}.$$

Der Vergleich mit Gl. (2.57) zeigt, daß der Streifenwellenleiter mit der Ausbreitungskonstanten β_S näherungsweise als *lateraler* Schichtwellenleiter behandelt werden kann, wenn man die Kernbrechzahl n_1 durch die effektive Brechzahl n_e des *vertikalen* Schichtwellenleiter-Modus der Ordnungszahl m ersetzt; wegen $\sqrt{k_2^2 - k_1^2 + \beta^2} \approx k_2 - (k_1 - \beta)$ ist statt der Mantelbrechzahl n_2 ersatzweise die Mantelbrechzahl $n_2 - (n_1 - n_e)$ zu nehmen. Diese Technik heißt Methode der effektiven Brechzahl.

Die geführte Welle läßt sich durch Abb. 2.9 darstellen, wenn man dort die x-Koordinate durch die y-Koordinate ersetzt, h durch b, ϑ durch ϑ_S, β durch β_S und n_1 bzw. k_1 durch die effektive Brechzahl n_e bzw. durch die Ausbreitungskonstante β des *vertikalen* Schichtwellenleiters austauscht, Gl. (2.57), Gl. (2.58). Die Größen β_S, B_S, u_S, w_S und V_S stehen für die Ausbreitungskonstante, das

Phasenmaß innerhalb, das Dämpfungsmaß außerhalb und für die normierte Frequenz des lateralen Schichtwellenleiters. Analog zu Gl. (2.58) erhält man

$$
u_S = k_{1y}\tfrac{b}{2} = \tfrac{b}{2}\sqrt{k_1^2 - (\tfrac{2u}{h})^2 - \beta_S^2}, \quad w_S = |k_{2y}|\tfrac{b}{2} = \tfrac{b}{2}\sqrt{\beta_S^2 + (\tfrac{2u}{h})^2 - k_2^2},
$$
$$
V_S = \tfrac{b}{2}k_0 A_N = \sqrt{u_S^2 + w_S^2}, \qquad B_S = \frac{\beta_S^2 - k_2^2}{k_1^2 - k_2^2} \approx \{\Delta \ll 1\} \approx \frac{\beta_S - k_2}{k_1 - k_2}. \tag{2.68}
$$

Geführte Moden müssen sich nach zwei lateralen Reflexionen in der Phase reproduzieren. Für sie gilt also ebenfalls eine Eigenwertgleichung der Art Gl. (2.59) [565, Abschn. 3.2 Gl. (3.22–3.25)],

$$
\sigma_p w_{Spn} = \sigma_p \sqrt{V_S^2 - u_{Spn}^2} = \begin{cases} u_{Spn} \tan u_{Spn} & n = 0, 2, 4, \ldots \\ -u_{Spn} \cot u_{Spn} & n = 1, 3, 5, \ldots \end{cases}
$$

$$
\text{EH-Welle:} \quad p = \text{EH}, \qquad \sigma_{\text{EH}} = 1 \tag{2.69}
$$

$$
\text{HE-Welle:} \quad p = \text{HE}, \qquad \sigma_{\text{HE}} = n_1^2/n_2^2
$$

Der Rechnungsgang für den Streifenwellenleiter läßt sich folgendermaßen zusammenfassen: Zunächst sind die Eigenwerte β_m für den *vertikalen* Schichtwellenleiter zu bestimmen, so daß die effektiven Brechzahlen für Moden der vertikalen Ordnungszahl m bekannt sind. Dann kann man im Rahmen der besprochenen Näherung die zugehörigen Eigenwerte $\beta_S = \beta_{mn}$ für HE- und EH-Wellen aus Gl. (2.69) errechnen oder aus Abb. 2.10 graphisch ermitteln. Die Felder breiten sich in z-Richtung gemäß $\exp(-j\beta_{mn}z)$ aus. Alle weiteren Aussagen des Abschn. 2.4 lassen sich unmittelbar übertragen. Als Nahfeld des schwach führenden Streifenwellenleiters erhält man $\Psi_{mn}(x,y) = \Psi_N \Psi_m(x)\Psi_n(y)$ mit der Orthogonalitätsrelation $n_1 \int_{-\infty}^{+\infty} \Psi_{mn}(x,y)\Psi_{m'n'}^*(x,y)\,dx\,dy = \delta_{mm'}\delta_{nn'}$. Für das vertikale Nahfeld $\Psi_m(x)$ gilt Gl. (2.62) unmittelbar, für das laterale Nahfeld $\Psi_n(y)$ ist in Gl. (2.62) zu ersetzen $m \to n$, $x \to y$, $h \to b$, $u \to u_S$, $w \to w_S$.

Die beschriebene Methode enthält eine implizite Näherung: Über die Phasenbeziehung Gl. (2.31) wurden die Felder nur an den Berandungen $x = \pm h/2$, $|y| < b/2$ und $y = \pm b/2$, $|x| < h/2$ des LWL näherungsweise angepaßt, während ihr Vorhandensein in den Eckbereichen $|x| \geq h/2$, $|y| \geq b/2$ außer Betracht blieb. Das Verfahren ist dann zulässig, wenn die Moden auf den Kernbereich konzentriert sind, was in hinreichendem Abstand von der normierten Grenzfrequenz V_{mnG} bzw. der Grenzwellenlänge λ_{mnG} des betrachteten Hybridmodus sicher gegeben ist. Da nach Gl. (2.68) $\beta_{mn} < \beta_m$ gilt, bleibt immer $V_{mG} < V_{mnG}$, so daß V_{mG} als Abschätzung für die Grenzfrequenz des Hybridmodus für Streifenwellenleiter mit $h \ll b$ brauchbar ist. Für eine effiziente numerische Methode zur Berechnung von Streifenwellenleitern s. [494].

2.6 Faserwellenleiter

Zur Signalübertragung auf kurzen Distanzen im Zentimeterbereich werden häufig Streifenwellenleiter verwendet. Man kann Dämpfungen im Bereich von $a/z = 1\,\text{dB/cm}$ zulassen, und im allgemeinen stören weder Intra- noch Intermodendispersion Gl. (2.62), Gl. (2.63). LWL für Bauelemente der integrierten

Optik kann man also auch auf stärker verlustbehafteten, kristallinen, teuren Halbleitersubstraten herstellen. Auf Übertragungsstrecken im 100-km-Bereich werden dagegen bei geringen Herstellungskosten möglichst kleine Dämpfungen von 0,2 dB/km und geringste Laufzeitverzerrungen verlangt; gegenwärtig erfüllt nur die Quarzglasfaser diese Forderungen. Im 100-m-Nahbereich sind vor allem die Herstellungskosten bedeutsam, so daß dort auch billigere Kunststoff-Fasern erfolgreich einzusetzen sind [290].

Faserwellenleiter, kurz „Fasern" genannt, bestehen aus einem normalerweise isotropen, kreiszylindrischen Kern von $2a = 10 \ldots 100 \,\mu$m Durchmesser, den ein ebenfalls isotropes, kreiszylindrisches Mantelmedium mit geringerer Brechzahl n_2 umhüllt. Gängige technische Manteldurchmesser liegen bei $2b = 125 \,\mu$m; im üblichen Betriebsbereich sind die Felder auf den Kern konzentriert und reichen nicht bis zum Außenbereich des Mantels, so daß dieser für die Rechnung meist unendlich ausgedehnt angenommen wird. Kern- und Mantelbereich werden in Zylinderkoordinaten r, φ, z (s. Abb. 2.2) durch ein von φ, z unabhängiges Brechzahlprofil mit angepaßtem Mantel (kein Brechzahlsprung an der Kern-Mantel-Grenze, matched cladding) charakterisiert,

$$n^2(r) = \begin{cases} n_1^2\left[1 - 2\Delta g(r/a)\right], & 0 \leq r < a, \\ n_1^2\left[1 - 2\Delta\right] = n_2^2, & a \leq r < \infty, \end{cases} \qquad g(r/a) = \begin{cases} 0, & r = 0, \\ 1, & r \geq a. \end{cases} \qquad (2.70)$$

Die Brechzahl auf der Achse ist n_1, für die relative Brechzahldifferenz Δ gilt Gl. (2.58). Als Profilfunktion $g(r/a)$ ist die Klasse der Potenzprofile wichtig,

$$g(r/a) = (r/a)^q, \qquad 0 \leq q < \infty. \qquad (2.71)$$

Für $q \to \infty$ erhält man das Stufenprofil ($n = n_1$ für $0 \leq r < a$, $n = n_2$ für $r \geq a$), für $q = 2$ das ummantelte Parabelprofil. Fasern, bei denen die Brechzahl im Kern nicht konstant ist, werden als Gradientenfasern bezeichnet. Der Profilexponent q kann nach verschiedenen Gesichtspunkten gewählt werden, z. B. derart, daß minimale Intermodendispersion auftritt.

In Abschn. 2.4, Gl. (2.61) und Abb. 2.11a wurde die Gruppenlaufzeitdispersion am Beispiel des Schichtwellenleiters diskutiert. Abbildung 2.9 kann auch als Querschnitt durch eine Faser mit Kernradius $a = h/2$ und konstanter Kernbrechzahl n_1 aufgefaßt werden. Moden entsprechen verschieden stark zur Achse geneigten Lichtstrahlen. Die Modendispersion kann verringert werden, wenn die Brechzahl des Kerns vom Wert n_1 auf der Achse allmählich auf den Wert n_2 an der Kern-Mantel-Grenze abnimmt, so daß Strahlen mit größerer geometrischer Weglänge einen größeren Teil ihres Wegs in Bereichen niedrigerer

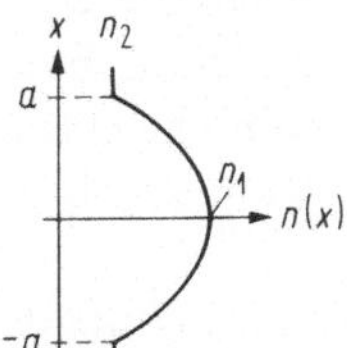

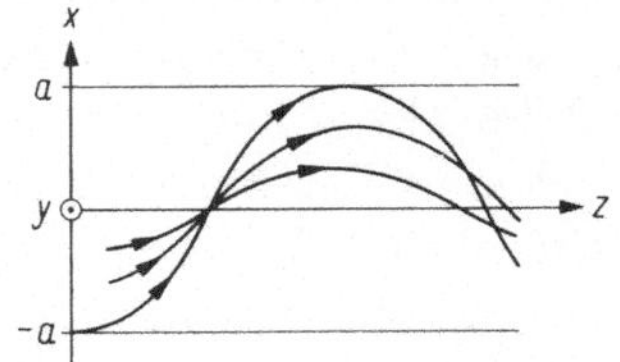

Abb. 2.14. Gradientenwellenleiter

Brechzahl laufen und dadurch die verschiedenen optischen Weglängen einander angeglichen werden. Abbildung 2.14 zeigt einen solchen Gradientenwellenleiter.

2.6.1 Modenfelder in Fasern

Die vektoriellen Wellengleichungen Gl. (2.9) sind durch tabellierte Funktionen für das Stufenprofil exakt lösbar, beim ummantelten Parabelprofil kann man exakte Lösungen für φ-unabhängige TE-Moden angeben [514, Abschn. 12-16 Tabelle 12-9(p)]. Von den aufwendigen Überlegungen für die Stufenprofilfaser [565, Abschn. 4.2–4.3] [514, Abschn. 12-8–12-10] [567, Teil I Abschn. 4.1] sollen im folgenden der Rechnungsgang und einige Ergebnisse angeführt werden.

Da Kern- und Mantelbereich homogen sind, ist statt Gl. (2.9) nur die einfachere Gl. (2.11) für beide Bereiche separat zu lösen. Verwendet werden Zylinderkoordinaten r, φ, z. Die longitudinalen z-Komponenten der Felder werden dabei als erzeugende Größen für die Berechnung der restlichen Komponenten nach Gl. (2.1) benutzt. An der Kern-Mantel-Grenzfläche müssen die Tangentialkomponenten der Feldstärken stetig sein, was zu einer Eigenwertgleichung analog Gl. (2.59) führt, deren (numerische) Lösung die Eigenwerte β der Moden-Ausbreitungskonstanten in z-Richtung liefert.

Nach den Überlegungen, die in Abschn. 2.5 für den Streifenwellenleiter angestellt wurden, ist es klar, daß auch die Fasermoden nach zwei Indizes klassifiziert werden müssen, und daß im allgemeinen Hybridmoden vorliegen werden. Der Modenindex $\nu' = 0, 1, 2, \ldots$ charakterisiert die azimutale $(\cos \nu'\varphi)$- bzw. $(\sin \nu'\varphi)$-Abhängigkeit der Felder; $2\nu'$ gibt die Anzahl der Intensitätsmaxima im Winkelbereich $0 \le \varphi < 2\pi$. Der Modenindex $\mu = 1, 2, 3, \ldots$ zählt die radialen Intensitätsmaxima. Zu jedem Wertepaar ν', μ gibt es zwei Feldverteilungen, die mit $\mathrm{HE}_{\nu'\mu}$ und $\mathrm{EH}_{\nu'\mu}$ bezeichnet werden, von denen jede mit der Abhängigkeit $\cos \nu'\varphi$ oder $\sin \nu'\varphi$ auftreten kann. Somit gibt es zu jedem Wertepaar $\nu' \ne 0$, μ vier Moden, für rotationssymmetrische Felder $\nu' = 0$, μ aber nur zwei Moden. Anders als beim Streifenwellenleiter ist ein HE-Modus nicht notwendigerweise „fast" ein H-Modus. Analoges gilt für EH-Moden. Von allen Moden haben nur die Wellen mit $\nu' = 1$ ein Intensitätsmaximum auf der Achse, alle anderen Moden haben dort eine Nullstelle der Intensität.

Grundmodus der Faser mit der Grenzfrequenz null ist der HE_{11}-Modus, Abb. 2.15, der mit identischen Ausbreitungskonstanten in zwei Feldformen vorkommt, die um die z-Achse im Winkel von 90° gegeneinander verdreht sind. Der Modus wurde deshalb so bezeichnet, weil das Feldbild seiner transversalen elektrischen Feldkomponenten an die des Grundmodus H_{11} im metallisch berandeten Rundhohlleiter erinnert. Diese willkürlich gewählte Bezeichnung hat leider die Folge, daß sich für $\nu' = 0$ die $\mathrm{HE}_{0\mu}$-Moden als $\mathrm{E}_{0\mu}$ (also nicht etwa als $\mathrm{H}_{0\mu}$-Moden!) und die $\mathrm{EH}_{0\mu}$-Moden als $\mathrm{H}_{0\mu}$-Moden herausstellen, s. Abb. 2.15a. Alle anderen Moden sind tatsächlich Hybridmoden.

Bei Hybridmoden stehen die transversalen Komponenten von $\vec{E}$ und $\vec{H}$ nicht mehr aufeinander normal; die Komponenten E_r und E_φ sind in Phase, d. h. die Transversalkomponente des Feldes ist an jeder Stelle des Querschnitts linear

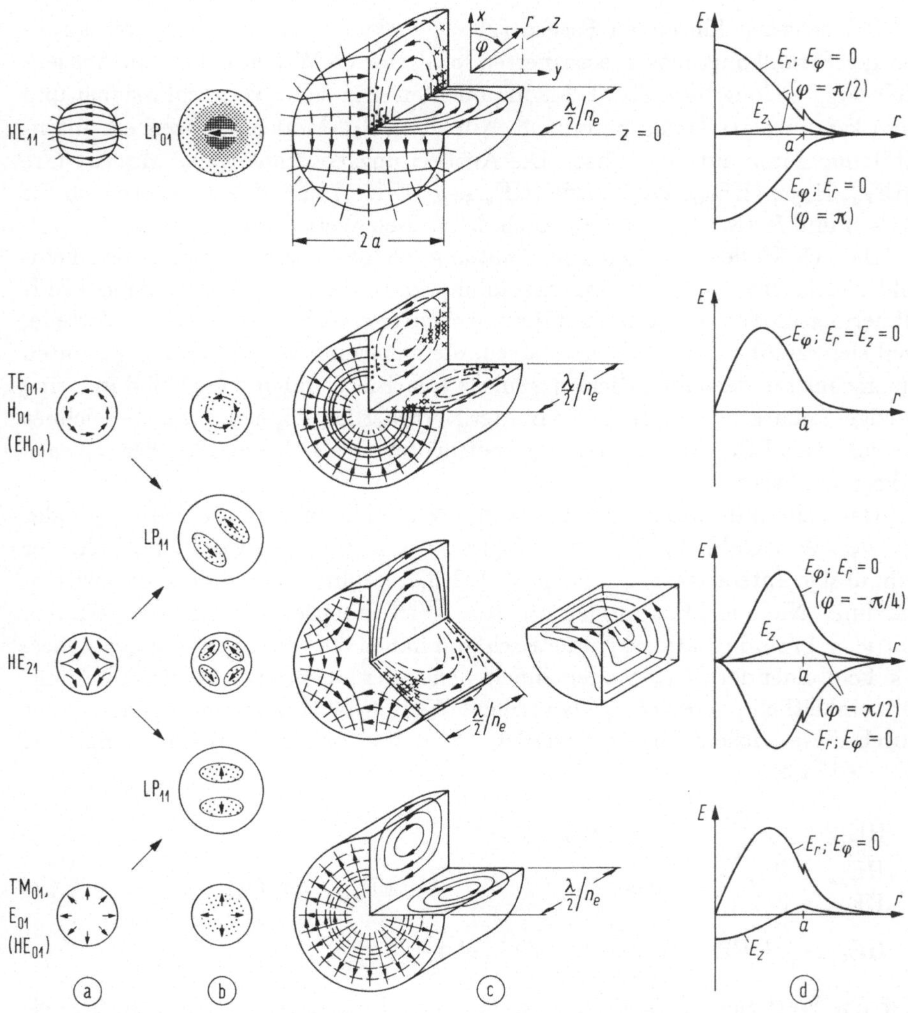

Abb. 2.15. Felder der Stufenprofilfaser. Elektrische Feldstärke (——); magnetische Feldstärke (– – –); Intensität (schattiert).   (a) elektrisches Feld der Vektormoden und (b) elektrisches Feld und Intensität von Vektor- und LP-Moden, Blick in $-z$-Richtung   (c) elektrische und magnetische Feldbilder, $B = 0{,}9$ (nach [414, Abschn. 4.3.11 Abb. 4.5], korrigiert mit [605])   (d) Abhängigkeit der elektrischen Feldstärke vom Radius, $V = 4{,}75$, $\Delta = 4\,\%$ (nach [53, Abb. 3.10], modifiziert); E_r, E_φ (gezeichnet in der Ebene $z = 0$) sind zueinander kophasal und in Quadratur zu E_z (gezeichnet in der Ebene $z = \lambda/(4n_e)$)

polarisiert, die Polarisationsrichtung ändert sich aber von Ort zu Ort, s. Abb. 2.15c. E_z ist gegen die Transversalkomponente um $90\,°$ phasenverschoben, Abb. 2.15c. Wegen der Stetigkeit der Normalkomponente (hier: Radialkomponente) der dielektrischen Verschiebung $\vec{D}$ an der Kern-Mantel-Grenzfläche $r = a$ ist die Radialkomponente der elektrischen Feldstärke E_r unstetig, Gl. (2.6); daher kommen bei $r = a$ die Knicke der elektrischen Feldlinien in Abb. 2.15a,c bzw. die Sprungstelle der Radialkomponente E_r in Abb. 2.15d.

Bei schwach führenden Fasern ($\Delta \ll 1$) laufen die mit den Lichtstrahlen der Strahlkongruenzen assoziierten lokal ebenen Wellen nahezu in Achsenrichtung; die longitudinalen Feldkomponenten sind daher vernachlässigbar und man kann skalare Optik betreiben. Nur die $\mathrm{HE}_{1\mu}$-Moden besitzen ein Intensitätsmaximum auf der Achse. Die Ausbreitungskonstanten der Modenpaare ($\mathrm{HE}_{2\mu}$, $\mathrm{H}_{0\mu}$), ($\mathrm{HE}_{2\mu}$, $\mathrm{E}_{0\mu}$) sowie ($\mathrm{HE}_{\nu'+2,\mu}$, $\mathrm{EH}_{\nu'\mu}$) mit $\nu' \geq 1$ nähern sich für $\Delta \to 0$ und festes ν', μ asymptotisch demselben Wert β, vgl. Seite 42.

Da sich Moden mit gleichem β entlang der Faser zum immer selben Feldbild überlagern, kann man Linearkombinationen dieser Moden als neue TEM-Näherungsmoden der schwach führenden Faser einführen; das bringt Vorteile, weil sich damit Felder aufbauen lassen, die näherungsweise über den gesamten Querschnitt in derselben Richtung *linear* *po*larisiert sind und folglich durch eine einzige Skalargröße $\Psi_{\nu\mu}(r,\varphi)$ charakterisiert werden können. Man bezeichnet sie daher als $\mathrm{LP}_{\nu\mu}$-Moden [170] und betrachtet sie als Eigenwellen der schwach führenden Faser.

Der azimutale Modenindex $\nu = 0, 1, 2, \ldots$ klassifiziert die $(\cos\nu\varphi)$- oder $(\sin\nu\varphi)$-Winkelabhängigkeit von $\Psi_{\nu\mu}(r,\varphi)$ und gibt also die halbe Zahl der azimutalen Intensitätsmaxima, $\mu = 1, 2, 3, \ldots$ zählt die radialen Intensitätsmaxima. Nur die $\mathrm{LP}_{\nu\mu}$-Moden mit $\nu = 0$ (sie entsprechen den $\mathrm{HE}_{\nu'\mu}$-Moden mit $\nu' = 1$) sind rotationssymmetrisch und haben ein Maximum auf der Achse. Die Feldbilder der $\mathrm{LP}_{\nu\mu}$-Moden ähneln denen der aus der Lasertechnik bekannten, einheitlich polarisierten Gaußschen $\mathrm{TEM}_{\mu-1,\nu}$-Strahlen und können daher durch diese effizient angeregt werden. Es gelten folgende Entsprechungen, s. Abb. 2.15a,b:

$$\mathrm{HE}_{1\mu} \implies \mathrm{LP}_{0\mu}$$

$$\left.\begin{array}{l} \mathrm{HE}_{2\mu} \pm \mathrm{H}_{0\mu} \\ \mathrm{HE}_{2\mu} \pm \mathrm{E}_{0\mu} \end{array}\right\} \implies \mathrm{LP}_{1\mu} \qquad\qquad \mathrm{LP}_{\nu\mu} \iff \mathrm{TEM}_{\mu-1,\nu} \qquad (2.72)$$

$$\mathrm{HE}_{\nu'+2,\mu} \pm \mathrm{EH}_{\nu',\mu} \implies \mathrm{LP}_{\nu\mu} \quad (\nu = \nu' + 1 \geq 2)$$

Für ein Wertepaar $\nu \neq 0$, μ existieren vier $\mathrm{LP}_{\nu\mu}$-Moden: nämlich die Felder mit den Abhängigkeiten $\cos\nu\varphi$, $\sin\nu\varphi$, die durch eine Rotation um $90\,°$ ineinander übergehen, in je zwei orthogonalen linearen Polarisationen entsprechend den Doppelvorzeichen in Gl. (2.72); die $\mathrm{LP}_{0\mu}$-Moden korrespondieren den Vektorfeldern $\mathrm{HE}_{1\mu}$ und kommen ebenfalls in je zwei Polarisationen vor. Die Entstehung der $\mathrm{LP}_{\nu\mu}$-Moden zeigt Abb. 2.15a,b anhand eines Beispiels.

In realen schwach führenden Fasern bemerkt man die um $\Delta\beta$ geringfügig unterschiedlichen Ausbreitungskonstanten der $\mathrm{HE}_{\nu+1,\mu}$-Wellen und der $\mathrm{H}_{0\mu}$-, $\mathrm{E}_{0\mu}$- bzw. $\mathrm{EH}_{\nu-1,\mu}$-Wellen als Schwebung des $\mathrm{LP}_{\nu\mu}$-Modus, dessen Feldbild mit wachsendem z um die z-Achse rotiert. Die Schwebungslänge Λ, nach der sich das anfängliche Feldbild reproduziert, ist

$$\Lambda = \frac{2\pi}{\Delta\beta} = \frac{\lambda}{n_e}\frac{\beta}{\Delta\beta}. \qquad (2.73)$$

In der Nähe der Grenzfrequenz von $\mathrm{LP}_{\nu 1}$-Moden einer Stufenprofilfaser beträgt die kleinste Schwebungslänge $\Lambda \approx 3,4\,\lambda/(n_1\,\Delta^2)$ [565, Abschn. 4.4 Abb. 4.16]; für $\lambda = 1,3\,\mu\mathrm{m}$; $n_1 = 1,45$; $\Delta = 1\,\%$ ist $\Lambda \approx 30\,\mathrm{mm}$. Bei $V \gg V_{\nu\mu G}$ verkleinert sich $\Delta\beta$ und Λ wächst, ein Sachverhalt, der für den Schichtwellenleiter aus Abb. 2.10a abgelesen werden kann.

2.6.2 Schwach führende Fasern in skalarer Näherung

Wenn man sich bei der schwach führenden Faser $\Delta \ll 1$ nur für $\mathrm{LP}_{\nu\mu}$-Moden und nicht für die vollständigen Vektorlösungen interessiert, ist nicht Gl. (2.33), sondern die skalare Helmholtz-Gleichung (2.34) im schwach inhomogenen Medium zu lösen. Da die $\mathrm{LP}_{\nu\mu}$-Moden durch eine transversale Feldkomponente charakterisiert werden, z. B. durch die in Richtung des linear polarisierten elektrischen Feldstärkevektors, können sie durch eine skalare Funktion $\Psi_{\nu\mu}(\vec{r})$ dargestellt werden. In Zylinderkoordinaten r, φ, z, Abb. 2.2, setzt man an

$$\Psi_{\nu\mu}(r,\varphi,z) = \Psi_{\nu\mu}(r,\varphi)\,\mathrm{e}^{-\mathrm{j}\,\beta_{\nu\mu}z}, \quad \nu,\nu' = 0,1,2,\dots, \quad \mu,\mu' = 1,2,3,\dots,$$

$$\Psi_{\nu\mu}(r,\varphi) = \Psi_\mu^{(\nu)}(r)\Psi^{(\nu)}(\varphi), \qquad \Psi^{(\nu)}(\varphi) = \frac{1}{\sqrt{1+\delta_{\nu 0}}} \left\{ \begin{array}{c} \cos\nu\varphi \\ \text{oder} \\ \sin\nu\varphi \end{array} \right\}, \tag{2.74}$$

$$n_1 \int\limits_{\varphi=0}^{2\pi} \int\limits_{r=0}^{\infty} \Psi_{\nu\mu}(r,\varphi)\Psi_{\nu'\mu'}(r,\varphi)\, r\,\mathrm{d}r\,\mathrm{d}\varphi = \delta_{\nu\nu'}\delta_{\mu\mu'}.$$

$I_{\nu\mu}(r,\varphi) = \frac{1}{2}n_1|\Psi_{\nu\mu}(r,\varphi)|^2$ ist die normierte Intensität des Feldes ($n_1 \approx n_2$); die Gesamtleistung im Faserquerschnitt ist über eine Orthogonalitätsrelation (s. [341, Seite 30]) auf 1/2 normiert. Die Sub- und Superskripte ν, μ werden im weiteren nicht angeschrieben, wenn Mißverständnisse ausgeschlossen sind. Die Einheitsvektoren in radialer, azimutaler und axialer Richtung schreibt man $\vec{e}_r$, $\vec{e}_\varphi$, $\vec{e}_z$. Der Ausbreitungsvektor einer lokal ebenen Welle Abb. 2.2 im Medium heißt in Zylinderkoordinaten $\vec{k} = k_r\vec{e}_r + k_\varphi\vec{e}_\varphi + k_z\vec{e}_z$, $k_z = \beta$, $|\vec{k}| = k = k_0 n(r)$; das Brechzahlprofil sei rotationssymmetrisch, Gl. (2.70). Für die gesuchte, wegen Abschn. 2.3 reelle Funktion $\Psi_\mu^{(\nu)}(r)$ erhält man aus Gl. (2.34), Gl. (2.74) (Striche auf Funktionensymbolen bedeuten Ableitungen nach dem Argument)

$$\Psi''(r) + \frac{1}{r}\Psi'(r) + k_r^2(r)\,\Psi(r) = 0, \qquad \Psi(r) \equiv \Psi_\mu^{(\nu)}(r),$$
$$k_r^2(r) = k_0^2 n^2(r) - k_\varphi^2 - \beta^2, \qquad |k_\varphi| = \nu/r. \tag{2.75}$$

Die Beziehung für $|k_\varphi|$ ist die azimutale Konsistenz- oder Resonanzbedingung für das Feld Ψ, da bei Umkreisen der Faserachse im Abstand r die Phasenverschiebung $-2\pi r|k_\varphi| = -2\nu\pi$ ein ganzzahliges Vielfaches von 2π sein muß, damit man zum selben Wert des Feldes kommt.

Eine Transformation $\Psi(r) = \psi(r)/\sqrt{r}$ [161, Gl. C.2] [414, Abschn. 5.3.1 Gl. (5.91)] [498, Gl. (3) ff.] führt Gl. (2.75) über in die Schrödinger-Gleichung

$$\psi''(r) + [k_0^2 n_{\mathrm{äq}}^2(r) - \beta^2]\psi(r) = 0, \qquad \psi(r) = \Psi(r)\sqrt{r}, \tag{2.76}$$
$$n_{\mathrm{äq}}^2(r) = n^2(r) - \frac{\nu^2 - \frac{1}{4}}{(k_0 r)^2}, \qquad k_{r\,\mathrm{äq}}^2(r) = k_0^2 n_{\mathrm{äq}}^2(r) - \beta^2 = k_r^2(r) + \frac{1}{4r^2}.$$

Jeder LWL mit zylindersymmetrischem Brechzahlprofil $n(r)$ kann also durch einen Schichtwellenleiter mit dem äquivalenten Brechzahlprofil $n_{\mathrm{äq}}(r)$ und dem Transversalfeld $\psi(r)$ ersetzt werden, wobei r als einseitige kartesische Transversalkoordinate aufzufassen ist ($r \mathrel{\hat{=}} x \geq 0$ in Abb. 2.9).

In Gebieten, wo $k_r^2 > 0$ gilt, sind nach Gl. (2.75) in Extremalpunkten von Ψ die Vorzeichen von Ψ'', Ψ verschieden. Sowohl in positiven Maxima als auch in negativen Minima krümmt sich die Funktion $\Psi(r)$ zur Abszisse r hin. Das Feld hat daher im Bereich $k_r^2 > 0$ wie in Abb. 2.11b oszillatorischen Charakter.

Gesucht werden jene Lösungen $\Psi(r)$ von Gl. (2.75) zu den Eigenwerten β, die für $r = 0$ regulär sind und für $r \to \infty$ verschwinden, d. h. im Bereich $k_r^2 < 0$ evaneszent sind und endliche Leistung transportieren. Für $k_0 \to \infty$ betreibt man geometrische Optik, s. Abschn. 2.1.6; es gibt keine evaneszenten Felder, und im Bereich $k_r^2 < 0$ herrscht Schatten. Die Grenze zwischen diesen beiden Bereichen ist eine Fläche, an der Lichtstrahlen reflektiert werden (k_r^2 springt von $k_r^2 > 0$ auf einen Wert $k_r^2 < 0$) oder aber eine Kaustik (definiert durch $k_r^2 = 0$), die von allen geführten Lichtstrahlen berührt wird. Anhand von Gl. (2.75) überlegt man sich, daß im Bereich $k_r^2 < 0$ die „bauchige" Seite der Funktion $\Psi(r)$ immer zur r-Achse hin zeigt; für ein bestimmtes Verhältnis Ψ'/Ψ an der Grenze zwischen den Bereichen $k_r^2 > 0$ und $k_r^2 < 0$ kann man erreichen, daß $\Psi(r)$ die r-Achse im Unendlichen berührt, daß also asymptotisch $\Psi(r) \to 0$ für $r \to \infty$ gilt, vgl. [411, Gl. (5)]. Dieses Verhältnis wird durch eine geeignete Ausbreitungskonstante β eingestellt.

Die Forderung, daß Funktionswert und Ableitung des skalaren Feldes $\Psi(r)$ an der Stelle des Vorzeichenwechsels von k_r^2 stetig sind, wird von allen Lösungen der Gl. (2.75), auch von den asymptotisch nicht verschwindenden, erfüllt und formuliert daher das Eigenwertproblem nicht. Nur wenn bereits die Struktur der Lösung die notwendigen Eigenschaften von $\Psi(r)$ bei $r = 0$, $r \to \infty$ garantiert, liefert die einfache Forderung nach Stetigkeit von Ψ', Ψ die Eigenwertgleichung für β.

Analog zu Gl. (2.58) werden die Parameter u (transversales Phasenmaß im Kern), w (transversales Dämpfungsmaß im Mantel, auch durch die Mantelfeldweite r_w ausgedrückt), V (normierte Frequenz), Δ (relative Brechzahldifferenz), κ (Abkürzung für eine Kombination modifizierter Bessel-Funktionen K_ν) und die Größen B, δ (normierte Ausbreitungskonstanten) eingeführt,

$$
\begin{aligned}
&u = a\sqrt{k_1^2 - \beta^2}, &&w = a\sqrt{\beta^2 - k_2^2} = 2a/r_w, \\
&V = ak_0 A_N = \sqrt{u^2 + w^2}, &&A_N = \sqrt{n_1^2 - n_2^2} = n_1\sqrt{2\Delta}, \\
&\kappa(w) = K_\nu^2(w)/[K_{\nu-1}(w)K_{\nu+1}(w)], &&\beta^2 = k_1^2(1 - 2\delta), \\
&B = \frac{\beta^2 - k_2^2}{k_1^2 - k_2^2} = \frac{w^2}{V^2} = 1 - \frac{u^2}{V^2} = 1 - \frac{\delta}{\Delta} \approx \{\Delta \ll 1\} \approx \frac{\beta - k_2}{k_1 - k_2}.
\end{aligned}
\tag{2.77}
$$

2.6.3 Stufenprofilfaser

Gleichung (2.75) soll für die Stufenprofilfaser gelöst werden. Die Licht-Schatten-Grenze liegt bei $r = a$. Man erhält dann aus Gl. (2.75) im Kern- bzw. im Mantelbereich die Besselsche Differentialgleichung

$$
\Psi''(r) + \frac{1}{r}\Psi'(r) - \left(\frac{\nu^2}{r^2} \mp \frac{v^2}{a^2}\right)\Psi(r) = 0, \quad v = \begin{cases} u & \text{Kern, oberes Vorz.} \\ w & \text{Mantel, unteres Vorz.} \end{cases}
\tag{2.78}
$$

mit der Lösung [510, Gl. (92)–(96)]:

$$\Psi_\mu^{(\nu)}(r) = \sqrt{\frac{2/n_1}{\pi a^2}}\ \sqrt{\kappa(w_{\nu\mu})}\ \frac{u_{\nu\mu}}{V} \begin{cases} \dfrac{J_\nu(u_{\nu\mu}r/a)}{J_\nu(u_{\nu\mu})} & 0 \le r \le a \\[2ex] \dfrac{K_\nu(w_{\nu\mu}r/a)}{K_\nu(w_{\nu\mu})} & a \le r < \infty \end{cases} \tag{2.79}$$

$J_\nu(x) \approx \sqrt{2/(\pi x)}\ \cos[x-(\nu+\tfrac{1}{2})\pi/2]$ ist die Bessel-Funktion, $K_\nu(x) \approx \sqrt{\pi/(2x)}$ $\times\exp(-x)$ die modifizierte Bessel-Funktion der Ordnung ν; die Näherungen gelten für $x \gg \pi/2$ [1, S. 364 Formel 9.2.1, S. 378 Formel 9.7.2]. Da das Verhältnis Ψ'/Ψ (s. Abschn. 2.6.2 Ende) an der Kern-Mantel-Grenze stetig sein muß, folgt aus Gl. (2.79) $u(\mathrm{d}J_\nu(u)/\mathrm{d}u)/J_\nu(u) = w(\mathrm{d}K_\nu(w)/\mathrm{d}w)/K_\nu(w)$, woraus man mit Umrechnungsbeziehungen für die Ableitungen (s. z. B. [510, Gl. (100), (107)]) die Eigenwertgleichung oder Dispersionsrelation erhält ($u = u_{\nu\mu}$, $w = w_{\nu\mu}$),

$$u\frac{J_{\nu-1}(u)}{J_\nu(u)} = -w\frac{K_{\nu-1}(w)}{K_\nu(w)}, \qquad \frac{\mathrm{d}u}{\mathrm{d}V} = \frac{u}{V}\big[1 - \kappa(w)\big]. \tag{2.80}$$

Die alternative Form von Gl. (2.80) folgt nach längerer Rechnung [510, Gl. (52)]. Mit Hilfe von Gl. (2.77) kann man w durch u ausdrücken. Für festes ν gibt es diskrete Lösungen $u_{\nu\mu}$ von Gl. (2.80), die mit μ numeriert werden. Durch $u_{\nu\mu}$ sind mit Gl. (2.77) die Eigenwerte der Moden-Ausbreitungskonstanten $\beta_{\nu\mu}$ festgelegt und somit alle Bestimmungsstücke der $\mathrm{LP}_{\nu\mu}$-Moden Gl. (2.74) und Gl. (2.79) für die Stufenprofilfaser bekannt.

Abbildung 2.16a zeigt den Verlauf der aus Gl. (2.80), Gl. (2.77) numerisch berechneten normierten Ausbreitungskonstanten analog zu Abb. 2.10b. Charakteristisch sind bei $B_{\nu\mu} = 0$ die normierten Grenzfrequenzen $V_{\nu\mu G} = u_{\nu\mu G}$ der einzelnen Moden, Gl. (2.77), bei denen $w_{\nu\mu G}^2/V_{\nu\mu G}^2 = 0$ gilt, der Modus das unendlich ausgedehnte Mantelmedium erfüllt und folglich mit der Ausbreitungskonstanten des Mantelmediums propagiert, $\beta = n_2 k_0$. Die Dispersionsrelation Gl. (2.80) vereinfacht sich wegen $w_{\nu\mu G} = 0$ zu $J_{\nu-1}(u_{\nu\mu G}) = 0$. Bezeichnet man die μte Nullstelle von $J_{\nu-1}(x) = 0$ mit $x = j_{\nu-1,\mu}$ [1, S. 409 Tabelle 9.5], wobei die Nullstelle $x = 0$ nur für $\nu = 0$ mitgezählt wird [1, S. 370 Abschn. 9.5–9.5.1], so erhält man die normierten Grenzfrequenzen

$$V_{\nu\mu G} = j_{\nu-1,\mu}, \quad j_{-1,1} = 0, \quad j_{0,1} = 2{,}405, \quad j_{1,1} = j_{-1,2} = 3{,}832, \dots, \tag{2.81}$$

$$V_{\nu\mu G} \approx (\nu + 2\mu - \tfrac{3}{2})\frac{\pi}{2} \ \ (\mu \gg \nu), \quad V_{\nu 1 G} \approx \nu \ \ (\nu \gg 1) \quad \text{[1, S. 371 9.5.12, 9.5.14]}.$$

Die Grenzfrequenzen der Moden $\mathrm{LP}_{0\mu}$ und $\mathrm{LP}_{2,\mu-1}$ für $\mu \ge 2$ sind gleich, s. Abb. 2.16a. Bei $V = V_{\nu\mu G}$ variiert das Feld im Kern wie $J_\nu(j_{\nu-1,\mu}r/a)$; im letzten Extremwert dicht vor der Kern-Mantel-Grenze wendet die Funktion $\Psi_\mu^{(\nu)}(r)$ ihre „hohle" Seite der r-Achse zu.

Geht $k_0 \to \infty$, so gibt es keine evaneszenten Felder und der Modus ist ganz auf den Kern konzentriert. Die Ausbreitungskonstante wird dann $B = 1$ bzw. $\beta = n_1 k_0$, und es gilt für das transversale Dämpfungsmaß im Mantel $w = V \to \infty$. Als Lösung der Dispersionsgleichung Gl. (2.80) erhält man $u_{\nu\mu\infty} = j_{\nu,\mu}$. Für $V_{\nu\mu G} \le V < \infty$ ändert sich also das transversale Phasenmaß

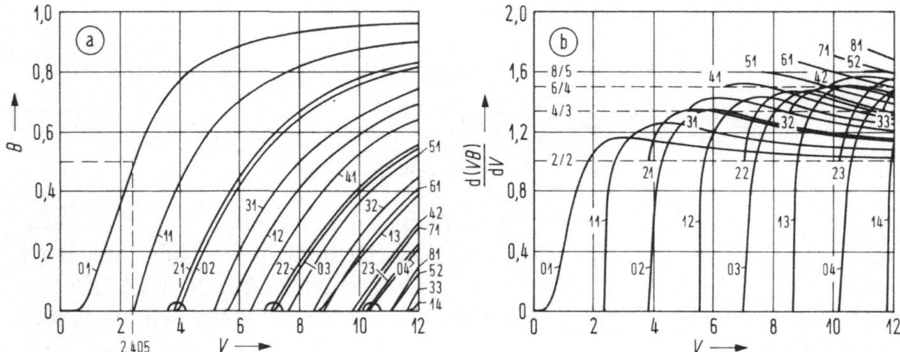

Abb. 2.16. Ausbreitung von $LP_{\nu\mu}$-Moden der Stufenprofilfaser (nach [170]). (a) Normierte Ausbreitungskonstante B; Grenzfrequenzen $V_{0\mu G} = V_{2,\mu-1,G}$ für $\mu \geq 2$ durch Halbkreise markiert (b) Gruppenlaufzeitfaktor $\mathrm{d}(VB)/\mathrm{d}V$ als Funktion von V; die Gruppenlaufzeit eines Modus über einen LWL-Abschnitt der Länge L beträgt nach Gl. (2.61) $t_g/L = n_{2g}/c + (n_{1g} - n_{2g})/c \cdot \mathrm{d}(VB)/\mathrm{d}V$

nur im Bereich $u_{\nu\mu G} \leq u_{\nu\mu} < u_{\nu\mu\infty}$ bzw. $j_{\nu-1,\mu} \leq u_{\nu\mu} < j_{\nu,\mu}$. Die Kernfelder variieren für $V \to \infty$ wie $J_\nu(j_{\nu,\mu}r/a)$; man erkennt μ Intensitätsmaxima in radialer Richtung und Nullstellen bei $j_{\nu,\mu}r/a = j_{\nu,1}; j_{\nu,2}; \ldots; j_{\nu,\mu}$, d. h. auch bei $r = a$ (vgl. den Schichtwellenleiter, Text nach Gl. (2.64) auf Seite 45). Die signifikante radiale Ausdehnung eines Modus beträgt $a(1 + 1/w) = a + r_w/2$.

Für festes $V \gg 1$ kann man die Anzahl geführter Moden M_g aus Gl. (2.81) abschätzen, indem man die möglichen Grenzfrequenzen abzählt. Näherungsweise gilt $V_{\nu\mu G} \approx (\nu + 2\mu - \frac{3}{2})\pi/2 \leq V$; in einem ν-μ-Diagramm entspricht diesem Gebiet eine Fläche von $\frac{1}{2}(\frac{2}{\pi}V - \frac{2}{4})(\frac{1}{\pi}V - \frac{1}{4})$. Ein Wertepaar (ν, μ) beansprucht die Fläche 1 und entspricht 4 $LP_{\nu\mu}$-Moden oder 4 Vektormoden (s. Gl. (2.72) und folgender Text). Als Anzahl geführter Moden, vgl. Gl. (2.60), erhält man

$$M_g \approx 4\left(\frac{1}{\pi}V - \frac{1}{4}\right)^2 \approx \frac{4}{\pi^2}V^2 \approx \frac{V^2}{2}, \qquad V \gg 1 \,. \tag{2.82}$$

Für den Gruppenlaufzeitfaktor $\mathrm{d}(VB)/\mathrm{d}V$ aus der Beziehung für die längenbezogene Gruppenlaufzeit t_g/L von Gl. (2.61) erhält man mit Gl. (2.77) $\mathrm{d}(VB)/\mathrm{d}V = \mathrm{d}(V - u^2/V)/\mathrm{d}V = 1 + u^2/V^2 - 2u/V \cdot \mathrm{d}u/\mathrm{d}V$. Der Gruppenlaufzeitfaktor wird dann mit Gl. (2.80) [170, Gl. (25)]

$$\frac{\mathrm{d}(VB)}{\mathrm{d}V} = B + 2\frac{u^2}{V^2}\kappa(w) \tag{2.83}$$

und ist in Abb. 2.16b als Funktion von V dargestellt. Abbildung 2.17a zeigt den Verlauf des Dispersionsfaktors $V\mathrm{d}^2(VB)/\mathrm{d}V^2$ aus der Beziehung für die Laufzeitdispersion $\Delta t_g/L$ Gl. (2.62) als Funktion von V, in Abb. 2.17b ist eine Zusammenstellung der Kurven von Abb. 2.16 und Abb. 2.17a für den Grundmodus LP_{01} zu sehen.

Oberhalb der Nullstelle $M(\lambda_0) = 0$ ist nach Abb. 2.8 $M > 0$, während wegen $n_{1g} - n_{2g} > 0$ und Abb. 2.17b im gesamten Einmodenbereich $V < V_{11G} = j_{0,1} =$

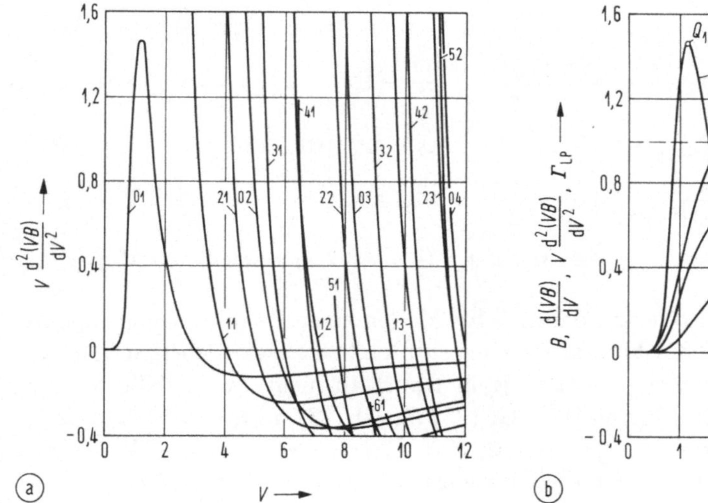

Abb. 2.17. Ausbreitung von $\text{LP}_{\nu\mu}$-Moden der Stufenprofilfaser   (a) Dispersionsfaktor $V\mathrm{d}^2(VB)/\mathrm{d}V^2$ (nach [414, Abschn. 4.3 Abb. 4.10])   (b) Grundmodus LP_{01}: Normierte Ausbreitungskonstante B, Laufzeitfaktor $\mathrm{d}(VB)/\mathrm{d}V$, Dispersionsfaktor $V\mathrm{d}^2(VB)/\mathrm{d}V^2$ und Feldkonzentrationsfaktor Γ_{LP}. $Q_1 = (1{,}15; 1{,}46)$, $Q_2 = (3; 1{,}14)$, $Q_3 = (2{,}405; 0{,}2)$, $Q_4 = (3{,}04; 0)$, $Q_5 = (4{,}95; -0{,}113)$

2,405 für den Koeffizienten der Wellenleiterdispersion $W = -(n_{1g} - n_{2g})/(c \times \lambda)V\mathrm{d}^2(VB)/\mathrm{d}V^2 < 0$ gilt, Gl. (2.62). Man kann daher durch geeignete Wahl von W bei jeder Wellenlänge $\lambda_C > \lambda_0$ die chromatische Dispersion erster Ordnung für den LP_{01}-Grundmodus zum Verschwinden bringen. Bei konstantem $V = ak_1\sqrt{2\Delta}$ läßt sich $|W|$ beispielsweise vergrößern, indem man a verkleinert und gleichzeitig Δ passend erhöht; dabei erniedrigt sich die signifikante radiale Ausdehnung $a(1 + 1/w) = a + r_w/2$ eines Modus. Größere Freiheiten bei der Gestaltung von W bieten kompliziertere Profilfunktionen, s. Abschn. 2.6.5.

Aus der Feldverteilung Gl. (2.79) erhält man für festes ν, μ durch die in Gl. (2.74) angegebene Integration, getrennt ausgeführt über den Kern- und Mantelbereich, die Aufteilung der Gesamtleistung P in die in Kern und Mantel transportierten Anteile P_1 und P_2 [170, Gl. (29)]. Für den Feldkonzentrationsfaktor Γ_{LP} folgt, vgl. Gl. (3.99),

$$\Gamma_{\text{LP}} = \frac{P_1}{P} = 1 - \frac{P_2}{P} = B + \frac{u^2}{V^2}\kappa(w). \tag{2.84}$$

Dieses Verhältnis ist in Abb. 2.17b für den LP_{01}-Grundmodus dargestellt.

Man kann B, $\mathrm{d}(VB)/\mathrm{d}V$, $V\mathrm{d}^2(VB)/\mathrm{d}V^2$ und Γ_{LP} als Funktionen von V ausdrücken, wenn analytische Lösungen $u_{\nu\mu} = u(V)$ für die Dispersionsrelation Gl. (2.80) bekannt sind. Ist eine geeignete Näherungsfunktion für $\kappa(w)$ gefunden, läßt sich aus der Differentialgleichung Gl. (2.80) die gesuchte Lösung $u(V)$ berechnen [170, Gl. (12)]. Man erhält mit dem sogenannten Hauptmodenindex $m = \nu + 2\mu - 1$ und $w = w_{\nu\mu}$:

$$\kappa(w) \approx 1 - \frac{1}{\sqrt{w^2+\nu^2+1}}, \qquad\qquad \text{[170, Gl. (14)]}, \quad 0 \leq w < \infty$$

$$u(V) \approx j_{\nu-1,\mu}\,\exp\left[\frac{\arcsin(s/j_{\nu-1,\mu})-\arcsin(s/V)}{s}\right], \qquad\qquad 0 \leq V < \infty$$

$$s = \sqrt{j_{\nu-1,\mu}^2 - \nu^2 - 1}\,, \qquad\qquad \text{nicht LP}_{01}\ \text{[170, Gl. (16)]} \qquad (2.85)$$

$$u(V) \approx \frac{j_{0,1}\,V}{1+[(j_{0,1}-1)^4+V^4]^{1/4}}\,, \qquad\qquad \text{nur LP}_{01}\ \text{[170, Gl. (18)]} \quad 0 \leq V < \infty$$

$$u(V) \approx j_{\nu,\mu}\,e^{-1/V} \approx j_{\nu,\mu}\frac{V-1}{V} \approx (m+\tfrac{1}{2})\tfrac{\pi}{2},\ \text{LP}_{\nu\mu}\ \text{[510, Gl. (60)]}, \qquad V \gg j_{\nu,\mu}$$

Asymptotisch ist also u und damit β für Moden einer Hauptmodengruppe m gleich. Nach Gl. (2.85) berechnete Kurven für B unterscheiden sich von der Darstellung der exakten Auswertung in Abb. 2.16 nicht. Grenzfälle für die exakte Funktion $\kappa(w)$ lauten [170, Gl. (25) ff., Gl. (13) ff.] $\kappa(0) = 0$ ($\nu = 0,\,1$; $V = V_{\nu\mu G}$), $\kappa(0) = (\nu - 1)/\nu$ ($\nu \geq 2$; $V = V_{\nu\mu G}$), $\kappa(w \to \infty) = (V - 1)/V$ ($V \to \infty$). Damit erhält man die Grenzbeziehungen (vgl. Abb. 2.16b):

$$\frac{\mathrm{d}(VB)}{\mathrm{d}V} = \begin{cases} 0 \\ 2\frac{\nu-1}{\nu}\,, \\ 1 \end{cases}, \quad \Gamma_{\mathrm{LP}} = \left.\begin{cases} 0 & \nu = 0,\,1 \\ \frac{\nu-1}{\nu}, & \nu \geq 2 \\ 1 & \end{cases}\right\} \quad \begin{array}{l} \text{für}\quad V = V_{\nu\mu G} \\[4pt] \text{für}\quad V \to \infty \end{array} \qquad (2.86)$$

Bei $V \gg 1$ kann die Stufenprofilfaser eine große Anzahl M_g Moden führen; typisch sind Werte von $V = 75\ldots250$ und $M_g = 10^3\ldots10^5$ nach Gl. (2.82). Nach Gl. (2.61) ist t_g eine monoton wachsende Funktion des Laufzeitfaktors. Für festes V haben die Moden mit höchster azimutaler Ordnungszahl ν bei gleichzeitig geringster radialer Ordnungszahl $\mu = 1$ die längste Laufzeit, s. Abb. 2.16b z. B. für $V = 10$, und es gilt mit Gl. (2.81) $V \approx V_{\nu1G} \approx \nu$. Wegen Gl. (2.86) wird $\mathrm{d}(VB)/\mathrm{d}V = 2(1 - 1/V)$. Den kleinsten Laufzeitfaktor $\mathrm{d}(VB)/\mathrm{d}V = 1$ haben die $\mathrm{LP}_{2\mu}$-Moden, abgesehen von den im Vergleich zu M_g wenigen $\mathrm{LP}_{0\mu}$- und $\mathrm{LP}_{1\mu}$-Wellen. Mit Gl. (2.63), Gl. (2.61) erhält man für die größte Laufzeitdifferenz einer vielmodigen Stufenprofilfaser näherungsweise

$$\frac{\Delta t_{g\,\mathrm{max}}}{L} = \frac{n_{1g} - n_{2g}}{c}\left(1 - \frac{2}{V}\right) \approx \frac{n_1 - n_2}{c}\left(1 - \frac{2}{V}\right). \qquad (2.87)$$

Geht $V \to \infty$, so nähert sich $\Delta t_{g\,\mathrm{max}}$ dem Laufzeitunterschied gleichförmiger ebener Wellen, die in einem Medium n_1 bzw. n_2 propagieren, $\Delta t_{g\,\mathrm{max}}/L \sim \Delta$. Im Strahlenbild ist $(n_1 - n_2)/c$ gerade der längenbezogene Laufzeitunterschied eines achsenparallelen Strahls und eines solchen, der unter dem Grenzwinkel der Totalreflexion für ebene Wellen $\cos\vartheta_T = n_2/n_1$ die Achse schneidet.

2.6.4 Parabelprofilfaser

Für den Fall, daß man das Brechzahlprofil Gl. (2.70) mit $g(r/a) = (r/a)^2$ im unendlich ausgedehnten Bereich $0 \leq r < \infty$ idealisiert, ist Gl. (2.75) ebenfalls exakt lösbar. Man erhält für diskrete Eigenwerte der Ausbreitungskonstanten β, δ (Definitionen s. Gl. (2.77)) als Ergebnis die Gauß-Laguerre-Moden [565, Abschn. 5.2 Gl. (5.59)] [190, Abschn. 1.9 Gl. (1-446)], $\Psi_\mu^{(\nu)}(r) \equiv Q_{\nu\mu}(r,w_0)$,

$$Q_{\nu\mu}(r, w_0) = \sqrt{\tfrac{2/n_1}{w_0^2 \pi}} \sqrt{\tfrac{(\mu-1)!}{(\nu+\mu-1)!}} \left(\tfrac{2r^2}{w_0^2}\right)^{\nu/2} e^{-r^2/w_0^2} \, L_{\mu-1}^{(\nu)}\left(\tfrac{2r^2}{w_0^2}\right), \tag{2.88}$$

$$\beta = k_1\sqrt{1 - 2\delta}, \quad \tfrac{\delta}{\Delta} = \tfrac{m}{m_{\max 2}}, \quad m = \nu + 2\mu - 1, \quad m_{\max 2} = \tfrac{V}{2}; \quad w_0^2 = \tfrac{a^2}{V/2}.$$

$L_{\bar\mu}^{(\nu)}$ bezeichnet die verallgemeinerten, $L_{\bar\mu}^{(0)} \equiv L_{\bar\mu}$ die gewöhnlichen Laguerre-Polynome mit Grad $\bar\mu$ und Ordnung ν [1, Abschn. 22] [187, Band 2 Abschn. 8.97]:

$$L_{\bar\mu}^{(\nu)}(x) = \sum_{i=0}^{\bar\mu} \binom{\bar\mu+\nu}{\bar\mu-i} \tfrac{(-x)^i}{i!}, \quad \lim_{x\to\infty} \tfrac{L_{\bar\mu}^{(\nu)}(x)}{x^{\bar\mu}} = \tfrac{(-1)^{\bar\mu}}{\bar\mu!}, \quad \nu, \bar\mu = 0, 1, 2, \dots,$$

$$L_0^{(\nu)}(x) = 1, \qquad L_1^{(\nu)}(x) = -x + \nu + 1, \tag{2.89}$$

$$L_2^{(\nu)}(x) = \tfrac{1}{2}\left[x^2 - 2(\nu + 2)x + (\nu + 1)(\nu + 2)\right].$$

Für den LP$_{01}$-Modus erhält man die transversale Abhängigkeit eines rotationssymmetrischen Gaußschen Nahfelds Gl. (2.25) mit dem Strahlradius w_0. Das Feld $Q_{\nu\mu}(r)$ der LP$_{\nu\mu}$-Moden entspricht dem von Gaußschen TEM$_{\mu-1,\nu}$-Strahlen in der Strahltaille. Alle Moden mit dem Hauptmodenindex $m = $ const haben dieselbe Ausbreitungskonstante, sind also nach Gl. (2.88) unter Berücksichtigung der Polarisation $2[\tfrac{m+1}{2}]$-fach entartet; $[x]$ ist der ganzzahlige Anteil des Quotienten x. Die Lösungen Gl. (2.88) können nur jene Moden einer *realen*, ummantelten Parabelprofilfaser Gl. (2.70), Gl. (2.71), $q = 2$ näherungsweise beschreiben, für die das Lösungsfeld bei der Kern-Mantel-Grenze $r = a$ wegen $V \gg V_{\nu\mu G}$ schon stark abgeklungen ist. Bei einer ummantelten Parabelprofilfaser gilt wie bei der Stufenprofilfaser und beim Schichtwellenleiter $k_2 < \beta < k_1$ für geführte Wellen. Hauptmodenindex und normierte Ausbreitungskonstante müssen in den Bereichen $m < m_{\max 2}$ und $0 < \delta < \Delta$ liegen. Trotz der genannten Einschränkungen kann man versuchen, die Grenzfrequenzen $V_{\nu\mu G}$ einer ummantelten Parabelprofilfaser mit $\beta = k_2$ nach Gl. (2.88) abzuschätzen. Ähnlich wie bei der Ableitung von Gl. (2.82) kann man dann die Anzahl M_g der geführten Moden berechnen. Man erhält

$$V_{\nu\mu G} = 2m = 2(\nu + 2\mu - 1), \qquad M_g \approx m_{\max 2}^2 = \frac{V^2}{4}, \qquad V \gg 1. \tag{2.90}$$

Gleichung (2.90) kann man mit $V_{\nu\mu G} = j_{\nu-1,\mu}\sqrt{1 + 2/q}$, $q = 2$ von Gl. (2.104) vergleichen, die aus einem skalaren Variationsverfahren für Potenzprofilfasern gewonnen wurde [409] [411, Gl. (31)] (für eine genauere Beziehung und für die richtige Reihenfolge der Grenzfrequenzen s. die Bemerkungen bei Gl. (2.104)). Mit Ausnahme des Grundmodus $m = 1$, für den $V_{01G} = 0$ gilt, gibt Gl. (2.90) für die ummantelte Parabelprofilfaser eine akzeptable Approximation der Grenzfrequenzen, deren Abweichungen für die niedrigsten 13 Wellen zum Teil deutlich unter 18 % liegen. Die Zahl geführter Moden ist halb so groß wie bei der Stufenprofilfaser.

Die Kaustikradien R für geführte Strahlen sind mit Gl. (2.75), Gl. (2.70), $g(r/a) = (r/a)^2$ $(0 \leq r < \infty)$ und Gl. (2.88) durch $k_r(R) = 0$ definiert,

$$R_{1,2}^2 = \frac{w_0^2}{2}\left(m \pm \sqrt{m^2 - \nu^2}\right). \tag{2.91}$$

Moden $\nu \neq 0$ haben eine innere Kaustik bei $r = R_1 \neq 0$ entsprechend einer Nullstelle der Intensität auf der Achse. Bei festem $V \gg 1$ gilt für den Modus höchster Ordnung ν nahe der Grenzfrequenz $V_{\nu 1 G} \approx V$ die Näherung $\nu \approx m = V/2$, so daß die äußere Kaustik mit $w_0^2 = 2a^2/V$ von Gl. (2.88) bei $r = R_2 = a/\sqrt{2}$ liegt, d. h. noch ausreichend innerhalb des Kernbereichs einer ummantelten Parabelprofilfaser; bei dieser stellen folglich die Lösungen Gl. (2.88) eine gute Näherung der nicht rotationssymmetrischen Felder dar. Rotationssymmetrische Moden $\nu = 0$ haben wegen $R_1 = 0$ keine innere, wohl aber bei $r = R_2 = w_0\sqrt{m}$ eine äußere Kaustik, die für den Modus mit der höchsten Grenzfrequenz gerade auf der Kern-Mantel-Grenze liegt; die evaneszenten Anteile dieser Felder reichen bis in den Mantel, so daß die Lösung Gl. (2.88) unzuverlässig wird. Da die Anzahl rotationssymmetrischer Moden mit $V/2$ jedoch sehr klein gegenüber der Gesamtzahl $V^2/4$ der geführten Felder ist, gilt Gl. (2.88) für die weitaus meisten Moden einer ummantelten Parabelprofilfaser in guter Näherung. Geht $k_0 \to \infty$, so wird der Strahlradius nach Gl. (2.88) $w_0 = 0$, und die Felder konzentrieren sich ganz auf der Faserachse; die Moden einer Stufenprofilfaser dagegen füllen (wie beim Schichtwellenleiter mit Stufenprofil) immer den gesamten Kernquerschnitt aus, s. Text nach Gl. (2.81).

Der Laufzeitfaktor in der Näherung der Gl. (2.61) beträgt mit Gl. (2.77) und Gl. (2.88) $\mathrm{d}(VB)/\mathrm{d}V = \mathrm{d}(V - 2m)/\mathrm{d}V = 1$; dem entspricht in Gl. (2.88) mit der paraxialen Näherung $\beta \approx k_1(1 - \delta)$ eine Gruppenlaufzeit $\mathrm{d}\beta/\mathrm{d}\omega = t_g/L \approx n_{1g}/c$, die für alle Moden gleich der maximalen Laufzeit auf der Faserachse ist, wenn man $\Delta \ll 1$ näherungsweise als frequenzunabhängig annimmt („abbildendes" oder „linsenartiges" Medium [190, Abschn. 1.9.3]). Der Dispersionsfaktor $V\mathrm{d}^2(VB)/\mathrm{d}V^2$ von Gl. (2.62) wäre null. Für eine genauere Betrachtung entwickelt man β von Gl. (2.88) bis zu Potenzen δ^2 und berechnet t_g sowie die maximale Laufzeitdifferenz der Moden mit $0 < \delta < \Delta$, $(n_1 \approx n_{1g})$,

$$\frac{t_g}{L} = \frac{\mathrm{d}\beta}{\mathrm{d}\omega} = \frac{n_{1g}}{c}\left(1 + \frac{\delta^2}{2}\right), \qquad \frac{\Delta t_{g\,\mathrm{max}}}{L} = \frac{n_{1g}}{c}\frac{\Delta^2}{2}. \tag{2.92}$$

Während $\Delta t_{g\,\mathrm{max}}/L$ bei der Stufenprofilfaser proportional Δ war, Gl. (2.87), ist dieser Faktor bei der Parabelprofilfaser auf $\Delta^2/2$ reduziert. Gleichung (2.92) gilt im Rahmen der weiter oben besprochenen Näherung auch für die geführten Moden einer *ummantelten* Parabelprofilfaser.

Berücksichtigt man den Einfluß des Mantels auf die Gruppenlaufzeit genauer, so erfahren die Moden, die nahe ihrer Grenzfrequenz große Feldanteile im Mantel haben, eine signifikante Laufzeit*verkürzung* gegenüber den Feldern, die sich wegen $V \gg V_{\nu\mu G}$ auf den Kern konzentrieren und mit einer Laufzeit nahe n_{1g}/c propagieren [410] [420] [100] [139, Abschn. 3.2 Abb. 3.3]. Besondere Mantelprofile können diese Laufzeitverkürzung kompensieren, s. Abschn. 2.6.5. Auch kann die häufig vorhandene, selektive Bedämpfung gerade dieser Wellen den Effekt in der Praxis bedeutungslos machen.

2.6.5 Fasern mit komplizierteren Profilen

Die bisher behandelten Brechzahlprofile (ohne Brechzahlsprung zwischen Kern und Mantel, matched cladding) — das Stufenprofil und das Parabelprofil — waren idealisiert. Tatsächlich hat die Faser über dem optisch wesentlichen Mantel,

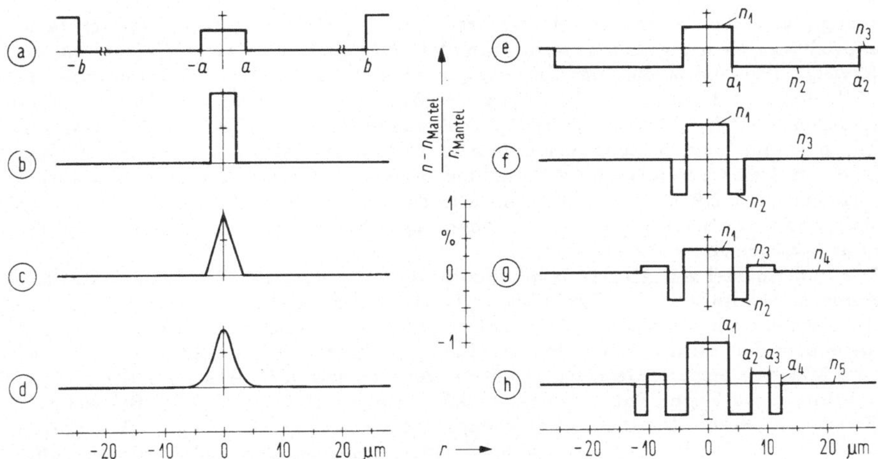

Abb. 2.18. Typische Brechzahlprofile von Einmodenfasern für $\lambda = 1{,}3 \ldots 1{,}55\,\mu\text{m}$ (nach [395, Abschn. 5.1 Abb. 5.1], modifiziert). (a) Standard-Doppelstufenprofil mit brechzahl-angepaßtem Mantel (matched cladding) und äußerer Schutzschicht, $2b = 125\,\mu\text{m}$ (b) Stufenprofil, (c) Dreieckprofil und (d) Gauß-Profil mit ins langwellige verschobener Nullstelle $C(\lambda_C) = 0$ der chromatischen Dispersion (dispersion shifted) (e) Stufenprofil mit Puffermantel (depressed cladding) (f) W-Profil (Doppelmantelprofil, double-clad), (g) Dreifachmantelprofil (triple-clad) und (h) Vierfachmantelprofil (quadruple-clad) mit Dispersionskompensation (dispersion flattened) durch zwei und drei Nullstellen λ_C

dessen Ausdehnung natürlich begrenzt ist, noch eine Schutzbeschichtung oder Hülle, um die mechanische Stabilität zu verbessern; geeignete Materialien sind Polymere wie Silikonkautschuk bzw. Epoxy-, Silikon- und Urethan-Acrylate [461, S. 318] oder Acetate mit Brechzahlen bei der Na-D-Linie $\lambda_D = 0{,}589\,\mu\text{m}$ von $n_D = 1{,}416$ bzw. $n_D = 1{,}53$. Die Brechzahl von Silikonkautschuk ist deutlich niedriger als die Brechzahl von Quarzglas $n_D = 1{,}459$, Abb. 2.7, Abb. 2.8. Daher können Felder, die vom inneren Kern-Mantel-System wegen $\beta < k_2$ nicht mehr geführt würden, in diesem Fall von der Hüllschicht (typischer Durchmesser $2b = 125\,\mu\text{m}$) geführt werden. Um diese Mantelfelder, die bei realen Fasern wegen ihrer Wechselwirkung mit den Kernfeldern stören, wirksam zu bedämpfen, ist die Hüllenbrechzahl am besten gleich oder größer als die Mantelbrechzahl zu wählen, so daß sich keine *geführten* Mantelfelder ausbreiten können; die vergleichsweise hohe Dämpfung in der Schutzschicht sorgt für eine Absorption der Mantelmoden. In Abb. 2.18a ist ein Profil mit erhöhter Hüllenbrechzahl für eine typische Einmodenfaser gezeigt ($2a = 10\,\mu\text{m}$); bei einer Vielmodenfaser wäre der Kernradius entsprechend größer ($2a = 50\,\mu\text{m}$). In Abb. 2.18b–h sind geeignete Schutzschichten stillschweigend vorausgesetzt.

In der Folge von Gl. (2.83) wurde für die Einmodenfaser die Möglichkeit einer Kompensation der Material- durch die Wellenleiterdispersion erörtert. Die Nullstelle $C(\lambda_C) = 0$ der chromatischen Dispersion kann durch eine geeignete Profilgestalt wie in Abb. 2.18b–d auf die gewünschten Werte verschoben werden [82] [92]. Eine Gradierung des Profils, Abb. 2.18c,d, erhöht die Grenzfrequenz des LP_{11}-Modus, erweitert dadurch den Einmodenbereich und liefert größere Nahfeldweiten als beim entsprechenden Stufenprofil von Abb. 2.18b. Beim Dreieckprofil [466] [592] werden ebenso wie beim Gauß-Profil unerwünschte, absorptionserhöhende

Spannungsgradienten an der Kern-Mantel-Grenze im Vergleich zur dispersionsverschobenen Stufenprofilfaser niedrig gehalten; auch kann Δ kleiner bleiben als beim Stufenprofil, was die Rayleigh-Streuung zufolge der Dotierung verringert. Für eine Dreieckprofilfaser mit $2a = 6{,}4\,\mu$m; $2b = 140\,\mu$m; $\Delta = 0{,}8\,\%$; $\lambda_{11G} = 0{,}85\,\mu$m wurden bei $\lambda_C = 1{,}56\,\mu$m niedrigste Dämpfungen von $0{,}24\,$dB/km gemessen [5]. Will man nichtlineare Effekte in Glasfasern ausnutzen, so ist eine hohe Leistungsdichte im Kern wesentlich. Daher sind Dreieckprofilfasern mit hohem Δ, kleinem a und geringer Dämpfung interessant. Für die Parameter $2a = 4{,}6\,\mu$m; $2b = 125\,\mu$m; $\Delta = 2{,}9\,\%$; $\lambda_{11G} = 0{,}75\,\mu$m wurden bei $\lambda = 1{,}06; 1{,}3; 1{,}61\,\mu$m Dämpfungen von $3{,}61; 2{,}53; 0{,}82\,$dB/km gemessen; die Dämpfungsparameter der Gl. (2.51) für Rayleigh-Streuung betrugen $A(1 + B\Delta) = 4{,}1$ [534].

Der Puffermantel von Abb. 2.18e mit Radius a_2 und reduzierter Brechzahl (meist Bor-Dotierung, s. Abschn. 2.2.1 und Text nach Gl. (2.54)) konzentriert die Felder stärker auf den Kernbereich mit Radius a_1 und gestattet für Einmodenfasern eine 30-prozentige Radiusreduktion beim dämpfungsarmen, teuren Mantel (Radius a_3, in Abb. 2.18e nicht dargestellt), was $50\,\%$ des Materials erspart. Geeignete Abmessungen sind nach [365, Abschn. 6.3] $a_1 = 5\,\mu$m, $a_2 = 10\,\mu$m, $a_3 = 30\,\mu$m, $(n_1 - n_2)/n_1 = 0{,}5\,\%$, $(n_1 - n_3)/n_1 = 0{,}13\,\%$. Bei vielmodigen Fasern mit parabelähnlichem Gradientenprofil ($a_1 = 25\,\mu$m, $a_2 = 34\,\mu$m, $2b = 125\,\mu$m, $(n_1 - n_2)/n_1 = 1{,}2\,\%$, $(n_1 - n_3)/n_1 = 0{,}7\,\%$ [464]) dient der brechzahlerniedrigte Puffermantel zur stärkeren Konzentration von Moden hoher Ordnungszahl auf den Kern, d. h. zu deren Laufzeiterhöhung und damit zum Laufzeitausgleich, s. Text nach Gl. (2.92).

Beim Doppelmantel- oder W-Profil [565, Abschn. 4.8 S. 423] [567, Teil I Abschn. 4.3] mit $n_1 - n_3 < n_1 - n_2$ von Abb. 2.18f hat auch der LP_{01}-Grundmodus bei genügend hohem n_3 eine Grenzfrequenz $V_{01G} > 0$; dadurch rückt die Grenzwellenlänge λ_{01G} dichter an die Betriebswellenlänge λ, und der Nahfelddurchmesser des Grundmodus wird entsprechend größer. Die Grenzfrequenzen $V_{\nu\mu G}$ auch der höheren Moden erhöhen sich umso mehr, je größer $(n_1 - n_2)/(n_1 - n_3)$ wird. Beim einfachen Stufenprofil ist die Wellenleiterdispersion $W\Delta\lambda$ von Gl. (2.62) und Abb. 2.17b im Einmodenbereich negativ; folglich kann die Materialdispersion $M\Delta\lambda$ nur im positiven Bereich kompensiert werden. Beim Doppelmantelprofil wirkt sich der äußere Mantel n_3 stärker auf den LP_{11}-Modus als auf den LP_{01}-Grundmodus aus, der mehr auf den Kernbereich konzentriert bleibt. Daher verschiebt sich mit $(n_1 - n_2)/(n_1 - n_3)$ die Grenzfrequenz V_{11G} (Q_3 in Abb. 2.17b) stärker als die Nullstelle Q_4 des Grundmoden-Dispersionsfaktors, so daß schließlich der Abszissenwert von Q_3 *größer* wird als der von Q_4 [263]. Mit einer Doppelmantelfaser kann man daher im Einmodenbereich nicht nur positive, sondern auch negative Koeffizienten M der Materialdispersion kompensieren, so daß der resultierende Koeffizient $C(\lambda)$ der chromatischen Dispersion zwei Nullstellen besitzt und mit λ flacher verläuft: die Laufzeitdispersion wird geringer und die Signalübertragungsbandbreite größer.

Wünschenswert wäre es, diese Nullstellen mit dem Nulldurchgang des Materialdispersionskoeffizienten $M(\lambda_0) = 0$, Abb. 2.8, und mit dem Dämpfungsminimum für Quarzglasfasern bei $\lambda = 1{,}55\,\mu$m von Abb. 2.6 zusammenfallen zu lassen; das allerdings würde Brechzahldifferenzen von $\Delta = 1\,\% \ldots 2\,\%$ erfordern [567, Abschn. 4.3 Abb. 4.19], so daß die Rayleigh-Dämpfung nach Gl. (2.51) unzulässig anstiege. Mit Drei- bzw. Vierfachmantelprofilen [95] [135] [4] wie in Abb. 2.18g,h kann man das Entwurfsziel *und* $\Delta < 1\,\%$ gleichzeitig erreichen; durch entsprechende Gestaltung des Dispersionsfaktors als Funktion von λ lassen sich sogar drei Nullstellen $C(\lambda_C) = 0$ im Bereich $1{,}3\,\mu$m $\leq \lambda \leq 1{,}65\,\mu$m einstellen, Abb. 2.19, wobei auch in der Praxis der Koeffizient der chromatischen Dispersion $|C| \leq 2\,$ps$\,$km^{-1}nm^{-1} bleibt. Einen vollständig flachen Verlauf von $C(\lambda)$ kann man für ein bestimmtes Wellenlängenintervall zwar prinzipiell einrichten; allerdings sind dann impraktikabel viele, technologisch schwierig zu kontrollierende Brechzahlstufungen erforderlich.

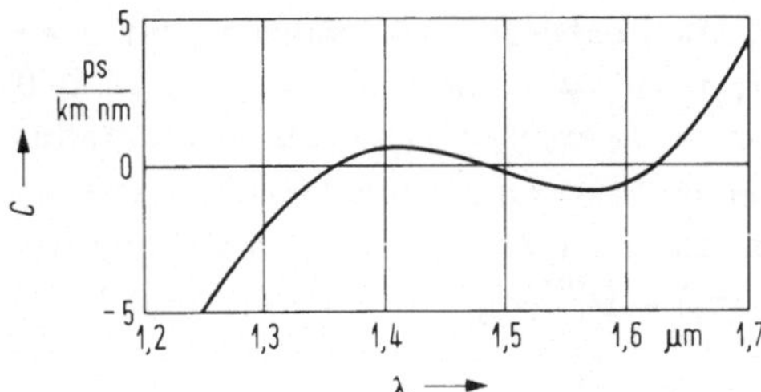

Abb. 2.19. Chromatische Dispersion einer Dreifachmantelprofilfaser Abb. 2.18g mit Quarzglaskern und F-dotierten Mänteln (Rechnung, nach [209, Abschn. 4.10 Abb. 4.39]). $a_1 =$ 3,8 μm, $a_2 = 7\,\mu$m, $a_3 = 12{,}95\,\mu$m; Brechzahlen bei $\lambda = 1{,}064\,\mu$m: $n_1 = 1{,}45$; $n_2 = 1{,}4383$; $n_3 = 1{,}4471$; $n_4 = 1{,}4442$. Nullstellen $C(\lambda_C) = 0$: $\lambda_C = 1{,}36; 1{,}48; 1{,}625\,\mu$m

2.6.6 Orthogonalmoden und Kopplungsgrad

Eine schwach führende, verlustfreie Faser werde in der Ebene $z = z'$ durch das skalare Feld $\Phi(r,\varphi,z)$ mit der Gesamtleistung P_Φ angeregt; $\Phi(r,\varphi, z \geq z')$ läßt sich durch den vollständigen, orthonormierten Satz der geführten Moden $\Psi_{\nu\mu}(r,\varphi,z)$ (Gl. (2.74), $n_1 \approx n_2 \approx n(r)$) und nichtgeführten Moden NG ([341, Abschn. 2.4]) darstellen,

$$\Phi(r,\varphi,z) = \sum_{\nu,\mu} c_{\nu\mu}(z')\Psi_{\nu\mu}(r,\varphi,z) + \text{NG}, \quad P_\Phi = \frac{n_1}{2}\int_0^{2\pi}\int_0^\infty |\Phi(r,\varphi,z)|^2\, r\,\mathrm{d}r\,\mathrm{d}\varphi. \tag{2.93}$$

Für die Anregungs-, Kopplungs- oder Fourier-Koeffizienten $c_{\nu\mu}$ gilt (man multipliziert Gl. (2.93) für $z = z'$ mit $\Psi^*_{\nu'\mu'}(r,\varphi,z')$, integriert über den Querschnitt und nutzt die Orthogonalität der geführten und nichtgeführten Moden)

$$c_{\nu\mu}(z') = n_1\int_0^{2\pi}\int_0^\infty \Phi(r,\varphi,z')\,\Psi^*_{\nu\mu}(r,\varphi,z')\,r\,\mathrm{d}r\,\mathrm{d}\varphi, \quad P = \sum_{\nu,\mu}\frac{|c_{\nu\mu}(z')|^2}{2}. \tag{2.94}$$

Die Summe der Modenleistungen $|c_{\nu\mu}|^2/2$ ist als Folge der Modenorthogonalität gleich der geführten Gesamtleistung P. Regt ein (im allgemeinen komplexes) Feld $\Phi(r,\varphi,z=0) \equiv \Phi(r,\varphi)$ in der Faseranfangsfläche $z' = 0$ den LWL an, so ist man häufig daran interessiert, welcher Bruchteil $\eta_{\nu\mu}$ der Gesamtleistung P_Φ des anregenden Feldes auf einen geführten (reellen) Modus $\Psi_{\nu\mu}(r,\varphi,z=0) \equiv \Psi_{\nu\mu}(r,\varphi)$ übergekoppelt wird. Für diesen sogenannten Kopplungsgrad erhält man mit Gl. (2.93), (2.94), (2.74) und $c_{\nu\mu} \equiv c_{\nu\mu}(z'=0)$

$$\eta_{\nu\mu} = \frac{|c_{\nu\mu}|^2}{2P_\Phi} = \frac{\left|\displaystyle\int_0^{2\pi}\int_0^\infty \Phi(r,\varphi)\,\Psi_{\nu\mu}(r,\varphi)\,r\,\mathrm{d}r\,\mathrm{d}\varphi\right|^2}{\displaystyle\int_0^{2\pi}\int_0^\infty |\Phi(r,\varphi)|^2\,r\,\mathrm{d}r\,\mathrm{d}\varphi \;\int_0^{2\pi}\int_0^\infty \Psi_{\nu\mu}^2(r,\varphi)\,r\,\mathrm{d}r\,\mathrm{d}\varphi}. \tag{2.95}$$

Als Koppel- bzw. Einfügungsdämpfung wird der Kehrwert $\eta_{\nu\mu}^{-1}$ bezeichnet und als Dämpfungsmaß $a_{\eta_{\nu\mu}} = 10\lg\eta_{\nu\mu}^{-1}$ in Dezibel angegeben. Nur im Falle

$\Phi(r,\varphi) = \Psi_{\nu\mu}(r,\varphi)$ erreicht $\eta_{\nu\mu}$ den Maximalwert eins, während für zwei orthogonale Felder, $\Phi(r,\varphi) = \Psi_{\nu'\mu'}(r,\varphi)$, $\nu' \neq \nu$ oder $\mu' \neq \mu$, $\eta_{\nu\mu} = 0$ wird. Regt ein Gaußsches Nahfeld $\Phi(r,\varphi) = \Phi_0 \exp(-r^2/w_0^2)$ den Grundmodus $\Psi_{01}(r,\varphi) = \Psi_1^{(0)}(r)$ an, so wird η_{01} für einen bestimmten Strahlradius $w_0 = r_G$ maximal; r_G minimiert gleichzeitig die mittlere quadratische Abweichung des Gauß-Feldes von Ψ_{01}, $\int_0^\infty [\Phi_0 \exp(-r^2/r_G^2) - \Psi_1^{(0)}(r)]^2\, r\, dr = \min$, und heißt Gaußsche Feldweite.

2.6.7 Faserstörungen und Modenkopplung

Reale Wellenleiter weichen von den bisher behandelten, idealisierten Strukturen ab, vgl. [340, Kap. 9] [341, Abschn. 3.6] [21, Abschn. 5.11 ff.] [565, Kap. 6] [567, Abschn. 6.3]. Die Verluste durch Absorption und Rayleigh-Streuung sind gering; es ist daher zulässig, die Wellenleitereigenschaften von verlustfrei angenommenen Strukturen zu berechnen und die Dämpfung nachträglich zu berücksichtigen. Abweichungen vom idealisierten LWL werden als Faserstörungen bezeichnet und im folgenden behandelt. Die orthogonalen Moden des idealisierten, z-unabhängigen Wellenleiters propagieren verlustfrei, unabhängig und somit ohne Energieaustausch. Ein mit z variables Brechzahlprofil verkoppelt im allgemeinen die geführten Moden sowohl untereinander, als auch mit nichtgeführten Moden, was eine zusätzliche Dämpfung verursacht [565, Kap. 6]. Das Brechzahlprofil $n(r)$ wird gestört durch: Brechzahleinbrüche auf der Achse („dip"); radiale Welligkeit („ripple"); ungewollte Abweichungen von der Rotationssymmetrie; mit z wechselnde, elliptische Deformationen des Kerns (Verkopplung von Moden mit $\Delta\nu = \pm 2$ [565, Kap. 6] [445]). Für Abweichungen der Faserachse von einer Geraden sind verantwortlich: Makrokrümmungen (Biegung); Mikrokrümmungen (statistische Störung, Verkopplung von Moden mit $\Delta\nu = \pm 1$ [565, Kap. 6] [445]). Eine Anisotropie der Brechzahl verursachen: Spannungsdoppelbrechung und elektrooptischer Effekt. Anisotropien und Abweichungen des Brechzahlprofils von der Rotationssymmetrie vergrößern die Differenz $\Delta\beta$ der Ausbreitungskonstanten von Vektormoden, die einen LP-Modus konstituieren und verursachen damit auch bei nominell einmodigen Fasern eine merkliche Intermodendispersion; es kann dann von Vorteil sein, den Effekt gezielt zu vergrößern, s. Abschn. 2.7.7.

Brechzahlvariationen $n(z) \sim 2\cos(2\pi z/\Lambda) = \exp(\mathrm{j}\,2\pi z/\Lambda) + \exp(-\mathrm{j}\,2\pi z/\Lambda)$ wirken auf Wellen der Form $\exp(\mathrm{j}\,\beta z)$; daher ist es plausibel, daß Moden $\exp[\,\mathrm{j}(\beta\pm 2\pi/\Lambda)z]$, die sich von β um $\Delta\beta = 2\pi/\Lambda$ in der Ausbreitungskonstanten unterscheiden, besonders gut verkoppelt werden. Der Leistungsaustausch wird umso größer, je kleiner $\Delta\beta$ ist. Für Parabelprofile haben die $\mathrm{LP}_{\nu\mu}$-Moden einer Hauptmodengruppe mit $m = \nu+2\mu-1$ nach Gl. (2.88) gleiche Ausbreitungskonstanten; dasselbe gilt nach Gl. (2.85) asymptotisch mit $V \gg j_{\nu,\mu}$ auch für Stufenprofilfasern. Selbst bei stark gestörten Profilen wie in Abb. 2.20 ergaben numerische Untersuchungen [139, Abschn. 3.2], daß die maximale Differenz $\Delta\beta_m$ der Ausbreitungskonstanten innerhalb aller Hauptmodengruppen wesentlich kleiner ist als die maximale β-Differenz $\Delta\beta_M$ aller geführten Moden, $\Delta\beta_m/\Delta\beta_M \lesssim 5\,\%$. Man kann daher allgemein sagen, daß elliptische Störungen die Moden einer Hauptmodengruppe wegen $m = (\nu \pm 2) + 2(\mu \mp 1) - 1 = \mathrm{const}$, $\Delta\beta = \Delta\beta_m \approx 0$ besonders stark verkoppeln, so daß ein Leistungsaustausch auf Strecken in der Größenordnung von $10\,\mathrm{cm}$ möglich ist [445]. Der nächstgrößere Wert von $\Delta\beta$ ist bei Modenpaaren zu beobachten, die sich um $\Delta m =$

± 1 unterscheiden und demnach durch die Spektralkomponente von Mikrokrümmungen mit der Raumperiode $\Lambda = 2\pi/\Delta\beta$ verkoppelt werden. Bei Parabelprofilfasern differieren alle Hauptmodengruppen mit $\beta \approx k_1(1 - m\Delta/m_{\max 2})$ (Gl. (2.88)) um denselben Betrag $\Delta\beta = \sqrt{2\Delta}/a$, d. h. für $2a = 10; 50\,\mu\text{m}$, $\Delta = 0,1; 1\,\%$ verkoppelt eine sinusförmige Achsenkrümmung mit der Raumperiode $\Lambda = 2\pi a/\sqrt{2\Delta} = 0,7; 1,1\,\text{mm}$ alle Hauptmodengruppen; bei Stufenprofilfasern ändert sich $\Delta\beta$ mit m, folglich ist ein breiteres Mikrokümmungsspektrum zur Kopplung nicht nur einzelner Moden notwendig.

Profilstörungen

Bei Fasern, die nach dem MCVD-Verfahren (modified chemical vapour deposition) durch schichtweisen Niederschlag von Glaspartikeln unterschiedlicher Brechzahl an der Innenseite eines Substratglasrohres hergestellt werden, ist die häufigste Profilstörung ein Brechzahleinbruch auf der Faserachse; er wird durch das Abdampfen von Dotierungsstoffen der innersten Schicht beim Kollabieren des Rohres zu einem Stab verursacht (für Details der Herstellung s. Abschn. 2.12). Aber auch bereits beim Aufbringen der achsenferneren Schichten verdampfen wegen der hohen Prozeßtemperatur Dotierungsstoffe; dieser Materialverlust verstärkt die Brechzahlstufung, so daß trotz möglicher Diffusion der Dotierungsstoffe eine ausgeprägte radiale Profilwelligkeit resultiert, Abb. 2.20. Als Folge wächst die Intermodendispersion von vielmodigen Fasern; die maximale theoretische Laufzeitdifferenz $\Delta t_{g\,\max}/L = 60\,\text{ps/km}$ einer ungestörten Potenzprofilfaser mit $q = 1,97$ bei $\lambda = 0,85\,\mu\text{m}$ [345, Abb. 1] steigt bei Störungen wie in Abb. 2.20 ohne Berücksichtigung von Modenkopplung um das 60fache auf $\Delta t_{g\max}/L = 3,6\,\text{ns/km}$ an [139, Abschn. 3.2]. Fragen der Intermodendispersion werden in Abschn. 2.8.5 und Abschn. 2.9.5 diskutiert.

Berücksichtigt man, daß $n(r, \varphi, z)$ in longitudinaler Richtung mit z variiert und folglich die geführten Moden untereinander verkoppelt sind, so werden sich die mittleren Laufzeiten von Lichtsignalimpulsen, die in den verschiedenen Moden propagieren, einander annähern, und $\Delta t_{g\max}/L$ sinkt (im oben diskutierten Beispiel von 3,6 ns/km auf 1,1 ns/km [139, Abschn. 3.2]).

Die Signalübertragungseigenschaften (Dämpfung und Laufzeitdispersion) der Einmodenfasern werden durch radiale, von z unabhängige Profilstörungen nicht beeinträchtigt, solange die Rotationssymmetrie gewahrt bleibt und die orthogonal polarisierten Grundmoden gleiche Gruppengeschwindigkeit ha-

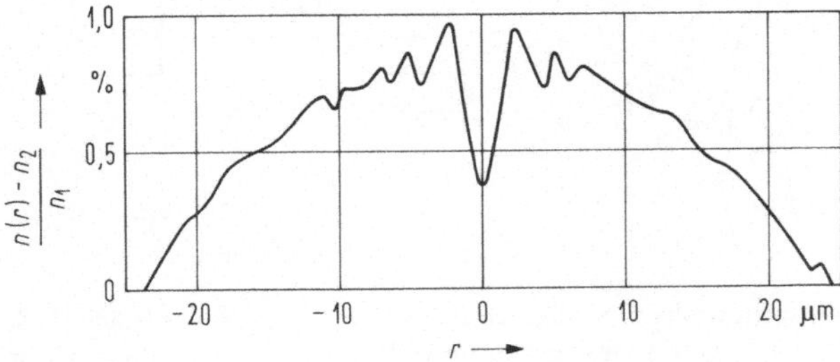

Abb. 2.20. Gemessenes, welliges Gradientenprofil mit Brechzahleinbruch auf der Faserachse (nach [136])

ben; wesentlich ist allein der von Profildetails wenig abhängige transversale
Feldverlauf und seine Veränderung mit der Wellenlänge.

Makrokrümmung

Eine spezielle und besonders krasse Form der Profilstörung sind kreisförmige
Krümmungen der Faserachse [359]. Abbildung 2.21a zeigt am Beispiel des einmodigen Schichtwellenleiters mit Stufenprofil den Übergang von einem geraden
auf einen mit dem Biegeradius R_B gekrümmten LWL-Abschnitt.

Bei geradem LWL stehen die Phasenfronten von geführten Moden normal
auf die Achse des Wellenleiters und bewegen sich mit der Phasengeschwindigkeit ω/β in Achsenrichtung, s. Abschn. 2.3. Nach der Koppelebene weicht
das Feld zunächst kaum merkbar von der ursprünglichen Ausbreitungsrichtung ab und wandert auf die Außenseite des gekrümmten LWL (gesehen vom
Kreismittelpunkt aus), so daß die Feldanteile auf der Außenseite im Effekt
eine niedrigere Brechzahl sehen und folglich mit höherer tangentialer Phasengeschwindigkeit propagieren als die Feldanteile auf der Innenseite. Das Feld
wird gerade soweit nach außen gedrängt, daß seine wesentlichen Anteile, charakterisiert durch nahezu ebene Phasenflächen bei schwach gekrümmten LWL,
eine einheitliche *Winkel*geschwindigkeit einhalten können.

Bei einem kritischen Radius $R = R_3$ drehen sich die Phasenfronten mit
der Lichtgeschwindigkeit im Mantel c/n_2 (zwischen Phasen- und Gruppengeschwindigkeit wird der Einfachheit halber hier nicht unterschieden): Hier entsteht eine Kaustikfläche, von der in tangentialer Richtung Energie abgestrahlt
wird. Die Feldstärke der lokal ebenen Wellen wird dabei durch die Feldstärke
des evaneszenten Feldes an der Kaustik bestimmt. Die Eigenmoden eines zum
Kreis gekrümmten LWL verlieren also grundsätzlich Energie durch Abstrahlung; sie sind im Sinne der Definition Abschn. 2.3 keine geführten Felder mehr

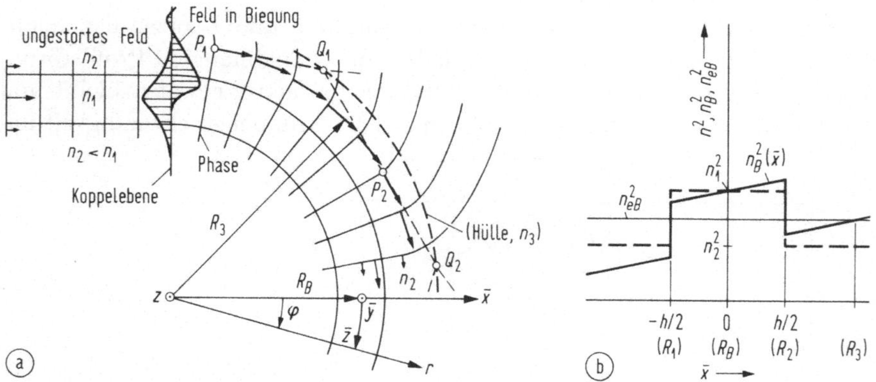

Abb. 2.21. Makrokrümmung eines einmodigen Stufenprofil-LWL.   (a) gestörtes (nach [553,
Abb. 4]) und ungestörtes Feld in der Koppelebene; gekrümmte Phasenflächen (unbegrenzter
Mantel n_2, nach [395, Abschn. 5.9.8 Abb. 5.28]); Kaustik und Wirkung der Hüllschicht n_3
(b) physikalisches Brechzahlprofil des Schichtwellenleiters (– – –); Brechzahlprofil des äquivalenten geraden Schichtwellenleiters (——)

und heißen Leckwellen. Die Dämpfung wird umso geringer sein, je mehr die Felder auf den Kern konzentriert sind und je größer R_B ist.

Einen zum Kreis gebogenen Schichtwellenleiter der Höhe h wie in Abb. 2.9 faßt man als Faserwellenleiter mit zylindersymmetrischem Brechzahlprofil auf und macht für das skalare Feld in den Zylinderkoordinaten r, φ, z von Abb. 2.21a den Ansatz $\Psi(r, \varphi, z) = \Psi(r) \times \exp(-j\nu\varphi)$ (Gl. (2.74)), wobei mit $\beta = 0$ keine Wellenausbreitung in z-Richtung erfolgen soll. Die Ordnungszahl ν, die sich aus einer Lösung des Eigenwertproblems ergäbe, muß nicht ganzzahlig sein, wenn mit φ *laufende* Wellen betrachtet werden. Im Grenzfall $R_B \rightarrow \infty$ soll sich das Verhalten des geraden Schichtwellenleiters reproduzieren, in dem geführte Moden mit der Ausbreitungskonstanten $\beta_B = k_0 n_{eB}$ in $\bar{z}$-Richtung propagieren; in Abb. 2.21a ist $\bar{z}$ die Länge des Bogens mit Radius R_B und Winkel φ.

Zur Vereinfachung sei angenommen, daß die Ausbreitungskonstanten β_B des geraden und des gekrümmten Wellenleiters näherungsweise gleich seien, was für hinreichende Konzentration des Feldes auf den Kern und nicht zu kleine Krümmungsradien zulässig ist; folglich gilt $\nu\varphi = \beta_B \bar{z} = \beta_B R_B \varphi$ und $\nu = \beta_B R_B$. Das Problem wird im Rahmen der skalaren Näherung durch Gl. (2.74)–(2.76) exakt formuliert, wobei $r = R_B + \bar{x}$ und $\beta = 0$ ist (keine Wellenausbreitung in z- bzw. $\bar{y}$-Richtung!); näherungsweise gilt $\nu/r = \beta_B R_B/r$ und folglich $n_{\mathrm{äq}}^2(\bar{x}) = n^2(\bar{x}) - n_{eB}^2/(1 + \bar{x}/R_B)^2 + [2k_0 R_B(1 + \bar{x}/R_B)]^{-2}$.

Für den äquivalenten geraden Schichtwellenleiter erhält man dann das Feld $\psi(\bar{x}, \bar{z}) = \psi(\bar{x})\exp(-j\beta_B \bar{z})$ aus der Lösung von $\psi''(\bar{x}) + k_0^2 n_{\mathrm{äq}}^2(\bar{x})\psi(\bar{x}) = \psi''(\bar{x}) + [k_0^2 n_B^2(\bar{x}) - \beta_B^2] \times \psi(\bar{x}) = 0$, $-R_B \leq \bar{x} < \infty$ (Gl. (2.76)); $n_B^2(\bar{x}) = n_{\mathrm{äq}}^2(\bar{x}) + n_{eB}^2$ bezeichnet das zugehörige Brechzahlprofil, das die Biegung berücksichtigt, $k_{\bar{x}B}^2 = k_0^2 n_B^2 - \beta_B^2 = k_0^2(n_B^2 - n_{eB}^2)$ die entsprechende transversale Ausbreitungskonstante. Die Lösung $\psi(\bar{x})$ ist derart, daß die Singularität von $n_B(-R_B)$ keine Singularität des Feldes im Innenbereich zur Folge hat [340, Abschn. 9.6 Gl. (9.6-1) ff.]; im Außenraum konvergiert $n_B^2 \rightarrow n_2^2 + n_{eB}^2 \approx 2n_1^2$. Für schwach führende LWL und große Radien $R_B \gg h$, $k_0^2 R_B^2 \gg 1/\Delta$ kann man nähern

$$n_B^2(\bar{x}) = n^2(\bar{x}) + 2n_1^2 \bar{x}/R_B, \qquad \bar{x} \ll R_B. \tag{2.96}$$

In Abb. 2.21b ist diese Beziehung dargestellt. Nach den Erörterungen in Abschn. 2.3 und Abschn. 2.6.4 konzentriert sich das Feld in Bereichen höchster Brechzahl, also nach Abb. 2.21b und in Übereinstimmung mit den vorhergehenden Erläuterungen an der Außenseite des gekrümmten LWL.

Zu einem festen β_B^2- bzw. n_{eB}^2-Wert gehören bis zu drei Schnittpunkte $r = R_{1,2,3}$ mit der Profilfunktion $n_B^2(r - R_B)$. Im Fall der Abb. 2.21b bleiben die Licht-Schatten-Grenzen R_1, R_2 des geraden Schichtwellenleiters auch bei einer Krümmung erhalten, es kommt aber eine Kaustik $R_3 = R_B + R_B(n_{eB}^2 - n_2^2)/(2n_1^2) \approx R_B(1 + \Delta)$ hinzu. Im Bereich $R_2 < r < R_3$ ist das Feld evaneszent ($k_{\bar{x}B}^2 < 0$), für $r \geq R_3$ ist wegen $k_{\bar{x}B}^2 \geq 0$ eine Ausbreitung in r-Richtung möglich, und das Feld oszilliert in radialer Richtung, s. Abb. 2.21a.

Mit Abb. 2.21b und Gl. (2.96) sieht man weiter, daß für Leckwellen, welche geführten Moden des geraden LWL entsprechen, $k_2(1 + \frac{h/2}{R_B}) < \beta_B < k_1(1 + \frac{h/2}{R_B})$ gelten muß ($n_1/n_2 \approx$ 1). Liegt R_1 im Kern und definiert eine Kaustik, d. h. treffen die entsprechenden Lichtstrahlen die innere Berandung $r = R_B - h/2$ nicht, dann spricht man von Flüstergalerie-Moden (whispering gallery modes).

Nimmt die physikalische Brechzahl $n^2(\bar{x})$ des Schichtwellenleiters im Bereich der Biegung linear ab, statt wie in Abb. 2.21b die gebietsweise konstanten Werte n_1 und n_2 zu behalten, so kann der lineare Profilanstieg von n_B^2 beim gekrümmten LWL kompensiert werden [553]; die (wegen $n \geq 1$ unvermeidliche) Kaustik R_3 wird weiter in den Außenraum verschoben und die Dämpfung wegen des dort stärker abgesunkenen Feldes reduziert. Wenn n_B^2 symmetrisch zu $\bar{x} = 0$ verläuft, kann man vermeiden, daß das Feld zum Außenbereich hin gedrängt wird und der transversale Versatz der Felder in der Koppelebene eine zusätzliche Dämpfung verursacht; allerdings bleibt eine restliche Koppeldämpfung durch nicht vollständig angepaßte Feldformen, s. Gl. (2.95) und Abschn. 2.7.3.

Nach dem oben beschriebenen Verfahren lassen sich auch Wellenleiter mit einem weniger speziellen Brechzahlprofil $n^2(\bar{x}, \bar{y}) = n_{\bar{x}}^2(\bar{x}) + n_{\bar{y}}^2(\bar{y})$ berechnen, das zwar in den kartesischen $\bar{x}\bar{y}$-Koordinaten separierbar sein muß, aber sonst beliebig ist [553].

Für einmodige gerade Fasern in den Zylinderkoordinaten r, φ, z von Gl. (2.74) (z-Achse = Faserachse, nicht wie in Abb. 2.21a) ist der Grundmodus $\Psi(r) \equiv \Psi_1^{(0)}(r)$ gaußähnlich mit der Gaußschen Feldweite r_G, s. Text nach Gl. (2.95) auf Seite 64. Man rechnet für die gebogene Faser analog zu Gl. (2.96) ($\bar{x} = r\cos\varphi$, $\bar{y} = r\sin\varphi$) mit einem Brechzahlprofil $n_B^2(r,\varphi) = n^2(r) + 2n_1^2 r \cos\varphi/R_B$ anstelle von $n^2(r)$ für die gerade Faser [442] [422, Gl. (4.11)] [514, Abschn. 36-14 Gl. (36-52)] und löst dann die skalare Helmholtz-Gleichung Gl. (2.34) für das Feld $\Psi_B(r,\varphi)$ der entsprechenden geraden Faser. Die folgenden Näherungsbeziehungen gelten für den gebogenen Wellenleiter mit $R_B \gg a$ ($R_B \geq 200\,a$) [442] [152]: Das Feld wird $\Psi_B(r,\varphi) \approx \Psi(r)[1 + (k_1 r_G)^2 r/(2R_B)]\cos\varphi$; die Feldgestalt ändert sich nur schwach; die Verschiebung des Maximums von $\Psi_B(r,\varphi)$ um r_V aus der Faserachse führt zur Anregung von geführten bzw. strahlenden Moden und damit zu einem verringerten Kopplungsgrad η_{rV} (Gl. (2.95)) in der Koppelebene ([152, Gl. (6), (9)] [514, Abschn. 23-10, Gl. (23-26)], zur Ableitung von η_{rV} s. Abschn. 2.7.3 Gl. (2.111), $r_{\text{äq}} \approx r_G$ für Gauß-Felder),

$$r_V \approx k_1^2 r_G^4/(4R_B), \qquad \eta_{rV} \approx 1 - (r_V/r_G)^2, \qquad R_B \gg a. \tag{2.97}$$

Für typische Faserparameter $2a = 10\,\mu\text{m}$, $r_G = 5\,\mu\text{m}$, $n_1 = 1{,}45$ bei $\lambda = 1{,}3\,\mu\text{m}$ erhält man mit $R_B = 50\,\text{mm}$ einen Versatz von $r_V = 0{,}15\,\mu\text{m}$, was einer sehr kleinen Einfügungsdämpfung von $a_{\eta_{rV}} = 0{,}004\,\text{dB}$ entspricht.

In einem Kreisbogen der Länge z nimmt für einen bestimmten Modus die Leistung gemäß $P(z) = P_0 \exp(-\alpha_B z)$ ab. Einfügungsdämpfungen sind hierbei nicht berücksichtigt. Für die Leistungsdämpfungskonstante des (reellen) LP$_{\nu\mu}$-Modus (Gl. (2.74)) einer Lichtleitfaser mit angepaßter Mantelbrechzahl (Gl. (2.70)) erhält man (für r_w s. Gl. (2.77)) [151, Gl. (25) ff.] [470, Gl. (31)] [471]:

$$\alpha_B = \frac{c_1}{\sqrt{aR_B}} \exp(-R_B/c_2), \qquad\qquad \Psi(r) \equiv \Psi_\mu^{(\nu)}(r), \tag{2.98}$$

$$c_1 = \frac{\sqrt{\pi/4}\,/\,(1+\delta_{\nu 0})\cdot a^2\Psi^2(a')}{\text{K}_\nu^2(2a'/r_w)\int_0^\infty \Psi^2(r)\,r\,\mathrm{d}r}\left(\frac{r_w}{2a}\right)^{3/2}, \qquad c_2 = \frac{3k_1^2}{16}r_w^3, \quad a' \geq a.$$

Mit Gl. (2.79) ist das radiusabhängige Feld im homogenen Mantelbereich $\Psi(r \geq a) \sim \text{K}_\nu(2r/r_w)$, $\text{K}_\nu(x \gg \pi/2) \approx \sqrt{\pi/(2x)}\exp(-x)$; kennt man also den Verlauf $\Psi(r)$ bei der geraden Faser, so läßt sich das Integral in Gl. (2.98) berechnen und aus mindestens zwei Feldwerten im Mantel $r = a' \geq a$ die Mantelfeldweite $r_w = 2a/w$ bestimmen. (Der von [371] publizierte Koeffizient c_1 ist fälschlicherweise um den Faktor 2 zu groß angegeben.) Für die Stufenprofilfaser erhält man mit Gl. (2.77), (2.79), (2.80) (Gl. (2.85) für Zahlenwerte)

$$c_1 = \frac{\sqrt{\pi}\,/\,(1+\delta_{\nu 0})}{\text{K}_{\nu-1}(w)\text{K}_{\nu+1}(w)}\left(\frac{u}{V}\right)^2 w^{-3/2}, \qquad c_2\left/\frac{a}{\Delta}\right. = \frac{3}{4}\frac{V^2}{w^3};$$

Mantelfeldweite:

LP$_{01}$	V	2,405	2,46	3,04	3,83
	w	1,73	1,8	2,45	3,33
$\frac{1}{2}r_w/a$		0,58	0,56	0,41	0,30

LP$_{11}$	V	2,405	2,46	3,04	3,83
	w	0	0,29	1,33	2,42
$\frac{1}{2}r_w/a$		∞	3,4	0,75	0,41

$$\tag{2.99}$$

empirische Näherung (mit Gl. (2.85)) für den Grundmodus LP$_{01}$:

$$c_1 \approx V^2(0{,}269\,V^2 - 0{,}69\,V + 0{,}9), \;\pm2{,}7\,\%; \quad c_2\left/\tfrac{a}{\Delta}\right. \approx 29{,}8/V^4, \;\scriptstyle V\geq 1{,}18:\,\pm 32\,\%.$$

Aus der Tabelle in Gl. (2.99) ist zu sehen, daß die radiale Mantelfeldausdehnung des LP$_{11}$-Modus der geraden Faser und damit dessen Krümmungsverlust in der Nähe seiner Grenzfrequenz $V_{11G} = 2{,}405$ stark anwächst. Die Genauigkeit der Approximationsfunktion $c_1(V)$ für den Grundmodus ist gut; c_2 kann man mit $w^2 = V^2 - u^2(V)$ von Gl. (2.85) wesentlich besser nähern. Für eine Stufenprofilfaser mit $2a = 10\,\mu m$, $\Delta = 0{,}15\,\%$, $\lambda = 1{,}3\,\mu m$, $w = 6/5$, $V = 1{,}94$ berechnet man das Dämpfungsmaß $a_B = 4{,}34\,\alpha_B z$ einer einlagigen Kreisschleife mit $R_B = 50\,mm$ zu $a_B = 0{,}6\,dB$ bzw. $a_B/z = 0{,}02\,dB/cm$; die Koppeldämpfung in der Größenordnung von $a_{\eta_r v} = 0{,}004\,dB$, Text nach Gl. (2.97), kann daher zu Recht vernachlässigt werden. Da aber α_B mit wachsendem R_B exponentiell abnimmt, $\eta_r v$ nach Gl. (2.97) jedoch nur quadratisch, bestimmen die Koppelverluste bei genügend kleinen Bogenlängen z für große R_B die Gesamtdämpfung; ein solches Verhalten wurde im Experiment [158] registriert und ist für Mikrokrümmungsverluste maßgeblich. Andererseits erhöht sich für kleiner werdendes R_B im Bereich unterhalb von einigen Millimetern, wo noch $R_B \gg a$ gilt, α_B proportional zu $1/\sqrt{R_B}$, während die Koppeldämpfung wesentlich schneller mit $1/R_B^2$ wächst.

Der glatte Verlauf $\alpha_B(R_B, \lambda)$ wird durch den Einfluß eines (unendlich ausgedehnt angenommenen) Hüllenmediums der Brechzahl n_3 gestört. Im Punkt P_1 von Abb. 2.21a verläßt ein Lichtstrahl die Kaustik, wird an der Hülle in Q_1 teilweise reflektiert, streift in P_2 die Kaustik und wird erneut in Q_2 reflektiert; die Strahlen dieser Kongruenz bilden einen Flüstergalerie-Modus. Stimmt dessen Phasengeschwindigkeit, die empfindlich von R_B und λ abhängt, mit der Phasengeschwindigkeit der Leckwelle überein, dann propagieren die Felder überall phasensynchron, was einen Energieaustausch ermöglicht und die Dämpfung der Leckwelle deutlich verringert. Sind die Felder bei P_1 in Phase, bei P_2 aber in Gegenphase, wird der Nettoaustausch von Energie gering bleiben, und die Leckwellendämpfung nähert sich dem Wert für einen unendlich ausgedehnten, homogenen Mantel. Je weiter außen die Kaustik R_3 liegt, desto mehr sind die beiden Modentypen räumlich getrennt und desto schwächer wird die Kopplung. Trägt man demnach α_B als Funktion von R_B oder λ auf, so ist ein welliger Verlauf zu beobachten, dessen Maxima durch Gl. (2.98) beschrieben werden, vgl. [144]; zu Einzelheiten dieser Kopplung s. [200] [185], zu Einflüssen der Temperatur s. [376].

Bei vielmodigen Fasern mit Stufenprofil ($q \to \infty$) oder Parabelprofil ($q = 2$) nimmt man vereinfachend an, daß die M_g geführten Moden mit maximalem Hauptmodenindex $m = m_{\max q}$ (für $q = 2$ s. Gl. (2.88)) gleiche Leistung transportieren. Krümmt man die Faser, so propagieren M_{gB} Moden mit Hauptmodenindizes $m < m_B$ nahezu verlustfrei, $\alpha_B \approx 0$. Moden mit $m \geq m_B$, die signifikante Feldanteile im Mantel haben, werden stark gedämpft; bei Stufenprofilparametern $2a = 50\,\mu m$, $\Delta = 1\,\%$, $\lambda = 1{,}3\,\mu m$, $V = 25$ und Krümmungsradien $R_B \gg a$ ist $\alpha_B \approx 4ak_1/R_B \approx 700/R_B$ derart groß [422, Gl. (4.7) ff.], daß diese Felder nach Laufstrecken im Promille-Bereich von R_B keine wesentliche Leistung mehr transportieren. Die Dämpfung einer Biegung bemißt sich demnach nahezu unabhängig von der Bogenlänge durch die Anzahl M_{gB} der wenig gedämpften Moden bezogen auf die gesamte Modenzahl M_g der geraden Faser. Man erhält für das Dämpfungsmaß [422, Gl. (4.8), (4.10)]

$$a_B = 10\lg \frac{M_g}{M_{gB}}; \quad q \to \infty: \quad \frac{M_{gB}}{M_g} \approx 1 - \frac{a}{R_B \Delta}; \quad q = 2: \quad \frac{M_{gB}}{M_g} \approx \left(1 - \frac{a}{R_B \Delta}\right)^2. \quad (2.100)$$

Typische Dämpfungen sind bei den oben angegebenen Faserparametern und $R_B = 50\,mm$ für Stufenprofile $a_B = 0{,}2\,dB$, für Parabelprofile $a_B = 0{,}4\,dB$. Einen Vergleich von numerischer Simulation und Experimenten bietet [326].

Mikrokrümmungen

Unter Mikrokrümmungen [449] (für eine Literaturübersicht s. [395, Abschn. 5.9.9]) versteht man regellose Biegungen der Faserachse mit ortsabhängigen Krümmungen $R_B^{-1}(z)$. Mikrokrümmungen entstehen beim Beschichten der Faser mit einer Schutzschicht sowie beim Verkabeln und beim Verlegen der

Kabel. Die Abweichung der Faserachse von einer Geraden liegt dabei in der Größenordnung von $r_{V\,\mathrm{max}} = 0,1 \ldots 1\,\mu\mathrm{m}$.

Der Querstrich bezeichne einen Ensemblemittelwert. Das Krümmungsleistungsspektrum

$$\Phi(\zeta) = \lim_{L \to \infty} \frac{1}{L} \overline{\left| \int_0^L R_B^{-1}(z)\, \mathrm{e}^{\mathrm{j}\,2\pi\zeta z}\, \mathrm{d}z \right|^2} \approx A/(2\pi\zeta)^{2p} \tag{2.101}$$

weist typischerweise Raumfrequenzkomponenten im Bereich $0,1\,\mathrm{mm}^{-1} \le \zeta \le 1\,\mathrm{mm}^{-1}$ entsprechend Periodenlängen $\Lambda = \zeta^{-1}$, $1\,\mathrm{mm} \le \Lambda \le 10\,\mathrm{mm}$ auf und nimmt mit ζ rasch ab; die empirische Näherungsfunktion wird durch die Parameter A und p bestimmt, wobei die Größenordnung $p = 2 \ldots 4$ beobachtet wurde [228] [25]. Der Wert $p = 0$ charakterisiert ein weißes Krümmungsleistungsspektrum, d. h. die Achsenauslenkungen sind örtlich δ-korreliert. Bei einer Faserstrecke, die aus identischen, aber zufällig radial versetzten, achsenparallelen Abschnitten besteht, erhält man ein Leistungsspektrum nach Gl. (2.101) mit $p = -1$ [449]. Fasern, die aus statistisch unabhängigen Abschnitten mit konstanter Krümmung bestehen, wobei R_B^{-1} stationär und zufällig verteilt ist, haben ein Leistungsspektrum mit $p = 1$ [442, Gl. (24)].

Das äquivalente Brechzahlprofil der geraden Faser in den Zylinderkoordinaten $r, \bar\varphi, z$ von Gl. (2.74) (Faserachse $= z$-Achse) mit $\bar x = r\cos\varphi$ beträgt nach Gl. (2.96) $n_B^2(r,\varphi) = n^2(r) + 2n_1^2 r\cos\varphi/R_B(z)$; die ursprünglich orthogonalen Moden der geraden Faser tauschen dann Energie aus, wenn die azimutale Ordnungszahl der beteiligten Moden sich um $\Delta\nu = \pm 1$ unterscheidet [341, Abschn. 3.6 Gl. (3.6-9)]. Der LP_{01}-Grundmodus beispielsweise ist nur mit Feldern der azimutalen Abhängigkeit $\cos\varphi$ verkoppelt, d. h. mit der LP_{11}-Welle sowie mit entsprechenden Strahlungsmoden. Einer typischen Mikrokrümmungs-Spektralkomponente entspreche die Achsenauslenkung $r_V(z) = r_{V\,\mathrm{max}}\sin(2\pi\zeta z)$ mit dem minimalen Biegeradius $R_B = r_{V\,\mathrm{max}}^{-1}(2\pi\zeta)^{-2}$; für die angegebenen Parameterbereiche erhält man so große Biegeradien $R_B = 25\,\mathrm{mm} \ldots 25\,\mathrm{m}$, daß auf Längen $z = \Lambda/2 = 0,5 \ldots 5\,\mathrm{mm}$ die reine Biegedämpfung, die im vorigen Unterabschnitt besprochen wurde, gegenüber den Verlusten durch die Kopplung an andere Moden vernachlässigt werden kann.

Bei einmodigen Fasern mit dem (reellen) Grundmodus $\Psi(r) \equiv \Psi_1^{(0)}(r)$ (Gl. (2.74)) führt man die effektive bzw. äquivalente Nahfeldweite r_{eff} bzw. $r_{\mathrm{äq}}$ ein mit dem Normierungsfaktor N, ferner eine Approximationsfunktion der Mikrokrümmungsfeldweite r_p ($r_\infty \equiv r_{p\to\infty}$) [25]. Mit der Näherung Gl. (2.101) und der Mantelfeldweite r_w von Gl. (2.77), (2.99) beträgt die Leistungsdämpfungskonstante α_p ($\alpha_{-1} \equiv \alpha_{p=-1}$) [449, Gl. (19), (15), (26), (30)]

$$\alpha_p = A\left(k_1 r_{\mathrm{eff}}/2\right)^2 \left(k_1 r_p^2/2\right)^{2p}, \qquad\qquad \alpha_{-1} = A/r_{\mathrm{äq}}^2, \tag{2.102}$$

$$r_p^2 \approx r_w^2 \left[\left(\tfrac{3}{2} - p\right) + \left(p - \tfrac{1}{2}\right)(r_w/r_{\mathrm{eff}})^2\right]^{-1/p} \qquad p \ge 2 \ \ [24]\ [25],$$

$$r_{\mathrm{eff}}^2 = \frac{2}{N}\int_0^\infty r^2\Psi^2(r)\,r\,\mathrm{d}r, \quad r_{\mathrm{äq}}^2 = 2N\Big/\int_0^\infty \Psi'^2(r)\,r\,\mathrm{d}r\,, \quad N = \int_0^\infty \Psi^2(r)\,r\,\mathrm{d}r\,,$$

$$r_{\mathrm{äq}} \le \sqrt{r_{\mathrm{äq}} r_{\mathrm{eff}}} \le r_p \le r_\infty = r_w, \qquad p > 0\,.$$

Bei einer unendlich ausgedehnten Parabelprofilfaser, deren Grundmodus nach Gl. (2.88) den Strahlradius w_0 hat, gilt $r_{\mathrm{äq}} = r_{\mathrm{eff}} = r_p = w_0$.

Bei vielmodigen Fasern mit einem Krümmungsspektrum Gl. (2.101) erhält man für die Leistungsdämpfungskonstante [442, Gl. (29)] [419, Gl. (94)]

$$\alpha_p = A\frac{C}{\Delta}\left(a^2/\Delta\right)^p. \tag{2.103}$$

C hängt vom Brechzahlprofil sowie von p ab und liegt im Bereich $0,1 \ldots 1$ [419, Abb. 1].

2.7 Einmodenfaser

In der optischen Nachrichtentechnik sind einmodige Fasern besonders wichtig: Da definitionsgemäß nur der Grundmodus LP_{01} ausbreitungsfähig ist, entfällt die Intermodendispersion (eine mögliche Aufhebung der β-Entartung für orthogonale Polarisationen des Grundmodus, Abschn. 2.6.7 auf Seite 64, bleibe zunächst unberücksichtigt), und die Signalübertragungsbandbreite wird hoch.

2.7.1 Grenzfrequenzen

Der Bereich, in dem eine Faser nur den LP_{01}-Modus führt, wird nach oben durch die Grenzfrequenz V_{11G} des nächsthöheren LP_{11}-Modus eingeschränkt, der wenig oberhalb von V_{11G} eine hohe transversale Ausdehnung hat (vgl. r_w in Gl. (2.99)) und wegen Faserstörungen nur stark gedämpft propagiert (vgl. die Dämpfungserhöhung in Abschn. 2.2 Abb. 2.6 für $1\,\mu m \le \lambda \le \lambda_{11G}$). Die untere Grenzfrequenz des Grundmodus der idealen Potenzprofilfaser mit angepaßtem Mantel ist zwar $V_{01G} = 0$, jedoch ist dann die transversale Ausdehnung $2a(1 + 1/w_{01})$ des Feldes wegen $w_{01} = 0$ unendlich, was auch am Feldkonzentrationsfaktor Γ_{LP} in Abb. 2.17b abgelesen werden kann, so daß die Verluste durch Makro- und Mikrokrümmungen sowie durch die Absorption der Hülle steil ansteigen und eine technische untere Grenzfrequenz erzwingen [261]; für abweichende Brechzahlprofile wie z. B. bei den Vielmantelprofilen der Abb. 2.18 gilt ohnehin $V_{01G} > 0$. Als einmodig bezeichnet man daher eine Standard-Einmantelprofilfaser im Betriebsbereich:

$$V_{01G} \le V \le V_{11G}, \tag{2.104}$$

$$V_{01G} = \begin{cases} 1,5 & (\Delta = 0,2\,\%) \\ 2 & (\Delta = 0,1\,\%) \end{cases} \qquad V_{11G} = \begin{cases} 2,405 & q \to \infty & g = 0 \\ 2,592 & [514, \text{S. }343] & g = \exp(-r^2/a^2) \\ 3,518 & [430] & g = (r/a)^2 \\ 4,382 & [430] & g = r/a \end{cases}$$

$$V_{\nu\mu G} \approx j_{\nu-1,\mu}\sqrt{1 + 2/q} \qquad g = (r/a)^q$$

Die Näherungsbeziehung für Potenzprofilfasern resultiert aus einem skalaren Variationsverfahren [409, Gl. (26)] [411, Gl. (31)]; ihr Fehler nimmt mit kleiner werdendem Profilexponenten q zu und beträgt bei $q = 2$ für $1 \le (\nu,\mu) \le 10$ maximal $\pm 14\,\%$. Numerisch exakte Werte sind bei [430] zu finden.

$V_{\nu\mu G}$ in Gl. (2.104) gibt nicht die richtige Reihenfolge der Grenzfrequenzen wieder. Die Gleichheit für $V_{0\mu G} = V_{2,\mu-1,G}$ besteht nur für das Stufenprofil (Gl. (2.81)) und für das unendlich ausgedehnte Parabelprofil (Gl. (2.90), $V_{\nu\mu G} = V_{\nu\pm2,\,\mu\mp1,\,G}$). Wie von [430] [414, Abschn. 5.7.1 Abb. 5.11] [229] gezeigt wurde, ist im Gegensatz zu Abb. 2.16a die Grenzfrequenz des LP_{02}-Modus für ummantelte Potenzprofile niedriger als die des LP_{21}-Modus; dies gilt für die anderen entarteten Grenzfrequenzen sinngemäß. Die genaue Abfolge ist besonders von Bedeutung für die obere Grenzfrequenz zweimodiger Fasern, die zur Vergrößerung des Kerndurchmessers vorgeschlagen wurden [93] [280]; die Betriebsparameter werden so gewählt, daß die Gruppenlaufzeiten des LP_{01}- und des LP_{11}-Modus gleich sind ($V = 3$ in Abb. 2.16b für eine Stufenprofilfaser). Für ein Potenzprofil mit $q = 2,5$ liegt dieser Punkt bei $V = 5,5$ [93], so daß der Kernradius mehr als doppelt so groß werden kann wie der maximale Kernradius der einmodigen Stufenprofilfaser. Intensitätsschwankungen im Faserquerschnitt

durch zeitvariable Interferenzen beider Moden in realen Fasern (Modenrauschen, s. Abschn.
6.7) können bei kohärenten Signalquellen erheblich stören.

Für beliebige Brechzahlprofile kann man V_{11G} mit einer einfachen Integralbeziehung
nähern [230, Gl. (10), $g(\hat{r}) \to 1 - g(r/a)$]; direkte numerische Methoden sind bei [491] [86]
[496] [245] beschrieben, Messungen an gebogenen Fasern bei [531].

2.7.2   Nah- und Fernfeld

Es werden einmodige und verlustlose Glasfasern betrachtet mit isotroper, längs
der z-Achse invarianter Brechzahl. Vorausgesetzt seien rotationssymmetrische
Brechzahlprofile mit konstanter Mantelbrechzahl für $r \geq a$. Die Fasern werden
vollständig charakterisiert durch Angabe ihres Nah- oder Fernfelds als Funktion der Wellenlänge. Es gelten die Bezeichnungen von Gl. (2.70), (2.74), (2.77),
die Koordinaten Abb. 2.2, Gl. (2.17) und Gl. (2.23), (A.7). $\Psi_N(r)$ (in 1/m) ist
das Nahfeld im homogenen Medium der Brechzahl n unmittelbar (in Ausbreitungsrichtung) *nach* der Faserendfläche bei $z = +0$; unter Beachtung eines
unten in Anmerkung 1 erläuterten Sonderfalls sind das Nahfeld Ψ_N und das
skalare, wegen Abschn. 2.3 reell vorausgesetzte Feld Ψ im Faserinneren einander
proportional, $\Psi_N(r)|_{z=+0} \sim \Psi(r)|_{z=-0} \equiv \Psi_1^{(0)}(r)|_{z=-0}$.

Nach Gl. (2.23) erhält man aus $\Psi_N(r)$ das Fernfeld $\Psi_F(\varrho)$, $\varrho = \sin\gamma/(\lambda/n)$,
im Aufpunkt P von Abb. 2.2; P liegt auf einer Kugelschale mit Radius d, die
auf den Mittelpunkt der Faserendfläche zentriert ist. Mit $\nu = 0$, $n\cos\gamma/\lambda =
\sqrt{\kappa^2 - \varrho^2}$, $\kappa = n/\lambda$ ergibt sich $\Psi_F(\varrho) = \mathrm{j}\exp(-\mathrm{j}\,2\pi\kappa d)\sqrt{\kappa^2 - \varrho^2}/d \cdot \widetilde{\Psi}_N(\varrho)$ (in
1/m). Nah- und Fernfeld sind im homogenen Medium über eine Fourier-Trans-
formation verknüpft. Zu beachten sind die Einschränkungen der Gl. (2.23).
Zweckmäßig ist die Definition des normierten (reellen) Fernfelds

$$\Psi_{Fn}(\varrho) = \frac{d\exp(\mathrm{j}\,2\pi\kappa d)}{\mathrm{j}\sqrt{\kappa^2 - \varrho^2}}\,\Psi_F(\varrho) = \widetilde{\Psi}_N(\varrho), \qquad d\lambda/n \gg \pi a^2. \tag{2.105}$$

Für Ψ_N, Ψ_{Fn} (m), Nahfeldintensität $I_N(r)$ (1/m^2), normierte Fernfeldleistung
$P_{Fn}(\varrho)$ pro Raumwinkel (m^2/sr) und für den Normierungsfaktor N, welcher
der Gesamtleistung proportional ist, erhält man

$$\Psi_N(r) = 2\pi\int_0^\infty \Psi_{Fn}(\varrho)\mathrm{J}_0(2\pi\varrho r)\,\varrho\,\mathrm{d}\varrho, \quad \Psi_{Fn}(\varrho) = 2\pi\int_0^\infty \Psi_N(r)\mathrm{J}_0(2\pi\varrho r)\,r\,\mathrm{d}r,$$

$$I_N(r) = \tfrac{1}{2}n\Psi_N^2(r), \qquad\qquad\qquad P_{Fn}(\varrho) = \tfrac{1}{2}n\Psi_{Fn}^2(\varrho), \tag{2.106}$$

$$\int_0^\infty \Psi_N^2(r)\,r\,\mathrm{d}r = N = \int_0^\infty \Psi_{Fn}^2(\varrho)\,\varrho\,\mathrm{d}\varrho.$$

Die letzte Zeile von Gl. (2.106) formuliert das Parsevalsche Theorem. Zum
Nachweis substituiert man z. B. $\Psi_N(r)$ und beachtet, daß das Fourier-Bessel-
Integral $\alpha\int_0^\infty \mathrm{J}_\nu(\alpha x)\mathrm{J}_\nu(\beta x)\,x\,\mathrm{d}x = \delta(\alpha - \beta)$ eine mögliche Darstellung der δ-
Funktion ist [379, S. 766 Gl. (6.3.62), S. 1325 Kap. 10 Ende].

Anmerkung 1: Im einmodigen Schichtwellenleiter der Höhe h hat die signifikante transversale
Feldausdehnung die Größenordnung $2x_M = h(1 + 1/w) \geq 1{,}8\,h$ (s. Abschn. 2.4 auf Seite
45). Für die lichtführende, einmodige Schichtstruktur von Halbleiterlasern bei der Medium-
wellenlänge $\lambda/n_1 = 1{,}3\,\mu\mathrm{m}/3{,}6 = 0{,}36\,\mu\mathrm{m}$ ist $h = 0{,}2\,\mu\mathrm{m}$, $2x_M \geq 0{,}36\,\mu\mathrm{m}$ typisch, so

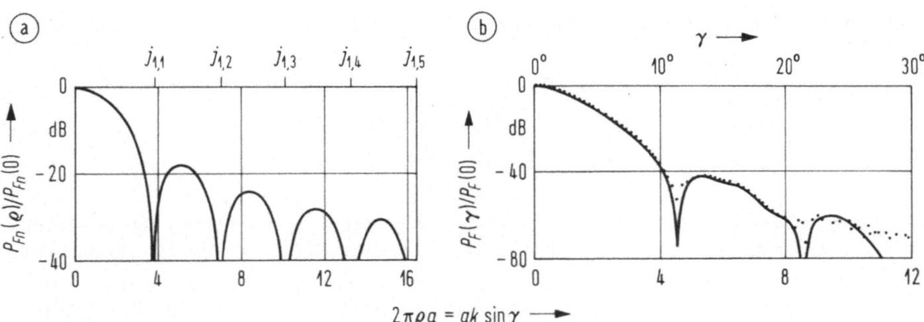

Abb. 2.22. Fernfeldintensität. (a) bezogene, normierte Fernfeldintensität als Funktion der normierten Raumfrequenz $2\pi\varrho\, a = ak\sin\gamma$ für ein stufenförmiges Nahfeld (Radius r_M) (b) bezogene Fernfeldintensität für ein gaußähnliches Nahfeld einer Stufenprofil-Einmodenfaser ($a = 5\,\mu\mathrm{m}$, $\lambda = 1,3\,\mu\mathrm{m}$, $r_G = 5\,\mu\mathrm{m}$ für $\eta_{01} = 0,993$, nach [141]); Messung ($\cdots\cdots$), analytische Näherung (——)

daß wegen der Stetigkeit des transversalen Feldes Ψ an der Grenzfläche zum homogenen Medium (z. B. Vakuum $n = 1$) das Nahfeld Details aufweisen kann, die wesentlich kleiner als λ sind. In diesem Fall werden zur Darstellung des Nahfelds neben gleichförmigen ebenen Wellen auch in z-Richtung evaneszente, quergedämpfte Felder erforderlich, die sich in $\pm x$-Richtung ausbreiten, s. Anh. A. Gerade für solche Nahfelder sind die Einschränkungen der Gl. (2.23), die den Gültigkeitsbereich der Fourier-Transformationsbeziehung zwischen Nah- und Fernfeld spezifizieren, wohl zu beachten. Insbesondere kann man in diesem Fall aus einer Messung des Fernfelds Ψ_{Fn}, bei der tatsächlich vorhandene evaneszente Felder nicht erfaßt werden, auf die Abmessungen des wahren Wellenleiterfelds Ψ nicht zurückschließen; die inverse Fourier-Transformation des gemessenen Fernfelds liefert nur dasjenige Nahfeld Ψ_N, welches in der Entfernung einiger Wellenlängen von der Lichtaustrittsfläche zu lokalisieren ist und eine Querabmessung in der Größenordnung von λ hat, s. Text nach Gl. (C.11).

Die signifikante radiale Feldausdehnung in der einmodigen Stufenprofilfaser mit Radius a liegt zwar mit $r_M = a(1+1/w) = a+r_w/2 \geq 1,6\,a$ (s. Abschn. 2.6.3 auf Seite 57, Tabelle in Gl. (2.99), $V \leq V_{11G}$) in derselben Größenordnung wie bei einem Schichtwellenleiter mit $a \approx h/2$; für eine Stufenprofilfaser ($V_{\max} = V_{11G} = 2,405$, $a_{\max} = V_{11G}/(2\pi) \cdot \lambda/A_N = 0,38\,\lambda/A_N$) gilt jedoch $r_M \geq 1,6\,a_{\max} = 0,61\lambda/A_N$, was sich mit den typischen Daten $n_1 = 1,45$, $\Delta = 0,2\,\%$, $A_N \approx 0,1$ zu $r_M \geq 6\,\lambda$ vereinfacht. Die Vakuum-Nahfelder üblicher Einmodenfasern benötigen zu ihrer Darstellung also keine evaneszenten Felder und sind aus einem gemessenen Fernfeld durch die inverse Fourier-Transformation Gl. (2.106) rekonstruierbar. In seinem signifikanten Bereich sei das Nahfeld in grober Näherung konstant und verschwinde für $r \geq r_M$. Aus Gl. (2.106) folgt für den Bessel-Strahl [187, Band 2 S. 70 Formel 6.561]

$$\Psi_N(r) = \begin{cases} \Psi_{N0} & \text{für} \quad 0 \leq r < r_M \\ 0 & \text{für} \quad r_M \leq r < \infty \end{cases}, \qquad \Psi_{Fn}(\varrho) = \pi r_M^2 \Psi_{N0} \frac{2\mathrm{J}_1(2\pi\varrho\, r_M)}{2\pi\varrho\, r_M}. \tag{2.107}$$

Die Funktion $2\mathrm{J}_1(x)/x$ hat den Grenzwert $\lim_{x\to 0}[2\mathrm{J}_1(x)/x] = 1$ [1, S. 360 Formel 9.1.7] und die Nullstellen $x_\mu = j_{1,\mu}$ von Gl. (2.81). Abbildung 2.22a zeigt die bezogene normierte Fernfeldintensität in logarithmischem Maßstab. Da ein unphysikalisches, unstetiges Nahfeld vorgegeben wurde (Details $< \lambda$), treten alle Raumfrequenzen $\varrho < \infty$ auf. Registriert man das Spektrum nur im Bereich bis zur ersten Nullstelle $2\pi\varrho_M r_M = r_M k\sin\gamma_M = j_{1,1} = 3,832$, dann kann man über Details des Nahfelds, die kleiner als r_M sind (also z. B. über die Unstetigkeit bei $r = r_M$) keine Aussage machen; die Ortsauflösung beträgt $r_M \approx 0,61(\lambda/n)/\sin\gamma_M$. In Abb. 2.22b ist zum Vergleich die gemessene, auf den Maximalwert bezogene Fernfeldintensität einer realen Stufenprofilfaser mit gaußähnlichem Nahfeld zu sehen. Die Gaußsche Feldweite beträgt $r_G = 5\,\mu\mathrm{m}$ bei einem Kopplungsgrad $\eta_{01} = 0,993$ (s. Text nach Gl. (2.95) auf Seite 64). In diesem Fall nimmt die Fernfeldleistung mit dem Winkel wesentlich stärker ab als in Abb. 2.22a und konvergiert für $\gamma \to \pi/2$ gegen null, s. Text nach Gl. (C.11).

Anmerkung 2: Für ein Gaußsches Nahfeld gilt [187, Band 2 S. 103 Formel 6.631 4], vgl. Gl. (2.25),

$$\Psi_{NG}(r) = \Psi_{N0}\exp(-r^2/w_0^2), \qquad \Psi_{FnG}(\varrho) = \Psi_{Fn0}\exp(-\varrho^2/w_\varrho^2),$$
$$(\Psi_{N0}w_0/2)^2 = N = (\Psi_{Fn0}w_\varrho/2)^2, \quad w_0 w_\varrho = 1/\pi. \tag{2.108}$$

Gleichung (2.108) ist ein Beispiel für besondere Eigenschaften der Gauß-Laguerre-Moden einer Parabelprofilfaser. Das Nahfeld $\Psi_{N\,\nu\mu}(r,\varphi)$ sei durch Gl. (2.88), (2.74) gegeben, das normierte Fernfeld $\Psi_{Fn\,\nu\mu}(\varrho,\Phi) = \widetilde{\Psi}_{N\,\nu\mu}(\varrho,\Phi)$ folgt aus Gl. (A.7); die Fernfeldkoordinaten d,ϱ,Φ im Aufpunkt P sind in Abb. 2.2 und Gl. (2.17) spezifiziert. Man erhält mit Gl. (2.108) [187, Band 2 S. 234 Formel 7.421 4]

$$\Psi_{N\,\nu\mu}(r,\varphi) = Q_{\nu\mu}(r,w_0)\Psi^{(\nu)}(\varphi), \quad \Psi_{Fn\,\nu\mu}(\varrho,\Phi) = (-1)^{\mu-1}Q_{\nu\mu}(\varrho,w_\varrho)\,j^\nu\,\Psi^{(\nu)}(\Phi). \tag{2.109}$$

Nahfeld und normiertes Fernfeld einer Parabelfaser haben identische Struktur; aus den schematischen Nahfeld-Intensitäten von Abb. 2.15b, die auch für eine Parabelfaser repräsentativ sind, kann man also unmittelbar auf die Struktur der Fernfeld-Intensitäten schließen.

2.7.3   Dämpfung von Stoßverbindungen

In Abb. 2.23 stoßen zwei ungleiche, schwach führende Einmodenfasern A und B stumpf aneinander. Ihre Brechzahlprofile seien rotationssymmetrisch und für $r \geq a$ konstant, sonst aber beliebig. Es gelten die Koordinaten von Abb. 2.2. Zugelassen sei entweder ein radialer Versatz $r_V = \sqrt{x_V^2 + y_V^2}$ der parallelen Faserachsen, oder ein Winkelversatz der Achsen um γ_V (entsprechend dem Raumfrequenz-Versatz $\varrho_V = \sqrt{\xi_V^2 + \eta_V^2}$); der Drehpunkt liege (unphysikalischerweise) im gemeinsamen Mittelpunkt der Faserendflächen. Die (reellen) Grundwellen-Nahfelder nach Gl. (2.106) werden mit $\Psi_N(r) = \Psi_A(r), \Psi_B(r)$ bezeichnet und seien, ebenso wie die Fernfelder, im näherungsweise homogenen Medium der Nachbarfaser mit der Brechzahl $n \approx n_1$ ($\approx n_2$) gegeben. Zu einer signifikanten Nahfeldausdehnung r_M gehört der Winkelbereich $\sin\gamma_M \approx 0{,}61(\lambda/n_1)/r_M$ (Text nach Gl. (2.107)). Wegen $\Delta < 0{,}2\,\%$ für Standard-Einmodenfasern (s. Abschn. 2.6.5 und Gl. (2.104)) sowie $\sin\gamma_M \approx A_N/n_1$ gilt $\sin\gamma_M \approx 0{,}1$, so daß man bei allen Rechnungen für technisch interessante, dämpfungsarme Stoßverbindungen die paraxiale Näherung verwenden darf, $\cos\gamma \approx 1$.

Bei radialem Versatz gilt für den Kopplungsgrad nach Gl. (2.95) (nicht zu verwechseln mit der Raumfrequenz η!) $\eta_{rV} \sim [\iint_{-\infty}^{+\infty} \Psi_A(x,y)\Psi_B(x - x_V, y - y_V)\,\mathrm{d}x\,\mathrm{d}y]^2$. Dieses Überlappungs- oder Korrelationsintegral kann man durch Verwendung von Gl. (A.6) als inverse Fourier-Transformation des Produkts $\widetilde{\Psi}_A(\xi,\eta)\widetilde{\Psi}_B(\xi,\eta)$ der (reellen) normierten Fernfelder darstellen. Mit der Transformation $x_V = r_V\cos\varphi$, $y_V = r_V\sin\varphi$, $\xi = \varrho\cos\Phi$, $\eta = \varrho\sin\Phi$ läßt sich das Integral vereinfachen. Bei einem Winkelversatz um $\varrho_V = \sqrt{\xi_V^2 + \eta_V^2}$ gilt für den Kopplungsgrad die analoge (paraxial genäherte) Beziehung $\eta_{\varrho V} \sim [\iint_{-\infty}^{+\infty} \widetilde{\Psi}_A(\xi,\eta)\widetilde{\Psi}_B(\xi - \xi_V, \eta - \eta_V)\,\mathrm{d}\xi\,\mathrm{d}\eta]^2$. Man erhält also mit den nach Gl. (2.106) definierten Normierungsfaktoren $N = N_A, N_B$

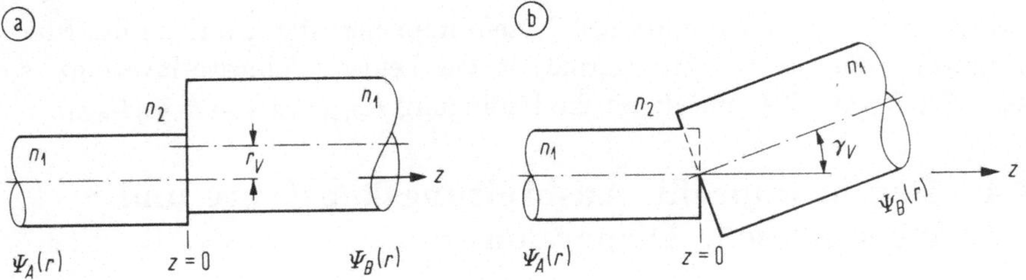

Abb. 2.23. Stoßverbindungen.   (a) Parallelversatz der Achsen, (b) Winkelversatz der zentrierten Endflächen

$$\eta_{rV} = \left[\int_0^\infty \widetilde{\Psi}_A(\varrho)\,\widetilde{\Psi}_B(\varrho)\mathrm{J}_0(2\pi\varrho r_V)\,\varrho\,\mathrm{d}\varrho\right]^2 \Big/ (N_A N_B),$$
$$\eta_{\varrho V} = \left[\int_0^\infty \Psi_A(r)\,\Psi_B(r)\mathrm{J}_0(2\pi\varrho_V r)\,r\,\mathrm{d}r\right]^2 \Big/ (N_A N_B). \tag{2.110}$$

Für den Fall, daß zwei gleiche Fasern verbunden werden (Nahfeld $\Psi_N(r)$, normiertes Fernfeld $\Psi_{Fn}(\varrho)$), vereinfachen sich die Beziehungen Gl. (2.110). Bei einem Versatz, der für dämpfungsarme Stoßverbindungen wesentlich kleiner ist als die signifikante Orts- bzw. Winkelausdehnung der Felder, kann man die Bessel-Funktion durch $\mathrm{J}_0(z) \approx 1 - (z/2)^2$ approximieren [1, S. 360 Formel 9.1.12], und man erhält mit den äquivalenten und effektiven Nahfeld- bzw. Fernfeldweiten $r_{\text{äq}}$ und r_{eff} bzw. $\varrho_{\text{äq}}$ und ϱ_{eff} für die Kopplungsgrade gleicher Fasern näherungsweise, $\varrho = \sin\gamma/(\lambda/n_1)$,

$$\begin{aligned}
\eta_{rV} &= 1 - \pi r_V^2\,\pi\varrho_{\text{eff}}^2 & \eta_{\varrho V} &= 1 - \pi\varrho_V^2\,\pi r_{\text{eff}}^2 \\
&= 1 - r_V^2/r_{\text{äq}}^2, \quad r_V \ll r_{\text{äq}}, & &= 1 - \varrho_V^2/\varrho_{\text{äq}}^2, \quad \varrho_V \ll \varrho_{\text{äq}}.
\end{aligned} \tag{2.111}$$

Die Feldweiten sind mit N wie in Gl. (2.106) definiert durch

$$\varrho_{\text{eff}}^2 = \frac{2}{N}\int_0^\infty \varrho^2 \Psi_{Fn}^2(\varrho)\varrho\,\mathrm{d}\varrho = (\pi r_{\text{äq}})^{-2}, \quad r_{\text{eff}}^2 = \frac{2}{N}\int_0^\infty r^2 \Psi_N^2(r)r\,\mathrm{d}r = (\pi\varrho_{\text{äq}})^{-2}. \tag{2.112}$$

Die Beziehung zwischen der bereits in Gl. (2.102) angegebenen äquivalenten Nahfeldweite und der effektiven Fernfeldweite von Gl. (2.112) weist man am einfachsten nach, indem man in Gl. (2.102) die Größe $\Psi'(r) = \Psi_N'(r)$ mit Gl. (2.106) substituiert, $\mathrm{J}_0'(z) = -\mathrm{J}_1(z)$ beachtet und das Fourier-Bessel-Integral von Seite 72, Text nach Gl. (2.106), verwendet. Ist $\Psi_N(r)$ ein Gaußsches Transversalfeld Gl. (2.108) mit Strahlradius w_0 und Raumfrequenzweite $w_\varrho = (\pi w_0)^{-1}$, so fallen äquivalente und effektive Feldweiten zusammen, $r_{\text{eff}} = w_0 = r_{\text{äq}}$, $\varrho_{\text{eff}} = w_\varrho = \varrho_{\text{äq}}$.

Wenn mit ϱ_{eff} die Winkelausdehnung des Fernfelds groß wird, ist der zulässige radiale Versatz r_V für eine gegebene Dämpfungstoleranz η_{rV} gering; bei großer Transversalausdehnung r_{eff} des Nahfelds sind nur geringe Verkippungen ϱ_V gestattet. Die effektiven Nahfeld- und Fernfeldflächen $F_{\text{eff}} = \pi r_{\text{eff}}^2$, $\Omega_{\text{eff}} = \pi\sin^2\gamma_{\text{eff}} = \pi(\lambda/n_1)^2\varrho_{\text{eff}}^2$ sind ein Maß für Kohärenzfläche und -raumwinkel F_K und Ω_K, $F_K\Omega_K = (\lambda/n_1)^2$ (Gl. (2.44)). Verlustfreiheit bei Kopplung der

Fasern A und B durch ein optisches System impliziert die Invarianz des Phasenraumvolumens bei der Transformation des Feldes (Poincaré-Invarianz, s. Abschn. 2.1.7 Seite 32), und damit die Bedingung $F_{\text{eff}\,A}\,\Omega_{\text{eff}\,A} = F_{\text{eff}\,B}\,\Omega_{\text{eff}\,B}$.

2.7.4 Brechzahlprofil, Ausbreitungskonstante und chromatische Dispersion

Ist das Nahfeld $\Psi_N(r) \sim \Psi(r)$ einer Einmodenfaser nach einer Messung bekannt, so läßt sich aus der radialen Differentialgleichung (2.75) mit $\nu = 0$ durch Einsetzen unmittelbar das Brechzahlprofil bis auf eine Konstante angeben,

$$k_0^2 n^2(r) = -\frac{1}{\Psi(r)}\left[\Psi''(r) + \frac{1}{r}\Psi'(r)\right] + \beta^2. \tag{2.113}$$

Ist die Brechzahl in einem Punkt festgelegt, z. B. n_2 im Mantel, sind Profil und Ausbreitungskonstante berechenbar.

Weiter kann man Gl. (2.113), (2.75) mit dem linearen, hermiteschen Differentialoperator $\mathcal{L} = \frac{\mathrm{d}^2}{\mathrm{d}r^2} + \frac{1}{r}\frac{\mathrm{d}}{\mathrm{d}r} + k_0^2 n^2$ als Eigenwertproblem $\mathcal{L}\Psi - \beta^2\Psi = 0$ für das Faserfeld $\Psi \equiv \Psi(r)$ formulieren; β^2 ist der Eigenwert. Für schwach führende Fasern $\Delta \ll 1$ kann man nähern $\mathcal{L}\Psi - \beta^2\Psi \approx \mathcal{L}_s\Psi - 2k_0 n_2\beta\,\Psi$, $\mathcal{L}_s = \frac{\mathrm{d}^2}{\mathrm{d}r^2} + \frac{1}{r}\frac{\mathrm{d}}{\mathrm{d}r} + 2k_0^2 n_2 n$. Multipliziert man die Eigenwertgleichung von links mit Ψ und integriert über den Querschnitt, dann erhält man

$$\tag{2.114}$$

$$\beta^2 = \frac{1}{N}\int\limits_0^\infty r\,\mathrm{d}r\,\Psi\mathcal{L}\Psi, \quad N = \int\limits_0^\infty \Psi^2(r)\,r\,\mathrm{d}r, \quad 2k_0 n_2\beta \approx \frac{1}{N}\int\limits_0^\infty r\,\mathrm{d}r\,\Psi\mathcal{L}_s\Psi.$$

Man kann versuchen, durch Wahl eines (reellen) Feldes Ψ_v und einer (reellen) Ausbreitungskonstanten β_v die Abweichung der Größe $\mathcal{L}\Psi_v - \beta_v^2\Psi_v$ vom Wert null nach der Vorschrift $F = \int_0^\infty r\,\mathrm{d}r\,\Psi_v(\mathcal{L} - \beta_v^2)^2\Psi_v = \min$ zu minimieren; würde für bestimmte Ψ_v, β_v das Funktional $F = 0$, dann wäre die exakte Lösung gefunden. Die Minimum-Bedingung für eine feste Probefunktion Ψ_v ergibt sich durch Variation von β_v^2 aus $\mathrm{d}F/\mathrm{d}\beta_v^2 = 0$. Den stationären Wert für β_v erhält man somit aus Gl. (2.114) für $\Psi = \Psi_v$, $\beta = \beta_v$; β_v wird maximal, wenn man für Ψ_v die tatsächliche Feldverteilung des Grundmodus einsetzt.

Nach partieller Integration von Gl. (2.114) erhält man mit der äquivalenten Nahfeldweite von Gl. (2.102)

$$\beta^2 = \frac{k_0^2}{N}\int\limits_0^\infty n^2\Psi^2\,r\,\mathrm{d}r - \frac{2}{r_{\text{äq}}^2}, \qquad \beta \approx \frac{k_0}{N}\int\limits_0^\infty n\,\Psi^2\,r\,\mathrm{d}r - \frac{1}{k_0 n_2 r_{\text{äq}}^2}. \tag{2.115}$$

Wendet man den Integraloperator $\int_0^\infty r\,\mathrm{d}r\,\frac{\partial\Psi}{\partial\lambda}$ auf das Eigenwertproblem an, dann ergibt sich

$$\frac{\mathrm{d}}{\mathrm{d}\lambda}\left(\frac{1}{r_{\text{äq}}^2}\right) = \frac{k_0^2}{2N}\int\limits_0^\infty n^2\frac{\partial\Psi^2}{\partial\lambda}\,r\,\mathrm{d}r, \quad \frac{\mathrm{d}}{\mathrm{d}\lambda}\left(\frac{1}{r_{\text{äq}}^2}\right) \approx \frac{k_0^2}{N}n_2\int\limits_0^\infty n\frac{\partial\Psi^2}{\partial\lambda}\,r\,\mathrm{d}r. \tag{2.116}$$

Setzt man Gl. (2.115) in Gl. (2.116) ein, so resultiert mit der Gruppenbrechzahl $n_g(r)$ von Gl. (2.18) (und, im Fall der Näherungsbeziehung, mit $n_{2g} \approx n_2$) die sogenannte Brownsche Identität

$$\frac{\beta}{\omega}\frac{\mathrm{d}\beta}{\mathrm{d}\omega} = \frac{1}{Nc^2}\int_0^\infty nn_g\Psi^2\,r\,\mathrm{d}r, \qquad \frac{k_0n_2}{\omega}\frac{\mathrm{d}\beta}{\mathrm{d}\omega} \approx \frac{n_2}{Nc^2}\int_0^\infty n_g\Psi^2\,r\,\mathrm{d}r + \frac{1}{c^2 k_0^2 r_{\mathrm{äq}}^2}. \qquad (2.117)$$

Diese direkte Beziehung für die bezogene Gruppenlaufzeit $t_g/L = \mathrm{d}\beta/\mathrm{d}\omega$ eines Signals entlang der Faserstrecke L verknüpft die Kehrwerte von Phasengeschwindigkeit $v^{-1} = \beta/\omega$ und Gruppengeschwindigkeit $v_g^{-1} = \mathrm{d}\beta/\mathrm{d}\omega$ (Gl. (2.18)) des propagierenden Feldes und kann aus sehr allgemeinen Überlegungen [62, Gl. (28)] abgeleitet werden, sogar für verlustbehaftete Wellenleiter mit komplexer Ausbreitungskonstanten [304, Gl. (9)]; zu Gl. (2.117) analoge Beziehungen gelten für jeden geführten Modus eines beliebigen LWL, insbesondere mit der Setzung $\beta = \beta_{\nu\mu}$, $\Psi = \Psi_\mu^{(\nu)}(r)$ für alle Moden Gl. (2.74) [316, Gl. (2-4)].

Aus den exakten Gleichungen (2.115), (2.117) ($nn_g = n^2 + \frac{1}{2}\omega\partial n^2/\partial\omega$) kann man eine Differentialgleichung für β^2 gewinnen, wenn man mit Gl. (2.70), (2.77) $\partial n^2/\partial\omega \approx \mathrm{d}n_1^2/\mathrm{d}\omega - g\,\mathrm{d}A_N^2/\mathrm{d}\omega$ approximiert, d. h. wenn man mögliche Änderungen der Profilfunktion $g = (n_1^2 - n^2)/A_N^2$ mit ω vernachlässigt (nur sogenannte lineare Profildispersion). Nach partieller Integration erhält man in normierter Form ($V_G = V(\lambda_G)$, $V' = V(\lambda')$) eine Lösung [593, Gl. (15)] [492. Gl. (8)], welche die Mantelfeldweite r_w und die Größe $r_{\mathrm{äq}}$ verknüpft,

$$B(V) - B(V_G) = \left(\frac{2a/V}{r_w(\lambda)}\right)^2 - \left(\frac{2a/V_G}{r_w(\lambda_G)}\right)^2 = \int_{V_G}^V \left(\frac{2a}{r_{\mathrm{äq}}(\lambda')}\right)^2 \frac{\mathrm{d}V'}{V'^3}. \qquad (2.118)$$

Ohne lineare Profildispersion vereinfacht sich Gl. (2.118) wegen $\mathrm{d}V/V^3 = -\lambda \times \mathrm{d}\lambda/(2\pi a A_N)^2$. Versteht man unter V_G die normierte Grenzfrequenz $V_{01\,G}$, s. Abschn. 2.7.1, dann ist die Integrationskonstante festgelegt, $B(V_G) = 0$, $r_w(\lambda_G) \to \infty$. Kennt man also das Spektrum $r_{\mathrm{äq}}(\lambda)$ im Bereich $\lambda_G \ldots \lambda$, so läßt sich $\beta(\lambda)$, $r_w(\lambda)$ bestimmen [144, Gl. (9)].

Zur Berechnung des Koeffizienten $C = \mathrm{d}(t_g/L)/\mathrm{d}\lambda$ der chromatischen Dispersion (erster Ordnung, vgl. Abschn. 2.4 Gl. (2.62)) genügt es, ausgehend von der Brownschen Identität und Gl. (2.18), die Gleichungen (2.115)–(2.117) in der Näherung für schwach führende Fasern zu benutzen; man erhält [475] [448] [437]

$$\frac{1}{L}\frac{\mathrm{d}t_g}{\mathrm{d}\lambda} = C = M + W + P, \qquad P_l = \frac{n_1}{n_{1g}}\frac{\lambda}{\Delta}\frac{\mathrm{d}\Delta}{\mathrm{d}\lambda} \approx \frac{\lambda}{\Delta}\frac{\mathrm{d}\Delta}{\mathrm{d}\lambda}, \qquad (2.119)$$

$$P = -\frac{\lambda}{Nc}\int_0^\infty \frac{\partial n}{\partial\lambda}\frac{\partial\Psi^2}{\partial\lambda}r\,\mathrm{d}r \approx -P_l\frac{\lambda^2}{4\pi^2 cn_2}\frac{\mathrm{d}}{\mathrm{d}\lambda}\left(\frac{1}{r_{\mathrm{äq}}^2}\right), \qquad (\lambda\frac{\partial n}{\partial\lambda} \approx nP_l + \mathrm{const}_r),$$

$$M = \frac{1}{Nc}\int_0^\infty \frac{\partial n_g}{\partial\lambda}\Psi^2 r\,\mathrm{d}r, \qquad M_2 = \frac{1}{c}\frac{\partial n_{2g}}{\partial\lambda}, \qquad W = \frac{\lambda}{2\pi^2 c\,n_2}\frac{\mathrm{d}}{\mathrm{d}\lambda}\left(\frac{\lambda}{r_{\mathrm{äq}}^2}\right).$$

Der Dispersionskoeffizient C läßt sich als Summe der Koeffizienten für Material- (M), Wellenleiter- (W) und Profildispersion (P) darstellen. M_2 wurde bereits in Abschn. 2.4 Gl. (2.62) definiert. P_l ist der Parameter der linearen Profildispersion. Gleichung (2.119) läßt sich (nach einer Umformung von M, sowie nach der Ersetzung $-\lambda \partial n / \partial \lambda = n_g - n$ und nach Anwenden der Näherungsgleichung (2.116) in der exakten Beziehung für P) auch zu einer Differentialgleichung für $r_{\text{äq}}^{-2}$ zusammenfassen,

$$C = M_\lambda + \frac{\lambda (r_{\text{äq}})^{-2}}{2\pi^2 c n_2} + \frac{\lambda^2}{4\pi^2 c n_2} \frac{d(r_{\text{äq}})^{-2}}{d\lambda}, \quad M_\lambda = \frac{1}{Nc} \frac{d}{d\lambda} \int_0^\infty n_g \Psi^2 r \, dr \approx M_2. \quad (2.120)$$

Für dispersionskompensierte Quarzglasfasern soll $C = 0$ sein, s. Abschn. 2.6.5, z. B. im Bereich ab der Nullstelle $\lambda_0 = 1{,}28\,\mu$m von M_2 bis zum Minimum der Dämpfung bei $\lambda_\alpha = 1{,}55\,\mu$m. Man erhält die Lösung

$$\frac{\lambda_0^2}{r_{\text{äq}}^2(\lambda_0)} - \frac{\lambda_\alpha^2}{r_{\text{äq}}^2(\lambda_\alpha)} = 4\pi^2 c \int_{\lambda_0}^{\lambda_\alpha} n_2 M_\lambda \, d\lambda \approx 4\pi^2 c\, n_2 \int_{\lambda_0}^{\lambda_\alpha} M_2 \, d\lambda. \quad (2.121)$$

Die Näherung Gl. (2.54) (für das Quarzglas des Mantels: $M \to M_2$, $N_0 \to N_{2\,0}$) liefert $\int_{\lambda_0}^{\lambda_\alpha} M_2 \, d\lambda \approx 2 N_{2\,0} \lambda_0 [\lambda_\alpha - \lambda_0 - \lambda_0 \ln(\lambda_\alpha/\lambda_0)] \approx N_{2\,0}(\lambda_\alpha - \lambda_0)^2$. Mit den Zahlenwerten von Gl. (2.55) und $n_2 = 1{,}45$ erhält man schließlich

$$\frac{r_{\text{äq}}(\lambda_0)}{\lambda_0} = \frac{r_{\text{äq}}(\lambda_\alpha)}{\lambda_\alpha} \bigg/ \sqrt{1 + \underbrace{4\pi^2 c\, n_2 N_{2\,0}(\lambda_\alpha - \lambda_0)^2}_{0{,}066}\, \frac{r_{\text{äq}}^2(\lambda_\alpha)}{\lambda_\alpha^2}}. \quad (2.122)$$

Soll bei λ_α die übliche Feldweite $r_{\text{äq}}(\lambda_\alpha) = 4\,\lambda_\alpha$ [45] nicht überschritten werden, um eine Dämpfungserhöhung durch Mikrokrümmungen zu vermeiden, so folgt daraus $r_{\text{äq}}(\lambda_0) \approx 3\,\lambda_0$; den Größtwert $r_{\text{äq\,max}}(\lambda_0) = \lambda_0 / \sqrt{0{,}066} \approx 4\,\lambda_0$ erhält man für $r_{\text{äq}}(\lambda_\alpha) \gg 4\,\lambda_\alpha$. Damit $C = 0$ gilt, muß das Brechzahlprofil so gestaltet werden, daß die äquivalente Nahfeldweite den funktionalen Verlauf $r_{\text{äq}}(\lambda_\alpha)$ von Gl. (2.121), (2.122) hat; für numerische Methoden zur Berechnung von C s. z. B. [493], zum Einfluß von Näherungen für M, M_λ s. [465].

2.7.5 Feldweiten

Wesentliche Eigenschaften von Einmodenfasern können durch Feldweiten beschrieben werden. Zwar sind bei gegebenem λ-abhängigem Brechzahlprofil alle Fasereigenschaften im Rahmen der skalaren Näherung mit Gl. (2.75) berechenbar, doch ist eine genaue Messung der Brechzahl schwierig, und der numerische Aufwand ist hoch [30] [221]. Die Feldweiten dagegen, bis auf die Mantelfeldweite r_w als Integrale über das skalare Feld bestimmbar, kann man verhältnismäßig leicht als Funktion der Wellenlänge messen. Tabelle 2.1 stellt die entsprechenden Formeln zusammen.

Die Zeilen Z. (1)–(5) definieren Nahfeld, Fernfeld, normiertes Fernfeld und deren Beziehungen untereinander, Gl. (2.105), (2.106), (2.17), (2.23). In Z. (6) ist die Form Gaußscher Nah- und Fernfelder spezifiziert, Gl. (2.25), (2.108); die Feldweiten für diese speziellen Funktionen sind im weiteren in Klammern angegeben. Als $1/e$-Feldweite Z. (7a)–(8a) wird derjenige Radius bezeichnet, bei dem das Feld auf den Bruchteil $1/e$ vom Maximalwert abgefallen ist. Die Gaußsche Feldweite Z. (7b)–(8b) ist der Nahfeld- bzw. Fernfeld-Strahlradius eines Gaußschen Nahfelds, das mit maximalem Kopplungsgrad η_{01} den LP_{01}-Fasermodus anregt, s. Text nach Gl. (2.95) auf Seite 64. Die Feldweiten Z. (7a)–(8b) sind zwar einfach zu bestimmen, doch liefern sie keine Information über das Verhalten von Fasern, deren Felder vom gaußförmigen Verlauf nennenswert abweichen.

Nahfeld Ψ_N

$$\Psi_N(r) = 2\pi \int_0^\infty \Psi_{Fn}(\varrho) J_0(2\pi\varrho r)\, \varrho\, d\varrho = \widetilde{\Psi}_{Fn}(r) \qquad (1)$$

Norm.
$$\int_0^\infty \Psi_N^2(r)\, r\, dr = N = \int_0^\infty \Psi_{Fn}^2(\varrho)\, \varrho\, d\varrho \qquad (2)$$

$$\Psi_{Fn}(\varrho) = 2\pi \int_0^\infty \Psi_N(r) J_0(2\pi\varrho r)\, r\, dr = \widetilde{\Psi}_N(\varrho) \qquad (3)$$

$$\Psi_{Fn}(\varrho) = \frac{d\exp(\mathrm{j}\,2\pi\kappa d)}{\mathrm{j}\,\sqrt{\kappa^2-\varrho^2}}\, \Psi_F(\varrho) = \widetilde{\Psi}_N(\varrho), \quad d\lambda/n \gg \pi a^2 \qquad (4)$$

homogenes Medium, Brechzahl n, Raumfrequenz $\varrho = \kappa\sin\gamma$, $\kappa = n/\lambda$ (5)

Ψ_{Fn} **normiertes Fernfeld — Fernfeld Ψ_F**

Gaußsche Felder

$$\Psi_{NG}(r) \sim \exp(-r^2/w_0^2) \qquad w_0 w_\varrho = 1/\pi \qquad \Psi_{FnG}(\varrho) \sim \exp(-\varrho^2/w_\varrho^2) \qquad (6)$$

$r_{1/e}$ $(= w_0)$ — 1/e-Nah-FW	Gaußsche Nah-FW $(w_0 =)$ r_G	
(7a) $\Psi_N(r_{1/e}) = \Psi_{N\,\mathrm{max}}/e$	$\exp(-r^2/r_G^2) \Rightarrow \quad \eta_{01}(r_G) = \mathrm{max}$	(7b)
(8a) $\Psi_{Fn}(\varrho_{1/e}) = \Psi_{Fn\,\mathrm{max}}/e$	$\exp(-\varrho^2/\varrho_G^2) \Rightarrow \quad \eta_{01}(\varrho_G) = \mathrm{max}$	(8b)
$\varrho_{1/e}$ $(= w_\varrho)$ — 1/e-Fern-FW	Gaußsche Fern-FW $(w_\varrho =)$ ϱ_G	

$r_{\mathrm{äq}}$ $(= w_0)$ — äquiv. Nah-FW	effektive Nah-FW $(w_0 =)$ r_{eff}	
(9a) $r_{\mathrm{äq}}^2 = 2N/\int_0^\infty \Psi_N'^{\,2}\, r\, dr$ (P II)	(P I) $\quad r_{\mathrm{eff}}^2 = \frac{2}{N}\int_0^\infty r^2 \Psi_N^2\, r\, dr$	(9b)
(10a) $r_{\mathrm{äq}}\varrho_{\mathrm{eff}} = 1/\pi$	$\varrho_{\mathrm{äq}} r_{\mathrm{eff}} = 1/\pi$	(10b)
(11a) $\varrho_{\mathrm{eff}}^2 = \frac{2}{N}\int_0^\infty \varrho^2 \Psi_{Fn}^2\, \varrho\, d\varrho$	$\varrho_{\mathrm{äq}}^2 = 2N/\int_0^\infty \Psi_{Fn}'^{\,2}\, \varrho\, d\varrho$	(11b)
ϱ_{eff} $(= w_\varrho)$ effektive Fern-FW	äquiv. Fern-FW $(w_\varrho =)$ $\varrho_{\mathrm{äq}}$	

r_V radialer Versatz **Kopplungsgrad**	Winkelversatz ϱ_V	
$\eta_{rV} = 1 - r_V^2/r_{\mathrm{äq}}^2$	$\eta_{\varrho V} = 1 - \varrho_V^2/\varrho_{\mathrm{äq}}^2$	(12)
$W = \frac{\lambda}{2\pi^2 c\, n_2}\frac{d}{d\lambda}\left(\lambda/r_{\mathrm{äq}}^2\right)$	Wellenleiter-Dispersionskoeffizient	(13)
W **Wellenleiterdispersion**		

$\alpha_{-1}(r_{\mathrm{äq}})$ **Mikrokrümmungsdämpf.** $\alpha_p\left[r_{\mathrm{eff}}, r_p(p, r_{\mathrm{eff}}, r_w)\right]$		
$\alpha_{-1} = A/r_{\mathrm{äq}}^2$	$\alpha_p = A\,(k_1 r_{\mathrm{eff}}/2)^2 (k_1 r_p^2/2)^{2p}$	(14)
R_B Biegeradius	$\alpha_B = \frac{c_1}{\sqrt{a R_B}}\exp\left[-16\,R_B/(3\,k_1^2)\cdot r_w^{-3}\right]$	(15)
Makrokrümmungsdämpfung $\alpha_B(r_w)$		

$n_e = \beta/k_0, \quad A_e^2 = n_e^2 - n_2^2 = \sin^2\gamma_e, \quad \varrho_w = \sin\gamma_e/\lambda$	(16)
$r_w = 2a/w = \frac{1}{\pi}\frac{\lambda}{A_e} \qquad\qquad r_w\varrho_w = 1/\pi$	(17)
$r_w, r_\infty \,\widehat{=}\, w_\infty$ (P III) **Mantel-FW** $\left(\frac{2}{\pi}\frac{\lambda}{A_N} = 2w_0^2/a =\right) r_w$	

(18a)	$r_{\mathrm{äq}} \lesssim r_G \lesssim r_{\mathrm{eff}}$	$r_{\mathrm{äq}} \lesssim \sqrt{r_{\mathrm{äq}} r_{\mathrm{eff}}} \lesssim r_p \lesssim r_\infty = r_w$	(18b)

Tabelle 2.1. Nahfeld Z. (1)–(2), Fernfeld Z. (2)–(5), Feldweiten (FW) Z. (7)–(11), (16)–(17) und Faser-Charakteristika Z. (12)–(15); in Klammern: FW für Gaußsche Felder Z. (6)

Anders verhält es sich bei den äquivalenten und effektiven Nahfeldweiten, Z. (9), für die auch die Symbole (bzw. Benennungen) w_0 ($\hat{=} r_{\text{eff}}$, Petermann I), $\bar{w}$ ($\hat{=} r_{\text{äq}}$, Petermann II) in Gebrauch sind, Gl. (2.102). Mit Z. (1) lassen sich die Umrechnungsbeziehungen für die korrespondierenden Fernfeldweiten Z. (11), Gl. (2.112) ableiten, was Vorteile bringt, da Fernfelder ohne Optiken und daher wesentlich einfacher als Nahfelder zu messen sind. Die Zusammenhänge zwischen den Nah- und Fernfeldweiten sind in Z. (10) angegeben. Für beliebige Faserfeldformen prognostizieren $r_{\text{äq}}$ bzw. $\varrho_{\text{äq}}$ die Kopplungsgrade Z. (12) bei radialem Versatz bzw. bei Winkelversatz zweier identischer, stoßverbundener Fasern, Gl. (2.111); $r_{\text{äq}}(\lambda)$ Z. (13) liefert zusätzlich den Koeffizienten W der Wellenleiterdispersion, Gl. (2.119), während (je nach dem Exponenten p des Mikrokrümmungsspektrums) $r_{\text{äq}}$ bzw. r_{eff} maßgeblich die Leistungsdämpfungskonstante α_p Z. (14) bei Mikrokrümmungen bestimmen, Gl. (2.102).

Die Mantelfeldweite r_w Z. (16)–(17) (andere Bezeichnung: w_∞ ($\hat{=} r_w$, Petermann III)) ist ein Maß für die Feldausdehnung (nach Gl. (2.79) und dem folgenden Text ungefähr eine 1/e-Weite) jenseits der Kern-Mantel-Grenze $r \geq a$, Gl. (2.77), (2.99); der korrespondierende Mantelfeld-„Winkel" ϱ_w (effektive Winkelausdehnung $\sin\gamma_e$, effektive numerische Apertur A_e) wird im Fernfeld des Grundmodus nach einer Faserendfläche im Vakuum gemessen. Mit wachsendem r_w steigen die Verluste Z. (15), Gl. (2.98) in einer makroskopischen Faserbiegung steil an. Zum Vergleich mit dem Gaußschen Nahfeld einer Parabelfaser Gl. (2.88), Z. (6) bestimmt man die Steigung des Feldes $\Psi_{NG}(r)$ für $r = a$. Eine Gerade durch $\Psi_{NG}(a)$ mit dieser Steigung schneidet die r-Achse in r_S; die Strecke $2(r_S - a) = 2\lambda/(\pi A_N) = 2w_0^2/a$ kann man als „Mantelfeldweite" eines Gaußschen Feldes interpretieren, Zeile nach Z. (17).

Zeile (18) faßt die wesentlichen Nahfeldweiten zu Ungleichungen zusammen; mit Z. (10) lassen sich die entsprechenden Fernfeldbeziehungen berechnen. Zeile (18a) weist man mit [449, Anh. B] und der sinngemäßen Anwendung von [320, Anh.] nach; Z. (18b) gilt für $p > 0$ und wurde bereits in Gl. (2.102) angegeben. Im Falle Gaußscher Felder gilt $r_{1/e} = r_{\text{äq}} = r_G = r_{\text{eff}} = r_p = w_0$, und mit $a = 2w_0$ ebenfalls $r_w = w_0$, so daß alle Feldweiten identisch werden. Diese Besonderheit wird für die Faserdimensionierung bedeutend sein, s. Abschn. 2.11.

Auch in kartesischen Koordinaten können entsprechende Feldweiten definiert werden, s. z. B. [138, Gl. (24)] [320].

2.7.6 Ersatzwellenleiter

Für beliebige Brechzahlprofile $n(r)$ kann man die Moden und ihre Ausbreitungskonstanten nicht mehr analytisch beschreiben. Im vergleichsweise unkomplizierten Fall der Einmodenfaser lassen sich aber äquivalente Ersatzwellenleiter spezifizieren, deren theoretische Behandlung möglich ist, und die mit den richtig gewählten Modellparametern Aussagen über die tatsächlichen Verhältnisse gestatten. Zur Wahl stehen die Parabelprofilfaser mit einer Profilfunktion $g(r/a) = (r/a)^2$ im Bereich $0 \leq r < \infty$, Abschn. 2.6.4, und die komplizierter zu behandelnde Stufenprofilfaser, Abschn. 2.6.3.

Es liegt nahe, vom (exakten) stationären Ausdruck Gl. (2.115) für β^2 auszugehen und als Probefunktionen die Grundmoden der Parabel- oder der Stufenprofilfaser einzusetzen; die Feldparameter a, V, β der Ersatzfaser gewinnt man, indem man β^2 durch Variation von a, V maximiert. Aus der Brownschen Identität Gl. (2.117) kann man mit den tatsächlichen Brechzahlen n, n_g und dem Feld der Ersatzfaser die Gruppenlaufzeit berechnen, so daß Aussagen über die Dispersion der realen Faser möglich sind. Das Verfahren läßt sich bis auf Sonderfälle [512] nur numerisch durchführen; man wählt dann zur Erhöhung der Genauigkeit eine vielparametrige Probefunktion, z. B. eine Summe von Gauß-Laguerre-Funktionen [316].

Wünschenswert wäre es, reale Einmodenfasern mit möglichst wenigen Parametern spezifizieren zu können.

Ersatz-Parabelprofilfaser

Bei Einmantelprofilfasern der Art Gl. (2.70) beobachtet man, daß unabhängig von den Details des Brechzahlprofils der Grundmodus einem Gaußschen Feld ähnelt, also dem Grundmodus einer Ersatz-Parabelprofilfaser; mit dem Gaußschen Ersatzfeld ließe sich beispielsweise der Kopplungsgrad Gl. (2.95) einer Lichtquellen-Faser- oder einer Faser-Faser-Verbindung besonders einfach berechnen. Im Hinblick darauf ist es sinnvoll, den Strahlradius w_0 des Gaußschen Ersatzfelds $\Phi_G(r) = \Phi_0 \exp(-r^2/w_0^2)$ so an den tatsächlichen Grundmodus $\Psi_1^{(0)}(r)$ anzupassen, daß der Kopplungsgrad maximal wird, $\eta_{01}(w_0 = r_G) =$ max; r_G heißt Gaußsche Feldweite, s. Text nach Gl. (2.95) auf Seite 64 und Tabelle 2.1 Z. (7b). Für eine Vielzahl von Potenzprofilen Gl. (2.70), (2.71) wurde $r_G(q, V)/a$ numerisch exakt berechnet und als empirische Funktion angegeben (ε: maximaler Betrag des relativen Fehlers) [343, Gl. (11) ff.],

$$\frac{r_G}{a} = \sigma_1 V^{-2/(q+2)} + \sigma_2 V^{-1,5} + \sigma_3 V^{-6}, \qquad (2.123)$$

$$1{,}5 < V < \infty, \qquad 1 < q < \infty, \qquad (\varepsilon < 2\,\%),$$

$$\sigma_1 = \sqrt{0{,}4\left[1 + 4\,(2/q)^{0,8333}\right]},$$

$$\sigma_2 = e^{0,298/q} - 1 + 1{,}478\,(1 - e^{-0,077\,q}),$$

$$\sigma_3 = 3{,}76 + \exp(4{,}19\,q^{-0,418}).$$

q	σ_1	σ_2	σ_3
1	1,803	0,457	69,78
2	$\sqrt{2}$	0,372	26,77
∞	0,632	1,478	4,76

Für $V > 1$ und $2 \le q < \infty$ ist der zugehörige Kopplungsgrad $\eta_{01} \ge 0{,}91$ und hat ein Maximum von $\eta_{01} \ge 0{,}99$ in der Nähe von $V = V_{11G}$. In eingeschränkten Bereichen sind für die Stufenprofilfaser $q \to \infty$ folgende Beziehungen genauer [268, Gl. (1)] [17, Gl. (10)]:

$$\frac{r_G}{a} = 0{,}85 + 3{,}04\,V^{-3} + 1{,}28\,V^{-9}, \quad 0{,}75 \le V \le 4, \qquad (\varepsilon < 1\,\%),$$
$$\frac{r_G}{a} = 0{,}7993 + 2{,}6128\,V^{-2,5046}, \qquad 1{,}75 \le V \le 2{,}85, \quad (\varepsilon < 0{,}2\,\%). \qquad (2.124)$$

Das Modell der so definierten Ersatz-Parabelprofilfaser ist gut, wenn im wesentlichen die Felder des Kernbereichs (wie bei den erwähnten Kopplungsproblemen) eine Rolle spielen; die Näherung wird dann ungenau, wenn (wie bei der Berechnung von β, sowie bei der Dämpfung durch Makro- und Mikrokrümmungen) die evaneszenten Feldanteile $\Psi_1^{(0)}(r \ge a) \sim \mathrm{K}_0(wr/a)$ im Mantel wesentlich werden. Daher ist eine zusätzliche Beziehung für β bzw. w notwendig, die als empirische Funktion ebenfalls aus den numerisch exakten Werten für Potenzprofilfasern ermittelt wurde [343, Gl. (18) ff.],

$$w^2 = V^2 - \exp\left\{[\sigma_1 + (2 - \sigma_1)\exp(-\sigma_2 V^{\sigma_3})]\ln V\right\}, \tag{2.125}$$

$$0 < V < \infty, \qquad 1 < q < 150, \qquad (\varepsilon < 2\,\%),$$

$$\sigma_1 = 0{,}3542 + 0{,}532\, q^{-0,5} + 0{,}7668\, e^{-0,3\, q},$$

$$\sigma_2 = 0{,}304\, \arctan\left[1{,}4\ln(1 + 0{,}3675\, q^{1,347})\right],$$

$$\sigma_3 = 0{,}5425 + 0{,}6417\, q^{-0,6214}.$$

Ersatz-Stufenprofilfaser

Von dem Modell der Ersatz-Stufenprofilfaser (ESI, equivalent step-index) fordert man korrekte Aussagen über den äquivalenten Nahfeldradius $r_{\text{äq}}$, die Wellenleiterdispersion W und die Makrokrümmungs-Dämpfungskonstante α_B als Funktion von λ; für eine Übersicht der Probleme s. [474]. Hierzu sind drei Modellparameter notwendig, nämlich Kernradius a_{St} sowie normierte Frequenz V_{St} und normierte Brechzahldifferenz Δ_{St}, alternativ auch Kern- und Mantelbrechzahlen $n_{1\text{St}}$ und $n_{2\text{St}}$ der Ersatz-Stufenprofilfaser [291]. Bei festem λ mißt man an der realen Faser $r_{\text{äq}}$ sowie $\alpha_B(R_B)$ und gewinnt daraus die Zahlenwerte $c_1' = c_1/\sqrt{a}$ und c_2 von Gl. (2.98) mit $\nu = 0$. Die Ersatzfaser soll diese Charakteristika der realen Faser reproduzieren, folglich gilt mit Gl. (2.99) und Gl. (2.79), (2.80) sowie den Umrechnungsformeln $J_2(u) = 2\,J_1(u)/u - J_0(u)$, $K_2(w) = 2\,K_1(w)/w + K_0(w)$ [510, Gl. (98), (105)]

$$\frac{c_{1\text{St}}(V_{\text{St}})}{\sqrt{a_{\text{St}}}} = \frac{\sqrt{\pi}/2}{K_1^2(w)}\left(\frac{u}{V_{\text{St}}}\right)^2 \frac{w^{-3/2}}{\sqrt{a_{\text{St}}}} \overset{!}{=} c_1', \qquad c_{2\text{St}} = \frac{3}{4}\frac{V_{\text{St}}^2}{w^3}\frac{a_{\text{St}}}{\Delta_{\text{St}}} \overset{!}{=} c_2,$$

$$r_{\text{äqSt}} = a_{\text{St}}\frac{\sqrt{2}}{w}\frac{J_1(u)}{J_0(u)} = a_{\text{St}} f(V_{\text{St}}) \overset{!}{=} r_{\text{äq}}, \quad V_{\text{St}} = \sqrt{u^2 + w^2}. \tag{2.126}$$

Aus den Gleichungen für c_1' und $r_{\text{äq}}$ eliminiert man a_{St} und erhält eine transzendente Gleichung für V_{St},

$$c_{1\text{St}}^2(V_{\text{St}}) f(V_{\text{St}}) = c_1'^{\,2} r_{\text{äq}}. \tag{2.127}$$

Wenn Gl. (2.127) nur eine Lösung hat (das ist für die in [291] untersuchten Potenzprofile mit $q = 1$, $q = 2$ gesichert, auch für dispersionsverschobene Fasern), kann $a_{\text{St}} = c_{1\text{St}}^2(V_{\text{St}})/c_1'^{\,2}$ und $\Delta_{\text{St}} = \frac{3}{4}V_{\text{St}}^2/w^3 \cdot a_{\text{St}}/c_2$ berechnet werden. Die numerischen Simulationen [291] zeigen ferner, daß a_{St}, V_{St} und Δ_{St} im Bereich $1{,}3\,\mu\text{m} \leq \lambda \leq 1{,}6\,\mu\text{m}$ praktisch unabhängig von derjenigen Wellenlänge sind, bei der $r_{\text{äq}}$ und $\alpha_B(R_B)$ der realen Faser bestimmt werden (relative Abweichungen a_{St}: $\pm 1{,}4\,\%$; $V_{\text{St}}\lambda$: $\pm 0{,}3\,\%$; Δ_{St}: $\pm 0{,}9\,\%$).

Mit den Beziehungen für die Ersatz-Stufenprofilfaser wurden dann die relevanten realen Faserkenngrößen prognostiziert und mit den numerisch exakten Werten verglichen. Es ergaben sich die betragsmäßig größten relativen Fehler [291] für $r_{\text{äq}}(\lambda)$: $5\,\%$; für $W(\lambda)$: $5\,\%$; für $c_1(\lambda)/\sqrt{a}$: $0{,}3\,\%$; für $c_2(\lambda)$: $2\,\%$. Ein derart definierter Ersatzwellenleiter charakterisiert also mit drei festen Parametern und Fehlern unter $5\,\%$ recht genau das reale Faserverhalten als Funktion der Wellenlänge.

2.7.7 Elliptische und anisotrope Wellenleiter

Einmodige, rotationssymmetrische und isotrope Fasern führen entsprechend Abschn. 2.6.1 zwei Grundmoden in orthogonalen Polarisationen mit identischen Ausbreitungskonstanten β_x und β_y; die Indizes bezeichnen Wellen, die in den Koordinaten von Abb. 2.15c über den ganzen Wellenleiterquerschnitt in x- bzw. in y-Richtung linear polarisiert sind (LP-Moden). Je stärker das Brechzahlprofil zu einer Ellipse deformiert wird (für eine näherungsweise analytische Behandlung s. [354]), desto mehr unterscheiden sich β_x und β_y bei Polarisation in Richtung der Ellipsenachsen. Setzt man Stufenprofile voraus, so sind beim Schichtwellenleiter die größten Differenzen $|\beta_y - \beta_x|$ zu erwarten. An der Grenze des Einmodenbereichs ist nach Gl. (2.60) $V = V_{1G} = \pi/2$; mit $\Delta = 5\,\%$, $\sigma_H = 1{,}05^2$ erhält man dann nach Gl. (2.59) (oder graphisch mit Abb. 2.10a) bei y-Polarisation (TE-Welle, E-polarisiert, $B_E = B_y$) für die normierte Ausbreitungskonstante $B_y = 0{,}646$, bei x-Polarisation (TM-Welle, H-polarisiert, $B_H = B_x$) dagegen $B_x = 0{,}627$. Man spricht in Analogie zur Kristalloptik von einer „langsamen" y-Achse bzw. von einer „schnellen" x-Achse und schreibt die (hier: strukturbedingte) Doppelbrechung $\beta_D = |\beta_y - \beta_x|$ bzw. B_D (vgl. Gl. (2.73)), die effektiven Brechzahlen n_{ey}, n_{ex}, die Schwebungslänge Λ_D und die Gruppenlaufzeitdifferenz Δt_{gD} beider Grundmoden entlang der Faserstrecke L (Gl. (2.63), Polarisationsdispersion, gültig für $V \geq 2$ [397, Gl. (2) ff.]):

$$B_D = \frac{\beta_D}{k_0} = |n_{ey} - n_{ex}|, \qquad \Lambda_D = \frac{2\pi}{\beta_D} = \frac{\lambda}{B_D}, \qquad \frac{\Delta t_{gD}}{L} \approx \frac{B_D}{c}. \qquad (2.128)$$

Für den einmodigen Schichtwellenleiter erhält man mit obigen Zahlen und $n_1 = 1{,}45$, $\lambda = 1{,}3\,\mu$m die maximale Doppelbrechung $B_D \approx |B_y - B_x|n_1 \times \Delta = 14 \cdot 10^{-4}$, $\beta_D = 1\,100 \cdot 2\pi/\text{m} = 4 \cdot 10^5\,\text{Grad/m}$, die Schwebungslänge $\Lambda_D = 0{,}9\,$mm und die Polarisationsdispersion $\Delta t_{gD}/L = 5\,$ns/km. Für $\Delta = 0{,}5\,\%$ erhielte man $B_D = 0{,}14 \cdot 10^{-4}$, $\beta_D = 11 \cdot 2\pi/\text{m} = 4 \cdot 10^3\,\text{Grad/m}$, $\Lambda_D = 90 \times$ mm, $\Delta t_{gD}/L = 50\,$ps/km, d. h. für schwach führende Schichtwellenleiter gilt $\beta_D \sim \Delta^2$. Jede elliptische Faser mit isotroper Brechzahl hat bei vergleichbaren Parametern eine geringere Doppelbrechung; für nominell rotationssymmetrische Fasern sind Werte von $B_D = 10^{-7} \ldots 10^{-6}$, $\Lambda_D = 13\,$m $\ldots 1{,}3\,$m und $\Delta t_{gD}/L = 0{,}3 \ldots 3\,$ps/km üblich [454]. Beide Grundmoden seien beispielsweise mit gleicher Amplitude und Phase angeregt. Innerhalb der Kohärenzzeit $\tau_K > \Delta t_{gD}$ des in der Faser propagierenden Lichts (Gl. (2.46)) reproduziert sich der anfänglich lineare Polarisationszustand (Abb. 2.3a) über die Zwischenstufen elliptische (Abb. 2.3b), zirkulare (Abb. 2.3c), orthogonal lineare Polarisation gerade nach der Schwebungslänge Λ_D. Je höher B_D ist, desto weniger werden nach Abschn. 2.6.7 die beiden Grundmoden durch Faserstörungen verkoppelt.

Zu einer Anisotropie des Materials kommt es, wenn beispielsweise eine Faser unter radial unsymmetrischen mechanischen Spannungen steht [33]. Solche Spannungen können durch eine Biegung der Faserachse erzeugt werden (diese Anisotropie wurde bei der Krümmungsdämpfung in Abschn. 2.6.7 vernachlässigt, was für $R_B > 10\,$cm zulässig ist [397, Abschn. IV.E]), oder bei einer externen Pressung zwischen zwei senkrecht zur x-Achse stehenden Flächen

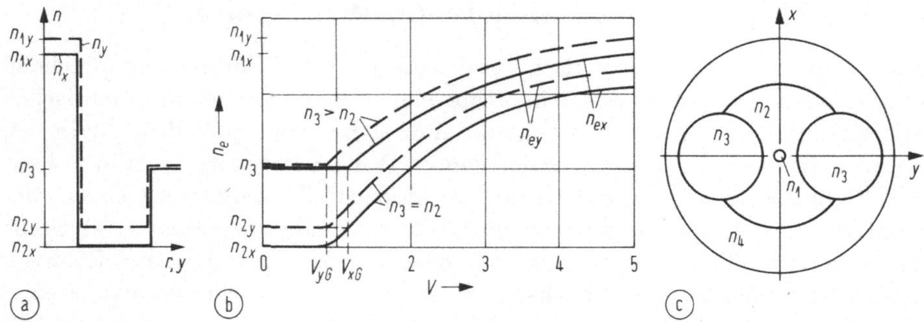

Abb. 2.24. Spannungs-Anisotropie in einmodigen Stufenprofilfasern für x- und y-Polarisation.   (a) Brechzahlprofile   (b) effektive Brechzahlen einer einfach ummantelten Faser ($n_3 = n_2$, $V_{01G} = 0$) und einer speziellen W-Profil-Faser ($n_3 > n_2$, $V = ak_0\sqrt{n_1^2 - n_3^2}$, $V_{01G} > 0$)   (c) Struktur einer PANDA-Faser (nach [546]); Brechzahl entlang der y-Achse wie in (a), Ausdehnungs-Temperaturkoeffizienten $d\alpha_i/dT$ nach [454, S. 314]. n_1 (GeO$_2$): $d\alpha_1/dT > d\alpha_4/dT$; n_2 (F): $d\alpha_2/dT < d\alpha_4/dT$; $n_3 = n_4$ (GeO$_2$, B$_2$O$_3$): $d\alpha_3/dT > d\alpha_4/dT$; n_4 (undotiertes SiO$_2$)

(Modell einer Faserhalterung); im letzten Fall gilt dann $\beta_y > \beta_x$, d. h. die Richtung der Druckspannung definiert die „schnelle" Achse.

Als Beispiel werde eine einfach ummantelten Stufenprofilfaser betrachtet, s. Abb. 2.24a (die Brechzahlstufe mit n_3 existiere nicht). Das Feld „sieht" bei x- und y-Polarisation jeweils rotationssymmetrische Brechzahlprofile $n(r)$ mit $\Delta_x \approx \Delta_y$, aber $n_{1x} < n_{1y}$. In Abb. 2.24b sind die zugehörigen ($n_3 = n_2$) polarisationsabhängigen effektiven Brechzahlen als Funktion der normierten Frequenz $V \approx V_x \approx V_y$ gezeigt. Im Bereich $0 < V < V_{xG}$ wird ein x-polarisiertes Feld zwar geführt, jedoch stellt ein y-polarisiertes Feld gleicher Ausbreitungskonstante wegen $n_e < n_{2y}$ einen Strahlungsmodus dar. Verluste macht [513] plausibel: Ein x-polarisierter LP$_{01}$-Modus hat tatsächlich auch eine (sehr kleine) y-polarisierte Feldkomponente (Feldbild s. Abb. 2.15a), die Energie in den y-polarisierten, abstrahlenden LP$_{01}$-Modus überkoppelt. Da die Dämpfung durch Krümmungen steil mit der transversalen Feldausdehnung ansteigt, kann der Arbeitspunkt auch im Bereich $V_{xG} \leq V < 1,5$ liegen, ohne die beschriebene Polarisationsselektivität wesentlich zu ändern. Solche Fasern vermeiden prinzipiell eine Polarisationsdispersion; allerdings muß diese günstige Eigenschaft durch eine (ebenso prinzipiell vorhandene) erhöhte Dämpfung erkauft werden, so daß derartige polarisationserhaltende Fasern deswegen und aus Preisgründen voraussichtlich nur in Sonderfällen und auf kurzen Übertragungstrecken eingesetzt werden, bei denen die Polarisationserhaltung wichtig ist, z. B. bei Fasersensoren sowie bei Sende- und Empfangseinrichtungen der kohärenten optischen Nachrichtentechnik [397]. Über Grenzen der Polarisationserhaltung bei anisotropen Fasern berichtet [487].

Durch rasche Drehung der Vorform beim Ausziehen kann man Fasern herstellen, die im Mittel strukturell isotrop sind [32]; die Doppelbrechung liegt für $\lambda = 1,3\,\mu$m bei $B_D = 1,4 \cdot 10^{-8}$, $\beta_D = 1,1 \cdot 10^{-2} \cdot 2\pi/$m $= 4\,°/$m mit $\Lambda_D = 93$ m und $\Delta t_{gD}/L = 0,05\,$ps/km [31, Tabelle 1].

Die beschriebene Spannungsdoppelbrechung wird technisch nicht durch äußeren Druck, sondern durch die Kombination von Gläsern unterschiedlicher thermischer Ausdehnungskonstanten erreicht. Abbildung 2.24c zeigt eine sogenannte PANDA-Faser (Polarisation-maintaining AND Absorption-reducing) mit ihren Dotierungsstoffen und deren unterschiedlich großen Temperaturkoeffizienten. In eine gewöhnliche Vorform für eine Stufenprofilfaser mit Doppelmantel- oder W-Profil (Abb. 2.18f) werden mit einem Ultraschallstempel zwei Löcher gebohrt und mit Glasstäben der Brechzahl n_3, $n_2 < n_3 < n_1$ wieder gefüllt; beim Ausziehen der Faser verbinden sich die Materialien, und es baut sich bei der abgekühlten, gezogenen Faser eine Druckspannung in x-Richtung auf, da sich die Bereiche n_3 stärker ausgedehnt hatten als der Bereich n_2. Mit einer besonderen Gestaltung der Bereiche n_3 in Form eines Querbinders („Fliege", englisch: bow-tie) [576] kann man die unterschiedlichen Ausdehnungskoeffizienten der Gläser optimal in mechanische Spannung umsetzen.

Das anisotrope Brechzahlprofil der PANDA-Faser von Abb. 2.24c entlang der y-Achse ist in Abb. 2.24a dargestellt, die effektiven Brechzahlen für beide Polarisationen in Abb. 2.24b ($n_3 > n_2$, $V = ak_0\sqrt{n_1^2 - n_3^2}$). Für das W-Profil sind, anders als beim einfach ummantelten Stufenprofil, Grenzfrequenzen $0 < V_{yG} < V_{xG}$ möglich, so daß für $V_{yG} < V < V_{xG}$ (wiederum im Gegensatz zum oben diskutierten Fall) nur der y-polarisierte Modus ausbreitungsfähig ist: der x-polarisierte Feldanteil stellt wegen $n_e > n_3$ keinen Strahlungsmodus dar, sondern „sieht" einen Wellenleiter unterhalb der Grenzfrequenz.

Es wurden Grenzwellenlängen von $\lambda_{yG} = 1{,}39\,\mu$m, $\lambda_{xG} = 1{,}31\,\mu$m bei einer Doppelbrechung von $B_D = 6 \cdot 10^{-4}$ entsprechend einer Schwebungslänge von $\Lambda_D = 2\,$mm bei $\lambda = 1{,}3\,\mu$m gemessen und durch Rechnungen bestätigt [546]. Biegungen der Faserachse lassen eine besonders intensive Verkopplung der orthogonal polarisierten Moden erwarten: bis zu recht kleinen Krümmungsradien von $R_B = 4\,$cm blieben die Grenzwellenlängen und Dämpfungsspektren unverändert. Bei $\lambda = 1{,}35\,\mu$m betrug die Dämpfung für y-Polarisation $3\,$dB/km, hauptsächlich bedingt durch $(OH)^-$-Absorption; mit einer Dehydierung der Faser sind Werte deutlich unter $1\,$dB/km möglich. Die Dämpfungsbestwerte für konventionelle Fasern liegen nach Abschn. 2.2.3 bei $0{,}29\,$dB/km ($\lambda = 1{,}3\,\mu$m) bzw. $0{,}15\,$dB/km ($\lambda = 1{,}55\,\mu$m). Eine Übersicht der Herstellungsverfahren und Anwendungen anisotroper Fasern bietet [397]; für PANDA-Fasern werden dort Dämpfungen von $0{,}3\,$dB/km ($\lambda = 1{,}3\,\mu$m) und $0{,}23\,$dB/km ($\lambda = 1{,}55\,\mu$m) genannt.

2.8   Vielmodenfaser

Das Produkt von Kernradius a und numerischer Apertur A_N wird bei Vielmodenfasern mit $V = ak_0 A_N \gg 1$ wesentlich größer als bei Einmodenfasern mit $V \leq V_{11G}$, Gl. (2.104), was eine effiziente Lichteinkopplung auch bei Quellen wie Lumineszenzdioden (LED) gestattet, die von einer großen Fläche in einen großen Raumwinkel abstrahlen. Nachteilig wirkt sich die Intermodendispersion aus, Gl. (2.63), die bei Stufenprofilfasern mit Δ (Gl. (2.87)), bei Parabelprofilfasern mit Δ^2 wächst (Gl. (2.92)). Typisch sind die Werte $a = 50\ldots200\,\mu$m, $A_N = 0{,}2\ldots0{,}4$, $\Delta = 1\ldots4\,\%$ für $n_1 = 1{,}45$ bei $\lambda = 1{,}3\,\mu$m und $V = 50\ldots400$. Wegen der schwachen Führung sind die Voraussetzungen der skalaren Optik Abschn. 2.1.5 Gl. (2.34) erfüllt.

Für kleine λ bzw. große k_0 löst man die skalare Helmholtz-Gleichung Gl. (2.34) mit dem Ansatz [190, Abschn. 1.7.2 Gl. (1-337)]

$$\Psi(\vec{r}) = e^{-j\,k_0 S(\vec{r})} \sum_{i=0}^{\infty} \frac{\Psi_i(\vec{r})}{(j\,k_0)^i}\,, \qquad S(\vec{r})\ \text{reell}. \tag{2.129}$$

Man setzt Gl. (2.129) in die Helmholtz-Gleichung ein, dividiert durch $(j\,k_0)^2$ und setzt die Koeffizienten C_i der Terme mit $(j\,k_0)^{-i}$ zu null. Aus $C_0 = 0$ (nullte Näherung, skalarer

Ansatz $\Psi(\vec{r}) = A(\vec{r})\exp[-\mathrm{j}\,k_0 S(\vec{r})]$ auf Seite 27 in Abschn. 2.1.6) resultiert die Eikonal-Gleichung Gl. (2.36) der geometrischen Optik; die Größe $\Psi_0(\vec{r}) = A(\vec{r})$ bleibt unbestimmt, die geometrische Optik macht nur Aussagen über die Phasenfronten. In erster Näherung folgt dann aus $C_1 = 0$ eine Beziehung für $\Psi_0(\vec{r})$ bzw. $A(\vec{r})$. Verwendet man nur die Ergebnisse der nullten und ersten Näherung, so wird dieses Lösungsverfahren WKBJ-Methode genannt (nach G. Wentzel, H. A. Kramers, L. Brillouin, H. Jeffreys); es ist in [379, § 9.3 Seiten 1092 ff., 1101] ausführlich beschrieben.

Durch einen Reihenansatz wie in Gl. (2.129) mit Vektorgrößen $\vec{\Psi}(\vec{r})$, $\vec{\Psi}_i(\vec{r})$ kann man die vektoriellen Wellengleichungen Gl. (2.33) lösen; in nullter Näherung entsprechend dem Ansatz Gl. (2.35) erhält man wiederum die Eikonal-Gleichung Gl. (2.36).

Bei rotationssymmetrischen Brechzahlprofilen Gl. (2.70), die hier monoton vorausgesetzt seien, ist Gl. (2.75) zu lösen; da die Singularität bei $r = 0$ für die Behandlung als Sturm-Liouville-Problem stört, macht man die Transformation $r = \mathrm{e}^x$, $\chi(x) = \Psi(r)$ und erhält $\chi'' + \mathrm{e}^{2x}\,k_r^2(\mathrm{e}^x)\chi = 0$. Der Ansatz $\chi(x) = A(x)\,\mathrm{e}^{-\mathrm{j}\,k_0 S(x)}$ liefert nach der WKBJ-Methode in nullter Näherung die Eikonal-Gleichung $S'^2(x) = \mathrm{e}^{2x}\,k_r^2(\mathrm{e}^x)$ (Gl. (2.36)), und in erster Näherung für die Amplitude $A(x) \sim 1/\sqrt{|\mathrm{e}^x\,k_r(\mathrm{e}^x)|}$ [379, § 9.3 Seiten 1092 ff., 1101]. Auf die Radiuskoordinate zurücktransformiert, folgen aus $k_r(R) = 0$ die Kaustik-radien $R = R_1, R_2$ mit $R_1 \le R_2$. Man erhält:

$$\Psi(r) \sim \frac{1}{\sqrt{r}\,\sqrt{|k_r(r)|}}\,\exp\left[-\sigma \int_{r_1}^{r_2} |k_r(r')|\,\mathrm{d}r'\right],$$

$$\sigma = \begin{cases} \mathrm{j} & \text{für } k_r^2 \ge 0, \quad r_1 = R_1, \quad\ r_2 = r \le R_2 \\[4pt] 1 & \text{für } k_r^2 < 0, \quad \begin{aligned} r_1 &= R_2, \quad r_2 = r > R_2 \\ r_1 &= r < R_1, \quad r_2 = R_1 \end{aligned} \end{cases} \qquad (2.130)$$

Eine Betrachtung von Gl. (2.130) zeigt, daß wegen $\lim_{r\to 0}\Psi(r) \sim 1/\sqrt{\nu}$ für $\nu = 0$, $r = 0$ und an den Kaustiken die Näherungslösung ungültig wird. Bei $r = R_1, R_2$ müssen die Teillösungen analog zum Vorgehen bei Gl. (2.80) in Funktionswert und Steigung aneinander angepaßt werden, was wegen der Singularitäten der Näherungslösung besondere Techniken erfordert. Man erhält die nach Gloge und Marcatili [171, Gl. (5)] [172, Gl. (3)] benannte Dispersions-relation [379, § 9.3 Seiten 1092 ff., 1101]

$$2\mu\pi = 2 \cdot \frac{\pi}{2} + 2\int_{R_1}^{R_2} k_r(r)\,\mathrm{d}r, \quad k_r(r) = \sqrt{k_0^2 n^2(r) - \left(\frac{\nu}{r}\right)^2 - \beta^2}, \quad \mu \gg 1. \quad (2.131)$$

Der Ausdruck $-2\int_{R_1}^{R_2} k_r(r)\,\mathrm{d}r$ repräsentiert die radiale Phasenänderung des Feldes in einer Ebene $z = \mathrm{const}$ auf dem Weg von der Kaustik R_1 zur Kaustik R_2 und zurück; da sich an den Kaustikradien die radiale Strahlrichtung umkehrt, spricht man auch von Umkehrpunkten (turning points). Folglich treten in den Umkehrpunkten Phasenverzögerungen (vgl. [3, Abschn. 3.1.3] für Gradientenprofil-Schichtwellenleiter) von jeweils $-\pi/2$ auf (wenn $k_r(r)$ einen einfachen und stetigen Nulldurchgang hat, was hier voraussetzungsgemäß zutrifft). Die Gesamtphase muß wie beim Schichtwellenleiter (Abschn. 2.4, Text vor Gl. (2.59)) ein ganzzahliges Vielfaches von -2π sein, damit das Feld transversal konsistent und damit geführt propagiert.

Bei Stufenprofilen legt der Vorzeichenwechsel von $k_r^2(r)$ die äußere Licht-Schatten-Grenze $r_2 = a$ fest (keine Kaustik, s. Abschn. 2.6.2); die Phasenverschiebung einer dort reflektierten lokal ebenen Welle ist mit den Bezeichnungen von Gl. (2.77) $-2\arccos(u^2/V^2 - \nu^2/V^2)^{1/2}$ [202, Gl.(14)] und hat für $V \gg \mu$ den Grenzwert $-\pi$ (Gl. (2.85), (2.81)), vgl. die Reflexionsphase $+\varphi_p$ von Gl. (2.31) mit $|k_{2x}^{(i)}|/k_{1x} \to \infty$. Für große Werte ν, μ kann man demnach sowohl bei Gradienten- als auch bei Stufenprofilen ($R_2 = a$) dieselbe Dispersionsrelation Gl. (2.131) verwenden. Für ein Stufen- und ein Parabelprofil läßt sich das Integral in Gl. (2.131) berechnen, und man erhält mit Gl. (2.88)

$$2\mu - 1 = 2\left(\sqrt{u^2 - \nu^2} - \nu \arccos \tfrac{\nu}{u}\right)/\pi, \quad q \to \infty,$$

$$m = \nu + 2\mu - 1 = u^2/(2V) = \tfrac{\delta}{\Delta}\tfrac{V}{2} = \tfrac{\delta}{\Delta}m_{\max 2}, \quad q = 2. \qquad (2.132)$$

Für das Stufenprofil hängt $u = u_{\nu\mu}$ nicht von V ab; nach Gl. (2.85) trifft das dann zu, wenn $V \gg j_{\nu,\mu}$, $V \gg 1$ ist. Für das Parabelprofil ergibt sich in dieser Näherung dieselbe Lösung wie in Gl. (2.88) aus der Feldtheorie. Eine Beziehung für allgemeine Potenzprofile (s. auch [173]) wird in Abschn. 2.8.2 angegeben werden (Gl. (2.139)).

Hat $k_r(r)$ mehr als zwei Nullstellen (damit sei auch der Fall nicht-monotoner Profilfunktionen berücksichtigt), so sind die entwickelten Beziehungen in den entsprechenden Bereichen sinngemäß anzuschreiben.

2.8.1 Strahltypen

Abbildung 2.25 zeigt die Zerlegung des Ausbreitungsvektors $\vec{k}$ einer lokal ebenen Welle im Punkt r, φ einer Fasereingangsfläche bei $z = 0$. Unter dem Winkel γ zur Faserachse fällt aus dem Vakuum im Halbraum $z < 0$ ein durch die Ausbreitungskonstante k_0 charakterisierter Lichtstrahl ein, dessen Projektion auf die Grenzfläche $z = 0$ den Winkel ψ mit dem Radiusvektor und den Winkel Φ mit der x-Achse einschließt. Wegen der Stetigkeit der tangentialen Feldstärkekomponenten bleiben die Transversalkomponenten k_r, k_φ des Ausbreitungsvektors ebenso wie die Winkel ψ, Φ beim Übertritt des Lichtstrahls in die Faser erhalten, so daß sich nur dessen Longitudinalkomponente und damit der Winkel zur z-Achse ändert, $\sin\gamma = n(r)\sin\vartheta$. Für die in Abb. 2.25 spezifizierten Anfangswerte (Index 0) erhält man die Komponenten

$$k_r = \sqrt{k_0^2 n^2(r) - k_\varphi^2 - \beta^2}, \qquad k_\varphi = \tfrac{r_0}{r}k_0 n(r_0)\sin\vartheta_0 \sin\psi_0,$$

$$\beta = k_z = k_0 n(r_0)\cos\vartheta_0, \qquad |k_\varphi| = \tfrac{\nu}{r}, \qquad \sin\gamma_0 = n(r_0)\sin\vartheta_0. \qquad (2.133)$$

Wegen der Strahlgleichung (2.37) und Gl. (2.39) mit folgendem Text ist für ein z-unabhängiges Brechzahlprofil die z-Komponente β des Ausbreitungsvektors eine Invariante des Lichtstrahls, während sich k_r, k_φ mit dem Radius ändern. Damit die Strahlen der entsprechenden Kongruenzen sich zu einem azimutal konsistenten Feld überlagern können, müssen die Strahlanfangswerte der Bedingung $|k_\varphi| = \nu/r$ von Gl. (2.75) genügen. Lichtstrahlen können ferner nur

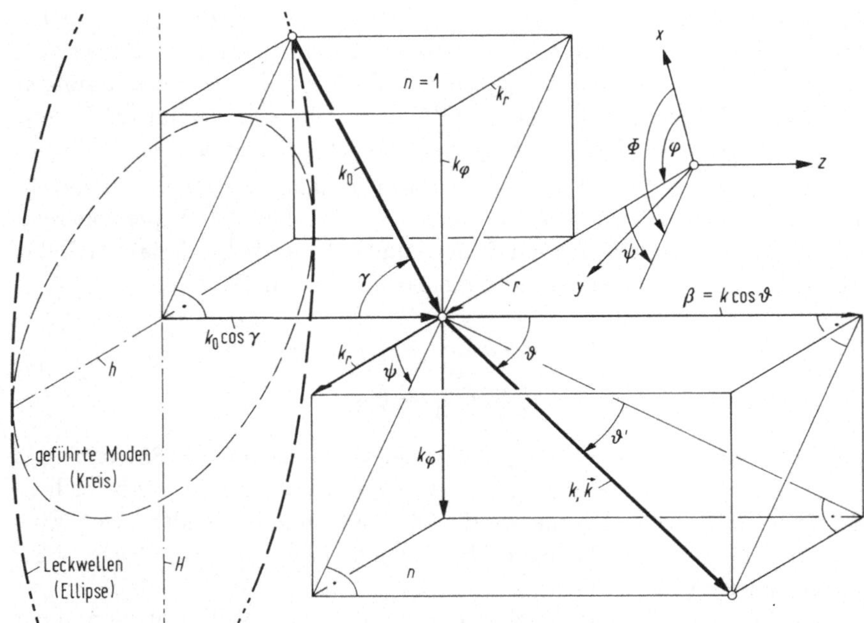

Abb. 2.25. Koordinatensysteme, Ausbreitungsvektor und Akzeptanzkonusse (strichliert); Anfangswerte für $z = 0$: $\quad r = r_0$, $\varphi = \varphi_0 = 0$, $\psi = \psi_0$, $\vartheta = \vartheta_0$, $\sin\gamma_0 = n(r_0)\sin\vartheta_0$; $\int dF = \int dx\,dy = \int r\,dr\,d\varphi$, $\quad d\Omega = \sin\vartheta\,d\vartheta\,d\psi$, $\psi = \Phi - \varphi$; $\quad \vec{k} = k_r\,\vec{e}_r + k_\varphi\,\vec{e}_\varphi + k_z\,\vec{e}_z$, $|\vec{k}| = k = k_0 n(r)$, $k_r = k\sin\vartheta\cos\psi\ (= k_x)$, $k_\varphi = k\sin\vartheta\sin\psi\ (= k_y)$, $\beta = k\cos\vartheta = k_z$. Für den Lichtstrahl (Bogenlänge s, Gl. (2.39)) gilt: $\quad dr : r\,d\varphi : dz : ds = k_r : k_\varphi : k_z : k$.

existieren, wenn k_r reell und folglich $k^2 - \nu^2/r^2 > \beta^2$ ist; $k^2 - \nu^2/r^2 < \beta^2$ definiert dann den geometrisch-optischen Schattenbereich.

In Abb. 2.26 sind die Brechzahlfunktionen $n^2(r) - \nu^2/(k_0 r)^2$ $(\nu = 0; 12; 30;$ 60) und die effektiven Brechzahlen $n_e^2 = \beta^2/k_0^2 \equiv \beta_{\nu\mu}^2/k_0^2$ für $(\nu,\mu) = (12,2);$ $(30,6); (30,11); (60,2); (60,9)$ dargestellt. Lichterfüllte Bereiche mit $k_r^2 > 0$ sind durch Schraffur hervorgehoben. Die Radien R mit $k_r(R) = 0$ definieren, soweit sie existieren, bei der Stufenprofilfaser die inneren und äußersten Umkehrpunkte an den Kaustiken $R = R_1, R_3$, hinzu kommt ein weiterer äußerer Umkehrpunkt an der Licht-Schatten-Grenze $R_2 = a$. Bei Gradientenprofilen (hier der Übersicht halber monoton vorausgesetzt) bestimmen die Nullstellen $R = R_1, R_2, R_3$ die inneren, äußeren und äußersten Umkehrradien an den entsprechenden Kaustiken.

Zunächst werden sogenannte Meridionalstrahlen mit $\nu = 0$ (entsprechend $LP_{0\mu}$-Moden) betrachtet, die wegen $k_\varphi = 0$ keinen Drall um die z-Achse haben und folglich in einer Ebene laufen, welche die Faserachse enthält. Sie sind im Bereich $r < R_2$ gefangen (trapped rays, bound rays), oberster schraffierter Bereich in Abb. 2.26b. Wird n_e kleiner als n_2, so propagieren die Strahlen unter größerem Winkel ϑ zur Faserachse als bei gefangenen Strahlen; sie werden dann bei $R_2 = a$ in den Mantel gebrochen (refracted rays), wobei das Wort „Brechung" nur für Stufenprofile mit ihrem Brechzahlsprung bei $r = a$ zutrifft.

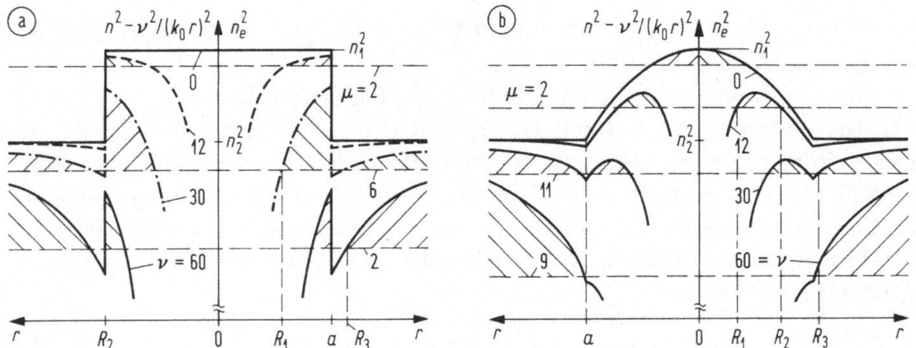

Abb. 2.26. Strahltypen von Vielmodenfasern mit den Parametern $a = 50\,\mu$m; $\lambda = 1{,}3\,\mu$m; $n_1 = 1{,}45$; $\Delta = 1\,\%$; (——), (- -), (- · -): $n^2(r) - \nu^2/(k_0 r)^2$; (— —): $n_e^2 = \beta_{\nu\mu}^2/k_0^2$; die Schraffur deutet lichterfüllte Bereiche im Faserquerschnitt an. (a) Stufenprofil, (b) Gradientenprofil (als Beispiel hier: Parabelprofil)

Strahlen mit $\nu \neq 0$ (entsprechend $\mathrm{LP}_{\nu\mu}$-Moden) rotieren längs z um die Faserachse und werden als windschiefe Strahlen (skew rays) bezeichnet. Es bildet sich eine zusätzliche innere Kaustik $r = R_1$ aus, Abb. 2.26. Bei Gradientenfasern können innerer und äußerer Umkehrradius zusammenfallen, $k_r^2(R) = 0$, $\mathrm{d}k_r^2(r)/\mathrm{d}r|_{r=R} = 0$, $R = R_1 = R_2$; der Strahl propagiert dann in Form einer Schraubenlinie auf einem Zylinder und wird deshalb Helixstrahl genannt (entspricht $\mathrm{LP}_{\nu 1}$-Moden, *ein* radiales Intensitätsmaximum).

Für $n_e < n_2$, $\nu \neq 0$ kann eine weitere, äußerste Kaustik $R_3 > a$ auftreten, Abb. 2.26. Im Bereich $r > R_3$ existieren wieder Lichtstrahlen, weil $|k_\varphi| = \nu/r$ so klein geworden ist, daß k_r dort reell wird. Tangential zur Kaustik bei $r = R_3$ und in einem Winkel zur Faserachse wird Licht abgestrahlt. Man bezeichnet solche Strahlen als tunnelnde Strahlen (tunneling rays), da sie das für Lichtausbreitung nicht zulässige Gebiet $R_2 < r < R_3$ auf Grund eines Tunneleffekts durchqueren: Stünde jeder Lichtstrahl für eine lokal ebene Welle, welche gerade die Energie eines Lichtquants transportiert, so könnte dieses bei jedem Erreichen des Umkehrradius R_2 mit einer bestimmten Wahrscheinlichkeit den „verbotenen" Ringbereich durchtunneln. Die klassische Intensität $I(r) \sim |\Psi(r)|^2$ ist in diesem Fall als Aufenthalts-Wahrscheinlichkeitsdichte aufzufassen. Die Wahrscheinlichkeit für das Auftreten eines Strahls bei R_3 ist umso kleiner, je breiter die Ringzone wird, d. h. je stärker die Intensität des evaneszenten Feldes abgeklungen ist.

Solche Felder treten auch bei Makrokrümmungen auf (Abschn. 2.6.7 und Abb. 2.21) und wurden dort bereits als Leckwellen klassifiziert. In sinngemäßer Anwendung von Gl. (2.130) beträgt also die Tunnelwahrscheinlichkeit im wesentlichen $\{\exp[-\int_{R_2}^{R_3} |k_r(r')|\,\mathrm{d}r']\}^2 = -\Delta P/P$ entsprechend dem Verhältnis der nach außen dringenden Leistung $\Delta P < 0$ zur Gesamtleistung P. Der Bruchteil ΔP geht auf dem Weg des Strahls von der äußeren Kaustik R_2 nach R_1 und wieder zurück nach R_2 verloren, wobei der Strahl längs der z-Achse den Weg $\Delta L = 2\int_{R_1}^{R_2}(\mathrm{d}z/\mathrm{d}r)\,\mathrm{d}r$ zurücklegt. Mit Gl. (2.37), (2.39) $(\mathrm{d}z : \mathrm{d}r = \beta : k_r)$

erhält man $\Delta L = 2\beta \int_{R_1}^{R_2} dr/k_r$ und folglich die Leistungsdämpfungskonstante der Leckwelle als $\alpha_l = -\Delta P/(P\,\Delta L)$.

Die Grenzbedingung für die Existenz von Leckwellen lautet $R_2 = R_3 = a$, $k_0^2 n^2(a) - \nu^2/a^2 = \beta^2$, also mit Gl. (2.77) $\delta/\Delta = 1 + \nu^2/V^2 = 1 - w^2/V^2$, so daß w imaginär wird. Für $\delta/\Delta > 1 + \nu^2/V^2$ erhält man Strahlungsmoden, und für $\delta \to \frac{1}{2}$ geht $\beta^2 \to 0$, d. h. diese gebrochenen Strahlen propagieren in Ebenen $z = $ const. Die Bereiche von geführten Moden, Leckwellen und Strahlungsmoden (Indizes g, l, s) werden also abgegrenzt durch die normierten Ausbreitungskonstanten

$$0 < (\delta/\Delta)_g < 1 \leq (\delta/\Delta)_l \leq 1 + \nu^2/V^2 < (\delta/\Delta)_s \leq 1/(2\Delta). \qquad (2.134)$$

Bei Stufenprofilen und monotonen Gradientenprofilen gibt es für $\nu = 0$ keine Leckwellen. Das Auftreten gefangener, tunnelnder und gebrochener Strahlen läßt sich für Stufenprofilfasern [514, Abschn. 7-6] mit den Winkeln ϑ, $\vartheta' \leq \vartheta$ von Abb. 2.25 darstellen, sowie mit dem Grenzwinkel ϑ_T, $\cos\vartheta_T = n_2/n_1$ (Gl. (2.28)), der einer Totalreflexion an einer ebenen Grenzfläche entspräche. Der durch $\vec{k}$ gegebene Lichtstrahl werde in Abb. 2.25 im Kern an der Kern-Mantel-Grenze $r = a$ betrachtet. Es gilt analog zu Gl. (2.133) $\beta = k_1 \cos\vartheta$, $\beta^2 + k_\varphi^2(r = a) = k_1^2 \cos^2\vartheta'$, und man erhält, wenn man ϑ wie in Gl. (2.134) indiziert, wegen $n_2^2 - \nu^2/(k_0 a)^2 \leq n_e^2$ für Leckwellen und $n_2^2 - \nu^2/(k_0 a)^2 > n_e^2$ für Strahlungsmoden

$$\vartheta' \leq \vartheta_g < \vartheta_T, \quad \vartheta' \leq \vartheta_T \leq \vartheta_l, \quad \vartheta_T < \vartheta' \leq \vartheta_s. \qquad (2.135)$$

Anmerkung 1: Bei Meridionalstrahlen gibt es einen unmittelbaren Übergang von gefangenen zu gebrochenen Strahlen, wenn $n_e < n_2$ wird (s. Abb. 2.26), d. h. die vorher im Kern geführte Leistung P_1 verteilt sich bei der Grenzfrequenz $V = V_{0\mu G}$ über die gesamte Ebene $z = $ const, so daß der Feldkonzentrationsfaktor $\Gamma_{\mathrm{LP}} = P_1/P$ (P ist die Gesamtleistung im Querschnitt) null wird, Gl. (2.86). Da bei Stufenprofilen die Größe Γ_{LP} (Gl. (2.84)) und der Gruppenlaufzeitfaktor $\mathrm{d}(VB)/\mathrm{d}V$ (Gl. (2.83)) die gleiche Struktur haben, läßt sich auch aus Abb. 2.16b der prinzipielle Verlauf von Γ_{LP} ablesen. Für windschiefe Strahlen $\nu \geq 2$ liegt bei der Grenzfrequenz die äußerste Kaustik R_3 für tunnelnde Strahlen im Unendlichen (s. Abb. 2.26), und die Tunnelwahrscheinlichkeit wird null; durch das evaneszente Feld im für Strahlen verbotenen Bereich $a < r < R_3$ verringert sich der Bruchteil der im Kern konzentrierten Leistung nach Gl. (2.86) auf den Wert $\Gamma_{\mathrm{LP}} = (\nu - 1)/\nu > 0$.

Bei windschiefen Strahlen mit $\nu = 1$ wäre nach dieser Überlegung ebenfalls $\Gamma_{\mathrm{LP}} > 0$ zu erwarten, was wellenoptisch gesehen nicht zutrifft: Das Mantelfeld klingt nach Gl. (2.79), (2.77) mit $\Psi_\mu^{(\nu)}(r) \sim \mathrm{K}_\nu(wr/a)/\sqrt{\mathrm{K}_{\nu-1}(w)\mathrm{K}_{\nu+1}(w)}$ ab; bei der Grenzfrequenz ist $w = 0$. Nach [1, Formeln 9.6.8, 9.6.9] gilt $\mathrm{K}_0(x \to 0) \approx -\ln x$, $\mathrm{K}_{\nu>0}(x \to 0) \approx \frac{1}{2}(\nu - 1)!(2/x)^\nu$. Folglich verschwindet für $w \to 0$ das Feld wie $\Psi_\mu^{(0)}(r) \sim -w\ln(wr/a)$ und $\Psi_\mu^{(1)}(r) \sim (a/r)/\sqrt{-2\ln w}$. Wegen $\lim_{w \to 0} \Psi_\mu^{(\nu \geq 2)}(r) \sim 1/r^\nu$ folgt dann, daß im Sinne der Orthogonalitätsrelation Gl. (2.74) das Feld bei der Grenzfrequenz nur für $\nu \geq 2$ quadratintegrabel ist, eine endliche Mantelleistung P_2 besitzt und damit $\Gamma_{\mathrm{LP}} > 0$ liefert.

Anmerkung 2: Die Bahnkurve eines Lichtstrahls läßt sich mit Gl. (2.37) verfolgen; bei einer Parabelprofilfaser erhält man in paraxialer Näherung aus Gl. (2.38) für $x(z)$ die Differentialgleichung $x''(z) + (\sqrt{2\Delta}/a)^2 x(z) = 0$ mit der Lösung $x = X\cos(\Delta\beta z + \phi_x)$, wobei der Parameter $\Delta\beta = \sqrt{2\Delta}/a = 2\pi/\Lambda$ gerade die genäherte Differenz der Ausbreitungskonstanten benachbarter Moden nach Gl. (2.88) darstellt (vgl. Abschn. 2.6.7 auf Seite 65). Für $y(z)$ ergibt sich $y = Y\cos(\Delta\beta z + \phi_y)$. Die Strahlamplituden X, Y und Phasen ϕ_x, ϕ_y werden

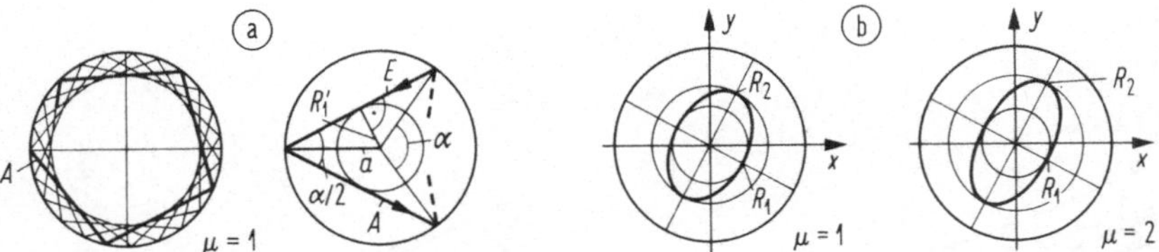

Abb. 2.27. Projektionen von Strahlbahnen auf eine Querschnittsfläche für die Parameter von Abb. 2.26 und $\nu = 12$, $\mu = 1$, $\mu = 2$. (a) Stufenprofil, Anfangsstrahl A und Endstrahl E (b) Parabelprofil

durch die Anfangswerte bei $z = 0$ festgelegt. Die resultierende Bahnkurve hat längs z die Periodenlänge Λ und die Gestalt einer Schraubenlinie wie in Abb. 2.3b, deren Projektion in Flächen $z = \text{const}$ eine Ellipse ist, Abb. 2.27b; die Längen der Halbachsen entsprechen gerade den inneren und äußeren Kaustikradien, die Neigung gegenüber der x-Achse liegt durch die Anfangsbedingungen fest. In nicht-paraxialer Betrachtung und für nicht-parabolische Profilfunktionen schließt sich die Projektionskurve nicht.

Abbildung 2.27a zeigt links die Projektion der Bahnkurve eines gefangenen, windschiefen Strahls auf die Querschnittsfläche einer Stufenprofilfaser, rechts sind Anfangsstrahl A und Endstrahl E einer sich exakt schließenden Bahnkurve zu sehen; für eine geschlossenen Kurve muß $R'_1 = a\sin(\alpha/4)$ gelten sowie die Bedingung, daß $n\alpha = 2m\pi$ ist, wobei n und m beliebige ganze Zahlen sind. Aus dieser geometrischen Überlegung folgt für den Radius des eingeschlossenen Kreises $R'_1 = a\sin(\frac{m}{n}\frac{\pi}{2})$. Da der innere Kaustikradius R_1 mit Gl. (2.132), (2.77), (2.133) in der Praxis nur durch einen endlichen Dezimalbruch genähert werden kann, läßt sich immer ein Quotient m/n so angeben, daß $R_1 \approx R'_1$ erfüllt wird und die tatsächliche Bahnkurve sich nach m Umkreisungen der Faserachse zu schließen scheint; ein Zusammenhang der Größen n, m mit den Modenzahlen ν, μ besteht allerdings nicht.

2.8.2   Abzählung von Moden

Die Dispersionsrelationen Gl. (2.132) für Stufen- und Parabelprofilfasern sind in Abb. 2.28 in ν/V-μ/V-Diagrammen mit dem Parameter δ/Δ aufgezeichnet und die Gebiete nach Gl. (2.134) abgegrenzt. Jeder Punkt mit ganzahligen Werten ν, μ repräsentiert die vier möglichen $\text{LP}_{\nu\mu}$-Moden bzw. zwei $\text{LP}_{0\mu}$-Moden. Meridionalstrahlen liegen bei $\nu = 0$, Helixstrahlen mit maximalem $\nu = \nu_{\max}$ für festes δ bei $\mu = 1$. Die Fläche der einzelnen Bereiche multipliziert mit $4V^2$ ist gleich der Anzahl der in ihnen enthaltenen Moden. Als Anzahl $M_g(\delta)$ der im Bereich $0 \leq \delta$ ($\delta < \Delta$) geführten Moden erhält man mit Gl. (2.131) unter Vernachlässigung des Terms $2\pi/2$ für ein streng monotones Brechzahlprofil

$$M_g(\delta) = 4\int_0^{\nu_{\max}} d\nu \int_0^{\mu(\nu)} d\mu = 4\int_0^{\nu_{\max}} \mu(\nu)\,d\nu = \frac{4}{\pi}\int_{R_{1\,\min}}^{R_{2\,\max}} \int_0^{\nu_{\max}} k_r(r)\,d\nu\,dr. \qquad (2.136)$$

Der Minimalwert des inneren Kaustikradius ist $R_{1\,\min} = 0$. Der Maximalwert des äußeren Kaustikradius wird $R_{2\,\max} = ag^{-1}(\delta/\Delta)$ für $\nu = 0$; $g^{-1}(x)$ ist die Umkehrfunktion von $g(x)$. Zu gegebenem $\delta(\beta)$ und r ist $\nu_{\max} = r[k_0^2 n^2(r) - \beta^2]^{1/2}$ der Maximalwert von ν für einen Helixstrahl. Mit der Substitution $y = \nu/\nu_{\max}$, $d\nu = \nu_{\max}\,dy$ und $(\nu_{\max}/r)^2 r\int_0^1 \sqrt{1-y^2}\,dy = (\nu_{\max}/r)^2 r\pi/4$ erhält man das Ergebnis

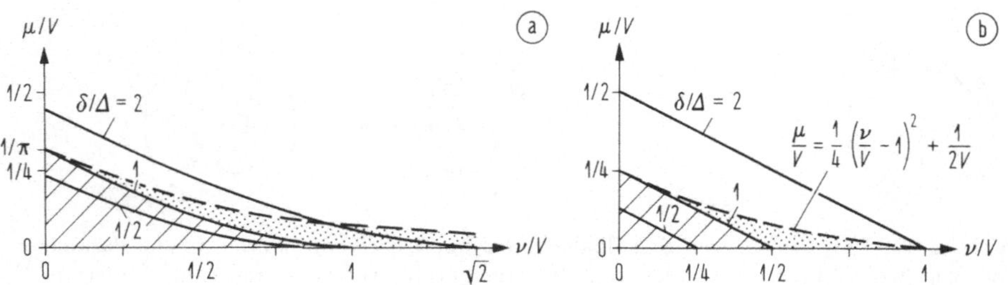

Abb. 2.28. Modendiagramm und Modentypen; schraffiert: geführte Moden (Anzahl M_g), gepunktet: Leckwellen (Anzahl M_l).   (a) Stufenprofil, $M_g = M_l = V^2/2$, $M_g + M_l = V^2$ (b) Parabelprofil, $M_g = V^2/4$, $M_l = V^2/12$, $M_g + M_l = V^2/3$

$$M_g(\delta) = \int\limits_0^{R_{2\,\mathrm{max}}} \left[k_0^2 n^2(r) - \beta^2(\delta) \right]\, r\,\mathrm{d}r, \quad R_{2\,\mathrm{max}} = ag^{-1}(\delta/\Delta). \tag{2.137}$$

Für Potenzprofile Gl. (2.71) ergibt sich als Anzahl geführter Moden mit maximalen Ausbreitungskonstanten δ bzw. als Anzahl aller geführten Moden M_g

$$M_g(\delta) = M_g \cdot (\delta/\Delta)^{1+2/q}, \quad M_g = \frac{q}{q+2}\frac{V^2}{2} = \frac{q/2}{q+2}\frac{4}{\lambda^2}\,\pi a^2\,\pi A_N^2. \tag{2.138}$$

Die Größe $\sqrt{M_g(\delta)}$ identifiziert man durch Vergleich mit einer modifizierten WKBJ-Methode [527, Gl. (23b)] [422, Gl. (2.53)] als Hauptmodenindex $m = \nu + 2\mu - 1$ von Gl. (2.85), (2.88). Für die Ausbreitungskonstante und den maximalen Hauptmodenindex $m_{\mathrm{max}\,q}$ eines Potenzprofils mit dem Exponenten q berechnet man also aus Gl. (2.138)

$$\beta = k_1 \sqrt{1 - 2\Delta\big(\tfrac{m}{m_{\mathrm{max}\,q}}\big)^{\frac{2q}{q+2}}}, \quad m = \nu + 2\mu - 1, \quad m_{\mathrm{max}\,q}^2 = M_g. \tag{2.139}$$

Für $q = 2$ ist Gl. (2.139) identisch mit der Feldlösung Gl. (2.88) des unendlich ausgedehnten Parabelprofils und mit der WKBJ-Näherung Gl. (2.132). Auch bei Stufenprofilen mit $q \to \infty$ und $V \gg j_{\nu,\mu}$ stimmt Gl. (2.139) mit Gl. (2.85), (2.77) und Gl. (2.132) näherungsweise überein. Die Abschätzungen für M_g von Gl. (2.82) und Gl. (2.90) decken sich ebenfalls mit den Ergebnissen von Gl. (2.138). Die Anzahl M_l der Leckwellen bestimmt man durch Einsetzen des Maximalwerts $(\delta/\Delta)_{l\,\mathrm{max}}$ aus Gl. (2.134) in die Dispersionsrelationen Gl. (2.132) und Berechnen der gepunkteten Fläche in Abb. 2.28 (s. Bildunterschrift). Für eine Faser mit $a = 50\,\mu\mathrm{m}$, $\lambda = 1{,}3\,\mu\mathrm{m}$, $n_1 = 1{,}45$, $\Delta = 1\,\%$ ist $V = 50$: in einer Stufenprofilfaser gibt es also $M_g = 1\,250$ geführte Moden und ebensoviele Leckwellen, in einer Parabelprofilfaser propagieren halb so viele geführte Moden, $M_g = 625$, und wesentlich weniger Leckwellen, $M_l = 208$.

Nach Gl. (2.136) ist die Modendichte in ν-μ-Koordinaten $m(\nu,\mu) = 4$, und die differentielle Anzahl von Moden beträgt $m(\nu,\mu)\,\mathrm{d}\nu\,\mathrm{d}\mu$. Mit der Transformation $\delta = \delta(\nu,\mu)$ aus der Dispersionsrelation Gl. (2.131) (s. Gl. (2.77)) werden neue Modenvariablen ν,δ eingeführt, und man erhält die differentielle Modenanzahl $m(\nu,\delta)\,\mathrm{d}\nu\,\mathrm{d}\delta$ mit $m(\nu,\delta) = 4\partial\mu/\partial\delta$; $\partial\mu/\partial\delta$ ist der Wert der Jacobi-Determinante. Wegen $M_g(\delta) = \iint m(\nu,\mu)\,d\nu\,d\mu = \iint m(\nu,\delta')\,d\nu \times d\delta' = \int m(\delta')\,d\delta'$ berechnet man die Modendichte $m(\delta)$ am einfachsten durch Differenzieren von Gl. (2.137) bzw. Gl. (2.138) und erhält unter Beachtung von $-d\beta^2/d\delta = 2k_0^2 n_1^2$, $k_0^2 n^2(R_{2\,\mathrm{max}}) = \beta^2(\delta)$ für monotone Profilfunktionen $g(r/a)$ und speziell für Potenzprofile

$$m(\nu,\delta) = 4\frac{\partial\mu(\nu,\delta)}{\partial\delta}, \qquad (2.140)$$

$$m(\delta) = k_0^2 n_1^2 R_{2\,\mathrm{max}}^2(\delta) = \frac{V^2}{2\Delta}\left[g^{-1}\left(\frac{\delta}{\Delta}\right)\right]^2 = \frac{V^2}{2\Delta}\left(\frac{\delta}{\Delta}\right)^{2/q}.$$

Für Stufenprofilfasern ist $m(\delta) = V^2/(2\Delta)$ konstant, für Parabelprofilfasern gilt $m(\delta) = V^2/(2\Delta)\cdot\delta/\Delta$.

2.8.3 Anregung von Moden

Jeder $\mathrm{LP}_{\nu\mu}$-Modus wird durch die Überlagerung von Strahlkongruenzen (lokal ebenen Wellenfeldern) repräsentiert, vgl. Abschn. 2.3 und Abschn. 2.1.6. Mit den Modenzahlen ν,μ ist über die Dispersionsrelation Gl. (2.139), (2.131) die Ausbreitungskonstante β sowie mit Gl. (2.77) die normierte Ausbreitungskonstante $\delta = \delta(\nu,\mu)$ festgelegt und damit der Satz möglicher Anfangswerte $r_0 = r$, $\varphi_0 = \varphi = 0$, $\vartheta_0 = \vartheta$ bzw. $\gamma_0 = \gamma$, $\psi_0 = \psi$ der zugehörigen Lichtstrahlen, Abb. 2.25 und Gl. (2.133); die Polar- und Winkelkoordinaten der Anfangswerte des anregenden Lichtstrahls werden also im weiteren ohne den Index 0 geschrieben.

Da ν nur den Betrag von k_φ bestimmt, sind Azimutwinkel $\pm\psi$, $\pi\pm\psi$ zugelassen. Durch Gl. (2.133) werden im Einstrahlpunkt r vier Strahlkongruenzen definiert (zwei Strahlkongruenzen für Meridionalstrahlen $\psi = 0$). Den maximalen Einschußwinkel $\gamma_N(r)$, unter dem ein Strahl gerade noch für einen geführten Modus mit $\beta = k_0 n_2$ akzeptiert wird, bestimmt man nach Gl. (2.133), zweite Zeile. Der Sinus vom Maximalwert γ_N des lokalen Akzeptanzwinkels $\gamma_N(r)$ wurde als (maximale) numerische Apertur A_N eingeführt (Gl. (2.56), (2.77)); dementsprechend wäre $\sin\gamma_N(r) = A_N(r)$ als lokale numerische Apertur zu bezeichnen und $\sin\vartheta_N$ als innere numerische Apertur,

$$\sin\gamma_N(r) = A_N(r) = \sqrt{n^2(r) - n_2^2}, \qquad A_N = \sin\gamma_N = n_1\sin\vartheta_N. \quad (2.141)$$

Für $n_1 = 1{,}45$ und $\Delta = 1\,\%$ erhält man $\gamma_N = 12°$, $\vartheta_N = 8°$, $A_N = 0{,}2$. Mit der normierten Ausbreitungskonstanten δ von Gl. (2.77) und $n(r)$ von Gl. (2.70) schreibt man Gl. (2.133) für die Einstrahlbedingungen $r_0 = r$, $\vartheta_0 = \vartheta$ bzw. $\gamma_0 = \gamma$, $\psi_0 = \psi$ als

$$\frac{\delta}{\Delta} = g\left(\frac{r}{a}\right) + \left(\frac{\sin\gamma}{A_N}\right)^2, \qquad \frac{\nu}{V} = \left(\frac{r}{a}\right)\left(\frac{\sin\gamma}{A_N}\right)|\sin\psi|. \quad (2.142)$$

Für das Parabelprofil $g(r/a) = (r/a)^2$ sind r/a und $\sin\gamma/A_N$, d. h. Einstrahlpunkt und Strahlneigung, gegeneinander austauschbar.

Der maximale Winkel γ_{lN} für die Anregung von Leckwellen berechnet sich nach Gl. (2.134), (2.142). In den kartesischen Koordinaten von Abb. 2.25 findet man mit $x = \sqrt{x^2 + y^2 + z^2}\, \sin\gamma_{lN}\cos\psi$, $y = \sqrt{x^2 + y^2 + z^2}\, \sin\gamma_{lN}\sin\psi$ die Schnittkurve des entsprechenden Akzeptanzkonus mit Ebenen $z = $ const, $z < 0$; es ist zu beachten, daß mit $r = r_0$, $\varphi = \varphi_0 = 0$ die Polarkoordinaten des Einstrahlpunkts in abkürzender Schreibweise ohne Indizes vereinbart sind, und folglich $r^2 \neq x^2 + y^2$ ist. Es ergibt sich

$$\sin^2\gamma_{lN} = \frac{A_N^2(r)}{1 - \left(\frac{r}{a}\right)^2 \sin^2\psi}, \qquad x^2 + \frac{1 - A_N^2(r) - \left(\frac{r}{a}\right)^2}{1 - A_N^2(r)}\, y^2 = \frac{z^2 A_N^2(r)}{1 - A_N^2(r)}. \tag{2.143}$$

Die Schnittkurve des Akzeptanzkonus für Leckwellen mit Ebenen $z = $ const ist eine Ellipse (dick strichliert in Abb. 2.25), deren kleinere Halbachse $h = |z| A_N(r)/\sqrt{1 - A_N^2(r)}$ parallel zum Radiusvektor r des Einstrahlpunkts steht und der kleineren numerischen Apertur $A_h = A_N(r)$ entspricht; die größere Halbachse $H = |z| A_N(r)/\sqrt{1 - A_N^2(r) - r^2/a^2}$ steht senkrecht zum Radiusvektor des Einstrahlpunkts und entspricht der größeren Apertur $A_H = A_N(r)/\sqrt{1 - (r/a)^2} \geq A_h$. Der Akzeptanzkonus für geführte Moden hat nach Gl. (2.141) einen kreisförmigen Querschnitt mit Radius h (dünn strichliert in Abb. 2.25) entsprechend der Apertur $A_h = A_N(r)$.

Bei Parabelprofilfasern wird der lokale Akzeptanzwinkel $A_N^2(r) = A_N^2 \times (1 - r^2/a^2)$, und man erhält für die größere Apertur $A_H = A_N$; folglich werden für $r = a$ keine geführten Moden mehr angeregt, wohl aber für die Azimutwinkel $\psi = \pm\pi/2$ Leckwellen bis zur Maximalapertur A_N.

Bei Stufenprofilfasern dagegen ist $A_N(r) = A_N$ über dem Faserquerschnitt konstant, so daß A_H mit r stark wächst (wegen $\gamma_{lN} \leq \pi/2$ gilt aber $A_H \leq 1$) und proportional zu den Raumwinkeln von Kreis- und Ellipsen-Konus neben geführten Moden ein zunehmender Anteil an Leckwellen akzeptiert wird. Beleuchtet man mit einem Parallelstrahlenbündel $\gamma = $ const, so werden bei der Stufenprofilfaser wegen $g(r/a) = 0$ in Gl. (2.142) nur Moden mit derselben Ausbreitungskonstanten δ angeregt.

Kehrt man den Strahlengang von Abb. 2.25 um, so lassen sich alle bisher angestellten Überlegungen auch auf die Lichtabstrahlung von einer Faserendfläche ins Vakuum $n = 1$ übertragen. Mit Gl. (2.48) (Abschn. 2.1.7) und den Koordinaten von Abb. 2.2 (Abschn. 2.1.2) bzw. Abb. 2.25 kann man die Anzahl der transversalen Moden M_T berechnen, die durch einen Kreisring $r_1 \leq r \leq r_2$ ($r_2 \leq a$) in einen durch $\gamma_1 \leq \gamma \leq \gamma_2$ ($\gamma_2 \leq \gamma_{\max}$) definierten Raumwinkelbereich der konstanten Brechzahl n abgestrahlt werden,

$$\begin{aligned}
M_T &= \frac{n^2}{\lambda^2} \int_{r_1}^{r_2} r\, \mathrm{d}r \int_0^{2\pi} \mathrm{d}\varphi \int_0^{2\pi} \mathrm{d}\Phi \int_{\sin\gamma_1}^{\sin\gamma_2} \sin\gamma\, \mathrm{d}(\sin\gamma), \\[2mm]
&= \frac{k_0^2 n^2}{8\pi^2} \int_{r_1}^{r_2} r\, \mathrm{d}r \int_0^{2\pi} \mathrm{d}\varphi \int_0^{2\pi} \mathrm{d}\Phi\, (\sin^2\gamma_2 - \sin^2\gamma_1).
\end{aligned} \tag{2.144}$$

Die Strahlung werde von der gesamten Endfläche, $r_1 = 0$, $r_2 = a$, in einen Konus mit halbem Öffnungswinkel γ_2 abgegeben, $\gamma_1 = 0$. Emittieren nur die $M_g = 2M_T$ geführten Moden in beiden Polarisationen, so ist $\gamma_2 = \gamma_N(r)$ von Gl.

(2.141) zu setzen. Tragen auch Leckwellen bei, so ist die Gesamtzahl der Moden $M_g + M_l = 2M_T$, wobei wegen $\gamma_2 \leq \pi/2$ für die quadrierte Leckwellenapertur nach Gl. (2.143) $\sin^2 \gamma_2 = \min[A_N^2(r)/(1 - r^2/a^2 \sin^2 \psi), 1]$ gilt, und $\psi = \Phi - \varphi$ ist.

Die Bedingung $\gamma_2 \leq \pi/2$ macht das Ergebnis der Integrationen in Gl. (2.144) unübersichtlich. Eine vereinfachte Behandlung ist für Potenzprofile möglich, wenn $\lim_{x \to 1}[A_N^2(1 - x^q)/(1 - x^2)] = A_N^2 q/2 \leq 1$ eingehalten wird, da man dann wegen $A_N^2(1 - x^q)/(1 - x^2 \sin^2 \psi) \leq 1$ für alle $r \leq a$ und ψ Gl. (2.143) verwenden kann. Es ergibt sich

$$M_g = V^2 \int\limits_0^1 [1 - g(x)]\, x\, \mathrm{d}x \quad \text{(für allgemeine Profilfunktionen)},$$

$$M_g + M_l = V^2 \int\limits_0^1 x\, \mathrm{d}x\ \frac{4}{2\pi} \int\limits_0^{\pi/2} \mathrm{d}y\ \frac{1 - x^q}{1 - x^2 \sin^2 y} \tag{2.145}$$

$$= V^2 \int\limits_0^1 f(x)\, x\, \mathrm{d}x, \qquad f(x) = \frac{1 - x^q}{\sqrt{1 - x^2}} \quad \text{für} \quad q \leq \frac{2}{A_N^2}.$$

Für $A_N = 0{,}2$ muß $q \leq 50$ sein, wobei ein Potenzprofil mit $q = 50$ wegen $x^{50} \leq 0{,}01$ im Bereich $x \leq 0{,}91$ eine Stufenprofilfaser sehr gut approximiert; wenn $q \leq 2$ ist, kann A_N im Bereich $A_N \leq 1$ beliebig sein. Für das Stufenprofil $q \to \infty$ folgt aus Gl. (2.145) mit $x^q \approx 0$ und $f(x) \approx 1/\sqrt{1 - x^2}$ die Modenanzahl $M_g = M_l = V^2/2$, für das Parabelprofil $M_g = V^2/4$, $M_g + M_l = V^2/3$ in Übereinstimmung mit Abschn. 2.8.2 und Abb. 2.28. Bei Potenzprofilen erhält man für die Anzahl der von geführten Wellen abgestrahlten Moden Gl. (2.138). Es bestätigt sich erwartungsgemäß, daß die verlustfreie optische Transformation „Abstrahlung von der Faserendfläche" das Phasenraumvolumen V_ϕ von Gl. (2.48) nicht verändert: V_ϕ ist eine Poincaré-Invariante.

Wenn von allen gefangenen Strahlen nur diejenigen registriert werden, die in der Faserendfläche von einer zentrierten Kreisfläche mit Radius r_F in einen Konus mit maximalem halbem Öffnungswinkel $\gamma_{\max} = \gamma_F$ abstrahlen, $\sin \gamma_F = A_F$, berechnet man die Anzahl $M_{gF} = 2M_T$ der Moden in beiden Polarisationen nach Gl. (2.144); dabei ist $\gamma_1 = 0$, $\sin \gamma_2 = \min(A_N(r), A_F)$, $A_N^2(r) = A_N^2[1 - g(r/a)]$ nach Gl. (2.141), (2.70). Für Potenzprofile $g(x) = x^q$ ist demnach im Bereich $r/a \geq (1 - A_F^2/A_N^2)^{1/q}$ zu setzen $\sin^2 \gamma_2 = A_N^2[1 - (r/a)^q]$ und im übrigen Bereich $\sin \gamma_2 = A_F$,

$$M_{gF} = V^2 \int\limits_{(1-A_F^2/A_N^2)^{1/q}}^{r_F/a} (1 - x^q)\, x\, \mathrm{d}x + V^2 \frac{A_F^2}{A_N^2} \int\limits_0^{(1-A_F^2/A_N^2)^{1/q}} x\, \mathrm{d}x \tag{2.146}$$

$$= \frac{V^2}{2}\left(\frac{r_F}{a}\right)^2 \left[1 - \frac{2}{q+2}\left(\frac{r_F}{a}\right)^q\right] - \frac{q}{q+2}\frac{V^2}{2}\left(1 - \frac{A_F^2}{A_N^2}\right)^{(q+2)/q}.$$

Eine flächenemittierende LED habe den Durchmesser $2a_Q$ und gebe Strahlung in den gesamten Halbraum der konstanten Brechzahl n_Q ab, wobei alle Moden gleiche Leistung tragen. Die Anzahl transversaler Moden $M_Q = 2M_T$ in beiden Polarisationen berechnet sich nach Gl. (2.144) mit $r_1 = 0$, $r_2 = a_Q$, $\gamma_1 = 0$, $\gamma_2 = \pi/2$ zu

$$M_Q = a_Q^2 k_0^2 n_Q^2 / 2. \tag{2.147}$$

Für $a_Q = 50\,\mu\mathrm{m}$, $\lambda = 1{,}3\,\mu\mathrm{m}$, $n_Q = 1{,}45$ erhält man $M_Q = 6 \cdot 10^4$ Moden. Der Kopplungsgrad $\eta_{gF} = M_{gF}|_{r_F=a_Q}/M_Q$ bei teilweiser Anregung der geführten Moden einer Faser durch eine der Fasereingangsfläche zentrisch aufliegenden LED mit Radius $a_Q = r_F$ ist demnach durch das Anzahlenverhältnis der zugeordneten Moden bestimmt und hat bei Anregung aller geführten Fasermoden den Maximalwert $\eta_g = M_g/M_Q$,

$$\eta_{gF} = \min\!\left(\frac{M_{gF}|_{r_F=a_Q}}{M_Q}, \eta_g\right), \quad \eta_g = \min\!\left(\frac{M_g}{M_Q}, 1\right) = \min\!\left(\frac{2q}{q+2}\frac{n_1^2}{n_Q^2}\frac{a^2}{a_Q^2}\Delta, 1\right). \tag{2.148}$$

Ein reales Lichtbündel bei nichtverschwindenden Wellenlängen läßt sich beispielsweise als Gaußscher Strahl technisch approximieren (s. Gl. (2.25) und Abb. 2.12 in Abschn. 2.4); die mathematische Abstraktion ist ein Lichtstrahl. Die Anregung mit TEM_{00}-Strahlen (s. Gl. (2.72)) wurde von [150] [234] [235] am Modell einer Stufenprofilfaser, von [80] für ein W-Profil und von [191] [468] [467] [480] [300] am Modell einer unendlich ausgedehnten Parabelprofilfaser untersucht; die Berechnung der Kopplungsgrade $\eta_{\nu\mu}$ von Gl. (2.95) ergab, daß nur der Grundmodus mit $\eta_{01} \to 1$ selektiv angeregt werden kann, wobei nach Gl. (2.88) der Strahlradius $w_0 = a/\sqrt{V/2}$ für eine reale, ummantelte Parabelprofilfaser mit Kernradius a und normierter Frequenz V zu wählen ist. Alle anderen Moden können von TEM_{00}-Strahlen nur in größeren Gruppen angeregt werden. Für eine selektive Modenanregung muß wegen Gl. (2.95) das anregende Feld $\Phi(r,\varphi)$ in der Fasereingangsfläche nach Betrag und Phase mit dem (reellen) Faserfeld $\Psi_{\nu\mu}(r,\varphi)$ übereinstimmen, was nur durch Verwendung spezieller (auch holographischer) Filteranordnungen erreicht werden kann [251] [120] [43] [37] [181] [182] [121] [241] [142]. Die Anregung mit fokussierten ebenen Wellen bei Stufen- und Gradientenprofilfasern behandelt [36].

2.8.4 Nah- und Fernfeldintensität

In paraxialer Näherung bleibt ein monochromatischer Gaußscher Strahl in einem unendlich ausgedehnten Parabelprofil erhalten. Seine Achse durchläuft genau den Weg, den ein geometrisch-optischer Lichtstrahl durchliefe, und sein Strahlradius w_0 oszilliert [190, Abschn. 1.9.3]; er bleibt konstant, wenn $w_0 = a/\sqrt{V/2}$ nach Gl. (2.88) gilt [340, Abschn. 7.4] [6]. In realen Fasern ist das Brechzahlprofil nicht parabolisch bis ins Unendliche, die Lichtausbreitung ist nicht paraxial, das Eingangssignal nicht monochromatisch. Zunächst entsteht bei jeder Frequenz ein etwas anderer „Lichtstrahl". Nach kurzen Faserlängen erhält man ein systematisches Fleckenmuster [602] als Summe der Durchstoßpunkte der Gaußschen Strahlen verschiedener Frequenzen in der Faserendfläche. Jeder dieser Flecken entsteht als phasenrichtige Superposition aller $\mathrm{LP}_{\nu\mu}$-

Felder derselben Frequenz. Wegen der Modendispersion, der Verkopplung einzelner Moden und der Leckwellendämpfung zerfällt jeder einzelne Fleck bei weiterer Ausbreitung in ein kompliziertes Interferenzmuster aller Moden (Granulationsmuster, speckle pattern, Kap. 6 Abschn. 6.7); die Muster aller Frequenzkomponenten überlagern sich. Wenn man bei der Messung der Intensität im Nah- oder Fernfeld über so lange Zeiten integriert, daß wegen der Frequenzschwankungen der Lichtquelle oder der Instabilitäten der Faser (eventuell gewollt, z. B. durch Immersion in ein Ultraschallbad) alle Moden relative Phasen im Intervall $0\ldots 2\pi$ durchlaufen haben, so mißt man stetige, über alle möglichen Granulationsmuster gemittelte Intensitätsverteilungen: In ihnen ist die Information über die relativen Phasen der Moden verloren gegangen, aber Information über die Leistung in den einzelnen Moden erhalten geblieben. Da die Modenfelder über den Endflächenquerschnitt orthogonal sind, Gl. (2.74), ist die abgestrahlte Gesamtleistung immer die Summe der einzelnen Modenleistungen, Gl. (2.94). Die so definierte Nahfeldintensität $I_N(r,\varphi)$ (W/m^2) und die Fernfeldintensität $P_F(\gamma,\Phi)$ (W/sr) sollen berechnet werden.

Zugrunde liegt das Koordinatensystem von Abb. 2.25, wobei die Strahlrichtung umgekehrt sei und eine Abstrahlung in den Halbraum $z \leq 0$ betrachtet werde; alternativ kann Abb. 2.2 (dort: Abstrahlung in den Halbraum $z \geq 0$) herangezogen werden. Unter der Strahldichte $L(r,\varphi,\gamma,\Phi)$ (W/(m^2 sr)) eines Flächenelementes $dF = r\, dr\, d\varphi$ in einem Raumwinkelelement $d\Omega = \sin\gamma\, d\gamma \times d\Phi$ versteht man die auf die Projektion von dF in die Richtung γ und auf $d\Omega$ bezogene differentielle Leistung P,

$$L(r,\varphi,\gamma,\Phi) = \frac{d^2 P}{dF \cos\gamma\, d\Omega}. \tag{2.149}$$

Beim sogenannten Lambert-Strahler ist die Strahldichte $L = L_L$ für alle Raumrichtungen konstant, d. h. $L(r,\varphi,\gamma,\Phi) = L_L(r,\varphi)$ wird von γ und Φ unabhängig, und die von dF pro $d\Omega$ abgestrahlte Leistung $dP/d\Omega$ variiert daher wie $\cos\gamma$.

Die Leistung in dem durch die Modenvariablen ν,δ beschriebenen Modenquartett sei $P(\nu,\delta)$. Für eine rotationssymmetrische Faser kommt es wie bisher nur auf die Winkeldifferenz $\psi = \Phi - \varphi$ an, und I_N bzw. P_F sind unabhängig von φ bzw. Φ. Die gesamte, vom Faserende abgestrahlte Leistung wird

$$\begin{aligned} P &= \iint L(r,\gamma,\psi)\, dF \cos\gamma\, d\Omega = \iint P(\nu,\delta)\, m(\nu,\delta)\, d\nu\, d\delta \\ &= \int I_N(r)\, dF = \int P_F(\gamma)\, d\Omega. \end{aligned} \tag{2.150}$$

Für einen rotationssymmetrischen Lambert-Strahler $L_L(r)$ gilt wegen der Invarianz des Phasenraumvolumens Gl. (2.48), $V_\phi \sim \iint n^2(r)\, dF \cos\gamma\, d\Omega$, und wegen der konstanten Leistung $P = \iint L_L(r)/n^2(r) \cdot n^2(r)\, dF \cos\gamma\, d\Omega$, daß auch $L_L(r)/n^2(r)$ konstant ist.

Nach Gl. (2.48) ist $2\, d^2 M_T = 2/\lambda^2 \cdot dF \cos\gamma\, d\Omega$ die Anzahl der Moden, die von dF unter γ nach $d\Omega$ ins Vakuum $n = 1$ gestrahlt wird. Bezeichnet $P(r,\gamma,\psi)$ die Leistung in einem Freiraummodus, so ist die abgestrahlte

Leistung $d^2P = P(r, \gamma, \psi) \cdot 2\,d^2M_T$. Ein Vergleich mit Gl. (2.150) zeigt, daß somit $L(r, \gamma, \psi) = 2/\lambda^2 \cdot P(r, \gamma, \psi)$ gilt. Die Strahldichte $L(r, \gamma, \psi)$, die durch einen einzigen Wellenleitermodus entsteht, wird an jeder Stelle der Faserendfläche durch die vier Lichtstrahlen gleicher Leistung gebildet, welche zu den vier Strahlkongruenzen gehören, die den Modus konstituieren. Daher ändert sich die Strahldichte für diesen Modus nicht im Betrag, sondern nur in der mit r variablen Strahlrichtung, in der L gemessen werden kann, so daß L nicht explizit, sondern nur implizit nach Gl. (2.142) über die Modenvariablen ν, δ von r abhängt,

$$L(r, \gamma, \psi) = \frac{2}{\lambda^2} P(\nu, \delta) = \frac{2}{\lambda^2} P\left[\nu(r, \gamma, \psi), \delta(r, \gamma)\right]. \tag{2.151}$$

Für die Nah- und Fernfeldintensität folgt daraus mit Gl. (2.150)

$$
\begin{aligned}
I_N(r) &= \tfrac{2}{\lambda^2} \int\limits_0^{2\pi} d\psi \int\limits_0^{\pi/2} P\left[\nu(r, \gamma, \psi), \delta(r, \gamma)\right] \cos\gamma \sin\gamma \, d\gamma, \\
P_F(\gamma) &= \tfrac{2}{\lambda^2} \int\limits_0^{2\pi} d\varphi \int\limits_0^{a} P\left[\nu(r, \gamma, \psi), \delta(r, \gamma)\right] \cos\gamma \, r \, dr\,.
\end{aligned}
\tag{2.152}
$$

Die Lösungen dieser Integrale sind bei [315] [192] zu finden (für $P_F(\gamma)$ unter Annahme einer monotonen Profilfunktion); für nicht-monotone Profile wurde $P_F(\gamma)$ von [139, Abschn. F6] berechnet. Bei gleichförmiger Anregung aller geführten Moden (z. B. mit einem Lambert-Strahler, der über den Kernbereich eine konstante Strahldichte $L(r) = L_0$ hat), gilt $P(\nu, \delta) = P_0 = L_0 \lambda^2/2$ (mit $\gamma \leq \gamma_N(r)$) und $P(\nu, \delta) = 0$ (mit $\gamma > \gamma_N(r)$): für das Nahfeld wurden die Integrale bereits bei der Modenabzählung in Gl. (2.145) ausgewertet. Man erhält mit der lokalen numerischen Apertur $A_N(r)$ von Gl. (2.141) und (bei monotonen Profilen) mit demjenigen Radius $a_N(\gamma)$, bei dem die lokale numerische Apertur $\sin\gamma$ beträgt, $A_N(r = a_N) = \sin\gamma$,

$$
\begin{aligned}
I_{N0}(r) &= L_0 \pi A_N^2(r) &&= \frac{V^2}{2} \frac{P_0}{\pi a^2} \left[1 - g(r/a)\right], \\
P_{F0}(\gamma) &= L_0 \pi a_N^2(\gamma) \cos\gamma = \frac{V^2}{2} \frac{P_0}{\pi A_N^2} \cos\gamma \left[g^{-1}\left(1 - \frac{\sin^2\gamma}{A_N^2}\right)\right]^2.
\end{aligned}
\tag{2.153}
$$

Werden sowohl geführte Moden als auch Leckwellen gleichförmig angeregt, so ergibt sich bei Potenzprofilen für die Nahfeldintensität nach Gl. (2.145)

$$I_{l0}(r) = L_0 \pi A_N^2 f\left(\frac{r}{a}\right), \qquad f(x) = \frac{1 - x^q}{\sqrt{1 - x^2}} \quad \text{für} \quad q \leq \frac{2}{A_N^2}. \tag{2.154}$$

Abbildung 2.29 zeigt die durch Leckwellen beeinflußte normierte Nahfeldintensität $I_{l0}(r)/I_{l0}(0)$ (durchgezogene Kurven) zusammen mit der normierten Nahfeldintensität $I_{N0}(r)/I_{N0}(0)$ von geführten Moden nach Gl. (2.153) (strichliert).

Will man aus der Nahfeldintensität die Profilfunktion bestimmen, so ist insbesondere bei Stufenprofilfasern mit beträchtlichen Verfälschungen durch Leckwellen zu rechnen, falls diese nicht durch entsprechende Faserlängen oder durch Biegungen hinreichend bedämpft werden; bei parabelähnlichen Profilen

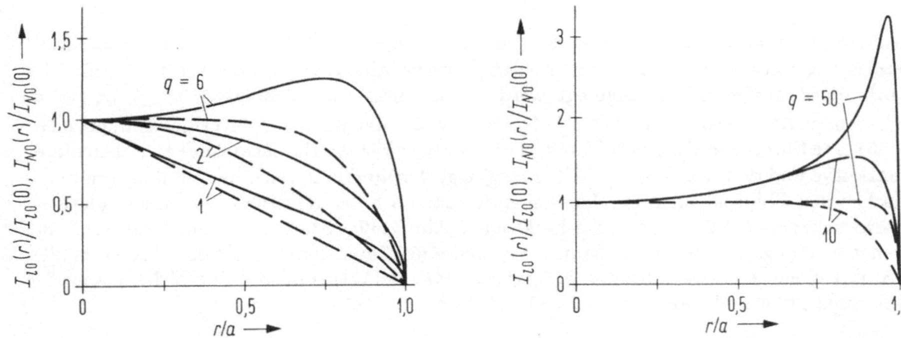

Abb. 2.29. Normierte Nahfeldintensität von Gradientenfasern mit Potenzprofil $g(x) = x^q$; geführte Moden und Leckwellen (———) Gl. (2.154), geführte Moden allein (- - -) Gl. (2.153)

führen bereits geringfügige Kernelliptizitäten zu einer stark erhöhten Leckwellendämpfung, wenn Strahlen mit weit außen liegenden Kaustiken im Vergleich zu den entsprechenden Strahlen im rotationssymmetrischem Profil betrachtet werden [443], so daß in der Praxis die Profilverfälschung durch Leckwellen weitaus geringer ist als bei Stufenprofilfasern.

Aus der Fernfeldintensität kann man bei tatsächlich nicht-monotonen Profilfunktionen über Gl. (2.153) nur auf ein *äquivalentes monotones* Profil rückschließen, das zur selben Fernfeldintensität führt, wie die tatsächliche Profilfunktion [136].

Bei Anregung mit einer um γ gegen die Faserachse geneigten ebenen Welle zeigt die Faserendfläche besondere, charakteristische Muster. Die Strahlen des Beleuchtungsbündels liegen für $\varphi = 0$ in Ebenen $y = $ const, Abb. 2.25. Damit neben Leckwellen auch Strahlungsmoden angeregt werden, muß nach Gl. (2.143) für Stufen- bzw. Parabelprofile gelten

$$(r\sin\psi)^2 \leq a^2(1 - A_N^2/\sin^2\gamma) \qquad (\sin\gamma \geq A_N, \quad q \to \infty),$$
$$\frac{(r\cos\psi)^2}{1 - \sin^2\gamma/A_N^2} + (r\sin\psi)^2 \leq a^2 \qquad (\sin\gamma \leq A_N, \quad q = 2). \tag{2.155}$$

Ist für Stufenprofile $\sin\gamma \geq A_N$, so stellt die Grenzkurve für Leckwellen Gl. (2.155) im Koordinatensystem von Abb. 2.25 ($\varphi = 0$) zwei zur x-Achse parallele Geraden dar, Abb. 2.30a. Strahlungsmoden im Bereich zwischen beiden Geraden sind sehr stark gedämpft, und die Endfläche bleibt dort dunkel; im Kernbereich oberhalb und unterhalb dieser Geraden beobachtet man Licht, da Leckwellen weniger stark gedämpft sind als Strahlungsmoden. Bei

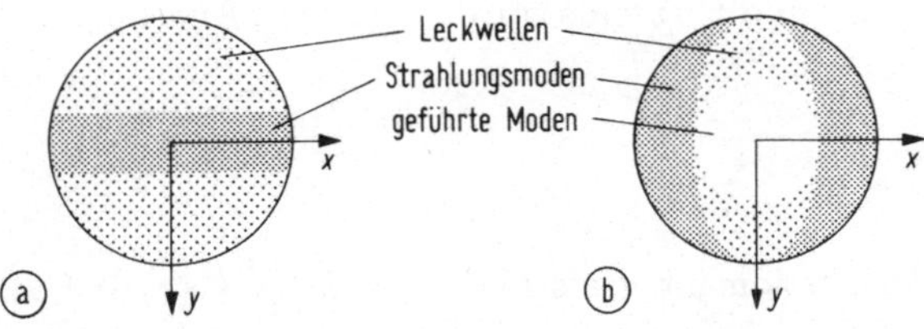

Abb. 2.30. Nahfeldintensität von Vielmodenfasern bei Anregung von geführten Moden, Leckwellen und Strahlungsmoden mit einem Bündel von Strahlen konstanter Neigung γ in Ebenen $y = $ const (z-Achse senkrecht auf Zeichenebene, hell abstrahlende Bereiche mit geringer Schwärzung). (a) Stufenprofilfaser, $\sin\gamma > A_N$ (b) Parabelprofilfaser, $\sin\gamma < A_N$

Parabelprofilen muß im Gegensatz zu den Verhältnissen bei Stufenprofilen für Leckwellenanregung stets $\sin\gamma \leq A_N$ sein, so daß unvermeidlicherweise auch geführte, (im Idealfall) ungedämpfte Moden angeregt werden, und zwar im Kreisbereich $r^2 \leq a_N^2(\gamma) = a^2(1-\sin^2\gamma/A_N^2)$ nach Gl. (2.141). Als Grenzkurve zu Strahlungsmoden erhält man nach Gl. (2.155) eine Ellipse mit der großen Halbachse a und der kleinen Halbachse a_N; zwischen dieser Grenzkurve und dem Kern-Mantel-Übergang liegt der dunkle Bereich der Strahlungsmoden, zwischen den Ellipsenbögen und dem hellen Kreisbereich der geführten Moden befindet sich die schwächer erleuchtete Region der Leckwellen, Abb. 2.30b. Statt mit einem Strahlenbündel gleicher Neigung zu beleuchten, kann man auch eine diffuse Anregung aller Moden wählen (z. B. mit einem Lambert-Strahler, s. Text nach Gl. (2.149)), und die Endfläche aus großer Entfernung unter passenden Winkeln γ betrachten.

Moden gleicher oder ähnlicher Ausbreitungskonstanten werden durch unvermeidliche Faserstörungen besonders gut verkoppelt, s. Abschn. 2.6.7 auf Seite 64. In diesem Fall ist die Annahme $P(\nu,\delta) = P(\delta)$ gerechtfertigt. Es besteht dann die Möglichkeit, aus der Fernfeldintensität $P_{N0}(\gamma)$ bei gleichförmiger Modenanregung die Gruppenlaufzeitverteilung $t_g(\delta)$ zu bestimmen [137]. Weiter läßt sich in diesem Fall Gl. (2.152) für die Nahfeldintensität eindeutig umkehren [315], und man erhält für monotone Profilfunktionen mit Gl. (2.153)

$$P(\delta) = P_0 \left[\frac{\mathrm{d}I_N(r)}{\mathrm{d}r} \bigg/ \frac{\mathrm{d}I_{N0}(r)}{\mathrm{d}r} \right]_{r=ag^{-1}(\delta/\Delta)}. \tag{2.156}$$

Auch wenn $P(\nu,\delta)$ nur von ν abhängt, ist für monotone Profile eine eindeutige Umkehrung der Nahfeldintensität möglich [315], so daß man aus Meßwerten $I_N(r)$ die Modenleistungsverteilungen $P(\delta)$ oder $P(\nu)$ ermitteln kann; für praktische Details s. [601]. Die Umkehrung der Fernfeldintensität $P_F(\gamma)$ Gl. (2.152) ist für die zwei genannten Spezialfälle der Modenleistungsverteilung nur bei Potenzprofilen bekannt [192]. Zwar sind $I_N(r)$ und $P_F(\gamma)$ durch die allgemeine Modenleistungsverteilung $P(\nu,\delta)$ und das Brechzahlprofil eindeutig bestimmt, jedoch kann von $I_N(r)$ und $P_F(\gamma)$ nicht eindeutig auf $P(\nu,\delta)$ rückgeschlossen werden, da die Phaseninformation der Felder verlorengegangen ist; ebensowenig läßt sich aus $P_F(\gamma)$ bzw. $I_N(r)$ eindeutig $I_N(r)$ bzw. $P_F(\gamma)$ berechnen. Eine Besonderheit stellt wiederum das Parabelprofil dar. Es folgt allgemein bei beliebigem $P(\nu,\delta)$ aus Gl. (2.152) [192]

$$P_F(\gamma) = \frac{a^2}{A_N^2} \cos\gamma\, I_N\left(\frac{a^2}{A_N^2} \sin\gamma \right). \tag{2.157}$$

Die strukturelle Identität des Nah- und Fernfelds wurde bereits in Abschn. 2.7.2 Gl. (2.109) festgestellt.

2.8.5 Dispersion

Implizite Differentiation des Dispersionsintegrals $F(\beta,\omega) = 2\int_{R_1}^{R_2} k_r(r)\,\mathrm{d}r$ (Gl. (2.131)) liefert das strahlenoptische Äquivalent zur Brownschen Identität Gl. (2.117) (Abschn. 2.7.4); dabei gilt $k_r(r) = \sqrt{k_0^2 n^2(r) - \nu^2/r^2 - \beta^2}$, die Kaustikradien $R = R_1, R_2$ eines monoton angenommenen Brechzahlprofils sind aus $k_r(R) = 0$ zu bestimmen, n_g ist die Gruppenbrechzahl von Gl. (2.18) (Abschn.

2.1.2) und $t_g/L = d\beta/d\omega$ die Gruppenlaufzeit auf einer Faserstrecke der Länge L,

$$\frac{\beta}{\omega}\frac{t_g}{L} = \frac{\beta}{\omega}\frac{d\beta}{d\omega} = -\frac{\beta}{\omega}\frac{\partial F(\beta,\omega)/\partial\omega}{\partial F(\beta,\omega)/\partial\beta} = \frac{1}{c^2}\int\limits_{R_1}^{R_2} nn_g\frac{dr}{k_r} \bigg/ \int\limits_{R_1}^{R_2}\frac{dr}{k_r}. \qquad (2.158)$$

Da nach Abschn. 2.2.4 die Brechzahl $n(r)$ von λ abhängt, ändern sich auch die relative Brechzahldifferenz Δ und die Profilgestalt $g(r/a)$ mit der Wellenlänge. Als lineare und nichtlineare Pofildispersion [154] P_l und P_n definiert man, vgl. Gl. (2.119) in Abschn. 2.7.4,

$$P_l = \frac{n_1}{n_{1g}}\frac{\lambda}{\Delta}\frac{d\Delta}{d\lambda}, \qquad P_n = \frac{n_1}{n_{1g}}\frac{\lambda}{g(r/a)}\frac{\partial g(r/a)}{\partial\lambda}. \qquad (2.159)$$

Bei einer bestimmten Klasse von Profilen, die durch eine nur von λ abhängige Funktion $D(\lambda)$ definiert werden, hängt auch bei nichtverschwindender Profildispersion die Gruppenlaufzeit t_g nur von δ ab [337] [155],

$$\frac{t_g}{L} = \frac{n_{1g}}{c}\frac{1 - 2\delta/D(\lambda)}{\sqrt{1-2\delta}}, \qquad D(\lambda) = \frac{2g(x) + xg'(x)}{g(x)(2 - P_l - P_n)}. \qquad (2.160)$$

Die minimale Gruppenlaufzeitdifferenz ergibt sich für $D = 1 + \sqrt{1-2\Delta} \approx 2 - \Delta$ zu $\Delta t_{g\,\text{max}}/L = n_{1g}/c \cdot \Delta^2/8$. Ist $P_n = 0$, dann sind Potenzprofile $g(r/a)$, Vielfach-Potenzprofile [421] und zusammengesetzte Potenzprofile [337] [589] mögliche Lösungen von Gl. (2.160); der Profilexponent q bzw. der mit $D = 2 - \Delta$ optimale Profilexponent q_{op} betragen für einfache Potenzprofile

$$q = (2 - P_l)D - 2, \qquad q_{\text{op}} \approx 2 - 2P_l - 2\Delta. \qquad (2.161)$$

Vernachlässigt man zusätzlich die lineare Profildispersion mit $P_l = 0$, so erhält man für Potenzprofile aus Gl. (2.160) mit $\delta < \Delta \ll 1$

$$\frac{t_g}{L} = \frac{n_{1g}}{c}\frac{1 - 4\delta/(q+2)}{\sqrt{1-2\delta}} \approx \frac{n_{1g}}{c}\begin{cases} 1 + \frac{q-2}{q+2}\delta, & q \neq 2, \\ 1 + \delta^2/2, & q = 2. \end{cases} \qquad (2.162)$$

Für Stufen- und Parabelprofile berechnet man daraus die Gruppenlaufzeiten t_g bzw. die entsprechenden maximalen Gruppenlaufzeitdifferenzen $\Delta t_{g\,\text{max}}$ (vgl. Gl. (2.87) in Abschn. 2.6.3 und Gl. (2.92) in Abschn. 2.6.4)

$$\frac{t_g}{L} = \frac{n_{1g}}{c}\frac{1}{\sqrt{1-2\delta}} \approx \frac{n_{1g}}{c}(1 + \delta), \qquad \frac{\Delta t_{g\,\text{max}}}{L} = \frac{n_{1g}}{c}\Delta \qquad (q \to \infty),$$

$$\frac{t_g}{L} = \frac{n_{1g}}{c}\frac{1-\delta}{\sqrt{1-2\delta}} \approx \frac{n_{1g}}{c}(1 + \frac{\delta^2}{2}), \qquad \frac{\Delta t_{g\,\text{max}}}{L} = \frac{n_{1g}}{c}\frac{\Delta^2}{2} \qquad (q = 2). \qquad (2.163)$$

Es sei angenommen, daß alle geführten Moden von demselben zeitlichen Dirac-Impuls mit derselben Leistung angeregt werden; chromatische Dispersion werde vernachlässigt, so daß die Moden-Impulsantworten wiederum Dirac-Impulse sind. Die Ausgangsleistung im Zeitintervall $t_g \ldots t_g + dt_g$ ist der Summe der in

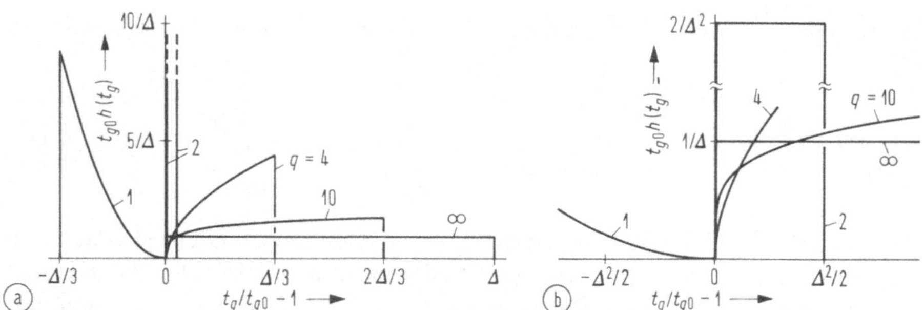

Abb. 2.31. Impulsantworten für verschiedene Exponenten q eines Potenzprofils bei gleichförmiger Anregung aller geführten Moden und $P_l = P_n = 0$; $t_{g0} = n_{1g}L/c$ ist die Laufzeit des niedrigsten Modus

diesem Bereich vorhandenen, gleichgroßen Dirac-Impulsflächen proportional, wobei wegen der hohen Modenzahl wie bisher eine kontinuierliche Modenvariable δ vorausgesetzt wird. Die Impulsantwort $h(t_g)$ nach Durchlaufen der Faserlänge L definiert man demnach als Anzahl geführter Moden $dM_g(\delta)$ pro Gruppenlaufzeitintervall dt_g (Gl. (2.138), (2.140)) an der Stelle t_g, bezogen auf die Gesamtzahl M_g geführter Moden [172, Gl. (21)],

$$h(t_g) = \frac{1}{M_g}\left|\frac{dM_g[\delta(t_g)]}{dt_g}\right| = \frac{m[\delta(t_g)]}{M_g}\left|\frac{d\delta(t_g)}{dt_g}\right|, \quad 0 < \delta(t_g) < \Delta. \qquad (2.164)$$

Aus der Umkehrung von Gl. (2.162) gewinnt man $\delta(t_g)$; folglich wird Gl. (2.164) mit t_{g0}, der Gruppenlaufzeit des niedrigsten Modus für $\delta \to 0$,

$$h(t_g) = \frac{1}{t_{g0}}\begin{cases} \frac{q+2}{q}\left|\frac{q+2}{q-2}\frac{1}{\Delta}\right|^{1+2/q}\left|\frac{t_g}{t_{g0}}-1\right|^{2/q}, & q \neq 2, \\ 1/\Delta, & q \to \infty, \\ 2/\Delta^2, & q = 2, \end{cases} \quad t_{g0} = \frac{n_{1g}L}{c}. \qquad (2.165)$$

Abbildung 2.31a zeigt den Verlauf der Impulsantworten Gl. (2.165) für verschiedene, suboptimale Profilexponenten als Funktion der normierten Gruppenlaufzeit, wobei als Nullpunkt die Laufzeit t_{g0} des niedrigsten Modus gewählt ist; Abb. 2.31b vergrößert die Umgebung des Nullpunkts.

Bei Profilexponenten, die nach Gl. (2.161) optimiert wurden, sollte man Gruppenlaufzeitdifferenzen der Größenordnung $\Delta t_{g\,\mathrm{max}}/L = n_{1g}/c \cdot \Delta^2/8 \approx$ 60 ps/km beobachten können; das trifft jedoch in der Praxis selbst dann nicht zu, wenn bei der Optimierung $P_n \neq 0$ [156] berücksichtigt wurde. Reale Fasern zeigen Profilstörungen, s. Abschn. 2.6.7 auf Seite 65, so daß Größenordnungen von $\Delta t_{g\,\mathrm{max}}/L = n_{1g}/c \cdot 8\,\Delta^2$ der Wirklichkeit näher kommen. Ferner spielt die Verteilung der Leistung auf die einzelnen Moden eine wichtige Rolle: ein Minimum der größten Gruppenlaufzeitdifferenz Δt_{max} nach Gl. (2.162) bedeutet nicht, daß die Breite der tatsächlichen Impulsantwort ebenfalls minimal wird.

2.9 Impulsantwort und Übertragungsfunktion

Die Gruppenlaufzeitdispersion optischer Wellenleiter begrenzt einerseits wegen
der dadurch verursachten Impulsaufweitung die maximale Impulsfolge in Digitalsystemen, und beschränkt andererseits die Bandbreite der Übertragungsfunktion von Analogsystemen.

Diese Bandbreitebegrenzung ist besonders einfach am Beispiel einer Zweimodenfaser einzu-
sehen: Die optische Eingangsleistung werde um einen genügend großen Mittelwert P_0 herum
mit einem sinusförmigen Signal der Frequenz f moduliert und zu gleichen Teilen in jeden
der beiden Moden eingekoppelt. Hätten beide Moden identische Gruppenlaufzeit, so würden
sich bei geeigneten Betriebsbedingungen (Erläuterung in den folgenden Abschnitten) die
Zeitfunktionen der Intensitäten phasenrichtig addieren, und das ursprüngliche Sinus-Signal
könnte durch einen Leistungsdetektor rekonstruiert werden. Entsteht durch unterschiedliche Gruppenlaufzeiten in beiden Moden (Intermodendispersion, Gl. (2.63)) eine Differenz
Δt_g, die gerade einer halben Signal-Periodendauer entspricht, d.h. es wird $\Delta t_g = 1/(2f)$,
so summieren sich zwar am Ende der Übertragungsstrecke die jeweiligen Mittelwerte zum
Signalmittelwert P_0, die gegenphasigen Sinus-Signale jedoch addieren sich zu null. Die über
eine Signalperiode gemittelte optische Leistung ist konstant geblieben, aber die spektrale Verteilung der Signalleistung hat sich geändert; die sogenannte Leistungs-Übertragungsfunktion
dieses Wellenleiters hat bei $f = 1/(2\Delta t_g)$ einen Dämpfungspol. Da Δt_g linear mit der
Wellenleiterlänge L steigt, sinkt die Leistungs-Übertragungsbandbreite mit $\sim 1/L$.

Ähnlich läßt sich argumentieren, wenn sich die Signalleistung nicht auf zwei verschiedene
Moden, sondern bei einem Einmodenwellenleiter innerhalb eines Modus auf zwei verschiedene Spektralkomponenten des optischen Trägers verteilt; die Gruppenlaufzeitdifferenz wird
dabei durch chromatische Dispersion verursacht (Intramodendispersion, Gl. (2.62)). Ist die
erwähnte Addition der Intensitäten in beiden Spektralkomponenten (oder in beiden Moden)
nicht zulässig, so müssen die entsprechenden Feldstärken summiert werden, was zu nichtlinearen Signalverzerrungen führt.

Hat die Intensitätsmodulation der Quelle zusätzlich eine parasitäre Frequenzmodulation zur Folge (Chirp, das ist bei Halbleiterlasern der Fall, s. Kap.
3 Abschn. 3.7.1 und Abschn. 3.7.4), so kann ein im Einmodenwellenleiter pro-
pagierender Lichtimpuls schmaler werden. Auch die unvermeidliche Kopplung
der Wellen bei Vielmodenwellenleitern führt zu einer Breitenreduktion der Impulsantwort.

2.9.1 Lineare zeitinvariante Systeme

Ein lineares zeitinvariantes Übertragungssystem wird charakterisiert durch den
linearen Operator $\mathcal{L}$, der die zeitabhängige Ursache $u(t)$ in die zeitabhängige
Wirkung $w(t)$ transformiert; in abgekürzter Form schreibt man $w(t) = \mathcal{L}u(t)$
oder $u(t) \xrightarrow{\mathcal{L}} w(t)$. Mit den Konstanten t_i und c_i gelten die Zusammenhänge
$(w_i(t) = \mathcal{L}u_i(t))$:

$$
\begin{aligned}
\text{Zeitinvarianz:} \quad & u(t - t_0) \xrightarrow{\mathcal{L}} w(t - t_0), \\
\text{Linearität:} \quad & u(t) = \sum_i c_i u_i(t) \xrightarrow{\mathcal{L}} \sum_i c_i w_i(t) = w(t).
\end{aligned}
\tag{2.166}
$$

Die Ursache $u(t)$ läßt sich als lineare Superposition von Dirac-Impulsen $u_i(t) =
\delta(t - t_i)$ mit den Gewichten $c_i = u(t_i)$ darstellen; die Wirkung $w_i(t)$ erhält man
unter Berücksichtigung von Gl. (2.166) für ein Kontinuum t' von t_i-Werten,

$$u(t) = \int\limits_{-\infty}^{+\infty} u(t')\delta(t-t')\,\mathrm{d}t' \overset{\mathcal{L}}{\Longrightarrow} \int\limits_{-\infty}^{+\infty} u(t')h(t-t')\,\mathrm{d}t' = w(t). \qquad (2.167)$$

Die Funktion $h(t) = \mathcal{L}\delta(t)$ wird Impulsantwort genannt und ergibt sich formal aus

$$u(t) = \delta(t) \overset{\mathcal{L}}{\Longrightarrow} h(t) = w(t), \qquad (2.168)$$

wenn man die Ursache $u(t)$, ungeachtet ihrer physikalischen Bedeutung und Einheit $E = E_u$, durch die Dirac-Funktion $\delta(t)$ mit der Einheit $E_\delta = \mathrm{s}^{-1}$ ersetzt. Die Einheit der Wirkung $w(t)$ sei $E = E_w$; als Einheit der Impulsantwort folgt dann $E_h = E_w/E_u\mathrm{s}^{-1}$. Mit den durch Gl. (A.5) in Anh. A definierten Fourier-Transformierten, $\breve{w}(f) = \mathcal{F}_T\{w(t)\}$, $\breve{u}(f) = \mathcal{F}_T\{u(t)\}$, schreibt man die Faltungsoperation Gl. (2.167) (Symbol $*$)

$$w(t) = u(t) * h(t), \qquad \breve{w}(f) = \breve{u}(f)\breve{h}(f). \qquad (2.169)$$

Die Einheit von $\breve{u}(f)$ bzw. $\breve{w}(f)$ ist $E_{\breve{u}} = E_u\mathrm{s}$ bzw. $E_{\breve{w}} = E_w\mathrm{s}$, die von $\breve{h}(f)$ lautet $E_{\breve{h}} = E_w/E_u$; das Spektrum $\breve{h}(f)$ wird Übertragungsfunktion des zeitinvarianten linearen Systems $\mathcal{L}$ genannt.

Als Halbwertsbreite Δt_H bezeichnet man den Abstand derjenigen Abszissenwerte, bei denen eine impulsförmige Zeitfunktion den halben Maximalwert erreicht; f_H meint die Frequenz, bei der das zugehörige Spektrum seinen halben maximalen Betrag annimmt. Die Größe Δf_H ist entsprechend Δt_H als Halbwertsbreite für Bandpaßspektren definiert. Häufig werden Gauß-Funktionen als Modelle für Impulse und Spektren verwendet. Die effektive zeitliche Breite wird durch die Streuung σ bzw. durch die Varianz σ^2 festgelegt. Es folgt mit $\omega = 2\pi f$

$$G(t,\bar{t},\sigma) = \tfrac{1}{\sqrt{2\pi\sigma^2}}\, \mathrm{e}^{-(t-\bar{t})^2/(2\sigma^2)}, \quad \breve{G}(f,\bar{t},\sigma) = \mathrm{e}^{-\sigma^2\omega^2/2}\,\mathrm{e}^{-\mathrm{j}\,\omega\bar{t}}, \qquad (2.170)$$

$$\Delta t_H = 2\sqrt{\ln 4}\,\sigma \approx 2{,}35\,\sigma, \qquad\qquad f_H = \tfrac{\sqrt{\ln 4}}{2\pi}/\sigma \approx 0{,}187/\sigma,$$

$$\Delta t_H = \tfrac{\ln 4}{\pi}/f_H \approx 0{,}441/f_H.$$

Für die Funktion $\sqrt{G(t,\bar{t},\sigma)}$ ist die Streuung $\sqrt{2}\,\sigma$, für $G^2(t,\bar{t},\sigma)$ dagegen $\sigma/\sqrt{2}$. Ist die Übertragungsfunktion ein Gauß-Tiefpaß $\breve{h}(f) \sim \breve{G}(f,\bar{t},\sigma_h)$, und die Ursachenfunktion hat mit $\breve{u}(f) \sim \breve{G}(f,0,\sigma_u)$ ein gaußförmiges Spektrum, dann ergibt sich auch eine Wirkungsfunktion mit gaußförmigem Spektrum $\breve{w}(f) \sim \breve{G}(f,\bar{t},\sigma_w)$, wobei gilt

$$\sigma_w^2 = \sigma_h^2 + \sigma_u^2, \quad (\Delta t_{wH})^2 = (\Delta t_{hH})^2 + (\Delta t_{uH})^2, \quad f_{wH}^{-2} = f_{hH}^{-2} + f_{uH}^{-2}. \qquad (2.171)$$

2.9.2 Intensitätsmodulation

Eigenschaften der Lichtquelle

Betrachtet werde ein transversaler Modus des emittierten Feldes einer quasimonochromatischen (schmalbandigen) Lichtquelle der Mittenfrequenz $f_0 =$

$\omega_0/(2\pi)$. Das Zeitsignal habe eine im Maßstab der Periodendauer $1/f_0$ langsam veränderliche Amplitude und Phase und werde durch ein analytisches Signal $\underline{a}(t)$ (s. Anh. B Abschn. B.3) mit der komplexen Amplitude $A_0(t)$ und dem Träger $e^{j\,\omega_0 t}$ beschrieben. Die Quellenleistung $P_0(t)$ ergibt sich aus einer Mittelung über wenige optische Perioden und ist ebenfalls zeitabhängig. Man definiert

$$\underline{a}(t) = A_0(t)\,e^{j\,\omega_0 t}, \qquad P_0(t) = \tfrac{1}{2}|A_0(t)|^2. \tag{2.172}$$

Zwischen den Korrelationsfunktionen und den Leistungsspektren des komplexen analytischen Signals $\underline{a}(t)$ und des reellen Signals $a(t) = \Re\{\underline{a}(t)\}$ besteht allgemein der Zusammenhang (vgl. [52, Abschn. 10.3.2]):

$$
\begin{aligned}
\vartheta_{\underline{a}}(\tau) &= \overline{\underline{a}(t+\tau)\underline{a}^*(t)} = \overline{A_0(t+\tau)A_0^*(t)}\;e^{j\,\omega_0 \tau}, \\[4pt]
\vartheta_a(\tau) &= \overline{a(t+\tau)a(t)} \;= \tfrac{1}{2}\Re\{\vartheta_{\underline{a}}(\tau)\}, \\[4pt]
\Theta_a(f) &= \int\limits_{-\infty}^{+\infty} \vartheta_a(\tau)\,e^{-j\,2\pi f \tau}\,d\tau, \\[4pt]
\Theta_{\underline{a}}(f) &= \int\limits_{-\infty}^{+\infty} \vartheta_{\underline{a}}(\tau)\,e^{-j\,2\pi f \tau}\,d\tau = \begin{cases} 4\,\Theta_a(f) & \text{für } f > 0 \\ 0 & \text{für } f < 0 \end{cases}
\end{aligned}
\tag{2.173}
$$

Für gaußsches Schmalbandrauschen (z. B. für eine LED) ist $A_0(t) = x(t)+j\,y(t)$; x und y sind identisch gaußverteilte, mittelwertfreie, statistisch unabhängige, reelle Zufallsvariable wie in Kap. 6 Abschn. 6.3.6 Gl. (6.91) und haben identische Leistungsspektren, $\Theta_x(f) = \Theta_y(f)$. Für einen Laser mit Phasenrauschen ist nach Gl. (6.41) $A_0(t) = A_0\,e^{j\,\varphi(t)}$, wobei nach Abschn. 6.3.1 die Phase $\varphi(t)$ ein instationärer Wiener-Lévy-Prozeß ist. Wie in Gl. (6.42) gezeigt, hängt aber auch für diesen Prozeß $\overline{\underline{a}(t+\tau)\underline{a}^*(t)}$ nicht von t ab, so daß die Korrelationsfunktion sowohl für Rauschquellen als auch für Laserquellen entsprechend Gl. (2.173) nur eine Funktion der Zeitdifferenz τ ist [574]. Laser, die in mehreren longitudinalen Moden schwingen, modelliert [349] mit der Überlagerung von unabhängigen Signalen der Art Gl. (2.172).

Die Leistung $P_0(t)$ mit dem Erwartungswert $P_0 = \overline{P_0(t)}$ werde durch das reelle Signal $p(t)$ (Spektrum $\breve{p}(f)$) moduliert; zur Schreibweise s. Anh. A. Vereinfachend sei zunächst angenommen, daß der Modulationsprozeß die optische Phase nicht beeinflußt, so daß ihr konstanter Anteil zu null gesetzt werden darf,

$$\underline{a}_p(t) = \sqrt{p(t)}\,A_0(t)\,e^{j\,\omega_0 t}, \qquad P_{0\,p}(t) = p(t)P_0, \qquad p(t) \geq 0. \tag{2.174}$$

Impulsantwort und Übertragungsfunktion

In einem verlustlosen Wellenleiter breitet sich nach Gl. (2.74) von Abschn. 2.6.2 das Feld des Modus m längs der Wellenleiterachse z gemäß $\exp[-j\,\beta_m(\omega)z]$ aus; ein monochromatisches Signal $\exp(j\,\omega_0 t)$ mit dem Spektrum $\delta(f - f_0)$ am Anfang einer solchen Übertragungsstrecke der Länge $z = L$ wird also ein Ausgangssignal $\exp\{j[\omega_0 t - \beta_m(\omega_0)L]\}$ mit dem Spektrum $\exp[-j\,\beta_m(\omega)L] \times \delta(f - f_0)$ hervorrufen. Nach Gl. (2.169) erhält man dann für die (analytische)

Übertragungsfunktion $\breve{h}_m(f)$ und die (kausale) reelle Impulsantwort $h_m(t)$ in diesem Modus (vgl. Anh. B Gl. (B.12), zur vereinfachten Notierung werden analytische Übertragungsfunktionen nicht unterstrichen)

$$\breve{h}_m(f) = e^{-j\,\beta_m(\omega)L}, \quad \beta_m(\omega) = -\beta_m(-\omega); \quad h_m(t) = \int\limits_{-\infty}^{+\infty} \breve{h}_m(f)\,e^{j\,2\pi ft}\,df. \tag{2.175}$$

Im dispersionsfreien Vakuum ist $\beta_m(\omega) = k_0 = \omega/c$, was eine Impulsantwort $h_m(t) = \delta(t - L/c)$ zur Folge hat. Mit Gl. (2.169) führt dann eine Ursache $u(t)$ zu einer Wirkung $w(t) = u(t - L/c)$; diese Übertragung wird „verzerrungsfrei" genannt. Für schmalbandige, bei f_0 konzentrierte Signalspektren ist es sinnvoll, die Ausbreitungskonstante bei der Frequenz f_0 nach Taylor zu entwickeln, $\beta_m^{(i)} = d^i \beta_m(\omega)/d\omega^i|_{\omega=\omega_0}$,

$$\beta_m(\omega) \approx \beta_m^{(0)} + (\omega - \omega_0)\beta_m^{(1)} + \frac{(\omega - \omega_0)^2}{2!}\beta_m^{(2)} + \frac{(\omega - \omega_0)^3}{3!}\beta_m^{(3)}. \tag{2.176}$$

$\omega_0/\beta_m^{(0)} = v_m$ und $\beta_m^{(1)}L = t_{gm}$ identifiziert man als Phasengeschwindigkeit und Gruppenlaufzeit im Modus m bei der Frequenz f_0. Berücksichtigt man Terme bis $\beta_m^{(1)}$, dann erhält man als Reaktion auf das analytische Schmalbandsignal Gl. (2.172) mit Gl. (2.175), (2.176) das Ausgangssignal $A_0(t - t_{gm}) \times \exp[j(\omega_0 t - \beta_m^{(0)}L)]$: Die langsam veränderliche Einhüllende $A_0(t)$ wird um die Gruppenlaufzeit verzögert, bleibt aber in der Form erhalten; die Trägerphase des Ausgangssignals wird um $\beta_m^{(0)}L$ retardiert. Berücksichtigt man auch $\beta_m^{(2)}$ (eventuell auch $\beta_m^{(3)}$ usw.), dann ändert sich die Form der Einhüllenden, die zeitlich breiter oder schmaler werden kann: durch die Gruppenlaufzeitdispersion kommt es zu linearen Verzerrungen. Werden in Gl. (2.176) nur Terme bis $\beta_m^{(2)}$ erfaßt, so spricht man von Gruppenlaufzeitdispersion erster Ordnung oder linearer Dispersion, vgl. Gl. (2.62), (2.119).

Leistungs-Impulsantwort und -Übertragungsfunktion

Die intensitätsmodulierte Signalquelle Gl. (2.174) rege einen Wellenleitermodus $\Psi_m(r, \varphi)$ an; der Kopplungskoeffizient sei c_m mit der Normierung $\sum_m |c_m|^2 = 1$ (vgl. Gl. (2.94) in Abschn. 2.6.6), das reelle Amplitudenmodulationssignal werde mit $s(t)$ abgekürzt. Am Eingang des Wellenleiters bei $z = 0$ lautet dann das skalare Feld

$$\Phi_m(t, r, \varphi, 0) = c_m \Psi_m(r, \varphi)\,e^{j\,\omega_0 t}\,s(t)A_0(t), \qquad s(t) = \sqrt{p(t)}. \tag{2.177}$$

Am Ende des Wellenleiters bei $z = L$ erhält man mit Gl. (2.167), (2.175) eine zum Eingangssignal lineare Beziehung, $\Phi_m(t, r, \varphi, 0) \overset{\mathcal{L}_m}{\Longrightarrow} \Phi_m(t, r, \varphi, L)$,

$$\Phi_m(t, r, \varphi, L) = c_m \Psi_m(r, \varphi)\,e^{j\,\omega_0 t}\int\limits_{-\infty}^{+\infty} h_m(t_1)s(t - t_1)A_0(t - t_1)\,e^{-j\,\omega_0 t_1}\,dt_1. \tag{2.178}$$

Mit einem hinreichend großflächigen Photodetektor registriert man den wegen der Modulation zeitabhängigen Erwartungswert $P_m(t) = \overline{P_{\Phi_m}(t)}$ der gesamten Querschnittsleistung $P_{\Phi_m}(t) = \frac{1}{2}n_1 \iint |\Phi_m(t,r,\varphi,L)|^2 \, r \, dr \, d\varphi$. Wegen der Orthogonalitätsrelation Gl. (2.74) erhält man mit Gl. (2.173)

$$P_m(t) = \frac{|c_m|^2}{2} \int\!\!\!\int\limits_{-\infty}^{+\infty} h_m(t_1)h_m(t_2) \, s(t-t_1)s(t-t_2) \, \vartheta_{\underline{a}}(t_2-t_1) \, dt_1 \, dt_2. \qquad (2.179)$$

Offenbar besteht zwischen dem reellen Eingangssignal $p(t) = s^2(t)$ und dem reellen Ausgangssignal $P_m(t)$ eine nichtlineare Beziehung, die durch den nichtlinearen Operator $\mathcal{N}_m$ bzw. durch $p(t) \overset{\mathcal{N}_m}{\Longrightarrow} P_m(t)$ charakterisiert wird.

Das nichtlineare System $\mathcal{N}_m$ ist (im Gegensatz zur linearen Beziehung Gl. (2.178) zwischen den Amplituden) nicht durch die Übertragungseigenschaften des Wellenleiters allein bestimmt: Zusätzlich gehen mit $|c_m|^2$ die räumlichen, mit $\vartheta_{\underline{a}}(\tau)$ die spektralen Quelleneigenschaften ein, und mit der Vorschrift, daß der (implizit frequenzunabhängig vorausgesetzte) Detektor den gesamten Wellenleiterquerschnitt erfassen soll, sind die räumlichen und spektralen Eigenschaften der Auskoppelanordnung in Gl. (2.179) inbegriffen; zu weiteren nichtlinearen Verzerrungen könnte es, bei nur teilweiser räumlicher oder spektraler Detektion, durch sogenannte Granulationseffekte (s. Kap. 6 Abschn. 6.7) kommen, oder wenn sich, z. B. zufolge von mechanischen oder thermischen Einwirkungen, die Brechzahl des Wellenleiters zeitlich ändert und damit $\mathcal{N}_m$ zeitvariant wird. Würde das Modulationssignal $p(t)$ nicht nur die Amplitude, sondern auch die Phase des analytischen Quellensignals $\underline{a}(t)$ beeinflussen, käme es durch die von der Nachricht gesteuerten, unterschiedlichen Laufzeiten der einzelnen Spektralkomponenten ebenfalls zu nichtlinearen Verzerrungen.

Das Ausgangssignal $P_{\Phi_m}(t)$ ist eine Zufallsgröße und schwankt um den Mittelwert $P_m(t) = \overline{P_{\Phi_m}(t)}$. Zur genaueren Charakterisierung von $P_{\Phi_m}(t)$ benötigt man die $n$ten höheren Momente $\overline{P_{\Phi_m}^n(t)}$, und die statistischen Unterschiede von LED-Strahlung und Laserlicht werden sichtbar. Ein einfaches Lichtquellenmodell, bestehend aus unabhängigen Oszillatoren mit festen Amplituden und zufälligen Phasen, wird in [347] behandelt.

Gleichung (2.179) schreibt man auch in der Form (Nachweis durch Einsetzen der Spektren)

$$P_m(t) = \frac{|c_m|^2}{2} \int\limits_{-\infty}^{+\infty} \Theta_{\underline{a}}(f) \left| \int\limits_{-\infty}^{+\infty} \check{h}_m(f')\check{s}(f'-f)\,e^{j\,2\pi f't} \, df' \right|^2 df. \qquad (2.180)$$

Zur weiteren Diskussion wird eine Moden-Übertragungsfunktion $\check{h}_m(f)$ nach Gl. (2.175), (2.176) vorausgesetzt. Das einseitige Quellenspektrum $2\,\Theta_a(f>0)$ des reellen Schmalbandprozesses $a(t)$ sei gaußförmig mit dem Mittelwert f_0 und der effektiven Breite $\sigma_\Theta \ll f_0$. Der Leistungs- bzw. Amplituden-Modulationsimpuls $p(t)$ bzw. $s(t) = \sqrt{p(t)}$ werde gaußförmig nach Gl. (2.170) angenommen. Man erhält

$$2\,\Theta_a(f) = \frac{P_0}{\sqrt{2\pi\sigma_\Theta^2}} \, e^{-(f-f_0)^2/(2\sigma_\Theta^2)}, \qquad p(t) = p_0 \, e^{-t^2/(2\sigma_p^2)}. \qquad (2.181)$$

Die spektrale Halbwertsbreite $\Delta f_{\Theta H}$ der Lichtquelle und die Bandbreite f_{pH} der Modulationsfunktion $p(t)$ können aus den entsprechenden Streuungen nach Gl. (2.170) bestimmt werden. Als Maß für die Breite des Ausgangsimpulses

$P_m(t)$ berechnet man mit Gl. (2.179) – (2.181) die Varianz $\sigma^2_{P_m}$ [346, Gl.(33)] bzw. die vom Übertragungsmechanismus bestimmte Systemvarianz $\sigma^2_{\text{Sys},m}$,

$$\sigma^2_{P_m} = \int_{-\infty}^{+\infty}(t - \bar{t}_{P_m})^2 P_m(t)\,dt, \qquad \bar{t}_{P_m} = \int_{-\infty}^{+\infty} t\, P_m(t)\,dt, \qquad (2.182)$$

$$K = 2(2\pi\sigma_\Theta)\sigma_p = \Delta f_{\Theta H}/f_{pH}, \quad D_{1,m} = \frac{\beta_m^{(2)}L}{4\sigma_p}, \quad D_{2,m} = \frac{\beta_m^{(3)}L}{12\sqrt{2}\,\sigma_p^2},$$

$$\sigma^2_{P_m} = \sigma_p^2 + \sigma^2_{\text{Sys},m}, \quad \sigma^2_{\text{Sys},m} = 4 D_{1,m}^2(1 + K^2) + 9 D_{2,m}^2(1 + K^2)^2.$$

Der Faktor K spezifiziert das Verhältnis der Quellenbandbreite $\Delta f_{\Theta H}$ zur Bandbreite f_{pH} des Modulationsspektrums; mit $\sigma_p = 10\,\text{ps}$ bzw. $\Delta t_{pH} = 23{,}5\,\text{ps}$ entsprechend der Bandbreite $f_{pH} = 18{,}7\,\text{GHz}$ hat dieses auf die Trägerfrequenz verschobene Tiefpaßspektrum der Modulation bei $\lambda = 1{,}3\,\mu\text{m}$ eine Wellenlängen-Halbwertsbreite von $\Delta\lambda_{pH} = 0{,}2\,\text{nm}$.

In den Grenzfällen eines „schmalen" ($K \ll 1$) und eines „breiten" ($K \gg 1$) Quellenspektrums kann man die Systemvarianz $\sigma_{\text{Sys},m}$ vereinfachen,

$$\sigma^2_{\text{Sys},m} \approx L^2 \begin{cases} \left[\beta_m^{(2)^2} + \frac{1}{2}\left(\beta_m^{(3)}/(2\sigma_p) \right)^2 \right] / (2\sigma_p)^2 & \text{für} \quad K \ll 1, \\[2mm] \left[\beta_m^{(2)^2} + \frac{1}{2}\left(\beta_m^{(3)}\cdot(2\pi\sigma_\Theta) \right)^2 \right] \cdot (2\pi\sigma_\Theta)^2 & \text{für} \quad K \gg 1. \end{cases} \qquad (2.183)$$

Für eine im Vergleich zur Modulationsbandbreite spektral breite Quelle $K \gg 1$ ist die Systemvarianz $\sigma^2_{\text{Sys},m}$ nur vom Arbeitspunkt (den Quellen- und Wellenleiterparametern) bestimmt. Nach den Überlegungen zu Gl. (2.171) ist nicht auszuschließen (und wird im Detail noch diskutiert werden), daß in diesem Fall ein System vorliegen könnte, das bezüglich der Eingangs- und Ausgangs*leistung* linear ist.

Mit L ändert sich die Varianz des Ausgangsimpulses asymptotisch wie $\sigma^2_{P_m} \sim L^2$. Für ein festes Übertragungssystem (Quellen- und Fasereigenschaften, also insbesondere L, sind konstant) werde die Empfangsimpulsbreite diskutiert. Mit abnehmendem σ_p wächst die Spektralbreite der *modulierten* Quelle; die Systemvarianz steigt durch die chromatische Dispersion an und bestimmt letzlich die Empfangsimpulsbreite. Mit zunehmendem σ_p verringert sich die Spektralbreite der *modulierten* Quelle (für $\sigma_p \to \infty$ auf σ_Θ) und damit die chromatische Dispersion; $\sigma_{\text{Sys},m}$ sinkt, und die Breite des Empfangsimpulses σ_{P_m} wird für $\sigma_p \gg \sigma_{\text{Sys},m}$ der Modulationsimpulsbreite σ_p gleich. Folglich nimmt σ_{P_m} für die optimale Eingangsimpulsbreite $\sigma_p = \sigma_{p\,\text{op}}$ einen Minimalwert an [350, Gl. (2)],

$$4\sigma^4_{p\,\text{op}} = \left(\beta_m^{(2)}L \right)^2 + \left(\beta_m^{(3)}L \right)^2 \frac{1 + (2\pi\sigma_\Theta)^2(2\sigma_{p\,\text{op}})^2}{(2\sigma_{p\,\text{op}})^2}. \qquad (2.184)$$

Der Optimalwert $2\sigma^2_{p\,\text{op}} = 2\pi\sigma_\Theta\beta_m^{(3)}L$ im Fall $K \gg 1$, $\beta_m^{(2)} = 0$ ist aus Gl. (2.183) wegen der dort verwendeten Näherung nicht erkennbar.

Weit weg von der Nullstelle der chromatischen Dispersion darf in $\check{h}_m(f)$ (Gl. (2.175), (2.176)) der Term mit $\beta_m^{(3)} \sim D_{2,m}$ vernachlässigt werden. Man kann dann das Integral Gl. (2.180) berechnen und erhält [346, Gl. (27)]

$$P_m(t) = \frac{|c_m|^2 p_0 P_0}{\sigma_{P_m}/\sigma_p}\, e^{-(t-\bar{t}_{P_m})^2/(2\sigma_{P_m}^2)}, \quad D_{2,m} = 0\,, \quad \bar{t}_{P_m} = \beta_m^{(1)} L. \quad (2.185)$$

In der Nähe der Nullstelle der chromatischen Dispersion erster Ordnung ist nach Gl. (2.176) und dem folgenden Text $\beta_m^{(2)} \sim D_{1,m}$ klein, und Terme mit $\beta_m^{(3)} \sim D_{2,m}$ müssen berücksichtigt werden. Die Integrale Gl. (2.179) bzw. Gl. (2.180) sind nur in der Näherung $D_{1,m}/D_{2,m} \gg 1$ lösbar [370, Gl. (21)] (sonst läßt sich aber noch das Fourier-Spektrum $\check{P}_m(f)$ geschlossen angeben [346, Gl.(20)–(26), (31)]). In Abb. 2.32a sind einige numerisch berechnete Empfangsimpulsformen $P_m(t)$ für eine monochromatische Lichtquelle gezeigt. In der Tendenz geht mit $D_{1,m}/D_{2,m} \to 0$ die Gaußform für $P_m(t)$ verloren: ein gaußähnlicher Hauptimpuls wird von Nachläufern ($D_{2,m} > 0$) bzw. Vorläufern ($D_{2,m} < 0$) mit oszillierendem Verhalten überlagert. Bei breitbandigeren Quellen sind ebenfalls nach- bzw. vorlaufende Impulsanteile zu beobachten, deren Oszillationsamplituden allerdings mit sinkender Kohärenz des Quellensignals $A(t)\,e^{j\,\omega_0 t}$ kleiner werden. Die Verzerrungen der Gaußform prägen sich stärker aus, wenn die Quellenbandbreite $\Delta f_{\Theta H}$ im Vergleich zur Modulationsbandbreite Δf_{pH} geringer wird, also für $K \to 0$. Wegen dieser Abweichungen von der Gauß-Form bedeutet eine große Streuung σ_{P_m} nicht notwendigerweise, daß der Hauptimpuls breit ist, so daß die entsprechende quadrierte Halbwertsbreite $(\Delta t_{P_m H})^2$ asymptotisch deutlich schwächer als $\sigma_{P_m}^2 \sim L^2$ wachsen kann [165] [89].

Bei dispersionskompensierten Wellenleitern (s. Abschn. 2.6.5 Abb. 2.18g,h, Abb. 2.19) ist es möglich, daß für die betrachtete Wellenlänge sowohl $\beta_m^{(2)}$ als auch $\beta_m^{(3)}$ null sind; dann müssen höhere Ableitungen der Ausbreitungskonstanten in der Entwicklung Gl. (2.176) berücksichtigt werden [89].

Verzerrungen sind auch zu beobachten, wenn Impulsfolgen übertragen werden; eine detaillierte analytische Behandlung für spektral breite Quellen $K \gg 1$ ist bei [473] zu finden. Die Reaktion auf zwei gaußförmige Modulationsimpulse im Abstand T zeigt Abb. 2.32b [247] [248]. Ist die Quelle breitbandig gegenüber

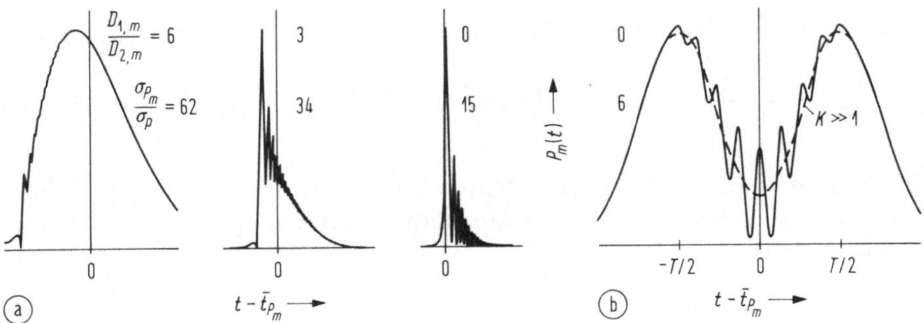

Abb. 2.32. Empfangsimpulsformen $P_m(t)$ für Leistungmodulation mit Gauß-Impulsen und monochromatischer Lichtquelle ($K = 0$). (a) Einfachimpuls mit Nachläufern ($D_{2,m} > 0$, nach [346], gleiche Maßstäbe der drei Teilbilder) (b) Gauß-Impulse im Abstand T; (——) $K = 0$, (- - -) breitbandige Lichtquelle $K \gg 1$ (nach [247], Zeitskala gegen (a) geändert)

dem Modulationsspektrum ($K \gg 1$), dann überlagern sich die Leistungen der Einzelimpulse. Je monochromatischer die Quelle wird, desto stärker treten zwischen den Impulsen Interferenzen auf, die eine fehlerarme Impulstrennung bei der Detektion erschweren. Erst bei größer werdenden Abständen T, d. h. geringerer Taktfrequenz des Modulationssignals, verschwinden diese Störungen. — Bei entsprechend schneller Analogmodulation der Lichtleistung würde die empfangene Lichtleistung nichtlinear verzerrt.

In der Diskussion nach Gl. (2.183) wurde angedeutet, daß die nichtlinearen Zusammenhänge Gl. (2.179), (2.180) unter bestimmten Bedingungen linearisiert werden können. Zu diesem Zweck führt man durch

$$p(t) = u_0 + u(t), \qquad s(t) = \sqrt{u_0 + u(t)} \tag{2.186}$$

ein zeitabhängiges, reelles Modulationssignal $u(t)$ mit dem Spektrum $\breve{u}(f)$ und der Bandbreite f_{uH} ein; $u_0 \geq 0$ ist konstant. Zwei Voraussetzungen führen zum selben Ergebnis: Entweder gelte $|u(t)| \ll u_0$ (Kleinsignalnäherung), oder die Korrelationsfunktion $\vartheta_{\underline{a}}(t_2 - t_1)$ sei wesentlich schmaler als die Modulationsfunktion im Integranden von Gl. (2.179) (Breitband-Quelle, Schmalbandmodulation mit Bandbreite $f_{uH} = f_{pH}$, $K \gg 1$). Im ersten Fall kann das Wurzelprodukt $s(t_1)s(t_2) \approx u_0 + \frac{1}{2}u(t_1) + \frac{1}{2}u(t_2)$ in Gl. (2.179) linear genähert werden [574].

Im zweiten Fall sei für Zeitdifferenzen $t_2 - t_1$, bei denen die Modulationsfunktionen sich noch nicht wesentlich unterscheiden, die Korrelationsfunktion $\vartheta_{\underline{a}}(t_2 - t_1)$ praktisch null geworden, so daß der entsprechende Beitrag zum Integral für darüber hinausgehende Zeitdifferenzen vernachlässigt werden darf. Da also $s(t_1)s(t_2) \approx s^2(t_1) \approx s^2(t_2)$ ist, gilt auch hier $s(t_1)s(t_2) \approx u_0 + \frac{1}{2}u(t_1) + \frac{1}{2}u(t_2)$ wie bei der Kleinsignalnäherung. Man erhält unter Beachtung von $\vartheta_{\underline{a}}(t_2 - t_1) = \vartheta_{\underline{a}}^*(t_1 - t_2)$ (Gl. (2.173)) aus Gl. (2.179) eine lineare Beziehung $u(t) \overset{\mathcal{L}_m}{\Longrightarrow} P_m(t)$ zwischen Eingangs- und Ausgangsimpuls im Modus m, wobei $g_m(t)$ die Leistungs-Impulsantwort und $\breve{g}_m(f)$ die Leistungs-Übertragungsfunktion des linearen Systems $\mathcal{L}_m$ ist,

$$P_m(t) = \int\limits_{-\infty}^{+\infty} g_m(t_1)\, u(t - t_1)\, dt_1 + g_{m,0}\,, \quad \breve{P}_m(f) = \breve{g}_m(f)\, \breve{u}(f) + g_{m,0}\, \delta(f)\,,$$

$$g_{m,0} = \frac{|c_m|^2}{2} u_0 \iint\limits_{-\infty}^{+\infty} h_m(t_1) h_m(t_2)\, \vartheta_{\underline{a}}(t_2 - t_1)\, dt_1\, dt_2 = g_{m,0}^*\,. \tag{2.187}$$

Der Summand $g_{m,0}$ stellt eine konstante Lichtleistung (Erwartungswert!) dar, die vom konstanten Anteil u_0 der Modulationsfunktion herrührt. Für $g_m(t)$ und $\breve{g}_m(f)$ gilt

$$g_m(t) = \frac{|c_m|^2}{2} \Re\left\{ h_m(t) \int\limits_{-\infty}^{+\infty} h_m(t')\, \vartheta_{\underline{a}}(t' - t)\, dt' \right\}, \tag{2.188}$$

$$\breve{g}_m(f) = \frac{|c_m|^2}{4} \int\limits_{-\infty}^{+\infty} \Theta_{\underline{a}}(f') \left[\breve{h}_m(f')\breve{h}_m^*(f' - f) + \breve{h}_m^*(f')\breve{h}_m(f' + f) \right] df'.$$

Die Beziehung für $\breve{g}_m(f)$ weist man am einfachsten nach, wenn man $g_m(t) = \frac{1}{2}[z(t)+z^*(t)]$, $\breve{g}_m(f) = \frac{1}{2}[\breve{z}(f)+\breve{z}^*(-f)]$ beachtet und die Faltung $\int_{-\infty}^{+\infty} h_m(t') \times \vartheta_{\underline{a}}(t - t')\,\mathrm{d}t'$ im Spektralbereich darstellt.

Setzt man die Moden-Übertragungsfunktion Gl. (2.175), (2.176) ein, so ist im Fall der Schmalbandmodulation ($K \gg 1$) eine weitere Vereinfachung möglich: In der zweiten Zeile von Gl. (2.188) bezeichnet f' optische Frequenzen, die vor allem im Spektralbereich der Quelle $f_0 - \Delta f_{\Theta H}/2 \le f' \le f_0 + \Delta f_{\Theta H}/2$ liegen, wobei wegen $f_{uH} = f_{pH} \ll \Delta f_{\Theta H}$ das Detektions-Frequenzintervall $0 \le f \le f_{uH} = f_{pH}$ wesentlich kleiner als das relevante Intervall für f' ist. In der Folge berücksichtigt man im Exponenten der Näherung für $\breve{h}_m(f')\breve{h}_m^*(f' - f)$ nur Terme, die linear in f und höchstens quadratisch in $f' - f_0$ sind [174] und erhält

$$\breve{g}_m(f) = \frac{|c_m|^2}{2} \int\limits_{-\infty}^{+\infty} \Theta_{\underline{a}}(f')\,\mathrm{e}^{-\mathrm{j}\,L\left[\omega\beta_m^{(1)}+\omega(\omega'-\omega_0)\beta_m^{(2)}+\omega(\omega'-\omega_0)^2\beta_m^{(3)}/2\right]}\,\mathrm{d}f'. \quad (2.189)$$

Verwendet man das Quellenspektrum Gl. (2.181) mit Gl. (2.173), so läßt sich die Integration ausführen mit dem Ergebnis (vgl. [174, Gl. (4)] [94, Gl. (4)] [42, Gl. (8)])

$$\breve{g}_m(f) = \frac{|c_m|^2 P_0}{\sqrt[4]{1+(\omega\sigma_{2,m})^2}}\,\mathrm{e}^{-(\sigma_{1,m}\omega)^2/2}\,\mathrm{e}^{-\mathrm{j}\,\omega\beta_m^{(1)}L}\cdot\mathrm{e}^{\mathrm{j}((\sigma_{1,m}\omega)^2\sigma_{2,m}\omega-\arctan\omega\sigma_{2,m})/2}$$

$$\sigma_{1,m} = \frac{2\pi\sigma_\Theta\,\beta_m^{(2)}L}{\sqrt[2]{1+(\omega\sigma_{2,m})^2}}, \qquad \sigma_{2,m} = (2\pi\sigma_\Theta)^2\beta_m^{(3)}L. \quad (2.190)$$

Für $\beta_m^{(3)} = 0$ und $K \gg 1$ ist $\sigma_{1,m}^2$ mit der Systemvarianz $\sigma_{\mathrm{Sys},m}^2$ von Gl. (2.183) identisch, und damit stimmt für gaußförmige Modulationsimpulse $p(t) = u(t)$, $u_0 = 0$ der Empfangsimpuls $P_m(t)$ von Gl. (2.185) mit dem aus Gl. (2.187) und Gl. (2.190) errechneten überein. Im Fall $\beta_m^{(3)} \ne 0$ ist die Übertragungsfunktion $\breve{g}_m(f)$ von Gl. (2.190) und damit die Impulsantwort $g_m(t)$ nicht gaußförmig; Momente bis zur Ordnung zwei können das System nicht mehr vollständig beschreiben, so daß $\sigma_{1,m}^2 = \sigma_{1,m}^2(\omega)$ und $\sigma_{\mathrm{Sys},m}^2$ differieren.

Die Frequenz-Halbwertsbreite (3-dB-Bandbreite) B_m der Leistungs-Übertragungsfunktion berechnet man aus $|\breve{g}_m(B_m)/\breve{g}_m(0)|^2 = \frac{1}{2}$. Entfernt von bzw. in der Nähe der Dispersionsnullstelle erhält man dann die Bandbreite-Länge-Produkte

$$B_m L \approx \begin{cases} \dfrac{\sqrt{\ln 2}}{2\pi}\;\Big/\;\left[(2\pi\sigma_\Theta)\cdot|\beta_m^{(2)}|\right] & \text{für}\quad \beta_m^{(2)} \ne 0, \\[2ex] \dfrac{\sqrt{3}}{2\pi}\;\Big/\;\left[(2\pi\sigma_\Theta)^2\,|\beta_m^{(3)}|\right] & \text{für}\quad \beta_m^{(2)} \approx 0. \end{cases} \quad (2.191)$$

Die längenbezogene Laufzeitdifferenz zweier Signale, die im selben Modus m mit um σ_Θ verschiedener Trägerfrequenz laufen, beträgt analog zu Gl. (2.52) $\Delta t_{gm}/L = 2\pi\sigma_\Theta\beta_m^{(2)} + \frac{1}{2}(2\pi\sigma_\Theta)^2\beta_m^{(3)}$. Um das Bandbreite-Länge-Produkt $B_m L$ abzuschätzen, werde $\Delta t_{gm}/L$ durch die Materialdispersion von Gl. (2.53) genähert, wobei $\Delta\lambda = -\sigma_\Theta\lambda^2/c$ zu setzen ist. Die Größen $\beta_m^{(i)}$ bestimmt

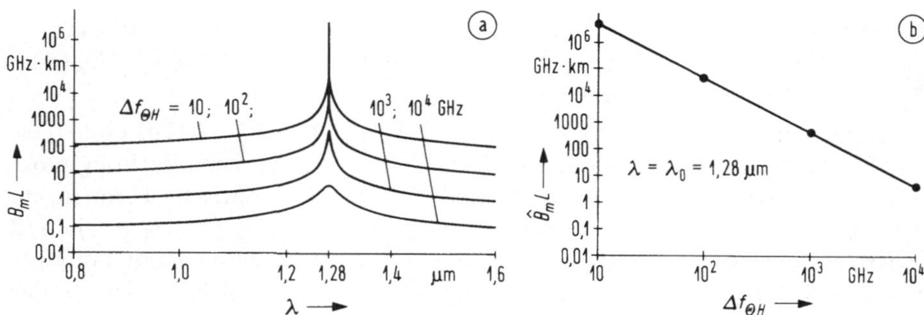

Abb. 2.33. 3-dB-Bandbreite-Länge-Produkt $B_m L$ eines Quarzglas-Einmodenwellenleiters ohne Berücksichtigung der Wellenleiterdispersion (Schmalbandmodulation, $K \gg 1$, $B_m \ll \Delta f_{\Theta H}$)   (a) $B_m L$ als Funktion der Betriebswellenlänge λ mit den Parametern $\Delta f_{\Theta H} = 10; 100; 1\,000; 10\,000\,\mathrm{GHz}$ entsprechend $\Delta \lambda_{\Theta H} = 0{,}05; 0{,}5; 5; 50\,\mathrm{nm}$ bei $\lambda = \lambda_0 = 1{,}28\,\mu\mathrm{m}$ (b) Maximalwert $\widehat{B}_m L$ als Funktion von $\Delta f_{\Theta H}$

man durch Vergleich der entsprechenden Summanden und erhält aus Gl. (2.191) mit Gl. (2.54), (2.55) für undotiertes Quarzglas ($\lambda_0 = 1{,}28\,\mu\mathrm{m}$, Frequenz-Halbwertsbreite $\Delta f_{\Theta H} = 2\sqrt{\ln 4}\,\sigma_\Theta$)

$$
\frac{B_m L}{\mathrm{GHz\,km}} \approx
\begin{cases}
6{,}9 \cdot 10^2 \;/\; \left[\dfrac{\Delta f_{\Theta H}}{\mathrm{GHz}} \left| \left(\dfrac{\lambda}{\mu\mathrm{m}}\right)^2 - 1{,}28\dfrac{\lambda}{\mu\mathrm{m}} \right| \right] & (\beta_m^{(2)} \not\approx 0), \\[2ex]
4{,}8 \cdot 10^8 \;/\; \left[\dfrac{\Delta f_{\Theta H}}{\mathrm{GHz}} \right]^2 = \dfrac{\widehat{B}_m L}{\mathrm{GHz\,km}} & (\beta_m^{(2)} \approx 0).
\end{cases}
\tag{2.192}
$$

Abbildung 2.33a zeigt das 3-dB-Bandbreite-Länge-Produkt $B_m L$ eines $\mathrm{SiO_2}$-Einmoden-„Wellenleiters" ohne Berücksichtigung der Wellenleiterdispersion; zu beachten ist die Voraussetzung der Schmalbandmodulation $K \gg 1$, so daß solche Streckenlängen L zu wählen sind, bei denen $B_m \ll \Delta f_{\Theta H}$ bleibt.

In Abb. 2.33b ist der Maximalwert $\widehat{B}_m L$ als Funktion der Quellenbreite für diejenige Wellenlänge $\lambda_0 = 1{,}28\,\mu\mathrm{m}$ zu sehen, bei der für undotiertes Quarzglas die Materialdispersion erster Ordnung M verschwindet. Diese theoretischen Höchstwerte werden in der Praxis nicht erreicht; beispielsweise beträgt die Polarisationsdispersion beider orthogonal polarisierten Grundmoden bei einer Einmodenfaser typischerweise $\Delta t_{gD}/L = 0{,}3 \dots 3\,\mathrm{ps/km}$ (Text nach Gl. (2.128) in Abschn. 2.7.7) entsprechend $B_m L = 0{,}44\,L/\Delta t_{gD} = 1\,500 \dots 150\,\mathrm{GHz\,km}$.

Halbleiterlaser (z. B. DFB-Laser), deren Spektren dynamisch stabil sind und Breiten im Bereich einiger MHz haben, lassen im Zusammenhang mit dispersionsverschobenen und -kompensierten Einmodenfasern die Bedeutung der chromatischen Dispersion gegenüber der Polarisationsdispersion zurücktreten; für den Einfluß statistischer Schwankungen von Faserparametern auf die Polarisationsdispersion s. [123].

Es ist zu beachten, daß diese Laser mit Breitbandmodulation (gemessen an der Spektralbreite des unmodulierten Lasers) betrieben werden, so daß die einfachen Beziehungen Gl. (2.187) – (2.192) nur im (praktisch weniger interessanten) Fall der Kleinsignalmodulation anzuwenden sind.

2.9.3   Intensitäts- und Frequenzmodulation (Chirp)

Eigenschaften der Lichtquelle

Moduliert man die Intensität einer realen Lichtquelle direkt über ihre Energie-versorgung (als Beispiel sei hier ein Halbleiterlaser angenommen, der über den Injektionsstrom beeinflußt wird), so bleibt die Phase der emittierten Feldstärke nicht konstant, wie in Gl. (2.174) vorausgesetzt worden war: Amplitude und Phase sind über die trägerdichteabhängige Brechzahl des Laserresonators ge-koppelt, es kommt zu einer zeitabhängigen Änderung der Schwingfrequenz ω_0 (engl. chirp, „Zwitschern"). Bei einem entsprechend modifizierten Modell für die Feldstärke der nach Gl. (2.181) mit $p(t)$ gaußförmig in der Leistung modu-lierten Quelle ändere sich die Phase sowohl linear wie $\omega_0 t$, als auch quadratisch mit der Zeit. Die im Sinne von Gl. (2.172) langsam veränderliche momentane Kreisfrequenz $\omega_0 - \Delta\omega_0(t)$ variiert daher linear mit der Zeit, $\Delta\omega_0(t) \sim t$. Man definiert als analytisches Signal der modulierten Quelle mit Chirp

$$\underline{a}_\alpha(t) = s_\alpha(t)\, s(t)\, A_0(t)\, \mathrm{e}^{\mathrm{j}\,\omega_0 t}, \qquad s^2(t) = p(t) = p_0\, \mathrm{e}^{-t^2/(2\sigma_p^2)},$$

$$\alpha = 2(\Delta\omega_\alpha/\sqrt{2})\sigma_p, \qquad s_\alpha^2(t) = p_\alpha(t) = \mathrm{e}^{-\mathrm{j}\,\alpha t^2/(2\,\sigma_p^2)}. \tag{2.193}$$

Anmerkung: Die physikalische Bedeutung des α-Faktors wird erst mit Abschn. 3.5.3 ver-ständlich; die folgenden Ausführungen können zunächst übersprungen werden, wenn man Gl. (2.193) als sinnvolle Definition akzeptiert. — Halbleiterlaser emittieren beim Einschalten des Injektionsstroms eine stark oszillierende Leistung (Relaxationsschwingung), charakteri-siert durch die (normierte) Photonenanzahl $N_P^\times$ in Abb. 3.38 (Abschn. 3.7.3) als Reaktion auf einen Sprung des (normierten) Injektionsstroms $I^\times(t)$. Die von $I^\times(t)$ und $N_P^\times$ abhängige (normierte) Ladungsträgerdichte $N_T^\times$ kann während der Zeit, in der $N_P^\times$ größer ist als der stationäre Wert (hier: $N_P^\times = 0{,}8$), durch eine zeitlich linear fallende Funktion genähert wer-den. Mit abnehmendem $N_T^\times$ nimmt wegen Gl. (2.8) und dem folgenden Text die Brechzahl n des Laserresonators nach $n \sim 1/N_T^\times$ zu (für eine ausführliche Diskussion s. Abschn. 3.5.3 Anmerkung 2), und es verkleinert sich die anfängliche Schwingfrequenz ω_0 des Lasers nach $\omega_0(t) \sim 1/n \sim N_T^\times$ proportional mit der Zeit (linearer Chirp) (s. Gl. (3.92) in Abschn. 3.5.1; für eine zeitproportionale Vergrößerung der Schwingfrequenz während des Einschaltens ei-nes Stromsprungs s. Gl. (3.222) ff. in Abschn. 3.7.4). Eine vereinfachende Betrachtung zeigt [69] [102, Gl. (18) Abb. 1] [297, Gl. (7)] [301], daß für den ersten Lichtimpuls der Relaxa-tionsschwingung eines Lasers, der beim (normierten) Schwellenstrom $I^\times = 1$ vorgespannt sei, näherungsweise der Zusammenhang $\Delta\omega_\alpha = \alpha/(2\,\sigma_p)\sqrt{2}$ gilt [451]; dabei ist $\alpha = 2\ldots 8$ der in Gl. (3.106) Abschn. 3.5.3 definierte Henry-Faktor der Amplituden-Phasen-Kopplung und σ_p die Streuung eines gaußförmigen Strom-Modulationsimpulses $p(t)$ von Gl. (2.193). In den Extremwerten der Trägerdichte $N_T^\times$ ändert sich die Frequenz nicht, so daß zu diesen Zeiten die spektrale Leistungsdichte des Lasersignals wesentlich größer ist als zu Zeiten star-ker Trägerdichteänderungen; beim Langzeit-Leistungsspektrum, das über viele gleichartige Lichtimpulse mittelt, stellt man deshalb eine „ohren"-förmige Struktur fest [198] [417].

Leistungs-Impulsantwort und -Übertragungsfunktion

Zur Berechnung des Empfangsimpulses $P_m(t)$ verwendet man die Beziehungen Gl. (2.175) – (2.181) bzw. Gl. (2.186) – (2.188), nimmt aber statt des reellen $s(t)$ die komplexe Amplitudenmodulationsfunktion $s(t)\, s_\alpha(t)$ von Gl. (2.193).

Die Varianz $\sigma_{P_m}^2$ von $P_m(t)$ berechnet man nach Gl. (2.182) [351, Gl. (26)] [69, Gl. (10)], wobei die Systemvarianz $\sigma_{\mathrm{Sys},m}$ von Gl. (2.182) zu ersetzen ist durch

$$\sigma_{\mathrm{Sys},m}^2 = 4\,D_{1,m}^2(1 + K^2 + \alpha^2) + 9\,D_{2,m}^2(1 + K^2 + \alpha^2)^2 - \alpha\beta_m^{(2)}L\,. \qquad (2.194)$$

Kann mit $4\,\sigma_p^2 \ll \alpha\beta_m^{(2)}L$ der letzte Summand in Gl. (2.194) gegen $4\,D_{1,m}^2\alpha^2$ vernachlässigt werden, so ist K^2 in Gl. (2.182) durch $K^2 + \alpha^2 = 4(2\pi\sigma_\Theta)^2 \times \sigma_p^2 + 4(\Delta\omega_\alpha/\sqrt{2})^2\sigma_p^2$ in Gl. (2.194) zu ersetzen, so daß sich die effektive Breite des unmodulierten Quellenspektrums von σ_Θ durch den Modulations-Chirp auf $\sqrt{\sigma_\Theta^2 + \Delta f_\alpha^2/2}$ erhöht; damit sind auch die Ergebnisse in Gl. (2.189) – (2.192) für $K^2 + \alpha^2 \gg 1$ nach entsprechender Modifikation von σ_Θ bzw. $\Delta f_{\Theta H}$ übertragbar.

Im weiteren werde ein Betrieb entfernt von der Nullstelle der chromatischen Dispersion erster Ordnung angenommen, so daß $\beta_m^{(3)} = 0$ genähert werden darf. Gleichung (2.185) bleibt zusammen mit Gl. (2.194) gültig und sagt ein gaußförmiges $P_m(t)$ voraus. Die Varianz $\sigma_{P_m}^2$ berechnet sich nach Gl. (2.182), (2.194), die optimale Modulationsvarianz $\sigma_{p\,\mathrm{op}}^2$ für minimales $\sigma_{P_m}^2$ ist mit Gl. (2.184) zu vergleichen,

$$\sigma_{P_m}^2 = \sigma_p^2 + 4\,D_{1,m}^2(1 + K^2 + \alpha^2) - \alpha\beta_m^{(2)}L, \quad 4\,\sigma_{p\,\mathrm{op}}^4 = \left(\beta_m^{(2)}L\right)^2(1 + \alpha^2). \qquad (2.195)$$

Als optimale Streckenlänge L_{op} für minimales $\sigma_{P_m}^2$ $(\partial\sigma_{P_m}^2/\partial L = 0)$ und als maximale optimale Streckenlänge $L_{\mathrm{op\,max}}$ $(\partial L_{\mathrm{op}}/\partial\alpha = 0 \rightsquigarrow \alpha^2 = 1 + K^2)$ berechnet man

$$\beta_m^{(2)}L_{\mathrm{op}}(\alpha) = 2\,\sigma_p^2\frac{\alpha}{1 + K^2 + \alpha^2}\,, \qquad \beta_m^{(2)}L_{\mathrm{op\,max}} = \frac{\sigma_p^2}{\sqrt{1 + K^2}}, \qquad (2.196)$$

so daß sich bei einem solchen Chirp-Abgleich $\sigma_{P_m}^2$ gemäß

$$\sigma_{P_m}^2 = \sigma_p^2\left(1 + \frac{\alpha^2}{1 + K^2 + \alpha^2}(x^2 - 2x)\right), \qquad x = \frac{L}{L_{\mathrm{op}}} \qquad (2.197)$$

mit der Streckenlänge L ändert. Bei der einfachen bzw. bei der doppelten optimalen Streckenlänge L_{op} betragen die Empfangsimpulsvarianzen demnach

$$\sigma_{P_m}^2(L_{\mathrm{op}}) = \sigma_p^2\frac{1 + K^2}{1 + K^2 + \alpha^2}\,, \qquad \sigma_{P_m}^2(2\,L_{\mathrm{op}}) = \sigma_p^2. \qquad (2.198)$$

Für eine Quelle ohne Chirp, deren Bandbreite zum gerechten Vergleich nach Gl. (2.196) festgelegt wird, hätte man für denselben Wellenleiter nach der doppelten maximalen optimalen Streckenlänge $2L_{\mathrm{op\,max}}$ die Empfangsimpulsstreuung

$$\sigma_{P_m}(2\,L_{\mathrm{op\,max}}) = \sqrt{2}\,\sigma_p \quad \text{für } \alpha = 0,\ \sqrt{1 + K^2} = \sigma_p^2/(\beta_m^{(2)}L_{\mathrm{op\,max}}) \qquad (2.199)$$

erhalten. Abbildung 2.34 illustriert die Gleichungen (2.197) – (2.199). Für eine Quelle mit Chirp (in Abb. 2.34a monochromatisch angenommen, $K = 0$) hat die Varianz des Ausgangsimpulses bei der optimalen Streckenlänge L_{op} ein Minimum, dessen Wert vom Chirp-Parameter α abhängt; für $L = 2\,L_{\mathrm{op}}$ entspricht

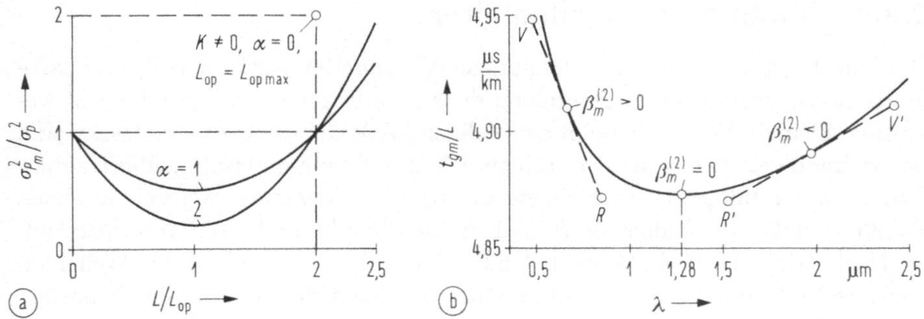

Abb. 2.34. Intensitätsmodulierte monochromatische Lichtquelle ($K = 0$) mit Chirp. (a) bezogene Empfangsimpulsvarianz als Funktion der auf den Optimalwert bezogenen Streckenlänge L mit Chirp-Parametern $\alpha = 1; 2$; (o) nichtmonochromatische, aber chirpfreie Quelle ($K \neq 0$, $\alpha = 0$, $L_{op} = L_{op\,max}$) (b) bezogene Laufzeit als Funktion von λ in einem „Wellenleiter"-Modus (Materialdispersion für undotiertes Quarzglas von Abb. 2.8)

die Empfangsimpulsvarianz der Varianz des Modulationsimpulses bei $L = 0$ und wächst darüber hinaus (wie bei einer chirpfreien Quelle) asymptotisch mit $\sigma_{P_m}^2 \sim L^2$. Die Empfangsimpulsvarianz einer chirpfreien Vergleichsquelle nach Gl. (2.199) ist bei $L = 2\,L_{op} = 2\,L_{op\,max}$ nur doppelt so hoch wie die entsprechende Varianz bei Chirp-Abgleich der Quelle (Kreis o in Abb. 2.34a), so daß die Empfangsimpulsbreite ohne den technisch aufwendigen Chirp-Abgleich bei sonst gleichen Betriebsbedingungen sich allenfalls um 40 % erhöht. Einen gegenüber dem Chirp-Abgleich wesentlich höheren Bandbreitegewinn verspricht die Wahl einer geeigneten Betriebswellenlänge bei der Nullstelle der chromatischen Dispersion erster Ordnung, Abb. 2.33. Um dann die effektive Quellenbandbreite nicht unnötig zu erhöhen, sollte ein Chirp bei der Modulation strikt vermieden werden [450] [75] [569] [91], s. Abschn. 3.7.1.

Die Gruppenlaufzeitfunktion $t_{gm}(\lambda)$ des Modus m in Abb. 2.34b (näherungsweise durch die Materialdispersion für undotiertes Quarzglas von Abb. 2.8 in Abschn. 2.2.4 repräsentiert, s. Gl. (2.61)) dient zur anschaulichen Erklärung der Impulsbreitenverringerung (zeitliche „Fokussierung"): Für $\beta_m^{(2)} > 0$ hat die impulsförmig modulierte Feldstärke an der Impulsvorderflanke V nach Gl. (2.193) mit $\alpha > 0$ eine erhöhte, an der Impulsrückflanke R dagegen eine erniedrigte Frequenz. Daher propagiert R schneller als V, so daß sich der Impuls bei $L = L_{op}$ maximal komprimiert. Danach „überholt" R die Vorderflanke V, der Impuls kehrt sich zeitlich um (was bei symmetrischen Impulsen nicht sichtbar ist) und erreicht in zeitlich invertierter Form bei $L = 2\,L_{op}$ seine Anfangsbreite. Für $\beta_m^{(2)} < 0$ ist ein Chirp-Abgleich nur möglich, wenn die Impulsvorderflanke V' bei niedrigeren Frequenzen propagiert als R', so daß $\alpha < 0$ sein muß; anderenfalls verbreitert sich über Impuls durch das Auseinanderdriften der Impulsflanken. Für $\beta_m^{(2)} = 0$ sind bei Impulsen mit symmetrischem Chirp V und R gleich schnell, haben aber höhere Laufzeiten als die Impulsmitte, die folglich voraneilt; an dieser Stelle ist also kein Chirp-Abgleich möglich.

2.9.4 Vielmodige Wellenleiter

Die Übertragungsbandbreite vielmodiger Wellenleiter wird im Fall, daß chromatische Dispersion nicht dominiert, durch die Intermodendispersion auf wesentlich kleinere Werte als beim einmodigen Wellenleiter reduziert. Daher sind bei vielmodigen Wellenleitern geringere Nachrichtenbandbreiten übertragbar; ferner können billige, breitbandigere Lichtquellen verwendet werden. In vielen Fällen ist daher die Näherung $K \gg 1$ (Schmalbandmodulation) gerechtfertigt.

Nach Gl. (2.94) ff. in Abschn. 2.6.6 ist die über den gesamten Wellenleiterquerschnitt integrierte Gesamtleistung P gleich der Summe der Einzelleistungen P_m in den M Moden m (Gl. (2.187)), was auch im Falle einer Modulation gilt. Mit einer in jedem Modus identischen Intensitätsmodulation $p(t) = u(t)$, $u_0 = 0$ erhält man für die zeitabhängige gesamte Ausgangsleistung $P(t) = \sum_m P_m(t)$.

Bei gleichförmiger Modenleistungsverteilung $|c_m|^2 = 1/M$ ($\sum_m |c_m|^2 = 1$, vgl. Text vor Gl. (2.177)) und einem gaußförmigen Quellenspektrum nach Gl. (2.181) berechnet man die Vielmoden-Leistungs-Übertragungsfunktion $\breve{g}(f) = \sum_m \breve{g}_m(f)$ nach Gl. (2.190); es werde angenommen, daß nur die Gruppenlaufzeiten $t_{gm} = \beta_m^{(1)} L$ in den einzelnen Moden sich wesentlich unterscheiden, daß jedoch die Terme mit $\beta_m^{(2)} \approx \beta^{(2)}$ und $\beta_m^{(3)} \approx \beta^{(3)}$ für alle Moden m praktisch identisch sind, so daß $\sigma_{1,m} \approx \sigma_1$ und $\sigma_{2,m} \approx \sigma_2$ unabhängig vom Modenindex gilt (chromatische Beiträge zur Intermodendispersion werden also vernachlässigt). Man erhält dann mit Gl. (2.187) – (2.190)

$$P(t) = \int\limits_{-\infty}^{+\infty} g(t_1)\, p(t - t_1)\, \mathrm{d}t_1\,, \qquad \breve{P}(f) = \breve{g}(f)\, \breve{p}(f)\,, \tag{2.200}$$

$$g(t) = \sum_{m=1}^{M} \frac{|c_m|^2}{2}\, \Re\left\{ h_m(t) \int\limits_{-\infty}^{+\infty} h_m(t')\, \vartheta_{\underline{a}}(t' - t)\, \mathrm{d}t' \right\},$$

$$|\breve{g}(f)|^2 \approx \frac{P_0^2}{\sqrt{1 + (\omega\sigma_2)^2}}\, \mathrm{e}^{-\sigma_1^2 \omega^2}\, |\breve{g}_{\mathrm{LZ}}(f)|^2\,, \qquad \sigma_1 = \frac{2\pi\sigma_\Theta\, \beta^{(2)} L}{\sqrt{1 + (\omega\sigma_2)^2}}\,,$$

$$|\breve{g}_{\mathrm{LZ}}(f)|^2 \approx \frac{1}{M} + \frac{2}{M^2} \sum_{m=2}^{M} \sum_{n=1}^{m-1} \cos[\omega(t_{gm} - t_{gn})]\,, \qquad \sigma_2 = (2\pi\sigma_\Theta)^2 \beta^{(3)} L\,.$$

Das Betragsquadrat $|\breve{g}(f)|^2$ setzt sich multiplikativ zusammen aus einem vom Quellenspektrum abhängigen „chromatischen" Term (chromatische Dispersion) und einem Laufzeitterm (Intermodendispersion) $|\breve{g}_{\mathrm{LZ}}(f)|^2$. Den Einfluß des chromatischen Terms schätzt man mit der in Abb. 2.8 angegebenen Materialdispersion ab (für undotiertes Quarzglas: $-84; 0; +22\,\mathrm{ps/(km\,nm)}$ für $\lambda = 0{,}85; 1{,}28; 1{,}55\,\mu\mathrm{m}$), der Laufzeitterm soll im weiteren diskutiert werden.

Die Impulsantwort einer Stufenprofilfaser besteht (unter Vernachlässigung der chromatischen Dispersion) nach Gl. (2.164) und Abb. 2.31 aus einer Folge von δ-Impulsen, die über den maximalen Laufzeitbereich $\Delta t_{g\,\mathrm{max}}$ (Gl. (2.163)) mit gleichen Abständen verteilt sind, so daß zwischen zwei benachbarten Moden die Laufzeitdifferenz $\Delta t_g = |t_{gm} - t_{g,m\pm1}| = \Delta t_{g\,\mathrm{max}}/M$ konstant ist; dieselbe Näherung ist für Parabelprofilfasern zulässig, wenn man die mit der Modendichte gewichteten Impulsantworten auf eine Impulsfolge mit gleichen Abständen umrechnet.

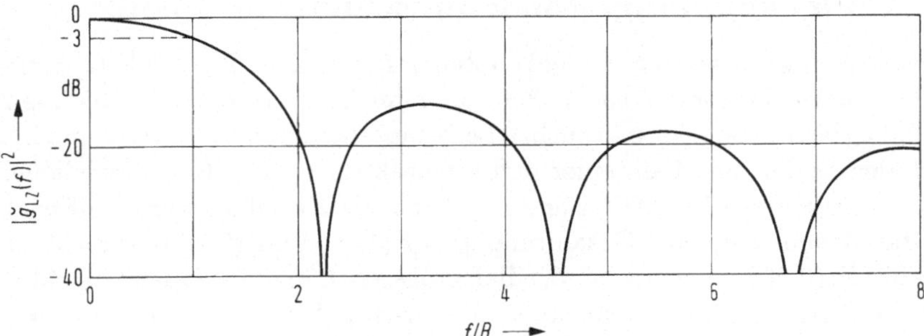

Abb. 2.35. Betragsquadrat der Laufzeit-Leistungs-Übertragungsfunktion als Funktion der auf die 3-dB-Bandbreite B normierten Frequenz

Für große Modenanzahlen darf ferner in Gl. (2.200) der Summand $1/M$ gegen die Doppelsumme mit $(M^2 - M)/2$ Termen vernachlässigt werden, und diese kann man näherungsweise durch eine Integration $\int_0^M dm \int_0^m dn$ ersetzen. Für die Laufzeit-Leistungs-Übertragungsfunktion $|\breve{g}_{\mathrm{LZ}}(f)|^2$ ($|\breve{g}_{\mathrm{LZ}}(0)|^2 = 1$, Halbwertsbreite $B = f_{g\mathrm{LZ}\,H}$, vgl. $f_H \approx 0{,}441/\Delta t_H$ von Gl. (2.170) beim Gauß-Tiefpaß) erhält man damit

$$|\breve{g}_{\mathrm{LZ}}(f)|^2 \approx \left[\frac{\sin(\omega\Delta t_{g\,\max}/2)}{\omega\Delta t_{g\,\max}/2}\right]^2, \quad B = f_{g\mathrm{LZ}\,H} \approx 0{,}443/\Delta t_{g\,\max}. \quad (2.201)$$

Man erkennt in Abb. 2.35 eine für kleine f gaußähnliche Tiefpaßfunktion; für größere Frequenzen wird das typische Laufzeitverhalten sichtbar.

Aus Gl. (2.163) lassen sich für Stufenprofilfasern ($q \to \infty$) und Parabelprofilfasern ($q = 2$) die maximalen Gruppenlaufzeitdifferenzen $\Delta t_{g\,\max}$ abschätzen. Aus Gl. (2.201) erhält man dann für das durch Modendispersion bedingte Bandbreite-Länge-Produkt ($\lambda = 1{,}3\,\mu\mathrm{m}$, $n_{1g} = 1{,}46$)

$$\frac{BL}{\mathrm{MHz\,km}} \approx 9{,}1 \begin{cases} 1 \, / \, (100\,\Delta) & (q \to \infty), \\[2mm] 200 \, / \, (100\,\Delta)^2 & (q = 2). \end{cases} \quad (2.202)$$

Für reale, gestörte Parabelprofile (s. Text nach Gl. (2.165)) ist ein um eine Größenordnung niedrigerer Wert von BL realistischer. Man sieht durch Vergleich mit den Zahlenwerten für die chromatische Dispersion (s. Text nach Gl. (2.200)), daß bei dämpfungsarmen vielmodigen Wellenleitern die Intermodendispersion selbst für Quellenbandbreiten von $\Delta\lambda_{\Theta H} = 5\,\mathrm{nm}$ dominiert. Die Bandbreite-Länge-Produkte BL sind so niedrig, daß die anfangs getroffene Voraussetzung der Schmalbandmodulation ($K \gg 1$) in allen praktischen Fällen gerechtfertigt ist.

Die Ergebnisse von Bandbreitemessungen sind der Leistungs-Impulsantwort $g(t)$ (Gl. (2.200)) zufolge stark von den Moden-Leistungskopplungskoeffizienten $|c_m|^2$ abhängig; regt man alle Moden wie bei $|\breve{g}(f)|^2$ in Gl. (2.200) – (2.202) gleichförmig an, so wird die Bandbreite in der Tendenz niedriger sein als für den Fall, daß vergleichsweise wenige Moden angeregt werden.

2.9.5 Modenkopplung. Modenmischung an Spleißen

Grundsätzliche Ergebnisse der Modenkopplungstheorie [565, Kap. 6] [445] wurden bereits zu Beginn von Abschn. 2.6.7 und im Text nach Gl. (2.165) von Abschn. 2.8.5 diskutiert. Ein merklicher Leistungsaustausch zwischen den einzelnen Moden findet innerhalb einer dafür charakteristischen Kopplungslänge statt. Für sehr kleine Wellenleiterlängen L kann die Kopplung vernachlässigt werden, die Streuung σ_P des Gesamtimpulses $P(t)$ von Gl. (2.200) vergrößert sich gemäß Gl. (2.202) wie $\sigma_P \sim L$. Bei größeren Längen koppeln die Moden innerhalb jeder Hauptmodengruppe, die durch nahezu gleiche (normierte) Ausbreitungskonstanten β bzw. δ charakterisiert sind (s. Gl. (2.139)). Jeder in einer solchen Hauptmodengruppe propagierende Impuls $P_\delta(t)$ mit der Streuung σ_δ verbreitert sich auf Grund der Modenkopplung nur nach $\sigma_\delta \sim \sqrt{L}$, aber die Hauptmodengruppen mit unterschiedlichem δ haben noch wenig Energie ausgetauscht, so daß ihre Laufzeitdifferenzen $\sim L$ steigen. Ab der charakteristischen Kopplungslänge $L = L_c$ ist der Energieaustausch auch zwischen verschiedenen Hauptmodengruppen so groß, daß die Gesamtimpulsbreite nur noch mit $\sigma_P \sim \sqrt{L}$ ansteigt. Da bei einem realen Wellenleiter die chromatische Dispersion eine Impulsverbreiterung $\sim L$ verursacht (s. Gl. (2.200), $\sigma_1 \sim L$), wird die $\sim \sqrt{L}$ wachsende Modendispersion schließlich von der chromatischen Dispersion übertroffen, was aber bei praktisch verwendeten Streckenlängen L nicht eintreten wird. Durch diese Kopplungsmechanismen werden Moden aller möglichen Polarisationszustände angeregt, so daß die Gesamtemission vom Ende eines vielmodigen Wellenleiters sich wie unpolarisiertes Licht verhält. Einzelheiten zum Feld eines vielmodigen Wellenleiters sind in Kap. 6 Abschn. 6.7 behandelt.

Aus den Differentialgleichungen, welche die Kopplung der Felder der Normalmoden eines Wellenleiters beschreiben, lassen sich Gleichungen für die Leistungen P_m ableiten, die an einer Stelle z des Wellenleiters in den einzelnen Moden transportiert werden [344]. Wegen der Kopplung zu verlustbehafteten Moden bildet sich unter den Annahmen dieser Theorie auf dem Wellenleiter nach großen Längen eine von der Anfangsanregung unabhängige stationäre Modenleistungsverteilung $P(\delta)$ aus (s. Gl. (2.156) in Abschn. 2.8.4), die nur eine Funktion der Ausbreitungskonstanten ist; für eine Faseranregung, mit der man diese Verteilung schon nach sehr kurzen Laufstrecken erhalten kann s. [480] (vgl. Abschn. 2.8.3).

Ausgehend von den Leistungskopplungsgleichungen wurde in [157] die Impulsausbreitung auf einem Wellenleiter mit Modenkopplung untersucht; die Ergebnisse dieser Analyse werden im folgenden dargestellt. Die Lage der Impulsschwerpunkte der in den einzelnen Moden $\Psi_m(r,\varphi)$ (allgemeiner Modenindex m) propagierenden Impulse sei t_m, ihre Streuung an einer beliebigen Stelle sei mit den Leistungs-Kopplungskoeffizienten $|c_m|^2$ (s. Text vor Gl. (2.177))

$$\sigma_S^2 = \sum_m |c_m|^2 \, t_m^2 - \left(\sum_m |c_m|^2 \, t_m \right)^2, \qquad \sum_m |c_m|^2 = 1 \,. \tag{2.203}$$

Die Streuung σ_S hat zunächst nichts mit der Breite σ_P des Gesamtimpulses

$P(t)$ zu tun, sofern nicht die einzelnen Impulse sehr kurz sind; sie ändert sich mit der Streckenlänge L nach der Funktion

$$\sigma_S(L) = \sigma_{S0}\, e^{-2\,L/L_c} + \sigma_{S\infty}\left(1 - e^{-2\,L/L_c}\right).\tag{2.204}$$

Mit $\sigma_{S0} = \sigma_S(L = 0)$, $\sigma_{S\infty} = \sigma_S(L \to \infty)$ bezeichnet man die Schwerpunktstreuung für verschwindende und für sehr große Streckenlänge. Wenn man von einer Lichtquelle unmittelbar in den Wellenleiter einstrahlt, ist $\sigma_{S0} = 0$; fungiert dagegen ein anderer, vorgeschalteter Wellenleiter als Lichtquelle, so werden die einzelnen t_m nicht mehr identisch sein und es ist $\sigma_{S0} \neq 0$. Beim idealen, ungestörten Wellenleiter mit unverkoppelten Orthogonalmoden würde die Schwerpunktstreuung wie $\sigma_S(L) \sim L$ wachsen; infolge der Modenkopplung in einem realen, vielmodigen Wellenleiter stellt sich aber ein dynamisches Gleichgewicht ein, in dem sich die relative Lage der Impulsschwerpunkte in den einzelnen Moden nicht mehr ändert, so daß bei $L \gg L_c$ für die Streuung $\sigma_S(L) \to \sigma_{S\infty}$ gilt. (Die *einzelnen* Impulse dagegen verbreitern sich zufolge der hier nicht erfaßten chromatischen Dispersion weiter.) Man erhält nach [157] für die Varianz des Gesamtimpulses

$$\sigma_P^2(L) = \sigma_p^2 + 2\,\sigma_{S0}\sigma_{S\infty}\left(1 - e^{-2\,L/L_c}\right) + 2\,\sigma_{S\infty}^2\left(\tfrac{2\,L}{L_c} - 1 + e^{-2\,L/L_c}\right).\tag{2.205}$$

Koppelt man direkt von einer Lichtquelle aus ein ($\sigma_{S0} = 0$), und ist die Breite des eingekoppelten Impulses $\sigma_P(0) = \sigma_p$ sehr klein ($\sigma_p \approx 0$), so bleibt nur der dritte Term in Gl. (2.205); er beschreibt demnach die Streuung der Impulsantwort $g(t)$ (Gl. (2.200) ohne chromatische Dispersion) eines realen Wellenleiters, der durch die globalen Parameter $\sigma_{S\infty}$ und L_c charakterisiert ist. Man erhält daher

$$\sigma_P(L) = 2\,\sigma_{S\infty}\begin{cases} L/L_c & (L \ll L_c) \\ \sqrt{L/L_c} & (L \gg L_c)\end{cases}\qquad \sigma_p = 0,\quad \sigma_{S0} = 0\,.\tag{2.206}$$

Wie bereits vermerkt, wächst die Impulsbreite für kleine Streckenlängen $\sim L$, für große Streckenlängen dagegen $\sim \sqrt{L}$; berücksichtigt man die chromatische Dispersion, so wird das lineare Gesetz $\sim L$ (bei nicht praxisnahen Steckenlängen) schließlich überwiegen.

Mit den Gleichungen (2.204), (2.205) kann auch die Verbindung zweier Wellenleiter (ein sogenannter Spleiß) beschrieben werden, indem man ihn als Strecke mit $L \to 0$, $\sigma_{S\infty} = 0$ und endlichem Quotienten L/L_c darstellt. Bezeichnet man $\exp(-2L/L_c) = C_{\mathrm{sp}}$ als Spleißfaktor, so gilt für σ_S und σ_P nach dem Spleiß

$$\sigma_{S\,\mathrm{sp}} = \sigma_{S0}C_{\mathrm{sp}},\qquad \sigma_{P\,\mathrm{sp}} = \sigma_p = \sigma_P(0).\tag{2.207}$$

Die Impulsbreite wird durch den Spleiß nicht beeinflußt. Ein idealer Spleiß ändert auch an der relativen Lage der Impulsschwerpunkte der einzelnen Moden nichts, $C_{\mathrm{sp}} = 1$. Ein Spleiß, der die Moden völlig vermischt, erzeugt in allen Moden zeitlich übereinstimmende Impulsschwerpunkte, $C_{\mathrm{sp}} = 0$. Spleiße, welche die Energie von langsamen Moden in schnelle Moden transferieren und umgekehrt, haben $C_{sp} = -1$; man vereinbart, daß $\sigma_S > 0$ langsamere Propagation von Moden höherer Ordnungszahl bedeutet, für $\sigma_S < 0$ ist es umgekehrt.

Das Verhalten einer aus unterschiedlichen Fasern zusammengesetzten Strecke läßt sich dann beurteilen, indem man σ_S und σ_P am Ende der vorausgehenden Faser als σ_{S0} und σ_p des folgenden Abschnitts nimmt.

Wegen des unterschiedlichen Verhaltens von Fasern mit $L < L_c$ und $L > L_c$ versucht man gelegentlich, das Bandbreite-Länge-Produkt durch die empirische Funktion $BL^\kappa = $ const zu beschreiben; der Exponent κ läßt sich, wenn zwei verschieden lange Abschnitte L_1, L_2 derselben Faser verfügbar sind, aus den jeweiligen Bandbreiten B_1, B_2 bestimmen. Man erhält

$$B_1 L_1^\kappa = B_2 L_2^\kappa = \text{const}, \qquad \kappa = \frac{\lg(B_1/B_2)}{\lg(L_2/L_1)} . \tag{2.208}$$

2.10 Nichtlineare Effekte

Eine ausführliche Behandlung nichtlinearer Effekte in Wellenleitern ist im Rahmen dieses Buches nicht möglich. Eine Einführung in die nichtlineare Optik findet man z. B. in [190, Abschn. 1.11, 3.4, 4.2.2], spezielle Anwendungen auf Faserprobleme (mit Angabe weiterer Spezialliteratur) in [309] [365, Kap. 5] [526] [323] [99] [203] [533] [83].

Betrachtet werden im folgenden repräsentative Komponenten von Vektorgrößen. Die nichtlinearen Effekte in Glasfasern werden durch einen Anteil der Polarisation hervorgerufen, der proportional zur dritten Potenz der elektrischen Feldstärke ist (wegen der Inversionssymmetrie in Gläsern existieren keine in der Feldstärke quadratische Komponenten). Zwischen den komplexen Amplituden monochromatischer Anteile von dielektrischer Verschiebung $D(f_0)$, elektrischer Feldstärke $E(f_0)$ und Polarisation $P(f_0)$ bei der Frequenz f_0 besteht im isotropen, nichtlinearen Medium, das bei allen betrachteten Frequenzen verlustlos sein soll (s. Text vor Gl. (2.6) in Abschn. 2.1), der Zusammenhang (s. Gl. (2.1), (2.6), vgl. Gl. (2.4) für lineare Medien)

$$D(f_0) = \epsilon_0 E(f_0) + P(f_0) = \epsilon_0\,\epsilon_r(f_0)\,E(f_0) = \epsilon_0\,n^2(f_0)\,E(f_0),$$

$$P(f_0) = \epsilon_0\,[\chi_1(f_0)\,E(f_0) + \chi_3(f_0, f_1, f_2, f_3)\,E(f_1)E(f_2)E(f_3)] , \tag{2.209}$$

$$f_0 = f_1 + f_2 + f_3, \qquad E(-f_0) = E^*(f_0).$$

Dabei ist ϵ_r die relative Dielektrizitätskonstante, n die Brechzahl, χ_1 die lineare Suszeptibilität bei der Frequenz f_0 und χ_3 die von vier Frequenzen abhängige, nichtlineare Suszeptibilität.

Selbstfokussierung. Selbstphasenmodulation

Enthält die Feldstärke nur die Frequenzkomponente f_0, so ist der quadratische elektrooptische (Kerr-)Effekt möglich, bei dem sich n mit der (im Maßstab von $1/f_0$ langsam veränderlichen) Intensität $I(f_0) = \frac{1}{2}n(f_0)|E(f_0)|^2/Z_0$ ändert;

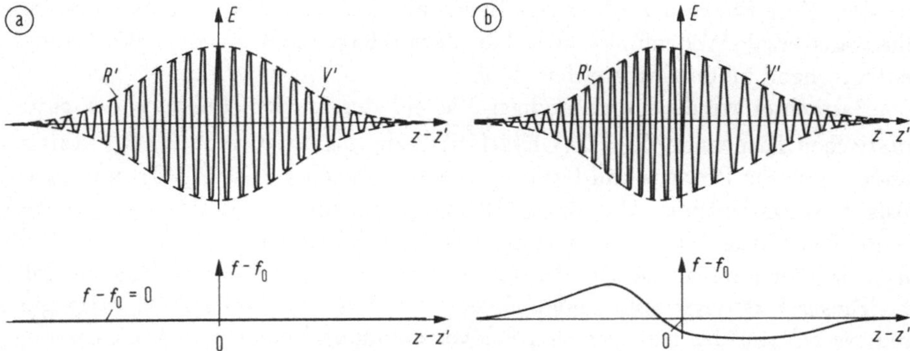

Abb. 2.36. Selbstphasenmodulation eines gaußförmig intensitätsmodulierten Impulses in einem Wellenleiter an der Nullstelle der chromatischen Dispersion $C = 0$, $\beta_m^{(2)} = 0$: Feldstärke und Frequenzänderung (Chirp) als Funktion des Orts $z - z'$ zur Zeit t' mit $z' = (c/n_1)t'$; Impulsvorderflanke V', Rückflanke R' (die Impulse laufen nach rechts). (a) ohne Kerr-Effekt, $n_3 = 0$, konstante Frequenz (b) mit Kerr-Effekt, $n_3 \neq 0$, Chirp

$Z_0 = \sqrt{\mu_0/\epsilon_0} \approx 377\,\Omega$ ist der Feldwellenwiderstand des Vakuums. Man erhält mit v als Phasengeschwindigkeit im nichtlinearen Medium

$$P(f_0) \doteq \epsilon_0 \left[\chi_1(f_0)\, E(f_0) + \chi_3(f_0, f_0, -f_0, f_0)\, E(f_0)E^*(f_0)E(f_0) \right],$$

$$n^2(f_0) = 1 + \chi_1(f_0) + \chi_3(f_0, f_0, -f_0, f_0)|E(f_0)|^2 = n_1^2(f_0) + \chi_3(f_0)|E(f_0)|^2,$$

$$n(f_0) \approx n_1(f_0) + n_3(f_0)|E(f_0)|^2, \quad n_3 = \chi_3/(2n_1), \quad 1/v = n/c. \quad (2.210)$$

n_1 ist die lineare Brechzahl, n_3 der sogenannte Kerr-Koeffizient. In Quarzglas beträgt $n_3 = 6{,}4 \cdot 10^{-11}\,\mu\text{m}^2/\text{V}^2$ [365, Abschn. 5.4.1] [526] [203, Abschn. 3.3], wobei mit $n \approx 1{,}5$ die Zuordnung $|E|^2/(\text{V}/\mu\text{m})^2 \approx 500\,I/(\text{W}/\mu\text{m}^2)$ gilt. In einer Quarzglasfaser mit einem typischen Kerndurchmesser von $2a = 10\,\mu\text{m}$ (Kernquerschnittsfläche $\approx 80\,\mu\text{m}^2$) variiert die Feldstärke mit der Querschnittsleistung P wie $|E|^2/(\text{V}/\mu\text{m})^2 \approx 6{,}3\,P/\text{W}$ bzw. $|E|/(\text{V}/\mu\text{m}) \approx 2{,}5\sqrt{P/\text{W}}$, so daß die Leistung $P = 100\,\text{mW}$ einer Feldstärkeamplitude von ungefähr $|E| = 0{,}8\,\text{V}/\mu\text{m} = 0{,}8\,\text{MV/m}$ entspricht, d. h. $n = n_1 + 4 \cdot 10^{-11}$. Da beim Kerr-Effekt die elektrische Feldstärke bei optischen Frequenzen die Elektronenbahnen der Glasmoleküle deformiert und dadurch die nichtlineare Polarisation erzeugt, ist die Zeitkonstante des Effekts sehr klein; sie liegt in der Größenordnung von $10^{-15}\,\text{s}$ [365, Abschn. 5.4.1] [203, Abschn. 3.3].

An Stellen hoher Intensität ist die Brechzahl höher als an Stellen kleiner Intensität. Da beispielsweise ein Gaußscher Strahl wie in Abb. 2.12 (Abschn. 2.4) die höchste Intensität auf der z-Achse hat, wird ein bei niedrigen Intensitäten homogenes Medium entlang der Strahlachse eine höhere Brechzahl entwickeln, wenn die Feldstärke wächst. Dieser transversal fokussierende Effekt wirkt der natürlichen Strahlaufweitung nach Abschn. 2.3 entgegen; man spricht von Selbstfokussierung. Oberhalb einer kritischen Feldstärke zieht sich der Strahl auf einen Faden zusammen, wodurch das Medium zerstört wird.

Der Kerr-Effekt beeinflußt das Brechzahlprofil eines Wellenleiters, so daß die transversale Wellenfunktion und die daraus folgende Ausbreitungskonstante entsprechend modifiziert werden [515].

Betrachtet werde ein einmodiger Wellenleiter an der Nullstelle der chromatischen Dispersion $C = 0$ (Gl. (2.119)) bzw. $\beta_m^{(2)} = 0$ (Abb. 2.34b). Mit n ändert sich die Phasen- und Gruppengeschwindigkeit v (Gl. (2.210)) und v_g in Ausbreitungsrichtung. Abbildung 2.36a zeigt eine mit $\exp[\,j\,\omega_0(t - z/v)]$ variierende Feldstärke $E(t, z)$, deren Amplitude impulsförmig moduliert ist; $z' = (c/n_1)t'$ sei der momentane Ort des Impulsmaximums ohne Kerr-Effekt zur Zeit t'. Dieser Leistungsimpuls möge längs der z-Achse im Wellenleiter propagieren, wobei von der transversalen Feldverteilung und einer Selbstfokussierung abgesehen werde. An der Stelle z ändert sich die Phase $\varphi(t, z) = \omega_0(t - z/v)$ mit der Zeit nach

$$\frac{\partial \varphi(t, z)}{\partial t} = \omega_0 \left(1 - \frac{\partial |E(t, z)|^2}{\partial t} \frac{n_3 z}{c} \right). \tag{2.211}$$

Man spricht von Selbstphasenmodulation [603]. Für eine gaußförmige Intensitätsmodulation ist der Feldstärkeverlauf im Wellenleiter für einen festen Zeitpunkt t' als Funktion des Orts $z - z'$ dargestellt, in Abb. 2.36a ohne, in Abb. 2.36b mit Berücksichtigung des Kerr-Effekts. Wegen der leistungsabhängigen Gruppengeschwindigkeit ist die Einhüllende des Impulses verzerrt.

Zusätzlich ist die jeweilige örtliche Abweichung der Momentanfrequenz $f(z)$ $= [\partial \varphi(t, z)/\partial t]/(2\pi)$ von der Mittenfrequenz f_0 aufgetragen; diese Differenz ist an der Impulsvorderflanke V' wegen $\partial |E(t, z)|^2/\partial t > 0$ negativ, an der Impulsrückflanke R' wegen $\partial |E(t, z)|^2/\partial t < 0$ dagegen positiv. Im Gegensatz zum Chirp eines Halbleiterlasers, bei dem die Momentanfrequenz im Bereich des Impulsmaximums mit wachsender Zeit abnimmt ($\alpha > 0$ in Gl. (2.193)), nimmt die Momentanfrequenz im Bereich des Impulsmaximums beim Kerr-Effekt zu; würde man ein Feld mit ursprünglich konstanter Amplitude impulsförmig ausschalten, so entstünde (statt des bisher diskutierten „hellen" Impulses) ein „dunkler" Impuls, dessen Momentanfrequenz im Bereich kleiner Leistungen (d. h. im Bereich der Impulsmitte) wie im Fall des Halbleiterlasers mit wachsender Zeit abnimmt. Wegen der Extrema von $f - f_0$ in Abb. 2.36b entwickeln sich bei der Propagation zwei ausgeprägte Seitenbänder im Leistungsspektrum („Ohren", vgl. die Diskussion der Eigenschaften einer Halbleiterlaser-Lichtquelle, Abschn. 2.9.3), das Spektrum ist durch den Chirp verbreitert.

Raman-Effekt

Durch das Laserlicht der Frequenz f_0 („Pumpfrequenz") können in der Faser Molekülschwingungen der Frequenzen f_M angeregt werden. Aus Gründen der Energieerhaltung entsteht dabei Licht bei den sogenannten Stokesschen Frequenzen $f_S = f_0 - f_M$ (spontaner Raman-Effekt). Vorhandenes Licht bei der Stokes-Frequenz f_S wird durch eine Pumpe bei der Frequenz $f_0 = f_S + f_M$ induziert verstärkt (induzierter Raman-Effekt). Dieser Effekt wird durch die nichtlineare Polarisation

$$P(f_S) = \epsilon_0 \, \chi_3(f_S, f_0, -f_0, f_S) \, |E(f_0)|^2 E(f_S) \tag{2.212}$$

erfaßt. Eine Impulsbilanz (zum mechanischen Impuls einer Lichtwelle s. Abschn. 2.1.7, Text vor Gl. (2.47)) zwischen laufenden Wellen der Frequenzen f_0 und f_S muß nicht erfüllt werden, da die Molekülschwingungen im Quarz der Faser relativ gut lokalisiert sind und somit jeden Impuls aufnehmen können (anders wären die Verhältnisse im einkristallinen Quarz). Es entsteht Stokessches Licht im Bereich $f_0 - \Delta f_S \leq f_S \leq f_0$, wobei $\Delta f_S = 15\,\mathrm{THz}$ ist entsprechend $\Delta(\lambda^{-1}) = 500\,\mathrm{cm}^{-1}$ [365, Abb. 5.1], und das Maximum der Verstärkung bei $\Delta(\lambda^{-1}) = 450\,\mathrm{cm}^{-1}$ liegt entsprechend $f_M = f_0 - f_S = 13{,}5\,\mathrm{THz}$ (bei einer Pumpwellenlänge von $\lambda = 1{,}3\,\mu\mathrm{m}$ hat die Stokes-Linie also eine um $76\,\mathrm{nm}$ höhere Wellenlänge). Wegen der rasch anwachsenden Intensität bei f_S wirkt diese primäre Linie ihrerseits als Pumpe, und es entsteht eine sekundäre Stokessche Linie $f_S - f_M = f_0 - 2f_M$; dieser Prozeß setzt sich fort, so daß es zu einem Stokes-Linienspektrum kommt, das für höhere Wellenlängen wegen der Linienverbreiterung durch Selbstphasenmodulation in ein Quasikontinuum übergeht. Das Stokes-Licht einer solchen Raman-Einmodenfaser stellt zunächst verstärkte spontane Emission dar und kann in Verbindung mit einem optischen Filter als räumlich kohärente Lichtquelle mit wählbarem Spektrum verwendet werden; mit passenden Resonatoren bei den gewünschten Stokes-Linien kann man einen Raman-Laser konstruieren, der beispielsweise bei einer Pumpwellenlänge von $\lambda = 1{,}06\,\mu\mathrm{m}$ im Bereich $1{,}06\,\mu\mathrm{m} \leq \lambda \leq 1{,}32\,\mu\mathrm{m}$ [321] bzw. bei einer Pumpwellenlänge von $\lambda = 1{,}32\,\mu\mathrm{m}$ im Bereich $1{,}32\,\mu\mathrm{m} \leq \lambda \leq 1{,}41\,\mu\mathrm{m}$ abstimmbar ist [322].

Brillouin-Effekt

Durch Licht der Frequenz f_0 können in der Faser auch Schallwellen der Frequenz f_μ angeregt werden, dabei entsteht durch spontane Brillouin-Streuung Licht der Frequenz $f_B = f_0 - f_\mu$, welches wieder analog Gl. (2.212) induziert verstärkt werden kann (induzierter Brillouin-Effekt). Wegen der Ausbreitung der Schallwelle längs der Faser muß die Impulsbilanz der Lichtwellen bei f_B, f_0 und der Schallwellen bei f_μ erfüllt sein, $\vec{k}_0 = \vec{k}_B + \vec{k}_\mu$. Die Bedingung ist erfüllbar, wenn die Wellen bei f_0, f_μ in z-Richtung laufen, die Welle des frequenzverschobenen Lichtes bei f_B dagegen in entgegengesetzter Richtung läuft. Für die Frequenzverschiebung (zum Einfluß der Temperatur s. [305]) erhält man mit der Medium-Schallgeschwindigkeit v_{ak} [190, Abschn. 1.11.6]

$$\Delta f_B = f_0 - f_B = f_\mu = 2 n v_{\mathrm{ak}}/\lambda. \tag{2.213}$$

Δf_B liegt in der Größenordnung von $15\,\mathrm{GHz}$ bei $\lambda = 1\,\mu\mathrm{m}$. Auch hier besteht die Möglichkeit, daß weitere Linien $f_0 - m f_\mu$, $m = 1, 2, 3, \ldots$ erzeugt werden.

Parametrische Effekte

Schließlich können noch neue Frequenzen durch parametrische Effekte erzeugt werden, z. B. durch eine nichtlineare Polarisation der Form

$$P(f_1) = \epsilon_0 \, \chi_3(f_1, f_2, -f_3, f_4) \, E(f_2)E^*(f_3)E(f_4), \quad f_1 = f_2 - f_3 + f_4. \quad (2.214)$$

Man spricht von Vier-Wellen-Mischung (four-photon mixing), da Photonen von vier Wellen unter Wahrung der Energiebilanz am Prozeß beteiligt sind. Weil dabei auch die Impulsbilanz zwischen den beteiligten Lichtwellen erfüllt werden muß, ist der Prozeß nur möglich, wenn die Wellen bei f_1, f_2, f_3, f_4 in einer Vielmodenfaser als Moden mit geeigneten Ausbreitungskonstanten $\beta_1 = \beta_2 - \beta_3 + \beta_4$ laufen.

Wechselwirkungslänge

Bei einer Reihe von nichtlinearen Wechselwirkungen kommt es auf das Produkt der jeweiligen Lichtintensität $I \sim |E(f)|^2$ mit dem Längeninkrement dz der Faser an $(\exp(\mathrm{j}\,k_0 n\,dz)$, n nach Gl. (2.110)). Mit $I = I_0 \exp(-\alpha z)$ und der Leistungs-Dämpfungskonstanten α (Gl. (2.49) in Abschn. 2.2) berücksichtigt man die abnehmende Intensität im Wellenleiter; man definiert für die nichtlineare Wechselwirkung eine effektive Länge L_{eff} durch

$$L_{\mathrm{eff}} = \int\limits_0^L \frac{I\,dz}{I_0} = \left(1 - e^{-\alpha L}\right)\big/\,\alpha, \quad L_{\mathrm{eff}} = 1/\alpha \quad \text{für } L \to \infty. \quad (2.215)$$

Für eine lange Faser ($L \to \infty$) mit dem Dämpfungsmaß $a/L = 1\,\mathrm{dB/km}$ (s. Gl. (2.49)) erhält man somit $L_{\mathrm{eff}} = 4{,}34\,\mathrm{km}$. In [365, Kap. 5] sind unter dieser Voraussetzung für eine Einmodenfaser mit $2a = 10\,\mu\mathrm{m}$ und für eine Vielmodenfaser mit $2a = 50\,\mu\mathrm{m}$ die kritischen Leistungen für einen Laser mit $\lambda = 1\,\mu\mathrm{m}$ angegeben. Die kritischen Leistungen sind wie folgt definiert: Für Selbstphasenmodulation ist es jene Eingangsleistung, für die der Impuls am Faserende ein doppelt so breites Frequenzspektrum wie am Eingang besitzt; für den induzierten Raman- bzw. Brillouin-Effekt ist es jene Eingangsleistung, für die am Faserende die Leistungen bei der Pumpfrequenz f_0 und den erzeugten Frequenzen f_S bzw. f_B gleich groß sind. Dabei ist vorausgesetzt, daß die Bandbreite der Pumpe beim Raman-Effekt kleiner ist als $\Delta(\lambda^{-1}) = 500\,\mathrm{cm}^{-1}$ bzw. $\Delta f_0 \leq \Delta f_S = 15\,\mathrm{THz}$, beim Brillouin-Effekt kleiner als $\Delta f_0 = 38{,}4\,\mathrm{MHz}$. Wenn das nicht zutrifft, sind die kritischen Leistungen mit dem Quotienten aus tatsächlicher Laserbandbreite und den hier angegebenen Bandbreiten zu multiplizieren.

Diese kritischen Leistungen sind für Brillouin-Effekt, Selbstphasenmodulation und Raman-Effekt bei der Einmodenfaser 0,0098; 0,18; 3,3 W, bei der Multimodenfaser 0,44; 5,0; 150 W. Werden diese kritischen Leistungen um 20 % unterschritten, so tritt der Effekt (bemerkbar durch eine Dämpfungserhöhung bei f_0 zufolge der Umsetzung des Lichtes in andere Frequenzen) praktisch nicht in Erscheinung.

Solitonen

Bei der Selbstphasenmodulation kommt es nach Gl. (2.210), (2.211) und Abb. 2.36b zu einem (nichtlinearitätsbedingten) Chirp, der die Frequenz im Vorderflankenbereich V' des Impulses verringert und im Rückflankenbereich R' gegenüber der Frequenz f_0 erhöht. Der Wellenleiter werde zunächst verlustlos angenommen. Berücksichtigt man seine Gruppenlaufzeitdispersion wie in Abschn. 2.9.3 (Entwicklung der Ausbreitungskonstanten bis zu Termen $\beta_m^{(2)} \neq 0$), und wählt man die Wellenlänge λ bzw. die Frequenz f_0 so, daß $\beta_m^{(2)} < 0$ ist („anomale" Dispersion), dann kommt es bei entsprechender Impulsspitzenintensität zu einer Impulsverkürzung, da R' schneller läuft als V', s. Abb. 2.34b und folgender Text in Abschn. 2.9.3. Je mehr sich R' und V' nähern, desto größer wird die Impulsspitzenintensität und damit der Chirp sowie die Geschwindigkeitsdifferenz von R' und V'. Jeder Teil des Impulses mit bereichsweise konstanter Frequenz f und Feldstärke E „sieht" eine Gruppenbrechzahl n_g, die mit wachsendem f aufgrund der Dispersion linear abnimmt und mit $|E|^2$ aufgrund des Kerr-Effekts linear wächst. Das Problem wird klassisch durch die nichtlineare Schrödinger-Gleichung beschrieben; ihre Lösung zeigt, daß für eine ganz bestimmte Impulsform der Art $s(t,z) = \mathrm{sech}[(t - z/v_g)/\tau]$ ($\mathrm{sech}(x) = 1/\cosh(x)$, τ ist eine Normierungsgröße) alle Impulsteile sich mit identischer Gruppengeschwindigkeit v_g bewegen; diese Impulsform stellt sich gegebenenfalls unter räumlich-zeitlicher Abtrennung „unpassender" Impulsteile (mit gegenüber dem Hauptimpuls unterschiedlicher Laufzeit und deutlich geringerer Intensität) nach einer Mindestlaufzeit auf der Faser ein, man spricht dann von einem „Soliton" [203]. Zwei Solitonen können sich durchdringen, wobei sie nach der Durchdringung ihre ursprüngliche Form wieder annehmen; das ist deswegen bemerkenswert, weil der Überlagerungssatz Gl. (2.166) nur für lineare Systeme gilt. Solitonen tragen ihren Namen, weil sie sich so „ungesellig" (solitär: unbeeinflußt von anderen, gesondert) verhalten. Auch „dunkle" Solitonen mit Einhüllenden $s(t,z) = \tanh[(t - z/v_g)/\tau]$ sind mögliche Lösungen; da bei ihnen die Momentanfrequenz im Bereich der Impulsmitte mit der Zeit abnimmt, muß ein Arbeitspunkt bei $\beta_m^{(2)} > 0$ in Abb. 2.34b gewählt werden.

Damit sich ein Soliton ausbildet, darf in Abhängigkeit von der Intensität ein bestimmtes Wellenleiterdämpfungsmaß a (Gl. (2.49)) nicht überschritten werden [203, Abschn. 5.1]. Spitzenfeldstärke E_0 bzw. Spitzenleistung P_0 und Leistungs-Halbwertsbreite Δt_{PH} eines Solitons im dämpfenden Wellenleiter ändern sich derart, daß das Produkt $\Delta t_{PH}\sqrt{P_0}$ konstant und die Einhüllende der Feldstärke sich ähnlich bleibt; der Impuls wird also in verlustbehafteten Fasern breiter und die Impulsenergie nimmt ab. Nach [203, Gl. (5.22), (5.25)] gilt mit dem effektiven Kernradius a_{eff} und dem Dispersionskoeffizienten C von Gl. (2.119), (2.62) für das konstante Impulsbreite-Feldstärke-Produkt

$$\frac{\Delta t_{PH}}{\mathrm{ps}}\sqrt{\frac{P_0}{\mathrm{W}}} = 0{,}16\,\frac{a_{\mathrm{eff}}}{\mu\mathrm{m}}\left(\frac{\lambda}{\mu\mathrm{m}}\right)^{3/2}\sqrt{\frac{|C|}{\mathrm{ps}/(\mathrm{km\,nm})}}\,,$$

$$\frac{P_0}{\mathrm{W}} > 6\cdot 10^{-3}\,\frac{a_{\mathrm{eff}}^2}{\mu\mathrm{m}^2}\,\frac{a/L}{\mathrm{dB/km}}. \tag{2.216}$$

Für ein Soliton mit $\Delta t_{PH} = 10\,\mathrm{ps}$ ist demnach in einer Faser mit $2a_{\mathrm{eff}} = 10\,\mu\mathrm{m}$ und $C = 10\,\mathrm{ps}/(\mathrm{km\,nm})$ bei $\lambda = 1{,}55\,\mu\mathrm{m}$ eine Spitzenleistung von $P_0 = 240\,\mathrm{mW}$ notwendig; für ein längenbezogenes Dämpfungsmaß $a/L = 0{,}2\,\mathrm{dB/km}$

muß die Solitonen-Spitzenleistung größer als $P_0 = 30\,\text{mW}$ bleiben (zugehörige Impulsbreite $\Delta t_{PH} = 28\,\text{ps}$).

Es ist bemerkenswert, daß in einem *linearen* Medium unter dem Einfluß von Dispersion wie in Gl. (2.185) das Produkt von Impulsbreite und Impulsspitzenleistung konstant bleibt, $\sigma_{P_m} P_{m\,\text{max}} = \text{const}$, so daß die Impulsspitzenleistung bei gleicher Impulsverbreiterung im Verhältnis zu Gl. (2.216) nur halb so stark abnimmt.

Injiziert man in die Übertragungsfaser ein Feld, dessen Frequenz $f_P = f_0 + f_M$ um die Frequenzablage $f_M = 13{,}5\,\text{THz}$ der Stokes-Linie höher als die Solitonen-Trägerfrequenz f_0 ist, so kann der induzierte Raman-Effekt Energie aus dem Pumpfrequenzband bei f_P auf die Solitonen-Linie transferieren und somit die Dämpfungsverluste kompensieren; die Impulsbreite bleibt dann konstant. Demonstriert wurden mit dieser Technik bei Übertragungslängen von $L \approx 5\,000\,\text{km}$ effektive Bitraten von 2,3 Gbit/s [374] sowie Übertragungslängen von $L \approx 6\,000\,\text{km}$ bei Impulsbreiten von $\Delta t_{PH} = 55\ldots100\,\text{ps}$ [375]. Über Probleme und Grenzen der Solitonen-Langstreckenübertragung informieren [50] [303] [524] [595].

2.11   Faserkenngrößen. Faserdimensionierung

Für ein- und vielmodige Lichtwellenleiter bestimmen die Basisgrößen Dämpfung (Abschn. 2.2.1 – 2.2.3, 2.6.7) und Leistungs-Impulsantwort bzw. Leistungs-Übertragungsfunktion (Abschn. 2.9, Abschn. 2.8.5) das Verhalten. Bei einmodigen Fasern sind zusätzlich die Spleiß-Toleranzen, der Kopplungsgrad räumlich kohärenten Lichts (Laser-Strahlung) sowie die Polarisationseigenschaften [397] (Abschn. 2.7.7) ein wichtiges Kriterium; bei Vielmodenfasern interessiert der Wirkungsgrad bei der Einkopplung räumlich inkohärenten Lichts (LED-Strahler).

Die Übertragungsbandbreite der Einmodenfaser wird maßgeblich von der Wellenleiter-Dispersion mitbestimmt (Gl. (2.119)) und ist ebenfalls mit der Dämpfungscharakteristik verbunden. Durch verschiedene Feldweiten werden die Wellenleiter-Eigenschaften erfaßt. Die folgenden Zeilennummern X (abgekürzt Z. (X)) beziehen sich auf Tabelle 2.1 (Seite 79 in Abschn. 2.7.5).

Zu Kabeln verseilte Ein- und Vielmodenfaseradern [294] werden häufig mit einem lose extrudierten Schutzröhrchen versehen [403], in dem sich die Faser frei bewegt [227]; in diesen sogenannten Hohladern ist ein gewisser Ausgleich möglich, wenn sich das Kabel durch Temperaturen, die von der Verkabelungstemperatur abweichen (gewöhnlich Zimmertemperatur), in der Länge ändert. Wird das Kabel erwärmt, so verlängert sich das Röhrchen wegen der unterschiedlichen Ausdehnungskoeffizienten stärker als die Faser; diese liegt dann nicht mehr in losen Biegungen der Röhrchenwand an, sondern nähert sich der *Kabel*achse und wird schließlich fest an die mikrorauhe Röhrchenwandung gepreßt. Die dadurch hervorgerufenen Mikrokrümmungen erhöhen die Faserdämpfung.

Kühlt sich das Kabel ab, wie es bei Erdverlegung normalerweise der Fall sein wird, dann nimmt die Faserlänge schwächer ab als die Röhrchenlänge, und die Faserachse biegt sich mit Radien R_B, die umso kleiner werden, je stärker sich das Schutzröhrchen verkürzt. Folglich werden beim verlegten Kabel nicht Mikrokrümmungen das Dämpfungsverhalten bestimmen, sondern Makrokrümmungen [158], so daß es sinnvoll ist, die Fasern in dieser Hinsicht zu optimieren [227] (Z. (15), Gl. (2.98) und Gl. (2.100)).

Einmodenfaser

Neben Rayleigh-Streuung und Infrarot-Absorption (Abschn. 2.2.1 – 2.2.3) bestimmen Mikro- und Makrokrümmungen die Dämpfung von Einmodenfasern. Spleiß- und Einkoppel-Toleranzen hängen mit Mikro- und Makrokrümmungsdämpfung eng zusammen [16] [4] [329].

In Z. (18) sind Größenordnungsbeziehungen zwischen verschiedenen Feldweiten angegeben. Gibt man sich beim Entwurf einer Faser eine bestimmte (kleine) Mikrokrümmungsdämpfungskonstante α_p vor, so ist mit der wesentlichen Einflußgröße r_{eff} (soll klein sein, Feld reicht nur wenig in den Mantel, Z. (14)) bereits der Kopplungsgrad $\eta_{\varrho V}$ bei einer Achsenverkippung ϱV der Fasern an der Verbindungsstelle festgelegt (Z. (12), (10b), $\eta_{\varrho V} = 1 - \varrho_V^2 \pi^2 r_{\mathrm{eff}}^2$ ist dann groß, d. h. geringe Spleißdämpfung). Wünscht man eine hohe Dämpfungstoleranz gegenüber einem radialen Versatz r_V zweier gespleißter Fasern, so ist $r_{\mathrm{äq}}$ spezifiziert (soll groß sein, ausgedehntes Nahfeld, Z. (12)).

Im Einmoden-Betriebsbereich (s. Gl. (2.104) in Abschn. 2.7.1) verursacht ein großes $r_{\mathrm{äq}}$ (kleiner Feldkonzentrationsfaktor Γ_{LP}, Gl. (2.84)) höhere Wellenleiterdispersion (größerer Dispersionsfaktor in Abb. 2.17b), als wenn das Feld stärker auf den Kern konzentriert geblieben wäre. Bei einem ausgedehnten Nahfeld ($r_{\mathrm{äq}}$, r_{eff} groß, Γ_{LP} klein) ist auch die Mantelfeldweite r_w groß (Z. (17)), und entsprechend hohe Dämpfungen sind bei Makro- und Mikrokrümmungen der Faserachse zu erwarten (Z. (15)). Mit der Gestalt des Brechzahlprofils kann man noch versuchen, die Wellenleiterdispersion $W \sim \mathrm{d}(\lambda/r_{\mathrm{äq}}^2)/\mathrm{d}\lambda$ (Z. (13)) nach Gl. (2.119) zu optimieren.

Allgemein kann man sagen, daß es möglich ist, kleine Krümmungsverluste einzustellen mit gleichzeitig geringer Spleißdämpfung bei Verkippung der Faserachsen; bei radialem Achsenversatz ist die Spleißdämpfung allerdings hoch.

Minimiert man die Wellenleiterdispersion einer Stufenprofilfaser durch einen Betrieb nahe der Grenzfrequenz, dann ist das Feld hinreichend gaußähnlich, so daß gleichzeitig kleine Dämpfungen durch Mikrokrümmungen und Spleiße (Winkel- und Achsenversatz) erreichbar sind, $r_{\mathrm{äq}} \approx r_{\mathrm{eff}} \approx r_p \approx r_w \approx r_G$. Dispersionskompensierte Fasern dagegen (s. Abb. 2.18h in Abschn. 2.6.5) haben mit $r_{\mathrm{eff}} \geq r_G$ (Z. (18a)) von der Gauß-Form stark abweichende Nahfelder; daher ist die Mikrokrümmungsdämpfung dispersionskompensierter Fasern immer wesentlich größer als die einer Einmantel-Stufenprofilfaser mit vergleichbarer Spleißdämpfung bei radialem Versatz, $r_G \geq r_{\mathrm{äq}}$ Z. (18a).

Für die Einkopplung von Laserlicht in eine Einmodenfaser und für Spleißverbindungen gilt nach Z. (10a), (10b), daß hohe Toleranz gegenüber Achsenverkippungen (r_{eff} klein, $\varrho_{\mathrm{äq}}$ groß, z. B. zwischen Laserstrahl und Faser) eine große Toleranz gegenüber einem radialen Versatz der Achsen (r_{eff} groß, $\varrho_{\text{äq}}$ klein) ausschließt und umgekehrt, denn für einen Modus ist das Produkt von effektiver Nah- und Fernfeldfläche $\pi r_{\text{eff}}^2 \, \pi \varrho_{\text{eff}}^2 = (\lambda/n)^2$ eine Konstante in der Größenordnung von λ^2 (s. Gl. (2.44) in Abschn. 2.1.7).

Vielmodenfaser

Für LED-Systeme ist es wegen des zu Δ proportionalen Kopplungsgrades (Gl. (2.148) in Abschn. 2.8.3) günstig, Dickkernfasern mit Stufenprofil und möglichst hohem Δ zu nehmen, sofern das geforderte Bandbreite-Länge-Produkt es zuläßt, Gl. (2.202) in Abschn. 2.9.4. Da aber auch das Rayleigh-Dämpfungsmaß a_S nach Gl. (2.51) (Abschn. 2.2.2) proportional mit Δ wächst, wird die Leistung P am Ende einer Faserstrecke der Länge L für ein optimales $\Delta = \Delta_{\text{op}}$ maximal,

$$P \sim \Delta \cdot 10^{-0,1 \frac{a_s}{\text{dB/km}} \frac{L}{\text{km}}} = \Delta \cdot 10^{-0,1 \frac{A(1+B\,\Delta)}{(\lambda/\mu\text{m})^4} \frac{L}{\text{km}}}, \qquad (2.217)$$

$$\Delta_{\text{op}} = \frac{1}{L/\text{km}} \frac{(\lambda/\mu\text{m})^4}{A\,B} \frac{10}{\ln 10} = 5{,}4 \cdot 10^{-2} \frac{(\lambda/\mu\text{m})^4}{L/\text{km}} \qquad (A = 0{,}8; B = 100; \Delta < 2\,\%).$$

$\Delta_{\text{op}} \approx 2\,\%$ ist der Optimalwert bei $\lambda = 0{,}85\,\mu\text{m}$ und $L = 1{,}4\,\text{km}$ sowie für $\lambda = 1{,}28\,\mu\text{m}$ und $L = 7\,\text{km}$.

2.12   Herstellungsverfahren

Hier sollen nur zwei Verfahren zur Herstellung hochqualitativer Quarzglasfasern kurz erläutert werden. Eine Übersicht über Verfahren zur Herstellung und zur Qualitätskontrolle von Polymer-, Glas-Plastik-, Glas-Glas- und Quarzglasfasern sowie von Lichtwellenleiter-Kabeln geben [28] [186] [365, Kap. 7–10, 12, 13] [567, Kap. 7] [227] [97] [111] [461] [271] [335, Kap. 7] [210] [145] [549] [146] [290] [266] [330]. Für kürzere Strecken können Fasern aus Alkali-Borsilikatgläsern oder Bleisilikatgläsern verwendet werden (Kern und Mantel sind aus verschieden brechenden Glassorten, die aus einer Düse im Boden eines Doppeltiegels direkt aus der Schmelze zur Faser ausgezogen werden); die Dämpfungen liegen über $3\,\text{dB/km}$ bei $\lambda = 0{,}85\mu\text{m}$. Auch Stufenprofilfasern aus Glas-Plastik werden eingesetzt: Der Kern besteht aus hochreinem Quarzglas oder Mehrkomponentenglas, der Mantel aus einem hochtransparenten Kunststoff; minimale Dämpfungen betragen $5\,\text{dB/km}$ bei $\lambda = 0{,}85\,\mu\text{m}$.

PCVD-Verfahren

Im sogenannten PCVD-Verfahren und im MCVD-Verfahren (plasma activated chemical vapour deposition, modified chemical vapour deposition [186] [577]) werden auf der Innenseite eines Quarzrohres Schichten aus reinem Quarzglas (z. B. zur Bildung der späteren Mantelschicht, die unmittelbar an den Kern anschließt) und dotiertem Quarzglas (zur Bildung des späteren Faserkerns) abgeschieden. Das PCVD-Verfahren (Niederdruck-Plasma-Verfahren) wird im folgenden erläutert.

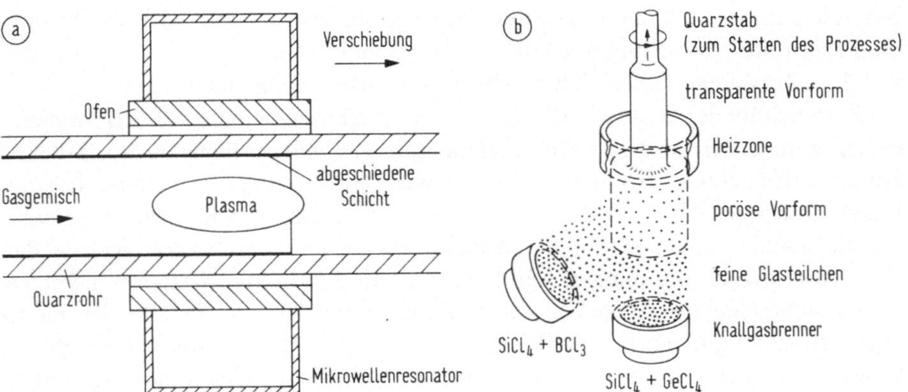

Abb. 2.37. Herstellung von Vorformen.   (a) Niederdruck-Plasma-Verfahren (PCVD, MCVD)   (b) VAD-Verfahren; zur Außenseite hin abnehmende Ge-Konzentration, zunehmende B-Konzentration

Über ein Quarzrohr (z. B. 1 mm Wandstärke, 6 cm Durchmesser) wird ein Ofen geschoben, der eine Temperatur von 1 100 °C erzeugt, Abb. 2.37a. Ein Mikrowellenresonator erzeugt an dieser Stelle in dem teilevakuierten Rohr (1 ... 20 mbar) ein Niederdruckplasma (z. B. 200 W Mikrowellenleistung bei 2,5 GHz). Je nach der gewünschten Abscheidung durchströmt das Rohr ein Gemisch von O_2 mit $SiCl_4$ und Zusätzen von BCl_3, $GeCl_4$ oder Phosphoroxidchlorid $POCl_3$. Im Niederdruckplasma werden Oxide gebildet, die als dünne Glasschicht (Schichtdicke 0,1 ... 0,5 μm) an der Wand abgeschieden werden. Es schlägt sich Quarz SiO_2 nieder, fallweise dotiert mit B_2O_3, GeO_2 oder P_2O_5; das nicht verbrauchte Material, das freigesetzte Chlor und der restliche Sauerstoff werden auf der anderen Seite aus dem Rohr abgezogen. Die Materialausbeute der Abscheidung erreicht dabei fast 100 %. Das gewünschte Brechzahlprofil wird durch Abscheidung von bis zu 2 000 Schichten erzeugt. Das so beschichtete Rohr wird dann auf 1 900 ... 2 000 °C erhitzt und kollabiert zufolge der Oberflächenspannung (innen und außen gleicher Druck, allenfalls innen leichter Überdruck) zu einem Quarzstab von 1,5 ... 3 cm Durchmesser, der sogenannten Vorform. Bei dieser Erhitzung wird an der Innenwand GeO_2 in flüchtiges GeO und Sauerstoff zerlegt. Das Brechzahlprofil zeigt in der gezogenen Faser auf der Achse in einer Zone (deren Durchmesser bis zu einigen μm betragen kann) einen Brechzahleinbruch (dip), unter Umständen bis zum Wert der Brechzahl von undotiertem Quarz (s. Abb. 2.20 in Abschn. 2.6.7).

Beim Kollabieren ändert sich das Brechzahlprofil auch zufolge der geometrischen Änderung: Ein Kreisring der Fläche $2\pi R\,dR$ im Quarzrohr geht in einen Kreisring gleicher Fläche $2\pi r\,dr$ der Vorform über. Hatte die Beschichtung eine linear (Proportionalitätsfaktor K) nach außen hin abnehmende Brechzahl, so gilt daher ($R \gg r$ kann als Konstante betrachtet werden)

$$dn = -K\,dR = -K/R \cdot r\,dr \quad \Longrightarrow \quad n(r) = n(0) - K/(2R) \cdot r^2, \qquad (2.218)$$

und man erhält einen parabolischen Brechzahlverlauf in der Vorform. In einer

Faserziehanlage wird dann ein Ende der Vorform bei ca. 2 000 °C erweicht und die Faser unter Erhaltung des Vorform-Brechzahlprofils abgezogen. Vorformen von 1 ... 2 m Länge lassen sich zu Fasern bis 20 km Länge ausziehen.

Zum Schutz der Quarzoberfläche vor Verunreinigungen und vor Mikrorissen, welche zum Bruch der Faser führen können, wird die Faser beim Ziehprozeß mit Kunststoffschichten versehen: Auf den Fasermantel von typischerweise 125 μm Durchmesser (s. Abb. 2.18 in Abschn. 2.6.5) wird eine weiche, sehr elastische Primärbeschichtung von 200 μm Außendurchmesser aufgebracht, welche die Faser vor Mikrokrümmungen schützen soll. Es folgt eine mechanisch festere Sekundärbeschichtung von 250 μm Außendurchmesser zum Schutz der Faser gegen Beschädigungen bei der Weiterverarbeitung. Man verwendet Beschichtungsmaterialien auf der Basis UV-härtender Urethan- oder Silikon-Acrylate. Die Schicht wird aufgebracht, indem man die Faser durch einen Behälter mit lösungsmittelfreiem, flüssigen Kunststoff geeigneter Viskosität zieht; anschließend wird die Schicht durch UV-Bestrahlung gehärtet. Über die Gesichtspunkte, die bei der Wahl der Beschichtungskunststoffe maßgeblich sind, siehe z. B. [461]. Die Zugfestigkeit von primär beschichteten Fasern erreicht Werte bis zu 3 000 ... 5 000 N/mm^2 [29] [27] [402]; bei einem Faserdurchmesser von 125 μm entspräche das einer Kraft von 37 ... 61 N. Tatsächlich werden Fasern bei der weiteren Verarbeitung und im Gebrauch möglichst nicht über 130 N/mm^2 beansprucht [299]. Als weiterer Schutz der Faser kommt ein lose über die Faser extrudiertes Schutzröhrchen in Betracht (Hohlader, eventuell mit einem Gleit- und Polstergelee gefüllt [227]).

VAD-Verfahren

Das sogenannte VAD-Verfahren (vapour axial deposition [238] [239] [532] [557]) hat gegenüber dem bisher besprochenen zum einen den Vorteil, daß es als kontinuierlicher Prozeß abläuft (Endlos-Vorform), zum anderen kann der störende Brechzahleinbruch auf der Faserachse vermieden werden. Mit einem Knallgasbrenner wird auf der Endfläche eines rotierenden Quarzstabes ein gewünschtes Temperaturprofil erzeugt (es ist wesentlich für die Erzeugung des angestrebten Dotierungsprofils). Aus mindestens zwei Düsen Abb. 2.37b wird SiCl$_4$ (mit Beigaben von GeCl$_4$ bzw. BCl$_3$) auf die Endfläche des Stabes geblasen; durch Flammenhydrolyse werden die Substanzen in Oxide verwandelt, die sich auf der Endfläche niederschlagen und eine poröse Vorform von ungefähr 70 mm Durchmesser bilden. Im gezeichneten Beispiel würde die Ge-Dotierung von der Achse nach außen abnehmen, die B-Dotierung dagegen zunehmen; die äußerste Zone bildet später den konstant dotierten (oder auch undotierten) Mantel. Die poröse Vorform wird durch eine 30 mm lange Heizzone (1 500 ... 1 600 °C) gezogen, wo sie zu einer transparenten, blasenfreien Vorform von ungefähr 25 mm Durchmesser zusammenschmilzt. Die poröse Vorform kann vor dem Zonenschmelzen noch einem speziellen Dehydrierungsprozeß unterzogen werden, bei dem die OH-Ionenkonzentration (verursacht Infrarotabsorption, siehe Abschn. 2.2.3) auf extrem kleine Werte gebracht werden kann. Die Materialausbeute liegt bei diesem Prozeß um 80 %.

Kapitel 3

Lichtquellen, Lichtmodulation, Verstärker

3.1 Prinzipielle Wirkungsweise

3.1.1 Lumineszenz- und Laserstrahlung

Die Anregungsenergie eines Mikrosystems (eines Atoms, Moleküls, oder z. B. eines Elektrons im Leitungsband eines Halbleiters) kann von diesem durch einen Übergang in einen Zustand geringerer Energie abgegeben werden. Der Übergang kann strahlend oder nichtstrahlend erfolgen. Die Übergangswahrscheinlichkeiten für die einzelnen Prozesse hängen ab von den quantenmechanischen Eigenschaften des Anfangszustands und des Endzustands sowie von der Art der äußeren Einflüsse (Störung, Wechselwirkung), denen das Mikrosystem ausgesetzt ist.

Bei strahlenden Übergängen wird die Energiedifferenz zwischen der Energie W_2 des Anfangszustands und der Energie W_1 des Endzustands als Quant der elektromagnetischen Strahlung (Photon) der Energie $hf = W_2 - W_1$ an einen Modus des elektromagnetischen Feldes abgegeben. Bei nichtstrahlenden Übergängen wird die Energiedifferenz z. B. zur Erzeugung eines Schallquants oder zur Anregung anderer atomarer oder molekularer Freiheitsgrade in den beteiligten Substanzen verwendet. Für die Konstruktion von Lichtquellen ist daher eine hohe Wahrscheinlichkeit der strahlenden Übergänge im Vergleich zur Übergangswahrscheinlichkeit der nichtstrahlenden Übergänge erwünscht, da nur dann die in das System gepumpte Anregungsenergie effizient zur Lichterzeugung genutzt wird.

Strahlende Übergänge lassen sich in spontane und induzierte Übergänge klassifizieren. Zunächst soll die Bedeutung des Begriffs „spontaner Übergang" erläutert werden.

Bei einer Analyse von mechanischen Systemen mit den Methoden der Quantenmechanik (d. h. nur mechanische Systeme, also auch Atome und Moleküle, wurden quantisiert, elektromagnetische Felder dagegen klassisch betrachtet) ergab sich, daß ein Zustand mit einer bestimmten Energie W unendlich lange erhalten bleibt, wenn das System keiner Störung ausgesetzt wird (sogenannte stationäre Zustände). Ein angeregtes Atom im Vakuum, welches frei von elektromagnetischen Feldern ist — das heißt, sowohl die elektrische als auch die magnetische Feldstärke zufolge außerhalb des Atoms liegender Ursachen verschwindet zu allen Zeiten an allen Raumpunkten — ist keiner Störung ausgesetzt und müßte die Anregungsenergie unter Beibehaltung seines Zustandes bestimmter Energie W beliebig lange speichern. Experimentell konnte dies nicht bestätigt werden, Atome gaben ihre Anregungsenergie auch ohne ersichtliche Störung scheinbar grundlos ab, und daher stammt die Bezeichnung „spontane Emission". Mit der Entwicklung der Quantenelektrodynamik wurden auch elektromagnetische Felder quantisiert, und man erkannte, daß die elektrische und die magnetische Feldstärke durch eine Unschärferelation verknüpft sind, das heißt, es handelt sich um Größen, denen nicht gleichzeitig ein scharfer Wert zugeordnet werden kann: damit ist aber auch die Forderung nach einem elektromagnetischen Vakuum, in welchem die Feldstärken $\vec{E}$ und $\vec{H}$ zu allen Zeiten und an allen Orten null sind, sinnlos geworden. Im quantenelektrodynamischen Vakuum sind zwar die Erwartungswerte von $\vec{E}$ und $\vec{H}$ an allen Raum-Zeit-Punkten null, aber wegen der Unschärferelation ist der Erwartungswert der Energiedichte $\epsilon_0\vec{E}^2/2+\mu_0\vec{H}^2/2$ endlich, derart, daß die Gesamtenergie in jedem Modus des Feldes den Wert $hf/2$ besitzt (Nullpunktsenergie). Diese Energie (die minimale, die ein Modus aufgrund der Unschärferelation besitzen muß) kann dem Feld nicht entzogen werden, aber die um den Erwartungswert Null schwankenden Feldstärken des quantenelektrodynamischen Vakuumfeldes stellen natürlich für die Ladungen eines angeregten Atoms eine Störung dar, unter deren Einfluß die Emission eines Lichtquants veranlaßt wird: die „spontane Emission" ist somit eine durch das Nullpunktsfeld veranlaßte Emission. Da alle Moden dieselbe Nullpunktsenergie $hf/2$ besitzen, kann die spontane Emission gleich wahrscheinlich in jeden Modus des Feldes erfolgen.

Das spontan in einen Modus emittierte Quant modifiziert ein in diesem Modus etwa bereits vorhandenes Feld: War das Feld (in klassischer Beschreibung) vor der spontanen Emission ein idealer Sinus gegebener Amplitude und Phase, so wurde dem Feld zufolge der spontanen Emission ein Zusatzfeld mit einer Phasendifferenz überlagert, welche jeden Wert zwischen Null und 2π mit gleicher Wahrscheinlichkeit annehmen kann. Spontane Emissionen führen somit nicht zu einer geordneten (kohärenten) Verstärkung eines vorhandenen elektromagnetischen Feldes, sie äußern sich als Rauschen. Die Wahrscheinlichkeitsdichte des klassischen analytischen Signals der spontanen Emission ist der in Abschn. 6.3.6 beschriebene Gaußsche Maulwurfshügel. Es sei daran erinnert, daß ein stationärer Gaußscher Zufallsprozeß vollständig bestimmt ist, wenn man seine Korrelationsfunktion (oder deren Fouriertransformierte, das Leistungsspektrum) kennt.

Inkohärente Lichtquellen (z. B. Lumineszenzdioden, bei denen Elektronen aus einem Leitungsbandzustand unter spontaner Emission eines Quants in einen Valenzbandzustand übergehen) liefern demnach ihre Emission in vielen verschiedenen longitudinalen und transversalen Moden des Feldes, so daß ihre

Kombination mit Monomodenwellenleitern wegen der hohen Einkoppelverluste in der Regel nicht sinnvoll ist (bei verlustlosen Transformationen muß das Phasenraumvolumen konstant bleiben, siehe Abschn. 2.1.7). Spontan emittiertes Licht wird auch als Lumineszenzlicht bezeichnet.

Die zweite Möglichkeit für einen strahlenden Übergang ist der sogenannte „induzierte" (oder: „stimulierte") Übergang. Wenn ein Modus des Strahlungsfeldes der Frequenz f bereits mit Photonen besetzt ist, kann ein im Feld befindliches angeregtes System bei einem möglichen Übergang $W_2 - W_1 = hf$ das Photon derart abgeben, daß das dadurch im Modus entstehende Zusatzfeld sich dem bereits vorhandenen Feld mit gleicher Phase und Polarisation überlagert. Diese Prozesse dienen der kohärenten (phasenrichtigen) Verstärkung bereits vorhandener Felder: Die Wahrscheinlichkeit, daß ein Photon in einen bereits mit n Photonen besetzten Modus emittiert wird, ist n-mal so groß wie die Wahrscheinlichkeit einer spontanen Emission in *denselben* Modus: Die bereits vorhandenen Photonen „induzieren" einen Übergang bevorzugt in jene Moden, die bereits mit vielen Photonen besetzt sind. Das Verhältnis der Wahrscheinlichkeiten einer induzierten und einer spontanen Emission in einen ganz bestimmten betrachteten Modus ist zwar $n/1$ (n ist die Anzahl der Quanten in diesem Modus), aber das Verhältnis der Wahrscheinlichkeiten einer induzierten Emission zu einer spontanen Emission *überhaupt* ist viel kleiner. Ein Beispiel erläutert dies: Das Feld, in dem sich das angeregte Atom befindet, sei auf ein Volumen V beschränkt, bei der Frequenz $f = (W_2 - W_1)/h$ des Übergangs sollen im betrachteten Volumen M Moden unterscheidbarer Richtung und Polarisation möglich sein, von denen *einer* mit n Photonen besetzt sei. In allen anderen Moden sei nur das quantenelektrodynamische Nullpunktsfeld. Die induzierte Emission ist nur in den bereits besetzten Modus möglich, die spontane Emission dagegen mit gleicher Wahrscheinlichkeit in jeden der in Frage kommenden Moden, wodurch sich das Verhältnis der Wahrscheinlichkeiten einer induzierten Emission zu einer spontanen Emission insgesamt auf den Wert n/M verringert.

Induzierte Übergänge können (im Gegensatz zu spontanen Übergängen) nicht nur zur Emission, sondern auch zur Absorption eines Photons durch ein Mikrosystem mit passenden Energieniveaus führen: Aus einem mit n Photonen besetzten Modus des Feldes wird ein Photon von einem Atom absorbiert, wodurch das im unteren Energiezustand W_1 befindliche Mikrosystem in den Zustand der Energie $W_2 = W_1 + hf$ übergeführt wird. Diese Wahrscheinlichkeit einer Absorption ist ebenfalls proportional zur Anzahl n der Photonen im betrachteten Modus und gleich groß wie die Wahrscheinlichkeit einer induzierten Emission in diesen Modus (wenn sich im Feld ein angeregtes Mikrosystem befände). Eine *spontane* Absorption ist ein unmöglicher Vorgang, weil bei $n = 0$ im Modus nur das Nullpunktsfeld vorhanden ist, dessen Energie $hf/2$ nicht entfernt werden kann und daher auch nicht als Anregungsenergie auf ein Atom transferierbar ist. Andererseits kann ein Mikrosystem, das sich im Zustand geringster Energie befindet (dem sogenannten Grundzustand), natürlich kein Photon emittieren. Der Grundzustand hat eine unendlich lange Lebensdauer. Aus quantentheoretischen Überlegungen kann in einer für Messungen zur Verfügung stehenden Zeit Δt die Systemenergie nur mit einer Unsicherheit ΔW ermittelt werden, für die $\Delta W \Delta t \geq \hbar/2$ gilt. Die Energie des Grundzustandes ist somit im Prinzip genau bestimmbar, die eines angeregten Zustandes dagegen nie. Wegen der endlichen Lebensdauer τ_{sp} des angeregten Zustandes (zufolge der Möglichkeit spontaner Übergänge) ist die Anregungsenergie $W_2 - W_1$ nicht genau bekannt, daher auch nicht die genaue Energie hf des spontan emittierten Photons. Spontan emittierte Photonen haben im Erwartungswert eine Energie hf_0, welche durch den Erwartungswert der Energiedifferenz $W_2 - W_1$ bestimmt ist. Die Wahrscheinlichkeitsdichte einer spontanen Emission bei einer Frequenz f hat aber nach dem Gesagten eine Linienform $\rho(f)$ mit einem Maximum bei $f = f_0$ und einer Linienbreite Δf, die umgekehrt proportional zur Lebensdauer τ_{sp} ist. Abb. 3.1 zeigt schematisch die Abläufe bei der Emission und Absorption von Photonen. Damit ist die Strategie klar, die man anwenden

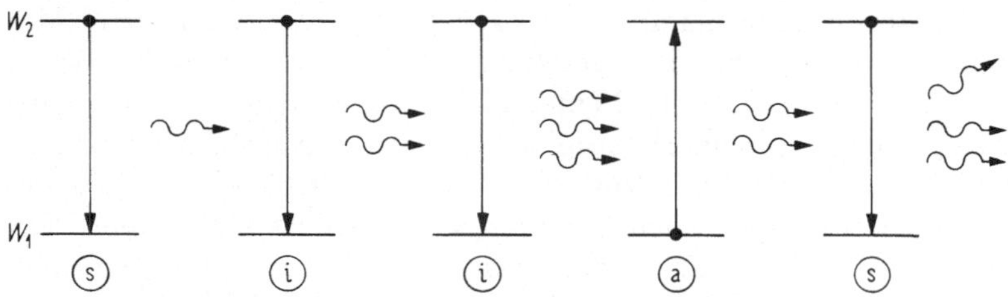

Abb. 3.1. Schematische Darstellung der Vorgänge bei der (a) Absorption, (s) spontanen Emission und (i) induzierten Emission von Photonen

muß, um eine Lichtquelle zu konstruieren, bei der möglichst alle Photonen in einen einzigen Modus des elektromagnetischen Feldes durch induzierte Emission übergehen: Es muß eine Resonanzstruktur vorhanden sein, welche einem ganz bestimmten Modus des elektromagnetischen Feldes der Frequenz f eine deutlich höhere Güte verschafft als allen anderen Moden des Feldes (die „Lebensdauer" der Photonen in diesem Modus, d. h. ihre Aufenthaltsdauer im Resonator, bevor sie durch Verluste absorbiert oder durch Austreten aus dem Resonator an die Umgebung abgegeben werden, ist deutlich größer als für Photonen in allen anderen Moden des Feldes). Sind im Resonatorvolumen angeregte Atome mit Energieniveaus W_2, W_1, so werden zunächst spontane Emissionen an alle Moden der Frequenz $f = (W_2 - W_1)/h$ erfolgen. Diejenigen Photonen, welche in den Resonanzmodus abgegeben werden, sammeln sich wegen ihrer hohen Lebensdauer aber zu merklichen Anzahlen an, wodurch proportional zu ihrer Anzahl n die Wahrscheinlichkeit steigt, daß weitere Photonen in den Resonanzmodus induziert emittiert werden. Weil bereits emittierte Photonen aber durch einen Übergang $W_1 + hf = W_2$ von einem Mikrosystem reabsorbiert werden können, muß die Anzahl der induzierten Emissionen größer sein als die Anzahl der (notwendigerweise induzierten) Absorptionen. Das ist sicher dann der Fall, wenn man dafür sorgt, daß die Anzahl der im angeregten Zustand W_2 befindlichen Mikrosysteme im Resonatorvolumen größer ist als die Anzahl der im Zustand niedrigerer Energie W_1 befindlichen Systeme. Der Mechanismus, der diesen Zustand der „Inversion" (im Gegensatz zu den Verhältnissen im thermischen Gleichgewicht sind angeregte Systeme häufiger anzutreffen als solche ohne Anregungsenergie) aufrechterhält, wird als „Pumpe" bezeichnet: Bei einer flußgepolten Halbleiterdiode können z. B. durch den Injektionsstrom in den pn-Übergang Elektronen im Leitungsband und Löcher im Valenzband dauernd nachgeliefert werden, bei deren strahlender Rekombination spontan oder induziert emittierte Photonen entstehen.

Wenn die Verstärkung so groß ist, daß dadurch die ursprünglichen Verluste des Resonanzmodus überkompensiert werden (Schwelle der Oszillation), wächst die Photonenanzahl im Resonanzmodus zunächst exponentiell an, und ebenso steigt die Wahrscheinlichkeit von induzierten Emissionen in diesen Modus. Jedes weitere durch den Pumpmechanismus zugeführte angeregte Mikrosystem gibt sein Photon praktisch „sofort" induziert an den Resonanzmodus ab, sodaß die Chance der spontanen Emission (Lebensdauer für spontane Übergänge τ_{sp}, siehe oben) immer geringer wird. Das Feld wird immer kohärenter, die effektive Lebensdauer der angeregten Mikrosysteme für induzierte Photonenemission wird immer kleiner, die Photonenanzahl im Resonanzmodus stabilisiert sich auf einem hohen Endwert n_0, welcher sich (unter der jetzt gerechtfertigten Vernachlässigung der spontanen Emissionen) wie folgt errechnet: Die Übergangswahrscheinlichkeit für induzierte Emissionen zufolge dieser Photonenanzahl n_0 muß so groß sein, daß die pro Zeiteinheit durch die Pumpe nachgelieferten Mikrosysteme ihr Photon induziert abgeben, und daß die dadurch erzeugte Anzahl von Photonen gerade pro Zeiteinheit durch die Resonatorverluste verbraucht wird (dazu zählt auch die als Nutzleistung des Oszillators ausgekoppelte Photonenanzahl), weil dann die Gesamtzahl n_0 der Photonen im Resonator konstant bleibt. Die statistischen Eigenschaften dieses Laserlichtes (Laser = $\underline{L}$ight $\underline{A}$mplification by $\underline{S}$timulated $\underline{E}$mission of $\underline{R}$adiation) unterscheiden sich fundamental von denen des Lumineszenzlichts: Die Wahrscheinlichkeitsdichte des analytischen Signals ist das in Abschn. 6.3.6 beschriebene Ringgebirge (stabile Amplitude). In azimutaler Richtung (für die Phase) gibt es dagegen keine stabilisierende Wirkung, unvermeidliche spontane Emissionen veranlassen eine Diffusionsbewegung. Über genügend lange Zeiten geht somit die Prognostizierbarkeit des Phasenwertes verloren, und die resultierende Wahrscheinlichkeitsdichte ist rotationssymmetrisch. Die endliche Linienbreite des Oszillatorsignals ist eine Folge der Diffusionsbewegung des Oszillatorzeigers zufolge spontaner Emission.

Auf dem Mechanismus der induzierten Emissionen beruhen auch Lichtverstärker, bei denen die Photonen des eingekoppelten Eingangssignals induzierte Übergänge in angeregten, durch den Pumpmechanismus nachgelieferten Mikrosystemen hervorrufen. Eine Resonanzstruktur ist nicht erforderlich, das Signal wird als Wanderwelle verstärkt (Wanderwellenverstärker). Ist dagegen eine Resonanzstruktur vorhanden (Resonanzverstärker), darf die Verstärkung nicht so groß gewählt werden, daß die Schwelle zur Selbstoszillation überschritten wird.

Da Laserlicht ideal in *einem einzigen* Modus des elektromagnetischen Feldes entsteht, kann es im Prinzip unter Verwendung eines verlustlosen optischen

Transformationssystems auch ohne Verluste in einen Monomodenwellenleiter eingekoppelt werden.

Aus diesen allgemeinen Überlegungen kann auch auf die Grenzfrequenz der Modulation von Licht durch Ändern der Pumpintensität geschlossen werden. Beruht die Funktion der Lichtquelle auf spontaner Emission, so kann sich die Lichtintensität nicht schneller ändern, als sich die Anzahl der im Wechselwirkungsvolumen befindlichen angeregten Mikrosysteme ändern kann: Das ist aber die Lebensdauer der angeregten Systeme, also τ_{sp}, wenn Energieabgabe nur durch strahlende Übergänge möglich ist. Die höchste Modulationsfrequenz liegt daher in der Größenordnung von $1/\tau_{sp}$. Verringert man die Lebensdauer der angeregten Mikrosysteme durch andere, zu nichtstrahlenden Übergängen führende Wechselwirkungen, so steigt die Grenzfrequenz der Modulierbarkeit, aber die Lichtausbeute sinkt wegen der nichtstrahlenden Übergänge. Im Laser dagegen ist die effektive Lebensdauer der angeregten Mikrosysteme wegen der hohen Wahrscheinlichkeit der induzierten Emission sehr klein im Vergleich zu τ_{sp}, und dementsprechend schnell läßt sich die Lichtintensität über den Pumpmechanismus modulieren.

In den folgenden Abschnitten werden Lichtquellen für die optische Nachrichtentechnik speziell bezüglich jener Eigenschaften näher besprochen, die für die direkte optische Nachrichtentechnik (Intensitätsmodulation des Lichtes und direkter Empfang mit einem Photodetektor) wichtig sind. Die Darstellung wird dabei oft so gewählt, daß ein weiterführender Text über kohärent-optische Techniken auf diesen Grundlagen zwanglos aufbauen kann.

3.1.2 Materialien

Materialien für Lichtquellen und Verstärker sollen einen möglichst hohen Anteil der durch die Pumpe zugeführten Leistung in Form von induziert emittierter Strahlung (im Fall von Lumineszenz-Lichtquellen als spontan emittierte Strahlung) abgeben. Durch Variationen innerhalb der Substanzgruppe (etwa der Zusammensetzung) sollen Lichtquellen mit gewünschten Emissionswellenlängen möglich sein. Die physikalischen Abmessungen der Bauelemente sollten mit denen anderer Komponenten (Fasern) verträglich sein. Ein weiterer Vorteil ergäbe sich, wenn die Materialien in Umkehrung des Effektes der Lichterzeugung auch bei Absorption von Licht als Photodetektoren verwendbar wären.

Der Wirkungsgrad der Lichtquelle kann prinzipiell nicht größer sein als der Quotient der Energie eines abgegebenen Photons und jener Energie, die zur Anregung eines Mikrosystems aufgewendet werden muß, nach Abb. 3.2 ist das der Wert $(W_2 - W_1)/(W_3 - W_1)$; praktisch ist er aber wesentlich kleiner, weil nicht die gesamte zugeführte Leistung zur Anregung von Mikrosystemen verwendet wird, und weil nicht jedes nach W_3 angeregte Mikrosystem schließlich im oberen Laserniveau der Energie W_2 landet (das ist in Abb. 3.2 durch den strichlierten Pfeil angedeutet). Das obere Laserniveau W_2 ist in der Regel von vielen höhergelegenen Niveaus erreichbar (für die symbolisch das eine Niveau W_3 gezeichnet wurde), was eine unspezifische Energiezufuhr etwa in einer Gasentladung oder durch eine inkohärent strahlende Pumplichtquelle ermöglicht, sofern W_3 genügend weit oberhalb W_2 liegt. In dem Fall ist somit ein hoher Pumpwirkungsgrad nicht möglich.

Hohe Wirkungsgrade sind dann möglich, wenn die beiden Laserniveaus W_2 und W_1 effektiv in eine Gruppe von eng benachbarten Unterniveaus aufspalten, wie das im rechten Teil von Abb. 3.2 dargestellt ist. Im thermischen Gleich-

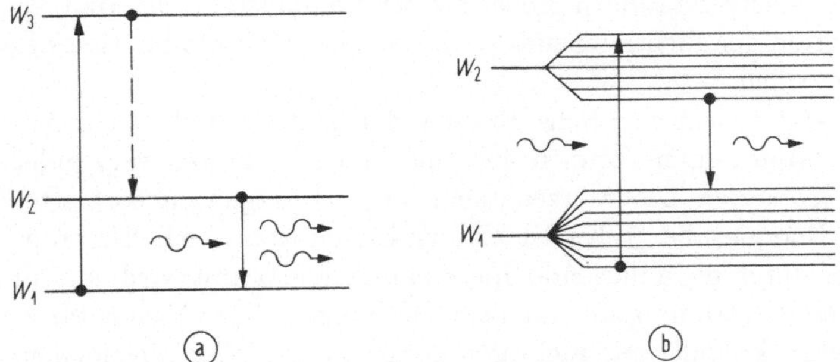

Abb. 3.2. Pumpen über Niveaus (a) außerhalb oder (b) innerhalb der Niveaugruppe des Laserüberganges

gewicht sinkt die Wahrscheinlichkeit, ein Mikrosystem in einem höheren Energiezustand anzutreffen, wie $\exp(-\Delta W/kT)$, wobei ΔW der energetische Abstand der betrachteten Niveaus ist. Da die Absorption eines Photons desto wahrscheinlicher ist, je wahrscheinlicher das untere Niveau und je unwahrscheinlicher das obere Niveau besetzt ist, werden bevorzugt Photonen mit höheren Energien absorbiert, umgekehrt ist die Emission desto wahrscheinlicher, je wahrscheinlicher der obere Zustand besetzt und der untere Zustand leer ist. Daher haben emittierte Photonen bevorzugt kleinere Energien als absorbierte: Das Maximum der Absorption liegt bei kürzeren Wellenlängen als das Maximum der abgegebenen Lumineszenzstrahlung. Es ist also möglich, einen Laserübergang innerhalb der für den Lasereffekt ausgenutzten Niveaugruppen zu pumpen. Dazu ist eine in der Frequenz gut definierte Lichtquelle etwas kürzerer Wellenlänge als die des zu verstärkenden Lichtes erforderlich (also ein Laser). Diese Methode wird z. B. bei der Verstärkung von Licht mittels Erbium-dotierter Fasern verwendet, wobei die Pumpe bei $\lambda = 1{,}48\,\mu$m, das Signal bei $\lambda = 1{,}53\,\mu$m liegt, was einem theoretisch maximalen Pumpwirkungsgrad von 97 % entspricht [105] [106]. Damit sind die Forderungen nach hohem Wirkungsgrad und Verträglichkeit der Abmessungen mit anderen Bauelementen erfüllbar, die Emissionsfrequenz ist aber durch die Eigenschaften des verwendeten Mikrosystems (z. B. Ionen seltener Erden, wie Er^{3+}) bestimmt.

Das Schema von Abb. 3.2b ist aber auch mit einem Halbleiter erfüllbar: Interpretiert man die Niveaus der Gruppe W_2 als Leitungsbandzustände, der Gruppe W_1 als Valenzbandzustände, so kann in einem flußgepolten pn-Übergang durch hinreichend starke Injektion von Elektronen ins Leitungsband und Abziehen von Elektronen aus dem Valenzband (d. h. Injektion von Löchern ins Valenzband) sicher der Zustand der Inversion (s. Abschn. 3.1.1) erreicht werden. Die zugeführte Pumpenergie hätte im Idealfall der Temperatur $T = 0$ die

Bedeutung des energetischen Abstands der Niveaus, auf denen Elektronen und Löcher eingeschleust werden können, also des Abstands der Quasiferminiveaus (bestimmt durch die angelegte Flußspannung). Die emittierten Photonen resultieren aus Übergängen von Elektronen aus besetzten Leitungsbandzuständen in freie Valenzbandzustände. Die Energie der emittierten Photonen ist somit im Laserbetrieb kleiner als der Abstand der Quasiferminiveaus von Elektronen und Löchern, aber selbstverständlich größer als der Bandabstand des Halbleiters. Eine Modulation der Lichtintensität ist leicht über eine Modulation des Injektionsstroms möglich.

Halbleiter gestatten nicht nur hohe Pumpwirkungsgrade und kleine Abmessungen der Lichtquellen, sie können auch als Photodetektoren verwendet werden (in einer *gesperrten* Diode erzeugt ein im pn-Übergang absorbiertes Photon mit einer Energie, die größer ist als der Bandabstand, ein Elektron-Loch-Paar, welches durch die anliegende Sperrspannung getrennt wird und im äußeren Stromkreis als Stromimpuls mit dem Zeitintegral einer Elementarladung e wirkt). Mischkristalle aus mehreren Konstituenten (im allgemeinen aus vier Bestandteilen = quaternäre Halbleiter) gestatten es ferner, den Bandabstand (d. h. die Emissionswellenlänge) und die Gitterkonstante unabhängig voneinander in einem weiten Bereich zu wählen. Letzterer Umstand ist deshalb wichtig, weil fehlerarme Einkristalle auf fehlerfreien Substraten (aus wenigen Konstituenten) gezüchtet werden, deren Gitterkonstante aber *nicht* frei wählbar ist. Elementhalbleiter wie Ge, Si kommen für den Aufbau von Lichtquellen deshalb nicht in Betracht, weil bei ihnen (s. Abschn. 3.2.1) die Rekombination von Elektronen mit Löchern unter Photonenabgabe ein sehr unwahrscheinlicher Prozeß ist.

Mit sogenannten „direkten Halbleitern" (bei ihnen ist die Rekombination unter Lichtemission ein sehr wahrscheinlicher Prozeß) lassen sich Laser vom sichtbaren Bereich bis weit in den Infrarotbereich ($34\,\mu$m) realisieren. Für die großen Wellenlängen von $3\,\mu$m bis über $30\,\mu$m handelt es sich um ternäre Halbleiter aus Bleisalzen der Zusammensetzung $Pb_{1-x}R$ ($R = Ge_x Te$, $Cd_x S$, $Sn_x Te$, $Sn_x Se$) sowie $PbS_{1-x}Se_x$, die hauptsächlich in der Infrarot-Spektroskopie eingesetzt werden [219] [78, Kap. 5] [313] [116] [112]. In der optischen Nachrichtentechnik werden für Lumineszenzdioden, Laser und Photodetektoren hauptsächlich ternäre und quaternäre Halbleiter aus den Systemen

$Ga_{1-x}Al_x As_y Sb_{1-y}$ ($Ga_{1-x}Al_x As$ mit leichter Gitterfehlanpassung auf GaAs als Substrat ist geeignet für Laser mit Wellenlängen im Bereich $0{,}69\ldots 0{,}87\,\mu$m) und

$In_{1-x}Ga_x As_y P_{1-y}$ (Wellenlängenbereich für Laser $0{,}92\ldots 1{,}65\,\mu$m bei Gitteranpassung auf InP als Substrat) [201, S. 27–30]

verwendet. Als Detektormaterialien kommen auch die Elementhalbleiter Ge für $\lambda < 1{,}85\,\mu$m und Si für $\lambda < 1{,}1\,\mu$m in Frage.

Halbleitermaterialien sind somit zur Herstellung von Sendern, Verstärkern und Detektoren von Licht für die optische Nachrichtentechnik ideal geeignet. Als Verstärker werden die oben erwähnten mit seltenen Erden dotierten Fasern zunehmend interessant. Halbleiterlaser werden ausführlich in [77] [78] (ältere, aber noch immer interessante Darstellungen), [114] sowie speziell bezüglich kohärent-optischer Anwendungen in [415] [451] behandelt.

3.2 Elektronen im Halbleiter

3.2.1 Bandstruktur. Zustandsdichte

Zum besseren Verständnis der Emission und Absorption von Photonen im Halbleiter sollen nun Grundlagen über Energiezustände von Elektronen im Halbleiter besprochen werden. Zunächst werde ein bestimmter Energiezustand der Energie W_i' für ein Elektron an einem isolierten Atom betrachtet. Bringt man N gleichartige Atome in Wechselwirkung, so bleiben die Elektronen nicht mehr an „ihr" jeweiliges Atom gebunden, sondern sie gehören dem System kollektiv an. Die N Elektronen nehmen im allgemeinen N Zustände verschiedener Energien $W_{i\mu}$ (μ nimmt N Werte an) ein, die in der Nähe von W_i' liegen. Die verschiedenen Energien resultieren aus verschiedenen räumlichen Aufenthaltswahrscheinlichkeiten der Elektronen im Volumen des Kollektivs relativ zu den Ladungen der Atomrümpfe (ein elektrisches Analogon ist die Aufspaltung der Resonanzfrequenzen von N zunächst isolierten Schwingkreisen bei deren Verkopplung zu einem N-kreisigen Bandfilter). Die Wahrscheinlichkeitsdichte $w_{i\mu}(\vec{r})$, ein Elektron der Energie $W_{i\mu}$ am Ort $\vec{r}$ zu lokalisieren, wird in der Quantenmechanik als Betragsquadrat einer komplexen Wahrscheinlichkeitsdichteamplitude $\Psi_{i\mu}(\vec{r})$ (Psi-Funktion, Schrödinger-Funktion) dargestellt.

Betrachtet wird nun ein aus N Atomen im Gitterabstand a bestehender Linearkristall, dessen Grundgebiet der Länge $L = Na$ man sich periodisch fortgesetzt denkt (N sei aus Zweckmäßigkeitsgründen eine ungerade Zahl). Wegen dieser Translationssymmetrie muß $w_{i\mu}(x)$ periodisch mit der Periode a sein, und $\Psi_{i\mu}(x)$ muß daher das Produkt einer mit a periodischen Funktion $u_i(x)$ mit einem Phasenfaktor sein:

$$\Psi_{i\mu}(x) = \frac{1}{\sqrt{L}} u_i(k_\mu, x) \, \mathrm{e}^{\mathrm{j}\,k_\mu x}, \qquad u_i(k_\mu, x) = u_i(k_\mu, x + a) \tag{3.1}$$

$$\int_0^L |\Psi_{i\mu}(x)|^2 \, \mathrm{d}x = 1, \qquad W_{i\mu} = W_i(k_\mu), \qquad (N \text{ Werte für } \mu).$$

Ein Elektron der Energie $W_{i\mu}$ kann am Ort x mit der Wahrscheinlichkeitsdichte $w_{i\mu}(x) = |\Psi_{i\mu}(x)|^2$ lokalisiert werden; die Funktionen unterscheiden sich durch einen Parameter k_μ, der N Werte annehmen kann. Diese Werte k_μ sind durch folgende Bedingung festgelegt: Wegen der periodischen Wiederholung des Grundgebietes $L = Na$ müssen die $\Psi_{i\mu}(x)$ mit L periodisch sein:

$$\Psi_{i\mu}(x) = \Psi_{i\mu}(x + L). \qquad \text{Folge:} \quad k_\mu = \frac{2\pi\mu}{L}, \qquad \mu = 0, \pm 1, \pm 2, \ldots \tag{3.2}$$

Eine weitere Einschränkung der k_μ-Werte ergibt sich aus nachstehender Beziehung, welche aus Gl. (3.1) folgt:

$$\Psi_{i\mu}(x + a) = \Psi_{i\mu}(x)\,e^{j\,k_\mu a}\,. \tag{3.3}$$

Aus Gl. (3.3) sieht man, daß Werte von k_μ und $k_\mu \pm 2\pi m/a$ (m ganzzahlig) zu demselben Ergebnis führen. Man kann sich daher bei den k_μ-Werten auf ein Gebiet $-\pi/a < k_\mu \le \pi/a$ (die sogenannte erste Brillouinzone) beschränken, in dem sich wegen Gl. (3.2) gerade N verschiedene Werte von k_μ befinden. Die N Energiewerte $W_i(k_\mu)$ nennt man die Bandstruktur des Bandes i, welches aus dem Niveau W_i' des isolierten Atoms entstanden ist. Die Funktion $W_i(k_\mu)$ ist bezüglich k_μ mit $2\pi/a$ periodisch, sie hat die Symmetrieeigenschaft $W_i(k_\mu) = W_i(-k_\mu)$, und sie hat Extrema an den Rändern der Brillouinzone.

$$\left.\begin{array}{l} W_{i\mu} = W_i(k_\mu) \\[4pt] W_i(k_\mu) = W_i(-k_\mu) \end{array}\right\} \qquad \begin{array}{l} k_\mu = \dfrac{2\pi\mu}{L} = \dfrac{2\pi\mu}{Na} \\[8pt] \mu = 0, \pm1, \pm2, \dots, \pm(N-1)/2 \end{array} \tag{3.4}$$

Für eine tatsächliche Berechnung der Bandstruktur in Kristallen siehe z. B. [98]. Die physikalische Bedeutung von k_μ (für sehr große Werte von N kann man $W_i(k_\mu)$ als Funktion der kontinuierlichen Variablen k_μ in $-\pi/a < k_\mu \le \pi/a$ ansehen) soll noch plausibel gemacht werden, da diese Größe bei der Emission und Absorption von Photonen eine Rolle spielt.

Je höher die Energie des betrachteten Elektrons ist (Zustände von Elektronen, die beim isolierten Einzelatom einem ionisierten Zustand entsprechen würden), desto weniger wird seine Aufenthaltswahrscheinlichkeit vom periodischen Gitterpotential beeinflußt, und die Psi-Funktionen von Gl. (3.1) nehmen asymptotisch die Form

$$\Psi_\mu(x) = \frac{1}{\sqrt{L}}\,e^{j\,k_\mu x}, \quad \int_0^L |\Psi_\mu|^2\,\mathrm{d}x = 1, \quad k_\mu = \frac{2\pi\mu}{L}, \quad \mu = 0, \pm1, \pm2, \dots \tag{3.5}$$

an. Ein freies Elektron der Masse m in einem Gebiet konstanten Potentials W_0 ist durch seinen mechanischen Impuls p_μ charakterisiert, seine Energie ist $W_0 + p_\mu^2/(2m)$. Es ist überall im Grundgebiet mit gleicher Wahrscheinlichkeit anzutreffen, $|\Psi_\mu(x)|^2 = 1/L$, es kann in seinen quantenmechanischen Eigenschaften durch eine Wahrscheinlichkeitswelle beschrieben werden, deren Wellenlänge λ_μ nach de Broglie zum mechanischen Impuls p_μ in der Beziehung $\lambda_\mu = h/p_\mu$ steht. Aus Vergleich mit Gl. (3.5) folgt

$$k_\mu = \frac{2\pi}{\lambda_\mu} = \frac{2\pi}{h}p_\mu = \frac{p_\mu}{\hbar}, \qquad W = W_0 + \frac{p_\mu^2}{2m} = W_0 + \frac{\hbar^2 k_\mu^2}{2m}\,. \tag{3.6}$$

Die Größe $\hbar k_\mu$ hat beim freien Elektron die Bedeutung des mechanischen Impulses p_μ. Dadurch wird der Ansatz des Phasenfaktors der Form $\exp(j\,k_\mu x)$ in Gl. (3.1) nachträglich physikalisch gerechtfertigt. Bei Wechselwirkungen zwischen Photonen und Elektronen müssen (wenn keine weiteren Stoßpartner vorhanden sind) Gesamtenergie und Gesamtimpuls erhalten bleiben. Bei Kristallelektronen ist die Größe $\hbar k_\mu$ (k_μ aus Gl. (3.4)) zwar nicht mehr als mechanischer Impuls des Elektrons interpretierbar, sie spielt aber bei Wechselwirkungen mit

Photonen (s. z. B. [190, Abschn. A.7.2]) die Rolle jener Größe, die zusammen mit dem Photonenimpuls $p = h/\lambda = \hbar k$ (λ Lichtwellenlänge, k Betrag des Fortpflanzungsvektors der Lichtwelle) erhalten bleibt. Man bezeichnet $\hbar k_\mu$ beim Kristallelektron als Pseudoimpuls oder Kristallimpuls.

Für den betrachteten Linearkristall ist das „Volumen" im Konfigurationsraum $V = L = Na$, das Volumen im Impulsraum $V_p = |p_{max} - p_{min}| = \hbar|k_{max} - k_{min}| = 2\pi\hbar/a$; daraus folgt ein Phasenraumvolumen V_ϕ

$$V_\phi = VV_p = (Na)(2\pi\hbar/a) = Nh, \qquad N = V_\phi/h. \tag{3.7}$$

Es gilt also auch für Kristallelektronen, daß das Phasenraumvolumen V_ϕ dividiert durch h^F (F = Anzahl der Freiheitsgrade) die Anzahl N der unterscheidbaren Zustände gibt, Gl. (2.48). Wegen der beiden möglichen Spinorientierungen eines Elektrons gibt es in einem Band des Linearkristalls tatsächlich $2N$ Zustände, die ein Elektron besetzen kann.

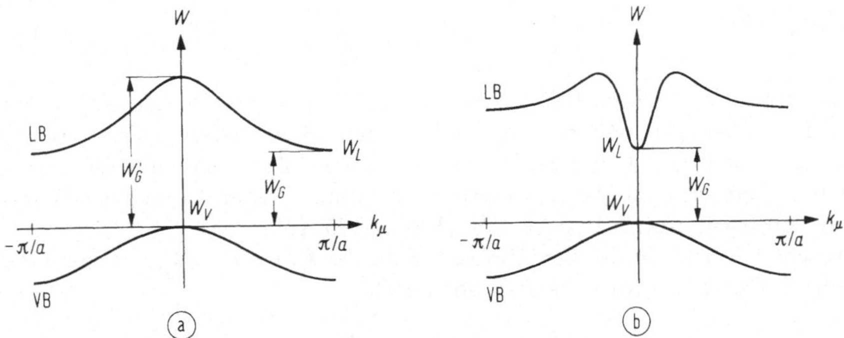

Abb. 3.3. Bandstrukturen von Leitungsband LB und Valenzband VB (a) eines indirekten Halbleiters und (b) eines direkten Halbleiters

Abb. 3.3 zeigt mögliche Bandstrukturen. Das oberste, bei der absoluten Temperatur $T = 0$ vollbesetzte Band heißt Valenzband, das tiefste, bei $T = 0$ leere Band heißt Leitungsband des Halbleiters. Der energetische Abstand des tiefsten Leitungsbandzustandes W_L und des höchsten Valenzbandzustandes W_V wird als Bandabstand bezeichnet, $W_G = W_L - W_V$. Bei $T \neq 0$ sind durch thermische Anregung die tiefsten Leitungsbandzustände besetzt, die obersten Valenzbandzustände leer. Beim indirekten Halbleiter Abb. 3.3a ändert sich bei einem Übergang vom Leitungsband ins Valenzband der Kristallimpuls des Elektrons um einen Betrag $\hbar k_\mu = \hbar\pi/a$, der durch ein entstehendes Lichtquant der Energie $hf = W_G$ nicht aufgenommen werden kann, da der Photonenimpuls $\hbar k = hf/c = h/\lambda$ im betrachteten Wellenlängenbereich wegen $\lambda \gg a$ (Lichtwellenlänge λ im Bereich Mikrometer, Gitterkonstante a im Bereich Ångström) sehr klein ist im Vergleich zum Kristallimpuls $\hbar\pi/a$. Der Differenzimpuls kann zwar durch ein Schallquant (Phonon) aufgenommen werden, dessen Energie selbst sehr klein im Vergleich zu W_G ist, aber ein Dreierstoß zwischen Elektron, Photon und Phonon ist ein unwahrscheinlicher Prozeß. Die Emission von Photonen (in Umkehrung des Prozesses: auch deren Absorption) der Energie $hf \geq W_G$ ist in indirekten Halbleitern unwahrscheinlich.

Die Elementhalbleiter Ge und Si sind indirekte Halbleiter und somit zur Konstruktion von Lichtquellen nicht geeignet, sie können aber als Detektormaterialien (mit entsprechend kleinerer Absorptionskonstante als bei direkten Halbleitern) verwendet werden. Wenn die Photonenenergie hf in die Nähe der Energie W_G' kommt oder diese übersteigt, wird die Absorption sehr wahrscheinlich, weil Elektronen unter Impulserhaltung in der Nähe von $k_\mu = 0$ vom Valenzband ins Leitungsband (oder in höhere, in Abb. 3.3 nicht gezeichnete Bänder, die ohne weiteren Bandabstand anschließen) übergehen können: dann steigt die Absorptionskonstante stark an.

Auf die Details der Bandstruktur von Ge, Si soll hier nicht eingegangen werden (s. z. B. [543, Abschn. 1.3] [114, Abschn. 7.2.4]). Der Bandabstand W_G und der energetische Abstand W_G' der Bänder für den direkten Übergang bei $k_\mu = 0$ (s. Abb. 3.3 (a)) haben für Ge, Si bei Zimmertemperatur ($T = 293\,\mathrm{K}$) folgende Werte:

$$
W_G = \begin{cases} 0{,}67\,\mathrm{eV} \cong 1{,}85\,\mu\mathrm{m}\ (\mathrm{Ge}) \\ 1{,}13\,\mathrm{eV} \cong 1{,}10\,\mu\mathrm{m}\ (\mathrm{Si}) \end{cases} \qquad W_G' = \begin{cases} 0{,}8\,\mathrm{eV} \cong 1{,}55\,\mu\mathrm{m}\ (\mathrm{Ge}) \\ 3{,}4\,\mathrm{eV} \cong 0{,}36\,\mu\mathrm{m}\ (\mathrm{Si}) \end{cases} \tag{3.8}
$$

In sogenannten direkten Halbleitern, Abb. 3.3b, können Übergänge aus den tiefsten Leitungsbandzuständen in die höchsten Valenzbandzustände in der Nähe von $k_\mu = 0$ mit hoher Wahrscheinlichkeit erfolgen, sie sind als Laser- und Detektormaterialien gleichermaßen verwendbar. Wegen Details der Bandstruktur von GaAs und InP siehe z. B. [114, S. 185–189].

Betrachtet werde ein direkter Halbleiter. In der Umgebung $k_\mu = 0$ kann die tatsächliche Bandstruktur (s. Abb. 3.3b) durch

$$
W = W_i(k_\mu) = W_i(0) + \frac{1}{2}\frac{\mathrm{d}^2 W_i}{\mathrm{d}k_\mu^2} k_\mu^2 = W_0 + \frac{p_\mu^2}{2m_{\mathrm{eff}}} = W_0 + \frac{\hbar^2 k_\mu^2}{2m_{\mathrm{eff}}} \tag{3.9}
$$

genähert werden, wobei in Analogie zum freien Teilchen, Gl. (3.6), für das Kristallelektron eine effektive Masse m_{eff} definiert wird. Diese effektive Masse m_{eff} ist für Kristallelektronen an der Oberkante des Valenzbandes negativ; es ist daher naheliegend, anstelle eines Kristallelektrons der Ladung $(-e)$ und der effektiven Masse $m_{\mathrm{eff}} < 0$ das Konzept eines „Loches" mit der Ladung $(+e)$ und der effektiven Masse $|m_{\mathrm{eff}}|$ einzuführen.

Für den Laserbetrieb, siehe die Diskussion von Abschn. 3.1.1, ist die Besetzung des oberen und unteren Niveaus interessant, und dazu muß zunächst die Zustandsdichte $\rho(W)$ in der Nähe von $k_\mu = 0$ bekannt sein. Ist Z die Anzahl der Zustände für Elektronen beider Spinrichtungen mit einem Betrag des Kristallimpulses kleiner als p_μ, so folgt aus sinngemäßer Anwendung von Gl. (3.7) für dreidimensionale Kristalle mit dem Volumen V

$$
Z = \frac{2V_\phi}{h^3}, \qquad V_\phi = V V_p, \qquad V_p = \frac{4\pi p_\mu^3}{3}, \qquad p_\mu = \sqrt{p_x^2 + p_y^2 + p_z^2}, \tag{3.10}
$$

und unter Verwendung von Gl. (3.9) für die gesuchte Zustandsdichte:

$$
\rho(W) = \frac{1}{V}\frac{\mathrm{d}Z}{\mathrm{d}W} = \frac{1}{V}\frac{\mathrm{d}Z}{\mathrm{d}p_\mu}\frac{\mathrm{d}p_\mu}{\mathrm{d}W} = \frac{1}{2\pi^2}\left(\frac{2|m_{\mathrm{eff}}|}{\hbar^2}\right)^{3/2}\sqrt{\pm(W - W_0)}. \tag{3.11}
$$

Für das Leitungsband gilt das positive Vorzeichen und $W_0 = W_L$, $|m_{\text{eff}}| = m_n$, für das Valenzband das negative Vorzeichen und $W_0 = W_V$, $|m_{\text{eff}}| = m_p$ (m_n, m_p effektive Massen der Elektronen im Leitungsband und der Löcher im Valenzband). Gl. (3.11) kann man unter Einführung des Bandgewichtes N_B folgendermaßen schreiben:

$$\frac{\mathrm{d}Z}{\mathrm{d}W}\,kT = V\,\frac{2}{\sqrt{\pi}}N_B\sqrt{\pm\frac{W - W_0}{kT}}, \qquad N_B = 2\left(\frac{2\pi|m_{\text{eff}}|kT}{h^2}\right)^{3/2}. \qquad (3.12)$$

N_B ist ungefähr die Anzahl der Plätze pro Volumeneinheit, welche innerhalb des Intervalls kT gemessen von der Bandkante W_0 zur Verfügung stehen. Die Bandgewichte von Leitungsband und Valenzband werden mit N_L, N_V bezeichnet. Setzt man speziell die Ruhemasse m_0 des Elektrons und die effektiven Massen der Träger für GaAs, InP ein [78, S. 12], so erhält man bei $T = 293\,\text{K}$ die in Tabelle 3.1 angegebenen Werte. Ein Halbleiter mit Störstellenerschöpfung

	m_n/m_0	m_p/m_0	N_L/cm^{-3}	N_V/cm^{-3}
Vakuum	1	–	$2{,}42\cdot10^{19}$	–
GaAs	0,067	0,48	$4{,}20\cdot10^{17}$	$8{,}05\cdot10^{18}$
InP	0,077	0,64	$5{,}17\cdot10^{17}$	$1{,}24\cdot10^{19}$

Tabelle 3.1. Beispiele für effektive Massen und Bandgewichte ($T = 293\,\text{K}$)

ist somit dann entartet dotiert (d. h. das Fermi-Niveau rückt ins Leitungsband oder Valenzband), wenn die Dotierungskonzentration größer wird als das relevante Bandgewicht.

Im dreidimensionalen Kristall ist die Bandstruktur $W_i(\vec{k}_\mu)$ richtungsabhängig, und damit sind auch die analog Gl. (3.9) definierten effektiven Massen im allgemeinen richtungsabhängig. In der Zustandsdichte $\rho(W)$ und im Bandgewicht N_B kann diese Anisotropie durch Einsetzen einer reduzierten effektiven Masse $m_{\text{eff}} = (m_1 m_2 m_3)^{1/3}$ berücksichtigt werden (m_1, m_2, m_3 sind die effektiven Massen in Richtung der kristallographischen Hauptachsen).

3.2.2 Besetzungswahrscheinlichkeit der Zustände. Störstellen. Nichtgleichgewicht

In Abschn. 3.1 wurde dargelegt, daß Photonen (Teilchen mit ganzzahligem Spin, sogenannte Bosonen) bevorzugt in Zustände gehen, die bereits mit vielen Photonen besetzt sind: Darauf beruht die Möglichkeit der induzierten Emission und der Verstärkung elektromagnetischer Felder. Elektronen dagegen sind Fermionen (Teilchen mit halbzahligem Spin) und unterliegen dem Pauli-Verbot: Jeder Zustand darf nur von einem Elektron besetzt werden.

Bei der absoluten Temperatur $T = 0$ füllen Elektronen die energetisch tiefstgelegenen Zustände auf. Bei $T \neq 0$ ist die Wahrscheinlichkeit, daß ein Zustand bei der Energie W im thermodynamischen Gleichgewicht mit einem Elektron besetzt ist, durch die Fermi-Funktion

$$f(W) = \frac{1}{1 + g \exp\left(\frac{W - W_F}{kT}\right)} \qquad g = \begin{cases} 1 & \text{Bandzustände} \\ 1/2 & \text{Donatorzustände} \\ 2 & \text{Akzeptorzustände} \end{cases} \qquad (3.13)$$

gegeben (Ableitung z. B. [190, Abschn. A.5.5]; Begründung des Entartungsfaktors g [521, Kap. VIII]). Abb. 3.4 zeigt die Fermi-Funktion für Bandzustände:

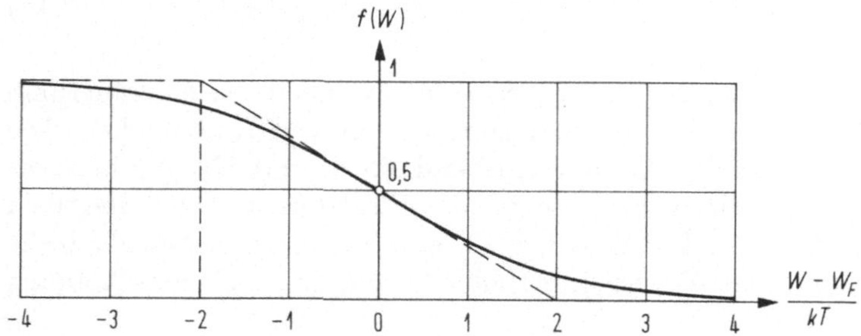

Abb. 3.4. Fermi-Funktion für Bandzustände ($g = 1$)

Der Zustand bei der Energie $W = W_F$ (der Fermi-Energie) ist bei allen Temperaturen mit der Wahrscheinlichkeit 1/2 besetzt. Der Übergang von hoher zu kleiner Besetzungswahrscheinlichkeit ($0{,}88 \geq f(W) \geq 0{,}12$) erfolgt im Bereich $4kT$ zentriert auf die Fermi-Energie (bei $T = 293\,\mathrm{K}$ ist $kT = 25\,\mathrm{meV}$, das entspricht einer Frequenzdifferenz von $6{,}1\,\mathrm{THz}$).

Die Konzentrationen (Anzahl pro Volumeneinheit) der Elektronen im Leitungsband (n_T) und der Löcher (= von Elektronen unbesetzte Plätze) im Valenzband (p) erhält man unter Verwendung der Zustandsdichte, der Bandgewichte und der Fermi-Funktion (Gl. (3.11), Gl. (3.12), Gl. (3.13)):

$$n_T = \int_{W_L}^{\infty} \rho_L(W) f(W)\,\mathrm{d}W \qquad p = \int_{-\infty}^{W_V} \rho_V(W)[1 - f(W)]\,\mathrm{d}W. \qquad (3.14)$$

Verwendet man in Gl. (3.14) für $f(W)$ die sogenannte Boltzmann-Näherung $\exp[(W_F - W)/(kT)]$ (d. h. das Fermi-Niveau ist hinreichend viele kT von den Bandkanten W_L, W_V entfernt), so sind die Integrale lösbar und liefern die unter der Bedingung $n_T \ll N_L, p \ll N_V$ gültige Näherung

$$\left. \begin{aligned} n_T &= N_L \exp\left(-\frac{W_L - W_F}{kT}\right) \\ p &= N_V \exp\left(-\frac{W_F - W_V}{kT}\right) \end{aligned} \right\} \qquad n_T p = n_i^2 = N_L N_V \exp\left(-\frac{W_G}{kT}\right). \qquad (3.15)$$

$W_G = W_L - W_V$ ist der Bandabstand, n_i die Eigenleitungsdichte (da im undotierten Halbleiter Elektronen im Leitungsband und Löcher im Valenzband paarweise durch aufbrechende Valenzbindungen entstehen, ist $n_T = p = n_i$). Das Fermi-Niveau im Eigenhalbleiter folgt aus Gl. (3.15) mit der Forderung $n_T = p$,

$$W_F = \frac{1}{2}(W_L + W_V) + kT \ln \sqrt{\frac{N_V}{N_L}} = \frac{1}{2}(W_L + W_V) + \frac{3}{4}kT \ln \frac{m_p}{m_n}. \quad (3.16)$$

Für die Bandgewichte wurde aus Gl. (3.12) eingesetzt. Bei $T = 0$ liegt das Fermi-Niveau des Eigenhalbleiters in der Mitte des verbotenen Bandes, bei $T > 0$ verschiebt es sich in Richtung des Bandes mit dem kleineren Bandgewicht, weil dieses wegen $n_T = p$ schneller aufgefüllt wird als das Band mit der größeren Zustandsdichte.

Fremdatome (Störstellen) im Halbleiter bieten lokalisierte, zusätzliche Energieniveaus für Elektronen an. Donatoren können Elektronen an das Leitungsband abgeben, Akzeptoren können Elektronen aus Valenzbindungen entnehmen und an sich binden, wodurch Löcher im Valenzband entstehen. Gilt für Donatoren $W_L - W_D < kT$ (W_D Donatorniveau, Abb. 3.5) so geben bei Raum-

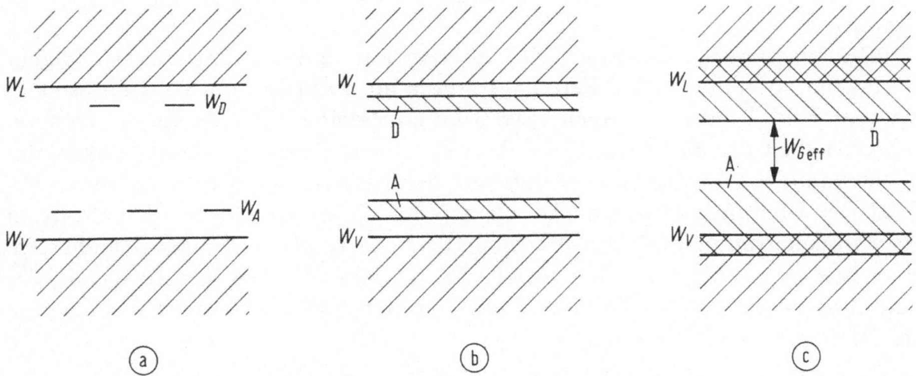

Abb. 3.5. Energieniveaus von Störstellen im Halbleiter. (a) Isolierte Donatoren und Akzeptoren. (b) Störstellenbänder bei stärkerer Dotierung. (c) Überlappen der Störstellenbänder mit Leitungsband und Valenzband

temperatur fast alle Donatoren ihr äußerstes Elektron an das Leitungsband ab. Dadurch erhöht sich n_T, das Fermi-Niveau steigt zu höheren Energien. Analog verschiebt sich bei der Dotierung mit Akzeptoren mit $W_A - W_V < kT$ das Fermi-Niveau zu tieferen Energien, weil Valenzelektronen sich an Akzeptoren anlagern und dadurch die Löcherkonzentration p erhöhen. Verschiebt sich das Fermi-Niveau ins Leitungsband (oder ins Valenzband) bezeichnet man den Halbleiter als „entartet dotiert". Die Energien von Störstellenniveaus in Ge, Si und GaAs sind in [543, S. 21] tabelliert. Bei hoher Störstellendichte, Abb. 3.5b,c verbreitern sich die Störstellenniveaus zu Störstellenbändern (Erklärung siehe Beginn Abschn. 3.2.1), welche sich mit dem Leitungsband oder Valenzband überlappen können: Der Bandabstand verkleinert sich auf den Wert $W_{G\text{eff}}$; die Zustandsdichte $\rho(W)$ ist in Nähe der Bandkanten nicht mehr parabolisch wie in Gl. (3.11). Im Störstellenhalbleiter (Dotierungskonzentrationen n_D, n_A; Konzentrationen der neutralen Störstellen $n_D^\times, n_A^\times$; Konzentrationen der ionisierten Störstellen n_D^+, n_A^-) ist Gl. (3.15) nach wie vor gültig. Das Fermi-Niveau kann aus Gl. (3.13), Gl. (3.14), Gl. (3.15) und der Forderung nach Ladungsneutralität

$$n_T + n_A^- = p + n_D^+ \qquad \begin{aligned} n_D &= n_D^\times + n_D^+ \quad \text{Donatorenbilanz} \\ n_A &= n_A^\times + n_A^- \quad \text{Akzeptorenbilanz} \end{aligned} \qquad (3.17)$$

berechnet werden, siehe z. B. [543, Abschn. 1.4.3]. Wenn für Donatoren die Beziehung $(W_L - W_D)/(kT) \ll 1$ gilt (Störstellenerschöpfung, d. h. praktisch alle Donatoren sind ionisiert), und wenn die Dotierung n_D das Bandgewicht N_L überschreitet, steigt das Fermi-Niveau ins Leitungsband (analog für Akzeptoren).

Für Nichtgleichgewichtszustände sind folgende Fragen zu beantworten: Wie lange brauchen Elektronen (oder Löcher) nach Einschalten einer konstanten Störung, sich innerhalb der Leitungsbandzustände (Valenzbandzustände) neu zu arrangieren (Intraband-Relaxationszeiten τ_{LB}, τ_{VB}), und durch welche Funktion läßt sich die Besetzungswahrscheinlichkeit der Zustände durch Elektronen im Leitungsband (Löcher im Valenzband) nach dem Einschwingvorgang beschreiben?

Die Intraband-Relaxationszeit läßt sich aus anderen Parametern folgendermaßen abschätzen: Zur Zeit $t = 0$ werde im Halbleiter ein konstantes elektrisches Feld $\vec{E}$ erzeugt. Nach einer Übergangszeit stellt sich für die Driftgeschwindigkeit der Elektronen der Wert $\vec{v}_n = -\mu_n \vec{E}$ ein (μ_n Beweglichkeit der Elektronen, $\vec{v}_n$ ist der Erwartungswert der Elektronengeschwindigkeit). Erfolgt der Übergang (Annahme!) wie $\exp(-t/\tau)$, so muß die Zeitkonstante in der Größenordnung der „Umverteilungszeit" innerhalb der Bandzustände sein, $\tau = \tau_{\text{LB}}$ (eigentlich ist τ die Impuls-Relaxationszeit, weil die Änderung des Impulses $m_n \vec{v}_n$ mit der Zeitkonstante τ erfolgt). Die „erratene" Lösung und die Bewegungsgleichung lauten:

$$\vec{v}_n(t) = -\mu_n \vec{E}(1 - e^{-t/\tau_{\text{LB}}}) \qquad \left(\frac{\mathrm{d}}{\mathrm{d}t} + \frac{1}{\tau_{\text{LB}}} \right)(m_n \vec{v}_n) = -e\vec{E}$$

$$\text{d. h.:} \quad \mu_n = \frac{e\tau_{\text{LB}}}{m_n}. \qquad (3.18)$$

Für InP ($\mu_n = 4\,600\,\text{cm}^2/\text{Vs}$, $m_n/m_0 = 0{,}077$ aus Tabelle 3.1, Seite 143; $m_0 = 0{,}911 \cdot 10^{-30}\,\text{kg}$, $e = 1{,}602 \cdot 10^{-19}\,\text{As}$) erhält man den Schätzwert $\tau_{\text{LB}} = 0{,}2\,\text{ps}$. Nach dieser Zeit kann die Besetzungswahrscheinlichkeit der Bandzustände wieder annähernd durch eine Fermi-Funktion Gl. (3.13) beschrieben werden, aber da sicher n_T, p andere Werte als im Gleichgewicht besitzen, ist die „Fermi-Energie der Elektronen im Leitungsband" (d. h. der Zustand, der mit der Wahrscheinlichkeit $1/2$ mit einem Leitungsbandelektron besetzt ist) verschieden von der „Fermi-Energie der Löcher im Valenzband" (d. h. von dem Zustand, der mit der Wahrscheinlichkeit $1/2$ mit einem Loch im Valenzband besetzt ist). Man bezeichnet diese Energien als Quasiferminiveaus der Elektronen W_{Fn} und Löcher W_{Fp}. Die Besetzungswahrscheinlichkeit eines Platzes mit einem Elektron im Leitungsband (Valenzband) lautet nun:

$$f_L(W) = \frac{1}{1 + \exp\left(\dfrac{W - W_{Fn}}{kT} \right)}, \quad f_V(W) = \frac{1}{1 + \exp\left(\dfrac{W - W_{Fp}}{kT} \right)}. \quad (3.19)$$

Nach der Zeit τ_{LB} sind somit die Elektronen im Leitungsband (die Löcher im Valenzband) in einem neuen dynamischen Gleichgewicht, aber zwischen den Elektronen im Leitungsband und den Löchern im Valenzband besteht kein Gleichgewicht, $W_{Fn} \neq W_{Fp}$. Analog zu Gl. (3.14), Gl. (3.15) erhält man nun

$$\left. \begin{array}{l} n_T = N_L \exp\left(-\dfrac{W_L - W_{Fn}}{kT}\right) \\[2mm] p = N_V \exp\left(-\dfrac{W_{Fp} - W_V}{kT}\right) \end{array} \right\} \quad \begin{array}{l} n_T p = n_i^2 \exp\left(\dfrac{W_{Fn} - W_{Fp}}{kT}\right) \\[2mm] n_i^2 = N_L N_V \exp\left(-\dfrac{W_G}{kT}\right). \end{array} \tag{3.20}$$

In Abschn. 3.1.2, Abb. 3.2b wurde plausibel gemacht, daß Laserbetrieb im Halbleiter für $W_{Fn} > W_L$, $W_{Fp} < W_V$ mit $W_{Fn} - W_{Fp} > hf > W_L - W_V$ erreicht werden kann. Nach Gl. (3.20) ist das durch Trägerinjektion mit $n_T p \gg n_i^2$ möglich, die vermehrte Rekombination im Vergleich zum thermodynamischen Gleichgewicht führt zur Erzeugung von Lichtquanten. Abb. 3.6 zeigt die Vertei-

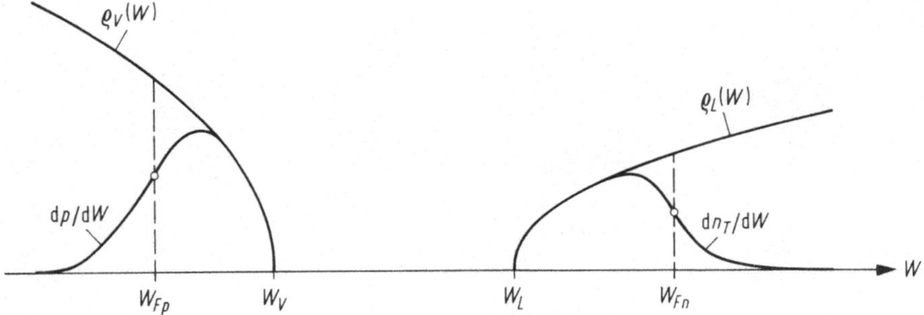

Abb. 3.6. Verteilung von Elektronen und Löchern im Leitungsband und Valenzband im Nichtgleichgewicht $n_T p \gg n_i^2$ und Inversion des Halbleiters

lung der Elektronen und Löcher in den Bändern eines invertierten Halbleiters ($\mathrm{d}n_T/\mathrm{d}W = \rho_L(W)f_L(W)$; $\mathrm{d}p/\mathrm{d}W = \rho_V(W)[1 - f_V(W)]$).

Für den Schwellenstrom eines Lasers muß berechnet werden, welche Trägerkonzentrationen erforderlich sind, um die Quasiferminiveaus über die Bandkanten zu schieben. Annahme: Ein p-Halbleiter habe die Gleichgewichtskonzentrationen n_{T0}, p_0 mit $n_{T0} p_0 = n_i^2$. Durch Trägerinjektion ändern sich die Konzentrationen auf die Werte $n_T = n_{T0} + \Delta n_T$, $p = p_0 + \Delta p$. Durch Einsetzen in Gl. (3.20) berechnet man:

$$W_{Fn} - W_F = kT \ln\left(1 + \frac{\Delta n_T}{n_{T0}}\right), \quad W_F - W_{Fp} = kT \ln\left(1 + \frac{\Delta p}{p_0}\right). \tag{3.21}$$

Es liege ferner Neutralität vor, $\Delta p = \Delta n_T$. Bei beginnender Injektion verschiebt sich zunächst das Quasiferminiveau der Minoritätsträger (hier: der Elektronen), bei $\Delta n_T/n_{T0} = 1$ beträgt die Verschiebung $W_{Fn} - W_F = 0{,}7\,kT$; da $p_0 \gg n_{T0}$ (p-Halbleiter!), beginnt sich das Quasiferminiveau der Majoritätsträger erst bei viel stärkerer Injektion zu verschieben, wenn Δp in die Größenordnung von p_0 kommt.

3.2.3 Spezielle Halbleiter. Heteroübergänge

In Abschn. 3.1.2 wurde allgemein diskutiert, welche Eigenschaften bei Materialien erwünscht sind, die für die Erzeugung und Verstärkung von Licht eingesetzt werden sollen. Hier werden speziell einige Eigenschaften der III-V-Verbindungshalbleiter (Ga,Al)(As,Sb) und (In,Ga)(As,P) angegeben. Der Bandabstand (und damit Grenzwellenlänge und Brechungsindex) ist abhängig von der Zusammensetzung, ferner besteht die Möglichkeit, die Gitterkonstante angepaßt auf einen binären Substrat-Halbleiter zu wählen. Die Kristalle sind vom Zinkblende-Typ (kein Inversionszentrum) und haben somit einen linea-

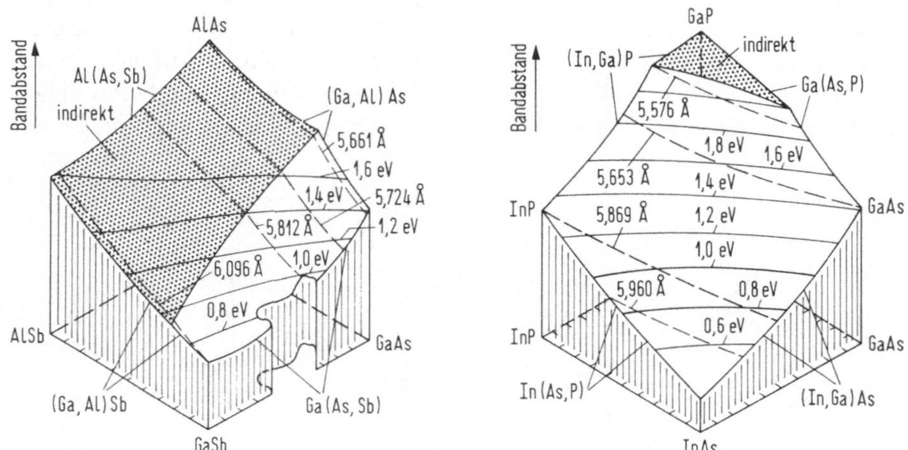

Abb. 3.7. Die Systeme $(Ga_{1-x}Al_x)(As_ySb_{1-y})$ und $(In_{1-x}Ga_x)(As_yP_{1-y})$, Bandabstände und Gitterkonstanten. Gepunkteter Bereich: indirekte Halbleiter (nach [400], in Details modifiziert)

Halbleiter	W_G/eV (λ_G/μm)	n bei λ_G	a/Å
GaSb, direkt	0,726 (1,708)	3,82	6,096
GaAs, direkt	1,424 (0,871)	3,655	5,653
AlSb, indirekt	1,58 (0,785)	3,4	6,135
AlAs, indirekt	2,163 (0,573)	3,178	5,660
$(Ga_{1-x}Al_x)$As direkt: $x \leq 0,3$	$1,424 + 1,247\,x$ $1,424 \ldots 1,798$ $(0,871 \ldots 0,69)$	$3,59 - 0,71\,x +$ $+0,091\,x^2$ (bei $\lambda = 0,9\,\mu m$)	$5,653 + 0,027\,x$
$(Ga_{1-x}Al_x)(As_ySb_{1-y})$ Gitteranp. an GaSb direkt: $x \leq 0,24$ $y = x/1,11$	$0,726 + 0,834\,x +$ $+1,134\,x^2$ $0,726 \ldots 0,991$ $(1,708 \ldots 1,25)$	?	6,096

Tabelle 3.2. Das System $(Ga_{1-x}Al_x)(As_ySb_{1-y})$. W_G Bandabstand, $\lambda_G = hc/W_G$ Grenzwellenlänge, n Brechungsindex, a Gitterkonstante

ren elektrooptischen Effekt. Daraus folgt, daß innerhalb der Substanzgruppe im Prinzip die Integration von Sendern, Wellenleitern, Modulatoren, Schaltern und Detektoren für Lichtsignale inklusive der elektronischen Bauelemente zur Ansteuerung der optischen Komponenten und zur Verarbeitung der Ausgangssignale optoelektrischer Wandler möglich ist (integrierte Optoelektronik). Abb. 3.7 zeigt eine graphische Übersicht der Bandabstände und Gitterkonstanten, numerische Werte sind in Tabelle 3.2 und Tabelle 3.3 zusammengestellt [78, Abschn. 5] [201, Abschn. 2.2] [114, S. 502–503].

Mit ternären Mischkristallen aus $(\mathrm{Ga}_{1-x}\mathrm{Al}_x)\mathrm{As}$ (s. Tabelle 3.2, Abb. 3.7) können auf dem Substrat GaAs mit leichter Gitterfehlanpassung Laser mit Emissionswellenlängen von $0{,}69\ldots0{,}87\,\mu\mathrm{m}$ realisiert werden, mit quaternären Mischkristallen aus $(\mathrm{Ga}_{1-x}\mathrm{Al}_x)(\mathrm{As}_y\mathrm{Sb}_{1-y})$ und Gitteranpassung auf einem GaSb-Substrat sind Laser im langwelligen Bereich $1{,}25\ldots1{,}71\,\mu\mathrm{m}$ möglich; vor allem werden letztere Substanzen aber für Detektoren im langwelligen Bereich verwendet (da für Detektoren auch indirekte Halbleiter in Frage kommen, kann man auf GaSb-Substraten gitterangepaßte Mischkristalle mit Bandabständen $0{,}726\ldots1{,}6\,\mathrm{eV}$ aufwachsen lassen, das entspricht Wellenlängen von $1{,}71\,\mu\mathrm{m}$ bis $0{,}78\,\mu\mathrm{m}$). Eine Mischungslücke nicht genau bekannter Ausdehnung gibt es für Mischkristalle mit etwa gleich großen Konzentrationen von As, Sb.

Halbleiter	W_G/eV ($\lambda_G/\mu\mathrm{m}$)	n bei λ_G	$a/\text{Å}$
InAs, direkt	0,36 (3,444)	3,52	6,058
InP, direkt	1,35 (0,918)	3,45	5,869
GaAs, direkt	1,424 (0,871)	3,655	5,653
GaP, indirekt	2,261 (0,548)	3,452	5,451
$(\mathrm{In}_{0,49}\mathrm{Ga}_{0,51})\mathrm{P}$, direkt Gitteranp. an GaAs	1,833 (0,676)	3,451 ?	5,653
$(\mathrm{In}_{0,53}\mathrm{Ga}_{0,47})\mathrm{As}$, direkt Gitteranp. an InP	0,75 (1,653)	3,61	5,869
$(\mathrm{In}_{1-x}\mathrm{Ga}_x)(\mathrm{As}_y\mathrm{P}_{1-y})$ Gitteranp. an InP direkt: $y \leq 1$ $x = y/(2{,}2091 - 0{,}06864\,y)$	$1{,}35 - 0{,}72\,y+$ $+0{,}12\,y^2$ $1{,}35 \ldots 0{,}75$ $(0{,}918 \ldots 1{,}653)$	$3{,}45 + 0{,}256\,y-$ $-0{,}095\,y^2$ $3{,}45 \ldots 3{,}61$	5,869

Tabelle 3.3. Das System $(\mathrm{In}_{1-x}\mathrm{Ga}_x)(\mathrm{As}_y\mathrm{P}_{1-y})$. W_G Bandabstand, $\lambda_G = hc/W_G$ Grenzwellenlänge, n Brechungsindex, a Gitterkonstante

Aus dem System $(\mathrm{In}_{1-x}\mathrm{Ga}_x)(\mathrm{As}_y\mathrm{P}_{1-y})$ werden Laser und Detektoren vor allem auf dem Substrat InP gitterangepaßt realisiert (Wellenlängenbereich $\lambda = 0{,}92\ldots1{,}65\,\mu\mathrm{m}$). Bei der Verwendung von GaAs als Substrat sind im Prinzip auch Wellenlängen im Bereich von $\lambda = 0{,}87\,\mu\mathrm{m}$ (GaAs) bis $\lambda = 0{,}68\,\mu\mathrm{m}$ $(\mathrm{In}_{0,49}\mathrm{Ga}_{0,51}\mathrm{P})$ möglich.

Da GaAs-Substrate mit großen Flächen in hoher Qualität verfügbar sind, und da integrierte elektronische Bauelemente auf GaAs-Basis zum technischen Standard gehören, wäre der Aufbau integrierter optoelektronischer Schaltungen (etwa bei $\lambda = 1{,}3\,\mu\mathrm{m} \;\widehat{=}\; 0{,}95\,\mathrm{eV}$) aus (In,Ga)(As,P) mit Gitterfehlanpassung auf GaAs für kostengünstige hochintegrierte Schaltungen interessant. Laser aus (In,Ga)(As,P) bei $\lambda = 1{,}3\,\mu\mathrm{m}$ auf GaAs wurden bereits realisiert [428].

Heteroübergänge (angrenzende Halbleiter mit verschiedenem Bandabstand W_G) werden vorteilhaft sowohl für Laser als auch für Photodetektoren eingesetzt. Mit $(\mathrm{Ga}_{1-x}\mathrm{Al}_x)\mathrm{As}$ kann nach Tabelle 3.2 im Bereich $0 \leq x \leq 0{,}3$ der Bandabstand um $374\,\mathrm{meV}$ vergrößert und der Brechungsindex um fast $6\,\%$

erniedrigt werden. Laser werden als 3-Schichten- oder 5-Schichten-Heterostruktur aufgebaut, Abb. 3.8. Im Beispiel Abb. 3.8a der 3-Schichten-Heterostruktur ist die aktive Zone (der Bereich, in dem induzierte Verstärkung möglich ist) eine

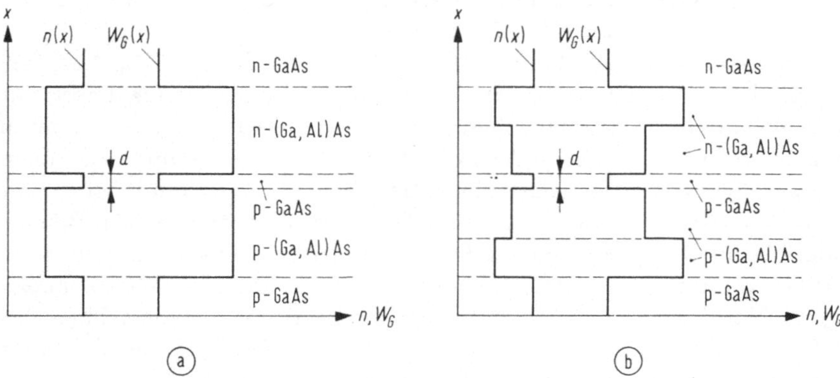

Abb. 3.8. Prinzipieller Verlauf von Brechungsindex n und Bandabstand W_G als Funktion des Ortes x in einer (a) 3-Schichten-Heterostruktur, (b) 5-Schichten-Heterostruktur

Schicht der Dicke d (typisch 0,1 μm) aus p-GaAs. Die angrenzenden Schichten aus (Ga,Al)As mit höherem Bandabstand (kleinerem Brechungsindex) bewirken dreierlei: Erstens bilden sie (wie im folgenden noch erläutert wird) Potentialwälle für die von beiden Seiten in die p-GaAs-Schicht eingeschwemmten Elektronen und Löcher. Dadurch erhöht sich bei relativ kleinen Stromdichten (ab ca. 0,5 kA/cm^2) die Konzentration der in der aktiven Zone gefangenen Träger so stark, daß der Abstand der Quasiferminiveaus den Bandabstand übersteigt und Laserbetrieb einsetzt (bei GaAs etwa bei $n_T = 2 \cdot 10^{18}$ cm^{-3}). Zweitens verhindert der höhere Bandabstand der benachbarten (Ga,Al)As-Schichten eine Reabsorption des im p-GaAs erzeugten Lichtes in den nicht invertierten Zonen des Halbleiters, und drittens bilden die angrenzenden (Ga,Al)As-Schichten mit kleinerem Brechungsindex den Mantel eines einmodigen Streifenwellenleiters, dessen Kern die aktive Zone darstellt. Wegen der geringen Dicke d des Kerns wird der Großteil der Feldenergie im Mantel geführt (bis über 80 %). Bei dieser Struktur sind Trägerverteilung *und* Feldverteilung durch die Dicke d der aktiven Zone und die Bandabstände (und damit durch die Brechzahlen) der drei mittleren Zonen bestimmt (das evaneszente Feld dringt nicht bis in das Substrat und die Deckschicht aus GaAs vor). Der eigentliche pn-Übergang liegt zwischen der aktiven Zone aus p-GaAs und der benachbarten n-(Ga,Al)As-Schicht. Derartige Anordnungen mit Heteroübergängen zu beiden Seiten der aktiven Zone bezeichnet man auch als Doppelheterostrukturen.

Will man die Trägerverteilung und die Feldverteilung in der vertikalen Richtung (x-Richtung) voneinander unabhängig vorgeben, so kann dies durch eine 5-Schichten-Heterostruktur Abb. 3.8b geschehen: Die Feldverteilung wird durch je zwei geeignet in Brechungsindex und Dicke dimensionierte Schichten aus (Ga,Al)As beiderseits der aktiven Zone festgelegt. Dabei ist von Vorteil, daß die Brechzahl n in (Ga,Al)As nur schwach von der Dotierung abhängt (Änderungen der Brechzahl in der Größenordnung 0,1 %).

Die Technik der Heteroschichten wird bei Photodetektoren z. B. angewendet, um eine räumliche Trennung der Gebiete zu ermöglichen, in denen Licht absorbiert wird, und in denen die erzeugten Primärträger durch Lawineneffekt vervielfacht werden. Ferner ist es erwünscht, das Licht durch ein nichtabsorbierendes Substrat mit höherem Bandabstand zur Absorptionsschicht einzustrahlen (möglich mit InP als Substrat und (In,Ga)(As,P) als Absorptionsschicht, s. Abb. 3.7 und Tabelle 3.3).

Heteroübergänge heißen „isotyp" zwischen Halbleitern vom selben Leitungstyp, "anisotyp" zwischen Halbleitern von verschiedenem Leitungstyp. Der Leitungstyp wird mit Kleinbuchstaben n, i, p für den Halbleiter mit dem kleineren Bandabstand, mit Großbuchstaben N, I, P für den Halbleiter mit dem größeren Bandabstand bezeichnet (die Struktur von Abb. 3.8a enthält z. B. in der Richtung von oben nach unten die Übergänge nN, Np, pP, Pp). Für die detaillierte Berechnung von Heteroübergängen wird auf die Literatur verwiesen, siehe z. B. [114, Kap. 9]. Im folgenden werden einige Eigenschaften in Analogie zum gewöhnlichen pn-Übergang plausibel gemacht.

Abb. 3.9a erläutert die Energiezählung: Die Energie $W = 0$ kommt freien Elektronen zu, die sich mit der Geschwindigkeit $\vec{v} = 0$ in einem Gebiet mit dem Potential $\varphi = 0$ befinden. Abb. 3.9a zeigt einen Halbleiter auf dem Po-

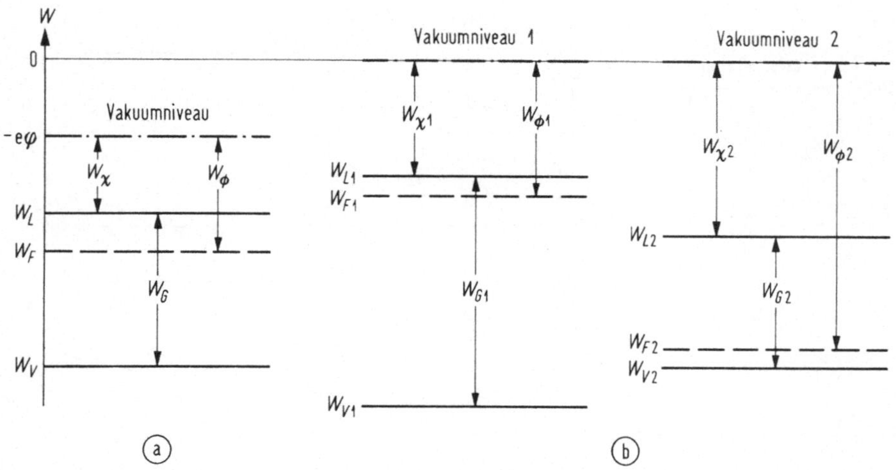

Abb. 3.9. Energieskala für Elektronen im Halbleiter. (a) Halbleiter auf dem Potential $\varphi \neq 0$. (b) Zwei voneinander isolierte Halbleiter auf dem Potential $\varphi = 0$ mit verschiedenen Bandabständen (Erläuterung der Symbole im Text)

tential $\varphi \neq 0$; das Vakuumniveau (die Energie von Elektronen, die mit der Geschwindigkeit null aus dem Halbleiter austreten) liegt bei $W = -e\varphi$. Die Elektronenaffinität W_χ (der energetische Abstand von der Leitungsbandkante zum Vakuumniveau), die Austrittsarbeit W_ϕ (der energetische Abstand vom Fermi-Niveau zum Vakuumniveau) und der Bandabstand $W_G = W_L - W_V$ sind definitionsgemäß positive Größen. W_χ, W_ϕ und W_G legen somit die Abstände der Leitungsbandkante, des Fermi-Niveaus und der Valenzbandkante relativ zum Vakuumniveau fest.

Abb. 3.9b zeigt zwei Halbleiter mit unterschiedlichem Bandabstand, nach deren Kontakt ein Np-Übergang wie in Abb. 3.8a entsteht. Man definiert unter der Annahme, daß beide Halbleiter auf dem Potential $\varphi = 0$ und voneinander isoliert sind, folgende Größen:

$$\begin{aligned}
\Delta W_G &= W_{G2} - W_{G1} \\
\Delta W_L &= W_{L2} - W_{L1} = W_{\chi 1} - W_{\chi 2} \\
\Delta W_V &= W_{V2} - W_{V1} = \Delta W_L - \Delta W_G.
\end{aligned} \tag{3.22}$$

Für die in Abb. 3.9b dargestellten Verhältnisse sind ΔW_G, $\Delta W_L < 0$ und $\Delta W_V > 0$. Für $(\mathrm{Ga}_{1-x}\mathrm{Al}_x)\mathrm{As}$ gilt im Bereich $0 \le x \le 0{,}3$ nahezu unabhängig von x

$$\frac{\Delta W_L}{\Delta W_G} = 0{,}65\ , \qquad \frac{\Delta W_V}{\Delta W_G} = -0{,}35. \tag{3.23}$$

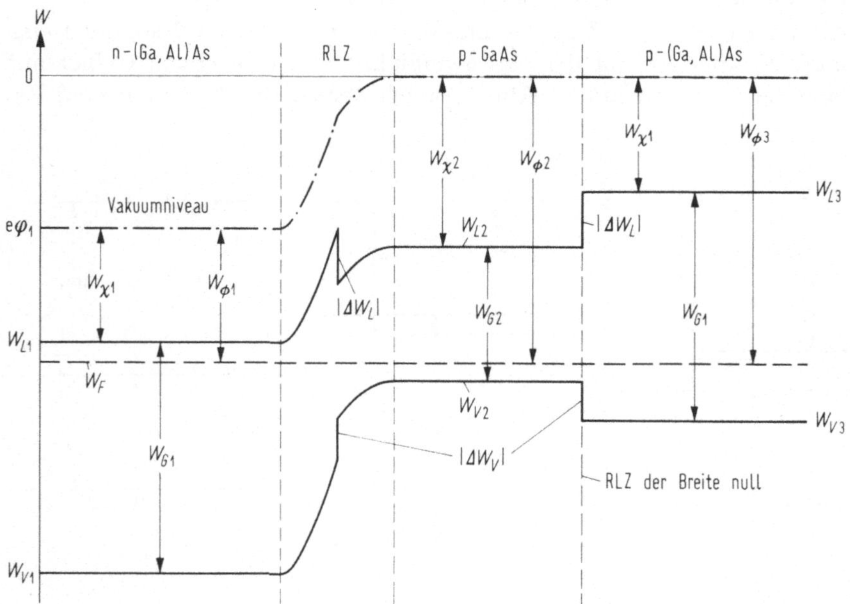

Abb. 3.10. Bandschema einer Doppelheterostruktur mit anisotypen Np-Übergang und speziellem isotypen pP-Übergang mit der Diffusionsspannung null (RLZ = Raumladungszone)

Für jeden der beiden nicht entarteten Halbleiter von Abb. 3.9b gelten Gl. (3.15)–Gl. (3.17). Nach Herstellung des Kontaktes müssen im Gleichgewicht Zustände bei gleicher Energie gleich wahrscheinlich besetzt sein. Hält man das Potential des Halbleiters 2 auf dem Wert $\varphi_2 = 0$ fest, steigt demnach das Potential des Halbleiters 1 solange, bis $e\varphi_1 + W_{\phi 1} = W_{\phi 2}$ gilt, d. h. das sich einstellende Potential ist durch $\varphi_1 = (W_{F1} - W_{F2})/e > 0$ gegeben. φ_1 ist die Diffusionsspannung des Heteroübergangs. Man berechnet aus Gl. (3.15):

$$e\varphi_1 = W_{G1} - \Delta W_V + kT \ln \frac{n_{T1} p_2}{N_{L1} N_{V2}} . \tag{3.24}$$

Für den Homoübergang folgt daraus mittels Gl. (3.15) und der bei Störstellenerschöpfung und flachen Störstellen gültigen Annahme $n_{T1} = n_D$, $p_2 = n_A$ das bekannte Ergebnis für die Diffusionsspannung U_D des pn-Übergangs (U_T ist die sogenannte Temperaturspannung)

$$\varphi_1 = U_D = U_T \ln \frac{n_D n_A}{n_i^2}, \qquad U_T = \frac{kT}{e} . \tag{3.25}$$

Abb. 3.10 zeigt (nicht maßstäblich) das Bandschema des NpP-Heteroübergangs von Abb. 3.8a im Fall des thermischen Gleichgewichts (verwendet wurden die beiden Halbleiter von Abb. 3.9, ergänzt durch einen p-Halbleiter mit der Elektronenaffinität $W_{\chi 1}$ und dem Bandabstand W_{G1}). Die Dotierung der Schicht aus p-(Ga,Al)As wurde dabei so gewählt, daß die Diffusionsspannung des isotypen pP-Übergangs null ist. Die Energien der Bandkanten (und damit auch die Trägerkonzentrationen) sind an den Halbleitergrenzen unstetig (Sprünge um $|\Delta W_L|, |\Delta W_V|$, s. Gl. (3.22)). Da die Komponente von $\vec{D} = \epsilon\vec{E}$ normal zur Grenzfläche stetig sein muß, die Halbleiter aber verschiedene Dielektrizitätskonstanten haben, springt auch die Normalkomponente von $\vec{E}$ in der Grenzfläche (dem entspricht der Knick im Vakuumniveau an der Halbleitergrenze, die Steigung ist im Halbleiter mit dem größeren Bandabstand wegen dessen kleinerer Dielektrizitätskonstante größer als im Halbleiter mit dem kleineren Bandabstand).

Abb. 3.11 zeigt die Doppelheterostruktur aus Abb. 3.10 unter der vereinfachenden (unrealistischen) Annahme, man könne durch Anlegen einer äußeren Spannung in Flußrichtung am Übergang selbst eine Potentialdifferenz U erzeugen, welche die Diffusionsspannung φ_1 von Abb. 3.10 gerade kompensiert. In den Bahngebieten sind die Quasiferminiveaus von Elektronen und Löchern

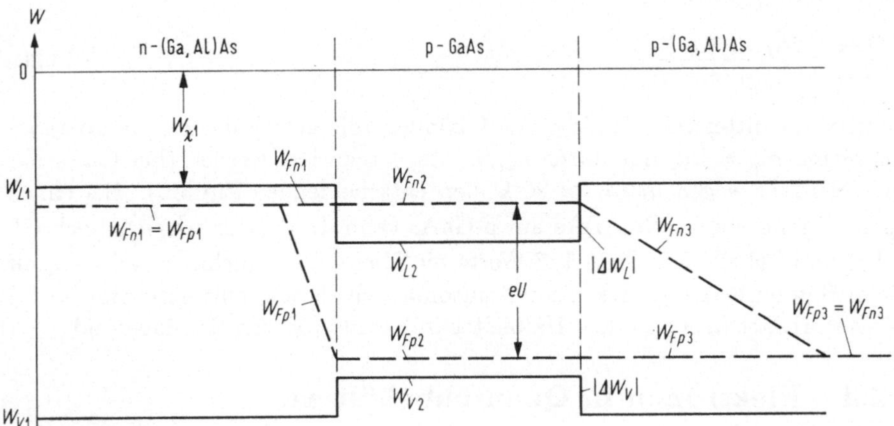

Abb. 3.11. Bandschema des NpP-Heteroübergangs von Abb. 3.10 bei anliegender Spannung in Durchlaßrichtung ($L_p/L_n \approx 0{,}2$ bei GaAs)

annähernd identisch, in der dünnen p-GaAs-Schicht und in den Diffusionszonen liegt wegen der Injektion von Elektronen und Löchern W_{Fn} höher als W_{Fp}. Wegen der größeren Diffusionslänge L_n der Elektronen im Vergleich zu der Diffusionslänge L_p der Löcher ist die Diffusionszone im p-Halbleiter breiter als im n-Halbleiter (GaAs: $L_n/L_p = 5$). Elektronen und Löcher sind in der p-GaAs-Schicht effektiv in einem Potentialtopf gefangen, im dargestellten Fall wurde das Quasiferminiveau der Elektronen in dieser Schicht über die Leitungsbandkante geschoben.

Damit ist plausibel gemacht, daß durch geeignete Dimensionierung von Doppelheteroschichten in der aktiven Zone bei Flußbetrieb eine Inversion des Halbleiters (Abstand der Quasiferminiveaus größer als der Bandabstand) erreicht werden kann.

Eine weitere wichtige Eigenschaft der Stromdichte in einem pn-Übergang zwischen Halbleitern verschiedenen Bandabstands soll in Analogie zu den bekannten Verhältnissen bei gewöhnlichen pn-Übergängen ohne Ableitung plausibel gemacht werden. Die Diodenkennlinie lautet (J Stromdichte)

$$J = J_S(e^{U/U_T}-1), \qquad J_S = J_{Sn} + J_{Sp} \tag{3.26}$$

mit der Sättigungsstromdichte J_S und den Anteilen J_{Sn}, J_{Sp} zufolge der Injektion von Elektronen und Löchern. Für diese Anteile gilt

$$\begin{aligned}
J_{Sn} &= \frac{eD_n n_{Tp}}{L_n} = \frac{eD_n n_i^2}{L_n n_A} = kT\frac{\mu_n n_i^2}{L_n n_A}, \\
J_{Sp} &= \frac{eD_p p_n}{L_p} = \frac{eD_p n_i^2}{L_p n_D} = kT\frac{\mu_p n_i^2}{L_p n_D}.
\end{aligned} \tag{3.27}$$

(D_n, D_p Diffusionskonstanten; μ_n, μ_p Beweglichkeiten; L_n, L_p Diffusionslängen; n_{Tp}, p_n Minoritätsträgerkonzentrationen; n_D, n_A Donatoren- und Akzeptorenkonzentrationen).

Gl. (3.27) behält im Heteroübergang ihre Gültigkeit, wenn man in der Formel für J_{Sn} sinngemäß für n_i die Eigenleitungsdichte n_{ip} des p-Halbleiters, in der Formel für J_{Sp} die des n-Halbleiters n_{in} einsetzt. Für den besprochenen Np-Übergang gilt daher

$$\frac{J_{Sn}}{J_{Sp}} = \frac{L_p}{L_n}\frac{\mu_n}{\mu_p}\frac{n_D}{n_A}\frac{n_{ip}^2}{n_{in}^2}. \tag{3.28}$$

Elektronenemitter mit $J_{Sn}/J_{Sp} \gg 1$ können mit gewöhnlichen pn-Übergängen wegen $n_{ip} = n_{in}$ nur durch $n_D/n_A \gg 1$ realisiert werden (bei GaAs hat der Vorfaktor wegen $\mu_n/\mu_p \approx 20$ keinen entscheidenden Einfluß). Bei einem Np-Übergang von n-(Ga,Al)As auf p-GaAs kann der Faktor n_{ip}^2/n_{in}^2 nach Gl. (3.15) und Tabelle 3.2, Seite 148 Werte bis über $3\cdot 10^6$ annehmen. Dioden mit einem Heteroübergang wirken somit automatisch als sehr effiziente Emitter für die Majoritätsträger aus dem Halbleiter mit dem größeren Bandabstand.

3.2.4 Elektronen in Quantenbehältern

Betrachtet wird eine Schichtstruktur wie in Abb. 3.8a. Es interessiert das Verhalten der Elektronen im Leitungsband der Halbleiterschicht mit dem kleineren Bandabstand. Die Schichtdicke sei $d = d_x$. Die Psi-Funktion eines Elektrons verhält sich in der Schicht nach Abschn. 3.2.1 wie eine Welle, deren x-Abhängigkeit die Funktion $\exp(\mathrm{j}\, k_x x)$ beschreibt. Die Schicht bildet einen Resonator für die „Materiewelle" des Elektrons, wenn seine Umlaufphase ein ganzzahliges Vielfaches von 2π ist und seine Aufenthaltswahrscheinlichkeitsdichte in der Schicht groß ist im Verhältnis zu jener in den benachbarten Zonen mit hohem Bandabstand. Daraus resultiert eine Quantelung des Pseudoimpulses in x-Richtung; mit Gl. (3.6) erhält man

$$2k_x d_x = 2\pi\xi \quad \longrightarrow \quad k_x = \frac{2\pi p_x}{h} = \frac{\xi\pi}{d_x}, \quad \xi = \pm 1, \pm 2, \ldots \tag{3.29}$$

Mit der Bezeichnung

$$W_{\xi n} = \frac{p_x^2}{2m_n} = \frac{\xi^2 h^2}{8m_n d_x^2} \tag{3.30}$$

erhält man für die Energie der Elektronen im Leitungsband wegen Gl. (3.9) und Gl. (3.10)

$$W = W_L + W_{\xi n} + \frac{p_y^2 + p_z^2}{2m_n}. \tag{3.31}$$

Es gibt nun im Leitungsband eine Reihe diskreter Energien $W_L + W_{\xi n}$, an die jeweils ein Pseudokontinuum von Zuständen anschließt (hat die Schicht in den Richtungen y, z jeweils die über viele Gitterkonstanten reichende Ausdehnung L, so sind die Werte von p_y, p_z analog zu Gl. (3.4) festgelegt). Die Abstände der Niveaus $W_{\xi n}$ sind proportional ξ^2, umgekehrt proportional zur effektiven Masse m_n und zum Quadrat der Schichtdicke d_x.

Diese Quantelung des Impulses in x-Richtung schränkt die Bewegung der Elektronen dann merklich ein, wenn die Schichtdicke d_x kleiner oder allenfalls in der Größenordnung der de Broglie-Wellenlänge der Elektronen ist (Analogon: Die möglichen Ausbreitungsrichtungen von ebenen elektromagnetischen Wellen im Kern eines dielektrischen Schichtwellenleiters sind erst dann merklich gequantelt, wenn die Schichtdicke kleiner oder allenfalls in der Größenordnung der Wellenlänge ist; Gl. (3.29) gilt genau so für die Komponente k_x des Ausbreitungsvektors einer Lichtwelle).

Mittels Gl. (3.6) erhält man für die de Broglie-Wellenlänge von Trägern mit der thermischen Energie kT den Wert $\lambda = h/\sqrt{2|m_{\mathrm{eff}}|kT}$. Mit den Werten aus Tabelle 3.1, Seite 143 berechnet man für Elektronen (Löcher) in GaAs $\lambda = 30\,\mathrm{nm}$ ($11\,\mathrm{nm}$). Ferner muß die Schichtdicke d_x kleiner sein als die Streulänge der Träger (die Distanz, über welche die Phasenkohärenz der Elektronenwelle erhalten bleibt). Die Streulänge im GaAs liegt bei $50\,\mathrm{nm}$. In Anlehnung an die Bezeichnung des Schichtwellenleiters (Filmwellenleiters) bezeichnet man die Struktur als Quantenschicht oder Quantenfilm (QW = quantum well).

Die Berechnung der Zustandsdichte erfolgt analog zu Gl. (3.10)–Gl. (3.12). Das Volumen des Quantenfilms sei $V = L \cdot L \cdot d_x$; zur Berechnung des Volumens im Impulsraum ist zu beachten, daß die „Ausdehnung" in Richtung p_x für jeden

Wert von ξ nach Gl. (3.29) $h/(2d_x)$ beträgt, also für ein Wertepaar $\pm|\xi|$ den Wert $\Delta p_x = h/d_x$ besitzt. Über Werte $\xi = 1, 2, \ldots$ (bis zur Gültigkeitsgrenze der parabolischen Näherung) ist zu summieren. Mit Gl. (3.31) folgt:

$$
\begin{aligned}
V_p &= \sum_\xi \pi(p_y^2 + p_z^2) \cdot \Delta p_x = \frac{2\pi h m_n}{d_x} \sum_\xi (W - W_L - W_{\xi n}), \\
Z &= \frac{2V_\phi}{h^3} = \frac{2VV_p}{h^3} = \frac{4\pi V m_n}{h^2 d_x} \sum_\xi (W - W_L - W_{\xi n})
\end{aligned}
\tag{3.32}
$$

und daraus nach Gl. (3.11) die Zustandsdichte ($H(x)$ ist die Sprungfunktion, beachte $W \geq W_L + W_{\xi n}$)

$$
\rho_L(W) = \frac{4\pi m_n}{h^2 d_x} \sum_\xi H(W - W_L - W_{\xi n}).
\tag{3.33}
$$

Analog folgt für das Valenzband

$$
\rho_V(W) = \frac{4\pi m_p}{h^2 d_x} \sum_\xi H(W_V - W_{\xi p} - W), \quad W_{\xi p} = \frac{\xi^2 h^2}{8 m_p d_x^2}.
\tag{3.34}
$$

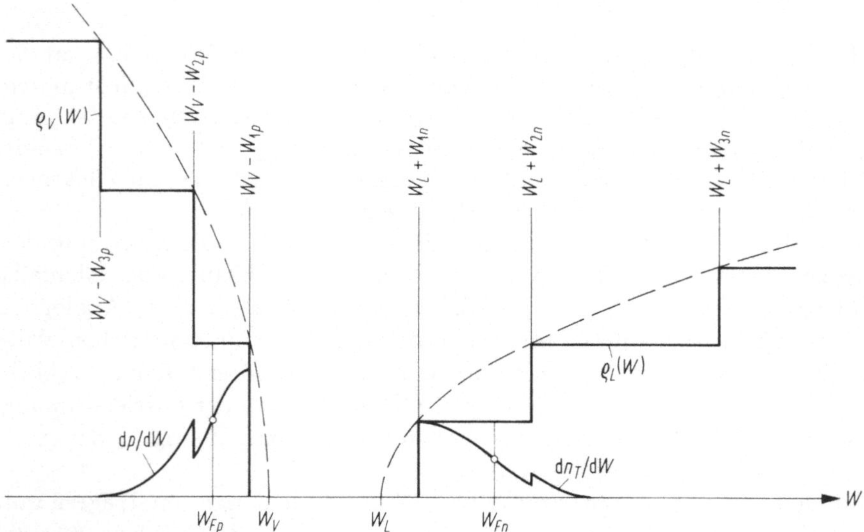

Abb. 3.12. Zustandsdichten und Trägerverteilung im Leitungsband und Valenzband eines Quantenfilms im Nichtgleichgewicht

Für die Elektronen im Leitungsband und für die Löcher im Valenzband erhält man im Nichtgleichgewicht aus Gl. (3.14), Gl. (3.19) die Konzentrationen

$$
\begin{aligned}
n_T &= \frac{4\pi m_n kT}{h^2 d_x} \sum_\xi \ln\left[1 + \exp\left(\frac{W_{Fn} - (W_L + W_{\xi n})}{kT}\right)\right], \\
p &= \frac{4\pi m_p kT}{h^2 d_x} \sum_\xi \ln\left[1 + \exp\left(\frac{(W_V - W_{\xi p}) - W_{Fp}}{kT}\right)\right].
\end{aligned}
\tag{3.35}
$$

Abb. 3.12 zeigt den prinzipiellen Verlauf der Zustandsdichten und der Verteilung von Elektronen und Löchern auf die Zustände im Nichtgleichgewicht für einen Quantenfilm. Für GaAs erhält man aus Gl. (3.30), Gl. (3.34) mit Tabelle 3.1, Seite 143 für einen Film mit $d_x = 10\,\text{nm}$ die Werte $W_{1n} = 56\,\text{meV}$, $W_{1p} = 8\,\text{meV}$.

Im Vergleich zum GaAs bedeutet dies eine effektive Erhöhung des Bandabstands im GaAs-Quantenfilm um $64\,\text{meV}$, die emittierte Strahlung ist kurzwelliger. Weil $\mathrm{d}n_T/\mathrm{d}W$ und $\mathrm{d}p/\mathrm{d}W$ an den Bandkanten Maxima besitzen, liegt bei der Frequenz $f = [(W_L + W_{1n}) - (W_V - W_{1p})]/h$ die maximale Verstärkung für Licht. Das effektive Bandgewicht des Leitungsbandes (Anzahl der Zustände im Intervall kT oberhalb der Bandkante) ist aus Gl. (3.33)

$$N_L = \frac{4\pi m_n kT}{h^2 d_x}. \tag{3.36}$$

Für $d_x = 10\,\text{nm}$ erhält man den Wert $N_L = 7{,}1 \cdot 10^{17}\,\text{cm}^{-3}$ für einen GaAs-Film, also (s. Tabelle 3.1, Seite 143) einen größeren Wert als für gewöhnliches GaAs. Obgleich die Verstärkung im Film erst bei höheren Trägerdichten einsetzt, ist die Schwellenstromdichte merklich kleiner als im gewöhnlichen Laser, da die injizierten Träger in einer dünneren Schicht konzentriert werden. Da das Bandgewicht nach Gl. (3.36) proportional T ist ($\sim T^{3/2}$ im parabolischen Band, Gl. (3.12)), erwartet man eine geringere Erhöhung des Schwellenstroms mit steigender Temperatur (wenn nicht andere Effekte dominieren). Die erreichbaren Verstärkungen sind merklich größer als im gewöhnlichen Laser. Die Verstärkung ist für Licht größer, dessen $\vec{E}$-Vektor in der Filmebene schwingt (polarisiert wie eine TE-Filmwelle). Das hängt damit zusammen, daß normal zur Filmebene die effektive Masse der Träger größere Werte besitzt als für Bewegung in der Filmebene [114, Abschn. 8.3.6].

Wird der Halbleiter mit dem kleineren Bandabstand auch in z-Richtung auf eine Ausdehnung von der Größenordnung der de Broglie-Wellenlänge beschränkt, erhält man einen Quantenstreifen (oder Quantendraht) mit den Querschnittsabmessungen d_x, d_z und der makroskopischen Länge L, Abb. 3.13. Die Energie der Träger im Leitungsband erhält man analog Gl. (3.29)–Gl. (3.31):

$$W = W_L + W_{\xi\zeta n} + \frac{p_y^2}{2m_n}, \quad W_{\xi\zeta n} = \frac{p_x^2 + p_z^2}{2m_n} = \frac{h^2}{8m_n}\left(\frac{\xi^2}{d_x^2} + \frac{\zeta^2}{d_z^2}\right), \quad (3.37)$$

$$k_x = \frac{p_x}{\hbar} = \frac{\xi\pi}{d_x}, \quad k_z = \frac{p_z}{\hbar} = \frac{\zeta\pi}{d_z}, \quad \xi, \zeta = \pm 1, \pm 2 \ldots$$

Analog zu Gl. (3.32)–Gl. (3.34) ist das Volumen V_p im Impulsraum, die Anzahl Z der unterscheidbaren Zustände und die Zustandsdichte $\rho_L(W)$ unter Verwendung von $V = L d_x d_z$:

$$V_p = \sum_\xi \sum_\zeta 2|p_y| \cdot \Delta p_x \cdot \Delta p_z = \frac{2h^2\sqrt{2m_n}}{d_x d_z} \sum_\xi \sum_\zeta \sqrt{W - W_L - W_{\xi\zeta n}}, \quad (3.38)$$

$$Z = \frac{2V V_p}{h^3}, \quad \rho_L(W) = \frac{2\sqrt{2m_n}}{h d_x d_z} \sum_\xi \sum_\zeta \frac{1}{\sqrt{W - W_L - W_{\xi\zeta n}}}. \quad (3.39)$$

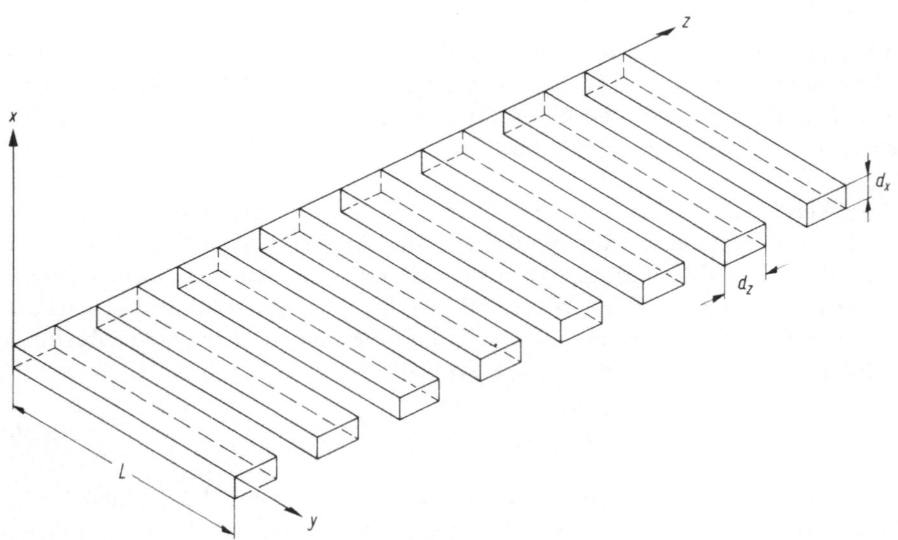

Abb. 3.13. Verstärkung einer y-polarisierten Lichtwelle mit Ausbreitung in z-Richtung durch eine periodische Anordnung von Quantenstreifen

Entsprechende Beziehungen lassen sich für die Löcher im Valenzband anschreiben. Für $d_x = 10\,\text{nm}$ erhielten wir aus Gl. (3.30) $W_{1n} = 56\,\text{meV}$ für Elektronen im Leitungsband. Nimmt man $d_z = 100\,\text{nm}$, so ergibt sich aus Gl. (3.37) $W_{11n} = (56 + 0{,}56)\,\text{meV}$. Die Zustandsdichte setzt sich aus Beiträgen zusammen, die jeweils bei Energien $W_L + W_{\xi\zeta n}$ mit einem Pol beginnen und mit wachsender Entfernung vom Pol wie $1/\sqrt{W}$ abfallen. Der effektive Bandabstand ist somit beim Quantendraht noch etwas höher als beim Quantenfilm, die Zustandsdichte an der Bandkante ist unendlich groß. Beim Betrieb als Laser sind noch höhere Trägerdichten (aber kleinere Schwellenstromdichten) als beim Quantenfilm an der Schwelle nötig, die erreichbaren Verstärkungen sind noch größer, die emittierte Strahlung ist noch kurzwelliger.

Wird auch die Länge in y-Richtung klein gemacht, ergibt sich ein sogenannter Quantentopf. In Erweiterung von Gl. (3.37) erhält man für die Elektronen im Leitungsband diskrete Energieniveaus

$$W = W_L + W_{\xi\eta\zeta n}, \quad W_{\xi\eta\zeta n} = \frac{h^2}{8m_n}\left(\frac{\xi^2}{d_x^2} + \frac{\eta^2}{d_y^2} + \frac{\zeta^2}{d_z^2}\right), \tag{3.40}$$

$$k_x = \frac{\xi\pi}{d_x}, \quad k_y = \frac{\eta\pi}{d_y}, \quad k_z = \frac{\zeta\pi}{d_z}, \quad \xi,\eta,\zeta = \pm 1, \pm 2, \ldots$$

Mit $V = d_x d_y d_z$, $V_p = h^3/(d_x d_y d_z)$ für den einzelnen Zustand folgt analog der obigen Ableitung für die Zustandsanzahl Z und die Zustandsdichte

$$Z = \frac{2V}{d_x d_y d_z}\sum_\xi \sum_\eta \sum_\zeta H(W - W_L - W_{\xi\eta\zeta n}), \tag{3.41}$$

$$\rho_L(W) = \frac{2}{d_x d_y d_z} \sum_\xi \sum_\eta \sum_\zeta \delta(W - W_L - W_{\xi\eta\zeta n}).$$ (3.42)

Die Zustandsdichte besteht aus δ-Singularitäten. Die oben bereits diskutierten Trends beim Übergang vom gewöhnlichen Halbleiter über den Quantenfilm zum Quantendraht — steigende Trägerdichte (sinkende Stromdichte) bei Schwingungseinsatz, kürzere Emissionswellenlänge, höhere Verstärkung, geringere Temperaturabhängigkeit, schmälere Verstärkungslinie — setzen sich beim Übergang zum Quantentopf fort [73]. Man beachte, daß die effektiven Bandgewichte Gl. (3.12), Gl. (3.36) bzw. die aus Gl. (3.39), Gl. (3.42) zu errechnenden Bandgewichte wie $T^{3/2}$ (parabolische Zustandsdichte), T^1 (Quantenschicht), $T^{1/2}$ (Quantenstreifen), T^0 (Quantentopf) von der Temperatur abhängen. Das Bandgewicht des Quantentopfs ist unter folgender Vorausetzung unabhängig von der Temperatur: die Abstände der Niveaus $W_{\xi\eta\zeta n}$ von Gl. (3.40) sind so groß (d. h. die Abmessungen d_x, d_y, d_z sind so klein), daß sich bei einer Änderung von T die Anzahl Z' der im Bereich kT liegenden Niveaus nicht ändert. Das Bandgewicht ist dann durch den Ausdruck $2Z'/(d_x d_y d_z)$ gegeben.

Bauelemente aus Mehrfach-Quantenfilmen (MQW: multiple quantum well) sind deshalb interessant, weil ihre Schaltgeschwindigkeit (abgesehen von Grenzen wie RC-Zeitkonstanten) prinzipiell nur durch die Schnelligkeit begrenzt ist, mit der sich eine Psi-Funktion an geänderte Randbedingungen anpaßt: Dafür ist die Beziehung $\Delta W \tau_\Lambda \geq \hbar/2$ maßgeblich (τ_Λ ist jene Zeit, in der sich der quantenmechanische Erwartungswert einer nicht explizit zeitabhängigen Observablen Λ gerade um eine Standardabweichung ändert, ΔW ist die damit verknüpfte Energieänderung). Die Absorptionskante von Quantenfilmen kann durch ein elektrisches Feld $\vec{E}$ normal zur Filmebene um ca. 10 meV $\widehat{=}$ 2,4 THz verschoben werden (die Absorption geht auf Exzitonen zurück, deren Dissoziation in ein freies Elektron und ein freies Loch in Richtung von $\vec{E}$ die Potentialwälle des Quantenfilms verhindern; sogenannter QCSE = quantum confined Stark-effect [364] [283]). Nach vorstehender Beziehung entspricht dem eine Grenze der Schaltgeschwindigkeit von 33 fs (Anwendung: schnelle Modulatoren). Weitere ausnutzbare Effekte sind: resonantes Tunneln durch die Quantenfilme einer IiI-Heterostruktur, die in i-Material eingebettet ist (Bezeichnungsweise I, i s. S. 151; diese Struktur entspricht dem optischen Fabry-Perot-Resonator, die von Elektronen durchtunnelten I-Zonen spielen die Rolle der Spiegel), und darauf beruhende Bauelemente mit negativem differentiellem Widerstand [478]; ferner sogenannte SEED (self-electrooptic effect device [364]). Beim SEED enthält die i-Zone einer pin-Diode Mehrfach-Quantenfilme. Die Diode arbeite an einer äußeren Sperrspannung als Photodetektor. Der durch das absorbierte Licht erzeugte Photostrom fließt über den elektrischen Zweig und ändert die Klemmenspannung der pin-Diode; zufolge der geänderten Feldstärke $\vec{E}$ in den Quantenfilmen verschiebt sich die Absorptionskante der Diode zufolge des QCSE. Je nachdem, ob über den äußeren Stromkreis eine Mitkopplung oder Gegenkopplung erreicht wird, kann man Oszillation, Bistabilität oder Linearisierung einer Nichtlinearität erreichen. Eine Zusammenfassung der Eigenschaften einiger Bauelemente findet sich in [114, Abschn. 12.3].

3.3　Emission und Absorption von Licht

3.3.1　Induzierte und spontane Übergänge

Die in Abschn. 3.1.1 prinzipiell diskutierten Vorgänge bei der Emission und Absorption eines Photons durch ein Mikrosystem werden nun quantifiziert. Wie in Abb. 3.2a seien Niveaus W_2, W_1 mit $W_2 = W_1 + hf$ vorhanden. Das elektromagnetische Feld sei im betrachteten Volumen V als Entwicklung nach einem System von Orthogonalmoden bekannt. Ein ganz bestimmter Modus der Frequenz f enthalte N_P Photonen im Volumen V; Details der quantenmechanischen Eigenschaften des Mikrosystems seien in einer Größe K (Einheit Watt) vereinigt. Das Ergebnis einer Störungsrechnung erster Ordnung (s. z. B. [124, S. 229] [190, S. 420]) sind die asymptotisch für große Zeiten geltenden Wahrscheinlichkeiten $w^{(e)}, w^{(a)}$ einer Emission (Absorption) durch ein Mikrosystem, welches sich zu Beginn der Wechselwirkung im angeregten Zustand (Grundzustand) befunden hat:

$$
\begin{aligned}
w^{(e)} &= w^{(e)}_{\mathrm{ind}} + w^{(e)}_{\mathrm{sp}} = tKN_P\, \delta(W_2 - W_1 - hf) + tK\, \delta(W_2 - W_1 - hf), \\
w^{(a)} &= w^{(a)}_{\mathrm{ind}} \qquad\quad = tKN_P\, \delta(W_2 - W_1 - hf).
\end{aligned}
\tag{3.43}
$$

w nimmt proportional t zu; spontane (von N_P unabhängige) Übergänge gibt es nur in der Emission. Lebensdauern τ für Übergänge könnten aus der Forderung $w = 1$ für $t = \tau$ definiert werden. Es gilt Energieerhaltung.

Spontane Übergänge erfolgen unvermeidbar in alle Moden des Feldes der Frequenz f. Mit den Beziehungen aus Abschn. 2.1.7 für M_{ges} (= Anzahl der Moden im Volumen V mit Frequenzen unterhalb eines bestimmten Wertes f) und $\mathrm{d}M_{\mathrm{ges}}/\mathrm{d}f$ folgt die Wahrscheinlichkeit einer spontanen Emission in irgendeinen Modus der Frequenz f:

$$
w_{\mathrm{sp}} = \int w^{(e)}_{\mathrm{sp}}\, \mathrm{d}M_{\mathrm{ges}} = \frac{tK}{h}\frac{\mathrm{d}M_{\mathrm{ges}}}{\mathrm{d}f} \quad \rightarrow \quad \frac{1}{\tau_{\mathrm{sp}}} = \frac{K}{h}\frac{\mathrm{d}M_{\mathrm{ges}}}{\mathrm{d}f}.
\tag{3.44}
$$

Die Ableitung ist an der Stelle $f = (W_2 - W_1)/h$ zu nehmen. In Gl. (3.44) sollte genau genommen statt K ein über alle möglichen räumlichen Orientierungen des Mikrosystems gemittelter Wert von K verwendet werden. Wegen dieser endlichen Lebensdauer erfolgt die spontane Emission nicht monochromatisch, sondern in einer Linienform $\rho(f)$ der Halbwertsbreite Δf_H zentriert auf f_0 (Diskussion s. Abschn. 3.1.1). Eine Rechnung liefert [328, S. 285] eine Lorentzlinie; für $f_0/\Delta f_H \gg 1$ kann man schreiben:

$$
\rho(f) = \frac{2}{\pi \Delta f_H}\frac{1}{1 + \left(\frac{f - f_0}{\Delta f_H/2}\right)^2}, \qquad \int_{-\infty}^{+\infty} \rho(f)\,\mathrm{d}f = 1, \quad 2\pi\tau_{\mathrm{sp}}\Delta f_H = 1.
\tag{3.45}
$$

Hier interessieren die Wahrscheinlichkeiten $w^{(\mathrm{eM})}, w^{(\mathrm{aM})}$, mit denen eine Emission in einen Modus oder eine Absorption aus einem Modus *einer ganz bestimmten Frequenz* f erfolgt. Da wegen der endlichen Lebensdauer die Energie

$W_2 = W_1 + hf$ im Mikrosystem nicht mit der Wahrscheinlichkeit 1, sondern nur mit der Wahrscheinlichkeitsdichte $\rho(f)$ anzutreffen ist, gilt

$$w^{(\text{eM})} = \int w^{(\text{e})} \rho\left(\frac{W_2-W_1}{h}\right) \mathrm{d}\left(\frac{W_2-W_1}{h}\right) = t\frac{K\rho(f)}{h}(N_P + 1)$$
$$= w_{\text{ind}}^{(\text{eM})} + w_{\text{sp}}^{(\text{eM})},$$

$$w^{(\text{aM})} = \int w^{(\text{a})} \rho\left(\frac{W_2-W_1}{h}\right) \mathrm{d}\left(\frac{W_2-W_1}{h}\right) = t\frac{K\rho(f)}{h}N_P \tag{3.46}$$
$$= w_{\text{ind}}^{(\text{aM})},$$

d. h. $\qquad \dfrac{w_{\text{ind}}^{(\text{eM})}}{w_{\text{sp}}^{(\text{eM})}} = \dfrac{N_P}{1}, \qquad \dfrac{w_{\text{ind}}^{(\text{eM})}}{w_{\text{ind}}^{(\text{aM})}} = 1.$

Die Wahrscheinlichkeit einer induzierten Emission in den Modus ist um den Faktor N_P größer als die einer spontanen Emission (Rauschen) in denselben Modus. Die induzierte Emission eines Photons durch ein Mikrosystem im Niveau W_2 ist genau so wahrscheinlich wie die Absorption eines Photons durch ein Mikrosystem im Grundzustand W_1 (für Verstärkung — d. h. mehr induzierte Emissionen als Absorptionen — muß die Anzahl N_2 der Atome in W_2 daher größer sein als die Anzahl N_1 der Atome in W_1). Aus Gl. (3.44), Gl. (3.46) folgt ferner

$$\frac{w_{\text{sp}}^{(\text{eM})}}{w_{\text{sp}}} = \frac{\rho(f)}{\mathrm{d}M_{\text{ges}}/\mathrm{d}f}, \qquad \frac{w_{\text{ind}}^{(\text{eM})}}{w_{\text{sp}}} = N_P\frac{\rho(f)}{\mathrm{d}M_{\text{ges}}/\mathrm{d}f}. \tag{3.47}$$

Das Verhältnis der Wahrscheinlichkeit einer spontanen Emission in einen Modus einer ganz bestimmten Frequenz f und der Wahrscheinlichkeit einer spontanen Emission bei dieser Frequenz f überhaupt ist gleich dem Verhältnis der Wahrscheinlichkeitsdichte $\rho(f)$, ein Mikrosystem mit gerade passender Energie $W_2 = W_1 + hf$ zu finden, und der Anzahl der Moden pro Frequenzintervall, die es bei dieser Frequenz f im Volumen V gibt. Um diesen Faktor verkleinert sich auch das Verhältnis der Wahrscheinlichkeiten einer induzierten Emission zu einer spontanen Emission überhaupt im Vergleich zum Verhältnis der induzierten zur spontanen Emission in einen ganz bestimmten betrachteten Modus, Gl. (3.46).

Anmerkung 1: Bei $N = N_1 + N_2$ Mikrosystemen (N_1 im Zustand der Energie W_1, N_2 im Zustand der Energie W_2) im thermischen Gleichgewicht mit einem Strahlungsmodus muß im Mittel die Anzahl der Emissionen gleich der Anzahl der Absorptionen sein, $N_2 w^{(\text{eM})} = N_1 w^{(\text{aM})}$, also mit Gl. (3.46) $N_2(N_P + 1) = N_1 N_P$. Da im thermischen Gleichgewicht $N_1/N_2 = \exp[(W_2 - W_1)/(kT)]$, folgt daraus

$$N_P = \left[\exp\left(\frac{hf}{kT}\right) - 1\right]^{-1}, \qquad hf = W_2 - W_1. \tag{3.48}$$

N_P ist hier der Erwartungswert der Photonenanzahl in einem Modus (einem Oszillator) der Frequenz f im thermischen Gleichgewicht.

Anmerkung 2: Einstein machte für die Übergangsraten (Wahrscheinlichkeiten pro Zeiteinheit) folgenden Ansatz

$$\frac{\mathrm{d}w_{\text{ind}}^{(\text{eM})}}{\mathrm{d}t} = B_{21}u(f), \qquad \frac{\mathrm{d}w_{\text{ind}}^{(\text{aM})}}{\mathrm{d}t} = B_{12}u(f), \qquad \frac{\mathrm{d}w_{\text{sp}}}{\mathrm{d}t} = A_{21} = \frac{1}{\tau_{\text{sp}}}. \tag{3.49}$$

$u(f)$ ist die Energie des Feldes pro Volumen und pro Hertz Bandbreite $(\mathrm{Ws^2 m^{-3}})$, A_{21} $(\mathrm{s^{-1}})$ und B_{12}, B_{21} $(\mathrm{m^3 W^{-1} s^{-3}})$ sind die Einstein-Koeffizienten für spontane Emission, Absorption und induzierte Emission. Versteht man jetzt unter N_P die gesamte Photonenanzahl, die innerhalb der Linie $\rho(f)$ vorhanden ist, so gilt

$$u(f) = \frac{N_P h f \rho(f)}{V}. \tag{3.50}$$

Gl. (3.50) in Gl. (3.49) eingesetzt und mit Gl. (3.44), Gl. (3.46), Gl. (3.47) verglichen, liefert

$$A_{21} = \frac{1}{\tau_{\mathrm{sp}}} = B_{21} \frac{hf}{V} \frac{\mathrm{d}M_{\mathrm{ges}}}{\mathrm{d}f}, \qquad B_{12} = B_{21} = \frac{KV}{h^2 f}. \tag{3.51}$$

Vergleich von Gl. (3.51) mit Gl. (3.49) zeigt, daß die spontane Emissionsrate A_{21} als induzierte Emissionsrate gedeutet werden könnte, welche durch ein Feld der spektralen Energiedichte

$$u_1(f) = \frac{1 \cdot hf}{V} \frac{\mathrm{d}M_{\mathrm{ges}}}{\mathrm{d}f} \tag{3.52}$$

hervorgerufen wird (also ein Feld, in dem jeder Modus, der bei der Frequenz f existiert, gerade mit einem Photon besetzt ist).

Besteht die Möglichkeit, daß eine Emission sowohl spontan (in alle Moden) als auch induziert (in einen ganz bestimmten Modus, der bereits mit Photonen besetzt ist) erfolgen kann, verringert sich die Lebensdauer von τ_{sp} auf den kleineren Wert $\tau^{(\mathrm{e})}$:

$$\frac{1}{\tau^{(\mathrm{e})}} = \frac{\mathrm{d}}{\mathrm{d}t}\left(w_{\mathrm{sp}} + w_{\mathrm{ind}}^{(\mathrm{eM})}\right) = A_{21} + B_{21} u(f) = \frac{1}{\tau_{\mathrm{sp}}}\left(1 + N_P \frac{\rho(f)}{\mathrm{d}M_{\mathrm{ges}}/\mathrm{d}f}\right). \tag{3.53}$$

3.3.2   Induzierte und spontane Übergänge im Halbleiter

Leitungsband und Valenzband eines Halbleitervolumens V im Nichtgleichgewicht seien durch die Fermi-Funktionen $f_L(W), f_V(W)$ Gl. (3.19) und die Zustandsdichten $\rho_L(W), \rho_V(W)$ Gl. (3.11) beschrieben. Für die Trägerkonzentrationen n_T, p gilt Gl. (3.14), wenn $f(W)$ sinngemäß durch $f_L(W), f_V(W)$ ersetzt wird. Es interessiert ein ganz bestimmter Modus des Feldes mit der Photonenenergie $hf = W_2 - W_1$ (W_2 steht im folgenden für die Energie eines Zustands im Leitungsband, W_1 für die eines Zustands im Valenzband). Die Wahrscheinlichkeit einer Emission in diesen Modus ist das Produkt dreier Wahrscheinlichkeiten: $w^{(\mathrm{e})}$ aus Gl. (3.43); der Wahrscheinlichkeit $f_L(W_2)$, daß der betrachtete Zustand im Leitungsband besetzt ist; und der Wahrscheinlichkeit $[1 - f_V(W_1)]$, daß der entsprechende Zustand im Valenzband unbesetzt ist. Die Anzahl der Zustände im Leitungsband im Intervall $W_2, W_2 + \mathrm{d}W_2$ ist $V\rho_L(W_2)\mathrm{d}W_2$, analog im Valenzband $V\rho_V(W_1)\mathrm{d}W_1$; über alle Niveaus in den Bändern ist zu summieren.

Daraus folgt für die Emissionsrate $r^{(\mathrm{eM})}$ (Anzahl der Emissionen pro Zeiteinheit und Volumeneinheit in den betrachteten Modus)

$$r^{(\mathrm{eM})} = \frac{1}{V} \iint \frac{\mathrm{d}w^{(\mathrm{e})}}{\mathrm{d}t} f_L(W_2)[1 - f_V(W_1)] V\rho_L(W_2) V\rho_V(W_1)\, \mathrm{d}W_1\, \mathrm{d}W_2$$

$$= (N_P + 1)V \int\limits_{W_L}^{\infty} K(W_2)\rho_L(W_2)\rho_V(W_2 - hf)f_L(W_2)[1 - f_V(W_2 - hf)]\, \mathrm{d}W_2$$

$$= r_{\mathrm{ind}}^{(\mathrm{eM})} + r_{\mathrm{sp}}^{(\mathrm{eM})}. \tag{3.54}$$

Dabei wurde zugelassen, daß die Größe K aus Gl. (3.43) noch von W abhängt. Eine analoge Überlegung führt zur Absorptionsrate $(\mathrm{m}^{-3}\mathrm{s}^{-1})$

$$r^{(\mathrm{aM})} = \frac{1}{V} \iint \frac{dw^{(\mathrm{a})}}{dt}[1 - f_L(W_2)]f_V(W_1)V\rho_L(W_2)V\rho_V(W_1)\,dW_1\,dW_2$$

$$= N_P V \int\limits_{W_L}^{\infty} K(W_2)\rho_L(W_2)\rho_V(W_2 - hf)[1 - f_L(W_2)]f_V(W_2 - hf)\,dW_2$$

$$= r_{\mathrm{ind}}^{(\mathrm{aM})}. \tag{3.55}$$

Man beachte, daß in Gl. (3.54), Gl. (3.55) im Ergebnis über Energien W_2 im Leitungsband integriert wird. Wie in Abschn. 3.2.1 erläutert, bleibt bei Übergängen von Elektronen zwischen den Bändern der Kristallimpuls $p_\mu = \hbar k_\mu$ praktisch erhalten (der Photonenimpuls hf/c ist im Vergleich dazu vernachlässigbar). Somit sind Übergänge bei strenger Impulserhaltung (k-Auswahlregel) nur bei jenem $k_\mu = k_{\mu 0}$ in Abb. 3.3b möglich, bei dem der Abstand zwischen den Bändern gerade hf beträgt:

$$hf = \left(W_L + \frac{\hbar^2 k_{\mu 0}^2}{2m_n}\right) - \left(W_V - \frac{\hbar^2 k_{\mu 0}^2}{2m_p}\right) \quad \rightarrow \quad k_{\mu 0} \text{ berechnen.}$$

$$\text{Definition:} \quad W_0 = W_L + \frac{\hbar^2 k_{\mu 0}^2}{2m_n} = W_L + \frac{hf-(W_L-W_V)}{1+m_n/m_p}. \tag{3.56}$$

Für strenge k-Auswahl gilt somit für die Struktur von $K(W)$ (Einheit von K_0: $\mathrm{W}^2\mathrm{s}$)

$$K(W) = K_0(W_0)\,\delta(W - W_0), \qquad W_0 \text{ siehe oben.} \tag{3.57}$$

Die Verstärkung ist durch die Differenz der Raten für induzierte Emission und Absorption bestimmt (Nettoanzahl der pro Volumeneinheit und Zeiteinheit in den Modus emittierten Photonen). Durch Einsetzen von Gl. (3.57) in Gl. (3.54), Gl. (3.55) erhält man das Ergebnis

$$r_{\mathrm{ind}}^{(\mathrm{M})} = r_{\mathrm{ind}}^{(\mathrm{eM})} - r_{\mathrm{ind}}^{(\mathrm{aM})}$$

$$= N_P V K_0 \rho_L(W_0)\rho_V(W_0 - hf)[f_L(W_0) - f_V(W_0 - hf)], \tag{3.58}$$

$$r_{\mathrm{sp}}^{(\mathrm{eM})} = V K_0 \rho_L(W_0)\rho_V(W_0 - hf)f_L(W_0)[1 - f_V(W_0 - hf)].$$

Da allgemein $\rho_L(W_0)\rho_V(W_0 - hf) \neq 0$ für $hf > W_G$ (speziell für parabolische Bänder folgt mit Gl. (3.11), Gl. (3.56) $\rho_L(W_0)\rho_V(W_0-hf) \sim hf-W_G$), und da ferner $f_L(W_0) - f_V(W_0 - hf) > 0$ für $hf < W_{Fn} - W_{Fp}$, ist die Bedingung für die Verstärkung einer elektromagnetischen Welle in einem Halbleiter (Inversion des Halbleiters)

$$W_G < hf < W_{Fn} - W_{Fp}. \tag{3.59}$$

Aus der Definition von $r_{\mathrm{ind}}^{(\mathrm{M})}$ und der Definition einer Gewinnkonstante G für die zeitliche Zunahme der Photonenanzahl durch induzierte Übergänge folgt eine Beziehung zwischen diesen beiden Größen:

$$\left.\begin{array}{l} r_{\mathrm{ind}}^{(M)} = \dfrac{1}{V}\dfrac{dN_P}{dt} \\[2mm] G = \dfrac{1}{N_P}\dfrac{dN_P}{dt} \end{array}\right\} \qquad G = \dfrac{r_{\mathrm{ind}}^{(M)}}{N_P/V}. \tag{3.60}$$

Zwischen spontaner Emissionsrate in den Modus und dessen Gewinnkonstante berechnet man mit Gl. (3.58) die Beziehung

$$\frac{r_{\mathrm{sp}}^{(eM)}}{r_{\mathrm{ind}}^{(M)}/N_P} = \frac{r_{\mathrm{sp}}^{(eM)}}{G/V}$$

$$= \frac{f_L(W_0)[1 - f_V(W_0 - hf)]}{f_L(W_0) - f_V(W_0 - hf)} = \frac{1}{1 - \exp\left(\frac{hf-(W_{Fn}-W_{Fp})}{kT}\right)} = n_{\mathrm{sp}}. \tag{3.61}$$

n_{sp} wird als Inversionsfaktor bezeichnet. Maximale Verstärkung G erhält man für vollständige Inversion, $n_{\mathrm{sp}} = 1$ (beim Halbleiter für unbesetztes Valenzband, $f_V = 0$). Im praktischen Betrieb hat n_{sp} bei der Schwingfrequenz Werte zwischen 1,5 und 2,5.

Für die in Abschn. 3.3.1, Anmerkung 2 erläuterte Beschreibung mit Einstein-Koeffizienten erhielte man wegen

$$r_{\mathrm{sp}}^{(eM)} = \frac{N_2}{V}\frac{dw_{\mathrm{sp}}^{(eM)}}{dt}, \qquad r_{\mathrm{ind}}^{(M)} = \frac{N_2}{V}\frac{dw_{\mathrm{ind}}^{(eM)}}{dt} - \frac{N_1}{V}\frac{dw_{\mathrm{ind}}^{(aM)}}{dt} \tag{3.62}$$

unter Verwendung von Gl. (3.46)–Gl. (3.51) das Ergebnis

$$n_{\mathrm{sp}} = \frac{1}{1 - N_1/N_2}. \tag{3.63}$$

Vollständige Inversion bedeutet $N_1 = 0$, d. h. alle Mikrosysteme befinden sich im angeregten Zustand.

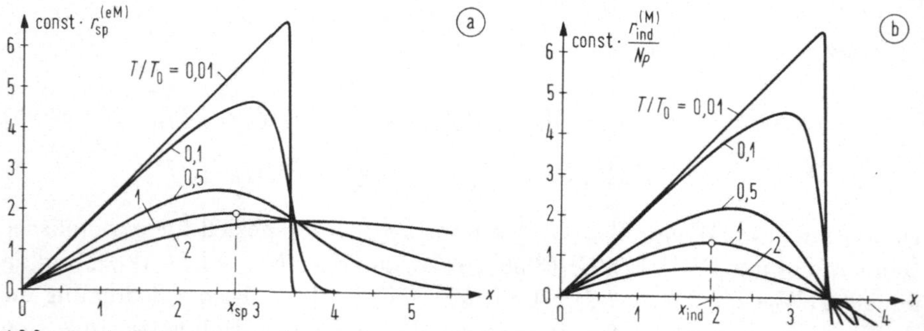

Abb. 3.14. Frequenzgang der spontanen und induzierten Emission für verschiedene Temperaturen T (T_0 Bezugstemperatur; $W_{Fn} - W_L$ und $W_V - W_{Fp}$ werden auf den Werten $3\,kT_0$ bzw. $0{,}5\,kT_0$ konstant gehalten; $m_n/m_p = 0{,}14$ wie bei GaAs). Normierte Frequenz $x = (hf - W_G)/(kT_0)$. (a) Spontane Emission, (b) induzierte Emission pro Photon nach Gl. (3.58). Die multiplikative Konstante hat in beiden Diagrammen denselben Wert

Abb. 3.14 zeigt den Verlauf der spontanen und induzierten Emissionsraten aus Gl. (3.58) bei konstant gehaltenen Abständen der Quasiferminiveaus von den Bandkanten und $(W_{Fn} - W_{Fp}) - W_G = 3,5\,kT_0$ für verschiedene Werte T/T_0 (T_0 ist eine gewählte Bezugstemperatur). Die Frequenz wird durch die normierte Größe $x = (hf - W_G)/(kT_0)$ ausgedrückt.

Das Maximum der spontanen Emission (s. Abb. 3.14a) verschiebt sich vom Wert $x = 3,5$ (das entspricht dem Abstand der Quasiferminiveaus) bei $T = 0$ zunächst zu tieferen Frequenzen (unter den speziellen Annahmen bis $x = 2,515$ bei $T/T_0 = 0,52$); für noch höhere Temperaturen $T/T_0 > 0,52$ bewegt sich das Maximum der spontanen Emission stetig zu höheren Frequenzen. $x_{\mathrm{sp}} = 2,73$ markiert das Maximum bei der Bezugstemperatur $T/T_0 = 1$.

Die induzierte Emissionsrate pro Photon (identisch mit G/V) nimmt für alle Werte von T für $x > 3,5$ negative Werte an: für Photonenenergien, die größer sind als der Abstand der Quasiferminiveaus, tritt Absorption ein. Bei $T = 0$ sind die Spektren der spontanen Emission und der Gewinnkonstante für $x < 3,5$ identisch, das Maximum der spontanen Emission und der Verstärkung liegt bei $hf = W_{Fn} - W_{Fp}$. Bei steigender Temperatur verschiebt sich aber das Maximum der Verstärkung stetig zu tieferen Frequenzen. Bei einer festen Temperatur ist das Maximum der Verstärkung *immer* bei tieferen Frequenzen als das Maximum der spontanen Emission. Bei $T/T_0 = 1$ liegt es bei $x_{\mathrm{ind}} = 1,95$. Der Abstand $x_{\mathrm{sp}} - x_{\mathrm{ind}} = 0,78$ bei $T/T_0 = 1$ entspricht für GaAs bei $T_0 = 293\,\mathrm{K}$ und der Wellenlänge von $0,842\,\mu\mathrm{m}$ im Verstärkungsmaximum einer Verschiebung von $\Delta\lambda = 11,2\,\mathrm{nm}$.

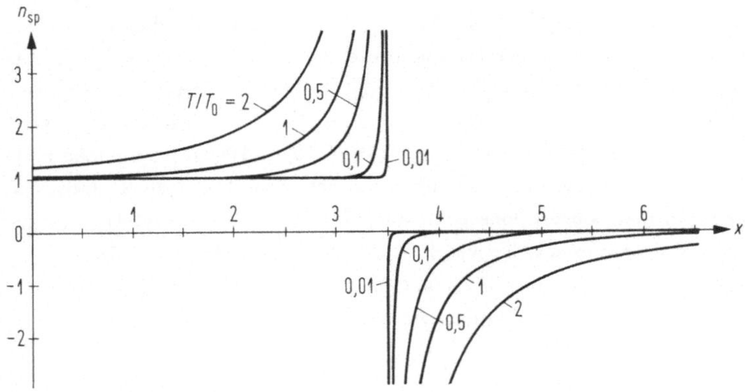

Abb. 3.15. Inversionsfaktor n_{sp} als Funktion der normierten Frequenz $x = (hf - W_G)/(kT_0)$ für verschiedene Temperaturen T (gewählter Abstand der Quasiferminiveaus $W_{Fn} - W_{Fp} = W_G + 3,5\,kT_0$)

Abb. 3.15 zeigt den Inversionsfaktor n_{sp} von Gl. (3.61). n_{sp} hat einen Pol bei $hf = W_{Fn} - W_{Fp}$ (dem entspricht der Wert $x = 3,5$). Bei $T = 0$ besteht vollständige Inversion, $n_{\mathrm{sp}} = 1$ für $x < 3,5$. Bei $T/T_0 > 0$ steigt n_{sp} im Bereich $x < 3,5$ monoton an. Daraus folgt wegen Gl. (3.61) ebenfalls, daß das Maximum der spontanen Emission immer bei höheren Frequenzen liegen muß als das Maximum der Verstärkung.

Für das vorliegende Modell mit strenger k-Auswahl (Erhaltung des Kristallimpulses beim Übergang) haben die Kurven für die spontane Emission und die induzierte Emission bei $x = 0$ endliche Steigung, der Quotient der ersten Ableitungen von $r_{\mathrm{sp}}^{\mathrm{(eM)}}$ und $r_{\mathrm{ind}}^{\mathrm{(M)}}/N_P$ ist gerade n_{sp}. Ohne k-Auswahl wären die Steigungen null, der Quotient der zweiten Ableitungen wäre n_{sp}.

Die Abhängigkeit der Gewinnkonstante G von der Frequenz und der Trägerdichte wird (bedingt durch die Struktur von Gl. (3.58)) oft in der Form

$$G = G_m h(f, n_T), \qquad\qquad G_m = c_1 n_T^2 + c_2 n_T + c_3, \tag{3.64}$$
$$\text{mit } h(f, n_T) \leq 1, \quad h(f_{\mathrm{ind}}, n_T) = 1$$

angegeben (f_{ind} ist die Frequenz der maximalen Verstärkung). Für ein spezielles undotiertes $(\mathrm{In,Ga})(\mathrm{As,P})$ finden sich diese Beziehungen sowie Beziehungen zur Berechnung der Quasiferminiveaus als Funktion von n_T in [160] [159] [591].

Die gesamte spontane Emissionsrate r_{sp} ($\mathrm{cm}^{-3}\mathrm{s}^{-1}$) erhält man durch Integrieren der Emissionsrate in einen Modus $r_{\mathrm{sp}}^{\mathrm{(eM)}}$ über alle Moden mit $f \geq W_G/h$; die letzte Form von Gl. (3.65) folgt mit Gl. (3.47) und Gl. (3.45), $\rho(f)$ ist die Linienform der spontanen Emission:

$$r_{\mathrm{sp}} = \int\limits_{W_G/h}^{\infty} r_{\mathrm{sp}}^{\mathrm{(eM)}} \frac{\mathrm{d}M_{\mathrm{ges}}}{\mathrm{d}f}\, \mathrm{d}f = r_{\mathrm{sp}} \int \rho(f)\,\mathrm{d}f. \tag{3.65}$$

Anmerkung: Im thermischen Gleichgewicht gilt $W_{Fn} = W_{Fp} = W_F$, $n_T p = n_i^2$. Aus Gl. (3.61) folgt $n_{\mathrm{sp}} < 0$, aus Gl. (3.58) $r_{\mathrm{ind}}^{\mathrm{(M)}} < 0$, aber $r_{\mathrm{sp}}^{\mathrm{(eM)}}$ als Produkt der beiden Größen n_{sp}, $r_{\mathrm{ind}}^{\mathrm{(M)}}/N_P$ bleibt positiv. Die Rate der Emission in einen Modus $r_{\mathrm{sp}}^{\mathrm{(eM)}} + r_{\mathrm{ind}}^{\mathrm{(eM)}}$ ist im Gleichgewicht gleich der Absorptionsrate $r_{\mathrm{ind}}^{\mathrm{(aM)}}$, d. h. $r_{\mathrm{sp}}^{\mathrm{(eM)}} = -r_{\mathrm{ind}}^{\mathrm{(M)}}$. Setzt man diese Beziehung in Gl. (3.61) ein, so erhält man für N_P die schon in Gl. (3.48) angegebene Anzahl der thermischen Photonen in einem Modus (für $\lambda = 0{,}85\,\mu\mathrm{m}$, $T = 6\,000\,\mathrm{K}$ erhält man z. B. $N_P = 0{,}063$). Die Gl. (3.61) ist nun ein Zusammenhang zwischen der Spektralverteilung der Lumineszenzstrahlung und dem Absorptionsspektrum ($r_{\mathrm{ind}}^{\mathrm{(M)}} < 0\,!$) eines Materials (sogenannte Beziehung nach van Roosbroeck-Shockley): Im Gleichgewicht kann im Mittel eben nur das emittiert werden, was vorher aus der Strahlung absorbiert wurde. Gl. (3.65) ist in diesem Fall eine Relation zwischen der Lumineszenz und dem Absorptionsvermögen eines Materials.

3.3.3 Strahlende und nichtstrahlende Übergänge

Aus der Struktur von Gl. (3.65) und Gl. (3.58) folgt, daß die Rate der spontanen Emission in der Form

$$r_{\mathrm{sp}} = B n_T p, \quad B = \begin{cases} 1 \cdot 10^{-10} \ldots 7 \cdot 10^{-10}\,\mathrm{cm}^3\mathrm{s}^{-1} & (\mathrm{Ga,Al})\mathrm{As} \\ 8{,}6 \cdot 10^{-11}\,\mathrm{cm}^3\mathrm{s}^{-1} & (\mathrm{In,Ga})(\mathrm{As,P}) \end{cases} \tag{3.66}$$

geschrieben werden kann. Die kleineren Werte der Rekombinationskoeffizienten B im $(\mathrm{Ga,Al})\mathrm{As}$ gelten für Band-Band-Übergänge, die größeren Werte für Übergänge aus dem Leitungsband in nicht ionisierte Akzeptoren knapp oberhalb der Valenzbandkante (wegen der guten Lokalisierung der Akzeptoren können diese zufolge der Unschärferelation $\Delta x \Delta(\hbar k) \geq \hbar/2$ größere Differenzimpulse aufnehmen). Bei (In,Ga)(As,P) zeigt B eine Temperaturabhängigkeit $B \sim 1/T^\kappa$, $1 \leq \kappa \leq 1{,}5$ [384]. Im thermischen Gleichgewicht gilt für die Trägerkonzentrationen $n_T = n_{TG}$, $p = p_G$ die Beziehung $n_{TG} p_G = n_i^2$ und $r_{\rm sp} = B n_i^2$. Die Zunahme der Strahlung im Nichtgleichgewicht ist somit genau genommen $B(n_T p - n_i^2)$, aber in fast allen praktisch interessierenden Fällen ist $n_T p \gg n_i^2$.

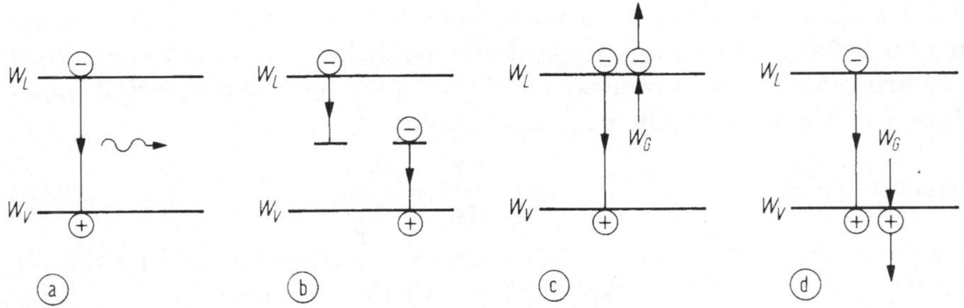

Abb. 3.16. Strahlende und nichtstrahlende Übergänge. (a) Strahlender Band-Band-Übergang. (b) Nichtstrahlender Übergang über einen lokalisierten Zustand im verbotenen Band. (c) (d) Nichtstrahlende Auger-Rekombinationen (die Rekombinationsenergie regt ein Elektron im Leitungsband oder ein Loch im Valenzband an)

Abb. 3.16 zeigt außer der strahlenden Rekombination noch nichtstrahlende Übergänge (Rate: $r_{\rm ns}$, cm^{-3}s^{-1}), zum Beispiel über lokalisierte Störstellen im verbotenen Band (Rate $r_{\ell S}$; solche lokalisierte Störstellen können auch absichtlich eingebaut werden, um die Trägerlebensdauer zu verkürzen) und Auger-Prozesse (Rate: $r_{\rm Au}$), von denen im (In,Ga)(As,P) der Prozeß Abb. 3.16d wichtig ist; in (Ga,Al)As spielen Auger-Prozesse keine Rolle.

$$r_{\rm ns} = r_{\ell S} + r_{\rm Au} \qquad \begin{array}{l} r_{\ell S} = A n_T \\ r_{\rm Au} = C n_T p^2 \end{array} \tag{3.67}$$

Messungen [384] in (In,Ga)(As,P) geben Werte für A von 10^8 s^{-1} (undotierte Proben) bis 10^{10} s^{-1} ($n_A = 2 \cdot 10^{18}$ cm^{-3}), für den Auger-Koeffizienten $C = 4 \cdot 10^{-29}$ cm^{6}s^{-1}. Rechnungen [536] [204] liefern $C = 10^{-27} \dots 10^{-31}$ cm^{6}s^{-1}. Der Auger-Koeffizient wird mit steigender Temperatur größer, auch A steigt leicht an. Die Struktur von $r_{\ell S}, r_{\rm Au}$ folgt daraus, daß $r_{\ell S}$ proportional zur Zahl der Träger sein muß, bei $r_{\rm Au}$ muß sowohl ein Elektron mit einem Loch rekombinieren (Wahrscheinlichkeit proportional $n_T p$) als auch ein weiteres Loch vorhanden sein, welches die Anregungsenergie aufnimmt (Wahrscheinlichkeit proportional p). Bei hoher Elektroneninjektion $p \approx n_T$ steigt $r_{\rm Au} \sim n_T^3$, also rascher als die Verstärkung, s. Gl. (3.64), und rascher als die spontane Emissionsrate Gl. (3.66), für die bei starker Injektion $r_{\rm sp} \sim n_T^2$ gilt (sogenannte bimolekulare Rekombination). Laser oder Lumineszenzdioden aus (In,Ga)(As,P) dürfen deshalb nicht hoch p-dotiert sein oder mit hohen Stromdichten betrieben werden. Man definiert eine effektive Rekombinationsrate

$$r_{\rm eff} = r_{\rm sp} + r_{\rm ns} = r_{\rm sp} + r_{\ell S} + r_{\rm Au} . \tag{3.68}$$

In der Rekombinationszone einer Diode (Schichtdicke d, Querschnittsfläche F) ändert sich die Trägerdichte dann, wenn die pro Zeiteinheit durch den Strom nachgelieferten Träger nicht gerade durch Rekombinationen vernichtet werden, d. h.

$$\frac{dn_T}{dt} = \frac{J}{ed} - r_{\text{eff}}(n_T). \tag{3.69}$$

Genau genommen müßte in Gl. (3.69) statt $r_{\text{eff}}(n_T)$ die Differenz $r_{\text{eff}}(n_T) - r_{\text{eff}}(n_{TG})$ stehen, um für $J = 0$ im thermischen Gleichgewicht die richtige Lösung zu liefern. Für eine Störung der Stromdichte von J_0 auf einen Wert $J_0 + J_1$ bringen ein Störungsansatz $n_T(t) = n_{T0} + n_{T1}(t)$ und eine Reihenentwicklung von r_{eff} an der Stelle n_{T0} das Ergebnis

$$n_{T1}(t) = \frac{J_1 \tau_{\text{eff}}}{ed} \left(1 - e^{-t/\tau_{\text{eff}}}\right), \quad \text{mit} \quad \frac{1}{\tau_{\text{eff}}} = \frac{\partial r_{\text{eff}}}{\partial n_T}. \tag{3.70}$$

Analog lassen sich Lebensdauern für alle anderen strahlenden und nichtstrahlenden Übergänge definieren. Mit Gl. (3.66), Gl. (3.67) folgt:

$$\left.\begin{aligned}
\tau_{\text{sp}}^{-1} &= \frac{\partial r_{\text{sp}}}{\partial n_T} = B\left(p + n_T \frac{\partial p}{\partial n_T}\right), \\
\tau_{\ell S}^{-1} &= \frac{\partial r_{\ell S}}{\partial n_T} = A, \\
\tau_{\text{Au}}^{-1} &= \frac{\partial r_{\text{Au}}}{\partial n_T} = C\left(p^2 + 2n_T p \frac{\partial p}{\partial n_T}\right),
\end{aligned}\right\} \quad
\begin{aligned}
\tau_{\text{eff}}^{-1} &= \tau_{\text{sp}}^{-1} + \tau_{\text{ns}}^{-1}, \\
\tau_{\text{ns}}^{-1} &= \tau_{\ell S}^{-1} + \tau_{\text{Au}}^{-1}.
\end{aligned} \tag{3.71}$$

Man definiert den internen Quantenwirkungsgrad der strahlenden Rekombination η_{int} durch

$$\frac{1}{\eta_{\text{int}}} = \frac{\tau_{\text{sp}}}{\tau_{\text{eff}}} = 1 + \frac{\tau_{\text{sp}}}{\tau_{\text{ns}}} = 1 + \tau_{\text{sp}}\left(\frac{1}{\tau_{\ell S}} + \frac{1}{\tau_{\text{Au}}}\right). \tag{3.72}$$

Die Geschwindigkeit, mit der die Trägerdichte (und damit das emittierte Rekombinationslicht) einer Stromänderung folgen kann, wird durch die effektive Trägerlebensdauer τ_{eff} bestimmt. Für eine schnelle Modulation ist ein kleiner Wert von τ_{eff} erwünscht: Nach Gl. (3.71) kann τ_{eff} durch die Vermehrung nichtstrahlender Rekombinationen verkleinert werden (das ist nur solange sinnvoll, bis man durch die RC-Zeitkonstante zufolge Sperrschichtkapazität und Serienwiderstand begrenzt wird). Nach Gl. (3.72) sind damit eine Abnahme des internen Quantenwirkungsgrades η_{int} und der erzeugten Lichtleistung untrennbar verbunden.

Die Lebensdauern sind abhängig von den Trägerdichten und somit von der Injektionsstromdichte. Für einen p-Halbleiter berechnet man (Ableitung am Ende des Abschnitts) unter Vernachlässigung der Auger-Rekombinationen

$$\frac{1}{\tau_{\text{sp}}} = (Bn_A + A)\sqrt{1 + \frac{4JB}{ed(Bn_A + A)^2}} - A. \tag{3.73}$$

Für den internen Quantenwirkungsgrad erhält man daraus mit Gl. (3.71), Gl. (3.72) unter der Annahme $A \ll Bn_A$

$$\eta_{\text{int}} = \frac{1}{1 + A\tau_{\text{sp}}} = \frac{1}{1 + \frac{A}{Bn_A}\left(1 + \frac{4J}{Bedn_A^2}\right)^{-1/2}}. \tag{3.74}$$

Die erzeugte Lichtleistung steigt zunächst mit steigender Dotierung, nimmt aber bei sehr hoher Dotierung wegen der nicht mehr zu vernachlässigenden Auger-Rekombinationen (bei (In,Ga)(As,P)) wieder ab. Starke p-Dotierung gibt nach Gl. (3.73) auch eine kleine Lebensdauer und somit eine rasch modulierbare Lumineszenzdiode:

$$\frac{1}{\tau_{\text{eff}}} = A + \frac{1}{\tau_{\text{sp}}} = (Bn_A + A)\sqrt{1 + \frac{4JB}{ed(Bn_A + A)^2}}$$

$$= \begin{cases} Bn_A + A & J \text{ klein, } (Bn_A + A) \text{ groß} \\[2mm] \sqrt{\frac{4JB}{ed}} & J \text{ groß, } (Bn_A + A) \text{ klein} \end{cases} \tag{3.75}$$

Die erzeugte Lichtleistung P_1 (von ihr verläßt nur ein Anteil $\eta_{\text{opt}} < 1$ den Halbleiter) folgt bei nicht zu rascher Modulation wegen Gl. (3.70) dem Augenblickswert der Stromdichte, $P_1 \sim n_{T1} \sim J_1$. Mit Gl. (3.72), Gl. (3.70) und $I_1 = J_1 F$ folgt

$$P_1 = \frac{n_{T1}hfFd}{\tau_{\text{sp}}} = \eta_{\text{int}}\frac{hf}{e}I_1, \qquad \to \quad \eta_{\text{int}} = \frac{P_1/(hf)}{I_1/e}. \tag{3.76}$$

Die Lichtleistung ist zunächst proportional zum Diodenstrom; bei hohen Stromdichten führt die Stromabhängigkeit von τ_{sp} und damit von η_{int} (s. Gl. (3.74)) zu nichtlinearen Verzerrungen. Der interne Quantenwirkungsgrad η_{int} ist die Anzahl von Photonen, die im Mittel pro zugeführtes Elektron erzeugt werden.

Anmerkung 1: Für einen p-Halbleiter mit der Minoritätsträgerdichte n_{Tp} im Gleichgewicht gilt $n_{Tp}n_A = n_i^2$. Es sollen Träger injiziert werden, $n_T = n_{Tp} + n_T'$, wegen Ladungsneutralität gilt dann $p = n_A + n_T'$. Damit wird $\partial p/\partial n_T = 1$. Ferner sei $n_T' \gg n_{Tp}$. Aus Gl. (3.69) für den stationären Betrieb folgt mit Gl. (3.68) und Gl. (3.71) bei Vernachlässigung der Auger-Rekombinationen

$$\frac{J}{ed} = Bn_T'(n_A + n_T') + An_T', \qquad \frac{1}{\tau_{\text{sp}}} = B(n_A + 2n_T'). \tag{3.77}$$

Durch Eliminieren von n_T' erhält man die Beziehung Gl. (3.73).

Anmerkung 2: Es sollen nur spontane strahlende Rekombinationen und Auger-Rekombinationen eine Rolle spielen. Analog wie in Anmerkung 1 folgt durch Einsetzen der Trägerkonzentrationen in Gl. (3.71) und Verwendung von τ_{sp} von Gl. (3.77)

$$\frac{1}{\tau_{\text{eff}}} = \frac{1}{\tau_{\text{sp}}} + \frac{1}{\tau_{\text{Au}}} = \frac{1}{\tau_{\text{sp}}} + C(n_A^2 + 4n_An_T' + 3n_T'^2), \tag{3.78}$$

$$\frac{1}{\eta_{\text{int}}} = \frac{\tau_{\text{sp}}}{\tau_{\text{eff}}} = 1 + \frac{C}{B}\left(n_A + 2n_T' - \frac{n_T'^2}{n_A + 2n_T'}\right). \tag{3.79}$$

Der Quantenwirkungsgrad verschlechtert sich im (In,Ga)(As,P) bei hoher p-Dotierung oder bei hohem Injektionsstrom zufolge der Auger-Rekombination. Hoch p-dotierte aktive Zonen werden in Lasern daher nur dann verwendet, wenn extrem hohe Modulations-Grenzfrequenzen (über 10 GHz) verlangt werden und die Trägerlebensdauer entsprechend reduziert werden muß [535]. Für undotierte Schichten ist $n_T = p$: Der Quantenwirkungsgrad nimmt für $r_{\text{sp}} \lesssim r_{\text{Au}}$ merklich ab; nach Gl. (3.66), Gl. (3.67) ist das bei Trägerdichten $n_T \geq B/C$ der Fall, also bei $n_T > 2{,}15 \cdot 10^{18}\,\text{cm}^{-3}$ (zum Vergleich: in (In,Ga)(As,P) setzt Leistungsverstärkung bei $n_T = 10^{18}\,\text{cm}^{-3}$ ein und erreicht bei $n_T = 2\cdot10^{18}\,\text{cm}^{-3}$ Werte um $300\,\text{cm}^{-1}$).

3.4 Lumineszenzdioden

3.4.1 Ausgangsleistung. Modulationsgrenzfrequenz

Im folgenden werden speziell Dioden für die optische Nachrichtentechnik behandelt (wegen Lumineszenzdioden für andere Zwecke s. z. B. [46] [439]). Lumineszenzdioden (LED: light emitting diode) arbeiten in einem Betriebszustand, in dem die Rate der Emissionen in einen Modus praktisch durch die Rate der spontanen Emissionen $r_{\mathrm{sp}}^{(\mathrm{eM})}$ gegeben ist, Gl. (3.54). Für die optische Nachrichtentechnik sind Dioden mit Doppelheterostrukturen nach Abb. 3.8 gebräuchlich. Die aktive Zone ist stark p-dotiertes GaAs ($\lambda_G = 0{,}87\,\mu$m) oder auf die Wellenlänge $\lambda = 1{,}3\,\mu$m (Nullstelle der Gruppenlaufzeitdispersion $\mathrm{d}(n_g/c)/\mathrm{d}\lambda$ in Quarz) abgestimmtes p-dotiertes (In,Ga)(As,P). Die benachbarte n-dotierte Heteroschicht aus (Ga,Al)As oder InP wirkt wegen Gl. (3.28) als Elektronenemitter. Als Donator wird meist Sn, als Akzeptor Zn verwendet. Da Zn in InP bei den Herstellungstemperaturen der Heteroschichten rasch diffundiert, muß darauf geachtet werden, daß der pN-Übergang nicht zufolge der Zn-Diffusion aus dem p-(In,Ga)(As,P) in die benachbarte n-InP-Schicht verlagert wird, weil dann statt des beabsichtigten pN-Übergangs ein pn-Übergang im InP ohne Elektronen-Emitterwirkung vorläge.

Die Trägerdichte n_T in der aktiven Zone kann ortsunabhängig angesetzt werden, wenn Potentialschwellen vorhanden sind und wenn die Schichtdicke d nicht wesentlich größer als die Diffusionslänge L_n der Elektronen ist ($L_n/L_p \approx 5$ in GaAs, InP; die absoluten Werte sind dotierungsabhängig; Größenordnung: $L_n = 1\,\mu$m). Unter dieser Voraussetzung kann für die erzeugte Lichtleistung P das Ergebnis Gl. (3.76) übernommen werden:

$$P = \frac{n_T h f F d}{\tau_{\mathrm{sp}}} = \eta_{\mathrm{int}} \frac{hf}{e} I, \qquad \eta_{\mathrm{int}} = \frac{\tau_{\mathrm{eff}}}{\tau_{\mathrm{sp}}} = \frac{P/(hf)}{I/e}. \tag{3.80}$$

hf ist dabei als mittlere Quantenenergie im Bereich der Emissionslinie zu betrachten (hf ist etwas größer als der Bandabstand W_G). Man beachte, daß $hf/e \approx W_G/e$ das Spannungsäquivalent des Bandabstands in Volt ist (gleiche Maßzahl wie bei Angabe der Quantenenergie in Elektronenvolt).

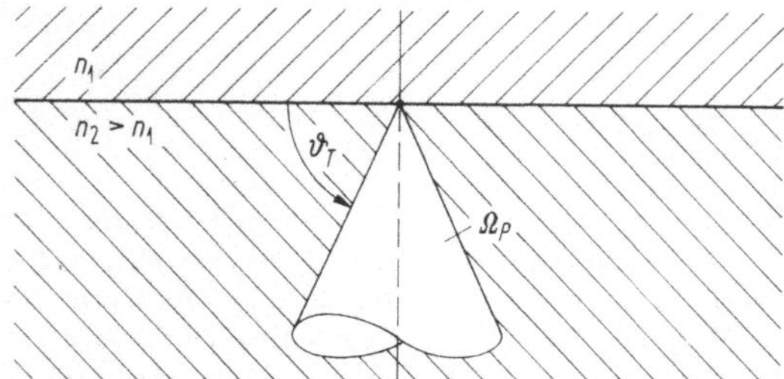

Abb. 3.17. Ebene Grenzfläche zwischen zwei Medien (n_1, n_2 Brechzahlen, ϑ_T Grenzwinkel der Totalreflexion): Nur der Anteil $(1 - R_P)$ der Strahlung aus dem Raumwinkel Ω_P (R_P Leistungs-Reflexionsfaktor) tritt in das optisch dünnere Medium über

Nach Abb. 3.17 tritt von der isotrop in den Raumwinkel 4π abgegebenen Strahlung nur der Anteil $\Omega_P(1 - R_P)/(4\pi)$ in das optisch dünnere Medium über. Die abgegebene Leistung P_a (Ausgangsleistung) der LED ist daher mit den Bezeichnungen

$$\eta_{\text{opt}} = \frac{1}{4\pi}\,\Omega_P(1 - R_P) \qquad \left\{ \begin{array}{c} \Omega_P = 2\pi(1 - \sin\vartheta_T) \\ \cos\vartheta_T = n_1/n_2 \\ R_P = \left(\dfrac{n_1 - n_2}{n_1 + n_2}\right)^2 \end{array} \right. \tag{3.81}$$

gegeben durch

$$P_a = \eta_{\text{opt}}P = \eta_{\text{ext}}\frac{hf}{e}I, \quad \rightarrow \quad \eta_{\text{ext}} = \frac{P_a/(hf)}{I/e} = \eta_{\text{opt}}\,\eta_{\text{int}}. \tag{3.82}$$

$\eta_{\text{opt}}, \eta_{\text{ext}}$ sind der optische Wirkungsgrad und der externe Quantenwirkungsgrad. Für den Leistungs-Reflexionsfaktor R_P wurde vereinfachend der Wert für senkrechten Einfall auf die Grenzfläche verwendet.

Bei direkten Halbleitern gilt typisch $0{,}5 \leq \eta_{\text{int}} \leq 0{,}9$. Die größten Werte nimmt der interne Quantenwirkungsgrad bei mittleren Dotierungen an (s. Gl. (3.74) und anschließende Bemerkung). Die Grenzwinkel der Totalreflexion beim Übergang der Strahlung aus dem Halbleiter in Luft (in Quarz) und die entsprechenden Reflexionsfaktoren liegen bei $\vartheta_T = 73°$ ($66°$), $R_P = 32\,\%$ ($18\,\%$), und somit ergeben sich optische Wirkungsgrade $\eta_{\text{opt}} = 1{,}5\,\%$ ($3{,}5\,\%$). Bei Betriebsströmen bis ca. $200\,\text{mA}$ ergeben sich Ausgangsleistungen im mW-Bereich.

Bei größeren Strömen steigt die Leistung P_a schwächer als linear mit dem Strom I an. Dies wäre wegen der Auger-Rekombinationen selbst bei konstant gehaltener Temperatur der Fall. Durch die tatsächlich auftretende Erwärmung wird der Effekt durch Abnahme des Rekombinationskoeffizienten B, Zunahme des Auger-Koeffizienten C (s. Abschn. 3.3.3) und wegen der steigenden Durchlässigkeit der Potentialbarrieren der Doppelheterostruktur (Träger werden in höherenergetische Bandzustände angeregt) noch verstärkt. Der Effekt ist beim GaAs weniger deutlich, da dort der Auger-Effekt keine so große Rolle spielt und außerdem die Potentialbarrieren höher sind als im (In,Ga)(AsP). Der Temperaturkoeffizient der Leistung beträgt $-1{,}4 \cdot 10^{-2}\,\text{K}^{-1}$ in GaAs und $-2 \cdot 10^{-2}\,\text{K}^{-1}$ in (In,Ga)(As,P). Der Temperaturkoeffizient der Größe X ist dabei wie üblich durch $(1/X)(\mathrm{d}X/\mathrm{d}T)$ definiert.

Ein Ansatz $g = g_0 + g_1(\omega)\exp(\mathrm{j}\omega t)$ für n_T, J in Gl. (3.69) und für P, I, P_a in Gl. (3.80), Gl. (3.82) führt mit Gl. (3.70) auf

$$P_{a1}(\omega) = \eta_{\text{ext}}\frac{hf}{e}I_1(\omega)\frac{1}{1 + \mathrm{j}\omega\tau_{\text{eff}}} \tag{3.83}$$

und bei konstant gehaltener Modulationsamplitude $|I_1(\omega)|$ auf

$$\left|\frac{P_{a1}(\omega)}{P_{a1}(0)}\right| = \frac{1}{\sqrt{1 + \omega^2\tau_{\text{eff}}{}^2}}, \quad \rightarrow \quad \omega_G = \frac{1}{\tau_{\text{eff}}}. \tag{3.84}$$

ω_G ist die Grenzfrequenz für Kleinsignalmodulation. Die Definition durch den Abfall von $|P_{a1}(\omega)|$ auf den Wert $P_{a1}(0)/\sqrt{2}$ (statt auf $P_{a1}(0)/2$) ist sinnvoll, weil die Lichtleistung beim Empfang in einen proportionalen Photostrom umgewandelt wird, sodaß die elektrische Empfangsleistung bei der Grenzfrequenz auf die Hälfte gesunken ist. Aus Gl. (3.83) sowie aus Gl. (3.82), Gl. (3.72) folgt

$$P_{a1}(0) \sim \eta_{\text{ext}} \sim \eta_{\text{int}} \sim \tau_{\text{eff}} \sim \frac{1}{\omega_G}. \tag{3.85}$$

Je größer ω_G einer LED gemacht wird (durch Vermehrung der nichtstrahlenden Übergänge, s. Gl. (3.71)), desto kleiner ist die Lichtleistung, die sie maximal abzugeben vermag. Die Modulationsgrenzfrequenz kann durch Verkleinern von τ_{eff} nicht beliebig vergrößert werden: Wegen der Sperrschichtkapazität des pn-Übergangs stößt man an die Grenze der elektrischen RC-Zeitkonstante. Weiteres Verkleinern von τ_{eff} bringt nur eine weitere Abnahme von $P_{a1}(0)$, aber keine Zunahme von ω_G. LED können bis über 1 Gbit/s moduliert werden [540], [276]. Wegen der Stromabhängigkeit der effektiven Trägerlebensdauer Gl. (3.75) können bei Pulsmodulation die Anstiegszeiten klein und die Abfallzeiten groß sein, wenn nicht durch extrem hohe p-Dotierung für ein praktisch stromunabhängiges τ_{eff} gesorgt wird.

3.4.2 Bauformen

Man unterscheidet prinzipiell zwei mögliche Bauformen: den Flächenemitter (auch SLED, S steht für surface) und den Kantenemitter (auch ELED, E steht für edge), die in vielfältigen Variationen (speziell auch bezüglich der Kontakte oder Kontaktstreifen mit metallischen oder hochdotierten Halbleiterzonen) existieren.

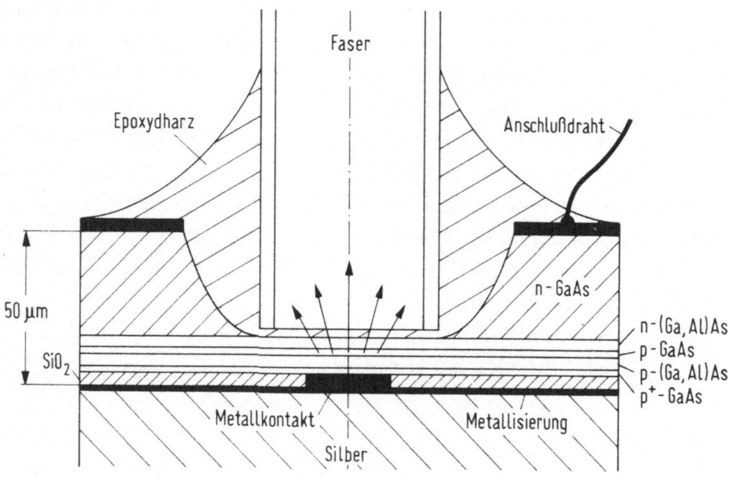

Abb. 3.18. Flächenemitter (Burrus-Diode)

Abb. 3.18 zeigt einen Flächenemitter (auch Burrus-Diode, [67]) mit einer aktiven Zone aus p-GaAs in einer 3-Schichten-Heterostruktur. Zum Ansetzen der Faser wurde das Substrat aus n-GaAs in der Mitte bis auf die (Ga,Al)As-Schicht abgeätzt, um den absorptionsarmen Lichtdurchtritt in die Faser zu ermöglichen. Bei einer Realisierung im (In,Ga)(As,P)-System wäre dies nicht erforderlich, weil das Substratmaterial InP einen höheren Bandabstand als die aktive Zone aus (In,Ga)(As,P) besitzt und für die Strahlung transparent ist. Je kleiner der stromdurchflossene Kontakt gemacht wird, desto besser ist die Wärmeabfuhr (3-dimensionales Wärmeleitproblem statt 2-dimensionale Wärmeleitung im Fall großflächiger Kontakte): desto höher kann die Stromdichte gewählt werden, und desto größer ist die Strahldichte im abgegebenen Licht (bei Flächenemittern bis ca. $200\,\mathrm{Wcm^{-2}sr^{-1}}$). Die Wärmeleitfähigkeit ist in den Zonen mit hohem Bandabstand kleiner als im GaAs, außerdem sinkt in III-V-Verbindungen die Wärmeleitfähigkeit mit steigender Temperatur. Da jeder Modus nur spontane Emission enthält, ist die Strahldichte proportional zur Anzahl der transversalen Moden pro Flächeneinheit und Raumwinkeleinheit Gl. (2.43)

$$\frac{\mathrm{d}^2 M_T}{\mathrm{d}F\mathrm{d}\Omega} = \frac{\cos\vartheta}{(\lambda/n)^2}. \tag{3.86}$$

ϑ bedeutet hier den Winkel zwischen der Faserachse und der betrachteten Richtung. Der Flächenemitter ist ein cos-Strahler (Lambert-Strahler) mit einer Halbwertsbreite der Strahlungskeule von 120°.

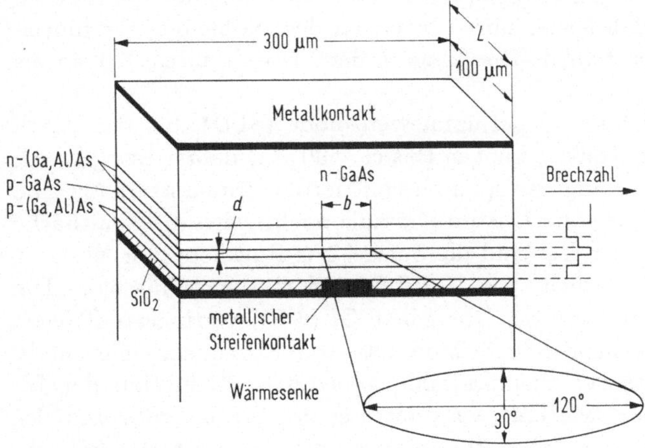

Abb. 3.19. Kantenemitter; L, b, d: Länge, Breite und Dicke der aktiven Zone

Abb. 3.19 zeigt die Grundform des Kantenemitters. Die Dicke der aktiven Zone ist so klein ($d = 0{,}05\ldots0{,}1\,\mu\mathrm{m}$), daß sie mit den angrenzenden Schichten der 5-Schichten-Heterostruktur einen vertikal monomodigen Schichtwellenleiter bildet, aus dem wegen der auf die Breite b (typisch $10\ldots50\,\mu\mathrm{m}$) beschränkten Trägerinjektion effektiv ein Streifenwellenleiter wird, welcher zufolge der geringen Streifenhöhe den Großteil der Feldenergie in den für die erzeugte Strahlung nicht absorbierenden Mantelschichten führt. Die Strahlung ist in vertikaler

Richtung räumlich kohärent, und dementsprechend ist die vertikale Halbwertsbreite der Strahlungskeule kleiner als 120°, typisch 30°(sie ist natürlich nicht
durch den Winkeldurchmesser $\gamma = 1{,}22 \cdot 2\lambda/d$ des zentralen Beugungsscheib-
chens einer Öffnung mit dem Durchmesser d [51, Abschn.8.5.2] bestimmt; weil
sich das evaneszente Feld weit in den Mantel erstreckt, ist der Abstrahlwinkel
eines Schichtwellenleiters maßgeblich Gl. (3.168)). In lateraler Richtung verhält
sich der Kantenemitter wie ein Lambert-Strahler. Die Emission erfolgt nicht
senkrecht, sondern parallel zum pn-Übergang durch eine zweckmäßigerweise
entspiegelte Spaltfläche des Kristalls (dadurch wird $R_P = 0$). Es ist nicht
sinnvoll, die Länge größer als ca 100 μm zu machen, weil das erzeugte Licht
wieder reabsorbiert und somit nur die Verlustleistung der Diode erhöht wird,
ohne die Ausgangsleistung zu vergrößern. Wegen der Wellenführung und der
Möglichkeit hoher Stromdichten längs des schmalen Kontaktstreifens sind die
Strahldichten von Kantenemittern höher (bis über $1\,000\,\mathrm{Wcm^{-2}sr^{-1}}$) als bei
Flächenemittern. Kantenemitter werden daher auch zusammen mit Monomodenfasern eingesetzt. Die absolut erreichbaren Ausgangsleistungen dagegen
sind beim Kantenemitter kleiner als beim Flächenemitter (Strahlung, die in
vertikaler Richtung nicht in den Akzeptanzwinkel des monomodigen Wellenleiters emittiert wird, geht verloren).

Den Kantenemitter unterscheidet vom Laser (LD: laser diode), daß bei
der LD *ein* Modus mit hoher Güte bevorzugt wird (etwa dadurch, daß man
durch schmale Kontaktstreifen den vertikal monomodigen Schichtwellenleiter
zum auch lateral monomodigen Streifenwellenleiter macht und die Spaltflächen
nicht entspiegelt), und daß ferner durch Inversion des Halbleiters für hinreichende Verstärkung gesorgt wird. Die Länge L der LD ist typisch 300 μm bis
über 1 000 μm.

Eine Zwischenstufe ist die Superlumineszenzdiode (SLD), bei der durch
höhere Stromdichten und größere Längen (bis ca. 500 μm) dafür gesorgt wird,
daß die induzierte Verstärkung der spontan emittierten Primärstrahlung eine
merkliche Rolle spielt. Um hohe Leistung auszukoppeln, wird die Spaltfläche
entspiegelt (beachte: bei der LD sind die Spiegel zur Rückkopplung und zur
Erhöhung der Güte erforderlich, bei der SLD sind sie unerwünscht). Die
Folge ist eine durch die induzierten Übergänge Gl. (3.53) verringerte Trägerlebensdauer, eine entsprechend höhere Modulationsgrenzfrequenz, eine durch
die selektive Verstärkung der Primärstrahlung bedingte Reduktion der Linienbreite der Emission, sowie eine Vergrößerung der Strahldichte und des
Kohärenzgrades. Wegen der hohen thermischen Belastung ist Dauerstrich-
betrieb der SLD in der Regel nicht möglich (Berechnung der SLD und weiterführende Literatur s. z. B. [201, Abschn. 5.3]).

3.4.3 Spektrum der LED. Systemeinsatz

Die genaue Verteilung der Träger auf die Zustände ist durch die Lage der Qua-
siferminiveaus im Betriebsfall und damit auch durch die Dotierung der aktiven
Zone bestimmt. Das Emissionsspektrum könnte daher mit den Methoden von
Abschn. 3.3.2 aus Gl. (3.65) berechnet werden (es ist proportional zu $\mathrm{d}r_{\mathrm{sp}}/\mathrm{d}f$).

Das Spektrum der *Ausgangsleistung* P_a ist aber wesentlich von der frequenzabhängigen Absorptionskonstante jener Halbleiterschichten abhängig, die das erzeugte Licht auf dem Weg von der aktiven Zone nach außen durchqueren muß. Dementsprechend können bei gleicher Zusammensetzung der Schichten die Emissionsmaxima von SLED und ELED um bis zu 30 nm differieren. Die Absorptionskonstante $\alpha(f)$, definiert durch $P = P_0 \exp(-\alpha x)$, wird dabei durch die Beziehung

$$\alpha(f) = \frac{\alpha_\infty}{1 + \exp\left[\frac{m(W_\alpha - hf)}{kT}\right]} \tag{3.87}$$

beschrieben, wobei $\alpha_\infty, m, W_\alpha$ Anpassungsparameter an Meßdaten darstellen. Die Absorptionskante ist dabei durch die Stelle größter Steigung definiert: Aus $\mathrm{d}^2\alpha/\mathrm{d}(hf)^2 = 0$ folgt $hf = W_\alpha$. Der Parameter W_α ist somit die Absorptionskante (praktisch gleich dem Bandabstand).

Bei Erwärmung sinkt der Bandabstand und bewirkt eine Verschiebung des Emissionsmaximums zu größeren Wellenlängen (ca. $0{,}2\,\mathrm{nm\,K^{-1}}$ bei GaAs, ca. $0{,}4\,\mathrm{nm\,K^{-1}}$ bei (In,Ga)(As,P) bei $\lambda = 1{,}3\,\mu\mathrm{m}$).

Aus diesen Gründen sollen hier nur sehr globale Angaben über die spektrale Emission gemacht werden. Da sich die Besetzung der Zustände in den Bändern etwa in einem Intervall der Größe $2\,kT$ entscheidend ändert, kann man die Halbwertsbreite der Emission mit $2\,kT_0 = 50\,\mathrm{meV} \mathrel{\widehat{=}} 12{,}1\,\mathrm{THz}$ bei Raumtemperatur abschätzen (dem entspricht bei GaAs eine Halbwertsbreite von 30 nm, bei (In,Ga)(As,P) bei $\lambda = 1{,}3\,\mu\mathrm{m}$ eine Halbwertsbreite von 70 nm). Bei SLD ist die Linienbreite entsprechend kleiner (etwa 10 nm statt 40 nm), bei schnell modulierbaren LED mit sehr hoher p-Dotierung steigt die Linienbreite wegen der Verschleifung der Bandkanten durch die Akzeptorzustände stark an (z. B. auf 157 nm statt 70 nm bei $\lambda = 1{,}3\,\mu\mathrm{m}$ [276]). Aus demselben Grund verschiebt sich das Maximum der Emission zu größeren Wellenlängen [46, Abschn. 3.2.2].

Die Gruppenlaufzeitdispersion in Quarz (s. Abb. 2.8) hat für das Licht aus GaAs-LED einen Betrag von ca. $100\,\mathrm{ps\,km^{-1}nm^{-1}}$, das entspricht bei einer Linienbreite von 30 nm einer chromatischen Dispersion von $3\,\mathrm{ns\,km^{-1}}$, also merklich größer als die Modendispersion einer guten Multimodenfaser. Die Kombination einer LED mit einer Gradientenfaser geringer Modendispersion ist bei $\lambda = 0{,}85\,\mu\mathrm{m}$ nicht sinnvoll. Bei der Nullstelle der Materialdispersion (bei ca. $1{,}3\,\mu\mathrm{m}$) ergibt sich unter der Annahme einer Restdispersion von $5\,\mathrm{ps\,km^{-1}nm^{-1}}$ (etwa zufolge differierender Wellenlänge der Emission und Nullstelle der Faserdispersion) bei 70 nm Linienbreite ein Wert von $0{,}35\,\mathrm{ns\,km^{-1}}$. Hier ist die Kombination mit einer Gradientenfaser sinnvoll.

Flächenemitter werden nur mit Multimodenfasern verwendet. Typisch werden $1\ldots2\,\%$ der Ausgangsleistung der LED in geführte Fasermoden eingekoppelt (17 dB Koppelverluste), also $20\,\mu\mathrm{W}$ bei $P_a = 1\,\mathrm{mW}$.

Bei Kantenemittern sind die Einkoppelverluste geringer; wegen der hohen Strahldichte sind sie auch mit Monomodenfasern einsetzbar; dabei können ohne weitere Anpassungsglieder $1\ldots3\,\%$ der Ausgangsleistung in die Faser transfe riert werden. Mit Kugellinsen und konusförmig ausgezogenen Fasern lassen sich diese Werte um einen Faktor 2 bis 4 vergrößern.

Bei der theoretischen Untersuchung der Kopplung zwischen LED und Monomodenfasern ist die Inkohärenz der LED-Strahlung entsprechend zu berücksichtigen [217] [218]. Die Pulsverformung von LED-Pulsen auf der Monomodenfaser wird in [89] behandelt.

3.5 Grundgleichungen des Diodenlasers

3.5.1 Modell des Laserresonators

Der prinzipielle Aufbau des Diodenlasers entspricht dem des Kantenemitters Abb. 3.19. Die Abmessungen der aktiven Zone liegen etwa im Bereich $L = 300 \ldots 1\,200\,\mu\mathrm{m}$ (longitudinal, z-Richtung), $b = 2 \ldots 5\,\mu\mathrm{m}$ (lateral, y-Richtung) und $d = 0{,}1 \ldots 0{,}2\,\mu\mathrm{m}$ (vertikal, x-Richtung).

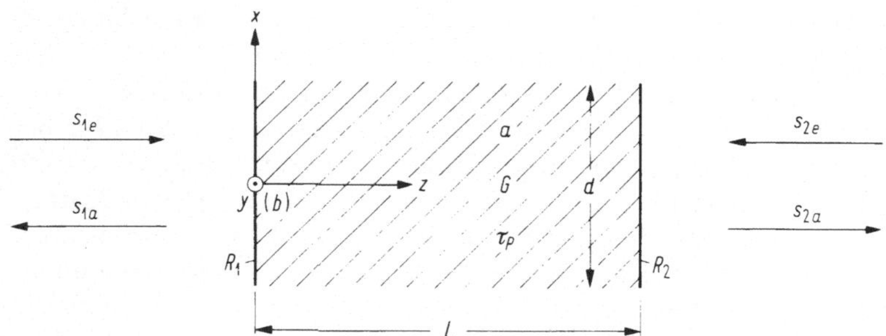

Abb. 3.20. Modell des Laserresonators. Resonatorvolumen $V_R = Lbd$; R_1, R_2 Leistungs-Reflexionskoeffizienten der Spiegel; a Energieamplitude; G Gewinnkonstante; τ_P Photonenlebensdauer; s_{ij} Leistungsamplituden

Der Resonator wird folgendermaßen modelliert (Abb. 3.20): Die Ortsabhängigkeit der Größen im Resonator wird nicht erfaßt (dieses Vorgehen ist zulässig, wenn die Reflexionskoeffizienten der Spiegel R_1, R_2 hinreichend groß sind). Das elektromagnetische Feld wird im Resonator durch eine komplexe Energieamplitude a beschrieben, außerhalb des Resonators durch komplexe Amplituden von einlaufenden (s_{1e}, s_{2e}) und auslaufenden (s_{1a}, s_{2a}) Leistungswellen. Die Verstärkung wird durch die in Gl. (3.60) definierte Gewinnkonstante G erfaßt, die Verluste durch eine Photonenlebensdauer τ_P. Die Verluste des Resonators resultieren aus der endlichen Reflektivität der Spiegel (Zeitkonstanten τ_{R1}, τ_{R2}, insgesamt: τ_R) und aus jenen Verlusten an Photonen, die nicht auf Absorptionen bei Band-Band-Übergängen von Elektronen zurückzuführen sind (Band-Band-Übergänge sind wegen Gl. (3.60), Gl. (3.58) bereits in G berücksichtigt): Die diesen Verlusten zugeordnete Zeitkonstante τ_V erfaßt Absorptionen durch freie Ladungsträger, Streuverluste an Grenzflächen etc.; es gilt:

$$P_{ie} = |s_{ie}|^2, \quad i = 1,2$$
$$P_{ia} = |s_{ia}|^2, \quad i = 1,2$$
$$|a|^2 = N_P h f,$$

$$G = r_{\text{ind}}^{(\text{M})} V_R / N_P, \quad V_R = L b d,$$
$$\frac{1}{\tau_P} = \frac{1}{\tau_V} + \frac{1}{\tau_R}, \qquad \frac{1}{\tau_R} = \frac{1}{\tau_{R1}} + \frac{1}{\tau_{R2}}. \tag{3.88}$$

N_P ist die Anzahl der Photonen im Schwingungsmodus in V_R. Eine im Rahmen des Modenkopplungs-Formalismus gültige Beschreibung des Transmissions-Resonators [205, S. 198, 210] liefert die Beziehungen (ω_0 ist die Kreisfrequenz der stationären Schwingung; spontane Emissionen werden zunächst vernachlässigt)

$$\frac{da}{dt} = j\,\omega_0 a + \frac{a}{2}\left(G - \frac{1}{\tau_P}\right) + \frac{s_{1e}}{\sqrt{\tau_{R1}}} + \frac{s_{2e}}{\sqrt{\tau_{R2}}}, \tag{3.89}$$
$$s_{ie} + s_{ia} = \frac{a}{\sqrt{\tau_{Ri}}}, \quad i = 1,2.$$

Im Fall $s_{1e} = s_{2e} = 0$ folgt aus Gl. (3.89) für die Photonenzahl $N_P \sim |a|^2$ die Gleichung

$$\frac{dN_P}{dt} = N_P\left(G - \frac{1}{\tau_P}\right). \tag{3.90}$$

Der stationäre Betrieb liegt für $G = 1/\tau_P$ vor. Tatsächlich ist der Resonator longitudinal multimodig, die zunächst als ebene Wellen beschriebenen Felder breiten sich aus wie

$$\exp(-j\,\bar{k}z) \left\{ \begin{array}{l} \bar{k} = k_0\bar{n} = k + \frac{1}{2}j\,(g - \alpha_V), \\ \bar{n} = n - j\,n_i, \\ k_0 = \omega/c, \end{array} \right\} \quad g - \alpha_V = -2\,k_0 n_i. \tag{3.91}$$

g, α_V sind die Verstärkungskonstante und die Dämpfungskonstante, welche der Gewinnkonstanten G und der Verlustzeitkonstanten τ_V entsprechen.

Die Resonanzen des Fabry-Perot-Resonators liegen bei jenen Frequenzen, für die sich nach einem Umlauf die Phase der Welle um ein ganzzahliges Vielfaches von 2π geändert hat

$$k \cdot 2L = k_0 n \cdot 2L = \omega n \cdot 2L/c = 2\pi q, \quad q \text{ ganzzahlig.} \tag{3.92}$$

Gl. (3.89) beschreibt den Resonator in der Umgebung einer dieser Resonanzen. Den Abstand benachbarter Resonanzfrequenzen erhält man aus Gl. (3.92) für $\Delta q = 1$ bei Berücksichtigung der Frequenzabhängigkeit des Brechungsindex:

$$\Delta f_q = \frac{c}{2n_g L} = \frac{v_g}{2L} = \frac{1}{\tau_U}, \qquad n_g = n + \omega\frac{\partial n}{\partial\omega}. \tag{3.93}$$

v_g ist die Gruppengeschwindigkeit der Welle, τ_U die Umlaufzeit des Signals im Resonator.

Die in Gl. (3.88) definierten Zeitkonstanten können äquivalent durch die Verstärkungskonstante g und die Dämpfungskonstante α_V ersetzt werden; dabei wird der Leistungsverlust durch die Spiegel ebenfalls durch eine äquivalente, verteilte Dämpfung ersetzt. Nach einem Umlauf im Resonator gilt für die Leistung:

$$
\begin{aligned}
\exp[(G - 1/\tau_P)\tau_U] &= \exp[(G - 1/\tau_V - 1/\tau_R)\tau_U] \\
&= R_1 R_2 \exp[(g - \alpha_V)2L] \\
&= \exp[(g - \alpha_V - \alpha_R)2L] = \exp[(g - \alpha_V - \alpha_{R1} - \alpha_{R2})2L]
\end{aligned}
\tag{3.94}
$$

Durch Vergleich erhält man

$$
\begin{aligned}
G &= v_g g, \\
1/\tau_V &= v_g \alpha_V, \\
1/\tau_{Ri} &= v_g \alpha_{Ri} = -v_g \ln R_i/(2L), \quad i = 1,2 \\
1/\tau_R &= v_g \alpha_R = -v_g \ln(R_1 R_2)/(2L), \\
1/\tau_P &= v_g(\alpha_V + \alpha_R) = v_g[\alpha_V - \ln(R_1 R_2)/(2L)].
\end{aligned}
\tag{3.95}
$$

Im Fall der stationären Schwingung ohne Injektionssignale ($s_{1e} = s_{2e} = 0$) erhält man für die erzeugte Lichtleistung P und die nach außen abgegebene Leistung $P_a = P_{1a} + P_{2a}$

$$
\left.
\begin{aligned}
P &= r_{\text{ind}}^{(M)} V_R h f = |a|^2 G = |a|^2/\tau_P, \\
P_{ia} &= |a|^2/\tau_{Ri}, \quad i = 1,2 \\
P_a &= P_{1a} + P_{2a} = |a|^2/\tau_R,
\end{aligned}
\right\}
\qquad
\frac{P_{1a}}{P_{2a}} = \frac{\ln R_1}{\ln R_2}.
\tag{3.96}
$$

Anmerkung 1: Wenn einlaufende und auslaufende Leistungswellen über dispersive Elemente verkoppelt sind, lassen sich die Grundgleichungen einfacher als algebraische Gleichungen für Leistungsamplituden an einer Stelle $z = $ const des Resonators im Frequenzbereich formulieren. Diese können durch inverse Fourier-Transformation in Differentialgleichungen für zeitabhängige, analytische Signale an der Referenzstelle umgeformt werden [559].

Anmerkung 2: Das Leistungsverhältnis P_{1a}/P_{2a} nach Gl. (3.96) gilt nur im Fall schwacher Kopplung (und im Trivialfall $R_1 = R_2 = R$). Das tatsächliche Verhältnis kann durch Verfolgen einer umlaufenden Welle im stationären Betrieb aus Abb. 3.21 abgelesen werden (beachte: $\exp[(g - \alpha_V)L] = 1/\sqrt{R_1 R_2}$):

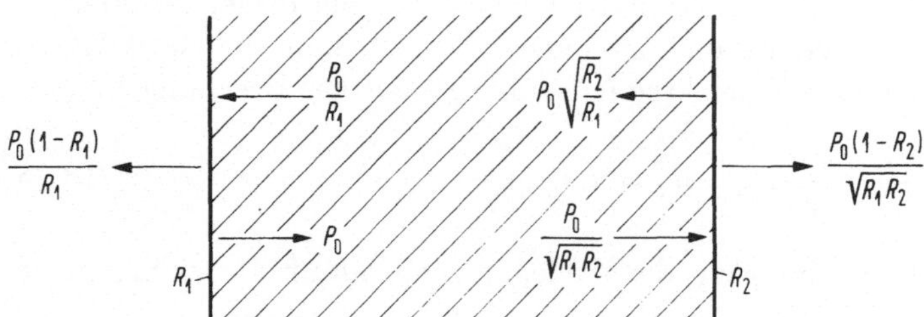

Abb. 3.21. Leistung in einer umlaufenden Welle im stationären Betrieb

$$P_{1a} = \frac{P_0(1-R_1)}{R_1} = P_a \frac{(1-R_1)\sqrt{R_2}}{(\sqrt{R_1}+\sqrt{R_2})(1-\sqrt{R_1 R_2})},$$

$$P_{2a} = \frac{P_0(1-R_2)}{\sqrt{R_1 R_2}} = P_a \frac{(1-R_2)\sqrt{R_1}}{(\sqrt{R_1}+\sqrt{R_2})(1-\sqrt{R_1 R_2})},$$

$$P_a = P_{1a} + P_{2a} = P_0 \frac{(\sqrt{R_1}+\sqrt{R_2})(1-\sqrt{R_1 R_2})}{R_1\sqrt{R_2}},$$

$$\frac{P_{1a}}{P_{2a}} = \frac{(1-R_1)\sqrt{R_2}}{(1-R_2)\sqrt{R_1}}.$$

(3.97)

Für $R_1, R_2 \geq 0{,}3$ sind die Abweichungen zu Gl. (3.96) kleiner als 6 %.
Anmerkung 3: Es folgen einige Angaben zur Größenordnung der definierten Konstanten. Für natürliche Reflexion an Kristall-Spaltflächen gegen Luft ist $R_1 = R_2 = 0{,}32$. Aus Gl. (3.95) folgt $\alpha_R = 38\ldots28\,\mathrm{cm}^{-1}$ für $L = 300\ldots400\,\mu\mathrm{m}$.

Bei verteilter Rückkopplung durch Bragg-Reflexion an periodischen Korrugationen der Oberfläche des Wellenleiters (DFB-Laser: distributed feedback) ergeben sich höhere Reflexionen und kleinere Werte für α_R (z. B. $\alpha_R = 5{,}5\,\mathrm{cm}^{-1}$ für $L = 400\,\mu\mathrm{m}$).

Für die Dämpfungskonstante gilt typisch $\alpha_V = 20\ldots50\,\mathrm{cm}^{-1}$ (somit ist beim DFB-Laser oft $\alpha_R \ll \alpha_V$). Die zum Anschwingen nötige Verstärkungskonstante $g = \alpha_V + \alpha_R$ liegt somit im Bereich $g = 25\ldots90\,\mathrm{cm}^{-1}$. Für GaAs gilt bei der Frequenz maximaler Verstärkung (s. die Kurvenschar in Abb. 3.14b) folgende n_T-Abhängigkeit:

$$g = g_0(n_T/n_{T0} - 1), \quad g_0 = 330\,\mathrm{cm}^{-1}, \quad n_{T0} = 1{,}1\cdot10^{18}\,\mathrm{cm}^{-3}. \tag{3.98}$$

Die zum Anschwingen erforderliche Trägerkonzentration beträgt $n_T = 1{,}2\cdot10^{18}\ldots1{,}4\cdot10^{18}\,\mathrm{cm}^{-3}$. Die Brechungsindizes der aktiven Zone liegen nach Tabelle 3.3, Seite 149 um $n = 3{,}5$; genaue Werte von n für $(\mathrm{Ga}_{1-x}\mathrm{Al}_x)\mathrm{As}$, $0 \leq x \leq 0{,}3$ als Funktion der Frequenz findet man in [242]. Publizierte Werte für Gruppenindizes sind im Bereich $n_g = 3{,}75\ldots5$.

3.5.2 Feldkonzentrationsfaktor

Im realen Laser ist die Feldenergie $Nphf$ im Schwingungsmodus nicht im Volumen der aktiven Zone $V_R = Lbd$ konzentriert, sondern (s. Abb. 3.19) liegt zu einem erheblichen Anteil im Mantel eines vertikal und lateral einmodigen Streifenwellenleiters. Man definiert für den TE_0-Modus eines Schichtwellenleiters (Koordinatensystem s. Abb. 3.20) einen Feldkonzentrationsfaktor (Füllfaktor) durch

$$\Gamma_{\mathrm{TE}} = \int_{-d/2}^{+d/2} E_y^{\,2}(x)\,\mathrm{d}x \;\Big/\; \int_{-\infty}^{+\infty} E_y^{\,2}(x)\,\mathrm{d}x \;. \tag{3.99}$$

Eine für alle V-Parameter gültige Näherung (maximaler Fehler 1,5 %) ist [55]

$$\Gamma_{\mathrm{TE}} = \frac{2V^2}{1+2V^2}, \qquad V = \frac{d}{2}k_0\sqrt{n_1^2 - n_2^2}. \tag{3.100}$$

Γ ist für den TE_0-Modus etwas größer als für den TM_0-Modus (Beispiel: im Laser $\Gamma_{\mathrm{TE}} = 0{,}184$; $\Gamma_{\mathrm{TM}} = 0{,}145$ [277]; im Verstärker: $\Gamma_{\mathrm{TE}} = 0{,}3$; $\Gamma_{\mathrm{TM}} = 0{,}25$ [363]). Für $d = 0{,}1\ldots0{,}2\,\mu\mathrm{m}$ ist typisch $\Gamma = 0{,}2\ldots0{,}6$.

Die bisher für homogene Medien angeschriebenen Grundgleichungen müssen modifiziert werden. In den Beziehungen von Abschn. 3.3 soll unter dem Volumen V das Volumen $V_R = Lbd$ verstanden werden. Der Schwingungsmodus mit der Photonenanzahl N_P erfüllt beim Wellenleiter effektiv ein Volumen V_R/Γ; für spontane und induzierte Übergänge ist in Gl. (3.54) eine kleinere äquivalente Energiedichte $= \Gamma(N_P + 1)hf/V_R$ maßgeblich. Die Modenanzahl M_{ges} ist im Volumen V_R/Γ zu nehmen.

In Gl. (3.60), Gl. (3.61) und Gl. (3.65) sind daher folgende Ersetzungen vorzunehmen:

$$\text{statt} \quad r^{(M)}_{\text{ind}} \longrightarrow \Gamma r^{(M)}_{\text{ind}},$$

$$\text{statt} \quad r^{(eM)}_{\text{sp}} \longrightarrow \Gamma r^{(eM)}_{\text{sp}}, \tag{3.101}$$

$$\text{statt} \quad M_{\text{ges}} \longrightarrow M_{\text{ges}}/\Gamma.$$

Somit bleiben n_{sp} wegen Gl. (3.61), r_{sp} wegen Gl. (3.65) und r_{eff} wegen Gl. (3.68) unverändert. Gemäß Gl. (3.60), Gl. (3.95) sind die bisher verwendete Gewinnkonstante G und die Verstärkungskonstante g durch effektive Werte zu ersetzen:

$$\text{statt} \quad G \longrightarrow G_e = \Gamma G,$$

$$\text{statt} \quad g \longrightarrow g_e = \Gamma g. \tag{3.102}$$

Der Schwingungsmodus erfährt eine effektive Dämpfung, die sich aus jener der aktiven Zone, der benachbarten Heteroschichten und zusätzlichen Verlusten (Grenzflächenstreuung, Eindringen des Feldes ins Substrat, etc.) zusammensetzt:

$$\text{statt} \quad \alpha_V \longrightarrow \alpha_{Ve} = \Gamma\alpha_V + (1 - \Gamma)\alpha_{\text{Het}} + \alpha_{\text{zus}}. \tag{3.103}$$

In Gl. (3.91)–Gl. (3.93) ist der Brechungsindex $\bar{n} = n - \mathrm{j}n_i$ durch einen effektiven Brechungsindex $\bar{n}_e = n_e - \mathrm{j}n_{ei}$ zu ersetzen. Der Realteil ist durch die Phasenkonstante des Modus definiert, $\beta = k_0 n_e$, der Imaginärteil analog Gl. (3.91) aus der Differenz der effektiven Verstärkung zufolge Band-Band-Übergängen $g_e = \Gamma g$ und der effektiven Dämpfung α_{Ve} (in der Band-Band-Übergänge in der aktiven Zone nicht enthalten sind). Die Beziehungen für Wellenleiter lauten nun:

$$\exp(-\mathrm{j}\,\bar{k}_e z) \left\{ \begin{array}{l} \bar{k}_e = k_0 \bar{n}_e = \beta + \frac{1}{2}\mathrm{j}(g_e - \alpha_{Ve}), \\ \bar{n}_e = n_e - \mathrm{j}n_{ei}, \\ g_e - \alpha_{Ve} = -2k_0 n_{ei}, \quad (k_0 = \omega/c). \end{array} \right\} \tag{3.104}$$

Für die Resonanzen und deren Abstände gilt nunmehr

$$\beta \cdot 2L = k_0 n_e \cdot 2L = 2\pi q, \quad q \text{ ganzzahlig}$$

$$\Delta f_q = \frac{c}{2n_{eg}L} = \frac{v_g}{2L} = \frac{1}{\tau_U}, \quad \left(n_{eg} = n_e + \omega \frac{\partial n_e}{\partial \omega}; \; v_g = \frac{c}{n_{eg}} \right). \tag{3.105}$$

Um lästige mehrfache Indizes zu vermeiden, werden alle Gleichungen im folgenden so angeschrieben, als handelte es sich um ebene Wellen in homogenen

Medien. Da es sich tatsächlich um Wellenleiter handelt, sind die Größen bei Bedarf gemäß Gl. (3.101)–Gl. (3.105) zu interpretieren.

Anmerkung: Der Leistungsreflexionsfaktor ist für TE-Polarisation immer größer als der für TM-Polarisation. Deshalb und wegen $\Gamma_{\mathrm{TE}} > \Gamma_{\mathrm{TM}}$ (für Schichtwellenleiter) schwingen Laser im allgemeinen TE-polarisiert.

Durch lateral inhomogene Strukturen (z. B. Rippenwellenleiter oder durch Oberflächen-Metallisierungen lateral inhomogen belastete Wellenleiter) kann die laterale Feldkonzentration für TM-Moden größer gemacht werden als für TE-Moden. Das Produkt von lateralem und vertikalem Füllfaktor kann für TM-Moden größer sein als für TE-Moden. Es kann aber auch bei geeigneter Dimensionierung gleiche effektive Feldkonzentration erreicht werden [9] [10] (das ist für polarisationsunabhängige Verstärkung von Bedeutung).

3.5.3 Amplituden-Phasen-Kopplung

Wegen Gl. (3.61) ist G eine Funktion der Frequenz und (implizit über die Quasiferminiveaus) der Trägerdichte n_T (s. auch Gl. (3.64)). Das gilt auch für g, n_i, Gl. (3.95), Gl. (3.91). Auch die Brechzahl n hängt von f, n_T ab (siehe Anmerkung am Ende dieses Abschnitts); ferner sind n, n_i voneinander abhängig (s. Gl. (2.5) und folgender Text). Mit steigender Trägerdichte n_T nimmt die Brechzahl n ab, die Verstärkungskonstante g zu. Man definiert eine Größe α (α-Faktor, Linienverbreiterungsfaktor, Henry-Faktor [213])

$$\alpha = \frac{\partial n / \partial n_T}{\partial n_i / \partial n_T} = -2k_0 \frac{\partial n / \partial n_T}{\partial (g - \alpha_V) / \partial n_T} = -2k_0 \frac{\partial n / \partial n_T}{\partial g / \partial n_T} > 0. \qquad (3.106)$$

Die letzte Form von Gl. (3.106) resultiert daraus, daß die Dämpfungskonstante α_V üblicherweise als echte, von der Trägerdichte unabhängige Konstante betrachtet wird. Werte für reale Laser liegen im Bereich $\alpha = 2 \ldots 8$ [415, S. 99]. Somit sind Änderungen der Amplitude und Phase der Schwingung notwendig verknüpft. Erhöht man z. B. n_T, so steigt die Verstärkung, aber gleichzeitig sinkt n, und damit steigt die Resonanzfrequenz des Lasermodus.

Spontane Emissionen erzeugen Amplituden- und Phasenänderungen. Wegen Gl. (3.106) resultiert eine Amplitudenänderung in einer sekundären Phasenänderung, die zu α proportional ist: Dadurch ist eine Verbreiterung der Emissionslinie zu erwarten.

Da beim realen Laser n, g die Bedeutung von n_e, g_e (s. Abschn. 3.5.2) haben, kann α gezielt klein gemacht werden: wenn z. B. die Trägerdichte sich nur in einem kleinen Volumenanteil des Gesamtresonators ändert, ist im Effekt der Betrag von $\partial n / \partial n_T$ reduziert worden. Schmale Emissionslinie und hohe Modulationsempfindlichkeit für FM schließen einander aus; FM und AM sind über α verknüpft.

Ein Laser schwinge stationär; laut Gl. (3.89) Gl. (3.90) gilt im Arbeitspunkt $G(n_{T0}) = 1/\tau_P$, die Kreisfrequenz der Schwingung als Lösung von Gl. (3.92) sei ω_0. Man ändert nun die Trägerdichte. Damit ändert sich G; die zugehörige Änderung der Kreisfrequenz $d\omega = d\varphi / dt$ folgt aus Gl. (3.92) durch Bilden des totalen Differentials. Mit Gl. (3.106) folgt

$$d\omega = \frac{d\varphi}{dt} = -\frac{\omega}{n_g} \frac{\partial n}{\partial n_T} dn_T = \frac{1}{2} \alpha v_g \frac{\partial g}{\partial n_T} dn_T \approx \frac{1}{2} \alpha \frac{\partial G}{\partial n_T} dn_T. \qquad (3.107)$$

Die letzte Form von Gl. (3.107) gilt nur annähernd; aus $G = v_g g$ folgt

$$\frac{\partial G}{\partial n_T} = v_g \frac{\partial g}{\partial n_T} \left(1 - \frac{\frac{1}{n_g}\frac{\partial n_g}{\partial n_T}}{\frac{1}{g}\frac{\partial g}{\partial n_T}} \right) \approx v_g \frac{\partial g}{\partial n_T}. \tag{3.108}$$

Wegen Gl. (3.98), Gl. (3.106) ($\alpha = 2 \ldots 8$) ist der Quotient der relativen Änderungen von n_g, g mit der Trägerdichte $< 10^{-2}$. Gl. (3.107) kann somit mit Bezug auf Gl. (3.90) auch folgendermaßen geschrieben werden:

$$\frac{d\varphi}{dt} = \frac{\alpha}{2} \left(\frac{\partial G}{\partial n_T} dn_T + G(n_{T0}) - \frac{1}{\tau_P} \right) = \frac{\alpha}{2} \left(G - \frac{1}{\tau_P} \right) = \frac{\alpha}{2} \frac{1}{N_P} \frac{dN_P}{dt}. \tag{3.109}$$

Für die ungestörte stationäre Schwingung ist $\omega = \omega_0$, $d\omega = d\varphi/dt = 0$; für eine Störung der Trägerdichte in Gl. (3.109) erhält man Gl. (3.107). Die durch Amplituden-Phasenkopplung erzeugte Phasenänderung kann in die Grundgleichung Gl. (3.89) inkorporiert werden. Die Energieamplitude im Laserresonator erfüllt die Beziehung

$$\frac{da}{dt} = j\,a \left(\omega_0 + \frac{d\varphi}{dt} \right) + \frac{a}{2} \left(G - \frac{1}{\tau_P} \right) + \frac{s_{1e}}{\sqrt{\tau_{R1}}} + \frac{s_{2e}}{\sqrt{\tau_{R2}}}$$

$$= j\,\omega_0 a + \frac{a}{2} \left(G - \frac{1}{\tau_P} \right) (1 + j\,\alpha) + \frac{s_{1e}}{\sqrt{\tau_{R1}}} + \frac{s_{2e}}{\sqrt{\tau_{R2}}}, \tag{3.110}$$

$$s_{ie} + s_{ia} = \frac{a}{\sqrt{\tau_{Ri}}}, \quad i = 1, 2.$$

Im folgenden sei $s_{1e} = s_{2e} = 0$. Aus Gl. (3.110) ergibt sich wieder die Gleichung für $N_P = |a|^2/(hf)$

$$\frac{dN_P}{dt} = N_P \left(G - \frac{1}{\tau_P} \right). \tag{3.111}$$

Mit dem Ansatz $a(t) = A(t)\exp[j\,\omega_0 t + j\,\varphi(t)]$ erhält man (beachte: $A^2 = N_P hf$)

$$\frac{dA}{dt} = \frac{A}{2} \left(G - \frac{1}{\tau_P} \right), \qquad \frac{d\varphi}{dt} = \frac{1}{2}\alpha \left(G - \frac{1}{\tau_P} \right). \tag{3.112}$$

Gl. (3.110) und eine noch anzuschreibende Gleichung, welche die Änderung der Trägerdichte dn_T/dt zum Injektionsstrom und zur Rate der induzierten und spontanen Übergänge in Beziehung setzt, sind die Grundgleichungen zum Studium der Laserdynamik mit externen Injektionssignalen oder externen Reflektoren.

Ergänzt man diese Gleichungen durch Fluktuationsterme, kann man aus ihnen die AM- und FM-Rauschspektren sowie deren Korrelation berechnen.

Anmerkung 1: Gl. (3.107) liefert für den hier betrachteten Schwingungsmodus der Kreisfrequenz ω_0

$$\frac{d\omega_0}{dn_T} = -\frac{\omega_0}{n_g} \frac{\partial n}{\partial n_T} \approx \frac{\alpha}{2} \frac{\partial G}{\partial n_T}. \tag{3.113}$$

Diese Beziehung kann zur Messung des α-Faktors verwendet werden:

$$\alpha = 2\frac{d\omega_0}{dn_T} \bigg/ \frac{\partial G}{\partial n_T} \ . \tag{3.114}$$

α ist aus der Verstärkungsänderung und der Verschiebung der Resonanzfrequenz des Lasers bei Änderung von n_T erhältlich.

Anmerkung 2: Die Abhängigkeit der Brechzahl n von der Trägerdichte n_T im Halbleiter hat drei Ursachen [41]: Erstens nimmt bei Trägerinjektion die Absorption durch Band-Band-Übergänge wegen der Bandauffüllung ab; ist die Abnahme der Absorption bei einer Quantenenergie $hf_1 = W_G + \Delta W_1$ maximal (ΔW_1 steigt mit n_T), so ist $\Delta n < 0$ für $f < f_1$ und $\Delta n > 0$ für $f > f_1$ (s. Abb. 2.1, Kramers-Kronig-Relationen Abschn. 2.1.1). In InP ist $\Delta n = -7{,}7 \cdot 10^{-21} n_T$ bei $\lambda = 1{,}24\,\mu\mathrm{m}$, $\Delta n = -5{,}6 \cdot 10^{-21} n_T$ bei $\lambda = 1{,}55\,\mu\mathrm{m}$ (n_T in cm^{-3}). Zweitens nimmt bei Berücksichtigung der Coulomb-Wechselwirkung der Träger der Bandabstand ab. Dadurch nimmt die Absorption zu, maximal in der Nähe des Bandabstandes $hf_2 = W_G$, und somit ist zufolge der Kramers-Kronig-Relationen Abschn. 2.1.1 (s. auch Abb. 2.1) $\Delta n > 0$ für $f < f_2$, $\Delta n < 0$ für $f > f_2$; schließlich spielt noch die Absorption durch freie Ladungsträger eine Rolle: Dieser Beitrag zu Δn ist bei optischen Frequenzen immer negativ (s. Abb. 2.1) und lautet

$$\Delta n = -\frac{e^2 \mu_0 \lambda^2}{8\pi^2 n} \left(\frac{n_T}{m_n} + \frac{p}{m_p} \right) \tag{3.115}$$

$$= -\frac{4{,}485 \cdot 10^{-22}}{n} \left(\frac{\lambda}{\mu\mathrm{m}} \right)^2 \left[\frac{n_T/\mathrm{cm}^{-3}}{m_n/m_0} + \frac{p/\mathrm{cm}^{-3}}{m_p/m_0} \right] \ .$$

Die Verhältnisse m_n/m_0, m_p/m_0 sind Tabelle 3.1, Seite 143 zu entnehmen. Eine ausführliche Berechnung und Diskussion aller drei Effekte in GaAs, InP und (In,Ga)(As,P) findet man in [41]. Bei der Schwingfrequenz eines Halbleiterlasers gibt die Kombination aller drei Effekte ein $\Delta n < 0$ für steigende Trägerdichte n_T im Leitungsband.

3.5.4 Bilanzgleichungen. Van der Pol'sche Gleichung

In der Bilanzgleichung für die Photonenanzahl N_P Gl. (3.111) muß noch die Zunahme $r_{\mathrm{sp}}^{(\mathrm{eM})} V_R$ der Photonenanzahl zufolge spontaner Emissionen berücksichtigt werden. In der Bilanzgleichung für die Trägeranzahl $n_T V_R$ Gl. (3.69) muß die Abnahme $(-N_P G)$ der Trägeranzahl im Leitungsband zufolge induzierter Übergänge berücksichtigt werden. Damit erhält man die Bilanzgleichungen, welche Trägerdichte und Photonenanzahl verkoppeln:

$$\frac{dN_P}{dt} = N_P \left[G(n_T) - \frac{1}{\tau_P} \right] + r_{\mathrm{sp}}^{(\mathrm{eM})}(n_T) V_R,$$
$$\frac{d(n_T V_R)}{dt} = \frac{I}{e} - r_{\mathrm{eff}}(n_T) V_R - N_P G(n_T). \tag{3.116}$$

Für $G(n_T)$ kann Gl. (3.64) oder Gl. (3.98) verwendet werden, $r_{\mathrm{eff}}(n_T)$ ist aus Gl. (3.66)–Gl. (3.68) zu entnehmen. Man beachte, daß $r_{\mathrm{sp}}^{(\mathrm{eM})}$ nach Gl. (3.61), Gl. (3.65) sowohl mit der Verstärkung G als auch mit der gesamten spontanen Emission r_{sp} verknüpft werden kann:

$$r_{\mathrm{sp}}^{(\mathrm{eM})}(n_T) = n_{\mathrm{sp}}(n_T) G(n_T)/V_R = \frac{r_{\mathrm{sp}}(n_T)\rho(f)}{dM_{\mathrm{ges}}/df} . \tag{3.117}$$

An der Schwelle (Index S) folgt aus Gl. (3.116) unter Vernachlässigung der spontanen Emission in der ersten Gleichung und der Voraussetzung $N_P G \ll r_\text{eff} V_R$ in der zweiten Gleichung sowie mit τ_P aus Gl. (3.95)

$$G(n_{TS}) = G_S = \frac{1}{\tau_P} = v_g \left[\alpha_V - \frac{\ln(R_1 R_2)}{2L} \right],$$
$$I_S = e \, r_\text{eff}(n_{TS}) V_R. \tag{3.118}$$

Tatsächlich wird die Photonenanzahl N_P schon für $G < G_S$ sehr groß; aus Gl. (3.116) ist

$$N_P = \frac{r_\text{sp}^{(\text{eM})}(n_T) V_R}{\frac{1}{\tau_P} - G(n_T)}. \tag{3.119}$$

Gl. (3.116) kann mit Gl. (3.117) auf folgende Form gebracht werden:

$$\tau_P \frac{\mathrm{d}}{\mathrm{d}t} \frac{N_P/\tau_P}{I_S/e} = \frac{N_P/\tau_P}{I_S/e} \left[\frac{G(n_T)}{G(n_{TS})} - 1 \right] + \frac{r_\text{sp}(n_T)}{r_\text{eff}(n_{TS})} \frac{\rho(f)}{\mathrm{d}M_\text{ges}/\mathrm{d}f},$$
$$\frac{n_{TS}}{r_\text{eff}(n_{TS})} \frac{\mathrm{d}}{\mathrm{d}t} \frac{n_T}{n_{TS}} = \frac{I}{I_S} - \frac{N_P/\tau_P}{I_S/e} \frac{G(n_T)}{G(n_{TS})} - \frac{r_\text{eff}(n_T)}{r_\text{eff}(n_{TS})}. \tag{3.120}$$

Im Extremfall, daß das Valenzband leer ist (sehr hohe und konstante Löcherdichte p), ist nach Gl. (3.58), Gl. (3.60) $G \sim n_T$; nach Gl. (3.66), Gl. (3.71) ist $r_\text{sp} = n_T/\tau_\text{sp}$; nach Gl. (3.68), Gl. (3.71) und Gl. (3.72) schließlich ist $r_\text{eff} = n_T/\tau_\text{eff}$. Definiert man normierte Größen

$$N_P^\times = \frac{N_P/\tau_P}{I_S/e}, \quad N_T^\times = \frac{n_T}{n_{TS}}, \quad I^\times = \frac{I}{I_S}, \quad Q = \frac{\eta_\text{int}\rho(f)}{\mathrm{d}M_\text{ges}/\mathrm{d}f} \tag{3.121}$$

und beachtet die Definition des internen Quantenwirkungsgrades der spontanen strahlenden Rekombination Gl. (3.72), so kann Gl. (3.120) folgendermaßen geschrieben werden:

$$\tau_P \frac{\mathrm{d}N_P^\times}{\mathrm{d}t} = N_P^\times (N_T^\times - 1) + Q N_T^\times,$$
$$\tau_\text{eff} \frac{\mathrm{d}N_T^\times}{\mathrm{d}t} = I^\times - N_T^\times (N_P^\times + 1). \tag{3.122}$$

Die Eigenschaften der Lösungen dieses nichtlinearen Gleichungssystems werden in folgenden Abschnitten untersucht werden. Hier soll noch eine Differentialgleichung für die Energieamplitude a aufgestellt werden.

Unter der oben gemachten Voraussetzung $G = \text{const} \cdot n_T$ und Gl. (3.118) folgt $G\tau_P = n_T/n_{TS}$. Einsetzen in Gl. (3.110) liefert

$$\frac{\mathrm{d}a}{\mathrm{d}t} = \mathrm{j}\,\omega_0 a + \frac{a}{2\tau_P} \left(\frac{n_T}{n_{TS}} - 1 \right) (1 + \mathrm{j}\,\alpha). \tag{3.123}$$

Mit der Annahme, daß sich das Feld so langsam ändert, daß die Momentanwerte der Trägerdichte immer durch die Momentanwerte des Injektionsstroms und der Photonenanzahl gegeben sind, kann in der zweiten Beziehung von Gl. (3.122) $\mathrm{d}/\mathrm{d}t = 0$ gesetzt und n_T/n_{TS} berechnet werden:

$$N_T^{\times} = \frac{n_T}{n_{TS}} = \frac{I/I_S}{1 + \frac{N_P/\tau_P}{I_S/e}} = \frac{I/I_S}{1 + \frac{|a|^2/\tau_P}{I_S h f/e}}. \tag{3.124}$$

Einsetzen in Gl. (3.123) liefert die gesuchte Differentialgleichung für die Energieamplitude

$$\frac{da}{dt} = j\,\omega_0 a + \frac{a}{2\tau_P}\left[\frac{I/I_S}{1 + \left(\frac{|a|^2}{h f \tau_P}\big/\frac{I_S}{e}\right)} - 1\right](1 + j\,\alpha). \tag{3.125}$$

Wenn die pro Zeiteinheit erzeugte Photonenanzahl $|a|^2/(hf\tau_P)$ klein ist gegen die an der Schwelle pro Zeiteinheit injizierte Trägeranzahl I_S/e (d. h. bei Betrieb nicht zu weit oberhalb der Schwelle), kann man $1/(1+x) \approx 1-x$ schreiben und erhält Gl. (3.125) in einer als Van der Pol'sche Differentialgleichung bekannten Form.

Die wesentlichen Aussagen sind aus Gl. (3.125) abzulesen: Weit unterhalb der Schwelle $I/I_S \ll 1$ klingt die Energie im Resonator mit der Photonenlebensdauer ab. Mit größer werdenden Strömen wird der Resonator immer mehr entdämpft, und für $I/I_S > 1$ klingt eine anfängliche Störung an, bis sich mit wachsender Amplitude $|a|$ schließlich ein stationärer Schwingungszustand einstellt. Für den stationären Schwingungszustand oberhalb der Schwelle ist $a(t) = a_0 \exp(j\,\omega_0 t)$; der Koeffizient von $a/(2\tau_P)$ muß null sein. Daraus folgt mit $N_P h f = |a_0|^2$ die Beziehung

$$\frac{N_P}{\tau_P} = \frac{I - I_S}{e}. \tag{3.126}$$

Die pro Zeiteinheit erzeugte Photonenanzahl oberhalb der Schwelle ist identisch mit der Differenz der Trägeranzahlen, die pro Zeiteinheit im Betrieb (I) und an der Schwelle (I_S) zugeführt werden. Das bedeutet, daß im Fall vernachlässigter spontaner Emission jedes zugeführte Trägerpaar oberhalb der Schwelle zur induzierten Emission eines Photons führt.

3.6 Stationäres Verhalten von Laserdioden

3.6.1 Strukturtypen von Lasern

Die aktive Zone von Laserdioden (LD) ist in vertikaler Richtung (x-Richtung in Abb. 3.20) immer ein monomodiger Wellenleiter, der durch das Brechzahlprofil einer 3-Schichten- oder 5-Schichten-Heterostruktur (Abb. 3.8) definiert ist.

Es gibt zwei grundlegende Strukturtypen: Gewinngeführte Laser (GG: gain guided) und indexgeführte Laser (IG: index guided). Sie unterscheiden sich in der Art der Wellenführung in der lateralen (auch: transversalen) Richtung (y-Richtung in Abb. 3.20) und in ihren dadurch bedingten Eigenschaften. Beide Grundtypen existieren in zahlreichen Abwandlungen und Übergangsformen.

Beim gewinngeführten Laser (GGL, Abb. 3.22a) wird das Feld auf der z-Achse dadurch konzentriert, daß $g - \alpha_V = -2k_0 n_i$ (s. Gl. (3.91)) auf der Achse

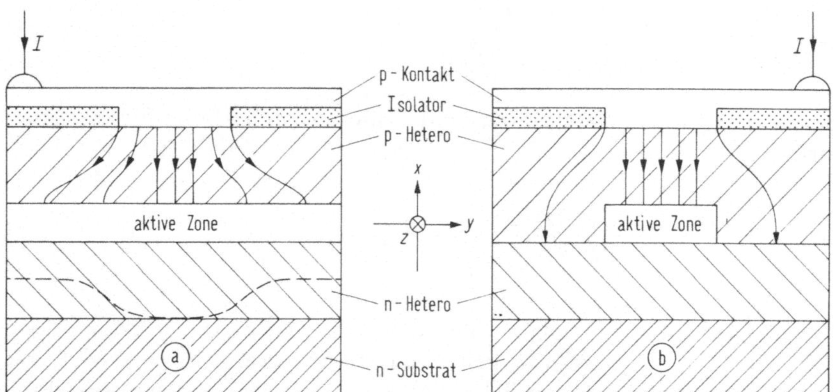

Abb. 3.22. Strukturtypen von Laserdioden. (a) Gewinngeführter Lasers (GGL), (b) index-geführter Laser (IGL). Der Ursprung des Koordinatensystems liegt jeweils im Zentrum der aktiven Zone

ein Maximum besitzt und mit wachsendem $|y|$ abnimmt. Die Ursache kann (wie in Abb. 3.22 dargestellt) in einer seitlichen Abnahme der Stromdichte und damit von g liegen; es könnte aber seitlich auch α_V vergrößert werden, etwa dadurch, daß in Abb. 3.22a (durch die strichlierte Linie angedeutet) das absorbierende Substrat seitlich näher an die aktive Zone herangeführt wird. Selbstverständlich ist auch der Realteil n_e der komplexen effektiven Brechzahl y-abhängig: In Abb. 3.22a etwa strukturbedingt durch den Isolator, und im Betrieb durch die y-abhängige Trägerdichte (da die Trägerdichte auf der Achse maximal ist, wird durch die trägerbedingte Abnahme von n in der Mitte sogar eine laterale Antiwellenführung bewirkt). Man spricht von Gewinnführung, wenn für die laterale Abnahme des Feldes n_i entscheidend ist.

Beim indexgeführten Laser (IGL, Abb. 3.22b) liegt bereits im stromlosen Fall ein dielektrischer Streifenwellenleiter vor (die aktive Zone, eingebettet in eine Umgebung mit höherem Bandabstand). Im Betrieb fließt wegen der höheren Schleusenspannung des pn-Übergangs im Halbleiter mit dem größeren Bandabstand nahezu der gesamte Strom über die aktive Zone. Durch das entstehende Verstärkungsprofil ändert sich auch $\bar{n}$ (Realteil und Imaginärteil, s. Abschn. 3.5.3, Anmerkung 2). Wird aber die Führung des Feldes auf der Achse (die laterale Abnahme des Feldes) durch die Realteile der Brechungsindizes von aktiver Zone und seitlich benachbarten Schichten determiniert, spricht man von Indexführung. Der Leckstrom zu beiden Seiten der aktiven Zone kann durch verschiedene Maßnahmen verringert werden: entweder durch Rücken-an-Rücken angeordnete zusätzliche pn-Übergänge, welche einen Stromfluß verhindern (komplizierte Technologie!) oder durch Protonenisolation des p-Materials zu beiden Seiten der aktiven Zone (bei Beschuß mit 300-keV-Protonen durch eine Wolfram-Maske werden so viele Gitterfehler erzeugt, daß der Halbleiter sich praktisch wie ein Isolator verhält).

Sowohl bei GGL als auch bei IGL ist wegen der geringen Breite des Kon-taktstreifens bzw. des Streifenwellenleiters die Emission auch lateral einmodig.

Die wesentlichen Unterschiede von GGL und IGL liegen in den Eigenschaften des abgestrahlten Lichtes (s. folgende Abschnitte).

Der GGL ist einfacher im Aufbau als der IGL, hat aber wegen der wenig effizienten Stromkonzentration in der Mitte höhere Schwellenströme als der IGL (typisch $I_S = 50\ldots100\,\mathrm{mA}$, beim IGL ab ca. $8\,\mathrm{mA}$). Wegen der damit verbundenen höheren Trägerdichte, Verlustleistung und Temperatur ist der GGL im langwelligen Bereich weniger üblich, da im InP Auger-Prozesse eine Rolle spielen und die Potentialbarrieren der Heteroschichten niedriger sind als im GaAs-System (s. Abschn. 3.3.3, Abschn. 3.4.1). Vertreter der GGL sind der im Aufbau Abb. 3.22a sehr ähnliche Oxidstreifenlaser [318] und der V-Nut-Laser [23].

Beim IGL unterscheidet man noch Strukturen mit „tatsächlicher" Indexführung (TIG: true-index-guided) und Quasi-Indexführung (QIG: quasi-index-guided).

Im Fall des „tatsächlich-indexgeführten" Lasers (TIGL) ist die aktive Zone, wie dies in Abb. 3.22b dargestellt ist, tatsächlich als Streifenwellenleiter ausgeführt, d. h. die aktive Zone als Kern des Wellenleiters hat einen höheren Brechungsindex als der umgebende Mantel (Halbleiterschichten mit höherem Bandabstand). Zu diesen Lasern gehören der BH-Laser (buried heterostructure, [87]), der DC-PBH-Laser (double-channel planar buried-heterostructure, [367]), der Pilz-Laser [66] [57], sowie der im Aufbau Abb. 3.22b sehr ähnliche PBRS-Laser (planar buried-ridge-structure, [14]), der wegen der Leckströme zu beiden Seiten der aktiven Zone leicht höhere Schwellenströme $I_S = 8\ldots15\,\mathrm{mA}$ aufweist, aber im Vergleich zu den anderen genannten Strukturen einfach aufzubauen ist und eine hohe Lebensdauer besitzt ($> 10^5\,\mathrm{h}$).

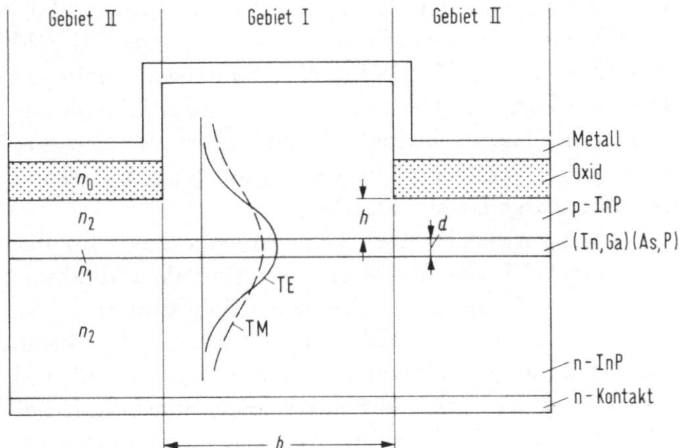

Abb. 3.23. Quasi-indexgeführter Laser. Angedeutet ist die vertikale Feldverteilung des TE-Modus und des TM-Modus im Gebiet I. n_0, n_1, n_2: Brechungsindizes des Oxids, der aktiven Zone und der InP-Schichten

Abb. 3.23 zeigt das Prinzip des QIG-Lasers am Beispiel des MCRW-Lasers (metal-clad ridge-waveguide, [7] [8]). Die Brechzahlen haben die Werte

$n_0 = 1{,}8$ ($\mathrm{Al_2O_3}$), $n_1 = 3{,}52$, $n_2 = 3{,}2$. Die aktive Zone ist lateral homogen. Die Wellenführung wird durch die Differenz der effektiven Brechungsindizes in den Gebieten I, II erreicht. Ohne Strom ist die statische Differenz $\Delta n_{\mathrm{stat}} = n_e(y) - n_{e\mathrm{II}} \geq 0$ maßgeblich. Wegen $\Gamma_{\mathrm{TM}} < \Gamma_{\mathrm{TE}}$ (s. Abschn. 3.5.2) erstreckt sich das TM-Feld weiter in den Mantel und wird durch die laterale Inhomogenität der Struktur stärker beeinflußt, $\Delta n_{\mathrm{stat}}(\mathrm{TM}) > \Delta n_{\mathrm{stat}}(\mathrm{TE})$ (s. Abb. 3.24a). Der TM-Modus ist somit in lateraler Richtung besser geführt als der TE-Modus.

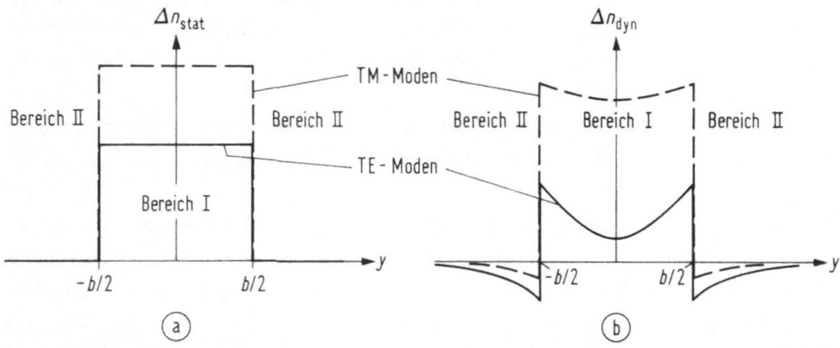

Abb. 3.24. Differenz der effektiven Brechungsindizes in den Bereichen I, II des QIG-Lasers für TE- und TM-Moden. (a) Ohne Injektionsstrom, $\Delta n_{\mathrm{stat}} = n_e(y) - n_{e\mathrm{II}}$. (b) Mit Injektionsstrom, $\Delta n_{\mathrm{dyn}} = \Delta n_{\mathrm{stat}} + \Delta n_e[n_T(y)]$

Bei Stromfluß entsteht ein laterales Verstärkungsprofil ähnlich wie beim GGL von Abb. 3.22a und eine damit verbundene Änderung $\Delta n_e[n_T(y)] < 0$ des effektiven Brechungsindex. Abb. 3.24b zeigt die Superposition der beiden Anteile im dynamischen Fall, $\Delta n_{\mathrm{dyn}} = \Delta n_{\mathrm{stat}} + \Delta n_e[n_T(y)]$. Weil der TE-Modus vertikal besser in der Schicht konzentriert ist als der TM-Modus, ist die Brechzahlabnahme größer als beim TM-Modus. Dynamisch verbreitert sich das TE-Feld lateral, und die Gesamtverstärkung des TE-Modus verkleinert sich relativ zu jener des TM-Modus. Dadurch kann die Gesamtverstärkung des TM-Modus die des TE-Modus übertreffen, der Laser schwingt TM-polarisiert. Bei geeigneter Dimensionierung können beide Verstärkungen gleich groß gemacht werden (wichtig für polarisationsunabhängige Laserverstärker).

Für große Werte von h ($> 1\,\mu\mathrm{m}$), siehe Abb. 3.23, wird der Laser für beliebige Breiten b praktisch zum GGL: Es überwiegt der vertikale Füllfaktor, der Laser schwingt TE-polarisiert, die nötigen Schwellenströme sind groß. Ist dagegen h sehr klein ($< 0{,}2\,\mu\mathrm{m}$), so treten unabhängig von der Breite b keine wesentlichen Unterschiede der lateralen Feldkonzentration zwischen TE- und TM-Modus auf, wieder überwiegt der vertikale Feldkonzentrationsfaktor, der Laser schwingt TE-polarisiert; wegen der besseren lateralen Stromkonzentration sind aber nun die Schwellenströme merklich kleiner. Im Zwischenbereich der Indexführung ($h \approx 0{,}5\,\mu\mathrm{m}$) ist der TM-Modus lateral wesentlich besser konzentriert als der TE-Modus, so daß dieser Effekt die bessere vertikale Konzentration des TE-Modus überwiegt und der Laser (bei mittleren Schwellenstromstärken) TM-polarisiert schwingt (Dimensionierung s. [9][10]).

Gewinnführung ist durch die y-Abhängigkeit von $g - \alpha_V = -2k_0 n_i$ determiniert, Indexführung durch die y-Abhängigkeit der effektiven Brechzahl $n_e(y)$. Je nach Dimensionierung kann dieselbe Struktur als GGL oder als IGL arbeiten, wie dies am Beispiel des MCRW-Lasers von Abb. 3.23 diskutiert wurde. Dies trifft auch für den CSP-Laser zu (channeled substrate planar, [84]), der im Aufbau dem Laser von Abb. 3.22a mit dem bis zur strichlierten Linie hochgezogenen Substrat ähnlich ist.

Der wesentliche Unterschied zwischen IGL und GGL besteht in folgendem: Der Schwingungsmodus des IGL hat ebene Phasenfronten $z = $ const, er breitet sich in z-Richtung aus. Allgemein formuliert: Die Moden des IGL sind Eigenfunktionen eines selbstadjungierten Operators, dessen Eigenwerte notwendig reell und dessen Eigenfunktionen vollständig und orthogonal sind. Der Schwingungsmodus des GGL hat (siehe folgende Anmerkung) in z-Richtung zylinderförmig vorgewölbte Phasenfronten $z + c_1 y^2 = c_2$ $(c_1, c_2 > 0)$, und somit hat sein Phasenvektor $\vec{b}$ Gl. (2.13) die Komponenten $(0, 2c_1 y, 1)$: das Feld breitet sich auch lateral aus. Allgemein: Die Moden des GGL sind Eigenfunktionen eines nicht selbstadjungierten Operators, dessen Eigenwerte komplex und dessen Eigenfunktionen zwar vollständig, aber nicht orthogonal sind (orthogonal sind hier die Eigenfunktionen des Operators auf die des adjungierten Operators).

Anmerkung: Um das Prinzip der Gewinnführung zu zeigen, wird hier die x-Abhängigkeit in Abb. 3.22a unterdrückt. Für die Brechzahl gilt Gl. (3.91) mit der Annahme

$$g - \alpha_V = -2k_0 n_i = \gamma_0 - \gamma_1 y^2. \tag{3.127}$$

Damit ist belanglos, ob die y-Abhängigkeit von n_i von der Größe g oder den Verlusten α_V herrührt. Wegen $n_i \ll n$ gilt ferner

$$\bar{n}^2 = (n - \mathrm{j}\, n_i)^2 \approx n^2 - 2\mathrm{j}\, n n_i. \tag{3.128}$$

Gesucht wird eine Lösung der Wellengleichung Gl. (2.33) mit $n^2(\vec{r}) = \bar{n}^2$. Hier wird eine Feldkomponente betrachtet, etwa

$$E_y(y, z, t) = \psi(y) \exp[\,\mathrm{j}(\omega t - \bar{k}_e z)]. \tag{3.129}$$

Gl. (2.33) liefert mit dem Ansatz Gl. (3.129) und den vorstehenden Beziehungen

$$\frac{\mathrm{d}^2 \psi}{\mathrm{d}y^2} = (\bar{k}_e^2 - k_0^2 \bar{n}^2)\psi = -(k_0^2 n^2 + \mathrm{j}\, k_0 n \gamma_0 - \bar{k}_e^2)\psi + \mathrm{j}\, k_0 n \gamma_1 y^2 \psi. \tag{3.130}$$

Die komplexe Ausbreitungskonstante $\bar{k}_e$ ist durch die Forderung festgelegt, daß für die Lösungen $|\psi(y)|^2$ in $-\infty < y < +\infty$ integrabel ist (endliche Leistung in den Moden). Für den lateralen Grundmodus kommt man einfach zum Ergebnis, wenn man sich an die für Gaußfunktionen gültige Beziehung erinnert

$$\psi = \exp(-ay^2/2) \quad \longrightarrow \quad \frac{\mathrm{d}^2 \psi}{\mathrm{d}y^2} = -a\psi + a^2 y^2 \psi. \tag{3.131}$$

Durch Koeffizientenvergleich in Gl. (3.130), Gl. (3.131) läßt sich a und damit $\bar{k}_e$ berechnen:

$$\begin{aligned} -a/2 &= -(1 + \mathrm{j})k_0 n \sqrt{\gamma_1/(8k_0 n)}, \\ \bar{k}_e^2 &= \left(k_0^2 n^2 - \sqrt{k_0 n \gamma_1/2}\right) + \mathrm{j}\left(k_0 n \gamma_0 - \sqrt{k_0 n \gamma_1/2}\right). \end{aligned} \tag{3.132}$$

$\bar{k}_e$ erhält man näherungsweise als

$$\bar{k}_e \approx k_0 n \left(1 - \sqrt{\gamma_1 / (8k_0^3 n^3)} \right) + (\mathrm{j}\,/2) \left(\gamma_0 - \sqrt{\gamma_1 / (2k_0 n)} \right) . \tag{3.133}$$

Die gesuchte Feldverteilung erhält man durch Einsetzen von $\psi(y)$, $\bar{k}_e$ in Gl. (3.129):

$$
\begin{aligned}
E_y(y, z, t) =\ & \exp(\mathrm{j}\,\omega t) \\
& \times \exp\left[\frac{1}{2} \left(\gamma_0 - \sqrt{\frac{\gamma_1}{2k_0 n}} \right) z - \sqrt{\frac{k_0 n \gamma_1}{8}}\, y^2 \right] \\
& \times \exp\left\{ -\mathrm{j}\, k_0 n \left[\left(1 - \sqrt{\frac{\gamma_1}{8k_0^3 n^3}} \right) z + \sqrt{\frac{\gamma_1}{8k_0 n}}\, y^2 \right] \right\}
\end{aligned}
\tag{3.134}
$$

Der laterale Abfall $\exp(-a y^2 /2)$ ist somit durch γ_1 bestimmt (also das Profil von $g - \alpha_V$): daher der Ausdruck Gewinnführung (gelegentlich spricht man von Verlustführung, wenn die y-Abhängigkeit von α_V kommt). Der Phasenvektor und der Amplitudenvektor lauten (s. Gl. (2.13))

$$
\begin{aligned}
\vec{b} \,\widehat{=}\, (b_x, b_y, b_z) &= \left(0,\ y\sqrt{\frac{k_0 n \gamma_1}{2}},\ k_0 n - \sqrt{\frac{\gamma_1}{8k_0 n}} \right) , \\
\vec{a} \,\widehat{=}\, (a_x, a_y, a_z) &= \left(0,\ y\sqrt{\frac{k_0 n \gamma_1}{2}},\ -\frac{\gamma_0}{2} + \sqrt{\frac{\gamma_1}{8k_0 n}} \right) .
\end{aligned}
\tag{3.135}
$$

Um die Rechnung einfach zu gestalten, wurde eine y-Abhängigkeit des Realteils von $\bar{n}$ (etwa erzeugt durch die y-abhängige Trägerdichte) nicht berücksichtigt.

3.6.2   Spontane Emission im Laser

Die Beziehungen für die spontane Emission in einen Modus des Feldes von Abschn. 3.3 gingen von der Annahme aus, daß das Feld in Orthogonalmoden entwickelt wurde. Die Moden des GG-Lasers bilden aber nach Abschn. 3.6.1 kein Orthogonalsystem.

Man erwartet, daß die spontane Emission in einen Modus des GG-Lasers K_P-mal so groß ist wie die Emission in einen Orthogonalmodus, wobei K_P die Anzahl der Orthogonalmoden ist, die mit wesentlichen Koeffizienten in einer Reihenentwicklung des GGL-Modus nach Orthogonalmoden vertreten sind (siehe die Anmerkung am Ende dieses Abschnitts). Natürlich bedeutet das nicht, daß das Medium insgesamt eine K_P-mal so große spontane Emissionsleistung abgibt: Da verschiedene Moden des GGL eben nicht orthogonal sind, ist das Rauschen (die spontane Emission) in diesen Moden teilweise korreliert. Berechnet man die gesamte Leistung der spontanen Emission unter korrekter Berücksichtigung dieser Korrelation, so erhält man dasselbe Ergebnis, wie bei der Addition der Rauschleistungen in allen Orthogonalmoden (in denen die Felder unkorreliert sind). Eine einfache Erklärung findet man in [193, S. 155] [195].

Für K_P (K-Faktor, Astigmatismusfaktor, Petermann-Faktor) kann mit Bezug auf die Bezeichnung in Gl. (3.129) folgende Beziehung angegeben werden [446] [23]:

$$K_P = \left| \frac{\int |\psi(y)|^2 \, \mathrm{d}y}{\int \psi^2(y) \, \mathrm{d}y} \right|^2 \approx \frac{2}{\lambda} \int \frac{P_F(\gamma)}{P_F(0)} \, \mathrm{d}\gamma \int \frac{I_N(y)}{I_N(0)} \, \mathrm{d}y. \tag{3.136}$$

$I_N(y), P_F(\gamma)$ bezeichnen dabei die Nahfeldintensität und die Fernfeldintensität. Die zweite Form von Gl. (3.136) ist eine Näherung, die von der ersten Definition selbst für große Werte von K_P nur um $\pm 10\,\%$ abweicht. Aus der ersten Form folgt sofort $K_P = 1$ für ebene Phasenfronten; die zweite Form ist für die experimentelle Bestimmung von K_P nützlich. Aus dieser Form geht auch hervor, daß K_P die Anzahl der transversalen Orthogonalmoden ist, die im GGL-Modus vertreten sind (nach Gl. (2.43) ist in einer Richtung $\gamma = 0$ und einem Modus in vertikaler Richtung die Anzahl der in lateraler Richtung unterscheidbaren Moden gerade $\mathrm{d}^2 M_T = \mathrm{d}y \cdot \mathrm{d}\gamma/\lambda$, was dem Ausdruck Gl. (3.136) entspricht). Üblicherweise ist $K_P = 10 \ldots 20$.

Bei der spontanen Emission wurde bisher nicht berücksichtigt, daß die Wellenamplituden im Resonator von Abb. 3.20 z-abhängig sind. Wenn die Reflexionskoeffizienten der Spiegel R_1, R_2 klein sind, ist diese Annahme nicht mehr gerechtfertigt. Als Ergebnis [214] [22] erhält man im Laserbetrieb eine Erhöhung der spontanen Emission in den Modus um den Faktor

$$K_H = \left[\frac{(\sqrt{R_1} + \sqrt{R_2})(1 - \sqrt{R_1 R_2})}{\sqrt{R_1 R_2} \, \ln(R_1 R_2)} \right]^2. \tag{3.137}$$

Für Fabry-Perot-Laser ($R_1 = R_2 = 0{,}32$) ist $K_H = 1{,}113$. Für Laserverstärker mit kleinen Spiegelreflexionen, die nahe am Schwingungseinsatz arbeiten, kann K_H eine merkliche Rolle spielen (sonst ist bei Laserverstärkern $K_H = 1$ zu setzen).

Man kann beide Effekte (Gewinnführung und kleine Reflektivitäten der Spiegel) durch einen effektiven K-Faktor

$$K_e = K_P K_H \tag{3.138}$$

berücksichtigen. Dementsprechend sind die Bilanzgleichungen in Abschn. 3.5.4 zu modifizieren. Die spontane Emissionsrate in einen Schwingungsmodus ist nun $K_e r_{\mathrm{sp}}^{(\mathrm{eM})}$ statt $r_{\mathrm{sp}}^{(\mathrm{eM})}$; wegen Gl. (3.117) hat das auch Folgen für n_{sp} und $\mathrm{d}M_{\mathrm{ges}}/\mathrm{d}f$, und damit ändert sich auch der in Gl. (3.121) definierte Q-Faktor der spontanen Emission. Man hat zu setzen

$$
\begin{aligned}
\text{statt} \quad & r_{\mathrm{sp}}^{(\mathrm{eM})} && \rightarrow \quad K_e r_{\mathrm{sp}}^{(\mathrm{eM})}, \\[2pt]
\text{statt} \quad & n_{\mathrm{sp}} && \rightarrow \quad K_e n_{\mathrm{sp}}, \\[2pt]
\text{statt} \quad & \mathrm{d}M_{\mathrm{ges}}/\mathrm{d}f && \rightarrow \quad (\mathrm{d}M_{\mathrm{ges}}/\mathrm{d}f)/K_e, \\[2pt]
\text{statt} \quad & Q && \rightarrow \quad Q_e = K_e Q.
\end{aligned}
\tag{3.139}
$$

Die gesamte spontane Emission r_{sp} bleibt unverändert. Der Q-Faktor des GGL ist somit um einen Faktor $10 \ldots 20$ größer als der des IGL. Berechnet man Q in der Definition von Gl. (3.121) unter Verwendung von $\mathrm{d}M_{\mathrm{ges}}/\mathrm{d}f$ aus Gl.

(2.42) für typische Abmessungen $V_R = dbL$ der aktiven Zone (für die Linien-breite der spontanen Emission wird eine Rechtecklinie mit einer $2\,kT_0 = 50\,\text{meV}$ entsprechenden Breite angenommen, d. h. $1/\rho(f) = 12{,}1\,\text{THz}$), so erhält man Werte der Größenordnung $10^{-5}\ldots10^{-4}$. Für den GGL folgen damit Werte $Q_e = K_e Q$.

Anmerkung: Die laterale Feldverteilung $\psi(y)$ von Gl. (3.129) sei normiert und werde nach reellen, orthonormierten Funktionen $\phi_i(y)$ entwickelt:

$$\psi(y) = \sum_i c_i \phi_i(y), \qquad \int |\psi(y)|^2 \, \mathrm{d}y = 1, \qquad \int \phi_i(y)\phi_j(y)\,\mathrm{d}y = \delta_{ij}. \tag{3.140}$$

Wegen der Normierung gilt

$$\sum_i |c_i|^2 = 1. \tag{3.141}$$

Die Entwicklung Gl. (3.140) bestehe aus m Termen mit Koeffizienten von gleichem Betrag. Die Koeffizienten haben daher die Form $c_i = \exp(\mathrm{j}\,\alpha_i)/\sqrt{m}$, wobei die α_i unabhängige Zu-fallsvariable mit Gleichverteilung in $0 \le \alpha_i < 2\pi$ seien. Berechnet man den Ausdruck Gl. (3.136) für K_P, so hat der Term im Zähler wegen der getroffenen Normierung den Wert 1; für den Term im Nenner erhält man als Erwartungswert

$$\sum_{i,j=1}^{m} \overline{c_i^2 (c_j^2)^*} = \sum_{i,j=1}^{m} \overline{\exp[2\,\mathrm{j}(\alpha_i - \alpha_j)]}/m^2 = 1/m.$$

Somit lautet das Ergebnis: $K_P = m$. Der Petermann-Faktor ist die Anzahl der Orthogo-nalmoden, die bei einer Entwicklung von $\psi(y)$ mit wesentlichen Amplituden vertreten sind.

3.6.3 Kennlinien, Wirkungsgrad

Die Bilanzgleichungen Gl. (3.122) für die normierten Größen $N_P^\times$, $N_T^\times$ haben die stationären Lösungen (wegen Gl. (3.139) ist Q durch den effektiven Q-Faktor Q_e zu ersetzen)

$$\begin{aligned}
2N_P^\times &= (I^\times - 1) + \sqrt{|I^\times - 1|^2 + 4Q_e I^\times}, \\
2(1 - Q_e)N_T^\times &= (I^\times + 1) - \sqrt{|I^\times - 1|^2 + 4Q_e I^\times}.
\end{aligned} \tag{3.142}$$

Bei Vernachlässigung der spontanen Emission ($Q_e = 0$) lauten die Lösungen

$$\begin{aligned}
\text{unterhalb der Schwelle, } I^\times < 1 : \quad & N_T^\times = I^\times, \quad N_P^\times = 0, \\
\text{oberhalb der Schwelle, } I^\times > 1 : \quad & N_T^\times = 1, \quad\ \ N_P^\times = I^\times - 1.
\end{aligned} \tag{3.143}$$

Die normierte Licht-Strom-Kennlinie $N_P^\times = f(I^\times)$ und die Abhängigkeit der normierten Trägerdichte $N_T^\times$ vom normierten Pumpstrom $I^\times$ sind in Abb. 3.25 dargestellt. Die Bedeutung der normierten Größen (definiert in Gl. (3.121) und Gl. (3.139)) wird nochmals angeschrieben:

$$N_P^\times = \frac{N_P/\tau_P}{I_S/e}, \quad N_T^\times = \frac{n_T}{n_{TS}}, \quad I^\times = \frac{I}{I_S}, \quad Q_e = \frac{K_e \eta_{\mathrm{int}} \rho(f)}{\mathrm{d}M_{\mathrm{ges}}/\mathrm{d}f}. \tag{3.144}$$

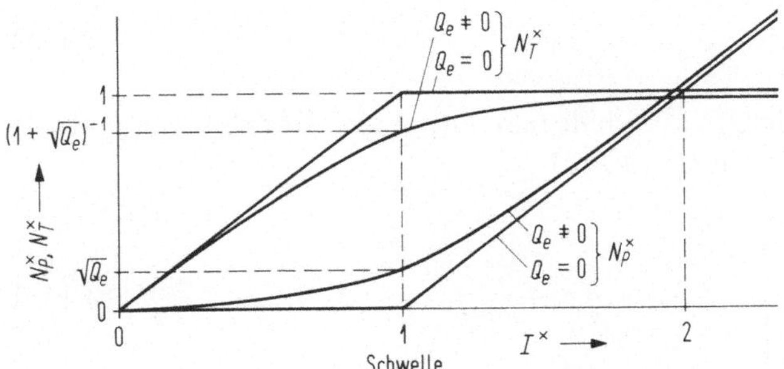

Abb. 3.25. Normierte Photonenanzahl $N_P^\times$ und normierte Trägerdichte $N_T^\times$ als Funktion des normierten Laserstroms $I^\times$

Bei Vernachlässigung der spontanen Emission ($Q_e = 0$) steigt die Trägerdichte unterhalb der Schwelle linear mit dem Injektionsstrom an, oberhalb ($I^\times > 1$) wird die Trägerkonzentration auf dem Schwellenwert n_{TS} festgehalten (d. h. durch $I > I_S$ wird die Trägerkonzentration im Laser nicht weiter erhöht, die zusätzlich injizierten Träger werden sofort in Photonen „umgewandelt"). Die Photonenanzahl ist unterhalb der Schwelle null (es gibt gemäß der Annahme keine spontane Emission!), oberhalb der Schwelle steigt sie linear mit dem Strom an (ideal linearer Zusammenhang zwischen Lichtleistung und Stromstärke).

Bei Berücksichtigung der spontanen Emission in den betrachteten Modus sind beide Kennlinien nicht mehr stückweise linear. Je größer Q_e ist, desto allmählicher erfolgt der Übergang im Bereich der Laserschwelle: darin unterscheiden sich die Kennlinien von GGL und IGL. Wie in Abschn. 3.6.1 begründet, haben GGL auch größere Schwellenströme I_S als IGL; das wird jedoch in der normierten Darstellung von Abb. 3.25 nicht deutlich. $N_P^\times$ in Gl. (3.142) erfaßt sowohl spontan als auch induziert in den Schwingungsmodus emittierte Photonen.

Analog zu den Definitionen Gl. (3.80), Gl. (3.82) definiert man nun einen internen und externen Quantenwirkungsgrad für die Laserdiode durch

$$\eta_{\text{int}}^{\text{LD}} = \frac{P/(hf)}{I/e}, \qquad \eta_{\text{ext}}^{\text{LD}} = \frac{P_a/(hf)}{I/e}, \tag{3.145}$$

wobei P, P_a die gesamte erzeugte und die gesamte nach außen abgegebene Leistung bedeuten, also (s. Gl. (3.88), Gl. (3.96))

$$P = \frac{N_P hf}{\tau_P}, \qquad P_a = \frac{N_P hf}{\tau_R}. \tag{3.146}$$

Aus diesen Beziehungen folgt mit Gl. (3.95)

$$\frac{\eta_{\text{ext}}^{\text{LD}}}{\eta_{\text{int}}^{\text{LD}}} = \frac{\tau_P}{\tau_R} = \frac{1}{1 - \frac{2\alpha_V L}{\ln(R_1 R_2)}}. \tag{3.147}$$

Aus der Steigung der Kennlinie $P_a = P_a(I)$ oberhalb der Schwelle definiert man ferner einen differentiellen Quantenwirkungsgrad

$$\eta_d = \mathrm{d}\left(\frac{P_a}{hf}\right)\bigg/\mathrm{d}\left(\frac{I}{e}\right).\tag{3.148}$$

Für den idealen Laser mit $Q_e = 0$ erhält man aus obigen Beziehungen und aus der Lösung $N_P^\times = I^\times - 1$ von Gl. (3.143)

$$\left.\begin{aligned}P &= \frac{hf}{e}(I - I_S),\\[4pt]P_a &= \frac{hf}{e}\frac{\tau_P}{\tau_R}(I - I_S),\end{aligned}\right\}\qquad \eta_d = \frac{\tau_P}{\tau_R} = \frac{\eta_{\mathrm{ext}}^{\mathrm{LD}}}{\eta_{\mathrm{int}}^{\mathrm{LD}}}.\tag{3.149}$$

Im tatsächlichen Laser verwendet man oft nicht die Lösung Gl. (3.142), welche induziert und spontan emittierte Photonen umfaßt, sondern man setzt in Anlehnung an Gl. (3.149) die induziert erzeugte und abgegebene Leistung wie folgt an:

$$P = \eta_{\mathrm{ind}}\frac{hf}{e}(I - I_S),\quad P_a = \eta_{\mathrm{ind}}\frac{hf}{e}\frac{\tau_P}{\tau_R}(I - I_S).\tag{3.150}$$

η_{ind} ist der Wirkungsgrad der induzierten Emission. Er gibt an, welcher Prozentsatz der insgesamt erzeugten Photonenanzahl durch induzierte Emissionen entstanden ist, und ist somit (da in jeden Modus unvermeidbar ein spontan emittiertes Photon abgegeben wird) von der Größenordnung $N_P/(N_P + \mathrm{d}M_{\mathrm{ges}})$, wobei $\mathrm{d}M_{\mathrm{ges}}$ die Anzahl der Moden im Laserresonator innerhalb der Linienbreite der spontanen Emission mit der Linienform $\rho(f)$ ist. Aus Gl. (3.150) folgt für die definierten Wirkungsgrade

$$\eta_d = \eta_{\mathrm{ind}}\frac{\tau_P}{\tau_R} = \frac{\eta_{\mathrm{ind}}}{1 - \frac{2\alpha_V L}{\ln(R_1 R_2)}} = \eta_{\mathrm{ind}}\frac{\eta_{\mathrm{ext}}^{\mathrm{LD}}}{\eta_{\mathrm{int}}^{\mathrm{LD}}}.\tag{3.151}$$

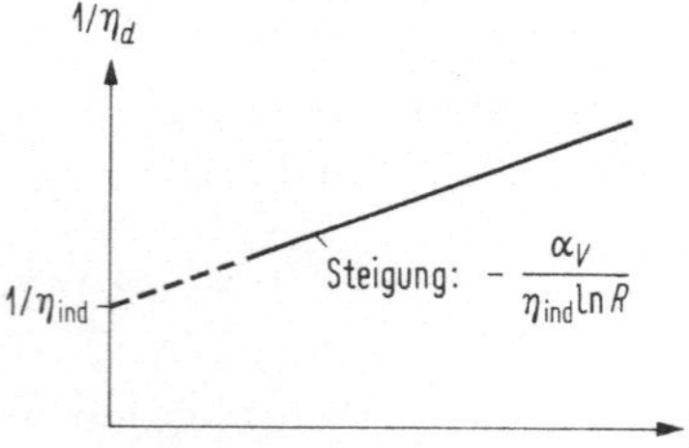

Abb. 3.26. Reziprokwert des differentiellen Quantenwirkungsgrades η_d als Funktion der Laserlänge L für Spiegelreflexionsfaktoren $R_1 = R_2 = R$

Mißt man den differentiellen Quantenwirkungsgrad für Laser mit $R_1 = R_2 = R$ für verschiedene Laserlängen L, so kann (s. Abb. 3.26) durch Extrapolation des Wertes für η_d bei $L = 0$ der Wirkungsgrad der induzierten Emission in der Definition Gl. (3.150) ermittelt werden. Werte von η_d liegen im Bereich 0,5 ... 0,8, Werte von η_{ind} im Bereich 0,65 ... 0,9. Man beachte, daß der differentielle Quantenwirkungsgrad (er bestimmt die Modulationsempfindlichkeit für Intensitätsmodulation) desto kleiner ist, je höher die Reflexionskoeffizienten der Spiegel sind, Gl. (3.151). Die abgegebenen Leistungen P_a von Lasern sind typisch im Bereich von 1 mW bis zu einigen zehn mW.

Die Strom-Spannungs-Kennlinie der Laserdiode (I_{S0} ist der Sättigungsstrom, nicht zu verwechseln mit dem Schwellenstrom I_S) lautet:

$$I = I_{S0}\left[e^{\beta(U - R_S I)} - 1\right] \qquad I \leq I_S,$$
$$U = W_G/e + R_S I \qquad I \geq I_S. \tag{3.152}$$

Dabei wurde angenommen, daß die Trägerdichte für $I > I_S$ auf dem Schwellenwert verharrt, und daß damit der Abstand der Quasiferminiveaus $W_{Fn} - W_{Fp} \approx W_G$ auf dem Wert $e(U - R_S I)$ eingefroren ist. $R_S = 1 \ldots 10\,\Omega$ ist der Serienwiderstand der Diode, $\beta = 1/(\kappa U_T) = 15 \ldots 30\,\mathrm{V}^{-1}$ (für $U_T = 25\,\mathrm{mV}$ bei Raumtemperatur gilt $\kappa = 1{,}3 \ldots 2{,}7$).

Serienwiderstand R_S und β lassen sich aus einer Messung der ersten und zweiten Ableitung der Kennlinie $U = U(I)$ ermitteln. Aus Gl. (3.152) folgt

$$I\frac{\mathrm{d}U}{\mathrm{d}I} = \begin{cases} 1/\beta + R_S I & I < I_S,\ I \gg I_{S0}, \\ R_S I & I > I_S, \end{cases}$$
$$I^2\frac{\mathrm{d}^2U}{\mathrm{d}I^2} = \begin{cases} -1/\beta & I < I_S,\ I \gg I_{S0}, \\ 0 & I > I_S. \end{cases} \tag{3.153}$$

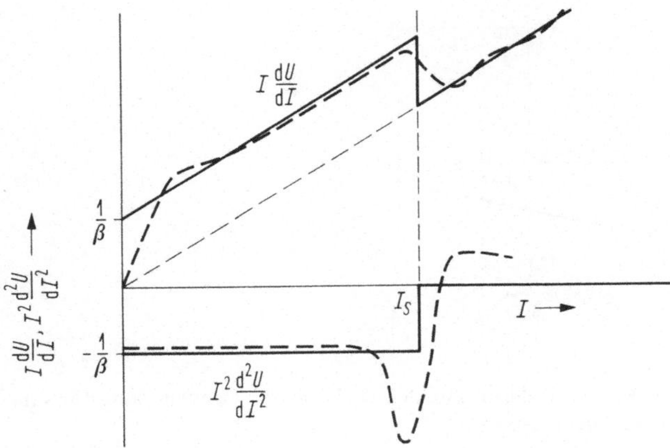

Abb. 3.27. Ableitungen der Spannungs-Strom-Kennlinie für einen idealen Laser (durchgezogen) und für einen realen Laser mit gut linearer Licht-Strom-Kennlinie (strichliert)

Abb. 3.27 zeigt die Ableitungen der Spannungs-Strom-Kennlinie für einen idealen und einen realen Laser. Die Ableitungen werden durch Einprägen eines sinusförmigen Kleinsignalstroms der Frequenz f und Registrieren der bei f und $2f$ entstehenden Spannungen an der Diode [34] [110] gemessen, bzw. die zweite Ableitung auch durch Einprägen von Strömen bei f_1, f_2 und Messung der Spannung bei $|f_1 - f_2|$ [431]. Aus diesen Messungen kann auch der Schwellenstrom I_S ermittelt werden.

3.6.4 Schwellenstrom

Die Schwellenstromdichte $J_S = I_S/(bL)$ wird für einen bestimmten Wert der
Dicke d der aktiven Zone minimal. Dies ist eine Folge der d-Abhängigkeit
des Feldkonzentrationsfaktors Gl. (3.100): Bei kleinen Schichtdicken ist nur ein
kleiner Anteil der Feldenergie in der Schicht, die Trägerdichte muß hoch sein,
um die nötige Verstärkung zu erzielen. Bei großen Werten von d erfüllt das
Feld nur einen Teil der aktiven Zone, und nur ein kleiner Anteil der injizierten
Träger nimmt an der Verstärkung teil.

Gl. (3.118) lautet unter Berücksichtigung des Füllfaktors, Gl. (3.102) und
Gl. (3.103), und unter Beachtung der Beziehungen Gl. (3.95) und Gl. (3.70)

$$\Gamma G(n_{TS}) = \Gamma v_g g(n_{TS}) = 1/\tau_P = v_g(\alpha_{Ve} + \alpha_R),$$

$$I_S = er_{\text{eff}}(n_{TS})V_R = en_{TS}V_R/\tau_{\text{eff}}. \tag{3.154}$$

Mit g aus Gl. (3.98) und $V_R = dbL$ erhält man durch Eliminieren von n_{TS} die
Beziehung für die Schwellenstromdichte:

$$J_S = \frac{I_S}{bL} = \frac{en_{T0}}{\tau_{\text{eff}}}d\left[1 + \frac{\alpha_{Ve} + \alpha_R}{g_0}\frac{1}{\Gamma(d)}\right]. \tag{3.155}$$

$\Gamma(d)$ ist aus Gl. (3.100) einzusetzen (für kleine d ist $\Gamma \sim d^2$, für große d gilt $\Gamma \to$
1). Abb. 3.28 zeigt den Zusammenhang von J_S und d für eine spezielle Wahl

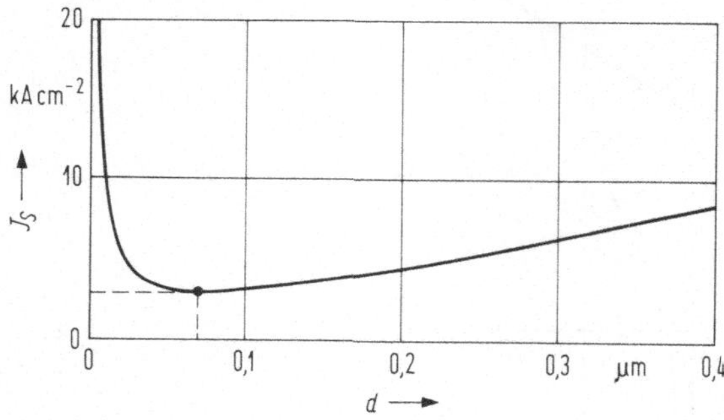

Abb. 3.28. Schwellenstromdichte J_S als Funktion der Dicke d der aktiven Zone für eine
spezielle Wahl der Laserparameter (siehe Text)

der Parameter eines GaAs-(Ga,Al)As-Lasers (g_0, n_{T0} aus Gl. (3.98); $\tau_{\text{eff}} = 1\,$ns,
$\alpha_{Ve} + \alpha_R = 50\,$cm^{-1}, $\lambda = 0{,}87\,\mu$m, $n_1 = 3{,}59$, $n_2 = 3{,}45$). Im dargestellten Fall
beträgt die minimale Schwellenstromdichte $J_S = 2{,}88\,$kA cm^{-2}, die optimale
Schichtdicke hat den Wert $d = 0{,}07\,\mu$m. Mit $L = 300\,\mu$m, $b = 5\,\mu$m folgt
daraus eine Schwellenstromstärke von $I_S = 43\,$mA.

Der Schwellenstrom ist temperaturabhängig. Man setzt den empirischen
Zusammenhang an (ΔT ist die Temperaturerhöhung):

$$I_S(\Delta T) = I_S(0)\,e^{\Delta T/T_0}, \quad \frac{1}{T_0} = \frac{1}{I_S(0)}\frac{dI_S(\Delta T)}{d\Delta T}\bigg|_{\Delta T=0} = \alpha_{IS}. \tag{3.156}$$

T_0 ist der aus Messungen zu ermittelnde Temperaturparameter. Die Temperaturabhängigkeit ist eine Folge der temperaturabhängigen Verteilung der Träger in den Bändern (s. Abb. 3.14b, mit steigender Temperatur sinkt die Verstärkung) und der temperaturabhängigen Durchlässigkeit der Potentialwälle der Heterostruktur. Da die Potentialwälle im (In,Ga)(As,P)-System niedriger sind und dort außerdem die mit der Temperatur zunehmende Anzahl der Auger-Rekombinationen eine Rolle spielt, ist der Temperaturkoeffizient α_{IS} für InP größer als für GaAs (InP: $T_0 = 40\dots80\,\mathrm{K}$; GaAs: $T_0 = 120\dots230\,\mathrm{K}$). Für Quantenfilmlaser werden T_0-Werte in [47] diskutiert.

Die Ausgangskennlinie $P_a = P_a(I)$ des Lasers, Gl. (3.150) verschiebt sich somit in Abhängigkeit von der Temperatur und erfordert spezielle Regelungen [85]. Da sich bei einer Änderung des Laserstroms I die Verlustleistung P_{th} des Lasers ändert (P_{th} ist die Differenz von aufgenommener elektrischer Leistung und abgegebener Strahlungsleistung P_a), und damit über den Wärmewiderstand R_{th} auch die Temperatur, $\Delta T = R_{\mathrm{th}} \cdot \Delta P_{\mathrm{th}}$, ist der Zusammenhang Gl. (3.150) zwischen P_a, I nichtlinear, weil I_S über die Temperatur gleichfalls von I abhängt [68]. Wegen der endlichen Wärmekapazität C_{th} der Diode gilt tatsächlich der Zusammenhang

$$\Delta P_{\mathrm{th}}(t) = \frac{\Delta T(t)}{R_{\mathrm{th}}} + C_{\mathrm{th}}\frac{\mathrm{d}\Delta T(t)}{\mathrm{d}t}, \tag{3.157}$$

es tritt eine Phasenverschiebung zwischen dem Momentanwert der Verlustleistungsänderung $\Delta P_{\mathrm{th}}(t)$ und dem Momentanwert der Temperaturänderung $\Delta T(t)$ auf. Die Wärme-Zeitkonstante $\tau_{\mathrm{th}} = R_{\mathrm{th}}C_{\mathrm{th}}$ liegt im Bereich von einigen hundert ns und einigen μs, bei schneller Modulation des Lasers kann somit die Temperatur der Modulation nicht folgen [68].

3.6.5 Eigenschaften des emittierten Lichtes

Der Abstand benachbarter longitudinaler Moden des Fabry-Perot-Resonators ist typisch in der Größenordnung $\Delta f_q = 100\,\mathrm{GHz}$ (s. Gl. (3.93), $L = 350\,\mu\mathrm{m}$, $n_g = 4{,}2$). Die Leistungen, mit denen diese einzelnen Moden anschwingen, hängt von der Verstärkungskonstanten bei den Resonanzfrequenzen und der Güte der Moden ab.

Die für eine bestimmte Ausgangsleistung P_a im Resonator vorhandene Photonenanzahl N_P berechnet man aus Gl. (3.96) unter Verwendung von Gl. (3.88), Gl. (3.95)

$$N_P = \frac{P_a n_g}{hfc\alpha_R} = \frac{P_a n_g \lambda}{hc^2\alpha_R}. \tag{3.158}$$

Für $P_a = 1\,\mathrm{mW}$, $n_g = 4{,}2$, $\lambda = 1{,}55\,\mu\mathrm{m}$, $\alpha_R = 28\,\mathrm{cm}^{-1}$ folgt $N_P = 39\,000$ Photonen. Die Photonenanzahl ist andererseits durch Gl. (3.119) gegeben und läßt sich unter Berücksichtigung von Gl. (3.117) sowie des Füllfaktors Gl. (3.102) und Gl. (3.103) und des effektiven K-Faktors Gl. (3.138) in der Form

$$N_P = \frac{n_{\mathrm{sp}}K_e\Gamma G}{\frac{1}{\tau_P} - \Gamma G} \approx \frac{n_{\mathrm{sp}}K_e}{1 - \frac{\Gamma g}{\alpha_{Ve}+\alpha_R}} \tag{3.159}$$

schreiben, wobei die zweite Form unter Berücksichtigung von $\Gamma G \tau_P \approx 1$ und Einsetzen von G, τ_P aus Gl. (3.95) folgt. Die zu zwei verschiedenen Photonenzahlen N_{P1}, N_{P2} gehörenden Verstärkungskonstanten sind

$$\Gamma g_1 - \Gamma g_2 = n_{\mathrm{sp}} K_e (\alpha_{Ve} + \alpha_R) \frac{N_{P1} - N_{P2}}{N_{P1} N_{P2}}. \tag{3.160}$$

Eine Leistungsabnahme von 20 dB (von 39 000 Photonen auf 390 Photonen im Resonator) erfordert für $n_{\mathrm{sp}} = 2$, $\alpha_{Ve} = 20\,\mathrm{cm}^{-1}$, $\alpha_R = 28\,\mathrm{cm}^{-1}$ eine Verstärkungsänderung von

$$\Gamma g_1 - \Gamma g_2 \approx 0{,}25\,K_e\,\mathrm{cm}^{-1} \quad \text{(für 20 dB Leistungsabfall).} \tag{3.161}$$

Für die gleiche Leistungsdifferenz in verschiedenen longitudinalen Moden sind somit beim GGL (z. B. $K_e = 10$) wesentlich größere Verstärkungsunterschiede nötig. Die Verstärkung ist eine Funktion der Frequenz, siehe Abb. 3.14b. Der dem Verstärkungsmaximum am nächsten liegende Resonatormodus schwingt mit der höchsten Leistung. Da schon kleine Verstärkungsabnahmen beim IGL (im Beispiel $0{,}25\,\mathrm{cm}^{-1}$) zu 20 dB Unterdrückung der Nachbarmoden führen können, wird dessen Emission in der Tendenz longitudinal einmodig sein. Beim GGL dagegen werden noch viele, zu beiden Seiten benachbarte longitudinale Moden mit vergleichbaren Leistungen anschwingen. Die Photonenanzahl (und damit die Ausgangsleistung) fällt von $N_{P1} = N_P$ auf $N_{P2} = N_P/2$ innerhalb einer Verstärkungsänderung

$$\Delta(\Gamma g)_{1/2} = \frac{n_{\mathrm{sp}} K_e (\alpha_{Ve} + \alpha_R)}{N_P}. \tag{3.162}$$

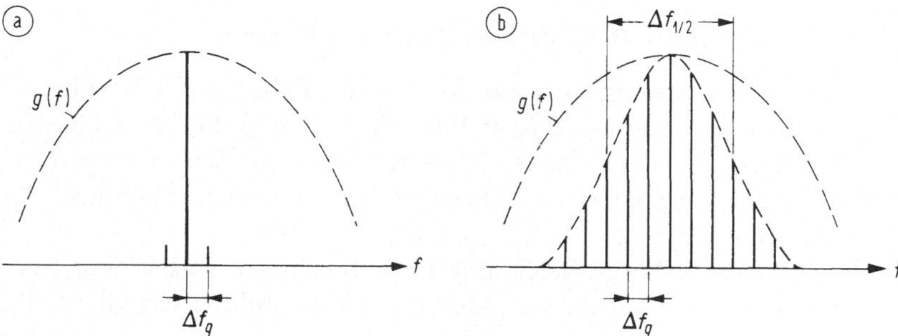

Abb. 3.29. Longitudinales Modenspektrum eines Lasers; $g(f)$ frequenzabhängige Verstärkungskonstante, Δf_q Abstand benachbarter Fabry-Perot-Resonanzen. (a) IG-Laser, (b) GG-Laser, $\Delta f_{1/2}$ Halbwertsbreite der Einhüllenden

Abb. 3.29 zeigt das longitudinale Modenspektrum eines IGL und eines GGL. Aus der Struktur von Gl. (3.162) folgt mit Gl. (3.158), daß für die Halbwertsbreite der Einhüllenden der Moden des GGL $(\Delta(\Gamma g)_{1/2} \sim \Delta f_{1/2})$ eine Beziehung der Form

$$\Delta f_{1/2} \cdot P_a = \mathrm{const} \cdot n_{\mathrm{sp}} K_e (\alpha_{Ve} + \alpha_R)\alpha_R \tag{3.163}$$

gelten muß. Die Halbwertsbreite ist umgekehrt proportional zur emittierten Leistung. Für GaAs-GGL sind Werte $\Delta f_{1/2} \cdot P_a = 3\,000\,\text{GHz·mW}$ typisch, das bedeutet, daß bei $100\,\text{GHz}$ Modenabstand bei $P_a = 1\,\text{mW}$ ca. 30 Moden schwingen, bei $P_a = 10\,\text{mW}$ dagegen nur mehr 3 Moden. Wegen einer genaueren Analyse der Multimoden-Bilanzgleichungen mit Einbeziehung von Sättigungserscheinungen s. [451, Kap. 3].

Die vorstehenden Überlegungen zeigen ferner, daß longitudinal einmodige Emission auch dadurch erreicht werden kann, daß in Gl. (3.159) α_R stark dispersiv ist (etwa durch frequenzselektive Reflektoren, wie Beugungsgitter oder durch verteilte Rückkopplung mit einem Bragg-Reflexions-Gitter beim DFB-Laser = distributed feedback laser, Abschn. 3.6.6). Beim Fabry-Perot-Resonator lassen sich durch Ankoppeln eines externen, passiven Resonators die entsprechenden Güteunterschiede zur besseren Unterdrückung von Nebenmoden erreichen.

Die spektrale Abhängigkeit $g(f)$ der Verstärkungskonstante wird als homogene Linie bezeichnet, wenn sich die Linienform bei Verstärkung eines monochromatischen Signals der Frequenz $f = f_0$ (f_0 im Bereich der Linie) nicht ändert. Im multiresonanten Resonator mit Moden exakt gleicher Güte und unter Vernachlässigung der spontanen Emissionen würde bloß jener Modus anschwingen, der dem Verstärkungsmaximum am nächsten liegt. Da er die Verstärkung begrenzt (siehe $N_T^x = 1$ oberhalb der Schwelle in Abb. 3.25), kann kein anderer Modus die zum Anschwingen nötige Verstärkung erhalten. Bei Einbeziehung der spontanen Emission werden mehrere Moden mit unterschiedlichen Photonenzahlen möglich. Beim Halbleiter bleibt die Linie homogen, solange die Verteilung der Träger auf die Bandzustände durch die Oszillation nicht geändert wird; bei kleinen Lichtleistungen ist die Lebensdauer der Elektronen im Leitungsband (das ist die Lebensdauer bezüglich der Übergänge vom Leitungsband ins Valenzband!) durch τ_{eff} gegeben, Gl. (3.71), für die Umbesetzung innerhalb der Leitungsbandzustände ist die Intraband-Relaxationszeit τ_{LB} maßgeblich, Gl. (3.18). Solange $\tau_{\text{LB}} \ll \tau_{\text{eff}}$ ist, bleibt die Linie homogen (wegen $0{,}2\,\text{ps} \ll 1\,\text{ns}$ ist das der Fall). Bei zunehmender Photonenanzahl wird die Lebensdauer τ_{eff} zufolge der induzierten Übergänge auf den Wert $\tau^{(e)}$ reduziert, Gl. (3.53), und wenn $\tau^{(e)}$ in die Größenordnung von τ_{LB} kommt, nimmt die Besetzung in jenen Bandzuständen, die an der Oszillation beteiligt sind, merklich ab. In die Linie $g(f)$ wird sozusagen bei der Schwingfrequenz ein „Loch" gebrannt (man nennt den Effekt auch spektrales Lochbrennen). Die Linie ist inhomogen geworden: weil die Umbesetzung der Leitungsbandzustände mit der Zeitkonstante τ_{LB} nicht mehr schnell genug erfolgt, tragen nicht mehr alle Elektronen im Leitungsband zur Verstärkung dieses Modus bei, sondern nur jene Elektronen, die innerhalb einer begrenzten Gruppe von Zuständen sind (die energetische Lage dieser Zustände wird etwa für strenge k-Auswahl durch Gl. (3.56) festgelegt). In diesem Fall ist eine multimodige Oszillation auch bei Vernachlässigung der spontanen Emission für Moden gleicher Güte möglich, weil jeder Modus nur die Besetzung einer schmalen Zustandsgruppe auf dem Schwellenwert festhält.

Die Halbwertsbreite Δf_L eines einmodig schwingenden Lasers (s. Kapitel

Rauschen) soll hier nur zitiert werden:

$$\Delta f_L = \frac{K_e n_{\mathrm{sp}}(1 + \alpha^2)}{4\pi P_a}\, h f v_g^2 \alpha_R(\alpha_{Ve} + \alpha_R) = \frac{c_L}{P_a}. \tag{3.164}$$

Man beachte, daß P_a die gesamte (durch beide Spiegel) abgegebene Leistung bedeutet; α ist der Henry-Faktor Gl. (3.106). Für $K_e = 1$, $\alpha = 4$, $P_a = 1\,\mathrm{mW}$, $\lambda = 1{,}55\,\mu\mathrm{m}$, $n_g = 4{,}2$, $\alpha_R = 28\,\mathrm{cm}^{-1}$, $\alpha_{Ve} = 20\,\mathrm{cm}^{-1}$, $n_{\mathrm{sp}} = 2$ berechnet man $\Delta f_L = 23{,}7\,\mathrm{MHz}$. Je nach Art des Lasers sind Werte für c_L im Bereich $4\,\mathrm{kHz\cdot mW} \ldots 50\,\mathrm{MHz\cdot mW}$ möglich (der erstgenannte Wert ist ein theoretischer Wert). Theorie (s. z. B. [451, S. 205]) und Experiment zeigen, daß eine endliche Linienbreite Δf_{L0} selbst für $P_a \to \infty$ auftritt, die zu Gl. (3.164) noch zu addieren wäre. Nach einer dieser Theorien ist Δf_{L0} proportional zur dritten Potenz der Leistung in den Nebenmoden und liegt für eine Nebenmodenunterdrückung $> 20\,\mathrm{dB}$ im MHz-Bereich.

Gl. (3.164) gilt nicht für die Moden eines multimodig schwingenden GGL. Zufolge der nichtlinearen Wechselwirkung der Moden treten hier Linienbreiten im einzelnen Modus bis zu einigen GHz auf (Literaturhinweise s. [451]).

Die Frequenz f_{ind} der maximalen Verstärkung sinkt mit steigender Temperatur (s. Abb. 3.14b). Dazu addiert sich als entscheidender Beitrag die Abnahme des Bandabstandes W_G mit steigender Temperatur. Für GaAs und InP gilt für diesen Beitrag [543, S. 15, S. 849]

$$\frac{\mathrm{d}W_G}{\mathrm{d}T} = \left\{ \begin{array}{l} -0{,}45\,\mathrm{meV\,K}^{-1} \\[1ex] -0{,}32\,\mathrm{meV\,K}^{-1} \end{array} \right\} \;\widehat{=}\; \frac{\mathrm{d}f_{\mathrm{ind}}}{\mathrm{d}T} \approx \left\{ \begin{array}{l} -110\,\mathrm{GHz\,K}^{-1} \quad (\mathrm{GaAs}), \\[1ex] -77\,\mathrm{GHz\,K}^{-1} \quad (\mathrm{InP}). \end{array} \right. \tag{3.165}$$

Damit verschiebt sich die Einhüllende des Modenspektrums in Abb. 3.29 mit steigender Temperatur zu niedrigeren Frequenzen.

Die Resonanzfrequenzen des Fabry-Perot-Resonators Gl. (3.92) sind über den Brechungsindex temperaturabhängig. Für die Änderung einer betrachteten Resonanzfrequenz f_0 berechnet man

$$\frac{\mathrm{d}f_0}{\mathrm{d}T} = -\frac{c}{\lambda}\frac{1}{n_g}\frac{\partial n}{\partial T}. \tag{3.166}$$

Für GaAs ist $\partial n/\partial T = 4{,}9 \cdot 10^{-4}\,\mathrm{K}^{-1}$ [432], für (In,Ga)(As,P) bei $\lambda = 1{,}6\,\mu\mathrm{m}$ gilt $\partial n/\partial T = 3 \cdot 10^{-4}\,\mathrm{K}^{-1}$ [528]. Daraus resultiert eine Verschiebung um $40\,\mathrm{GHz\,K}^{-1}$ zu niedrigeren Frequenzen im kurzwelligen Bereich, um $14\,\mathrm{GHz\,K}^{-1}$ im langwelligen Bereich. In Abb. 3.29 verschiebt sich somit bei steigender Temperatur die Einhüllende des Spektrums stärker zu niedrigeren Frequenzen als der Kamm der Resonanzfrequenzen. Bei einem einmodig schwingenden Laser kommt allmählich der benachbarte Modus in Richtung niedrigerer Frequenzen näher an das Verstärkungsmaximum als der schwingende Modus und die Schwingfrequenz springt diskontinuierlich um Δf_q zu niedrigeren Frequenzen. Für den Frequenzbereich, über den der Schwingungsmodus bestenfalls kontinuierlich mit der Temperatur abgestimmt werden kann, folgt aus Gl. (3.165) und Gl. (3.166)

$$\Delta f_{ab} = \left| \frac{df_0/dT}{df_{ind}/dT - df_0/dT} \right| \Delta f_q. \tag{3.167}$$

Man beachte, daß bei einer Temperaturerhöhung zufolge einer Erhöhung des Injektionsstroms auch die Trägerdichte nach Gl. (3.142) zunimmt. Damit ist nach Abschn. 3.5.3, Anmerkung 2 eine Abnahme des Bandabstandes und des Brechungsindex verbunden (somit wird $|df_{ind}/dT|$ größer als der in Gl. (3.165) angegebene Wert, wogegen $|df_0/dT|$ kleiner wird als der in Gl. (3.166) angegebene Wert). Bei raschen Stromänderungen kann die Temperatur nicht folgen, und es bleibt der mit einer Erhöhung von n_T (Abnahme von n) verbundene Effekt einer Erhöhung der Resonanzfrequenz.

Beim IGL ist die aktive Zone ein dielektrischer Streifenwellenleiter. Die Winkelhalbwertsbreiten $2\gamma_H$ des Fernfeldes (gemessen zwischen den Richtungen, in denen die Intensität auf die Hälfte der in Achsenrichtung abgestrahlten Intensität abgesunken ist) berechnen sich daher in vertikaler und lateraler Richtung wie für den Grundmodus eines Schichtwellenleiters der Schichthöhe h (für $2\gamma_{vert}$ ist $h = d$ zu setzen, für $2\gamma_{lat}$ ist $h = b$) mit den Brechungsindizes n_1, n_2 im Kern und im Mantel. Eine Näherung, die auf einer in [56] angegebenen Approximation basiert, ist die Beziehung

$$2\gamma_H = \frac{1,3\, V A_N}{1 + V^2(0,629 + 0,00755\, A_N + 0,0933\, A_N^2)} \quad , \tag{3.168}$$

$$0 \le V = \tfrac{h}{2}k_0 A_N \le 0,75, \quad 0 \le A_N = \sqrt{n_1^2 - n_2^2} \le 1,4.$$

Eine für $0,75 \le V \le 2,5$ gültige Näherung ist in Gl. (2.66) angegeben. Man beachte, daß im Unterschied zum Kantenemitter Abb. 3.19 bei der Laserdiode wegen des kohärenten Feldes und $b \gg d$ in der Regel $2\gamma_{lat} < 2\gamma_{vert}$ gilt (typisch $2\gamma_{lat} = 10° \ldots 40°$, $2\gamma_{vert} = 40° \ldots 70°$).

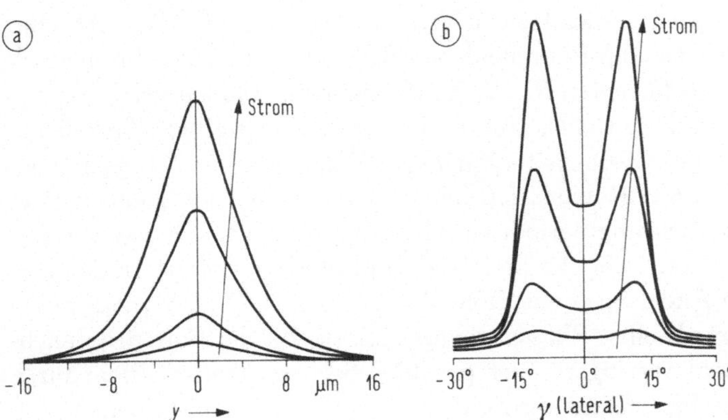

Abb. 3.30. Schematische Darstellung von Nahfeld- und Fernfeldintensität eines GG-Lasers mit 3 µm breitem Kontaktstreifen bei verschiedenen Stromstärken. (a) Nahfeld (b) Fernfeld mit den für hohe K_P-Werte typischen „Ohren"

Für den GGL kann $2\gamma_{vert}$ ebenfalls aus Gl. (3.168) berechnet werden. Für $2\gamma_{lat}$ ist eine allgemeine Formel nicht angebbar, da die Fernfeldverteilung die

Fouriertransformierte der Nahfeldverteilung ist, und diese vom speziellen Verlauf des trägerdichteabhängigen komplexen Brechungsindex $\bar{n}(y)$ empfindlich abhängt. Bei der vereinfachenden Annahme eines parabolischen Gewinnprofils Gl. (3.127) in der Anmerkung zu Abschn. 3.6.1 ergab sich ein Nahfeld mit gekrümmten Phasenfronten und gaußförmiger Amplitudenverteilung, Gl. (3.134), und das Fernfeld ist ebenfalls eine Gaußfunktion des Winkels γ (gemessen in der Ebene $x = 0$ von der z-Achse, s. Abb. 3.22a). Dabei wurde allerdings vernachlässigt, daß in Achsennähe der Brechungsindex zufolge der höheren Trägerdichte reduziert wird. Bei starker Gewinnführung (große Werte für den Petermann-Faktor Gl. (3.136), z. B. $K_P = 15$) wird die Antiwellenführung zufolge dieses reduzierten Wertes der Brechzahl in der Mitte merklich, die Nahfeldverteilung Abb. 3.30a fällt in den Flanken langsamer ab als eine Gaußfunktion und im Fernfeld Abb. 3.30b erscheinen die für GGL typischen Maxima in zwei symmetrisch zur Achse liegenden Richtungen, sofern das Brechzahlprofil (Realteil und Imaginärteil) symmetrisch ist [23]. In dem Fall extremer Gewinnführung ist eine Halbwertsbreite $2\gamma_{\mathrm{lat}}$ nicht mehr sinnvoll zu definieren. Der Winkelbereich, in den Strahlung entsendet wird, deckt sich annähernd mit $2\gamma_{\mathrm{lat}}$ des IGL, ebenfalls gilt für übliche Breiten der Kontaktstreifen im Bereich von einigen μm die Beziehung $2\gamma_{\mathrm{vert}} > 2\gamma_{\mathrm{lat}}$.

3.6.6   Spezielle Laser

Für die optische Nachrichtentechnik sind Laser erwünscht, die auch bei schneller Modulation über den Injektionsstrom longitudinal einmodig schwingen (sogenannter DSM-Laser: dynamic-single-mode [297]) und vorzugsweise außerdem über einen größeren Frequenzbereich kontinuierlich abstimmbar sind [96]. Diese Ziele sind mit dem Fabry-Perot-Laser nicht zu realisieren, und zwar wegen der annähernd gleichen Güte der longitudinalen Moden und der zu einer Modendiskriminierung nicht ausreichenden kleinen Verstärkungsunterschiede (s. Abschn. 3.6.5). Es bietet sich an, die Photonenlebensdauer τ_P Gl. (3.95) durch stark dispersive Reflexionskoeffizienten R_1, R_2 für die einzelnen Moden sehr verschieden zu machen, wobei diese Reflektoren in den Laser integrierbar sein sollen.

Abb. 3.31 zeigt einen Wellenleiter, in dem Wellen mit $\beta = k_0 n_e$ laufen. Zufolge einer periodischen Korrugation der Deckschicht ist der effektive Brechungsindex n_e in z-Richtung periodisch schwach moduliert. Eine von $z = 0$ nach rechts startende Testwelle der Leistungsamplitude s_{2a} erfährt an den hier abrupt gezeichneten Änderungen der Höhe der Deckschicht Reflexionen, wobei die reflektierten Partialwellen Phasensprünge null oder π ausführen, je nachdem, ob sich n_e lokal verringert oder erhöht. Bei der Transmission durch eine Stufe tritt keine Phasenänderung ein. Alle aus $z > 0$ in die Ebene $z = 0$ zurückkehrenden Partialwellen sind in Phase (d. h. der Betrag des Amplitudenreflexionsfaktors $r(\omega) = s_{2e}/s_{2a}$ wird maximal), wenn die sogenannte Bragg-Bedingung $\beta = \beta_B$ mit

$$\beta_B \cdot \Lambda = p\pi, \quad p = 1, 2, \ldots \quad \left(\beta_B = \frac{2\pi f_B}{c} n_e\right) \tag{3.169}$$

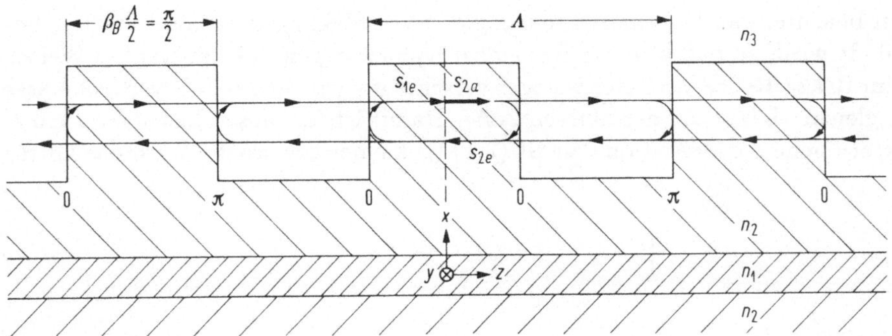

Abb. 3.31. Wellenleiter ($n_1 > n_2 > n_3$ Brechungsindizes) mit periodischer Korrugation einer Mantelschicht (Periodenlänge Λ). s_{2a}, s_{2e}, s_{1e} Leistungsamplituden einer startenden Testwelle und der aus $z > 0$ sowie $z < 0$ insgesamt nach $z = 0$ zurückkehrenden Wellen

eingehalten wird (Gitter mit $p = 1, 2, \ldots$ werden als Gitter 1., 2., $\ldots$ Ordnung bezeichnet). f_B ist die Bragg-Frequenz. Die Stärke der Brechzahlmodulation wird durch eine Kopplungskonstante κ erfaßt (praktische Werte $\kappa <$ $160\,\mathrm{cm}^{-1}$): Schreibt man die periodische Brechzahlmodulation in der Form $n_e + n'_e \cos(2\beta_B z)$, so ist $\kappa = \pi n'_e / \lambda_B$ mit $\lambda_B = 2\pi n_e / \beta_B$. Für ein Gitter der Länge L liefert die Theorie [114, S. 115] für den maximalen Leistungsreflexionskoeffizienten R und für die Frequenzen f, bei denen $R(\omega)$ in der Umgebung der Bragg-Frequenz die ersten Nullstellen besitzt

$$R = \tanh^2(\kappa L) \quad \text{bei } f = f_B,$$
$$f - f_B = \pm \frac{c\kappa}{2\pi n_e} \quad \text{erste Nullstellen von } R. \tag{3.170}$$

Für $R > 0{,}32$ ($0{,}32$ ist der Wert für den Fabry-Perot-Laser) muß $\kappa L > 0{,}64$ sein; dem entsprechen Werte von $\kappa = 32\,\mathrm{cm}^{-1}$ bei $L = 200\,\mu\mathrm{m}$, $\kappa = 64\,\mathrm{cm}^{-1}$ bei $L = 100\,\mu\mathrm{m}$, sowie nach Gl. (3.170) Bandbreiten zwischen den ersten Nullstellen von $87\,\mathrm{GHz}$ bzw. $175\,\mathrm{GHz}$.

Ein Laser, der anstelle einer reflektierenden Spaltfläche ein Reflexionsgitter verwendet (s. Abb. 3.32a) wird als DBR-Laser (distributed Bragg reflector) bezeichnet. Wenn das Reflexionsgitter nicht gepumpt wird, müssen dessen Verluste berücksichtigt werden. Der Phasengang des komplexen Amplitudenreflexionsfaktors $r(\omega) = |r(\omega)| \exp[\mathrm{j}\,\varphi(\omega)]$ wird in der Nähe des Maximalwertes von $|r(\omega)|$ durch eine äquivalente Länge L_{eff} beschrieben (L_{eff} ist immer kleiner als die physikalische Länge L, siehe Abb. 3.32a)

$$\varphi(\omega) = k_0 n_e \cdot 2 L_{\mathrm{eff}}, \quad k_0 = \omega/c. \tag{3.171}$$

Mit dem effektiven Brechungsindex n_{ae} in der gepumpten aktiven Zone der Länge L_a lautet nun die Resonanzbedingung anstelle Gl. (3.105)

$$2 k_0 (n_e L_{\mathrm{eff}} + n_{ae} L_a) = 2\pi q, \quad q \text{ ganzzahlig.} \tag{3.172}$$

Man beachte, daß bei einer Änderung der Verstärkungskonstante nur n_{ae} beeinflußt wird, so daß sich die Resonanzfrequenz wegen des konstanten Wertes n_e im Bragg-Reflektor-Laser weniger verschiebt als in einem Fabry-Perot-Laser mit gleicher Länge L_a der aktiven Zone. Damit ist für diesen Laser der Henry-Faktor (siehe die Definition von Gl. (3.114)) kleiner geworden. Wird das Gitter

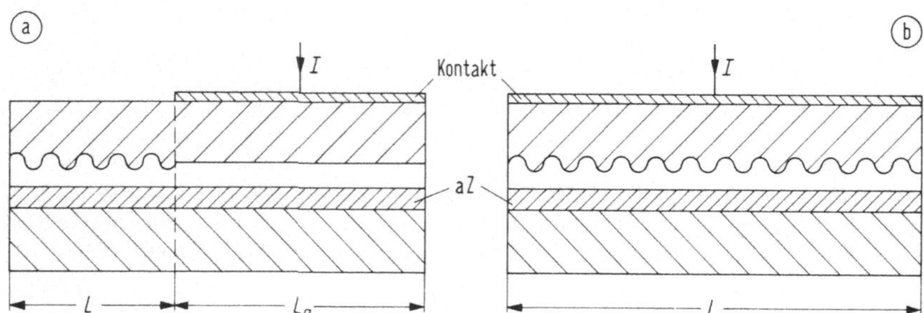

Abb. 3.32. Schematische Darstellung (aZ: aktive Zone) eines (a) DBR-Lasers, (b) DFB-Lasers

über die ganze Länge der aktiven Zone gelegt, Abb. 3.32, so spricht man vom DFB-Laser (distributed feedback, Laser mit verteilter Rückkopplung). Aus Abb. 3.31 läßt sich leicht überlegen, daß dieser Laser gerade nicht bei der Bragg-Frequenz f_B schwingen kann: Verfolgt man irgendeine Partialwelle, die durch die Testwelle s_{2a} erzeugt wurde und die einen Beitrag zu der von links in die Ebene $z = 0$ zurückkehrenden Welle s_{1e} liefert, so sieht man, daß bei $f = f_B$ alle diese Beiträge zu s_{1e} in Gegenphase zu s_{2a} stehen. Damit ist eine Oszillation bei f_B unmöglich. Zentriert auf f_B erhält man einen Sperrbereich, in dem eine Wellenausbreitung unmöglich ist, für (vgl. Gl. (3.170)!)

$$|f - f_B| \le \frac{c\kappa}{2\pi n_e}, \quad \text{d.h.} \quad |\beta - \beta_B| \le \kappa, \quad \beta = \frac{2\pi f}{c} n_e. \tag{3.173}$$

Die Resonanzen liegen im Grenzfall hoher Verstärkung ($g_e - \alpha_{Ve} \gg 2\kappa$, s. Gl. (3.104)) [289] symmetrisch zu f_B mit einem Modenabstand, den man vom Fabry-Perot-Laser erwarten würde.

$$f_q = f_B + \left(q + \frac{1}{2}\right) \frac{c}{2n_e L}, \quad q = 0, \pm1, \pm2, \ldots \tag{3.174}$$

Bei einer numerischen Auswertung der Dispersionsrelation [289] sieht man, daß die Resonanzen tatsächlich etwas weiter von f_B entfernt liegen, als durch Gl. (3.174) angegeben, wobei die „Abstoßung" der Resonanzen mit zunehmendem κ wächst (beachte: für $\kappa L > \pi$ wird der Sperrbereich breiter als der von der Näherung Gl. (3.174) angegebene Abstand der zu f_B benachbarten Resonanzen!). Die Resonanzen sind in Abb. 3.33 dargestellt, die Höhe der Linien gibt symbolisch die zum Anschwingen des Modus nötige Verstärkung an, für die im Fall $g_e - \alpha_{Ve} \gg 2\kappa$ die Näherung

$$4(\beta - \beta_B)^2 = \kappa^2 \exp[(g_e - \alpha_{Ve})L] - (g_e - \alpha_{Ve})^2 \tag{3.175}$$

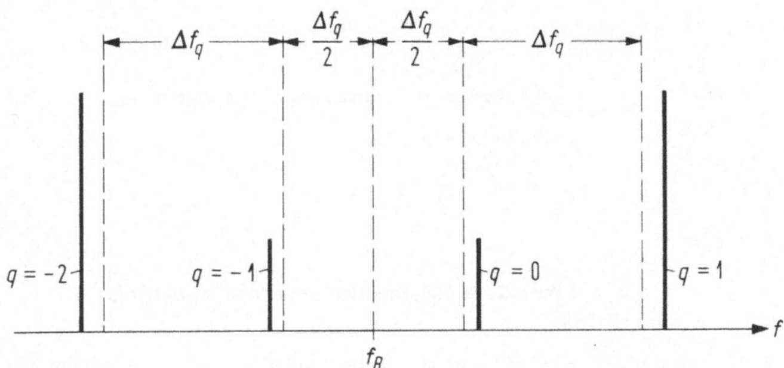

Abb. 3.33. Resonanzfrequenzen des DFB-Lasers. Die Höhe der Linien symbolisiert die zum Anschwingen nötige Verstärkung

gilt (man beachte die Definition von g_e, α_{Ve}, β aus Gl. (3.104)).

Im Grenzfall kleiner Verstärkung $g_e - \alpha_{Ve} \ll 2\kappa$ liegen die ersten beiden Resonanzen gerade außerhalb des Sperrbereichs. Für sie und die Schwellenverstärkung gilt annähernd

$$\beta = \beta_B \pm \kappa, \qquad g_e - \alpha_{Ve} = \frac{2\pi^2}{\kappa^2 L^3}. \tag{3.176}$$

Da an der Schwelle nach Gl. (3.94) $g = \alpha_V + \alpha_R$ gilt, läßt sich aus Gl. (3.175) oder Gl. (3.176) für den DFB-Laser eine äquivalente Spiegel-Dämpfungskonstante durch $\alpha_R = g_e - \alpha_{Ve}$ definieren, die im Fall $g_e - \alpha_{Ve} \ll 2\kappa$ aus Gl. (3.176) sofort abgelesen werden kann. Bei DFB-Lasern wurden minimale Linienbreiten von 900 kHz bei 4 mW Ausgangsleistung beobachtet [517].

Beim realen Laser schwingt wegen Unsymmetrien eine der Resonanzen $q = 0$ oder $q = -1$. Bei dynamischer Beanspruchung kann es aber zum katastrophalen Umspringen zwischen diesen beiden Moden kommen (Größenordnung 100 GHz).

Nach der Erläuterung vor Gl. (3.173) ist eine Oszillation bei $f = f_B$ unmöglich, weil s_{1e}, s_{2a} in Gegenphase sind (Abb. 3.31). Eine zusätzliche Verschiebung der Umlaufphase um π würde somit die Resonanz auf $f = f_B$ verschieben und damit die Oszillation benachbarter Moden wegen der höheren Schwellenverstärkungen verläßlich verhindern. Die Verschiebung hat in jeder Richtung um $\pi/2 \mathrel{\hat=} \lambda/4$ zu erfolgen, wobei $\lambda = 2\pi/\beta$ in diesem Fall die Wellenlänge im Wellenleiter bezeichnet: Ein solcher Laser wird als „$\lambda/4$-phasenjustierter DFB-Laser" bezeichnet. Eine der vielen Möglichkeiten ist in Abb. 3.34a angegeben [516]: Ohne Verbreiterung in der Mitte laufen Wellen mit der Ausbreitungskonstante β, für die im Resonanzfall Gl. (3.174) gilt

$$(\beta - \beta_B) \cdot 2L = \left(q + \frac{1}{2}\right) \cdot 2\pi. \tag{3.177}$$

Wegen der verbreiterten Zone der Länge L_1 (in der wegen des höheren effektiven Brechungsindex die tatsächliche Ausbreitungskonstante $\beta_1 > \beta$ ist) tritt eine zusätzliche Phasenverschiebung $\Delta\varphi$ auf. Die Resonanzbedingung des Lasers ist nun

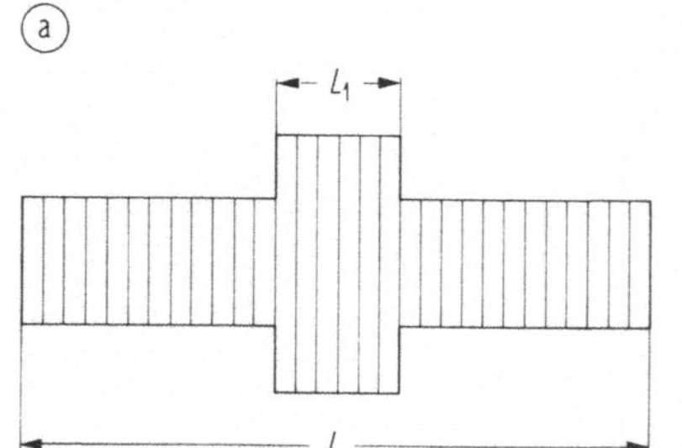
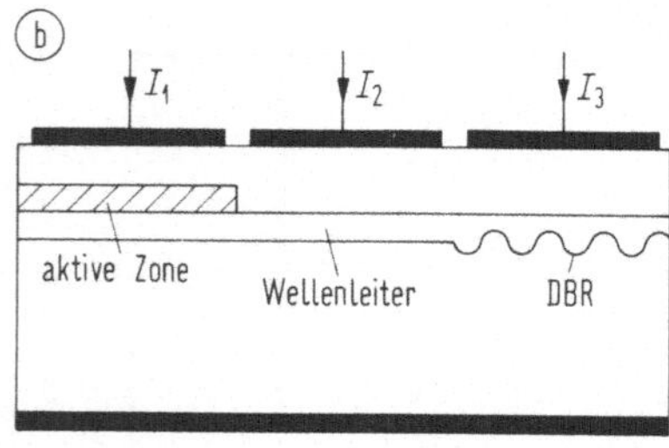

Abb. 3.34. Spezielle Laser. (a) Aufsicht auf die äktive Zone eines $\lambda/4$-phasenjustierten DFB-Lasers. (b) Prinzip eines breitbandig abstimmbaren Lasers mit aktiver Zone (Strom I_1), Phasenschieber-Zone (Strom I_2) und Bragg-Reflektor-Zone (Strom I_3)

$$(\beta - \beta_B) \cdot 2L + \Delta\varphi = \left(q + \tfrac{1}{2}\right) \cdot 2\pi,$$
$$\Delta\varphi = (\beta_1 - \beta) \cdot 2L_1. \tag{3.178}$$

Wählt man L_1 derart, daß $\Delta\varphi = \pi$ erfüllt ist, hat der Laser die Resonanzbedingung

$$(\beta - \beta_B) \cdot 2L = 2\pi q, \qquad q = 0, \pm 1, \pm 2, \ldots \tag{3.179}$$

und somit eine Resonanz (die mit der niedrigsten Schwellenverstärkung) bei $\beta = \beta_B$.

Beim DFB-Laser ohne $\lambda/4$-Phasenjustierung ist der Henry-Faktor α zu modifizieren; in Gl. (3.164) für die Linienbreite kann dies durch einen multiplikativen Korrekturfaktor berücksichtigt werden [15]. Für $\kappa L > 1{,}6$ ist die Linienbreite des Modus mit $q = 0$ ($f > f_B$, siehe Abb. 3.33) bis zu fünfmal so groß wie die Linienbreite des Modus mit $q = -1$; es ist daher günstig, die Frequenz der maximalen Verstärkung f_{ind} kleiner als die Bragg-Frequenz zu wählen, um das Anschwingen des Modus mit der kleineren Linienbreite sicherzustellen.

Das Grundprinzip eines breitbandig abstimmbaren Lasers ist in Abb. 3.34b dargestellt. Der Bragg-Reflektor wird über den Brechungsindex des Wellenleiters durch den Strom I_3 verstimmt. Um zu verhindern, daß es wegen einer ungünstigen Umlaufphase für den jeweiligen Schwingungsmodus zu einem Umspringen der Schwingfrequenz kommt, wird die Umlaufphase durch ein Abstimmen des in der Mitte liegenden Phasenschiebers mittels I_2 auf einem Vielfachen von 2π gehalten. I_1 schließlich ist der Betriebsstrom für den Verstärkerteil. Es gibt viele Varianten von Lasern, die nach diesem Grundprinzip arbeiten [284] [296] [287] [401]. Der Nachteil, daß drei Ströme justiert werden müssen, wird beim TTG-Laser (tunable twin guide) vermieden [11] [12] [13] [232], bei dem konstruktionsbedingt eine automatische Synchronisierung von Bragg-Bedingung und Phasenbedingung erreicht wird (gemessener kontinuierlicher Abstimmbereich: 890 GHz).

Das in Abschn. 3.2.4 besprochene Prinzip der Verstärkung durch Elektronen in Quantenbehältern kann mit allen Laserformen kombiniert werden [26] [398]

[479] [287] [73] [564]. Wegen weiterer Lasertypen (C^3-Laser, Laserdiodenarrays, oberflächenemittierende Laser etc.) siehe z. B. [114, Abschn. 10.7].

Speziell für die kohärente optische Nachrichtentechnik interessante Formen (Laser in interferometrischen Anordnungen, Laser mit optischer Rückkopplung) sind in [451, Kap. 9] besprochen.

3.7   Modulationsverhalten von Laserdioden

3.7.1   Vorbemerkungen zur Lichtmodulation

Das Buch befaßt sich mit der direkten optischen Nachrichtentechnik, das ist die Übertragung von Nachrichten mit intensitätsmoduliertem Licht. Zentrale Frage ist daher, wie schnell sich die Lichtintensität direkt bei der Lichterzeugung im Sender oder durch einen externen Modulator verändern läßt.

Bei der Intensitätsmodulation einer Laserdiode wird wegen der Amplituden-Phasen-Kopplung Gl. (3.109) die Oszillationsfrequenz des Lasers mit verändert. Diese ungewollte Frequenzmodulation kann das Emissionsspektrum merklich verbreitern, was wieder im allgemeinen zu einer größeren Dispersion auf dem Lichtwellenleiter führt und die Regeneratorfeldlänge verringert. Daher ist für hochbitratige Systeme auch ein Interesse an externen Modulatoren vorhanden, bei denen durch die Modulation keine zeitabhängige Momentanfrequenz (englisch: chirp = zwitschern) auftritt.

Für einen breiten Einsatz kommen wohl nur solche externen Modulatoren in Frage, die mit dem Laser auf einem Chip integrierbar sind: Damit sind z. B. Modulatoren ausgeschlossen, welche Lithiumniobat ($LiNbO_3$) als Substratmaterial verwenden, obwohl mit derartigen Modulatoren 3-dB-Bandbreiten über 22 GHz (-8 dB bei 40 GHz) erreicht wurden [293].

Halbleiter-Modulatoren waren wegen der hohen Verluste von Wellenleitern aus Halbleitermaterialien bisher keine Alternative zur direkten Modulation der Laserdiode. Fortschritte der Halbleitertechnologie haben dieses Hindernis beseitigt (z. B. sind Wellenleiter in (Ga,Al)As-System mit einer Dämpfung von $1{,}2$ dB/cm $\,\hat{=}\,$ $0{,}28$ cm^{-1} bei $\lambda = 1{,}3\,\mu$m herstellbar) und die Entwicklung integrierbarer Modulatoren ist im Fluß.

Es sollen hier nur zwei wichtige Grundtypen erwähnt werden: Beim ersten Grundtypus wird der Umstand benutzt, daß die in Frage kommenden Verbindungshalbleiter einen linearen elektrooptischen Effekt aufweisen, d. h. die Brechzahl ist linear von der elektrischen Feldstärke eines angelegten Modulationsfeldes abhängig. Die dadurch erzeugte Phasenmodulation des Lichtes wird in geeigneten Anordnungen in eine Amplitudenmodulation (und damit Intensitätsmodulation) des Lichtes umgewandelt. Beim zweiten Grundtypus wird die Absorptionskante eines Halbleiters durch ein Steuerfeld verschoben (etwa in Mehrfach-Quantenfilmen durch den gegen Ende von Abschn. 3.2.4 kurz erläuterten QCSE = quantum confined Stark effect).

Abb. 3.35 zeigt zwei mögliche Formen des ersten Typs. Die Elektrodenkonfiguration soll in beiden Fällen andeuten, daß ein angelegtes Modulations-

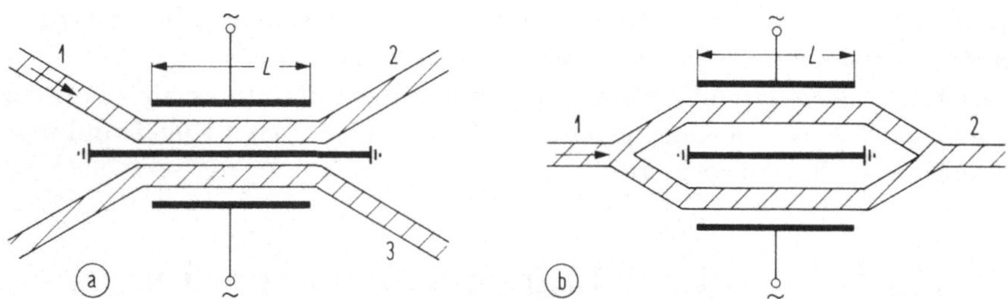

Abb. 3.35. Beispiele für Intensitätsmodulatoren. (a) Richtkoppler, (b) Mach-Zehnder-Interferometer

feld in den beiden dielektrischen Wellenleitern in entgegengesetzte Richtungen zeigt, was wegen des linearen elektrooptischen Effektes in einem Wellenleiter eine Brechzahlerhöhung, im anderen eine gleich große Brechzahlverkleinerung zur Folge hat. Bei der Richtkoppler-Anordnung in Abb. 3.35a wird der Arbeitspunkt ohne Modulationsfeld so eingestellt, daß die bei Arm 1 eintretende Lichtleistung ganz in Arm 3 übergekoppelt wird. Die Wellen laufen in beiden Wellenleitern synchron mit der Phasenkonstante β. Bei Anlegen eines Modulationsfeldes ändern sich die Ausbreitungskonstanten im Gegentakt auf die Werte $\beta \pm \Delta\beta$, dadurch tritt Leistung auch bei Arm 2 aus. Für $\Delta\beta L = \pi\sqrt{3}/2$ (L ist die Elektrodenlänge, s. z. B. [298]) wird die gesamte Leistung in den Arm 2 umgeschaltet. Realisierte Modulatoren aus GaAs/(Ga,Al)As haben eine 3-dB-Grenzfrequenz von 25 GHz und eine Schaltspannung von 4,85 V [584]. Die Bandbreite wird im allgemeinen durch den fehlenden Synchronismus von Lichtwelle und Modulationswelle längs der Wechselwirkungsstrecke bestimmt. Im Mach-Zehnder-Interferometer Abb. 3.35b tritt bei perfekter Symmetrie der Anordnung ohne Modulationsfeld das Licht bei Arm 2 aus. Für $\Delta\beta L = \pi/2$ sind aber die aus den Zweigen des Interferometers zum Ausgang kommenden Felder in Gegenphase. Die Feldverteilung in der Y-Verzweigung am Beginn des Arms ist somit antisymmetrisch zur Achse: die Strahlungskeule des Fernfeldes hat daher eine Nullstelle in Richtung der Achse von Arm 2, und zwei außerhalb des Akzeptanzwinkels des Monomodenwellenleiters fallende Maxima; die Strahlung wird seitlich in das Substrat abgegeben.

Eine Analyse zeigt [298], daß das Licht am Ausgang des Mach-Zehnder-Interferometers keine Phasenmodulation besitzt, wogegen im Richtkoppler-Modulator das Licht am Ausgang 2 (nicht aber am Ausgang 3!) zusätzlich zur Intensitätsmodulation eine Phasenmodulation aufweist. Da man die Amplitude A und die Phase φ des Lichtes am Ausgang 2 als Funktion des jeweiligen Wertes $\Delta\beta(t)$ berechnen kann, läßt sich zur Beurteilung des Chirps aus Gl. (3.112) ein äquivalenter α-Faktor für den Modulator definieren:

$$\alpha = \frac{\mathrm{d}\varphi}{\mathrm{d}t} \bigg/ \frac{1}{A}\frac{\mathrm{d}A}{\mathrm{d}t} \,. \tag{3.180}$$

Diese α-Faktoren sind von der Größenordnung $|\alpha| = 1$ [298].

Beim QCSE-Modulator kann entweder die Verschiebung der Absorptionskante direkt zur Absorption des Lichtes ausgenützt werden (erreichte Grenzfrequenzen: 5,5 GHz [60], 20 GHz [295]), oder aber es wird die mit der Verschiebung der Absorptionskante verbundene Änderung des Brechungsindex zur Phasenmodulation von Licht verwendet, dessen Frequenz von der Absorptionskante hinreichend weit entfernt ist. Bei $\lambda = 1{,}55\,\mu$m und Modulationsfrequenzen bis 10 GHz wurden Phasenverschiebungen von π mit Spannungen von 2,5 V erzielt. Die Brechzahländerung ist dabei proportional zum Quadrat der Modulationsspannung. Die zufolge der Verschiebung der Absorptionskante entstehende Intensitätsmodulation liegt bei 1,5 dB [583]. Über den bei QCSE-Absorptionsmodulatoren entstehenden Chirp liegen keine Daten vor.

Eine knappe Darstellung optoelektronischer Modulatoren findet man in [114, Kap. 12]. Zur Zeit ist die Intensitätsmodulation durch eine Modulation des Injektionsstroms der Laserdiode noch das am häufigsten angewendete Verfahren.

3.7.2 Kleinsignal-Intensitätsmodulation

Grundlage für die Behandlung der Intensitätsmodulation sind die Bilanzgleichungen Gl. (3.116) mit der Beziehung für die in den Modus spontan emittierten Quanten Gl. (3.117). Ferner sind der Feldkonzentrationsfaktor Γ gemäß Gl. (3.101), Gl. (3.102) und der effektive K-Faktor gemäß Gl. (3.139) zu berücksichtigen. Bei hohen Photonendichten nimmt außerdem (s. Abschn. 3.6.5) die Besetzung der am Übergang beteiligten Leitungsbandzustände merklich ab (spektrales Lochbrennen), was phänomenologisch durch eine mit steigender Photonenkonzentration abnehmende Gewinnkonstante berücksichtigt werden kann:

$$G(n_T, N_P) = G(n_T)\left(1 - \varepsilon_G \frac{\Gamma N_P}{V_R}\right). \tag{3.181}$$

Der Gewinnsättigungsparameter $\varepsilon_G = 2{,}5 \cdot 10^{-17} \ldots 3{,}1 \cdot 10^{-17}$ cm^3 [57] [579]. Die Bilanzgleichungen lauten:

$$\begin{aligned}
\frac{\mathrm{d}N_P}{\mathrm{d}t} &= N_P\left[\Gamma G(n_T, N_P) - \frac{1}{\tau_P}\right] + K_e\Gamma G(n_T, N_P)n_{\mathrm{sp}}(n_T), \\
\frac{\mathrm{d}(n_T V_R)}{\mathrm{d}t} &= \frac{I}{e} - r_{\mathrm{eff}}(n_T)V_R - N_P\Gamma G(n_T, N_P).
\end{aligned} \tag{3.182}$$

Für kleine Änderungen (ΔN_P, Δn_T, ΔI) um einen Arbeitspunkt (N_{P0}, n_{T0}, I_0) folgen aus Gl. (3.182) die in den Störgrößen linearisierten Kleinsignalgleichungen (Ableitung am Ende des Abschnitts; aus ihr geht hervor, daß nachstehende Gleichungen weit unterhalb der Schwelle nicht mehr gültig sind.)

$$\begin{aligned}
\frac{\mathrm{d}\Delta N_P}{\mathrm{d}t} &= -\frac{1}{\tau_P}\left(\frac{K_e n_{\mathrm{sp}}}{N_{P0}} + \varepsilon_G \frac{\Gamma N_{P0}}{V_R}\right)\Delta N_P + \Gamma N_{P0}\frac{\partial G}{\partial n_T}\Delta n_T, \\
\frac{\mathrm{d}\Delta n_T}{\mathrm{d}t} &= \frac{\Delta I}{eV_R} - \left(\frac{1}{\tau_{\mathrm{eff}}} + \frac{\Gamma N_{P0}}{V_R}\frac{\partial G}{\partial n_T}\right)\Delta n_T - \frac{\Delta N_P}{\tau_P V_R}.
\end{aligned} \tag{3.183}$$

Der Differentialquotient $\partial G/\partial n_T$ hat im Arbeitspunkt von Lasern Werte im Bereich von $1{,}8 \cdot 10^{-6} \ldots 2{,}9 \cdot 10^{-6}\,\mathrm{cm^3 s^{-1}}$. Setzt man für die Störungen eine Zeitabhängigkeit $\exp(\mathrm{j}\omega t)$ an (ω ist hier die Kreisfrequenz der Kleinsignalmodulation), so erhält man aus Gl. (3.183) den Frequenzgang der Kleinsignalmodulation $H_{\mathrm{Kl}}(f)$

$$\frac{\Delta N_P(\omega)/\tau_P}{\Delta I(\omega)/e} = H_{\mathrm{Kl}}(f) = \frac{\omega_r^2}{(\mathrm{j}\omega)^2 + 2\gamma_r(\mathrm{j}\omega) + \omega_r^2} \qquad (3.184)$$

mit

$$\begin{aligned}
\omega_r^2 &= \frac{1}{\tau_P}\frac{\Gamma N_{P0}}{V_R}\frac{\partial G}{\partial n_T} \\
&\quad + \frac{1}{\tau_P}\left(\frac{K_e n_{\mathrm{sp}}}{N_{P0}} + \varepsilon_G \frac{\Gamma N_{P0}}{V_R}\right)\left(\frac{1}{\tau_{\mathrm{eff}}} + \frac{\Gamma N_{P0}}{V_R}\frac{\partial G}{\partial n_T}\right), \qquad (3.185) \\
2\gamma_r &= \frac{1}{\tau_{\mathrm{eff}}} + \frac{1}{\tau_P}\left(\frac{K_e n_{\mathrm{sp}}}{N_{P0}} + \varepsilon_G \frac{\Gamma N_{P0}}{V_R}\right) + \frac{\Gamma N_{P0}}{V_R}\frac{\partial G}{\partial n_T}.
\end{aligned}$$

Genau genommen sollte auf der rechten Seite von Gl. (3.184) noch der Vorfaktor

$$\frac{1}{\tau_P}\frac{\Gamma N_{P0}}{V_R}\frac{\partial G}{\partial n_T}\bigg/ \omega_r^2.$$

stehen, der aber annähernd 1 ist, da in der Beziehung Gl. (3.185) für ω_r^2 der erste Term dominiert. In der Beziehung für $2\gamma_r$ kann der letzte Term weggelassen werden. Es ist somit

$$\omega_r^2 \approx \frac{1}{\tau_P}\frac{\Gamma N_{P0}}{V_R}\frac{\partial G}{\partial n_T}, \quad 2\gamma_r \approx \frac{1}{\tau_{\mathrm{eff}}} + \frac{1}{\tau_P}\left(\frac{K_e n_{\mathrm{sp}}}{N_{P0}} + \varepsilon_G \frac{\Gamma N_{P0}}{V_R}\right). \qquad (3.186)$$

Man beachte, daß die Übertragungsfunktion Gl. (3.184) identisch ist mit dem Verhältnis der Spannung am Kondensator eines Serienschwingkreises mit Verlusten zur Gesamtspannung am Kreis:

$$\begin{aligned}
\frac{U_C}{U} &= \frac{1/\mathrm{j}\omega C}{R + \mathrm{j}\omega L + 1/\mathrm{j}\omega C} = \frac{\omega_r^2}{(\mathrm{j}\omega)^2 + 2\gamma_r(\mathrm{j}\omega) + \omega_r^2}, \\
\omega_r^2 &= \frac{1}{LC}, \quad 2\gamma_r = \frac{R}{L}.
\end{aligned} \qquad (3.187)$$

Im Laser entstehen Schwingungen beim Energieaustausch zwischen dem Feld (Photonenspeicher) und dem Halbleiter (Speicherung von Anregungsenergie durch Elektronen im Leitungsband); sie sind gedämpft, weil Photonen und Elektronen endliche Lebensdauern τ_P, τ_{eff} besitzen. Folgende Parameter sind von Interesse: Durch plötzliche Störungen (etwa eine abrupte Änderung des Injektionsstromes) werden gedämpfte freie Schwingungen des Kreises $\sim \exp(\mathrm{j}\omega t)$ angestoßen (Relaxationsschwingungen), wobei die Werte von $\mathrm{j}\omega$ die Nullstellen des Nenners von Gl. (3.184) sind:

$$j\omega = \begin{cases} -\gamma_r \pm j\,\sqrt{\omega_r^2 - \gamma_r^2} & \text{gedämpfte Schwingung, } \gamma_r/\omega_r < 1, \\[2mm] -\gamma_r & \text{aperiodischer Grenzfall, } \gamma_r/\omega_r = 1, \quad (3.188) \\[2mm] -\gamma_r \pm \sqrt{\gamma_r^2 - \omega_r^2} & \text{aperiodisches Verhalten, } \gamma_r/\omega_r > 1. \end{cases}$$

Man beachte, daß im aperiodischen Bereich der langsamer abklingende Term maßgeblich ist. Die Dämpfung der Relaxationsschwingungen wird im Bereich der Schwelle (kleine Werte von N_{P0}) durch die spontante Emission bestimmt, wobei wegen des Faktors K_e in Gl. (3.186) der GGL besser gedämpft ist als der IGL. Bei mittleren Photonendichten oberhalb der Schwelle wird γ_r minimal, und nimmt wegen der Gewinnsättigung bei hohen Photonendichten wieder zu.

Die Kreisfrequenz der freien Schwingung ist $\sqrt{\omega_r^2 - \gamma_r^2}$ (die Frequenz $f_r = \omega_r/(2\pi)$ wird als Relaxationsfrequenz des Lasers bezeichnet). Da für hohe Photonendichten aus Gl. (3.186) $\omega_r^2 \sim N_{P0}$, $\gamma_r^2 \sim N_{P0}^2$ folgt, wird bei höheren Ausgangsleistungen irgendwann der aperiodische Grenzfall erreicht und überschritten.

Für konstante Aussteuerung $|\Delta I(\omega)| = \text{const}$ hat die Funktion Gl. (3.184) ein Maximum bei ω_{Kl} (Kreisfrequenz, bei der die Resonanz der durch die Kleinsignalmodulation erzwungenen Schwingungen auftritt)

$$\left| \frac{\Delta N_P(\omega)/\tau_P}{\Delta I} \right| \to \text{max}: \qquad \omega_{Kl} = \sqrt{\omega_r^2 - 2\gamma_r^2}. \tag{3.189}$$

Eine Resonanzüberhöhung tritt somit nur für $\omega_r^2 - 2\gamma_r^2 > 0$ auf. Die 3-dB-Bandbreite der Kleinsignalmodulation (wobei natürlich eine starke Resonanzüberhöhung unerwünscht ist) wird definiert durch

$$\left| \frac{\Delta N_P(\omega_{3dB})}{\Delta N_P(0)} \right| = \frac{1}{\sqrt{2}},$$

$$\omega_{3dB}^2 = (\omega_r^2 - 2\gamma_r^2) + \sqrt{(\omega_r^2 - 2\gamma_r^2)^2 + \omega_r^4}. \tag{3.190}$$

Abb. 3.36 zeigt den Frequenzgang der Kleinsignalmodulation. Die Resonanzüberhöhung verschwindet für $2\gamma_r^2 > \omega_r^2$ (überkritische Dämpfung). Wegen der oben diskutierten Abhängigkeit $\omega_r^2 \sim N_{P0}$, $\gamma_r^2 \sim N_{P0}^2$ wird die Resonanzüberhöhung mit zunehmendem Betriebsstrom oberhalb der Schwelle kleiner. Die 3-dB-Bandbreite steigt für Ströme oberhalb der Schwelle wegen des zunehmenden Wertes von ω_r an, der Anstieg verlangsamt sich wegen des relativ zu ω_r stärker zunehmenden Wertes von γ_r für hohe Betriebsströme. Im Fall kritischer Dämpfung $\omega_r = \gamma_r\sqrt{2}$ ist $\omega_{3dB} = \omega_r$: man kann also sagen, daß die Modulationsgrenzfrequenz für Kleinsignalmodulation durch die Relaxationsfrequenz f_r gegeben ist. Für überkritische Dämpfung nimmt nach Gl. (3.190) die Modulationsgrenzfrequenz wieder ab, so daß beim Laser die höchste Modulationsbandbreite bei dem Betriebsstrom auftritt, für den gerade die kritische Dämpfung erreicht wird.

Die Phase des Frequenzgangs Gl. (3.184) durchläuft mit wachsendem ω Werte zwischen null und $-\pi$. Sie nimmt die Werte $-\pi/4$, $-3\pi/4$ bei den Frequenzen ω_1, ω_2 an:

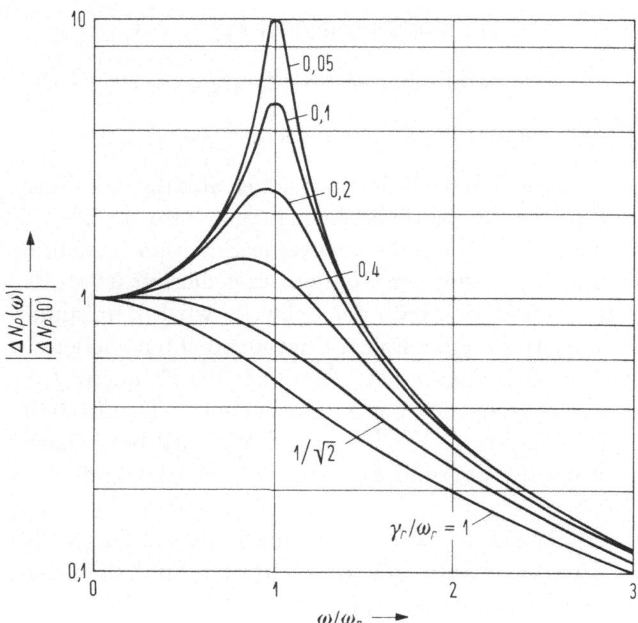

Abb. 3.36. Frequenzgang der Kleinsignalmodulation für verschiedene Werte von γ_r/ω_r

$$\omega_{1,2} = \sqrt{\omega_r^2 + \gamma_r^2} \mp \gamma_r. \tag{3.191}$$

Aus einer Messung von ω_1, ω_2 kann γ_r ermittelt werden:

$$2\gamma_r = \omega_2 - \omega_1. \tag{3.192}$$

Aus obigen Überlegungen geht hervor, daß für schnelle Modulation von Lasern große Werte der Relaxationsfrequenz erwünscht sind, und daß gleichzeitig zur Vermeidung von Relaxationsschwingungen die Einstellung der kritischen Dämpfung wichtig ist.

Nach Gl. (3.186) muß für hohe Werte von f_r der Laser bei hohen Photonenzahlen betrieben werden. Eine Verkleinerung von τ_P (etwa durch Verringern der Länge der aktiven Zone) ist wegen der damit verbundenen Reduktion der Güte des Resonators und der resultierenden Verbreiterung der Emissionslinie nicht sinnvoll. Somit bleibt eine Vergrößerung der Gewinnsteilheit $\partial G/\partial n_T$.

Die Gewinnsteilheit kann durch p-Dotierung der aktiven Zone erhöht werden ($\partial G/\partial n_T$ steigt um den Faktor 5, wenn man n_A von $5 \cdot 10^{16}\,\mathrm{cm}^{-3}$ auf $5 \cdot 10^{18}\,\mathrm{cm}^{-3}$ erhöht [529]). Durch Verwendung von Quantenfilmen oder Quantendrähten könnte deren inhärent größere Gewinnsteilheit genutzt werden. Die Gewinnsteilheit kann ferner vergrößert werden, indem man die Schwingfrequenz des Lasers auf die kurzwellige Flanke der Verstärkungskurve verschiebt (dies ist eine Folge der Amplituden-Phasen-Kopplung, [572]). Erhöhungen von f_r um den Faktor 1,2 bei Verschieben der Schwingfrequenz um $1{,}42\,\mathrm{THz} \,\hat{=}\, -8\,\mathrm{nm}$ bei $\lambda = 1{,}3\,\mu\mathrm{m}$ wurden beobachtet [233]. Diese Maßnahme ist nur beim DFB- und DBR-Laser möglich, da bei diesen Lasern die Schwingfrequenz durch die Bragg-

Wellenlänge bestimmt wird, und nicht wie beim Fabry-Perot-Laser durch jenen Modus, welcher dem Gewinnmaximum am nächsten liegt. Werte von f_r bis 50 GHz werden als möglich angesehen, Relaxationsfrequenzen über 20 GHz sind realisiert [568].

Anmerkung 1: Zur Ableitung der Kleinsignalbeziehungen Gl. (3.183) bildet man von Gl. (3.182) das totale Differential; dabei wird in der ersten Gleichung der Term der spontanen Emission vernachlässigt:

$$\frac{\mathrm{d}\Delta N_P}{\mathrm{d}t} = \Delta N_P \left[\Gamma G(n_{T0}, N_{P0}) - \frac{1}{\tau_P} \right] + \Gamma N_{P0} \left(\frac{\partial G}{\partial n_T} \Delta n_T + \frac{\partial G}{\partial N_P} \Delta N_P \right),$$

$$\frac{\mathrm{d}\Delta n_T}{\mathrm{d}t} = \frac{\Delta I}{eV_R} - \frac{\partial r_{\mathrm{eff}}}{\partial n_T} \Delta n_T \tag{3.193}$$

$$- \frac{\Gamma N_{P0}}{V_R} \left(\frac{\partial G}{\partial n_T} \Delta n_T + \frac{\partial G}{\partial N_P} \Delta N_P \right) - \frac{\Gamma G(n_{T0}, N_{P0})}{V_R} \Delta N_P.$$

Aus der ersten der Bilanzgleichungen Gl. (3.182) erhält man im Arbeitspunkt

$$0 = N_{P0} \left[\Gamma G(n_{T0}, N_{P0}) - \frac{1}{\tau_P} \right] + K_e \Gamma G(n_{T0}, N_{P0}) n_{\mathrm{sp}}(n_{T0}). \tag{3.194}$$

Es kann somit $\Gamma G(n_{T0}, N_{P0})$ annähernd durch $1/\tau_P$ ersetzt werden, nur die Differenz von $\Gamma G - 1/\tau_P$ muß durch $-K_e \Gamma G n_{\mathrm{sp}}/N_{P0}$ ausgedrückt werden. Mit diesen Regeln und dem aus der Definition Gl. (3.181) folgenden Ausdruck

$$\frac{\partial G}{\partial N_P} = -\varepsilon_G G(n_{T0}) \frac{\Gamma}{V_R} \approx -\frac{\varepsilon_G}{\tau_P V_R} \tag{3.195}$$

erhält man aus Gl. (3.193)

$$\frac{\mathrm{d}\Delta N_P}{\mathrm{d}t} \approx -\frac{\Delta N_P}{N_{P0}} K_e \Gamma G n_{\mathrm{sp}} + \Gamma N_{P0} \left(\frac{\partial G}{\partial n_T} \Delta n_T - \frac{\varepsilon_G}{\tau_P V_R} \Delta N_P \right)$$

$$\approx -\frac{\Delta N_P}{N_{P0}} \frac{K_e n_{\mathrm{sp}}}{\tau_P} + \Gamma N_{P0} \left(\frac{\partial G}{\partial n_T} \Delta n_T - \frac{\varepsilon_G}{\tau_P V_R} \Delta N_P \right). \tag{3.196}$$

Das ist bereits die erste der Kleinsignalbeziehungen Gl. (3.183). Aus der zweiten Gl. (3.193) folgt unter Verwendung von Gl. (3.70)

$$\frac{\mathrm{d}\Delta n_T}{\mathrm{d}t} \approx \frac{\Delta I}{eV_R} - \frac{\Delta n_T}{\tau_{\mathrm{eff}}} - \frac{\Gamma N_{P0}}{V_R} \frac{\partial G}{\partial n_T} \Delta n_T - \frac{\Delta N_P}{\tau_P V_R} \left(1 - \varepsilon_G \frac{\Gamma N_{P0}}{V_R} \right). \tag{3.197}$$

Bei kleiner Sättigung im Arbeitspunkt kann der Term mit ε_G vernachlässigt werden. Gl. (3.197) ist dann die in Gl. (3.183) angeschriebene Kleinsignalbeziehung.

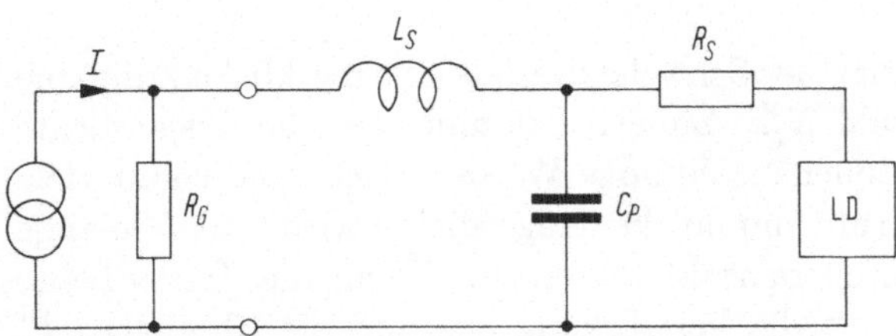

Abb. 3.37. Elektrisches Ersatzschaltbild der Laserdiode. Die innere Laserdiode LD kann als Kurzschluß betrachtet werden

Anmerkung 2: Abb. 3.37 zeigt das elektrische Ersatzschaltbild der Laserdiode, wobei die „innere Laserdiode"wegen der Spannungssättigung am pn-Übergang als elektrischer Kurzschluß betrachtet werden kann. R_S ist der Serienwiderstand, C_P die Parallelkapazität (z. B.

in Abb. 3.22b die Kapazität der parallel zur aktiven Zone liegenden pn-Übergänge), L_S die Induktivität des Bonddrahtes (typisch $1\,\mathrm{nH/mm}$), R_G der Innenwiderstand des Generators. Um in der Modulation nicht durch elektrische Zeitkonstanten begrenzt zu sein, muß dafür gesorgt werden, daß die durch $\omega R_S C_P = 1$ und $\omega L_S = R_G$ definierten Grenzfrequenzen hinreichend groß sind. Für eine Grenzfrequenz von $20\,\mathrm{GHz}$ bei $R_S = 10\,\Omega$, $R_G = 50\,\Omega$ muß z. B. $C_P < 0{,}8\,\mathrm{pF}$, $L_S < 0{,}4\,\mathrm{nH}$ sein.

3.7.3　Großsignal-Intensitätsmodulation

Für das Großsignalverhalten gibt es keine allgemeine analytische Lösung der nichtlinearen Bilanzgleichungen Gl. (3.182). Instruktiv ist aber die Diskussion einer speziellen numerischen Lösung der vereinfachten normierten Bilanzgleichungen Gl. (3.122). Die in [65] berechnete Lösung ist in Abb. 3.38 dargestellt. Während einer Verzögerungszeit t_d steigt die normierte Trägerdichte $N_T^\times$ auf

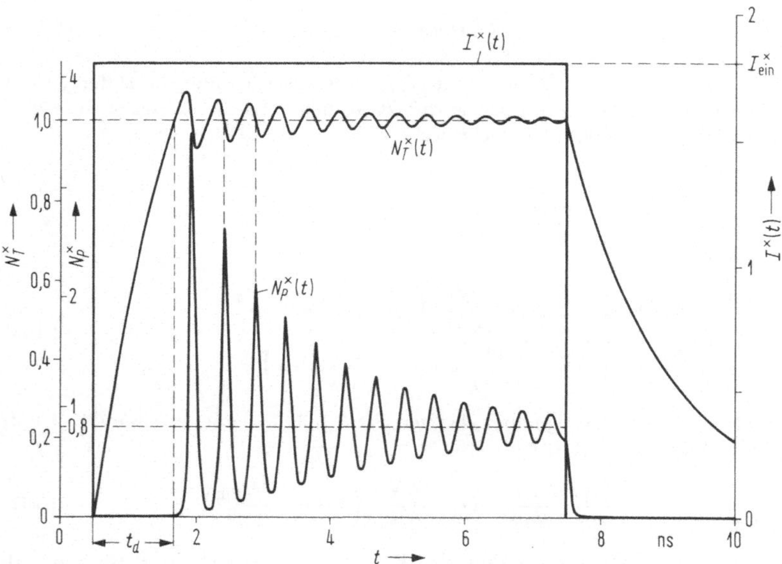

Abb. 3.38. Relaxationsschwingung beim Einschalten eines Stromimpulses der Größe $I^\times = 1{,}8$; $\tau_P = 2{,}5\,\mathrm{ps}$, $\tau_\mathrm{eff} = 1{,}5\,\mathrm{ns}$, $Q = 5 \cdot 10^{-4}$ (nach [65])

den Wert 1. Erst beim Erreichen der Schwelle beginnt eine merkliche Zunahme der normierten Photonenanzahl $N_P^\times$. Zunächst nimmt aber die Trägerdichte weiter zu, erst wenn die Photonenanzahl hohe Werte erreicht und somit viele induzierte Emissionen hervorruft, nimmt die Trägerdichte wieder ab. Solange $N_T^\times > 1$ ist, nimmt die Photonenanzahl weiter zu. Wenn die Trägerdichte unter den Wert 1 absinkt, setzt die Verstärkung aus und die Photonenzahl nimmt rasch ab. Dadurch sinkt die Anzahl der induzierten Übergänge, die Trägerdichte steigt zufolge des andauernden Stroms, und mit dem Überschreiten des Wertes $N_T^\times = 1$ nimmt auch die Photonenanzahl wieder zu. Für die gewählten Parameter erhält man eine schwach gedämpfte Relaxationsschwingung, die bis zum Abschalten des Stromimpulses noch nicht völlig abgeklungen ist. Charakteristisch ist, daß kleine Änderungen der Trägerdichte $N_T^\times$ große Änderungen der Photonenanzahl $N_P^\times$ hervorrufen. Aus Abb. 3.38 sieht man ferner, daß die Trägerdichte nach dem Einschalten des Stromes mit endlicher Steigung beginnt, daß der erste Photonenimpuls dagegen mit der Steigung null beginnt.

Zur Berechnung der Verzögerungszeit t_d braucht man (sofern man den Laser mit einem Strom $I_\mathrm{aus} < I_S$ betrieben hatte) beim Umschalten auf einen Strom $I_\mathrm{ein} > I_S$ in der zweiten Bilanzgleichung Gl. (3.182) die induzierten Übergänge nicht berücksichtigen. Die Lösung der Gleichung

$$\frac{\mathrm{d}n_T}{\mathrm{d}t} = \frac{I}{eV_R} - \frac{n_T}{\tau_\mathrm{eff}} \tag{3.198}$$

für den Fall, daß zum Zeitpunkt $t = 0$ von einem Strom $I_\mathrm{aus} < I_S$ auf einen Strom $I_\mathrm{ein} > I_S$ umgeschaltet wird, lautet

$$n_T(t) = \frac{\tau_\mathrm{eff}}{eV_R}\left[I_\mathrm{aus} + (I_\mathrm{ein} - I_\mathrm{aus})\left(1 - e^{-t/\tau_\mathrm{eff}}\right)\right]. \tag{3.199}$$

Bei Ablauf der Verzögerungszeit ist gerade der Schwellenwert erreicht,

$$n_T(t_d) = n_{TS} = \frac{\tau_\mathrm{eff} I_S}{eV_R}. \tag{3.200}$$

Daraus erhält man für die Verzögerungszeit

$$t_d = \tau_\mathrm{eff} \ln \frac{I_\mathrm{ein} - I_\mathrm{aus}}{I_\mathrm{ein} - I_S}. \tag{3.201}$$

Damit läßt sich die effektive Trägerlebensdauer aus Messen der Einschaltverzögerung ermitteln.

Im tatsächlichen Betrieb wird zur Vermeidung großer Verzögerungen der Laser mit Strömen I_aus betrieben, die gleich oder etwas größer sind als der Schwellenstrom I_S. Wählt man $I_\mathrm{aus} = I_S$, $I_\mathrm{ein} > I_S$, so läßt sich die Lösung Gl. (3.199) gerade noch anwenden, außerdem soll sie durch eine für kleine Zeiten geltende Näherung

$$n_T(t) - n_{TS} = \frac{1}{eV_R}(I_\mathrm{ein} - I_S)t \tag{3.202}$$

ersetzt werden, weil nun der steile Anstieg des ersten Photonenimpulses in Abb. 3.38 berechnet werden soll. In der ersten Bilanzgleichung Gl. (3.182) wird die spontane Emission vernachlässigt, der erste Term an der Schwelle genähert:

$$\frac{\mathrm{d}N_P}{\mathrm{d}t} = \Gamma N_P \frac{\partial G}{\partial n_T}(n_T - n_{TS}). \tag{3.203}$$

Setzt man für $n_T - n_{TS}$ aus Gl. (3.202) ein und integriert, so folgt als Ergebnis

$$\frac{N_P(t)}{N_P(0)} = \exp\left(\frac{I_\mathrm{ein} - I_S}{2eV_R}\Gamma\frac{\partial G}{\partial n_T}t^2\right), \tag{3.204}$$

also ein Impuls, der mit der Steigung Null beginnt. Aus Gl. (3.146) und Gl. (3.149) kann man schreiben

$$\frac{I_{\text{ein}} - I_S}{e} = \frac{N_{P\text{ein}}}{\tau_P},\tag{3.205}$$

und erhält somit unter Verwendung von Gl. (3.186) das Ergebnis

$$\frac{N_P(t)}{N_P(0)} = \exp\left(\frac{\Gamma N_{P\text{ein}}}{2\tau_P V_R}\frac{\partial G}{\partial n_T}t^2\right) = \exp\left(\frac{1}{2}\omega_r^2 t^2\right),\tag{3.206}$$

wobei ω_r die dem stationären Zustand mit dem Strom I_{ein} zugeordnete Relaxationskreisfrequenz bedeutet.

Daraus resultiert (analog kann man für den Abschaltvorgang vorgehen), daß auch die Großsignal-Dynamik durch die Relaxationsfrequenz determiniert ist. Auf diesen Umstand wurde in [561] hingewiesen. Die Abb. 3.39 ist eine

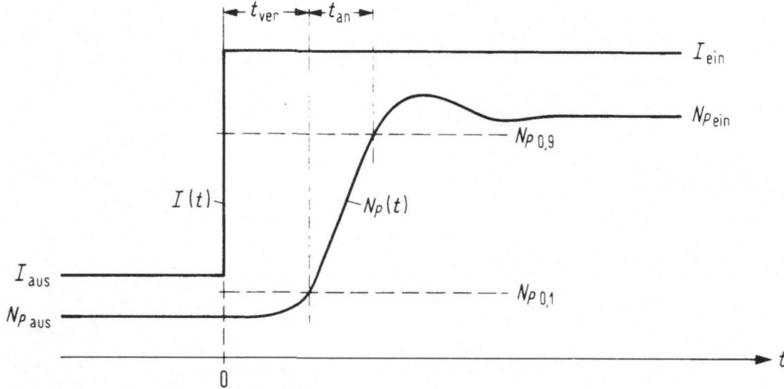

Abb. 3.39. Einschalten eines Lasers beim Betrieb oberhalb der Schwelle $(I_{\text{aus}}, I_{\text{ein}} > I_S)$. t_{ver} Impulsverzögerungszeit, t_{an} Impulsanstiegszeit. $N_{P0,1}$ und $N_{P0,9}$ sind die Photonenanzahlen bei den 10 %- und 90 %-Punkten der Pulsamplitude

vereinfachte Darstellung des Pulsanstiegs (im Gegensatz zu [561] wurde angenommen, daß der Stromimpuls eine unendlich steile Flanke besitzt). Eine Impulsverzögerungszeit t_{ver} und eine Pulsanstiegszeit t_{an} werden durch jene Punkte definiert, in denen die Photonenanzahlen die Werte

$$N_{P0,1} = N_{P\text{aus}} + 0{,}1\,(N_{P\text{ein}} - N_{P\text{aus}}),$$
$$N_{P0,9} = N_{P\text{aus}} + 0{,}9\,(N_{P\text{ein}} - N_{P\text{aus}}),\tag{3.207}$$

erreicht haben.

Wendet man Gl. (3.206) zur Berechnung von t_{ver}, t_{an} an, so erhält man das Ergebnis

$$t_{\text{ver}} = \frac{1}{f_r}\frac{1}{\pi\sqrt{2}}\sqrt{\ln\left(0{,}9 + \frac{0{,}1\,N_{P\text{ein}}}{N_{P\text{aus}}}\right)},$$
$$t_{\text{an}} = \frac{1}{f_r}\frac{1}{\pi\sqrt{2}}\sqrt{\ln\left(0{,}1 + \frac{0{,}9\,N_{P\text{ein}}}{N_{P\text{aus}}}\right)} - t_{\text{ver}}.\tag{3.208}$$

Für ein Verhältnis $N_{P\text{ein}}/N_{P\text{aus}} = 10$ erhält man $t_{\text{ver}} = 0{,}18/f_r$, $t_{\text{an}} = 0{,}15/f_r$. Analog lassen sich Abfallzeiten definieren [561]. Man sieht, daß auch die Grenze der digitalen Großsignalmodulation durch die Relaxationsfrequenz f_r bestimmt ist. Die Dauer einer Taktzeit muß mindestens gleich die Summe der Verzögerungszeiten für Anstieg und Abfall und der Anstiegs- und Abfallzeiten selbst sein. Setzt man für diese Summe $0{,}8/f_r$ an, so ergibt sich damit eine mögliche Bitrate von $f_r/0{,}8 = 1{,}25\,f_r$.

3.7.4 Frequenzmodulation von Laserdioden

Die Frequenzmodulation der Laserdiode ist in der direkten optischen Nachrichtentechnik ein unerwünschter Nebeneffekt, der zu einer spektralen Verbreiterung der Emission und in der Regel zu einer dispersionsbedingten Impulsverbreiterung auf dem Übertragungsweg führt.

Die Frequenzmodulation hat zwei Ursachen: Erstens ändert sich bei einer Intensitätsmodulation die Trägerdichte n_T und zufolge der Amplituden-Phasen-Kopplung nach Gl. (3.107) die Oszillationsfrequenz. Zweitens ändert sich bei der Intensitätsmodulation die thermische Verlustleistung des Lasers, nach Gl. (3.157) auch die Temperatur, und mit der Temperaturänderung ist wegen der Temperaturabhängigkeit des Brechungsindex eine weitere Frequenzänderung nach Gl. (3.166) verbunden. Beide Effekte sollen im Rahmen einer Kleinsignalnäherung betrachtet werden.

Wenn man Γ berücksichtigt, lautet die Gl. (3.107) folgendermaßen ($\Delta\omega_0$ ist die Änderung der Oszillationsfrequenz):

$$\Delta\omega_0 = \frac{1}{2}\alpha\Gamma\frac{\partial G}{\partial n_T}\Delta n_T. \tag{3.209}$$

Der Ausdruck $\Gamma\partial G/\partial n_T \cdot \Delta n_T$ kann aus der ersten Beziehung Gl. (3.183) eingesetzt werden. Für eine Zeitabhängigkeit der Störgrößen $\sim \exp(\mathrm{j}\,\omega t)$, wobei ω die Kreisfrequenz der Kleinsignalmodulation bedeutet, erhält man das Ergebnis

$$\Delta\omega_0 = \frac{\Delta N_P}{N_{P0}}\frac{\alpha}{2}\left(2\gamma_{\text{FM}} + \mathrm{j}\,\omega\right),$$
$$2\gamma_{\text{FM}} = \frac{1}{\tau_P}\left(\frac{K_e n_{\text{sp}}}{N_{P0}} + \varepsilon_G\frac{\Gamma N_{P0}}{V_R}\right). \tag{3.210}$$

Man beachte, daß wegen Gl. (3.186) zwischen der Größe γ_{FM} und der Dämpfungskonstante γ_r der Relaxationsschwingungen der Zusammenhang

$$2\gamma_{\text{FM}} = 2\gamma_r - \frac{1}{\tau_{\text{eff}}} \tag{3.211}$$

besteht (wobei in vielen Fällen $1/\tau_{\text{eff}}$ vernachlässigt werden kann und $\gamma_r \approx \gamma_{\text{FM}}$ gilt). Man kann daher γ_r auch dadurch ermitteln, daß man die Phasenverschiebung zwischen der Frequenzmodulation Δf_0 und der Intensitätsmodulation ΔN_P registriert: Für eine Phasenverschiebung von $45\,°$ gilt $\omega = 2\gamma_{\text{FM}} \approx 2\gamma_r$.

Die FM-Charakteristik (ohne Berücksichtigung des Temperatureffektes) ist für $\omega \ll \gamma_{\text{FM}}$ flach (wenn dies bis zu hohen Frequenzen erwünscht ist, muß durch hohe Photonendichten dafür gesorgt werden, daß γ_{FM} groß wird). Die Frequenzmodulation $\Delta\omega_0$ nimmt linear mit der Modulationsfrequenz $f = \omega/(2\pi)$ zu. Für $\omega \gg \gamma_{\mathrm{FM}}$ beträgt die Phasenverschiebung $90\,°$.

Als Modulationsindex der FM wird üblicherweise der Phasenhub bezeichnet; bei einer zeitabhängigen Kreisfrequenz $\omega_0 + |\Delta\omega_0|\cos(\omega t + \varphi)$ erhält man für die Phase und den Modulationsindex m_{FM}

$$\omega_0 t + \frac{|\Delta\omega_0|}{\omega}\sin(\omega t + \varphi) = \omega_0 t + m_{\mathrm{FM}}\sin(\omega t + \varphi),$$
$$m_{\mathrm{FM}} = \frac{|\Delta\omega_0|}{\omega}. \tag{3.212}$$

Der Modulationsgrad m_{IM} für Intensitätsmodulation ist

$$m_{\mathrm{IM}} = \frac{\Delta N_P}{N_{P0}}. \tag{3.213}$$

Setzt man diese beiden Modulationsindizes in Gl. (3.210) ein, so erhält man als Ergebnis den Zusammenhang

$$\frac{m_{\mathrm{FM}}}{m_{\mathrm{IM}}} = \frac{\alpha}{2}\sqrt{1 + \left(\frac{2\gamma_{\mathrm{FM}}}{\omega}\right)^2}. \tag{3.214}$$

Diese Beziehung kann auch zur Bestimmung von α verwendet werden: m_{IM} wird gemessen, ω wird so eingestellt, daß die Trägerfrequenz verschwindet, deren Amplitude durch $\mathrm{J}_0(m_{\mathrm{FM}})$ gegeben ist (J_0 ist die Besselfunktion nullter Ordnung). Bei $\mathrm{J}_0(m_{\mathrm{FM}}) = 0$ ist $m_{\mathrm{FM}} = 2{,}405$.

Da bei frequenzmodulierten Signalen die Seitenbänder bei $\omega_0 \pm k\omega$, $k = 0, 1, 2, \ldots$ mit Amplituden $\mathrm{J}_k(m_{\mathrm{FM}})$ auftreten, und da die Besselfunktionen wesentliche Beiträge nur bis zu $k = m_{\mathrm{FM}} + 2$ liefern, ist die Bandbreite des frequenzmodulierten Signals $2(m_{\mathrm{FM}} + 2)f$. Dieser Wert kann als Richtwert für die spektrale Verbreiterung des Signals bei Intensitätsmodulation angesehen werden, wobei für einen bekannten Wert m_{IM} der Index m_{FM} aus Gl. (3.214) zu berechnen ist.

Die Änderung der Oszillationsfrequenz ω_0 zufolge einer Änderung des Injektionsstromes I ohne Einbeziehung der Effekte der Temperaturänderung läßt sich aus Gl. (3.184) und Gl. (3.210) sofort anschreiben:

$$\frac{\Delta\omega_0}{\Delta I} = \frac{\Delta\omega_0}{\Delta N_P}\frac{\Delta N_P}{\Delta I} = \frac{\alpha\tau_P}{2eN_{P0}}\frac{\omega_r^2(2\gamma_{\mathrm{FM}} + \mathrm{j}\,\omega)}{(\mathrm{j}\,\omega)^2 + 2\gamma_r(\mathrm{j}\,\omega) + \omega_r^2}, \quad T = \mathrm{const.} \tag{3.215}$$

Dazu ist noch der Einfluß der temperaturbedingten Änderung Gl. (3.166) zu addieren, wobei die Temperaturänderung ΔT durch eine Stromänderung ΔI ausgedrückt werden muß. Die thermische Verlustleistung P_{th} ist die Differenz von aufgenommener elektrischer Leistung UI und abgegebener Strahlungsleistung P_a. Aus Gl. (3.150) und Gl. (3.152) folgt (wobei $hf \approx W_G$ gesetzt wird)

$$P_{\mathrm{th}} = UI - P_a = \left(\frac{W_G}{e} + R_S I\right)I - \eta_{\mathrm{ind}}\frac{W_G}{e}\frac{\tau_P}{\tau_R}(I - I_S). \tag{3.216}$$

Schreibt man Gl. (3.216) als Kleinsignalbeziehung, setzt η_{ind} aus Gl. (3.151) und ΔP_{th} aus Gl. (3.157) ein, so folgt die gesuchte Beziehung zwischen ΔT, ΔI:

$$\Delta P_{\text{th}} = \frac{1}{R_{\text{th}}}(1 + j\,\omega\tau_{\text{th}})\Delta T = \left[2R_S I_0 + \frac{W_G}{e}(1 - \eta_d)\right]\Delta I. \tag{3.217}$$

Die allein durch Temperaturänderungen (nicht durch Änderungen der Trägerdichte) hervorgerufene Änderung der Schwingfrequenz f_0 folgt aus Gl. (3.166) Gl. (3.217):

$$\frac{\Delta f_0}{\Delta I} = \frac{\Delta f_0}{\Delta T}\frac{\Delta T}{\Delta I} = -\frac{c}{\lambda n_g}\frac{\partial n}{\partial T}\frac{R_{\text{th}}\left[2R_S I_0 + \dfrac{W_G}{e}(1 - \eta_d)\right]}{1 + j\,\omega\tau_{\text{th}}}. \tag{3.218}$$

Damit läßt sich die gesamte, bei einer Kleinsignalmodulation des Stroms auftretende Frequenzmodulation anschreiben. Der in Gl. (3.215) vorkommende Faktor τ_P/N_{P0} wird zweckmäßigerweise noch mittels Gl. (3.146) Gl. (3.151) umgeformt, ferner wird wieder $hf \approx W_G$ gesetzt. Man erhält:

$$\frac{N_{P0}}{\tau_P} = \frac{\tau_R}{\tau_P}\frac{N_{P0}}{\tau_R} = \frac{\tau_R}{\tau_P}\frac{P_a}{W_G} = \frac{\eta_{\text{ind}}}{\eta_d}\frac{P_a}{W_G}. \tag{3.219}$$

Setzt man diesen Ausdruck in Gl. (3.215) ein und addiert Gl. (3.218), so erhält man die gesamte Frequenzänderung

$$\frac{\Delta f_0}{\Delta I} = \frac{\alpha}{4\pi P_a}\frac{\eta_d}{\eta_{\text{ind}}}\frac{W_G}{e}\frac{\omega_r^2(2\gamma_{\text{FM}} + j\,\omega)}{(j\,\omega)^2 + 2\gamma_r(j\,\omega) + \omega_r^2}$$
$$- \frac{c}{\lambda n_g}\frac{\partial n}{\partial T}\frac{R_{\text{th}}\left[2R_S I_0 + \dfrac{W_G}{e}(1 - \eta_d)\right]}{1 + j\,\omega\tau_{\text{th}}}. \tag{3.220}$$

Für typische Parameterwerte ($R_{\text{th}} = 20\ldots100\,\text{K/W}$, weitere Zahlenwerte in Abschn. 3.6.3, Abschn. 3.6.5, Abschn. 3.7.2) erhält man bei $\omega = 0$ für den ersten Anteil Modulationssteilheiten von einigen hundert MHz/mA, der zweite (negative!) Beitrag hat einen Betrag von einigen GHz/mA. Bei hohen Frequenzen (τ_{th} liegt im Bereich von einigen hundert ns bis zu einigen μs) ist nur der erste Beitrag von Bedeutung.

Wenn man Laser, wie in Abschn. 3.7.3 besprochen, mit schnellen Pulsen moduliert ($I_{\text{aus}} > I_S$; $I_{\text{ein}} > I_{\text{aus}}$), entsteht auf der ansteigenden Flanke zufolge des Überschießens der Trägerdichte über den Schwellenwert n_{TS} eine Blauverschiebung der Emission. Bleibt der Strom I_{ein} „längere Zeit" eingeschaltet (aber nicht so lange, daß dadurch eine Temperaturänderung bewirkt werden könnte), geht die Trägerdichte wieder gegen den Schwellenwert n_{TS} und die Schwingfrequenz geht auf den I_{aus} entsprechenden Wert f_{aus} zurück. Wird der Strom von I_{ein} plötzlich auf I_{aus} verringert, sinkt die Trägerdichte (siehe das Beispiel der Relaxationsschwingung in Abb. 3.38) vorübergehend auf Werte $n_T < n_{TS}$, damit erfolgt zunächst eine Rotverschiebung auf Werte $f < f_{\text{aus}}$

und schließlich eine Blauverschiebung zurück auf den stationären Wert f_aus.
Der Chirp kann durch geeignete Pulsformung verringert werden.

Eine Großsignalgleichung für den Chirp kann folgendermaßen plausibel gemacht werden: Die Kleinsignalgleichung Gl. (3.210) lautet

$$\Delta\omega_0 = \frac{\alpha}{2}\left[\mathrm{j}\,\omega\,\frac{\Delta N_P}{N_{P0}} + \frac{1}{\tau_P}\left(\varepsilon_G\frac{\Gamma\Delta N_P}{V_R} + K_e n_\text{sp}\frac{\Delta N_P}{N_{P0}^2}\right)\right]. \tag{3.221}$$

Obwohl aus einer Kleinsignalbeziehung eine Großsignalgleichung nicht eindeutig rekonstruiert werden kann, wird hier dennoch eine Großsignalgleichung angeschrieben, aus der für kleine Signale wieder die Gl. (3.221) folgt:

$$\Delta f_0(t) = \frac{\alpha}{4\pi}\left[\frac{\mathrm{d}\ln N_P}{\mathrm{d}t} + \frac{1}{\tau_P}\left(\varepsilon_G\frac{\Gamma N_P}{V_R} - \frac{K_e n_\text{sp}}{N_P}\right)\right]. \tag{3.222}$$

Für verschwindenden Chirp soll $\Delta f_0(t) = \text{const}$ gelten, und Gl. (3.222) ist eine Differentialgleichung für mögliche Pulsformen, welche eine Großsignal-Intensitätsmodulation bei konstanter Oszillationsfrequenz ermöglichen. Lösungen von Gl. (3.222) ohne den Term der spontanen Emission sind in [286] diskutiert. Vernachlässigt man auch noch die Gewinnsättigung, so wird Gl. (3.222) durch mit der Zeit anklingende und abklingende Exponentialfunktionen gelöst. Berücksichtigt man in Gl. (3.222) nur den ersten Term, so folgt mit Gl. (3.204) $\Delta f_0(t) \sim \alpha(I_\text{ein} - I_S)t \sim \alpha t$ (sogenannter linearer Chirp).

3.8 Optische Verstärker

3.8.1 Einführung

Optische Verstärker können als Leistungsverstärker, Zwischenverstärker auf langen Strecken (z. B. für Untersee-Kabel) oder als Vorverstärker vor dem Photodetektor eingesetzt werden. Erwünschte Eigenschaften sind geringes Eigenrauschen, hohe Kleinsignalverstärkung, große Sättigungsleistung (das ist jene Ausgangsleistung, bei der die Verstärkung zufolge Sättigungserscheinungen auf die Hälfte der Kleinsignalverstärkung abgesunken ist), eine der Nachrichtenbandbreite angepaßte Bandbreite der Verstärkung, sowie die Unabhängigkeit dieser Eigenschaften vom Polarisationszustand des zu verstärkenden Signals. In realen Verstärkern sind diese Forderungen nicht immer gleichzeitig zu erfüllen.

In einem kohärent-optischen System (einem System mit optischem Überlagerungsempfang) werden Signal und Rauschen, die aus dem optischen Vorverstärker kommen, durch Mischung mit dem Licht eines lokalen Oszillators am Photodetektor als elektrisches Signal in den Zwischenfrequenzbereich transponiert. Wie beim konventionellen Überlagerungsempfang kann bei geeigneter Wahl von Signalfrequenz, Oszillatorfrequenz und Nachrichtenbandbreite jenes Rauschen durch ein Zwischenfrequenzfilter abgetrennt werden, welches im optischen Vorverstärker außerhalb des Nachrichtenbandes entstanden ist. Die Empfindlichkeit des Systems wird durch das minimale, unvermeidliche Rauschen begrenzt, welches im optischen Verstärker innerhalb des Nachrichtenbandes anfällt (Quantenrauschgrenze).

Werden Signal und Rauschen, die aus dem optischen Vorverstärker kommen, mit einem Photodetektor direkt empfangen, so treten im Basisband der Nachricht zusätzliche Störterme auf: Alle im Bereich $f_0 \pm B$ um den optischen Träger f_0 liegenden Rauschseitenbänder werden durch Bildung der Differenzfrequenzen mit dem Träger ins Basisband $0 \leq f \leq B$ gemischt, und die Amplituden dieser Mischterme sind somit proportional zur Amplitude des optischen Trägers. Ferner fallen alle Differenzfrequenzen zwischen Rauschseitenbändern mit Abständen $\leq B$ ins Basisband. Die Anzahl dieser Störterme steigt mit der Rauschbandbreite des optischen Signals. Beim direkten Empfang ist daher zwischen optischem Vorverstärker und Photodetektor ein optisches Filter einzuschalten, welches im Idealfall nur das hochfrequente Nachrichtenband der Bandbreite $2B$ passieren läßt. Passive optische Filter hinreichender Trennschärfe sind kaum zu realisieren. Das Spektrum des Photostroms kann aus der Theorie der Gleichrichtung von Signal plus Schmalbandrauschen mit einem quadratischen Vollweggleichrichter übernommen werden (s. z. B. [314, S. 159]).

Daraus folgt, daß in direkten Systemen unter Verwendung optischer Verstärker die Quantenrauschgrenze prinzipiell nicht erreicht werden kann. Trotzdem können optische Verstärker die Empfindlichkeit realer Systeme verbessern. Systeme mit Direktempfang sind nämlich nicht durch das Quantenrauschen am Photodetektor begrenzt, sondern (wegen der kleinen Empfangsleistung) durch das Eigenrauschen des ersten elektronischen Verstärkers nach dem Photodetektor. Wenn man eine hinreichend rauscharme Verstärkung des Signals vor dem ersten elektronischen Verstärker erreichen kann — etwa durch einen optischen Vorverstärker oder durch eine rauscharme Lawinenphotodiode — läßt sich die Empfindlichkeit des Systems dadurch real verbessern. Optische Verstärker sind vor allem im langwelligen Bereich interessant, in dem Lawinenphotodioden mit geringem Zusatzrauschen und hoher Verstärkung nicht verfügbar sind (Steigerungen der Empfindlichkeit durch optische Vorverstärker liegen typisch unter 10 dB im kurzwelligen und über 10 dB im langwelligen Bereich [387] [423]).

Bei Halbleiterlaser-Verstärkern unterscheidet man Fabry-Perot-Verstärker und Wanderwellenverstärker.

Der Fabry-Perot-Verstärker ist eine unterhalb des Schwingungseinsatzes arbeitende Laserdiode. Es treten daher Maxima der Verstärkung im Abstand der Moden des Fabry-Perot-Resonators auf (typisch 100 GHz), die 3-dB-Bandbreite der Verstärkung innerhalb eines bestimmten Fabry-Perot-Modus ist in der Größenordnung von einigen GHz. Da der Brechungsindex von der Trägerdichte und damit auch von der Photonendichte abhängt, verschiebt ein intensitätsmoduliertes Signal den Modenkamm der Fabry-Perot-Resonanzen auf der Frequenzachse und ändert damit im Takt der Modulation die Verstärkung für Signale bei anderen Frequenzen (Nebensprechen). Auch wegen der Gewinnsättigung Gl. (3.181) entsteht Nebensprechen: wegen der weitgehenden Homogenität der Linie ist für die Sättigung die Photonendichte zufolge aller durch den Verstärker laufenden Signale maßgeblich, so daß die Änderung der Intensität in einem Kanal Gewinnschwankungen für alle anderen Kanäle verursacht.

Beim idealen Wanderwellenverstärker treten am Eingang und am Ausgang keine Reflexionen auf ($R_1 = R_2 = 0$ durch ideale Entspiegelung), und somit steht zur Verstärkung die gesamte Gewinnbandbreite des Lasermediums zur Verfügung (typisch bis über 9 THz). Wanderwellenverstärker sind daher auch zur Verstärkung von extem kurzen Lichtimpulsen geeignet. Das Problem der Gewinnsättigung bleibt bestehen. Wenn man hohe Ausgangsleistungen erzielen will, ist es zweckmäßig, die Trägerfrequenz niedriger zu wählen als die Frequenz f_{ind} der maximalen Verstärkung: Bei großer Photonendichte entleert sich nämlich das Leitungsband, und das Verstärkungsmaximum verschiebt sich zu niedrigeren Frequenzen, wodurch die Sättigung des Gewinns teilweise kompensiert wird.

Für beide Verstärkerarten besteht ferner das Problem der Polarisationsabhängigkeit. Beim Fabry-Perot-Verstärker haben TE- und TM-Felder nicht nur verschiedene Verstärkungen zufolge der verschiedenen Feldkonzentrationsfaktoren und der unterschiedlichen Größe der Reflexionskoeffizienten der Spiegel (TE-Moden haben größere Verstärkung), sonderen auch die Modenkämme der Resonanzen sind wegen der verschiedenen effektiven Brechungsindizes nicht identisch. Beim Wanderwellenverstärker bleibt der Einfluß der unterschiedlichen effektiven Verstärkungskonstanten Γg (große Schichtdicken der aktiven Zone machen die Feldkonzentrationsfaktoren annähernd gleich und verringern die Polarisationsabhängigkeit). Es ist vorstellbar, daß Leistungsverstärker mit dem Sender, oder daß Vorverstärker mit dem Photodetektor integriert werden. Zumindest bei Zwischenverstärkern bleibt aber das beidseitige Kopplungsproblem zwischen Faser und Verstärker mit den unvermeidlichen Koppelverlusten, so daß der Faser-zu-Faser-Gewinn typisch auf Werte von 10...17 dB beschränkt bleibt.

Halbleiterlaser-Verstärker haben Kleinsignalverstärkungen bis 30 dB und Sättigungsausgangsleistungen (das sind jene Ausgangsleistungen, bei denen die Verstärkung auf die Hälfte der Kleinsignalverstärkung gesunken ist) von $-15...0$ dBm beim Fabry-Perot-Verstärker, von $0...10$ dBm beim Wanderwellenverstärker. In praktischen Systemen wurden unter Einsatz von Laserverstärkern Bitraten-Längen-Produkte $> 1\,000$ Gbit/s·km erreicht [425] [544]. Arbeiten über das Signalverhalten von Laserverstärkern mit weiteren Literaturangaben sind z. B. [70] [469] [585] [505] [426] [164].

Eine stürmische Entwicklung erfahren zur Zeit Verstärker mit Erbium-dotierten Glasfasern. Das Verstärkungsmaximum liegt bei $\lambda = 1,536\,\mu$m mit einer Verstärkungsbandbreite von 30 nm $\,\widehat{=}\,$ 3,8 THz. Die Fasern (typische Längen um 10 m) werden in die Übertragungsstrecke eingespleißt (keine Kopplungsverluste!) und optisch gepumpt (mögliche Pumpwellenlängen: $0,532\,\mu$m; $0,98\,\mu$m; $1,48\,\mu$m). Bei den genannten Pumpwellenlängen wurden auf die Pumpleistung bezogene Verstärkungen von 1,6 dB/mW, 4 dB/mW und 2 dB/mW gemessen. Die Verstärkung ist bei Variation der Pumpwellenlänge um 20 nm praktisch konstant, so daß auch mit longitudinal multimodigen Lasern gepumpt werden kann. Verstärkungen bis zu 42 dB wurden gemessen, die Sättigungsleistungen liegen um 10 dBm. In Systemversuchen wurden Bitraten-Längen-Produkte bis 2 800 Gbit/s·km erreicht (Literatur s. z. B. [19] [109] [88] [107]). Abgesehen von den kleinen Koppelverlusten haben Faserverstärker weitere Vorteile im Vergleich mit Halbleiterlaser-Verstärkern: sie sind polarisationsunabhängig, und sie sind wegen der hohen Lebensdauer der angeregten Zustände ($0{,}1\ldots 1\,\mathrm{ms}$) praktisch frei von Nebensprechen.

Anmerkung: Zur Verstärkung optischer Signale können auch nichtlineare Effekte in der Glasfaser ausgenützt werden. Beim Raman-Verstärker wird eine Signalwelle der Frequenz f_S durch Leistungsaufnahme aus einer ko- oder kontradirektionalen Pumpwelle der Frequenz $f_P > f_S$ induziert verstärkt; die Energiedifferenz $hf_P - hf_S$ pro Photon regt im Quarzglas eine hochenergetische Gitterschwingung an (optische Phononen). Die Differenzfrequenz beträgt $13{,}5\,\mathrm{THz} \mathbin{\widehat{=}} \Delta(1/\lambda) = 450\,\mathrm{cm}^{-1}$, die Verstärkungsbandbreite $3\,\mathrm{THz}$. Verstärkungen von $20\,\mathrm{dB}$ pro Watt Pumpleistung und Sättigungsleistungen um $20\,\mathrm{dBm}$ wurden erreicht. Die ausnützbare Faserlänge wird durch die Dämpfung der Pumpwelle um $4{,}34\,\mathrm{dB} \mathbin{\widehat{=}} 1/\mathrm{e}$ begrenzt; bei einer Faserdämpfung von $0{,}2\,\mathrm{dB/km}$ ($\lambda = 1{,}5\,\mu\mathrm{m}$) liegt die maximale Verstärkerlänge somit bei $20\,\mathrm{km}$.

Beim Brillouin-Verstärker wird die Energiedifferenz zwischen Pumpphoton und Signalphoton an niederenergetische Gitterschwingungen (akustische Phononen) übertragen. Schallwelle und Pumpwelle laufen dabei entgegengesetzt zur Signalwelle (man kann dies als die Reflexion der Pumpwelle an einem wegbewegten Spiegel unter Dopplerverschiebung zur niedrigeren Signalfrequenz deuten; der „bewegte Spiegel" besteht aus der periodischen Brechzahlmodulation, welche durch die akustische Welle erzeugt wird). Bei $\lambda = 1{,}5\,\mu\mathrm{m}$ beträgt die zu f_P proportionale Dopplerverschiebung $11\,\mathrm{GHz}$, die zu f_P^2 proportionale Brillouin-Linienbreite ist $20\,\mathrm{MHz}$ (sie wird durch die akustische Dämpfung bestimmt). Durch variable Dotierung längs der Faser kann die Dopplerfrequenz lokal leicht geändert und somit eine inhomogene Verbreiterung der Verstärkungslinie bis zu einigen hundert MHz erreicht werden. Die Verstärkung beträgt bis zu $40\,\mathrm{dB}$ pro Milliwatt Pumpleistung (wenn die Linienbreite der Pumpe kleiner ist als die Brillouin-Linienbreite). Da akustische Schwingungen bei Zimmertemperatur thermisch stark angeregt sind, überträgt sich deren Rauschen auf die Signalfrequenz: Der Brillouin-Verstärker rauscht einige hundertmal stärker als andere optische Verstärker. Weiterführende Literatur zur Raman- und Brillouinverstärkung findet man in [18] [556].

3.8.2 Halbleiterlaser-Verstärker

Aus den Beziehungen für den Fabry-Perot-Laserverstärker sollen im Grenzfall $R_1 = R_2 = 0$ die Gleichungen für den Wanderwellenverstärker resultieren. Der Laser kann daher nicht durch das Modell von Abschn. 3.5.1 beschrieben werden, welches die z-Abhängigkeit der Photonendichte im Resonator nicht erfaßte.

Für die Verstärkung wird in der Literatur das Symbol G verwendet, welches jedoch in diesem Buch mit der Bezeichnung für die Gewinnkonstante G (definiert in Gl. (3.60)) kollidiert. Aus diesem Grund wird im folgenden die Verstärkung mit dem kalligraphischen Symbol $\mathcal{G}$ bezeichnet.

Die Beziehungen zwischen den komplexen Amplituden der Leistungswellen (die Leistung ist $|a|^2, |b|^2$) an einem verlustlosen Spiegel und einem verstärkenden Medium lauten (s. Abb. 3.40):

$$
\begin{pmatrix} b_1 \\ b_2 \end{pmatrix} = \begin{pmatrix} \sqrt{R} & \mathrm{j}\,\sqrt{1-R} \\ \mathrm{j}\,\sqrt{1-R} & \sqrt{R} \end{pmatrix} \begin{pmatrix} a_1 \\ a_2 \end{pmatrix},
$$

$$
\begin{pmatrix} b_1 \\ b_2 \end{pmatrix} = \begin{pmatrix} 0 & \sqrt{\mathcal{G}_s}\exp\left(-\mathrm{j}\,\varphi\right) \\ \sqrt{\mathcal{G}_s}\exp\left(-\mathrm{j}\,\varphi\right) & 0 \end{pmatrix} \begin{pmatrix} a_1 \\ a_2 \end{pmatrix}.
$$

$$(3.223)$$

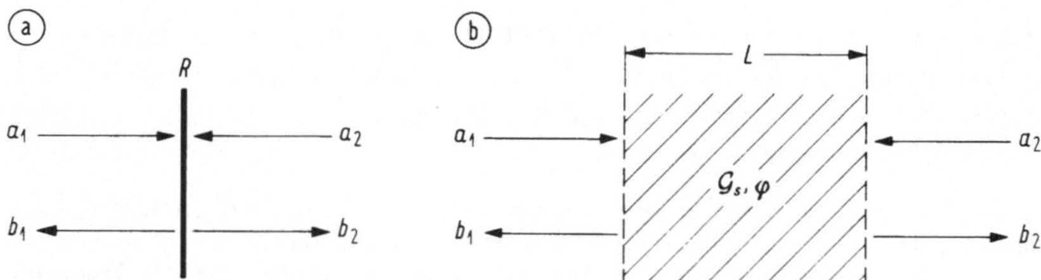

Abb. 3.40. Leistungswellen (a) am verlustlosen Spiegel mit dem Leistungsreflexionskoeffizienten R, (b) am Beginn und am Ende eines aktiven Mediums mit der Einweg-
Leistungsverstärkung $\mathcal{G}_s$ und der Phasenverschiebung φ

Die Form der Streumatrix für den Spiegel resultiert aus der Forderung der Ver-
lustlosigkeit, $|a_1|^2 + |a_2|^2 = |b_1|^2 + |b_2|^2$. Für den Einweg-Gewinn $\mathcal{G}_s$ (Einweg-
Leistungsverstärkung) und die Phasenverschiebung φ gilt nach Gl. (3.102)–Gl.
(3.104)

$$\mathcal{G}_s = \exp[(\Gamma g - \alpha_{Ve})L],$$
$$\varphi = \beta L = k_0 n_e L. \tag{3.224}$$

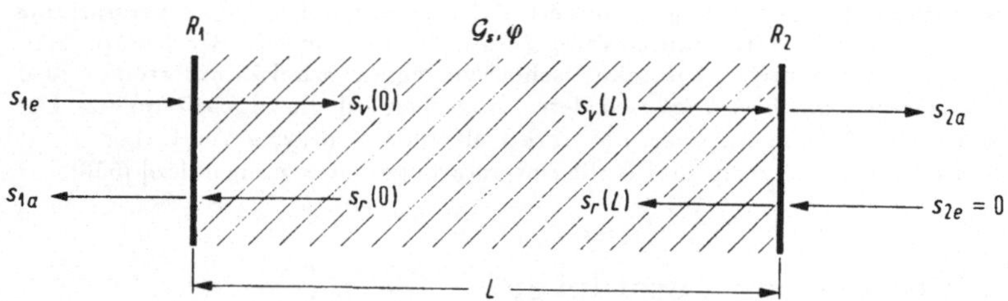

Abb. 3.41. Der aktive Fabry-Perot-Resonator. Eingetragen sind die Bezeichnungen der
Leistungswellen an den Spiegeln

In Abb. 3.41 sind die Bezeichnungen der Leistungswellen für einen aktiven
Fabry-Perot-Resonator eingetragen, welche über die Streumatrizen Gl. (3.223)
verknüpft sind. Es gelten folgende Beziehungen:

$$
\begin{aligned}
s_v(0) &= \sqrt{R_1}\,s_r(0) + j\,\sqrt{1-R_1}\,s_{1e} & &\text{Spiegel 1,}\\
s_{2a} &= j\,\sqrt{1-R_2}\,s_v(L) & &\text{Spiegel 2,}\\
s_r(L) &= \sqrt{R_2}\,s_v(L) & &\text{Spiegel 2,}\\
s_v(L) &= \sqrt{\mathcal{G}_s}\,\exp(-j\,\varphi)\,s_v(0) & &\text{aktives Medium,}\\
s_r(0) &= \sqrt{\mathcal{G}_s}\,\exp(-j\,\varphi)\,s_r(L) & &\text{aktives Medium.}
\end{aligned}
\tag{3.225}
$$

Bei gegebener einlaufender Welle mit $P_{1e} = |s_{1e}|^2$ sind das 5 Gleichungen für
die Amplituden $s_v(0)$, $s_r(0)$, $s_v(L)$, $s_r(L)$, s_{2a}. Für den Gewinn folgt

$$G = \left|\frac{s_{2a}}{s_{1e}}\right|^2 = \frac{\mathcal{G}_s(1-R_1)(1-R_2)}{(1-\mathcal{G}_s\sqrt{R_1 R_2})^2 + 4\mathcal{G}_s\sqrt{R_1 R_2}\sin^2\varphi}, \tag{3.226}$$

$$\varphi = \beta L, \qquad \text{Resonanzen:}\quad \varphi = q\pi \ (q \text{ ganzzahlig}).$$

Da die spontane Emission im aktiven Medium bei der Ableitung von Gl. (3.226) nicht berücksichtigt wurde, folgt im Resonanzfall für $\mathcal{G}_s\sqrt{R_1R_2} = 1$ eine unendlich hohe Verstärkung. Die ausnutzbare Verstärkung wird durch die verstärkte spontane Emission im Bereich der Laserschwelle begrenzt, siehe Abschn. 3.6.5, Gl. (3.159). Man beachte, daß $\mathcal{G}$ wegen der Abhängigkeit vom Feldkonzentrationsfaktor Γ (s. Gl. (3.224)) sowohl von der Polarisation des Feldes (siehe Bemerkung nach Gl. (3.100)), als auch über die Trägerdichte n_T vom Betriebsstrom und vom Pegel des zu verstärkenden Signals abhängt. Die Verstärkungen für TE-Felder sind um $5\dots10\,\mathrm{dB}$ größer als für TM-Felder.

Für Resonanz und Antiresonanz erhält man die Gewinne

$$\mathcal{G}_{\max} = \frac{\mathcal{G}_s(1-R_1)(1-R_2)}{(1-\mathcal{G}_s\sqrt{R_1R_2})^2}, \quad \mathcal{G}_{\min} = \frac{\mathcal{G}_s(1-R_1)(1-R_2)}{(1+\mathcal{G}_s\sqrt{R_1R_2})^2}. \tag{3.227}$$

Aus der Welligkeit der Gewinnkurve kann $\mathcal{G}_s\sqrt{R_1R_2}$ ermittelt werden:

$$\mathcal{G}_s\sqrt{R_1R_2} = \frac{\sqrt{\mathcal{G}_{\max}/\mathcal{G}_{\min}} - 1}{\sqrt{\mathcal{G}_{\max}/\mathcal{G}_{\min}} + 1}. \tag{3.228}$$

Für $3\,\mathrm{dB}$ Welligkeit folgt $\mathcal{G}_s\sqrt{R_1R_2} = 0{,}17$; das bedeutet, daß bei einem Einweg-Gewinn $\mathcal{G}_s$ von $20\,\mathrm{dB}$ die mittlere Spiegelreflexion $\sqrt{R_1R_2}$ kleiner als $0{,}17\cdot10^{-2}$ sein muß (zum Problem der Entspiegelung s. z. B. [469]; Werte von $\sqrt{R_1R_2} = 10^{-5}$ sind erreicht worden). Schwankungen von $\mathcal{G}_s$ wirken sich natürlich desto stärker auf den maximalen Gewinn aus, je größer $\sqrt{R_1R_2}$ ist.

Die Verstärkungsbandbreite $B_\mathcal{G}$ des Gewinns $\mathcal{G}$ innerhalb eines Fabry-Perot-Modus (Frequenzabstand zwischen den Halbwertspunkten von $\mathcal{G}$) berechnet man aus Gl. (3.226) und Gl. (3.227) zu

$$\begin{aligned}
B_\mathcal{G} &= \frac{c}{\pi n_{eg}L}\arcsin\left[\frac{1-\mathcal{G}_s\sqrt{R_1R_2}}{\sqrt{4\mathcal{G}_s\sqrt{R_1R_2}}}\right]\\
&= \frac{c}{\pi n_{eg}L}\arcsin\sqrt{\frac{(1-R_1)(1-R_2)}{4\mathcal{G}_{\max}\sqrt{R_1R_2}}}.
\end{aligned} \tag{3.229}$$

Aus einer Messung von $B_\mathcal{G}$ kann somit ebenfalls das Produkt $\mathcal{G}_s\sqrt{R_1R_2}$ ermittelt werden. Die arcsin-Funktion kann meistens durch das Argument ersetzt werden. Damit folgt für den Fabry-Perot-Verstärker bei Änderung des Betriebsstroms

$$\begin{aligned}
B_\mathcal{G}\sqrt{\mathcal{G}_{\max}} &= \frac{c}{2\pi n_{eg}L}\sqrt{\frac{(1-R_1)(1-R_2)}{\sqrt{R_1R_2}}}\\
&= \frac{\Delta f_q}{\pi}\sqrt{\frac{(1-R_1)(1-R_2)}{\sqrt{R_1R_2}}} = \text{const.}
\end{aligned} \tag{3.230}$$

Δf_q ist dabei der Abstand benachbarter Fabry-Perot-Resonanzen, Gl. (3.105). Für nicht entspiegelte Laserdioden ($R_1 = R_2 = 0{,}32$) erhält man für $L = 300\,\mu\mathrm{m}$, $n_{eg} = 3{,}5$ ein Produkt $B_\mathcal{G}\sqrt{\mathcal{G}_{\max}} = 55\,\mathrm{GHz}$.

Zur Berechnung der Sättigungsleistung $P_{3\mathrm{dB}}$ des Verstärkers (das ist jene Ausgangsleistung $P_{2a} = |s_{2a}|^2$, bei der $\mathcal{G}$ auf die Hälfte des Kleinsignalwertes abgenommen hat) können für hohe Spiegelreflexion ($R_1 = R_2 = 0{,}32$) noch die üblichen Bilanzgleichungen Gl. (3.182) verwendet werden (s. z. B. [70]), für zunehmende Entspiegelung dagegen muß die volle z-Abhängigkeit der Verstärkungskonstante g berücksichtigt werden [591, Abschn. 2.2.3]. Hier soll das Sättigungsverhalten nur plausibel gemacht werden.

Ausgangspunkt ist Gl. (3.182), wobei für G die Gl. (3.181) mit $\varepsilon_G = 0$ verwendet wird (d. h. keine phänomenologisch erfaßte Gewinnsättigung!). Verglichen werden stationäre Betriebszustände für denselben Strom I_0, einmal für verschwindend kleine Photonenanzahl $N_P \approx 0$ und einmal für endliche Photonenanzahl N_P (dabei wird τ_{eff} in der Definition Gl. (3.70) verwendet); das bedeutet, daß für die Sättigung des Gewinns nicht die spontane Emission, sondern das eingekoppelte Signal verantwortlich sein soll. Es folgt mit $G = v_g g$:

$$
0 = \frac{I_0}{e} - r_{\mathrm{eff}}(n_{T0})V_R \qquad (N_P \approx 0),
$$
$$
0 = \frac{I_0}{e} - \left[r_{\mathrm{eff}}(n_{T0}) + \frac{\Delta n_T}{\tau_{\mathrm{eff}}} \right] V_R - N_P \Gamma v_g \left[g(n_{T0}) + \frac{\partial g}{\partial n_T} \Delta n_T \right]. \tag{3.231}
$$

Berechnet man aus Gl. (3.231) die Abnahme der Trägerdichte zufolge der erhöhten Photonenanzahl (zufolge des eingekoppelten Signals) bei konstantem Betriebsstrom, so erhält man die geänderte Verstärkung

$$
\Gamma g(n_T) = \Gamma g(n_{T0}) + \Gamma \frac{\partial g}{\partial n_T} \Delta n_T = \frac{\Gamma g(n_{T0})}{1 + \dfrac{\Gamma N_P}{V_R} \tau_{\mathrm{eff}}\, v_g \dfrac{\partial g}{\partial n_T}}. \tag{3.232}
$$

Berechnet man die Photonenanzahl N_P für $g(n_T) = g(n_{T0})/2$, und daraus nach Gl. (3.96) die Ausgangsleistung (siehe auch Gl. (3.95), Gl. (3.88)) so folgt

$$
P_{2a} = \frac{N_P h f}{\tau_{R2}} = \frac{h f V_R \ln(1/R_2)}{2\Gamma L \tau_{\mathrm{eff}} \dfrac{\partial g}{\partial n_T}}. \tag{3.233}
$$

Damit ist plausibel, daß eine hohe Sättigungsleistung einen Laser mit kleinem Γ, kleiner Gewinnsteilheit und kleiner Länge L, aber mit großer Querschnittsfläche $d \cdot b$ der aktiven Zone erfordert; ferner muß der Reflexionsfaktor R_2 am Ausgang möglichst klein sein (das impliziert wegen $\mathcal{G}_s \sqrt{R_1 R_2} = \mathrm{const}$ für konstante Verstärkung, daß der Eingangsreflexionsfaktor R_1 groß sein muß).

Anmerkung: Für eine spätere Behandlung des Rauschens wird noch die Rauschleistung berechnet, die den Verstärker (ohne Eingangssignal) verläßt. Für ein aktives Medium nach Abb. 3.40b gilt für das zeitliche Anwachsen der Photonenanzahl N_P beim Durchlaufen des Mediums die modifizierte Bilanzgleichung Gl. (3.182) ($G = v_g g$, statt $1/\tau_P$ wird $1/\tau_V = v_g \alpha_{Ve}$ gesetzt, mit α_{Ve} nach Gl. (3.103))

$$
\frac{\mathrm{d}N_P}{\mathrm{d}t} = N_P v_g \left[\Gamma g(n_T) - \alpha_{Ve} \right] + K_e n_{\mathrm{sp}}(n_T) v_g \Gamma g(n_T). \tag{3.234}
$$

Für $a_1 = 0$ in Abb. 3.40b erhält man die Lösung

$$N_P(t) = \frac{K_e n_{\mathrm{sp}} \Gamma g}{\Gamma g - \alpha_{Ve}} \left\{ \exp\left[v_g (\Gamma g - \alpha_{Ve}) t \right] - 1 \right\}. \tag{3.235}$$

Die Photonenanzahl am Ausgang erhält man, indem man für t die Laufzeit $\tau = L/v_g$ einsetzt. Die Rauschleistung $|b_2|^2$ am Ausgang ist $N_P h f / \tau$; berücksichtigt man, daß für den einen betrachteten longitudinalen Modus $\tau \Delta f = 1$ gilt, so erhält man für die Ausgangsrauschleistung $|b_2|^2$ sowie für eine gedachte, äquivalente Eingangsrauschleistung $|a_1|^2 = |b_2|^2 / \mathcal{G}_s$ den Ausdruck

$$|a_1|^2 = \frac{|b_2|^2}{\mathcal{G}_s} = \frac{N_P h f}{\tau \mathcal{G}_s} = h f \, \Delta f \, \frac{K_e n_{\mathrm{sp}} \Gamma g}{\Gamma g - \alpha_{Ve}} \left(1 - \frac{1}{\mathcal{G}_s} \right). \tag{3.236}$$

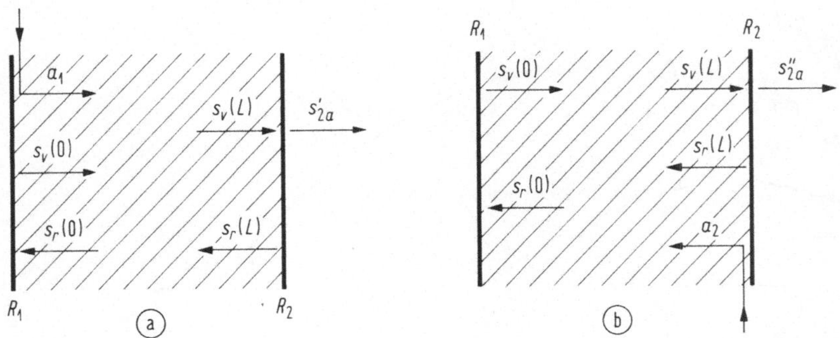

Abb. 3.42. Berechnung der unkorrelierten Rauschamplituden am Ausgang (s'_{2a}, s''_{2a}) zufolge der unkorrelierten von links (Welle a_1) bzw. von rechts (Welle a_2) startenden äquivalenten Rauschwellen

Die abgegebene Rauschleistung berechnet man mit Hilfe von Abb. 3.42 als Summe der Beiträge der Rauschwellen a_1, a_2 ($|a_1|^2 = |a_2|^2$, Gl. (3.236)). Die Rauschwellen sind nach Gl. (3.223) verknüpft; in den Fällen Abb. 3.42a, Abb. 3.42b gelten die Beziehungen

$$
\begin{aligned}
s_v(0) &= \sqrt{R_1}\, s_r(0), & s_v(0) &= \sqrt{R_1}\, s_r(0), \\
s'_{2a} &= \mathrm{j}\sqrt{1 - R_2}\, s_v(L), & s''_{2a} &= \mathrm{j}\sqrt{1 - R_2}\, s_v(L), \\
s_r(L) &= \sqrt{R_2}\, s_v(L), & s_r(L) &= \sqrt{R_2}\, s_v(L), \\
s_r(0) &= \sqrt{\mathcal{G}_s}\, \mathrm{e}^{-\mathrm{j}\varphi}\, s_r(L), & s_r(0) &= \sqrt{\mathcal{G}_s}\, \mathrm{e}^{-\mathrm{j}\varphi}\, [s_r(L) + a_2], \\
s_v(L) &= \sqrt{\mathcal{G}_s}\, \mathrm{e}^{-\mathrm{j}\varphi}\, [s_v(0) + a_1], & s_v(L) &= \sqrt{\mathcal{G}_s}\, \mathrm{e}^{-\mathrm{j}\varphi}\, s_v(0),
\end{aligned}
\tag{3.237}
$$

aus denen man s'_{2a}, s''_{2a} ermittelt; unter Verwendung von $\mathcal{G}$ aus Gl. (3.226) erhält man

$$|s'_{2a}|^2 = \frac{\mathcal{G}}{1 - R_1}|a_1|^2, \quad |s''_{2a}|^2 = \frac{\mathcal{G}\mathcal{G}_s R_1}{1 - R_1}|a_2|^2, \quad |a_1|^2 = |a_2|^2, \tag{3.238}$$

und mit Gl. (3.236) das Endergebnis für die Ausgangsrauschleistung P_{2a} (sowie für die äquivalente Eingangsrauschleistung $P_{1\text{äq}} = P_{2a}/\mathcal{G}$)

$$
\begin{aligned}
P_{1\text{äq}} &= \frac{P_{2a}}{\mathcal{G}} = \frac{|s'_{2a}|^2 + |s''_{2a}|^2}{\mathcal{G}} \\
&= h f \, \Delta f \, K_e n_{\mathrm{sp}} \frac{\Gamma g}{\Gamma g - \alpha_{Ve}} \frac{1 + \mathcal{G}_s R_1}{1 - R_1} \left(1 - \frac{1}{\mathcal{G}_s} \right).
\end{aligned}
\tag{3.239}
$$

Geringes Rauschen erhält man für kleine Werte von R_1 (und dementsprechend große Werte von R_2, wenn man $\mathcal{G}_s \sqrt{R_1 R_2}$ konstant hält); das steht im Widerspruch zu der Forderung nach hoher Sättigungsleistung, für die sich große Werte von R_1 (und dementsprechend kleine Werte von R_2) als günstig erwiesen. Für konstante Werte von $\mathcal{G}_s$ ist $(\Gamma g - \alpha_{Ve})L = \text{const}$; daraus wird

$$\frac{\Gamma g}{\Gamma g - \alpha_{Ve}} = \frac{\text{const} + \alpha_{Ve}L}{\text{const}}. \tag{3.240}$$

Für geringes Rauschen muß L möglichst klein und Γg möglichst groß sein. Da aber der Inversionsfaktor n_{sp} desto kleiner ist, je größer g wird, bedeutet das, daß für $\Gamma g = \text{const}$ große Werte von g bei kleinen Werten von Γ günstig sind.

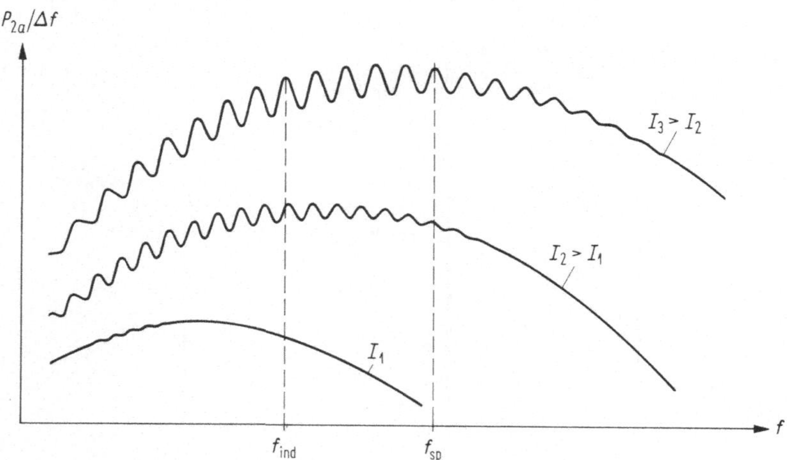

Abb. 3.43. Spektrale Leistungsdichte der verstärkten spontanen Emission bei einem Nahezu-Wanderwellenverstärker für verschiedene Betriebsströme $I_1 < I_2 < I_3$; f_{ind}, f_{sp} sind die Frequenzen maximaler Verstärkung und maximaler spontaner Emission für $I = I_3$

Den Prinzipverlauf der spektralen Leistungsdichte $P_{2a}/\Delta f$ der Ausgangsleistung bei einem „Nahezu"-Wanderwellenverstärker (Rechnungen und Messungen in [591]) zeigt Abb. 3.43. Wegen der Bandauffüllung bei höheren Betriebsströmen verlagern sich die Frequenzen der Maxima der spontanen Emission f_{sp} und der Verstärkung f_{ind} zu höheren Frequenzen (die maximale Verstärkung tritt an der Stelle maximaler Welligkeit der Fabry-Perot-Resonanzen auf). Im Einklang mit Abb. 3.14 in Abschn. 3.3.2 ist immer $f_{ind} < f_{sp}$.

Als Wanderwellenverstärker im praktischen Sinn bezeichnet man solche Verstärker, bei denen die Restwelligkeit der Verstärkungskurve kleiner als 3 dB ist ($\mathcal{G}_s\sqrt{R_1 R_2}$ ist dann aus Gl. (3.228) gegeben). Bei $R_1 = R_2 = 10^{-4}$ und einer Restwelligkeit von 1,5 dB folgt z. B. ein Einweg-Gewinn von 29,4 dB, ferner ist $\mathcal{G} \approx \mathcal{G}_s$. Polarisationsunabhängigkeit der Verstärkung kann durch spezielle Gestaltung der Umgebung der aktiven Zone erreicht werden (s. z. B. QIG-Laser in Abschn. 3.6.1, Abb. 3.23 und Abb. 3.24, oder [361]). 28 dB Verstärkung bei 3 dB Restwelligkeit und maximal 1 dB Verstärkungsdifferenz zwischen TE- und TM-Moden wurden erreicht.

Für einen idealen Wanderwellenverstärker ist $R_1 = R_2 = 0$, der Gewinn $\mathcal{G}_s \gg 1$, ferner ist $n_{sp} = 1$, $K_e = 1$: für die äquivalente Eingangsrauschleistung erhält man aus Gl. (3.239)

$$P_{1\ddot{a}q} = hf\,\Delta f. \tag{3.241}$$

Da für einen einzigen longitudinalen Modus des Feldes $\Delta f \cdot \tau = 1$ gilt, entspricht dem eine äquivalente Eingangsrauschenergie von hf (1 Photon) für jeden Modus des Feldes. Das ist gleichzeitig die minimale äquivalente Störenergie, welche aus der Unschärferelation für ein Gerät prognostiziert wird, das mit gleicher relativer Präzision die Kophasalkomponente und die Quadraturkomponente eines Feldes gleichzeitig mißt [190, Abschn. 4.3.1].

Kapitel 4

Photodetektoren

4.1 Grundlagen

4.1.1 Prinzipielle Wirkungsweise

Photodetektoren für die optische Nachrichtentechnik sollen entweder im kurzwelligen Bereich um $\lambda = 0{,}85\,\mu$m oder im langwelligen Bereich von $\lambda = 1{,}28\,\mu$m (Nullstelle der Materialdispersion von Quarz) bis $\lambda = 1{,}55\,\mu$m (Dämpfungsminimum von Quarz) gute Eigenschaften aufweisen: Sie sollen empfindlich sein, der Photostrom soll einer schnellen Modulation der Lichtleistung folgen können, sie sollen geringes Eigenrauschen und einen vernachlässigbar kleinen Dunkelstrom besitzen. Im Hinblick auf eine mögliche Integration sollen sie aus Materialien bestehen, aus denen auch andere optische und/oder elektronische Komponenten gefertigt werden (es werden aber auch Versuche unternommen, a) planar aufgebaute Photodioden von ihrem Substrat abzuheben und auf andere Substrate zu verpflanzen, z. B. InGaAs/InP-Photodioden auf Saphir [484], oder b) Photodioden mit mehreren Anpassungsschichten auf Substraten mit anderer Gitterkonstante aufzubauen, z. B. InGaAs-Photodioden auf Silizium [220]).

Praktisch kommen somit nur Halbleiterdetektoren in Frage, und unter diesen bevorzugt die Sperrschicht-Photodetektoren (von Photoleitern läßt sich zeigen, daß ihre minimale Rauschleistung doppelt so groß ist wie jene der Sperrschicht-Photodetektoren [194]).

Beim Sperrschicht-Photodetektor wird in der trägerverarmten Sperrschicht eines sperrgepolten pn-Übergangs durch Absorption eines Photons der Energie $h f_L > W_G$ (f_L Lichtfrequenz, W_G Bandabstand) ein Elektron-Loch-Paar erzeugt. Die Träger werden durch das elektrische Feld in entgegengesetzter Richtung aus der Sperrschicht gezogen, das Elektron in den n-Halbleiter, das Loch in den p-Halbleiter. Vom Augenblick der Paarerzeugung bis zu dem Zeitpunkt, in dem beide Träger die Sperrschicht verlassen haben, fließt im äußeren Stromkreis ein Strom, dessen Zeitintegral (unabhängig davon, wo innerhalb der Sperrschicht die Paarerzeugung stattfand) gerade den Wert einer Elementarladung e besitzt. Die Absorptionskonstante α für einen Modus des elektromagnetischen Feldes folgt aus den Überlegungen von Abschn. 3.3.2: nach Gl. (3.61) ist $n_{\mathrm{sp}} < 0$ (bei Sperrpolung ist $W_{Fn} - W_{Fp} \leq 0$), und somit die Gewinnkonstante $G < 0$. Die Verstärkungskonstante $g = G/v_g$, s. Gl. (3.95), ist ebenfalls negativ, und die Lichtleistung nimmt nach Gl. (3.94) wie $\exp[(g - \alpha_V)z] = \exp(-\alpha z)$ mit einer Dämpfungskonstante $\alpha = \alpha_V - g$ $(g < 0)$ ab.

Da die Anzahl der thermisch generierten Trägerpaare mit steigendem Bandabstand W_G exponentiell abnimmt, kann der Dunkelstrom klein gehalten werden, wenn W_G (unter Erhaltung der Bedingung $W_G < h f_L$) möglichst groß ist. Damit ist auch ausgeschlossen, daß die bei der Absorption des Photons erzeugten Träger in hochenergetische Zustände der Bänder gelangen und ihrerseits durch Stoßionisation weitere Trägerpaare erzeugen (die entstehende Unsicherheit über die Anzahl der Nachkommen eines primären Trägerpaars würde sich in verstärktem Rauschen manifestieren). Im folgenden wird immer vorausgesetzt, daß ein Photon entweder ein einziges Trägerpaar erzeugt oder überhaupt nicht absorbiert wird.

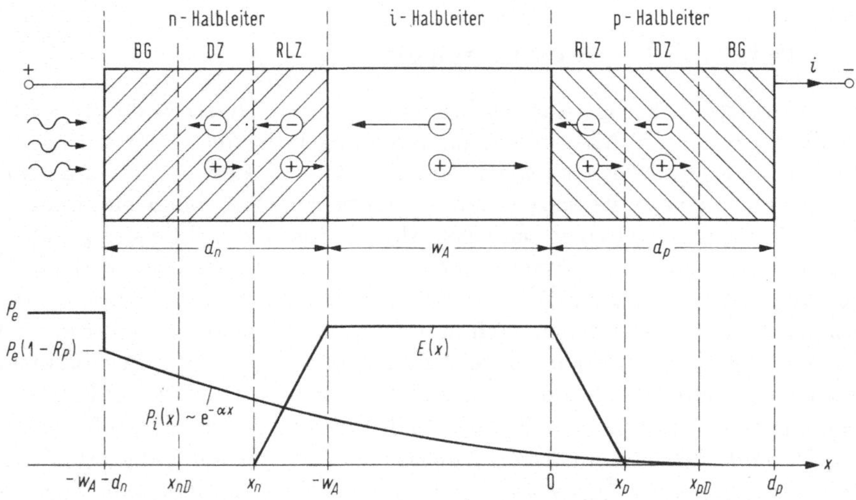

Abb. 4.1. Schema einer pin-Diode. BG Bahngebiet, DZ Diffusionszone, RLZ Raumladungszone. P_e einfallende Lichtleistung, R_P Leistungsreflexionskoeffizient der Halbleiteroberfläche, $P_i(x)$ Lichtleistung im Halbleiter, α Dämpfungskonstante der Lichtleistung, d_n (d_p) Länge des n-Halbleiters (p-Halbleiters), w_A Länge der i-Zone ($=$ Absorptionszone), $E(x)$ x-Komponente der elektrischen Feldstärke

Man unterscheidet pin-Detektoren (oder pin-Dioden, der Name stammt von der Bezeichnung des Leitungstyps der aufeinanderfolgenden Halbleiterschichten) und Lawinenphotodioden (oder APD = avalanche photo diode). Bei APD werden die durch Lichtabsorption erzeugten Primärträger in einer Hochfeldzone durch den Lawineneffekt vervielfacht: diese „innere" Verstärkung des Photostroms erzeugt aber auch zusätzliches Rauschen.

Abb. 4.1 zeigt das (nicht maßstäblich gezeichnete) Schema einer pin-Diode. Von der von links einfallenden Lichtleistung P_e wird der Bruchteil R_P reflektiert (dieser Leistungsverlust läßt sich durch Vergütungsschichten praktisch vermeiden). Die in den Halbleiter eindringende Welle wird exponentiell gedämpft; die Absorptionslängen (reziproken Dämpfungskonstanten) sind bei direkten Halbleitern in der Größenordnung $1/\alpha = 1\,\mu$m, bei indirekten Halbleitern $1/\alpha = 10\dots 20\,\mu$m (s. auch Erläuterung zu Abb. 3.3 in Abschn. 3.2.1). Im Bahngebiet generierte Trägerpaare rekombinieren wieder und liefern keinen Beitrag zum Photostrom: das Bahngebiet soll daher sehr kurz sein im Vergleich zur Absorptionslänge. In der feldfreien Diffusionszone nimmt wegen der Sperrpolung die Konzentration der Minoritätsträger gegen den Rand der Raumladungszone exponentiell ab, und es fließt ein Diffusionsstrom der Minoritätsträger. Bei einem in der Diffusionszone durch Photonenabsorption erzeugten Trägerpaar kann der Minoritätsträger vor seiner Rekombination an den Rand der Raumladungszone gelangen, und dann durch das Feld über den pn-Übergang gezogen werden. Die Diffusionsgeschwindigkeit der Löcher ist D_p/L_p (D_p Diffusionskonstante, L_p Diffusionslänge), sie brauchen zum Durchlaufen der Strecke L_p gerade die Lebensdauer der Minoritätsträger L_p^2/D_p: Dieser Wert ist speziell bei den indirekten Halbleitern sehr groß (je nach Dotierung bei Ge, Si im Bereich von μs bis ms). Wegen der trägen Reaktion des Photostroms ist die Absorption in den Diffusionszonen unerwünscht. Durch hohe Dotierung des Halbleiters kann die Diffusionslänge der Träger und damit die Größe dieser Stromkomponente verringert werden. In der Raumladungszone erzeugte Trägerpaare werden durch das Feld getrennt. Als eigentliche Absorptionszone soll das undotierte Gebiet $-w_A \leq x \leq 0$ dienen (die Absorption von Licht im Bereich des n-Halbleiters kann in einer Nip-Heterodiode verhindert werden, wenn der N-Halbleiter einen Bandabstand $W_G > h f_L$ besitzt): In ihr soll die konstante Feldstärke E so groß sein, daß die Träger mit ihrer Sättigungsgeschwindigkeit laufen. Diese Sättigungsgeschwindigkeiten liegen im Bereich von $20\dots 80\,\mu$m/ns und werden bei Feldstärken im Bereich von einigen V/μm erreicht. Praktisch wird die Feldstärke in der Absorptionszone nicht konstant sein, weil selbst nominell undotierte Halbleiter leicht n- oder p-leitenden Charakter haben.

Eine hohe Grenzfrequenz verlangt eine kleine Trägerlaufzeit in der Sperrschicht und damit kleine Werte von w_A. Da die Sperrschichtkapazität mit abnehmendem w_A steigt, und damit die RC-Grenzfrequenz sinkt, gibt es vom Gesichtspunkt der Grenzfrequenz eine optimale Sperrschichtweite w_A. Damit ist aber die maximal mögliche Leistungsabsorption festgelegt, die im Fall $R_P = 0$, $d_n = d_p = 0$ den Wert $P_e[1 - \exp(-\alpha w_A)]$ besitzt. Eine hohe Grenzfrequenz (kleines w_A) impliziert eine geringe Empfindlichkeit (außer man strahlt das Licht parallel zum pn-Übergang ein). Wenn die Lichtleistung in der Absorptionszone $P_i(x)$ noch merklich ortsabhängig ist, ist es günstiger, das Licht in Bewegungsrichtung der schneller laufenden Träger einzustrahlen, weil dann ein größerer Prozentsatz der erzeugten Träger die Absorptionszone schneller verläßt (im gezeichneten Fall sollten die Löcher schneller laufen als die Elektronen, $v_p > v_n$). Von dieser Regel geht man in Heterostrukturen dann ab, wenn Sprünge im Verlauf der Valenzbandkante oder der Leitungsbandkante (s. Abb. 3.10) eine Trägersorte am Verlassen der i-Zone hindern können.

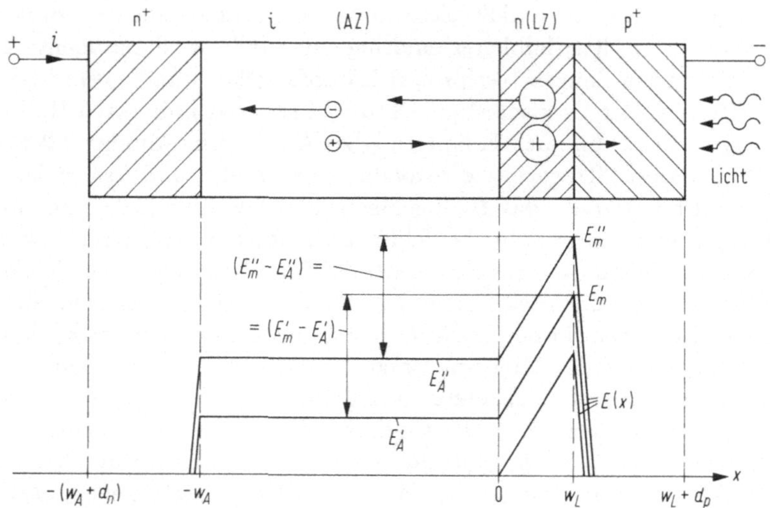

Abb. 4.2. Schema einer Lawinenphotodiode. AZ Absorptionszone (Länge w_A), LZ Lawinenzone (Länge w_L), $E(x)$ x-Komponente der elektrischen Feldstärke für drei verschiedene Werte der Sperrspannung, E_m maximale Feldstärke, E_A Feldstärke in der Absorptionszone

Abb. 4.2 zeigt das Schema einer APD. Das von rechts eingestrahlte Licht soll in der Absorptionszone absorbiert werden, es muß also $w_L + d_p \ll w_A$ sein, oder Lawinenzone und p$^+$-Zone müssen in einem Halbleiter mit $W_G > h f_L$ liegen. Von den erzeugten Primärträgern läuft eine Trägersorte (hier: die Löcher) in eine Hochfeldzone, in der sie durch Stoßionisation weitere Trägerpaare generiert, von denen jeder Träger seinerseits wieder innerhalb der Lawinenzone weitere Nachkommen hervorrufen kann. Eine Trägersorte (im gezeichneten Fall: die Elektronen) muß anschließend noch die Absorptionszone durchlaufen.

Für ein primäres Trägerpaar wird ohne Lawinenmultiplikation im äußeren Stromkreis eine Elementarladung e zwischen den Klemmen transferiert. Bei Lawinenverstärkung wird für ein primäres Trägerpaar im Mittel (die Lawinenverstärkung ist ein Zufallsprozeß) im äußeren Stromkreis die Ladung eM_0 transportiert, M_0 heißt Multiplikationsfaktor oder Lawinenverstärkung. $M_0 = \overline{m}$ ist der Erwartungswert einer Zufallszahl m, welche angibt, wieviele Trägerpaare insgesamt pro Primärträgerpaar erzeugt werden. Da auch thermisch generierte Trägerpaare vervielfacht werden, ist der im Volumen laufende Anteil des Dunkelstroms klein gegen den primären Photostrom zu halten.

Ionisierungskoeffizienten α_i (β_i) charakterisieren Elektronen (Löcher) in ihrer Fähigkeit, eine Stoßionisierung zu bewirken; $\alpha_i\,dx$ ($\beta_i\,dx$) ist der Erwartungswert der Anzahl der Trägerpaare, die ein Elektron (ein Loch) beim Durchlaufen der Strecke dx erzeugt. Es ist plausibel, daß größere Werte von M_0 erreicht werden, wenn man den stärker ionisierenden Träger in die Lawinenzone injiziert (im Fall von Abb. 4.2 müßte $\beta_i > \alpha_i$ sein); dafür ist auch die Varianz $\sigma_m^2 = \overline{m^2} - \overline{m}^2$ der Zufallszahl m der erzeugten Sekundärträgerpaare kleiner als bei Injektion des schwächer ionisierenden Trägers (diese Varianz σ_m^2 wird minimal, wenn die andere Trägersorte überhaupt nicht ionisiert, im Fall von Abb. 4.2 sollte $\alpha_i/\beta_i = 0$ sein). Sowohl für die Verstärkung als auch hinsichtlich des Rauschens ist es somit günstiger, die stärker ionisierende Trägersorte in die Lawinenzone zu injizieren; was das Rauschen betrifft, sollte die andere Trägersorte möglichst schwach ionisieren. Derartige APD mit einer räumlichen Trennung von Absorptions- und Lawinenzone (realisierbar mit Heterostrukturen) bezeichnet man als SAM-APD (separate amplification and multiplication region).

Auch hinsichtlich der Dynamik der Lawinenzone ist es günstiger, wenn nur eine Trägersorte ionisiert. Es sei vorausgesetzt, daß alle Träger in Abb. 4.2 im Intervall $-w_A \leq x \leq w_L$ mit ihren Sättigungsgeschwindigkeiten v_n, v_p laufen, und daß $\alpha_i/\beta_i = 0$ gelte. Dann verstreicht zwischen dem Einlaufen eines Lochs in die Lawinenzone bei $x = 0$ und dem Zeitpunkt, in dem das letzte, bei $x = w_L$ erzeugte Sekundärelektron die Lawinenzone bei $x = 0$ verläßt, das Intervall $\tau = w_L/v_p + w_L/v_n$ und die Bandbreite (proportional $1/\tau$) bleibt bei einer Änderung der Feldstärke in der Lawinenzone konstant. Die Ionisierungskoeffizienten α_i, β_i sind stark feldstärkeabhängig, und damit auch die Lawinenverstärkung M_0: Man prognostiziert somit im Fall $\alpha_i/\beta_i = 0$ eine von M_0 unabhängige, konstante, laufzeitbegrenzte Bandbreite der Lawinenzone.

Wenn $\alpha_i/\beta_i \neq 0$ ist, existiert ein Rückkopplungsmechanismus, weil rücklaufende Elektronen ihrerseits Trägerpaare erzeugen; das Intervall τ, nach dem der letzte Träger einer durch ein injiziertes Loch erzeugten Lawine die Lawinenzone verlassen hat (ebenfalls der Erwartungswert einer Zufallsgröße) wird desto größer, je größer M_0 ist, man erwartet in der Tendenz eine mit steigender Lawinenverstärkung M_0 sinkende Bandbreite. Bei einer bestimmten Feldstärke (der Durchbruchfeldstärke) wird die Lawine selbsterhaltend, $\tau \to \infty$.

Der Quotient α_i/β_i der Ionisierungskoeffizienten geht mit steigender Feldstärke gegen eins (s. Abschn. 4.1.3). Somit werden APD mit höherer Feldstärke in der Lawinenzone stärker rauschen: Das bedeutet, daß von zwei APD desselben Typs bei gleich groß eingestellten Werten der Lawinenverstärkung M_0 diejenige stärker rauscht, bei der die kleinere Durchbruchspannung gemessen wurde.

Da für eine APD mit hoher Bandbreite und geringem Eigenrauschen ein möglichst kleiner (oder möglichst großer) Wert für den Quotienten α_i/β_i gefordert wird, gibt es eine Reihe von Versuchen und Vorschlägen, mit Vielschichten-Heterostrukturen im Effekt α_i/β_i künstlich sehr klein (oder sehr groß) zu machen, und außerdem die Sekundärträgerpaare weniger „zufällig" als beim Lawineneffekt an definierten Stellen in definierter Anzahl entstehen zu lassen (dadurch wird das Eigenrauschen beim Multiplikationsprozeß reduziert); Literatur: [586] [372] [114, Kap. 11].

Man beachte (Abb. 4.2), daß sich die Differenz der maximalen Feldstärke E_m in der Lawinenzone und der Feldstärke E_A in der Absorptionszone nicht mehr ändert, sobald die beweglichen Träger durch eine anliegende Spannung U_B aus der Lawinenzone (ohne Beleuchtung) ausgeräumt sind. Bei Störstellenerschöpfung ist die Raumladungsdichte $\rho(x) = e n_D(x)$ (n_D Donatorenkonzentration), und man erhält

$$\frac{\mathrm{d}E}{\mathrm{d}x} = \frac{en_D}{\epsilon_0\epsilon_r}, \quad \rightarrow \quad E_m - E_A = \int_0^{w_L} \frac{en_D(x)}{\epsilon_0\epsilon_r}\,\mathrm{d}x. \tag{4.1}$$

Für hohe Dotierung der n^+-Zone und der p^+-Zone gilt

$$U_B = \int_{-(w_A+d_n)}^{(w_L+d_p)} E(x)\,\mathrm{d}x \approx E_A(w_A + w_L) + \int_0^{w_L} \mathrm{d}x \int_0^{x} \frac{en_D(x')}{\epsilon_0\epsilon_r}\,\mathrm{d}x', \tag{4.2}$$

und daraus folgt für die Änderung der Feldstärken bei einer Spannungsänderung

$$\mathrm{d}E_A = \mathrm{d}E_m = \frac{\mathrm{d}U_B}{w_A + w_L}. \tag{4.3}$$

Da M_0 empfindlich von E_m abhängt, bewirkt eine Spannungsänderung eine desto größere Änderung der Lawinenverstärkung, je kleiner $w_A + w_L$ ist, d. h. je höher bei kleinen Werten von M_0 die laufzeitbedingte Grenzfrequenz der APD ist.

4.1.2 Berechnung des Kurzschlußstroms

In einem Halbleitervolumen (kein äußeres Magnetfeld, das Eigenmagnetfeld der Ströme im Halbleiter werde vernachlässigt) gelten folgende Grundgleichungen: Die Kontinuitätsgleichungen (n_T, p Elektronen- und Löcherkonzentration; $\vec{J}_n$, $\vec{J}_p$ Stromdichten der Elektronen und Löcher; g_n, g_p, r_n, r_p Generations- und Rekombinationsraten von Elektronen und Löchern)

$$\begin{aligned}
\partial p/\partial t + \mathrm{div}\,\vec{J}_p/e &= g_p - r_p, \\
\partial n_T/\partial t - \mathrm{div}\,\vec{J}_n/e &= g_n - r_n;
\end{aligned} \tag{4.4}$$

die Transportgleichungen ($\vec{v}_n$, $\vec{v}_p$ Driftgeschwindigkeiten; D_n, D_p Diffusionskonstanten; μ_n, μ_p Beweglichkeiten, $\vec{E}$ elektrische Feldstärke)

$$\begin{aligned}
\vec{J}_p &= e p \vec{v}_p - e D_p\,\mathrm{grad}\,p, & \vec{v}_p &= \mu_p \vec{E}, \\
\vec{J}_n &= e n_T \vec{v}_n + e D_n\,\mathrm{grad}\,n_T, & \vec{v}_n &= -\mu_n \vec{E},
\end{aligned} \tag{4.5}$$

und die Gleichungen für das elektrische Feld (ρ Raumladungsdichte, $\vec{D}$ dielektrische Verschiebung)

$$\mathrm{div}\vec{D} = \rho, \qquad \vec{D} = \epsilon\vec{E}. \tag{4.6}$$

Die Dichte des Gesamtstroms ist quellenfrei:

$$\operatorname{div}\left(\vec{J}_n + \vec{J}_p + \frac{\partial \vec{D}}{\partial t}\right) = 0. \tag{4.7}$$

Diese Gleichungen werden für eindimensionale Verhältnisse auf einen i-Halbleiter (Abb. 4.3) angewendet. Die Feldstärke zufolge einer angelegten äußeren Spannung sei so groß, daß die Träger mit ihren Sättigungsgeschwindigkeiten

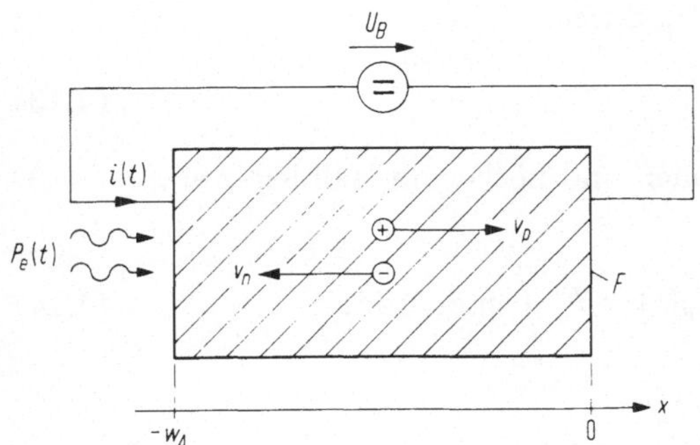

Abb. 4.3. i-Zone eines Photodetektors (eindimensionale Verhältnisse, F Querschnittsfläche); $v_n > 0$, $v_p > 0$ Sättigungsgeschwindigkeiten der Träger, $P_e(t)$ einfallende Lichtleistung, $i(t)$ Gesamtstrom, U_B Klemmenspannung eines Generators mit dem Innenwiderstand null

(ab hier mit v_n, v_p bezeichnet) laufen. Die Rekombinationsraten r_n, r_p seien vernachlässigbar (die Verweilzeit der Träger im Intervall $-w_A \le x \le 0$ sei klein gegen ihre Lebendauer), Diffusionsströme werden im Vergleich mit den Feldströmen vernachlässigt. Die Photogeneration soll alle anderen Generationsprozesse überwiegen, $g_p = g_n = g$ (wegen einer ausführlichen Diskussion dieser Annahmen s. [331]). Bei Einführung von Stromstärken i statt Stromdichten J (Querschnittsfläche F) erhält man aus Gl. (4.4)–Gl. (4.7)

$$\frac{1}{v_p}\frac{\partial i_p}{\partial t} + \frac{\partial i_p}{\partial x} = eFg, \qquad i_p = Fepv_p,$$

$$\frac{1}{v_n}\frac{\partial i_n}{\partial t} - \frac{\partial i_n}{\partial x} = eFg, \qquad i_n = Fen_T v_n, \tag{4.8}$$

sowie

$$\epsilon \frac{\partial E}{\partial x} = e(p - n_T), \qquad \frac{\partial}{\partial x}\left(i_n + i_p + F\epsilon \frac{\partial E}{\partial t}\right) = 0. \tag{4.9}$$

Mittelt man den zeitabhängigen Gesamtstrom

$$i(t) = i_n(x,t) + i_p(x,t) + F\epsilon \frac{\partial E(x,t)}{\partial t} \tag{4.10}$$

über das Intervall $-w_A \le x \le 0$, so erhält man wegen

$$\int_{-w_A}^{0} E(x,t)\,\mathrm{d}x = U_B \quad \rightarrow \quad \int_{-w_A}^{0} \frac{\partial E(x,t)}{\partial t}\,\mathrm{d}x = \frac{\mathrm{d}U_B}{\mathrm{d}t} = 0 \tag{4.11}$$

den Gesamtstrom ($=$ Kurzschlußstrom im äußeren Kreis, $dU_B = 0$) als Mittelwert der Summe der Trägerkonvektionsströme im Bereich $-w_A \leq x \leq 0$:

$$i(t) = \frac{1}{w_A} \int_{-w_A}^{0} \left[i_n(x,t) + i_p(x,t) \right] \mathrm{d}x. \tag{4.12}$$

Führt man die Trägerlaufzeiten τ_n, τ_p durch

$$w_A = v_n \tau_n = v_p \tau_p, \tag{4.13}$$

sowie die Gesamtanzahl der Elektronen und Löcher im Halbleiter ein,

$$N_n(t) = F \int_{-w_A}^{0} n_T(x,t)\,\mathrm{d}x, \qquad N_p(t) = F \int_{-w_A}^{0} p(x,t)\,\mathrm{d}x, \tag{4.14}$$

so folgt aus Gl. (4.12) mit Gl. (4.8)

$$i(t) = \frac{e}{\tau_n} N_n(t) + \frac{e}{\tau_p} N_p(t). \tag{4.15}$$

Die Lichtleistung im i-Gebiet $P_i(x,t)$ lautet unter der Voraussetzung $\alpha d_n \to 0$ (s. Abb. 4.1)

$$P_i(x,t) = P_e(t)(1 - R_P)\,\mathrm{e}^{-\alpha(x+w_A)}. \tag{4.16}$$

Laufzeiteffekte des Lichtes werden vernachlässigt. P_e, P_i sind klassische, über wenige optische Perioden gemittelte Leistungen. Der Anteil der einfallenden Leistung $P_e(t)$, der in der i-Zone absorbiert wird, ist der Quantenwirkungsgrad des Detektors

$$\eta = \frac{P_i(-w_A,t) - P_i(0,t)}{P_e(t)} = (1 - R_P)\left(1 - \mathrm{e}^{-\alpha w_A}\right). \tag{4.17}$$

Die mittlere Erzeugungsrate von Trägerpaaren ist gleich der mittleren Absorptionsrate von Photonen ($=$ absorbierte Leistung dividiert durch die Quantenenergie hf_L, für eine quantentheoretische Begründung s. [190, Kap. 4.3.2]; warum bei der Detektion im Strom keine zweite Harmonische entsteht, wie das bei einem klassischen Gleichrichter mit quadratischer Nichtlinearität der Fall wäre, wird in [190, Kap. 2.4.6] diskutiert). Die Generationsrate g ($\mathrm{cm}^{-3}\mathrm{s}^{-1}$) ist daher

$$g(x,t) = -\frac{1}{Fhf_L}\frac{\partial P_i(x,t)}{\partial x} = \frac{\alpha P_i(x,t)}{Fhf_L}. \tag{4.18}$$

Mit Gl. (4.16), Gl. (4.17) folgt

$$eFg(x,t) = \frac{\eta e}{hf_L}\,P_e(t)\,\frac{\alpha\,\mathrm{e}^{-\alpha(x+w_A)}}{1 - \mathrm{e}^{-\alpha w_A}}. \tag{4.19}$$

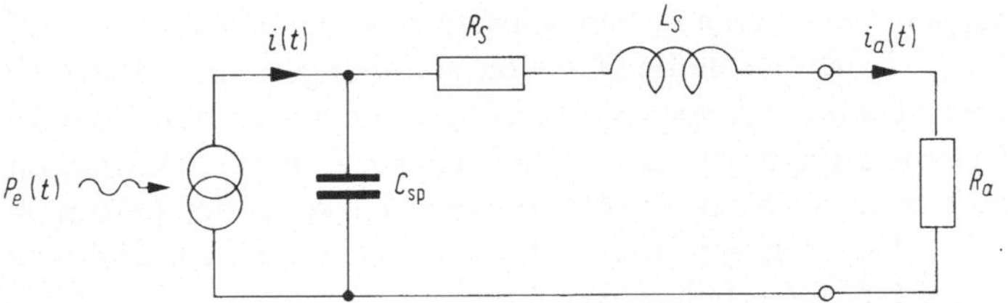

Abb. 4.4. Elektrisches Ersatzschaltbild eines Photodetektors. P_e einfallende Lichtleistung, C_{sp} Sperrschichtkapazität, R_S Serienwiderstand, L_S Serieninduktivität, R_a Arbeitswiderstand

Dieser Ausdruck ist in Gl. (4.8) einzusetzen. Der nach Gl. (4.12) oder Gl. (4.15) berechnete Strom $i(t)$ ist als Kurzschlußstrom in die Ersatzschaltung zu injizieren, s. Abb. 4.4. Bezeichnet man die Fourier-Transformierten von $i(t)$, $i_a(t)$ mit $I(f)$, $I_a(f)$, so erhält man für die Übertragungsfunktion vom Photodetektor zum Lastwiderstand R_a

$$H_S(f) = \frac{I_a(f)}{I(f)} = \frac{\omega_r^2}{(\mathrm{j}\,\omega)^2 + 2\gamma_r(\mathrm{j}\,\omega) + \omega_r^2},$$

$$\omega_r^2 = \frac{1}{L_S C_{sp}}, \qquad 2\gamma_r = \frac{R_S + R_a}{L_S}. \tag{4.20}$$

Werte der Schaltelemente sind: $C_{sp} = 0{,}04 \ldots 0{,}2\,\mathrm{pF}$; $R_S = 10 \ldots 50\,\Omega$; $L_S = 0{,}15 \ldots 0{,}5\,\mathrm{nH}$; $R_a = 50\,\Omega$ [551] [482] [254] [255] [72] [582] [562]. Die Sperrspannungen am Detektor liegen je nach Material und Breite der Sperrschicht im Bereich von einigen Volt bei pin-Dioden bis zu einigen hundert Volt bei APD. Die Sperrschichtkapazität C_{sp} kann nach der Formel für den Plattenkondensator berechnet werden (relative Dielektrizitätskonstanten ϵ_r sind in Abschn. 4.1.3 angegeben). Die Querschnittsflächen F der Dioden sind meist rund mit Durchmessern im Bereich von $7 \ldots 200\,\mu\mathrm{m}$, typisch im Bereich $30 \ldots 80\,\mu\mathrm{m}$.

4.1.3 Materialien und deren Eigenschaften

Von den Elementhalbleitern (s. Gl. (3.8)) ist Ge ($\epsilon_r = 16$) für den langwelligen Bereich geeignet (direkter Übergang für $\lambda < 1{,}55\,\mu\mathrm{m}$, indirekt für $\lambda < 1{,}85\,\mu\mathrm{m}$), Si für den kurzwelligen Bereich ($\epsilon_r = 11{,}7$, direkt für $\lambda < 0{,}36\,\mu\mathrm{m}$, indirekt für $\lambda < 1{,}1\,\mu\mathrm{m}$). Wegen des großen Verhältnisses der Ionisierungskoeffizienten $\alpha_i/\beta_i = 10 \ldots 100$ ist Si auch für APD hervorragend geeignet, sodaß Verbindungshalbleiter aus GaAs ($\epsilon_r = 13{,}1$, geeignet für $\lambda < 0{,}87\,\mu\mathrm{m}$) oder auf GaAs-Substrat sich gegen Si schwer durchsetzen können.

Im langwelligen Bereich (Halbleiterdaten s. Tabelle 3.2, Seite 148 und Tabelle 3.3, Seite 149) wird vor allem auf dem Substrat InP (transparent für $\lambda > 0{,}92\,\mu\mathrm{m}$, $\epsilon_r = 12{,}35$) gitterangepaßtes $\mathrm{In}_{0{,}53}\mathrm{Ga}_{0{,}47}\mathrm{As}$ — ab hier kurz als InGaAs bezeichnet — als Absorptionszone verwendet (geeignet für $\lambda < 1{,}65\,\mu\mathrm{m}$, $\epsilon_r = 13{,}6$ [429]). Die Differenz der Bandabstände $|\Delta W_G| = 0{,}6\,\mathrm{eV}$ (InP: $W_G = 1{,}35\,\mathrm{eV}$; InGaAs: $W_G = 0{,}75\,\mathrm{eV}$) führt zu Sprüngen in der Leitungsbandkante von $|\Delta W_L| = 0{,}2\,\mathrm{eV}$, in der Valenzbandkante von $|\Delta W_V| = 0{,}4\,\mathrm{eV}$

[133]. Bei einem isotypen nN-Übergang von schwach n-leitendem InGaAs auf n-leitendes InP addiert sich dazu noch die Diffusionsspannung dieses Übergangs von typisch ca. 0,22 eV: Dadurch liegen die Leitungsbandkanten von InGaAs und InP vor und nach dem Übergang praktisch auf gleicher Energie (dazwischen entsteht eine für Elektronen leicht zu durchtunnelnde Zacke in der Leitungsbandkante analog Abb. 3.10), wogegen sich die Potentialbarriere für Löcher aus dem InGaAs ins InP auf 0,62 eV erhöht [134].

Dies entspricht der Schichtenanordnung einer SAM-APD nach Abb. 4.2 mit InGaAs als Absorptionszone und dem pn-Übergang sowie der Lawinenzone im InP, wobei (wegen $\beta_i/\alpha_i > 1$ für InP) die Löcher aus dem InGaAs ins InP injiziert werden sollen. Obwohl sich bei hohen Feldstärken ($20\,\mathrm{V\mu m^{-1}}$) an der InGaAs/InP-Grenze die Barriere für die Löcher auf 0,2...0,3 eV verringern kann [134], stellt sie für den Frequenzgang der Diode ein Verzögerungsglied mit der Übertragungsfunktion der Barriere

$$H_B(f) = \frac{1}{1 + j\omega/e_h} \qquad\qquad (4.21)$$

dar, da die Löcher an der Diskontinuität akkumulieren und mit einer thermischen Emissionsrate e_h über die Potentialstufe gehoben werden. Je nach Höhe der Barriere und Abruptheit des Übergangs kann die Zeitkonstante Werte über 10 ns annehmen [255], mit entsprechend ungünstigen Folgen für den Frequenzgang des Detektors.

Durch eine Zwischenschicht aus $\mathrm{In_{0,69}Ga_{0,31}As_{0,67}P_{0,33}}$ ($\epsilon_r = 13{,}23$, $W_G = 0{,}92\,\mathrm{eV} \mathrel{\hat=} 1{,}35\,\mu\mathrm{m}$ [429]) oder drei Schichten aus (In,Ga)(As,P) (Bandabstände 0,8 eV; 0,95 eV; 1,13 eV [71]) kann die Barriere verschliffen werden. Dadurch reduziert man die Löcherakkumulation und reduziert die Zeitkonstante $1/e_h$ auf erträgliche Werte (z. B. $1/e_h = 4\,\mathrm{ps}$ [72]). Derartige Detektoren bezeichnet man als SAGM-APD, der Buchstabe G deutet auf „grading" (Abstufung) hin.

Im langwelligen Bereich kann noch GaSb (für $\lambda < 1{,}7\,\mu\mathrm{m}$) verwendet werden. Mit gitterangepaßten Schichten aus (Ga,Al)(As,Sb) oder mit leicht fehlangepaßten Schichten aus (Ga,Al)Sb können Detektoren mit Grenzwellenlängen $\lambda_G = 1{,}71\ldots0{,}78\,\mu\mathrm{m}$ erzeugt werden (beschränkt man sich auf den wegen der höheren Absorptionskonstanten interessanteren Bereich der direkten Halbleiter, s. Tabelle 3.2, Seite 148, so reduziert sich der Bereich auf $\lambda_G = 1{,}71\ldots1{,}25\,\mu\mathrm{m}$).

Besonders interessant ist $\mathrm{Ga_{0,935}Al_{0,065}Sb}$ ($W_G = 0{,}82\,\mathrm{eV} \mathrel{\hat=} 1{,}51\,\mu\mathrm{m}$): Wegen eines speziellen Resonanzeffektes (der Bandabstand W_G ist so groß wie der Abstand zwischen Valenzbandkante und der Bandkante des tieferliegenden, zufolge der Spin-Bahn-Kopplung abgespaltenen Löcherbandes) ist in diesem Material die Stoßionisierung durch Löcher sehr wahrscheinlich, so daß die für die Realisierung rauscharmer APD interessanten Werte $\beta_i/\alpha_i = 10\ldots20$ (für Feldstärken $E = 5\ldots3\,\mathrm{V\mu m^{-1}}$) erreicht werden [216] [525].

Abb. 4.5 stellt die Wellenlängenabhängigkeit der Absorptionskonstanten für Ge, Si, GaAs und ein spezielles (In,Ga)(As,P) dar. Einige weitere Werte für InGaAs sind [59]: $\alpha = 0{,}68\,\mu\mathrm{m^{-1}}$ für $\lambda = 1{,}55\,\mu\mathrm{m}$, $\alpha = 1{,}16\,\mu\mathrm{m^{-1}}$ für $\lambda = 1{,}36\,\mu\mathrm{m}$, $\alpha = 2{,}15\,\mu\mathrm{m^{-1}}$ für $\lambda = 1{,}06\,\mu\mathrm{m}$.

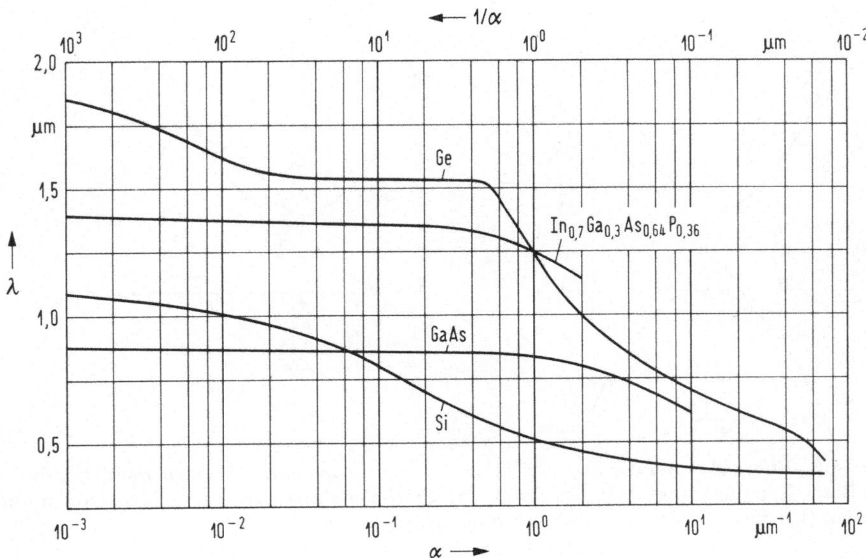

Abb. 4.5. Absorptionskonstanten α (Absorptionslängen $1/\alpha$) einiger Halbleitermaterialien

Die Ionisierungswahrscheinlichkeiten (und damit die Ionisierungskoeffizienten) hängen von einer Materialeigenschaft, der Ionisierungsenergie W_ion, und der tatsächlichen Energie W_T, die der ionisierende Träger im beschleunigenden Feld zwischen zwei Stößen aufnehmen kann, nach folgender Beziehung ab:

$$\alpha_i,\ \beta_i \sim \exp\left(-W_\mathrm{ion}/W_T\right), \quad W_T = eE\,l_\mathrm{LO}. \tag{4.22}$$

Dabei ist E die elektrische Feldstärke, l_LO die freie Weglänge des Trägers für Streuung an longitudinalen optischen Phononen (hochenergetische Gitterschwingungen, s. z. B. [216]).

Wie man unter Verwendung der Bandstruktur Gl. (3.9) bei Annahme gleicher effektiver Massen für Elektronen und Löcher nachrechnet, ist eine Stoßionisation unter Energie- und Impulserhaltung möglich (s. Abb. 4.6a), wenn das Leitungsbandelektron aus dem Feld mindestens die Energie $W_T = 3W_G/2$ aufgenommen hat; es geht unter Abgabe der Energie $4W_G/3$ vom Zustand A in den Zustand B, gleichzeitig wird ein Valenzbandelektron unter Aufnahme der Energie $4W_G/3$ von C nach B transferiert (Erzeugung eines Elektron-Loch-Paars). Je größer die effektive Masse der Löcher im Vergleich zu jener der Elektronen wird, desto mehr verringert sich die für Stoßionisierung nötige Energie W_T. Im Grenzfall $m_p \to \infty$ (Abb. 4.6b) erfolgen die Übergänge A→B, C→B unter Abgabe und Aufnahme der Energie $W_T = W_G$.

In Abb. 4.6b ist noch der erwähnte Resonanzfall für $Ga_{0,935}Al_{0,065}Sb$ skizziert, bei dem unter Energie- und Impulserhaltung ein Loch aus dem Zustand D unter Energieabgabe von $W_T = W_G$ nach E geht, und gleichzeitig ein Valenzbandelektron von E ins Leitungsband bei B transferiert (Erzeugung eines Elektron-Loch-Paars). Somit ist die nötige Trägerenergie für die Ionisierung

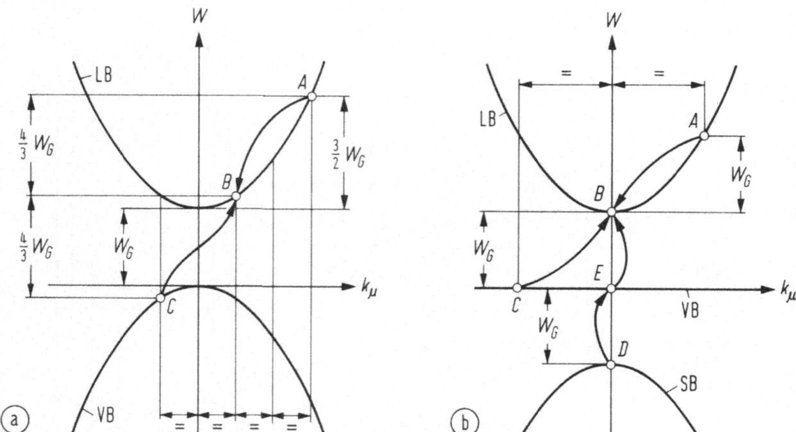

Abb. 4.6. Übergänge bei der Stoßionisation. LB Leitungsband, VB Valenzband, SB durch
Spin-Bahn-Kopplung abgespaltenes Band. (a) gleiche effektive Massen von Elektronen und
Löchern, (b) effektive Masse der schweren Löcher $m_p \to \infty$

durch Leitungsbandelektronen $W_G \leq W_T \leq 3W_G/2$, also größer als die Ionisierungsenergie $W_T = W_G$ für Löcher im Resonanzfall [216] [525].

	Elektronen		Löcher	
	$\alpha_{i\infty}/\mu\mathrm{m}^{-1}$	$E_\alpha/\mathrm{V}\mu\mathrm{m}^{-1}$	$\beta_{i\infty}/\mu\mathrm{m}^{-1}$	$E_\beta/\mathrm{V}\mu\mathrm{m}^{-1}$
Ge	1 550	156	1 000	128
Si	380	175	2 225	326
InP	555	310	198	229
InGaAsP	337	229	294	240
InGaAs	227	113	395	145

Tabelle 4.1. Parameter für die Ionisierungskoeffizienten in Gl. (4.23); für Ge, Si nach [543],
für InP und die gitterangepaßten Halbleiter InGaAsP mit $W_G = 0{,}92\,\mathrm{eV}$ und InGaAs nach
[429]

Wegen Gl. (4.22) können gemessene Werte der Ionisierungskoeffizienten an
Kurven der Form

$$\alpha_i = \alpha_{i\infty} \exp\left(-\frac{E_\alpha}{E}\right), \quad \beta_i = \beta_{i\infty} \exp\left(-\frac{E_\beta}{E}\right) \tag{4.23}$$

angepaßt werden (E ist die Feldstärke in $\mathrm{V}\mu\mathrm{m}^{-1}$). Die Werte für die Parameter
einiger Substanzen sind in Tabelle 4.1 zusammengestellt.

Abb. 4.7 zeigt den jeweils größeren der beiden Ionisierungskoeffizienten sowie den Quotienten der Koeffizienten als Funktion der Feldstärke. Beim Übergang von InP über gitterangepaßte Halbleiter (In,Ga)(As,P) zum InGaAs wech-
selt das Verhalten von $\beta_i > \alpha_i$ auf $\beta_i < \alpha_i$. Wegen der absolut gesehen kleinen
Werte von β_i für InP (Abb. 4.7a) sind für interessierende Lawinenverstärkungen
die Feldstärken (die Ionisierungsenergien) so groß, daß das Verhältnis $\beta_i/\alpha_i < 4$
ist. Bei APD aus InGaAs/InP nach Abb. 4.2 muß darauf geachtet werden, daß

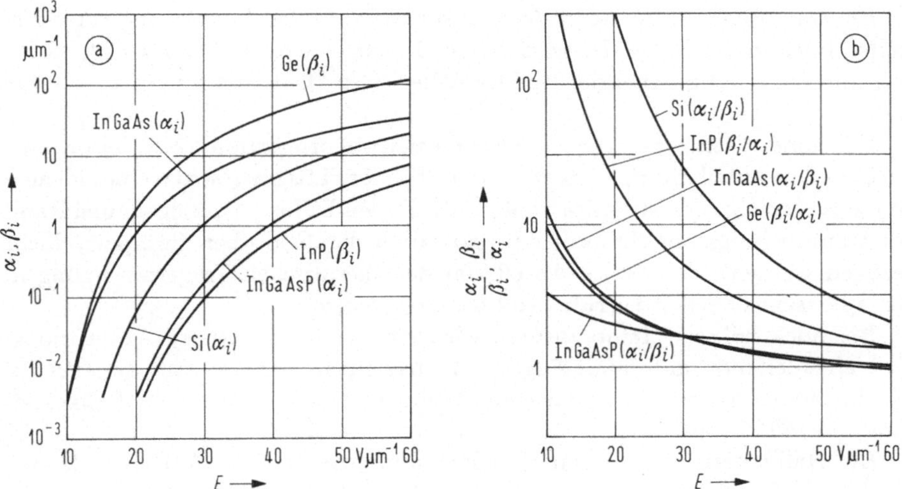

Abb. 4.7. Ionisierungskoeffizienten von Elektronen (α_i) und Löchern (β_i) als Funktion der elektrischen Feldstärke. (a) der jeweils größere Ionisierungskoeffizient für die angegebene Substanz, (b) Quotient der Ionisierungskoeffizienten

die Feldstärke im InGaAs nicht so hoch wird, daß auch dort Lawinenmultiplikation stattfindet (nach Abb. 4.7a setzt die Multiplikation im InGaAs wegen des kleineren Bandabstands schon bei wesentlich kleineren Feldstärken ein als im InP). Da im Gegensatz zum InP im InGaAs die Elektronen besser ionisieren, wäre das Ergebnis eine stark rauschende APD (bezüglich einer Optimierung der Dotierungen und Abmessungen s. [429]).

Im „resonant" stoßionisierenden (Ga,Al)Sb gilt $\beta_i = 0,2\ldots0,6\,\mu\mathrm{m}^{-1}$ für $E = 3\ldots5\,\mathrm{V}\mu\mathrm{m}^{-1}$ und $\beta_i/\alpha_i = 20\ldots10$ [216]; es gibt nur wenige Versuche, derartige APD zu realisieren [308].

Die Träger erreichen ihre Sättigungsgeschwindigkeiten $v_n = 84\,\mu\mathrm{m/ns}$, $v_p = 44\,\mu\mathrm{m/ns}$ in Si bereits bei Feldstärken von $2\,\mathrm{V}\mu\mathrm{m}^{-1}$. In InGaAs gelten Werte $v_n = 65\,\mu\mathrm{m/ns}$, $v_p = 48\,\mu\mathrm{m/ns}$ bei $E > 5\,\mathrm{V}\mu\mathrm{m}^{-1}$ [59], für InP ist $v_n = 70\,\mu\mathrm{m/ns}$, $v_p = 20\,\mu\mathrm{m/ns}$ [499], eine andere Arbeit berichtet $v_p = 50\,\mu\mathrm{m/ns}$ [582].

Der Dunkelstrom begrenzt die Empfindlichkeit eines Photodetektors und die maximal nutzbare Lawinenverstärkung bei einer APD. Er hat verschiedene Ursachen: Leckströme über die Oberfläche (sie sind für den APD-Betrieb nicht störend, weil sie nicht vervielfacht werden, außerdem können sie durch entsprechende Behandlung der Oberfläche weitgehend unterdrückt werden), und im Volumen fließende Ströme.

Die im Volumen entstehenden Anteile des Dunkelstroms sind desto kleiner, je weniger Störstellen der Halbleiter aufweist (Eigenleitungsdichten n_i bei Raumtemperatur: $1\cdot10^7\,\mathrm{cm}^{-3}$ für GaAs; $1,6\cdot10^{10}\,\mathrm{cm}^{-3}$ für Si; $2,4\cdot10^{13}\,\mathrm{cm}^{-3}$ für Ge, $1\cdot10^{14}\,\mathrm{cm}^{-3}$ für GaSb, $1,2\cdot10^{15}\,\mathrm{cm}^{-3}$ für InAs), aber i-Material ist in den meisten Fällen nicht herstellbar (so ist z. B. nominell undotiertes InGaAs leicht n-leitend mit $n_D \approx 1\cdot10^{15}\mathrm{cm}^{-3}$).

Bei Raumtemperatur steigt der Dunkelstrom zufolge Aktivierung von Störstellen etwa in der Mitte des verbotenen Bandes wie $\exp[-W_{\mathrm{ak}}/(kT_0)]$, wobei W_{ak} die Aktivierungsenergie der Störstelle ist (z. B. 0,7 eV für Si; 0,4 eV für Ge).

Für höhere Temperaturen ist der Dunkelstrom proportional $c_1 n_i^2 + c_2 n_i$, wobei der erste Anteil mit $n_i^2 \sim \exp[-W_G/(kT)]$ der Sättigungsstrom einer idealen Diode ist (zufolge der Minoritätsträger, die in den Diffusionszonen an den Rand der Raumladungszone diffundieren und durch das Feld über die Sperrschicht gezogen werden), der zweite Anteil von der thermischen Trägererzeugung in der Sperrschicht selbst herrührt (oft ist $c_2 n_i \gg c_1 n_i^2$).

Bei noch höheren Temperaturen wird eine schwach dotierte Absorptionszone eigenleitend, und damit folgt ein Dunkelstrom $\sim n_i \sim \exp[-W_G/(2kT)]$ (für hochohmiges, schwach p-leitendes Si mit $n_A = 1 \cdot 10^{14}$ cm^{-3} tritt Eigenleitung bei 150 °C ein).

Bei Halbleitern mit kleinem Bandabstand (wie bei InGaAs) tritt als entscheidende Dunkelstromkomponente wegen der starken Neigung der Bandkanten zufolge des Feldes in der Absorptionszone ein Band-Band-Tunnelstrom auf, der durch Störstellen im verbotenen Band weiter vergrößert wird (Diskussion der Tunnelströme in (Ga,Al)(As,Sb) und (In,Ga)(As,P) s. [525]). Tunnelströme sind von der elektrischen Feldstärke E stark abhängig, $i \sim E \exp(-c_E/E)$, und bringen bei SAM-APD ernste Probleme, wenn in einer Anordnung nach Abb. 4.2 die hohe Feldstärke im InP (30...40 Vμm^{-1}) noch ins InGaAs übergreift, in dem Tunnelströme bei Feldstärken > 20 Vμm^{-1} dominieren. Da andererseits (s. Bemerkung vor Gl. (4.21)) die Feldstärke an der Grenze zum InGaAs wegen der Potentialbarriere für die Löcher nicht zu klein sein darf (kleiner als 20 Vμm^{-1}), und außerdem eine Lawinenmultiplikation durch Elektronen im InGaAs vermieden werden muß, ist die Optimierung des Feldstärkeverlaufs (und damit des Dotierungsverlaufs) in einer InGaAs/InGaAsP/InP-SAGM-APD eine diffizile, für Verstärkung, Rauschen und Bandbreite entscheidende Aufgabe [429] [499] [231].

In Si liegen die Werte für thermisch erzeugte Dunkelströme bei 20 pA pro mm^3 des Sperrschichtvolumens. Typische Durchbruchspannungen von Si-APD (jene Spannung an der Diode, bei der ein sich selbst erhaltender Lawinendurchbruch eintritt) liegen im Bereich von 150...300 V.

Bei SAM-APD oder SAGM-APD mit InGaAs als Absorptionszone liegen die Tunnelstromdichten bei 90 % der Durchbruchspannung um $1 \cdot 10^{-4}$ Acm^{-2} (der Tunnelstrom wird in der Lawinenzone verstärkt!); typische Durchbruchspannungen betragen 70 V, bei 90 % dieser Spannung ist $M_0 = 50...70$ [429] [233]. Bei pin-Dioden aus InGaAs/InP liegen die Tunnelstromdichten wegen der kleineren Feldstärken etwa eine Größenordnung niedriger, typische Betriebsspannungen sind 10 V. Man beachte, daß bei der pin-Diode aus InGaAs/InP die Barriere für die Löcher im Valenzband kein Problem darstellt, wenn man in einer Anordnung nach Abb. 4.1 als „n-Halbleiter" n-InP verwendet, als „i-Halbleiter" nominell undotiertes, leicht n-leitendes InGaAs, und als „p-Halbleiter" p-InGaAs: In diesem Fall laufen die Löcher ohne Probleme vom n-InGaAs ins p-InGaAs, die Elektronen durchtunneln ohne Behinderung die schmale Potentialzacke im Leitungsband auf dem Weg vom n-InGaAs ins n-InP. Da in InGaAs $v_p < v_n$, nimmt man bei der Beleuchtung durch das n-InP eine leichte Verringerung der laufzeitbedingten Grenzfrequenz in Kauf.

Bei APD aus (Ga,Al)Sb wurde bei 90 % der Durchbruchspannung $M_0 = 10\ldots20$ gemessen (bei Tunnelstromdichten von $14\,\mathrm{Acm}^{-2}$, das ist ein Dunkelstrom von $0{,}1\,\mathrm{mA}$ bei einer Fläche von $30\,\mu\mathrm{m}$ Durchmesser [308]).

4.2 pin-Dioden

4.2.1 Die Dynamik der pin-Diode

Für die Absorptionszone einer pin-Diode (dargestellt in Abb. 4.8) gelten für die Konvektionsströme $i_p(x,t)$, $i_n(x,t)$ Gl. (4.8); der Generationsterm ist durch Gl. (4.19) gegeben: $P_e(t)$ bedeutet die einfallende Lichtleistung, der Quantenwirkungsgrad η wurde in Gl. (4.17) definiert, wobei für den Verlauf der Lichtleistung $P_i(x,t)$ im i-Gebiet die Funktion von Gl. (4.16) angesetzt wurde.

Setzt man formal $P_e(t) = \delta(t)$, so wird der nach Gl. (4.12) oder Gl. (4.15) berechnete „Kurzschlußstrom" $i(t)$ im äußeren Kreis als Impulsantwort $h_P(t;\mathrm{pin})$ bezeichnet (Dimension A/Ws, s. Abschn. 2.9.1; der Index P deutet an, daß der „Strom" die Antwort auf einen Dirac-Impuls der Licht*leistung* ist).

Setzt man eFg von Gl. (4.19) für $P_e(t) = \delta(t)$ in Gl. (4.8) ein, integriert über ein Intervall $-\Delta t \leq t \leq \Delta t$, und bildet den Grenzübergang $\Delta t \to 0$, so erhält man die „Konvektionsströme" zum Zeitpunkt $t = +0$:

$$\frac{1}{v_p}\,i_p(x,+0) = \frac{1}{v_n}\,i_n(x,+0) = \frac{\eta e}{h f_L}\,\frac{\alpha\,\mathrm{e}^{-\alpha(x+w_A)}}{1-\mathrm{e}^{-\alpha w_A}}. \tag{4.24}$$

Im betrachteten Fall ist $g(x,t) = 0$ für $t > 0$. Die homogenen Differentialgleichungen Gl. (4.8) werden durch beliebige Funktionen der Form $i_p(x,t) = i_p(x - v_p t)$, $i_n(x,t) = i_n(x + v_n t)$ gelöst. Lösungen, welche den Anfangsbedingungen Gl. (4.24) genügen, sind daher die anfänglichen Trägerverteilungen, die mit den Geschwindigkeiten v_p nach rechts, bzw. v_n nach links driften; $H(z)$ ist die Sprungfunktion; τ_n, τ_p sind die durch $w_A = v_p \tau_p = v_n \tau_n$ definierten Trägerlaufzeiten:

$$\left.\begin{array}{l} i_p(x,t) \\[2mm] i_n(x,t) \end{array}\right\} = \frac{\eta e}{h f_L}\,\frac{\alpha\,\mathrm{e}^{-\alpha w_A}}{1-\mathrm{e}^{-\alpha w_A}} \left\{\begin{array}{l} v_p\,\mathrm{e}^{-\alpha(x-v_p t)} \times \\[2mm] v_n\,\mathrm{e}^{-\alpha(x+v_n t)} \times \end{array}\right.$$
$$\times\,[\,H(t) - H(t-\tau_p)\,][\,H(x - v_p t + w_A) - H(x)\,],$$
$$\times\,[\,H(t) - H(t-\tau_n)\,][\,H(x + w_A) - H(x + v_n t)\,]. \tag{4.25}$$

Setzt man diese „Ströme" in Gl. (4.12) ein, so folgt die Impulsantwort

$$h_P(t;\text{pin}) = \frac{\eta e}{h f_L}\frac{1}{1 - e^{-\alpha w_A}}\left\{\frac{1 - e^{-\alpha(w_A - v_p t)}}{\tau_p}[H(t) - H(t - \tau_p)] + \right.$$

$$\left. + \frac{e^{-\alpha v_n t} - e^{-\alpha w_A}}{\tau_n}[H(t) - H(t - \tau_n)]\right\},\qquad(4.26)$$

$$\int_{-\infty}^{+\infty} h_P(t;\text{pin})\,dt = \frac{\eta e}{h f_L}.$$

$\eta e/h f_L$ ist die gesamte im äußeren Stromkreis transportierte Ladung: die absorbierte „Lichtenergie" für $P_e(t) = \delta(t)$ ist η, $\eta/(h f_L)$ ist daher die absorbierte Anzahl von Photonen; jedes Photon erzeugt ein Trägerpaar, welches seinerseits gerade zum Transport einer Elementarladung e über den äußeren Stromkreis führt.

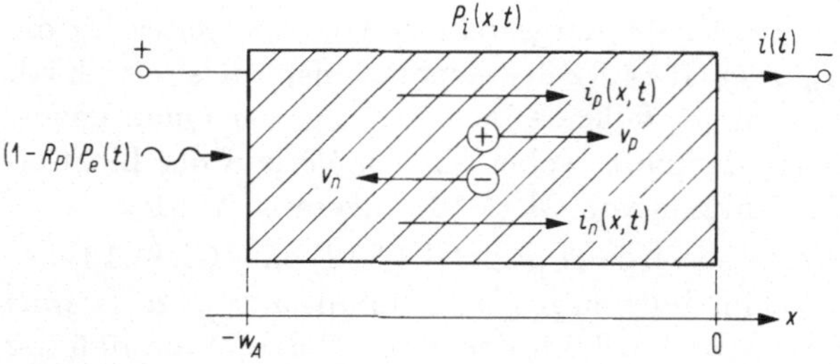

Abb. 4.8. Absorptionszone einer pin-Diode. P_e einfallende Lichtleistung, R_P Leistungsreflexionskoeffizient, $i(t)$ Kurzschlußstrom im äußeren Kreis, P_i Verlauf der Lichtleistung; i_p, i_n Konvektionsströme der Löcher und Elektronen; v_p, v_n Sättigungsgeschwindigkeiten, w_A Länge der Absorptionszone

Die Fourier-Transformierte $H_P(f;\text{pin})$ von $h_P(t;\text{pin})$ ist die Übertragungsfunktion der pin-Diode, s. z. B. [59]:

$$H_P(f;\text{pin}) = \frac{\eta e}{h f_L}\frac{1}{1 - e^{-\alpha w_A}}\left[\frac{1 - e^{-j\omega\tau_p}}{j\omega\tau_p} + \frac{e^{-\alpha w_A} - e^{-j\omega\tau_p}}{\alpha w_A - j\omega\tau_p} + \right.$$

$$\left. + \frac{1 - e^{-\alpha w_A}e^{-j\omega\tau_n}}{\alpha w_A + j\omega\tau_n} - e^{-\alpha w_A}\frac{1 - e^{-j\omega\tau_n}}{j\omega\tau_n}\right].\qquad(4.27)$$

Den Kurzschlußstrom $i(t;\text{pin})$ und dessen Fouriertransformierte $I(f;\text{pin})$ für eine beliebig zeitabhängige Beleuchtung $P_e(t)$ erhält man daher aus den Beziehungen

$$i(t;\text{pin}) = \int_{-\infty}^{+\infty} P_e(t')h_P(t - t';\text{pin})\,dt',$$

$$I(f;\text{pin}) = \check{P}_e(f)H_P(f;\text{pin}),\qquad(4.28)$$

wobei $\check{P}_e(f)$ die Fourier-Transformierte von $P_e(t)$ bedeutet. Nach Abb. 4.4 und Gl. (4.20) erhält man somit für die Fourier-Transformierte des Stroms im Lastwiderstand

$$I_a(f) = \check{P}_e(f)H_P(f;\text{pin})H_S(f).\qquad(4.29)$$

Es werden noch zwei Spezialfälle betrachtet: Für $\alpha w_A \to \infty$ erhält man für den Quantenwirkungsgrad aus Gl. (4.17)

$$\eta = 1 - R_P, \qquad (\alpha w_A \to \infty) \tag{4.30}$$

und für entsprechende Vergütungsschichten läßt sich $\eta \to 1$ erreichen. Aus Gl. (4.24) ergibt sich eine Anfangsverteilung der Konvektionsströme proportional $\delta(x + w_A)$, die gesamte Leistung wird bei $x = -w_A$ absorbiert (s. auch Abb. 4.8; man beachte, daß die Funktion $H(x)\alpha \exp(-\alpha x)$ für $\alpha \to \infty$ sich wie $\delta(x)$ verhält). Aus Gl. (4.26) und Gl. (4.27) erhält man

$$h_P(t; \text{pin}) = \begin{cases} \dfrac{\eta e}{h f_L} \left(\dfrac{1}{\tau_p} + \dfrac{1}{\tau_n} \right) & (t = 0), \\[2ex] \dfrac{\eta e}{h f_L \tau_p} [\, H(t) - H(t - \tau_p)\,] & (t > 0), \end{cases} \quad (\alpha w_A \to \infty) \tag{4.31}$$

$$H_P(f; \text{pin}) = \frac{\eta e}{h f_L}\, \mathrm{e}^{-\mathrm{j}\,\omega\tau_p/2}\, \frac{\sin(\omega\tau_p/2)}{\omega\tau_p/2}.$$

Im anderen Extremfall schwacher Absorption, $\alpha w_A \to 0$ erhält man

$$h_P(t; \text{pin}) = \frac{\eta e}{h f_L} \left\{ \frac{1 - t/\tau_p}{\tau_p} [\, H(t) - H(t - \tau_p)\,] + \right.$$
$$\left. + \frac{1 - t/\tau_n}{\tau_n} [\, H(t) - H(t - \tau_n)\,] \right\},$$
$$H_P(f; \text{pin}) = \frac{\eta e}{\mathrm{j}\,\omega\tau_p h f_L} \left[1 - \mathrm{e}^{-\mathrm{j}\,\omega\tau_p/2}\, \frac{\sin(\omega\tau_p/2)}{\omega\tau_p/2} \right] + \tag{4.32}$$
$$+ \frac{\eta e}{\mathrm{j}\,\omega\tau_n h f_L} \left[1 - \mathrm{e}^{-\mathrm{j}\,\omega\tau_n/2}\, \frac{\sin(\omega\tau_n/2)}{\omega\tau_n/2} \right].$$

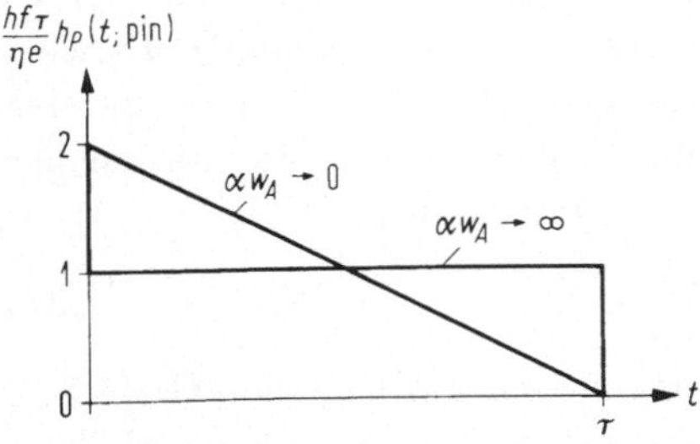

Abb. 4.9. Impulsantwort der pin-Diode im Spezialfall $v_p = v_n$ ($\tau_p = \tau_n = \tau$) für starke und schwache Absorption

Abb. 4.9 zeigt die Impulsantwort der pin-Diode im Fall starker und schwacher Absorption unter der speziellen Annahme gleicher Sättigungsgeschwindigkeiten der Träger, $v_p = v_n = w_A/\tau$.

Für die spätere Behandlung der APD wird noch die Reaktion der i-Zone von Abb. 4.8 auf einen Stromimpuls zufolge einer Elektroneninjektion bei $x = 0$ benötigt (die Absorptionszone wird nicht beleuchtet, $P_e(t) = 0$). Analog zu Gl. (4.24) und Gl. (4.25) gilt für die Anfangsbedingung und die Lösung

$$i_p(x, +0) = 0, \quad i_n(0, t) = \delta(t),$$
$$i_p(x, t) = 0, \quad i_n(x, t) = \delta(t + x/v_n)[\, H(t) - H(t - \tau_n)\,]. \tag{4.33}$$

Durch Einsetzen der Ströme in Gl. (4.12) erhält man die Impulsantwort auf
einen Dirac-Impuls des Stroms i_n, sie wird mit $h_I(t; \text{pin})$ bezeichnet:

$$h_I(t; \text{pin}) = \frac{1}{\tau_n}[\, H(t) - H(t - \tau_n)\,]. \tag{4.34}$$

Ihre Fourier-Transformierte ist

$$H_I(f; \text{pin}) = \mathrm{e}^{-\mathrm{j}\,\omega\tau_n/2}\,\frac{\sin(\omega\tau_n/2)}{\omega\tau_n/2}. \tag{4.35}$$

Der Kurzschlußstrom im äußeren Kreis einer Driftzone, in die ein beliebig zeit-
abhängiger Konvektionsstrom $i_n(0, t)$ an der Stelle $x = 0$ (s. Abb. 4.8) injiziert
wird, und dessen Fourier-Transformierte sind daher ($I_n(0, f)$ ist die Fourier-
Transformierte von $i_n(0, t)$)

$$i(t; \text{pin}) = \int\limits_{-\infty}^{+\infty} i_n(0, t')h_I(t - t'; \text{pin})\,\mathrm{d}t',$$
$$I(f; \text{pin}) = I_n(0, f)H_I(f; \text{pin}). \tag{4.36}$$

Impulsantwort und Frequenzgang von pin-Dioden (mit ausführlicher Diskussion
der vereinfachenden Annahmen) findet man in [331] [58] [59].

4.2.2   Grenzfrequenz, Quantenwirkungsgrad

Der Frequenzgang der äußeren Beschaltung der pin-Diode $H_S(f)$, siehe Gl.
(4.20), ist identisch mit dem Frequenzgang Gl. (3.184) der Laserdiode; es können daher die Ergebnisse Gl. (3.189) für die Resonanzfrequenz und Gl. (3.190)
für die 3-dB-Grenzfrequenz übernommen werden (s. auch Abb. 3.36). Es wird
nur der Frequenzgang des Kurzschlußstroms $I(f; \text{pin})$ von Gl. (4.28) zufolge
des Wechselanteils der Lichtleistung bei einer sinusförmigen Modulation der
Leistung mit konstanter Modulationsamplitude untersucht:

$$P_e(t) = P_0 + P_1\cos(\omega t) \quad (P_0 \geq P_1) \tag{4.37}$$

Betrachtet werden die Grenzfälle starker und schwacher Absorption Gl. (4.31),
Gl. (4.32), im Fall schwacher Absorption sei ferner $\tau_n = \tau_p = \tau$. Man erhält:

$$\frac{I(f; \text{pin})}{I(0; \text{pin})} = \mathrm{e}^{-\mathrm{j}\,\omega\tau_p/2}\,\frac{\sin(\omega\tau_p/2)}{\omega\tau_p/2}, \quad (\alpha w_A \to \infty),$$
$$\frac{I(f; \text{pin})}{I(0; \text{pin})} = \frac{1}{\mathrm{j}\,\omega\tau/2}\left[1 - \mathrm{e}^{-\mathrm{j}\,\omega\tau/2}\,\frac{\sin(\omega\tau/2)}{\omega\tau/2}\right], \quad (\alpha w_A \to 0). \tag{4.38}$$

Die 3-dB-Grenzfrequenz folgt aus

$$\left|\frac{I(f_{3\mathrm{dB}}; \text{pin})}{I(0; \text{pin})}\right| = \frac{1}{\sqrt{2}}. \tag{4.39}$$

Man berechnet

$$f_{3\mathrm{dB}} = \begin{cases} 0{,}44/\tau_p & (\alpha w_A \to \infty), \\ 0{,}55/\tau & (\alpha w_A \to 0,\ \tau_n = \tau_p = \tau). \end{cases} \tag{4.40}$$

Aus Gl. (4.17) erhält man für $\alpha w_A \to 0$ den Ausdruck $\eta = (1 - R_P)\alpha w_A$, und somit

$$\eta f_{3\mathrm{dB}} = 0{,}55\,(1 - R_P)\,\alpha v, \qquad (\alpha w_A \to 0). \tag{4.41}$$

Das Produkt von Quantenwirkungsgrad und Grenzfrequenz ist (wenn man $R_P = 0$ voraussetzt) nur von den Materialkonstanten α, v (Dämpfungskonstante, Sättigungsgeschwindigkeit der Träger) abhängig. Für InGaAs erhält man z. B. mit den Werten von Abschn. 4.1.3 bei $\lambda = 1{,}55\,\mu\mathrm{m}$ ($\alpha = 0{,}68\,\mu\mathrm{m}^{-1}$, $v = (v_n + v_p)/2 = 56{,}5\,\mu\mathrm{m/ns}$) $\eta f_{3\mathrm{dB}} = 21\,\mathrm{GHz}$, bei $\lambda = 1{,}36\,\mu\mathrm{m}$ ($\alpha = 1{,}16\,\mu\mathrm{m}^{-1}$, $v = 56{,}5\,\mu\mathrm{m/ns}$) den Wert $\eta f_{3\mathrm{dB}} = 36\,\mathrm{GHz}$.

Für $\alpha w_A \to 0$ lassen sich bessere Werte nur dadurch erreichen, daß das Licht parallel zum pn-Übergang in die Absorptionszone eingestrahlt wird. Dazu wird die pin-Diode ähnlich wie der Laser in Abb. 3.22a ausgeführt: An die Stelle der aktiven Zone tritt die Absorptionszone aus InGaAs; an die Stelle der n- und p-Heteroschichten tritt n-InP und p-InP; an die Anordnung wird Sperrspannung gelegt, und das Licht wird in z-Richtung in den InP/InGaAs/InP-Schichtwellenleiter eingekoppelt. Für diesen Wellenleiter gilt für eine InGaAs-Schicht der Dicke $w_A = 0{,}2\,\mu\mathrm{m}$ ein Feldkonzentrationsfaktor von $\Gamma = 0{,}4$ [59]. Ist α die Absorptionskonstante von InGaAs, so besitzt der Wellenleiter für den in z-Richtung laufenden vertikalen Grundmodus eine effektive Absorptionskonstante $\alpha\Gamma$. Wenn die Ausdehnung der pin-Diode in z-Richtung L und der Koppelwirkungsgrad (das Verhältnis der in den Wellenleitermodus eingekoppelten Leistung zur einfallenden Leistung) η_{kop} ist, lautet der Quantenwirkungsgrad dieses pin-Detektors

$$\eta = \eta_{\mathrm{kop}}\left(1 - e^{-\alpha\Gamma L}\right). \tag{4.42}$$

Mit den obigen Werten für α, Γ ist für $L > 10\,\mu\mathrm{m}$ $\eta \approx \eta_{\mathrm{kop}}$; da Werte von $\eta_{\mathrm{kop}} = 0{,}5$ realistisch sind, erreicht dieser Detektor unabhängig von der Grenzfrequenz (sie ist für kleine Schichtdicken w_A sinngemäß durch den Wert $0{,}55/\tau$ von Gl. (4.40) gegeben) und unabhängig von der Wellenlänge einen Quantenwirkungsgrad von $\eta \approx 0{,}5$. Da aber funktionsbedingt Löcher aus dem InGaAs ins p-InP laufen müssen, spielt der Frequenzgang der Barriere Gl. (4.21) eine Rolle: Hier müßte durch Anpassungsschichten (wie bei der SAGM-APD) für hinreichend große Werte der Emissionsrate e_h gesorgt werden. Für $w_A = 0{,}2\,\mu\mathrm{m}$ wäre die laufzeitbedingte Grenzfrequenz $124\,\mathrm{GHz}$.

Spielen Absorptionen in den Diffusionszonen eine Rolle (s. Abb. 4.1), so kann eine zugeordnete Grenzfrequenz folgendermaßen definiert werden: Träger mit der Diffusionskonstanten D entfernen sich im Zeitintervall τ um $\Delta x = \sqrt{D\tau}$ von der ursprünglichen Stelle. Für Δx wäre für die Verhältnisse von Abb. 4.1 die Strecke $x_n - x_{nD} = L_n$ einzusetzen (dafür ist τ gerade gleich der Lebensdauer der Minoritätsträger). Für einen „kurzen n-Halbleiter" (das Bahngebiet hat die

Länge null, die Diffusionszone hat die Länge $d_{\text{dif}} < L_n$) ist $\Delta x = d_{\text{dif}}$ zu setzen.
Damit läßt sich für den Diffusionsanteil eine Grenzfrequenz f_{dif} definieren

$$f_{\text{dif}} = \frac{1}{\tau} = \frac{D}{(\Delta x)^2} = \frac{\mu k T_0}{e(\Delta x)^2}. \tag{4.43}$$

Für „kurze n-Halbleiter" mit z. B. $\Delta x = 0{,}2\,\mu\text{m}$ berechnet man für GaAs (Si)
mit $\mu_n = 8\,500\,\text{cm}^2/\text{Vs}$ $(1\,500\,\text{cm}^2/\text{Vs})$ die Werte $f_{\text{dif}} = 540\,\text{GHz}$ $(94\,\text{GHz})$.
In diesem Beispiel ist die tatsächliche Grenzfrequenz nicht durch die Diffusion
bestimmt. Man beachte aber, daß $f_{\text{dif}} \sim 1/(\Delta x)^2$, und daß für $\Delta x = L_n$ (oder
L_p) bei indirekten Halbleitern wegen der großen Lebensdauer der Minoritäts-
träger (bis zu $\tau = 1\,\text{ms}$) die Grenzfrequenz auf $f_{\text{dif}} = 1\,\text{kHz}$ sinkt.

4.2.3 Bauformen

Für die Sperrschichtweite w in abrupten pn-Übergängen und für die Sperrschichtkapazität gelten die Beziehungen (n_A, n_D Dotierungskonzentrationen,
n_i Eigenleitungsdichte, $U_T = kT/e$ Temperaturspannung, U_D Diffusionsspannung, U an der Raumladungszone wirksamer Anteil der angelegten Sperrspannung, d. h. $U > 0$ bedeutet, daß die positive Klemme an den n-Halbleiter
angeschlossen wurde)

$$w = \sqrt{\frac{2\epsilon_0\epsilon_r(U_D + U)}{e}\left(\frac{1}{n_A} + \frac{1}{n_D}\right)},$$

$$C_{\text{sp}} = \frac{\epsilon_0\epsilon_r F}{w}, \qquad U_D = U_T \ln\frac{n_A n_D}{n_i^2}. \tag{4.44}$$

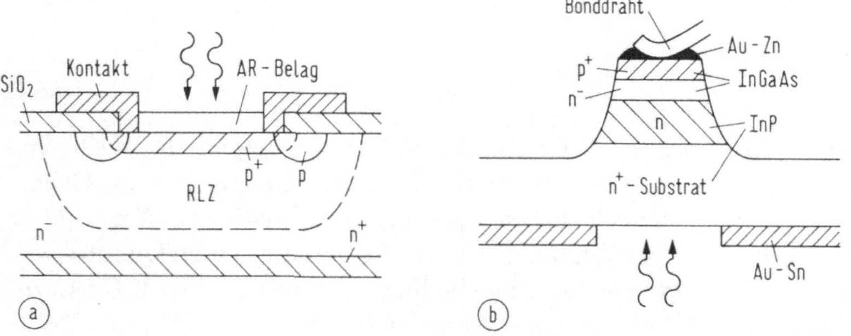

Abb. 4.10. pin-Dioden. (a) Planare Si-Diode. AR Antireflexschicht, RLZ Raumladungszone. (b) InGaAs/InP-Diode mit Mesastruktur und Beleuchtung durch das Substrat

Im kurzwelligen Bereich wird als Material überwiegend Si verwendet. Die
Absorptionslänge hat den Wert $1/\alpha = 15\,\mu\text{m}$ bei $\lambda = 0{,}85\,\mu\text{m}$. Bei der pin-
Diode von Abb. 4.10a wird das durch einen Antireflexbelag (SiO_2, Si_3N_4) in
den Halbleiter eintretende Licht in einer dünnen ($< 1\,\mu\text{m}$), durch Eindiffusion
von Störstellen erzeugten Deckschicht kaum absorbiert. Die Absorptionszone
besteht aus n^--Material (z. B. $n_D = 1{,}3 \cdot 10^{14}\,\text{cm}^{-3}$), das Licht wird (wie in

Abschn. 4.1.1 diskutiert) in Bewegungsrichtung der schneller laufenden Träger (in Si Elektronen) eingestrahlt. Ein p-Schutzring verhindert Randdurchbrüche bei hoher Sperrspannung. Die Breite der Raumladungszone ist für $U = 10\,\text{V}$, $n_D = 1{,}3 \cdot 10^{14}\,\text{cm}^{-3} \ll n_A$, $\epsilon_0 = 8{,}85 \cdot 10^{-12}\,\text{Fm}^{-1}$, $\epsilon_r = 11{,}7$ ungefähr $10\,\mu\text{m}$. Mit der mittleren Sättigungsgeschwindigkeit $v = (v_n + v_p)/2 = 64\,\mu\text{m/ns}$ folgt damit aus Gl. (4.40) eine laufzeitbedingte Grenzfrequenz um $3\,\text{GHz}$. Für eine Diode der Fläche $F = (200\,\mu\text{m})^2$, $R_S + R_a = 60\,\Omega$ (s. Gl. (4.20)) folgt eine RC-Grenzfrequenz von $6{,}4\,\text{GHz}$: Die Diode wäre somit laufzeitbegrenzt. Der Quantenwirkungsgrad für $R_P = 0$ läge nach Gl. (4.17) bei $\eta \approx 0{,}5$.

Im langwelligen Bereich wurden an realisierten pin-Dioden auf InGaAs/InP-Basis 3-dB-Grenzfrequenzen bis $67\,\text{GHz}$ gemessen [562], aber nach der Diskussion in Abschn. 4.2.2 sind Grenzfrequenzen bis weit über $100\,\text{GHz}$ mit hohem Quantenwirkungsgrad prinzipiell erreichbar. Entscheidend für hohe Grenzfrequenzen sind die elektrischen Eigenschaften (geeignete Montage), vor allem soll die Serieninduktivität $L_S \leq 0{,}2\,\text{nH}$ sein. Eine ausführliche Behandlung extrem breitbandiger pin-Dioden (Theorie, Meßmethoden, Fabrikationsmethoden) gibt [59]. Beispiele für Realisierungen sind [482] [551] [582] [220] [484] zu entnehmen.

Abb. 4.10b zeigt eine pin-Diode mit Mesa-Struktur: Auf n^+-InP-Substrat läßt man epitaktisch Schichten aus n-InP (als Pufferschicht, ca. $3\,\mu\text{m}$ dick, $n_D = 5 \cdot 10^{16}\,\text{cm}^{-3}$) und InGaAs ($1{,}2\,\mu\text{m}$ stark, nominell undotiert, $n_D = 3 \cdot 10^{14}\,\text{cm}^{-3}$) aufwachsen. Durch Eindiffusion von Zn wird $0{,}5\,\mu\text{m}$ von der Obergrenze entfernt ein p^+n-Übergang gebildet. Das seitliche Material wird abgeätzt (Mesa-Strukturen haben kleinere Kapazitäten). Die Beleuchtung erfolgt durch das Substrat, durch Reflexion des Lichtes am p-Kontakt erhöht sich der Quantenwirkungsgrad auf $\eta \approx 0{,}5$.

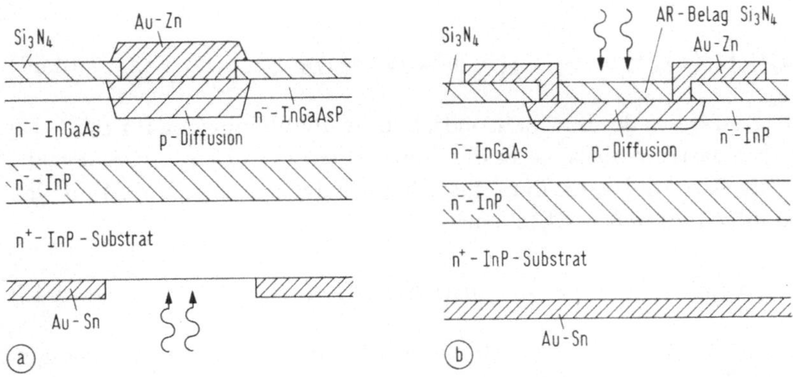

Abb. 4.11. Planare pin-Dioden aus InGaAs/InP. (a) Beleuchtung durch das Substrat. (b) Beleuchtung von oben, AR Antireflexbelag

Abb. 4.11 zeigt planare pin-Dioden. In Abb. 4.11a sind die aufgewachsenen Schichten aus InP, InGaAs und (In,Ga)(As,P) ($W_G = 0{,}95\,\text{eV} \, \hat{=} \, 1{,}3\,\mu\text{m}$) nominell undotiert, aber schwach n-leitend ($n_D \approx 10^{15}\,\text{cm}^{-3}$). Die Zn-p-Diffusion reicht ca. $1\,\mu\text{m}$ ins InGaAs, die Dicke der InGaAs-Absorptionsschicht beträgt je nach angestrebtem Quantenwirkungsgrad (und tolerabler Kapazität) $0{,}4\ldots 5\,\mu$m. An solchen Dioden wurde $\eta = 0{,}3\ldots 0{,}6$ gemessen. 3-dB-Grenzfrequenzen von 20 GHz und RC-Grenzfrequenzen von 80 GHz wurden erreicht. Mit ähnlichen, von oben beleuchteten Strukturen (Abb. 4.11b) wurde $\eta = 0{,}7$ bei $\lambda = 1{,}55\,\mu$m mit einer 3-dB-Grenzfrequenz von 25 GHz erreicht. Die Deckschicht ($0{,}5\,\mu$m dick) besteht aus n-InP ($n_D = 10^{16}$ cm^{-3}), durch die eine Zn-p-Diffusionsfront nur sehr flach ($0{,}1\,\mu$m) ins InGaAs vorgetrieben wird, um die Sperrschicht möglichst über den ganzen Bereich der $2\,\mu$m dicken InGaAs-Schicht auszudehnen ($n_D < 5\cdot 10^{15}$ cm^{-3}). Anstelle des n$^+$-InP-Substrats mit einer Pufferschicht aus n$^-$-InP kann die Diode auch auf semiisolierendem InP als Substrat aufgebaut werden. In diesem Fall tritt an die Stelle der Pufferschicht eine n$^+$-InP-Kontaktschicht ($n_D = 10^{19}$ cm^{-3}), an die seitlich ein Kontakt angebracht wird [582].

4.3 Lawinenphotodioden

4.3.1 Die Lawinenzone (Gleichstrombetrieb)

In der Lawinenzone $0 \le x \le w_L$ der APD nach Abb. 4.2 gelten ebenfalls die Voraussetzungen, die zu Gl. (4.8) für die Konvektionsströme führten, mit dem Unterschied, daß an die Stelle der Photogeneration (keine Lichtabsorption in der Lawinenzone!) die Generation durch Stoßionisierung tritt:

$$eFg(x,t) = \alpha_i i_n(x,t) + \beta_i i_p(x,t). \tag{4.45}$$

Betrachtet wird der Gleichstromfall $\partial/\partial t = 0$, die Konvektionsströme werden als $i_{n0}(x)$, $i_{p0}(x)$ bezeichnet, der injizierte Löcherstrom $i_{p0}(0)$ sei gegeben. Aus Gl. (4.8) folgt

$$\frac{\mathrm{d}}{\mathrm{d}x}[\,i_{p0}(x) + i_{n0}(x)\,] = 0, \;\; \rightarrow \;\; i_{p0}(x) + i_{n0}(x) = i_{L0}. \tag{4.46}$$

Der Gesamtstrom i_{L0} in der Lawinenzone ist von x unabhängig; da für $\partial/\partial t = 0$ kein Verschiebungsstrom fließt, ist er die Summe der ortsabhängigen Konvektionsströme. Mit Gl. (4.46) kann man die Differentialgleichung Gl. (4.8) für den Löcherstrom folgendermaßen schreiben:

$$\frac{\mathrm{d}i_{p0}(x)}{\mathrm{d}x} + [\,\alpha_i(x) - \beta_i(x)\,]\,i_{p0}(x) = \alpha_i(x)i_{L0}. \tag{4.47}$$

α_i, β_i sind nach Gl. (4.23) von der Feldstärke $E(x)$ und damit von x abhängig. Gl. (4.47) wird für gegebenes $i_{p0}(0)$ gelöst (man beachte, daß in Abb. 4.2 kein Elektron die Ebene $x = w_L$ durchquert, es ist also $i_{n0}(w_L) = 0$). Definiert man einen Multiplikationsfaktor für den Gleichstromfall durch

$$i_{L0} = i_{p0}(x) + i_{n0}(x) = i_{p0}(w_L) = M_0 i_{p0}(0), \tag{4.48}$$

so läßt sich die Lösung von Gl. (4.47) unter Verwendung von M_0 folgendermaßen schreiben:

$$i_{p0}(x) = i_{L0} \exp\left[-\int_0^x (\alpha_i - \beta_i)\,\mathrm{d}x'\right] \times$$

$$\times \left\{\frac{1}{M_0} + \int_0^x \alpha_i(x') \exp\left[\int_0^{x'} (\alpha_i - \beta_i)\,\mathrm{d}x''\right]\,\mathrm{d}x'\right\}. \tag{4.49}$$

Nimmt man an, daß $E(x)$ (und damit α_i, β_i) ortsunabhängig ist, kann Gl. (4.49) integriert werden. Aus $i_{p0}(x)$ an der Stelle $x = w_L$ erhält man

$$M_0 = \frac{(\beta_i - \alpha_i)\,\mathrm{e}^{(\beta_i - \alpha_i)w_L}}{\beta_i - \alpha_i\,\mathrm{e}^{(\beta_i - \alpha_i)w_L}} \quad \text{(Löcherinjektion)},$$

$$M_0 = \exp(\beta_i w_L) \qquad\qquad \text{(für } \beta_i/\alpha_i \to \infty\text{)}, \tag{4.50}$$

$$M_0 = \frac{1}{1 - \beta_i w_L} \qquad\qquad \text{(für } \beta_i/\alpha_i = 1\text{)}.$$

Falls nur die Löcher ionisieren ($\beta_i/\alpha_i \to \infty$), ist eine selbsterhaltende Lawine ($M_0 \to \infty$) nicht möglich; für endliche Werte des Quotienten tritt durch Steigern der Feldstärke (und damit Vergrößern von α_i, β_i mit der Tendenz $\alpha_i \to \beta_i$) irgendwann der Durchbruch ein (s. auch Diskussion der Lawinenmultiplikation in Abschn. 4.1.1).

Bei steigender Temperatur T sinken α_i, β_i (effizientere Energieabgabe der Träger an das Kristallgitter), ergo ist $\partial M_0/\partial T < 0$; mit steigender maximaler Feldstärke E_m (s. Abb. 4.2) steigt M_0, es gilt $\partial M_0/\partial E_m > 0$. Für APD soll die Betriebsspannung U_B so nachgeregelt werden, daß bei Temperaturänderungen $M_0(E_m, T)$ konstant bleibt. Aus $\mathrm{d}M_0 = 0$ erhält man unter Verwendung von Gl. (4.3)

$$\frac{\mathrm{d}U_B}{\mathrm{d}T} = -(w_A + w_L)\frac{\partial M_0/\partial T}{\partial M_0/\partial E_m} > 0. \tag{4.51}$$

Andererseits folgt für konstante Temperatur unter Verwendung von Gl. (4.3)

$$\frac{\mathrm{d}M_0}{\mathrm{d}U_B} = \frac{\partial M_0}{\partial E_m}\frac{\mathrm{d}E_m}{\mathrm{d}U_B} = \frac{\partial M_0/\partial E_m}{w_A + w_L} > 0. \tag{4.52}$$

Für „lange" Dioden muß daher die Spannung stark geändert werden (proportional $w_A + w_L$), um M_0 konstant zu halten. Andererseits ist aber bei langen Dioden und konstant gehaltener Temperatur M_0 unempfindlich gegen Spannungsänderungen.

Abb. 4.12 zeigt die Spannungsabhängigkeit von M_0: bevor die beweglichen Ladungen aus der Lawinenzone ausgeräumt sind (s. Abb. 4.2) steigt E_m stark mit u an, und dadurch steigt M_0. Wenn die Lawinenzone ausgeräumt ist, durchdringt das Feld die i-Zone, und E_m steigt nur noch schwächer als $\mathrm{d}u/(w_A + w_L)$ an, s. Gl. (4.3) (daher der Kennlinienknick in Abb. 4.12). Oberhalb des Knicks wird die Kennlinie durch die empirische Beziehung (n, U_{BR} Anpassungsparameter; U_{BR} ist die Durchbruchspannung)

$$M_0 = \frac{1}{1 - (u/U_{BR})^n} \tag{4.53}$$

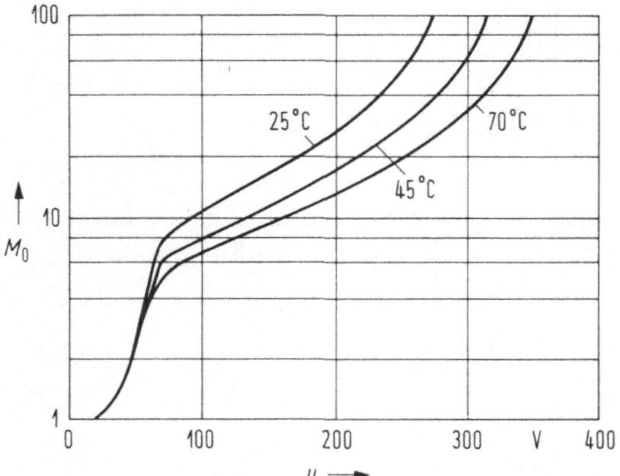

Abb. 4.12. Multiplikationsfaktor M_0 einer Si-APD bei verschiedenen Temperaturen als Funktion der Spannung u

genähert, wobei u jener Anteil der an den äußeren Klemmen anlegten Spannung ist, der in der trägerverarmten Zone abfällt. Der innere Serienwiderstand der Diode muß bei großen vervielfachten Strömen berücksichtigt werden, $u = U_B - R_{Si}i_{L0}$ (U_B ist die Spannung des an die Diode angelegten Spannungsgenerators). Für $U_B = U_{BR}$, $R_{Si}i_{L0} \ll U_{BR}$ folgt aus Gl. (4.53) unter Verwendung von Gl. (4.48)

$$M_0 = \frac{1}{1 - \left(1 - \frac{R_S i_{L0}}{U_{BR}}\right)^n} \approx \frac{U_{BR}}{n R_S M_0 i_{p0}(0)}, \tag{4.54}$$

und daraus

$$M_0 = \sqrt{\frac{U_{BR}}{n R_S}} \frac{1}{\sqrt{i_{p0}(0)}}, \quad i_{L0} = M_0 i_{p0}(0) = \sqrt{\frac{U_{BR}}{n R_S}} \sqrt{i_{p0}(0)}. \tag{4.55}$$

Selbst ohne Beleuchtung fließt ein endlicher Strom $i_{p0}(0)$ in die Lawinenzone (der Dunkelstrom der Löcher): M_0 in Gl. (4.55) ist daher die maximal ausnützbare Lawinenverstärkung, wenn man für $i_{p0}(0)$ die im Volumen fließende und daher vervielfachte Löcherkomponente des Dunkelstroms einsetzt. Aus Gl. (4.55) sieht man ferner, daß die APD bei hohen Strömen nichtlinear ist: es ist $i_{L0} \sim \sqrt{i_{p0}(0)}$, und nicht mehr wie in Gl. (4.48) $i_{L0} \sim i_{p0}(0)$.

4.3.2 Die Lawinenzone (quasistationäre Näherung)

Zur Lösung der zeitabhängigen Gl. (4.8) (mit $g(x,t)$ von Gl. (4.45)) in der Lawinenzone $0 \leq x \leq w_L$ der APD von Abb. 4.2 wird angenommen, daß die Summe der Konvektionsströme nicht vom Ort x abhängt und den Gesamtstrom $i_L(t)$ in der Lawinenzone darstellt:

$$i_p(x,t) + i_n(x,t) = i_L(t). \tag{4.56}$$

Diese Annahme bedeutet eine Vernachlässigung des Verschiebungsstroms, also Quasistationarität (man vergleiche mit Gl. (4.10)). Vereinfachend soll außerdem $v_p = v_n = v$ gesetzt werden. Aus Gl. (4.8) Gl. (4.45) folgt eine Differentialgleichung für $i_p - i_n$, die gelöst wird:

$$\frac{\partial}{\partial x}(i_p - i_n) - (\beta_i - \alpha_i)(i_p - i_n) = -\frac{1}{v}\frac{\mathrm{d}i_L}{\mathrm{d}t} + (\beta_i + \alpha_i)i_L,$$

$$i_p(x,t) - i_n(x,t) = C_1(t)\, \mathrm{e}^{(\beta_i - \alpha_i)x} + \frac{1}{(\beta_i - \alpha_i)v}\frac{\mathrm{d}i_L}{\mathrm{d}t} - \frac{\beta_i + \alpha_i}{\beta_i - \alpha_i}\, i_L. \tag{4.57}$$

$C_1(t)$ erhält man durch Einsetzen von $x = 0$ (beachte: $i_p - i_n = 2i_p - i_L$, $i_p(0,t)$ ist gegeben). $C_1(t)$ wird in die Lösung eingesetzt. Dann setzt man $x = w_L$ (beachte: $i_n(w_L, t) = 0$, $i_p(w_L, t) = i_L(t)$), und setzt ferner den aus Gl. (4.50) berechneten Ausdruck $\exp[(\beta_i - \alpha_i)w_L]$ ein. Man erhält nach Vereinfachung

$$(M_0 - 1)\tau_1 \frac{\mathrm{d}i_L(t)}{\mathrm{d}t} + i_L(t) = M_0 i_p(0, t),$$

$$2\tau_1 = \frac{1}{\beta_i v} = \frac{\tau_L}{\beta_i w_L}. \tag{4.58}$$

τ_L ist die Laufzeit der Träger in der Lawinenzone. Im Intervall $2\tau_1$ nach Einschalten eines Stroms i_p $(i_n(0,0) = 0)$ ändert sich i_L nach Gl. (4.58) um

$$\mathrm{d}i_L = 2\,i_p(0, 0), \tag{4.59}$$

und somit ist $2\tau_1$ die Stoßzeit für Trägerionisierung (jedes primäre Loch erzeugt in $2\tau_1$ zwei Sekundärträger = ein Trägerpaar). Die Stoßzeit ist abhängig von M_0: Durch Berechnen von $\beta_i w_L$ aus Gl. (4.50) und Einsetzen in Gl. (4.58) erhält man

$$2\tau_1 = \begin{cases} \tau_L M_0/(M_0 - 1) & \text{für } \alpha_i/\beta_i = 1, \\[2mm] \tau_L\left(1 - \frac{\alpha_i}{\beta_i}\right)\Big/\ln\left(\frac{\beta_i}{\alpha_i}\right) & \text{für } M_0 > M_0\alpha_i/\beta_i \gg 1, \\[2mm] \tau_L/\ln M_0 & \text{für } \alpha_i/\beta_i = 0. \end{cases} \tag{4.60}$$

$h_I(t; \mathrm{qst})$ (Fourier-Transformierte: $H_I(f; \mathrm{qst})$) sei die Impulsantwort der Lawinenzone, also die Lösung $i_L(t)$ von Gl. (4.58) für $i_p(0, t) = \delta(t)$ und Quasistationarität:

$$h_I(t; \mathrm{qst}) = \frac{M_0}{(M_0 - 1)\tau_1}\, H(t)\, \exp\left[-\frac{t}{(M_0 - 1)\tau_1}\right],$$

$$H_I(f; \mathrm{qst}) = \frac{M_0}{1 + \mathrm{j}\,\omega(M_0 - 1)\tau_1} = M(f). \tag{4.61}$$

Die Lösung $i_L(t)$ für einen Injektionsstrom $i_p(0, t)$ (Fourier-Transformierte: $I_L(f)$, $I_p(0, f)$) ist somit:

$$i_L(t) = \int_{-\infty}^{+\infty} i_p(0, t')h_I(t - t'; \mathrm{qst})\,\mathrm{d}t',$$

$$I_L(f) = I_p(0, f)\frac{M_0}{1 + \mathrm{j}\,\omega(M_0 - 1)\tau_1} = I_p(0, f)M(f). \tag{4.62}$$

Die Grenzfrequenz der Lawinenverstärkung ist

$$f_{3\mathrm{dB}} = \frac{1}{2\pi\tau_1(M_0 - 1)}.$$ (4.63)

Durch Einsetzen der Stoßzeit $2\tau_1$ aus Gl. (4.60) folgt

$$
\begin{aligned}
M_0 f_{3\mathrm{dB}} &= 1/(\pi\tau_L) & \beta_i/\alpha_i &= 1, \\
(M_0 - 1)f_{3\mathrm{dB}} &= \frac{1}{\pi\tau_L}\frac{\ln(\beta_i/\alpha_i)}{1 - \alpha_i/\beta_i} & M_0 &> M_0\alpha_i/\beta_i \gg 1, \\
(M_0 - 1)f_{3\mathrm{dB}} &= \ln M_0/(\pi\tau_L) & \beta_i/\alpha_i &\to \infty.
\end{aligned}
$$ (4.64)

Der Faktor $\ln(1/x)/(1-x)$ ändert sich schwach, für $x = 1\ldots 10^{-2}$ von $1\ldots 4{,}65$. Gl. (4.64) prognostiziert ein nahezu konstantes Lawinenverstärkungs-Bandbreite-Produkt. Die Aussage ist für $\alpha_i/\beta_i = 0$ sicher falsch, weil in dem Fall kein Rückkopplungsmechanismus existiert und eine konstante, von M_0 unabhängige Bandbreite erwartet wird (s. Abschn. 4.1.1, Diskussion der Lawinenmultiplikation). Außerdem liefert Gl. (4.58) im Fall $M_0 = 1$ die Aussage $i_L(t) = i_p(0,t)$, was offensichtlich nur bei Vernachlässigung der Laufzeiteffekte in der Lawinenzone stimmt.

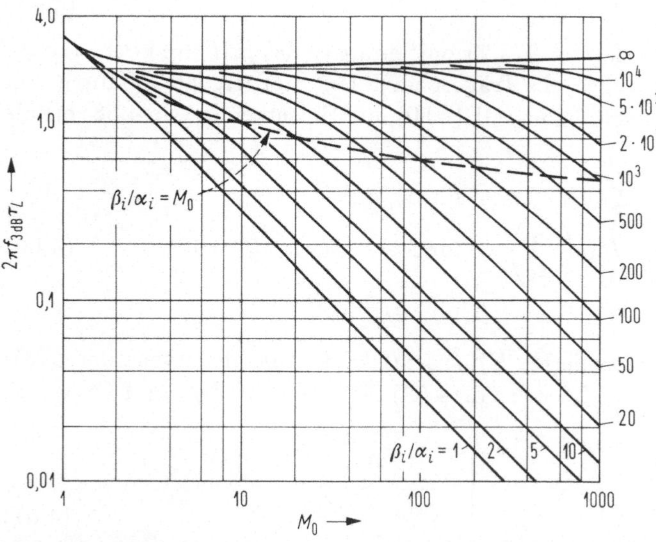

Abb. 4.13. Bandbreite der Lawinenverstärkung als Funktion von M_0 für verschiedene Werte von β_i/α_i und Löcherinjektion in die Lawinenzone (nach einer numerischen Auswertung des Frequenzgangs für instationäre Verhältnisse [119])

Abb. 4.13 zeigt $f_{3\mathrm{dB}}$ als Funktion von M_0 aus einer exakten Lösung von Gl. (4.8) mit Gl. (4.45) für Vorgänge $\sim \exp(\mathrm{j}\omega t)$ und einer Computerauswertung des Frequenzgangs nach [119]. Unterhalb der Grenzkurve $\beta_i/\alpha_i = M_0$ (also im Bereich $M_0\alpha_i/\beta_i > 1$) gibt die quasistationäre Lösung Gl. (4.64) die Tendenz $M_0 f_{3\mathrm{dB}} = \mathrm{const}$ wieder. Für $M_0\alpha_i/\beta_i < 1$ jedoch ist die Tendenz zu einer von

M_0 unabhängigen Bandbreite $f_{3\mathrm{dB}}$ bemerkbar, die von Gl. (4.64) nicht richtig wiedergegeben wird. Die quasistationäre Rechnung (Vernachlässigung des Verschiebungsstroms) versagt für $M_0\alpha_i < \beta_i$, also für dominante Ionisierung durch die injizierten Löcher ($M_0\alpha_i < \beta_i$ bedeutet, daß alle durch ein injiziertes Loch erzeugten M_0 Elektronen gemeinsam weniger Träger pro Längeneinheit erzeugen als ein einziges Loch).

Auch der Grenzwert $2\pi f_{3\mathrm{dB}}\tau_L = 2$ für $M_0 = 1$, $\beta_i/\alpha_i = 1$ aus Gl. (4.64) stimmt sichtlich nicht. Wenn man überlegt, daß für $M_0 = 1$ die Lawinenzone ein Laufzeitglied darstellt, würde man aus Gl. (4.40) den Wert $2\pi f_{3\mathrm{dB}}\tau_L = 0{,}44 \cdot 2\pi = 2{,}76$ prognostizieren, und dieser Wert wird durch die numerische Lösung in Abb. 4.13 offenbar erreicht. Die Schar der Kurven in Abb. 4.13 wird im Bereich $M_0\alpha_i/\beta_i > 1$ nach [119] annähernd durch die Funktion

$$M_0 f_{3\mathrm{dB}} = \frac{1}{\pi\tau_L} \frac{\alpha_i}{\beta_i} \frac{1}{2N} \tag{4.65}$$

wiedergegeben, wobei N ein Zahlenwert ist, der für $\beta_i/\alpha_i = 1 \ldots 10^{-3}$ im Bereich $N = 1/3 \ldots 2$ variiert. Nach obiger Überlegung sollte man $N = 1/2{,}76$ für $\beta_i/\alpha_i = 1$ setzen, um den richtigen Grenzwert der Laufzeitgrenzfrequenz zu erhalten.

4.3.3 Die Lawinenzone (instationäre Rechnung)

Da die Rechnung von Abschn. 4.3.2 für dominante Ionisierung durch einen Träger versagt, soll hier eine Lösung von Gl. (4.8), Gl. (4.45) im Extremfall $\alpha_i = 0$ für $v_p = v_n = v$ und beliebige Zeitabhängigkeit des Löcherinjektionsstroms $i_p(0,t)$ in die Lawinenzone der APD (s. Abb. 4.2) berechnet werden. Die Lösungen der partiellen Differentialgleichungen für die Randbedingung $i_n(w_L,t) = 0$ bei Vorgabe der Funktion $i_p(0,t)$ lauten:

$$\begin{aligned}
i_p(x,t) &= i_p(0, t - x/v)\, \exp(\beta_i x), \\
i_n(x,t) &= \beta_i \int_x^{w_L} i_p(0, t + x/v - 2x'/v)\, \exp(\beta_i x')\, \mathrm{d}x'.
\end{aligned} \tag{4.66}$$

Den Kurzschlußstrom $i_L(t)$ der Lawinenzone erhält man analog Gl. (4.12)

$$i_L(t) = \frac{1}{w_L} \int_0^{w_L} [\, i_n(x,t) + i_p(x,t) \,]\, \mathrm{d}x. \tag{4.67}$$

Der Strom $i_L(t)$ für $i_p(0,t) = \delta(t)$ sei die Impulsantwort $h_I(t;\mathrm{inst})$ für instationäre Rechnung (Fourier-Transformierte: $H_I(f;\mathrm{inst})$). Aus Gl. (4.66) und Gl. (4.67) folgt mit $M_0 = \exp(\beta_i w_L)$ von Gl. (4.50)

$$\begin{aligned}
h_I(t;\mathrm{inst}) = \frac{1}{\tau_L} \left[2M_0^{t/\tau_L} - \left(\sqrt{M_0}\right)^{t/\tau_L} \right] [\, H(t) - H(t - \tau_L) \,] + \\
+ \frac{1}{\tau_L} \left[M_0 - \left(\sqrt{M_0}\right)^{t/\tau_L} \right] [\, H(t - \tau_L) - H(t - 2\tau_L) \,],
\end{aligned} \tag{4.68}$$

und für die Fourier-Transformierte

$$H_I(f;\text{inst}) = \tag{4.69}$$
$$2\left[\frac{M_0\,e^{-j\,\omega\tau_L}-1}{\ln M_0 - j\,\omega\tau_L} - \frac{M_0\,e^{-2j\,\omega\tau_L}-1}{\ln M_0 - 2j\,\omega\tau_L} + M_0\frac{e^{-j\,\omega\tau_L}-e^{-2j\,\omega\tau_L}}{2j\,\omega\tau_L}\right].$$

Beide Impulsantworten (Gl. (4.61) und Gl. (4.68)) liefern

$$\int\limits_0^\infty h_I(t;\text{qst})\,dt = \int\limits_0^\infty h_I(t;\text{inst})\,dt = M_0, \tag{4.70}$$

d. h. die injizierte Ladung 1 (das Integral über dem Strom $\delta(t)$) wird mit M_0 multipliziert. Abb. 4.14 aber zeigt, daß sich die Impulsantworten für $\alpha_i/\beta_i = 0$ prinzipiell unterscheiden (in Gl. (4.61) wurde τ_1 durch den Wert aus Gl. (4.60) für $\alpha_i/\beta_i = 0$ ersetzt): Die „richtige" Impulsantwort ist nur für $0 \le t \le 2\tau_L$ von Null verschieden, mit einem Sprung der Größe M_0/τ_L bei $t = \tau_L$, die Impulsantwort der quasistationären Näherung erstreckt sich unphysikalisch über das Intervall $0 \le t < \infty$.

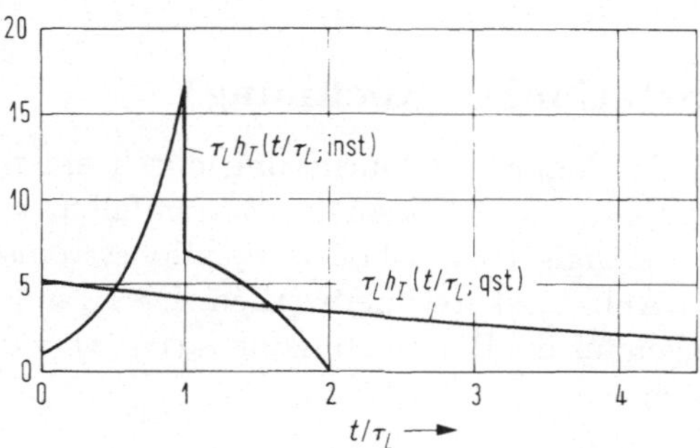

Abb. 4.14. Impulsantwort der Lawinenzone für $M_0 = 10$. Quasistationäre Rechnung $h_I(t;\text{qst})$ nach Gl. (4.61); instationäre Rechnung $h_I(t;\text{inst})$ nach Gl. (4.68)

Der Frequenzgang Gl. (4.69) hat für $M_0 \gg 1$, $\ln M_0 \gg \omega\tau_L$ die Form

$$H_I(f;\text{inst}) = M_0\,e^{-3j\,\omega\tau_L/2}\frac{\sin(\omega\tau_L/2)}{\omega\tau_L/2} \qquad M_0 \gg 1,\ \ln M_0 \gg \omega\tau_L, \tag{4.71}$$

und somit (vergleiche Gl. (4.38), Gl. (4.40)) die erwartete, von M_0 unabhängige 3-dB-Bandbreite

$$f_{3\text{dB}} = 0{,}44/\tau_L. \tag{4.72}$$

4.3.4 Die kombinierte Reaktion von Absorptions- und Lawinenzone

Der Kurzschlußstrom der APD von Abb. 4.2 kann in sinngemäßer Anwendung von Gl. (4.12) oder Gl. (4.15) berechnet werden; zu jedem Zeitpunkt muß die

Gesamtanzahl der Elektronen und Löcher in der Sperrschicht bekannt sein (das sind: durch Lichtabsorption erzeugte Primärträger und aus der Lawinenzone kommende sekundäre Elektronen im Bereich $-w_A \le x \le 0$, sowie Sekundärträger zufolge der Löcherinjektion in die Lawinenzone). Bezeichnet man die Anzahlen der primären und sekundären Elektronen und Löcher mit $N_n(t; \mathrm{prim})$, $N_n(t; \mathrm{sek})$; $N_p(t; \mathrm{prim})$, $N_p(t; \mathrm{sek})$, und laufen alle Träger in $-w_A \le x \le w_L$ mit ihren Sättigungsgeschwindigkeiten, so erhält man

$$i(t) = \tag{4.73}$$

$$\frac{e}{w_A + w_L} \left[v_n N_n(t; \mathrm{prim}) + v_n N_n(t; \mathrm{sek}) + v_p N_p(t; \mathrm{prim}) + v_p N_p(t; \mathrm{sek}) \right].$$

In [72] ist die sich ergebende Impulsantwort und deren Fourier-Transformierte angegeben (die Lawinenzone wurde dabei quasistationär erfaßt; dies ist für APD im langwelligen Bereich zu rechtfertigen, weil $M_0 \alpha_i > \beta_i$ in praktischen Fällen für Löcherinjektion in InP erfüllt ist).

Hier soll die Kombination von Absorptionszone und Lawinenzone der APD von Abb. 4.2 unter folgenden vereinfachenden Annahmen erfolgen: Die Absorption erfolge mit $\alpha w_A \to \infty$ bei $x = 0$; M_0 sei so groß, daß der durch die primären Elektronen und Löcher erzeugte Strom vernachlässigbar ist; die Lawinenzone sei so kurz gegen die Absorptionszone, daß die sekundären Löcher „augenblicklich" das Gebiet $0 \le x \le w_L$ verlassen und keinen Strombeitrag liefern ($w_L/w_A \to 0$). Es bleibt dann als einziger Beitrag jener der sekundären Elektronen, welche die Lawinenzone bei $x = 0$ verlassen und gegen $x = -w_A$ driften. Die Lawinenzone wird in quasistationärer Näherung behandelt.

Für einen Lichtimpuls $P_e(t) = \delta(t)$, der bei $x = 0$ absorbiert wird, ergibt sich in sinngemäßer Anwendung von Gl. (4.24) ein Injektionsstrom

$$i_p(0, t) = \frac{\eta e}{h f_L} \delta(t). \tag{4.74}$$

für die Lawinenzone. Die Reaktion der Lawinenzone ist nach Gl. (4.62)

$$i_n(0, t) = \frac{\eta e}{h f_L} h_I(t; \mathrm{qst}). \tag{4.75}$$

Die mit der Geschwindigkeit v_n nach links driftende Trägerwelle erzeugt einen Konvektionsstrom in $-w_A \le x \le 0$ der Form

$$i_n(x, t) = \frac{\eta e}{h f_L} h_I(t + x/v_n; \mathrm{qst}). \tag{4.76}$$

Der Kurzschlußstrom der APD (die Impulsantwort auf einen Impuls der Lichtleistung) ist

$$h_P(t; \mathrm{APD}) = \frac{1}{w_A} \int\limits_{-w_A}^{0} i_n(x, t)\,\mathrm{d}x. \tag{4.77}$$

Der Integrand ist für Zeiten $0 \le t \le \tau_n = w_A/v_n$ nur in $-v_n t \le x \le 0$ von Null verschieden, für $t \ge \tau_n$ aber im ganzen Intervall $-w_A \le x \le 0$. Das Ergebnis ist

$$h_P(t; \text{APD}) = \frac{\eta e M_0}{h f_L \tau_n} \begin{cases} 1 - e^{-\frac{t}{(M_0-1)\tau_1}}, & 0 \le t \le \tau_n \\[2ex] \left(1 - e^{-\frac{\tau_n}{(M_0-1)\tau_1}}\right) e^{-\frac{t-\tau_n}{(M_0-1)\tau_1}}, & t \ge \tau_n. \end{cases} \qquad (4.78)$$

Die Impulsantwort hat die Fourier-Transformierte (s. auch Gl. (4.35), Gl. (4.61))

$$H_P(f; \text{APD}) \qquad\qquad\qquad\qquad\qquad\qquad\qquad\qquad\qquad (4.79)$$

$$= \frac{\eta e}{h f_L} \frac{M_0}{1 + j\omega(M_0 - 1)\tau_1} \, e^{-j\omega\tau_n/2} \, \frac{\sin(\omega\tau_n/2)}{\omega\tau_n/2}$$

$$= \frac{\eta e}{h f_L} \, H_I(f; \text{qst}) \, H_I(f; \text{pin}),$$

welche erwartungsgemäß das Produkt der Frequenzgänge der Lawinenzone und der Laufstrecke ist. Für InGaAs/InP-SAGM-APD (s. Abschn. 4.1.3, Gl. (4.21)) ist noch der Frequenzgang der Anpassungsschicht zu berücksichtigen. Mit Gl. (4.35), Gl. (4.21), Gl. (4.61) folgt die Beziehung für die SAGM-APD

$$H_P(f; \text{SAGM}) = \frac{\eta e}{h f_L} \, H_I(f; \text{pin}) \, H_B(f) \, H_I(f; \text{qst}). \qquad (4.80)$$

Für beliebig zeitabhängige Beleuchtung $P_e(t)$ (Fourier-Transformierte $\check{P}_e(f)$) wird der Kurzschlußstrom der APD als $i(t; \text{SAGM})$ bezeichnet (seine Fourier-Transformierte mit $I(f; \text{SAGM})$); diesen Kurzschlußstrom gibt der Stromgenerator in Abb. 4.4 (der Strom $I(f)$ in Gl. (4.20)) in die äußere Schaltung ab:

$$I(f; \text{SAGM}) = \check{P}_e(f) \, H_P(f; \text{SAGM}),$$

$$i(t; \text{SAGM}) = \int_{-\infty}^{+\infty} P_e(t') \, h_P(t - t'; \text{SAGM}) \, dt'. \qquad (4.81)$$

Man beachte, daß für kleine Werte von M_0 im Frequenzgang Gl. (4.80) nicht der Faktor $H_I(f; \text{qst})$ dominiert (der $f_{3\text{dB}} = c_1/M_0$ prognostiziert, c_1 ist eine Konstante), sondern der Laufzeitfaktor $H_I(f; \text{pin})$; man beachte ferner, daß bei kleinen Werten von M_0 die primären Elektronen und Löcher nicht vernachlässigt werden dürfen (die in der zu Gl. (4.80) führenden Analyse tatsächlich vernachlässigt wurden). Unabhängig von einer Berücksichtigung oder Vernachlässigung der Primärträger ist aber die Folge, daß bei $M_0 \to 1$ die Grenzfrequenz $f_{3\text{dB}}$ gegen einen Wert $f_{3\text{dB}} < c_1$ geht: Für kleine M_0 wird die Dynamik durch Trägerlaufzeiten, und nicht durch die Aufbauzeit der Lawine begrenzt. Für typische SAGM-APD mit $w_A = 2\,\mu\text{m}$, $w_L = 1\,\mu\text{m}$ hat $f_{3\text{dB}}$ für $M_0 \to 1$ einen Wert um $10\,\text{GHz}$ [255] [72].

Der Frequenzgang von APD (instationäre Behandlung der Lawinenzone; Laufzeiteffekte, Potentialbarrieren, endliche Absorptionslängen werden berücksichtigt) wird mit einer Matrizenmethode in [223] analysiert.

4.3.5 Bauformen

Das Bandschema von Abb. 4.15a macht nochmals die in Abschn. 4.1.3 besprochenen Probleme der InGaAs/InP-APD deutlich: Ohne Anpassungsschicht akkumuliert Löcherladung an der Diskontinuität der Valenzbandkante und macht

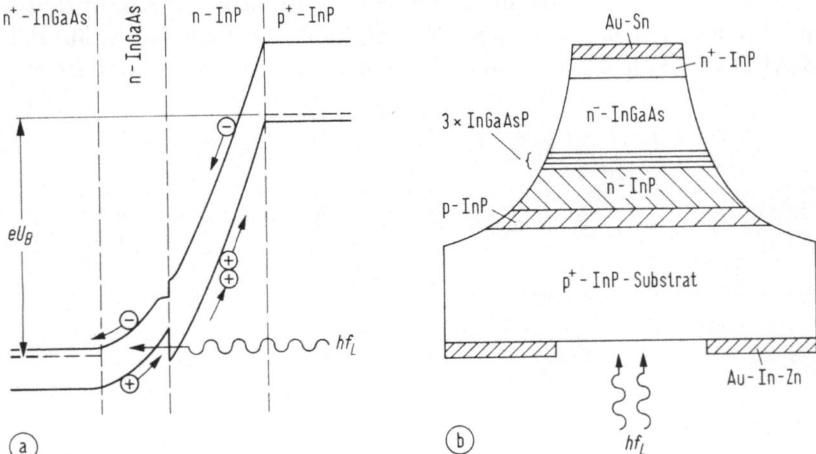

Abb. 4.15. InGaAs/InP-Lawinenphotodiode. (a) Bandschema bei angelegter Sperrspannung U_B (keine Anpassungsschicht am isotypen Heteroübergang). (b) SAGM-APD vom Mesa-Typ mit 3 Anpassungsschichten (nach [71])

die APD langsam, s. Gl. (4.21). Hohe Feldstärken am Heteroübergang bauen die Barriere zwar ab, erhöhen aber durch Tunneleffekt im InGaAs den Dunkelstrom und bringen die Gefahr einer Lawinenmultiplikation durch Elektronen im InGaAs (s. Abb. 4.7), die im InGaAs wegen des kleineren Bandabstandes bei kleineren Feldstärken einsetzt als im InP: dadurch entstünde hohes Rauschen (Kompromiß für die Feldstärke am Heteroübergang: ca. $20\,\mathrm{V}\mu\mathrm{m}^{-1}$). Wegen des hohen Bandabstandes sind zur Lawinenausbildung im InP ($\beta_i > \alpha_i$) hohe Feldstärken nötig ($30\ldots 40\,\mathrm{V}\mu\mathrm{m}^{-1}$), aber allzu hohe Feldstärken sind wegen der Tendenz $\beta_i/\alpha_i \to 1$ und des damit verbundenen vermehrten Rauschens unerwünscht. Optimale Feldstärkeprofile erfordern eine genaue Kontrolle der Dicke und Dotierungen der einzelnen Schichten (Optimierungsfragen s. [429], [231]). Typische Werte sind $w_A = 2\,\mu\mathrm{m}$ ($n_D = 1{,}5\cdot 10^{16}\,\mathrm{cm}^{-3}$), $w_L = 0{,}3\ldots 2\,\mu\mathrm{m}$ ($n_D = 1\cdot 10^{16}\ldots 2\cdot 10^{16}\,\mathrm{cm}^{-3}$), Dicke der Anpassungsschicht $0{,}2\ldots 0{,}5\,\mu\mathrm{m}$ ($n_D = 2\cdot 10^{15}\,\mathrm{cm}^{-3}$).

Für InGaAs/InGaAsP-SAGM-APD wurden Werte für $M_0 f_{3\mathrm{dB}}$ von $70\,\mathrm{GHz}$ erreicht, Werte von $140\,\mathrm{GHz}$ werden als möglich angesehen. Die laufzeitbedingte Grenzfrequenz $f_{3\mathrm{dB}}$ bei $M_0 \to 1$ hat Werte von $3\ldots 10\,\mathrm{GHz}$. Der Zusatzrauschfaktor $F_M(M_0)$ (s. Kapitel Rauschen) einer APD kann im Idealfall $\alpha_i/\beta_i = 0$ bei Löcherinjektion den Wert $F_M(M_0) = 2 - 1/M_0$ erreichen, für $\alpha_i/\beta_i \to 1$ (bei hohen Feldstärken) konvergiert er gegen $F_M(M_0) = M_0$: Die Frage, welche Multiplikationsfaktoren genutzt werden, orientiert sich daher an den Werten $F_M(M_0)$. Üblich soll der Wert des Zusatzrauschfaktors $F_M(M_0)$

deutlich kleiner als M_0 sein (Optimierungen werden oft für $M_0 = 10$ mit einem zugelassenen $F_M(M_0) = 4 \ldots 8$ durchgeführt). Literatur: [233] [429] [255] [499] [71] [231].

Abb. 4.15b zeigt den Aufbau einer SAGM-APD nach [71] mit drei Anpassungsschichten aus InGaAsP (je 700 Å dick, mit Bandabständen von 1,13 eV; 0,95 eV; 0,8 eV). Die Lawinenzone aus n-InP ist 0,55 μm dick, die Absorptionszone aus n^--InGaAs hat $w_A = 1,8\,\mu$m. Für $M_0 = 30$ ist $F_M(M_0) < 20$. Bei der SAGM-APD von Abb. 4.16a entsteht die spätere Lawinenzone durch Ionen-

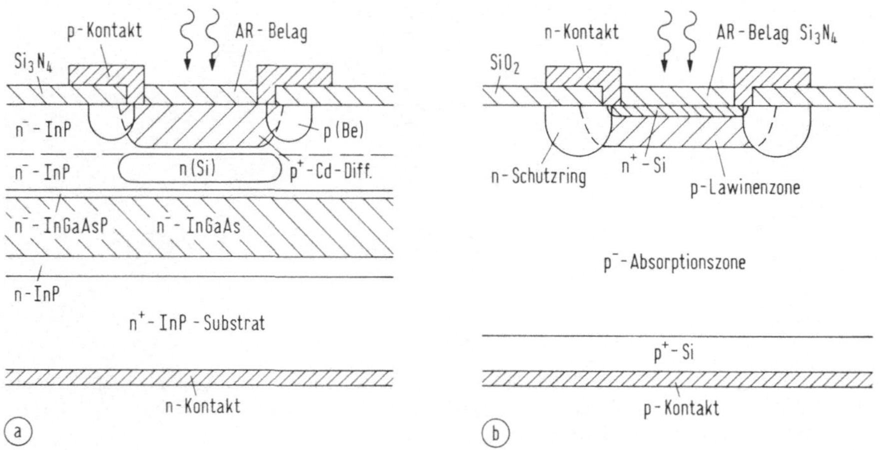

Abb. 4.16. Lawinenphotodioden. (a) Planare SAGM-APD nach [233]. (b) APD auf Si-Basis für den kurzwelligen Bereich

implantation von Si. Darauf läßt man eine weitere n^-InP-Schicht aufwachsen, in welcher eine p^+-Zone durch Eindiffusion von Cd und ein p-Schutzring durch Ionenimplantation von Be-Ionen erzeugt werden [233]. Die Diode erreicht maximal $M_0 = 70$, der multiplizierte Dunkelstrom ist $< 1\,$nA, die Durchbruchspannung beträgt 70 V. Anstelle des Antireflexbelags kann auch ein dielektrisches Interferenzfilter integriert werden (zum Einsatz des Detektors in Systemen mit Wellenlängenmultiplex [332]).

Eine APD aus $Ga_{1-x}Al_xSb$ ($x = 0,05$) erreichte ein Produkt $M_0 f_{3dB}$ von 90 GHz, Werte von 130 GHz werden für erreichbar angesehen [308].

Abb. 4.16b schließlich zeigt eine Si-APD: In Si müssen wegen $\alpha_i > \beta_i$ die Elektronen in die Lawinenzone injiziert werden. Die p-dotierte Lawinenzone wird durch Ionenimplantation von Bor (mit nachfolgender Diffusion) erzeugt, danach wird eine möglichst dünne (wenig Licht absorbierende) n^+-Zone durch Eindiffusion von Phosphor hergestellt. Das Licht wird in einer möglichst hochohmigen Schicht (spezifischer Widerstand $> 300\,\Omega$cm) absorbiert, deren Dicke je nach gewünschtem Quantenwirkungsgrad ca. $10 \ldots 20\,\mu$m beträgt (Si hat als indirekter Halbleiter bei $\lambda = 0,8 \ldots 0,9\,\mu$m Absorptionslängen $1/\alpha = 10 \ldots 20\,\mu$m). Wegen $\alpha_i \gg \beta_i$ erreicht man für $M_0 f_{3dB}$ Werte bis an 300 GHz, wegen der langen Absorptionszone liegt die laufzeitbedingte Grenzfrequenz f_{3dB} für $M_0 \to 1$ relativ niedrig (um 3 GHz).

Kapitel 5

Koppelelemente

Optische Koppelelemente sollen die verschiedenen Komponenten eines optischen Übertragungssystems miteinander verbinden. Die z-Achse sei als optische Achse (Hauptausbreitungsrichtung des Lichtfeldes) vereinbart. Die einfachsten Koppelanordnungen sind Stoßverbindungen von Fasern, wie sie im Fall einmodiger Wellenleiter in Abschn. 2.7.3, Abb. 2.23 diskutiert wurden. Die geometrische Anordnung beider Fasern (falls notwendig, unter Berücksichtigung eines Luftspalts und der Reflexionen an den Faserendflächen) ist dabei als Koppelelement zu betrachten.

Für einmodige Fasern, die ohne Luftspalt stoßgekoppelt sind, ist der Kopplungsgrad $\eta \equiv \eta_{01}$ aus Gl. (2.95) bzw. Gl. (2.110) oder Gl. (2.111) zu berechnen.

Für ein allgemeines Koppelelement wird mit $z = z_1$ die Eingangs- und mit $z = z_2 \geq z_1$ die Ausgangsbezugsebene bezeichnet; bei $z = z_1$ beträgt die Gesamtleistung P_1, bei $z = z_2$ registriert man die Gesamtleistung P_2 (jeweils geführte und nichtgeführte Moden). Kopplungsgrad η und Einfügungsdämpfungsmaß a_η (dB) definiert man durch

$$\eta = \frac{P_2}{P_1}, \qquad a_\eta = 10 \lg \eta^{-1} = 10 \lg \frac{P_1}{P_2}. \tag{5.1}$$

Gleichung (5.1) sagt nichts darüber aus, wie sich die Gesamtleistungen P_1, P_2 auf die Moden der tatsächlichen oder gedachten Wellenleiter verteilen, die an das Koppelelement in den Bereichen $z < z_1$ und $z > z_2$ anschließen. Mit den Modenleistungsverteilungen $P_1(\nu, \delta)$, $P_2(\nu, \delta)$ (Gl. (2.150)) in beiden Bezugsebenen und einer Modenleistungs-Transferfunktion $K(\nu, \delta; \nu', \delta')$ könnte das Koppelelement vollständiger durch die Beziehung

$$P_2(\nu, \delta) = \iint K(\nu, \delta; \nu', \delta') P_1(\nu', \delta') \, d\nu' \, d\delta' \tag{5.2}$$

charakterisiert werden; allerdings verhindern sowohl die Schwierigkeiten der theoretischen Beschreibung [447] [458] [278] als auch die Probleme der meßtechnischen Erfassung [369] [407] [389] [601] bei vielmodigen Fasern mit beispielsweise 500 Moden die praktische Anwendung von Gl. (5.2).

Die Modenumwandlungseigenschaften von Koppelelementen nehmen wesentlichen Einfluß auf die Dispersionseigenschaften einer vielmodigen Übertragungsstrecke, wenn die Streckenlänge kleiner als die Kopplungslänge L_c von Abschn. 2.9.5 ist; Gradientenfasern können Kopplungslängen von $L_c = 25\,\mathrm{km}$ aufweisen [279]. Auch die Streckendämpfung wird durch die Modenumwandlung in Koppelelementen beeinflußt. Zwischen zwei benachbarten Ebenen z_2', z_2'' ($z_2 < z_2' < z_2''$, $L = z_2'' - z_2'$) mit den Leistungen P_2', P_2'' in kleinem Abstand von der Ausgangsbezugsebene des Koppelelements kann selbst bei längs z homogener Faser ein anderes Dämpfungsmaß $a = 10\lg(P_2'/P_2'')$ (Gl. (2.49)) gemessen werden als in großer Entfernung $z_2', z_2'' \gg z_2$ von der Koppelstelle: Moden hoher Ordnung werden stärker bedämpft (selektive Modendämpfung) als Felder, deren Leistung fast vollständig auf den Kern konzentriert ist. Dicht hinter der Koppelstelle können im Vergleich zur Modenleistungsverteilung des anregenden Wellenleiters bevorzugt Moden hoher oder auch niedriger Ordnung vorhanden sein. Mißt man die Dämpfung durch die Leistungen P_2, P_2'' in den Ebenen $z = z_2$ und $z_2'' \gg z_2$ und berechnet das längenbezogene Dämpfungsmaß $10\lg(P_2/P_2'')/(z_2'' - z_2)$, so kann dieses vom längenbezogenen Dämpfungsmaß $10\lg(P_2'/P_2'')/(z_2'' - z_2')$ des Falles $z_2', z_2'' \gg z_2$ besonders stark abweichen.

Entsprechende Aussagen gelten für vielmodige, mehrtorige Koppelelemente. Die Modenabhängigkeit ist besonders bei Abzweigen störend, weil dadurch das Teilerverhältnis des einzelnen Kopplers in einer Kettenschaltung vom Abstand der vorangehenden Abzweige abhängt. Aus diesem Grund verwendet man bevorzugt einmodige Übertragungsstrecken mit einmodigen Koppelelementen.

5.1   Strahltransformatoren

Strahltransformatoren haben die Aufgabe, verschiedene Felder so aneinander anzupassen, daß deren Kopplungsgrad maximal wird; meist stellt sich die Aufgabe, entweder die Transversalfelder verschiedener Wellenleiter anzupassen, oder aber eine Lichtquelle an die Felder eines Wellenleiters anzukoppeln; η von Gl. (5.1) ist dabei zu maximieren. Im folgenden seien die Wellenleiter verlustfrei vorausgesetzt; Strahltransformatoren und Wellenleiter werden, wenn nichts anderes erwähnt ist, rotationssymmetrisch angenommen und in paraxialer Näherung beschrieben.

Grundsätzlich kann man mit (möglicherweise sehr komplizierten) verlustfreien optischen Transformatoren eine Anzahl von Freiraum- oder Wellenleitermoden in die gleiche Anzahl beliebiger anderer Moden umwandeln, wobei der Umwandlungsgrad $\eta = 1$ beträgt. Das liegt an der Poincaré-Invarianz des Phasenraumvolumens V_ϕ (s. Abschn. 2.1.7 Gl. (2.48) und folgender Text): Hat beispielsweise ein ebenes, strahlendes Objekt in der vorderen Bezugsebene ($z = z_1$, Mediumbrechzahl n_1 für $z < z_1$) des Koppelelements die Kreisfläche mit dem Radius r_1 und strahlt in einen Kegel mit halbem Öffnungswinkel γ_1 (Kegelachse normal zur Fläche), so erhält man in der hinteren Bezugsebene ($z = z_2$, Mediumbrechzahl n_2 für $z > z_1$) des Koppelelements die entsprechenden transformierten Größen r_2, γ_2. Nach Gl. (2.48) gilt für die (konstante) transversale Modenanzahl $M_T = \pi r_i^2\, n_i^2 \pi \sin^2 \gamma_i/\lambda^2$ mit $i = 1, 2$. Man erhält (erste Zeile von Gl. (5.3))

$$\pi r_1^2\, n_1^2 \pi \sin^2 \gamma_1 = \pi r_2^2\, n_2^2 \pi \sin^2 \gamma_2 = M_T \lambda^2 = \mathrm{const} \quad (\gamma_1, \gamma_2 < \pi/2), \qquad (5.3)$$

$$\Delta F_1\, n_1^2 \Delta\Omega_1 \;=\; \Delta F_2\, n_2^2 \Delta\Omega_2 \;= M_T \lambda^2 = \mathrm{const} \quad (\Delta\Omega_1, \Delta\Omega_2 \ll 2\pi).$$

Die zweite Zeile von Gl. (5.3) folgt, wenn man die abstrahlenden Flächen $\Delta F_i = \pi r_i^2$ einführt sowie die lichterfüllten Raumwinkel $\Delta\Omega_i = 2\pi \int_0^{\gamma_i} \sin\gamma_i'\, d\gamma_i' = 4 \times \pi \sin^2(\gamma_i/2)$, die paraxial $(\tan\gamma_i \approx \sin\gamma_i \approx \gamma_i)$ durch $\Delta\Omega_i \approx \pi\gamma_i^2$ genähert werden. In der Gestalt $r_1\, n_1 \sin\gamma_1 = r_2\, n_2 \sin\gamma_2$ ist die erste Zeile von Gl. (5.3) die sogenannte Abbesche Sinusbedingung [52, Abschn. 4.5.1] [190, Gl. (1-409)]; sie wird beispielsweise von paraxial abbildenden Linsen erfüllt: Gegenstandspunkte, die in der Achsenentfernung r_1 in der Bezugsebene $z = z_1$ liegen, werden durch paraxiale Strahlen der Divergenzwinkel $\gamma_1 \ll \pi/2$ in die Bezugsebene $z = z_2$ scharf abgebildet (kollineare Abbildung).

5.1.1 Linsen

Abbildende Elemente (Linsen) können entweder aus einem Material mit homogener Brechzahl aufgebaut sein, wobei die Formgebung für die gewünschte Phasenverzögerung der Felder bzw. für die gewünschte Brechung der Lichtstrahlen sorgt, man kann aber auch Wellenleiter mit transversal inhomogenem, parabolischem Brechzahlprofil zur Abbildung verwenden (GRIN-Linsen, *graded-index*). Man bemüht sich, durch entsprechende Vergütungsschichten die Fresnel-Reflexion (s. Abschn. 2.1.3 Gl. (2.30) ff.) an den Grenzflächen der Linsen klein zu halten und durch Oberflächenrauhigkeit verursachte Streuverluste [118] zu vermeiden. Da man meist optische Schmalbandsignale betrachtet, spielt die Wellenlängenabhängigkeit der Brechzahl keine wesentliche Rolle. Einen guten Überblick über Eigenschaften und Grenzen von Linsen in Kopplungssystemen der optischen Nachrichtentechnik bietet [396].

Kugel- und Plankonvexlinse

Abbildung 5.1a zeigt eine Kugellinse mit Radius R und Brechzahl n. Die Brennweite f wird von der Kugelmitte aus gemessen. Als freien Brennebenenabstand d_f bezeichnet man die Entfernung vom Brennpunkt bis zur nächsten Grenzfläche der Linse. A_{NL} ist die numerische Apertur, d. h. der Sinus desjenigen Grenzwinkels, unter dem vom Brennpunkt ausgehende Strahlung gerade noch von der Linse akzeptiert wird. Für die Kugellinse gilt [44, Abschn. I,9] [52, Abschn. 4.4.3]

$$f = \frac{nR}{2(n-1)}, \qquad d_f = \frac{2-n}{2(n-1)}\, R, \qquad A_{NL} = 2\,\frac{n-1}{n}. \tag{5.4}$$

Für die Brechzahlen $n = 1{,}5$; $1{,}82$; 2 erhält man $f = 1{,}5\,R$; $1{,}11\,R$; R sowie $d_f = 0{,}5\,R$; $0{,}11\,R$; 0 und $A_{NL} = 0{,}67$; $0{,}90$; 1. In Abb. 5.1a ist ein Strahl gezeichnet, der vom vorderen Brennpunkt einer Kugellinse mit $n = 1{,}5$ unter einem relativ großen Winkel von $32°$ zur optischen Achse ausgeht und die Linse unter einem Winkel von $-9{,}7°$ verläßt; in paraxialer Näherung hätte man unabhängig vom Eintrittswinkel einen Austrittswinkel von $0°$ zur optischen Achse erwartet. Diesen Linsenfehler nennt man sphärische Aberration; er ist auf die kugelige, nicht-parabolische Krümmung der Linsenflächen zurückzuführen [52, Abschn. 5.3 I] und für Koppelanordnungen der optischen

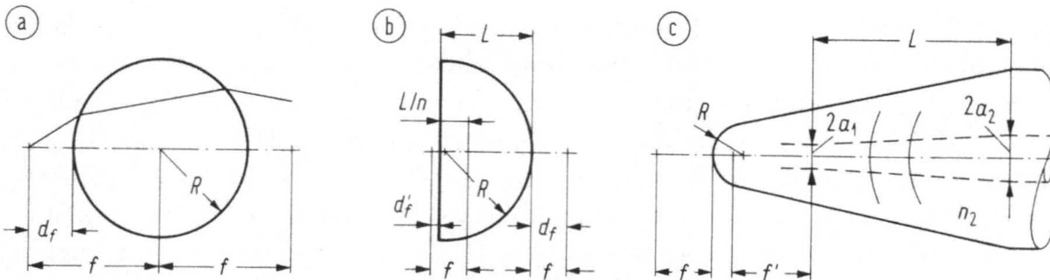

Abb. 5.1. Bauformen von Linsen.   (a) Kugellinse; Strahl mit Eintrittswinkel zur optischen Achse von $32°$ verläßt die Linse mit Austrittswinkel von $-9,7°$ (Glas, $n = 1,5$)   (b) Plankonvexlinse (Silizium, $n = 3,5$, $\lambda > 1,1\,\mu$m)   (c) Faserlinse vor Wellenleiter-Taper, Übergang vom Vakuum ($n = 1$) ins Medium ($n = n_2 \approx 1,5$), Länge L nicht maßstäblich

Nachrichtentechnik in [252] [253] unter Angabe weiterer Literatur diskutiert. Läßt man auf die Linse ein paralleles Strahlenbündel fallen, so schneiden sich nur die achsennahen Strahlen im Brennpunkt. Die sphärische Aberration wird umso größer, je weiter entfernt von der Achse der Strahl in der Linse propagiert. Häufig ist das Objekt sehr nahe bei der vorderen Brennebene gelegen; der maximale Objekt-Divergenzwinkel γ_1 liege fest. Will man die Transformationsfehler durch sphärische Aberration klein halten, so muß die Achsenentfernung desjenigen Strahls, der unter dem Maximalwinkel γ_1 in die Linse eintritt, gering sein, so daß d_f und damit der Linsenradius R unter diesem Gesichtspunkt möglichst klein gewählt werden sollten (unter Beachtung von $d_f > 0$; ist $d_f < 0$, liegt der Brennpunkt *innerhalb* der Linse). Günstig ist auch eine Erhöhung der Brechzahl, wobei für $d_f > 0$ die Bedingung $n < 2$ gilt. Kugellinsen haben $R = 0,05\ldots2$; 3; 5 mm, bestehen meist aus Glas (Fa. Schott, Typ LaSF 9) und haben bei $\lambda = 0,63$; 0,85; 1,3; 1,55 μm Brechzahlen von $n = 1,84$; 1,83; 1,82; 1,81 [360, Seite 18-46]. Bei Saphir-Linsen stört die Doppelbrechung des Materials.

Soll die Brechzahl darüber hinaus erhöht werden, damit der Strahl auf seinem Weg durch die Linse sich möglichst wenig von der Achse entfernt, so muß man die Linsenform verändern, wenn der Brennpunkt außerhalb der Linse bleiben soll. Bewährt hat sich die Plankonvexlinse von Abb. 5.1b mit einer Achsenlänge L. Es gilt (s. Abb. 5.1b) [44, Abschn. I,9] [52, Abschn. 4.4.3]

$$f = R/(n-1), \qquad d'_f = f - L/n, \qquad d_f = f. \tag{5.5}$$

Üblich sind Silizium-Plankonvexlinsen der Brechzahl $n = 3,5$ im Wellenlängenbereich $\lambda > 1,1\,\mu$m, wo das Material nach Abschn. 4.1.3 Abb. 4.5 eine geringe Absorption hat. Mit $n = 3,5$ ist $f = 0,4\,R$ und $d_f = [0,4 - (L/R)/3,5]R$, so daß $d_f > 0$ nur für Länge-Radius-Quotienten von $L/R < 1,4$ möglich ist. Ein Gaußscher Strahl habe seine Strahltaille der Fläche ΔF_1 in der vorderen Brennebene einer Linse und strahle in den Raumwinkel $\Delta\Omega_1$; Si-Plankonvexlinsen der Brennweite $f = 250\,\mu$m mit $L/R = 1,4$ fokussieren dann in die entsprechenden Bereiche ΔF_2, $\Delta\Omega_2$ der (paraxialen) hinteren Brennebene über 4mal mehr Leistung als Glas-Kugellinsen (Fa. Schott, Typ LaSF N 18) gleicher Brennweite mit $n = 1,88$ bei $\lambda = 1,3\,\mu$m und $d_f = 16\,\mu$m [253, Abb. 7, 9].

Allgemein haben Bikonvex- und Plankonvexlinsen im Vergleich zu Linsen mit gleichen Krümmungsradien an Vorder- und Rückfläche dann eine geringere sphärische Aberration, wenn die Fläche mit stärkerer Krümmung der schwächer gekrümmten Phasenfront und die Fläche mit kleinerer Krümmung der stärker gekrümmten Phasenfront zugekehrt ist, d. h. wenn sich die Brechung auf beide Linsenflächen möglichst gleichmäßig verteilt [44, Abschn. I,10] [162, Abschn. 2.6.2]. Demnach müßte in Abb. 5.1b eine Laserquelle, deren Feld aufzuweiten ist, vom Fokus links der ebenen Fläche auf die Plankonvexlinse strahlen.

Für eine sphärische Fläche, die wie in Abb. 5.1c einen aus dem Vakuum $n = 1$ ankommenden Lichtstrahl in ein Medium der Brechzahl $n = n_2$ bricht, gelten unterschiedliche Brennweiten in beiden Medien; die Brennweite f im Vakuum entspricht der einer Plankonvexlinse Gl. (5.5), die Brennweite f' im Medium ist dagegen um den Faktor n_2 größer,

$$f = R/(n_2 - 1), \qquad f' = n_2 f. \tag{5.6}$$

Solche Anordnungen sind bei Strahltransformatoren mit axial inhomogenen Fasern und angeschmolzenen Linsen von Bedeutung. Für $n_2 = 1,5$ ist $f = 2\,R$ und $f' = 3\,R$.

Zylinderlinse

Die Abb. 5.1a,b können als Schnitte durch Zylinderlinsen normal zu den Erzeugenden des Zylinders aufgefaßt werden. Brennweiten und Brennebenenabstände sind nach Gl. (5.4), (5.5) zu berechnen. Für Lichtstrahlen, deren Einfallsebenen senkrecht zur Zeichenebene und parallel (mit kleinem Abstand) zu den strichpunktierten Linien der Abb. 5.1 liegen, wirkt das Bauteil im wesentlichen wie eine planparallele Platte. Bezüglich der Linsenfehler gelten die Aussagen des vorigen Abschnitts.

Gradientenlinse

Unter einer Gradientenlinse versteht man einen rotationssymmetrischen, isotropen Wellenleiter mit parabolischem Brechzahlprofil $n(r)$ von der Form Gl. (2.70), (2.71) (Abschn. 2.6) mit dem Profilexponenten $q = 2$, der relativen Brechzahldifferenz Δ und Kernradien a im Millimeter-Bereich. Es gelten die Koordinaten von Abb. 2.25 in Abschn. 2.8.1. Ein Lichtstrahl aus dem Vakuum im Bereich $z < 0$ trifft unter einem Winkel γ_0 zur optischen Achse die Eingangsebene $z = z_1 = 0$ der Gradientenlinse im Punkt $r = r_0 = x_0$, $\varphi = 0$; ψ_0 ist der Projektionswinkel des Lichtstrahls in der Eingangsebene, gemessen vom Radiusvektor aus (Bezeichnungen s. Gl. (2.133)). Am Ende von Abschn. 2.8.1 in Anmerkung 2 und Abb. 2.27b wurde die paraxial genäherte Bahnkurve $x(z)$, $y(z)$ bzw. $r^2(z) = x^2(z) + y^2(z)$ eines Lichtstrahls angegeben; $\Lambda = 2\pi/\Delta\beta$ ist die Periodenlänge der Bahnkurve, die geometrische Länge L der Gradientenlinse drückt man in Anteilen $p = L/\Lambda$ aus. Mit den Anfangswerten r_0, γ_0 und ψ_0 erhält man für den Abstand des Lichtstrahls von der Achse

$$r^2(z) = \left[r_0 \cos\left(\tfrac{2\pi}{\Lambda} z \right) + \rho_0 \cos\psi_0 \sin\left(\tfrac{2\pi}{\Lambda} z \right) \right]^2 + \left[\rho_0 \sin\psi_0 \sin\left(\tfrac{2\pi}{\Lambda} z \right) \right]^2 ,$$
$$r_0 = x_0, \quad \rho_0 = \frac{\Lambda \tan\vartheta_0}{2\pi}, \quad \sin\vartheta_0 = \frac{\sin\gamma_0}{n(r_0)}, \quad \Lambda = \frac{2\pi a}{\sqrt{2\Delta}}, \quad p = \frac{L}{\Lambda}. \tag{5.7}$$

Dabei ist ρ_0 ein normiertes Maß für den Einstrahlwinkel γ_0. Meridionalstrahlen haben $\psi_0 = 0$, für windschiefe Strahlen gilt $\psi_0 \neq 0$, Helixstrahlen sind durch

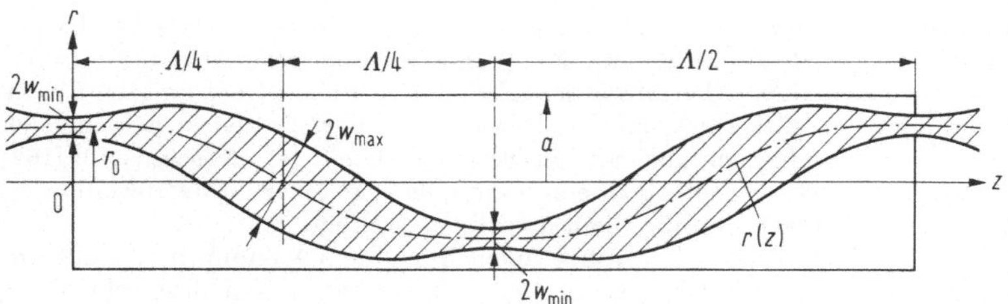

Abb. 5.2. Gradientenlinse im Meridionalschnitt; $r(z)$: geometrisch-optischer Meridional-strahl ($\psi_0 = 0$); schraffiert: Gaußscher Strahl mit ortsabhängigem Durchmesser $2w(z)$

$\psi_0 = \pm\pi/2$, $r_0 = \rho_0$ charakterisiert und umkreisen die Achse auf einem Zylinder mit Radius $r = r_0$. Die Projektion der Bahnkurve in Ebenen $z =$ const ist im allgemeinen eine Ellipse, s. Abb. 2.27b. Lichtstrahlen, in Abb. 5.2 repräsentiert durch Meridionalstrahlen, durchlaufen die Gradientenlinse mit sinusförmig variierendem Achsenabstand und der räumlichen Periodenlänge Λ. Es entsteht daher in der Ausgangsebene bei einer Linse mit $p = \frac{1}{2}$ ein seitenverkehrtes und bei einer Linse mit $p = 1$ ein seitenrichtiges Bild des Eingangsobjekts.

Ein rotationssymmetrischer Gaußscher Strahl (vgl. Abb. 2.12 in Abschn. 2.4) mit einem Strahlradius w_0 wird angepaßt genannt, wenn w_0 nach Gl. (2.88) (Abschn. 2.6.4) bei der Wellenlänge $\lambda = 2\pi/k_0$ den Parametern a, Λ und n_1 und damit dem Strahlradius des Grundmodus der Gradientenlinse angepaßt ist, $w_0^2 = 2a^2/V = \Lambda/(\pi k_0 n_1)$. Im folgenden sei vorausgesetzt, daß die Strahltaille in der Linseneingangsebene $z = z_1 = 0$ liegt. Wird ein angepaßter Gaußscher Strahl in eine Gradientenlinse eingeschossen, so verläuft seine Achse wie die Bahnkurve Gl. (5.7) eines geometrisch-optischen Lichtstrahls, und sein Strahlradius bleibt längs z dem Anfangswert w_0 gleich. Radialer Versatz r_0 des Einstrahlpunktes und axiale Verkippung ρ_0 der Einstrahlachse sind austauschbar (vgl. Text nach Gl. (2.142) in Abschn. 2.8.3): an der Bahnkurve der Strahlachse und an den Moden der Gradientenlinse, die den Gaußschen Strahl konstituieren (s. den Anfang von Abschn. 2.8.4), ändert sich bei einem solchen Austausch nur die relative Lage bezüglich z. Wird der Gaußsche Strahl achsenparallel mit einem Strahlradius $w \neq w_0$ eingeschossen, so oszilliert das Strahlprofil wie in Abb. 5.2 mit der Periodenlänge $\Lambda/2$ um den Wert w_0 [190, Abschn. 1.9.3] [340, Abschn. 7.4] [6]; dabei ist der Minimalwert $w_{\min} = w$ für $w < w_0$, im Fall $w > w_0$ gilt für den Maximalwert $w_{\max} = w$. Zwischen Minimal- und Maximalwert besteht die Beziehung

$$w_{\min} w_{\max} = w_0^2, \qquad w_0^2 = 2a^2/V = \Lambda/(\pi k_0 n_1). \tag{5.8}$$

Anmerkung 1: Aus Gl. (5.8), (5.7) und Abb. 5.2 folgt, daß ein achsenparalleler Gaußscher Strahl ($\rho_0 = 0$) mit radialem Versatz $r_0 = r_0'$ der Einschußstelle und $w = w_{\min} < w_0$ denselben Modensatz in einem Wellenleiter mit parabolischem Brechzahlprofil anregt wie ein Gaußscher Strahl ohne Versatz ($r_0 = 0$) mit axialer Verkippung $\rho_0 = r_0'$ in der Meridional-ebene $\psi_0 = 0$ und $w = w_{\max} > w_0$.

Anmerkung 2: In einer Ebene senkrecht zur gezeichneten Meridionalebene von Abb. 5.2, der sogenannten Sagittalebene, sieht das Strahlprofil im wesentlichen gleich aus, jedoch hat in nicht paraxialer Betrachtung der die Linse verlassende Gaußsche Strahl unterschiedlich positionierte Strahltaillen in Meridional- und Sagittalebene, er ist also astigmatisch.

Anmerkung 3: Gradientenlinsen werden üblicherweise mit relativen Längen von $p = 0{,}23$; $0{,}25$; $0{,}29$; $0{,}5$ hergestellt. Mit $p = \frac{1}{4}$ transformiert man in paraxialer Näherung beispielsweise einen zentrierten, achsenparallelen Gaußschen Strahl, der in der Eingangsebene $z = z_1$ die Strahltaille $w = w_{\min}$ hat, in einen zentrierten, achsenparallelen Gaußschen Strahl mit der Strahltaille $w = w_{\max}$ in der Ausgangsebene $z = z_2 = z_1 + \Lambda/4$. In den Stirnflächen der Gradientenlinse sind die Phasenfronten eben; das ist günstig, wenn ein geführter Fasermodus transformiert werden soll, da man Linse und Faser stumpf stoßend verkleben kann. Soll dagegen das Feld eines Halbleiterlasers kollimiert (oder fokussiert) werden, muß die Linse einen gewissen Sicherheitsabstand zum Halbleiter bewahren, so daß man Gradientenlinsen mit $p < \frac{1}{4}$ oder $p > \frac{1}{4}$ verwendet.

Anmerkung 4: Die Abbildungsfehler von Gradientenlinsen (Literatur s. [2]) sind in der Praxis größer als die von konventionellen Linsen Abb. 5.1, weil das Brechzahlprofil nicht mit gleicher Genauigkeit kontrolliert werden kann wie der Radius einer sphärischen Linsenfläche. Typische Gradientenlinsen haben Durchmesser von $2a = 1 \ldots 2\,\text{mm}$ und Viertel-Periodenlängen von $\Lambda/4 = 3{,}2 \ldots 6{,}6\,\text{mm}$ bei $\lambda = 1{,}3\,\mu\text{m}$; die Brechzahl auf der Achse beträgt $n_1 = 1{,}551 \ldots 1{,}636$, die numerische Apertur $A_N = 0{,}37 \ldots 0{,}60$. Einen guten Überblick über den Stand der Gradientenlinsen-Optik vermittelt [339].

5.1.2 Axial inhomogene Fasern (Taper)

Die Aufgabe, Strahlen mit unterschiedlichem Durchmesser aneinander anzupassen, kann auch ohne Linsen mit axial inhomogenen Fasern gelöst werden: man erhitzt ein Faserstück, zieht das erweichte Glas aus und verkleinert dadurch wie in Abb. 5.1c über eine Länge L hin den Kernradius a_2 auf den Kernradius $a_1 < a_2$. Im Beispiel von Abb. 5.1c ist die Steigung des lokalen Kernradius $da(z)/dz$ konstant angenommen. Solche Strahltransformatoren werden Taper genannt (englisch taper: Verjüngung, zuspitzen) [338] [357] [352] [394] [358] [49]. *Bei der Kopplung zweier Wellenleiter* mit einem Taper ist es natürlich, die *Lichtausbreitungsrichtung* als Blickrichtung vorzugeben: Wenn sich in dieser Nomenklatur der Wellenleiter in Richtung der laufenden Welle verjüngt, so liegt ein Abwärts-Taper vor, verdickt er sich, so handelt es sich um einen Aufwärts-Taper. Taper sind besonders *zum Ein- und Auskoppeln von Licht in einmodige Fasern* interessant; sie werden daher im folgenden nur als Koppelelemente betrachtet und für solche Fasern, die bei der Betriebsfrequenz (z. B. $\lambda = 1{,}3\,\mu\text{m}$) und einem Standard-Kernradius a_2 (z. B. $2a_2 = 8 \ldots 10\,\mu\text{m}$) nur den LP_{01}-Grundmodus führen (Standard-Fasern). *In diesem Zusammenhang* spricht man unabhängig von der Lichtausbreitungsrichtung von einem Abwärts-Taper (down-taper), wenn sich eine Standard-Faser zum Faserende hin verjüngt; verdickt sie sich (z. B. durch axiales Stauchen der erhitzten Faser [489]), so ist die Bezeichnung Aufwärts-Taper (up-taper) üblich [452].

In Abschn. 2.6.3 wurde im Text nach Gl. (2.81) festgestellt: Der Grundmodus einer Standard-Stufenprofilfaser mit Kernradius a_2 hat die signifikante Radialausdehnung $a_2 + r_w/2$ (r_w ist die Mantelfeldweite von Gl. (2.77) und Tabelle 2.1 Zeile (17) auf Seite 79) entsprechend einer Gaußschen Feldweite (Tabelle 2.1 Zeile (7b)) in der Größenordnung von $r_G \approx a_2$. Mit abnehmendem Kernradius $a < a_2$ wächst jedoch der Mantelfeldradius r_w an und bestimmt für hinreichend kleine $a = a_1 < a_2$ die transversale Breite des Feldes, das sich dann weiter in den Mantel ausdehnt als beim Kernradius $a = a_2$; für $a \to 0$ geht $r_w \to \infty$. Folglich ist die Feldweite des Abwärts-Tapers auf der Einkoppelseite (beim verjüngten Faserende) größer als im Bereich des Standard-Kernradius.

Wird dagegen a größer als der Standardwert a_2 für Einmodenbetrieb, dann nimmt r_w ab, so daß schließlich im wesentlichen der Kernradius $a = a_1 > a_2$ die Nahfeldausdehnung bestimmt, die somit gegenüber dem Standardwert größer wird. Auch die Feldweite des Aufwärts-Tapers ist also auf der Einkoppelseite (am verdickten Faserende) größer als im Bereich des Standard-Kernradius.

Abwärts-Taper lassen sich durch Ausziehen einer erhitzten Standard-Faser einfach herstellen und zudem auf einfache Weise mit kurzbrennweitigen, angeschmolzenen Linsen versehen: Erhitzt man das Faserende hinreichend, so bildet sich unter dem Einfluß der Oberflächenspannung eine kugelige Fläche aus, die einen Krümmungsradius in der Größenordnung des lokalen Mantelradius hat und als Linse wirkt; deren Brennweite nimmt nach Gl. (5.6) mit dem Radius ab, so daß derartige Linsen gerade am schlanken Taper-Ende besonders wirksam sind. Gezogene Aufwärts-Taper sind schwieriger zu fertigen, da „Fasern" mit einem Kerndurchmesser von $2a_1 = 122\,\mu\mathrm{m}$ und einem Manteldurchmesser von $2b_1 = 1{,}9\,\mathrm{mm}$ [452], die dann über eine Taper-Länge von $L \approx 50\,\mathrm{mm}$ auf übliche Querabmessungen von $2a_2 = 8\,\mu\mathrm{m}$ und $2b_2 = 125\,\mu\mathrm{m}$ reduziert werden können, standardmäßig nicht erhältlich sind.

Es ist plausibel, daß bei einem sehr allmählichen Übergang $|a_2 - a_1|/L \ll 1$ (z. B. entsprechend einem Taper-Winkel von $3 \ldots 10\,^\circ$ mit Längen von $L = 0{,}2 \ldots 2\,\mathrm{mm}$) der Grundmodus sich nahezu „adiabatisch" (ohne intensive Kopplung an höhere Moden und ohne allzugroße Abstrahlungsverluste) dem veränderten Kernradius anpassen wird [514, Abschn. 5.10 ff.]. Da jedoch eine Umverteilung der Intensität im sich verändernden Kernquerschnitt stattfindet, werden die im homogenen Wellenleiter ebenen Phasenfronten im Faser-Taper gekrümmt sein, wobei die „hohle" Seite (wie in Abb. 5.1c durch die beiden Kreisbögen angedeutet) in diejenige Richtung zeigt, in die sich die Feldweite verkleinert. An den Übergangsstellen zu den homogenen Wellenleiterstücken mit ihren ebenen Phasenfronten werden die Koppeldämpfungen nach Gl. (2.95) in Abschn. 2.6.6 wegen der Phasenfehlanpassung umso größer, je größer $|a_2 - a_1|/L$ und damit die Phasenfrontkrümmung wird. Über eine Technik, mit defokussierenden Wellenleitern (Antiwellenführung, s. Abschn. 2.3) und mit üblichen fokussierenden Wellenleitern (Abschn. 2.3) die Länge L auf Werte von $20\,\mu\mathrm{m}$ zu verkürzen, berichtet [394, Abb. 3].

5.2 Kopplung von Lichtquellen und Fasern

Licht eines lateral und vertikal einmodigen Halbleiterlasers kann prinzipiell mit einem Kopplungsgrad $\eta = 1$ in eine einmodige Faser eingekoppelt werden. Technische Probleme ergeben sich, wenn (wie es häufig zutrifft) das Fernfeld des Lasers nicht rotationssymmetrisch ist und durch einen Gaußschen Strahl mit elliptischem Querschnitt, d. h. unterschiedlichen Strahlradien w_{0x}, w_{0y} bzw. Divergenzwinkeln γ_{0x}, γ_{0y} in x- und y-Richtung beschrieben werden muß [392], vgl. Gl. (2.25), (2.26) in Abschn. 2.1.2 und Abb. 2.12 in Abschn. 2.4. In x-Richtung (vertikal) sind Halbleiterlaser durch die Heterostruktur in jedem Fall indexgeführte, einmodige Wellenleiter, in y-Richtung (lateral, transversal) kann die Welle index- oder gewinngeführt sein (Abschn. 3.6.1, Gl. (3.136) und folgender Text). Die meisten indexgeführten BH-Laser haben Strahlelliptizitäten $\epsilon = w_{0x}/w_{0y}$ im Bereich $1 < \epsilon < 1{,}5$ [253]. Zusätzliche Komplikationen treten auf, wenn bei gewinngeführten Lasern der Strahl astigmatisch wird, d. h. wenn die Strahltaillen in x- und y-Richtung an verschiedenen Stellen der optischen Achse liegen. Ohne Anpaßmittel erreicht man mit Halbleiterlasern bzw. LED bei typischen Einmodenfasern ($a = 5\,\mu\mathrm{m}$, $\Delta = 0{,}1\,\%$) Koppeldämpfungen von $8\,\mathrm{dB}$ [269] bzw. $40\,\mathrm{dB}$, bei typischen Vielmodenfasern ($a = 50\,\mu\mathrm{m}$, $\Delta = 1\,\%$) Werte von $4\,\mathrm{dB}$ bzw. $25\,\mathrm{dB}$.

5.2.1 Halbleiterlaser und Einmodenfaser

Die Strahlradien w_{01}, w_0' (Abb. 5.3) der Strahltaillen eines rotationssymmetrischen Gaußschen Strahls in den Brennebenen einer Linse der Brennweite f_1 sind durch eine einfache Beziehung verknüpft [190, Gl. (1-451), (1-414)] [393], so daß die Transformation des Strahlradius w_{01} auf den Strahlradius w_{02} durch zwei konfokale Linsen wie in Abb. 5.3 leicht berechnet werden kann. Für einen elliptischen, nicht astigmatischen Gaußschen Eingangsstrahl, der an ein Faserfeld mit Gaußscher Feldweite $w_{02} = r_G$ (Gl. (2.123), Tabelle 2.1 Zeile (7b) auf Seite 79) angepaßt werden soll, sei ein effektiver Strahlradius w_{01} als geometrisches Mittel der beiden Strahlradien in x- und y-Richtung definiert. Man erhält

$$f_1 = w_{01}w_0'\pi/\lambda, \quad f_2/f_1 = w_{02}/w_{01}, \quad w_{01} = \sqrt{w_{0x}w_{0y}}, \quad w_{02} = r_G \,. \quad (5.9)$$

Das beobachtbare Nahfeld eines Halbleiterlasers hat Querabmessungen w_{01}, die in der Größenordnung einer Wellenlänge liegen, s. Abschn. 2.7.2 Anmerkung 1, bei $\lambda = 1{,}3\,\mu\mathrm{m}$ ist $w_{01} \approx 0{,}9\,\mu\mathrm{m}$ ein typischer Wert. Einmodige Standard-Fasern mit $a = 5\,\mu\mathrm{m}$ haben Gaußsche Feldweiten in der Größenordnung von $r_G \approx a$, $w_{02} \approx 5\,\mu\mathrm{m}$, s. Abschn. 2.7.2 Abb. 2.22b; um einen Laserstrahl mit Strahlradius w_{01} auf den Strahlradius w_{02} des Fasergrundmodus aufzuweiten, muß also das Brennweitenverhältnis in der Größenordnung $f_2/f_1 \approx 5$ liegen.

Der maximale Kopplungsgrad zufolge der Strahlelliptizität $\epsilon = w_{0x}/w_{0y}$ beträgt $\eta_\epsilon = 4\epsilon/(\epsilon + 1)^2$ [48], was für $1 < \epsilon < 1{,}5$ Koppeldämpfungen in der Größenordnung $a_{\eta_\epsilon} < 0{,}18\,\mathrm{dB}$ ergibt. Mit Zylinderlinsen unmittelbar hinter dem Laser [588] oder mit einem Prismenpaar [360, Seite 18-37, 18-38] im parallelen Strahlengang zwischen den Linsen in Abb. 5.3 kann man den vertikalen Divergenzwinkel eines Halbleiterlasers im Effekt verkleinern und damit den Kopplungsgrad erhöhen (anamorphotische Abbildung: Abbildungsmaßstab in zwei zueinander senkrechten Hauptschnitten ist verschieden), jedoch steht der Justageaufwand bei den kleinen Elliptizitäten moderner Halbleiterlaser in keinem Verhältnis zum Gewinn an Kopplungsgrad.

Mit zwei Kugellinsen aus Glas (Fa. Schott, Typ LaF 22 und SK 5) der Brennweiten $f_1 = 0{,}3\,\mathrm{mm}$ ($n = 1{,}75$, $2R = 0{,}5\,\mathrm{mm}$) und $f_2 = 1{,}4\,\mathrm{mm}$ ($n = 1{,}57$, $2R = 2\,\mathrm{mm}$) erreicht man bei $\lambda = 1{,}3\,\mu\mathrm{m}$ gesamte Koppeldämpfungen von

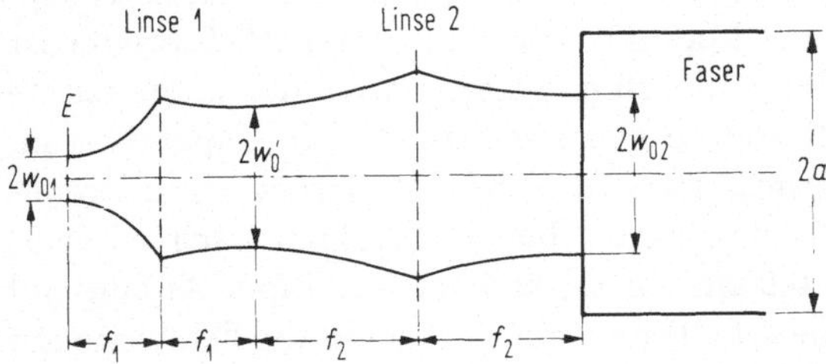

Abb. 5.3. Anpassung eines Gaußschen Strahls an eine Einmodenfaser durch zwei konfokale Linsen der Brennweiten f_1, f_2; Lateralvergrößerung des Systems ist f_2/f_1 (Zeichnung nicht maßstäblich)

$a_\eta = 2{,}6\,\mathrm{dB}$ [253, Tabelle 1 No. 11], wobei der größte Anteil von $2{,}1\,\mathrm{dB}$ wegen des großen Divergenzwinkels des Laserstrahls ($w_{01} = 0{,}9\,\mu\mathrm{m}$, $\gamma_{01} = 25°$) auf die sphärische Aberration vor allem der lasernahen Kugellinse zurückzuführen ist; aus diesem Grunde können auf der fasernahen Seite des Koppelsystems trotz ihrer größeren Abbildungsfehler auch Gradientenlinsen verwendet werden [476] [265] [264], die man aus Gründen der mechanischen Stabilität mit der Faser verklebt. Eine Zusatzdämpfung von $0{,}5\,\mathrm{dB}$ verursachen die voneinander abweichenden Laser- und Faserfeldfunktionen, deren Struktur bei der Koppelanordnung in Abb. 5.3 im Grundsatz nicht verändert wird. Bei typischen Justiertoleranzen für die transversalen Positionen von Linse 1 und 2 von $0{,}5\,\mu\mathrm{m}$ und $2{,}5\,\mu\mathrm{m}$ muß man mit Zusatzverlusten im Bereich von $1\,\mathrm{dB}$ ($\hat{=} 0{,}8$) rechnen; je geringer die Dämpfungserhöhung bei transversalem Versatz ist (transversal breites Feld in der Koppelebene), desto größer fällt die Dämpfungserhöhung bei Winkelversatz aus (das Feld hat dann einen geringen Divergenzwinkel in der Koppelebene, vgl. Gl. (5.3)).

Mit Silizium-Ein-Linsen-Anordnungen liegen gemessene Bestwerte der Koppeldämpfung bei $a_\eta = 2{,}6\,\mathrm{dB}$ (berechnet: $1{,}7\,\mathrm{dB}$) [253, Tabelle 1 No. 14], wobei allerdings engere transversale Justiertoleranzen einzuhalten sind. Mit einer Silizium-Plankonvexlinse der Brennweite $f_1 = 0{,}7\,\mathrm{mm}$ ($n = 3{,}5$, $L/R = 1{,}26$) lassen sich die Verluste durch sphärische Aberration auf $0{,}8\,\mathrm{dB}$ reduzieren, so daß man eine Koppeldämpfung von $a_\eta = 1{,}3\,\mathrm{dB}$ berechnet und experimentell bestätigt [253, Tabelle 1 No. 17]. Die bisher beste Koppeldämpfung von $a_\eta = 1{,}0\,\mathrm{dB}$ wurde mit einer speziellen, auf minimale sphärische Aberration optimierten, plankonvexen Gradientenlinse erreicht [226].

Um zu vermeiden, daß Licht in den Laser rückreflektiert wird (die Auswirkungen sind in Abschn. 6.3.8 beschrieben), kann man in den nahezu parallelen Strahlengang zwischen den beiden Linsen der Abb. 5.3 einen optischen Isolator einsetzen, der nach dem Prinzip der Faraday-Drehung der Polarisation im Magnetfeld arbeitet (für einen Isolator mit integrierter Linse 1 von Abb. 5.3 s. [477]). Transmissionsdämpfungen der optischen Welle in Vorwärtsrichtung um $1\,\mathrm{dB}$ und Sperrdämpfungen in Rückwärtsrichtung über $30\,\mathrm{dB}$ bei maximalen Strahldurchmessern von $2\,\mathrm{mm}$ sind Standardwerte für $\lambda = 1{,}3\,\mu\mathrm{m}$.

Vereinfachte Koppelanordnungen sind mit Hilfe von einmodigen Abwärts-Tapern wie in Abb. 5.1c möglich, wobei der Laser unmittelbar, ohne zwischengeschaltete optische Komponenten auf das verjüngte Taper-Ende strahlt [307] [472] [269] [48] [270]. Die angeschmolzene Taper-Linse kollimiert das Laserfeld, das hinter der Linse im Medium der Mantelbrechzahl n_2 wesentlich breiter ist als die Feldweite der Standard-Faser; durch den Taper wird das aufgeweitete Laserfeld auf die Feldweite der Standard-Faser reduziert. Ein Taper-Verrundungsradius von $R = 10\,\mu\mathrm{m}$ entspricht nach Gl. (5.6) einer laserseitigen Brennweite von $f = 20\,\mu\mathrm{m}$ ($n_2 = 1{,}5$) und weitet bei $\lambda = 1{,}3\,\mu\mathrm{m}$ nach Gl. (5.9) die Laser-Strahltaille von $w_{01} \approx 0{,}9\,\mu\mathrm{m}$ auf $w_0' \approx 9\,\mu\mathrm{m}$ am Taper-Anfang auf [190, Gl. (1-451), (1-452)]; der Abwärts-Taper reduziert dann die Feldweite auf den Wert $w_{02} = r_G \approx 5\,\mu\mathrm{m}$ in der Standard-Einmodenfaser. Typische Koppeldämpfungen für diese Anordnung liegen bei $a_\eta = 2{,}5\,\mathrm{dB}$ [319]. Damit das gesamte Strahlungsfeld des Lasers erfaßt wird, muß die numerische Apertur der Taper-Linse, deren Maximaldurchmesser gleich dem Manteldurchmesser $2b_1$ ist, hinreichend groß sein.

Aufwärts-Taper werden in Koppelanordnungen nach Abb. 5.3 anstelle von Linse 2 eingesetzt, wobei der große Taper-Querschnitt zum Laser hin zeigt. Linse 1 weitet das Laserfeld auf die Eingangsfeldweite des Tapers auf. Das Verhältnis der Feldweiten an Taper-Ein- und Ausgang kann größer sein als beim Abwärts-Taper: mit einer geeigneten Linse 1 kann man unabhängig von den Taper-Eigenschaften erreichen, daß die Taper-Eingangsfläche nicht überstrahlt wird. Weil eine größere Eingangsfläche möglich ist, können die radialen Justiertoleranzen (bei erträglich kleinen Winkeltoleranzen) beim Aufwärts-Taper günstiger sein als beim Abwärts-Taper [452].

Spezielle, oberflächenemittierende Mehrfach-Quantenfilm-Laser (vgl. Abschn. 3.2.4) bei λ = 0,86 μm mit rotationssymmetrischem, gaußförmigem Fernfeld können an Standard-Fasern (Kernradius a = 8 μm, λ_{11G} = 1,2 μm) über eine der Faser angeätzte Mikrolinse (Krümmungsradius R = 10 μm) mit Dämpfungen von a_η = 0,46 dB (η = 0,9) angekoppelt werden [545].

Zur Kopplung von Einmodenfasern an besonders leistungsstarke Einfach-Quantenfilm-Laser (vgl. Abschn. 3.2.4) bei λ = 0,98 μm mit einer lateralen Breite der aktiven Zone von 30 μm und ausgeprägt elliptisch-gaußförmigem Fernfeld werden Aufwärts-Taper ohne zwischengeschaltete Linse verwendet. Der lasernahe Taper-Bereich mit 300 μm Manteldurchmesser erhält mit Rücksicht auf den elliptischen Strahlquerschnitt einen keilförmigen Anschliff; es wurden Koppeldämpfungen von a_η = 3,3 dB erreicht [489].

5.2.2 Lumineszenzdiode und Vielmodenfaser

Der maximal erreichbare Kopplungsgrad η_g zwischen einer flächenemittierenden LED-Quelle (Durchmesser $2a_Q$, Brechzahl n_Q, transversale Freiraum-Modenanzahl M_Q) und einer Vielmoden-Potenzprofilfaser (Kernradius a, Profilexponent q, Anzahl geführter Moden M_g) wurde mit Hilfe der Gl. (2.145) – (2.148) in Abschn. 2.8.3 berechnet; für eine Koppelanordnung nach Abb. 5.4a ist der Kopplungsgrad η_{gF} kleiner. Geführte Fasermoden werden von der LED (näherungsweise ein Lambert-Strahler, Text nach Gl. (2.149), der die gesamte Faserapertur füllt) mit gleicher Leistung angeregt. Es gilt nach Gl. (2.148)

$$\eta_{gF} = \min\left(\frac{2q}{q+2}\frac{n_1^2}{n_Q^2}\left[1 + \frac{2}{q}\left(1 - \left(\frac{a_Q}{a}\right)^q\right)\right]\Delta,\ \eta_g\right),$$

$$\eta_g = \min\left(\frac{M_g}{M_Q},\ 1\right) = \min\left(\frac{2q}{q+2}\frac{n_1^2}{n_Q^2}\frac{a^2}{a_Q^2}\Delta,\ 1\right). \tag{5.10}$$

Der maximale Kopplungsgrad η_g wird im allgemeinen erst mit einer geeigneten Anpaßtransformation erreicht. Bildet man die Quelle in Abb. 5.4a derart ab, daß sich ihr Radius a_Q auf den des Faserkerns a vergrößert, $a_Q' = a$, wobei nach Gl. (5.3) der Divergenzwinkel der Strahlung proportional zu a_Q/a_Q' abnimmt, so stellt sich der maximale Kopplungsgrad η_g ein (bei $a_Q \ll a$ bereits für $a_Q' < a$ möglich). Der einfachste geeignete Strahltransformator ist ein Abwärts-Taper, Abb. 5.4b (kein abbildendes Element!). Der eingezeichnete Strahl einer Strahlkongruenz illustriert die Umwandlung eines Modus hoher Ordnungszahl am Taper-Anfang (großer Divergenzwinkel) in einen Modus niedrigerer Ordnung am Taper-Ende (geringerer Divergenzwinkel); Moden zu hoher Ordnung

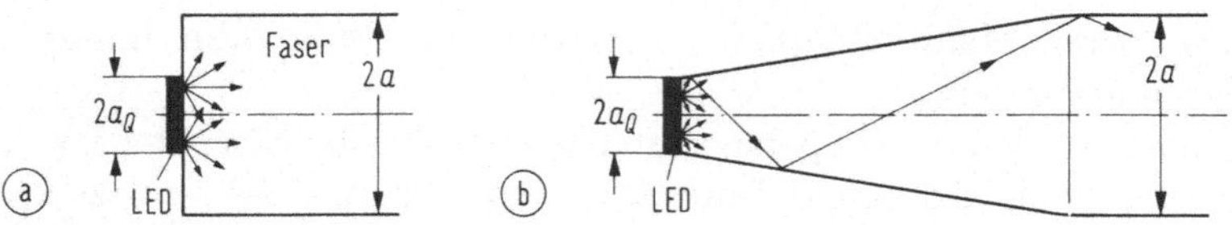

Abb. 5.4. Ankopplung einer LED an eine Vielmodenfaser. (a) Stoßkopplung   (b) Taper-Kopplung

werden ins Mantelmedium abgestrahlt, die Transformation ist verlustbehaftet. Für eine LED mit $n_Q = 3{,}6$, die an eine Stufen- bzw. an eine Parabelprofilfaser mit $n_1 = 1{,}5$, $\Delta = 1\,\%$, $a = a_Q$ gekoppelt wird, beträgt die minimale Koppeldämpfung $a_{\eta_g} = 25\,\mathrm{dB}$ bzw. $a_{\eta_g} = 28\,\mathrm{dB}$; für $a > a_Q$ kann man mit geeigneten Anpaßtransformationen den Kopplungsgrad bis zu 20fach erhöhen (die Koppeldämpfung um bis zu $13\,\mathrm{dB}$ erniedrigen) [35, Seite 205, Abb. 6.5, 6.6] [563].

Der maximale Kopplungsgrad zwischen einer LED und einer Einmodenfaser ($M_g = 2$ Moden in zwei orthogonalen Polarisationen) ist aufgrund der Poincaré-Invarianz des Phasenraumvolumens V_ϕ (s. Gl. (5.3) und Abschn. 2.1.7 Gl. (2.48) mit folgendem Text) nach Gl. (2.148) auf den Wert $\eta_g = 2/M_Q$ festgelegt und kann durch keine Anpaßtransformation gesteigert werden; für $\lambda = 1{,}3\,\mu\mathrm{m}$, $a_Q = 25\,\mu\mathrm{m}$ erhält man für M_Q nach Gl. (2.147) in einem Medium der Brechzahl $n_Q = n_2 = 1{,}5$ eine Freiraum-Modenanzahl von $M_Q = 1{,}6 \cdot 10^4$ und damit eine Koppeldämpfung von $a_{\eta_g} = 40\,\mathrm{dB}$ (vgl. den Anfang von Abschn. 5.2). Für Kantenemitter mit ihrer räumlich konzentrierteren Strahlung (s. Abschn. 3.4.2) wurden Koppeldämpfungen von $a_{\eta_g} = 10\,\mathrm{dB}$ berechnet und gemessen [217].

5.3   Kopplung von Fasern

Fasern können untereinander auf vielfältige Weise verbunden werden: durch verstellbare Stirnflächenkopplung in Laboraufbauten, mit lösbaren Stirnflächen-Steck- und Klemmverbindern und mit nichtlösbaren Spleißverbindungen in Schmelz- und Klebetechnik [184, Abschn. 8]. Wenn ähnliche Fasern verkoppelt werden sollen, sind für hohe Kopplungsgrade keine gesonderten Strahltransformatoren wie Linsen oder Taper notwendig.

5.3.1   Stirnflächenkopplung

Beide zu verkoppelnde Fasern stehen sich bei der Stirnflächenkopplung unmittelbar mit den Endflächen gegenüber; wenn sich die Endflächen berühren, spricht man von Stoßkopplung. Durch Fresnel-Reflexion an den Grenzflächen (s. Abschn. 2.1.3 Gl. (2.30) ff.) entstehen Verluste; für zwei Reflexionsflächen Quarzglas–Luft tritt bereits eine Koppeldämpfung von $a_\eta = 0{,}3\,\mathrm{dB}$ auf. Bei geringen Abständen der Stirnflächen spielen Interferenzeffekte eine Rolle und erhöhen oder erniedrigen (je nach Abstand) die Koppeldämpfung gegenüber dem interferenzfreien Fall.

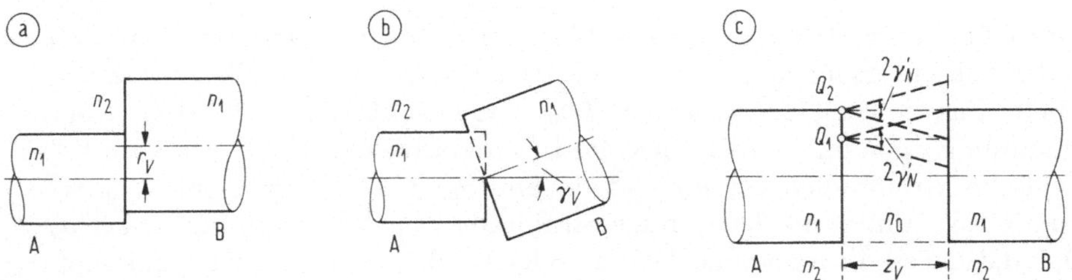

Abb. 5.5. Stirnflächenkopplungen von Fasern. (a) Parallelversatz der Achsen, (b) Winkelversatz der zentrierten Endflächen, (c) zentrierter Endflächenversatz

Einmodenfaser

Für die Kopplung von Einmodenfasern kann man bei geeigneter Transformation der LP_{01}-Feldformen theoretisch immer einen Kopplungsgrad von $\eta = 1$ nach Gl. (2.95) erreichen. Bei schwach führenden Einmantel-Standard-Fasern ist es zulässig, den Grundmodus durch ein Gaußsches Nahfeld mit einem Strahlradius w_0 gleich der Gaußschen Feldweite r_G (s. Abschn. 2.7.5 Tabelle 2.1 Zeile (7b) auf Seite 79 und Gl. (2.123) in Abschn. 2.7.6) zu ersetzen, $w_0 = r_G$; bei den komplizierteren Profilformen dispersionskompensierter Fasern (Abb. 2.18f–h in Abschn. 2.6.5) ist die Berechtigung hierzu fallweise zu überprüfen. Die Koppeldämpfung kann dann als Spezialfall einer bekannten Beziehung [288, Fehler in Gl. (37)] [342] [190, Abschn. 1.9.4, Fehler in Gl. 1-468] für die Kopplung zweier Gaußscher Strahlen berechnet werden; diese sind im Medium der Kernbrechzahl $n \approx n_1$ mit Strahlradien w_{0i} ($i = A$, B) und Öffungswinkeln $\gamma_{0i} = \arctan[2/(k_0 n_1 w_{0i})] \approx \arcsin[2/(k_0 n_1 w_{0i})]$ nach Gl. (2.25), (2.26) (Abschn. 2.1.2) charakterisiert und haben wie in Abb. 5.5a,b bzw. Abb. 2.23 einen kleinen Parallelversatz der Achsen um $r_V \ll w_{0A}, w_{0B}$ sowie einen kleinen Winkelversatz der Achsen um $\gamma_V \ll \gamma_{0A}, \gamma_{0B}$. Für den Kopplungsgrad zweier derart achsenversetzter und -verkippter Fasern A und B erhält man

$$\eta = 4 \left(\frac{w_{0B}}{w_{0A}} + \frac{w_{0A}}{w_{0B}} \right)^{-2} - \pi r_V^2 \, \pi \varrho_{\mathrm{eff}\,AB}^2 - \pi \varrho_V^2 \, \pi r_{\mathrm{eff}\,AB}^2 , \tag{5.11}$$

$$\varrho_{\mathrm{eff}\,AB}^2 = (w_{\varrho A}^2 + w_{\varrho B}^2)/2 = (\pi r_{\mathrm{äq}\,AB})^{-2}, \quad w_{0i} w_{\varrho i} = 1/\pi, \quad \varrho_V = \frac{n_1 \sin \gamma_V}{\lambda},$$

$$r_{\mathrm{eff}\,AB}^2 = (w_{0A}^2 + w_{0B}^2)/2 = (\pi \varrho_{\mathrm{äq}\,AB})^{-2}, \quad \tan \gamma_{0i} = 2/(k_0 n_1 w_{0i}), \quad i = A, B.$$

Die Bezeichnungsweise ist der Notation von Tabelle 2.1 auf Seite 79, Gl. (2.111) in Abschn. 2.7.3 sowie von Gl. (2.25), (2.17) in Abschn. 2.1.2 angeglichen. Der Kopplungsgrad zwischen zwei nur wenig unterschiedlichen Fasern soll berechnet werden; es gilt $w_{0A} = w_0$, $w_{0B} = w_0 - \Delta w_0$, $|\Delta w_0| \ll w_0$. Damit die drei Kopplungsfehler Δw_0, r_V und γ_V in gleicher Größenordnung berücksichtigt werden, muß man beim ersten Summanden von η in Gl. (5.11) den Quotienten w_{0A}/w_{0B} bis zum Term $(\Delta w_0/w_0)^2$ entwickeln, während bei den beiden anderen Summanden $w_{0A} \approx w_{0B} = w_0$, $\gamma_{0A} \approx \gamma_{0B} = \gamma_0$ gesetzt werden darf. Man erhält den Kopplungsgrad

$$\eta = 1 - (\Delta w_0/w_0)^2 - (r_V/w_0)^2 - (\gamma_V/\gamma_0)^2, \quad \gamma_0 \approx 2/(k_0 n_1 w_0). \tag{5.12}$$

Erhöht man den Strahlradius $w_0 \sim 1/\gamma_0$, dann kann für gegebenes η und $\Delta w_0 = 0$ der Achsenversatz r_V größer werden, während der zulässige Winkelversatz γ_V sinkt. Für die Versatzparameter $r_V/w_0 = \gamma_V/\gamma_0 = 0{,}1;\ 0{,}3$ beträgt die Koppeldämpfung $a_\eta = 0{,}1;\ 0{,}9\,$dB. Standard-Einmodenfasern bei $\lambda = 1{,}3\,\mu$m haben typische Strahlradien um $w_0 = 5\,\mu$m und $\gamma_0 = 5°$ $(n_1 = 1)$ bzw. $\gamma_0 = 3°$ $(n_1 = 1{,}5)$. Unterscheiden sich die Strahlradien beider Fasern um $|\Delta w_0|/w_0 = 0{,}1;\ 0{,}3$, so erhält man ohne Achsen- oder Winkelversatz die Koppeldämpfung $a_\eta = 0{,}04;\ 0{,}4\,$dB (nach Gl. (5.11) ergäbe sich statt $0{,}4\,$dB der Wert $0{,}3\,$dB).

Sind die Endflächenmittelpunkte durch ein Medium der Brechzahl $n = n_0$ um den Stirnflächenversatz z_V voneinander getrennt (in Abb. 5.5c für zentrierte und achsenparallele Fasern gezeichnet), kann das in Gl. (5.11) annähernd dadurch berücksichtigt werden, daß man w_{0A} durch w'_{0A} und $w_{\varrho A}$ durch $w'_{\varrho A}$ ersetzt [190, Abschn. 1.9.1 Gl. (1-426)],

$$w'^2_{0A} = w^2_{0A} + (z_V\gamma_{0A})^2\, n_1^2/n_0^2\,, \quad \gamma_{0A} \approx 2/(k_0 n_1 w_{0A}), \quad w'_{\varrho A} = 1/(\pi w'_{0A}). \quad (5.13)$$

Haben beide Fasern bei $\lambda = 1{,}3\,\mu$m gleiche Strahlradien von $w_0 = 5\,\mu$m, so erhält man ohne Achsen- oder Winkelversatz für den verhältnismäßig großen Endflächenversatz im Vakuum von $z_V = 30;\ 50\,\mu$m einen um $|w'_{0A} - w_{0A}|/w_{0A} = 0{,}1;\ 0{,}3$ vergrößerten Strahlradius w_{0A} und damit Koppeldämpfungen von $a_\eta = 0{,}04;\ 0{,}4\,$dB.

Vielmodenfaser

Analog zu Gl. (2.148), (5.10) kann man mit Gl. (2.138) den maximal möglichen Kopplungsgrad für Lichtübergang von einer Potenzprofil-Vielmodenfaser A in eine Potenzprofil-Vielmodenfaser B wie in Abb. 5.5 berechnen. Für $i = A,\ B$ und die Profilexponenten q_i, die Kernradien a_i und die numerischen Aperturen $A_{Ni} = \sin\gamma_{Ni}$ mit den zugehörigen Aperturwinkeln γ_{Ni} (s. Gl. (2.141)) erhält man

$$\eta = \min\left(\frac{M_{gB}}{M_{gA}},\ 1\right) = \min\left(\frac{q_B(q_A+2)}{q_A(q_B+2)}\left(\frac{a_B}{a_A}\right)^2\left(\frac{A_{NB}}{A_{NA}}\right)^2,\ 1\right). \quad (5.14)$$

Diese Beziehung entspricht dem ersten Summanden von η in Gl. (5.11) ($r_V = 0$, $\gamma_V = 0$), der einfacher gestaltet ist, da dort die Feldcharakteristiken w_0 und γ_0 über die Ausbreitungsgesetze der Maxwell-Gleichungen fest verknüpft sind (Gl. (2.26) in Abschn. 2.1.2); in Gl. (5.14) dagegen kann a unabhängig von γ_N gewählt werden. Setzt man wie in Gl. (5.12) für ähnliche Fasern $q_A = q_B = q$ und nähert $a_A = a$, $a_B = a - \Delta a$, $|\Delta a| \ll a_A$, $\sin\gamma_{NA} \approx \gamma_{NA} = \gamma_N$, $\sin\gamma_{NB} \approx \gamma_{NB} = \gamma_N - \Delta\gamma_N$, $|\Delta\gamma_N| \ll \gamma_N$, so ergibt sich

$$\eta = \min\left(1 - 2\Delta a/a - 2\Delta\gamma_N/\gamma_N,\ 1\right). \quad (5.15)$$

Für gleiche *relative* Differenzen der Nahfeldausdehnung (Vielmodenfaser: $\Delta a/a$, Einmodenfaser: $\Delta w_0/w_0 = \Delta a/a \ll 1$) ist der Kopplungsgrad zwischen Vielmodenfasern wesentlich kleiner als zwischen Einmodenfasern; relative Differenzen von $\Delta a/a = 0{,}1;\ 0{,}3$ oder $\Delta\gamma_N/\gamma_N = 0{,}1;\ 0{,}3$ führen bei der Stoßkopplung von Vielmodenfasern zu Koppeldämpfungen von $a_\eta = 1$; $4\,\mathrm{dB}$. — Beim Übergang von einer Stufenprofilfaser $q_A \to \infty$ auf eine Parabelprofilfaser $q_B = 2$, $a_B = a_A$, $\gamma_{NB} = \gamma_{NA}$ beträgt die Koppeldämpfung $a_\eta = 3\,\mathrm{dB}$.

Für die folgenden Überlegungen zur Koppeldämpfung bei Achsen-, Winkel- und Stirnflächenversatz (Abb. 5.5) werden die Wellenleiter A und B als gleiche Stufenprofilfasern vorausgesetzt, $q_A = q_B \to \infty$, $a_A = a_B = a$, $\gamma_{NA} = \gamma_{NB} = \gamma_N$, und es gelte $r_V \ll a$, $\gamma_V \ll \gamma_N$. Die Fläche des Überdeckungsbereichs der beiden Kernkreisflächen in Abb. 5.5a, deren Mittelpunkte um r_V gegeneinander verschoben sind, beträgt dann näherungsweise $\pi a^2 - 2a r_V$; analog dazu erhält man für den gemeinsam überdeckten Raumwinkel in Abb. 5.5b $\pi \gamma_N^2 - 2\gamma_N \gamma_V$. Von Faser A aus gesehen hat sich durch den Versatz der Kernradius und der Akzeptanzwinkel der Faser B näherungsweise um

$$\Delta a = r_V/\pi, \qquad \Delta\gamma_N = \gamma_V/\pi \qquad (q \to \infty) \tag{5.16}$$

verringert. Nach Gl. (5.15) kann dann der Kopplungsgrad berechnet werden.

Die Endflächenmittelpunkte zweier Stufenprofilfasern seien durch ein Medium der Brechzahl $n = n_0$ wie in Abb. 5.5c um den Stirnflächenversatz z_V voneinander entfernt. Faser A strahlt mit dem maximalen Akzeptanzwinkel $\gamma'_N = \gamma_N/n_0$ ab (vgl. Gl. (2.141) in Abschn. 2.8.3). Alle Punkte $0 \leq r \leq a - z_V \tan\gamma'_N$ der Endfläche A, die näher zur Achse liegen als Q_1 (Kreisfläche $\pi(a - z_V \tan\gamma'_N)^2$), strahlen ihre Leistung vollständig auf die Kernfläche der Faser B. Die Abstrahlung von Punkten beim Kernradius (Punkt Q_2) wird nur noch (annähernd) zur Hälfte von Faser B akzeptiert; die Abstrahlung aller Punkte im Kreisring $a - z_V \tan\gamma'_N \leq r \leq a$ (Ringfläche $\approx 2\pi a z_V \tan\gamma'_N$) ist daher mit einem Faktor $\frac{1}{2} < G \leq 1$ zu gewichten. Infolgedessen ordnet man der Faser B die fiktive Endfläche $\pi(a - z_V \tan\gamma'_N)^2 + G \cdot 2\pi a z_V \tan\gamma'_N$ zu, so daß der Kernradius a der Faser B um den Betrag

$$\Delta a = (1 - G)z_V \tan\gamma'_N, \qquad \tfrac{1}{2} < G \leq 1 \tag{5.17}$$

verringert erscheint. Für eine Stufenprofilfaser berechnet man $G = 2/3$, für Gradientenfasern erhält für G den Näherungswert $G = 1 - 1/(2\pi) \approx 0{,}84$ (unter der Annahme, daß die numerische Apertur nach einer Gauß-Funktion ausgeleuchtet wird [249]). Den Kopplungsgrad für Endflächenversatz berechnet man aus Gl. (5.15) mit $\Delta\gamma_N = 0$.

Die Kopplungsgrade der Gl. (5.14), (5.15) wurden unter der Annahme berechnet, daß alle Moden der anregenden Faser A gleiche Leistung tragen. Bei realen Übertragungssystemen trifft dies nicht zu, da Moden hoher Ordnungszahl mit signifikant in den Mantel reichenden Feldern stärker gedämpft werden als Moden niedrigerer Ordnung. Bei vielmodigen Gradientenfasern mit $V \gg 1$ konzentrieren sich die Moden niedriger Ordnung stärker auf den inneren Kernbereich als bei Stufenprofilfasern (s. Abschn. 2.6.4, Text nach Gl. (2.91)) und werden weniger gedämpft als Moden hoher Ordnungszahl; daher wird für eine stationäre Modenleistungsverteilung, die sich nach langen Laufstrecken einstellt (s. Abschn. 2.9.5), die geführte Leistung in der Umgebung der Faserachse höher sein als im Fall einer gleichförmigen Modenleistungsverteilung. Damit ist aber auch der Kernradius a_A in den Beziehungen Gl. (5.14), (5.15) durch den effektiven Radius $a_{A\,\mathrm{eff}} < a_A$ des signifikant lichterfüllten Kernbereichs zu ersetzen, während für Faser B der physikalische Kernradius a_B gültig bleibt. Damit folgt ein erhöhter Kopplungsgrad bei einem Versatz der Faserachsen, der unmittelbar hinter der Koppelstelle zu messen ist. Stellt sich weit entfernt von der Koppelstelle wieder eine stationäre Modenleistungsverteilung ein, dann reduziert sich der Kopplungsgrad auf Werte, die aus den entsprechenden effektiven Kernradien $a_{A\,\text{eff}}$ und $a_{B\,\text{eff}}$ für stationäre Modenleistungsverteilung zu berechnen sind.

5.3.2 Faserstecker

Leicht lösbare optische Steckverbindungen sind wichtige Komponenten eines optischen Nachrichtenübertragungssystems; man fordert von ihnen eine geringe Koppeldämpfung, hohe Vibrationsfestigkeit, gute Wiederholbarkeit der Steckverbindung und (je nach Anwendungsfall) leichte Montierbarkeit und geringen Preis. Besondere feinmechanische Anforderungen stellen Steckverbinder von einmodigen Fasern. Mit den Beziehungen von Abschn. 5.3.1 kann man die Koppeldämpfung der Faserstecker berechnen. Ohne Anspruch auf Vollständigkeit der Darstellung zu erheben, werden im folgenden einige wichtige Steckverbinder diskutiert.

Als Werkstoffe werden Messing, Neusilber und Edelstahl verwendet. Für preiswerte Massenprodukte (Stecker für Dickkernfasern mit Kerndurchmessern bis $2a = 200\,\mu\text{m}$) haben sich Kunststoffe bewährt; für hochpräzise Einmoden-Faserstecker dagegen setzt man Hartmetalle wie Wolframkarbid oder Keramiken ein. Man unterscheidet „trockene" Steckverbindungen, bei denen sich zwischen den Faserstirnflächen nur Luft befindet, von den „nassen" Steckverbindungen, bei denen ein transparentes Indexöl oder eine Indexpaste mit einer dem Faserkern angepaßten Brechzahl $n_0 = n_1$ (s. Abb. 5.5c) die Faserendflächen reflexionsarm verbindet.

Nasse Steckverbinder sind verschmutzungsanfällig; auch ist wenig über die Langzeiteigenschaften der meist verwendeten Indexpasten bekannt. Die Kopplung der Faserstirnflächen mit einem brechzahlangepaßten Elastomer [558] vereinigt die Vorteile der trockenen und nassen Steckverbinder. Oft berühren sich die Faserstirnflächen; um Dämpfungserhöhungen durch Interferenzeffekte zu verringern, kann man die Endflächen ballig schleifen oder auch als ebene Flächen, deren Normalen einen Winkel gegenüber der Faserachse aufweisen. In jedem Fall werden Steckverbinder mit einem Verdrehschutz ausgerüstet, um die Reproduzierbarkeit zu verbessern. Steckverbinder werden als Handstecker mit Schraub- oder Schnappverbindung (zur Montage an ein loses Faserende bzw. an eine Gerätefrontplatte) oder als Stecker für Einschubsysteme (ohne Verschraubung) ausgeführt; die wichtigen konstruktiven Einzelheiten sind für beide Ausführungsformen gleich.

Der Prinzipaufbau eines Direktsteckers für ein- und vielmodige Fasern ist in Abb. 5.6a zu sehen. Die Faser wird von der sekundären und primären Schutzschicht befreit. Die Steckerstifte enthalten zur Aufnahme der Faser entweder unmittelbar oder in einem Steckerkopf aus Messing, Rubin oder Glas eine axiale Bohrung, deren lichte Weite geringfügig größer (einige Mikrometer) als der Manteldurchmesser der Faser ist. Die Faser wird in den Steckerstift eingeführt, zentriert und entweder durch Prägen im Bereich der Bohrung mechanisch geklemmt oder mit einem schnell härtenden Kleber fixiert. Anschließend wird die Stirnfläche des Stiftes samt der eingebetteten Faser geschliffen und poliert. Bei

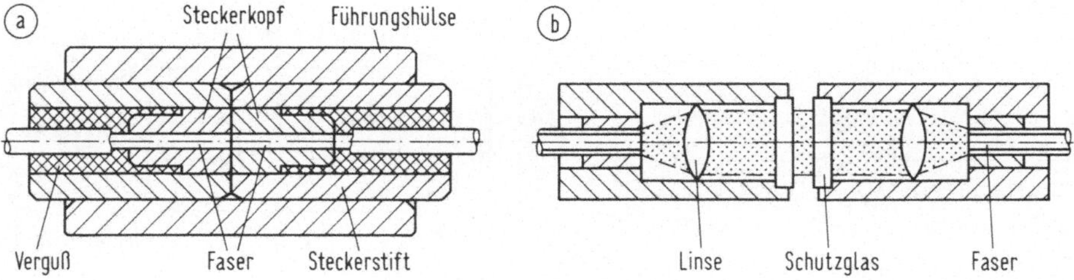

Abb. 5.6. Prinzipaufbau von Steckern für ein- und vielmodige Fasern. (a) Direktstecker, $a_\eta \approx 0{,}06\,\mathrm{dB}$ (b) Linsenstecker, $a_\eta > 1{,}5\,\mathrm{dB}$

einmodigen Fasern dient eine optische Meßeinrichtung während des Klebevorgangs zum Zentrieren des Faserkerns im Steckerstift, oder der Stift wird nach dem Verkleben der Faser zentrisch zum Faserkern auf das Nennmaß geschliffen. Wegen des großen Montageaufwands werden einmodige Stecker häufig beim Hersteller mit Faserschwänzen konfektioniert und dann vom Benutzer an die Faserstrecke angespleißt. Die beiden Steckerstifte, meist mit einem Durchmesser von 2,5 mm, werden mit einer eng tolerierten Führungshülse axial ausgerichtet und aufeinandergepreßt (Stoßkopplung). Stifte und Hülse bestehen bei erhöhten Forderungen an Präzision und Wiederholbarkeit des Steckvorgangs (also vor allem bei Steckern für Einmodenfasern) aus einem Hartmetall wie Wolframkarbid oder aus speziellen Zirkonium-Keramiken [537]. Bei einmodigen Steckverbindern erreicht man mittlere Koppeldämpfungen von $a_\eta = 0{,}06\,\mathrm{dB}$ (Standardabweichung 0,07 dB) [537] mit Dämpfungen des reflektierten Lichts von 39 dB; bei vielmodigen Steckern sind ähnliche Leistungsdaten möglich, werden aber in der Regel schon aus Kostengründen nicht gefordert. Gebräuchliche Kurzbezeichnungen von Steckertypen sind (für eine Übersicht s. [267]) FC [542], D4 [240], ST [74] und SC [537]. Bei PC-Versionen („physical contact", Stoßkopplung) werden die Stirnflächen aneinandergepreßt; man erreicht Reflexionsdämpfungen von 45 dB [267]. In Deutschland sind die Hand-/Einschub-Stecker LSA/LSB (DIN 47256/47257) genormt [581].

Für Spezialzwecke (erhöhte Zuverlässigkeit, mobile Anlagen, Verschmutzungsgefahr, Toleranz gegen transversalen Versatz der Achsen) ist es zweckmäßig, den Strahl durch Linsen (Kugel- oder Gradientenlinsen) aufzuweiten und derart den Kopplungsgrad gegenüber den genannten Fehlern unempfindlicher zu machen. Wegen der vielen reflektierenden Flächen liegen die Steckerdämpfungen im Bereich über 1,5 dB. Das Prinzip eines Linsensteckers zeigt Abb. 5.6b.

5.3.3 Faserspleißverbindungen

Nicht leicht lösbare Verbindungen von Glasfasern werden als Spleiße bezeichnet. Verluste in Spleißen werden durch das Modell stirnflächengekoppelter Fasern berechnet, Abschn. 5.3.1. Man unterscheidet Schmelz-, Klebe- und Klemmspleiße. Als Vorbereitung für Spleißverbindungen sind die Faserendflächen zu präparieren; die von den äußeren Kunststoffhüllen befreite Faser wird gerade und ohne Torsion in eine Vorrichtung eingespannt, auf Zug belastet und mit einem Diamantmesser, das von einem Ultraschallantrieb bewegt wird, an der

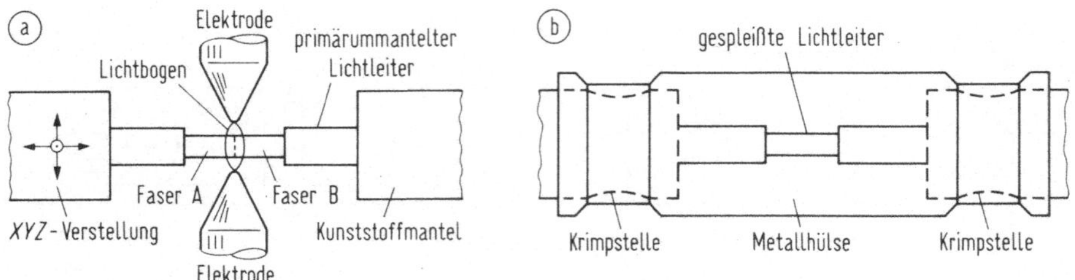

Abb. 5.7. Schmelzspleiß. (a) Lichtbogenschweißung (b) mechanischer Schutz des Spleißes

Peripherie geritzt [365, Abschn. 14.2]. Ist die Zugspannung richtig eingestellt, so erhält man über den Faserquerschnitt hin eine spiegelnde Bruchfläche, deren Flächennormale von der Faserachse um weniger als $1°$ abweicht.

Bei Schmelzspleißen werden die von der sekundären und primären Kunststoffbeschichtung befreiten Fasern mechanisch in V-Nuten justiert und dann in einem Wechselspannungslichtbogen ($20\,\mathrm{kHz}$, $5\,\mathrm{kV}$, $5\ldots 20\,\mathrm{mA}$) zwischen Wolframelektroden bei Atmosphärendruck und einer Temperatur von $2\,000°$ in zwei Arbeitsschritten miteinander verschmolzen, Abb. 5.7a: Man nähert zunächst die durch Brechen der Fasern A und B präparierten Endflächen einander soweit, daß ein Luftspalt von ungefähr $25\,\mu$m verbleibt; dann werden die Fasern kurz angeschmolzen, wobei anhaftender Staub verbrennt, die Kanten sich runden und die Stirnfläche ballig wird, so daß sich beim eigentlichen Schmelzvorgang weniger leicht Luftblasen bilden können. Im zweiten Schritt werden die Fasern auf Stoß (bei einmodigen Fasern zusätzlich auf minimale Koppeldämpfung) justiert; der eigentliche Verschmelzungsprozeß findet dann bei erhöhter Lichtbogenleistung statt. Die Spleißstelle wird beispielsweise durch eine Metallhülse wie in Abb. 5.7b geschützt.

Bei modernen Faserspleißgeräten für Einmodenfasern wird die axiale und transversale Verschiebung der Fasern gegeneinander während des Schweißvorgangs automatisch so geregelt, daß die Koppeldämpfung minimal wird. Bei vielmodigen Fasern kommt es für die Qualität des Spleißes im wesentlichen auf die zugeführte Energie an; zufolge der Oberflächenspannung zentrieren sich die Fasern selbsttätig bezüglich ihrer Außenmäntel. Bei einmodigen Fasern mit leicht exzentischen Kernen ist dies unerwünscht, da die Kerne in der einmal eingerichteten Optimalposition miteinander verschmolzen werden sollen, so daß man hier mit hoher Lichtbogenleistung bei geringer Schweißzeit arbeitet; man erreicht bei Standard-Einmoden- und Vielmodenfasern mittlere Koppeldämpfungen im Bereich von $a_\eta = 0{,}02\ldots 0{,}25\,\mathrm{dB}$ [184, Abschn. 8.4 Seite 199] mit minimalen Dämpfungen des reflektierten Lichts von $70\,\mathrm{dB}$. Zur Technik der Lichtbogenspleiße s. [63] [256] [257] [258] [259] [147] [547] [267] [282].

Bei der Vorbereitung eines Klebespleißes muß man wie beim Schmelzspleiß zunächst für saubere, ebene Faserendflächen sorgen. Die Faserenden werden relativ zueinander justiert, z. B. indem man sie unter leichter Biegung der Faser entlang der Innenkante eines Vierkantrohrs gegeneinanderschiebt, Abb. 5.8a, oder in eine V-Nut eines häufig aus Silizium hochpräzise geätzten Trägerkörpers in Stoßkopplung einlegt, Abb. 5.8b. Die Faserenden werden dann durch einen brechzahlangepaßten, alterungsbeständigen und schnell aushärtenden Kleber miteinander und mit der Justiereinrichtung verklebt. Auch mechanische Klemmungen [438] [125] haben sich bewährt: Die stoßgekoppelten, in Indexpaste immersierten ein- oder vielmodigen Fasern werden nach [125] mit einem (zur Beobachtung des Spleißvorgangs transparenten) Kunststoffdeckel wie in Abb. 5.8b geklemmt; mit derartigen preiswerten, sogenannten Fingerspleißen kann man Fasern (im Prinzip lösbar) verbinden, wobei die mittleren Koppeldämpfungen im Bereich von $a_\eta = 0{,}15\,\mathrm{dB}$ liegen. Die Qualität solcher mantelzentrier-

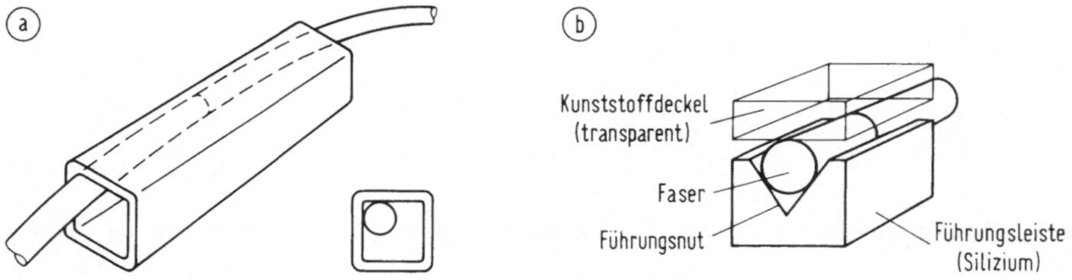

Abb. 5.8. Ausrichtung von Klebe- und Klemmspleißen. (a) Klebespleiß im Vierkantrohr (b) Klemmspleiß in Silizium-V-Nut

ten Verbindungen hängt davon ab, wie gut der Kern auf den Mantel zentriert ist.

Sowohl Schmelz-, Klebe- als auch Klemmspleiße lassen sich zur gleichzeitigen Verbindung von Fasern nutzen, die in größerer Anzahl (z. B. 4 ... 12 Fasern) dicht nebeneinander angeordnet und durch eine Kunststoffumhüllung in Form eines Faserbandes gebündelt sind [196] [266].

5.4   Optische Verzweigungen

Je nach der Konfiguration eines optischen Netzes besteht die Aufgabe, einer Hauptleitung von einem Sender Energie zuzuführen oder einen Teil der optischen Leistung aus einer Hauptleitung abzuzweigen bzw. die Leistung der Hauptleitung auf eine Anzahl abgehender Fasern aufzuteilen. Diese Aufgaben werden mit Verzweigungen gelöst, Abb. 5.9.

Werden Fasern durch Übertragung von Lichtsignalen auf Trägern verschiedener Wellenlänge mehrfach ausgenutzt (Wellenlängenmultiplex, wavelength division multiplex, WDM), so besteht die Aufgabe, die Signale verschiedener Sender auf der Übertragungsleitung mit einem WD-Multiplexer zu vereinen und am Empfangsort mit einem WD-Demultiplexer wieder zu trennen. Vorgeschlagene Kanalabstände liegen in der Größenordnung $\Delta\lambda = 30\,\mathrm{nm}$ bei $\lambda = 1{,}3\,\mu\mathrm{m}$ entsprechend einem Frequenzraster von $\Delta f = 5{,}3\,\mathrm{THz}$. Die kritischeren Anforderungen treten beim Demultiplexer auf, weil ein Nebensprechen unterschiedlicher Wellenlängen vermieden werden muß.

Eine $N' \times N$-Verzweigung (lies: „N'-auf-N-Verzweigung") besitzt N' Eingangs- und N Ausgangsbezugsebenen, die z. B. Querschnittsflächen von angeschlossenen Wellenleitern sein können. Das Feld in der $i$ten Bezugsebene hat die Gesamtleistung P_i. Sind bei vielmodigen Wellenleitern die Felder in jeder dieser Bezugsebenen durch $M = 2M_T$ Moden beschrieben (M_T ist die Anzahl transversaler Wellenleiter- oder auch Freiraummoden in einem Polarisationszustand), so stellt die $N' \times N$-Verzweigung ein $(MN' + MN)$-Tor dar. Eine üblicherweise einmodig genannte Faserübertragungsstrecke ist somit genau genommen eine 1×1-Verzweigung oder ein $(2+2)$-Tor (ein Viertor), die in Abb. 5.9a gezeigte 2×2-Verzweigung stellt, wenn sie mit einmodigen Fasern realisiert wird, ein 8-Tor dar. Wenn man voraussetzt, daß innerhalb einer Verzweigung alle Kopplungen polarisationsunabhängig sind und daß alle Signale, die auf Einmodenfasern in die Koppelzone einlaufen, in demselben Polarisationszustand vorliegen, dann sind mit Einmodenfasern ausgeführte $N' \times N$-Verzweigungen tatsächlich auch $(N' + N)$-Tore. Diese Voraussetzung soll im folgenden für die

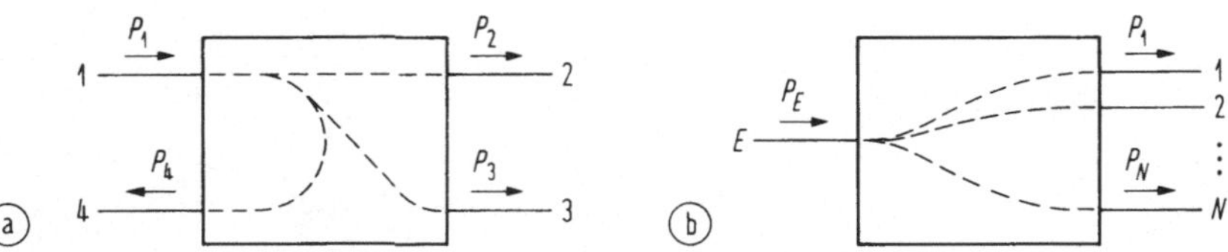

Abb. 5.9. Optische Verzweigungen. (a) 2×2-Richtkoppler (b) $1 \times N$-Verzweigung

Behandlung *einmodiger* Verzweigungen gelten, wenn nichts anderes vermerkt ist.

Der $(2+2)$-torige Leitungs-Richtkoppler ist in diesem Sinne ein Spezialfall der $N' \times N$-Verzweigung. Im optischen Frequenzbereich wird er realisiert mit zwei dicht benachbarten, „einmodigen" Wellenleitern, deren Transversalfelder sich in der sogenannten Koppelzone teilweise überlappen, so daß ein Energieaustausch möglich wird. Bei einmodigen $N \times N$-Leitungs-Richtkopplern sind N einmodige Wellenleiter untereinander verkoppelt. Äquivalent verhalten sich zwei gekoppelte vielmodige Wellenleiter, die jeweils $M = N/2$ Moden führen. Konzentrierte Richtkoppler baut man nach dem Strahlteilerprinzip mit einem teilreflektierenden Spiegel. Im folgenden und in Abb. 5.9a werden verlustarme, nicht notwendigerweise einmodige 2×2-Richtkoppler vorausgesetzt. Mit der Bezugsebenen-Numerierung wie in Abb. 5.9a und Einspeisung in der Bezugsebene 1 definiert man den Kopplungsgrad η_K, den Einfügegrad η_I, den Richtkopplungsgrad η_R und den Verlustgrad η_V durch

$$
\eta_K = \frac{P_3}{P_1}, \qquad \eta_I = \frac{P_2}{P_1}, \qquad \eta_R = \frac{P_4}{P_3}, \qquad \eta_V = \frac{P_2 + P_3 + P_4}{P_1}. \tag{5.18}
$$

Der ideale Richtkoppler hat $\eta_R = 0$ und $\eta_V = 1$. Jede physikalische Bezugsebene kann die Rolle der Eingangsbezugsebene übernehmen, ohne an den Richtkopplereigenschaften etwas zu ändern. Das Koppel-, Einfügungs-, Richt- und Verlustdämpfungsmaß berechnet man analog zu Gl. (5.1).

Ein Vieltor heiße struktur-symmetrisch, wenn die Anordnung von jedem der Tore aus gesehen gleich aufgebaut ist. Durch Abb. 5.9a werde ein Viertor mit den Toren 1 bis 4 repräsentiert. Für das reziproke, verlustfreie ($\eta_V = 1$), allseitig angepaßte und struktur-symmetrische Viertor folgt aus der Unitarität seiner Streumatrix [61, Abschn. 3.6, Gl. (3.6/17a)], daß die Tore $1, 4$ entkoppelt sind ($\eta_R = 0$) und daß die korrespondierenden Ausgangsfelder an den Toren $2, 3$ eine Phasenverschiebung von $\pi/2$ gegeneinander haben ($\pi/2$-Hybrid [61, Abschn. 3.742]).

Reziproke (nicht notwendigerweise struktur-symmetrische) Dreitorverzweigungen sind entweder verlustfrei, aber nicht allseitig anpaßbar, oder sie haben Verluste, wobei eine allseitige Anpassung nicht mehr ausgeschlossen ist. Verlustfreie, nicht allseitig anpaßbare Dreitorverzweigungen mit Koaxial- oder Hohlleitern werden in der Mikrowellentechnik viel verwendet. Bei einer Dreitorverzweigung mit optischen, dielektrischen Wellenleitern spielt die Reflexion in den Torbezugsebenen eine untergeordnete Rolle: Nichtgeführte Feldformen werden in das umgebende Medium abgestrahlt [518] (in den Mantel bei Fasern, in das Substrat bei Schicht- und Streifenwellenleitern) und gehen dem Wellenführungsprozeß verloren, geben also auch keinen Anlaß zu Reflexionen; diese Feldanteile bestimmen die Verluste der Verzweigung. Ist bei einem Dreitor $\eta_K = \eta_I$, so spricht man von einem 3-dB-Leistungsteiler. Der häufig verwendete, ungenaue Begriff „Koppler" läßt nicht erkennen, ob ein Richtkoppler mit den oben definierten Eigenschaften oder ob eine einfache Verzweigung gemeint ist.

Man kann diese Aussagen auf einmodige $N' \times N$-Verzweigungen erweitern. Ist $N' = N$, so *kann* dieses $2N$-Tor ein $N \times N$-Richtkoppler sein; für $N' \neq N$ liegt eine gewöhnliche

Verzweigung vor. Richtkopplereigenschaften sind prinzipiell frequenzabhängig; das Bauteil ist bezüglich der Leistungsaufteilung ein optischer Bandpaß, was man für WDM-Anwendungen nutzen kann. Als Experimentieraufbauten werden gerne Schliff-Richtkoppler verwendet; sie bestehen aus zwei in Glasblöcken eingebetteten, längs ihrer Achse bis in die Nähe des Kerns angeschliffenen Einmodenfasern, deren Schliffe aneinandergepreßt werden. Auf besondere Schmalbandigkeit hin dimensionierte Schliff-Richtkoppler erreichen minimale Bandbreiten von $\Delta\lambda = 22\,$nm bei $\lambda = 1{,}3\,\mu$m [604] und $\Delta\lambda = 14\,$nm bei $\lambda = 1{,}6\,\mu$m [317]. Befindet sich zwischen den Blöcken eine dünne Metallschicht oder ein Dielektrikum, so werden die Richtkoppler polarisationsempfindlich [495]. Für weitere Einzelheiten über Richtkoppler und Literaturverweise s. [190, Abschn. 1.4] [205, Kap. 3, Abschn. 7.6] [114, Kap. 6] [353] [495]; für Richtkoppler als Modulatoren s. Abschn. 3.7.1.

Sogenannte Sternkoppler (nicht notwendigerweise Richtkoppler!) haben N' Eingangs- und N Ausgangsbezugsebenen ($N' \times N$-Sternkoppler) und sind häufig aus einzelnen 2×2-Richtkopplern zusammengefügt. Sie werden in Netzwerken verwendet, bei denen die Leistung jedes Senders in jeder der N' Eingangsbezugsebenen gleichmäßig auf jeden der N Empfänger in den Ausgangsbezugsebenen aufgeteilt werden soll.

Bei der $1 \times N$-Verzweigung Abb. 5.9b gilt für gleichmäßige Aufteilung der Eingangsleistung P_E auf die Ausgangsbezugsebenen mit $P_i = P$, $i = 1, 2, \ldots, N$

$$\eta_K = \eta_I = \frac{P}{P_E}, \qquad \eta_V = \frac{NP}{P_E} = N\eta_K. \tag{5.19}$$

Bei einer verlustlosen $1 \times N$-Verzweigung ist $\eta_V = 1$ und $\eta_K = \eta_I = 1/N$. Die gewünschte verlustfreie (in der Praxis verlustarme) Leistungsaufteilung ist nur dann erreichbar, wenn ein ganz bestimmter Wellenleiter als Eingangswellenleiter verwendet wird.

5.4.1 Verzweigungen mit Vielmodenfasern

In Abb. 5.10 sind zwei einfache Realisierungen von Abzweigelementen dargestellt. Beim Leistungsteiler der Abb. 5.10a bleiben die Verluste nur für kleine Winkel γ gering (kleiner Strahldivergenzwinkel für geführte Moden in der abgehenden Faser). Bei Abzweigen nach Abb. 5.10b müssen Spezialfasern mit dünnen Mänteln ($b - a < 5\,\mu$m) verwendet werden, wenn man die Verlustdämpfung klein halten will. Beide Verzweigungstypen werden für vielmodige Fasern verwendet; bei Stufenprofilfasern betragen die Verluste $a_{\eta_V} = 0{,}6 \ldots 1\,$dB.

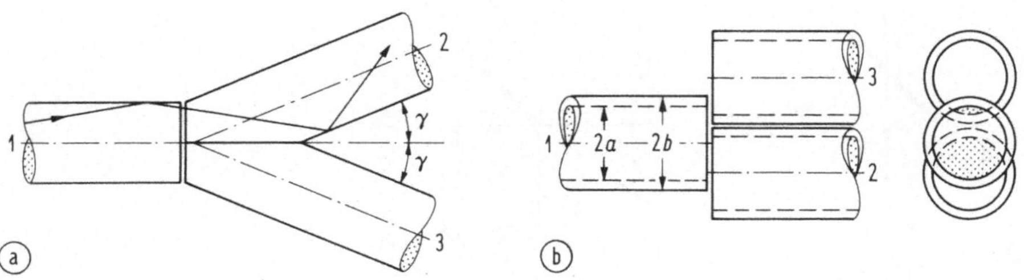

Abb. 5.10. Verzweigungen für Vielmodenfasern mit Kopplung über die Stirnflächen. (a) 3-dB-Leistungsteiler (b) Abzweig mit wählbarer Koppeldämpfung

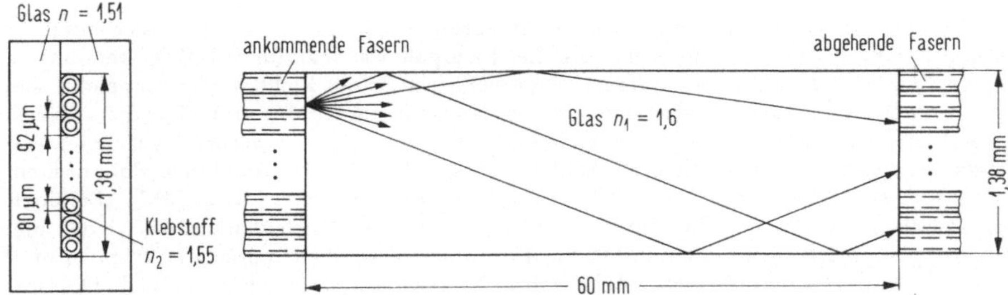

Abb. 5.11. Vielmoden-$N \times N$-Sternrichtkoppler (nach [399]), Querschnitt und Aufsicht; 15 angekoppelte Fasern, Manteldurchmesser $2b = 92\,\mu$m, Kerndurchmesser $2a = 80\,\mu$m. Das Licht wird in einer Glasplatte der Brechzahl $n_1 = 1{,}6$ gemischt

Ordnet man innerhalb des Kernbereichs $r \leq a$ der Faser 1 von Abb. 5.10b ein Bündel von Stufenprofilfasern mit reduziertem Querschnitt an, so lassen sich beispielsweise $1 \times N$-Verzweigungen mit $N = 19$ fertigen [488]. Das Faserbündel wird mit einem gemeinsamen Mantel versehen, zusammengeschmolzen und verzweigt sich nach einer Übergangszone zu einem Fächer von Standardfasern.

Die Realisierung eines vielmodigen 15×15-Sternrichtkopplers [399] zeigt Abb. 5.11: Je 15 Stufenprofilfasern mit einer relativen Brechzahldifferenz von $\Delta = 1\,\%$ werden in der Eingangs- und Ausgangsbezugsebene an eine hochbrechende, lichtführende Glasplatte der Brechzahl $n_1 = 1{,}6$ angekoppelt; diese Platte wird mit einem Kleber der Brechzahl $n_2 = 1{,}55$ zwischen Platten aus Substratglas ($n = 1{,}51$) gehalten. Der entstehende Schichtwellenleiter, in dem das ankommende Licht gemischt und auf die Ausgänge aufgeteilt wird, hat somit eine numerische Apertur von $A_N = n_1\sqrt{2\Delta} = 0{,}4$. Es wurde eine Koppeldämpfung von $a_{\eta_K} = 14\,$dB gemessen, das entspricht nach Gl. (5.19) für $N = 15$ einem Verlust von $a_{\eta_V} = 2{,}2\,$dB.

5.4.2 Konzentrierte Richtkoppler (Strahlteiler)

Die einfachsten Richtkoppler sind nach dem Strahlteilerprinzip aufgebaut, Abb. 5.12a; diskutiert werde zunächst ein Viertor. Die bei Tor 1 einfallende Welle der relativen Leistung $P_1 = 1$ trifft auf einen teildurchlässigen Spiegel S, der unter einem Winkel von $45\,^\circ$ zur optischen Achse aufgestellt ist, und wird mit dem Leistungs-Kopplungsgrad η_K bzw. dem Amplituden-Kopplungsgrad $\sqrt{\eta_K}$ nach Tor 3 reflektiert; ein Teil des einfallenden Feldes wird nach Tor 2 transmittiert,

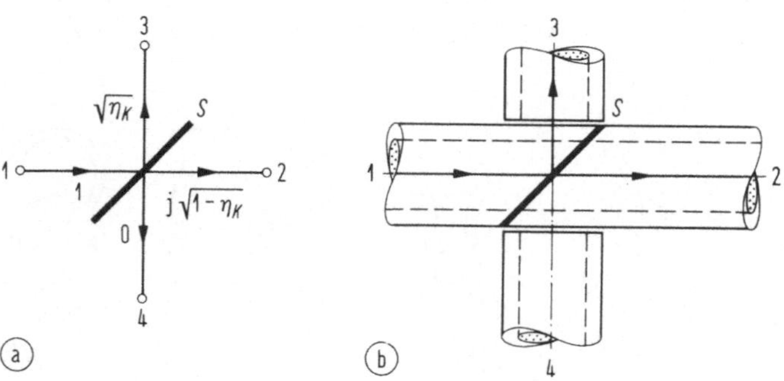

Abb. 5.12. Richtkoppler nach dem Strahlteiler-Prinzip.   (a) Strahlteiler-Spiegel S mit relativen Amplituden und Phasen   (b) Ausführung in Vielmoden-Fasertechnik

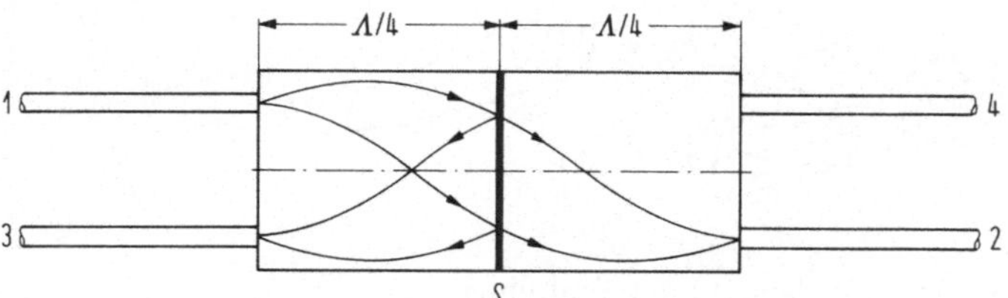

Abb. 5.13. Richtkoppler nach dem Strahlteiler-Prinzip mit Gradientenlinse. Teilreflektierender Spiegel S; als Multiplexer oder Demultiplexer bei λ_1 transparent, bei λ_2 vollständig reflektierend

wobei der Leistungs-Kopplungsgrad $1 - \eta_K$, der Amplituden-Kopplungsgrad $j\sqrt{1-\eta_K}$ und die Phasenverschiebung $\pi/2$ (in Relation zu Tor 3) beträgt, vgl. Gl. (3.223) in Abschn. 3.8.2. Aus Tor 4 strömt keine Energie, es ist also von Tor 1 entkoppelt. Die Spiegelfläche S kann wellenlängenselektiv beschichtet sein, so daß ein solcher Richtkoppler auch als Wellenlängen-Multiplexer und -Demultiplexer verwendet werden kann. In Abb. 5.12b ist die faseroptische Ausführung [455] [594] eines vielmodigen Strahlteilers zu sehen; für einmodige Fasern würde man zusätzlich mit vier Gradientenlinsen zwischen Strahlteiler und Faserendflächen die Felder aufweiten, so daß sich die Spiegelfläche im parallelen Strahlengang befindet. Strahlteiler-Richtkoppler sind polarisationsabhängig, s. Abschn. 2.1.3, bewahren aber abgesehen davon an den Ausgangsbezugsebenen die Modenleistungsverteilung der Eingangsbezugsebene und sind in diesem Sinne nicht modenselektiv.

Auch mit speziellen Gradientenlinsen lassen sich Richtkoppler nach dem Strahlteilerprinzip herstellen, Abb. 5.13: Licht aus der Einmodenfaser 1 wird zu einem gewünschten Bruchteil am Spiegel S in die Einmodenfaser 3 reflektiert, zum anderen Teil in die Einmodenfaser 2 transmittiert. Ist der Spiegel wellenlängenselektiv (z. B. bei $\lambda_1 = 1{,}275\,\mu$m nahezu transparent, Dämpfung 0,5 dB, bei $\lambda_2 = 1{,}345\,\mu$m reflektierend, Reflexionsdämpfung 1 dB) so wirkt das Bauelement als Multiplexer (Sender mit λ_1 bei Faser 2, Sender mit λ_2 bei Faser 3, bei 1 angeschlossene Übertragungsfaser) oder als Demultiplexer (Faser 1: ankommende Übertragungsfaser, Empfänger bei den Toren 2 und 3 [324]). Eine äquivalente Anordnung ist auch mit Vielmodenfasern möglich.

Zur Dimensionierung von Strahlteilern mit metallischen Spiegelschichten oder mit dielektrischen Mehrschichtenspiegeln (die für eine feste Wellenlänge auch polarisationsabhängig herstellbar sind) s. z. B. [333], für die Dimensionierung von Interferenzfiltern s. [334]. Da in der Anordnung Abb. 5.13 das Licht fast senkrecht auf die Spiegelfläche fällt, ist das Bauelement nahezu polarisationsunabhängig.

Sehr schmalbandige Multiplexer und Demultiplexer für WDM mit Kanalabständen in der Größenordnung von $\Delta\lambda = 3$ nm können auch mit speziellen reflektierenden Beugungsgittern realisiert werden [324] [207].

5.4.3 Leitungs-Richtkoppler

Ein Vielmoden-Richtkoppler nach Abb. 5.14a entsteht, wenn zwei Vielmodenfasern lokal erhitzt, konisch ausgezogen und verschmolzen werden. Im konischen Bereich werden geführte Moden des Faserstücks 1 in Mantelmoden umgewandelt, welche in das Faserstück 3 überkoppeln und im konischen Bereich teilweise in geführte Moden rückverwandelt werden. Die Überkopplung ist modenselek-

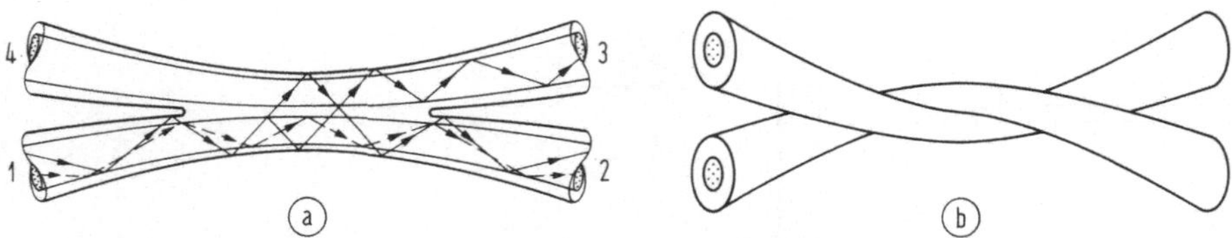

Abb. 5.14. Faserrichtkoppler. (a) ohne, (b) mit Verdrillung

tiv: in Faser 3 werden vorwiegend Moden hoher Ordnungszahl (durchgezogene Strahlbahnen), in Faser 2 vorwiegend Moden niedriger Ordnung auftreten (strichlierte Strahlbahnen). Durch eine Verdrillung der Fasern wie in Abb. 5.13b kann man die Modenabhängigkeit vermindern.

Für die heutige Übertragungstechnik bei hohen Bitraten werden selbstverständlich Einmodenfasern verwendet. Die benötigten 2 × 2-Richtkoppler realisiert man mit zwei Einmodenfasern nach dem Prinzip von Abb. 5.14.

Einmodige $N \times N$-Sternrichtkoppler erzeugt man durch Kaskadieren gewöhnlicher, also 2 × 2-Richtkoppler [355]; auch kompakte 4 × 4-Richtkoppler mit vier verschmolzenen Einmodenfasern wurden als Bausteine vorgeschlagen [380]. Da diese Sternrichtkoppler zahlreiche Spleißstellen haben, ist die Herstellung aufwendig, und die fertigen Komponenten sind (wegen der notwendigen Faserlängen bei den Spleißen) voluminös; zudem verringert sich die optische Bandbreite bei der Kaskadierung vieler einzelner bandbreitebegrenzter Elemente. Mit Methoden der integrierten Optik versucht man daher, kompakte Vielfachrichtkoppler herzustellen; mit Glas-Streifenwellenleitern auf Silizium-Substraten wurde aus 12 strukturunsymmetrischen (zur Erhöhung der Gesamtbandbreite aus unterschiedlichen Wellenleitern bestehenden) 2 × 2-Richtkopplern ein 8 × 8-Sternrichtkoppler mit einer 1-dB-Bandbreite von $\Delta\lambda = 240$ nm bei $\lambda = 1{,}3\,\mu$m hergestellt [600].

Häufig genügt es (z. B. bei der Verteilung der Leistung einer Lichtquelle), 1 × N-Verzweigungen zu verwenden. Eine solche Verzweigung kann man als Bündel von achsenparallelen, dicht gepackten, verschmolzenen Standard-Einmodenfasern (als $N \times N$-Richtkoppler) realisieren [381]. Um eine Zentralfaser gruppieren sich achsenparallel sechs weitere Fasern. Die Felder der sieben Fasern sind verkoppelt; die Eingangsbezugsebenen der sechs äußeren Fasern bleiben unbenutzt. Die Eingangsleistung (P_E in Abb. 5.9b) wird in die Zentralfaser eingespeist, so daß sich die Leistung auf die Zentralfaser und die sechs umgebenden Fasern gleichmäßig verteilt (1 × N-Verzweigung mit $N = 7$) und an den sieben Ausgangsbezugsebenen abgenommen werden kann. Die asymmetrische Kopplergeometrie sorgt für einen außerordentlich breiten Betriebsbereich 1,2 μm $\leq \lambda \leq$ 1,6 μm; bei Einspeisung an einer der sechs äußeren, unbenutzen Eingangsbezugsebenen wäre diese besondere Koppelgeometrie ungünstig verändert. Die Verlustdämpfung beträgt $a_{\eta_V} = 0{,}2$ dB, der mittlere Kopplungs- bzw. Einfügegrad beträgt $\eta_K = \eta_I = 1/N = 0{,}143$ und hat die Standardabweichung $\sigma_{\eta_K} < 0{,}01$ bei $\lambda = 1{,}3\,\mu$m und $\lambda = 1{,}53\,\mu$m.

Statt 1 × 7-Verzweigungen kann man (schmalbandigere) 7 × 7-Richtkoppler herstellen mit einer Bandbreite von $\Delta\lambda = 120$ nm bei $\lambda = 1{,}3\,\mu$m [199]. Zur Herstellung strahlt man Licht in alle sieben Eingangsbezugsebenen des Faserbündels, mißt während des Verschmelzungs- und Ziehprozesses die jeweiligen Koppeldämpfungen bei allen Ausgangsbezugsebenen und optimiert so die Koppelzone bezüglich Länge und Durchmesser. Im verlustfreien Fall wäre eine Koppel- bzw. Einfügungsdämpfung von $a_{\eta_K} = a_{\eta_I} = 10\lg 7 = 8{,}45$ dB zu erwarten gewesen; bei $\lambda = 1{,}3\,\mu$m wurde bei allen möglichen Kombinationen von Bezugsebenen ein Mittelwert von $a_{\eta_I} = 8{,}62$ dB gemessen, d. h. die Verlustdämpfung nach Gl. (5.19) betrug im Mittel $a_{\eta_V} = -8{,}45$ dB $+ 8{,}62$ dB $= 0{,}17$ dB.

Kapitel 6

Rauschen

6.1 Ursachen von Rauschen in der optischen Nachrichtentechnik

Der Photostrom eines Detektors ist proportional zur klassischen Lichtleistung $P(t)$ (darunter versteht man den über wenige optische Perioden gebildeten Mittelwert der klassischen Momentanleistung). Da sich Schwankungen von $P(t)$ in proportionale Schwankungen des Photostroms übertragen und somit beim direkten Empfang von intensitätsmodulierten optischen Signalen stören, sind zunächst alle jene Effekte zu untersuchen, welche zu Schwankungen der klassischen Lichtleistung $P(t)$ führen.

Das ideale klassische Signal $s\cos(\omega_0 t + \varphi)$ (ein monochromatisches Signal mit konstanter Amplitude s und Phase φ) führt demnach zu einer konstanten Lichtleistung $P(t) = s^2/2$ und zu einem Photostrom, der frei ist von klassischen Schwankungen. In quantentheoretischer Beschreibung ist dieses ideale Signal (ein sogenannter kohärenter Zustand) ein Strom von Poisson-verteilten, sich wie statistisch unabhängige klassische Teilchen verhaltenden Photonen. Unter den Voraussetzungen von Abschn. 4.1.1 hat jedes Photon unabhängig von anderen Photonen die Erfolgswahrscheinlichkeit η für die Erzeugung eines Elektron-Loch-Paars [190, Kap. 2.1.2, 4.3.2]. Der Kurzschlußstrom im Außenkreis des Detektors verhält sich wie ein Strom statistisch unabhängiger (Poisson-verteilter) Elementarladungen, von denen bekannt ist, daß sie volles Schrotrauschen aufweisen. Das Schrotrauschen kann daher als das beim direkten Empfang auftretende, unvermeidliche Quantenrauschen bezeichnet werden. Man beachte, daß dieses Rauschen weder der Lichtquelle noch dem Photodetektor zugeschrieben werden kann (ohne Beleuchtung ist der Photostrom identisch null; die Schwankungen manifestieren sich erst bei der Wechselwirkung des Lichtes mit den Detektoratomen). Zu diesen unvermeidlichen Stromschwankungen addieren sich jene, welche durch Schwankungen der klassischen Lichtintensität $P(t)$ verursacht werden (man bezeichnet diese Schwankungen daher auch als Zusatzrauschen oder Überschußrauschen).

Prinzipiell unvermeidlich sind ferner: das Rauschen zufolge spontaner Emissionen im gepumpten Medium optischer Verstärker, zusätzliche Schwankungen der Trägeranzahl zufolge des statistischen Vervielfachungsprozesses in Lawinenphotodioden und das Schrotrauschen von Ladungsträgern, die in elektronischen Bauelementen pn-Übergänge queren.

Bei realem Laserlicht in klassischer Beschreibung $s(t)\cos[\omega_0 t+\varphi(t)]$ sind die Größen $s(t),\varphi(t)$ Zufallsfunktionen. Schwankungen von $s(t)$ führen zu Schwankungen der klassischen Leistung $P(t)$ und äußern sich als Zusatzrauschen bei der Detektion. Das Phasenrauschen verursacht eine endliche Linienbreite der Emission und gibt Anlaß zu chromatischer Dispersion von Signalen bei der Übertragung von Licht durch Lichtwellenleiter.

In allen Anordnungen, in denen Licht auf zwei oder mehrere Übertragungswege mit unterschiedlichen Laufzeiten aufgeteilt und schließlich wieder kombiniert wird, werden an der Kombinationsstelle Phasenschwankungen (Frequenzschwankungen) in Intensitätsschwankungen konvertiert und führen schließlich beim direkten Empfang des Kombinationssignals zu Rauschen. In solchen (beabsichtigten oder unbeabsichtigten) Zweistrahl- oder Mehrstrahl-Interferometern können auch Phasenfluktuationen eine Rolle spielen, die auf thermisch bedingte Schwankungen der Brechzahl längs der Übertragungswege zurückzuführen sind [169].

Derartige Interferometer im weitesten Sinn liegen in folgenden Fällen vor: Wenn Licht von angekoppelten Fasern (sowohl vom nahen als auch vom entfernten Faserende) in den Laser reflektiert wird; daraus können sich drastische Änderungen des Intensitäts- und Frequenzrauschens des Lasers (und damit der Linienbreite) sowie der Schwingfrequenz des Lasers ergeben. In Multimodenfasern ändert sich die relative Phase der einzelnen Moden zufolge der statistischen Eigenschaften des Übertragungsmediums; dies führt zu einer komplizierten, ihre Gestalt zufällig ändernden Interferenzfigur am Faserende. Wegen der orthogonalen Modenfunktionen bleibt zwar die Gesamtleistung über dem Faserquerschnitt konstant, aber diese Aussage gilt nicht mehr für Teilgebiete der Faserendfläche, in denen statistisch schwankende Kreuzleistungsterme der einzelnen Moden einen Beitrag liefern: Bei Steckern mit radial versetzten oder gegeneinander verkippten Faserachsen führen diese Kreuzleistungsterme in der abgehenden Faser zu Intensitätsschwankungen, dem sogenannten Modenrauschen.

Die Leistungen in den einzelnen Moden eines Lasers (inklusive jener Moden, die nicht angeschwungen sind, sondern im wesentlichen linear verstärkte spontane Emission enthalten) sind über den Verstärkungsmechanismus verkoppelt, mit der Tendenz, daß die Gesamtemission bei konstantem Injektionsstrom kleine Schwankungen aufweisen wird, wogegen die Intensitätsschwankungen in jedem einzelnen betrachteten Modus um Größenordnungen stärker sein können. Wenn diese Antikorrelation der Schwankungen zufolge der unterschiedlichen Gruppenlaufzeiten in einer dispersiven Faser aufgehoben wird, können auf der Empfangsseite Intensitätsschwankungen auftreten, welche die Bitfehlerwahrscheinlichkeit drastisch erhöhen: Dieser Effekt wird als Modenverteilungsrauschen bezeichnet.

Am Photodetektor ist außer dem Schrotrauschen und dem Zusatzrauschen zufolge der Beleuchtung durch das Signal noch das Rauschen zufolge allfälliger Fremdlichtquellen und das Rauschen zufolge des Dunkelstroms zu berücksichtigen. Das Rauschen zufolge des Signals ist instationär (bei binärer digitaler Großsignal-Intensitätsmodulation ist es durch die Leistungspegel für die logische Null und Eins bestimmt, s. Abschn. 3.7.3). Der Dunkelstrom ist signalunabhängig: Träger, welche die Sperrschicht im Volumen queren, tragen zum Schrotrauschen bei; Oberflächenströme könnten in der Ersatzschaltung von Abb. 4.4 durch einen thermisch rauschenden Leitwert G_P parallel zur Sperrschichtkapazität C_{sp} berücksichtigt werden. Das thermische Rauschen des Serienwiderstands R_S kann in der Regel vernachlässigt werden.

Der Detektor mit der Sperrschichtkapazität C_{sp} und dem Arbeitswiderstand R_a (Abb. 4.4) bildet mit dem Eingangswiderstand und der Eingangskapazität des angeschlossenen Vorverstärkers im wesentlichen ein RC-Glied, welches desto weniger thermisch rauscht, je größer der Wert des Widerstands R ist. Da eine geforderte Eingangsbandbreite durch das Produkt RC festgelegt ist, wird das thermische Rauschen desto kleiner, je kleiner man die Eingangskapazität C halten kann. Durch Kunstgriffe kann das thermische Rauschen weiter abgesenkt werden: etwa dadurch, daß die Eingangsbandbreite bewußt kleiner gemacht wird als die Nachrichtenbandbreite (das erfordert nach dem integrierenden Vorverstärker eine Anhebung der hohen Frequenzen), oder dadurch, daß durch einen Transimpedanzverstärker die Eingangsbandbreite dynamisch erhöht wird.

Im folgenden werden die einzelnen Rauschursachen diskutiert. Um den mathematischen Aufwand nicht ausufern zu lassen, wird gelegentlich auf exakte Ableitungen verzichtet und auf Plausibilitätserklärungen zurückgegriffen werden.

Nicht behandelt werden kohärente Empfangsverfahren (s. auch die Bemerkung in Abschn. 3.8.1), bei denen das minimale Quantenrauschen im Vergleich zum direkten Empfang um 3 dB (Heterodynsystem) bzw. 6 dB (Homodynsystem) abgesenkt werden kann [194]. Eine weitere Reduktion des Quantenrauschens beim Empfang optischer Signale ist möglich, wenn man sich kohärenter Verfahren in Kombination mit Zuständen des Strahlungsfeldes bedient, für die keine analoge klassische Beschreibung angegeben werden kann (sogenanntes „squeezed light", gequetschtes Licht); eine gut lesbare Einführung in die Problematik bietet [507].

6.2 Detektionsfehler durch Rauschen

In einem Digitalsystem mit binärer Modulation muß in Abständen der Taktzeit T_t entschieden werden, ob das Signal als logische Null oder als logische Eins zu interpretieren ist ($f_t = 1/T_t$ ist die Taktfrequenz oder Symbolrate, welche im Fall der binären Modulation mit der Bitrate identisch ist). Die Spannung am Entscheider sei von der Form

$$u(t) = u_{R0}(t) \qquad\qquad \text{(gesendete Null)},$$
$$u(t) = u_{R1}(t) + u_1 h_A(t) \quad \text{(gesendete Eins)}. \tag{6.1}$$

$u_{R0}(t)$, $u_{R1}(t)$ seien gaußverteilte Rauschspannungen mit dem Erwartungswert Null; $h_A(t)$ ist ein geeignet geformter Impuls, für den im Abtastzeitpunkt $t = 0$ die Normierung $h_A(0) = 1$ gelten soll. u_1 ist der Erwartungswert der Spannung im Abtastzeitpunkt.

Bezeichnet man die Wahrscheinlichkeitsdichten für die Spannungen am Entscheider im Abtastzeitpunkt mit $w_0(u)$, $w_1(u)$ (jeweils für die gesendete Null und Eins), so erhält man

$$w_0(u) = \frac{1}{\sqrt{2\pi\sigma_0^2}} \exp\left(-\frac{u^2}{2\sigma_0^2}\right), \qquad \overline{u} = 0, \quad \overline{(u - \overline{u})^2} = \overline{u_{R0}^2} = \sigma_0^2,$$

$$w_1(u) = \frac{1}{\sqrt{2\pi\sigma_1^2}} \exp\left[-\frac{(u - u_1)^2}{2\sigma_1^2}\right], \quad \overline{u} = u_1, \quad \overline{(u - \overline{u})^2} = \overline{u_{R1}^2} = \sigma_1^2. \tag{6.2}$$

Es gilt $\sigma_1^2 > \sigma_0^2$, weil vorausgesetzt wird, daß die logische Eins mit dem höheren Lichtpegel übertragen wird und somit zu größerem Schrotrauschen am Photodetektor führt. Abb. 6.1 zeigt die Wahrscheinlichkeitsdichten $w_0(u)$, $w_1(u)$. In den meisten praktischen Fällen gilt $1 < \sigma_1^2/\sigma_0^2 \leq 2$ (s. Abschn. 6.5). Wählt

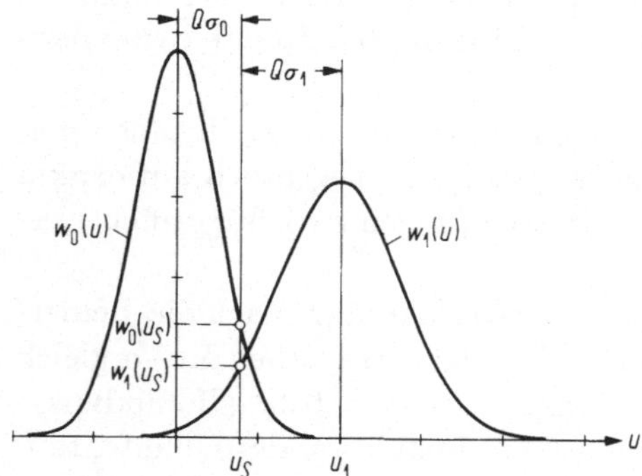

Abb. 6.1. Wahrscheinlichkeitsdichten $w_0(u)$, $w_1(u)$ der Abtastwerte der Spannung am Entscheider für gesendete Symbole Null, Eins. σ_0, σ_1 Standardabweichungen, u_1 Erwartungswert der Spannung für die gesendete Eins, u_S spezielle Wahl der Schwellenspannung (festgelegt durch den Bitfehlerparameter Q)

man zunächst eine beliebige Schwelle u_S, so werden alle Abtastwerte $u < u_S$ als Null, alle Werte $u > u_S$ als Eins interpretiert. Bezeichnet man die Wahrscheinlichkeit, daß eine gesendete Null fälschlicherweise als Eins empfangen wird, mit $w(0\text{g}|1\text{e})$ (im umgekehrten Fall: $w(1\text{g}|0\text{e})$), und die Wahrscheinlichkeiten, mit denen die Nachrichtenquelle Nullen und Einsen sendet, mit $w(0\text{g})$, $w(1\text{g})$, so erhält man für die Bitfehlerwahrscheinlichkeit (das Symbol BER kommt von der englischen, an sich falschen Bezeichnung „bit error rate")

$$\text{BER} = w(1\text{g})w(1\text{g}|0\text{e}) + w(0\text{g})w(0\text{g}|1\text{e}),$$
$$w(0\text{g}) + w(1\text{g}) = 1. \tag{6.3}$$

Mit den Formeln für die Fehlerfunktion $\mathrm{erf}(z)$ und die komplementäre Fehlerfunktion $\mathrm{erfc}(z)$ aus der Anmerkung am Ende dieses Abschnitts (Gl. (6.20)-Gl. (6.23)) berechnet man unter Bezug auf Abb. 6.1 und Gl. (6.2)

$$w(1\mathrm{g}|0\mathrm{e}) = \int_{-\infty}^{u_S} w_1(u)\,\mathrm{d}u = \tfrac{1}{2}\mathrm{erfc}\left(\frac{u_1-u_S}{\sigma_1\sqrt{2}}\right),$$

$$w(0\mathrm{g}|1\mathrm{e}) = \int_{u_S}^{\infty} w_0(u)\,\mathrm{d}u = \tfrac{1}{2}\mathrm{erfc}\left(\frac{u_S}{\sigma_0\sqrt{2}}\right). \tag{6.4}$$

Die Ergebnisse von Gl. (6.4) sind in Gl. (6.3) einzusetzen; die optimale Schwelle minimiert die Bitfehlerwahrscheinlichkeit, $\partial\mathrm{BER}/\partial u_S = 0$. Die so berechnete Schwelle ist abhängig von $w(1\mathrm{g}) = 1 - w(0\mathrm{g})$. Für $w(1\mathrm{g}) = w(0\mathrm{g}) = 1/2$ erhält man das einfache Ergebnis für die Festlegung der optimalen Schwelle (s. Abb. 6.1)

$$Q = \frac{u_1}{\sigma_0 + \sigma_1} = \frac{u_S}{\sigma_0} = \frac{u_1 - u_S}{\sigma_1},$$

$$w(1\mathrm{g}|0\mathrm{e}) = w(0\mathrm{g}|1\mathrm{e}) = \tfrac{1}{2}\mathrm{erfc}(Q/\sqrt{2}),$$

$$\sigma_0 w_0(u_S) = \sigma_1 w_1(u_S) = \exp(-Q^2/2)/\sqrt{2\pi}, \tag{6.5}$$

und damit durch Einsetzen in Gl. (6.3) die minimale Bitfehlerwahrscheinlichkeit

$$\mathrm{BER} = \frac{1}{2}\mathrm{erfc}\left(\frac{Q}{\sqrt{2}}\right). \tag{6.6}$$

Der Bitfehlerparameter Q nimmt für Bitfehlerwahrscheinlichkeiten von $\mathrm{BER} = 10^{-9}$; 10^{-11}; 10^{-13}; 10^{-15} die Werte $Q = 6$; $6{,}7$; $7{,}3$; $7{,}9$ an. Für ein gefordertes Q läßt sich bei bekannten Störungen σ_0, σ_1 aus Gl. (6.5) die erforderliche Signalspannung u_1 und die optimale Schwelle u_S berechnen.

Falls $w(1\mathrm{g}) \neq w(0\mathrm{g})$ ist, liefert die Wahl der Schwelle gemäß Gl. (6.5) zwar wieder die Bitfehlerwahrscheinlichkeit von Gl. (6.6) (also einen von $w(1\mathrm{g})$, $w(0\mathrm{g})$ unabhängigen Wert der BER), aber diese Wahl der Schwelle ist nicht mehr optimal und die Bitfehlerwahrscheinlichkeit ist nicht die minimal erreichbare. Dieser Nachteil wird durch den Vorteil aufgewogen, daß die Bitfehlerwahrscheinlichkeit unabhängig ist von Häufigkeitsschwankungen der gesendeten Nullen und Einsen.

Da in die Berechnung der BER die Form der Wahrscheinlichkeitsdichten $w_0(u)$, $w_1(u)$ eingeht, besteht kein eindeutiger Zusammenhang zwischen einem Signal-Rauschleistungsverhältnis (in Hinkunft abgekürzt: SRV) und einer BER (das SRV ist durch $\overline{u}$, $\overline{u^2}$ bestimmt). Eindeutig wird der Zusammenhang nur dann, wenn eine spezielle Form der Wahrscheinlichkeitsdichte vorausgesetzt wird.

Es soll nun geprüft werden, ob ein Zusammenhang zwischen dem am Entscheider tatsächlich mit Mittelwert- und Effektivwertmessern registrierten elektrischen SRV (Formelsymbol: γ) und dem Bitfehlerparameter Q besteht, so daß aus einer einfachen Messung von γ eine Prognose über die zu erwartende Bitfehlerwahrscheinlichkeit BER abgegeben werden könnte.

Der Spannungsverlauf von Gl. (6.1) sei vorausgesetzt; die Impulse $h_A(t)$ sollen nicht wesentlich in benachbarte Taktzeiten hineinragen (kein merkliches Impulsnebensprechen). Nullen und Einsen seien gleich häufig, f_t ist die Bitrate, $T_t = 1/f_t$ die Taktzeit und $B = f_t/2$ die Bandbreite, die zur elektrischen Übertragung der Impulse minimal erforderlich ist. Mit Gl. (6.1), Gl. (6.2) erhält man für die mittlere elektrische Leistung am Entscheider

$$
\begin{aligned}
P &= \tfrac{1}{2}\left\{ \tfrac{1}{T_t} \int_{-T_t/2}^{+T_t/2} \overline{[u_1 h_A(t) + u_{R1}(t)]^2}\, dt + \tfrac{1}{T_t} \int_{-T_t/2}^{+T_t/2} \overline{u_{R0}^2(t)}\, dt \right\} \\
&= \frac{u_1^2}{2} I(h_A) + \tfrac{1}{2}(\sigma_0^2 + \sigma_1^2),
\end{aligned}
\tag{6.7}
$$

$$
I(h_A) = \tfrac{1}{T_t} \int_{-T_t/2}^{+T_t/2} h_A^2(t)\, dt.
$$

Berechnet man daraus das SRV und setzt für u_1 aus Gl. (6.5) ein, so erhält man für das Verhältnis der Signalleistung P_S und der Rauschleistung P_R

$$
\gamma = \frac{P_S}{P_R} = \frac{u_1^2 I(h_A)/2}{(\sigma_0^2 + \sigma_1^2)/2} = Q^2 \frac{(\sigma_0 + \sigma_1)^2 I(h_A)}{\sigma_0^2 + \sigma_1^2}.
\tag{6.8}
$$

Da in praktischen Fällen $1 < \sigma_1^2/\sigma_0^2 \leq 2$ gilt (s. Abschn. 6.5) und das Integral $I(h_A)$ für gängige Impulsformen (etwa eine Kosinushalbwelle der Form $\cos(\pi t/T_t)$) einen Wert um $I(h_A) = 1/2$ annimmt, gilt praktisch

$$
\gamma = \frac{P_S}{P_R} = (0{,}97 \ldots 1) \cdot Q^2, \qquad \rightarrow \qquad \gamma = \frac{P_S}{P_R} = Q^2.
\tag{6.9}
$$

Bei annäherndem Zutreffen der Voraussetzungen (Gaußverteilung am Entscheider, kein Impulsnebensprechen, $I(h_A) \approx 1/2$, $1 < \sigma_1^2/\sigma_0^2 \leq 2$) kann der Bitfehlerparameter aus einer Messung von γ ermittelt werden. Für BER $= 10^{-9}$ ist $Q = 6$ und somit $\gamma = 36 \,\hat{=}\, 15{,}6\,\mathrm{dB}$.

Es ist noch zu untersuchen, unter welchen Umständen ein zusätzlich auftretender Störeffekt (Rauschleistung P_{Rz}) durch eine Erhöhung der Signalleistung vom Wert P_S auf den Wert P_{S+} ausgeglichen werden kann. Wegen Gl. (6.9) soll gelten

$$
\gamma = Q^2 = \frac{P_S}{P_R} = \frac{P_{S+}}{P_R + P_{Rz}}.
\tag{6.10}
$$

Man definiert Größen γ_+, Q_+, BER$_+$ durch

$$
\gamma_+ = \frac{P_{S+}}{P_R} = Q_+^2, \qquad \mathrm{BER}_+ = \frac{1}{2}\mathrm{erfc}\left(\frac{Q_+}{\sqrt{2}}\right).
\tag{6.11}
$$

γ_+ ist also das SRV, welches man bei Erhöhen der Signalleistung auf P_{S+} ohne den zusätzlichen Störeffekt erhalten hätte.

Es sind zwei Fälle zu unterscheiden: Im ersten Fall ist P_{Rz} eine signalunabhängige, additive Rauschleistung. Aus Gl. (6.10), Gl. (6.11) berechnet man

$$\frac{P_{S+}}{P_S} = \left(\frac{Q_+}{Q}\right)^2 = 1 + \frac{P_{Rz}}{P_R}. \tag{6.12}$$

Zusätzliches additives Rauschen kann immer durch eine entsprechende Erhöhung der Signalleistung ausgeglichen werden, sodaß der Q-Parameter erhalten bleibt. Da der Ausgleich durch eine Erhöhung der optischen Empfangsleistung P_{opt} zu erfolgen hat, und da für elektrische Signalleistungen P_S gilt $P_S \sim (P_{opt})^2$, definiert man eine Leistungsbuße (power penalty) durch

$$\begin{aligned} p_B &= 10 \lg\left(\frac{P_{opt+}}{P_{opt}}\right) = 5 \lg\left(\frac{P_{S+}}{P_S}\right) \\ &= 10 \lg\left(\frac{Q_+}{Q}\right) = 5 \lg\left(1 + \frac{P_{Rz}}{P_R}\right). \end{aligned} \tag{6.13}$$

Der zweite zu betrachtende Fall ist der, daß die zusätzliche Rauschleistung P_{Rz} zur jeweiligen Signalleistung P_S proportional ist, also durch einen gegebenen, unveränderlichen Wert $\gamma_R = Q_R^2$ charakterisiert werden kann:

$$P_{Rz} = \frac{P_S}{\gamma_R} = \frac{P_S}{Q_R^2}. \tag{6.14}$$

Im Fall des additiven Rauschens Gl. (6.10) konnte durch Erhöhen der Signalleistung P_S der Bitfehlerparameter Q beliebig groß und damit die Bitfehlerwahrscheinlichkeit Gl. (6.6) beliebig klein gemacht werden. Im Fall von Gl. (6.14) wäre die Bitfehlerwahrscheinlichkeit unabhängig von der Signalleistung durch den konstanten Wert von Q_R bestimmt. Setzt man einen Rauschprozeß der Form Gl. (6.14) als zusätzliches Rauschen in Gl. (6.10) ein, so erhält man

$$\gamma = Q^2 = \frac{P_S}{P_R} = \frac{P_{S+}}{P_R + P_{Rz}} = \frac{P_{S+}}{P_R + P_{S+}/Q_R^2} = \frac{Q_+^2 Q_R^2}{Q_+^2 + Q_R^2}. \tag{6.15}$$

Berechnet man aus Gl. (6.15) Q_+/Q, und nach Gl. (6.13) die zu erwartende Leistungsbuße, so erhält man das Ergebnis

$$p_B = 10 \lg\left(\frac{P_{opt+}}{P_{opt}}\right) = 10 \lg\left(\frac{Q_+}{Q}\right) = 5 \lg\left(\frac{Q_R^2}{Q_R^2 - Q^2}\right). \tag{6.16}$$

Nun ist das zusätzliche Rauschen für eine geforderte, durch Q festgelegte Bitfehlerwahrscheinlichkeit prinzipiell nur dann durch eine Leistungserhöhung zu kompensieren, wenn $Q_R > Q$ gilt. Für $p_B \to \infty$ geht $Q \to Q_R$ und die Bitfehlerwahrscheinlichkeit geht asymptotisch gegen den Wert

$$\mathrm{BER}_R = \frac{1}{2}\mathrm{erfc}\left(\frac{Q_R}{\sqrt{2}}\right). \tag{6.17}$$

Alle Prozesse der Art Gl. (6.14) führen daher asymptotisch zu einer Rest-Bitfehlerwahrscheinlichkeit BER_R (englisch: floor error rate), die durch den Q_R-Wert des Störprozesses gegeben ist. Für die Bitfehlerwahrscheinlichkeit folgt durch Einsetzen von Q aus Gl. (6.15) in Gl. (6.6)

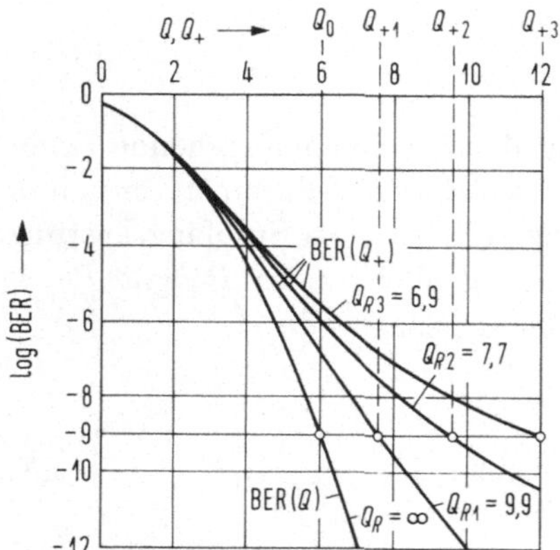

Abb. 6.2. Bitfehlerwahrscheinlichkeit von Gl. (6.18) (bezeichnet als BER(Q)) in Abhängigkeit von der Variablen Q und in Abhängigkeit von der Variablen Q_+ (bezeichnet als BER(Q_+)) für verschiedene Werte des Rest-Bitfehlerparameters Q_R

$$\mathrm{BER} = \frac{1}{2}\mathrm{erfc}\left(\frac{Q}{\sqrt{2}}\right) = \frac{1}{2}\mathrm{erfc}\left(\frac{1}{\sqrt{2}}\frac{Q_+Q_R}{\sqrt{Q_+^2 + Q_R^2}}\right). \tag{6.18}$$

In Abb. 6.2 ist die Bitfehlerwahrscheinlichkeit von Gl. (6.18) einmal als Funktion von Q, einmal als Funktion von Q_+ aufgetragen. Die Kurven zeigen folgendes: Bestehen die Störungen nur aus additivem Rauschen (d. h. $Q_R \to \infty$, s. Gl. (6.14)), so nimmt mit steigendem Q (steigender Signalleistung P_S, s. Gl. (6.9)) die Bitfehlerwahrscheinlichkeit monoton ab, für einen Wert $Q = Q_0 = 6$ erreicht sie den Wert $\mathrm{BER} = 10^{-9}$. Addiert man zusätzliches, signalabhängiges Rauschen der Form Gl. (6.14), das durch Rest-Bitfehlerwahrscheinlichkeiten nach Gl. (6.17) von $\mathrm{BER}_R = 2{,}6 \cdot 10^{-23}$; $5{,}2 \cdot 10^{-15}$; $2{,}0 \cdot 10^{-12}$ charakterisiert ist (dem entsprechen näherungsweise die Q_R-Werte $Q_R = 9{,}9$; $7{,}7$; $6{,}9$), so muß man für eine Bitfehlerwahrscheinlichkeit von $\mathrm{BER} = 10^{-9}$ die Werte $Q_{+1} = 7{,}55$; $Q_{+2} = 9{,}5$; $Q_{+3} = 12$ erreichen (Q_+ ist nach Gl. (6.11) ein Maß für die vergrößerte Signalleistung, $Q_+ \sim \sqrt{P_{S+}} \sim P_{\mathrm{opt}+}$). Die Leistungsbußen nach Gl. (6.16) betragen $p_B = 1\,\mathrm{dB}$; $2\,\mathrm{dB}$; $3\,\mathrm{dB}$.

Beispiele für Vorgänge der Art von Gl. (6.14) sind das Modenverteilungsrauschen (Abschn. 6.3.7), sowie Unsicherheiten über die genaue Lage des Abtastzeitpunktes am Entscheider (sogenannter Jitter). Wird bei $t = 0$ mit einer Unsicherheit $\Delta t = \sqrt{\overline{t^2}}$ abgetastet, so ergibt sich bei einem System der Bitrate $f_t = 1/T_t$ ein Q_R-Wert von [497]

$$Q_R = \frac{\sqrt{128}}{\pi^2(\Delta t/T_t)^2}. \tag{6.19}$$

Für $Q_R = 9{,}9$ (entsprechend einer Leistungsbuße von $p_B = 1\,\mathrm{dB}$ bei $\mathrm{BER} = 10^{-9}$) ergibt sich die Forderung $\Delta t/T_t \leq 0{,}34$, das entspricht einem Jitter von 85 ps bei einer Bitrate von $4\,\mathrm{Gbit/s}$.

Anmerkung: Für die Fehlerfunktion $\mathrm{erf}(z)$ und die komplementäre Fehlerfunktion $\mathrm{erfc}(z)$ gelten die Beziehungen

$$\mathrm{erf}(z) = \frac{2}{\sqrt{\pi}} \int_0^z \exp(-t^2)\,\mathrm{d}t, \qquad \mathrm{erfc}(z) = \frac{2}{\sqrt{\pi}} \int_z^\infty \exp(-t^2)\,\mathrm{d}t, \tag{6.20}$$

$$\mathrm{erf}(\infty) = 1, \qquad \mathrm{erfc}(\pm z) = 1 \mp \mathrm{erf}(z).$$

Eine Näherung, die für $z > 2$ mit einem Fehler $< 3\,\%$ behaftet ist, lautet

$$\mathrm{erfc}(z) = \frac{\exp(-z^2)}{\sqrt{\pi z^2}} \left[1 - \frac{1}{2z^2} + \cdots \right]. \tag{6.21}$$

Für Gaußfunktionen

$$w(z) = \frac{1}{\sqrt{2\pi\sigma^2}} \exp\left[-\frac{(z-A)^2}{2\sigma^2} \right] \tag{6.22}$$

gilt in Anwendung obiger Beziehungen

$$\int_{z_1}^{z_2} w(z)\,\mathrm{d}z = \frac{1}{2}\,\mathrm{erf}\left(\frac{z-A}{\sigma\sqrt{2}} \right)\Bigg|_{z_1}^{z_2} = \frac{1}{2}\,\mathrm{erfc}\left(\frac{z-A}{\sigma\sqrt{2}} \right)\Bigg|_{z_2}^{z_1}. \tag{6.23}$$

6.3 Rauschen von Diodenlasern

6.3.1 Spektren von Signalen mit Phasenschwankungen

Theoretische Grundlagen über Schwankungsprozesse (die hier nur kurz gestreift werden können) findet man z. B. in [434]; eine umfassende Darstellung des Rauschens von Lasern gibt [451, Kap. 7–9], eine knappe Darstellung ist [415, Kap. 3].

Zuerst werden einige grundlegende Beziehungen zusammengestellt: $x(t)$ sei ein ergodischer (im allgemeinen komplexwertiger) Schwankungsprozeß (d. h. $\overline{x(t)} = 0$), alle ihn beschreibenden Wahrscheinlichkeitsdichten sind somit von der Wahl des Zeitnullpunktes unabhängig, Zeitmittelwerte und Scharmittelwerte sind austauschbar. Die abgeschnittene Zeitfunktion $x_T(t)$

$$x_T(t) = x(t)\,[H(t+T) - H(t-T)] \tag{6.24}$$

besitzt eine Fourier-Transformierte

$$\check{x}(f;T) = \int_{-\infty}^{+\infty} x_T(t)\,\mathrm{e}^{-2\pi\mathrm{j}ft}\,\mathrm{d}t. \tag{6.25}$$

Die Korrelationsfunktion $\vartheta_x(\tau)$ ist als Mittelwert über die Zeit oder über das Ensemble durch die Beziehung

$$\vartheta_x(\tau) = \lim_{T\to\infty} \frac{1}{2T} \int_{-T}^{+T} x_T(t+\tau)x_T^*(t)\,\mathrm{d}t = \overline{x(t+\tau)x^*(t)} \tag{6.26}$$

definiert. Wenn sie der Bedingung

$$\int\limits_{-\infty}^{+\infty} |\tau\vartheta_x(\tau)|\,\mathrm{d}\tau < \infty \tag{6.27}$$

genügt, kann sie als Fourier-Transformierte eines zweiseitigen Leistungsspektrums

$$\Theta_x(f) = \lim_{T\to\infty} \frac{1}{2T} \overline{|\breve{x}(f;T)|^2} \tag{6.28}$$

geschrieben werden, es gilt somit

$$\vartheta_x(\tau) = \int\limits_{-\infty}^{+\infty} \Theta_x(f)\,\mathrm{e}^{2\pi\mathrm{j}f\tau}\,\mathrm{d}f, \qquad \Theta_x(f) = \int\limits_{-\infty}^{+\infty} \vartheta_x(\tau)\,\mathrm{e}^{-2\pi\mathrm{j}f\tau}\,\mathrm{d}\tau. \tag{6.29}$$

$y(t)$ sei die Lösung der Differentialgleichung

$$\frac{\mathrm{d}y(t)}{\mathrm{d}t} = x(t), \tag{6.30}$$

wobei $x(t)$ ein reeller ergodischer Schwankungsprozeß ist. Die Varianz $\sigma_y^2 = \overline{y^2(t)}$ der speziellen Lösung

$$y(t) = \int\limits_{0}^{t} x(t')\,\mathrm{d}t' \tag{6.31}$$

kann mit obigen Definitionen durch $\vartheta_x(\tau)$ oder $\Theta_x(f)$ ausgedrückt werden (man beachte, daß für reelle Funktionen $x(t)$ gilt: $\vartheta_x(\tau) = \vartheta_x(-\tau)$):

$$\begin{aligned}
\sigma_y^2(t) = \overline{y^2(t)} &= \int\limits_0^t \int\limits_0^t \vartheta_x(t'-t'')\,\mathrm{d}t'\,\mathrm{d}t'' = 2\int\limits_0^t \vartheta_x(\tau) \int\limits_\tau^t \mathrm{d}t''\,\mathrm{d}\tau \\
&= 2\int\limits_0^t (t-\tau)\vartheta_x(\tau)\,\mathrm{d}\tau = 2\int\limits_0^t (t-\tau) \int\limits_{-\infty}^{+\infty} \Theta_x(f)\,\mathrm{e}^{2\pi\mathrm{j}f\tau}\,\mathrm{d}f\,\mathrm{d}\tau.
\end{aligned} \tag{6.32}$$

Ist $x(t)$ weißes gaußsches Rauschen mit

$$\Theta_x(f) = D, \qquad \vartheta_x(\tau) = D\delta(\tau), \tag{6.33}$$

so ist der durch Gl. (6.31) definierte Prozeß $y(t)$ ein instationärer, gaußverteilter Prozeß (Wiener-Lévy-Prozeß) mit den Eigenschaften [434, Kap. 14.7]

$$\begin{aligned}
\overline{y(t)} &= 0, \\
\sigma_y^2(t) = \overline{y^2(t)} &= Dt,
\end{aligned} \qquad \overline{y(t_1)y(t_2)} = \begin{cases} Dt_1 & t_2 \geq t_1, \\ Dt_2 & t_1 \geq t_2, \end{cases} \tag{6.34}$$

und der Wahrscheinlichkeitsdichte

$$w_y(y,t) = \frac{1}{\sqrt{2\pi\sigma_y^2}} \exp\left[-\frac{y^2}{2\sigma_y^2}\right]. \tag{6.35}$$

Die Inkremente von $y(t)$, definiert durch

$$
\begin{aligned}
y_i(t,\tau_0) &= y(t+\tau_0) - y(t) \\
&= \int_t^{t+\tau_0} x(t')\,\mathrm{d}t' = \int_{-\infty}^t x(t'+\tau_0)\,\mathrm{d}t' - \int_{-\infty}^t x(t')\,\mathrm{d}t'
\end{aligned}
\tag{6.36}
$$

sind stationäre, statistisch unabhängige, gaußverteilte Schwankungsvariable:

$$
\overline{[y(t_1)-y(t_2)][y(t_2)-y(t_3)]} = 0, \quad t_1 < t_2 < t_3,
$$

$$
\overline{y_i(t,\tau_0)} = 0, \quad \overline{y_i^2(t,\tau_0)} = \sigma_{yi}^2(t,\tau_0) = D|\tau_0|,
\tag{6.37}
$$

$$
w_{yi}(y_i) = \frac{1}{\sqrt{2\pi\sigma_{yi}^2}} \exp\left[-\frac{y_i^2}{2\sigma_{yi}^2}\right].
$$

Bildet man in Gl. (6.36) die durch Gl. (6.24) definierten abgeschnittenen Funktionen und deren Fourier-Transformierte und daraus gemäß Gl. (6.28) das Leistungsspektrum, so erhält man das Leistungsspektrum von y_i als Funktion des Leistungsspektrums von x:

$$
\breve{y}_i(f;T) = \breve{x}(f;T)\frac{\exp(\mathrm{j}\omega\tau_0)-1}{\mathrm{j}\omega},
$$

$$
\Theta_{yi}(f) = \Theta_x(f)\tau_0^2\frac{\sin^2(\omega\tau_0/2)}{(\omega\tau_0/2)^2},
\tag{6.38}
$$

$$
\sigma_{yi}^2(t,\tau_0) = \overline{y_i^2(t,\tau_0)} = \int_{-\infty}^{+\infty}\Theta_{yi}(f)\,\mathrm{d}f = \int_{-\infty}^{+\infty}\Theta_x(f)\tau_0^2\frac{\sin^2(\omega\tau_0/2)}{(\omega\tau_0/2)^2}\,\mathrm{d}f.
$$

Mit Hilfe der Integrale

$$
\int_{-\infty}^{+\infty}\frac{\sin^2 x}{x^2}\,\mathrm{d}x = \pi, \quad \frac{1}{\sqrt{2\pi\sigma^2}}\int_{-\infty}^{+\infty}\exp\left[-\frac{x^2}{2\sigma^2}\pm\mathrm{j}\,\xi x\right]\,\mathrm{d}x = \mathrm{e}^{-\xi^2\sigma^2/2},
\tag{6.39}
$$

berechnet man die Beziehungen

$$
\lim_{\tau_0\to\infty}\sigma_{yi}^2 = \Theta_x(0)|\tau_0|, \quad \overline{\exp(\mathrm{j}\,\xi y_i)} = \exp(-\xi^2\sigma_{yi}^2/2).
\tag{6.40}
$$

Die Varianz von y_i ist somit für große Zeitdifferenzen τ_0 allein durch die niederfrequenten Spektralanteile ($f \to 0$) des Prozesses $x(t)$ gegeben.

Diese Beziehungen werden nun auf Signale mit Phasenschwankungen angewendet. Die komplexe Energieamplitude Gl. (3.88) im Laserresonator sei von der Form

$$
a(t) = A_0\,\mathrm{e}^{\mathrm{j}[\omega_0 t+\varphi(t)]}, \quad \varphi(t) = \int_0^t \Omega(t')\,\mathrm{d}t', \quad A_0 = \sqrt{hf_0 N_{P0}}.
\tag{6.41}
$$

Die Momentankreisfrequenz ist $\omega_0 + \Omega(t)$, $\Omega(t)$ bezeichnet daher die Abweichung der momentanen Kreisfrequenz von der stationären Kreisfrequenz ω_0

der Laseroszillation. Die Änderungen der Kreisfrequenz werden durch spontane Emissionen erzeugt.

$\Omega(t)$, $\varphi(t)$ und $\varphi_i(t, \tau_0) = \varphi(t + \tau_0) - \varphi(t)$ entsprechen den Variablen $x(t)$, $y(t)$ und $y_i(t, \tau_0)$ in den Beziehungen Gl. (6.30)–Gl. (6.40). Mit Gl. (6.40) erhält man für die Korrelationsfunktion der Energieamplitude

$$\overline{a(t + \tau)a^*(t)} = A_0^2\, e^{j\,\omega_0 \tau}\, \overline{\exp(j\,\varphi_i)} = A_0^2\, e^{j\,\omega_0 \tau}\, \exp(-\sigma_{\varphi i}^2/2) = \vartheta_a(\tau). \quad (6.42)$$

Die Varianz der Phasendifferenzen kann in Anwendung von Gl. (6.38) und Gl. (6.32) durch das Leistungsspektrum $\Theta_\Omega(f)$ der Kreisfrequenzabweichungen ausgedrückt werden (beachte: $\sigma_{\varphi i}^2(0, \tau) = \sigma_\varphi^2(\tau)$):

$$\sigma_{\varphi i}^2 = \int\limits_{-\infty}^{+\infty} \Theta_{\varphi i}(f)\, \mathrm{d}f = \int\limits_{-\infty}^{+\infty} \Theta_\Omega(f)\tau^2 \frac{\sin^2(\omega \tau/2)}{(\omega \tau/2)^2}\, \mathrm{d}f$$

$$= 2 \int\limits_0^\tau (\tau - t) \int\limits_{-\infty}^{+\infty} \Theta_\Omega(f)\, e^{2\pi j\, ft}\, \mathrm{d}f\, \mathrm{d}t. \quad (6.43)$$

Erfolgen die spontanen Emissionen in rascher Aufeinanderfolge, kann man analog Gl. (6.33) für den Prozeß $\Omega(t)$ eine Delta-Korrelation ansetzen:

$$\vartheta_\Omega(\tau) = D\delta(\tau) = 2\delta(\tau)/\tau_K, \quad \Theta_\Omega(f) = D = 2/\tau_K. \quad (6.44)$$

Damit erhält man für die Korrelationsfunktion der Energieamplitude Gl. (6.42) (unter Verwendung von Gl. (6.43), Gl. (6.39))

$$\vartheta_a(\tau) = A_0^2\, e^{j\,\omega_0 \tau}\, e^{-|\tau|/\tau_K}, \quad \sigma_{\varphi i}^2 = D|\tau| = 2|\tau|/\tau_K. \quad (6.45)$$

Die in Gl. (6.44) eingeführte Zeitkonstante τ_K läßt sich somit als Kohärenzzeit des Prozesses $a(t)$ interpretieren. Das Leistungsspektrum erhält man durch Fourier-Transformation

$$\Theta_a(f) = A_0^2 \frac{2\tau_K}{1 + 4\pi^2 \tau_K^2 (f - f_0)^2}, \qquad \int\limits_{-\infty}^{+\infty} \Theta_a(f)\, \mathrm{d}f = A_0^2. \quad (6.46)$$

Unter den gemachten Voraussetzungen erhält man ein Lorentz-Spektrum mit der zwischen den Halbwertspunkten definierten Linienbreite Δf_L

$$\Delta f_L = \frac{1}{\pi \tau_K} = \frac{D}{2\pi} = \frac{\sigma_{\varphi i}^2}{2\pi |\tau|}. \quad (6.47)$$

Für ein beliebiges Spektrum $\Theta_\Omega(f)$ erhält man nach Gl. (6.40) im Grenzwert $\tau \to \infty$ das Ergebnis $\sigma_{\varphi i}^2 = \Theta_\Omega(0)|\tau|$. Man kann durch Einsetzen in Gl. (6.47) eine Langzeit-Linienbreite und eine Kohärenzzeit durch

$$\Delta f_L = \frac{\sigma_{\varphi i}^2}{2\pi |\tau|} = \frac{\Theta_\Omega(0)}{2\pi} = \frac{1}{\pi \tau_K}. \quad (6.48)$$

definieren. Berechnet man $\sigma_{\varphi i}^2$ für ein allgemeines Spektrum $\Theta_\Omega(f)$ aus Gl. (6.43), setzt das Ergebnis in Gl. (6.42) ein und bildet die Fourier-Transformierte, so ergibt sich kein Lorentz-Spektrum für $\Theta_a(f)$.

Gelegentlich wird ein Leistungsspektrum der Frequenzschwankungen folgendermaßen definiert:

$$\overline{(f - f_0)^2} = \overline{\delta f^2} = \int\limits_{-\infty}^{+\infty} \Theta_{\delta f}(f')\,\mathrm{d}f' = \frac{\overline{\Omega^2}}{4\pi^2} = \frac{1}{4\pi^2} \int\limits_{-\infty}^{+\infty} \Theta_{\Omega}(f')\,\mathrm{d}f'. \quad (6.49)$$

Die Spektren $\Theta_{\Omega}(f)$, $\Theta_{\delta f}(f)$, $\Theta_{\varphi i}(f)$ werden in den Einheiten $\mathrm{s}^{-2}/\mathrm{Hz}$, $\mathrm{Hz}^2/\mathrm{Hz}$, $\mathrm{rad}^2/\mathrm{Hz}$ angegeben.

In einer endlichen Beobachtungszeit τ kann eine mittlere Kreisfrequenzabweichung Ω_τ von ω_0 wie folgt definiert werden:

$$\varphi_i(\tau) = \varphi(t + \tau) - \varphi(t) = \Omega_\tau \tau = \int\limits_{t}^{t+\tau} \Omega(t')\,\mathrm{d}t'. \quad (6.50)$$

Wegen Gl. (6.37) ist auch Ω_τ gaußverteilt mit der Varianz (s. Gl. (6.48))

$$\sigma_{\Omega\tau}^2 = \frac{\sigma_{\varphi i}^2}{\tau^2} = \frac{2}{\tau\tau_K}. \quad (6.51)$$

Wie erwartet, gilt $\sigma_{\Omega\tau}^2 \to 0$ für $\tau \to \infty$, $w_{\Omega\tau}(\Omega_\tau) \sim \delta(\Omega_\tau)$, da für lange Beobachtungszeiten keine Abweichung der mittleren Kreisfrequenz von ω_0 auftritt. Für Beobachtungszeiten $\tau = \tau_K$ ist $\sigma_{\Omega\tau}^2 = (2\pi\Delta f_L)^2/2$.

6.3.2 FM-AM-Konversion am Interferometer

Nach Aufspaltung und Wiedervereinigung von Signalen in einem Interferometer mit ungleich langen Armen werden Phasenschwankungen in Amplitudenschwankungen konvertiert. Dies kann, wie in Abschn. 6.1 erwähnt, ein un-

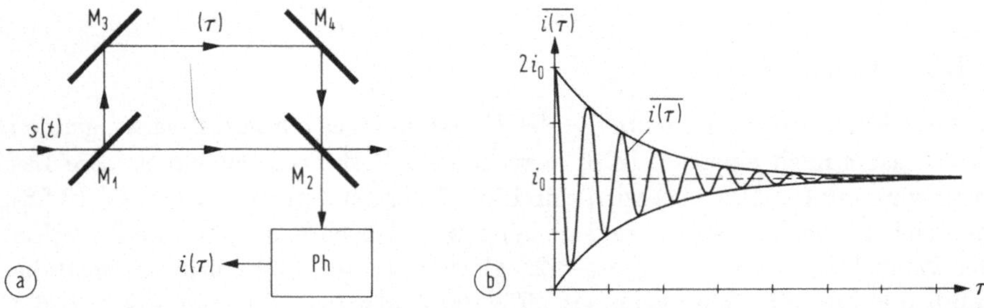

Abb. 6.3. FM-AM-Konversion am Interferometer. (a) Zweistrahl-Interferometer, $s(t)$ Lichtsignal, M_1, M_2 halbdurchlässige Spiegel, M_3, M_4 totalreflektierende Spiegel, τ Laufzeitdifferenz, Ph Photodetektor, $i(\tau)$ Photostrom für eine gewählte Differenz τ der Laufzeiten. (b) $\overline{i(\tau)}$ als Funktion der Laufzeitdifferenz für ein Signal mit Phasenschwankungen

erwünschter Effekt sein, er kann aber auch zur Messung von Phasenschwankungen (und damit der Linienbreite) ausgenutzt werden. Zweistrahl- und Mehrstrahl-Interferometer werden z. B. in [555][20][382][149] behandelt. Abb. 6.3a zeigt ein Interferometer mit einem Eingangssignal der Form

$$s(t) = s_0 \exp\{\mathrm{j}[\omega_0 t + \varphi(t)]\}. \quad (6.52)$$

Der Strom am Photodetektor (das Schrotrauschen wird hier nicht betrachtet) ist für eine gegebene Laufzeitdifferenz τ gegeben durch

$$i(\tau) \sim |s(t+\tau) + s(t)|^2 \sim 1 + \Re\left\{ e^{j\left[\omega_0\tau + \varphi_i(t,\tau)\right]} \right\},$$
$$\varphi_i(t,\tau) = \varphi(t+\tau) - \varphi(t). \tag{6.53}$$

Der Erwartungswert der Zufallsvariablen $i(\tau)$ ist (s. Gl. (6.40))

$$\overline{i(\tau)} = i_0\left[1 + \exp(-\sigma_{\varphi i}^2/2)\cos(\omega_0\tau) \right]. \tag{6.54}$$

Abb. 6.3b zeigt den Verlauf von $\overline{i(\tau)}$. Definiert man einen lokalen Kontrast $K_i(\tau)$ des registrierten Stromes (durch benachbarte Maxima und Minima)

$$K_i(\tau) = \frac{i_{\max}(\tau) - i_{\min}(\tau)}{i_{\max}(\tau) + i_{\min}(\tau)}, \tag{6.55}$$

so läßt sich die gesuchte Varianz $\sigma_{\varphi i}^2$ durch den Kontrast ausdrücken:

$$\sigma_{\varphi i}^2 = -2\ln\left[K_i(\tau)\right]. \tag{6.56}$$

In einer Verallgemeinerung von Gl. (6.47) läßt sich eine Linienbreite durch

$$\Delta f_L = \frac{1}{2\pi}\frac{d\sigma_{\varphi i}^2}{d\tau} = -\frac{1}{\pi}\frac{d\ln\left[K_i(\tau)\right]}{d\tau} \tag{6.57}$$

definieren. Sind die Eigenschaften des Lichtes durch Gl. (6.44) bestimmt (das Leistungsspektrum hat die Form der Lorentz-Linie Gl. (6.46)), so ist $\ln K_i(\tau) \sim -\tau$ und man erhält aus der Definition Gl. (6.57) eine von τ unabhängige Linienbreite.

6.3.3 Linienbreite

Im folgenden wird die Linienbreite der Emission eines einmodig schwingenden Diodenlasers nach einem in [213] angegebenen Verfahren berechnet: Die Laserschwingung (s. Abb. 6.4) wird durch die Energieamplitude a von Gl. (3.88) beschrieben, die Photonenanzahl sei $N_{P0} \gg 1$. Durch eine spontane Emission (der Winkel ϑ_1 ist eine in $0 \leq \vartheta_1 < 2\pi$ gleichverteilte Zufallsvariable) wird die Amplitude und die Phase geändert. Für die Änderung liest man aus Abb. 6.4 ab:

$$\Delta N_{P1} \approx 2\sqrt{N_{P0}}\cos\vartheta_1, \quad \Delta\varphi_{1p} \approx \sin\vartheta_1/\sqrt{N_{P0}}. \tag{6.58}$$

Damit folgt für die Varianzen und die Korrelation der Änderungen zufolge einer einzigen spontanen Emission:

$$\overline{\Delta N_{P1}^2} = 4N_{P0}\,\overline{\cos^2\vartheta_1} = 2N_{P0},$$
$$\overline{\Delta\varphi_{1p}^2} = \overline{\sin^2\vartheta_1}/N_{P0} = 1/(2N_{P0}),$$
$$\overline{\Delta N_{P1}\Delta\varphi_{1p}} = 0. \tag{6.59}$$

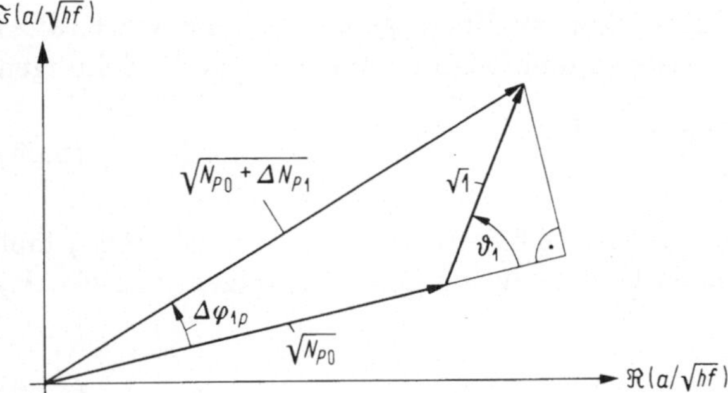

Abb. 6.4. Amplitudenänderung und primäre Phasenänderung der Laseremission zufolge eines spontan emittierten Photons. a Energieamplitude, N_{P0} Photonenanzahl im Schwingungsmodus im Laserresonator, $\Delta\varphi_{1p}$ primäre Phasenänderung, ΔN_{p1} der Amplitudenänderung entsprechende Änderung der Photonenanzahl

Die Anzahl der spontanen Emissionen, die pro Zeiteinheit in den Schwingungsmodus erfolgen, ist mit Gl. (3.61) (unter Beachtung der Modifikationen von Gl. (3.101) und Gl. (3.139), sowie des Umstandes, daß im Schwingungsfall nach Gl. (3.90), Gl. (3.102) selbst bei Berücksichtigung der spontanen Emissionen $\Gamma G \approx 1/\tau_P$ gilt)

$$K_e \Gamma r_{\mathrm{sp}}^{(\mathrm{eM})} V_R = K_e n_{\mathrm{sp}} \Gamma G = \frac{K_e n_{\mathrm{sp}}}{\tau_P},$$

$$1/\tau_P = v_g(\alpha_{Ve} + \alpha_R), \text{ s. Gl. (3.95), Gl. (3.103).}$$

(6.60)

Die Änderungen ΔN_{P1}, $\Delta\varphi_{1p}$ zufolge verschiedener spontan emittierter Quanten sind statistisch unabhängig (für die Phaseninkremente ist das identisch mit der Aussage der ersten Zeile von Gl. (6.37)), daher addieren sich die Varianzen. Die innerhalb der Zeitspanne $|\tau|$ hervorgerufenen Änderungen von Photonenanzahl und Phase haben daher die Varianzen

$$\overline{\Delta N_P^2} = K_e \Gamma r_{\mathrm{sp}}^{(\mathrm{eM})} V_R |\tau| \overline{\Delta N_{P1}^2},$$

$$\overline{\varphi^2} = K_e \Gamma r_{\mathrm{sp}}^{(\mathrm{eM})} V_R |\tau| \overline{\Delta\varphi_{1p}^2}.$$

(6.61)

Aus Gl. (6.59)–Gl. (6.61) folgt

$$\overline{\Delta N_P^2} = 2N_{P0} K_e n_{\mathrm{sp}} \Gamma G |\tau| = 2N_{P0} K_e n_{\mathrm{sp}} |\tau|/\tau_P = D_P |\tau|,$$

$$\overline{\varphi^2} = K_e n_{\mathrm{sp}} |\tau|/(2N_{P0}\tau_P) = D_\varphi |\tau|,$$

(6.62)

mit den Konstanten

$$D_P = 4N_{P0}^2 D_\varphi = 2N_{P0} K_e n_{\mathrm{sp}} \Gamma G = 2N_{P0} K_e n_{\mathrm{sp}}/\tau_P.$$

(6.63)

In Analogie zu Gl. (6.30), Gl. (6.33), und Gl. (6.34) könnte man die Varianzen von Gl. (6.62) auch als Lösungen der stochastischen Differentialgleichungen

$$\frac{\mathrm{d}\Delta N_P}{\mathrm{d}t} = F_P(t), \qquad \frac{\mathrm{d}\varphi}{\mathrm{d}t} = F_\varphi(t)$$

(6.64)

erhalten, wobei $F_P(t)$, $F_\varphi(t)$ Schwankungskräfte (sogenannte Langevin-Kräfte) sind, für deren Korrelationsfunktionen und Leistungsspektren die Beziehungen

$$\begin{aligned} \vartheta_{FP}(\tau) &= D_P \delta(\tau), & \Theta_{FP}(f) &= D_P, \\ \vartheta_{F\varphi}(\tau) &= D_\varphi \delta(\tau), & \Theta_{F\varphi}(f) &= D_\varphi \end{aligned} \qquad (6.65)$$

anzusetzen sind. D_P, D_φ sind aus Gl. (6.63) zu nehmen. Aus Gl. (6.64) läßt sich mit Gl. (6.61) und der dritten Beziehung von Gl. (6.59) zeigen, daß F_P, F_φ unkorreliert sind

$$\overline{F_P(t')F_\varphi(t'')} = 0. \qquad (6.66)$$

Bei der Amplituden-Phasen-Kopplung im Halbleiterlaser (s. Abschn. 3.5.3) bewirkt jede Amplitudenänderung zufolge einer spontanen Emission eine sekundäre Phasenänderung $\Delta\varphi_{1s}$, die sich zu der primären Phasenänderung $\Delta\varphi_{1p}$ von Gl. (6.58) addiert. Für diese sekundäre Phasenänderung gilt nach Gl. (3.109), Gl. (6.58)

$$\Delta\varphi_{1s} = \frac{\alpha}{2}\frac{\Delta N_{P1}}{N_{P0}} = \frac{\alpha\cos\vartheta_1}{\sqrt{N_{P0}}}, \quad \overline{\Delta\varphi_{1s}^2} = \frac{\alpha^2}{2N_{P0}}. \qquad (6.67)$$

Für die gesamte Phasenänderung zufolge einer spontanen Emission folgt aus Gl. (6.58), Gl. (6.59) und Gl. (6.67)

$$\Delta\varphi_1 = \Delta\varphi_{1p} + \Delta\varphi_{1s}, \quad \overline{\Delta\varphi_1^2} = \frac{1+\alpha^2}{2N_{P0}}, \quad \overline{\Delta\varphi_{1p}\Delta\varphi_{1s}} = 0. \qquad (6.68)$$

Wegen der Amplituden-Phasen-Kopplung sind ΔN_{P1}, $\Delta\varphi_1$ korreliert

$$\overline{\Delta\varphi_1 \Delta N_{P1}} = 2\alpha\,\overline{\cos^2\vartheta_1} = \alpha. \qquad (6.69)$$

Die in der Zeit $|\tau|$ insgesamt akkumulierte Varianz der Phasendifferenz folgt aus Gl. (6.60), Gl. (6.68):

$$\overline{\varphi_i^2} = \sigma_{\varphi i}^2 = K_e \Gamma r_{\mathrm{sp}}^{(\mathrm{eM})} V_R |\tau| \overline{\Delta\varphi_1^2} = \frac{K_e n_{\mathrm{sp}}(1+\alpha^2)}{2\tau_P N_{P0}}|\tau|. \qquad (6.70)$$

Die Linienbreite folgt durch Einsetzen von Gl. (6.70) in Gl. (6.47). Verwendet man für $1/\tau_P$ den Ausdruck von Gl. (6.60) und ersetzt N_{P0} aus Gl. (3.146) durch die gesamte vom Laser emittierte Leistung P_a, verwendet Gl. (3.95) für $1/\tau_R$, so erhält man das bereits in Gl. (3.164) zitierte Ergebnis

$$\begin{aligned} \Delta f_L &= \frac{K_e n_{\mathrm{sp}}(1+\alpha^2)}{4\pi\tau_P N_{P0}} \\ &= \frac{K_e n_{\mathrm{sp}}(1+\alpha^2)}{4\pi P_a}\,h f_0 v_g^2 \alpha_R(\alpha_{Ve} + \alpha_R). \end{aligned} \qquad (6.71)$$

Bei Lasern mit $\alpha_{Ve} \ll \alpha_R$ ist $1/\tau_P = \alpha_R v_g$. Zwischen der Photonenlebensdauer und der Halbwertsbreite $\Delta\omega_{\mathrm{Res}}$ des ungepumpten („kalten") Resonators besteht aber der Zusammenhang $1/\tau_P = \Delta\omega_{\mathrm{Res}}$. Die Linienbreite Δf_L im

Schwingungsmodus ist für $\alpha_{Ve} \ll \alpha_R$ proportional zum Quadrat der Linienbreite des kalten Resonators.

Kleine Linienbreiten erhält man für große Werte von τ_P (lange Resonatoren, hohe Spiegelreflexion), für hohe Ausgangsleistung P_a und kleine Werte des Henry-Faktors α. In Lasern mit passiven Teilresonatoren wird α effektiv verkleinert, ferner tendieren Quantenbehälter-Laser zu kleineren α-Werten. Beim DFB-Laser ohne $\lambda/4$-Phasenjustierung hat der Modus mit $f < f_B$ (s. Bemerkung nach Gl. (3.179)) die kleinere Linienbreite (man beachte aber, daß die Gewinnsteilheit $\partial G/\partial n_T$ größer ist, wenn der Laser auf der kurzwelligen Flanke der Verstärkungskurve schwingt, s. letzter Absatz in Abschn. 3.7.2). Die Berechnung des α-Faktors (und der Linienbreite Δf_L) in komplizierten Laserstrukturen wird in [113] behandelt.

Wie in Abschn. 3.6.5 erwähnt, existiert in realen Lasern ein leistungsunabhängiger Beitrag Δf_{L0} zur Linienbreite. Seine Ursache ist bei multimodigen Lasern die kombinierte Wirkung von nichtlinearem Gewinn und Modenverteilungsrauschen, bei einmodigen Lasern das $1/f$-Rauschen [275].

6.3.4 Frequenzrauschen und Intensitätsrauschen

Quantentheoretische Behandlungen (s. z. B. [598][599]) sowie halbklassische Behandlungen mit Berücksichtigung der Ortsabhängigkeit von Trägerdichte und Temperatur (s. z. B. [312]; sie erlauben eine Berechnung des $1/f$-Rauschens) sind für eine einführende Darstellung zu aufwendig. Die nachstehende Behandlung erfolgt in Anlehnung an Arbeiten wie [519][570][571][481]; für die Messung von Rauschspektren siehe [273][272][274][275]. Eine einführende Übersicht über das Phasenrauschen bietet [215].

Ausgangspunkt der Rechnung sind die Kleinsignal-Bilanzgleichungen Gl. (3.183) für $\Delta I = 0$ (konstanter Injektionsstrom), sowie Gl. (3.109) in Kleinsignalnäherung und mit Berücksichtigung des Füllfaktors. Die spontanen Emissionen werden durch die in Gl. (6.64) definierten Langevin-Kräfte erfaßt:

$$
\begin{aligned}
\frac{\mathrm{d}\Delta N_P}{\mathrm{d}t} &= -\frac{1}{\tau_P}\left(\frac{K_e n_{\mathrm{sp}}}{N_{P0}} + \varepsilon_G \frac{\Gamma N_{P0}}{V_R}\right)\Delta N_P + \Gamma N_{P0}\frac{\partial G}{\partial n_T}\Delta n_T + F_P(t),\\
\frac{\mathrm{d}\Delta n_T}{\mathrm{d}t} &= -\left(\frac{1}{\tau_{\mathrm{eff}}} + \frac{\Gamma N_{P0}}{V_R}\frac{\partial G}{\partial n_T}\right)\Delta n_T - \frac{\Delta N_P}{\tau_P V_R},\\
\frac{\mathrm{d}\varphi}{\mathrm{d}t} &= \Omega(t) = \frac{\alpha}{2}\Gamma\frac{\partial G}{\partial n_T}\Delta n_T + F_\varphi(t).
\end{aligned}
\tag{6.72}
$$

Da bei jeder spontanen Emission die Trägerdichte um $1/V_R$ abnimmt, müßte in der zweiten Gleichung eine Langevin-Kraft $F_{nT} = -\sum_i \delta(t-t_i)/V_R$ angebracht werden; dieser Term kann vernachlässigt werden [519].

Die abgeschnittenen Funktionen werden einer Fourier-Transformation unterworfen (s. Gl. (6.24), Gl. (6.25)). Mit den Bezeichnungen von Gl. (3.184) bis Gl. (3.186) erhält man aus den ersten beiden Beziehungen von Gl. (6.72)

$$\frac{\Delta \check{n}_T(f;T)}{\Delta \check{N}_P(f;T)} = -\frac{1}{\tau_p V_R} \frac{1}{(1/\tau_{\text{eff}} + \omega_r^2 \tau_P) + j\omega},$$

$$\frac{\Delta \check{N}_P(f;T)}{\check{F}_P(f;T)} = H_{\text{Kl}}(f)\frac{(1/\tau_{\text{eff}} + \omega_r^2 \tau_P) + j\omega}{\omega_r^2}.$$
$$\tag{6.73}$$

Die dritte Beziehung in Gl. (6.72) wird Fourier-transformiert, $\partial G/\partial n_T$ wird mittels Gl. (3.186) durch ω_r^2 ausgedrückt, und $\Delta \check{n}_T(f;T)$ wird nach Elimieren von $\Delta \check{N}_P(f;T)$ aus Gl. (6.73) eingesetzt:

$$\begin{aligned}
j\omega\check{\varphi}(f;T) = \check{\Omega}(f;T) &= \frac{\alpha}{2}\frac{V_R}{N_{P0}}\omega_r^2\tau_P\Delta\check{n}_T(f;T) + \check{F}_\varphi(f;T) \\
&= -\frac{\alpha}{2N_{P0}}H_{\text{Kl}}(f)\check{F}_P(f;T) + \check{F}_\varphi(f;T).
\end{aligned}$$
$$\tag{6.74}$$

In sinngemäßer Anwendung von Gl. (6.28) folgt mit Gl. (6.65), Gl. (6.63) aus Gl. (6.74) das Leistungsspektrum $\Theta_\Omega(f)$ (man beachte, daß nach Gl. (6.66) F_P, F_φ unkorreliert sind):

$$\Theta_\Omega(f) = \frac{K_e n_{\text{sp}}}{2\tau_P N_{P0}}\left(1 + \alpha^2 \left|H_{\text{Kl}}(f)\right|^2\right).$$
$$\tag{6.75}$$

$H_{\text{Kl}}(f)$ ist der Frequenzgang der Kleinsignal-Intensitätsmodulation Gl. (3.184): Die Intensitätsschwankungen verursachen wegen der Amplituden-Phasenkopplung sekundäre Frequenzschwankungen. Das Spektrum $\Theta_\Omega(f)$ ist in der Form dem Frequenzgang von Abb. 3.36 ähnlich. In Übereinstimmung mit Gl. (6.48) gilt $2\pi\Delta f_L = \Theta_\Omega(0)$ (s. Gl. (6.71)). Berechnet man mit $\Theta_\Omega(f)$ aus Gl. (6.75) mittels Gl. (6.43), Gl. (6.42) $\vartheta_a(t)$ und daraus $\Theta_a(f)$, so erhält man anstelle der Lorentz-Linie Gl. (6.46) ein Spektrum mit einem Hauptmaximum bei $f = f_0$ und Nebenmaxima bei $f = f_0 \pm mf_r$ (m ganzzahlig): Das Ausgangssignal verhält sich wie ein Träger bei $f = f_0$, der mit der Relaxationsfrequenz phasenmoduliert wurde.

Messungen des Spektrums $\Theta_{\delta f}(f)$ (Definition s. Gl. (6.49)) an einem DFB-Laser bei $\lambda = 1,3\,\mu$m ergaben ein einseitiges Leistungsspektrum [275]

$$2\Theta_{\delta f}(f) = \frac{c_1}{P_a} + \frac{c_2}{f}$$
$$\tag{6.76}$$

mit $c_1 = 3 \cdot 10^7$ Hz·mW, $c_2 = 5{,}8 \cdot 10^{11}$ Hz^2.

Das $1/f$-Rauschen (welches für $P_a = 1\,$mW bei $f < 20\,$kHz dominiert) war leistungsunabhängig und erzeugte einen leistungsunabhängigen Beitrag zur Linienbreite von $\Delta f_{L0} = 5\,$MHz. Wenn das $1/f$-Rauschen dominiert, ergibt sich für $\Theta_a(f)$ anstelle der Lorentz-Linie Gl. (6.46) eine Gauß-Linie [275]. $1/f$-Rauschen (auch das Intensitätsrauschen hatte einen für $f < 100\,$kHz dominierenden $1/f$-Beitrag) begrenzt die Meßgenauigkeit von Phasenmessungen mit Interferometern und in der kohärenten optischen Nachrichtentechnik die Empfindlichkeit von Homodynempfängern, bei denen ankommender Träger und optischer lokaler Oszillator phasensynchronisiert werden müssen.

In sinngemäßer Anwendung von Gl. (6.28) berechnet man aus Gl. (6.73) das Leistungsspektrum $\Theta_{NP}(f)$ der Photonenschwankungen ΔN_P. Man definiert ein relatives Intensitätsrauschen RIN (relative intensity noise) und ein entsprechendes einseitiges Leistungsspektrum RIN(f) durch folgende Beziehungen

$$\text{RIN} = \int\limits_0^\infty \text{RIN}(f)\,\mathrm{d}f = \int\limits_{-\infty}^{+\infty} \frac{\Theta_{NP}(f)}{N_{P0}^2}\,\mathrm{d}f = \frac{\overline{(P_a - \overline{P_a})^2}}{\overline{P_a}^2} = \frac{\overline{\delta P_a^2}}{\overline{P_a}^2}. \tag{6.77}$$

Man erhält

$$\text{RIN}(f) = \frac{2\Theta_{NP}(f)}{N_{P0}^2} = \frac{4K_e n_{\text{sp}}}{\tau_P N_{P0}} \frac{(1/\tau_{\text{eff}} + \omega_r^2 \tau_P)^2 + \omega^2}{\omega_r^4} |H_{\text{Kl}}(f)|^2. \tag{6.78}$$

Auch das Intensitätsrauschen wird durch den Frequenzgang von H_{Kl} (s. Gl. (3.184)) wesentlich bestimmt. Wegen Gl. (3.186) ist $\omega_r^2 \sim N_{P0}$ und daher $\text{RIN}(f) \sim 1/N_{P0}^3 \sim 1/P_a^3$. Gemessene Werte (bei $\omega \ll 1/\tau_{\text{eff}}$) liegen im Bereich $\text{RIN}(f) = 10^{-12} \dots 10^{-16}\,\text{Hz}^{-1}$. Setzt man in Gl. (6.78) die schon in Abschn. 3.6.5 verwendeten Daten ein: $K_e = 1$; $n_{\text{sp}} = 2$; $\tau_P = 2{,}9\,\text{ps}$; $\tau_{\text{eff}} = 1\,\text{ns}$; $N_{P0} = 39\,000$ (das entspricht $P_a = 1\,\text{mW}$ bei $\lambda = 1{,}55\,\mu\text{m}$); $f_r = 1{,}5\,\text{GHz}$ (aus Gl. (3.186) mit $\Gamma = 0{,}2$; $\partial G/\partial n_T = 2 \cdot 10^{-6}\,\text{cm}^3\text{s}^{-1}$; $V_R = 60 \cdot 10^{-12}\,\text{cm}^3$), so erhält man den Wert $\text{RIN}(f) = 1{,}4 \cdot 10^{-14}\,\text{Hz}^{-1}$. Das relative Intensitätsrauschen wird meist durch das logarithmische Maß

$$p_{\text{RIN}} = 10\,\lg\left[\,\text{RIN}(f) \cdot 1\,\text{Hz}\,\right] = 10\,\lg\left[\,\text{RIN}(f)/1\,\text{Hz}^{-1}\,\right] \quad (\text{dB\,Hz}^{-1}) \tag{6.79}$$

angegeben. $\text{dB\,Hz}^{-1}$ ist eine Abkürzung ähnlich dBm ($10\lg(P/1\,\text{mW})$), also nicht als $1\,\text{dB}$ dividiert durch die Einheit Hz zu interpretieren.

Das allein auf das Intensitätsrauschen zurückzuführende Signal-Rauschleistungsverhältnis bei einer Intensitätsmodulation mit dem Modulationsgrad m und der Bandbreite B ist mit Gl. (6.77)

$$\gamma = \frac{(m\overline{P_a})^2/2}{\overline{\delta P_a^2}} = \frac{m^2}{2\,\text{RIN}(f)\,B}. \tag{6.80}$$

Bei einer Analogübertragung von Fernsehsignalen ($10\,\lg\gamma = 52\,\text{dB}$, $m = 0{,}25$, $B = 5\,\text{MHz}$) berechnet man als maximales $\text{RIN}(f)$ den Wert $3{,}9 \cdot 10^{-14}\,\text{Hz}^{-1}$. Für ein Digitalsystem mit BER=10^{-9}, $\gamma = 36$ (s. Abschn. 6.2) und einer Bitrate $f_t = 10\,\text{Gbit/s}$ (entsprechend einer Bandbreite $B = f_t/2 = 5\,\text{GHz}$) mit $m = 1$ erhält man ein maximales $\text{RIN}(f) = 2{,}8 \cdot 10^{-12}$.

Wegen der Amplituden-Phasen-Kopplung sind ΔN_P, Ω korreliert. Aus Gl. (6.73), Gl. (6.74) läßt sich das Kreuzkorrelationsspektrum

$$\Theta_{NP,\Omega}(f) = \lim_{T\to\infty} \frac{1}{2T}\,\overline{\Delta\check{N}_P(f;T)\check{\Omega}^*(f;T)} \tag{6.81}$$

berechnen. Für $f \to 0$ ist der Korrelationskoeffizient

$$\varrho(\Delta N_P, \Omega) = \frac{\Theta_{NP,\Omega}(0)}{\sqrt{\Theta_{NP}(0)\Theta_\Omega(0)}} = -\frac{\alpha}{\sqrt{1 + \alpha^2}}. \tag{6.82}$$

Bei starker Amplituden-Phasenkopplung ist der Korrelationskoeffizient nahezu $\varrho = -1$: Bei einer Erhöhung von N_P sinkt n_T, damit steigt n, und wegen Gl. (3.92) sinkt die Schwingfrequenz: N_P, Ω sind antikorreliert.

6.3.5 Intensitätsrauschen in Nebenmoden

Die Beziehungen Gl. (3.182) werden für einen Nebenmodus mit kleiner Photonenanzahl spezialisiert, in Gl. (3.181) wird für den Gewinnsättigungsparameter $\varepsilon_G = 0$ gesetzt; die Gleichung wird durch die Schwankungskraft $F_P(t)$ von Gl. (6.64) (siehe auch Gl. (6.65), Gl. (6.63)) ergänzt. Gestrichene Größen beziehen sich auf den Nebenmodus:

$$\frac{\mathrm{d}N'_P}{\mathrm{d}t} = N'_P \left(\Gamma G' - \frac{1}{\tau_P} \right) + K_e \Gamma G' n_{\mathrm{sp}} + F'_P(t),$$

$$\Theta'_{FP}(f) = 2N'_{P0} K_e n_{\mathrm{sp}} \Gamma G'. \tag{6.83}$$

Die Beziehung wird nach Gleichgewichts- und Störgrößen getrennt, wobei in G' Änderungen der Trägerdichte nicht berücksichtigt werden müssen, wenn der Modus unterhalb der Laserschwelle liegt:

$$0 = N'_{P0} \left(\Gamma G' - \frac{1}{\tau_P} \right) + K_e \Gamma G' n_{\mathrm{sp}},$$

$$\frac{\mathrm{d}\Delta N'_P}{\mathrm{d}t} = \Delta N'_P \left(\Gamma G' - \frac{1}{\tau_P} \right) + F'_P(t). \tag{6.84}$$

Die Kleinsignalgleichung kann durch Einsetzen von $\Gamma G' - 1/\tau_P$ folgendermaßen geschrieben werden:

$$\frac{\mathrm{d}\Delta N'_P}{\mathrm{d}t} = -\frac{\Delta N'_P}{\tau'_K} + F'_P(t), \qquad \tau'_K = \frac{N'_{P0}}{K_e \Gamma G' n_{\mathrm{sp}}}. \tag{6.85}$$

Daraus erhält man das Leistungsspektrum $\Theta'_{NP}(f)$ von $\Delta N'_P$ in Anwendung von Gl. (6.28) und unter Verwendung von Gl. (6.83):

$$\Theta'_{NP}(f) = \frac{\tau'^2_K \Theta'_{FP}(f)}{1 + (\omega \tau'_K)^2} = \frac{2N'^3_{P0}}{K_e \Gamma G' n_{\mathrm{sp}}} \frac{1}{1 + (\omega \tau'_K)^2}. \tag{6.86}$$

Das Rauschspektrum hat eine 3-dB-Grenzfrequenz

$$f_g = \frac{1}{2\pi \tau'_K} = \frac{K_e \Gamma G' n_{\mathrm{sp}}}{2\pi N'_{P0}}. \tag{6.87}$$

Das relative Intensitätsrauschen im Nebenmodus ist

$$\mathrm{RIN}'(f) = \frac{2\Theta'_{NP}(f)}{N'^2_{P0}} = \frac{4\tau'_K}{1 + (\omega \tau'_K)^2} \tag{6.88}$$

und es gilt

$$\mathrm{RIN}' = \int\limits_0^\infty \mathrm{RIN}'(f)\,\mathrm{d}f = \frac{\overline{\delta P'^2}}{\overline{P'}^2} = 1. \tag{6.89}$$

Das relative Intensitätsrauschen hat den Wert 1 (wie die Intensität eines klassischen Feldes mit Gaußverteilung der Feldstärke). Eine Abschätzung von f_g mit $\Gamma G' \approx 1/\tau_P$, $\tau_P = 2{,}9\,\text{ps}$, $N'_{P0} = 390$ (das entspricht einem Nebenmodus mit 20 dB weniger Leistung bei $P_a = 1\,\text{mW}$ und $\lambda = 1{,}55\,\mu\text{m}$), $K_e = 1$, $n_{\text{sp}} = 2$ ergibt $f_g = 280\,\text{MHz}$.

Daraus resultiert die Erkenntnis [188]: Wird ein Rauschträger zur Übertragung intensitätsmodulierter Signale verwendet, und gilt für die Nachrichtenbandbreite $B \geq f_g$ (im Intervall $0 \leq f \leq f_g$ liefert das Integral von Gl. (6.89) den Wert $1/2$), so kann ein SRV von $\gamma > 2$ prinzipiell nicht erreicht werden. Große Werte für γ sind dann erreichbar, wenn $B \ll f_g$ gemacht wird. Diese Aussage gilt im Prinzip auch für Lumineszenzdioden, stellt aber wegen der großen Linienbreite der Quelle (ca. 12 THz, s. Abschn. 3.4.3) keine praktische Einschränkung dar.

Die großen Fluktuationen der Photonenanzahl in einem Lasermodus unterhalb der Schwelle (s. $N_{P\text{aus}}$ in Gl. (3.208)) würden bei einer digitalen Großsignal-Intensitätsmodulation eines Lasers zu extremen Schwankungen der Verzögerungszeit und der Anstiegszeit führen (sogenannter Jitter), wenn der Pegel für die logische Null unterhalb der Schwelle gewählt würde (vom Standpunkt des Rauschens am Empfänger ist es aber günstig, den Pegel so niedrig wie möglich zu legen).

6.3.6 Wahrscheinlichkeitsverteilungen

Es sollen zunächst für die Überlagerung von einem klassischen Signal mit klassischem Schmalbandrauschen bekannte Wahrscheinlichkeitsdichten zusammengestellt werden. In der Funktion

$$s(t) = (A + x + \mathrm{j}\,y)\,\mathrm{e}^{\mathrm{j}\,\omega_0 t} = S\,\mathrm{e}^{\mathrm{j}(\omega_0 t + \varphi)} \tag{6.90}$$

seien A, ω_0 gegebene Konstanten, x und y identisch gaußverteilte, statistisch unabhängige Zufallsvariable (s. Abb. 6.5)

$$w_{xy}(x,y) = \frac{1}{2\pi\sigma^2}\exp\left(-\frac{x^2+y^2}{2\sigma^2}\right), \quad \overline{x^2} = \overline{y^2} = \sigma^2, \quad \overline{xy} = 0. \tag{6.91}$$

Für die Leistung P (der physikalische Vorgang sei der Realteil von $s(t)$), die Signalleistung P_S, die Rauschleistung P_R und das Signal-Rauschleistungsverhältnis γ folgt

$$\begin{aligned} P &= \tfrac{1}{2}S^2, & \overline{P} &= P_S + P_R = \tfrac{1}{2}\overline{S^2}, \\ P_S &= \tfrac{1}{2}A^2, & P_R &= \tfrac{1}{2}(\overline{x^2} + \overline{y^2}) = \sigma^2, \end{aligned} \qquad \gamma = \frac{P_S}{P_R} = \frac{A^2}{2\sigma^2}. \tag{6.92}$$

Für $A = 0$ erhält man durch Transformation der Wahrscheinlichkeitsdichte Gl. (6.91) auf die Variablen S, φ (Amplitude und Phase)

$$w_{S\varphi}(S,\varphi) = \frac{S}{2\pi\sigma^2}\exp\left(-\frac{S^2}{2\sigma^2}\right), \tag{6.93}$$

also gleichverteilte Phase und davon unabhängig Rayleigh-verteilte Amplitude. Für die Leistung P erhält man eine Exponentialverteilung mit der Dichte

$$w_P(P) = \frac{1}{\overline{P}} \exp\left(-\frac{P}{\overline{P}}\right), \quad \overline{P} = P_R = \sigma^2, \quad \overline{\delta P^2} = \overline{P}^2. \tag{6.94}$$

Die Schwankungen von Gl. (6.94) korrespondieren dem Ergebnis Gl. (6.89). Überlagert man das Rauschen von m unabhängigen Moden und berechnet die Wahrscheinlichkeitsdichte der Leistung P im resultierenden Signal, so erhält man die Gamma-Verteilung mit der Dichte

$$w_P(P) = \frac{m}{\Gamma(m)\overline{P}} \left(\frac{mP}{\overline{P}}\right)^{m-1} \exp\left(-\frac{mP}{\overline{P}}\right), \quad \overline{\delta P^2} = \frac{\overline{P}^2}{m}. \tag{6.95}$$

mit der zu erwartenden kleineren Varianz (Interpretation als Stichprobe mit m unabhängigen Elementen). Schwankungen $\overline{\delta P^2} \sim \overline{P}^2$ sind für das Verhalten klassischer Rauschwellen charakteristisch (Interferenzrauschen, wave interaction noise). Für $A \neq 0$ sind S, φ nicht mehr unabhängig verteilt, die Verteilung für die Amplitude allein ist eine Rice-Verteilung ($I_0(x)$ ist die modifizierte Besselfunktion nullter Ordnung), welche für große Werte des SRV durch eine Gaußverteilung genähert werden kann:

$$w_{S\varphi}(S,\varphi) = \frac{S}{2\pi\sigma^2} \exp\left(-\frac{S^2 + A^2 - 2AS\cos\varphi}{2\sigma^2}\right),$$

$$w_S(S) = \frac{S}{\sigma^2} I_0\left(\frac{AS}{\sigma^2}\right) \exp\left(-\frac{S^2 + A^2}{2\sigma^2}\right) \tag{6.96}$$

$$\approx \frac{1}{\sqrt{2\pi\sigma^2}} \exp\left[-\frac{(S-A)^2}{2\sigma^2}\right] \quad \text{für } AS/\sigma^2 \gg 1, \ A \approx S.$$

Für ein ideal amplitudenstabiles Signal mit gleichverteilter Phase (ein Lasermodus ohne Intensitätsrauschen, aber mit Phasenfluktuationen)

$$s(t) = S \, e^{j(\omega_0 t + \varphi)} = (S_r + j\,S_i) \, e^{j\,\omega_0 t}, \quad S = A \tag{6.97}$$

erhält man die Wahrscheinlichkeitsdichte

$$w_{Sr,Si}(S_r, S_i) = \frac{1}{\pi} \delta(S_r^2 + S_i^2 - A^2),$$
$$w_S(S) = \delta(S - A). \tag{6.98}$$

Die letzte Beziehung erhält man mit der Identität

$$2|x|\delta(x^2 - a^2) = \delta(x + a) + \delta(x - a). \tag{6.99}$$

Abb. 6.5b zeigt die Wahrscheinlichkeitsdichte eines noch nicht vollständig amplitudenstabilen Oszillators (die Deltafunktion in Gl. (6.98) wurde durch eine Gaußfunktion endlicher Varianz ersetzt).

Die Quantentheorie liefert für die Wahrscheinlichkeit, in m unterscheidbaren Moden im thermischen Gleichgewicht insgesamt N_P Photonen anzutreffen (Bose-Einstein-Verteilung)

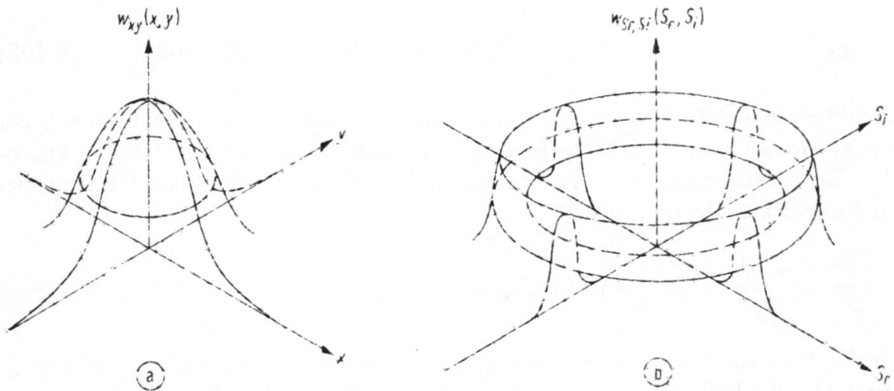

Abb. 6.5. Wahrscheinlichkeitsdichten von Realteil und Imaginärteil des analytischen Signals (a) für gaußsches Schmalbandrauschen $x + \mathrm{j}\,y$, (b) für einen zur Amplitudenstabilität neigenden Oszillator, $S_r + \mathrm{j}\,S_i$

$$w_{N_P}(N_P) = \frac{(N_P + m - 1)!}{N_P!\,(m-1)!}\,\frac{1}{\left(1 + \overline{N_P}/m\right)^m \left(1 + m/\overline{N_P}\right)^{N_P}},$$

$$\overline{\delta N_P^2} = \overline{(N_P - \overline{N_P})^2} = \overline{N_P} + \frac{\overline{N_P}^2}{m}. \tag{6.100}$$

Im klassischen Fall hoher Quantenzahlen $\overline{N_P} \gg m$, $N_P \gg m$ geht Gl. (6.100) in Gl. (6.95) über, wenn man N_P durch P, $\overline{N_P}$ durch $\overline{P}$ ersetzt (klassisch geht $N_P \to \infty$, $hf \to 0$, $P = hfN_P/\tau = \text{const}$). Für den Übergang benutze man die Beziehungen

$$\mathrm{e}^x = \lim_{h \to \infty} \left(1 + \frac{x}{h}\right)^h, \quad z! = z^z\,\mathrm{e}^{-z}\,\sqrt{2\pi z} \;\; \text{für } z \gg 1. \tag{6.101}$$

Da im klassischen Fall im Schwankungsquadrat kein Term $\sim \overline{P}$ aufscheint, muß der Term $\overline{N_P}$ im Schwankungsquadrat von Gl. (6.100) die Quantennatur der Strahlung repräsentieren. Tatsächlich erhält man aus Gl. (6.100) im extremen Quantenfall $\overline{N_P} \ll m$, $N_P \ll m$ eine Poisson-Verteilung

$$w_{N_P}(N_P) = \frac{\overline{N_P}^{N_P}}{N_P!}\,\mathrm{e}^{-\overline{N_P}}, \quad \overline{\delta N_P^2} = \overline{N_P}, \quad \frac{\overline{N_P}}{m}, \frac{N_P}{m} \ll 1. \tag{6.102}$$

Die Quanten benehmen sich wie klassische, unabhängige Teilchen (wegen $\overline{N_P} \ll m$ ist natürlich auch in jedem einzelnen Modus die mittlere Photonenanzahl klein gegen eins: Das entspricht den Verhältnissen im natürlichen Licht), die sich am Photodetektor in statistisch unabhängige Photoelektronen umsetzen, welche ihrerseits Schrotrauschen erzeugen (Quantenrauschen).

Klassische Funktionen $A\cos(\omega_0 t + \varphi)$ mit A, φ konstant sind in quantenmechanischer Beschreibung in einem Modus $m = 1$ ebenfalls durch eine Poisson-Verteilung der Photonen

$$w_{NP}(N_P) = \frac{\overline{N_P}^{N_P}}{N_P!}\, e^{-\overline{N_P}}, \quad \overline{\delta N_P^2} = \overline{N_P}, \quad (\overline{N_P}\ \text{beliebig groß}) \tag{6.103}$$

charakterisiert [190, Kap. 2.1.2], nur daß im Unterschied zum thermischen Licht mit $\overline{N_P}/m \ll 1$ nun $\overline{N_P}$ beliebig groß sein darf. Für Laserlicht folgt in klassischer Beschreibung ($\overline{N_P} \to \infty$) daher ein Verschwinden der klassischen relativen Intensitätsschwankungen

$$\frac{\overline{\delta P^2}}{\overline{P}^2} = \frac{\overline{\delta N_P^2}}{\overline{N_P}^2} = \frac{1}{\overline{N_P}} \to 0 \ \text{ für } \overline{N_P} \to \infty. \tag{6.104}$$

Für die Superposition eines kohärenten Signals (N_S Photonen mit der Eigenschaft Gl. (6.103)) mit einem einzigen Modus thermischen Rauschens ($m = 1$, N_R Photonen mit der Eigenschaft Gl. (6.100)) zu einer Gesamtphotonenanzahl N_P

$$N_P = N_S + N_R \tag{6.105}$$

erhält man für die Wahrscheinlichkeit, im kombinierten Signal N_P Photonen zu registrieren [168][310]

$$w_{NP}(N_P) = \frac{\overline{N_R}^{N_P}}{(\overline{N_R}+1)^{N_P+1}} \exp\left(-\frac{\overline{N_S}}{\overline{N_R}+1}\right) L_{N_P}\left(-\frac{\overline{N_S}}{\overline{N_R}(\overline{N_R}+1)}\right),$$
$$\overline{\delta N_P^2} = \overline{N_R} + \overline{N_R}^2 + \overline{N_S} + 2\,\overline{N_S N_R}. \tag{6.106}$$

Dabei ist $L_n(x)$ das Laguerresche Polynom vom Grad n in der Normierung $L_n(0) = 1$ (s. Gl. (2.89)). Die Schwankungen bestehen aus Schrotrauschen (Quantenrauschen) des thermischen und kohärenten Anteils (die Terme $\overline{N_R}$, $\overline{N_S}$), aus Interferenzrauschen des thermischen Lichtes ($\overline{N_R}^2$) und einem Interferenzterm zwischen thermischem und kohärentem Licht ($2\overline{N_S N_R}$).

Wären die Photonen N_S nicht in einem ideal kohärenten Zustand mit Poisson-Verteilung Gl. (6.103), sondern in einem Signal, welches noch (kleine) Schwankungen der klassischen Intensität besitzt, so müßte in $\overline{\delta N_P^2}$ von Gl. (6.106) noch ein Term $\overline{\delta N_S^2} - \overline{N_S}$ addiert werden (Zusatzrauschen, welches im Fall der Poisson-Verteilung von N_S verschwindet).

6.3.7 Modenverteilungsrauschen

Berechnet wird die Wechselwirkung zwischen einem Hauptmodus (für ΔN_P gilt die erste Zeile von Gl. (6.72)) und einem Nebenmodus (für $\Delta N_P'$ gilt Gl. (6.85)). Diese beiden Gleichungen werden durch eine Gleichung für Δn_T ergänzt, die man durch Modifizieren der zweiten Zeile von Gl. (6.72) erhält, und die ausdrückt, daß $N_P + N_P'$ gemeinsam vom Trägerreservoir gespeist werden:

$$\frac{d\Delta n_T}{dt} = -\left(\frac{1}{\tau_{\text{eff}}} + \frac{\Gamma N_{P0}}{V_R}\frac{\partial G}{\partial n_T}\right)\Delta n_T - \frac{\Delta N_P + \Delta N_P'}{\tau_P V_R}. \tag{6.107}$$

Gl. (6.107), Gl. (6.85) und die erste Zeile von Gl. (6.72) gelten für $N_P \gg N_P'$, sie dienen nach Fourier-Transformation zur Berechnung der Schwankungsspektren $\Theta_{NP}(f)$, $\Theta_{NP}'(f)$. Für niedrige Frequenzen kann man die Rechnung vereinfachen, indem man $d/dt = 0$ setzt. Mit Gl. (3.185), Gl. (3.186) folgt

$$\Delta N_P = -\Delta N_P' + \left(\frac{1}{\tau_{\text{eff}}\, \omega_r^2} + \tau_P \right) F_P(t). \tag{6.108}$$

Wie erwartet, erfolgen Änderungen von N_P, N_P' im Mittel so, daß $\overline{N_P} + \overline{N_P'}$ konstant bleibt. Für das Schwankungsspektrum des Hauptmodus folgt in Anwendung von Gl. (6.28) ($\Delta N_P'$, F_P sind nicht korreliert, da F_P, F_P' unkorreliert sind)

$$\Theta_{NP}(f) = \Theta_{FP}(f) \left(\frac{1}{\tau_{\text{eff}}\, \omega_r^2} + \tau_P \right)^2 + \Theta_{NP}'(f) \quad \text{für } f \to 0. \tag{6.109}$$

Setzt man für Θ_{FP} aus Gl. (6.65), Gl. (6.63) und für Θ_{NP}' (für $f \to 0$) aus Gl. (6.86) ein, so erhält man für den Hauptmodus

$$\text{RIN}(f) = \frac{2\Theta_{NP}(f)}{N_{P0}^2} = \frac{4 K_e n_{\text{sp}}}{\tau_P N_{P0}} \frac{\left(1/\tau_{\text{eff}} + \omega_r^2 \tau_P \right)^2}{\omega_r^4} + \frac{4 N_{P0}'^3}{K_e \Gamma G' n_{\text{sp}} N_{P0}^2}. \tag{6.110}$$

Die Schwankungen im Hauptmodus sind wegen der Anwesenheit des stark fluktuierenden Nebenmodus ($\text{RIN}' = 1$, s. Gl. (6.89)) größer geworden, das Zusatzrauschen ist proportional $N_{P0}'^3$. Setzt man $\Gamma G' \approx 1/\tau_P$, verwendet die Zahlenwerte im Anschluß an Gl. (6.78) und setzt $N_{P0}' = 390$ (d. h. der Nebenmodus enthält nur 1 % der Leistung des Hauptmodus), so erhält man

$$\text{RIN}(f) = \left(1{,}4 \cdot 10^{-14} + 2{,}3 \cdot 10^{-13}\right) \text{Hz}^{-1} \approx 2{,}4 \cdot 10^{-13}\,\text{Hz}^{-1}. \tag{6.111}$$

$\text{RIN}(f)$ im Hauptmodus ist 17mal so groß geworden, obwohl im Nebenmodus nur 1 % der Leistung ist (sind mehrere Nebenmoden vorhanden, so sind in erster Näherung in Gl. (6.110) analoge Terme zu addieren).

Für die Gesamtemission erhält man das Schwankungsspektrum (man beachte, daß wegen Gl. (6.108) ΔN_P, $\Delta N_P'$ korreliert sind)

$$\begin{aligned}
\Theta_{\text{ges}}(f) &= \lim_{T \to \infty} \frac{1}{2T} \overline{\left| \Delta \check{N}_P(f;T) + \Delta \check{N}_P'(f;T) \right|^2} \\
&= \Theta_{FP}(f) \left(\frac{1}{\tau_{\text{eff}}\, \omega_r^2} + \tau_P \right)^2
\end{aligned} \tag{6.112}$$

und daraus

$$\begin{aligned}
\text{RIN}_{\text{ges}}(f) &= \frac{2\Theta_{\text{ges}}(f)}{(N_{P0} + N_{P0}')^2} \approx \frac{2\Theta_{\text{ges}}(f)}{N_{P0}^2} \\
&= \frac{4 K_e n_{\text{sp}}}{\tau_P N_{P0}} \frac{\left(1/\tau_{\text{eff}} + \omega_r^2 \tau_P \right)^2}{\omega_r^4}.
\end{aligned} \tag{6.113}$$

Die Gesamtemission hat dasselbe (geringe) Intensitätsrauschen, welches der Hauptmodus bei nicht vorhandenem Nebenmodus hatte. Solange man die Gesamtemission detektiert, bleiben die Schwankungen klein. Wird die Leistung nur im Hauptmodus detektiert, so sind die Schwankungen groß, da sich die annähernd konstante Gesamtphotonenanzahl mit großen Schwankungen auf die beteiligten Moden aufteilt (daher der Name Modenverteilungsrauschen).

Bei der Fortpflanzung über einen Lichtwellenleiter laufen die anfangs antikorrelierten Intensitätsschwankungen der einzelnen Moden mit verschiedenen Gruppengeschwindigkeiten. Wenn die Phasenverschiebung einer Intensitätsfluktuation der Frequenz f zwischen dem Modus mit der kleinsten Wellenlänge und dem mit der größten Wellenlänge den Wert π angenommen hat, ist die Antikorrelation aufgehoben (t_g ist die Gruppenlaufzeit)

$$\pi = 2\pi f t_g(\lambda + \Delta\lambda) - 2\pi f t_g(\lambda). \tag{6.114}$$

Setzt man für ein Digitalsystem $f = B = f_t/2 = 1/(2T_t)$, so erhält man

$$\frac{\mathrm{d}(t_g/T_t)}{\mathrm{d}\lambda}\,\Delta\lambda = 1. \tag{6.115}$$

Wenn die auf die Taktzeit bezogene Gruppenlaufzeitdifferenz den Wert 1 erreicht hat, ist die Antikorrelation sicher aufgehoben, und für obiges Zahlenbeispiel ist im empfangenen Signal eine Verschlechterung des RIN um den Faktor $17 \mathrel{\widehat{=}} 12\,\mathrm{dB}$ zu erwarten.

Wenn mehrere Moden oszillieren, ist obige Analyse ungültig. Es läßt sich zeigen [451, Kap. 7.5], daß bei zweimodigen Lasern das Modenverteilungsrauschen am stärksten ist (z. B. bei DFB-Lasern mit dem Gewinnmaximum bei der Bragg-Frequenz). Das Modenverteilungsrauschen entspricht einem zur Signalleistung proportionalen Zusatzrauschen P_{Rz} nach Gl. (6.14), welches zu einem konstanten Signal-Rauschleistungsverhältnis $\gamma_R = Q_R^2$ und damit zu einer Rest-Bitfehlerwahrscheinlichkeit Gl. (6.17) führt.

In [406] wird unter der Annahme konstanter Gesamtleistung für die Leistungsbruchteile a_i im i-ten Schwingungsmodus ein Modenverteilungskoeffizient k_M definiert

$$k_M^2 = \frac{\overline{a_i^2} - \overline{a_i}^2}{\overline{a_i} - \overline{a_i}^2} = \left.\frac{\overline{a_i}\,\overline{a_j} - \overline{a_i a_j}}{\overline{a_i}\,\overline{a_j}}\right|_{i \neq j}, \quad \sum_i a_i = 1. \tag{6.116}$$

Wenn alle Moden unabhängig sind (und konstante Leistung haben) gilt $k_M^2 = 0$, im Extremfall starken Modenverteilungsrauschens schwingt jeweils nur ein Modus, und wegen $\overline{a_i a_j} = 0$ ist $k_M^2 = 1$. Nähert man die Einhüllende der multimodigen Emission von Abb. 3.29b durch eine Gaußfunktion (Breite $\Delta\lambda_{1/2}$ zwischen den Halbwertspunkten)

$$w(\lambda) = \frac{1}{\sqrt{2\pi\sigma_\lambda^2}}\,\exp\left[-\frac{(\lambda - \lambda_0)^2}{2\sigma_\lambda^2}\right], \quad \Delta\lambda_{1/2} = \sigma_\lambda\sqrt{8\ln 2}, \tag{6.117}$$

so folgt für das leistungsproportionale Modenverteilungsrauschen [405][406] bei einem Digitalsystem der Bitrate f_t

$$\frac{P_{Rz}}{P_S} = \frac{1}{\gamma_R} = \frac{1}{Q_R^2} = k_M^2(\pi f_t)^4(A_1^4\sigma_\lambda^4 + 48A_2^4\sigma_\lambda^8 + 42A_1^2A_2^2\sigma_\lambda^6),$$

$$A_1 = \frac{\mathrm{d}t_g}{\mathrm{d}\lambda}, \quad A_2 = \frac{1}{\lambda^2}\frac{\mathrm{d}}{\mathrm{d}\lambda}\left(\lambda^2\frac{\mathrm{d}t_g}{\mathrm{d}\lambda}\right). \tag{6.118}$$

In einiger Entfernung von der Nullstelle der Dispersion können Terme mit A_2 vernachlässigt werden, und man erhält mit Gl. (6.117) und $f_t = 1/T_t$

$$\frac{\mathrm{d}(t_g/T_t)}{\mathrm{d}\lambda}\Delta\lambda_{1/2} = \frac{\sqrt{8\ln 2}}{\pi\sqrt{k_M Q_R}} \approx \frac{0{,}75}{\sqrt{k_M Q_R}}. \tag{6.119}$$

Daraus kann für einen gemessenen Koeffizienten k_M, eine gestattete Rest-Bit-fehlerwahrscheinlichkeit (vorgegebenes Q_R), bekannte Halbwertsbreite $\Delta\lambda_{1/2}$ der Emission und gegebene Taktzeit T_t die Gruppenlaufzeitdifferenz auf der Übertragungsstrecke (und damit bei bekannter Faserdispersion die zulässige Streckenlänge L) berechnet werden.

Messungen [406] liefern Werte $k_M = 0{,}14\ldots 0{,}7$, bei sehr schneller digitaler Modulation Werte von $k_M = 0{,}4\ldots 0{,}7$. Kleinere Werte von k_M erhält man, wenn die Relaxationsresonanz gut gedämpft ist und wenn der Laser für die logische Null schon oberhalb der Schwelle arbeitet (kleiner Jitter, s. Ende von Abschn. 6.3.5). Simulationen [243] liefern Werte von $k_M = 0{,}31\ldots 0{,}42$ im dominanten Modus, $k_M < 0{,}16$ für schwache Seitenmoden (mit im Mittel weniger als 5 % der Gesamtleistung).

Eine Simulation [416] ergibt für eine Leistungsbuße von $p_B = 1\,\mathrm{dB}$ ($\gamma_R = Q_R^2 \approx 100$) die einzuhaltende Bedingung

$$\frac{\mathrm{d}(t_g/T_t)}{\mathrm{d}\lambda}\Delta\lambda_{1/2} = 0{,}37\ldots 0{,}44. \tag{6.120}$$

Die Simulation hatte als Grundlage die nichtlinearen Multimoden-Bilanzgleichungen inklusive Langevin-Kräften und bezog sich auf Laser und Empfänger bis zu einer Bitrate von 4,5 Gbit/s.

Eine weitere Simulation für nahezu einmodige Laser [76] prognostiziert eine Rest-Bitfehlerwahrscheinlichkeit $< 10^{-11}$ (entsprechend $\gamma_R = Q_R^2 > 45 \,\widehat{=}\, 16{,}5\,\mathrm{dB}$, das korrespondiert einer Leistungsbuße $p_B < 3{,}5\,\mathrm{dB}$), wenn der Verstärkungsunterschied zum Nachbarmodus $\Delta(\Gamma g) > 0{,}75\ldots 2\,\mathrm{cm}^{-1}$ beträgt.

6.3.8 Laser mit externen Reflektoren

Bei einem Laser (s. Abb. 6.6, die Bezeichnungen sind dieselben wie in Abschn. 3.5.1 und Abb. 3.20) sei $s_{1e} = 0$, die Fourier-Transformierten von s_{2e}, s_{2a} seien durch einen Amplituden-Reflexionskoeffizienten $r_e(f)$ verknüpft:

$$\breve{s}_{2e}(f) = r_e(f)\breve{s}_{2a}(f). \tag{6.121}$$

Für $|r_e(f)| \ll 1$ folgt aus Gl. (3.110)

$$\frac{\breve{s}_{2e}(f)}{\sqrt{\tau_{R2}}} = \frac{\breve{a}(f)}{\tau_{R2}}\frac{r_e(f)}{1 + r_e(f)} \approx \frac{\breve{a}(f)r_e(f)}{\tau_{R2}}. \tag{6.122}$$

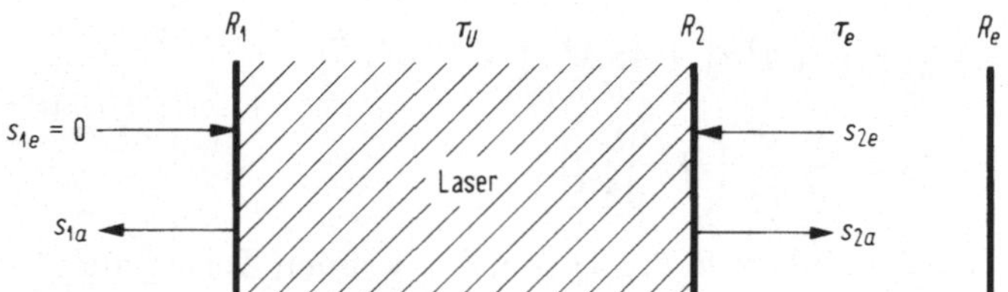

Abb. 6.6. Laserresonator mit externem Reflektor. s_{ij} Leistungswellen, R_i Leistungs-Reflexionskoeffizienten, τ_U, τ_e Umlaufzeiten von Signalen im Laser und im externen Resonator (gebildet von den Spiegeln R_2, R_e)

Für die Anordnung von Abb. 6.6 gilt für $R_e \ll 1$ (das bedeutet, daß nur die erste Reflexion vom externen Spiegel berücksichtigt werden muß)

$$r_e(f) = \sqrt{R_e}\,\exp(-\mathrm{j}\,\omega\tau_e), \tag{6.123}$$

wobei τ_e die Umlaufzeit im externen Resonator bedeutet. Einsetzen in Gl. (6.122) und Fourier-Rücktransformation liefert mit Gl. (3.95) und Gl. (3.105)

$$\frac{s_{2e}(t)}{\sqrt{\tau_{R2}}} = \kappa_e\,a(t - \tau_e),$$

$$\kappa_e = \frac{\sqrt{R_e}}{\tau_{R2}} = \frac{v_g\sqrt{R_e}\,\ln(1/R_2)}{2L} = \frac{\sqrt{R_e}\,\ln(1/R_2)}{\tau_U}. \tag{6.124}$$

Der Wert $\ln(1/R_2)$ gilt nur im Rahmen der Modenkopplungstheorie für den Resonator (s. Anmerkung 2 in Abschn. 3.5.1); der exakte Wert ist $(1 - R_2)/\sqrt{R_2}$. Setzt man $s_{2e}(t)$ aus Gl. (6.124) in Gl. (3.110) ein, so erhält man die Differentialgleichung für die Energieamplitude a im Laserresonator im Fall externer Reflexion:

$$\frac{\mathrm{d}a}{\mathrm{d}t} = \mathrm{j}\,\omega_0 a + \frac{a}{2}\left(\Gamma G - \frac{1}{\tau_P}\right)(1 + \mathrm{j}\,\alpha) + \kappa_e\,a(t - \tau_e). \tag{6.125}$$

Dabei wurde nach Gl. (3.102) der Füllfaktor Γ berücksichtigt. Ergänzt man diese Gleichung durch eine komplexe Langevin-Kraft, so bildet sie zusammen mit einer Bilanzgleichung für die Trägerdichte die Grundlage für die Berechnung der Rauschspektren im Fall externer Reflexion [520]. Hier soll nur untersucht werden, ob Lösungen $a(t) = A\exp(\mathrm{j}\,\omega t)$ mit konstantem A, ω existieren. Mit der Bezeichnung $\Gamma G_0 = 1/\tau_P$ (G_0 ist die Gewinnkonstante im Schwingungsfall bei fehlender Rückkopplung) erhält man

$$\begin{aligned}
\tfrac{1}{2}\,\Gamma(G - G_0) &= -\kappa_e\cos(\omega\tau_e), \\
\omega_0 &= \omega - \tfrac{\alpha}{2}\,\Gamma(G - G_0) + \kappa_e\sin(\omega\tau_e),
\end{aligned} \tag{6.126}$$

und daraus

$$\begin{aligned}
\omega_0\tau_e &= \omega\tau_e + C_e\sin(\omega\tau_e + \arctan\alpha), \\
C_e &= \kappa_e\tau_e\,\sqrt{1 + \alpha^2}.
\end{aligned} \tag{6.127}$$

C_e ist der Rückkopplungsparameter. Durch die Rückkopplung wird bei konstruktiver Interferenz mit dem rückgekoppelten Signal ($-\pi/2 + 2\pi\ell \leq \omega\tau_e \leq \pi/2 + 2\pi\ell$, ℓ ganzzahlig) die zum Schwingen nötige Gewinnkonstante kleiner, $G - G_0 < 0$. Die Kreisfrequenz ändert sich von ω_0 auf ω. Dafür sind zwei Effekte verantwortlich: Für $\alpha = 0$ bewirkt das rückgekoppelte Signal entweder eine Phasenrückdrehung (dann wird $\omega < \omega_0$) oder eine Phasenvordrehung (dann ist $\omega > \omega_0$) der Oszillation. Für $\omega\tau_e = \pi\ell$ ist das rückgekoppelte Signal in Phase oder in Gegenphase zur Schwingung, dadurch nimmt $G - G_0$ Extremwerte an, aber die Phase der Schwingung wird nicht beeinflußt, $\omega = \omega_0$. Für $\alpha \neq 0$ bewirkt die Amplitudenänderung durch das rückgekoppelte Signal eine sekundäre Phasenänderung, welche die Kreisfrequenz beeinflußt. Bei konstruktiver Interferenz, $G - G_0 < 0$, steigt die Photonenanzahl im Resonator, die Trägerdichte nimmt ab, der Brechungsindex steigt und somit verschiebt sich die Resonanzfrequenz zu kleineren Werten $\omega < \omega_0$. Abb. 6.7 zeigt die Aussage

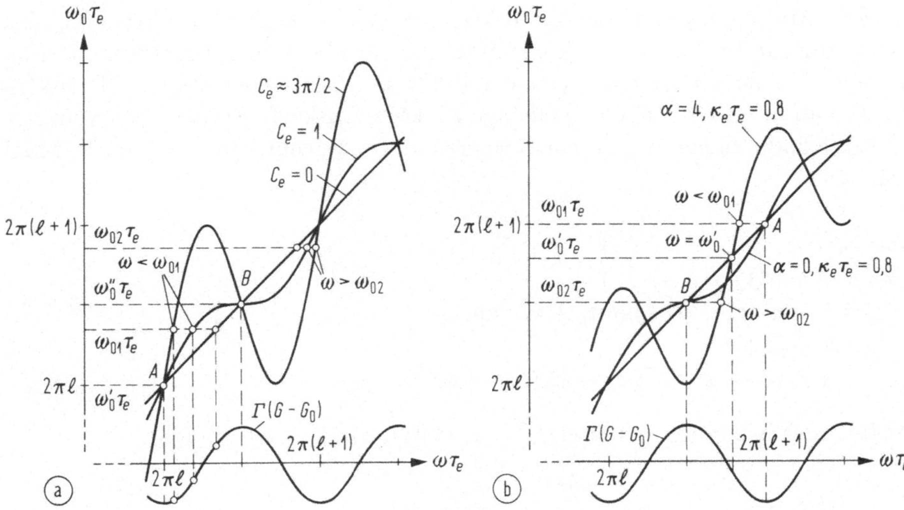

Abb. 6.7. Differenz der Gewinnkonstanten $\Gamma(G - G_0)$ als Funktion der Umlaufphase $\omega\tau_e$; $\omega_0\tau_e$ als Funktion von $\omega\tau_e$; (a) für $\alpha = 0$ und verschiedene Werte des Rückkopplungsparameters C_e; (b) für $\kappa_e\tau_e = 0{,}8$ und die Werte $\alpha = 0$, $\alpha = 4$

von Gl. (6.126), Gl. (6.127). Für $C_e = 0$ liegen Resonanzen nach Gl. (3.105) bei $\omega_0 = 2\pi qc/(2n_eL)$, benachbarte Resonanzen haben den Abstand $\Delta\omega_0 = 2\pi/\tau_U$ (auf der Ordinate in Abb. 6.7 beträgt der Abstand benachbarter Resonanzen $\Delta(\omega_0\tau_e) = 2\pi\tau_e/\tau_U$). Für $C_e \leq 1$ ist jedem ω_0 nur ein Wert von ω zugeordnet: $C_e \leq 1$ ist die Bedingung für ein einmodiges Schwingen. Für $1 \leq C_e \leq 3\pi/2$ (genauer: $0{,}977 \cdot 3\pi/2$) sind für ω_0 entweder ein Wert oder drei Werte von ω möglich, die sich durch die zugehörigen Werte von $\Gamma(G - G_0)$ unterscheiden. Für $C_e \gg 1$ ist die Anzahl der möglichen Werte von ω für einen Wert von ω_0 annähernd $C_e/\pi + 1$ [377]. Die Minima von $G - G_0$ ($\omega\tau_e = 2\pi\ell$) entsprechen für $\alpha = 0$ den Punkten größter Phasensteilheit (kleinster Linienbreite, z. B. Punkt A). Im Punkt B ist für $C_e \leq 1$ die Phasensteilheit minimal ($G - G_0$ maximal), die Linienbreite ist hier am größten (s. spätere Rechnung). ω_{01}, ω_{02} markieren Kreisfrequenzen des Resonators, die sich bei Rückkopplung zu Werten $\omega < \omega_{01}$ bzw. $\omega > \omega_{02}$ verschieben.

Für $\alpha \neq 0$ (s. Abb. 6.7b) koinzidieren die Extrema von $G - G_0$ nicht mehr mit den Stellen größter und kleinster Phasensteilheit (Linienbreite). Es existieren ausgezeichnete Kreisfrequenzen ω_0', für die $\omega = \omega_0'$ gilt: Hier wird die Frequenzerhöhung zufolge der Phasenvordrehung durch das rückgekoppelte Signal gerade durch die Frequenzerniedrigung zufolge der Amplituden-Phasen-Kopplung kompensiert. ω_{01}, ω_{02} markieren wieder Kreisfrequenzen, für die $\omega < \omega_{01}$, $\omega > \omega_{02}$ gilt. Man beachte, daß einer Änderung von $\omega\tau_e$ um 2π eine Abstandsänderung des Reflektors um nur $\lambda/2$ entspricht.

Die maximale Änderung der Kreisfrequenz beträgt nach Gl. (6.127)

$$(\omega_0 - \omega)_{\max} = \kappa_e \sqrt{1 + \alpha^2}. \tag{6.128}$$

Die Änderung der Linienbreite folgt aus Gl. (6.127): diese Gleichung gilt zwar nur für Lösungen mit konstanter Amplitude A und konstanter Kreisfrequenz ω, da die Linienbreite aber durch $\Theta_\Omega(0)$ gegeben ist (s. Gl. (6.48)) kann man in Gl. (6.127) eine beliebige Fluktuationskraft $F(t)$ einsetzen und ω um eine dadurch hervorgerufene Kreisfrequenzabweichung $\Omega(t)$ ergänzen. Man erhält

$$\left.\begin{aligned}
\omega_0 &= \omega, \\
\omega_0 &= \omega + \Omega(t) + F(t),
\end{aligned}\right\} \quad \kappa_e = 0,$$

$$\left.\begin{aligned}
\omega_0 &= \omega + \kappa_e\sqrt{1 + \alpha^2}\sin(\omega\tau_e + \arctan\alpha), \\
\omega_0 &= \omega + \Omega_e(t) \\
&\quad + \kappa_e\sqrt{1 + \alpha^2}\sin[\omega\tau_e + \Omega_e(t)\tau_e + \arctan\alpha] + F(t).
\end{aligned}\right\} \quad \kappa_e \neq 0 \tag{6.129}$$

Mittels der Näherung $\cos[\Omega_e(t)\tau_e] \approx 1$, $\sin[\Omega_e(t)\tau_e] \approx \Omega_e(t)\tau_e$ folgt

$$\Omega_e(t) = \frac{\Omega(t)}{1 + \kappa_e\tau_e\sqrt{1 + \alpha^2}\cos(\omega\tau_e + \arctan\alpha)}. \tag{6.130}$$

Wegen Gl. (6.48) verhalten sich die Linienbreiten mit und ohne Rückkopplung (Δf_{Le}, Δf_L) wie die Spektren $\Theta_{\Omega e}(0)$, $\Theta_\Omega(0)$, und somit gilt

$$\frac{\Delta f_{Le}}{\Delta f_L} = \frac{1}{[1 + C_e\cos(\omega\tau_e + \arctan\alpha)]^2}. \tag{6.131}$$

Im Extremfall nimmt der Quotient Werte $1/(1 \pm C_e)^2$ an.

Mit Gl. (6.124), Gl. (3.95) läßt sich die Verstärkungsdifferenz von Gl. (6.126)

$$\Gamma(g - g_0) = -\sqrt{R_e}\ln(1/R_2)\cos(\omega\tau_e)/L \tag{6.132}$$

schreiben. Schon kleine Reflexionen R_e führen zu beachtlichen Gewinndifferenzen (z. B. $R_e = 10^{-2}$, $R_2 = 0{,}32$, $L = 300\,\mu\mathrm{m}$ gibt $\Delta(\Gamma g) = 3{,}8\,\mathrm{cm}^{-1}$). Dieser Effekt kann zur Diskriminierung von Nebenmoden verwendet werden. Auch die Frequenzverschiebungen sind schon bei kleinen Reflexionen erheblich:

Aus Gl. (6.128) folgt mit Gl. (6.124) und $R_e = 10^{-2}$, $R_2 = 0{,}32$, $L = 300\,\mu\text{m}$, $n_g = 4{,}2$, $\alpha = 5$ für $(f_0 - f)_{\max} = 11\,\text{GHz}$.

Die Rauschspektren (Theorie s. [520]) zeigen (wie aus Gl. (6.130) plausibel ist) Maxima im Abständen der Frequenz $f = 1/\tau_e$. Bei kurzen Resonatoren mit $1/\tau_e \gg f_r$ bleiben die Spektren (die oberhalb f_r rasch gegen den Wert Null gehen) daher maximal flach.

Multimodigkeit (und die Möglichkeit des Springens der Schwingfrequenz) ergibt sich für $C_e \gg 1$. Da $C_e \sim \tau_e$, führen schon kleinste Reflexionen von weit entfernten Reflexionsstellen zu großen Werten von C_e. 4 % Reflexion von der Faserendfläche eines 50 cm langen Faserschwanzes, der an den Laser mit einem Koppelwirkungsgrad von $\eta = 0{,}1$ angekoppelt ist (d. h. $R_e = 4 \cdot 10^{-4}$) führt mit den obigen Laserdaten auf $C_e = 70$.

Bei $C_e > 1$ (Möglichkeit des Umspringens der Frequenz) schwingt der Laser nicht, wie man zunächst vermuten würde, bevorzugt an der Stelle minimaler Schwelle ($G - G_0$ minimal), sondern an der Stelle kleinster Linienbreite. Dieses Verhalten wird aus Gl. (6.47) plausibel: Die Lasermoden bewegen sich bei Rückkopplung gleichsam in einem periodischen Potential und werden aus einem Minimum in ein benachbartes durch Phasenfluktuationen gehoben. Da diese nach Gl. (6.47) beim Modus mit der kleinsten Linienbreite am schwächsten sind, ist die Verweilzeit in diesem Modus am größten [377][378].

Ein erlaubter Wert für C_e stellt nach Gl. (6.127), Gl. (6.124) eine Bedingung für das Produkt $\tau_e \sqrt{R_e}$, da

$$\tau_e \sqrt{R_e} = \frac{2 C_e L}{v_g \ln(1/R_2) \sqrt{1 + \alpha^2}} \tag{6.133}$$

und L, v_g, R_2, α durch den Laser bestimmt und nicht beeinflußbar sind. Für $L = 300\,\mu\text{m}$, $n_g = 4{,}2$, $R_2 = 0{,}32$, $\alpha = 5$ erhält man $\tau_e \sqrt{R_e} = 1{,}45\,\text{ps} \cdot C_e$.

Die Bedingung für Einmodigkeit, $C_e \leq 1$, ist bei langen externen Resonatoren praktisch nicht zu erfüllen: Für eine 15 cm entfernte Reflexionsstelle in einem Medium mit $n = 1{,}5$ müßte $R_e < 10^{-6}$ sein.

In einem schmalen Wertebereich von R_e in der Größenordnung $R_e = 10^{-4}$ sind die sich ergebenden Gewinndifferenzen $G - G_0 \sim \sqrt{R_e}$ so erheblich, daß eine Tendenz zum stabilen Schwingen mit kleiner Linienbreite unabhängig von der Phase $\omega \tau_e$ des rückgekoppelten Signals besteht.

Für $R_e > 10^{-4}$ kommt es zum Zusammenbruch der Kohärenz: Der Laser zeigt chaotisches Verhalten mit deutlich erhöhtem Intensitätsrauschen und Linienbreiten bis zu einigen zehn GHz. Für eine Diskussion dieses Effektes s. [215][560], zu seiner theoretischen Begründung ist eine nichtlineare Analyse erforderlich: Der Laser kann verschiedene, durch Potentialbarrieren getrennte Zustände erreichen, wobei er durch relativ seltene, extrem große Schwankungen der spontanen Emission und die damit verbundenen Phasenschwankungen (Amplituden-Phasen-Kopplung!) diese Barrieren überwindet. Eine Simulation [104] bestätigt diese Vorstellung. Für Laser mit $C_e < 1$ und kurzen externen Resonatoren ($\tau_e f_r < 0{,}1 \ldots 0{,}2$) tritt kein Zusammenbruch der Kohärenz im Bereich $R_e > 10^{-4}$ ein [485]. Für lange externe Resonatoren $\tau_e f_r \gg 1$ und die

Nebenbedingungen $\omega_r \gg \gamma_r$ (s. Gl. (3.188)), $R_e < 10^{-3}$ erfolgt der Zusammenbruch der Kohärenz für $2\kappa_e > \gamma_r\sqrt{1 + \alpha^2}$ [211].

Für hohe Reflexionen $R_e > R_2$ arbeitet der Laser wieder stabil (die Höhe der erwähnten Potentialbarrieren steigt mit der Rückkopplung): Der Laserresonator ist nun eigentlich durch die beiden Spiegel mit den Reflektivitäten R_1, R_e definiert, der mittlere Spiegel R_2 stellt die Störung dar. In [554] werden die einzelnen Bereiche der Rückkopplung klassifiziert und diskutiert.

6.4 Rauschen von Photodetektoren

Die statistischen Eigenschaften der klassischen Lichtleistung $P(t)$ oder der Photonen werden als bekannt vorausgesetzt. Zu berechnen sind die statistischen Eigenschaften des Photostroms. Zur Beurteilung des Einflusses von Rauschen in Analogsystemen genügt die Kenntnis der Varianz des Schwankungsvorganges. In Digitalsystemen ist die Bitfehlerwahrscheinlichkeit (s. Abschn. 6.2) von der genauen Form der Wahrscheinlichkeitsdichte der am Entscheider zu verarbeitenden Größe abhängig (vor allem in den Schwänzen der Verteilung, wenn kleine Werte der BER erwünscht sind). Nur dann, wenn gaußsches Rauschen vorliegt (diese Annahme wurde in Gl. (6.2) gemacht), genügt auch hier die Angabe der Varianzen σ_0^2, σ_1^2.

6.4.1 Erzeugende Funktionen

Bei der Photodetektion hat man es mit Zufallsgrößen zu tun, welche ganzzahlige Werte annehmen (Anzahlen von Photonen, Primärträgern, vervielfachten Trägern, etc.). Zur Berechnung der interessierenden Größen bedient man sich erzeugender Funktionen, welche für eine diskrete Zufallsvariable x mit den Wahrscheinlichkeiten $w_x(x)$ durch

$$\chi_x(s) = \overline{s^x} = \sum_x s^x w_x(x), \quad \chi_x(1) = 1 \tag{6.134}$$

gegeben sind. Aus ihr lassen sich die Wahrscheinlichkeiten und die faktoriellen Momente der Ordnung $m \geq 1$ wie folgt berechnen:

$$w_x(x) = \frac{1}{x!}\frac{\mathrm{d}^x\chi_x(s)}{\mathrm{d}s^x}\bigg|_{s=0}, \quad \overline{x(x-1)\ldots[x-(m-1)]} = \frac{\mathrm{d}^m\chi_x(s)}{\mathrm{d}s^m}\bigg|_{s=1} \tag{6.135}$$

Aus den Momenten für $m = 1, 2$ läßt sich die Varianz (auch mittleres Schwankungsquadrat genannt) berechnen:

$$\sigma_x^2 = \overline{(x - \overline{x})^2} = \overline{\delta x^2} = \chi_x''(1) + \chi_x'(1) - [\chi_x'(1)]^2 \tag{6.136}$$

Sind x, y statistisch unabhängige Variable, so folgt für die Summe $z = x + y$ aus der Definition Gl. (6.134) die erzeugende Funktion

$$\chi_z(s) = \overline{s^z} = \overline{s^x}\,\overline{s^y} = \chi_x(s)\chi_y(s). \tag{6.137}$$

Wenn Zufallsereignisse $1, 2, \ldots, x$ (x ist selbst eine Zufallszahl) jeweils andere, identisch verteilte, statistisch unabhängige Zufallszahlen y_1, y_2, $\ldots$, y_x erzeugen, so gilt für deren Summe z folgende erzeugende Funktion:

$$z = \sum_{i=1}^{x} y_i, \quad \chi_z(s) = \chi_x(\chi_y(s)). \tag{6.138}$$

Der Beweis erfolgt mit Gl. (6.137): Wäre x eine gegebene Größe (keine Zufallszahl), so wäre in Anwendung von Gl. (6.137) $\chi_z(s) = [\chi_y(s)]^x$. Da x aber zufällig ist, erhält man die erzeugende Funktion durch Mittelung über x, also durch $\sum [\chi_y(s)]^x w_x(x)$, was gemäß Gl. (6.134) als $\chi_x(\chi_y(s))$ zu schreiben ist. Für die Variable z von Gl. (6.138) folgt in sinngemäßer Anwendung von Gl. (6.136)

$$\bar{z} = \bar{x}\,\bar{y}, \quad \overline{\delta z^2} = \bar{y}^2\,\overline{\delta x^2} + \bar{x}\,\overline{\delta y^2}. \tag{6.139}$$

Sind 1, 2, $\ldots$, x die Primärträger, die man in eine Lawinenzone injiziert, so sind y_1, y_2, $\ldots$, y_x jeweils alle Nachkommen des ersten, zweiten, $\ldots$, x-ten Primärträgers, und z ist die Gesamtzahl der Träger, welche die Lawinenzone verlassen. Sind 1, 2, $\ldots$, x die Photonen, die auf einen Detektor fallen, so sind y_1, y_2, $\ldots$, y_x die Photoelektronen, die durch das erste, zweite, $\ldots$, x-te Photon erzeugt werden (nach den Voraussetzungen von Abschn. 4.1.1 können die y_i nur die Werte 0, 1 annehmen), z ist die Gesamtanzahl der erzeugten Primärträgerpaare.

Für einen Versuch mit der Erfolgswahrscheinlichkeit η (der Mißerfolgswahrscheinlichkeit $1 - \eta$) ist die Wahrscheinlichkeit $w_x(x)$ für x Erfolge ($x = 0, 1$) $w_x(1) = \eta$, $w_x(0) = 1 - \eta$. Nach Gl. (6.134) folgt die erzeugende Funktion

$$\chi_x(s) = \eta(s - 1) + 1. \tag{6.140}$$

Für v unabhängige Versuche der beschriebenen Art (Bernoulli-Versuche) sei die Zahl der Erfolge z; daher ist in Anwendung von Gl. (6.137) die Bernoulli-Wahrscheinlichkeit $w_z(z; v)$ für z Erfolge in v Versuchen (und deren erzeugende Funktion)

$$\chi_z(s) = [\eta(s - 1) + 1]^v, \quad w_z(z; v) = \binom{v}{z} \eta^z (1 - \eta)^{v - z}. \tag{6.141}$$

Versteht man unter $\chi_x(s)$ die erzeugende Funktion der Photonenverteilung, unter $\chi_y(s)$ die des Bernoulli-Versuchs Gl. (6.140), so erhält man in Anwendung von Gl. (6.138) die erzeugende Funktion $\chi_z(s)$ der Anzahl der primären Trägerpaare im Photodetektor

$$\chi_z(s) = \chi_x(\eta(s - 1) + 1). \tag{6.142}$$

Für die Überlagerung von thermischem Licht mit ideal kohärentem Licht Gl. (6.106) lauten erzeugende Funktion und Wahrscheinlichkeit (x_S kohärente Photonen, x_R thermische Photonen)

$$w_x(x) = \frac{\overline{x_R}^{\,x}}{(\overline{x_R}+1)^{x+1}} \exp\left(-\frac{\overline{x_S}}{\overline{x_R}+1}\right) \mathrm{L}_x\left(-\frac{\overline{x_S}}{\overline{x_R}(\overline{x_R}+1)}\right),$$

$$\chi_x(s) = \frac{1}{1+\overline{x_R}(1-s)} \exp\left[-\frac{\overline{x_S}(1-s)}{\overline{x_R}(1-s)+1}\right]. \tag{6.143}$$

mit

$$\overline{x} = \overline{x_R} + \overline{x_S},$$

$$\overline{\delta x^2} = \overline{x_R} + \overline{x_R}^2 + \overline{x_S} + 2\,\overline{x_R}\,\overline{x_S} = \overline{x}(1+2\overline{x_R}) - \overline{x_R}^2. \tag{6.144}$$

Aus Gl. (6.143) folgt für $\overline{x_S} = 0$ ($\mathrm{L}_x(0) = 1$) die Bose-Einstein-Verteilung für einen Modus (s. Gl. (6.100) für $m = 1$) und deren erzeugende Funktion; für $\overline{x_R} = 0$ ($\mathrm{L}_x(-a)$ verhält sich für $a \to \infty$ wie $a^x/x!$) erhält man die Poisson-Verteilung Gl. (6.103) und deren erzeugende Funktion.

Setzt man $\chi_x(s)$ aus Gl. (6.143) in Gl. (6.142) ein, so erhält man für $\chi_z(s)$ dieselbe Funktion, nur daß $\overline{x_R}$, $\overline{x_S}$ durch $\eta\overline{x_R}$, $\eta\overline{x_S}$ zu ersetzen sind: Bei der Detektion bleiben Poisson-Verteilung, Bose-Einstein-Verteilung [189] und die Verteilung der Superposition von kohärentem und thermischem Licht erhalten. Für die Photoelektronen gilt

$$\chi_z(s) = \frac{1}{1+\eta\,\overline{x_R}(1-s)} \exp\left[-\frac{\eta\,\overline{x_S}(1-s)}{\eta\,\overline{x_R}(1-s)+1}\right],$$

$$\overline{z} = \eta(\,\overline{x_R}+\overline{x_S}\,), \tag{6.145}$$

$$\overline{\delta z^2} = \eta\,\overline{x_R} + \eta^2\,\overline{x_R}^2 + \eta\,\overline{x_S} + 2\,\eta^2\,\overline{x_R}\,\overline{x_S} = \overline{z}(1+2\eta\,\overline{x_R}) - \eta^2\,\overline{x_R}^2.$$

6.4.2 Berechnung der Trägerverteilung

Ist statt der Photonenverteilung jene der klassischen Intensität $P(t)$ gegeben, so erhält man als Ergebnis einer quantenmechanischen Behandlung des Detektionsproblems [190, Kap. 4.3.2] für die Zufallszahl z_t der im Intervall $0 \le t_1 \le t$ entstehenden Anzahl von Trägerpaaren eine Poissonverteilung. Dabei ist die mittlere Anzahl $z(t)$ der im Intervall $0 \le t_1 \le t$ entstehenden Trägerpaare selbst eine Zufallsgröße, weil sie von der Zufallsgröße $P(t)$ abhängt.

$$w_{zt}(z_t) = \frac{[z(t)]^{z_t}}{z_t!}\, e^{-z(t)}, \qquad \chi_{zt}(s) = \exp[z(t)(s-1)],$$

$$z(t) = \int_0^t \nu(t_1)\,dt_1, \qquad \nu(t) = \frac{\eta P(t)}{hf_L}. \tag{6.146}$$

$\nu(t)$ wird als Rate des zeitabhängigen Poisson-Prozesses bezeichnet. Die erzeugende Funktion der unter den gegebenen Beleuchtungsbedingungen im Intervall sich ergebenden zufälligen Zahl z der Trägerpaare erhält man durch Mittelung von $\chi_{zt}(s)$ über die Statistik von $P(t)$, die Wahrscheinlichkeit $w_z(z)$ ergibt sich in Anwendung von Gl. (6.135),

$$\chi_z(s) = \overline{\exp\left[z(t)(s-1)\right]}, \quad w_z(z) = \frac{1}{z!}\frac{\mathrm{d}^z \chi_z(s)}{\mathrm{d}s^z}\bigg|_{s=0}. \tag{6.147}$$

$w_z(z)$ ist nur dann eine Poisson-Verteilung, wenn $P(t) = P = \text{const}$ gilt (ideales klassisches Licht). Würde man für $P(t)$ die Wahrscheinlichkeitsdichte Gl. (6.94) (thermisches Licht in einem Modus) einsetzen, so erhielte man für $w_z(z)$ eine Bose-Einstein-Verteilung (siehe Gl. (6.143) für $\overline{x_S} = 0$). Für die faktoriellen Momente von z folgt in Anwendung von Gl. (6.135) aus Gl. (6.147)

$$\overline{z(z-1)(z-2)\ldots[z-(m-1)]} =$$

$$= \overline{[z(t)]^m} = \overline{\left[\frac{\eta}{hf_L}\int_0^t P(t_1)\,\mathrm{d}t_1\right]^m} \tag{6.148}$$

$$= m!\left(\frac{\eta}{hf_L}\right)^m \int_0^t \mathrm{d}t_1 \int_0^{t_1}\mathrm{d}t_2\ldots\int_0^{t_{m-1}}\mathrm{d}t_m \,\overline{P(t_1)P(t_2)\ldots P(t_m)},$$

speziell gilt für Stationarität ($\overline{P(t)}$ zeitunabhängig)

$$\overline{z} = \frac{\eta\overline{P(t)}t}{hf_L}, \quad \overline{z^2} - \overline{z} = 2\left(\frac{\eta}{hf_L}\right)^2\int_0^t \mathrm{d}t_1 \int_0^{t_1}\mathrm{d}t_2\,\overline{P(t_1)P(t_2)}. \tag{6.149}$$

$\overline{z}$ ist durch die im Intervall absorbierte mittlere Lichtenergie gegeben, die Varianz wird durch die Korrelationsfunktion der Lichtleistung $P(t)$ festgelegt. Bei hinreichend kleiner Beobachtungszeit t erfaßt man die vollen Schwankungen, es gilt $\overline{P(t_1)P(t_2)} = \overline{P^2}$, und man erhält die Beziehungen

$$\overline{\delta z^2} - \overline{z} = \overline{z^2} - \overline{z}^2 - \overline{z} = \left(\frac{\eta t}{hf_L}\right)^2\left(\overline{P^2} - \overline{P}^2\right),$$

$$\frac{\overline{\delta z^2} - \overline{z}}{\overline{z}^2} = \frac{\overline{\delta P^2}}{\overline{P}^2} = \int_0^\infty \mathrm{RIN}(f)\,\mathrm{d}f. \tag{6.150}$$

Für eine größere Beobachtungszeit $T = 1/(2B)$, welche nicht die vollen Schwankungen erfaßt, erhält man nach Gl. (6.150) nur den Beitrag $\int_0^B \mathrm{RIN}(f)\,\mathrm{d}f$. Für Licht ohne klassische Intensitätsschwankungen (ideal amplitudenstabil, $\mathrm{RIN}(f) = 0$) bleibt nur das Quantenrauschen (Schrotrauschen) $\overline{\delta z^2} = \overline{z}$ der Poisson-verteilten Photoelektronen. Umgekehrt zeigt Licht mit einer Poisson-Verteilung der Photonen keine klassischen Intensitätsschwankungen, bei seiner Detektion tritt nur Schrotrauschen auf.

6.4.3 Rauschen des Photostroms

Anstelle der Beobachtungszeit t wird ab jetzt T gesetzt (damit ist das Symbol t wieder als Zeitvariable frei). Es werden folgende Bezeichnungen verwendet

$$\sigma_i^2 = \overline{(i - \bar{i}\,)^2} = \overline{\delta i^2} = \int\limits_{-\infty}^{+\infty} \Theta_i(f)\,\mathrm{d}f. \tag{6.151}$$

$\Theta_i(f)$ ist das zweiseitige Leistungsspektrum des Stroms i. Meist interessieren nur die Schwankungsanteile in einer kleinen Bandbreite $\mathrm{d}f$:

$$\mathrm{d}\left(\overline{\delta i^2}\right) = 2\Theta_i(f)\,\mathrm{d}f = \overline{|i|^2}. \tag{6.152}$$

$|i|$ ist der Betrag eines komplexen Effektivwertzeigers, welcher das Rauschen in einem kleinen Frequenzband im Rahmen der komplexen Rechnung für harmonische Vorgänge in elektronischen Schaltungen beschreibt. Der mittlere primäre Photostrom ist mit Gl. (6.149)

$$i_{\mathrm{pr}} = \frac{e\bar{z}}{T} = \frac{\eta e}{h f_L}\overline{P}. \tag{6.153}$$

Das Schwankungsquadrat folgt für die Beobachtungszeit $T = 1/(2\,\mathrm{d}f)$ aus Gl. (6.150) mit Gl. (6.153)

$$\mathrm{d}\left(\overline{\delta i_{\mathrm{pr}}^2}\right) = \frac{e^2\overline{\delta z^2}}{T^2} = 2ei_{\mathrm{pr}}\mathrm{d}f + i_{\mathrm{pr}}^2\,\mathrm{RIN}(f)\mathrm{d}f. \tag{6.154}$$

Es stellt die Summe des Schrotrauschens (Quantenrauschens) und des Zusatzrauschens zufolge klassischer Intensitätsschwankungen dar.

In einer APD sei z die Anzahl der Primärträger, M die Lawinenverstärkung (mit $\overline{M} = M_0$, M_0 s. Gl. (4.50)) und n die Gesamtzahl der Träger, welche die Diode verlassen; i sei der entsprechende Detektorstrom. Dann gilt in sinngemäßer Anwendung von Gl. (6.139), Gl. (6.153), Gl. (6.154)

$$\overline{\delta n^2} = M_0^2\,\overline{\delta z^2} + \bar{z}\,\overline{\delta M^2}, \quad \bar{n} = M_0\bar{z}, \quad (M_0 = \overline{M}), \tag{6.155}$$

sowie

$$\bar{i} = \frac{e\bar{n}}{T}, \quad \mathrm{d}\left(\overline{\delta i^2}\right) = \frac{e^2\,\overline{\delta n^2}}{T^2}. \tag{6.156}$$

Das Rauschen des Multiplikationsprozesses wird durch einen Zusatzrauschfaktor F_M charakterisiert

$$F_M = \frac{\overline{M^2}}{\overline{M}^2} = \frac{\overline{M^2}}{M_0^2} = 1 + \frac{\overline{\delta M^2}}{M_0^2}. \tag{6.157}$$

Aus Gl. (6.153)–Gl. (6.157) folgt für den Signalstrom i_S und den Rauschstrom i_{RD} in der Beobachtungszeit $T = 1/(2\,\mathrm{d}f)$

$$\bar{i} = M_0 i_{\mathrm{pr}} = M_0\frac{\eta e}{h f_L}\overline{P} = i_S,$$
$$\mathrm{d}\left(\overline{\delta i^2}\right) = 2ei_{\mathrm{pr}}M_0^2 F_M\mathrm{d}f + (M_0 i_{\mathrm{pr}})^2\,\mathrm{RIN}(f)\mathrm{d}f = \overline{|i_{RD}|^2}. \tag{6.158}$$

Für $M_0 = 1$, $F_M = 1$ erhält man die Beziehungen für die pin-Diode. Bei zeit-abhängiger Beleuchtung sind $\bar{\imath}$, $\overline{P}$ Funktionen der Zeit ($\overline{P}$ ist dann die in Gl. (4.16) erstmals verwendete Funktion $P_e(t)$). Für zeitabhängige Beleuchtung ist bei der pin-Diode $\bar{\imath} = \eta e \overline{P}/(hf_L)$ — je nachdem, ob man im Zeitbereich oder im Frequenzbereich arbeitet — durch eine der Beziehungen Gl. (4.28) zu erset-zen; für die APD ersetzt man $\bar{\imath} = M_0 \eta e \overline{P}/(hf_L)$ durch eine der Beziehungen Gl. (4.81). Daraus folgt, daß in der Beziehung für das Schwankungsquadrat Gl. (6.158) M_0^2 durch $[hf_L/(\eta e)]^2 |H_P(f; \mathrm{APD})|^2$ aus Gl. (4.79) oder den enspre-chenden Ausdruck aus Gl. (4.80) für die SAGM-APD zu ersetzen ist.

Beleuchtet man den Photodetektor mit einer breitbandigen thermischen Lichtquelle (z. B. einer LED) der Linienbreite Δf, so kann wegen der Eigen-schaft Gl. (6.89) (s. auch Gl. (6.94)) $\mathrm{RIN}(f) = 1/\Delta f$ für $|f| \leq \Delta f$, $\mathrm{RIN}(f) = 0$ für $|f| > \Delta f$ gesetzt werden. Damit wird das zusätzlich zum Quantenrauschen auftretende klassische Rauschen proportional zu $df/\Delta f \ll 1$ (z. B. $df = 1\,\mathrm{GHz}$, $\Delta f = 12{,}1\,\mathrm{THz}$) und der Detektor zeigt praktisch nur Schrotrauschen.

Zu den Schwankungen von Gl. (6.158) sind jene zu addieren, die durch et-waiges Störlicht oder durch jenen Anteil des Dunkelstroms erzeugt werden, der die Sperrschicht im Volumen durchquert (und in einer APD vervielfacht wird). In der Ersatzschaltung Abb. 4.4 ist parallel zum Signalgenerator ein Rausch-stromgenerator anzuordnen, dessen Kurzschlußstrom ein Schwankungsquadrat besitzt, in dem alle Effekte berücksichtigt sind.

6.4.4 Instationäres Rauschen

Am Entscheider hängt das Rauschen davon ab, ob eine logische Null oder eine Eins gesendet wurde; die Schwankungen sind im Abtastzeitpunkt zu berech-nen. Die Primärträger sollen Gl. (6.146) erfüllen. Jeder zum Zeitpunkt τ_i entstandene Träger (Dirac-Ursache $\delta(t - \tau_i)$) soll am Entscheider die Wirkung $g(t, \tau_i, a_i)$ hervorrufen, wobei die a_i identisch verteilte, statistisch unabhängige Zufallsvariable sein sollen. Die registrierte Funktion am Entscheider hat somit die Form

$$v(t) = \sum_{i=1}^{z_t} g(t, \tau_i, a_i). \tag{6.159}$$

Für den Mittelwert und das Schwankungsquadrat dieses gefilterten Poisson-Prozesses $v(t)$ gilt [436, S. 156]

$$\overline{v(t)} = \int_0^t \nu(\tau)\, \overline{g(t, \tau, a)}\, d\tau, \quad \overline{\delta v^2(t)} = \int_0^t \nu(\tau)\, \overline{g^2(t, \tau, a)}\, d\tau. \tag{6.160}$$

Für die Detektion mit einer APD gilt speziell $g(t, \tau, a) = M g(t - \tau)$, wobei M die (zufällige) Lawinenverstärkung darstellt. Mit $\nu(t)$ von Gl. (6.146) und Gl. (6.157) folgt aus Gl. (6.160)

$$\overline{v(t)} = \frac{\eta M_0}{hf_L} \int_0^t P(\tau) g(t - \tau)\, d\tau, \quad \overline{\delta v^2(t)} = \frac{\eta M_0^2 F_M}{hf_L} \int_0^t P(\tau) g^2(t - \tau)\, d\tau. \tag{6.161}$$

6.4.5 Der Zusatzrauschfaktor

Zur Berechnung des Zusatzrauschfaktors F_M von Gl. (6.157) müssen $\chi_z(s)$ von Gl. (6.138) und $\bar{z}$, $\overline{\delta z^2}$ von Gl. (6.139) ermittelt werden (siehe Bemerkung nach Gl. (6.139)). Hier werden nur die Ergebnisse der Rechnung [575] für folgenden Spezialfall zitiert: λ, μ seien die Wahrscheinlichkeiten ($1 - \lambda$, $1 - \mu$ die Mißerfolgswahrscheinlichkeiten), daß ein Elektron (ein Loch) auf der Strecke w_L/N (w_L ist die Länge der Lawinenzone, N ist eine natürliche Zahl) ein einziges Trägerpaar erzeugt. Die durch einen Primärträger erzeugte Anzahl von Trägerpaaren der ersten Generation kann somit maximal N (minimal null) sein, die Erwartungswerte sind $N\lambda$, $N\mu$. Daher gilt (α_i, β_i sind die Ionisierungskoeffizienten der Elektronen und Löcher)

$$\left.\begin{array}{l} \alpha_i w_L = N\lambda, \\ \beta_i w_L = N\mu, \end{array}\right\} \qquad \frac{\alpha_i}{\beta_i} = \frac{\lambda}{\mu}. \tag{6.162}$$

Nachstehend sind die Beziehungen angegeben, welche für $N \to \infty$, $\lambda \to 0$, $\mu \to 0$ resultieren, wobei die Produkte $N\lambda$, $N\mu$ die endlichen Werte $\alpha_i w_L$, $\beta_i w_L$ beibehalten:

$$\begin{array}{ll} F_M = M_0 \beta_i/\alpha_i + (1 - \beta_i/\alpha_i)(2 - 1/M_0), & \alpha_i \geq \beta_i, \ \text{Elektroneninj.} \\ F_M = M_0 \alpha_i/\beta_i + (1 - \alpha_i/\beta_i)(2 - 1/M_0), & \beta_i \geq \alpha_i, \ \text{Löcherinj.} \end{array} \tag{6.163}$$

M_0 hat die Werte von Gl. (4.50). Somit hat (unter der Voraussetzung, daß die besser ionisierenden Träger in die Lawinenzone injiziert werden) der Zusatzrauschfaktor F_M den Minimalwert $2 - 1/M_0$, den Maximalwert M_0.

Für Si-APD sind für $0{,}4\,\mu\text{m} < \lambda < 0{,}95\,\mu\text{m}$ Werte von $\beta_i/\alpha_i = 0{,}006$ (entsprechend $F_M = 2{,}6$ für $M_0 = 100$) erreicht worden [550]. Für SAGM-APD aus InGaAs/InGaAsP/InP (Löcherinjektion, β_i/α_i aus Abb. 4.7b für InP) ist F_M kleiner als durch Gl. (6.163) berechnet; das liegt daran, daß die Näherung $N \to \infty$, $\mu \to 0$ nicht gerechtfertigt ist; außerdem muß α_i/β_i durch einen effektiven, die Feldstärkeabhängigkeit berücksichtigenden Wert ersetzt werden [71]. Für praktische Rechnungen wird F_M durch die Funktion

$$F_M = M_0^x, \quad x > 0 \tag{6.164}$$

genähert. Abb. 6.8 zeigt gemessene Werte. Die stärker rauschende Diode 1 hat die kleinere Durchbruchspannung ($150\,\text{V}$ gegen $300\,\text{V}$ bei Diode 2) und wegen der höheren Feldstärke kleinere Werte für α_i/β_i (s. Abb. 4.7b). M ist nicht gaußverteilt (Werte von $M > M_0$ sind wahrscheinlicher als bei einer Gaußverteilung [575]).

Photovervielfacher sind rauschärmer als APD (die Träger entstehen an definierten Stellen mit geringeren Schwankungen der Anzahl), Halbleiter-Photovervielfacher aus Vielfach-Heteroschichten sind im Forschungsstadium [586]. Für einen Vervielfacher mit den Multiplikationsfaktoren der einzelnen Stufen $\mu_1, \mu_2, \ldots$ gilt

$$\begin{aligned} M_0 &= \overline{M} = \overline{\mu_1}\,\overline{\mu_2}\ldots, \\ F_M &= 1 + \frac{\overline{\delta\mu_1^2}}{\overline{\mu_1}^2} + \frac{1}{\overline{\mu_1}}\frac{\overline{\delta\mu_2^2}}{\overline{\mu_2}^2} + \frac{1}{\overline{\mu_1}\,\overline{\mu_2}}\frac{\overline{\delta\mu_3^2}}{\overline{\mu_3}^2} + \cdots \end{aligned} \tag{6.165}$$

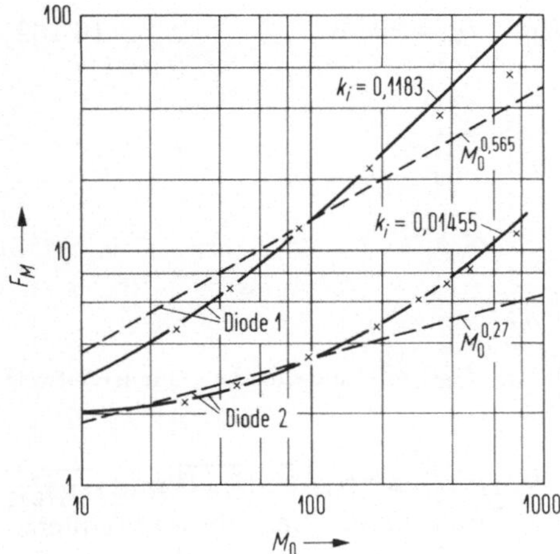

Abb. 6.8. F_M als Funktion von M_0 für zwei Si-APD BPW28; ausgezogen: F_M nach Gl. (6.163), strichliert: Näherung $F_M = M_0^x$, $k_i = \beta_i/\alpha_i$; Kreuze: Meßpunkte; nach [302]

Es ist somit vorteilhaft, $\overline{\mu_1}$ möglichst groß zu machen. Setzt man

$$\overline{\mu_1} = A\overline{\mu}, \qquad \overline{\mu_2} = \overline{\mu_3} = \ldots = \overline{\mu},$$
$$\overline{\delta\mu_1^2} = A\overline{\delta\mu^2}, \qquad \overline{\delta\mu_2^2} = \overline{\delta\mu_3^2} = \ldots = \overline{\delta\mu^2}, \tag{6.166}$$
$$\overline{\delta\mu^2} = \overline{\mu} + \overline{\mu}^2/D$$

($D = 1$ gibt Bose-Einstein-Schwankungen, $D \to \infty$ Poisson-Schwankungen, s. Gl. (6.100)), so erhält man für einen m-stufigen Vervielfacher folgende Beziehungen [550]:

$$M_0 = A\overline{\mu}^m,$$
$$F_M = 1 + \frac{(M_0/A)^{1/m}/D + 1}{(M_0/A)^{1/m} - 1}\left(\frac{1}{A} - \frac{1}{M_0}\right). \tag{6.167}$$

Als Spezialfälle erhält man für große Werte von M_0 annähernd

$$F_M = \begin{cases} \dfrac{\overline{\mu}}{\overline{\mu} - 1} & A = 1,\ D \to \infty, \\[2ex] \dfrac{2\overline{\mu}}{\overline{\mu} - 1} & A = 1,\ D = 1. \end{cases} \tag{6.168}$$

6.5 Rauschen von Vierpolen. Grenzen der Detektion

Abb. 6.9 zeigt das Ersatzschaltbild eines rauschenden Vierpols. Der innere Leitwert der Signalquelle Y_Q rausche thermisch; dem entspricht ein Rauschgenerator mit dem Stromzeiger i_Q (Definition s. Gl. (6.152)), für den gilt

$$\overline{|i_Q|^2} = 4kT_0G_Q\,\mathrm{d}f, \quad Y_Q = G_Q + \mathrm{j}\,B_Q, \quad T_0 = 293\,\mathrm{K}. \tag{6.169}$$

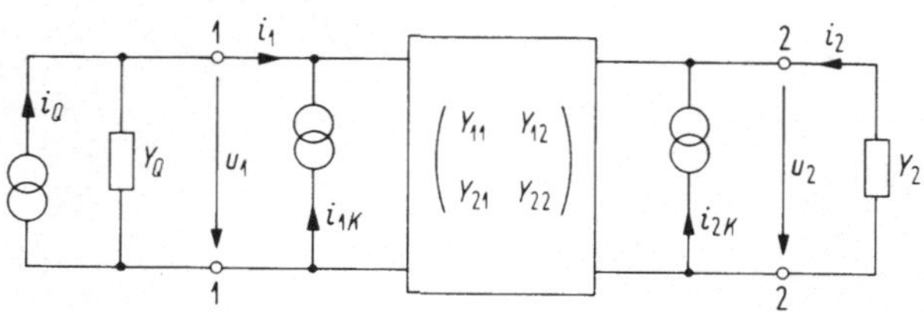

Abb. 6.9. Rauschender Vierpol (Stromquellen i_{1K}, i_{2K}) mit rauschendem Quellenleitwert (i_Q, Y_Q) und nichtrauschendem Lastleitwert Y_2

Das Rauschen des Vierpols wird durch i_{1K}, i_{2K} erfaßt; $\overline{|i_{1K}|^2}$, $\overline{|i_{2K}|^2}$ und $\overline{i_{1K}i_{2K}^*}$ seien in einem kleinen Frequenzband $\mathrm{d}f$ als Funktion der Lage dieses Frequenzbandes bekannt. Man transformiert i_{2K} an den Eingang und berücksichtigt das Rauschen durch einen Rauschvierpol mit unkorrelierten Rauschquellen i_n, u_n ($\overline{i_n u_n^*} = 0$) und dem Korrelationsleitwert Y_c (der für Generatoren außerhalb des Rauschvierpols wegen der Parallelschaltung von Y_c mit $-Y_c$ nicht in Erscheinung tritt [459][460], siehe Abb. 6.10). Zwischen den Klemmenpaaren 1-1, 2-2 in Abb. 6.9 und Abb. 6.10 gelten folgende Beziehungen:

$$\begin{aligned}
\begin{pmatrix} i_1 \\ i_2 \end{pmatrix} &= \begin{pmatrix} -i_{1K} \\ -i_{2K} \end{pmatrix} + \begin{pmatrix} Y_{11}\, Y_{12} \\ Y_{21}\, Y_{22} \end{pmatrix} \begin{pmatrix} u_1 \\ u_2 \end{pmatrix} \\
\begin{pmatrix} i_1 \\ i_2 \end{pmatrix} &= \begin{pmatrix} -i_n + Y_{11}u_n - Y_c u_n \\ Y_{21}u_n \end{pmatrix} + \begin{pmatrix} Y_{11}\, Y_{12} \\ Y_{21}\, Y_{22} \end{pmatrix} \begin{pmatrix} u_1 \\ u_2 \end{pmatrix}
\end{aligned} \tag{6.170}$$

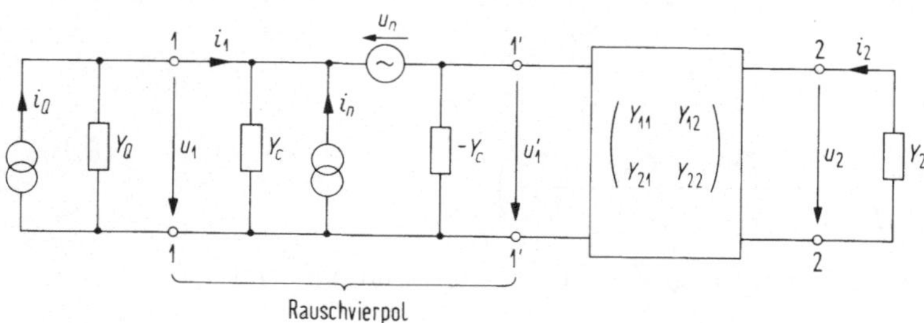

Abb. 6.10. Berücksichtigung der Rauscheigenschaften des Vierpols durch Generatoren i_n, u_n ($\overline{i_n u_n^*} = 0$) und den Korrelationsleitwert Y_c in einem Rauschvierpol nach [459][460]

Durch Vergleich und unter Beachtung von $\overline{i_n u_n^*} = 0$ lassen sich die Parameter des Rauschvierpols als Funktion der gegebenen Größen berechnen:

$$\begin{aligned}
\overline{|i_n|^2} &= \overline{|i_{1K}|^2} - \left|\overline{i_{1K}i_{2K}^*}\right|^2 / \overline{|i_{2K}|^2}, \\
\overline{|u_n|^2} &= \overline{|i_{2K}|^2}/|Y_{21}|^2, \\
Y_c &= Y_{11} - Y_{21}\,\overline{i_{1K}i_{2K}^*}/\overline{|i_{2K}|^2} = G_c + \mathrm{j}\,B_c.
\end{aligned} \tag{6.171}$$

Man definiert einen Rauschwiderstand R_n und einen Rauschleitwert G_n (beachte: $R_n \neq 1/G_n$!) durch

$$\overline{|u_n|^2} = 4kT_0R_n\,\mathrm{d}f, \qquad \overline{|i_n|^2} = 4kT_0G_n\,\mathrm{d}f. \tag{6.172}$$

Der Quotient der Rauschleistungen am Lastleitwert in $\mathrm{d}f$ bei rauschendem und rauschfrei gedachtem Vierpol wird als Rauschzahl F bezeichnet. Aus Abb. 6.10 berechnet man am einfachsten das Verhältnis der Absolutquadrate der Kurzschlußströme an den (physikalisch nicht zugänglichen) Klemmen $1' - 1'$; der gesamte Kurzschlußstrom ist

$$i_R = i_Q + i_n + u_n(Y_Q + Y_c). \tag{6.173}$$

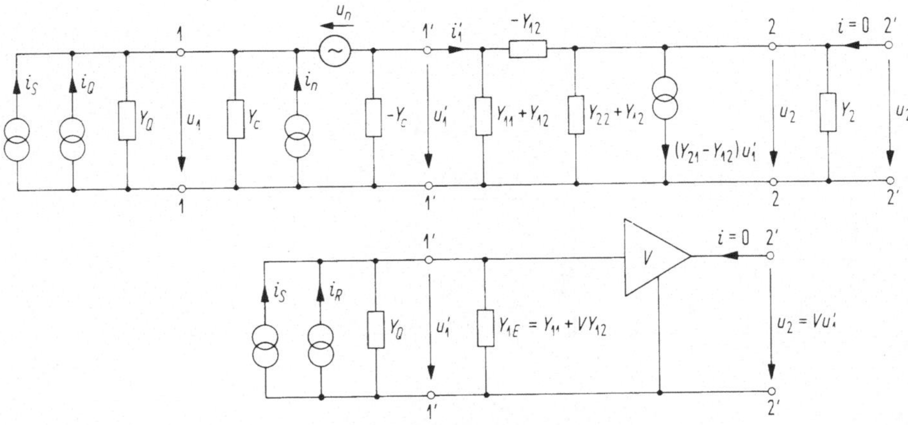

Abb. 6.11. Ersatz des Vierpols durch den Eingangsleitwert Y_{1E} und einen Spannungsübersetzer $u_2 = V u_1'$; Ersatz der Rauschquellen von Vierpol und Quellenleitwert durch den Rauschstrom i_R

Die Terme sind unkorreliert. Mit Gl. (6.169), Gl. (6.172) erhält man die Rauschzahl ($F_z = F - 1$ wird als zusätzliche Rauschzahl bezeichnet; T_R ist die sogenannte Rauschtemperatur des Vierpols)

$$F = 1 + F_z = 1 + \frac{T_R}{T_0} = 1 + \frac{\overline{|i_R|^2}}{\overline{|i_Q|^2}} = 1 + \frac{G_n + R_n|Y_Q + Y_c|^2}{G_Q}. \tag{6.174}$$

Ein rauschfreier Vierpol hat $F = 1$ ($F_z = 0$, $T_R = 0$). F erreicht ein relatives Minimum für Rauschabstimmung $B_Q = -B_c$ (damit läßt sich B_c messen). Ein absolutes Minimum erhält F für einen geeignet gewählten Leitwert $G_{Q\mathrm{opt}}$ (Rauschanpassung). Für $G_{Q\mathrm{opt}}, F_{z\mathrm{min}}$ berechnet man aus Gl. (6.174)

$$G_{Q\mathrm{opt}} = \sqrt{\frac{G_n}{R_n} + G_c^2}, \qquad F_{z\mathrm{min}} = 2R_n(G_{Q\mathrm{opt}} + G_c). \tag{6.175}$$

Man beachte, daß für $\overline{i_{1K}i_{2K}^*} = 0$ (das ist bei Emitterschaltung des Bipolartransistors und Sourceschaltung des Feldeffekttransistors annähernd erfüllt) nach Gl. (6.171) $Y_c = Y_{11}$ gilt (bei bekanntem Y_c können G_n, R_n aus einer Messung von $F_{z\mathrm{min}}$, $G_{Q\mathrm{opt}}$ nach Gl. (6.175) ermittelt werden). Beim FET ist $\Re\{Y_{11}\} \sim$

ω^2; $R_{\mathrm{opt}} = 1/G_{Q\mathrm{opt}}$ hat beim Bipolartransistor Werte unter $100\,\Omega$, bei FET Werte um $1\,\mathrm{k}\Omega$. Minimale Rauschzahlen erreichen Werte um $10\lg F = 1\,\mathrm{dB}$.

Mit der Spannungsverstärkung V und dem Eingangsleitwert Y_{1E} des Vierpols

$$V = -\frac{Y_{21}}{Y_{22} + Y_2}, \quad Y_{1E} = Y_{11} + VY_{12} \tag{6.176}$$

erhält man unter Berücksichtigung einer Signalstromquelle i_S das Ersatzschaltbild von Abb. 6.11. Das Eingangsrauschen ist bestimmt durch

$$\overline{|i_R|^2} = F\,\overline{|i_Q|^2} = 4kT_0 G_Q F\,\mathrm{d}f. \tag{6.177}$$

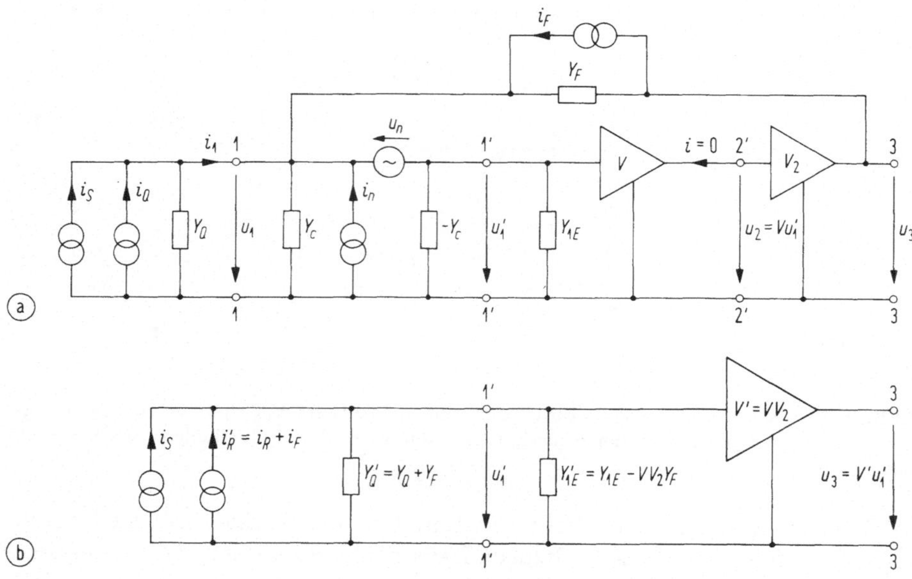

Abb. 6.12. Rauschende Rückkopplung. (a) detailliertes Ersatzschaltbild ($V < 0$, $V_2 > 0$, $V' = VV_2 < 0$), (b) vereinfachtes Ersatzschaltbild (i_S, i_R, Y_Q, Y_{1E} wie in Abb. 6.11)

Abb. 6.12 zeigt einen rauschenden Verstärker ($V < 0$) mit einem nachgeschalteten idealen Spannungsverstärker ($V_2 > 0$) und einer rauschenden Gegenkopplung

$$Y_F = G_F + \mathrm{j}\,B_F, \quad \overline{|i_F|^2} = 4kT_0 G_F\,\mathrm{d}f. \tag{6.178}$$

Der Beitrag von i_F zum Kurzschlußstrom am Ausgang 3-3 kann bei großen Verstärkungen $V' = VV_2$ vernachlässigt werden. Aus Abb. 6.12a folgt:

$$i_1 = Y_F u_1 + Y_c u_1 - i_F - i_n - Y_c u_1' + (Y_{1E} - VV_2 Y_F)u_1'. \tag{6.179}$$

In einem Ersatzschaltbild ohne Rückkopplung (Abb. 6.12b) erscheint daher parallel zu Y_{1E} der Leitwert $-VV_2 Y_F$, parallel zu Y_Q erscheint Y_F, der Rauschstrom i_F addiert sich (unkorreliert) zum Rauschstrom i_R von Abb. 6.11. Mit den Bezeichnungen von Gl. (6.173), Gl. (6.176) folgt für das Ersatzschaltbild:

$$Y'_Q = Y_Q + Y_F,$$
$$Y'_{1E} = Y_{1E} - V'Y_F,$$
$$i'_R = i_F + i_R = i_F + i_Q + i_n + u_n(Y'_Q + Y_c), \qquad (6.180)$$
$$V' = VV_2 < 0.$$

Der gegengekoppelte Verstärker besitzt leicht erhöhtes Rauschen (zufolge i_F; G_F soll daher möglichst klein sein). Der Realteil des Eingangsleitwertes wird um $-V'G_F > 0$ vergrößert und damit die Eingangsbandbreite dynamisch erhöht (wenn $B_F = 0$ ist). Für das Signal folgt aus Abb. 6.12b für $V'Y_F \gg Y_Q + Y_F + Y_{1E}$

$$u_3 = i_S \frac{V'}{Y_Q + Y_F + Y_{1E} - V'Y_F} \approx -\frac{i_S}{Y_F} = -i_S Z_F. \qquad (6.181)$$

Der Verstärker wird als Transimpedanzverstärker bezeichnet. Seine Rauschzahl ist analog zu Gl. (6.174) (Y_F wird zum Verstärker gerechnet)

$$F' = \frac{\overline{|i'_R|^2}}{\overline{|i_Q|^2}} = 1 + \frac{G_F + G_n + R_n|Y'_Q + Y_c|^2}{G_Q}. \qquad (6.182)$$

Abb. 6.13 zeigt den Eingang eines Empfängers (die Klemmen $1' - 1'$ sind die physikalisch nicht zugänglichen Klemmen des Ersatzschaltbildes von Abb. 6.12). Aus Abb. 6.13 folgt mit Gl. (6.158), Gl. (6.164), Gl. (6.169), Gl. (6.180),

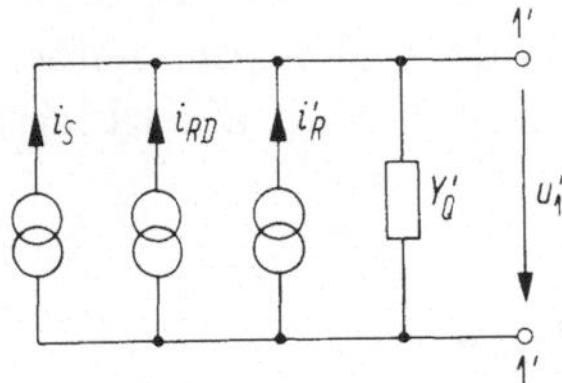

Abb. 6.13. Eingang eines Empfängers. i_S, i_{RD} sind Signalstrom und Rauschstrom des Photodetektors nach Gl. (6.158); i'_R, Y'_Q siehe Gl. (6.180)

Gl. (6.182) für konstante Beleuchtung des Photodetektors das Signal-Rausch-leistungsverhältnis

$$\gamma = \frac{i_S^2}{\overline{|i_{RD}|^2} + \overline{|i'_R|^2}} = \frac{M_0^2 i_{\mathrm{pr}}^2}{[2ei_{\mathrm{pr}}M_0^{2+x} + M_0^2 i_{\mathrm{pr}}^2 \,\mathrm{RIN}(f) + 4kT_0 G_Q F']\mathrm{d}f}, \qquad (6.183)$$

und daraus für die ideale, durch Quantenrauschen begrenzte Detektion mit einem pin-Detektor ($M_0 = 1$, $\mathrm{RIN}(f) = 0$, $T_0 G_Q = 0$), wobei $\overline{P}$ von Gl. (6.158) als P_S (Signalleistung) bezeichnet wird

$$\gamma_{\max} = \frac{\eta P_S}{2hf_L \,\mathrm{d}f} \quad \text{für direkten Empfang.} \qquad (6.184)$$

Bei realen Systemen ($\mathrm{RIN}(f)$ sei weiterhin null) ist γ sehr viel kleiner, weil (außer bei extrem hohen Werten von P_S) $4kT_0 G_Q F' \gg 2ei_{\mathrm{pr}}$. Hier bringt eine APD eine Verbesserung, weil zunächst $\gamma \sim M_0^2$ steigt; bei zu großen Werten von M_0 (wenn im Nenner das Rauschen der APD dominiert) sinkt aber γ wegen $\gamma \sim 1/M_0^x$. Mit einer realen APD ($x > 0$) kann die Quantenrauschgrenze Gl. (6.184) nicht erreicht werden. Es gibt einen optimalen Wert für M_0, der annähernd durch $2ei_{\mathrm{pr}} M_0^{2+x} = 4kT_0 G_Q F'$ festgelegt ist. Das ist der Grund dafür, daß das Rauschen mit und ohne Beleuchtung des Detektors (in Abschn. 6.2 durch σ_1^2, σ_0^2 bezeichnet) immer in den Grenzen $1 < \sigma_1^2/\sigma_0^2 \leq 2$ bleibt. Wenn $\mathrm{RIN}(f)$ dominiert, gilt $\mathrm{RIN}(f)\,\mathrm{d}f = 1/\gamma$, das Signal-Rauschleistungsverhältnis ist durch die klassischen Intensitätsschwankungen determiniert.

In kohärenten Systemen sinkt das äquivalente Eingangsrauschen in Gl. (6.184) von $2hf_L\,\mathrm{d}f$ auf $hf_L\,\mathrm{d}f$ beim Heterodynsystem und auf $hf_L\,\mathrm{d}f/2$ beim Homodynsystem. Im Gegensatz zu den Verhältnissen beim direkten Empfang kann man diesen Grenzen auch praktisch nahekommen.

Ist $\overline{N_S}$ die mittlere Anzahl der Signalphotonen, die in der Beobachtungszeit $T = 1/(2\,\mathrm{d}f)$ am Detektor absorbiert werden, so ist $P_S = \overline{N_S}hf_L/T$ und daher aus Gl. (6.184)

$$\gamma_{\max} = \eta\overline{N_S}. \tag{6.185}$$

In einem Digitalsystem ohne elektronisches Rauschen und mit einem Detektor mit $\eta = 1$, bei dem für die logische Null $N_S = 0$ Photonen ankommen, für die logische Eins im Mittel $\overline{N_S} \neq 0$ Photonen, können nur die Einsen gestört werden; bei Poisson-Verteilung Gl. (6.103) ist diese Wahrscheinlichkeit $w_{NS}(0) = \exp(-\overline{N_S})$. Aus BER$= \exp(-\overline{N_S})/2$ ergäbe sich die Bitfehlerwahrscheinlichkeit 10^{-9} für $\overline{N_S} = 20$ Photonen für eine gesendete Eins (das heißt, im Mittel müßten 10 Photonen pro Bit am Detektor mit $\eta = 1$ absorbiert werden).

6.6   Rauschen optischer Verstärker

Es soll der Einfluß eines optischen Vorverstärkers beim direkten Empfang in der Anordnung von Abb. 6.14 untersucht werden. Die Photonenanzahlen N_{Se}, N_{Sa}, N_{Ra} für Signal und Rauschen beziehen sich auf einen Modus des Feldes. Das optische Filter begrenzt die Bandbreite der spontanen Emission auf den Wert B_{opt}. Die elektronische Bandbreite B_{el} sei größer als die des Signals, aber kleiner als die Bandbreite von $\mathrm{RIN}(f)$ des Senders; es gilt $B_{\mathrm{opt}} \gg B_{\mathrm{el}}$.

Ohne Vorverstärker ist das Signal-Rauschleistungsverhältnis γ durch Gl. (6.183) gegeben ($M_0 = 1$).

Die durch das Filter tretenden Rauschphotonen gehören zu einem Modus, wenn man die Beobachtungszeit $\tau \leq 1/B_{\mathrm{opt}}$ wählt. Aus Gl. (3.239) erhält man für die Rate der Rauschphotonen nach dem Filter des Wanderwellenverstärkers ($R_1 = R_2 = 0$; $K_e = K_P$, s. Bemerkung nach Gl. (3.137) und Gl. (3.138))

$$\frac{\overline{N_{Ra}}}{\tau} = \kappa_{\mathrm{sp}}\,(\mathcal{G}_s - 1)B_{\mathrm{opt}}, \qquad \kappa_{\mathrm{sp}} = K_P n_{\mathrm{sp}}\frac{\Gamma g}{\Gamma g - \alpha_{Ve}}. \tag{6.186}$$

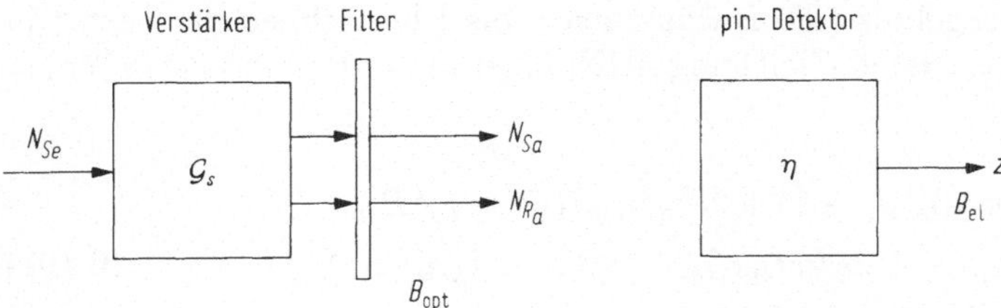

Abb. 6.14. Wanderwellenverstärker als Vorverstärker beim direkten Empfang. N_{Se}, N_{Sa}, N_{Ra} Anzahlen der Signalphotonen und Rauschphotonen in einem Modus, $\mathcal{G}_s$ Einweg-Gewinn, η Quantenwirkungsgrad des Detektors, B_{opt} Bandbreite des optischen Filters, z Anzahl der Photoelektronen in der Beobachtungszeit $T = 1/(2B_{\text{el}})$

Für die Signalphotonen und Rauschphotonen gilt daher (P_{Se} ist die Signalleistung)

$$\overline{N_{Sa}} = \mathcal{G}_s\overline{N_{Se}}, \quad P_{Se} = \frac{\overline{N_{Se}}\,hf_L}{\tau}, \quad \overline{N_{Ra}} = \kappa_{\text{sp}}\,(\mathcal{G}_s - 1). \tag{6.187}$$

Nach Gl. (6.106) (und der an sie anschließenden Bemerkung über das Zusatzrauschen, welches klassisch verstärkt wird) gilt für die gesamte Photonenzahl N_{Pa} nach dem Filter

$$\overline{N_{Pa}} = \overline{N_{Sa}} + \overline{N_{Ra}},$$
$$\overline{\delta N_{Pa}^2} = \overline{N_{Ra}} + \overline{N_{Ra}}^2 + \overline{N_{Sa}} + 2\,\overline{N_{Sa}}\,\overline{N_{Ra}} + \mathcal{G}_s^2(\,\overline{\delta N_{Se}^2} - \overline{N_{Se}}\,). \tag{6.188}$$

Nach Division durch τ (für die breitbandigen Rauschterme wird $1/\tau = B_{\text{opt}}$ gesetzt) erhält man Photonenanzahlen und Varianzen pro Zeiteinheit. Am Detektor werden Photonen und Varianzen in der Beobachtungszeit $T = 1/(2B_{\text{el}})$ aufsummiert. Außerdem werden entsprechend Gl. (6.145) die einzelnen Anzahlen mit η multipliziert (das Zusatzrauschen als klassische Intensitätsfluktuation mit η^2). Für die Photoelektronen gilt daher:

$$\overline{z} = \eta T\,\frac{\overline{N_{Sa}}}{\tau} + \eta T\,\overline{N_{Ra}}B_{\text{opt}} = \overline{z_S} + \overline{z_R},$$
$$\overline{\delta z^2} = \eta T\,\overline{N_{Ra}}B_{\text{opt}} + \eta^2 T\,\overline{N_{Ra}}^2 B_{\text{opt}} + \eta T\,\frac{\overline{N_{Sa}}}{\tau} \tag{6.189}$$
$$+ 2\eta^2 T\,\frac{\overline{N_{Sa}}}{\tau}\,\overline{N_{Ra}} + \eta^2\frac{T}{\tau}\mathcal{G}_s^2(\,\overline{\delta N_{Se}^2} - \overline{N_{Se}}\,).$$

Setzt man für $\overline{N_{Ra}}$, $\overline{N_{Sa}}$ aus Gl. (6.187) ein, beachtet Gl. (6.150) und bezeichnet die Schwankungen und den Signalanteil des Photostroms mit

$$\mathrm{d}(\,\overline{\delta i^2}\,) = \frac{e^2}{T^2}\,\overline{\delta z^2} = 2\Theta_i(f)B_{\text{el}}\,,$$
$$i'_{\text{pr}} = \frac{e}{T}\,\overline{z} = \frac{\eta e}{hf_L}P_{Sa} = \frac{\eta e}{hf_L}\mathcal{G}_s P_{Se} = \mathcal{G}_s i_{\text{pr}}\,, \tag{6.190}$$

so erhält man das Ergebnis (die Buchstaben a bis f bezeichnen die Terme in
der Reihenfolge in der ersten Gleichung; RIN(f) ist in der Bandbreite $1/(2\tau) = B_{\mathrm{opt}}/2$ zu nehmen)

$$2\Theta_i(f) = 4ei_{\mathrm{pr}}\eta\kappa_{\mathrm{sp}}\mathcal{G}_s(\mathcal{G}_s - 1) + 2e^2\eta^2\kappa_{\mathrm{sp}}{}^2(\mathcal{G}_s - 1)^2 B_{\mathrm{opt}}$$
$$+2ei_{\mathrm{pr}}\mathcal{G}_s + 2e^2\eta\kappa_{\mathrm{sp}}(\mathcal{G}_s - 1)B_{\mathrm{opt}} + i_{\mathrm{pr}}^2\mathcal{G}_s^2 \, \mathrm{RIN}(f), \qquad (6.191)$$
$$\mathrm{a} = \mathrm{b} + \mathrm{c} + \mathrm{e} + \mathrm{f} + i_{\mathrm{pr}}^2\mathcal{G}_s^2 \, \mathrm{RIN}(f).$$

Die Terme in Gl. (6.191) sind (mit Ausnahme des Zusatzrauschens, welches je
nach der verwendeten Lichtquelle mehr oder weniger Einfluß hat) in fallender
Größe (bei hohen Ausgangsleistungen) sortiert. Sie haben die Bedeutung: a
Gesamtrauschen; b Mischterme zwischen Signal und spontaner Emission; c
Mischung von spontaner Emission mit spontaner Emission; e Schrotrauschen
(Quantenrauschen) des Signals; f Schrotrauschen der spontanen Emission. Ihre

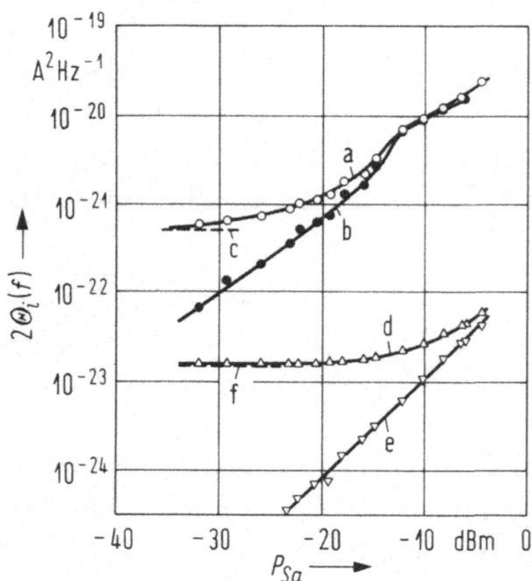

Abb. 6.15. Rauschleistungsspektrum des Photostroms bei 500 MHz als Funktion der
Ausgangsleistung eines GaAlAs-Laserverstärkers; a Gesamtrauschen; b Mischterme Si-
gnal/spontane Emission; c Mischterme spontane Emission/spontane Emission; e Schrotrauschen des Signals; f Schrotrauschen der spontanen Emission; d = e + f gesamtes Schrotrauschen; nach [385]

Größe zeigt Abb. 6.15 für einen GaAlAs-Laserverstärker [385]; Messungen am
Er^{3+}-Faserverstärker liefern ähnliche Ergebnisse [596].

Für das Signal-Rauschleistungsverhältnis folgt aus Gl. (6.190), Gl. (6.191)
inklusive des elektronischen Rauschens des Vorverstärkers (es sei $\mathcal{G}_s \gg 1$, in
$\Theta_i(f)$ werden nur die Terme berücksichtigt, welche $\mathcal{G}_s^2$ enthalten)

$$\gamma_{\mathrm{LV}} = \frac{i_{\mathrm{pr}}^2}{(4ei_{\mathrm{pr}}\eta\kappa_{\mathrm{sp}} + 2e^2\eta^2\kappa_{\mathrm{sp}}{}^2 B_{\mathrm{opt}} + i_{\mathrm{pr}}^2 \, \mathrm{RIN}(f) + 4kT_0 G_Q F'/\mathcal{G}_s^2) B_{\mathrm{el}}}. \qquad (6.192)$$

Vergleich mit Gl. (6.183) für $M_0 = 1$ zeigt, daß bei dominierendem elektro-
nischem Rauschen (es wird mit $1/\mathcal{G}_s^2$ abgeschwächt) ein Verstärker Verbes-
serungen bringen kann. Für $\mathcal{G}_s \to \infty$ ist γ_{LV} von η unabhängig ($i_{\mathrm{pr}} \sim \eta$):

Der Verstärker liefert am Ausgang so hohen Signal- und Rauschpegel, daß die Quantennatur des Lichts bei der Detektion keine Rolle spielt.

Die Rauschzahl F_{LV} eines Laserverstärkers ist das Verhältnis von γ ohne Verstärker zu γ_{LV} für einen idealen pin-Detektor mit $\eta = 1$, sowie $\mathrm{RIN}(f) = 0$, $T_0 G_Q = 0$. Aus Gl. (6.183), Gl. (6.192) folgt

$$F_{\mathrm{LV}} = \frac{\gamma \text{ ohne Verstärker}}{\gamma \text{ mit Verstärker}} = 2\kappa_{\mathrm{sp}} \left(1 + \frac{\kappa_{\mathrm{sp}}}{2\overline{N_{Se}}} \right). \qquad (6.193)$$

$\overline{N_{Se}}$ ist die mittlere Anzahl von Signalphotonen in der Zeit $\tau = 1/B_{\mathrm{opt}}$ am Eingang des Verstärkers. Ist $2\overline{N_{Se}} \gg \kappa_{\mathrm{sp}}$, so erhält man die Rauschzahl, s. Gl. (6.186)

$$F_{\mathrm{LV}} = 2K_P n_{\mathrm{sp}} \frac{\Gamma g}{\Gamma g - \alpha_{Ve}}. \qquad (6.194)$$

Der Astigmatismusfaktor K_P kann auch für Verstärker mit GGL-Verhalten dadurch effektiv zu $K_P = 1$ gemacht werden, daß man das zu verstärkende Feld mit konjugiert komplexer Phasenfront im Vergleich zum Eigenmodus Gl. (3.134) in den Verstärker injiziert [206]. Für $\Gamma g \gg \alpha_{Ve}$, $n_{\mathrm{sp}} \to 1$ erhält man den Grenzwert $F_{\mathrm{LV}} = 2$; in diesem Idealfall (man vergleiche mit Gl. (6.184), Gl. (6.185)) ist das Signal-Rauschleistungsverhältnis bei direkter Detektion mit optischem Vorverstärker nur halb so groß wie ohne Verstärker. Bei realen Verstärkern steigt das Rauschen mit steigender Temperatur und steigender Frequenz (man beachte das Verhalten von n_{sp} in Abb. 3.15). Da mit steigender Temperatur f_{ind} sinkt (Abb. 3.14), ist es besser, die Frequenz des zu verstärkenden Signals auf $f < f_{\mathrm{ind}}$ zu legen, weil dann bei steigender Temperatur eine teilweise Kompensation der beiden erstgenannten Effekte erreicht werden kann.

Messungen an Halbleiterlaser-Verstärkern geben Rauschzahlen $10 \lg F_{\mathrm{LV}} > 5\,\mathrm{dB}$ [363][506]. Das Spektrum der spontanen Emission muß nicht unbedingt weiß sein, es kann bei einigen GHz deutliche Überhöhungen aufweisen [456]. Bei Er^{3+}-Faserverstärkern (zur Verstärkung bei $\lambda = 1,54\,\mu\mathrm{m}$) wurden für $10 \lg F_{\mathrm{LV}}$ die Werte $3,2\,\mathrm{dB}$ ($\hat{=} n_{\mathrm{sp}} = 1,05$, Pumpwellenlänge $0,98\,\mu\mathrm{m}$) und $4,1\,\mathrm{dB}$ ($\hat{=} n_{\mathrm{sp}} = 1,29$, Pumpwellenlänge $1,48\,\mu\mathrm{m}$) gemessen. Werte von $3\,\mathrm{dB}$ in einem Band von $6,3\,\mathrm{THz} \hat{=} 50\,\mathrm{nm}$ bei $\lambda = 1,54\,\mu\mathrm{m}$ werden für möglich gehalten [596][108].

Einige längere, grundlegende Arbeiten über das Rauschverhalten optischer Verstärker sind [386][387][327][179].

6.7 Modenrauschen

Am Faserende einer Multimodenfaser ist das Feld $\Phi_A(r, \varphi, t)$ eine Überlagerung der Strukturfunktionen $\Psi_m(r, \varphi)$ der geführten Moden; die lokale Intensität $I_A(r, \varphi, t)$ enthält Kreuzleistungsterme $\Psi_m \Psi_n^*$, die wegen der Orthogonalität der Modenfunktionen bei Integration über den Faserquerschnitt keinen Beitrag zur Gesamtleistung P_A geben, aber zu helleren und dunkleren Flecken am Faserende führen (Granulationsmuster, s. Abb. 6.16):

$$\Phi_A(r,\varphi,t) = \sum_m A_m(t - t_{gm})\Psi_m(r,\varphi)\,e^{j\left[\omega_0 t + \beta_{m0} L + \varphi_m(t)\right]},$$

$$I_A(r,\varphi,t) = \tfrac{1}{2}n_1|\Phi_A|^2 = \sum_{m,n} A_m A_n^* \Psi_m \Psi_n^* \, e^{j\left[(\beta_{m0}-\beta_{n0})L + (\varphi_m - \varphi_n)\right]}. \qquad (6.195)$$

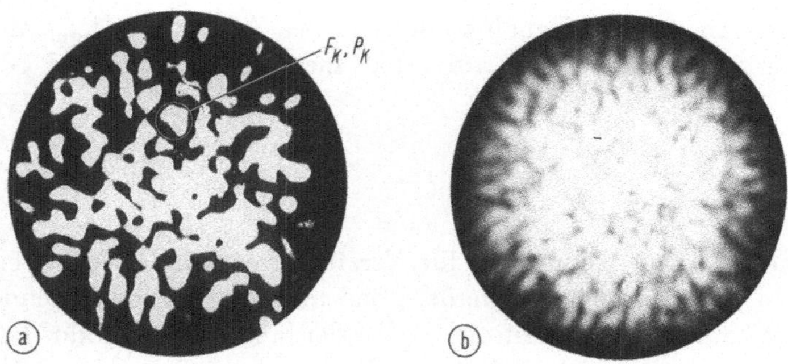

Abb. 6.16. Unpolarisierte Granulationsmuster am Faserende einer Multimodenfaser. (a) Granulationskontrast $C_{AB} = 1/\sqrt{2}$; F_K Kohärenzfläche der Faser, P_K durch die Kohärenzfläche austretende Leistung, (b) Muster mit kleinerem Granulationskontrast

Selbst bei konstanten Anregungsamplituden A_m (t_{gm} ist die Gruppenlaufzeit des Modus m auf der Faserstrecke der Länge L) ändert das Muster seine Lage und Form, da sich die Phasen φ_m zufolge mechanischer Erschütterungen oder zufolge temperaturbedingter Schwankungen der Brechzahl ändern, oder weil zufolge von Frequenzschwankungen der Quelle um den Wert f_0 die Fortpflanzungskonstanten $\beta_m(\omega)$ um den Wert β_{m0} schwanken.

Wird an einer Kopplungsstelle nur ein Teil der ankommenden Leistung P_A in die abgehende Leistung P_B einer weiteren Faser übertragen (z. B. durch radialen Versatz oder Verkippung in einem Stecker, Überkopplung in einem Faserkoppler, etc.), so schwankt P_B zufolge der sich ändernden Beiträge der Kreuzleistungsterme. Dieser Effekt heißt Modenrauschen. Eine grobe Abschätzung der Schwankungen wird im folgenden versucht.

Die Leistungen P_K in verschiedenen Flecken sind statistisch unabhängig, wenn die Faser mit einer Quelle erregt wurde, bei der die Kohärenzfläche der Quelle kleiner ist als F_K. Zwischen den Größen F_K, dem Kohärenzraumwinkel Ω_K (für $\cos\gamma = 1$, s. Gl. (2.44)), der numerischen Apertur A_N, dem V-Parameter, der Anzahl M_g der geführten Moden, und dem Kernradius a einer Stufenprofilfaser besteht der Zusammenhang (N_{TA} ist dementsprechend die Anzahl der Kohärenzflächen, die im Faserkern Platz finden, sie wird als die Anzahl der „transversalen Flecken" bezeichnet), siehe Abschn. 2.8.2

$$F_K = \frac{\lambda^2}{\Omega_K} = \frac{\lambda^2}{\pi A_N^2} = \frac{\pi a^2}{V^2/4} = \frac{\pi a^2}{M_g/2} = \frac{\pi a^2}{N_{TA}}, \quad \rightarrow \quad N_{TA} = \frac{M_g}{2}. \qquad (6.196)$$

Die Anzahl der Freiheitsgrade für Leistungen in den Flecken muß M_g sein: Jeder der N_{TA} unterscheidbaren Flecken ist doppelt zu zählen (entsprechend den beiden Polarisationen, in denen das Feld vorliegen kann).

Es können aber unabhängige Muster am Faserende in mehreren „Farben" überlagert sein, wenn die Faser mit einer Lichtquelle der Bandbreite Δf_L angeregt wird. Bei einer Frequenzänderung um Δf_{kor} (Korrelationsbandbreite der Faser) müssen sich dann in Gl. (6.195) die einzelnen superponierten Zeiger über ein Phasenintervall von 2π verstreut haben; für die Differenz der Gruppenlaufzeiten wird die maximale Gruppenlaufzeitdifferenz $\Delta t_{g\mathrm{max}}$ eingesetzt (s. Gl. (2.163)):

$$L\left.\frac{\mathrm{d}(\beta_m - \beta_n)}{\mathrm{d}\omega}\right|_{\omega_0,\mathrm{max}} \cdot 2\pi\Delta f_{\mathrm{kor}} = 2\pi\Delta f_{\mathrm{kor}}\Delta t_{g\mathrm{max}} = 2\pi,$$

$$\Delta f_{\mathrm{kor}}\Delta t_{g\mathrm{max}} = 1. \tag{6.197}$$

Bei einer Quelle der Halbwertsbreite Δf_L (Kohärenzzeit $\tau_K = 1/(\pi\Delta f_L)$, Gl. (6.47)) ist die Anzahl N_{LA} der unterscheidbaren „Farben" der Muster (N_{LA} wird wegen der Analogie zur Anzahl der longitudinalen Moden eines Feldes als die Anzahl der "longitudinalen Flecken" bezeichnet)

$$N_{LA} = \frac{\Delta f_L}{\Delta f_{\mathrm{kor}}} = \frac{\Delta t_{g\mathrm{max}}}{\pi\tau_K}. \tag{6.198}$$

Die Anzahl N_A der unabhängigen, am Faserende unterscheidbaren Fleckleistungen P_K ist somit (in beiden Polarisation, für polarisierte Muster entfällt der Faktor 2)

$$N_A = 2N_{TA}N_{LA} = M_g\frac{\Delta f_L}{\Delta f_{\mathrm{kor}}} = M_g\Delta f_L\Delta t_{g\mathrm{max}}. \tag{6.199}$$

Eine abgehende Faser entnimmt von den N_A Flecken eine Stichprobe von $N_B \leq N_A$ Fleckleistungen mit der mittleren Gesamtleistung $\overline{P_B} = N_B\overline{P_K}$. Bei annähernd gleicher Anregung der Moden gilt für eine Kopplungsstelle mit dem mittleren Kopplungsgrad η

$$\eta = \frac{\overline{P_B}}{\overline{P_A}} = \frac{N_B\,\overline{P_K}}{N_A\,\overline{P_K}} = \frac{N_B}{N_A}. \tag{6.200}$$

Ein Merkmal x soll in einer Gesamtheit von N_A Elementen die Varianz σ_A^2 besitzen. Man entnimmt der Gesamtheit Stichproben von $N_B \leq N_A$ Elementen und ermittelt für jede Stichprobe den Stichprobenmittelwert x_S dieses Merkmals; die Stichprobenmittelwerte x_S sind selbst Zufallsgrößen mit einer Varianz σ_B^2. Für σ_B^2 gilt [127, Kap. 14.3][178, S. 114]

$$\sigma_B^2 = \overline{(x_S - \overline{x_S})^2} = \frac{N_A - N_B}{N_B(N_A - 1)}\sigma_A^2, \quad \sigma_A^2 = \overline{(x - \overline{x})^2}. \tag{6.201}$$

Das interessierende Merkmal sind die Fleckleistungen. Es ist daher für x die Größe P_K, für x_S die Größe P_B/N_B einzusetzen. Das Feld am Faserende ist in einer Kohärenzfläche die zufällige Überlagerung vieler identisch verteilter Modenfelder und somit nach dem Grenzwertsatz gaußverteilt. Für die Leistung P_K gilt daher die Exponentialverteilung Gl. (6.94). Mit den Beziehungen

$$\sigma_A^2 = \overline{\delta P_K^2} = \overline{P_K}^2,$$
$$\sigma_B^2 = \overline{(P_B/N_B - \overline{P_B}/N_B)^2} = \overline{\delta P_B^2}/N_B^2, \qquad (6.202)$$
$$\overline{P_B} = N_B\,\overline{P_K},$$

folgt für die bezogenen Leistungsschwankungen in der abgehenden Faser unter Beachtung von Gl. (6.199), Gl. (6.200) (C_{AB} ist der sogenannte Granulationskontrast)

$$C_{AB}^2 = \frac{\overline{\delta P_B^2}}{\overline{P_B}^2} = \frac{N_A - N_B}{N_B(N_A - 1)} = \frac{1 - \eta}{\eta}\,\frac{1}{M_g\,\Delta f_L\,\Delta t_{g\mathrm{max}} - 1}. \qquad (6.203)$$

C_{AB} hat den Maximalwert $C_{AB} = 1$ für $N_B = 1$. Für $\Delta t_{g\mathrm{max}} = 2\,\mathrm{ns}$, $\Delta f_L = 100\,\mathrm{MHz}$, $M_g = 225$ und $\eta = 0,8$ ($\widehat{=}\,1\,\mathrm{dB}$ Dämpfung) ergäbe sich in der abgehenden Faser ein Signal-Rauschleistungsverhältnis von $\gamma = 1/C_{AB}^2 = 176 \,\widehat{=}\, 22,5\,\mathrm{dB}$ (für eine Analogstrecke wäre dieser Wert viel zu klein). Auch beim Modenrauschen ist die Rauschleistung proportional zur Signalleistung, die Störungen führen daher nach Gl. (6.14), Gl. (6.17) zu einer Rest-Bitfehlerwahrscheinlichkeit.

Es ist darauf hinzuweisen, daß bei multimodig schwingenden Lasern mit merklichem Modenverteilungsrauschen ($k_M^2 \to 1$, s. Gl. (6.116)) für Δf_L in Gl. (6.198) nicht die Langzeit-Halbwertsbreite $\Delta f_{1/2}$ der Einhüllenden eingesetzt werden darf, weil der Granulationskontrast und damit das Modenrauschen durch den jeweils schwingenden Modus bestimmt wird. C_{AB} ist desto kleiner, je größer η, M_g, Δf_L, $\Delta t_{g\mathrm{max}}$ ist. Gl. (6.203) führt nur dann zu guten Abschätzungen, wenn $N_A \gg 1$ ist.

Der Effekt führt bei der Analogübertragung auch zu nichtlinearen Verzerrungen. Mit einer Intensitätsmodulation $P_A(t) = P_{A0} + P_{A1}\cos(\omega t)$ ist nach Gl. (3.220) auch eine Frequenzmodulation des Lasers $|\Delta f_0(\omega)|\cos[\omega t + \varphi(\omega)]$ verbunden. Da $\beta_m - \beta_n$ eine Funktion der Frequenz ist, ist auch der Kopplungsgrad η von der Lichtfrequenz abhängig, und somit gilt

$$P_B(t) = \eta(f_L)\,[P_{A0} + P_{A1}\cos(\omega t)],$$
$$f_L = f_0 + |\Delta f_0(\omega)|\cos[\omega t + \varphi(\omega)]. \qquad (6.204)$$

Daraus resultieren neue Frequenzen in $P_B(t)$.

Eine aufwendigere Theorie des Modenrauschens und weiterführende Literatur findet man in [140] sowie in [451, Kap. 8] (speziell auch zum Modenrauschen in Wenigmoden-Fasern; dazu zählen auch Monomodenfasern, wenn die Polarisationsentartung aufgehoben ist und z. B. polarisationsabhängige Verluste vorhanden sind).

Kapitel 7

Empfänger und Systeme

Optische Nachrichtensysteme bestehen aus den Komponenten Sender, Übertragungsstrecke, Empfänger (s. Abb. 1.1) und werden mit geeigneten Koppelelementen zusammengeschaltet. In den vorangehenden Kapiteln wurden grundlegende Beziehungen dargelegt, mit denen die Eigenschaften von sogenannten direkten Systemen berechnet werden können; dabei werden die Sender in der Intensität moduliert, und die Empfänger detektieren die übertragene, modulierte Leistung direkt. Man spricht von Direkt- oder Geradeausempfang im Gegensatz zum hier nicht behandelten Überlagerungsempfang mit Hetero- oder Homodyntechniken. Die folgenden Abschnitte gehen auf die Besonderheiten von Analog- und Digitalsystemen ein, beschreiben direkte optische Analog- und Digitalempfänger und diskutieren damit realisierte optische Nachrichtensysteme. Als Modulation wird stets eine analoge oder digitale Modulation der Leistung des Lichtsenders vorausgesetzt (s. Abschn. 2.9.2 und Abschn. 2.9.3), der eine Leistung $P(t)$ abgibt; $u(t)$ ist das reelle Modulationssignal, u_0 ein zeitkonstanter Anteil,

$$P(t) = P_0 \left[u_0 + u(t) \right], \qquad u_0 + u(t) \geq 0. \tag{7.1}$$

Bei analoger Modulation ist unter $P_0 u_0$ die mittlere Sendeleistung zu verstehen, bei digitaler, impulsförmiger Modulation gilt meist $u_0 = 0$ und daher ist $P_0 \max[u(t)]$ der Maximalwert der Sendeleistung. Die Nachricht $v(t)$, die über das Modulationssignal $u(t)$ dem Sender aufgeprägt werden soll, habe Spektralkomponenten im Bereich $0 \leq f \leq f_{v\,\mathrm{max}}$. Die modulierte Sendeleistung $P(t)$ wird mit der Leistungs-Übertragungsfunktion eines optischen Wellenleiters (s. Abschn. 2.9.2 – 2.9.4) zum Empfänger übertragen. Für Einzelheiten der im folgenden erwähnten Modulationsverfahren s. [486] [224] [490].

Abtastung Die bandbegrenzte Nachricht $v(t)$ kann aus Abtastwerten $v(nT_a)$ $(n = 0, \pm 1, \pm 2, \ldots)$ rekonstruiert werden, wenn $T_a = 1/f_a \leq 1/(2 f_{v\,\mathrm{max}})$ gilt (f_a ist die Abtastfrequenz); es müssen mindestens $2 f_{v\,\mathrm{max}}$ Meßwerte pro Zeit registriert werden. Die Aussage dieses Abtasttheorems deckt sich mit der Aussage von Gl. (2.46), wonach in der Zeit $\tau_K \leq 1/\Delta f$ ein einziger longitudinaler Modus eines Feldes vorliegt (Δf Moden pro Zeit), was mit zwei Bestimmungsstücken pro Modus (z. B. Amplitude und Phase) auf $2\Delta f$ Meßwerte pro Zeit führt. Das abgetastete, pulsamplitudenmodulierte (PAM) Signal $v_a(t)$ erhält man, indem man die Nachricht $v(t)$ mit der Abtastfunktion $a(t)$ multipliziert. Für die Zeitfunktionen und die Spektren $\breve{v}_a(f)$, $\breve{v}(f)$, $\breve{a}(f)$ gilt (zur Schreibweise s. Gl. (A.5) in Anh. A)

$$a(t) = T_a \sum_{n=-\infty}^{+\infty} \delta(t - nT_a), \quad \breve{a}(f) = \sum_{n=-\infty}^{+\infty} \delta(f - n/T_a), \tag{7.2}$$

$$v_a(t) = v(t)\,a(t), \qquad\qquad \breve{v}_a(f) = \breve{v}(f) * \breve{a}(f) = \sum_{n=-\infty}^{+\infty} \breve{v}(f - n/T_a).$$

Das Symbol $*$ steht für die Faltungsoperation Gl. (2.169), (2.167). Zur Berechnung von $\breve{a}(f)$ benutzt man die Identität $T_a \sum_{n=-\infty}^{+\infty} \exp(-\,\mathrm{j}\,2\pi f n T_a) = \sum_{n'=-\infty}^{+\infty} \delta(f - n'/T_a)$, die man aus einer Fourier-Reihenentwicklung für die periodisch fortgesetzte Funktion $\delta(f)$ (δ-Kamm) erhält.

Bandbreite   Für die relle Zeitfunktion $v(t)$ mit dem Tiefpaßspektrum $\breve{v}(f)$ definiert man die Bandbreite B sowie die sogenannte Rauschbandbreite B_R,

$$B = \frac{\int_0^\infty |\breve{v}(f)|\,\mathrm{d}f}{\breve{v}(0)}, \qquad B_R = \frac{\int_0^\infty |\breve{v}(f)|^2\,\mathrm{d}f}{\breve{v}^2(0)}. \tag{7.3}$$

7.1   Analogverfahren

Bei Analogverfahren wird die mittlere Leistung des Senders mit der Nachricht $v(t)$ *kontinuierlich* geändert, $u(t) = mv(t)$ in Gl. (7.1); m ist ein Modulationsindex. Schon bei der Modulation kommt es zu nichtlinearen Verzerrungen (Abschn. 3.4.3, Abschn. 3.7), weitere nichtlineare Verzerrungen können durch FM-AM-Konversion auf der Strecke entstehen (Abschn. 6.7). Die Empfindlichkeit gegenüber nichtlinearen Verzerrungen verringert sich, wenn man mit $v(t)$ einen Subträger der Kreisfrequenz ω_{Sb} frequenzmoduliert ($u_0 = 1$, Kreisfrequenzhub $\Delta\omega_{\mathrm{Sb}}$, Phasenhub η_{Sb}) und mit diesem Signal die Intensität des Senders moduliert (Gl. (7.1)),

$$P(t) = P_0\left[1 + \cos\left(\omega_{\mathrm{Sb}}t + \Delta\omega_v \int_{-\infty}^t v(t')\,\mathrm{d}t'\right)\right],$$
$$\Delta\omega_{\mathrm{Sb}} = \max(|\Delta\omega_v v(t)|), \qquad \eta_{\mathrm{Sb}} = \max\left(\left|\Delta\omega_v \int_{-\infty}^t v(t')\,\mathrm{d}t'\right|\right). \tag{7.4}$$

Für kosinusförmige Signale $v(t) = v_0\cos(\omega_v t)$ der Frequenz f_v folgt aus Gl. (7.4) der Frequenzhub $\Delta f_{\mathrm{Sb}} = v_0\Delta f_v$ und der Phasenhub (Modulationsindex) $\eta_{\mathrm{Sb}} = v_0\Delta f_v/f_v = \Delta f_{\mathrm{Sb}}/f_v$. Der Phasenhub sollte für die höchste Frequenzkomponente $f_{v\,\mathrm{max}}$ des Nachrichtenspektrums noch hinreichend groß sein, z. B. $\eta_{\mathrm{Sb}} \geq 5$, um eine hohe Sicherheit gegen Störungen zu erreichen. Das Spektrum einer frequenzmodulierten Schwingung ist unendlich ausgedehnt. In der Praxis muß die Übertragungsbandbreite die Größenordnung $B \approx 2(\eta_{Sb} + 2)f_{v\,max}$ haben, damit die Verzerrungen bei der Demodulation klein sind; die Subträgerfrequenz hat daher die Bedingung $f_{Sb} \geq (\eta_{Sb} + 2)f_{v\,max}$ zu erfüllen. Allgemein gilt, daß bei einer Vergrößerung der Bandbreite durch spezielle Modulations-Strategien das Signal-Rauschleistungsverhältnis γ (SRV) mit dem Quadrat des Quotienten von Übertragungsbandbreite und Nachrichtenbandbreite multipliziert wird, daß aber dafür ein Schwelleneffekt auftritt; der Gewinn an Störsicherheit zeigt sich erst oberhalb einer bestimmten, für das Verfahren charakteristischen, minimalen Empfangsleistung.

Die analoge Übertragung erfordert keinen großen elektronischen Aufwand und nutzt die Bandbreite des Übertragungskanals ökonomisch. Ihr schwerwiegender Nachteil liegt jedoch unter anderem darin, daß alle Durchschalteeinrichtungen eines Netzwerks (Koppelpunkte) linear sein müssen. Die billige und einfache Art des Schaltens mit logischen Elementen, wie es bei der digitalen Übertragung möglich ist, kommt somit nicht in Frage. Die Güte der Analogverbindung wird durch das erzielte SRV beurteilt, wobei man das SRV oft nach einem Filter mit genormtem Frequenzgang mißt (sogenanntes „bewertetes" SRV). Je nach dem betrachteten System liegen die Anforderungen recht hoch, $\gamma \,\hat{=}\, 40 \ldots 60\,\mathrm{dB}$; in Kabelfernsehanlagen fordert man z. B. im Videoband an der Hausverteilanlage $\gamma \,\hat{=}\, 52\,\mathrm{dB}$ (bewertet) und beim Endverbraucher $\gamma \,\hat{=}\, 46\,\mathrm{dB}$ (bewertet).

Verwendet man eine analoge Pulsphasenmodulation (PPM), so reduziert sich die Empfindlichkeit gegenüber nichtlinearen Verzerrungen. Man erzeugt zunächst einen Leistungsimpuls $P_0 p(t)$ mit der Energie $W = P_0 \int_{-\infty}^{+\infty} p(t)\,dt$, der mit der Taktfrequenz $f_a = 1/T_a$ periodisch wiederholt wird,

$$P(t) = P_0 \sum_{n=-\infty}^{+\infty} p(t - nT_a), \qquad T_a = 1/f_a, \qquad f_a \geq 2f_{v\,max}, \qquad p(t) \geq 0 \,. \tag{7.5}$$

Die Nachricht $v(t)$ wird dann zu den Zeitpunkten $t = nT_a$ abgetastet ($n = 0, \pm 1, \pm 2, \ldots$) und die Pulsstellung proportional zum Abtastwert und einem Modulationsindex m geändert; für eine unverzerrte Rekonstruktion der Nachricht ist es erforderlich, daß die Takt- und Abtastfrequenz f_a mindestens doppelt so groß ist wie die höchste Frequenzkomponente $f_{v\,max}$ der Nachricht im Basisband. Der modulierte Sender gibt die Leistung ab

$$P(t) = P_0 \sum_{n=-\infty}^{+\infty} p\Big(t - nT_a - \tfrac{1}{2}mv(nT_a)T_a\Big), \qquad |mv(nT_a)| \leq 1 \,. \tag{7.6}$$

Wenn sich benachbarte Impulse am Empfangsort nicht überlappen, sinken mit dieser analogen Pulsphasenmodulation die erforderlichen Werte für das SRV am Ausgang des Empfängers (und vor der Demodulation) im Vergleich zur Analogmodulation, haben aber immer noch hohe Werte von $\gamma \,\hat{=}\, 25 \ldots 40\,\mathrm{dB}$.

7.2 Digitalverfahren

Soll die kontinuierliche Nachricht $v(t)$ digital übertragen werden, so muß sie zunächst periodisch zu den Zeitpunkten $t = nT_a$ abgetastet werden, Gl. (7.2);

die Abtastwerte des PAM-Signals quantisiert man und codiert sie als Folge von
Zahlen, z. B. als Folge von Dualzahlen mit den Ziffern (logischen Werten) 0
und 1. Bei der Übertragung von Datensignalen zwischen Rechnern liegt eine
solche Codierung bereits vor. Diese Binärfolge wird bei der direkten optischen
Übertragungstechnik in Intensitätswerte des optischen Senders umgesetzt und
zum Empfänger übertragen. Der Empfänger detektiert das optische Signal und
formt die resultierenden elektronischen Impulse mit einem Entzerrernetzwerk.
Aus dem Datensignal wird ein synchroner Takt regeneriert; die dem Entzerrer
nachgeschaltete Entscheiderstufe tastet mit Hilfe des Taktsignals die empfangene Impulsfolge jeweils in Impulsmitte ab, um zu entscheiden, ob eine 0 oder
eine 1 empfangen wurde. Der Entzerrer ist so ausgelegt, daß Nachbarimpulse im
Abtastzeitpunkt den untersuchten Impuls möglichst wenig verändern. Eine De-
codierstufe erzeugt schließlich (falls notwendig) ein kontinuierliches Ausgangssignal.

Codierung Den Impulsflächen $v(nT_a)T_a$ des PAM-Signals Gl. (7.2) ordnet
man diskrete Zahlenwerte zu (Quantisierung) und drückt diese durch die Wör-
ter eines Codes aus, meist durch r-stellige Dualzahlen (für Sprachsignale ist
z. B. $r = 8$). Jede Stelle eines binären Codeworts (Bit, *binary digit*) kann $b = 2$
logische Stufen Null (0) oder Eins (1) annehmen (es sind auch Codes mit $b > 2$
in Gebrauch). Die entstehende zeitliche Bit-Folge von Nullen und Einsen ist das
logische Signal der binären Pulscodemodulation (PCM). Zur Übertragung muß
es in eine Folge von diskreten Zuständen einer physikalischen Größe umgesetzt
werden, also in eine Folge von Impulsen $p(t)$ der Amplituden $a_n = 0, 1$ im
Abstand der Pulstaktzeit $T_t = T_a/r$ mit $T_t = 1/f_t$. Bei binärer PCM ($b = 2$)
nennt man die Taktfrequenz oder Symbolrate $f_t = rf_a$ auch Bitrate (für den
Sprachkanal mit $f_{v\,max} = 3{,}4\,$kHz ist $f_a = 8\,$kHz und $f_t = 8\,f_a = 64\,$kbit/s).
Das relle PCM-Signal $u_c(t)$ lautet

$$u_c(t) = \sum_{n=-\infty}^{+\infty} a_n p(t - nT_t) = \sum_{n=-\infty}^{+\infty} a_n \delta(t - nT_t) * p(t). \tag{7.7}$$

Mit Gl. (7.1) und $u_0 = 0$, $u(t) = u_c(t)$ ist $P_0\,\max[u_c(t)]$ die Maximalleistung
des modulierten Senders. Ist $v(t)$ ein Zufallssignal (das sei im folgenden vorausgesetzt), dann sind auch die a_n Zufallsvariable. Zufallsfolgen $u_c(t)$ wie in
Gl. (7.7) werden zyklostationär (periodisch stationär) genannt, da ihre statistischen Eigenschaften nicht für beliebige Zeiten gleich sind, sondern nur für
Zeitpunkte, die sich um nT_t unterscheiden [435, Abschn. 9.4 Beispiel 9-14] [79,
Kap. 2].

Impulsformen und Bandbreiten Bei gegebener Bandbreite des Übertragungskanals bestimmt die Form der signalisierten Impulse $p(t)$ in Gl. (7.7) die
mögliche Übertragungsrate, da ein zu starkes Überlappen der Impulse (z. B.
durch die Streckendispersion) zu erhöhten Detektionsfehlern am Empfangsort
führt: Statt einer Eins würde möglicherweise eine Null erkannt und umgekehrt.
Einfache Beispiele für mögliche Impulsformen $p(t) = h_p(t)$ und deren Spektren

$\breve{h}_p(f)$ (Normierung: $h_p(0) = 1$, $\int_{-\infty}^{+\infty} \breve{h}_p(f)\,\mathrm{d}f = 1$) sind der Rechteckimpuls (Breite $T_I = 1/f_I$) und der Gauß-Impuls,

$$h_{pI}(t) = \begin{cases} 1, & |t| < \frac{T_I}{2} \\ 0, & |t| \geq \frac{T_I}{2} \end{cases}, \quad \breve{h}_{pI}(f) = T_I \frac{\sin(\pi f/f_I)}{\pi f/f_I}, \qquad B_R = \frac{f_I}{2}, \qquad (7.8)$$

$$h_{pG}(t) = \mathrm{e}^{-t^2/(2\sigma^2)}, \qquad \breve{h}_{pG}(f) = \sigma\,\sqrt{2\pi}\,\mathrm{e}^{-\sigma^2\omega^2/2}, \quad B_R = \frac{B}{\sqrt{2}}, \quad B = \frac{\sigma^{-1}}{\sqrt{8\pi}}.$$

Die Leistungs-Übertragungsfunktion von Lichtwellenleiterstrecken kann in vielen Fällen durch einen Gauß-Tiefpaß genähert werden, Gl. (2.190), (2.200); gaußförmige Modulationsimpulse $p(t) = h_{pG}(t)$ (Gl. (7.7), $a_n = 0,1$) ändern dann (abgesehen von einer Verbreiterung der Impulse) bei der Übertragung ihre Gestalt nicht. Für $\sigma = 0,15\,T_t$ am Empfänger stört die Überlappung benachbarter Impulse nicht mehr.

Eigenschaften verschiedener Codes Da bei der Erkennung eines Bit nur zwischen *zwei* Zuständen unterschieden werden muß, ist die Störsicherheit groß, was man allerdings durch eine stark erhöhte Übertragungsbandbreite erkauft. Codiert man das Signal $v(nT_a)T_a$ nach der Quantisierung mit einem Code, der nicht bloß die beiden logischen Stufen $a_n = 0,1$ hat, sondern allgemein b Stufen, so wird für jeden Impuls der sogenannte Entscheidungsgehalt H_0 wegen $a_n = 0,1,2,\ldots,b-1$ in Gl. (7.7) höher, und die Taktfrequenz verringert sich, wenn in gleichen Zeiten gleiches H_0 gesendet werden soll.

Allgemein gilt: Enthält ein b-stufiger Code r Stellen pro Codewort, so können $q = b^r$ Codewörter gebildet werden, und der Entscheidungsgehalt eines Codewortes beträgt (gemessen in bit) $H_0 = \mathrm{lb}\,q = r\,\mathrm{lb}\,b$. Bei vier Stufen $a_n = 0,1,2,3$ beträgt der Entscheidungsgehalt $\mathrm{lb}\,4 = 2$ bit pro Impuls, und die benötigte Taktfrequenz sinkt bei 4-Stufen-PCM gegenüber der binären PCM auf die Hälfte. Da nunmehr im Empfänger aber entschieden werden muß, welchem der *vier* möglichen Werte das empfangene Signal zuzuordnen ist, steigt die Störanfälligkeit gegenüber der binären PCM. — Der Informationsgehalt I_ν eines Codeworts wird über die signalabhängige Auftrittswahrscheinlichkeit $w(\nu)$ für dieses Zeichen definiert und in bit gemessen, $I_\nu = -\mathrm{lb}\,w(\nu)$. Statt des Logarithmus zur Basis 2 („Einheit" bit) wird manchmal auch der natürliche Logarithmus („Einheit" nat) verwendet, so daß sich für Entscheidungs- und Informationsgehalt die Umrechnung $1\,\mathrm{bit} = \ln 2\,\mathrm{nat} = 0,69\,\mathrm{nat}$ ergibt.

Besteht ein binäres Signal $u_c(t)$ (Gl. (7.7), $a_n = 0,1$) aus einer Folge von Rechteckimpulsen $p(t) = h_{pI}(t)$ (Gl. (7.8)), und kehrt das Signal wegen $T_I = T_t$ zwischen zwei benachbarten Einsen nicht auf den Pegel der logischen Null zurück, so spricht man vom NRZ-Format (non-return to zero, Taktzeit $T_t = T_{\mathrm{NRZ}}$), s. Abb. 7.1a. Das binäre PCM-Signal im NRZ-Format kann unmittelbar übertragen werden, doch zeigen andere Codes unter Umständen Vorteile bei der technischen Realisierung einer Übertragungsstrecke (der „Leitung"). Kriterien für die Auswahl des Leitungscodes sind die Spezifikationen des Übertragungskanals (Bandbreite, Rauschen), die Besonderheiten der technischen Realisierung (Taktrückgewinnung, Fehlerüberwachung und -korrektur) und die Eigenschaften des Signals (Redundanz); zur Theorie der Codierung s. [578]. Im elektrischen Bereich werden häufig mehrstufige, oft (pseudo-)ternäre Codes ($b = 3$, keine Gleichstromkomponente) verwendet.

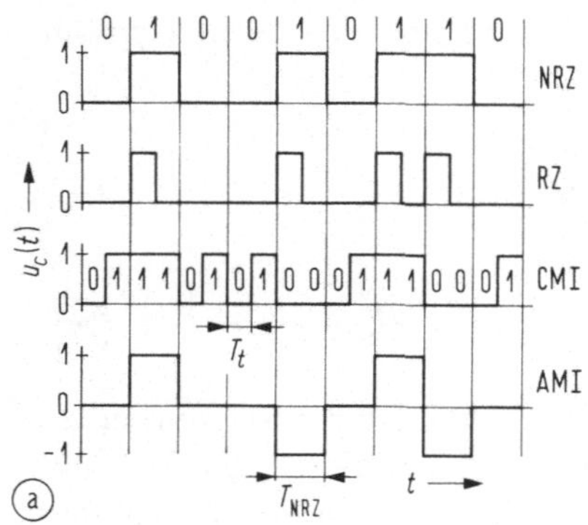
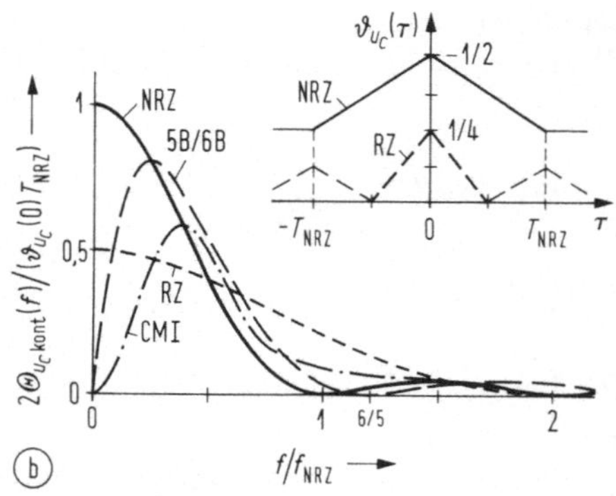

Abb. 7.1. Codes, Korrelationsfunktionen und Leistungsspektren.   (a) Beispiele für Zeitfunktionen   (b) einseitige, normierte Leistungsspektren; Darstellung ohne diskrete Spektralanteile. Bildeinsatz: Korrelationsfunktionen für binäre Zufallsfolgen im NRZ- und RZ-Format

Beim RZ-Format (Abb. 7.1a, return to zero) wird der Zustand der logischen 0 innerhalb jedes Taktintervalls T_{NRZ} wieder erreicht, hier speziell beim halben NRZ-Taktintervall.

Der CMI-Code (Abb. 7.1a, coded mark inversion, „mark" meint die logische 1) gehört zur 1B/2B-Codegruppe: 1 Binärsymbol (1B) wird in 2 Binärsymbole (2B) umcodiert nach der Regel (Binär $\Rightarrow$ CMI) $0 \Rightarrow 01$ und alternierend $1 \Rightarrow 11$, $1 \Rightarrow 00$. Der AMI-Code (Abb. 7.1a, alternate mark inversion) ist als Beispiel für einen (pseudo-)ternären, gleichspannungsfreien Leitungscode angegeben. Es existieren drei logische Zustände 0, ± 1 (entsprechend z. B. den Spannungswerten $0\,\mathrm{V}$, $\pm 5\,\mathrm{V}$), jedoch wird das Binärsymbol 1 alternierend den AMI-Zuständen $+1$ und -1 zugeordnet, so daß der Entscheidungsgehalt pro Taktzeit unverändert bleibt (daher auch die Bezeichnung „pseudo-ternär"). Die Codierungsregel lautet (Binär $\Rightarrow$ AMI) $0 \Rightarrow 0$ und alternierend $1 \Rightarrow +1$, $1 \Rightarrow -1$. — Ein wesentlich komplizierterer Code ist der 5B/6B-Code, bei dem jeweils ein Block von 5 Bit eines Binärsignals nach einer Codetabelle auf einen Block von 6 Bit umcodiert wird, wobei sich für konstantes H_0 pro Zeit die Taktfrequenz auf $f_t = 6 f_{\mathrm{NRZ}}/5 = 1{,}2 f_{\mathrm{NRZ}}$ vergrößert. Da der Binärblock von 5 auf 6 Bit erweitert wurde, besteht die Möglichkeit der Fehlerüberwachung durch Paritätskontrolle (s. z. B. [224, Abschn. 8.3.1]).

Im Bildeinsatz von Abb. 7.1b sind für rechteckförmige, binäre Zufallsfolgen im NRZ- und RZ-Format (Abb. 7.1a, gleichwahrscheinlich verteilte Nullen und Einsen) die Korrelationsfunktionen $\vartheta_{u_c}(\tau) = \overline{u_c(t+\tau)u_c(t)}$ konstruiert: Der Maximalwert $\vartheta_{u_c}(0) = \overline{u_c(t)^2}$ beträgt $1/2$ (NRZ) bzw. $1/4$ (RZ) entsprechend der Wahrscheinlichkeit $1/2$ (NRZ) bzw. $1/4$ (RZ), zu irgendeinem Zeitpunkt den Wert $u_c(t) = 1$ zu messen. Für $|\tau| \geq T_{\mathrm{NRZ}}$ beträgt beim NRZ-Format die Verbundwahrscheinlichkeit $1/4$ für das gleichzeitige Auftreten der Ereignisse $u_c(t+\tau) = 1$ und $u_c(t) = 1$, und damit wird $\vartheta_{u_c}(|\tau| \geq T_{\mathrm{NRZ}}) = 1/4$. Beim RZ-Format steht für $|\tau| = (n - 1/2)T_{\mathrm{NRZ}}$ $(n = 0, \pm 1, \pm 2, \dots)$ jeder 1 eine 0 gegenüber, und es gilt $\vartheta_{u_c}(|(n - 1/2)T_{\mathrm{NRZ}}|) = 0$. Die relativen Extremalwerte $1/8$ der RZ-Korrelationsfunktion (analoge Begründung wie oben) werden für $|\tau| = n T_{\mathrm{NRZ}}$ $(n \neq 0)$ erreicht. Zwischen den jeweiligen unteren und oberen Eckpunkten der NRZ- und RZ-Korrelationsfunktionen ändert sich $\vartheta_{u_c}(\tau)$ linear. Für die Korrelationsfunktion $\vartheta_{u_c}(\tau)$ und für das nach Gl. (2.173) in Abschn. 2.9.2 berechnete Leistungsspektrum $\Theta_{u_c}(f)$ der binären NRZ-Zufallsfolge erhält man

$$\vartheta_{u_c}(\tau) = \tfrac{1}{4}\begin{cases} 2 - \frac{|\tau|}{T_t}, & |\tau| \leq T_t \\ 1, & |\tau| \geq T_t \end{cases}, \quad \Theta_{u_c}(f) = \frac{T_t}{4}\cdot\left(\frac{\sin(\pi f T_t)}{\pi f T_t}\right)^2 + \tfrac{1}{4}\delta(f), \quad T_t = T_{\mathrm{NRZ}}. \tag{7.9}$$

Das Leistungsspektrum für das RZ-Format kann man in gleicher Weise aus $\vartheta_{u_c}(\tau)$ in Abb.

7.1b berechnen; wegen des periodischen Anteils der Korrelationsfunktion sind bei den Frequenzen $f = n/T_{\mathrm{NRZ}}$ ($n = 0, \pm 1, \pm 2, \ldots$) diskrete Spektrallinien vorhanden. Abbildung 7.1b zeigt für binäre Zufallsfolgen im NRZ- und RZ-Format den *kontinuierlichen Anteil* $2\Theta_{u_c\,\mathrm{kont}}(f)$ des einseitigen Leistungsspektrums $2\Theta_{u_c}(f)$, normiert auf die gesamte mittlere Leistung $\vartheta_{u_c}(0)$ des codierten Signals und auf die Taktzeit T_{NRZ}.

Codiert man die binäre Zufallsfolge in einen anderen Code um, so führt dies auf andere Leistungsspektren, deren kontinuierliche Anteile für das NRZ-Format ebenfalls in Abb. 7.1b dargestellt sind; die entsprechenden analytischen Beziehungen wurden von [79, Abschn. 15.4] übernommen, vgl. auch [131, Abb. 2]. Zu beachten ist dabei, daß nach der Umcodierung die Taktzeiten T_t für gleichen Entscheidungsgehalt pro Sekunde kleiner geworden sind, $T_t = T_{\mathrm{NRZ}}/2$ (CMI) und $T_t = 5\,T_{\mathrm{NRZ}}/6$ (5B/6B).

Eine Leitungscodierung der binären NRZ-Zufallssequenz paßt das Codeleistungsspektrum den spektralen Eigenschaften des Übertragungskanals so an, daß die empfangenen Signale möglichst wenig verfälscht werden; 5B/6B- und CMI-Code haben geringe niederfrequente Spektralanteile des kontinuierlichen Spektrums und sind z. B. günstig, wenn die Übertragung bei niedrigen Frequenzen hohe Rauschanteile hat. Aus $2\Theta_{u_c\,\mathrm{kont}}(0) = 0$ sieht man, daß beim CMI- und 5B/6B-Code lange Eins-Folgen (beim AMI-Code: lange +1- oder -1-Folgen) nicht existieren, so daß man diese Signale elektrisch mit wechselspannungsgekoppelten Schaltungen übertragen kann. Nun müssen noch durch geeignete Strategien lange Nullfolgen (möglich bei NRZ, RZ, AMI; nicht möglich bei CMI, 5B/6B) verhindert werden, da sich aus einer Nullfolge keine Information über den Takt ableiten läßt. Der häufig verwendete binäre 5B/6B-Code hat maximal drei aufeinanderfolgende Nullen [522, Tabelle 2] [79, Tabelle 15.2]. Beim ebenfalls oft verwendeten, ternären HDB3-Code (high density bipolar code) [225, Abschn. 8.4.2.2] besteht die längste mögliche Nullfolge aus 3 aufeinanderfolgenden Nullen (daher HDB3); jedes vierte Taktintervall enthält abwechselnd die Werte ± 1. Die minimale Wahrscheinlichkeit für das Auftreten einer 1 ist daher 1/4.

Für die optische Übertragung werden bei hohen Symbolraten bevorzugt binäre Codes ($b = 2$) eingesetzt, da geeignete zweiwertige, impulsförmige Signale technisch am einfachsten zu realisieren sind. Wenn nichts anderes vermerkt ist, wird im folgenden eine binäre PCM vorausgesetzt ($a_n = 0, 1$ in Gl. (7.7)). Häufig sieht man vor der eigentlichen Leitungscodierung noch einen sogenannten Scrambler (Verwürfler) vor [225, Abschn. 8.4.1], welcher die Nullen und Einsen des binären PCM-Signals nach einem festen Algorithmus in eine Pseudozufallsfolge verwürfelt; das Übertragungssystem wird dadurch von der Bitfolge des Signals unabhängig. Die Verwürfelung wird am Empfangsort mit einem Descrambler wieder rückgängig gemacht.

Taktrückgewinnung Zur phasenrichtigen Abtastung der empfangenen Impulse muß aus dem Datenstrom der datensynchrone Sendetakt abgeleitet werden. Bei NRZ-Rechteckpulsen $u_c(t)$ nach Gl. (7.7) mit $p(t) = h_{pI}(t)$, $T_I = T_t$ und der Taktzeit T_t hat das Leistungsspektrum eines (eventuell leitungscodierten) Datenstroms bei $f = f_t$ immer eine Nullstelle (für den 5B/6B-Code bei $f_t = 6f_{\mathrm{NRZ}}/5$, für den CMI-Code bei $f_t = 2f_{\mathrm{NRZ}}$), s. Abb. 7.1b; mit einem schmalbandigen Filter, z. B. mit einer PLL-Schaltung (phase locked loop) [225, Abschn. 8.2.1.2], kann also das Taktsignal bei $f = f_t$ nicht rückgewonnen werden. Codes im RZ-Format haben dagegen eine starke Spektralkomponente bei der Taktfrequenz f_{NRZ}, beanspruchen aber im Vergleich zum NRZ-Format die doppelte Übertragungs- und Empfängerbandbreite.

Zur Taktrückgewinnung aus NRZ-formatierten Bitströmen ist eine nichtlineare Operation erforderlich: Man differenziert z. B. die NRZ-Impulse, richtet

die differenzierten Signale gleich, erhält für jeden Impuls zwei Nadelimpulse im
Abstand T_{NRZ} und gewinnt so eine starke Spektralkomponente bei $f = f_{\mathrm{NRZ}}$.
Diese wird mit einer PLL-Schaltung oder auch mit einem Oberflächenwellenfil-
ter (SAW-Filter, surface acoustic wave filter) schmalbandig gefiltert und zum
datensynchronen Takt aufbereitet. Zur besseren Anpassung der Taktphasen-
lage (Abtastung jedes Empfangs-Bit in der Mitte des Impulses) werden kompakte, selbstkorrigierende Taktregenerator-Schaltungen mit logischen Exklusiv-
ODER-Gattern und PLL verwendet [222].

Entzerrung   Die Lichtimpulse des PCM-Signals können sich auf dem Übertragungsweg verbreitern und reichen am Empfangsort möglicherweise in zeitlich
benachbarte Taktintervalle hinein. Um dieses sogenannte Impulsnebensprechen
zu reduzieren, werden die detektierten elektrischen Impulse vor der Abtastung
durch ein spezielles Filter (einen Entzerrer) geeignet geformt. Die Ausgangsspannung $u_A(t)$ des Entzerrers besteht aus einem Signalanteil $\overline{u_A(t)}$ und einem
Rauschanteil. Das Signal hat die Spannungsamplitude u_1 (vgl. Gl. (6.1)),

$$(7.10)$$

$$\overline{u_A(t)} = u_1 \sum_{n=-\infty}^{+\infty} a_n h_A(t - nT_t), \quad a_n = 0,1; \quad h_A(0) = 1, \quad \int_{-\infty}^{+\infty} \check{h}_A(f)\,\mathrm{d}f = 1.$$

Der Entzerrer gibt den elektrischen Signalimpulsen eine „günstige" Form derart, daß $h_A(t)$ im Empfangs-Abtastzeitpunkt $t = 0$ sein absolutes Maximum
$h_A(0) = 1$ hat, aber zu allen anderen Abtastzeiten $t = nT_t$ ($n = \pm1, \pm2, \ldots$),
zu denen benachbarte Impulse ihr Maximum haben, den Wert null annimmt;
dadurch tragen benachbarte Impulse zu $h_A(t)$ im Abtastzeitpunkt nichts bei,
das elektrische Impulsnebensprechen entfällt. Eine mögliche Impulsform ist
([440, Seite 857], Normierung wie in Gl. (7.10))

$$h_{pE}(t) = \frac{2\sin(\pi t/T_t)\cos(\pi A t/T_t)}{\omega_t t - (\omega_t t)^3 A^2/\pi^2}, \qquad (7.11)$$

$$\check{h}_{pE}(f) = T_t \begin{cases} 1, & |f| < (1-A)\frac{f_t}{2}, \\ \frac{1}{2} - \frac{1}{2}\sin\left[\frac{\pi}{A}\left(\frac{|f|}{f_t} - \frac{1}{2}\right)\right], & (1-A)\frac{f_t}{2} \leq |f| \leq (1+A)\frac{f_t}{2}, \\ 0, & (1+A)\frac{f_t}{2} < |f|. \end{cases}$$

Die beiden Grenzwerte des Parameters A sind von besonderem Interesse: Für
$A = 0$ vereinfacht sich $h_{pE}(t)$ von Gl. (7.11) zu einem $\sin x/x$-Impuls $h_{pS}(t)$,
für $A = 1$ zu einem $\sin x/x$-ähnlichen Impuls $h_{pSS}(t)$ (Normierung wie in Gl.
(7.10)),

$$(7.12)$$

$$h_{pS}(t) = \frac{\sin(\pi t/T_t)}{\pi t/T_t}, \qquad \check{h}_{pS}(f) = T_t \begin{cases} 1, & |f| < \frac{f_t}{2} \\ 0, & |f| \geq \frac{f_t}{2} \end{cases}, \quad \begin{aligned} B_R &= \frac{f_t}{2}, \\ B &= \frac{f_t}{2}. \end{aligned}$$

$$h_{pSS}(t) = \frac{\sin(2\pi t/T_t)}{\omega_t t - (\omega_t t)^3/\pi^2}, \qquad \check{h}_{pSS}(f) = T_t \begin{cases} \cos^2(\frac{\pi}{2}\frac{f}{f_t}), & |f| \leq f_t \\ 0, & |f| > f_t \end{cases}, \quad \begin{aligned} B_R &= \frac{3}{8}f_t, \\ B &= \frac{f_t}{2}. \end{aligned}$$

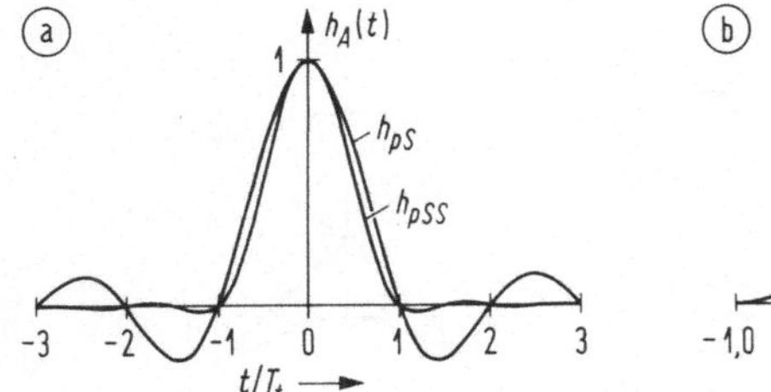
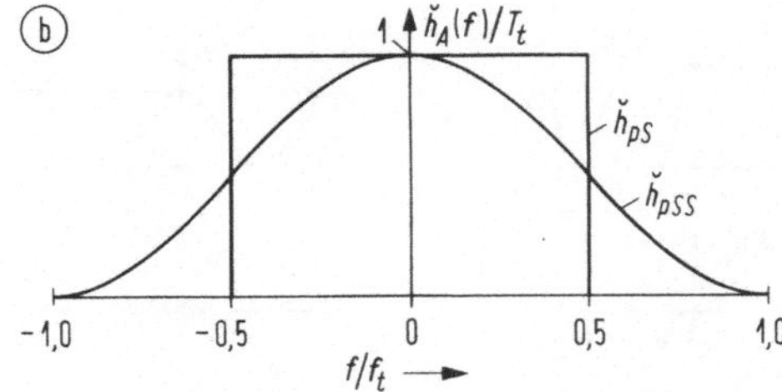

Abb. 7.2. Normierte Entzerrer-Ausgangsimpulse $h_A(t)$ (Gl. (7.12)) für verschwindendes Impulsnebensprechen in den Abtastzeitpunkten $t = nT_t$. (a) $\sin x/x$-Funktion $h_{pS}(t)$ und $\sin x/x$-ähnlicher Impuls $h_{p\,SS}(t)$ (b) Spektralfunktionen $\check{h}_{pS}(f)$ und $\check{h}_{p\,SS}(f)$

Abbildung 7.2a zeigt die Impulsformen nach Gl. (7.12); in den Abtastzeitpunkten gibt es kein Impulsnebensprechen. In Abb. 7.2b sind die zugehörigen Spektren zu sehen. Um Impulse mit der Taktfrequenz $f_t = 1/T_t$ zu übertragen, genügt bei idealer Entzerrung ein System mit der Nyquist-Bandbreite $B_N = f_t/2$, also z. B. für einen Sprachkanal von $f_t = 64\,\text{kbit/s}$ eine Bandbreite von $B_N = 32\,\text{kHz}$. Das Entzerrerfilter kann nur die Signalkomponente der Eingangsgröße entzerren, jedoch nicht die zufälligen Rauschanteile. Starke Entzerrung der Impulse bringt auch Nachteile: Da die empfangene Signalimpulsform von der Länge der optischen Übertragungsstrecke abhängt, müssen für unterschiedliche Streckenlängen adaptive Entzerrer [336] vorgesehen werden. Der Abgleich ist kritisch vom Verstärker abhängig und kann Stabilitätsprobleme mit sich bringen.

Entscheider. Augendiagramm Das Entzerrer-Ausgangsignal $u_A(t)$ wird zu den Zeitpunkten $t = nT_t, n = 0, \pm1, \pm2, \ldots$ abgetastet und danach entschieden, ob der Funktionswert $u_A(nT_t)$ als logische 0 oder 1 interpretiert werden soll. Die Bitfehlerwahrscheinlichkeit BER darf dabei je nach dem betrachteten System Werte im Bereich von BER $= 10^{-10} \ldots 10^{-5}$ nicht übersteigen, s. Abschn. 6.2. Bitfehler entstehen zufolge Impulsnebensprechens (wenn nicht gut genug entzerrt wurde), stationären und instationären Rauschens oder auch zufolge von Zeitfehlern (Jitter) bei der Abtastung. Die optimale Schwelle u_S des Entscheiders wurde bereits berechnet, s. Abb. 6.1 und Gl. (6.5) in Abschn. 6.2. Unter gewissen Annahmen (vor allem: gaußverteilte Entscheider-Eingangsgröße, kein Impulsnebensprechen) kann eine geforderte BER in ein äquivalentes SRV am Eingang des Entscheiders umgerechnet werden, s. Gl. (6.7) – (6.9); geht man bei konstanter Impulsamplitude u_1 von RZ- zu NRZ-Impulsen über, so ändert sich die Impulsfläche $I(h_A)$ im Bereich $I(h_A) = 0{,}5 \ldots 1$, und man erhält nach Gl. (6.9) $\gamma \approx (1 \ldots 2) \cdot Q^2$, d. h. für BER $\approx \frac{1}{2}\,\text{erfc}\,(Q/\sqrt{2})$ $= 10^{-9}$, $Q = 6$ erhält man ein SRV von $\gamma \approx 36 \ldots 72$ ($\hat{=} 15{,}6 \ldots 18{,}6\,\text{dB}$). — Verringert sich das SRV um 2 dB, so vergrößert sich die BER um drei Zehnerpotenzen. Eine Vorausberechnung der mit einem Digitalempfänger zu erzielenden BER ist daher schwierig, weil kleine Fehler (z. B. bei der Berücksichtigung des Vorverstärker-Rauschens) großen Einfluß auf die BER haben.

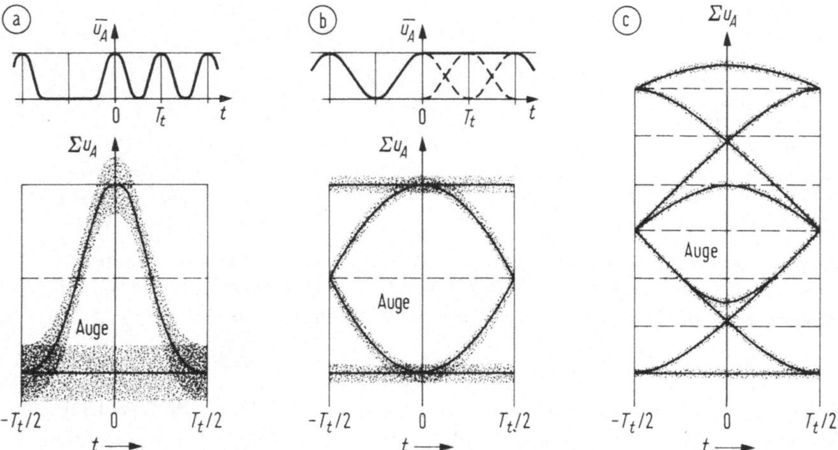

Abb. 7.3. Typen von Augendiagrammen, RZ-Format, Abtastzeitpunkt $t = 0$; durchgezogene Kurven: ohne Rauschen.   (a) hohes Rauschen, keine Impulsüberlappung   (b) optimaler Fall: geringes Rauschen, Impulsüberlappung, aber kein Impulsnebensprechen im Abtastzeitpunkt   (c) niedriges Rauschen, starke Impulsüberlappung, starkes Impulsnebensprechen im Abtastzeitpunkt

Das Augendiagramm bietet eine qualitative und auch quantitative Hilfe bei der Festlegung der Schwelle und bei der Abschätzung des Einflusses verschiedener Systemparameter. Der Sender überträgt zum Empfänger eine (Pseudo-) Zufallsbitfolge von Nullen und Einsen im Takt T_t des zu prüfenden PCM-Systems. Mit der Ausgangsspannung $u_A(t)$ des Entzerrers wird die Vertikalablenkung eines Oszilloskops gesteuert, mit dem Taktsignal wird die Horizontalablenkung synchronisiert. Dadurch werden die Impulsfolgen, die in den einzelnen Takten am Ausgang des Empfängers auftreten, wegen der Trägheit des Beobachterauges und wegen der Speicherwirkung der Leuchtschicht in der Kathodenstrahlröhre scheinbar während eines einzigen Zeitrahmens der Länge T_t übereinandergeschrieben. Diese Kurven bilden das Augendiagramm. Dem Signal überlagert sich das Rauschen.

Abbildung 7.3 zeigt drei Typen von Augendiagrammen, darüber sind Ausschnitte von zugehörigen Impulszügen nach Gl. (7.10) mit der Bitfolge 10111 im RZ-Format zu sehen. Bei guter Trennung der einzelnen Impulse (Abb. 7.3a) entstehen nur zwei Familien von Spuren, eine zufolge der Impulse, die im betrachteten Intervall das Bit 1 übertragen und eine zufolge der Impulse, die das Bit 0 signalisieren. Das Verhalten in den Nachbarintervallen ist irrelevant. Da eine gute Impulstrennung eine hohe elektrische Übertragungsbandbreite bedingt, ist das Rauschen groß. Das „Auge", der von Spuren freie Raum, in dem die Entscheiderschwelle plaziert werden muß, ist relativ klein.

Abbildung 7.3c beschreibt den anderen Extremfall, in dem Impulse, die nicht nach Abb. 7.2 entzerrt wurden, in benachbarten Taktzeiten einander wesentlich überlappen, so daß sich die Leistungen benachbarter Impulse addieren; dies wird bei geringer Bandbreite des übertragenden Wellenleiters bzw.

des Empfängers der Fall sein. Das Rauschen ist dementsprechend niedrig, aber auch die Augenöffnung ist wegen des Impulsnebensprechens relativ klein.

In Abb. 7.3b ist der Spezialfall des symmetrischen, optimal geöffneten Auges zu sehen. Zwar sind die Impulse gegenüber Abb. 7.3a deutlich verbreitert, so daß benachbarte Einsen verschmelzen, jedoch tritt zufolge einer Entzerrung nach Abb. 7.2 (oder zufolge der günstig gewählten Impulsform, s. Text nach Gl. (7.8)) im Abtastzeitpunkt $t = 0$ gerade kein (oder praktisch kein) Impulsnebensprechen auf. Das Rauschen ist unter dieser Nebenbedingung minimal. Es sind vier Familien von Kurven zu sehen: Die obere Horizontale stammt von aufeinanderfolgenden Einsen, die untere von Nullen. Der obere Bogen kommt von isolierten Einsen. Die einer Null benachbarten Flanken von Einsen schreiben den unteren Bogen.

Angepaßte Filterung Ist die Filterübertragungsfunktion $E(f)$ dem konjugiert komplexen Spektrum des Signalimpulses am Filtereingang proportional (das Spektrum des Rauschens wird weiß angenommen), so spricht man von einem angepaßten Filter. Eine solche Filterung maximiert das SRV. Abhängig von der Eingangsimpulsform könnten nichtkausale Filter notwendig werden.

Eine einfache, kausale Realisierung für rechteckförmige Eingangssignalspannungen der Breite T_t stellt ein Integrierer dar, dessen Ausgangsspannung zu Beginn jedes Taktintervalls auf Null zurückgesetzt wird (integrate-and-dump filter, s. z. B. [523]). Die Impulsantwort eines solchen Integrierers ist ein Rechteck der Breite T_t; das $\sin x/x$-förmige Spektrum nach Gl. (7.8) ist reell und im obigen Sinne dem Spektrum des Eingangsimpulses angepaßt. Über eine Taktperiode T_t hin summiert der Integrierer Signal- und Rauschspannungen und stellt am Endes des Taktintervalls das Ergebnis dem Entscheider zur Verfügung.

7.3 Empfänger. Grundlagen

Prinzipschaltung Der Prinzipaufbau eines optischen Empfängers ist in Abb. 7.4a dargestellt. Die Ersatzschaltung des Photodetektors entspricht der von Abb. 4.4 in Abschn. 4.1.2. Die klassische Empfangs-Lichtleistung $P_e(t)$ überträgt sich mit der Impulsantwort $h_P(t; \mathrm{Ph})$ des Photodetektors auf den Signal-Kurzschlußstrom $i_S(t)$; $\breve{P}_e(f)$, $H_P(f; \mathrm{Ph}) = \mathcal{F}_T\{h_P(t; \mathrm{Ph})\}$, $I_S(f) = \mathcal{F}_T\{i_S(t)\}$ sind die zugehörigen Spektren, zur Schreibweise s. Gl. (A.5) in Anh. A,

$$i_S(t) = \int\limits_{-\infty}^{+\infty} P_e(t')h_P(t - t'; \mathrm{Ph})\, \mathrm{d}t', \quad I_S(f) = \breve{P}_e(f)H_P(f; \mathrm{Ph}). \qquad (7.13)$$

Je nach der Art des Photodetektors gilt

$$H_P(f; \mathrm{Ph}) = \begin{cases} H_P(f; \mathrm{pin}) & \text{aus Gl. (4.27) oder (4.31) oder (4.32)}, \\ H_P(f; \mathrm{APD}) & \text{aus Gl. (4.79)}, \\ H_P(f; \mathrm{SAGM}) & \text{aus Gl. (4.80)}, \end{cases}$$

$$h_P(t; \mathrm{Ph}) = \begin{cases} h_P(t; \mathrm{pin}) & \text{aus Gl. (4.26) oder (4.31) oder (4.32)}, \\ h_P(t; \mathrm{APD}) & \text{aus Gl. (4.78)}, \\ h_P(t; \mathrm{SAGM}) & \text{durch Rücktransformation von Gl. (4.80)}. \end{cases} \qquad (7.14)$$

In der Näherung kleiner Laufwinkel $\omega\tau_p, \omega\tau_n \ll 1$ und bei den APD-Typen zusätzlich für $\omega M_0\tau_1 \ll 1$ (Gl. (4.79)) bzw. $\omega/e_h \ll 1$ (Gl. (4.21)) erhält man die vereinfachten Beziehungen

$$h_P(t;\mathrm{Ph}) = S\delta(t) \begin{cases} 1 & \text{(pin-Diode)}, \\ M_0 & \text{(APD)}, \end{cases}$$
$$H_P(f;\mathrm{Ph}) = \quad S \begin{cases} 1 & \text{(pin-Diode)}, \\ M_0 & \text{(APD)}, \end{cases} \qquad S = \frac{\eta e}{h f_L}, \quad \frac{S}{\mathrm{A/W}} = 0{,}81\eta\frac{\lambda_L}{\mu\mathrm{m}} . \tag{7.15}$$

Die Empfindlichkeit des Photodetektors bezeichnet man mit S; η ist der Quantenwirkungsgrad, f_L die Lichtfrequenz (Vakuum-Wellenlänge λ_L). Gleichung (7.15) gibt für die nachstehenden Rechnungen näherungsweise das Signalverhalten der untersuchten Photodetektoren an.

Die modulierte Sendeleistung $P(t)$ (Gl. (7.1)) wird im allgemeinen gedämpft und verzerrt (s. z. B. Gl. (6.204)) auf den Photodetektor übertragen. Für pin-Dioden und APD gemeinsam schreibt man den Signal-Kurzschlußstrom mit Gl. (7.13), (7.15)

$$i_S(t) = SM_0 P_e(t), \qquad (M_0 = 1 \quad \text{für pin-Diode}). \tag{7.16}$$

Bei verzerrungsfreier Übertragung ist $P_e(t) \sim P(t)$.

Im folgenden seien nur solche Signalstrom-Frequenzen betrachtet, für die $\omega \ll \omega_r = 1/\sqrt{L_S C_{\mathrm{sp}}}$ gilt; weiter möge der Serienwiderstand R_S gegenüber dem wirksamen Widerstand zwischen Klemme 1 und Masse in Abb. 7.4a vernachlässigbar sein. Die beiden zu G_Q zusammengefaßten Leitwerte stellen die Arbeitspunkte von Detektor und Verstärker ein.

Abbildung 7.4b zeigt das Ersatzschaltbild des Empfängers; Ströme und Spannungen sind komplexe Amplituden. Der beleuchtete Photodetektor liefert neben dem Signalstrom i_S auch einen Rauschstrom i_{RD} (Gl. (6.158) und folgender Text), der außer dem unvermeidlichen Schrotrauschen (Quantenrauschen) und dem Rauschen der Lawinenmultiplikation auch die zusätzlichen klassischen Fluktuationen ($\mathrm{RIN}(f)$) des Lichtsenders berücksichtigt. Für instationäres, signalabhängiges Rauschen des Photodetektors sind die Gl. (6.159) – (6.161) zu beachten.

Weitere Rauschgeneratoren wären anzusetzen für diejenigen Schwankungserscheinungen, welche erst auf der Übertragungsstrecke entstehen (Modenrauschen, Modenverteilungsrauschen) oder durch Unvollkommenheiten des Detektors bedingt sind (Dunkelstrom); diese Effekte werden hier jedoch nicht betrachtet.

Der Rauschstrom i'_R berücksichtigt das thermische Rauschen der Schaltelemente (i_F, i_Q) und das gesamte Rauschen (i_n, u_n, Y_c) des verstärkenden Bipolar- oder Sperrschicht-Feldeffekttransistors, s. Abschn. 6.5; durch geeignete Schaltungsmaßnahmen sind diese Störeinflüsse möglichst gering zu halten.

Die Eingangsstufe zwischen den Klemmen 1 und $2'$ in Abb. 7.4a stellt einen rauscharmen Vorverstärker dar; sie wird im Detail durch das Ersatzschaltbild von Abb. 6.11 in Abschn. 6.5 beschrieben. Die Spannung u'_1 tritt dabei an den physikalisch nicht zugänglichen Klemmen zwischen dem Rauschvierpol und dem rauschfreien Vierpol auf. Unter Einbeziehung des Nachverstärkers

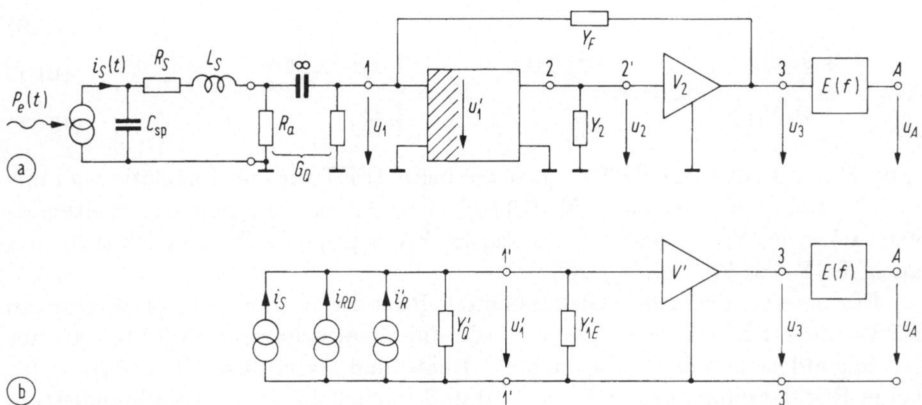

Abb. 7.4. Empfängerschaltung; i_S, i_{RD} sind die Zeiger von Signal- und Rauschstrom des Photodetektors nach Gl. (6.158); i'_R, Y'_Q s. Gl. (6.180).   (a) Prinzipschaltbild   (b) Ersatzschaltbild (vgl. Abb. 6.12 in Abschn. 6.5)

(Ausgangsklemmen 3) und einer Gegenkopplung mit Y_F (Annahme hier: mit kapazitivem Blindleitwert, $Y_F = G_F + \mathrm{j}\omega C_F$) wird die Anordnung identisch mit der von Abb. 6.12. Das Filter mit der Übertragungsfunktion $E(f)$ stellt bei analoger Übertragung einen gewünschten Frequenzgang des Ausgangssignals ein, bei digitaler Übertragung symbolisiert es den Entzerrer. Für die Größen des Ersatzschaltbilds in Abb. 7.4b gilt nach Gleichung Gl. (6.180) und Abb. 6.12a in Abschn. 6.5

$$Y'_Q = Y_Q + Y_F = (G_Q + G_F) + \mathrm{j}\omega(C_{\mathrm{sp}} + C_F) = G'_Q + \mathrm{j}\omega C'_Q\,,$$

$$Y'_{1E} = Y_{1E} - V'Y_F = Y_{11} + VY_{12} - V'Y_F = G'_{1E} + \mathrm{j}\omega C'_{1E}\,,$$

$$V' = VV_2 < 0\,, \qquad V = -Y_{21}/(Y_{22} + Y_2)\,, \tag{7.17}$$

$$i'_R = i_F + i_R = i_F + i_Q + i_n + u_n(Y'_Q + Y_c)\,,$$

$$u_A = E(f)u_3 = V'E(f)u'_1 = V'E(f)\cdot(i_S + i_{RD} + i'_R)/(Y'_Q + Y'_{1E})\,.$$

Elektronische Eigenschaften Im folgenden sollen die Eigenschaften von rauscharmen Breitbandverstärkern mit Bipolartransistoren (BPT) in Emitterschaltung oder mit Sperrschicht-Feldeffekttransistoren (JFET) in Sourceschaltung diskutiert werden.

Die Werte für G_n, R_n, Y_c (Gl. (6.171), Gl. (6.172)) kann man durch Vergleichen der Beziehungen Gl. (6.170) aus den Schwankungsquadraten von i_{1K}, i_{2K} (Abb. 6.9 in Abschn. 6.5, s. [388, Abschn. 10, 11]) und der Korrelation von i_{1K}, i_{2K} berechnen. In erster Näherung ($|Y_{11}|R_B \ll 1$, vernachlässigte Rückwirkung $Y_{12} \approx 0$) erhält man für den BPT und den JFET folgende Werte (die Steilheit $g_m = Y_{21} - Y_{12}$ sei reell; R_B Basisbahnwiderstand, $\beta \gg 1$ Kurzschlußstromverstärkung der Emitterschaltung bei $\omega = 0$):

$$(7.18)$$

$$G_n = \begin{cases} \frac{g_m}{2\beta} \\ \Re\{Y_{11}\} \end{cases}, \quad R_n = \begin{cases} \frac{1+2R_Bg_m}{2g_m} \\ \frac{2}{3g_m} \end{cases}, \quad Y_c = \begin{cases} \frac{g_m}{\beta}\frac{1+R_Bg_m}{1+2R_Bg_m} + \frac{j\,\omega C_{11}}{1+2R_Bg_m} & \text{(BPT)} \\ Y_{11} & \text{(JFET)} \end{cases}$$

Mit $R_B \approx 0$ gilt beim BPT ebenso wie beim JFET für die Korrelationsadmittanz $Y_c \approx Y_{11}$ (s. Text nach Gl. (6.175)). Für die hier betrachteten Breitbandverstärker hat Y_{11} kapazitiven Charakter, $Y_{11} = G_{11} + j\,\omega C_{11}$, folglich trifft dies auch für Y_c zu, $Y_c = G_c + j\,\omega C_c$.

Für eine vergleichende Diskussion des Rauschverhaltens von breitbandigen BPT- und JFET-Vorverstärkern werde die Ersatzschaltung in Abb. 7.4b unter folgenden Annahmen betrachtet: Photodiode ohne Rauschen ($i_{RD} = 0$), keine Rückkopplung ($Y_F = 0$, $i_F = 0$) und folglich $Y'_Q = Y_Q$, kein Signalstrom ($i_S = 0$). Bei vernachlässigter Rückwirkung VY_{12} (Abb. 6.11 in Abschn. 6.5) ist $Y_{1E} = Y_{11}$ und $(Y_{11} + Y_{12}) - Y_c = 0$ sowie $u'_1 = u_n + (i_Q + i_n)/(Y_{11} + Y_Q)$: Der Rauschspannungsgenerator u_n in Abb. 6.11 liefert bei allen Frequenzen zu u'_1 einen Beitrag, der durch seine Leerlaufspannung gegeben ist. Für eine kapazitive Gesamtadmittanz $Y_{11} + Y_Q$ nimmt der Beitrag der Rauschstromgeneratoren mit steigender Frequenz ab. Das Rauschen bei tiefen Frequenzen wird somit wesentlich durch i_n (G_n), das bei hohen Frequenzen durch u_n (R_n) bestimmt. Dabei wurde vorausgesetzt, daß die mittleren Schwankungsquadrate der Rauschgrößen annähernd frequenzunabhängig sind.

Im üblichen Betriebszustand ist der Basisgleichstrom des BPT (Diode in Flußrichtung) und damit das zugehörige Schrotrauschen wesentlich größer als der Gategleichstrom und das entsprechende Schrotrauschen beim JFET (Diode in Sperrichtung); folglich ist der Rauschleitwert G_n des BPT Gl. (6.171), (6.172) größer als der des JFET. BPT rauschen also bei tiefen Frequenzen stärker als JFET.

Kollektorgleichstrom I_C des BPT und Drainstrom I_D des JFET liegen in derselben Größenordnung, die Steilheit des BPT ($g_m = |I_C|/U_T = 40\,\text{mS}$ für $I_C = 1\,\text{mA}$ und Temperaturspannung $U_T = 25\,\text{mV}$) ist aber größer als die des JFET ($g_{m\,\text{max}} = 2|I_{D\,\text{max}}/U_P| = 1\,\text{mS}$ für $I_{D\,\text{max}} \approx I_D = 1\,\text{mA}$ und Abschnürspannung $U_P = 2\,\text{V}$). Folglich ist nach Gl. (7.18) oder Gl. (6.171), (6.172) der Rauschwiderstand R_n des JFET größer als der des BPT. JFET rauschen also bei hohen Frequenzen stärker als BPT.

Die Grenzfrequenz der Eingangsschaltung ist nach Abb. 7.4b und Gl. (7.17) die eines RC-Tiefpasses,

$$f_g = \frac{G'_Q + G'_{1E}}{2\pi(C'_Q + C'_{1E})}. \tag{7.19}$$

Beim *Niederimpedanzverstärker* mit BPT-Eingangsstufe, der auch ohne Gegenkopplung ($Y_F = 0$) einen geringen Eingangswiderstand (großes G_{1E}) zeigt, ist f_g groß gegenüber der Grenzfrequenz einer nicht gegengekoppelten JFET-Eingangsstufe; f_g wählt man zweckmäßigerweise so groß wie die Nachrichtenbandbreite B. G_Q in Abb. 7.4a sollte unter dieser Voraussetzung beim Niederimpedanzverstärker so klein wie möglich sein, um das thermische Rauschen gering zu halten. Die Eingangskapazität C'_{1E} soll klein sein, da die Grenzfrequenz aktiver Bauelemente dem Ausdruck g_m/C'_{1E} proportional ist.

Der *Hochimpedanzverstärker* mit JFET-Eingangsstufe und $Y_F = 0$ hat wegen seines hohen Eingangswiderstands eine kleine Eingangsgrenzfrequenz f_g, d. h. das RC-Glied wirkt für $B > f_g$ integrierend. Zufolge dieser Integration können nachfolgende Verstärker (etwa V_2 in Abb. 7.4a) durch niederfrequente Anteile gesättigt werden, und der Dynamikbereich ist dementsprechend klein. In der optischen Nachrichtentechnik interessante Nachrichtenbandbreiten B sind größer als f_g; wollte man f_g auf B erhöhen, so müßte G_Q so groß gemacht werden, daß das thermische Rauschen von G_Q das Rauschen des JFET bei weitem übertrifft. Es ist in diesem Fall besser, $f_g < B$ hinzunehmen und nach dem Verstärker durch ein Filter $E(f)$ (Differenzierglied) die Spektralkomponenten bei hohen Frequenzen anzuheben; dies ist nur möglich, wenn der Verstärker nicht in die Sättigung getrieben wurde. Mit JFET-Hochimpedanzverstärkern von diesem Typ erreicht man das kleinstmögliche Rauschen bei niedrigen Frequenzen. — Die Wahl $f_g > B$ ist in keinem Fall sinnvoll, weil dadurch vermeidbare Rauschbeiträge an den Ausgang übertragen würden.

Beim *Transimpedanzverstärker* $Y_F \neq 0$ (Transimpedanz $Z_F = 1/Y_F$) wird der Eingangsleitwert G'_{1E} nach Gl. (7.17) (Abb. 6.12) um den Wert $|V'|G_F$ vergrößert, und dementsprechend steigt die Grenzfrequenz der Eingangsschaltung. Je kleiner man G_F für $|V'|G_F = $ const wählt, desto kleiner wird der zusätzliche Beitrag i_F zum Eingangsrauschen und desto größer wird die Schwingneigung des Verstärkers. Da die Eingangsbandbreite von BPT-Verstärkern wesentlich größer ist als die von JFET-Verstärkern, wird eine Gegenkopplung bei BPT-Verstärkern nur für sehr hohe Nachrichtenbandbreiten erforderlich. Der JFET-Transimpedanzverstärker zeigt bis in den unteren Mikrowellenbereich kleineres Rauschen als der BPT-Niederimpedanzverstärker, hat aber höheres Rauschen als der JFET-Hochimpedanzverstärker; für sehr hohe Frequenzen rauscht er in der Tendenz wie ein JFET-Hochimpedanzverstärker. Der Dynamikbereich des Transimpedanzverstärkers ist wegen der Gegenkopplung größer als der des JFET-Hochimpedanzverstärkers.

Der Transimpedanzverstärker wandelt den Eingangs-Signalstrom i_S über die Transimpedanz Z_F in eine Ausgangsspannung $u_3 = -Z_F i_S = -i_S/Y_F$, Gl. (6.181) in Abschn. 6.5. Die Grenzfrequenz der Übertragungsfunktion ist durch $f_g = G_F/(2\pi C_F)$ gegeben, was die beschriebenen Kompromisse bei der Wahl von G_F erzwingt. Der *Stromverstärker* umgeht diese Beschränkungen. Der Aufbau ist ähnlich wie in Abb. 6.12a mit dem Unterschied, daß die Klemmen 3-3 mit einem Leitwert Y_3 verbunden sind, und daß der *Strom* $i_3 = Y_3 u_3$ durch diesen Leitwert (nicht die Spannung u_3 wie beim Transimpedanzverstärker) die Ausgangsgröße darstellt. Mit Gl. (6.181) erhält man $i_3 = -Y_3 Z_F i_S$, so daß auch Blindleitwerte $Y_3 = j\omega C_3$, $Y_F = j\omega C_F$ eine breitbandige Übertragung ermöglichen,

$$i_3 = -Y_3 Z_F i_S = -\frac{Y_3}{Y_F} i_S = -\frac{C_3}{C_F} i_S. \tag{7.20}$$

Das thermische Rauschen von G_F entfällt. Der Stromverstärker nach Gl.

(7.20) mit JFET-Eingangsstufe verhält sich in der Tendenz bezüglich Bandbreite und Dynamik wie der Transimpedanzverstärker, bezüglich des Rauschens aber wie der Hochimpedanzverstärker. Übertragungsbandbreiten von 500 MHz [573] und 2,2 GHz bei einem mittleren äquivalenten Eingangsrauschstrom von $7{,}5\,\mathrm{pA}/\sqrt{\mathrm{Hz}}$ [418] wurden erreicht.

Statt mit konventionellen Si-Homostruktur-BPT werden besonders breitbandige Verstärker auch mit Heterostruktur-BPT (HBT) in AlGaAs/GaAs-Technologie [236] und InGaAs/InP-Technologie aufgebaut; auf InP-Substraten können zusätzlich pin-Photodioden für die Wellenlängen 1,3 μm oder 1,55 μm monolithisch integriert werden. Solche pin-HBT-Photoempfänger mit Transimpedanzverstärker (Transimpedanz $|Z_F| = 750\,\Omega$ bei 1,4 GHz, Bandbreite 2,8 GHz) wurden erfolgreich bei Bitraten von 4 Gbit/s getestet [81]; mit BER $= 10^{-9}$ und $\lambda = 1{,}55\,\mu\mathrm{m}$ betrug die erforderliche Empfangsleistung $P_{e\,\mathrm{min}} \,\widehat{=}\, -21\,\mathrm{dBm}$.

Anstelle der üblichen Si-JFET mit einem pn-Übergang verwendet man bei hohen Frequenzen bevorzugt GaAs-MESFET mit einem Metall-Halbleiter-Übergang (Schottky-Barrieren-Feldeffekttransistor): Die Elektronenbeweglichkeit in GaAs ist wesentlich höher als in Si, daher sind Grenzfrequenz und Steilheit beim GaAs-MESFET größer als beim Si-JFET. Es ist möglich, ein GaAs-Substrat auf einem Si-Substrat aufwachsen zu lassen und auf diese Weise GaAs-Komponenten mit Standard-Si-Schaltungen monolithisch zu integrieren; derartig integrierte GaAs-pin-Photodioden ($\lambda = 0{,}8\,\mu\mathrm{m}$) zusammen mit GaAs-MESFET-Transimpedanzverstärkern $1/G_F = 300\,\Omega$ erreichen Bandbreiten von 4 GHz [530].

Eine FET-Spezialbauform mit AlGaAs/GaAs-Heteroübergang schafft ein hochbewegliches Elektronengas im undotierten GaAs (HEMT, high electron mobility transistor); hybride pin-Photodioden mit HEMT-Verstärker können Bitraten von 5 Gbit/s verarbeiten und haben bei BER $= 10^{-9}$ und $\lambda = 1{,}55\,\mu\mathrm{m}$ Empfangsleistungen von $P_{e\,\mathrm{min}} \,\widehat{=}\, -20\,\mathrm{dBm}$ [325]. Spitzenwerte liegen bei 11 Gbit/s und $P_{e\,\mathrm{min}} \,\widehat{=}\, -19{,}8\,\mathrm{dBm}$ [167]; über einen pin-HEMT-Transimpedanzverstärker mit 15 GHz Bandbreite und einem äquivalenten Rauschstrom am Eingang von $7{,}6\,\mathrm{pA}/\sqrt{\mathrm{Hz}}$ berichtet [408].

InP-JFET lassen sich zusammen mit pin-Photodioden monolithisch integrieren. Grenzen solcher Transimpedanzverstärker werden in [356] diskutiert; bei $\lambda = 1{,}3\,\mu\mathrm{m}$ erreicht man für Bitraten von 120 Mbit/s und BER $= 10^{-9}$ Empfangsleistungen von $P_{e\,\mathrm{min}} \,\widehat{=}\, -31{,}2\,\mathrm{dBm}$ [356]. Gemessen wurden Verstärkerbandbreiten von 400 MHz [244].

7.4 Berechnung des Analogempfängers

Vorausgesetzt wird eine verzerrungsfreie Übertragung. Für die empfangene Lichtleistung $P_e(t)$ in Abb. 7.4a kann dann der gleiche Ansatz wie in Gl. (7.1) für die Sendeleistung verwendet werden. Die Leistung $P(t)$ des Senders wird mit der Nachricht $v(t)$ analog moduliert, $u(t) = mv(t)$ (Modulationsindex m, $u_0 = 1$). Der Einfachheit halber wird ein monochromatisches Modulationssignal $v(t) = \cos\omega_v t$ betrachtet. Nach Gl. (7.16) erhält man für die reelle Zeitfunktion $i_S(t)$, den Mittelwert i_{S0} und die komplexe Amplitude i_S des Signalstroms

$$i_S(t) = SP_{e0}M_0(1 + m\cos\omega_v t), \quad i_{S0} = SP_{e0}M_0, \quad i_S = mSP_{e0}M_0. \quad (7.21)$$

P_{e0} ist die mittlere Empfangsleistung. Bei kleinen Modulationsgraden m ist der gesamte mittlere Signalstrom i_{S0} für das dann praktisch stationäre Rauschen des Detektors verantwortlich. Das zusätzliche klassische Rauschen des Lichtsenders wird nicht berücksichtigt, $\mathrm{RIN}(f) = 0$; der Rauschstrom i_{RD} des Photodetektors (Gl. (6.158)) enthält dann nur Schrotrauschen und das Rauschen der Lawinenmultiplikation. Sonstiges elektronisches Rauschen i'_R wird beschrieben durch Gl. (7.17) ($Y_c = G_c + \mathrm{j}\omega C_c$, s. Text nach Gl. (7.18)), Gl. (6.178), (6.169), (6.172),

$$\overline{|i_{RD}|^2} = 2eSP_{e0}M_0^2 F_M\,\mathrm{d}f \quad \text{(für } \mathrm{RIN}(f) = 0;\ \text{pin-Diode: } M_0 = 1,\ F_M = 1),$$
$$\overline{|i'_R|^2} = 4kT_0\left[G'_Q + G_n + R_n(G'_Q + G_c)^2 + 4\pi^2 R_n(C'_Q + C_c)^2 f^2\right]\,\mathrm{d}f. \quad (7.22)$$

Das elektronische Rauschen $\overline{|i'_R|^2}$ enthält einen frequenzunabhängigen Anteil und einen Anteil, der mit f^2 anwächst. Die Frequenz, bei der beide Anteile gleich groß sind, bezeichnet man als Rausch-Eckfrequenz f_{RE},

$$f_{\mathrm{RE}}^2 = \frac{G'_Q + G_n + R_n(G'_Q + G_c)^2}{4\pi^2 R_n(C'_Q + C_c)^2}. \quad (7.23)$$

Für einen Bipolartransistor liegt f_{RE} in der Größenordnung von $150\,\mathrm{MHz}$. Das gesamte mittlere Schwankungsquadrat des Kurzschlußstroms an den Klemmen $1'$-$1'$ in Abb. 7.4b erhält man in einer Signalbandbreite $0 \le f \le B$ durch Integration der Beiträge Gl. (7.22) unter Beachtung von Gl. (7.23),

$$\mathrm{d}\left(\overline{\delta i^2}\right) = \overline{|i_{RD}|^2} + \overline{|i'_R|^2}, \quad (7.24)$$

$$\overline{\delta i^2} = \int_0^B \frac{\mathrm{d}\left(\overline{\delta i^2}\right)}{\mathrm{d}f}\,\mathrm{d}f = 2eSP_{e0}M_0^2 F_M B$$
$$+ 4kT_0\left[G'_Q + G_n + R_n(G'_Q + G_c)^2\right]\left[1 + \tfrac{1}{3}\frac{B^2}{f_{RE}^2}\right]B.$$

Für $B \ll f_{\mathrm{RE}}$ ist $\overline{\delta i^2} \sim B$, für $B \gg f_{\mathrm{RE}}$ dagegen ist $\overline{\delta i^2} \sim B^3$. Beim Bipolartransistor sind nach Gl. (7.18) G_n, $1/R_n$, G_c sowie C_c ($C_c \approx C_{11}$, s. Text nach Gl. (7.18), $C_{11} \sim g_m$) proportional zur Steilheit g_m. Wegen $g_m = |I_C|/U_T$ sind f_{RE} und $\overline{\delta i^2}$ vom Arbeitspunkt abhängig. Bei Wahl eines optimalen Arbeitspunkts stellt sich heraus [508, Abschn. 4.3.2], daß der zweite Summand in $\overline{\delta i^2}$ von Gl. (7.24) selbst für $B \gg f_{\mathrm{RE}}$ nur proportional B^2 (statt B^3) steigt. Für kleines Rauschen $\overline{\delta i^2}$ muß bei gegebenem B sowohl der Summenleitwert als auch die Summenkapazität klein sein, s. Gl. (7.24), (7.23).

Das gesamte Rauschen am Ausgang des Filters $E(f)$ in Abb. 7.4 erhält man mit Gl. (7.17),

$$\overline{\delta u_A^2} = \int\limits_0^\infty \frac{\mathrm{d}\left(\overline{\delta u_A^2}\right)}{\mathrm{d}f}\,\mathrm{d}f = \int\limits_0^\infty \frac{\mathrm{d}\left(\overline{\delta i^2}\right)}{\mathrm{d}f}\left|\frac{V'(f)E(f)}{Y'_Q(f)+Y'_{1E}(f)}\right|^2\mathrm{d}f\,. \tag{7.25}$$

Für die Signalleistung nach dem Filter $E(f)$ erhält man mit Abb. 7.4 und Gl. (7.21)

$$\tfrac{1}{2}\,|u_A|^2 = \tfrac{1}{2}\,|i_S|^2\left|\frac{V'(f_v)E(f_v)}{Y'_Q(f_v)+Y'_{1E}(f_v)}\right|^2. \tag{7.26}$$

Zur Berechnung des Signal-Rauschleistungsverhältnisses γ werde angenommen: $V'(f)E(f)$ ist frequenzunabhängig; in d $\left(\overline{\delta i^2}\right)$ dominiert der frequenzunabhängige Anteil; $|Y'_Q(f_v)+Y'_{1E}(f_v)| \approx G'_Q + G'_{1E}$. Damit erhält man aus den Gl. (7.25), (7.26) mit der Rauschbandbreite B_R (Gl. (7.3)) und der Grenzfrequenz f_g (Gl. (7.19)) der Eingangsschaltung

$$\begin{aligned}
\gamma &= \frac{\tfrac{1}{2}|u_A|^2}{\overline{\delta u_A^2}} = \frac{\tfrac{1}{2}(mSP_{e0}M_0)^2}{B_R\,\mathrm{d}\left(\overline{\delta i^2}\right)/\mathrm{d}f} = \frac{aP_{e0}^2M_0^2}{bP_{e0}M_0^2F_M+d}\,,\\[2mm]
B_R &= \int\limits_0^\infty \left|\frac{G'_Q+G'_{1E}}{Y'_Q(f)+Y'_{1E}(f)}\right|^2\mathrm{d}f = \frac{G'_Q+G'_{1E}}{4(C'_Q+C'_{1E})} = \pi f_g/2\,.
\end{aligned} \tag{7.27}$$

Die Koeffizienten a, b, d der ersten Zeile von Gl. (7.27) folgen aus einem Vergleich mit Gl. (7.24),

$$a = (mS)^2/2\,,\quad b = 2eSB_R\,,\quad d = 4kT_0B_R[G'_Q + G_n + R_n(G'_Q + G_c)^2]. \tag{7.28}$$

Man erhält aus Gl. (7.27) für die mittlere Empfangsleistung

$$P_{e0} = \frac{b}{2a}\,\gamma\cdot\left(F_M + \sqrt{F_M^2 + \frac{4ad}{(bM_0)^2\gamma}}\,\right). \tag{7.29}$$

Für die pin-Diode ($M_0 = 1$, $F_M = 1$) dominiert bei großen Werten von γ (wie sie für Analogsysteme gefordert werden, s. Text vor Gl. (7.5)) das Schrotrauschen des Photodetektors (Quantenrauschen) über das Verstärkerrauschen, $bP_{e0} \gg d$, d. h. $\gamma \approx aP_{e0}/b$, s. Gl. (7.27). In diesem Fall ist daher $ad/(b^2\gamma) \ll 1$, und aus Gl. (7.29) folgt für die Leistungen $P_{e0}(\text{pin})$, $P_{e0}(\text{APD})$ bei gleichem Wert von γ das Verhältnis

$$\frac{P_{e0}(\text{pin})}{P_{e0}(\text{APD})} \approx \frac{1}{F_M}\,,\qquad bP_{e0}(\text{pin}) \gg d\,. \tag{7.30}$$

Da wegen $bP_{e0}(\text{pin}) \gg d$ das System mit pin-Diode bereits durch das Quantenrauschen begrenzt ist, wäre es nicht sinnvoll, eine APD einzusetzen: ihre Verstärkung wird nicht benötigt, und der Verstärkungsprozeß trägt Zusatzrauschen bei.

Ist aber im anderen Fall beim Empfang mit der pin-Diode das Verstärkerrauschen dominant, $bP_{e0} \ll d$, d. h. $\gamma \approx aP_{e0}^2/d$, s. Gl. (7.27), so gilt $ad/(b^2\gamma) \gg 1$. Verstärkerrauschen wird eher für kleine Werte von γ überwiegen (wie sie bei Digitalsystemen ausreichen, s. Seite 343). Bei einer APD werde ebenfalls der Fall betrachtet, bei dem das Verstärkerrauschen dominiert, d.h. $bP_{e0}M_0^2F_M \ll d$, s. Gl. (7.27), und es gilt $\gamma \approx aP_{e0}^2M_0^2/d$. Für die APD ist daher $ad/(b^2M_0^2\gamma) \gg F_M^2$. Aus Gl. (7.29) folgt jetzt für die Leistungen $P_{e0}(\text{pin})$, $P_{e0}(\text{APD})$ bei gleichem Wert von γ das Verhältnis

$$\frac{P_{e0}(\text{pin})}{P_{e0}(\text{APD})} \approx M_0, \qquad bP_{e0}(\text{pin}) \ll d, \qquad bP_{e0}(\text{APD})M_0^2F_M \ll d. \quad (7.31)$$

In diesem Fall liefert die APD dasselbe SRV bei einem Bruchteil der für die pin-Diode nötigen Empfangsleistung.

Nach Gl. (6.164) kann man nähern $F_M = M_0^x$ ($x > 0$). Aus Gl. (7.27) sieht man dann, daß für M_0 ein optimaler Wert $M_{0\,\text{op}}$ existieren muß, für den γ maximal wird, und der annähernd durch $bP_{e0}M_0^{2+x} = d$ gegeben ist; andererseits nimmt für $M_{0\,\text{op}}$ und gegebenes γ die Empfangsleistung $P_{e0}(M_0)$ von Gl. (7.29) den minimalen Wert $P_{e0\,\text{min}} = P_{e0}(M_{\text{op}})$ an: Gl. (7.29) liefert mit $F_M = M_0^x$, $\partial P_{e0}(M_0)/\partial M_0 = 0$

$$M_{0\,\text{op}} = \left(\frac{4ad}{x(2+x)b^2\gamma}\right)^{\frac{1}{2x+2}}, \quad P_{e0\,\text{min}} = \frac{b}{2a}\,\gamma\,(2+x)^{\frac{x+2}{2x+2}}\left(\frac{4ad}{xb^2\gamma}\right)^{\frac{x}{2x+2}}. \quad (7.32)$$

Für eine ideale APD ohne Zusatzrauschen durch Lawinenmultiplikation ($x \to 0$, $F_M \to 1$) geht $M_{0\,\text{op}} \to \infty$. In diesem Fall (vgl. Gl. (7.27)) dominiert das Quantenrauschen; aus Gl. (7.32), (7.15) folgt dafür

$$\frac{P_{e0\,\text{min}}}{B_R} = \frac{b}{aB_R}\,\gamma = \frac{4e}{m^2S}\,\gamma = \frac{4hf_L}{m^2\eta}\,\gamma \qquad \text{für } x \to 0,\ F_M \to 1. \quad (7.33)$$

Dasselbe Ergebnis erhält man auch aus Gl. (7.29) für eine pin-Diode ($F_M = 1$) und eine ideale Schaltung ohne elektronisches Rauschen ($d = 0$). Gleichung (7.33) bedeutet, daß man für $\eta = 1$, $m = 1$ zum Erreichen von $\gamma = 1$ in einem Zeitintervall $T_a = 1/(2B_R)$ (s. Text vor Gl. (7.2)) die mittlere Energie $2hf_L$ zweier Photonen empfangen muß. Das minimale Rauschen (Quantenrauschen, s. Gl. (6.183) und folgender Text) ist durch das Schrotrauschen zufolge der Beleuchtung bestimmt. Gleichung (7.33) legt die minimale mittlere Empfangsleistung pro Übertragungsbandbreite $P_{e0\,\text{min}}/B_R$ fest, bei der eine Analogübertragungsstrecke mit den Parametern η, m und γ betrieben werden kann.

Für den Spezialfall verschwindenden Verstärkerrauschens ($G_n, R_n = 0$) tritt zusätzlich zum Detektorrauschen nur das thermische Rauschen des Eingangskreises auf; es sei $G_Q' \gg G_{1E}'$. Mit diesen Annahmen erhält man anstelle von Gl. (7.28) die Beziehungen

$$a = (mS)^2/2, \qquad b = 2eSB_R, \qquad d = 4kT_0GB_R,$$
$$B_R = G/(4C), \qquad G = G_Q', \qquad C = C_Q' + C_{1E}'. \qquad (7.34)$$

Setzt man die Größen von Gl. (7.34) in Gl. (7.32) ein, so erhält man $M_{0\,\text{op}}$, $P_{e0\,\text{min}}$ für die APD, durch Einsetzen in Gl. (7.29) mit $M_0 = 1$, $F_M = 1$ erhält man P_{e0} für den pin-Detektor,

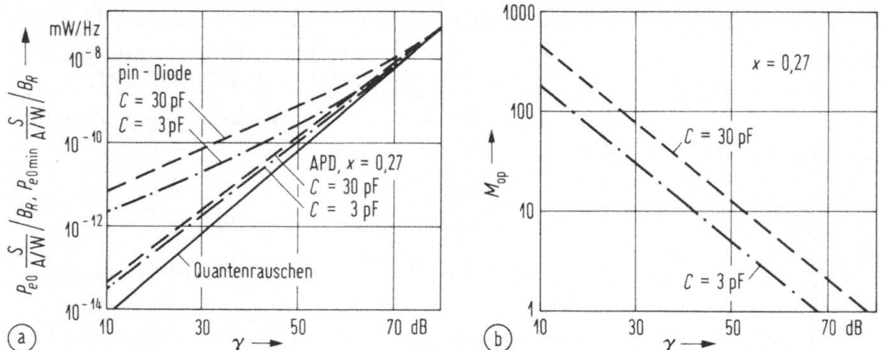

Abb. 7.5. Empfangsleistung und optimale Lawinenverstärkung als Funktion des SRV ($m = 1$, $T_0 = 293$ K, kein Verstärkerrauschen: $G_n = 0$, $R_n = 0$)   (a) mittlere Sendeleistung pro Übertragungsbandbreite   (b) optimale Lawinenverstärkung

$$\frac{P_{e0}}{B_R} = \frac{2e}{m^2 S}\,\gamma \cdot \left(1 + \sqrt{1 + \frac{8kT_0 Cm^2}{e^2\gamma}}\right) \qquad \text{pin,}$$

$$\frac{P_{e0\,\min}}{B_R} = \frac{2e}{m^2 S}\,\gamma \cdot (2+x)^{(x+2)/(2x+2)} \left(\frac{8kT_0 Cm^2}{e^2 x\gamma}\right)^{x/(2x+2)} \qquad \text{APD,} \qquad (7.35)$$

$$M_{0\,\mathrm{op}} = \left(\frac{8kT_0 Cm^2}{x(2+x)e^2\gamma}\right)^{1/(2x+2)} \qquad \text{APD.}$$

Je größer die Eingangskapazität C ist, desto größer ist die Leistung, die für festes SRV in der Übertragungsbandbreite am Detektor ankommen muß. Die Abhängigkeit von C wird umso kleiner, je kleiner x (und damit das Zusatzrauschen) bei der verwendeten APD ist; im Grenzfall $x \to 0$ erhält man für die APD die Beziehung Gl. (7.33), die auch für eine pin-Diode bei verschwindendem thermischem Rauschen $T_0 \to 0$ gilt, und zwar unabhängig von der Eingangskapazität C.

In Abb. 7.5 sind für $m = 1$, $T_0 = 293$ K und $x = 0{,}27$ die mittleren bezogenen Empfangsleistungen $P_{e0}S/B_R$ und $P_{e0\,\min}S/B_R$ sowie die optimale Lawinenverstärkung $M_{0\,\mathrm{op}}$ als Funktion des SRV γ gezeichnet (Gl. (7.35)). Die mit „Quantenrauschen" markierte Kurve stellt Gl. (7.33) dar. Verwendet man eine APD mit kleinem Zusatzrauschen, so erhöht sich für festes γ die notwendige Sendeleistung nur wenig über die Quantenrauschgrenze und hängt schwach von der Eingangskapazität C ab. Für kleines SRV und gleiche Werte von γ braucht der pin-Detektor merklich größere optische Leistungen als die APD (im vorausgesetzten Fall $G_n = 0$, $R_n = 0$ dominiert das thermische Rauschen). Bei großem SRV bringt die APD keinen Vorteil, in Übereinstimmung mit dem Ergebnis der einfachen Überlegung Gl. (7.30). Da analoge Systeme hohe Werte des SRV fordern, digitale Systeme dagegen mit kleinem SRV auskommen, bringt der Einsatz von APD mit hinreichend kleinem Zusatzrauschfaktor $F_M \approx M_0^x$ in digitalen Direktempfangssystemen erhebliche Verbesserungen im Vergleich zum pin-Dioden-Empfänger. Abbildung 7.5b zeigt, daß das optimale M_0 desto kleiner ist, je größer das geforderte SRV wird; bei großem SRV muß dann aber auch das Zusatzrauschen der APD klein sein.

Für gute Si-APD (Betrieb bei $\lambda = 0{,}85\,\mu\mathrm{m}$) liegt der Exponent x des Zusatzrauschfaktors $F_M = M_0^x$ im Bereich $x = 0{,}27$, s. Abb. 6.8 in Abschn. 6.4.5. Die Werte für InGaAs-APD (Betrieb bei $\lambda = 1{,}3$; $1{,}55\,\mu\mathrm{m}$) sind mit $x = 0{,}7 \ldots 0{,}8$ [597, Tabelle 1] wesentlich ungünstiger, und nur für Sonderkonstruktionen (Supergitter-APD) wird über Werte von $x = 0{,}37$ ($M_0 < 4$) berichtet [372]. Daher werden Empfänger mit APD im kurzwelligen Gebiet häufig, im langwelligen Übertragungsbereich dagegen seltener eingesetzt. Bei $\lambda = 1{,}3$; $1{,}55\,\mu\mathrm{m}$ verwendet man bevorzugt pin-Transimpedanz- oder -Stromverstärker.

7.5 Berechnung des Digitalempfängers

Der Digitalempfänger wird nach dem Muster der grundlegenden Arbeiten [440] [441] berechnet. Die Lichtleistung $P(t)$ (Gl. (7.1)) des Senders werde (wie schon zur Berechnung des Analogempfängers angenommen) unverzerrt auf den Empfänger Abb. 7.4a übertragen, so daß die empfangene Lichtleistung $P_e(t) \sim P(t)$ ist. Die Sendeleistung wird mit der binär codierten Nachricht $v(t)$ über das Modulationssignal $u_c(t)$ (Gl. (7.7), $a_n = 0, 1$) impulsförmig moduliert; da es bei der digitalen Übertragung auf die Impulsenergie W am Empfänger ankommt, wird die Empfangsleistung beschrieben durch

$$P_e(t) = W \sum_{n=-\infty}^{+\infty} a_n q(t - nT_t), \qquad a_n = 0, 1\,, \qquad \int_{-\infty}^{+\infty} q(t)\,\mathrm{d}t = 1\,. \quad (7.36)$$

Signal und Rauschen am Entscheider Ein einziger Empfangsimpuls $P_e(t) = Wq(t)$ mit dem Spektrum $W\breve{q}(f)$ erzeugt nach Gl. (7.16) den Signalstromimpuls $i_S(t) = SM_0Wq(t)$ mit dem Spektrum $I_S(f)$; das Spektrum des daraus resultierenden Signalanteils $u_A(t)$ (Gl. (7.10)) der Entzerrerausgangsspannung $u_A(t)$ wird mit $\overline{U_A(f)}$ bezeichnet (zur Schreibweise s. Gl. (A.5) in Anh. A). Man erhält mit Gl. (7.10), (7.17)

$$
\begin{aligned}
I_S(f) &= SM_0W\breve{q}(f)\,, \\
\overline{U_A(f)} &= u_1\breve{h}_A(f) = \frac{V'(f)E(f)}{Y_Q'(f)+Y_{1E}'(f)}\,I_S(f)\,.
\end{aligned}
\qquad (7.37)
$$

Gibt man die Spannungsamplitude u_1 für eine logische Eins am Entzerrerausgang (d. h. am Entscheidereingang) vor, so ist mit der gewünschten normierten Impulsform $h_A(t)$ (Gl. (7.10)) die Übertragungsfunktion $E(f)$ des Entzerrers festgelegt. Zur Berechnung des instationären Rauschens benötigt man nach Abschn. 6.4.4 die Spannung $g(t)$ (Spektrum $\breve{g}(f)$) am Entscheider, die durch ein Primärträgerpaar (d. h. durch den Strom $i_S(t) = e\delta(t)$, $I_S(f) = e$) hervorgerufen wird. Aus Gl. (7.37) erhält man

$$\breve{g}(f) = \frac{V'(f)E(f)}{Y_Q'(f) + Y_{1E}'(f)}\,e = \frac{u_1}{SM_0W/e}\,\frac{\breve{h}_A(f)}{\breve{q}(f)}\,. \qquad (7.38)$$

Die Gesamtheit der Impulse $a_n q(t - nT_t)$ liefert zum instationären Rauschen im Abtastzeitpunkt $t = 0$ in sinngemäßer Interpretation der Gl. (6.159) – (6.161) den Beitrag

$$\overline{\delta u_A^2(0)}_{\text{inst}} = \frac{SM_0^2 F_M}{e} \int\limits_{-\infty}^{+\infty} P_e(\tau)g^2(0-\tau)\,\mathrm{d}\tau = \left(\frac{u_1}{SM_0W/e}\right)^2 Z_{\text{inst}}\,, \qquad (7.39)$$

$$Z_{\text{inst}} = \frac{SM_0^2 F_M}{e}\,W \sum_{n=-\infty}^{+\infty} a_n \iint\limits_{-\infty}^{+\infty} \breve{q}(f)\frac{\breve{h}_A(f')\breve{h}_A(f-f')}{\breve{q}(f')\breve{q}(f-f')}\; e^{-\mathrm{j}2\pi f n T_t}\; \mathrm{d}f\,\mathrm{d}f'\,.$$

Das instationäre Rauschen wird maximal, wenn $a_n = 1$ für alle $n \neq 0$ gewählt wird; $a_0 = 0$ gilt, wenn im Abtastzeitpunkt $t = 0$ eine Null vorliegt, $a_0 = 1$ ist zu setzen, wenn eine Eins abgetastet wird. Der unter diesen Voraussetzungen aus Gl. (7.39) resultierende Wert wird als $Z_{\text{inst}}(a_0)$ bezeichnet (Z_{inst} ist eine dimensionslose Größe),

$$Z_{\text{inst}}(a_0) = \frac{SM_0^2 F_M}{e}\,[a_0 W I_1 + W(\Sigma_1 - I_1)] \geq Z_{\text{inst}}\,,$$

$$I_1 = \iint\limits_{-\infty}^{+\infty} \breve{q}(f)\frac{\breve{h}_A(f')\breve{h}_A(f-f')}{\breve{q}(f')\breve{q}(f-f')}\,\mathrm{d}f\,\mathrm{d}f'\,, \qquad\qquad (7.40)$$

$$\Sigma_1 = \sum_{n=-\infty}^{+\infty}\; \iint\limits_{-\infty}^{+\infty} \breve{q}(f)\frac{\breve{h}_A(f')\breve{h}_A(f-f')}{\breve{q}(f')\breve{q}(f-f')}\; e^{-\mathrm{j}2\pi f n T_t}\; \mathrm{d}f\,\mathrm{d}f'\,.$$

Für das stationäre, nicht mit dem Signal verknüpfte Rauschen erhält man aus Abb. 7.4b und Gl. (7.37) in einem kleinen Frequenzband $\mathrm{d}f$

$$\mathrm{d}\left(\overline{\delta u_A^2}\right)_{\text{stat}} = \left|\frac{V'(f)E(f)}{Y_Q'(f) + Y_{1E}'(f)}\right|^2 \overline{|i_R'|^2} = \left(\frac{u_1}{SM_0W}\right)^2 \left|\frac{\breve{h}_A(f)}{\breve{q}(f)}\right|^2 \overline{|i_R'|^2}\,. \qquad (7.41)$$

Das gesamte stationäre Rauschen am Entzerrerausgang erhält man durch Einsetzen von Gl. (7.22) in Gl. (7.41) und Integration,

$$\mathrm{d}\left(\overline{\delta u_A^2}\right)_{\text{stat}} = \int\limits_0^\infty \frac{\mathrm{d}\left(\overline{\delta u_A^2}\right)_{\text{stat}}}{\mathrm{d}f}\,\mathrm{d}f = \left(\frac{u_1}{SM_0W/e}\right)^2 Z = \left(\frac{u_1}{SM_0W/T_t}\right)^2 \frac{e^2 Z}{T_t^2}\,, \quad (7.42)$$

$$Z = \frac{2kT_0}{e^2}\left\{T_t\left[G_Q' + G_n + R_n(G_Q' + G_c)^2\right]I_2 + \frac{1}{T_t}4\pi^2 R_n(C_Q' + C_c)^2 I_3\right\}\,,$$

$$I_2 = \frac{1}{T_t}\int\limits_{-\infty}^{+\infty}\left|\frac{\breve{h}_A(f)}{\breve{q}(f)}\right|^2\,\mathrm{d}f\,, \qquad I_3 = T_t\int\limits_{-\infty}^{+\infty} f^2\left|\frac{\breve{h}_A(f)}{\breve{q}(f)}\right|^2\,\mathrm{d}f\,.$$

Die Integrale I_2 und I_3 sind von der Taktzeit T_t unabhängig, wie am folgenden Beispiel gezeigt wird: Für $\breve{h}_A(f) = \breve{h}_{pS}(f)$ aus Gl. (7.12) und mit $\int_{-\infty}^{+\infty} q(t)\,\mathrm{d}t = 1$, $\breve{q}(0) = 1$ von Gl. (7.36) folgt $I_2/f_t = \int_{-f_t/2}^{+f_t/2} \mathrm{d}f/(f_t|\breve{q}(f)|)^2 \sim 1/f_t$, also ist I_2 unabhängig von T_t. Die Größe $u_1/(SM_0W/T_t)$ hat die Dimension eines Widerstands; damit ist $e^2 Z/T_t^2$ in Gl. (7.42) ein Stromschwankungsquadrat. Durch Vergleich mit Gl. (6.154) sieht man, daß Z das mittlere Schwankungsquadrat der Anzahl von Ladungsträgern ist, die in einer Taktzeit durch den stationären Rauschstrom i_R' in die Schaltung injiziert werden; Z_{inst} ist die entsprechende Größe zufolge des instationären Rauschstroms. Diese beiden Rauschströme sind unkorreliert. Für das gesamte Rauschen im Abtastzeitpunkt erhält man den Maximalwert

$$\overline{\delta u_A^2(0)} = \overline{\delta u_A^2(0)}_{\text{stat}} + \overline{\delta u_A^2(0)}_{\text{inst}} = \left(\frac{u_1}{SM_0W/e}\right)^2 [Z + Z_{\text{inst}}(a_0)]. \qquad (7.43)$$

Aus analogen Überlegungen wie nach Gl. (7.42) folgt, daß I_1, Σ_1 und damit $Z_{\text{inst}}(a_0)$ in Gl. (7.40) unabhängig von f_t sind; damit nimmt $\overline{\delta u_A^2(0)}$ von niedrigen Taktfrequenzen aus wegen $Z \sim T_t$ zunächst ab; für große f_t dominiert das Rauschen der Spannungsrauschquelle (u_n, R_n, $Z \sim 1/T_t$), so daß ein Rauschminimum existiert.

Empfangsleistung Die Schwellenspannung u_S des Entscheiders wurde mit Gl. (6.5) für eine gewünschte BER als Funktion des Bitfehlerparameters Q berechnet. Nach Gl. (6.4) und Abb. 6.1 wurde dabei vorausgesetzt, daß die Spannung $u_A(t)$ am Entscheider sowohl für eine empfangene Null als auch für eine empfangene Eins gaußverteilt ist; die zugehörigen Standardabweichungen waren σ_0 und σ_1. Der Lawinenmultiplikationsfaktor M_0 (und damit auch $u_A(t)$) ist allerdings nicht gaußverteilt (s. Text nach Gl. (6.164)); deswegen schätzt man sowohl den Erwartungswert u_1 der Verteilung $u_A(t)$ für eine gesendete Eins, als auch den Wert der Schwellenspannung u_S zu niedrig. Die Differenz $u_1 - u_S = Q\sigma_1$ wird mit der für die folgenden Rechnungen getroffenen gaußschen Annahme dennoch recht gut erfaßt, da sich die Fehler in der Tendenz kompensieren. — Eine Berechnung der Bitfehlerwahrscheinlichkeit unter Berücksichtigung der Statistik der Lawinenmultiplikation, des Dunkelstroms, des Impulsnebensprechens und des additiven gaußschen Rauschens bei optimaler Filterung findet man in [462] [463].

Für entzerrte Impulse ohne Impulsnebensprechen folgt aus Abb. 6.1, Gl. (6.5), (7.39) – (7.43)

$$\text{Eins gesendet:} \quad \overline{u_A(0)} = u_1 = u_S + Q\sigma_1 = Q(\sigma_0 + \sigma_1),$$

$$\overline{\delta u_A^2(0)} = \sigma_1^2 = \left(\frac{u_1}{SM_0W/e}\right)^2 [Z + Z_{\text{inst}}(1)]; \qquad (7.44)$$

$$\text{Null gesendet:} \quad \overline{\delta u_A^2(0)} = \sigma_0^2 = \left(\frac{u_1}{SM_0W/e}\right)^2 [Z + Z_{\text{inst}}(0)].$$

Man setzt σ_0 und σ_1 von Gl. (7.44) in den Ausdruck für u_1 ein: $u_1 = Qu_1/(SM_0W/e) \cdot \{\sqrt{[Z + Z_{\text{inst}}(0)]} + \sqrt{[Z + Z_{\text{inst}}(1)]}\}$; dann löst man mit Gl. (7.40) nach W auf. Es resultiert die für eine bestimmte BER notwendige Impulsenergie W bzw. Empfangs-Photonenanzahl $N_e = W/(hf_L)$ und die mittlere Leistung P_t (gesendete Eins) in einer Taktzeit,

$$SW/e = \eta N_e = F_M Q^2 \left[(2\Sigma_1 - I_1) + 2\sqrt{\Sigma_1(\Sigma_1 - I_1) + Z/(M_0 F_M Q)^2}\right],$$

$$N_e = W/(hf_L), \quad P_t = W/T_t = Wf_t, \quad \text{BER}(Q) = \tfrac{1}{2}\text{erfc}(Q/\sqrt{2}). \qquad (7.45)$$

Die über viele Taktperioden gemittelte Empfangsleistung beträgt bei gleichwahrscheinlich verteilten Nullen und Einsen $P_t/2$, vgl. Gl. (7.29) für die mittlere Empfangsleistung des Analogempfängers ($\gamma \approx (1\ldots 2) \cdot Q^2$, s. Seite 343).

Die notwendige Empfangsimpulsenergie W am Detektor hängt für eine vorgegebene Bitfehlerrate (Q) vom Detektor $(\eta,\,M_0,\,F_M)$, dem Verstärker (Z) und den Impulsformen $(I_1,\,\Sigma_1)$ ab. Bei einer pin-Photodiode als Detektor ist $M_0 = 1$, $F_M = 1$ zu setzen. Für das bei Digitalsystemen kleine SRV (s. Seite 343) überwiegt das stationäre Verstärkerrauschen, charakterisiert durch Z (Gl. (7.42)), gegenüber dem impulsabhängigen Photostromrauschen, und man erhält aus Gl. (7.45) für die pin-Diode

$$\eta N_e = Q^2(2\Sigma_1 - I_1) + 2Q\sqrt{Q^2\Sigma_1(\Sigma_1 - I_1) + Z} \approx 2Q\sqrt{Z}\,, \quad P_t = W f_t. \tag{7.46}$$

Im Fall der APD läßt sich die optimale Lawinenverstärkung $M_{0\,\mathrm{op}}$ und damit die minimale Impulsenergie $W_{\min}$ bzw. Photonenanzahl $N_{e\,\min}$ mit Gl. (7.45) aus $\partial W(M_0)/\partial M_0 = 0$ berechnen; für F_M verwendet man wie in Gl. (7.32) die Näherung Gl. (6.164), $F_M = M_0^x$. Nach langer Rechnung erhält man

$$\eta N_{e\,\min} = \eta W_{\min}/(hf_L) = (c_2 Q)^{(x+2)/(x+1)}(c_1 Z)^{x/(2x+2)}, \quad P_{t\,\min} = W_{\min} f_t,$$

$$M_{0\,\mathrm{op}} = (c_2 Q)^{-1/(x+1)}(c_1 Z)^{1/(2x+2)},$$

$$c_1 = \frac{-(2\Sigma_1 - I_1) + \sqrt{(2\Sigma_1 - I_1)^2 + 16(x+1)\Sigma_1(\Sigma_1 - I_1)/x^2}}{2\Sigma_1(\Sigma_1 - I_1)}, \tag{7.47}$$

$$c_2 = \sqrt{\tfrac{1}{c_1} + (\Sigma_1 - I_1)} + \sqrt{\tfrac{1}{c_1} + \Sigma_1}\,.$$

Wie schon nach Gl. (7.43) erwähnt, wird das zu Z proportionale stationäre Rauschen Gl. (7.42) für eine bestimmte Taktfrequenz f_t minimal: Für kleine f_t überwiegt das Rauschen der Rauschstromquellen, für große f_t das der Spannungsrauschquelle u_n, s. Abb. 6.12a; wegen Gl. (7.47) hat dort auch $W_{\min}$ ein Minimum. Je besser die APD ist (kleines x), desto weniger hängt $W_{\min}$ von Z ab; verwendet man eine gute APD, so lohnt es sich unter Umständen nicht mehr, mit großem Aufwand das thermische Rauschen und das Rauschen der Halbleiterbauelemente im Verstärker zu verringern. (Man beachte die Analogie der Abhängigkeit von C bzw. Z in den Gl. (7.35) bzw. Gl. (7.46), (7.47).) Die mittlere Empfangsleistung pro Taktzeit P_t steigt mit f_t stets an. Je nachdem, ob der Summand mit $T_t[\ldots]I_2$ oder der Summand $(1/T_t)[\ldots]I_3$ für Z in Gl. (7.42) überwiegt, sind $M_{0\,\mathrm{op}}$, $W_{\min}$ und $P_{t\,\min}$ von anderen Potenzen der Bitrate f_t abhängig. Je kleiner x ist, desto größer werden die Werte für $M_{0\,\mathrm{op}}$.

Die Werte der Integrale Σ_1, I_1, I_2, I_3 sind in [440] für verschiedene Familien von Eingangsimpulsen $q(t)$ und für Ausgangsimpulse der Familie Gl. (7.11) graphisch dargestellt. Zur Erläuterung der Ergebnisse soll der Spezialfall $q(t) = \delta(t)$ betrachtet werden.

Dirac-Impulse der Lichtleistung   Unterlägen die Abtastzeitpunkte keiner Schwankung (das ist bei einem realen System nicht erreichbar), wäre die Impulsform $q(t) = \delta(t)$ optimal; die Integrale I_2, I_3 (und damit das thermische Rauschen) sowie I_1 und $\Sigma_1 - I_1$ (und damit das instationäre Rauschen) nehmen dafür minimale Werte an [440, Anh. B]. Für $q(t) = \delta(t)$, $h_A(t) = h_{p\,SS}(t)$ (Gl. (7.12)) erhält man aus Gl. (7.40), (7.42) für $t = 0$

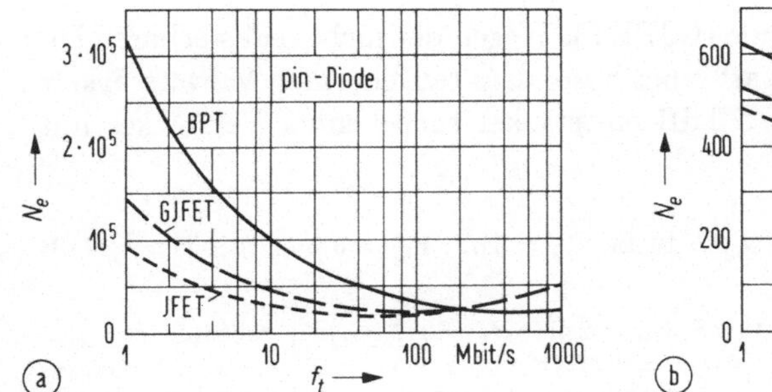
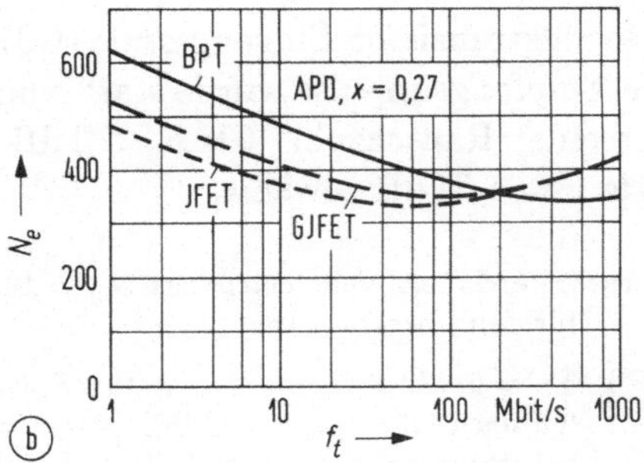

Abb. 7.6. Anzahl der empfangenen Photonen für eine gesendete Eins, verschiedene Verstärkertypen; BER $= 19^{-9}$ $(Q = 6)$, $\eta = 1$.　　(a) pin-Diode　　(b) APD mit $x = 0{,}27$

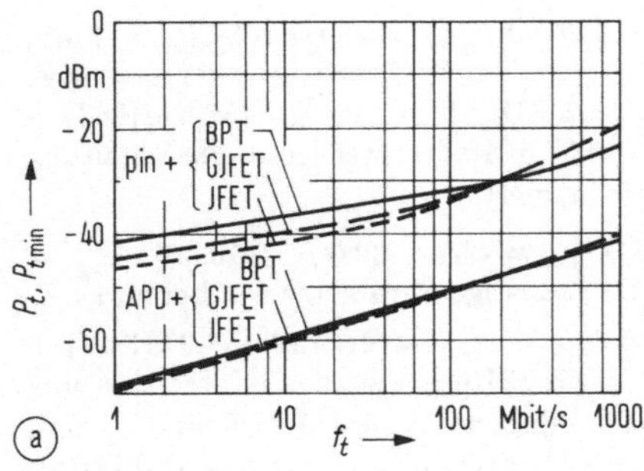
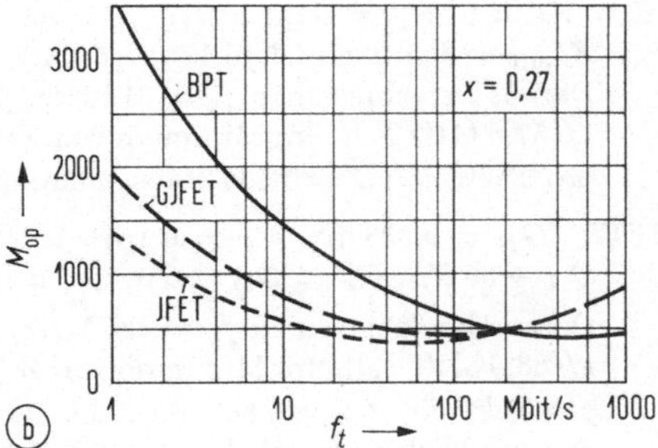

Abb. 7.7. Mittlere Empfangsleistung und optimale Lawinenverstärkung für verschiedene Verstärkertypen.　　(a) mittlere Empfangsleistung in T_t für pin-Diode (P_t) und APD $(P_{t\,\text{min}}, x = 0{,}27)$ bei $\lambda_L = 0{,}85\,\mu\text{m}$　　(b) optimale Lawinenverstärkung für $x = 0{,}27$

$$\Sigma_1 = \sum_{n=-\infty}^{+\infty} \int_{-\infty}^{+\infty} \mathcal{F}_T\{h_A^2(t - nT_t)\}\,\mathrm{d}f = \sum_{n=-\infty}^{+\infty} h_A^2(0 - nT_t) = 1\,,$$

$$I_1 = h_A^2(0) = 1, \qquad I_2 = \tfrac{3}{4}, \qquad I_3 = \frac{2\pi^2 - 15}{8\pi^2} \approx 6 \cdot 10^{-2}. \tag{7.48}$$

Setzt man diese Werte in Gl. (7.46) ein, so folgt für die pin-Diode

$$\eta N_e = Q^2 + 2Q\sqrt{Z}\,. \tag{7.49}$$

Für die APD berechnet man die Parameter der Gl. (7.47), (7.42) zu

$$c_1 = 4(1 + x)/x^2, \qquad c_2 = \left(1 + \sqrt{1 + c_1}\,\right)/\sqrt{c_1}, \tag{7.50}$$

$$Z = \frac{kT_0}{e^2}\left\{ \frac{3T_t}{2}\left[G'_Q + G_n + R_n(G'_Q + G_c)^2\right] + \frac{(2\pi^2 - 15)R_n}{T_t}(C'_Q + C_c)^2 \right\}.$$

Für BER $= 10^{-9}$, also nach Gl. (6.6) für $Q = 6$, werden die Anzahl der empfangenen Photonen N_e pro Dirac-Impuls (Annahme: $\eta = 1$), die optimale Lawinenverstärkung $M_{0\,\text{op}}$ sowie bei $\lambda_L = 0{,}85\,\mu\text{m}$ die minimale mittlere Empfangsleistung in einer Taktzeit T_t berechnet und in den Abb. 7.6 und 7.7 dargestellt. Drei Verstärkertypen liegen zu Grunde: Niederimpedanzverstärker mit Bipolartransistor (BPT), Hochimpedanzverstärker mit Sperrschicht-Feldeffekttransistor (JFET) und gegengekoppelter Transimpedanzverstärker mit Sperrschicht-

Feldeffektransistor-Eingangsstufe (GJFET). Wegen der nicht realisierbaren Dirac-Empfangsimpulse wurde statt eines besonders rauscharmen Vorverstärkers mit einer Rauschzahl $10\lg F < 1\,\mathrm{dB}$ ein stärker rauschender Verstärker mit $10\lg F = 1{,}77\,\mathrm{dB}$ gewählt.

Verstärkerdaten Quellenleitwert $G_Q = 10\,\mu\mathrm{S}$, $C_Q = 5\,\mathrm{pF}$; $Y_{12} = 0$ und $10\lg F = 1{,}77\,\mathrm{dB}$ für den Vorverstärker.

BPT $Y_F = 0$, $G_c = G_{11} = G_{1E} = 10\,\mathrm{mS}$, $G_n = 2\,\mathrm{mS}$, $R_n = 9\,\Omega$ ($G_{Q\,\mathrm{opt}} = 18\,\mathrm{mS}$, $F_{z\,\mathrm{min}} = 0{,}5$ nach Gl. (6.174), (6.175); $10\lg F = 1{,}77\,\mathrm{dB}$), $C_c = C_{11} = C_{1E} = 15\,\mathrm{pF}$. Daraus berechnet man $f_g = 80\,\mathrm{MHz}$ (Gl. (7.19)), $f_{\mathrm{RE}} = 143\,\mathrm{MHz}$ (Gl. (7.23)), $Z = 1{,}39 \cdot 10^6[506\,\mathrm{MHz}\,T_t + 1/(506\,\mathrm{MHz}\,T_t)]$. Im Minimum von Z (bei $f_t = 506\,\mathrm{Mbit/s}$) werden in die Schaltung pro Taktzeit $\sqrt{Z} = 1\,670$ Ladungsträger injiziert, die elektronisches Rauschen verursachen (i'_R in Abb. 7.4).

JFET $Y_F = 0$, $G_c = G_{11} = G_{1E} = 10\,\mu\mathrm{S}$, $G_n = 0{,}25\,\mathrm{mS}$, $R_n = 250\,\Omega$ ($G_{Q\,\mathrm{opt}} = 1\,\mathrm{mS}$, $F_{z\,\mathrm{min}} = 0{,}5$ nach Gl. (6.174), (6.175); $10\lg F = 1{,}77\,\mathrm{dB}$), $C_c = C_{11} = C_{1E} = 5\,\mathrm{pF}$. Daraus berechnet man $f_g = 318\,\mathrm{kHz}$, $f_{\mathrm{RE}} = 16{,}2\,\mathrm{MHz}$, $Z = 1{,}09 \cdot 10^6[57{,}5\,\mathrm{MHz}\,T_t + 1/(57{,}5\,\mathrm{MHz}\,T_t)]$. Im Minimum von Z (bei $f_t = 57{,}5\,\mathrm{Mbit/s}$) werden in die Schaltung pro Taktzeit $\sqrt{Z} = 1\,480$ Rauschladungsträger injiziert.

GJFET $G_F = 0{,}333\,\mathrm{mS}$, $C_F = 0{,}1\,\mathrm{pF}$, $V' = -30$, $G'_{1E} = G_{11} + 30\,G_F = 10\,\mathrm{mS}$, $C'_{1E} = C_{11} + 30\,C_F$, $G'_Q = G_Q + G_F$, $C'_Q = C_Q + C_F$; sonstige Parameter wie beim JFET. Daraus berechnet man $f_g = 126\,\mathrm{MHz}$, $f_{\mathrm{RE}} = 24{,}9\,\mathrm{MHz}$, $Z = 1{,}7 \cdot 10^6[88{,}0\,\mathrm{MHz}\,T_t + 1/(88{,}0\,\mathrm{MHz}\,T_t)]$. Im Minimum von Z (bei $f_t = 88{,}0\,\mathrm{Mbit/s}$) werden in die Schaltung pro Taktzeit $\sqrt{Z} = 1\,840$ Rauschladungsträger injiziert. Beim GJFET sind f_g und f_{RE} merklich größer als beim JFET ($126\,\mathrm{MHz} \leftrightarrow 318\,\mathrm{kHz}$ und $24{,}9\,\mathrm{MHz} \leftrightarrow 16{,}2\,\mathrm{MHz}$).

Die Abhängigkeit der erforderlichen Photonenanzahl N_e für eine gewünschte Bitfehlerwahrscheinlichkeit als Funktion der Bitrate f_t ist durch die Abhängigkeit der Anzahl der „rauschenden" Träger $\sqrt{Z}$ (Gl. (7.42)) von f_t bestimmt. Die Kurven in Abb. 7.6a,b haben daher den Charakter des Rauschens der verwendeten Verstärker. Bei kleinem f_t rauscht der BPT am stärksten, der JFET am wenigsten; bei großem f_t rauscht der JFET stärker als der BPT. Wegen der rauschenden Gegenkopplung ist das Rauschen des GJFET größer als das des JFET. Die minimale Anzahl der empfangenen Photonen pro (Dirac-)Impuls liegt für die APD bei $N_e = 340$, für die pin-Diode bei $N_e = 18 \cdot 10^3$. Der theoretische untere Grenzwert für ηN_e (BER $= 10^{-9}$, kein elektronisches Rauschen, null Photonen für gesendete Null) beträgt nach Gl. (6.185) und folgendem Text $\eta N_{e\,\mathrm{min}} = \eta \overline{N_S} = 20$: Für eine gesendete Eins müßten am Detektor ($\eta = 1$) pro Taktzeit im Mittel 20 Photonen absorbiert werden, um die geforderte BER zu erreichen; sind Nullen und Einsen gleichverteilt, müßten im Mittel über viele Taktzeiten 10 Photonen pro Bit absorbiert werden. Von dieser Grenze sind direkte Empfangssysteme weit entfernt.

Die mittlere Empfangsleistung P_t in einer Taktzeit T_t für eine gesendete Eins wächst monoton mit f_t, Abb. 7.7a. Die Steigung der Kurve hängt davon ab, ob im betrachteten Bereich $Z \sim T_t$ oder $Z \sim 1/T_t$ gilt (Gl. (7.42)), und mit welchem Exponenten von f_t (der durch x der APD bestimmt wird, Gl. (7.47)) diese Abhängigkeit in das Endergebnis eingeht. Für die pin-Diode ist $P_t \sim f_t^{1/2}$ für kleine Bitraten und $P_t \sim f_t^{3/2}$ für große Bitraten (Gl. (7.46), (7.42)). Die optimale Lawinenverstärkung, Abb. 7.7b ist umso größer, je höher das elektronische Rauschen der Schaltung ist und je näher die APD dem idealen Rauschverhalten kommt (kein Lawinenmultiplikationsrauschen für $x \to 0$, $F_M \to 1$). Für den hier angenommenen Wert $x = 0{,}27$ erreicht $M_{0\,\mathrm{opt}}$ unrealistische Größenordnungen.

Man kann versuchen, das instationäre Rauschen als stationäres Rauschen des mittleren Photostroms zu erfassen. Dazu muß man in Gl. (7.41) statt $\overline{|i'_R|^2}$ den Wert für $\overline{|i_{\mathrm{RD}}|^2}$ aus Gl. (7.22) einsetzen und $P_{e0} = W/T_t$ wählen. Statt Gl. (7.40) erhält man

$$Z_{\mathrm{inst}}(a_0) = \frac{S M_0^2 F_M}{e}\, a_0 W I_2 \,. \tag{7.51}$$

Für Dirac-Empfangsimpulse $q(t) = \delta(t)$ ist nach Gl. (7.48) $a_0 W I_2 = 0{,}75\, a_0 W$, während man unter denselben Voraussetzungen ($I_1 = 1$, $\Sigma_1 - I_1 = 0$) aus Gl. (7.40) $a_0 W I_1 + W(\Sigma_1 - I_1) = a_0 W$ erhält; mit der Annahme stationären Rauschens hätte man das mittlere Schwankungsquadrat $\overline{\delta u_A^2(0)}$ der Entscheiderspannung zum Abtastzeitpunkt also um 25 % zu niedrig geschätzt.

7.6 Systeme

Die optische Nachrichtentechnik kommt heute weltweit zum Einsatz. Größte Bedeutung haben dabei die digitalen Systeme wegen ihrer hohen Übertragungsgüte; Glasfaser-Lichtwellenleiter bieten die notwendige Übertragungsbandbreite. Die optoelektronischen Komponenten auf Sende- und Empfangsseite sind bei Bitraten von $1\,\mathrm{GHz} \leq f_t \leq 20\,\mathrm{GHz}$ noch aufwendig und daher teuer. Fortschritte in der integrierten Optoelektronik werden es möglich machen, schnelle elektronische Schaltungen zusammen mit optischen Komponenten wie Halbleiterlasern, Modulatoren, Wellenleitern, Richtkopplern, Filtern, Schaltern und Photodetektoren monolithisch zu integrieren, was erforderlich wäre, um komplexe Komponenten in Massenproduktion fertigen zu können; es sollte dann möglich werden, breitbandige Glasfaserstrecken bis zum Teilnehmer zu führen (FTTH, fiber to the home).

Eine Vervielfachung der ohnehin schon großen Übertragungskapazität einer Glasfaser kann man mit optischen Trägerfrequenzverfahren erreichen: Die Technik ist bereits anwendungsreif, wenn die optischen Träger so große Frequenz- bzw. Wellenlängenabstände haben ($\Delta\lambda = 1 \ldots 100\,\mathrm{nm}$), daß passive optische Filter zur Kanaltrennung ausreichen; noch im Forschungszustand befinden sich die Verfahren, eng liegende optische Trägerfrequenzen ($\Delta f = 1 \ldots 10\,\mathrm{GHz}$) zu erzeugen und die entsprechenden Übertragungskanäle mit optischen Hetero- oder Homodynempfängern zu selektieren.

Analogsysteme haben gegenüber den Digitalsystemen untergeordnete Bedeutung; ihr Vorteil liegt in den geringeren Anforderungen an die Übertragungsbandbreite des Systems, was sich vor allem auf die Kosten der optoelektronischen und elektrischen Komponenten günstig auswirkt. Im Vergleich zu Digitalsystemen ist allerdings ein hohes Signal-Rauschleistungsverhältnis erforderlich ($\gamma \,\hat{=}\, 50\,\mathrm{dB}$, s. Text vor Gl. (7.5), gegenüber $\gamma \,\hat{=}\, 16\,\mathrm{dB}$ bei Digitalsystemen, s. Seite 343), was die Streckenlänge begrenzt und hohe Linearität der Durchschalteeinrichtungen fordert. Unkomplizierte Analogsysteme haben noch

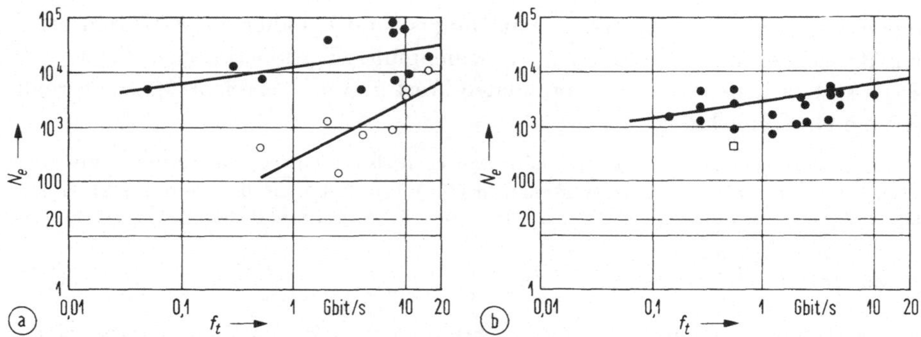

Abb. 7.8. Gemessene minimale Empfangsphotonenanzahlen (η nicht spezifiziert, Eins gesendet, BER $= 10^{-9}$); Grenzwert für $N_e = 20$, $\eta = 1$ (– – –).   (a) pin-Diode $\lambda = 1{,}3$; $1{,}55\,\mu$m ($\bullet$), pin-Diode mit optischem Verstärker (o)   (b) APD $\lambda = 1{,}55\,\mu$m ($\bullet$), $\lambda = 0{,}85\,\mu$m ($\square$)

eine gewisse Bedeutung bei der Übertragung von Bewegtbildern auf kurzen Distanzen (z. B. Video-Übertragung in Hausverteilanlagen).

Empfangsempfindlichkeit.   Regeneratorfeldlänge   Die Empfangsempfindlichkeit analoger und digitaler Systeme wurde in Abschn. 7.4 und 7.5 berechnet, Abb. 7.5 – 7.7. Im folgenden sollen die Grenzen digitaler Direktempfangssysteme diskutiert werden.

Für ein idealisiertes digitales System (kein elektronisches Rauschen, null Photonen für gesendete Null, Quantenwirkungsgrad $\eta = 1$) hat nach Gl. (6.185) und folgendem Text die pro gesendeter Eins empfangene Photonenanzahl N_e für BER $= 10^{-9}$ den Minimalwert $N_e = 20$, s. auch Abschn. 7.5 Ende. Reale Systeme haben zusätzliche Rauschquellen, deren Einfluß bei hohen Bitraten f_t wächst (s. Abb. 7.6 in Abschn. 7.5) und benötigen daher höhere Empfangsphotonenzahlen. Abbildung 7.8 vermittelt eine Übersicht der bis Ende 1990 erreichten *Empfangsempfindlichkeiten* als Funktion von f_t bei BER $= 10^{-9}$. Für pin-Dioden, Abb. 7.8a, liegen die minimalen Empfangsphotonenanzahlen im Bereich von $N_e = 6\,000$ bei $f_t = 4\,$Gbit/s [424] (vgl. Abb. 7.6a mit $N_e = 18\,000$), zusammen mit einem optischen Vorverstärker wird über $N_e = 152$ bei $f_t = 2{,}5\,$Gbit/s berichtet [509]. APD im langwelligen Bereich, Abb. 7.8b, haben bei $f_t = 1{,}2\,$Gbit/s Empfindlichkeiten von $N_e = 650$ [503], während Si-APD bei $\lambda_L = 0{,}85\,\mu$m mit $N_e = 380$, $f_t = 560\,$Mbit/s (vgl. Abb. 7.6b mit $N_e = 340$) noch etwas kleinere Mindestphotonenanzahlen empfangen können [64]. Die übrigen Empfindlichkeitsdaten [483] wurden den Arbeiten [404] [148] [166] [175] [176] [197] [208] [212] [246] [281] [390] [427] [552] [413] [423] [541] [587] [597] entnommen.

Sind Nullen und Einsen gleichverteilt, müßten beim idealen System im Mittel über viele Taktzeiten $N_e/2 = 10$ Photonen pro Bit absorbiert werden; die zugehörige mittlere Empfangsleistung ist $P_t/2$. Die vom Sender am Ort $z = 0$ in die übertragende Glasfaser eingekoppelte Leistung hat die Größe $P_t(0)$ und nimmt nach Gl. (2.49) längs z mit der Leistungsdämpfungskonstanten α bzw.

dem Dämpfungsmaß a bis zum Ort $z = L_F$ des Empfängers auf die Empfangsleistung P_t ab; man erhält mit Gl. (7.45) (vgl. Kap. 1, Text nach Abb. 1.3)

$$N_e = \frac{P_t/f_t}{h f_L} = \frac{P_t(0)\exp(-\alpha L_F)/f_t}{h f_L}, \qquad f_t\, e^{\alpha L_F}/P_t(0) = \frac{1}{N_e h f_L} = c_D,$$

$$\frac{L_F}{\mathrm{km}} = \left(10\lg\frac{P_t(0)/(h f_L)}{N_e\cdot 10^9/\mathrm{s}} - 10\lg\frac{f_t}{\mathrm{Gbit/s}}\right)\Big/\frac{a/L_F}{\mathrm{dB/km}}. \tag{7.52}$$

L_F ist die sogenannte Regeneratorfeldlänge, nach der das gesendete Signal
gerade noch mit der geforderten Photonenanzahl N_e empfangen und (falls
eine Regeneratorstation vorliegt) im Basisband regeneriert und weiter gesen-
det werden kann. Mit den Zahlenwerten $\lambda_L = 1{,}55\,\mu\mathrm{m}$, $a/L_F = 0{,}15\,\mathrm{dB/km}$,
$N_e = 100$, $P_t(0) = 1\,\mathrm{mW}$ erhält man $L_F/\mathrm{km} = \{49 - 10\lg[f_t/(\mathrm{Gbit/s})]\}/0{,}15$;
diese Kurve ist in Abb. 7.9a dargestellt, sie fällt mit f_t schwach ab. N_e bzw.
$P_t(0)$ haben wegen des Logarithmus in Gl. (7.52) geringen Einfluß auf den mittleren Wert von L_F. Wird L_F von Gl. (7.52) festgelegt, dann spricht man von
einem *dämpfungsbegrenzten System*.

Für Übertragungsstrecken hoher Bandbreite verwendet man Einmodenfasern. Bei der hier betrachteten Betriebswellenlänge geringster Dämpfung
($\lambda_L = 1{,}55\,\mu\mathrm{m}$) ist man weit von der Nullstelle der Materialdispersion bei
$\lambda_0 = 1{,}28\,\mu\mathrm{m}$ entfernt; damit kann man in der Entwicklung der Ausbreitungskonstanten (Gl. (2.176)) $\beta_m^{(3)} = 0$ setzten, solange $\beta_m^{(2)}$ nicht zu klein wird
(das ist für Standard-Einmodenfasern gewährleistet; für dispersionsverschobene oder -kompensierte Fasern, s. Abb. 2.18 in Abschn. 2.6.5, kann diese Voraussetzung unzutreffend sein!). Ist die Halbwertsbreite $\Delta f_{\Theta H}$ des Spektrums
der unmodulierten Lichtquelle wesentlich breiter als die spektrale Breite B der
übertragenen Nachricht, $\Delta f_{\Theta H} \gg B$, so berechnet man die durch Dispersion
begrenzte, elektrische 3-dB-Übertragungsbandbreite B_m aus der Leistungs-
Übertragungsfunktion $\breve{g}_m(f)$ des Systems ($|\breve{g}_m(B_m)/\breve{g}_m(0)|^2 = \frac{1}{2}$, Gl. (2.190)
– (2.192), $\beta_m^{(2)} \neq 0$); mit $B_m = B = f_t/2$, $\Delta f_{\Theta H} = 10\,\mathrm{GHz}$ ($\Delta\lambda_{\Theta H} = 0{,}08\,\mathrm{nm}$)
und Gl. (2.170) erhält man näherungsweise (vgl. Kap. 1, Text vor Abb. 1.3)

$$f_t L_F = \frac{2\sqrt{2}\ln 4}{(2\pi)^2}\frac{1}{|\beta_m^{(2)}|\Delta f_{\Theta H}}, \qquad f_t L_F \Delta\lambda_{\Theta H} = \frac{2\sqrt{2}\ln 4}{2\pi|C|} = c_E,$$

$$\frac{f_t L_F}{\mathrm{GHz\,km}} = 1{,}4\cdot 10^3\Big/\left[\frac{\Delta f_{\Theta H}}{\mathrm{GHz}}\Big|\Big(\frac{\lambda}{\mu\mathrm{m}}\Big)^2 - 1{,}28\frac{\lambda}{\mu\mathrm{m}}\Big|\right] = 3{,}3\cdot 10^2. \tag{7.53}$$

Der Koeffizient der chromatischen Faserdispersion (Gl. (2.119)), $C = -2\pi\times$
$c\beta_m^{(2)}/\lambda_L^2 \approx M_2$, $M_2 \approx M \approx 2N_0\lambda_0(1 - \lambda_0/\lambda_L)$ (Gl. (2.54), (2.55)), ergibt
sich in dieser Näherung zu $C = 24\,\mathrm{ps/(km\,nm)}$. Berücksichtigt man die Wel-
lenleiterdispersion W (für Standard-Fasern ist $W < 0$ bei $\lambda_L = 1{,}55\,\mu\mathrm{m}$),
so wird $C \approx M_2 + W$ kleiner; hier ist also der ungünstigste Fall betrachtet. Die Grenzkurve für ein derart *durch die Quelle dispersionsbegrenztes
System* mit Standard-Einmodenfaser ist in Abb. 7.9a strichliert eingetragen;
für $f_t > 10\,\mathrm{Gbit/s}$ ist die Voraussetzung $f_t \ll 2\Delta f_{\Theta H}$ ($\Delta f_{\Theta H} = 10\,\mathrm{GHz}$) von
Gl. (7.53), (2.192) verletzt.

Für Systeme hoher Bitrate wählt man Quellen, deren Spektrum ohne Modulation (Streuung des gaußförmigen Spektrums σ_Θ) wesentlich schmaler als die

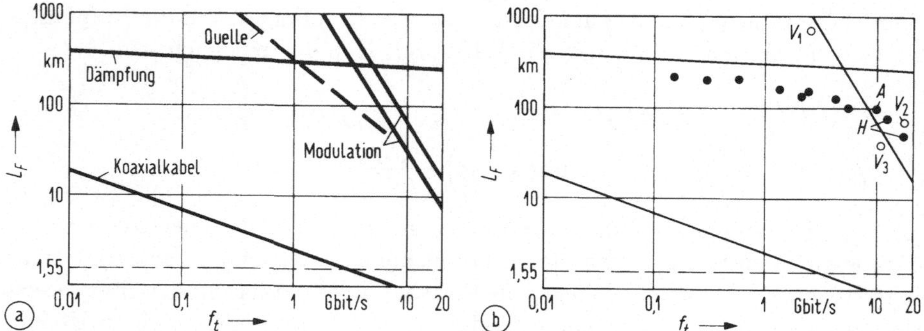

Abb. 7.9. Regeneratorfeldlänge von optischen Direktsystemen mit Standard-Einmodenfaser ($\lambda_L = 1,55\,\mu$m).   (a) Begrenzung durch: Dämpfung ($N_e = 100$, $\eta = 1$, $a/L_F = 0,15\,$dB/km, $P_t(0) = 1\,$mW); Dispersion bei breitem Quellenspektrum ($\Delta\lambda_{\Theta H} = 0,08\,$nm, $\Delta f_L = 10\,$GHz, $C = 24\,$ps/(km nm)); Dispersion bei breitem Modulationsspektrum ($C = 8$; $24\,$ps/(km nm)); zum Vergleich: Koaxialkabelsystem 2,6/9,5 mm, gebräuchliche mittlere Regeneratorfeldlängen sind 1,55 km (– – –) und Vielfache davon   (b) realisierte Systeme: pin-Diode und APD ($\bullet$); APD (A, $C = 0,38\,$ps/(km nm)); pin-Diode und HEMT-Verstärker (H); 10 optische Faserverstärker (V_1); pin-Diode, HEMT-Verstärker und optischer Faserverstärker (V_2); pin-Diode und Halbleiterlaserverstärker (V_3)

Bandbreite B der Nachricht ist, $\Delta f_{\Theta H}, \sigma_\Theta \ll B$; man versucht, bei der Modulation alle vermeidbaren spektralen Verbreiterungen (z. B. durch einen Chirp) auszuschließen. Bei Standard-Einmodenfasern, die weder dispersionsverschoben noch -kompensiert sind, darf wiederum $\beta_m^{(3)} = 0$ gesetzt werden. Nach Gl. (2.184) gibt es für den gaußförmig angenommenen Sendeleistungsimpuls eine optimale Varianz $\sigma_{p\,\mathrm{op}}^2 = |\beta_m^{(2)}|L_F/2$, bei welcher der ebenfalls gaußförmige Empfangsimpuls $P_e(t) = P_m(t)$ die geringste Varianz $\sigma_{P_m}^2 = 2\sigma_{p\,\mathrm{op}}^2 = |\beta_m^{(2)}|L_F$ hat (Gl. (2.182), (2.183), (2.185)). Die elektrische 3-dB-Bandbreite B_m des Systems definiert man aus dem Spektrum $\check{P}_e(f) = \check{P}_m(f)$ des Empfangsimpulses, $|\check{P}_m(B_m)/\check{P}_m(0)|^2 = \frac{1}{2}$, und erhält mit Hilfe von Gl. (2.170) $B_m^2 = \ln 2/(2\pi\sigma_{P_m})^2$. Mit $B = B_m = f_t/2$, $C = -2\pi c\beta_m^{(2)}/\lambda_L^2$ und den Zahlenwerten wie in Gl. (7.53) ergibt sich näherungsweise

$$f_t^2 L_F = \frac{4\ln 2}{(2\pi)^2|\beta_m^{(2)}|} = \frac{4c\ln 2}{2\pi\lambda_L^2|C|} = c_M\,, \qquad \frac{f_t^2 L_F}{\mathrm{GHz}^2\,\mathrm{km}} = 2,3\cdot 10^3. \qquad (7.54)$$

Für Standard-Fasern bei $\lambda_L = 1,55\,\mu$m gilt unter Berücksichtigung der Wellenleiterdispersion $8\,$ps/(km nm) $\leq C \leq 24\,$ps/(km nm). Für diese Grenzwerte erhält man aus Gl. (7.54) die beiden Grenzkurven $f_t^2 L_F = 2,3\cdot 10^3\,GHz^2\,$km und $f_t^2 L_F = 6,9\cdot 10^3\,GHz^2\,$km, die in Abb. 7.9a als durchgezogene Geraden eingetragen sind; man spricht von einem *durch die Modulation dispersionsbegrenzten System*. Die Schnittpunkte der Grenzkurven mit der über den Gültigkeitsbereich hinaus extrapolierten Grenzkurve für ein quellenbegrenztes System sind physikalisch bedeutungslos.

Zum Vergleich ist die Regeneratorfeldlänge für ein gängiges Koaxialkabelsystem (Großtube 2,6/9,5 mm) in Abb. 7.9a eingetragen [225, Abb. 8.43]; dabei wurde als Spitzensendeleistung der bei Trägerfrequenzverstärkern übliche Wert von 400 mW und als Verstärkerrauschzahl $10 \lg F = 6\,\mathrm{dB}$ angesetzt. Das Quantenrauschen spielt bei konventionellen Systemen (Empfangsleistung P_{el}) keine Rolle, da die Quantenenergie hf_L sehr klein gegen die Rauschenergie kT_0 ist. Das SRV beträgt beim konventionellen System $\gamma = P_{\mathrm{el}}/(kT_0 B)$, beim optischen System jedoch (Empfangsleistung P_{e0}, nur stationäres Quantenrauschen, Text nach Gl. (7.29) mit $m = 1$, $\eta = 1$, $B_R = B$) $\gamma = aP_{e0}/b = P_{e0}/(4hf_L B)$. Bei gleichem SRV gilt

$$P_{e0}/P_{\mathrm{el}} = 4hf_L/(kT_0). \tag{7.55}$$

Für $hf_L = 1\,\mathrm{eV}$ ($f_L = 242\,\mathrm{THz}$, $\lambda_L = 1{,}24\,\mu\mathrm{m}$) benötigt das optische System um 22 dB mehr Leistung als das konventionelle System, unter Berücksichtigung des Empfängerrauschens nach Abb. 7.5a liegt die Empfangsleistung noch um ungefähr 8 dB (APD) bzw. bis 26 dB (pin-Diode) darüber. Konventionelle Systeme sind daher prinzipiell um $30\ldots48\,\mathrm{dB}$ empfindlicher als optische Systeme. Dieser Vorteil wird durch den Nachteil der hohen Dämpfung von Koaxial-Übertragungskabeln überkompensiert; für das Kabel der Abb. 7.9a hat das Dämpfungsmaß a den Frequenzgang (s. z. B. [38])

$$\frac{a/L_F}{\mathrm{dB/km}} = 2{,}35\sqrt{\frac{f}{\mathrm{MHz}}} + 0{,}0032\,\frac{f}{\mathrm{MHz}}\,. \tag{7.56}$$

Der erste Summand ist eine Folge des Skin-Effekts, der zweite eine Folge der dielektrischen Verluste. Im Bereich $f = 0{,}01\ldots1\,\mathrm{GHz}$ wächst die Dämpfung stark an, $a/L_F = 8\ldots80\,\mathrm{dB/km}$. Aufgrund der Dämpfungsunterschiede wäre daher die Regeneratorfeldlänge optischer Übertragungssysteme um den Faktor $50\ldots500$ größer, berücksichtigt man die sonstigen Systemparameter, beträgt der Faktor noch $20\ldots100$, Abb. 7.9a. — Verwendet man dispersionsverschobene oder -kompensierte Fasern, so kann (bei größeren Faserkosten) die Reichweite nochmals bedeutend gesteigert werden.

Abbildung 7.9b zeigt Meßwerte an Systemen, die dicht an den Dämpfungs- und Dispersionsgrenzkurven der Abb. 7.9a liegen. Hervorzuheben sind die Systeme A [148] (APD, keine Standardfaser: $C = 0{,}38\,\mathrm{ps/(km\,nm)}$), H [166] [175] (pin-Diode mit HEMT), V_2 [176] (pin-Diode mit HEMT und optischem Faserverstärker) sowie V_3 [391] (pin-Diode mit Halbleiterlaserverstärker). Die übrigen Systemdaten [483] sind den Arbeiten [503] [597] [413] [208] [541] [212] [587] entnommen.

Das System V_1 [115] hat die derzeit höchsten Leistungsdaten mit Standard-Einmodenfasern: $L_F = 710\,\mathrm{km}$, $f_t = 2{,}4\,\mathrm{Gbit/s}$; externer Modulator, Sendeimpulsbreite $\Delta t_{pII} = 2{,}35\,\sigma_p \approx 400\,\mathrm{ps}$, $\sigma_p \approx 0{,}4/f_t$, $B = f_t/2$; stabilisierter DFB-Laser, $\Delta f_{\Theta H} = 300\,\mathrm{kHz}$; 10 optische Faserverstärker; chromatische Faserdispersion $C = 17{,}3\,\mathrm{ps/(km\,nm)}$, $a/L_F = 0{,}2\,\mathrm{dB/km}$. Mit dispersionsverschobenen oder -kompensierten Fasern und $C' = 1\,\mathrm{ps/(km\,nm)}$ (vgl. Abb. 2.19 in Abschn. 2.6.5) könnte man Regeneratorfeldlängen $L_F' = (C/C') \cdot L_F = 12\,000\,\mathrm{km}$ erreichen; tatsächlich wird L_F' geringer sein, da dann statt 10 optischen Verstärkern $10\,L_F'/L_F = 170$ Verstärker notwendig werden, die das

Rauschen erhöhen (zum Vergleich: ein Unterseekabel von Penmarch in Frankreich nach Tuckerton, New Jersey in den USA hat eine Länge von 5 900 km).
— Auch die Möglichkeiten der optischen Dispersionskompensation (optische Entzerrung) werden diskutiert [177] [90] [237].

Multiplextechniken   Um die Kanalzahl in Nachrichtensystemen zu erhöhen, verwendet man Multiplextechniken. Beim *Zeitmultiplexverfahren* (TDM, time division multiplex) verschachtelt man mehrere PCM-Signale mit den Kanalnummern $s = 1, 2, \ldots N$ und den Bitfolgen B_{si} auf der Zeitachse nach dem Muster: $B_{11}B_{21}\ldots B_{N1}B_{12}B_{22}\ldots B_{N2}\ldots B_{1i}B_{2i}\ldots B_{Ni}\ldots$ Auf der Empfängerseite werden die Kanäle mit Hilfe von mitübertragenen Synchronisierinformationen wieder getrennt.

Als *Frequenzmultiplexverfahren* bezeichnet man die Technik, einzelne Kanäle durch ihre Frequenzlage zu trennen. Für optische Übertragungssysteme gibt es dafür drei Möglichkeiten: Beim Subträger-Frequenzmultiplexverfahren (SCM, sub-carrier multiplex) besteht das Signal, das wiederum die Leistung des Senders moduliert, selbst aus einem konventionellen Frequenzmultiplex einzelner Kanäle.

Beim optischen Frequenzmultiplexverfahren (OFDM, optical frequency division multiplex) werden die Informationen der einzelnen Kanäle Sendern unterschiedlicher optischer Frequenz aufmoduliert. Dabei werden zwei Untergruppen unterschieden: Beim Wellenlängenmultiplexverfahren (WDM, wavelength division multiplex) werden die optischen Träger in vergleichsweise großen Abständen der Wellenlänge angeordnet ($\Delta\lambda = 1\ldots 100\,\mathrm{nm}$) und in der Leistung moduliert. Beim kohärenten Frequenzmultiplexverfahren (CMC, coherent multi-carrier) liegen die optischen Träger in engem Abstand auf der Frequenzachse ($\Delta f = 1\ldots 10\,\mathrm{GHz}$, $\Delta\lambda = 0,008\ldots 0,08\,\mathrm{nm}$) und werden in Amplitude, Phase oder Frequenz moduliert. Kanalzahlen von 20 bis $> 1\,000$ könnten damit realisiert werden; dieses Verfahren ist vom praktischen Einsatz allerdings noch weit entfernt.

Die Kanalabstände beim WDM [306] unterscheiden sich durch den Aufwand, den man zur Trennung der Kanäle mit Hilfe von passiven optischen Filtern treiben will. Beim groben WDM (coarse WDM) sieht man Kanalabstände von $\Delta\lambda = 10\ldots 100\,\mathrm{nm}$ vor und rechnet bei den für die Übertragung interessanten Wellenlängen $1,3\,\mu\mathrm{m}$ und $1,55\,\mu\mathrm{m}$ (für schmalbandige Rückkanäle, z. B. zur Fernsehprogrammauswahl in einem Verteilnetz, auch bei $0,85\,\mu\mathrm{m}$) mit jeweils $2\ldots 5$ Kanälen, die durch selektive Richtkoppler und dielektrische Mehrschichtfilter getrennt werden. Das dichte WDM (dense WDM) sieht Abstände von $\Delta\lambda = 1\ldots 10\,\mathrm{nm}$ vor und Kanalzahlen von $5\ldots 20$; die Kanäle werden durch Beugungsgitter getrennt. Bei entsprechendem Bedarf könnten WDM-Systeme bereits eingesetzt werden.

Dienste und Bitraten   Neben den Fernsprechverbindungen (POTS, plain old telephone service) werden bereits andere Dienste, die sich teilweise unterschiedlicher Übertragungsmedien bedienen, dem Teilnehmer angeboten oder werden in Zukunft angeboten werden.

Man unterscheidet zwischen Schmalband- und Breitbanddiensten, die im folgenden mit den benötigten digitalen Übertragungsraten (bei Breitbanddiensten wie Bewegtbildübertragung nach entsprechender Redundanzverringerung) aufgezählt werden: Schmalbandwähldienste (64 kbit/s) auf der Basis des vorhandenen Fernsprechnetzes, also Telephon, Bildschirmtext, Telefax und Datenübertragung; Breitbandwähldienste wie Hörfunkprogramme (384 kbit/s), Bildtelephon (2 Mbit/s), Bewegtbildübertragung und Bildkonferenz (70Mbit/s) [373], hochwertige Bewegtbildübertragung (HDTV, high definition televison; $1\,000 \times 1\,000$ Pixel, $200 \dots 600$ Mbit/s); nicht vermittelte Dienste wie höchstwertige, farbige Standbildübertragung im medizinischen Bereich (EDTV, extreme definition television; $4\,000 \times 4\,000$ Pixel zu 24 Bit in 1 s, 400 Mbit/s) und Standverbindungen zwischen Rechnern (Ethernet: 10 Mbit/s; FDDI, fibre distributed data interface: 100 Mbit/s; schnelle Koppelverbindungen, „backbones": $100 \dots 1\,000$ Mbit/s).

PCM-Systeme Man unterscheidet synchrone und plesiochrone Netze. Bei synchronen Netzen wird ein zentraler Takt mitverteilt; plesiochrone Netze sind im Prinzip asynchron, die Taktfrequenzen der Sender und Empfänger sind jedoch dicht benachbart (griechisch $\pi\lambda\eta\sigma\iota o\varsigma$, benachbart). Das Stopfverfahren (pulse stuffing, neuerdings: justification) [225, Abschn. 8.3.2], bei dem die Daten in einer geringfügig niedrigeren Rate angeliefert werden müssen als sie vom Netzknoten auf einer höheren Hierarchiestufe weitergegeben werden, gestattet einen Ausgleich.

Folgende plesiochrone Hierarchiestufen [117] bestehen in Europa: 2,048 Mbit/s (Stufe 1); 8,448Mbit/s (Stufe 2); 34,368Mbit/s (Stufe 3); 139,264Mbit/s (Stufe 4); die weiteren Stufen 560Mbit/s (Stufe 5); 2,2 Gbit/s (Stufe 6); 9 Gbit/s (Stufe 7) ergeben sich aus der Multiplikation der vorhergehenden Stufe mit ungefähr vier, sind aber nicht festgelegt. Die Stufenzahl bezieht sich auf die relative Anzahl der Sprachkanäle; für Stufe $1 \dots 4; 5 \dots 7$ gibt es $30 \dots 1\,920; 7\,680 \dots 122\,880$ Sprachkanäle mit jeweils 64kbit/s. — In den USA sind die Hierarchiestufen 1,544Mbit/s; 6,312Mbit/s; 44,736Mbit/s vereinbart, in Japan 1,544 Mbit/s; 6,312Mbit/s; 32,064Mbit/s; 97,728Mbit/s.

Jüngste Entwicklungen führten zum Vorschlag eines neuen, weltweiten, synchronen Netzstandards (SDH, synchrone digitale Hierarchie). Wie bei den asynchronen Hierarchien gibt es auch in der neuen synchronen Hierarchie Zeitmultiplexsignale mit unterschiedlichen Bitraten. Das elementare Multiplexsignal wird als STM-1-Element bezeichnet [117] und hat eine Bitrate von 155,520 Mbit/s (1 920 Sprachkanäle, passend zur europäischen 139,264-Mbit/s-Norm und zu drei 44,736-Mbit/s-Kanälen amerikanischer Art).

Weitere Multiplexsignale werden durch byteweises (8 Bit sind 1 Byte) Verschachteln von N STM-1-Elementen gebildet und als STM-N-Elemente bezeichnet; sie haben die Bitraten $N \cdot 155{,}520$ Mbit/s. Die Bits dieser Elemente sind mit einem Scrambler verwürfelt, die Elemente werden ohne zusätzlichen Leitungscode als Leitungssignale verwendet. Ende 1990 wurde ein solches

2,5-Gbit/s-Versuchssystem (STM-16) in Betrieb genommen [457] (Berlin-V-Projekt); es lassen sich 16 139,264-Mbit/s-Kanäle (30 720 Sprachkanäle) bei der Wellenlänge $\lambda_L = 1{,}55\,\mu$m über $L_F = 90$ km Standard-Einmodenfaser übertragen.

Netze Die verschiedenen Typen von Netzen werden unter anderem nach dem Grad ihrer Weiträumigkeit klassifiziert. Lokale Netze [101] [262] (LAN, local area network) sind auf Reichweiten von wenigen Kilometern begrenzt und haben Übertragungsraten von einigen Mbit/s; sie dienen hauptsächlich der Kopplung von Arbeitsplatzrechnern. Mittelbereichsnetze (MAN, metropolitan area network) umfassen Großstadtregionen oder ähnlich große Gebiete bis zu 50 km Durchmesser und nutzen breitbandige Übertragungsmedien im 100 Mbit/s-Bereich. Darüberhinausgehende Fernbereichsnetze (WAN, wide area network) mit ihrer hohen Verkehrsdichte werden für höchste Übertragungsraten ausgelegt. Alle drei Netzformen werden aus Gründen der Wirtschaftlichkeit mit Glasfasersystemen der verschiedenen Bauarten ausgeführt werden: Dickkern-Stufenprofilfasern (auch als Plastikfasern) mit LED für LAN, bei hohen Bitraten und über geringe Entfernungen auch Vielmodenfasern mit Halbleiterlasern auf GaAs-Basis, da deren Technologie mit der von schnellen elektronischen Schaltkreisen harmoniert und integrierte Aufbauten ermöglicht; Einmodenfasern mit Halbleiterlasersendern unterschiedlicher Qualität für MAN (longitudinal vielmodige Laser bei 1,3 μm und 1,55 μm) und WAN (einmodige, hochstabile Laser bei 1,55 μm); über mögliche Strukturen von LAN, MAN und WAN in kohärenter Technik s. [126].

Seit 1987 werden im deutschen Fernkabelnetz nur noch Glasfasern verlegt. Die in diesem Zusammenhang eingeführte, einheitliche digitale Technik legt es nahe, alle Dienste in einem einheitlichen, digitalen Netzwerk zu integrieren (ISDN, integrated services digital network). ISDN wurde weltweit von den Fernmeldeverwaltungen gefördert und seit 1989 in Deutschland eingeführt.

Anhänge

Anhang A
Fourier-Transformation und ebene Wellen

Eine Funktion $\Psi(t,\vec{r})$ (t ist die Zeit, $\vec{r}$ der Ortsvektor mit den Komponenten x,y,z) und eine Funktion $\Psi_F(f,\vec{\kappa})$ (f ist die Frequenz, $\vec{\kappa}$ der Raumfrequenzvektor mit den Komponenten ξ,η,ζ) heißen dann ein Fourier-Paar, wenn gilt

$$
\Psi(t,\vec{r}) = \int\!\!\!\int\!\!\!\int\!\!\!\int_{-\infty}^{+\infty} \Psi_F(f,\vec{\kappa})\,e^{+\mathrm{j}2\pi(ft-\vec{\kappa}\cdot\vec{r})}\,\mathrm{d}f\,\mathrm{d}\xi\,\mathrm{d}\eta\,\mathrm{d}\zeta,
$$

$$
\Psi_F(f,\vec{\kappa}) = \int\!\!\!\int\!\!\!\int\!\!\!\int_{-\infty}^{+\infty} \Psi(t,\vec{r})\,e^{-\mathrm{j}2\pi(ft-\vec{\kappa}\cdot\vec{r})}\,\mathrm{d}t\,\mathrm{d}x\,\mathrm{d}y\,\mathrm{d}z\,.
$$

$$(\text{A.1})$$

Die Größen t,x,y,z sowie f,ξ,η,ζ sind unabhängige reelle Variable im Bereich $-\infty\ldots+\infty$. $\Psi(t,\vec{r})$ darf deshalb nicht als Superposition ebener Wellen interpretiert werden, da bei diesen der Ausbreitungsvektor $\vec{k}=2\pi\vec{\kappa}$ mit der Frequenz verknüpft ist, so daß die Größen f,ξ,η,ζ nicht mehr unabhängig sind.

Funktionen $\Psi(t,\vec{r})$, die Superpositionen ebener Wellen darstellen mit reellen Größen ξ,η im Bereich $-\infty\ldots+\infty$ und komplexen Amplituden $W(f,\xi,\eta)$, haben die Form

$$
\Psi(t,\vec{r}) = \int\!\!\!\int\!\!\!\int_{-\infty}^{+\infty} W(f,\xi,\eta)\,e^{+\mathrm{j}2\pi(ft-\vec{\kappa}\cdot\vec{r})}\,\mathrm{d}f\,\mathrm{d}\xi\,\mathrm{d}\eta, \qquad (\text{A.2})
$$

$$
\vec{\kappa}^2 = n^2/\lambda^2 = f^2 n^2/c^2 \quad (\vec{k}=2\pi\vec{\kappa},\ k=|\vec{k}|=nk_0,\ k_0=\omega/c=2\pi/\lambda).
$$

Für relles $\zeta = \pm\sqrt{n^2/\lambda^2 - \xi^2 - \eta^2}$ sind das gleichförmige ebene Wellen, für imaginäres ζ quergedämpfte Wellen, deren Ausbreitungsrichtung (Richtung des Phasenvektorvektors Gl. (2.13)) parallel zur xy-Ebene ist. In der Ebene $z=0$ hat diese Superposition ebener Wellen die Form

$$
\Psi(t,x,y,0) = \int\!\!\!\int\!\!\!\int_{-\infty}^{+\infty} W(f,\xi,\eta)\,e^{+\mathrm{j}2\pi[ft-(\xi x+\eta y)]}\,\mathrm{d}f\,\mathrm{d}\xi\,\mathrm{d}\eta = w(t,x,y). \quad (\text{A.3})
$$

$W(f,\xi,\eta)$ kann daher als dreidimensionale Fourier-Transformierte einer beliebigen, in der Ebene $z=0$ vorgegebenen Funktion $\Psi(t,x,y,0)=w(t,x,y)$ aufgefaßt werden (f,ξ,η sind unabhängige reelle Variable im Bereich $-\infty\ldots+\infty$),

$$W(f,\xi,\eta) = \iiint\limits_{-\infty}^{+\infty} w(t,x,y)\,e^{-j\,2\pi[ft-(\xi x+\eta y)]}\,dt\,dx\,dy\,. \tag{A.4}$$

Werte von $\xi^2 + \eta^2 > n^2/\lambda^2$ (also räumliche Details der Funktion $w(t,x,y)$ mit Perioden kleiner als die Medium-Wellenlänge) führen zwangsläufig zu Wellen mit imaginärem ζ, also quergedämpften Wellen, deren Amplitude in z-Richtung exponentiell mit steigendem Abstand von der Ebene $z = 0$ kleiner wird.

Ist die Funktion $w(t,x,y) = \Psi(t)\Psi(x,y)$ in Produktform separierbar, dann können die Integrale Gl. (A.3) und Gl. (A.4) ebenfalls separiert werden. Die Fourier-Transformationsbeziehungen für Zeit- bzw. Frequenzfunktionen heißen dann

$$\begin{aligned}
\Psi(t) &= \int\limits_{-\infty}^{+\infty} \breve{\Psi}(f)\,e^{+j\,2\pi ft}\,df,\\[4pt]
\breve{\Psi}(f) &= \int\limits_{-\infty}^{+\infty} \Psi(t)\,e^{-j\,2\pi ft}\,dt\,.
\end{aligned} \tag{A.5}$$

Die entsprechenden Beziehungen für Raum- bzw. Raumfrequenz-Funktionen schreibt man

$$\begin{aligned}
\Psi(x,y) &= \iint\limits_{-\infty}^{+\infty} \widetilde{\Psi}(\xi,\eta)\,e^{-j\,2\pi(\xi x+\eta y)}\,d\xi\,d\eta,\\[4pt]
\widetilde{\Psi}(\xi,\eta) &= \iint\limits_{-\infty}^{+\infty} \Psi(x,y)\,e^{+j\,2\pi(\xi x+\eta y)}\,dx\,dy\,.
\end{aligned} \tag{A.6}$$

Zu beachten sind die unterschiedlichen Vorzeichen im Exponenten der räumlichen Transformation Gl. (A.6) gegenüber den Zeit-Frequenz-Beziehungen Gl. (A.5).

Mit $x = r\cos\varphi$, $y = r\sin\varphi$ bzw. mit $\xi = \varrho\cos\Phi$, $\eta = \varrho\sin\Phi$ transformiert man Gl. (A.6) auf Polarkoordinaten r,φ bzw. ϱ,Φ (s. Abb. 2.2). Für die speziellen Funktionen $\Psi(r,\varphi) = \Psi^{(\nu)}(r)\Psi^{(\nu)}(\varphi)$ bzw. $\widetilde{\Psi}(\varrho,\Phi) = \widetilde{\Psi}^{(\nu)}(\varrho)\widetilde{\Psi}^{(\nu)}(\Phi)$ mit harmonischer Winkelabhängigkeit gilt dann die Fourier-Transformationsbeziehung

$$\begin{aligned}
\Psi^{(\nu)}(r) &= 2\pi\!\int\limits_0^\infty \widetilde{\Psi}^{(\nu)}(\varrho)J_\nu(2\pi\varrho r)\,\varrho\,d\varrho, & \Psi^{(\nu)}(\varphi) &= j^{-\nu/2}\begin{Bmatrix}\cos\nu\varphi\\ \text{oder}\\ \sin\nu\varphi\end{Bmatrix},\\[6pt]
\widetilde{\Psi}^{(\nu)}(\varrho) &= 2\pi\!\int\limits_0^\infty \Psi^{(\nu)}(r)J_\nu(2\pi\varrho r)\,r\,dr, & \widetilde{\Psi}^{(\nu)}(\Phi) &= j^{+\nu/2}\begin{Bmatrix}\cos\nu\Phi\\ \text{oder}\\ \sin\nu\Phi\end{Bmatrix}.
\end{aligned} \tag{A.7}$$

Für die Radialkomponente sind das Hankel-Transformationen ν-ter Ordnung [292] [379, Abschn. 8.3, S. 944] ($J_\nu(x)$ ist die Bessel-Funktion ν-ter Ordnung).

Man schreibt für die zeitliche Fourier-Transformierte bzw. deren Inverse auch $\mathcal{F}_T\{\Psi\}$ bzw. $\mathcal{F}_T^{-1}\{\breve{\Psi}\}$, für die räumliche Fourier-Transformierte bzw. deren Inverse auch $\mathcal{F}_R\{\Psi\}$ bzw. $\mathcal{F}_R^{-1}\{\widetilde{\Psi}\}$. Die Schreibweise wird durch die Festlegung vereinfacht, daß gleiche Funktionssymbole mit unterschiedlicher Anzahl von Argumenten sowie gleiche Funktionssymbole mit unterschiedlich bezeichneten Argumenten verschiedene Funktionen bedeuten können, besonders bei einem Wechsel des Koordinatensystems.

Anhang B
Kausale Funktionen und analytische Signale

B.1 Definitionen und Beziehungen

Eine Funktion $f(z)$ hänge von der komplexen Variablen z ab (Realteil x, Imaginärteil y). Als Fourier-Transformationsbeziehung sei die zeitliche Fourier-Transformation Gl. (A.5) vereinbart. Die Existenz der Integrale Gl. (A.5) sei gesichert. Es gelten die folgenden Zusammenhänge [379, Band 1 Kap. 4 S. 480] [433, Absch. 10.2]:

1. $f(x)$ heißt kausal, wenn $f(x) = 0$ für $x < 0$.

2. $f(z)$ heißt analytisch (oder regulär oder holomorph) im ganzen Gebiet $\mathbf{G}$ der z-Ebene, wenn $f(z)$ für jeden Punkt $z \in \mathbf{G}$ komplex differenzierbar ist. Die Ableitung wird definiert durch

$$\frac{\mathrm{d}f(z)}{\mathrm{d}z} = f'(z) = \lim_{h \to 0} \frac{f(z+h)-f(z)}{h}. \tag{B.1}$$

3. $f(z)$ ist differenzierbar, wenn mit den positiv reellen, beliebig kleinen Größen ε, δ gilt

$$\left| \frac{f(z)-f(z_0)}{z-z_0} - f'(z_0) \right| < \varepsilon \qquad \text{für} \qquad |z - z_0| < \delta. \tag{B.2}$$

4. Ist $f(z)$ für $z \in \mathbf{G}$ analytisch, dann gilt für im Gegenuhrzeigersinn durchlaufene geschlossene Kurven C, die ganz innerhalb des einfach zusammenhängenden Gebiets $\mathbf{G}$ liegen,

$$\begin{aligned}
f(z_0) &= \frac{1}{2\pi \mathrm{j}} \oint_C \frac{f(z)}{z-z_0} \, \mathrm{d}z && \text{wenn } z_0 \text{ innerhalb } C, \\
f(z_0) &= \frac{1}{2\pi \mathrm{j}} \oint_C \frac{f(z)}{z-z_0} \, \mathrm{d}z = 0 && \text{wenn } z_0 \text{ außerhalb } C.
\end{aligned} \tag{B.3}$$

5. Der Cauchysche Hauptwert (*valor principalis*) ist definiert als

$$\mathcal{P} \int_{-\infty}^{+\infty} \frac{f(x)}{x-x_0} \, \mathrm{d}x = \lim_{\epsilon \to 0} \left(\int_{-\infty}^{x_0-\epsilon} \frac{f(x)}{x-x_0} \, \mathrm{d}x + \int_{x_0+\epsilon}^{+\infty} \frac{f(x)}{x-x_0} \, \mathrm{d}x \right). \tag{B.4}$$

Ferner gilt

$$\mathcal{P} \int_{-\infty}^{+\infty} \frac{f(x)}{x-x_0} \, \mathrm{d}x = \lim_{\epsilon \to 0} \int_{-\infty}^{+\infty} f(x) \frac{x-x_0}{(x-x_0)^2+\varepsilon^2} \, \mathrm{d}x. \tag{B.5}$$

Wie man mit der Substitution $x = \varepsilon X$ leicht nachrechnet, verschwindet das Integral über den Bereich $x_0 - \varepsilon \leq x \leq x_0 + \varepsilon$ im Grenzwert $\varepsilon \to 0$ für beliebige Funktionen $f(x)$; das Intervall wird also, wie es der Cauchysche Hauptwert fordert, bei der Integration ausgespart.

6. Es gilt die Beziehung

$$f(x_0) = \int_{-\infty}^{+\infty} f(x)\delta(x - x_0) \, \mathrm{d}x = \lim_{\epsilon \to 0} \frac{1}{\pi} \int_{-\infty}^{+\infty} f(x) \frac{\varepsilon}{(x-x_0)^2+\varepsilon^2} \, \mathrm{d}x. \tag{B.6}$$

7. Aus Gl. (B.5) und Gl. (B.6) erhält man

$$\lim_{\varepsilon \to 0} \int\limits_{-\infty}^{+\infty} \frac{f(x)}{(x-x_0)\pm \mathrm{j}\,\varepsilon}\, \mathrm{d}x = \tag{B.7}$$

$$= \lim_{\varepsilon \to 0} \int\limits_{-\infty}^{+\infty} f(x)\frac{x-x_0}{(x-x_0)^2+\varepsilon^2}\, \mathrm{d}x \mp \mathrm{j}\lim_{\varepsilon \to 0} \int\limits_{-\infty}^{+\infty} f(x)\frac{\varepsilon}{(x-x_0)^2+\varepsilon^2}\, \mathrm{d}x$$

$$= \mathcal{P}\int\limits_{-\infty}^{+\infty} \frac{f(x)}{x-x_0}\, \mathrm{d}x \mp \mathrm{j}\,\pi f(x_0).$$

B.2 Kausales Zeitsignal mit analytischem Spektrum

Die komplexe Funktion $\breve{\underline{\Psi}}(f)$ mit dem Realteil $\breve{\Psi}(f)$ und dem Imaginärteil $\breve{\Psi}_i(f)$ sei analytisch in der unteren f-Halbebene, Abb. B.1. Die Funktion verschwinde im Unendlichen gemäß $\lim_{|f|\to\infty} |f|\,|\breve{\underline{\Psi}}(f)| = 0$. Deswegen kann ihr Kurvenintegral längs C_f in Abb. B.1 durch das Integral über die reelle Achse ersetzt werden, und man erhält nach Gl. (B.3)

$$\breve{\underline{\Psi}}(f_0 - \mathrm{j}\,\varepsilon) = \frac{1}{2\pi\mathrm{j}} \oint\limits_{C_f} \frac{\breve{\underline{\Psi}}(f)}{f-(f_0-\mathrm{j}\,\varepsilon)}\, \mathrm{d}f = \frac{1}{2\pi\mathrm{j}} \int\limits_{+\infty}^{-\infty} \frac{\breve{\underline{\Psi}}(f)}{f-(f_0-\mathrm{j}\,\varepsilon)}\, \mathrm{d}f. \tag{B.8}$$

Im Grenzfall $\varepsilon \to 0$ errechnet man aus Gl. (B.8) unter Verwendung von Gl. (B.7)

$$\breve{\underline{\Psi}}(f_0) = -\frac{1}{\mathrm{j}\,\pi}\mathcal{P}\int\limits_{-\infty}^{+\infty} \frac{\breve{\underline{\Psi}}(f)}{f-f_0}\, \mathrm{d}f. \tag{B.9}$$

Real- und Imaginärteil von $\breve{\underline{\Psi}}(f)$ sind folglich verknüpft durch die Beziehungen

$$\breve{\Psi}_i(f_0) = \frac{1}{\pi}\mathcal{P}\int\limits_{-\infty}^{+\infty} \frac{\breve{\Psi}(f)}{f-f_0}\, \mathrm{d}f, \qquad \breve{\Psi}(f_0) = -\frac{1}{\pi}\mathcal{P}\int\limits_{-\infty}^{+\infty} \frac{\breve{\Psi}_i(f)}{f-f_0}\, \mathrm{d}f. \tag{B.10}$$

Man schreibt $\breve{\Psi}_i = \mathcal{H}_F\{\breve{\Psi}\}$, $\breve{\Psi} = \mathcal{H}_F^{-1}\{\breve{\Psi}_i\}$ und bezeichnet dies als Hilbert-Transformation (Kramers-Kronig-Beziehung [311, § 123–§ 126] [504]).

Die analytische Funktion $\breve{\underline{\Psi}}(f)$ sei das Fourier-Spektrum Gl. (A.5) einer Zeitfunktion $\Psi(t) = \int_{-\infty}^{+\infty} \breve{\underline{\Psi}}(f)\exp(+\mathrm{j}\,2\pi f t)\,\mathrm{d}f$. Das Kurvenintegral $I(t) = -\oint_{C_f} \breve{\underline{\Psi}}(f)\exp(+\mathrm{j}\,2\pi f t)\,\mathrm{d}f = 0$ über die Berandung C_f in Abb. B.1 ist null,

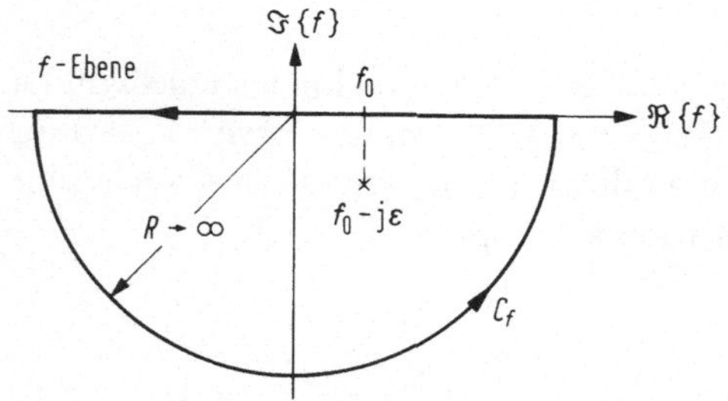

Abb. B.1. Komplexe f-Ebene und Integrationskurve C_f

da der Integrand keine Pole erster Ordnung in der unteren Halbebene besitzt. Würde der Integrand auf dem halbkreisförmigen Abschnitt von C_f verschwinden, so resultierte $I(t)$ durch eine Integration allein auf der reellen Achse und wäre folglich mit $\Psi(t)$ identisch; in diesem Fall gälte $I(t) \equiv \Psi(t) = 0$. Der Integrand $\breve{\underline{\Psi}}(f)\exp(+\mathrm{j}\,2\pi\Re\{f\}t)\exp(-2\pi\Im\{f\}t)$ des Integrals $I(t)$ verschwindet wegen der für $|\breve{\underline{\Psi}}(f)|$ geforderten Konvergenzeigenschaften im Bereich $\Im\{f\} < 0$ wenigstens mit $\exp(+2\pi|\Im\{f\}|t)$ dann, wenn t reell und negativ ist. Folglich ist die Zeitfunktion des analytischen Spektrums kausal,

$$\Psi(t) = 0 \qquad \text{für } t < 0. \tag{B.11}$$

Mit anderen Worten: Eine kausale Zeitfunktion besitzt ein in der unteren Frequenzhalbebene analytisches Spektrum, dessen Real- und Imaginärteil längs der reellen Frequenzachse über die „Hilbert-Transformation für Spektren" Gl. (B.10) miteinander verknüpft sind.

Beispiele für solche analytischen Spektren sind komplexe physikalische Impedanzen der Art $\underline{Z}(f) = R(f) + \mathrm{j}\,X(f)$, $\underline{Z}(f) = \underline{Z}^*(-f)$ oder allgemein Übertragungsfunktionen mit kausaler Impulsantwort sowie die komplexe Suszeptibilität mit kausaler Einflußfunktion, Abschn. 2.1.1. In der Schreibweise

$$\breve{\underline{\Psi}}(f) = \breve{\Psi}(f) + \mathrm{j}\,\breve{\Psi}_i(f) = |\breve{\underline{\Psi}}(f)|\,\mathrm{e}^{\mathrm{j}\,\psi(f)}, \qquad t_g(f) = -\frac{\mathrm{d}\psi(f)}{2\pi\,\mathrm{d}f} \tag{B.12}$$

stehen die Größen $|\breve{\underline{\Psi}}(f)|$, $\psi(f)$ und $t_g(f)$ für Amplitude, Phase und Gruppenlaufzeit einer analytischen Übertragungsfunktion $\breve{\underline{\Psi}}(f)$.

B.3 Analytisches Zeitsignal mit kausalem Spektrum

Die komplexe Funktion $\underline{\Psi}(t)$ mit dem Realteil $\Psi(t)$ und dem Imaginärteil $\Psi_i(t)$ sei analytisch in der oberen t-Halbebene, Abb. B.2. Die Funktion verschwinde im Unendlichen gemäß $\lim_{|t|\to\infty} |t|\,|\underline{\Psi}(t)| = 0$. Deswegen kann ihr Kurvenintegral längs C_t durch das Integral über die reelle Achse ersetzt werden, und man erhält nach Gl. (B.3)

$$\underline{\Psi}(t_0 + \mathrm{j}\,\varepsilon) = \frac{1}{2\pi\mathrm{j}} \oint_{C_t} \frac{\underline{\Psi}(t)}{t-(t_0+\mathrm{j}\,\varepsilon)}\,\mathrm{d}t = \frac{1}{2\pi\mathrm{j}} \int_{-\infty}^{+\infty} \frac{\underline{\Psi}(t)}{t-(t_0+\mathrm{j}\,\varepsilon)}\,\mathrm{d}t. \tag{B.13}$$

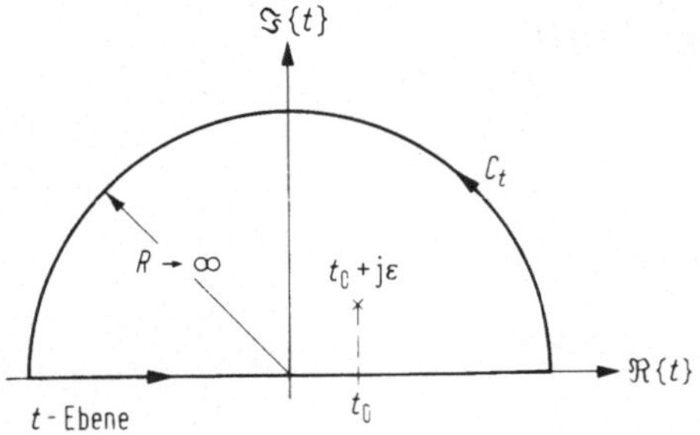

Abb. B.2. Komplexe t-Ebene und Integrationskurve C_t

Im Grenzfall $\varepsilon \to 0$ errechnet man aus Gl. (B.13) unter Verwendung von Gl. (B.7)

$$\underline{\Psi}(t_0) = \tfrac{1}{\mathrm{j}\,\pi}\mathcal{P}\int\limits_{-\infty}^{+\infty} \frac{\underline{\Psi}(t)}{t-t_0}\,\mathrm{d}t. \tag{B.14}$$

Real- und Imaginärteil von $\underline{\Psi}(t)$ sind folglich verknüpft durch die Beziehungen

$$\Psi_i(t_0) = -\tfrac{1}{\pi}\mathcal{P}\int\limits_{-\infty}^{+\infty} \frac{\Psi(t)}{t-t_0}\,\mathrm{d}t, \qquad \Psi(t_0) = \tfrac{1}{\pi}\mathcal{P}\int\limits_{-\infty}^{+\infty} \frac{\Psi_i(t)}{t-t_0}\,\mathrm{d}t. \tag{B.15}$$

Man schreibt $\Psi_i = \mathcal{H}_T\{\overset{\smile}{\Psi}\}$, $\Psi = \mathcal{H}_T^{-1}\{\Psi_i\}$ und bezeichnet auch dies als Hilbert-Transformation. Zu beachten sind die gegenüber der Transformation für Spektren Gl. (B.10) vertauschten Vorzeichen, $\mathcal{H}_T \mathrel{\widehat{=}} -\mathcal{H}_F$, $\mathcal{H}_T^{-1} \mathrel{\widehat{=}} -\mathcal{H}_F^{-1}$.

Die analytische Funktion $\underline{\Psi}(t)$ habe eine Fourier-Transformierte (ein Spektrum) Gl. (A.5) $\overset{\smile}{\underline{\Psi}}(f) = \int_{-\infty}^{+\infty}\underline{\Psi}(t)\exp(-\mathrm{j}\,2\pi f t)\,\mathrm{d}t$. Das Kurvenintegral $I(f) = \oint_{C_t}\underline{\Psi}(t)\exp(-\mathrm{j}\,2\pi f t)\,\mathrm{d}t = 0$ über die Berandung C_t in Abb. B.2 ist null, da der Integrand in der oberen Halbebene keine Pole erster Ordnung besitzt. Würde der Integrand auf dem halbkreisförmigen Abschnitt von C_t verschwinden, so resultierte $I(f)$ durch eine Integration allein auf der reellen Achse und wäre folglich mit $\overset{\smile}{\underline{\Psi}}(f)$ identisch; in diesem Fall gälte $I(f) \equiv \overset{\smile}{\underline{\Psi}}(f) = 0$. Der Integrand $\underline{\Psi}(t)\exp(-\mathrm{j}\,2\pi f\Re\{t\})\exp(+2\pi f\Im\{t\})$ des Integrals $I(f)$ verschwindet wegen der für $|\underline{\Psi}(t)|$ geforderten Konvergenzeigenschaften im Bereich $\Im\{t\} > 0$ wenigstens mit $\exp(+2\pi f|\Im\{t\}|)$ dann, wenn f reell und negativ ist. Folglich ist die Spektralfunktion des analytischen Zeitsignals kausal,

$$\overset{\smile}{\underline{\Psi}}(f) = 0 \qquad \text{für } f < 0. \tag{B.16}$$

Mit anderen Worten: Eine kausale Spektralfunktion besitzt ein in der oberen Zeithalbebene analytisches Zeitsignal, dessen Real- und Imaginärteil längs der reellen Zeitachse über die „Hilbert-Transformation für Zeitfunktionen" Gl. (B.15) miteinander verknüpft sind.

Ist ein reelles Zeitsignal $\Psi(t)$ gegeben, so kann mit Gl. (B.15) die Hilbert-Transformierte $\Psi_i(t)$ berechnet und ein analytisches Signal zugeordnet werden,

$$\underline{\Psi}(t) = \Psi(t) + \mathrm{j}\,\Psi_i(t) = |\underline{\Psi}(t)|\,\mathrm{e}^{\mathrm{j}\,\psi(t)}, \qquad \Omega(t) = \tfrac{\mathrm{d}\psi(t)}{\mathrm{d}t}. \tag{B.17}$$

Die Größen $|\underline{\Psi}(t)|$, $\psi(t)$ und $\Omega(t)$ sind Augenblickswerte für Amplitude, Phase und Kreisfrequenz eines analytischen Signals $\underline{\Psi}(t)$.

Anhang C
Methode der stationären Phase

Die Methode der stationären Phase, auch Sattelpunkt-Methode genannt [52, Anhang III], liefert asymptotische Näherungslösungen für Integrale, deren Integranden als Exponentialfunktion eines komplexen Arguments bestimmter Form angeschrieben werden können. Eine vollständige Darstellung findet man bei [132], Teilprobleme sind übersichtlich in [379, Abschn. 4.6, S. 437 ff., Kap. 4 S. 482 ff., Abschn. 5.3 S. 627 ff.] abgehandelt. Die Technik soll zunächst für den eindimensionalen Fall skizziert werden; mit den Ableitungen $\mathrm{d}f(u)/\mathrm{d}u = f_u(u)$, $\mathrm{d}^2 f(u)/\mathrm{d}u^2 = f_{uu}(u)$ gilt die Näherungslösung [132, Gl. (37), (38), (41a)]

$$\int_a^b h(u)\,\mathrm{e}^{-\mathrm{j}\,kf(u)}\ \mathrm{d}u \approx \frac{\mathrm{e}^{-\mathrm{j}\pi/4}\sqrt{2\pi}\,s}{+\sqrt{|\alpha|\,k}}\,h(u_0)\,\mathrm{e}^{-\mathrm{j}\,kf(u_0)}$$

$$0 = f_u(u_0), \qquad s = \begin{cases} +1 & \text{für } \alpha > 0, \\ +\mathrm{j} & \text{für } \alpha < 0. \end{cases}$$
$$\alpha = f_{uu}(u_0) \neq 0,$$

(C.1)

Die weitere Erörterung soll diese Approximation plausibel machen; der Beweis ist bei [132, S. 5–21] zu finden. Die (hier reelle, positive) Konstante k, häufig in der Bedeutung einer Ausbreitungskonstanten $k = 2\pi n/\lambda$, soll derart groß sein, daß innerhalb des Integrationsbereichs die Funktionen $\cos kf(u)$ und $\sin kf(u)$, die den Integranden von Gl. (C.1) konstituieren, ihr Vorzeichen sehr oft wechseln, während sich die Funktion $h(u)$ vergleichsweise langsam ändert; ein wesentlicher Beitrag zum Integral wird daher nur im Punkt $u = u_0$, $a < u_0 < b$ geliefert, wo die Ableitungen $f_u(u_0) = 0$, $f_{uu}(u_0) \neq 0$ seien (für allgemeinere Fälle wie komplexes k, schwache Singularitäten von $h(u)$, kritische Punkte zweiter Art, nämlich Randpunkte mit $u_0 = a$ oder $u_0 = b$, und $f_{uu}(u_0) = 0$ s. [132, S. 5–25]). Im Punkt u_0 wird die Phase dann zu Recht „stationär" genannt. Ferner ist es im stationären Punkt gestattet, die langsam veränderliche Funktion durch $h(u) \approx h(u_0) + h_u(u_0)(u - u_0)$ zu nähern. Gibt es im Intervall (a, b) mehrere stationäre Punkte, so ist das Integral in entsprechend viele Subintervalle mit nur einem stationären Punkt aufzuteilen. Dann kann man das nachstehend erläuterte Verfahren anwenden; die Teilergebnisse der Subintervalle sind für das Gesamtergebnis zu summieren.

In der Umgebung des stationären Punktes kann man die Taylorentwicklung $f(u) \approx f(u_0) + f_{uu}(u_0)(u - u_0)^2/2! + \ldots$ nach dem quadratischen Term abbrechen. Außerhalb dieses Entwicklungsbereiches variiert voraussetzungsgemäß die Phase so schnell mit u, daß die entsprechenden Beiträge zum Integral $\int_a^b h(u)[\cos kf(u) - \mathrm{j}\sin kf(u)]\,\mathrm{d}u$ verschwinden, und die Grenzen ebenso gut bis ins Unendliche ausgedehnt werden können. Da der zweite Term der Entwicklung für $h(u)$ antisymmetrisch, die Exponentialfunktion aber symmetrisch in $u - u_0$ ist, bleibt nur der Beitrag $h(u_0)\exp[-\mathrm{j}\,kf(u_0)] \int_{-\infty}^{+\infty} \exp[-\mathrm{j}\,kf_{uu}(u_0)(u - u_0)^2/2!]\,\mathrm{d}u$, der als wesentlichen Anteil das bekannte Fresnel-Integral [187, Formeln 3.691 1, 3.712 1, 3.712 2, 8.25] enthält, $\int_{-\infty}^{+\infty} \exp(\pm \mathrm{j}\,Ku^2)\,\mathrm{d}u = \sqrt{\pi/K} \times \exp(\pm \mathrm{j}\,\pi/4)$, $K > 0$. Mit $K = k|f_{uu}(u_0)|/2!$ folgt dann Gl. (C.1).

Für das entsprechende zweidimensionale Integral mit einem Sattelpunkt der Phase u_0, v_0, $f_u(u_0, v_0) = f_v(u_0, v_0) = 0$ im Integrationsbereich A geht man in analoger Weise vor und erhält mit der Ableitung $\partial^2 f(u,v)/(\partial u\, \partial v) = f_{uv}(u,v)$ [132, Gl. (91), (109a)] [52, Anhang III Gl. (20), (21)]

$$\iint_A h(u,v)\, e^{-j\,kf(u,v)}\, du\, dv \approx \frac{-j\,2\pi s}{+\sqrt{|\alpha\beta-\gamma^2|\,k^2}}\, h(u_0, v_0)\, e^{-j\,kf(u_0,v_0)},$$

$$\begin{aligned} \alpha &= f_{uu}(u_0, v_0), \\ \beta &= f_{vv}(u_0, v_0), \qquad s = \begin{cases} +1 & \alpha\beta > \gamma^2, \quad \alpha > 0, \\ -1 & \text{für} \quad \alpha\beta > \gamma^2, \quad \alpha < 0, \\ +j & \alpha\beta < \gamma^2. \end{cases} \\ \gamma &= f_{uv}(u_0, v_0), \end{aligned} \qquad\qquad \text{(C.2)}$$

Asymptotische Reihen Die Gl. (C.1) und Gl. (C.2) sind die jeweils ersten Terme von unendlichen Reihen, deren folgende (im allgemeinen komplexen) Glieder mit Potenzen von $k^{-1}, k^{-2}, \ldots$ abnehmen; daher werden die Näherungen asymptotisch genannt. Solche Reihen können divergieren und haben dann in Abhängigkeit von k eine optimale Zahl von Termen, s. [379, Abschn. 4.6 S. 434–435, Tabelle 4.6.1] [52, Anhang III S. 748], jedoch approximiert bereits der erste Term das wahre Integral beliebig gut, wenn k entsprechend groß wird, d. h. wenn in jedem Punkt $u \neq u_0$, $v \neq v_0$ die Änderung der Phase $kf(u,v)$ sehr rasch vonstatten geht. Gerade im Bereich optischer Frequenzen ist diese Bedingung häufig erfüllt.

C.1 Beispiel 1: Linienquelle

Gegeben sei eine monochromatische Linienquelle Q im homogenen Medium der Brechzahl n, Abb. C.1, mit der Kreisfrequenz $\omega = 2\pi f = ck_0$, den kartesischen Koordinaten $x = z = 0$ und der Wellenfunktion $\Psi(x,0) = \delta(x)$. Von dieser Quelle werden nach Gl. (A.6) mit den Bezeichnungen Gl. (2.17), $2\pi\xi = ku = k_x = k\sin\gamma_{x0}$ im Halbraum $z \geq 0$ gleichförmige und evaneszente, monochromatische ebene Wellen der Amplituden $\widetilde{\Psi}(u) = \int_{-\infty}^{+\infty} \delta(x)\exp(j\,kux)\,dx = 1$ abgestrahlt, d. h. alle gleichförmigen und evaneszenten ebenen Wellen sind identisch angeregt. (Nach Anh. A hätte eine Überlagerung gleichförmiger ebener Wellen nicht genügt, um diese singuläre Lichtquelle darzustellen; mit gleichförmigen ebenen Wellen der Frequenz $f = c/\lambda$ kann man nur Objekte synthetisieren, die nicht kleiner als die Medium-Wellenlänge λ/n sind.) Das von Q abgestrahlte Feld werde im Aufpunkt P mit den Koordinaten x, $z = \sqrt{d^2 - x^2}$ betrachtet; d sei der konstante Abstand des Aufpunkts vom Ursprung. Nach Gl. (2.20) erhält man in P

$$\Psi(x,z) = \int_{-\infty}^{+\infty} e^{-j\,k(ux + \sigma\sqrt{|1-u^2|}\,z)}\, du, \quad \sigma = \begin{cases} +1 \text{ für } u^2 \leq 1, \\ -j \text{ für } u^2 \geq 1. \end{cases} \qquad\qquad \text{(C.3)}$$

Das Integral $\Psi(x,z)$ läßt sich aufteilen in Teilintegrale für die Bereiche gleichförmiger ebener Wellen (Index E) und evaneszenter ebener Felder (Index e). Wie man leicht nachrechnet, ist im Bereich gleichförmiger ebener Wellen die Phase stationär für $u = u_0 = x/d = \sin\gamma_{x0}$; die Phasenfunktion $f(u)$ nimmt

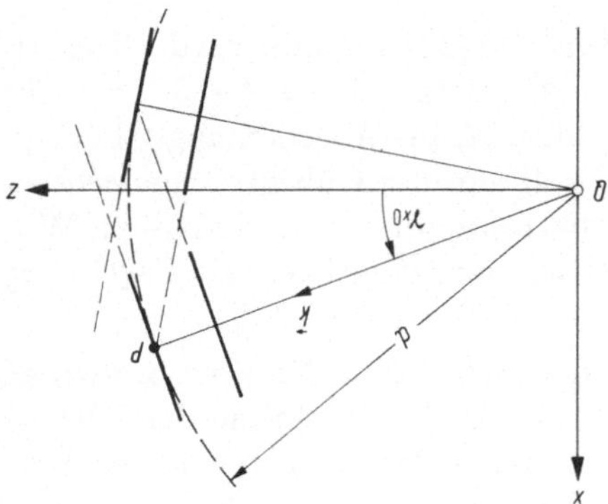

Abb. C.1. Überlagerung zweier gleichförmiger ebener Wellen im Aufpunkt P mit den Koordinaten x, z im Abstand d vom Ursprung; die Zeichenebene wird von jeweils zwei senkrecht darauf stehenden Phasenflächen geschnitten

dort den Wert $f(u_0) = d$ an, und γ_{x0} ist der Beobachtungswinkel im Aufpunkt. Wegen der Verknüpfung von x, z und u_0 kann man x, z substituieren und erhält

$$\Psi(u_0) = \Psi_E(u_0) + \Psi_e(u_0), \qquad u_0 = x/d = \sin\gamma_{x_0}, \qquad |u_0| < 1,$$

$$\Psi_E(u_0) = \int_{-1}^{+1} e^{-j\,kd(uu_0+\sqrt{1-u^2}\,\sqrt{1-u_0^2})}\,du,$$

$$\Psi_e(u_0) = \int_{-\infty}^{-1} e^{-j\,kdu_0u}\,e^{-kd\sqrt{u^2-1}\,\sqrt{1-u_0^2}}\,du$$

$$+ \int_{+1}^{+\infty} e^{-j\,kdu_0u}\,e^{-kd\sqrt{u^2-1}\,\sqrt{1-u_0^2}}\,du. \tag{C.4}$$

Für das Teilintegral der gleichförmigen ebenen Wellen folgt die asymptotische Entwicklung bis zum dritten Term aus [132, Gl. (41a), (49), (45)] nach längerer Rechnung,

$$\Psi_E(u_0) \approx e^{j\,\pi/4}\,e^{-j\,kd}\,\sqrt{\tfrac{\lambda/n}{d}}\,\sqrt{1-u_0^2}\,\left[1 - j\tfrac{3}{8}(kd)^{-1} + \tfrac{15}{128}(kd)^{-2}\ldots\right].\tag{C.5}$$

Das Teilintegral für evaneszente ebene Wellen kann man nach oben hin abschätzen mit

$$|\Psi_e(u_0)| < 2\int_{+1}^{+\infty} e^{-kd\sqrt{u^2-1}\,\sqrt{1-u_0^2}}\,du \approx 2(kd)^{-2}(1-u_0^2)^{-1},$$

$$a = kd\sqrt{1-u_0^2} \gg 1, \tag{C.6}$$

da der in Gl. (C.6) vernachlässigte oszillatorische Faktor im Integranden das Ergebnis nur verkleinern kann. Die Transformation $u^2 - 1 = x^2$ und die Ersetzung $a = kd\sqrt{1-u_0^2}$ liefern $|\Psi_e(u_0)| < 2\int_0^{\infty} \exp(-ax)\,x/\sqrt{x^2+1}\,dx = 2\{\pi[\mathbf{H}_1(a) - \mathrm{Y}_1(a)]/2 - 1\}$, s. [187, Band 1 S. 368 Formel 3.366 3]; mit $\mathbf{H}_1(a)$ bezeichnet man die Struvesche [187, Band 2 S. 381 Formeln 8.55], mit $\mathrm{Y}_1(a)$ die Neumannsche Funktion [1, S. 358 Formel 9.1.2], die auch Besselfunktion zweiter Art $N_1(a)$ [187, Band 2 S. 346 Formel 8.403 1] genannt wird. Nach [1, S. 497 Formel 12.1.31] kann man $\pi[\mathbf{H}_1(a) - Y_1(a)]/2 \approx 1 + a^{-2} - 3a^{-4} \ldots$ für große a asymptotisch nähern und erhält schließlich die Abschätzung Gl. (C.6).

Für die Resultate Gl. (C.4) – Gl. (C.6) soll nun der Gültigkeitsbereich berechnet werden, d. h. der Quotient von Beobachtungsdistanz und Medium-Wellenlänge dn/λ soll in Beziehung zum Beobachtungswinkel $\cos\gamma_{x0} = \sqrt{1 - u_0^2}$ gesetzt werden.

Gleichförmige ebene Wellen: Damit nur der erste Term der asymptotischen Entwicklung Gl. (C.5) von Bedeutung ist, müssen die Restterme dem Betrag nach wesentlich kleiner als eins sein, $dn/\lambda \gg \frac{3}{8}/(2\pi) = 0{,}06$ und $dn/\lambda \gg \sqrt{15/128}/(2\pi) = 0{,}05$; diese Bedingung ist für jede vernünftige Beobachtungsdistanz $d > \lambda/n$ erfüllt.

Evaneszente ebene Wellen: Der Beitrag evaneszenter, mit z abklingender Wellen ist dann am größten, wenn der Beobachtungswinkel γ_{x0} nahe bei $\pm 90°$ liegt, also für $|u_0| \approx 1$. Damit die asymptotische Näherung in Gl. (C.6) Bestand hat, muß $a \gg 1$, also $dn/\lambda \gg 0{,}16(\cos\gamma_{x0})^{-1}$ sein. Soll weiter der Beitrag Ψ_e gegenüber Ψ_E vernachlässigt werden können, ist die Bedingung $dn/\lambda \gg 0{,}14(\cos\gamma_{x0})^{-2}$ zu erfüllen. Wegen der höheren Potenz des Kosinus ist mit dieser Abschätzung auch die asymptotische Näherung in Gl. (C.6) gesichert.

Zusammenfassend erhält man also das Ergebnis

$$\int_{-\infty}^{+\infty} \mathrm{e}^{-\mathrm{j}\,k(ux + \sigma\sqrt{|1-u^2|}\,z)}\,\mathrm{d}u \approx \mathrm{e}^{\mathrm{j}\,\pi/4}\,\mathrm{e}^{-\mathrm{j}\,kd}\sqrt{\frac{\lambda/n}{d}}\,\cos\gamma_{x0},$$

$$\frac{d}{\lambda/n} \gg 0{,}14(\cos\gamma_{x0})^{-2}, \qquad \frac{d}{\lambda/n} \geq 14(\cos\gamma_{x0})^{-2} \tag{C.7}$$

Der Gültigkeitsbereich für Gl. (C.7) wird durch die Forderung abgeschätzt, daß nd/λ mindestens zwei Größenordnungen größer als $0{,}14(\cos\gamma_{x0})^{-2}$ sein soll. Für $dn/\lambda = 10^3$ folgt aus Gl. (C.7) $|\gamma_{x0}| \leq 83°$, für $dn/\lambda = 10^2$ immer noch $|\gamma_{x0}| \leq 68°$.

C.2　Beispiel 2: Punktquelle

Gegeben sei, unter sonst gleichen Voraussetzungen wie in Beispiel 1, eine monochromatische Punktquelle Q im Ursprung $x = y = z = 0$ mit der Wellenfunktion $\Psi(x, y, 0) = \delta(x)\delta(y)$. Das von Q abgestrahlte Feld, wiederum eine Überlagerung von gleichförmigen und evaneszenten ebenen Wellen, werde im Aufpunkt P mit den Koordinaten x, y, $z = \sqrt{d^2 - x^2 - y^2}$ betrachtet; d sei der konstante Abstand des Aufpunkts vom Ursprung. Nach Gl. (2.20) erhält man in P

$$\Psi(x, y, z) = \iint_{-\infty}^{+\infty} \mathrm{e}^{-\mathrm{j}\,k(ux + vy + \sigma\sqrt{|1-u^2-v^2|}\,z)}\,\mathrm{d}u\,\mathrm{d}v,$$

$$\sigma = \begin{cases} +1 \text{ für } w^2 \leq 1, \\ -\mathrm{j} \text{ für } w^2 \geq 1, \end{cases} \qquad w = \sqrt{u^2 + v^2}. \tag{C.8}$$

Die Ausbreitungsrichtung der ebenen Wellen kann im Gegensatz zu Abb. C.1 nun beliebig verkippt sein. Im Bereich gleichförmiger ebener Wellen ist die Phase stationär für $u = u_0 = x/d$, $v = v_0 = y/d$; die Phasenfunktion $f(u,v)$ nimmt dort den Wert $f(u_0, v_0) = d$ an, und es gilt mit Gl. (2.17) $\sin\gamma = w_0 = \sqrt{u_0^2 + v_0^2}$ für den Beobachtungswinkel des Aufpunkts.

Wegen der Verknüpfung von x, y, z, u_0 und v_0 läßt sich x, y, z substituieren. Aus der Äquivalenz der Probleme Gl. (C.8) und Gl. (C.3) kann man schließen, daß im Bereich gleichförmiger ebener Wellen für jede vernünftige Beobachtungsdistanz $d > \lambda/n$ der erste Term Gl. (C.2) der asymptotischen Reihe eine hervorragende Näherung sein wird,

$$\Psi_E(u_0, v_0) \approx \mathrm{j}\,\mathrm{e}^{-\mathrm{j}\,kd}\,\frac{\lambda/n}{d}\cos\gamma. \tag{C.9}$$

Der Einfluß evaneszenter ebener Wellen bleibt abzuschätzen. Man erhält eine obere Grenze, wenn man wie in Gl. (C.6) den oszillatorischen Anteil des Integranden außer Betracht läßt,

$$|\Psi_e(u_0, v_0)| < \sqrt{2}\iint\limits_{w^2 \geq 1} \mathrm{e}^{-kd\sqrt{w^2-1}}\,\sqrt{1-w_0^2}\;\mathrm{d}u\,\mathrm{d}v = 2\pi\sqrt{2}\,(kd\cos\gamma)^{-2}. \tag{C.10}$$

Das Integral wird durch Übergang auf Polarkoordinaten mit dem Radius w gelöst. Damit der Anteil evaneszenter Wellen vernachlässigt werden darf, muß $dn/\lambda \gg 0{,}23(\cos\gamma)^{-3}$ gelten und man erhält mit Gl. (C.9) für Gl. (C.8) die Näherungslösung

$$\iint\limits_{-\infty}^{+\infty} \mathrm{e}^{-\mathrm{j}\,k(ux+vy+\sigma\sqrt{|1-u^2-v^2|}\,z)}\;\mathrm{d}u\,\mathrm{d}v \approx \mathrm{j}\,\mathrm{e}^{-\mathrm{j}\,kd}\,\frac{\lambda/n}{d}\cos\gamma,$$

$$\frac{d}{\lambda/n} \gg 0{,}23(\cos\gamma)^{-3}, \qquad \frac{d}{\lambda/n} \geq 23(\cos\gamma)^{-3}. \tag{C.11}$$

Für $dn/\lambda = 10^3$ folgt aus Gl. (C.11) der Gültigkeitsbereich $|\gamma| \leq 73°$, für $dn/\lambda = 10^2$ immer noch $|\gamma| \leq 52°$. Hat eine reale Lichtquelle Mindestabmessungen in der Größenordnung von λ/n, dann emittiert sie keine evaneszenten Wellen, so daß in diesem Fall $|\gamma_{\max}| \leq 90°$ bei allen vernünftigen Beobachtungsdistanzen zulässig ist.

Literaturverzeichnis

1 Abramowitz, M.; Stegun, I. A. (Herausg.): Handbook of mathematical functions, 9. Aufl. New York: Dover Publications 1970

2 Accordi, P.; Basola, C. P.; Bava, G. P.; Chiaretti, G.; Montrosset, I.: Coupling efficiency evaluation of multimode fiber devices using GRIN rod lenses. Appl. Opt. 29 (1990) 37–46

3 Adams, M. J.: An introduction to optical waveguides. Chichester: John Wiley & Sons 1981

4 Ainslie, B. J.; Day, C. R.: A review of single-mode fibers with modified dispersion characteristics. IEEE J. Lightwave Technol. LT-4 (1986) 967–979

5 Ainslie, B. J.; Beales, K. J.; Cooper, D. M.; Day, C. R.; Rush, J. D.: Monomode fibre with ultra-low loss and minimum dispersion at 1.55 μm. Nachdruck in: Electron. Lett. 25 (1989) S39–S41

6 Alda, J.; Boreman, G. D.: On-axis and off-axis propagation of Gaussian beams in graded index media. Appl. Opt. 29 (1990) 2944–2950

7 Amann, M. C.: Lateral waveguiding analysis of 1.3 μm InGaAsP-InP metal-clad ridge-waveguide (MCRW) lasers. Arch. Elektron. & Uebertragungstech. 39 (1985) 311–316

8 Amann, M. C.; Stegmüller, B.: Narrow-stripe metal-clad ridge-waveguide laser for 1.3 μm wavelength. Appl. Phys. Lett. 48 (1986) 1027–1029

9 Amann, M. C.: Polarization control in ridge-waveguide-laser diodes. Appl. Phys. Lett. 50 (1987) 1038–1040

10 Amann, M. C.; Stegmüller, B.: Polarization competition in quasi-index-guided laser diodes. J. Appl. Phys. 63 (1988) 1824–1830

11 Amann, M. C.; Illek, S.; Schanen, C.; Thulke, W.: Tunable twin-guide laser: A novel laser diode with improved tuning performance. Appl. Phys. Lett. 54 (1989) 2532–2533

12 Amann, M. C.; Illek, S.; Schanen, C.; Thulke, W.; Lang, H.: Continuously tunable single-frequency laser diode utilising transverse tuning scheme. Electron. Lett. 25 (1989) 837–838

13 Amann, M. C.; Illek, S.; Schanen, C.; Thulke, W.: Tuning range and threshold current of the tunable twin-guide (TTG) laser. IEEE Photon. Technol. Lett. 1 (1989) 253–254

14 Amann, M. C.; Thulke, W.: Current confinement and leakage currents in planar buried-ridge-structure laser diodes on n-substrate. IEEE J. Quantum Electron. 25 (1989) 1595–1602

15 Amann, M. C.: Linewidth enhancement in distributed-feedback semiconductor lasers. Electron. Lett. 26 (1990) 569–571

16 Anderson, W. T.; Glodis, P. F.: Design diagrams for depressed cladding single-mode fibers. AT&T Tech. J. 63 (1984) 425–430

17 Anderson, W. T.: Consistency of measurement methods for the mode field radius in a single-mode fiber. IEEE J. Lightwave Technol. LT-2 (1984) 191–197

18 Aoki, Y.: Fibre Raman amplifier properties for applications to long-distance optical communications. Opt. Quantum Electron. 21 (1989) S89–S104

19 Arai, K.; Namikawa, H.; Kumata, K.; Honda, T.: Aluminum or phosphorus co-doping effects on the fluorescence and structural properties of neodymium-doped silica glass. J. Appl. Phys. 59 (1986) 3430–3436

20 Armstrong, J. A.: Theory of interferometric analysis of laser phase noise. J. Opt. Soc. Am. 56 (1966) 1024–1031

21 Arnaud, J. A.: Beam and fiber optics. New York: Academic Press 1976

22 Arnaud, J.: Natural linewidth of semiconductor lasers. Electron. Lett. 22 (1986) 538–540

23 Arnold, G.; Petermann, K.; Schlosser, E.: Spectral characteristics of gain-guided semiconductor lasers. IEEE J. Quantum Electron. QE-19 (1983) 974–980

24 Artiglia, M.; Coppa, G.; Di Vita, P.: Simple and accurate microbending loss evaluation in generic single-mode fibres. Proc. 12th Europ. Conf. Opt. Commun. Barcelona (ECOC 1986) 341–344

25 Artiglia, M.; Coppa, G.; Di Vita, P.; Kalinowski, H. J.; Potenza, M.: Bending loss characterization in single-mode fibres. Proc. 13th Europ. Conf. Opt. Commun. Helsinki (ECOC 1987) 437–443

26 Asada, M.; Miyamoto, Y.; Suematsu, Y.: Gain and the threshold of three-dimensional quantum-box lasers. IEEE J. Quantum Electron. QE-22 (1986) 1915–1921

27 Aulich, H.; Douklias, N.; Kinshofer, G.; Grabmaier, J. G.; Hacker, H.: Preparation of optical fibers of high tensile strength. Siemens Forsch.- u. Entwickl.-Ber. 7 (1978) 158–165

28 Aulich, H.; Grabmaier, J. G.; Eisenrith, K.-H.; Kinshofer, G.: Optical fibers and fiber bundles drawn from compound glasses. Siemens Forsch.- u. Entwickl.-Ber. 7 (1978) 298–304

29 Aulich, H.; Douklias, N.; Eisenrith, K.-H.; Gräber, K.; Kinshofer, G.; Weidinger, F.: Influence of preparation conditions on tensile strength of optical fibers. Siemens Forsch.- u. Entwickl.-Ber. 9 (1980) 57–63

30 Banerjee, S.; Sharma, A.: Propagation characteristics of optical waveguiding structures by direct solution of the Helmholtz equation for total fields. J. Opt. Soc. Am. A 6 (1989) 1884–1894

31 Barlow, A. J.; Ramskov-Hansen, J. J.; Payne, D. N.: Birefringence and polarization mode-dispersion in spun single-mode fibers. Appl. Opt. 20 (1981) 2962–2968

32 Barlow, A. J.; Ramskov-Hansen, J. J.; Payne, D. N.: Anisotropy in spun single-mode fibres. Electron. Lett. 18 (1982) 200–202

33 Barlow, A. J.; Payne, D. N.: The stress-optic effect in optical fibers. IEEE J. Quantum Electron. QE-19 (1983) 834–839

34 Barnes, P. A.; Paoli, T. L.: Derivative measurements of the current-voltage characteristics of double-hetero-structure injection lasers. IEEE J. Quantum Electron. QE-12 (1976) 633–639

35 Barnoski, M. K.: Fiber couplers, in: Semiconductor devices for optical communication (herausgegeben von H. Kressel). Berlin: Springer-Verlag 1980

36 Barrell, K. F.; Pask, C.: Optical fibre excitation by lenses. Optica Acta 26 (1979) 91–108

37 Bartelt, O.; Lohmann, A. W.; Freude, W.; Grau, G. K.: Mode analysis of optical fibres using computer-generated matched filters. Electron. Lett. 19 (1983) 247–249. Satzfehlerberichtigung: Electron. Lett. 19 (1983) 560. Weiterer Satzfehler: Nenner von Gl.(3), statt $2\pi a$ lies $2\pi a^2$.

38 Bauch, H.: Planungsaspekte zu einem Übertragungssystem mit 565 Mbit/s für Koaxialkabel. Frequenz 33 (1979) 346–351

39 Bélanger, P. A.: Periodic restoration of pulse trains in a linear dispersive medium. IEEE Photon. Technol. Lett. 1 (1989) 71–72

40 Bell, E. E.: Optical constants and their measurement, in: Handbuch der Physik (herausgegeben von S. Flügge), Band XXV/2a: Licht und Materie Ia (Bandherausgeber L. Genzel). Berlin: Springer-Verlag 1967

41 Bennett, B. R.; Soref, R. A.; Del Alamo, J. A.: Carrier-induced change in refractive index of InP, GaAs, and InGaAsP. IEEE J. Quantum Electron. 26 (1990) 113–122

42 Bennett, M. J.: Dispersion characteristics of monomode optical-fibre systems. Proc. IEE 130 (1983) 309–314

43 Berdagué, S.; Facq, P.: Mode division multiplexing in optical fibers. Appl. Opt. 21
(1982) 1950–1955

44 Bergmann - Schaefer (herausgegeben von H. Gobrecht): Lehrbuch der Experimental-
physik, Band III, 6. Aufl. Berlin: Walter de Gruyter 1974

45 Bhagavatula, V. A.; Spotz, M. S.; Love, W. F.; Keck, D. B.: Segmented-core single-
mode fibres with low loss and low dispersion. Electron. Lett. 19 (1983) 317–318

46 Bleicher, M.: Halbleiter-Optoelektronik. Heidelberg: Dr. Alfred Hüthig 1976

47 Blood, P.; Fletcher, E. D.; Woodbridge, K.; Heasman, K. C.; Adams, A. R.: Influence
of the barriers on the temperature dependence of threshold current in GaAs/AlGaAs
quantum well lasers. IEEE J. Quantum Electron. 25 (1989) 1459–1467

48 Bludau, W.; Rossberg, R. H.: Low-loss laser-to-fiber coupling with negligible feedback.
IEEE J. Lightwave Technol. LT-3 (1985) 294–302

49 Bobb, L. C.; Shankar, P. M.; Krumboltz, H. D.: Bending effects in biconically tapered
single-mode fibers. IEEE J. Lightwave Technol. 8 (1990) 1084–1090

50 Bordon, E. E.; Anderson, W. L.: Dispersion-adapted monomode fiber for propagation
of nonlinear pulses. IEEE J. Lightwave Technol. 7 (1989) 353–357

51 Born, M.; Wolf, E.: Principles of optics, 2. Aufl. London: Pergamon Press 1964

52 Born, M.; Wolf, E.: Principles of optics, 6. Aufl. Oxford: Pergamon Press 1980

53 Börner, M.; Trommer, G.: Lichtwellenleiter. Stuttgart: Teubner 1989

54 Botez, D.: Near and far-field analytical approximations for the fundamental mode in
symmetric waveguide DH lasers. RCA Rev. 39 (1978) 577–603

55 Botez, D.: Analytical approximation of the radiation confinement factor for the TE_0
mode of a double heterojunction laser. IEEE J. Quantum Electron. QE-14 (1978) 230–
232

56 Botez, D.; Ettenberg, M.: Beamwidth approximations for the fundamental mode in
symmetric double-heterojunction lasers. IEEE J. Quantum Electron. QE-14 (1978) 827–
830

57 Bowers, J. E.; Koch, T. L.; Hemenway, B. R.; Wilt, D. P.; Bridges, T. J.; Burkhardt, E.
G.: High-frequency modulation of $1.52\,\mu m$ vapour-phase-transported InGaAsP lasers.
Electron. Lett. 21 (1985) 392–393

58 Bowers, J. E.; Burrus, C. A.: InGaAs PIN photodetectors with modulation response
to millimetre wavelengths. Electron. Lett. 21 (1985) 812–814

59 Bowers, J. E.; Burrus, C. A.: Ultrawide-band long-wavelength p-i-n photodetectors. J.
Lightwave Technol. LT-5 (1987) 1339–1350

60 Boyd, G. D.; Bowers, J. E.; Soccolich, C. E.; Miller, D. A. B.; Chemla, D. S.; Chirovsky,
L. M. F.; Gossard, A. C.; English, J. H.: $5.5\,GHz$ multiple quantum well reflection
modulator. Electron. Lett. 25 (1989) 558–560

61 Brand, H.: Schaltungslehre linearer Mikrowellennetze. Stuttgart: S. Hirzel 1970

62 Brown, J.: Electromagnetic momentum associated with waveguide modes. Proc. IEE
113 (1966) 27–34

63 Bude, J.; van Etten, W.: Attenuation and interference in multimode fiber connections.
Appl. Opt. 26 (1987) 1158–1161

64 Burgmeier, J.; Trimmel, H. R.: 560 Mbit/s experimental fibre optic system. Proc. 5th
Europ. Conf. Opt. Commun. Amsterdam (ECOC 1979) 22.3-1–22.3-4

65 Burkhard, H.: Ermittlung der Parameter von Doppel-Heterostruktur-Halbleiterlasern.
Bericht FI 465 TBr 15. Deutsche Bundespost, Forschungsinstitut beim FTZ März 1983

66 Burkhard, H.; Kuphal, E.: Three- and four-layer LPE InGaAs(P) mushroom stripe
lasers for $\lambda = 1.30$, 1.54, and $1.66\,\mu m$. IEEE J. Quantum Electron. QE-21 (1985) 650–
657

67 Burrus, C. A.; Miller, B. I.: Small-area DH Al-Ga-As electroluminescent diode sources for optical fiber transmission lines. Opt. Commun. 4 (1971) 307–309

68 Butler, J. K.: The effect of junction heating on laser linearity and harmonic distortion. In: Kressel, H. (Hrsg.): Semiconductor devices for optical communication. Berlin: Springer-Verlag 1980 S. 243–258

69 Buus, J.: Propagation of chirped semiconductor laser pulses in monomode fibers. Appl. Opt. 24 (1985) 4196–4198

70 Buus, J.; Plastow, R.: A theoretical and experimental investigation of Fabry-Perot semiconductor laser amplifiers. IEEE J. Quantum Electron. QE-21 (1985) 614–617

71 Campbell, J. C.; Chandrasekhar, S.; Tsang, W. T.; Qua, G. J.; Johnson, B. C.: Multiplication noise of wide-bandwidth InP/InGaAsP/InGaAs avalanche photodiodes. J. Lightwave Technol. 7 (1989) 473–478

72 Campbell, J. C.; Johnson, B. C.; Qua, G. J.; Tsang, W. T.: Frequency response of InP/InGaAsP/InGaAs avalanche photodiodes. J. Lightwave Technol. 7 (1989) 778–784

73 Cao, M.; Daste, P.; Miyamoto, Y.; Miyake, Y.; Nogiwa, S.; Arai, S.; Furuya, K.; Suematsu, Y.: GaInAsP/InP single-quantum-well (SQW) laser with wire-like active region towards quantum wire laser. Electron. Lett. 24 (1988) 824–825

74 Carlisle, A. W.: Small-size high-performance lightguide connector for LAN's. Proc. Conf. Opt. Fiber Commun. (OFC 1985) 74–76

75 Cartledge, J. C.; Iqbal, M. Z.: The effect of chirping-induced pulse shaping on the performance of 11 Gbit/s lightwave systems. IEEE Photon. Technol. Lett. 1 (1989) 346–348

76 Cartledge, J. C.; Elrefaie, A. F.: Threshold gain difference requirements for nearly single-longitudinal-mode lasers. J. Lightwave Technol. 8 (1990) 704–715

77 Casey, H. C.; Panish, M. B.: Heterostructure lasers, Part A: Fundamental principles. New York: Academic Press 1978

78 Casey, H. C.; Panish, M. B.: Heterostructure lasers, Part B: Materials and operating characteristics. New York: Academic Press 1978

79 Cattermole, K. W.; O'Reilly, J. J. (Herausg.): Rauschen und Stochastik in der Nachrichtentechnik. Weinheim: VCH Verlagsgesellschaft 1988

80 Chandra, R.; Thyagarajan, K.; Ghatak, A. K.: Mode excitation by tilted and offset Gaussian beams in W-type fibers. Appl. Opt. 17 (1978) 2842–2847

81 Chandrasekhar, S.; Dentai, A. G.; Joyner, C. H.; Johnson, B. C.; Gnauck, A. H.; Qua, G. J.: 4 Gbit/s pin/HBT monolithic photoreceiver. Electron. Lett. 26 (1990) 1880–1882

82 Chang, C. T.: Minimum dispersion in a single-mode step-index optical fiber. Appl. Opt. 18 (1979) 2516–2522

83 Chee, J. K.; Liu, J.-M.: Polarization-dependent parametric and Raman processes in a birefringent optical fiber. IEEE J. Quantum Electron. QE-26 (1990) 541–549

84 Chen, C.; Wang, S.: Near-field and beam waist position of the semiconductor laser with a channeled-substrate planar structure. Appl. Phys. Lett. 37 (1980) 257–260

85 Chen, F. S.: Simultaneous feedback control of bias and modulation currents for injection lasers. Electron. Lett. 16 (1980) 587–589

86 Chen, P. Y. P.: Fast method for calculating cutoff frequencies in single-mode fibres with arbitrary index profiles. Electron. Lett. 18 (1982) 1048–1049

87 Chinone, N.; Saito, K.; Ito, R.; Aiki, K.: Highly efficient (GaAl)As buried-heterostructure lasers with buried optical guide. Appl. Phys. Lett. 35 (1979) 513–516

88 Choy, M. M.; Chen, C. Y.; Andrejco, M.; Saifi, M.; Lin, C.: A high-gain, high-output saturation power erbium-doped fiber amplifier pumped at 532 nm. IEEE Photon. Technol. Lett. 2 (1990) 38–40

89 Christodoulides, D. N.; Saifi, M. A.: LED pulse distortion in single-mode fibres near the wavelength of zero dispersion. Electron. Lett. 22 (1986) 981–982

90 Cimini Jr., L. J.; Greenstein, L. J.; Saleh, A. A. M.: Optical equalization for high-bit-rate fiber-optic communications. IEEE Photon. Technol. Lett. 2 (1990) 200–202

91 Cimini Jr., L. J.; Greenstein, L. J.; Saleh, A. A. M.: Optical equalization to combat the effects of laser chirp and fiber dispersion. IEEE J. Lightwave Technol. 8 (1990) 649–659

92 Cohen, L. G.; Lin, C.; French, W. G.: Tailoring zero chromatic dispersion into the 1.5–1.6 μm low-loss spectral region of single-mode fibers. Electron. Lett. 15 (1979) 334–335

93 Cohen, L. G.; Mammel, W. L.; Lin, C.; French, W. G.: Propagation characteristics of double-mode-fibers. Bell Syst. Techn. J. 59 (1980) 1061–1072

94 Cohen, L. G.; Mammel, W. L.; Lumish, S.: Dispersion and spectra in single-mode fibers. IEEE J. Quantum Electron. QE-18 (1982) 230–233

95 Cohen, L. G.; Mammel, W. L.: Low-loss quadruple-clad single-mode lightguides with dispersion below 2 ps/km nm over the 1.28 μm – 1.65 μm wavelength range. Electron. Lett. 18 (1982) 1023–1024

96 Coldren, L. A.; Corzine, S. W.: Continuously-tunable single-frequency semiconductor lasers. IEEE J. Quantum Electron. QE-23 (1987) 903–908

97 Columbia, T. F.; Raab, H.-U.; Renken, W.: Industrielle Herstellung von Lichtwellen-leitern. Siemens Telcom Report 10 (1987) 9–12

98 Cornwell, J. F.: Group theory and electronic energy bands in solids. Amsterdam: North-Holland Publishing Co. 1969

99 Cotter, D.: Fibre nonlinearities in optical communications. Opt. & Quantum Electron. 19 (1987) 1–17

100 Crone, G. A. E.; Arnold, J. M.: Anomalous group delay in optical fibres. Opt. & Quantum Electron. 12 (1980) 511–517

101 Currie, W. S.: LANs explained, a guide to local area networks. Chichester: Ellis Horwood 1988

102 Danielsen, M.: A theoretical analysis for Gigabit/second pulse code modulation of semiconductor lasers. IEEE J. Quantum Electron. QE-12 (1976) 657–660

103 Day, C. R.; France, P. W.; Carter, S. F.; Moore, M. W.; Williams, J. R.: Fluoride fibres for optical transmission. Opt. Quantum Electron. 22 (1990) 259–277

104 Dente, G. C.; Durkin, P. S.; Wilson, K. A.; Moeller, C. E.: Chaos in the coherence collapse of semiconductor lasers. IEEE J. Quantum Electron. 24 (1988) 2441–2447

105 Desurvire, E.: Analysis of erbium-doped fiber amplifiers pumped in the $^4I_{15/2}$-$^4I_{13/2}$ band. IEEE Photon. Technol. Lett. 1 (1989) 293–296

106 Desurvire, E.; Simpson, J. R.: Amplification of spontaneous emission in erbium-doped single-mode fibers. J. Lightwave Technol. 7 (1989) 835–845

107 Desurvire, E.; Giles, C. R.; Simpson, J. R.; Zyskind, J. L.: Efficient erbium-doped fiber amplifier at a 1.53-μm wavelength with a high output saturation power. Opt. Lett. 14 (1989) 1266–1268

108 Desurvire, E.: Spectral noise figure of Er^{3+}-doped fiber amplifiers. IEEE Photon. Technol. Lett. 2 (1990) 208–210

109 Desurvire, E.; Giles, C. R.; Zyskind, J. L.; Simpson, J. R.; Becker, P. C.; Olsson, N. A.: Recent advances in erbium doped fiber amplifiers at 1.5 μm, Proc. Optical Fiber Communication Conference 1990 (San Francisco), FA 1. Techn. Digest (1990) 190–191

110 Dixon, R. W.: Derivative measurements of light-current-voltage characteristics of (Al,Ga)As double-heterostructure lasers. Bell Syst. Techn. J. 55 (1976) 973–980

111 Dorn, R.; Le Sergent, C.: Technologien zur Herstellung von Vorformen für Lichtleitfasern. Elektr. Nachrichtenwesen 62 (1988) 177–182

112 Dornhaus, R.; Nimtz, G.; Schlicht, B. (Hrsg.): Narrow-gap semiconductors. Berlin: Springer-Verlag 1983

113 Duan, G. H.; Gallion, P.; Debarge, G.: Analysis of the phase-amplitude coupling factor and spectral linewidth of distributed feedback and composite-cavity semiconductor lasers. IEEE J. Quantum Electron. 26 (1990) 32–44

114 Ebeling, K. J.: Integrierte Optoelektronik. Berlin: Springer-Verlag 1989

115 Edagawa, N.; Yoshida, Y.; Taga, H.; Yamamoto, S.; Wakabayashi, H.: 12 300 ps/nm, 2.4 Gb/s nonregenerative optical fiber transmission experiment and effect of transmitter phase noise. IEEE Photon. Technol. Lett. 2 (1990) 274–276

116 Eger, D.; Oron, M.; Zussman, A.; Zemel, A.: The spectral response of PbTe /$Pb_{1-x}Sn_x$Te heterostructure diodes at low temperatures. Infrared Phys. 23 (1983) 69–76

117 Ehrlich, W.; Eberspächer, K.: Die neue synchrone digitale Hierarchie. NTZ 41 (1988) 570–574

118 Elson, J. M.; Bennett, H. E.; Bennett, J. M.: Scattering from optical surfaces, in: Applied optics and optical engineering, Band VII (herausgegeben von R. R. Shannon und J. C. Wyant). New York: Academic Press 1979

119 Emmons, R. B.: Avalanche-photodiode frequency response. J. Appl. Phys. 38 (1967) 3705–3714

120 Facq, P.; Fournet, P.; Arnaud, J.: Observation of tubular modes in multimode graded-index optical fibres. Electron. Lett. 16 (1980) 648–650

121 Facq, P.; De Fornel, F.; Jean, F.: Tunable single-mode excitation in multimode fibres. Electron. Lett. 20 (1984) 613–614

122 Felsen, L. B.: Evanescent waves. J. Opt. Soc. Am. 66 (1976) 751–760

123 Feng, T.; Peida, Y.: Random coupling theory of single-mode optical fibers. IEEE J. Lightwave Technol. 8 (1990) 1235–1242

124 Fick, E.: Einführung in die Grundlagen der Quantentheorie. Frankfurt am Main: Akademische Verlagsgesellschaft 1968

125 Finzel, L.; Heier, M.: LWL-Spleißen ohne Schweißen. Einfach montier- und lösbarer Steckverbinder für Lichtwellenleiter (LWL-Fingerspleiß). Siemens Telcom Report 12 (1989) 161–163

126 Fioretti, A.; Rocchini, C. A.; Treves, S. R.; Torchin, L.: Strukturen von lokalen und großräumigen Netzen für die Übertragung mit kohärentem Licht. Elektr. Nachrichtenwesen 62 (1988) 343–351

127 Fisz, M.: Wahrscheinlichkeitsrechnung und mathematische Statistik. Berlin: VEB Deutscher Verlag der Wissenschaften 1971

128 Fleming, J. W.: Material dispersion in lightguide glasses. Electron. Lett. 14 (1978) 326–328

129 Fleming, J. W.; Wood, D. L.: Refractive index dispersion and related properties in fluorine doped silica. Appl. Opt. 22 (1983) 3102–3104

130 Fleming, J. W.: Dispersion in GeO_2-SiO_2 glasses. Appl. Opt. 23 (1984) 4486–4493

131 Fluhr, J.; Marending, P.; Trimmel, H.: Ein Lichtwellenleitersystem für die Übertragung von 8-Mbit/s-Signalen. Siemens Telcom Report 6 (1983) Beiheft „Nachrichtenübertragung mit Licht" 127–132

132 Focke, J.: Asymptotische Entwicklungen mittels der Methode der stationären Phase. Ber. Sächs. Ges. (Akad.) Wiss. 101 (1954) Heft 3

133 Forrest, S. R.; Kim, O. K.: An n-$In_{0.53}Ga_{0.47}As$/n-InP rectifier. J. Appl. Phys. 52 (1981) 5838–5842

134 Forrest, S. R.; Kim, O. K.; Smith, R. G.: Optical response of $In_{0.53}Ga_{0.47}As$/InP avalanche photodiodes. Appl. Phys. Lett. 41 (1982) 95–98

135 Francois, P. L.: Propagation mechanisms in quadruple-clad fibres: mode coupling, dispersion and pure bend loss. Electron. Lett. 19 (1983) 885–886

136 Freude, W.: Far-field profiling of multimode optical fibres. Electron. Lett. 17 (1981) 385–387

137 Freude, W.: Impulse dispersion in a multimode optical fiber from its far-field radiation pattern. Appl. Opt. 23 (1984) 4209–4211

138 Freude, W.; Sharma, A.: Refractive-index profile and modal dispersion prediction for a single-mode optical waveguide from its far-field radiation pattern. IEEE J. Lightwave Technol. LT-3 (1985) 628–634. Satzfehlerberichtigung: LT-4 (1986) 375. Weitere Satzfehler: Zwei Gleichungen oberhalb (18), statt $\cdots = \sum_{\mu=1}^{M} c_\mu \chi^2 \cdots$ lies $\cdots = -\sum_{\mu=1}^{M} c_\mu \chi^2 \cdots$; in (19) ersetze $8\pi^2$ durch $4\pi^2$.

139 Freude, W.: Analyse von Lichtwellenleitern aus dem Nah- und Fernfeld. Universität Karlsruhe: Habilitationsschrift 1986

140 Freude, W.; Fritzsche, C.; Grau, G.; Lu, Shan-da: Speckle interferometry for spectral analysis of laser sources and multimode optical waveguides. J. Lightwave Technol. LT-4 (1986) 64–72 Satzfehlerberichtigung: LT-4 (1986) 694. Weitere Satzfehler: In (1), statt Nenner $\overline{\langle \delta P^2(f_s, \vec{r}) \rangle}_{\vec{r}}$ lies $\overline{\langle \delta P(f_s, \vec{r})^2 \rangle}_{\vec{r}}$; in (B2), statt $\langle \delta P(f_s, \vec{r}) \delta P(f_s + f, \vec{r}) \rangle_{\vec{r}}$ lies $\overline{\langle \delta P(f_s, \vec{r}) \delta P(f_s + f, \vec{r}) \rangle}_{\vec{r}}$.

141 Freude, W.; Richter, H.: Refractive-index profile determination of single-mode fibres by far-field power measurements at $1\,300\,nm$. Electron. Lett. 22 (1986) 945–947

142 Freude, W.; Grau, G. K.; Liebler, W.; Wüppermann, B.: Computer-generated holograms with error compensation. Appl. Opt. 27 (1988) 138–146

143 Freude, W.; Chen, H.-M.: Computer-generated holograms with error compensation for recording phase-shifted DFB laser corrugations. Appl. Opt. 27 (1988) 5103–5110

144 Freude, W.; Sharma, E. K.; Sharma, A.: Propagation constant of single-mode fibers measured from the mode-field radius and from the bending loss. IEEE J. Lightwave Technol. 7 (1989) 225–228

145 Friebele, E. J.; Taylor, E. W.; Turquet de Beauregard, G.; Wall, J. A.; Barnes, C. E.: Interlaboratory comparison of radiation-induced attenuation in optical fibers. Part I: Steady-state exposures. IEEE J. Lightwave Technol. 6 (1988) 165–171

146 Friebele, E. J.; Lyons, P. B.; Blackburn, J.; Henschel, H.; Johan, A.; Krinsky, J. A.; Robinson, A.; Schneider, W.; Smith, D.; Taylor, E. W.; Turquet de Beauregard, G. Y.; West, R. H.; Zagarino, P.: Interlaboratory comparison of radiation-induced attenuation in optical fibers. Part III: Transient exposures. IEEE J. Lightwave Technol. 8 (1990) 977–989

147 Fujise, M.; Iwamoto, Y.; Takei, S.: Self-core-alignment arc-fusion splicer based on a simple local monitoring method. IEEE J. Lightwave Technol. LT-4 (1986) 1211–1218

148 Fujita, S.; Kitamura, M.; Torikai, T.; Henmi, N.; Yamada, H.; Suzaki, T.; Takano, I.; Shikada, M.: $10\,Gbit/s$, $100\,km$ optical fibre transmission experiment using high-speed MQW DFB-LD and back-illuminated GaInAs APD. Electron. Lett. 25 (1989) 702–703

149 Gallion, P. B.; Debarge, G.: Quantum phase noise and field correlation in single frequency semiconductor laser systems. IEEE J. Quantum Electron. QE-20 (1984) 343–349

150 Gambling, W. A.; Payne, D. N.; Matsumura, H.: Mode excitation in a multimode optical-fibre waveguide. Electron. Lett. 9 (1973) 412–414. Nachdruck in: Electron. Lett. 25 (1989) S13–S15

151 Gambling, W. A.; Matsumura, H.: Propagation in radially-inhomogeneous single-mode fibre. Opt. & Quantum Electron. 10 (1978) 31–40

152 Gambling, W. A.; Matsumura, H.; Ragdale, C.M.: Field deformation in a curved single-mode fibre. Electron. Lett. 14 (1978) 130–132

153 Garrett, I.; Todd, C. J.: Review. Components and systems for long-wavelength mono-mode fibre transmission. Opt. & Quantum Electron. 14 (1982) 95–143

154 Geckeler, S.: Gruppenlaufzeitdifferenzen in Lichtwellenleitern mit Gradientenprofil. Frequenz 32 (1978) 68–75

155 Geckeler, S.: Dispersion in optical fibers: new aspects. Appl. Opt. 17 (1978) 1023–1029

156 Geckeler, S.: Compensation of profile dispersion in graded-index optical fibres. Electron. Lett. 15 (1979) 682–683

157 Geckeler, S.: Pulse broadening in optical fibers with mode mixing. Appl. Opt. 18 (1979) 2192–2198

158 Geittner, P.; Lydtin, H.; Weling, F.; Wiechert, D. U.: Bend loss characteristics of single-mode fibers. Proc. 13th Europ. Conf. Opt. Commun. Helsinki (ECOC 1987) 97–108

159 Ghafoori-Shiraz, H.: Temperature, bandgap-wavelength, and doping dependence of peak-gain coefficient parabolic model parameters for InGaAsP/InP semiconductor laser diodes. J. Lightwave Technol. 6 (1988) 500–506

160 Ghafoori-Shiraz, H.: A model for peak-gain coefficient in InGaAsP/InP semiconductor laser diodes. Opt. Quantum Electron. 20 (1988) 153–163

161 Ghatak, A.; Thyagarajan, K.: Graded index optical waveguides: a review, in: Progress in optics, Band XVIII (herausgegeben von E. Wolf). Amsterdam: North-Holland 1980

162 Ghatak, A. K.; Thyagarajan, K.: Contemporary optics, 2. Aufl. New York: Plenum Publishing 1980; Delhi: McMillan India 1984

163 Ghatak, A. K.; Thyagarajan, K.: Optical electronics. Cambridge: University Press 1989

164 Gillner, L.; Goobar, E.; Thylén, L.; Gustavsson, M.: Semiconductor laser amplifier optimization: an analytical and experimental study. IEEE J. Quantum Electron. 25 (1989) 1822–1827

165 Gimlett, J. L.; Stern, M.; Young, W. C.; Cheung, N. K.: Dispersion penalties for single-mode-fibre transmission using 1.3 and 1.5 μm LEDs. Electron. Lett. 21 (1985) 668–670

166 Gimlett, J. L.; Iqbal, M. Z.; Young, J.; Curtis, L.; Spicer, R.; Cheung, N. K.: 11 Gbit/s optical transmission experiment using 1 540 nm DFB laser with non-return-to-zero modulation and PIN/HEMT receiver. Electron. Lett. 25 (1989) 596–597

167 Gimlett, J. L.: Ultrawide bandwidth optical receivers. IEEE J. Lightwave Technol. 7 (1989) 1432–1437

168 Glauber, R. J.: Photon counting and field correlations. Proceedings of the International Conference on the Physics of Quantum Electronics, Puerto Rico 1965. Kelley, P. L.; Lax, B.; Tannenwald, P. E. (Hrsg). New York: McGraw-Hill Book Company 1965

169 Glenn, W. H.: Noise in interferometric optical systems: an optical Nyquist theorem. IEEE J. Quantum Electron. 25 (1989) 1218–1224

170 Gloge, D.: Weakly guiding fibers. Appl. Opt. 10 (1971) 2252–2258

171 Gloge, D.; Marcatili, E. A. J.: Impulse response of fibers with ring-shaped parabolic index distribution. Bell Syst. Techn. J. 52 (1973) 1161–1168

172 Gloge, D.; Marcatili, E. A. J.: Multimode theory of graded-core fibers. Bell Syst. Techn. J. 52 (1973) 1563–1578

173 Gloge, D.: Propagation effects in optical fibers. IEEE Trans. Microw. Theory Tech. MTT-23 (1975) 106–120

174 Gloge, D.; Ogawa, K.; Cohen, L. G.: Baseband characteristics of long-wavelength L.E.D. systems. Electron. Lett. 16 (1980) 366–367

175 Gnauck, A. H.; Burrus, C. A.; Wang, S.-J.; Dutta, N. K.: 16 Gbit/s transmission over 53 km of fibre using directly modulated 1.3 µm DFB laser. Electron. Lett. 25 (1989) 1356–1358

176 Gnauck, A. H.; Jopson, R. M.; Evankow, J. D.; Burrus, C. A.; Wang, S.-J.; Dutta, N. K.; Presby, H. M.: 1 Tbit/s km transmission experiment at 16 Gbit/s using conventional fibre. Electron. Lett. 25 (1989) 1695–1696

177 Gnauck, A. H.; Cimini Jr., L. J.; Stone, J.; Stulz, L. W.: Optical equalization of fiber chromatic dispersion in a 5-Gbit/s transmission system. IEEE Photon. Technol. Lett. 2 (1990) 585–587

178 Goldberg, S.: Die Wahrscheinlichkeit, 2. Aufl. Braunschweig: Vieweg-Verlag 1969

179 Goldstein, E. L.; Teich, M. C.: Noise in resonant optical amplifiers of general resonator configuration. IEEE J. Quantum Electron. 25 (1989) 2289–2296

180 Goldstein, H.: Classical mechanics, 2. Aufl. Reading: Addison-Wesley 1980

181 Golub, M. A.; Karpeev, S. V.; Krivoshlykov, S. G.; Prokhorov, A. M.; Sisakyan, I. N.; Soifer, V. A.: Experimental studies of spatial filters which separate transverse modes of optical fields. Kvantovaya Elektron. Moscow 10 (1983) 1700–1701

182 Golub, M. A.; Karpeev, S. V.; Krivoshlykov, S. G.; Prokhorov, A. M.; Sisakyan, I. N.; Soifer, V. A.: An experimental study into the power distribution over transverse modes in a fiber-optic wave-guide with the use of spatial filters. Kvantovaya Elektron. Moscow 11 (1984) 1869–1871

183 Goodman, J. W.: Introduction to Fourier optics. San Francisco: McGraw-Hill 1968

184 Gottwald, K.: Das Verbinden von Glasfasern, in: Optische Telekommunikationssysteme, Band 1: Physik und Technik (herausgegeben von W. Haist). Gelsenkirchen-Buer: Damm-Verlag 1989

185 Goyal, I. C.; Gallawa, R. L.; Ghatak, A. K.: Bent planar waveguides and whispering gallery modes: A new method of analysis. IEEE J. Lightwave Technol. 8 (1990) 768–773

186 Grabmaier, J. G.; Aulich, H. A.: Herstellung von Glasfasern für die optische Nachrichtenübertragung. Chem.-Ing.-Techn. 51 (1979) 612–627

187 Gradstein, I.; Ryshik, I.: Summen-, Produkt- und Integral-Tafeln, 5. russische Aufl., 1. deutsch-englische Aufl. Band 1 und 2. Thun: Harri Deutsch 1981

188 Grau, G.: Temperatur- und Laserstrahlung als Informationsträger. Arch. Elektron. & Uebertragungstech. 18 (1964) 1–4

189 Grau, G.: Noise in photoemission current. Appl. Opt. 4 (1965) 755

190 Grau, G. K.: Quantenelektronik. Braunschweig: Vieweg 1978

191 Grau, G.; Leminger, O. G.; Sauter, E. G.: Mode excitation in parabolic index fibres by Gaussian beams. Arch. Elektron. & Uebertragungstech. 34 (1980) 259–265

192 Grau, G. K.; Leminger, O. G.: Relations between near-field and far-field intensities, radiance, and modal power distribution of multimode graded-index fibers. Appl. Opt. 20 (1981) 457–459

193 Grau, G.: Optische Nachrichtentechnik. Berlin: Springer-Verlag 1981

194 Grau, G.: Schwankungserscheinungen als prinzipielle und praktische Leistungsgrenzen optischer Nachrichtensysteme. Arch. Elektron. & Uebertragungstech. 37 (1983) 137–145

195 Grau, G.: Spontaneous emission into index-guided and gain-guided waveguide modes. A simple explanation. Arch. Elektron. & Uebertragungstech. 37 (1983) 280–281

196 Haag, H. G.; Hög, G. F.; Zamzow, P. E.: Optical fiber cables for subscriber loops. IEEE J. Lightwave Technol. 7 (1989) 1667–1674

197 Hagimoto, K.; Aida, K.: Multigigabit-per-second optical baseband transmission system. J. Lightwave Technol. LT-6 (1988) 1678–1685

198 Hakki, B. W.: Optical and microwave instabilities in injection lasers. J. Appl. Phys. 51 (1980) 68–73

199 Arkwright, J. W.; Mortimore, D. B.: 7×7 monolithic single-mode star coupler. Electron. Lett. 26 (1990) 1534–1536

200 Harris, A. J.; Castle, P. F.: Bend loss measurements on high numerical aperture single-mode fibers as a function of wavelength and bend radius. IEEE J. Lightwave Technol. LT-4 (1986) 34–40

201 Harth, W.; Grothe, H.: Sende- und Empfangsdioden für die Optische Nachrichtentechnik. Stuttgart: B. G. Teubner 1984

202 Hartog, A. H.; Adams, M. J.: On the accuracy of the WKB approximation in optical dielectric waveguides. Opt. & Quantum Electron. 9 (1977) 223–232

203 Hasegawa, A.: Optical solitons in fibers. Berlin: Springer-Verlag 1989

204 Haug, A.: Auger recombination in InGaAsP. Appl. Phys. Lett. 42 (1983) 512–514

205 Haus, H. A.: Waves and fields in optoelectronics. Englewood Cliffs: Prentice-Hall 1984

206 Haus, H. A.; Kawakami, S.: On the „excess spontaneous emission factor" in gain-guided laser amplifiers. IEEE J. Quantum Electron. QE-21 (1985) 63–69

207 Hegarty, J.; Poulsen, S. D.; Jackson, K. A.; Kaminow, I. P.: Low-loss single-mode wavelength-division multiplexing with etched fiber arrays. Electron. Lett. 20 (1984) 685–686

208 Heidemann, R.: Investigations on the dominant dispersion penalties ocurring in multi-gigabit direct detection systems. J. Lightwave Technol. LT-6 (1988) 1693–1697

209 Heinlein, W.: Grundlagen der faseroptischen Übertragungstechnik. Stuttgart: Teubner 1985

210 Heitmann, W.: Herstellung von Lichtleitfasern, in: Optische Telekommunikationssysteme, Band 1: Physik und Technik (herausgegeben von W. Haist). Gelsenkirchen-Buer: Damm-Verlag 1989

211 Helms, J.; Petermann, K.: A simple analytic expression for the stable operation range of laser diodes with optical feedback. IEEE J. Quantum Electron. 26 (1990) 833–836

212 Henmi, N.; Fujita, S.; Yamaguchi, M.; Shikada, M.; Mito, I.: Consideration on influence of directly modulated DFB LD spectral spread and fiber dispersion in multigigabit-per-second long-span optical-fiber transmission systems. J. Lightwave Technol. 8 (1990) 936–944

213 Henry, Ch. H.: Theory of the linewidth of semiconductor lasers. IEEE J. Quantum Electron. QE-18 (1982) 259–264

214 Henry, Ch. H.: Theory of spontaneous emission noise in open resonators and its application to lasers and optical amplifiers. J. Lightwave Technol. LT-4 (1986) 288–297

215 Henry, Ch. H.: Phase noise in semiconductor lasers. J. Lightwave Technol. LT-4 (1986) 298–311

216 Hildebrand, O.; Kuebart, W.; Pilkuhn, M. W.: Resonant enhancement of impact in $Ga_{1-x}Al_xSb$. Appl. Phys. Lett. 37 (1980) 801–803

217 Hillerich, B.: Efficiency and alignment tolerances of LED to single-mode fibre coupling — theory and experiment. Opt. & Quantum Electron. 19 (1987) 209–222

218 Hillerich, B.: Influence of lens imperfections with LD and LED to single-mode fiber coupling. J. Lightwave Technol. 7 (1989) 77–86

219 Hinkley, E. D.; Nill, K. W.; Blum, F. A.: Topics in applied physics, Bd. 2: Walther, H. (Hrsg.): Laser spectroscopy of atoms and molecules. Infrared spectroscopy with tunable lasers. Berlin: Springer-Verlag 1976, S. 125–196

220 Hodson, P. D.; Bradley, R. R.; Riffat, J. R.; Joyce, T. B.; Wallis, R. H.: GaInAs PIN photodiodes grown on silicon substrates for 1.55 μm detection. Electron. Lett. 23 (1987) 1094–1095

221 Hoekstra, H. J. W. M.: An economic method for the solution of the scalar wave equation for arbitrarily shaped optical waveguides. IEEE J. Lightwave Technol. 8 (1990) 789–793

222 Hogge, C. R.: A self correcting clock recovery circuit. IEEE J. Lightwave Technol. LT-3 (1985) 1312–1314

223 Hollenhorst, J. N.: Frequency response theory for multilayer photodiodes. J. Lightwave Technol. 8 (1990) 531–537

224 Hölzler, E.; Holzwarth, H.: Pulstechnik, Band I. Grundlagen, 2. Aufl. Berlin: Springer-Verlag 1982

225 Hölzler, E.; Holzwarth, H.: Pulstechnik, Band II. Anwendungen und Systeme, 2. Aufl. Berlin: Springer-Verlag 1984

226 Honmou, H.; Ishikawa, R.; Ueno, H.; Kobayashi, M.: 1.0 dB low-loss coupling of laser diode to single-mode fibre using a plano-convex graded-index rod lens. Electron. Lett. 22 (1986) 1122–1123

227 Hordvik, A.; Eriksrud, M.: Loss mechanism in single-mode fibers jacketed with a loose jelly-filled tube. IEEE J. Lightwave Technol. LT-4 (1986) 1178–1182

228 Hornung, S.; Doran, N. J.; Allan, R.: Monomode fiber microbending loss measurements and their interpretation. Opt. & Quantum Electron. 14 (1982) 359–362

229 Hosain, S. I.; Sharma, E. K.; Sharma, A.; Ghatak, A. K.: Analytical approximations for the propagation characteristics of dual-mode fibers. IEEE J. Quantum Electron. QE-19 (1983) 15–21

230 Hotate, K.; Okoshi, T.: Formula giving single-mode limit of optical fibre having arbitrary refractive-index profile. Electron. Lett. 14 (1978) 246–248

231 Hsieh, H. C.; Sargeant, W.: Avalanche buildup time of an InP/InGaAsP/InGaAs APD at high gain. IEEE J. Quantum Electron. 25 (1989) 2027–2035

232 Illek, S.; Thulke, W.; Schanen, C.; Lang, H.; Amann, M. C.: Over 7 nm (875 GHz) continuous wavelength tuning by tunable twin-guide (TTG) laser diode. Electron. Lett. 26 (1990) 46–47

233 Imai, H.; Kaneda, T.: High-speed distributed feedback lasers and InGaAs avalanche photodiodes. J. Lightwave Technol. 6 (1988) 1634–1642

234 Imai, M.; Hara, E. H.: Excitation of the fundamental and lower-order modes of optical fiber waveguides with Gaussian beams. 1: Tilted beams. Appl. Opt. 13 (1974) 1893–1899

235 Imai, M.; Hara, E. H.: Excitation of the fundamental and lower-order modes of optical fiber waveguides with Gaussian beams. 2: Offset beams. Appl. Opt. 14 (1975) 169–173

236 Ishihara, N.; Nakajima, O.; Ichino, H.; Yamauchi, Y.: 9 GHz bandwidth, 8–20 dB controllable-gain monolithic amplifier using AlGaAs/GaAs HBT technology. Electron. Lett. 25 (1989) 1317–1318

237 Iwashita, K.; Takachio, N.: Chromatic dispersion compensation in coherent optical communications. J. Lightwave Technol. 8 (1990) 367–375

238 Izawa, T.; Sudo, S.; Hanawa, F.; Edahiro, T.: Progress in continuous fabrication process of high-silica fiber preforms. Proc. 4th Europ. Conf. Opt. Commun. Genua (ECOC 1978) 30–36

239 Izawa, T.; Sudo, S.; Hanawa, F.: Continuous fabrication process for high-silica fiber preforms. Inst. Electron. Commun. Engrs. Japan E-62 (1979) 779–785

240 Jalbert, K.: Recognizing connector variations and their fiber-optic applications. Fiber Optic Prod. News Sept. (1987) 17–21

241 Jean, F.; Facq, P.; De Fornel, F.: Coupling efficiency in selective excitation of tubular modes into graded-index multimode fibres. Electron. Lett. 22 (1986) 11–13

242 Jensen, B.; Torabi, A.: Dispersion of the refractive index of GaAs and $Al_x Ga_{1-x} As$. IEEE J. Quantum Electron. QE-19 (1983) 877–882

243 Jensen, N. H.; Olesen, H.; Stubkjaer, K. E.: Partition noise in semiconductor lasers under cw and pulsed operation. IEEE J. Quantum Electron. QE-23 (1987) 71–79

244 Jeong, J.; Vella-Coleiro, G. P.; Kim, S. J.; Eng, J.: Three-stage InP JFET amplifier for receiver optoelectronic integrated circuits. IEEE Photon. Technol. Lett. 2 (1990) 407–408

245 Jiang, S.-J.; Liu, B.-Y.: Chebyshev power-series solution of the cutoff frequencies in W-type single-mode fibers with an arbitrary core profile. IEEE J. Lightwave Technol. 6 (1988) 1399–1401

246 Jopson, R. M.; Gnauck, A. H.; Kasper, B. L.; Tench, R. E.; Olsson, N. A.; Burrus, C. A.; Chraplyvy, A. R.: 8 Gbit/s, 1.3 μm receiver using optical preamplifier. Electron. Lett. 25 (1989) 233–235

247 Jürgensen, K.: Transmission of Gaussian pulses through monomode dielectric optical waveguides. Appl. Opt. 16 (1977) 22–23

248 Jürgensen, K.: Gaussian pulse transmission through monomode fibers, accounting for source linewidth. Appl. Opt. 17 (1978) 2412–2415

249 Kaiser, M., SEL Stuttgart: Persönliche Mitteilung (1981)

250 Kanamori, H.; Yokota, H.; Tanaka, G.; Watanabe, M.; Ishiguro, Y.; Yoshida, I.; Kakii, T.; Itoh, S.; Asano, Y.; Tanaka, S.: Transmission characteristics and reliability of pure-silica-core single-mode fibers. IEEE J. Lightwave Technol. LT-4 (1986) 1144–1149

251 Kapany, N. S.; Burke, J. J.; Sawatari, T.: Fiber optics. XIII. Mode detection and discrimination in optical waveguides and resonators. J. Opt. Soc. Am. 60 (1970) 1350–1358

252 Karstensen, H.: Laser diode to single-mode fiber coupling with ball lenses. J. Opt. Commun. 9 (1988) 42–49

253 Karstensen, H.; Drögemüller, K.: Loss analysis of laser diode to single-mode fiber couplers with glass spheres or silicon plano-convex lenses. IEEE J. Lightwave Technol. 8 (1990) 739–747

254 Kasper, B. L.; Campbell, J. C.; Talman, J. R.; Gnauck, A. H.; Bowers, J. E.; Holden, W. S.: An APD/FET optical receiver operating at 8 Gbit/s. J. Lightwave Technol. LT-5 (1987) 344–347

255 Kasper, B. L.; Campbell, J. C.: Multigigabit-per-second avalanche photodiode lightwave receivers. J. Lightwave Technol. LT-5 (1987) 1351–1364

256 Kato, Y.; Seikai, S.; Tateda, M.: Arc-fusion splicing of single-mode fibers. 1: Optimum splice conditions. Appl. Opt. 21 (1982) 1321–1336

257 Kato, Y.; Seikai, S.; Shibata, N.; Tachigami, S.; Toda, Y.; Watanabe, O.: Arc-fusion splicing of single-mode fibers. 2: A practical splice machine. Appl. Opt. 21 (1982) 1916–1921

258 Kato, Y.; Tanifuji, T.; Kashima, N.; Arioka, R.: Arc-fusion splicing of single-mode fibers. 3: A highly efficient splicing technique. Appl. Opt. 23 (1984) 2654–2659

259 Kato, Y.: Fusion splicing of polarization preserving fibers. Appl. Opt. 24 (1985) 2346–2350

260 Katsuyama, T.; Matsumura, H.: Infrared optical fibers. Bristol: Adam Hilger 1989

261 Katsuyama, Y.; Ishida, Y.; Ishihara, K.; Miyashita, T.: Suitable parameters of single-mode optical fibre. Electron. Lett. 15 (1979) 94–95

262 Kauffels, F.-J.: Lokale Netze — Systeme für den Hochleistungs-Informationstransfer. Pulheim: DATACOM-Verlag 1989

263 Kawakami, S.; Nishida, S.: Characteristics of a doubly clad optical fiber with a low-index inner cladding. IEEE J. Quantum Electron. QE-10 (1974) 879–887

264 Kawano, K.; Saruwatari, M.; Mitomi, O.: A new confocal combination lens method for a laser-diode module using a single-mode fiber. IEEE J. Lightwave Technol. LT-3 (1985) 739–745

265 Kawano, K.; Mitomi, O.; Saruwatari, M.: Combination lens method for coupling a laser diode to a single-mode fiber. Appl. Opt. 24 (1985) 984–989

266 Kawase, M.; Fuchigami, T.; Matsumoto, M.; Nagasawa, S.; Tomita, S.; Takashima, S.: Subscriber single-mode optical fiber ribbon cable technologies suitable for midspan access. IEEE J. Lightwave Technol. 7 (1989) 1675–1681

267 Keck, D. B.; Morrow, A. J.; Nolan, D. A.; Thompson, D. A.: Passive components in the subscriber loop. IEEE J. Lightwave Technol. 7 (1989) 1623–1633

268 Keil, R.; Klement, E.; Mathyssek, K.; Wittmann, J.: Experimental investigation of the beam spot size radius in single-mode fibre tapers. Electron. Lett. 20 (1984) 621–622

269 Keil, R.; Mathyssek, K.; Klement, E.; Auracher, F.: Coupling between semiconductor laser diodes and single-mode optical fibers. Siemens Forsch.- u. Entwickl.-Ber. 13 (1984) 284–288

270 Khoe, G.-D.; Kock, H. G.: Laser-to-monomode-fiber coupling and encapsulation in a modified TO-5 package. IEEE J. Lightwave Technol. LT-3 (1985) 1315–1320

271 Kiesewetter, W.: Herstellung von Lichtwellenleitern für Nachrichtensysteme. Elektr. Nachrichtenwesen 63 (1989) 177–182

272 Kikuchi, K.; Okoshi, T.: Measurement of spectra of and correlation between FM and AM noises in GaAlAs lasers. Electron. Lett. 19 (1983) 812–813

273 Kikuchi, K.; Okoshi, T.: FM- and AM-noise spectra of 1.3 μm InGaAsP DFB lasers in 0–3 GHz range and determination of their linewidth enhancement factor α. Electron. Lett. 20 (1984) 1044–1045

274 Kikuchi, K.; Okoshi, T.: Estimation of linewidth enhancement factor of AlGaAs lasers by correlation measurement between FM and AM noises. IEEE J. Quantum Electron. QE-21 (1985) 669–673

275 Kikuchi, K.: Effect of 1/f-type FM noise on semiconductor-laser linewidth residual in high-power limit. IEEE J. Quantum Electron. 25 (1989) 684–688

276 King, W. C.; Olsson, N. A.: Gbit/s transmission experiments with a 1.3 μm high-speed surface-emitting LED and multimode graded-index fibre. Electron. Lett. 22 (1986) 761–762

277 Kinoshita, J.-I.: Effect of axial hole-burning on TM mode suppression in $\lambda/4$ phase-shift DFB lasers. Electron. Lett. 24 (1988) 1480–1481

278 Kitayama, K.-I.; Ohashi, M.; Seikai, S.: Mode conversion at splices in multimode graded-index fibers. IEEE J. Quantum Electron. QE-16 (1980) 971–978

279 Kitayama, K.-I.; Seikai, S.; Uchida, N.: Impulse response prediction based on experimental mode coupling coefficient in a 10-km long graded-index fiber. IEEE J. Quantum Electron. QE-16 (1980) 356–362

280 Kitayama, Y.; Kato, Y.; Seikai, S.; Uchida, N.: Structural optimization for two-mode fiber: Theory and experiment. IEEE J. Quantum Electron. QE-17 (1981) 1057–1063

281 Kluitmans, J. T. M.; Kuindersma, P. I., Meier, M.; Mink, J.; Röll, G.; Will, D. J.: 2.488 Gbit/s transmission experiment at 1 550 nm over 153 km standard single-mode fibre. Electron. Lett. 26 (1990) 566–567

282 Knop, W.; Lieber, W.: Dämpfungsarmer LWL-Spleiß aus dem Lichtbogen. Siemens Telcom Report 13 (1990) 62–65

283 Knox, W. H.; Henry, J. E.; Goossen, K. W.; Li, K. D.; Tell, B.; Miller, D. A.; Chemla, D. S.; Gossard, A. C.; English, J.; Schmitt-Rink, S.: Femtosecond excitonic optoelectronics. IEEE J. Quantum Electron. 25 (1989) 2586–2595

284 Kobayashi, K.; Mito, I.: Single frequency and tunable laser diodes. J. Lightwave Technol. 6 (1988) 1623–1633

285 Kobayashi, S.; Shibata, S.; Shibata, N.; Izawa, T.: Refractive-index dispersion of doped fused silica. Intern. Conf. Integr. Optics and Opt. Fibre Commun. (IOOC 1977) 309–312

286 Koch, T. L.; Linke, R. A.: Effect of nonlinear gain reduction on semiconductor laser wavelength chirping. Appl. Phys. Lett. 48 (1986) 613–615

287 Koch, T. L.; Koren, U.; Gnall, R. P.; Burrus,. C. A.; Miller, B. I.: Continuously tunable 1.5 μm multiple-quantum-well GaInAs/GaInAsP distributed-Bragg-reflector lasers. Electron. Lett. 24 (1988) 1431–1433

288 Kogelnik, H.: Coupling and conversion coefficients of optical modes. Proc. Symposium on Quasi-Optics, Polytechn. Institute of Brooklyn, Seiten 333–347. Brooklyn: Polytechnic Press 1964

289 Kogelnik, H.; Shank, C. V.: Coupled-wave theory of distributed feedback lasers. J. Appl. Phys. 43 (1972) 2327–2335

290 Koike, Y.; Nihei, E.; Tanio, N.; Ohtsuka, Y.: Graded-index plastic optical fiber composed of methyl methacrylate and vinyl phenylacetate copolymers. Appl. Opt. 29 (1990) 2686–2691

291 Kompella, J.; Sharma, A.: An equivalent step-index model for single-mode fibers based on matching of bend loss and spot size at one wavelength: A simulation study. IEEE J. Lightwave Technol. 8 (1990) 1528–1535

292 Korn, G. A.; Korn, T. M.: Mathematical handbook for scientists and engineers. New York: McGraw-Hill 1961

293 Korotky, S. K.; Eisenstein, G.; Tucker, R. S.; Veselka, J. J.; Raybon, G.: Optical intensity modulation to 40 GHz using a waveguide electro-optic switch. Appl. Phys. Lett. 50 (1987) 1631–1633

294 Köstler, G.: Lichtwellenleiterprojekte für die Deutsche Bundespost und weitere Anwender in Europa. Siemens Telcom Report 10 (1987) 33–37

295 Kotaka, I.; Wakita, K.; Mitomi, O.; Asai, H.; Kawamura, Y.: High-speed InGaAlAs/InAlAs multiple quantum well optical modulators with bandwidths in excess of 20 GHz at 1.55 μm. IEEE Photon. Technol. Lett. 1 (1989) 100–101

296 Kotaki, Y.; Matsuda, M.; Ishikawa, H.; Imai, H.: Tunable DBR laser with wide tuning range. Electron. Lett. 24 (1988) 503–505

297 Koyama, F.; Suematsu, Y.: Analysis of dynamic spectral width of dynamic-single-mode (DSM) lasers and related transmission bandwidth of single-mode-fibers. IEEE J. Quantum Electron. QE-21 (1985) 292–297

298 Koyama, F.; Iga, K.: Frequency chirping in external modulators. J. Lightwave Technol. 6 (1988) 87–93

299 Krahn, F.; Olejak, G.; Weidhaas, W.: The manufacture of optical cables. Philips Telecommun. Rev. 37 (1979) 231–240

300 Krivoshlykov, S. G.; Sauter, E. G.: Mode coupling between two waveguides with offset, tilt and gap using quantum theoretical methods. J. Phys. A: Math. Gen. 20 (1987) 3805–3823

301 Krüger, U.; Petermann, K.: Limits of dispersive optical fibre transmission for chirped pulses of finite extinction ratio and nonlinear gain. Electron. Lett. 22 (1986) 1286–1288

302 Krumpholz, O.: Private Mitteilung. Forschungsinstitut AEG-Telefunken Ulm, 1980

303 Kubota, H.; Nakazawa, M.: Long-distance optical soliton transmission with lumped amplifiers. IEEE J. Lightwave Technol. 7 (1989) 692–700

304 Kuester, E. F.: Generalisation of the partial-power law (Brown's identity) to waveguides with lossy media. Electron. Lett. 20 (1984) 456–457

305 Kurashima, T.; Horiguchi, T.; Tateda, M.: Thermal effects on the Brillouin frequency shift in jacketed optical silica fibers. Appl. Opt. 29 (1990) 2219–2222

306 Kurokawa, K.: Advanced technologies for business and private customer access networks. Proc. 16th Europ. Conf. Opt. Commun. Amsterdam (ECOC 1990) 679–686

307 Kuwahara, H.; Sasaki, M.; Tokoyo, N.: Efficient coupling from semiconductor lasers into single-mode fibers with tapered hemispherical ends. Appl. Opt. 19 (1980) 2578–2583

308 Kuwatsuka, H.; Mikawa, T.; Miura, S.; Yasuoka, N.; Tanahashi, T.; Wada, O.: An $Al_xGa_{1-x}Sb$ avalanche photodiode with a gain bandwidth product of 90 GHz. IEEE Photon. Technol. Lett. 2 (1990) 54–55

309 Labudde, P.: Optisch nichtlineare Effekte in Glasfibern. NTZ Archiv 1979 231–234

310 Lachs, G.: Theoretical aspects of mixtures of thermal and coherent radiation. Phys. Rev. 138 (1965) B1012–B1016

311 Landau, L. D.; Lifschitz, E. M.: Statistische Physik, Teil 1, 7. Aufl. Berlin: Akademie-Verlag 1987

312 Lang, R. J.; Vahala, K. J.; Yariv, A.: The effect of spatially dependent temperature and carrier fluctuations on noise in semiconductor lasers. IEEE J. Quantum Electron. QE-21 (1985) 443–451

313 Larkowski, W.; Rogalski, A.: Spectral responses of the n-PbTe/ p-Pb$_{1-x}$Sn$_x$Te heterojunctions. Optica Applicata XII (1982) 205–217

314 Lawson, J. L.; Uhlenbeck, G. E.: Threshold signals. Lexington, USA: Boston Technical Publishers 1964

315 Leminger, O. G.; Grau, G. K.: Near-field intensity and modal power distribution in multimode graded-index fibres. Electron. Lett. 16 (1980) 678–679

316 Leminger, O.: Genaues Variationsverfahren zur Berechnung der Ausbreitungseigenschaften vielwelliger Gradientenfasern. Bericht FI 452 TBr 53. Deutsche Bundespost, Forschungsinstitut beim FTZ Dezember 1982

317 Leminger, O.; Zengerle, R.: Limits to the bandwidth of directional-coupler filters made of single-mode fibers with different claddings. Proc. 8th Europ. Fibre Opt. Commun. and LAN Conf. (EFOC/LAN 1990) 154-155

318 Lengyel, G.; Meissner, P.; Patzak, E.; Zschauer, K. H.: Calculation of lateral current spreading and series resistance effects in oxide stripe geometry GaAs-GaAlAs DH lasers. Electron. Lett. 17 (1981) 174–175

319 Li, T.-N.: Einkopplung von Halbleiterlaser-Licht in Monomoden-Fasern. Universität Karlsruhe, Forschungsbericht FI-St-3 B 1392/5 (1990), unveröffentlicht

320 Liang, A.-H.; Huang, W.-B.; Fan, C.-C.: Relation between three mode half-width definitions for single-mode planar waveguide and application to splice-loss evaluation. IEEE J. Lightwave Technol. 7 (1989) 2046–2051

321 Lin, C.; Cohen, L. G.; French, W. G.; Presby, H. M.: Measuring dispersion in single-mode fibers in the 1.1–$1.3\,\mu m$ spectral region — A pulse synchronization technique. IEEE J. Quantum Electron. QE-16 (1980) 33–36

322 Lin, C.; Glodis, P. F.: Tunable fiber Raman oscillator in the $1.32 - 1.41\,\mu m$ spectral region using a low-loss, low OH$^-$ single-mode fibre. Electron. Lett. 18 (1982) 696–697

323 Lin, C.: Nonlinear optics in fibers for fiber measurements and special device functions. IEEE J. Lightwave Technol. LT-4 (1986) 1103–1115

324 Lipson, J.; Harvey, G. T.: Low-loss wavelength-division multiplexing (WDM) devices for single-mode systems. IEEE J. Lightwave Technol. LT-1 (1983) 387–390

325 Lo, Y. H.; Grabbe, P.; Iqbal, M. Z.; Bhat, R.; Gimlett, J. L.; Young, J. C.; Lin, P. S. D.; Gozdz, A. S.; Koza, M. A.; Lee, T. P.: Multigigabit/s 1.5 μm λ/4-shifted DFB OEIC transmitter and its use in transmission experiments. IEEE Photon. Technol. Lett. 2 (1990) 673–674

326 Loke, M.-Y.; McMullin, J. N.: Simulation and measurement of radiation loss at multimode fiber macrobends. IEEE J. Lightwave Technol. 8 (1990) 1250–1256

327 Loudon, R.; Shepherd, T. J.: Properties of the optical quantum amplifier. Opt. Acta 31 (1984) 1243–1269

328 Louisell, W. H.: Quantum statistical properties of radiation. New York: John Wiley & Sons 1973

329 Love, J. D.; Henry, W. M.: Excess loss in practical depressed-cladding fibres. Electron. Lett. 26 (1990) 727–728

330 Lu, K. E.; Glaesemann, G. S.; Lee, M. T.; Powers, D. R.; Abbott, J. S.: Mechanical and hydrogen characteristics of hermetically coated optical fibre. Opt. Quant. Electron. 22 (1990) 227–237

331 Lucovsky, G.; Schwarz, R. F.; Emmons, R. B.: Transit-time considerations in p-i-n diodes. J. Appl. Phys. 35 (1964) 622–628

332 MacBean, M. D.; Hewett, N. P.; Learmouth, M. D.; Reid, I.: Planar InP/InGaAs avalanche photodetector with integrated dielectric wavelength filter. Electron. Lett. 26 (1990) 804–806

333 Mahlein, H. F.: Design of beam splitters for optical fiber tapping elements. Siemens Forsch.- u. Entwickl.-Ber. 8 (1979) 136–140

334 Mahlein, H. F.: Designing of edge interference filters for wavelength-division multiplex transmission over multimode optical fibers. Siemens Forsch.- u. Entwickl.-Ber. 9 (1980) 142–150

335 Mahlke, G.; Gössing, P.: Lichtwellenleiterkabel. Grundlagen, Kabeltechnik, Anlagenplanung, 2. Aufl. Berlin: Siemens Aktiengesellschaft 1988

336 Maier, M.: Hybrider adaptiver Empfänger für hochratige Digitalsignalübertragung. Arch. Elektron. Uebertragungstech. 43 (1989) 404–408

337 Marcatili, E. A. J.: Modal dispersion in optical fibers with arbitrary numerical aperture and profile dispersion. Bell Syst. Techn. J. 56 (1977) 49–63

338 Marcatili, E. A. J.: Dielectric tapers with curved axes and *no loss*. IEEE J. Quantum Electron. QE-21 (1985) 307–314

339 Marchand, E. W.; Nishihara, H. (Herausg.): Feature papers on graded-index optics. Appl. Opt. 29 (1990) 3991–4110

340 Marcuse, D.: Light transmission optics. New York: Van Nostrand Reinhold 1972

341 Marcuse, D.: Theory of dielectric optical waveguides. New York: Academic Press 1974

342 Marcuse, D.: Loss analysis of single-mode fiber splices. Bell Syst. Techn. J. 56 (1977) 703–718

343 Marcuse, D.: Gaussian approximation of the fundamental modes of graded-index fibers. J. Opt. Soc. Am. 68 (1978) 103–109

344 Marcuse, D.: Coupled power equations for lossy fibers. Appl. Opt. 17 (1978) 3232–3237

345 Marcuse, D.; Presby, H. M.: Effects of profile deformations on fiber bandwidth. Appl. Opt. 18 (1979) 3758–3763. Erratum: Marcuse, D.: Calculation of bandwidth from index profiles of optical fibers: correction. Appl. Opt. 19 (1980) 188–189

346 Marcuse, D.: Pulse distortion in single-mode fibers. Appl. Opt. 19 (1980) 1653–1660

347 Marcuse, D.: Propagation of pulse fluctuations in single-mode fibers. Appl. Opt. 19 (1980) 1856–1861

348 Marcuse, D.: Principles of optical fiber measurements. New York: Academic Press 1981

349 Marcuse, D.: Pulse distortion in single-mode fibers. Part 2. Appl. Opt. 20 (1981) 2969–2974

350 Marcuse, D.; Lin, C.: Low dispersion single-mode fiber transmission — The question of practical versus theoretical maximum transmission bandwidth. IEEE J. Quantum Electron. QE-17 (1981) 869–878

351 Marcuse, D.: Pulse distortion in single-mode fibers. 3: Chirped pulses. Appl. Opt. 20 (1981) 3573–3579

352 Marcuse, D.: Mode conversion in optical fibers with monotonically increasing core radius. IEEE J. Lightwave Technol. LT-5 (1987) 125–133

353 Marcuse, D.: Bandwidth of forward and backward coupling directional couplers. IEEE J. Lightwave Technol. LT-5 (1987) 1773–1777

354 Marcuse, D.: Simplified analysis of a polarizing optical fiber. IEEE J. Quantum Electron. QE-26 (1990) 550-557

355 Marhic, M. E.; Chang, Y. L.: 3 × 3 single-mode star coupler made from 2 × 2 couplers. Appl. Opt. 29 (1990) 1810–1813

356 Matsuda, K.; Kubo, M.; Otsuka, N.; Shibata, J.: Limitation factor of the bandwidth for InGaAs/InP monolithic photoreceivers. IEEE J. Lightwave Technol. 7 (1989) 2059–2063

357 McMullin, J. N.: The ABCD matrix in arbitrarily tapered quadratic-index waveguides. Appl. Opt. 25 (1986) 2184–2187

358 McMullin, J. N.: The ABCD matrix in graded-index tapers used for beam expansion and compression. Appl. Opt. 28 (1989) 1298–1304

359 McMullin, J. N.; Freeman, J. E.: On the shape of bent fiber. IEEE J. Lightwave Technol. 8 (1990) 1091–1096

360 Melles Griot: Optics guide 4. Produktliste (1988)

361 Mersali, B.; Gelly, G.; Accard, A.; Lafragette, J. L.; Doussiere, P.; Lambert, M.; Fernier, B.: 1.55 μm high-gain polarisation-insensitive semiconductor travelling wave amplifier with low driving current. Electron. Lett. 26 (1990) 124–125

362 Migdal, A. B.: Qualitative methods in quantum theory. Reading: W. A. Benjamin 1977

363 Mikkelsen, B.; Olesen, D. S.; Stubkjaer, K. E.; Wang, Z.; Collar, A. J.; Henshall, G. D.: Temperature-dependent gain and noise of 1.5 μm laser amplifiers. Electron. Lett. 25 (1989) 357–359

364 Miller, D. A.; Chemla, D. S.; Damen, T. C.; Wood, T. H.; Burrus, C. A. Jr.; Gossard, A. C.; Wiegman, W.: The quantum well self-electrooptic effect device: Optoelectronic bistability and oscillation, and self-linearized modulation. IEEE J. Quantum Electron. QE-21 (1985) 1462–1476

365 Miller, S. E.; Chynoweth, A. G. (Herausg.): Optical fiber communication. New York: Academic Press 1979

366 Mitachi, S.: Dispersion measurement on fluoride glasses and fibers. J. Lightwave Technol. 7 (1989) 1256–1263

367 Mito, I.; Kitamura, M.; Kobayashi, Ke.; Kobayashi, Ko.: Double-channel planar buried-heterostructure laser diode with effectice current confinement. Electron. Lett. 18 (1982) 953–954

368 Miya, T.; Terunuma, Y.; Hosaka, T.; Miyashita, T.: Ultimate low-loss single-mode fibre at 1.55 μm. Electron. Lett. 15 (1979) 106–108

369 Miyagi, M.; Kawakami, S.; Ohashi, M.; Nishida, S.: Measurement of mode conversion coefficients and mode dependent losses in a multimode fiber. Appl. Opt. 17 (1978) 3238–3244

370 Miyagi, M.; Nishida, S.: Pulse spreading in a single-mode optical fiber due to third-order dispersion: effect of optical source bandwidth. Appl. Opt. 18 (1979) 2237–2240

371 Miyamoto, M.; Sakai, T.; Yamauchi, R.; Inada, K.: Bending loss evaluation of single-mode fibers with arbitrary core index profile by far-field pattern. IEEE J. Lightwave Technol. 8 (1990) 673–677

372 Miyamoto, Y.; Hagimoto, K.; Kagawa, T.: Gigabit high sensitivity receiver using InGaAs/InAlAs superlattice APD. Electron. Lett. 26 (1990) 491–492

373 Möhrmann, K. H.: Codierung von Videosignalen für die digitale Übertragung. Siemens Telcom Report 10 (1987) 340–345

374 Mollenauer, L. F.; Smith, K.: Demonstration of soliton transmission over more than 4000 km in fiber with loss periodically compensated by Raman gain. Opt. Lett. 13 (1988) 675–677

375 Mollenauer, L. F.; Smith, K.: Ultralong-range soliton transmission. Opt. Fiber Commun. Conf. Houston (1989) paper WO1

376 Morgan, R.; Barton, J. S.; Harper, P. G.; Jones, J. D. C.: Temperature dependence of bending loss in monomode optical fibres. Electron. Lett. 26 (1990) 937–939

377 Mørk, J.; Tromborg, B.: The mechanism of mode selection for an external cavity laser. IEEE Photon. Technol. Lett. 2 (1990) 21–23

378 Mørk, J.; Semkow, M.; Tromborg, B.: Measurement and theory of mode hopping in external cavity lasers. Electron. Lett. 26 (1990) 609–610

379 Morse, P. M.; Feshbach, H.: Methods of theoretical physics, Band 1 und 2. New York: McGraw-Hill 1953

380 Mortimore, D. B.: Theory and fabrication of 4 × 4 single-mode fused optical fiber couplers. Appl. Opt. 29 (1990) 371–374

381 Mortimore, D. B.; Arkwright, J. W.: Theory and fabrication of wavelength flattened 1 × N single-mode couplers. Appl. Opt. 29 (1990) 1814–1818

382 Moslehi, B.: Noise power spectra of optical two-beam interferometers induced by the laser phase noise. J. Lightwave Technol. LT-4 (1986) 1704–1710

383 Moss, T. S.; Burrell, G. J.; Ellis, B.: Semiconductor opto-electronics. London: Butterworth 1973

384 Mozer, A. P.; Hausser, S.; Pilkuhn, M. H.: Quantitative evaluation of gain and losses in quaternary lasers. IEEE J. Quantum Electron. QE-21 (1985) 719–725

385 Mukai, T.; Yamamoto, Y.: Noise characteristics of semiconductor laser amplifiers. Electron. Lett. 17 (1981) 31–33

386 Mukai, T.; Yamamoto, Y.: Noise in AlGaAs semiconductor laser amplifier. IEEE J. Quantum Electron. QE-18 (1982) 564–575

387 Mukai, T.; Yamamoto, Y.; Kimura, T.: S/N and error rate performance in AlGaAs semiconductor laser preamplifier and linear repeater systems. IEEE J. Quantum Electron. QE-18 (1982) 1560–1568

388 Müller, R.: Rauschen. Berlin: Springer-Verlag 1979

389 Nagano, K.; Kawakami, S.: Mode conversion coefficients in graded-index fibers with various fiber-coating schemes: measurements. Appl. Opt. 21 (1982) 542–546

390 Nakano, H.; Tsuji, S.; Uomi, K.; Sasaki, S.; Yamashita, K.: 10 Gbit/s, 100 km non-repeatered fibre transmission experiment using a high-sensitivity semiconductor optical preamplifier. Electron. Lett. 26 (1990) 1364–1366

391 Nakano, H.; Sasaki, S.; Tsuji, S.; Uomi, K.; Haneda, M.; Yamashita, K.: 10 Gbit/s, 4 channel WDM optical transmission experiment over 40 km fiber using semiconductor optical amplifiers. Proc. 16th Europ. Conf. Opt. Commun. Amsterdam (ECOC 1990) 435–438

392 Naqwi, A.; Durst, F.: Focusing of diode laser beams: a simple mathematical model. Appl. Opt. 29 (1990) 1780–1785

393 Nemoto, S.: Transformation of waist parameters of a Gaussian beam by a thick lens. Appl. Opt. 29 (1990) 809–816

394 Neumann, E.-G.: Beam transformers for obtaining low-loss splices between dissimilar single-mode fibers. J. Opt. Soc. Am. A 4 (1987) 1021–1029

395 Neumann, E.-G.: Single-mode fibers. Berlin: Springer-Verlag 1988

396 Nicia, A.: Lens coupling in fiber-optic devices: efficiency limits. Appl. Opt. 20 (1981) 3136–3145

397 Noda, K.; Okamoto, K.; Sasaki, Y.: Polarization maintaining fibers and their applications. IEEE J. Lightwave Technol. LT-4 (1986) 1071–1089

398 Noda, S.; Kojima, K.; Kyuma, K.: Surface-emitting multiple quantum well distributed feedback laser with a broad-area grating coupler. Electron. Lett. 24 (1988) 277–278

399 Nosu, K.; Watanabe, R.: Slab waveguide star coupler for multimode optical fibres. Electron. Lett. 16 (1980) 608–609

400 Nuese, C. J.: III-V-alloys for optoelectronic applications. J. Electron. Mat. (1977) 253–293

401 Numai, T.; Murata, S.; Mito, I.: 1.5 µm wavelength tunable phase-shift controlled distributed feedback laser diode with constant spectral linewidth in tuning operation. Electron. Lett. 24 (1988) 1526–1528

402 Oestreich, U.; Aulich, H. A.: Tensile strength and static fatigue of optical glass fibers. Siemens Forsch.- u. Entwickl.-Ber. 9 (1980) 123–127

403 Oestreich, U.: Lichtwellenleiterkabel. Siemens Telcom Report 10 (1987) 13–19

404 Ogawa, K.; Chinnock, E. L.; Gloge, D.; Kaiser, P.: System experiments using 1.3 µm LEDs. Electron. Lett. 17 (1981) 71–72

405 Ogawa, K.: Analysis of mode partition noise in laser transmission systems. IEEE J. Quantum Electron. QE-18 (1982) 849–855

406 Ogawa, K.; Vodhanel, R. S.: Measurements of mode partition noise of laser diodes. IEEE J. Quantum Electron. QE-18 (1982) 1090–1093

407 Ohashi, M.; Kitayama, K.-I.; Seikai, S.: Mode coupling effects in a graded-index fiber cable. Appl. Opt. 20 (1981) 2433–2438

408 Ohkawa, N.: 20 GHz bandwidth low-noise HEMT preamplifier for optical receivers. Electron. Lett. 24 (1988) 1061–1062

409 Okamoto, K.; Okoshi, T.: Analysis of wave propagation in optical fibers having core with α-power refractive-index distribution and uniform cladding. IEEE Trans. Microwave Theory & Tech. MTT-24 (1976) 416–421

410 Okamoto, K.; Okoshi, T.: Computer-aided synthesis of the optimum refractive-index profile for a multimode fiber. IEEE Trans. Microwave Theory & Tech. MTT-25 (1977) 213–221

411 Okamoto, K.; Okoshi, T.; Hotate, K.: A closed-form approximate dispersion formula for α-power graded-core fibers. Fiber & Integrated Opt. 2 (1979) 127–143

412 Okamura, Y.; Yamamoto, S.: Ultralow loss single-mode fiber design for 2.5–6-µm band operation. Appl. Opt. 22 (1983) 3098–3101

413 Okiyama, T.; Nishimoto, H.; Yokota, I.; Touge, T.: Evaluation of 4-Gbit/s optical fiber transmission distance with direct and external modulation. J. Lightwave Technol. LT-6 (1988) 1686–1692

414 Okoshi, T.: Optical fibers. New York: Academic Press 1982

415 Okoshi, T.; Kikuchi, K.: Coherent optical fiber communications. Tokyo: KTK Scientific Publishers 1988

416 Olsen, C. M.; Stubkjaer, K. E.; Olesen, H.: Noise caused by semiconductor lasers in high-speed fiber-optic links. J. Lightwave Technol. 7 (1989) 657–665

417 Olsen, C. M.; Izadparah, H.; Lin, C.: Time resolved chirp evaluations of GBit/s NRZ and gain-switched DFB laser pulses using narrowband Fabry-Perot spectrometer. Electron. Lett. 25 (1989) 1018–1019

418 Olsen, T.: 2.2 GHz dual-detector lightwave receiver employing current shunt feedback amplifier design. Electron. Lett. 26 (1990) 510–512

419 Olshansky, R.: Mode coupling effects in graded-index optical fibers. Appl. Opt. 14 (1975) 935–945

420 Olshansky, R.: Effect of the cladding on pulse broadening in graded-index optical waveguides. Appl. Opt. 16 (1977) 2171–2174

421 Olshansky, R.: Multiple-α index profiles. Appl. Opt. 18 (1979) 683–689

422 Olshansky, R.: Propagation in glass optical waveguides. Rev. Mod. Phys. 51 (1979) 341–367

423 Olsson, N. A.; Garbinski, P.: High-sensitivity direct-detection receiver with a 1.5 μm optical preamplifier. Electron. Lett. 22 (1986) 1114–1116

424 Olsson, N. A.; Oberg, M. G.; Tzeng, L. D.; Cella, T.: Ultra-low reflectivity 1.5 μm semiconductor laser preamplifier. Electron. Lett. 24 (1988) 569–570

425 Olsson, N. A.; Agrawal, G. P.; Wecht, K. W.: 16 Gbit/s, 70 km pulse transmission by simultaneous dispersion and loss compensation with 1.5 μm optical amplifiers. Electron. Lett. 25 (1989) 603–605

426 Olsson, N. A.: Lightwave systems with optical amplifiers. J. Lightwave Technol. 7 (1989) 1071–1082

427 O'Mahony, M. J.; Marshall, I. W.; Westlake, H. J.; Stallard, W. G.: Wide-band 1.5 μm optical receiver using travelling-wave laser amplifier. Electron. Lett. 22 (1986) 1238–1240

428 Omura, E.; Uesugi, H.; Kimura, T.; Kawama, Y.; Namizaki, H.: Low threshold current 1.3 μm GaInAsP lasers grown on GaAs substrates. Electron. Lett. 25 (1989) 1718–1719

429 Osaka, F.; Mikawa, T.: Excess noise design of InP/GaInAsP/GaInAs avalanche photodiodes. IEEE J. Quantum Electron. QE-22 (1986) 471–478

430 Oyamada, K.; Okoshi, T.: High-accuracy numerical data on propagation characteristics of α-power graded-core fibers. IEEE Trans. Microwave Theory & Tech. MTT-28 (1980) 1113–1118

431 Paoli, T. L.: Observation of second derivatives of the electrical characteristics of double-heterostructure junction lasers. IEEE Trans. Electron Devices ED-23 (1976) 1333–1336

432 Paoli, T. L.: Waveguiding in a stripe geometry junction laser. IEEE J. Quantum Electron. QE-13 (1977) 662–668

433 Papoulis, A.: The Fourier integral and its applications. New York: McGraw-Hill 1962

434 Papoulis, A.: Probability, random variables, and stochastic processes. New York: McGraw-Hill 1965

435 Papoulis, A.: Probability, random variables, and stochastic processes, 4. Aufl. New York: McGraw-Hill 1986

436 Parzen, E.: Stochastic processes. San Francisco: Holden-Day 1962

437 Pask, C.: Physical interpretation of Petermann's strange spot size for single-mode fibres. Electron. Lett. 20 (1984) 144–145

438 Patterson, R. A.: A new low-cost high-performance mechanical optical fiber splicing system for construction and restoration in the subscriber loop. IEEE J. Lightwave Technol. 7 (1989) 1682–1688

439 Paul, R.: Optoelektronische Halbleiterbauelemente. Stuttgart: B. G. Teubner 1985

440 Personick, S. D.: Receiver design for digital fiber optic communication systems, I. Bell Syst. Techn. J. 52 (1973) 843–874

441 Personick, S. D.: Receiver design for digital fiber optic communication systems, II. Bell Syst. Techn. J. 52 (1973) 875–886

442 Petermann, K.: Fundamental mode microbending loss in graded-index and W fibres. Opt. & Quantum Electron. 9 (1977) 167–175

443 Petermann, K.: Uncertainties of the leaky mode correction for near-square-law optical fibres. Electron. Lett. 13 (1977) 513–514

444 Petermann, K.: Modes in active waveguides with inhomogeneous gain profiles as applied to injection lasers. Arch. Elektron. & Uebertragungstech. 32 (1978) 313–320

445 Petermann, K.: A generalized condition for the delay equalization in multimode optical fibres. Proc. 4th Europ. Conf. Opt. Commun. Genova (ECOC 1978) 281–287

446 Petermann, K.: Calculated spontaneous emission factor for double-heterostructure injection lasers with gain-induced waveguiding. IEEE J. Quantum Electron. QE-15 (1979) 566–570

447 Petermann, K.: Nonlinear distortions and noise in optical communication systems due to fiber connectors. IEEE J. Quantum Electron. QE-16 (1980) 761–770

448 Petermann, K.: Constraints for fundamental-mode spot size for broadband dispersion-compensated single-mode fibres. Electron. Lett. 19 (1983) 712–714

449 Petermann, K.; Kühne, R.: Upper and lower limits for the microbending loss in arbitrary single-mode fibers. IEEE J. Lightwave Technol. LT-4 (1986) 2–7

450 Petermann, K.; Krüger, U.: Chirp reduction in intensity-modulated semiconductor lasers for maximum transmission capacity of single-mode fibres. Arch. Elektron. Uebertragungstech. 40 (1986) 283–288

451 Petermann, K.: Laser diode modulation and noise. Dordrecht: Kluwer Academics Publishers 1988

452 Presby, H. M.; Amitay, N.; Scotti, R.; Benner, A. F.: Laser-to-fiber coupling via optical fiber up-tapers. IEEE J. Lightwave Technol. 7 (1989) 274–278

453 Presby, H. M.; Benner, A. F.; Edwards, C. A.: Laser micromachining of efficient fiber microlenses. Appl. Opt. 29 (1990) 2692–2695

454 Rashleigh, S. C.: Origins and control of polarization effects in single-mode fibers. IEEE J. Lightwave Technol. LT-1 (1983) 312–331

455 Reichelt, A.; Winzer, G.; Michel, H.; Auracher, F.; Heyer, F.; Rauscher, W.: Improved optical tapping elements for graded-index optical fibers. Siemens Forsch.- u. Entwickl.-Ber. 8 (1979) 130–135

456 Rideout, W.; Eichen, E.; Schlafer, J.; Lacourse, J.; Meland, E.: Relative intensity noise in semiconductor optical amplifiers. IEEE Photon. Technol. Lett. 1 (1989) 438–440

457 Rocks, M.: Inbetriebnahme eines synchronen 2,5-Gbit/s-Übertragungssystems (STM-16), Jahresbericht. Persönliche Mitteilung 1990

458 Rodhe, P. M.: A matrix transfer function for an optical fibre based on coupled power theory. Opt. & Quantum Electron. 13 (1981) 175–178. Erratum: 13 (1981) 352

459 Rothe, H.; Dahlke, W.: Theorie rauschender Vierpole. Arch. Elektron. & Uebertragungstech. 9 (1955) 117–121

460 Rothe, H.; Dahlke, W.: Theory of noisy fourpoles. Proc. IRE 44 (1956) 811–818

461 Rubner, R.: Maßgeschneiderte Polymere für die Elektronik. Siemens Forsch.- u. Entwickl.-Ber. 17 (1988) 314–320

462 Rugemalira, R. A. M.: Calculation of error probability in an optical communication channel in the presence of intersymbol interference, using a characteristic function method. Opt. & Quantum Electron. 12 (1980) 119–129

463 Rugemalira, R. A. M.: The calculation of average error probability in a digital fibre optical communication system. Opt. & Quantum Electron. 12 (1980) 131–141

464 Sabine, P. V. H.; Donaghy, F.; Irving, D.: Fibre refractive-index profiling by modified near-field scanning. Electron. Lett 16 (1980) 882–883

465 Safaii-Jazi, A.; Lu, L. J.: Accuracy of approximate methods for the evaluation of chromatic dispersion in dispersion-flattened fibers. IEEE J. Lightwave Technol. 8 (1990) 1145–1150

466 Saifi, M. A.; Jang, S. J.; Cohen, L. G.; Stone, J.: Triangular-profile single-mode fiber. Opt. Lett. 7 (1982) 43–45

467 Saijonmaa, J.; Sharma, A. B.; Halme, S. J.: Optimal excitation of multimode graded-index fibres in D.M.D. and D.M.A. measurements. Electron. Lett. 16 (1980) 690–692

468 Saijonmaa, J.; Sharma, A. B.; Halme, S. J.: Selective excitation of parabolic index optical fibers by Gaussian beams. Appl. Opt. 19 (1980) 2442–2452

469 Saitoh, T.; Mukai, T.: Recent progress in semiconductor laser amplifiers. J. Lightwave Technol. 6 (1988) 1656–1664

470 Sakai, J.-I.; Kimura, T.: Bending loss of propagation modes in arbitrary-index profile optical fibers. Appl. Opt. 17 (1978) 1499–1506

471 Sakai, J.-I.: Simplified bending loss formula for single-mode optical fibers. Appl. Opt. 18 (1979) 951–952

472 Sakai, J.-I.; Kimura, T.: Design of a miniature lens for semiconductor laser to single-mode fiber coupling. IEEE J. Quantum Electron. QE-16 (1980) 1059–1066

473 Saleh, B. E. A.; Irshid, M. I.: Transmission of pulse sequences through monomode fibers. Appl. Opt. 21 (1982) 4219–4222

474 Samson, P. J.: Usage-based comparison of ESI techniques. IEEE J. Lightwave Technol. LT-3 (1985) 165–175

475 Sansonetti, P: Modal dispersion in single-mode fibres: simple approximation issued from mode spot size spectral behaviour. Electron. Lett. 18 (1982) 647–648

476 Saruwatari, M.; Sugie, T.: Efficient laser diode to single-mode fiber coupling using a combination of two lenses in confocal condition. IEEE J. Quantum Electron. QE-17 (1981) 1021–1027

477 Saruwatari, M.; Sugie, T.: An effective nonreciprocal circuit for semiconductor laser-to-fiber coupling using a YIG sphere. IEEE J. Lightwave Technol. LT-1 (1983) 121–130

478 Sasaki, H.; Matsubue, T.; Tsuchiya, M.: Resonant tunneling in quantum heterostructures: Electron transport, dynamics, and device applications. IEEE J. Quantum Electron. 25 (1989) 2498–2504

479 Sasaki, T.; Takano, S.; Henmi, N.; Yamada, H.; Kitamura, M.; Hasumi, H.; Mito, I.: 1.5 μm $\lambda/4$ shifted multiple quantum well distributed feedback laser diodes. Electron. Lett. 24 (1988) 1408–1409

480 Sauter, E. G.; Grau, G. K.: Excitation of steady-state power distribution in parabolic-index fibres by Gaussian TEM_{00}-beam. Electron. Lett. 16 (1980) 748–749

481 Schimpe, R.; Harth, W.: Theory of FM noise of single-mode injection lasers. Electron. Lett. 19 (1983) 136–137

482 Schlafer, J.; Su, C. B.; Powazinik, W.; Lauer, R. B.: 20 GHz bandwidth InGaAs photodetector for long-wavelength microwave optical links. Electron. Lett. 21 (1985) 469–471

483 Schönfelder, A.: Datenzusammenstellung von direkten optischen Empfangssystemen. Universität Karlsruhe, persönliche Mitteilung 1990

484 Schumacher, H.; Gmitter, T. J.; LeBlanc, H. P.; Bhat, R.; Yablonovitch, E.; Koza, M. A.: High-speed InP/GaInAs photodiode on sapphire substrate. Electron. Lett. 25 (1989) 1653–1654

485 Schunk, N; Petermann, K.: Stability analysis for laser diodes with short external cavities. IEEE Photon. Technol. Lett. 1 (1989) 49–51

486 Schwartz, M.: Information transmission, modulation and noise, 2. Aufl. New York: McGraw-Hill 1970

487 Sears, F. M.: Polarization-maintenance limits in polarization-maintaining fibers and measurements. IEEE J. Lightwave Technol. 8 (1990) 684–690

488 Severin, P. J. W.; Bardoel, W. H.: Bandwidth and modal noise effects in fused-head-end multimode fiber passive components. IEEE J. Lightwave Technol. 7 (1989) 1932–1940

489 Shah, V. S.; Curtis, L.; Vodhanel, R. S.; Bour, D. P.; Young, W. C.: Efficient power coupling from a 980-nm, broad area laser to a single-mode fiber using a wedge-shaped fiber endface. IEEE J. Lightwave Technol. 8 (1990) 1313–1318

490 Shanmugam, K. S.: Digital and analog communication systems. New York: John Wiley & Sons 1985

491 Sharma, A.; Ghatak, A. K.: A simple numerical method for the cutoff frequency of a single mode fibre with an arbitrary index profile. IEEE Trans. Microwave Theory & Tech. MTT-29 (1981) 607–610. Siehe ebenfalls: MTT-30 (1982) 108–109

492 Sharma, A.; Sharma, E. K.: Exact relationships between field and dispersion of single-mode fibres in presence of material and linear profile dispersion. Electron. Lett. 24 (1988) 873–874

493 Sharma, A.; Banerjee, S.: Chromatic dispersion in single mode fibers with arbitrary index profiles: A simple method for exact numerical evaluation. IEEE J. Lightwave Technol. 7 (1989) 1919–1923

494 Sharma, A.: On approximate theories of single-mode rectangular waveguides. Opt. Quantum Electron. 21 (1989) 517–520

495 Sharma, A.; Kompella, J.; Mishra, P. K.: Analysis of fiber directional couplers and coupler half-blocks using a new simple model for single-mode fibers. IEEE J. Lightwave Technol. 8 (1990) 143–151

496 Sharma, E. K.; Goyal, I. C.; Ghatak, A. K.: Calculation of cutoff frequency in optical fibres for arbitrary profiles using matrix method. IEEE J. Quantum Electron. QE-17 (1981) 2317–2321

497 Shen, T. M.: Power penalty due to decision-time jitter in receivers using avalanche photodiodes. Electron. Lett. 22 (1986) 1043–1045

498 Shenoy, M. R.; Thyagarajan, K.; Ghatak, A. K.: Numerical analysis of optical fibers using matrix approach. IEEE J. Lightwave Technol. 6 (1988) 1285–1291

499 Shiba, T.; Ishimura, E.; Takahashi, K.; Namizaki, H.; Susaki, W.: New approach to the frequency response analysis of an InGaAs avalanche photodiode. J. Lightwave Technol. 6 (1988) 1502–1506

500 Shibata, N.; Shibata, S.; Edahiro, T.: Refractive index dispersion of lightguide glasses at high temperature. Electron. Lett. 17 (1981) 310–311

501 Shibata, N.; Edahiro, T.: Refractive-index dispersion for Ge_2-, P_2O_5- and B_2O_3-doped silica glasses in optical fibers. Trans. Inst. Electron. & Commun. Eng. Jpn. Sect. E 65 (1982) 166–172

502 Shibata, S.; Horiguchi, M.; Jinguji, K.; Mitachi, S.; Kanamori, T.; Manabe, T.: Prediction of loss minima in infra-red optical fibres. Electron. Lett. 17 (1981) 775–777

503 Shikada, M.; Fujita, S.; Henmi, N.; Takano, I.; Mito, I.; Taguchi, K., Minemura, K.: Long-distance gigabit-range optical fiber transmission experiments employing DFB-LD's and InGaAs-APD's. J. Lightwave Technol. LT-5 (1987) 1488–1497

504 Shore, K. A.; Chan, D. A. S.: Kramers-Kronig relations for nonlinear optics. Electron. Lett. 26 (1990) 1206–1207

505 Simon, J. C.: GaInAsP semiconductor laser amplifiers for single-mode fiber communications. J. Lightwave Technol. LT-5 (1987) 1286–1295

506 Simon, J.-C.; Doussiére, P.; Pophillat, L.; Fernier, B.: Gain and noise characteristics of a 1.5 μm near-travelling-wave semiconductor laser amplifier. Electron. Lett. 25 (1989) 434–436

507 Slusher, R. E.; Yurke, B.: Squeezed light for coherent communications. J. Lightwave Technol. 8 (1990) 466–477

508 Smith, R. G.; Personick, S. D.: Receiver design for optical fiber communication systems, in: Semiconductor devices for optical communication (herausgegeben von H. Kressel). Berlin: Springer-Verlag 1980

509 Smyth, P. P.; Wyatt, R.; Fidler, A.; Eardley, P.; Sayles, A.; Craig-Ryan, S.: 152 photons per bit detection at 622 Mbit/s to 2.5 Gbit/s using an Erbium fibre preamplifier. Electron. Lett. 26 (1990) 1604–1605

510 Snyder, A. W.: Asymptotic expressions for eigenfunctions and eigenvalues of a dielectric or optical waveguide. IEEE Trans. Microwave Theory & Tech. MTT-17 (1969) 1130–1138

511 Snyder, A. W.; Love, J. D.: Reflection at a curved dielectric interface — electromagnetic tunnelling. IEEE Trans. Microwave Theory & Tech. MTT-23 (1975) 134–141

512 Snyder, A. W.: Understanding monomode optical fibers. Proc. IEEE 69 (1981) 6–13

513 Snyder, A. W.; Rühl, F.: Single-mode, single-polarization fibers made of birefringent material. J. Opt. Soc. Am. 73 (1983) 1165–1174

514 Snyder, A. W.; Love, J. D.: Optical waveguide theory. London: Chapman and Hall 1983

515 Snyder, A. W.; Chen, Y.; Poladian, L.; Mitchell, D.J.: Fundamental mode of highly nonlinear fibres. Electron. Lett. 26 (1990) 643–644

516 Soda, H.; Wakao, K.; Sudo, H.; Tanahashi, T.; Imai, H.: GaInAsP/InP phase-adjusted distributed feedback lasers with a step-like nonuniform stripe width structure. Electron. Lett. 20 (1984) 1016–1018

517 Soda, H.; Furutsu, M.; Sato, K.; Matsuda, M.; Ishikawa, H.: 5 Gbit/s modulation characteristics of optical intensity modulator monolithically integrated with DFB laser. Electron. Lett. 25 (1989) 334–335

518 Someda, C. G.: Simple way to understand the behaviour of an optical y-junction. Electron. Lett. 20 (1984) 349–350

519 Spano, P.; Piazzolla, S.; Tamburrini, M.: Phase noise in semiconductor lasers: A theoretical approach. IEEE J. Quantum Electron. QE-19 (1983) 1195–1199

520 Spano, P.; Piazzolla, S.; Tamburrini, M.: Theory of noise in semiconductor lasers in the presence of optical feedback. IEEE J. Quantum Electron. QE-20 (1984) 350–357

521 Spenke, E.: Elektronische Halbleiter, 2. Aufl. Berlin: Springer-Verlag 1965

522 Stegmeier, A.; Trimmel, H.: Ein Lichtwellenleitersystem für die Übertragung von 34-Mbit/s-Signalen. Siemens Telcom Report 6 (1983) Beiheft „Nachrichtenübertragung mit Licht" 133–137

523 Stein, S.; Jones, J. J.: Modern communication principles. New York: McGraw-Hill 1967

524 Stern, M.; Heritage, J. P.; Thurston, R. N.: Self-phase modulation and dispersion in high data rate fiber-optic transmission systems. IEEE J. Lightwave Technol. 7 (1989) 1009–1015

525 Stillman, G. E.; Cook, L. W.; Bulman, G. E.; Tabatabaie, N.; Chin, R.; Dapkus, P. D.: Long-wavelength (1.3 to 1.6 μm) detectors for fiber-optical communications. IEEE Trans. Electron Devices ED-29 (1982) 1355–1371

526 Stolen, R. H.: Nonlinearity in fiber transmission. Proc. IEEE 68 (1980) 1232-1236

527 Streifer, W.; Kurtz, C. K.: Scalar analysis of radially inhomogeneous guiding media. J. Opt. Soc. Am. 57 (1967) 779–786

528 Stubkjaer, K.; Suematsu, Y.; Asada, M.; Arai, S.; Adams, A. R.: Measurements of refractive index variation with free carrier density and temperature for 1.6 μm GaInAsP/InP lasers. Electron. Lett. 16 (1980) 895–896

529 Su, C. B.; Lanzisera, V. A.: Ultra-high-speed modulation of 1.3 μm InGaAsP diode lasers. IEEE J. Quantum Electron. QE-22 (1986) 1568–1578

530 Subbarao, S. N.; Bechtle, D. W.; Menna, R. J.; Connolly, J. C.; Camisa, R. L.; Narayan, S. Y.: 2–4 GHz monolithic lateral p-i-n photodetector and MESFET amplifier on GaAs-on-Si. IEEE Trans. Microw. Theory Tech. MTT-38 (1990) 1199–1203

531 Sudbø, A. S.; Nesset, E.: Attenuation coefficient and effective cutoff wavelength of the LP_{11} modes in curved optical fibers. IEEE J. Lightwave Technol. 7 (1989) 785–790

532 Sudo, S.; Kawachi, M.; Edahiro, T.; Chida, K.: 21.2 km graded-index VAD fibre with low loss and wide bandwidth. Electron. Lett. 16 (1980) 152–154

533 Sudo, S.; Itoh, H.: Efficient non-linear optical fibres and their applications. Opt. Quantum Electron. 22 (1990) 187–212

534 Sudo, S.; Itoh, H.; Hosaka, T.: High Δ, small core, single-mode fibers and their uses. Appl. Opt. 29 (1990) 1819–1827

535 Sugano, M.; Sudo, H.; Soda, H.; Kusunoki, T.; Ishikawa, T.: Effects of zinc doping in DFB lasers emitting at 1.3 and 1.55 μm. Electron. Lett. 26 (1990) 95–96

536 Sugimura, A.: Band-to-band Auger recombination in InGaAsP lasers. Appl. Phys. Lett. 39 (1981) 21–23

537 Sugita, E.; Nagase, R.; Kanayama, K.; Shintaku, T.: SC-type single-mode optical fiber connectors. IEEE J. Lightwave Technol. 7 (1989) 1689–1696

538 Suhir, E.: Stresses in a coated fiber stretched on a capstan. Appl. Opt. 29 (1990) 2664–2666

539 Suhir, E.: Buffering effect of fiber coating and its influence on the proof test load in optical fibers. Appl. Opt. 29 (1990) 2682–2685

540 Suzuki, A.; Inomoto, Y.; Hayashi, J.; Isoda, Y.; Uji, T.; Nomura, H.: Gbit/s modulation of heavily Zn-doped surface-emitting InGaAsP/InP DH LED. Electron. Lett. 20 (1984) 273–274

541 Suzuki, M.; Taga, H.; Tanaka, H.; Yamamoto, S.; Edagawa, N.; Akiba, S.: 2.4 Gbit/s, 100 km penalty-free conventional fibre transmission experiments using GaInAsP electroabsorption modulator. Electron. Lett. 25 (1989) 192–194

542 Suzuki, N.; Iwahara, Y.; Saruwatari, M.; Nawata, K.: Ceramic capillary connector for 1.3-μm single-mode fibers. Electron. Lett. 15 (1979) 809–811

543 Sze, S. M.: Physics of semiconductor devices, 2. Aufl. New York: John Wiley & Sons 1981

544 Taga, H.; Yamamoto, S.; Mochizuki, K.; Wakabayashi, H.: 5 Gbit/s, 233 km optical fiber transmission experiment employing five semiconductor laser amplifiers. IEEE Photon. Technol. Lett. 1 (1989) 332–333

545 Tai, K.; Hasnain, G.; Wynn, J. D.; Fischer, R. J.; Wang, Y. H.; Weir, B.; Gamelin, J.; Cho, A. Y.: 90 % coupling of top surface emitting GaAs/AlGaAs quantum well laser output into 8 μm diameter core silica fibre. Electron. Lett. 26 (1990) 1628–1629

546 Tajima, K.; Ohashi, M.; Sasaki, Y.: A new single-polarization optical fiber. IEEE J. Lightwave Technol. 7 (1989) 1499–1503

547 Takada, K.; Chida, K.; Noda, J.: Precise method for angular alignment of birefringent fibers based on an interferometric technique with a broadband source. Appl. Opt. 26 (1987) 2979–2987

548 Takahashi, S.: Low-loss fluoride fiber for mid-infrared optical communication. Conf. Opt. Fiber Commun. (OFC 1987) WH1 (zitiert nach [395, Abschn. 5.9.3 S. 112])

549 Taylor, E. W.; Friebele, E. J.; Henschel, H.; West, R. H.; Krinsky, J. A.; Barnes, C. E.: Interlaboratory comparison of radiation-induced attenuation in optical fibers. Part II: Steady-state exposures. IEEE J. Lightwave Technol. 8 (1990) 967–975

550 Teich, M. C.; Matsuo, K.; Saleh, B. E. A.: Excess noise factors for conventional and superlattice avalanche photodiodes and photomultiplier tubes. IEEE J. Quantum Electron. QE-22 (1986) 1184–1193

551 Temkin, H.; Frahm, R. E.; Olsson, N. A.; Burrus, C. A.; McCoy, R. J.: Very high speed operation of planar InGaAs/InP photodiode detectors. Electron. Lett. 22 (1986) 1267–1269

552 Thorp, S. C.; White, B. R.; Cahill, N.: A high sensitivity, 2.4 Gbit/s PIN-GaAs IC single package "Light to Logic"^{TM} optical receiver. Proc. 16th Europ. Conf. Opt. Commun. Amsterdam (ECOC 1990) 297–300

553 Thyagarajan, K.; Shenoy, M. R.; Ghatak, A. K.: Accurate numerical method for the calculation of bending loss in optical waveguides using a matrix approach. Opt. Lett. 12 (1987) 296–298

554 Tkach, R. W.; Chraplyvy, A. R.: Regimes of feedback effects in 1.5-μm distributed feedback lasers. J. Lightwave Technol. LT-4 (1986) 1655–1661

555 Tkach, R. W.; Chraplyvy, A. R.: Phase noise and linewidth in an InGaAsP DFB laser. J. Lightwave Technol. LT-4 (1986) 1711–1716

556 Tkach, R. W.; Chraplyvy, A. R.: Fibre Brillouin amplifiers. Opt. Quantum Electron. 21 (1989) S105–S112

557 Tomaru, S.; Yasu, M.; Kawachi, M.; Edahiro, T.: VAD single mode fibre with 0.2 dB/km loss. Electron. Lett. 17 (1981) 92–93

558 Tomita, A.; Shen, M.: Reducing Fresnel reflection in fiber-optic connectors by use of a disposable elastomer. Proc. Conf. Opt. Fiber Commun. (OFC 1989) paper THJ5

559 Tromborg, B.; Olesen, H.; Pan, X.; Saito, S.: Transmission line description of optical feedback and injection locking for Fabry-Perot and DFB lasers. IEEE J. Quantum Electron. QE-23 (1987) 1875–1889

560 Tromborg, B.; Mørk, J.: Nonlinear injection locking dynamics and the onset of coherence collapse in external cavity lasers. IEEE J. Quantum Electron. 26 (1990) 642–654

561 Tucker, R. S.; Wiesenfeld, J. M.; Downey, P. M.; Bowers, J. E.: Propagation delays and transition times in pulse-modulated semiconductor lasers. Appl. Phys. Lett. 48 (1986) 1707–1709

562 Tucker, R. S.; Taylor, A. J.; Burrus, C. A.; Eisenstein, G.; Wiesenfeld, J. M.: Coaxially mounted 67 GHz bandwidth InGaAs PIN photodiode. Electron. Lett. 22 (1986) 917–918

563 Uematsu, Y.; Ozeki, T.: Efficient power coupling between a MH LED and a multimode fiber with a tapered launcher. Techn. Dig. Internat. Conf. Integrated Optics and Opt. Commun. Tokyo (1977) 371

564 Uenohara, H.; Koyama, F.; Iga, K.: AlGaAs/GaAs multiquantum-well (MQW) surface-emitting laser. Electron. Lett. 25 (1989) 770–771

565 Unger, H.-G.: Planar optical waveguides and fibres. Oxford: Clarendon Press 1977

566 Unger, H.-G.: Elektromagnetische Theorie für die Hochfrequenztechnik, Teil I und II, 2. Aufl. Heidelberg: Dr. Alfred Hüthig 1988 und 1989

567 Unger, H.-G.: Optische Nachrichtentechnik, Teil I und II, 2. Aufl. Heidelberg: Dr. Alfred Hüthig 1990

568 Uomi, K.; Nakano, H.; Chinone, N.: Intrinsic modulation bandwidth in ultra-high-speed 1.3 and 1.55 μm GaInAsP DFB lasers. Electron. Lett. 25 (1989) 1689–1690

569 Uomi, K.; Sasaki, S.; Tsuchiya, T.; Nakano, H.; Chinone, N.: Ultralow chirp and high-speed 1.55 μm multiquantum well $\lambda/4$-shifted DFB lasers. IEEE Photon. Technol. Lett. 2 (1990) 229–230

570 Vahala, K.; Yariv, A.: Semiclassical theory of noise in semiconductor lasers - Part I. IEEE J. Quantum Electron. QE-19 (1983) 1096–1101

571 Vahala, K.; Yariv, A.: Semiclassical theory of noise in semiconductor lasers - Part II. IEEE J. Quantum Electron. QE-19 (1983) 1102–1109

572 Vahala, K.; Yariv, A.: Detuned loading in coupled cavity semiconductor lasers — effect on quantum noise and dynamics. Appl. Phys. Lett. 45 (1984) 501–503

573 van den Brink, R. F. M.: Optical receiver with third-order capacitive current-current feedback. Electron. Lett. 24 (1988) 1024–1025

574 Van Etten, W.: The ergodicity of laser light in connection with optical fibre transmission. Opt. & Quantum Electron. 13 (1981) 519–521

575 van Vliet, K. M.; Friedmann, A.; Rucker, L. M.: Theory of carrier multiplication and noise in avalanche devices; Part II: Two-carrier processes. IEEE Transact. ED-26 (1979) 752–764

576 Varnham, M. P.; Payne, D. N.; Birch, R. D.; Tarbox, E. J.: Single-polarisation operation of highly birefringent bow-tie optical fibres. Electron. Lett. 19 (1983) 246–247. Nachdruck in: Electron. Lett. 25 (1989) S42–S44

577 Versluis, J. W.; Peelen, J. G. J.: Optical communication fibres. Manufacture and properties. Philips Telecommun. Rev. 37 (1979) 215–230

578 Viterbi, A. J.; Omura, J. K.: Principles of digital communication and coding. Tokyo: McGraw-Hill Kogakusha 1979

579 Vodhanel, R. S.; Elrefaie, A. F.; Wagner, R. E.; Iqbal, Z.; Gimlett, J. L.; Tsuji, S.: Ten-to-twenty gigabit-per-second modulation performance of 1.5-μm distributed feedback lasers for frequency-shift-keying systems. J. Lightwave Technol. 7 (1989) 1454–1460

580 Voges, E.: Hochfrequenztechnik. Heidelberg: Dr. Alfred Hüthig 1987

581 Vormann, H.: LWL-Steckverbinder nach DIN 47256/47257. Design & Elektronik Ausg. 13 (1989) 142–145

582 Wake, D.; Walling, R. H.; Henning, I. D.; Parker, D. G.: Planar-junction, top-illuminated GaInAs/InP pin photodiode with bandwidth of 25 GHz. Electron. Lett. 25 (1989) 967–969

583 Wakita, K.; Mitomi, O.; Kotaka, I.; Nojima, S.; Kawamura, Y.: High-speed electrooptic phase modulators using InGaAs/InAlAs multiple quantum well waveguides. IEEE Photon. Technol. Lett. 1 (1989) 441–442

584 Walker, R. G.; Bennion, I.; Carter, A. C.: Low-voltage, 50 Ω GaAs/AlGaAs travelling-wave modulator with bandwidth exceeding 25 GHz. Electron. Lett. 25 (1989) 1549–1550

585 Wang, J.; Olesen, H.; Stubkjaer, K. E.: Recombination, gain and bandwidth characteristics of 1.3-μm semiconductor laser amplifiers. J. Lightwave Technol. LT-5 (1987) 184–189

586　Wang, Y.; Park, D. H.; Brennan, F.: Theoretical analysis of confined quantum state GaAs/AlGaAs solid-state photomultipliers. J. Quantum Electron. 26 (1990) 285–295

587　Wedding, B.; Schlump, D.; Schlag, E.; Pöhlmann, W.; Franz, B.: 2.24-Gbit/s, 151-km optical transmission system using high-speed integrated silicon circuits. J. Lightwave Technol. 8 (1990) 227–234

588　Weidel, E.: New coupling method for GaAs laser-fibre coupling. Electron. Lett. 11 (1975) 436–437

589　Weierholt, A.: Modal dispersion of optical fibres with a composite α-profile graded-index core. Electron. Lett. 15 (1979) 733–734

590　Wencker, G.: Ein Beitrag zur Theorie Gaußscher Strahlen. Techn. Hochschule Aachen: Dissertation 1968

591　Werner, K. J.: Rausch- und Sättigungseigenschaften von optischen 1,3-μm-Halbleiter-Wanderwellenverstärkern, Fortschr.-Ber. VDI Reihe 9 Nr. 93. Düsseldorf: VDI-Verlag 1989

592　White, K. I.: Design parameters for dispersion-shifted triangular-profile single-mode fibres. Electron. Lett. 18 (1982) 725–727

593　Wilczewski, F.: Relation between new 'field radius' w_∞ and Petermann II field radius w_d in single-mode fibres with arbitrary refractive index profile. Electron. Lett. 24 (1988) 411–412

594　Winzer, G.; Mahlein, H. F.; Reichelt, A.: Single-mode and multimode all-fiber directional couplers for WDM. Appl. Opt. 20 (1981) 3128–3135

595　Wood, D.: Constraints on the bit rates in direct detection optical communication systems using linear or soliton pulses. IEEE J. Lightwave Technol. 8 (1990) 1097–1106

596　Yamada, M.; Shimizu, M.; Okayasu, M.; Takeshita, T.; Horiguchi, M.; Tachikawa, Y.; Sugita, E.: Noise characteristics of Er^{3+}-doped fiber amplifiers pumped by 0.98 and 1.48 μm laser diodes. IEEE Photon. Technol. Lett. 2 (1990) 205–207

597　Yamamoto, S.; Sakaguchi, H.; Nunokawa, M.; Iwamoto, Y.: 1.55-μm fiber-optic transmission experiments for long-span submarine cable system design. IEEE J. Lightwave Technol. 6 (1988) 380–391

598　Yamamoto, Y.: AM and FM quantum noise in semiconductor lasers - Part I: Theoretical analysis. IEEE J. Quantum Electron. QE-19 (1983) 34–46

599　Yamamoto, Y.; Saito, S.; Mukai, T.: AM and FM quantum noise in semiconductor lasers - Part II: Comparison of theoretical and experimental results for AlGaAs lasers. IEEE J. Quantum Electron. QE-19 (1983) 47–58

600　Yanagawa, H.; Nakamura, S.; Ohyama, I.; Ueki, K.: Broad-band high-silica optical waveguide star coupler with asymmetric directional couplers. IEEE J. Lightwave Technol. 8 (1990) 1292–1297

601　Yang, S.; Hjelme, D. R.; Januar, I. P.; Vayshenker, I. P.; Mickelson, A. R.: Transfer function approach to the experimental determination of mode transfer matrices. Appl. Opt. 29 (1990) 3166–3175

602　Yevick, D.; Stoltz, B.: Near-field distributions in selectively excited elliptical optical fibres. Electron. Lett. 16 (1980) 210–211

603　Yoshiyama, H.; Shio, Y.; Imaizumi, A.; Motoyama, H.; Nakajima, M.; Tanaka, S.; Kobayashi, H.; Watanabe, A.; Saito, H.: Evaluation of intensity shape and phase change of light pulses with frequency chirp due to self-phase modulation. IEEE J. Quantum Electron. QE-25 (1989) 2129–2134

604　Zengerle, R.; Leminger, O. G.: Narrow-band wavelength-selective directional couplers made of dissimilar single-mode fibers. IEEE J. Lightwave Technol. LT-5 (1987) 1196–1198

605　Zheng, X.-H.; Henry, W. M.; Snyder, A. W.: Polarization characteristics of the fundamental mode of optical fibers. IEEE J. Lightwave Technol. 6 (1988) 1300–1305

Verzeichnis der Symbole und Abkürzungen

Naturkonstanten:

c Lichtgeschwindigkeit im Vakuum, $c = (\epsilon_0\mu_0)^{-1/2} = 2{,}99792458 \cdot 10^8$ m/s

e Elementarladung, $e = 1{,}60217733 \cdot 10^{-19}$ As

h Plancksches Wirkungsquantum, $h = 6{,}6260755 \cdot 10^{-34}$ Ws^2

$\hbar$ $\hbar = h/(2\pi) = 1{,}0545727 \cdot 10^{-34}$ Ws^2

k Boltzmannkonstante, $k = 1{,}380658 \cdot 10^{-23}$ Ws/K

m_0 Ruhemasse des Elektrons, $m_0 = 9{,}1093879 \cdot 10^{-31}$ kg

Z_0 Feldwellenwiderstand des Vakuums, $Z_0 = \sqrt{\mu_0/\epsilon_0} = 119{,}9170\,\pi\,\Omega = 376{,}7303\,\Omega$

ϵ_0 Dielektrizitätskonstante des Vakuums, $\epsilon_0 = 1/(c^2\mu_0) = 8{,}854187818 \cdot 10^{-12}\ \frac{\text{As}}{\text{Vm}}$

μ_0 Permeabilitätskonstante des Vakuums, $\mu_0 = 1/(c^2\epsilon_0) = 4\pi \cdot 10^{-7}$ Vs/(Am) $=$ $1{,}256637061 \cdot 10^{-6}$ Vs/(Am)

Mathematische Symbole:

Δ Laplace-Operator, $\Delta\Psi \equiv \nabla^2\Psi = \operatorname{div}\operatorname{grad}\Psi$, Gl. (2.9)

∇^2 Differentialoperator, $\nabla^2\vec{E} = \operatorname{grad}\operatorname{div}\vec{E} - \operatorname{rot}\operatorname{rot}\vec{E}$, Gl. (2.9)

$d,\ \Phi,\ \gamma$ Kugelkoordinaten: Radius, Azimut (geographische Länge), Poldistanz, Abb. 2.2

div   Differentialoperator der Divergenz

e   Basis des natürlichen Logarithmus, e $= 2{,}718282$

$\vec{e}$ Einheitsvektor, z. B. $\vec{e}_n$ Normalenvektor einer Fläche, Gl. (2.2); $\vec{e}_q$ Vektor in q-Richtung

$\operatorname{erf}(z)$ Fehlerfunktion, Gl. (6.20)

$\operatorname{erfc}(z)$ komplementäre Fehlerfunktion, Gl. (6.20)

$\mathcal{F}_R\{\Psi\},\ \mathcal{F}_R^{-1}\{\widetilde{\Psi}\}$ räumliche Fourier-Transformierte von Ψ, Gl. (A.6), Gl. (A.7) und inverse räumliche Fourier-Transformierte von $\widetilde{\Psi}$, Gl. (A.6), Gl. (A.7)

$\mathcal{F}_T\{\Psi\},\ \mathcal{F}_T^{-1}\{\check{\Psi}\}$ zeitliche Fourier-Transformierte von Ψ, Gl. (A.5) und inverse zeitliche Fourier-Transformierte von $\check{\Psi}$, Gl. (A.5)

grad   Differentialoperator des Gradienten

$H(x)$ Sprungfunktion

$\mathcal{H}_F\{\check{\Psi}\}$ Hilbert-Transformierte der Spektralfunktion $\check{\Psi}$, Gl. (B.10)

$\mathcal{H}_T\{\Psi\}$ Hilbert-Transformierte der Zeitfunktion Ψ, Gl. (B.15)

$\Im\{A\}$ Imaginärteil der komplexen Zahl A

$\mathrm{J}_\nu(u)$ Bessel-Funktion νter Ordnung, Gl. (2.79), Gl. (A.7)

j   imaginäre Einheit, j $= \sqrt{-1}$

$j_{\nu,\mu}$ μte Nullstelle von $\mathrm{J}_\nu(x) = 0$, $\mathrm{J}_\nu(j_{\nu,\mu}) = 0$, Gl. (2.81)

$\mathrm{K}_\nu(w)$ modifizierte Bessel-Funktion νter Ordnung, Gl. (2.79)

$\mathrm{L}_{\bar{\mu}}(x)$ Laguerre-Polynom $\bar{\mu}$ten Grades, Gl. (2.89)

$\mathrm{L}_{\bar{\mu}}^{(\nu)}(x)$ verallgemeinertes Laguerre-Polynom $\bar{\mu}$ten Grades, $\mathrm{L}_{\bar{\mu}}^{(0)}(x) = \mathrm{L}_{\bar{\mu}}(x)$, Gl. (2.89)

$\mathcal{L},\ \mathcal{L}_m,\ \mathcal{L}_s$ lineare Differentialoperatoren: Gl. (2.114), Text vor Gl. (2.178), schwach führende Faser Gl. (2.114)

lb x Logarithmus zur Basis 2, lb $x = \log_2 x$

lg x Logarithmus zur Basis 10, lg $x = \log_{10} x$

ln x Logarithmus zur Basis e, ln $x = \log_e x$

$\max\big(f(x)\big)$ Maximalwert der Funktion $f(x)$

$\max(x,y)$ $x \geq y$: $\max(x,y) = x$; $x \leq y$: $\max(x,y) = y$

$\min\big(f(x)\big)$ Minimalwert der Funktion $f(x)$

$\min(x,y)$ $x \leq y$: $\min(x,y) = x$; $x \geq y$: $\min(x,y) = y$

$\mathcal{N}_m$ nichtlinearer Operator, Text nach Gl. (2.179)

$\Re\{A\}$ Realteil der komplexen Zahl A

$r,\ \varphi,\ z$ Zylinderkoordinaten: Radius, Winkel, Koordinate in Achsenrichtung, Abb. 2.2

rot Differentialoperator der Rotation

$x,\ y,\ z$ kartesische Koordinaten

$x(t) * y(t)$ Faltung, $x(t) * y(t) = \int_{-\infty}^{+\infty} x(t')\,y(t-t')\,\mathrm{d}t'$

$\breve{x}(f;T)$ Fourier-Transformierte der abgeschnittenen Zeitfunktion, Gl. (6.25)

$\overline{x}$ Ensemblemittelwert (Erwartungswert) der Zufallsgröße x

$x_T(t)$ abgeschnittene Zeitfunktion, Gl. (6.24)

$\delta(x)$ Deltafunktion (Dirac-Delta)

$\delta_{m\,m'}$ Kronecker-Delta

δx Schwankungsgröße, $\delta x = x - \overline{x}$

$\overline{\delta x^2}$ mittleres Schwankungsquadrat der Größe x, Gl. (6.136)

$\kappa(w)$ Abkürzung für eine Kombination modifizierter Bessel-Funktonen, $\kappa(w) = \mathrm{K}_\nu^2(w)/\big[\mathrm{K}_{\nu-1}(w)\mathrm{K}_{\nu+1}(w)\big]$, Gl. (2.77)

σ_x Standardabweichung der Größe x; $\sigma_x^2 = \overline{\delta x^2}$ ist die Varianz von x

$\Psi(t)$, $\Psi(x,y)$, $\Psi(r,\varphi)$ gleiche Funktionssymbole mit unterschiedlicher Anzahl von Argumenten stehen für verschiedene Funktionen; gleiche Funktionssymbole mit unterschiedlich bezeichneten Argumenten können, besonders bei einem Wechsel des Koordinatensystems, verschiedene Funktionen bedeuten

$\underline{\Psi}$ analytisches Signal, Realteil Ψ, Imaginärteil Ψ_i

$\breve{\Psi}(f)$ zeitliche Fourier-Transformierte von $\Psi(t)$, $\breve{\Psi}(f) = \mathcal{F}_T\{\Psi(t)\}$, Gl. (A.5)

$\widetilde{\Psi}(\xi)$ räumliche Fourier-Transformierte von $\Psi(x)$, $\widetilde{\Psi}(\xi) = \mathcal{F}_R\{\Psi(x)\}$, Gl. (A.6)

$\Psi'(x)$, $\Psi''(x)$ Ableitungen der Funktion $\Psi(x)$ nach dem Argument x, Gl. (2.75)

Allgemeine Symbole und Abkürzungen:

A empirischer Amplitudenparameter des Raumfrequenzspektrums von Mikrokrümmungen, Gl. (2.101); Rekombinationskoeffizient zufolge lokalisierter Störstellen s^{-1}, Gl. (3.71)

$A(t)$ Energieamplitude (langsam veränderliche Größe, reell), Gl. (3.112)

$A_0(t)$ komplexe, langsam veränderliche Amplitude des analytischen Schmalband-Quellensignals, Gl. (2.172)

A_{21} Einstein-Koeffizient für spontane Übergänge s^{-1}, Gl. (3.49)

A_F numerische Apertur eines Beleuchtungsbündels, Gl. (2.146)

A_N numerische Apertur eines Wellenleiters im Vakuum, Gl. (2.56); maximale numerische Apertur, Gl. (2.141)

$A_N(r)$ lokale numerische Apertur, Gl. (2.141)

A_{NL} numerische Apertur einer Linse, Gl. (5.4)

APD Lawinenphotodiode (avalanche photodiode)

a Leistungs-Dämpfungsmaß (dB), Gl. (2.49); Kernradius eines rotationssymmetrischen Lichtwellenleiters, Gl. (2.70); Gitterkonstante, Tabelle 3.2

$a(t)$ — reelles Schmalband-Quellensignal, Gl. (2.172); komplexe Energieamplitude, Gl. (3.88); Abtastfunktion, Gl. (7.2)

$\underline{a}(t)$ — analytisches Schmalband-Quellensignal, Gl. (2.172)

$\vec{a}$ — Amplitudenvektor, Gl. (2.13), Gl. (3.135)

a_1, a_2 — Leistungsamplituden von einlaufenden Wellen, Gl. (3.223)

a_n — Amplitudenstufen des PCM-Signals, Gl. (7.7)

$\underline{a}_p(t)$ — analytisches Signal der modulierten Schmalband-Quelle, Gl. (2.174)

a_Q — Radius der abstrahlenden Kreisfläche einer LED, Gl. (2.147)

a_S — Leistungs-Dämpfungsmaß für Rayleigh-Streuung, Gl. (2.51)

a_{St} — äquivalenter Kernradius der Ersatz-Stufenprofilfaser, Gl. (2.126)

$\underline{a}_\alpha(t)$ — analytisches Signal der modulierten Schmalband-Quelle mit Chirp, Gl. (2.193)

a_η — Dämpfungsmaß eines Koppelements, Gl. (5.1)

$a_{\eta I}$ — Einfügungsdämpfungsmaß, Gl. (5.18), Gl. (5.1)

$a_{\eta K}$ — Koppeldämpfungsmaß, Gl. (5.18), Gl. (5.1)

$a_{\eta R}$ — Richtdämpfungsmaß, Gl. (5.18), Gl. (5.1)

$a_{\eta V}$ — Verlustdämpfungsmaß, Gl. (5.18), Gl. (5.1)

B — normierte Ausbreitungskonstante, Gl. (2.58), Gl. (2.77); Rekombinationskoeffizient für spontane strahlende Übergänge, Gl. (3.66); Bandbreite

$\vec{B}$ — Vektor der magnetischen Induktion, Gl. (2.1)

B_{12} — Einstein-Koeffizient für Absorption $m^3W^{-1}s^{-3}$, Gl. (3.49)

B_{21} — Einstein-Koeffizient für induzierte Emission $m^3W^{-1}s^{-3}$, Gl. (3.49)

B_D — Doppelbrechung, Gl. (2.128)

B_{el} — elektrische Bandbreite nach der Detektion, Gl. (6.190)

B_G — Bandbreite der Leistungsverstärkung eines Fabry-Perot-Verstärkers, Gl. (3.229)

B_m — elektrische 3-dB-Bandbreite der Leistungs-Übertragungsfunktion im Modus m, Gl. (2.191)

B_{opt} — Bandbreite eines optischen Filters, Gl. (6.186)

B_R — Rauschbandbreite, Gl. (7.3)

B_S — normierte Ausbreitungskonstante des Streifenwellenleiters, Gl. (2.68)

BER — Bitfehlerwahrscheinlichkeit, Gl. (6.3)

BPT — Bipolartransistor, Abschn. 7.3

BER_R — Rest-Bitfehlerwahrscheinlichkeit, Gl. (6.17)

b — Breite des Streifenwellenleiters, Gl. (2.68); Breite der aktiven Zone, Abb. 3.19

$\vec{b}$ — Phasenvektor, Gl. (2.13), Gl. (3.135)

b_1, b_2 — Leistungsamplituden auslaufender Wellen, Gl. (3.223)

C — Koeffizient der chromatischen Dispersion erster Ordnung, Gl. (2.62); profilabhängiger Faktor in der Leistungsdämpfungskonstanten für Mikrokrümmungen bei vielmodigen Fasern, Gl. (2.103); Auger-Koeffizient cm^6s^{-1}, Gl. (3.71)

C_{AB} — Granulationskontrast, Gl. (6.203)

C_e — Rückkopplungsparameter, Gl. (6.127)

C_P — Parallelkapazität

C_{sp} — Spleißfaktor, Gl. (2.207); Sperrschichtkapazität

C_{th} — Wärmekapazität eines Lasers, Gl. (3.157)

CMC — kohärentes Frequenzmultiplexverfahren im optischen Bereich (coherent multi-carrier), Abschn. 7.6

c	Vakuumlichtgeschwindigkeit
c_1, c_2	Koeffizienten der Leistungsdämpfungskonstanten einer gekrümmten Faser, Gl. (2.98)
c_D	charakteristische Konstante für dämpfungsbegrenzte Systeme, Gl. (7.52)
c_E	charakteristische Konstante für dispersionsbegrenzte Systeme mit Einmodenfasern und spektral breiter Quelle, Gl. (7.53)
c_L	Linienbreitekonstante eines Lasers MHz mW, Gl. (3.164)
c_M	charakteristische Konstante für dispersionsbegrenzte Systeme mit Einmodenfasern und spektral schmaler Quelle, Gl. (7.54)
c_m	Kopplungskoeffizient der Lichtquelle an den Modus m, Gl. (2.177)
$c_{\nu\mu}$	Kopplungskoeffizent, $c_{\nu\mu} = c_{\nu\mu}(z' = 0)$, Gl. (2.95)
$c_{\nu\mu}(z')$	Kopplungskoeffizent in der Ebene $z = z'$, Gl. (2.94)
D	Diffusionskonstante, Gl. (6.33)
$\vec{D}$	Vektor der dielektrischen Verschiebung, Gl. (2.1), Gl. (2.6)
$D_{1,m}$	Dispersionsfaktor erster Ordnung im Modus m, Gl. (2.182)
$D_{2,m}$	Dispersionsfaktor zweiter Ordnung im Modus m, Gl. (2.182)
D_n	Diffusionskonstante der Elektronen, Gl. (3.27)
D_P	Diffusionskonstante, Gl. (6.62)
D_p	Diffusionskonstante der Löcher, Gl. (3.27)
D_φ	Diffusionskonstante, Gl. (6.62)
DBR	distributed Bragg reflector
DFB	distributed feedback
DSM	dynamic single mode
d	Entfernung vom Koordinatenursprung, Abb. 2.2; Dicke einer Schicht
$d(\overline{\delta i^2})$	Beitrag eines Frequenzintervalls df zum mittleren Stromschwankungsquadrat, Gl. (6.152)
d_f	freier Brennebenenabstand (Entfernung vom Brennpunkt bis zur nächsten Grenzfläche einer Linse), Gl. (5.4), Gl. (5.5)
$d_i, \; i = x, y, z$	Dicke in i-Richtung
d_n	Länge eines n-Halbleiters, Abb. 4.1
d_p	Länge eines p-Halbleiters, Abb. 4.1
E	Betrag der elektrischen Feldstärke
$E(f)$	Übertragungsfunktion des Entzerrer-Filters, Gl. (7.17)
$\vec{E}$	Vektor der elektrischen Feldstärke, Gl. (2.1)
E_A	Feldstärke in der i-Zone eines Photodetektors, Gl. (4.1)
E_m	maximale Feldstärke in der Lawinenzone, Gl. (4.1)
E_y	y-Komponente der elektrischen Feldstärke, Gl. (3.99)
E_α	Anpassungsparameter des Ionisierungskoeffizienten der Elektronen, Gl. (4.23)
E_β	Anpassungsparameter des Ionisierungskoeffizienten der Löcher, Gl. (4.23)
EDTV	höchstwertige Standbildübertragung (extreme definition television), Abschn. 7.6
ELED	Kantenemitter, Abschn. 3.4.2
e	Elementarladung
e	Basis des natürlichen Logarithmus
e_h	thermische Emissionsrate von Trägern über eine Potentialstufe, Gl. (4.21)

$\mathrm{erf}\,(z)$	Fehlerfunktion, Gl. (6.20)
$\mathrm{erfc}\,(z)$	komplementäre Fehlerfunktion, Gl. (6.20)

F	Fläche; Rauschzahl eines linearen Vierpols, Gl. (6.174)
F'	Rauschzahl des Transimpedanzverstärkers, Gl. (6.182)
F_K	Kohärenzfläche, Gl. (2.44)
F_{LV}	Rauschzahl eines optischen Verstärkers, Gl. (6.193)
F_M	Zusatzrauschfaktor, Gl. (6.157)
$F_P(t)$	Schwankungskraft, Gl. (6.64)
FDDI	optische Standverbindung zwischen Rechnern (fibre distributed data interface), Abschn. 7.6
FET	Feldeffekttransistor, Abschn. 7.3
F_z	zusätzliche Rauschzahl, Gl. (6.174)
$F_\varphi(t)$	Schwankungskraft, Gl. (6.64)
f	Frequenz; Brennweite einer Linse, Gl. (5.4) – Gl. (5.6)
$f(W)$	Fermi-Funktion, Gl. (3.13)
$f_{3\mathrm{dB}}$	3-dB-Grenzfrequenz
f_a	Abtastfrequenz, Gl. (7.2)
f_B	Bragg-Frequenz
f_{dif}	diffusionsbedingte Grenzfrequenz eines Photodetektors, Gl. (4.43)
f_g	Grenzfrequenz
$f_{g\mathrm{LZ}\,H}$	elektrische 3-dB-Bandbreite der Laufzeit-Leistungs-Übertragungsfunktion, Gl. (2.201)
f_H	Abszissendifferenz des halben Maximalwerts und des Maximalwerts einer Funktion (vor allem Tiefpaß-Übertragungsfunktionen, 3-dB-Bandbreite), Gl. (2.170)
f_{ind}	Frequenz, bei der die Gewinnkonstante G maximal ist, Gl. (3.64), Abb. 3.14
f_L	Lichtfrequenz, Gl. (4.18)
$f_L(W)$	Quasifermifunktion des Leitungsbands, Gl. (3.19)
f_{pH}	elektrische 3-dB-Bandbreite des Tiefpaß-Spektrums des Leistungs-Modulations-impulses, Gl. (2.181)
f_{RE}	Rausch-Eckfrequenz, Gl. (7.23)
f_r	Relaxationsfrequenz des Lasers, Gl. (3.208)
f_{Sb}	Subträgerfrequenz, Gl. (7.4)
f_{sp}	Frequenz, bei der die spontane Emission in einen Modus des Feldes maximal ist, Abb. 3.14
f_t	Taktfrequenz, Symbolrate in einem Digitalsystem, Abschn. 6.2
$f_V(W)$	Quasifermifunktion des Valenzbands, Gl. (3.19)
f_v	Frequenz eines Nachrichtensignals, Gl. (7.21)
$f_{v\,\mathrm{max}}$	maximale Frequenz im Spektrum des Nachrichtensignals $v(t)$, Text nach Gl. (7.1)
FTTH	Glasfaser-Teilnehmeranschluß (fibre to the home), Abschn. 7.6

G	Koeffizient der Laufzeit-Dispersion, Gl. (2.63); Gewinnkonstante eines Modus, Gl. (3.60)
$G(t,\bar{t},\sigma)$	Gauß-Impuls, Gl. (2.170)
$\mathcal{G}$	Gewinn (Leistungsverstärkung) des Fabry-Perot-Laserverstärkers, Gl. (3.226)
$\check{G}(f,\bar{t},\sigma)$	Gauß-Tiefpaß-Übertragungsfunktion, Gl. (2.170)

G_e effektive Gewinnkonstante für Wellenleitermoden, Gl. (3.102)

G_m Maximalwert der Gewinnkonstante G eines Modus, Gl. (3.64)

$\mathcal{G}_{\max}$ resonanter Gewinn des Fabry-Perot-Laserverstärkers, Gl. (3.227)

$\mathcal{G}_{\min}$ antiresonanter Gewinn des Fabry-Perot-Laserverstärkers, Gl. (3.227)

G_n äquivalenter Rauschleitwert eines linearen Vierpols, Gl. (6.172)

G_S Gewinnkonstante an der Laserschwelle, Gl. (3.118)

$\mathcal{G}_s$ Einweg-Gewinn des verstärkenden Mediums, Gl. (3.223)

GGL   gewinngeführter Laser

g Entartung, Gl. (3.13); Verstärkungskonstante der Leistung, Gl. (3.91); Generationsrate, Gl. (4.18)

$g(t)$ Vielmoden-Leistungs-Impulsantwort, Gl. (2.200); Spannungsantwort am Entscheider als Reaktion auf ein erzeugtes Primärträgerpaar im Photodetektor, Gl. (7.38)

$g(r/a)$ Profilfunktion eines rotationssymmetrischen Lichtwellenleiters, Gl. (2.70)

$g^{-1}(y)$ Umkehrfunktion der Profilfunktion $y = g(x)$, Gl. (2.137)

g_e effektive Verstärkungskonstante für Wellenleitermoden, Gl. (3.102)

$|\breve{g}_{\mathrm{LZ}}(f)|$ Betrag der Laufzeit-Leistungs-Übertragungsfunktion, Gl. (2.200), Gl. (2.201)

g_m Steilheit, Gl. (7.17)

$g_m(t)$ Leistungs-Impulsantwort im Modus m, Gl. (2.188)

$\breve{g}_m(f)$ Leistungs-Übertragungsfunktion im Modus m, Gl. (2.188)

$g_{m,0}$ konstanter Anteil der Leistungs-Impulsantwort im Modus m, Gl. (2.187)

g_n Generationsrate von Elektronen, Gl. (4.4)

g_p Generationsrate von Löchern, Gl. (4.4)

$\vec{H}$ Vektor der magnetischen Feldstärke, Gl. (2.1)

$H_B(f)$ Übertragungsfunktion einer Potentialbarriere, Gl. (4.21)

$H_I(f; \mathrm{inst})$ Übertragungsfunktion der Lawinenzone bei Stromanregung, instationäre Rechnung, Gl. (4.69)

$H_I(f; \mathrm{pin})$ Übertragungsfunktion der pin-Diode bei Stromanregung, Gl. (4.35)

$H_I(f; \mathrm{qst})$ Übertragungsfunktion der Lawinenzone bei Stromanregung, stationäre Rechnung, Gl. (4.61)

$H_{\mathrm{KI}}(f)$ Frequenzgang der Kleinsignal-Intensitätsmodulation einer Laserdiode, Gl. (3.184)

$H_P(f; \mathrm{APD})$ Übertragungsfunktion der APD bei Lichtanregung, Gl. (4.79)

$H_P(f; \mathrm{Ph})$ Übertragungsfunktion eines Photodetektors, Gl. (7.13)

$H_P(f; \mathrm{pin})$ Übertragungsfunktion der pin-Diode bei Lichtanregung, Gl. (4.27)

$H_P(f; \mathrm{SAGM})$ Übertragungsfunktion der SAGM-APD bei Lichtanregung, Gl. (4.80)

$H_S(f)$ Übertragungsfunktion vom Kurzschlußstrom eines Detektors zum Laststrom, Gl. (4.20)

HBT   Heterostruktur-Bipolartransistor, Abschn. 7.3

HDTV   hochwertige Bewegtbildübertragung (high definition televison), Abschn. 7.6

HEMT   high electron mobility transistor, Abschn. 7.3

h Höhe (einer Schicht); Planck'sches Wirkungsquantum

$h(f, n_T)$ Linienform der trägerdichteabhängigen Gewinnkonstante eines Modus, Gl. (3.64)

$h(t)$ Impulsantwort, Gl. (2.169)

$h(t_g)$ Impulsantwort durch unterschiedliche Gruppenlaufzeiten in einer Vielmodenfaser bei gleichförmiger Modenleistungsverteilung, Gl. (2.164)

$\breve{h}(f)$ Übertragungsfunktion, Gl. (2.169)

$h_A(t)$ normierte Impulsform am Entscheider, Gl. (6.1), Gl. (7.10)

$h_I(t; \mathrm{inst})$ Impulsantwort der Lawinenzone bei Stromanregung, instationäre Rechnung, Gl. (4.68)

$h_I(t; \mathrm{pin})$ Impulsantwort der pin-Diode bei Stromanregung, Gl. (4.34)

$h_I(t; \mathrm{qst})$ Impulsantwort der Lawinenzone bei Stromanregung, quasistationäre Rechnung, Gl. (4.61)

$h_m(t)$ Impulsantwort des Felds im Wellenleitermodus m, Gl. (2.175)

$\check{h}_m(f)$ Übertragungsfunktion des Felds im Wellenleitermodus m, Gl. (2.175)

$h_P(t; \mathrm{APD})$ Impulsantwort der APD bei Lichtanregung, Gl. (4.77)

$h_P(t; \mathrm{Ph})$ Impulsantwort eines Photodetektors, Gl. (7.13)

$h_P(t; \mathrm{pin})$ Impulsantwort der pin-Diode bei Lichtanregung, Gl. (4.26)

$h_P(t; \mathrm{SAGM})$ Impulsantwort der SAGM-APD bei Lichtanregung, Gl. (4.81)

$h_{pE}(t)$ normierte Impulsform ohne Impulsnebensprechen, Gl. (7.11)

$h_{pG}(t)$ Gauß-Impuls, Gl. (7.8)

$h_{pI}(t)$ Rechteckimpuls, Gl. (7.8)

$h_{pS}(t)$ normierter $\sin x/x$-Impuls ohne Impulsnebensprechen, Gl. (7.12)

$h_{p\,SS}(t)$ normierter $\sin x/x$-ähnlicher Impuls ohne Impulsnebensprechen, Gl. (7.12)

I Stromstärke; Intensität, mittlere Energieflußdichte, $I = S_T$, Gl. (2.34)

$I(f)$ Spektrum des Kurzschlußstroms eines Photodetektors, Gl. (4.20)

$I(f; \mathrm{pin})$ Spektrum des Kurzschlußstroms einer pin-Diode, Gl. (4.28)

$I(f; \mathrm{SAGM})$ Spektrum des Kurzschlußstroms einer SAGM-APD, Gl. (4.81)

$I^{\times}$ normierte Injektionsstromstärke, Gl. (3.121)

$I_1(\omega)$ Stromstärke (Störgröße, komplexe Amplitude), Gl. (3.83)

$I_a(f)$ Spektrum des Stroms im Arbeitswiderstand, Gl. (4.20)

I_{aus} Laserstrom für die binäre Null, Gl. (3.199)

I_{ein} Laserstrom für die binäre Eins, Gl. (3.199)

$I_L(f)$ Spektrum des Kurzschlußstroms der Lawinenzone, Gl. (4.62)

$I_{l0}(r)$ Nahfeldintensität unter dem Einfluß von Leckwellen, Gl. (2.154)

$I_N(r)$ normierte Nahfeldintensität im homogenen Medium, Gl. (2.106); Nahfeldintensität, Gl. (2.150), Gl. (2.152), Gl. (3.136)

$I_{N0}(r)$ Nahfeldintensität für gleichförmige Modenleistungsverteilung, Gl. (2.156)

I_S Schwellenstrom des Lasers, Gl. (3.118)

$I_S(f)$ Spektrum des Signalstroms eines Photodetektors, Gl. (7.13)

I_{S0} Sättigungsstrom einer Laserdiode, Gl. (3.152)

IGL   indexgeführter Laser

ISDN   diensteintegrierendes digitales Netz (integrated services digital network), Abschn. 7.6

$i(t)$ Kurzschlußstrom eines Photodetektors, Gl. (4.12)

$i(t; \mathrm{pin})$ Kurzschlußstrom einer pin-Diode, Gl. (4.28)

$i(t; \mathrm{SAGM})$ Kurzschlußstrom einer SAGM-APD, Gl. (4.81)

$i_a(t)$ Strom im Arbeitswiderstand, Abb. 4.4

$i_{iK},\ i = 1, 2$ Kurschlußrauschstromzeiger eines linearen Vierpols, Gl. (6.170)

$i_L(t)$ Kurzschlußstrom der Lawinenzone, Gl. (4.56)

i_{L0} Gleichstrom in der Lawinenzone, Gl. (4.46)

i_n Konvektionsstrom der Elektronen, Gl. (4.8); Rauschstromzeiger des Rauschvierpols, Gl. (6.170)

$i_{n0}(x)$ Konvektions-Gleichstrom der Elektronen, Gl. (4.46)

i_p Konvektionsstrom der Löcher, Gl. (4.8)

$i_{p0}(x)$ Konvektions-Gleichstrom der Löcher, Gl. (4.46)

i_{pr} primärer Photostrom, Gl. (6.153)

i'_{pr} primärer Photostrom bei Vorverstärkung mit einem optischen Verstärker, Gl. (6.190)

i_Q Rauschstromzeiger (des Innenleitwerts der Signalquelle), Gl. (6.169)

i_R Zeiger des äquivalenten Eingangsrauschstroms eines Vierpols, Gl. (6.177)

i'_R Zeiger des äquivalenten Eingangsrauschstroms eines rückgekoppelten Vierpols, Gl. (6.180)

i_{RD} komplexer Effektivwertzeiger des Rauschstroms eines Photodetektors, Gl. (6.158)

i_S komplexe Amplitude des Signalstroms eines Photodetektors, Gl. (7.13)

$i_S(t)$ Signalstrom des Photodetektors, Gl. (6.158), Gl. (7.13)

J Stromdichte

$\vec{J}$ Jones-Vektor des Polarisationszustandes, Gl. (2.19)

J_0 Stromdichte im Arbeitspunkt, Abschn. 3.3.3

J_1 Stromdichte (Störgröße), Abschn. 3.3.3

$\vec{J}_n$ Vektor der Konvektionsstromdichte der Elektronen, Gl. (4.5)

$\vec{J}_p$ Vektor der Konvektionsstromdichte der Löcher, Gl. (4.5)

J_S Sättigungsstromdichte, Gl. (3.26); Schwellenstromdichte, Gl. (3.155)

J_{Sn} Elektronenanteil der Sättigungsstromdichte, Gl. (3.26)

J_{Sp} Löcheranteil der Sättigungsstromdichte, Gl. (3.26)

JFET   Sperrschicht-Feldeffekttransistor (junction field-effect transistor), Abschn. 7.3

K Verhältnis von spektraler Halbwertsbreite der unmodulierten Lichtquelle zur 3-dB-Bandbreite des Leistungs-Modulationsimpulses, Gl. (2.182); Wechselwirkungskonstante, Einheit W, Gl. (3.43)

K_0 Wechselwirkungskonstante W^2s, Gl. (3.57)

K_e effektiver K-Faktor, Gl. (3.138)

K_H Henry-Faktor der spontanen Emission, Gl. (3.137)

$K_i(\tau)$ Kontrast, Gl. (6.55)

K_P K-Faktor, Astigmatismusfaktor, Petermann-Faktor, Gl. (3.136)

k Boltzmannkonstante; Betrag des Fortpflanzungsvektors (Ausbreitungsvektors), $|\vec{k}| = k = nk_0$, Gl. (2.15)

$\bar{k}$ komplexe Ausbreitungskonstante, Gl. (3.91)

$\vec{k}$ Ausbreitungsvektor im Medium, $\vec{k} = k_x\vec{e}_x + k_y\vec{e}_y + k_z\vec{e}_z$, Gl. (2.15)

k_0 Ausbreitungskonstante im Vakuum, $k_0 = \omega/c = 2\pi/\lambda$, Gl. (2.15)

$\bar{k}_e$ effektive komplexe Ausbreitungskonstante, Gl. (3.104)

$k_i,\ i = x, y, z$ i-Komponente der Fortpflanzungskonstante

k_M Modenverteilungskoeffizient, Gl. (6.116)

k_r Radialkomponente des Ausbreitungsvektors $\vec{k}$ im Medium, Gl. (2.17), Gl. (2.75)

$k_{r\,äq}$ radiale Ausbreitungskonstante des einer Faser äquivalenten Schichtwellenleiters, Gl. (2.76)

k_μ Fortpflanzungskonstante der Psi-Funktion, Gl. (3.1)

k_φ azimutale Ausbreitungskonstante eines Fasermodus, Gl. (2.75)

L Länge

$L(r,\varphi,\gamma,\Phi)$ Strahldichte, Gl. (2.149)

L_0 konstante Strahldichte, Gl. (2.153)

L_c Kopplungslänge, Gl. (2.204)

L_{eff} effektive Länge eines Bragg-Reflektors, Gl. (3.171)

L_F Regeneratorfeldlänge, Gl. (7.52)

L_K Kohärenzlänge, Gl. (2.46)

$L_L(r,\varphi)$ Strahldichte des Lambert-Strahlers, Gl. (2.149)

L_n Diffusionslänge der Elektronen, Gl. (3.27)

L_{op} optimale Streckenlänge für minimale Empfangsimpulsbreite bei einer modulierten Lichtquelle mit Chirp, Gl. (2.196)

$L_{\text{op max}}$ maximale optimale Streckenlänge für minimale Empfangsimpulsbreite bei einer modulierten Lichtquelle mit Chirp, Gl. (2.196)

L_p Diffusionslänge der Löcher, Gl. (3.27)

L_q Kantenlänge des Normierungsquaders in q-Richtung, $q = x, y, z$, Gl. (2.40)

L_S Serieninduktivität

LD   Laserdiode

LAN   lokales Netz (local area network), Abschn. 7.6

LED   Lumineszenzdiode (light-emitting diode)

LWL   Lichtwellenleiter

l Abstand des Aufpunktes $P(x,y,z)$ vom Quellenpunkt $Q(x',y',0)$, $l = \overline{QP}$, Abb. 2.2

l_{LO} freie Weglänge der Träger für Streuung an longitudinalen optischen Phononen, Gl. (4.22)

M Material-Dispersionskoeffizient erster Ordnung, Gl. (2.53); Koeffizient der Materialdispersion erster Ordnung im Wellenleiter, Gl. (2.119); Anzahl der unterscheidbaren Moden, z. B. Anzahl der Moden m eines vielmodigen Wellenleiters, Gl. (2.200)

$M(f)$ komplexer Multiplikationsfaktor der Lawinenzone, Gl. (4.61)

M_0 Multiplikationsfaktor, Lawinenverstärkung, Gl. (4.48)

$M_{0\,\text{op}}$ optimale Lawinenverstärkung, Gl. (7.32)

M_2 Koeffizient der Materialdispersion erster Ordnung im Mantel, Gl. (2.119)

M_g Anzahl der geführten Moden, z. B. Gl. (2.60), Gl. (2.90), Gl. (2.138), Gl. (6.196)

$M_g(\delta)$ Anzahl der im Bereich $0 \leq \delta$ ($\delta < \Delta$) geführten Moden, Gl. (2.136)

M_{ges} Modenanzahl im Volumen V mit Frequenzen kleiner als ein gegebener Wert f, Gl. (2.41), Gl. (3.44)

M_{gF} Anzahl geführter Moden bei teilweiser Anregung einer Potenzprofil-Faser, Gl. (2.146)

M_L longitudinale Modenanzahl des Strahlungsfeldes, Gl. (2.45)

M_l Anzahl von Leckwellen, Gl. (2.145)

M_Q Anzahl transversaler Freiraummoden einer LED, Gl. (2.147)

M_s Material-Dispersionskoeffizient erster Ordnung in Kern ($s = 1$) und Mantel ($s = 2$), Gl. (2.62)

M_T transversale Modenanzahl des Strahlungsfeldes, Gl. (2.43), Gl. (3.86)

M_λ Koeffizient für Material- und Profil-Dispersion erster Ordnung im Wellenleiter, Gl. (2.120)

MAN   Mittelbereichsnetz (metropolitan area network), Abschn. 7.6

MESFET   Schottky-Barrieren-Feldeffekttransistor (metal semiconductor field-effect transistor), Abschn. 7.3

m Masse; vertikale Ordnungszahl für Moden des Streifenwellenleiters, Gl. (2.69); Hauptmodenindex, $m = \nu + 2\mu - 1$, Gl. (2.85), Gl. (2.88), Gl. (2.139); Modulationsindex, Gl. (7.6)

$m(\delta)$ Modendichte für Hauptmoden, Gl. (2.140)

$m(\nu, \delta)$ Modendichte, Gl. (2.140)

m_0 Ruhemasse des Elektrons

m_{eff} effektive Masse, Gl. (3.9)

m_{FM} FM-Modulationsindex (Phasenhub), Gl. (3.212)

m_{IM} IM-Modulationsindex, Gl. (3.213)

$m_{\max 2}$ maximaler Hauptmodenindex m für das Parabelprofil, Gl. (2.88)

$m_{\max q}$ maximaler Hauptmodenindex für geführte Moden eines Potenzprofils mit dem Profilexponenten q, Gl. (2.139)

m_n effektive Masse der Elektronen im Leitungsband, Tabelle 3.1

m_p effektive Masse der Löcher im Valenzband, Tabelle 3.1

N Anzahl; Material-Dispersionskoeffizient zweiter Ordnung, Gl. (2.53); Normierungsfaktor

N_0 Material-Dispersionskoeffizient zweiter Ordnung bei λ_0, $N_0 = N(\lambda_0)$, Gl. (2.55)

N_1, N_2 Anzahl von Mikrosystemen im Grundzustand und im angeregten Zustand, Gl. (3.63)

N_B Bandgewicht, Gl. (3.12)

N_e empfangene Photonenanzahl pro gesendeter Eins, Gl. (7.45)

$N_{e\,\min}$ minimale Empfangsphotonenanzahl pro gesendeter Eins, Gl. (7.47)

N_L Bandgewicht des Leitungsbands, Gl. (3.15)

N_{LA} Anzahl der longitudinalen Flecken am Faserende, Gl. (6.198)

$N_n(t)$ Anzahl der Elektronen in der Sperrschicht, Gl. (4.14)

$N_n(t;\text{prim})$ Anzahl der Primärelektronen in der Sperrschicht, Gl. (4.73)

$N_n(t;\text{sek})$ Anzahl der Sekundärelektronen in der Sperrschicht, Gl. (4.73)

N_P Anzahl der Photonen in einem Modus, Gl. (3.46)

$N_P^{\times}$ normierte Photonenanzahl, Gl. (3.121)

$N_{P\text{aus}}$ Photonenanzahl im Laser für die binäre Null, Gl. (3.207)

$N_{P\text{ein}}$ Photonenanzahl im Laser für die binäre Eins, Gl. (3.207)

$N_p(t)$ Anzahl der Löcher in der Sperrschicht, Gl. (4.14)

$N_p(t;\text{prim})$ Anzahl der Primärlöcher in der Sperrschicht, Gl. (4.73)

$N_p(t;\text{sek})$ Anzahl der Sekundärlöcher in der Sperrschicht, Gl. (4.73)

N_R Anzahl der Rauschphotonen in einem Modus, Gl. (6.105)

N_S Anzahl der Signalphotonen in einem Modus, Gl. (6.105)

$N_T^{\times}$ normierte Trägeranzahl, Gl. (3.121)

N_{TA} Anzahl der transversalen Flecken am Faserende, Gl. (6.196)

N_V Bandgewicht des Valenzbands, Gl. (3.15)

NG	symbolisch für alle nichtgeführten Moden, Gl. (2.93)
n	Brechungsindex (auch $n(f)$, Realteil der frequenzabhängigen Brechzahl $\bar{n}$), Gl. (2.5); laterale Ordnungszahl für Moden des Streifenwellenleiters, Gl. (2.69)
$n(r)$	Brechzahlprofil eines rotationssymmetrischen Lichtwellenleiters, Gl. (2.70)
$\bar{n}$	auch $\bar{n}(f)$, komplexe frequenzabhängige Brechzahl, Gl. (2.5), Gl. (3.91)
n_1	Brechzahl im Kernbereich, Abb. 2.9; lineare Brechzahl, Gl. (2.210)
n_2	Brechzahl im Mantelbereich, Abb. 2.9
n_3	Kerr-Koeffizient, Gl. (2.210)
n_A	Akzeptorenkonzentration, Gl. (3.17)
$n_A^{\times}$	Konzentration der neutralen Akzeptoren, Gl. (3.17)
n_A^{-}	Konzentration der ionisierten Akzeptoren, Gl. (3.17)
$n_{\text{äq}}(r)$	Brechzahlprofil des einer Faser äquivalenten Schichtwellenleiters, Gl. (2.76)
$n_B^2(\bar{x})$	äquivalentes Profil des gebogenen Schichtwellenleiters, Gl. (2.96)
n_D	Donatorenkonzentration, Gl. (3.17)
$n_D^{\times}$	Konzentration der assoziierten Donatoren, Gl. (3.17)
n_D^{+}	Konzentration der ionisierten Donatoren, Gl. (3.17)
n_e	effektiver Brechungsindex eines Wellenleitermodus, $n_e = \beta/k_0$, Gl. (2.57), Gl. (3.104)
$\bar{n}_e$	komplexer effektiver Brechungsindex eines Wellenleiters, Gl. (3.104)
n_e'	Amplitude der Modulation des effektiven Brechungsindex, Abschn. 3.6.6
n_{eg}	effektiver Gruppenindex, Gl. (3.105)
n_{ei}	negativer Imaginärteil des komplexen effektiven Brechungsindex, Gl. (3.104)
n_{ex}, n_{ey}	effektive Brechzahl bei Polarisation in x-Richtung und y-Richtung, Gl. (2.128)
n_g	Gruppenbrechzahl (Gruppenindex) im Medium der Brechzahl n, $n_g = n + f\frac{\mathrm{d}n}{\mathrm{d}f}$, Gl. (2.18), Gl. (3.93)
n_i	Eigenleitungsdichte, Gl. (3.15); $n_i(f)$ negativer Imaginärteil der frequenzabhängigen Brechzahl $\bar{n}$, Gl. (2.5), Gl. (3.91)
n_Q	Brechzahl des abstrahlenden Mediums einer LED, Gl. (2.147)
n_s	allgemeine Brechzahl für einfallende und transmittierte Welle ($s = 1, 2$), Abb. 2.4
n_{sp}	Inversionsfaktor, Gl. (3.61)
n_T	Elektronenkonzentration im Leitungsband, Gl. (3.14)
n_{T0}	Trägerdichte im Arbeitspunkt, Zeile vor Gl. (3.70)
n_{T1}	Trägerdichte (Störgröße), Gl. (3.70)
n_{TG}	Elektronenkonzentration im LB im thermischen Gleichgewicht, Abschn. 3.3.3
n_{Tp}	Konzentration der Elektronen im p-Halbleiter, Gl. (3.27)
n_{TS}	Elektronenkonzentration im Leitungsband an der Laserschwelle, Gl. (3.118)
OFDM	Frequenzmultiplexverfahren im optischen Bereich (optical frequency division multiplex), Abschn. 7.6
P	gesamte Querschnittsleistung eines Wellenleiters, Gl. (2.84); Koeffizient der Profildispersion erster Ordnung im Wellenleiter, Gl. (2.119); erzeugte Lichtleistung, Gl. (3.96)
$P(\delta)$	Modenleistungsverteilung, Gl. (2.156)
$P(\nu, \delta)$	Modenleistungsverteilung, Gl. (2.150)
$\vec{P}$	Vektor der Polarisation, Gl. (2.1)

P_0 Lichtleistung eines Senders, Gl. (2.174), Gl. (7.1); konstante Modenleistungsverteilung, Gl. (2.153); Gleichleistung, Gl. (4.37)

$P_0(t)$ über wenige optische Perioden gemittelte Leistung des analytischen Schmalband-Quellensignals, Gl. (2.172)

$P_{0\,p}(t)$ Erwartungswert der Leistung für die modulierte Schmalband-Quelle, Gl. (2.174)

P_1 Querschnittsleistung im Kern eines Wellenleiters, Gl. (2.84); Lichtleistung, Störgröße, Gl. (3.76), Gl. (4.37)

$P_{1\text{äq}}$ äquivalente Eingangsrauschleistung eines Laserverstärkers, Gl. (3.239)

P_2 Querschnittsleistung im Mantel eines Wellenleiters, Gl. (2.84)

$P_{3\text{dB}}$ Ausgangs-Sättigungsleistung eines Laserverstärkers, Abschn. 3.8.2

P_a nach außen abgegebene Lichtleistung, Gl. (3.82)

$P_{a1}(\omega)$ abgegebene Lichtleistung (Störgröße), Gl. (3.83)

$P_e(t)$ auf den Photodetektor einfallende Lichtleistung, Gl. (4.16)

$\check{P}_e(f)$ Fourier-Transformierte von $P_e(t)$, Gl. (4.28)

P_{e0} Empfangsleistung des Analogempfängers, Gl. (7.29), Gl. (7.55)

$P_{e0\,\text{min}}$ minimale Empfangsleistung des Analogempfängers, Gl. (7.32)

P_{el} Empfangsleistung eines konventionellen, elektrischen Übertragungssystems, Gl. (7.55)

$P_F(\gamma)$ Fernfeldintensität, Gl. (2.150), Gl. (2.152), Gl. (3.136)

$P_{Fh}(\varrho)$ normierte Fernfeldleistung im homogenen Medium, Gl. (2.106)

$P_i(x,t)$ Lichtleistung innerhalb eines Photodetektors, Gl. (4.16)

P_{ia}, $i=1,2$ durch die Laserspiegel abgegebene Leistung, Gl. (3.88)

P_{ie}, $i=1,2$ von außen auf die Laserspiegel zulaufende Leistung, Gl. (3.88)

P_K Leistung durch eine Kohärenzfläche am Faserende, Gl. (6.200)

P_l lineare Profildispersion, Gl. (2.119), Gl. (2.159)

$P_m(t)$ Erwartungswert der integrierten Ausgangsleistung im Modus m, Gl. (2.179)

P_n nichtlineare Profildispersion, Gl. (2.159)

P_{opt} optische Signalleistung, Gl. (6.13)

P_R elektrische Rauschleistung, Gl. (6.8)

P_{Rz} zusätzliche elektrische Rauschleistung, Gl. (6.10)

P_S elektrische Signalleistung, Gl. (6.8)

$P_S(\Phi,\gamma)$ Fernfeldintensität der Rayleigh-Streuung, Gl. (2.50)

P_t mittlere Leistung pro gesendeter Eins in einer Taktzeit, Gl. (7.45)

P_{th} thermische Verlustleistung einer Laserdiode, Gl. (3.157), Gl. (3.216)

$P_{t\,\text{min}}$ minimale mittlere Leistung pro gesendeter Eins in einer Taktzeit, Gl. (7.47)

POTS Fernsprechverbindung (plain old telephone service), Abschn. 7.6

p Polarisationsindex, $p = E$ (TE-Welle) oder $p = H$ (TM-Welle), Gl. (2.59); empirischer Parameter des Raumfrequenzspektrums von Mikrokrümmungen, Gl. (2.101); Löcherkonzentration, Gl. (3.14); normierte Länge einer Gradientenlinse, Gl. (5.7)

$p(t)$ reelle Leistungs-Modulationsfunktion, Gl. (2.174); Impulsform des PCM-Signals, Gl. (7.7)

$\check{p}(f)$ Spektrum der Leistungs-Modulationsfunktion, Gl. (2.174)

p_0 Maximalwert der reellen Leistungs-Modulationsfunktion, Gl. (2.181)

p_B Leistungsbuße, Gl. (6.13)

p_G Löcherkonzentration im Valenzband im thermischen Gleichgewicht, Abschn. 3.3.3

p_i, $i = x,y,z$ i-Komponente des Impulses

p_n Löcherkonzentration im n-Halbleiter, Gl. (3.27)

p_{RIN} logarithmisches Maß der relativen Intensitätsschwankungen, Gl. (6.79)

$p_\alpha(t)$ Phasen-Modulationsfunktion der Leistung für Chirp, Gl. (2.193)

p_μ Kristallimpuls, Gl. (3.6)

ppb   1 ppb ist ein Teil auf 10^9 Teile (1 part per billion, 1 englische billion $= 10^9$)

ppm   1 ppm ist ein Teil auf 10^6 Teile (1 part per million)

Q Q-Faktor der spontanen Emission, Gl. (3.121); Bitfehlerparameter, Gl. (6.5)

Q_e effektiver Q-Faktor der spontanen Emission, Gl. (3.139)

Q_R Rest-Bitfehlerparameter, Gl. (6.14)

$Q_{\nu\mu}(r, w_0)$ Wellenfunktion der Moden einer Faser mit unendlich ausgedehntem Parabel-profil, Gl. (2.88), Gl. (2.109)

QCSE   quantum confined Stark-effect

QIG   quasi-indexgeführter Laser

q Profilexponent für Potenzprofile, $g(r/a) = (r/a)^q$, Gl. (2.71); Zählindex

$q(t)$ normierter Empfangsimpuls, Gl. (7.36)

q_{op} optimaler Profilexponent, Gl. (2.161)

R_a Arbeitswiderstand, Gl. (4.20)

R_B Biegeradius, Abb. 2.21; Basisbahnwiderstand des Bipolartransistors, Gl. (7.18)

R_E Leistungs-Reflexionsfaktor für TE-Welle, elektrische Feldstärke parallel zur Grenz-fläche polarisiert, Gl. (2.32)

R_e Leistungs-Reflexionsfaktor, Gl. (6.123)

R_G Innenwiderstand des Generators, Abb. 3.37

R_H Leistungs-Reflexionsfaktor für TM-Welle, magnetische Feldstärke parallel zur Grenzfläche polarisiert, Gl. (2.32)

R_i, $i = 1, 2$ innerer und äußerer Kaustikradius, Gl. (2.91), Gl. (2.130), Gl. (2.136); Leistungsreflexionskoeffizienten der Laserspiegel, Gl. (3.94)

R_n äquivalenter Rauschwiderstand eines linearen Vierpols, Gl. (6.172)

R_P Leistungsreflexionskoeffizient, Gl. (3.81)

R_S Serienwiderstand, Gl. (3.153)

R_{th} Wärmewiderstand einer Laserdiode, Gl. (3.157)

RIN   relative Intensitätsschwankung, Gl. (6.77)

RIN(f) einseitiges Leistungsspektrum der relativen Intensitätsschwankungen, Gl. (6.77)

$r(\omega)$ komplexer Amplitudenreflexionsfaktor, Abschn. 3.6.6

$\vec{r}$ Ortsvektor

$r^{(aM)}$ Zahl der Absorption von Photonen aus einem Modus pro Zeit und Volumen, Gl. (3.55)

$r^{(eM)}$ Zahl der Emission von Photonen in einen Modus pro Zeit und Volumen, Gl. (3.54)

r_{-1} Mikrokrümmungsfeldweite für $p = -1$, Gl. (2.102)

r_∞ Mikrokrümmungsfeldweite für $p \to \infty$, Gl. (2.102)

r_0 Anfangsradius für den Einschußpunkt eines Lichtstrahls (häufig nur r), Abb. 2.25, Gl. (2.133)

r_1, r_2 Radius einer strahlenden Fläche vor und hinter einem Koppelelement, Gl. (5.3)

r_{Au} Auger-Rekombinationrate (Zahl pro Zeit und Volumen), Gl. (3.67)

$r_{äq}$ äquivalente Nahfeldweite, Gl. (2.102)

$r_{\text{äqSt}}$ äquivalente Nahfeldweite der Ersatz-Stufenprofilfaser, Gl. (2.126)

r_E Reflexionsfaktor für TE-Welle, elektrische Feldstärke parallel zur Grenzfläche polarisiert, Gl. (2.30)

$r_e(f)$ komplexer Amplituden-Reflexionsfaktor, Gl. (6.121)

r_{eff} effektive Nahfeldweite, Gl. (2.102), Gl. (2.112); effektive (strahlende und nichtstrahlende) Rekombinationsrate pro Volumen, Gl. (3.68)

r_F Radius einer beleuchteten Kreisfläche am Faseranfang, Gl. (2.146)

r_G Gaußsche Feldweite, Seite 64; Gaußsche Feldweite für Potenzprofile, Gl. (2.123)

r_H Reflexionsfaktor für TM-Welle, magnetische Feldstärke parallel zur Grenzfläche polarisiert, Gl. (2.30)

$r_{\text{ind}}^{(\text{aM})}$ Zahl der Absorption von Photonen aus einem Modus pro Zeit und Volumen, Gl. (3.55)

$r_{\text{ind}}^{(\text{eM})}$ Zahl der induzierten Emission von Photonen in einen Modus pro Zeit und Volumen, Gl. (3.54)

$r_{\text{ind}}^{(\text{M})}$ induzierte Netto-Übergangsrate in einen Modus pro Volumen, Gl. (3.58)

$r_{\ell S}$ nichtstrahlende Rekombinationsrate über lokalisierte Störstellen pro Volumen, Gl. (3.67)

r_M signifikante radiale Ausdehnung des Nahfelds, Gl. (2.22), Gl. (2.107)

r_n Rekombinationsrate der Elektronen, Gl. (4.4)

r_{ns} gesamte nichtstrahlende Rekombinationsrate pro Volumen, Gl. (3.67)

r_p Mikrokrümmungsfeldweite, Gl. (2.102); Rekombinationsrate der Löcher, Gl. (4.4)

r_{sp} Rekombinationsrate zufolge spontaner strahlender Übergänge pro Volumen, Gl. (3.65)

$r_{\text{sp}}^{(\text{eM})}$ Zahl der spontanen Emission von Photonen in einen Modus pro Zeit und Volumen, Gl. (3.54)

r_V radialer Versatz, Gl. (2.97), Gl. (2.110)

r_w Mantelfeldweite, Gl. (2.77), Gl. (2.99)

S Signalamplitude, Gl. (6.90); Empfindlichkeit eines Photodetektors, Gl. (7.15)

$S(\vec{r})$ Eikonal, Gl. (2.35)

S Betrag des Poynting-Vektors, Gl. (2.2)

$\vec{S}$ Poynting-Vektor der elektromagnetischen Strahlungsdichte, Gl. (2.2)

S_T mittlerer Leistungsdichtefluß (W/m^2), Gl. (2.34)

SAGM-APD   SAM-APD mit Anpassungsschichten, Abschn. 4.1.3

SAM-APD   APD mit getrennter Absorptions- und Multiplikationszone

SCM   Subträger-Frequenzmultiplexverfahren (sub-carrier multiplex), Abschn. 7.6

SLD   Superlumineszenzdiode

SLED   Flächenemitter

SRV   Signal-Rauschleistungsverhältnis, Abschn. 6.2

s Bogenlänge, Abb. 2.5, Gl. (2.37)

$s(t)$ reelle Amplituden-Modulationsfunktion, $s(t) = \sqrt{p(t)}$, Gl. (2.177)

$\check{s}(f)$ Spektrum der Amplituden-Modulationsfunktion, Gl. (2.177)

s_{ia}, $i = 1,2$ Leistungsamplituden der den Laser verlassenden Leistung, Gl. (3.88)

s_{ie}, $i = 1,2$ Leistungsamplituden der auf den Laser zulaufenden Leistung, Gl. (3.88)

$s_r(z)$ Leistungsamplitude einer rücklaufenden Welle, Gl. (3.225)

$s_v(z)$ Leistungsamplitude einer vorlaufenden Welle, Gl. (3.225)

$s_\alpha(t)$ Phasen-Modulationsfunktion der Amplitude für Chirp, Gl. (2.193)

T absolute Temperatur

T_0 Temperaturparameter des Schwellenstroms eines Lasers, Gl. (3.156); Raumtemperatur von 293 K

T_a Abtastzeitintervall, Gl. (7.2)

T_E Leistungs-Transmissionsfaktor für TE-Welle, elektrische Feldstärke parallel zur Grenzfläche polarisiert, Gl. (2.32)

T_H Leistungs-Transmissionsfaktor für TM-Welle, magnetische Feldstärke parallel zur Grenzfläche polarisiert, Gl. (2.32)

T_I Breite des Rechteckimpulses, Gl. (7.8)

T_{NRZ} Taktzeit des binären PCM-Signals im NRZ-Format, Gl. (7.9)

T_R Rauschtemperatur eines linearen Vierpols, Gl. (6.174)

T_t Taktzeit eines Digitalsystems, Abschn. 6.2; Gl. (7.7)

TDM   Zeitmultiplexverfahren (time division multiplex), Abschn. 7.6

TIG   tatsächlich indexgeführter Laser

t Zeit

t_{an} Impulsanstiegszeit des Photonenimpulses bei Großsignalmodulation, Gl. (3.208)

t_d Anschwing-Verzögerungszeit eines Lasers, Gl. (3.201)

t_g Gruppenlaufzeit im Medium der Brechzahl n, Gl. (2.18), Gl. (2.61), Gl. (2.163)

t_{g0} Gruppenlaufzeit des niedrigsten Modus in geometrisch-optischer Näherung, Gl. (2.165)

$\bar{t}_{P_m}$ zeitlicher Erwartungswert des Empfangs-Leistungsimpulses im Modus m, Gl. (2.182)

t_{ver} Impulsverzögerungszeit bei Großsignalmodulation, Gl. (3.208)

U Spannung

$U_A(f)$ Spektrum der Entzerrerausgangsspannung, Gl. (7.37)

U_B Urspannung eines Spannungsgenerators, Gl. (4.11)

U_{BR} Durchbruchspannung der Lawinenzone, Gl. (4.53)

U_D Diffusionsspannung, Gl. (3.25)

U_T Temperaturspannung, Gl. (3.25)

u transversales Phasenmaß, Gl. (2.58), Gl. (2.77)

$u(f)$ Energie des Feldes pro Volumen und Frequenz, $\mathrm{Ws}^2\mathrm{m}^{-3}$, Gl. (3.50)

$u(t)$ Ursachenfunktion, Gl. (2.166); reelle Leistungs-Modulationsfunktion, Gl. (2.186); Spannung am Entscheider, Gl. (6.1)

$u(t, \vec{r})$ kausale Einflußfunktion, Gl. (2.3), Gl. (2.7)

u_0 konstanter Anteil bei der Leistungs-Modulation, Gl. (2.186)

u_1 Signalspannung am Entscheider für die binäre Eins, Gl. (6.1), Gl. (7.10)

$u_1(f)$ zur spontanen Emission äquivalentes $u(f)$, Gl. (3.52)

u_A komplexe Amplitude der Empfänger-Ausgangsspannung, Gl. (7.26)

$u_A(t)$ Entzerrer-Ausgangsspannung, Gl. (7.10)

$\overline{u_A(t)}$ Signalanteil der Entzerrerausgangsspannung, Gl. (7.10)

$u_c(t)$ reelles, dimensionsloses PCM-Signal, Gl. (7.7)

$u_i(k_\mu, x)$ gitterperiodische Funktion, Gl. (3.1)

u_n Rauschspannungszeiger des Rauschvierpols, Gl. (6.170)

$u_{Ri}(t)$, $i = 0,1$ Rauschspannungen am Entscheider für die binäre Null, Eins, Gl. (6.1)

u_S transversales Phasenmaß des Streifenwellenleiters, Gl. (2.68); Schwellenspannung am Entscheider, Gl. (6.4)

V normierter Frequenzparameter, $V^2 = u^2 + w^2$, Gl. (2.58), Gl. (2.77), Gl. (3.168); Normierungsvolumen, $V = L_x L_y L_z$, Gl. (2.40); Spannungsverstärkung eines linearen Vierpols, Gl. (6.176)

V' Spannungsverstärkung eines linearen, gegengekoppelten Vierpols, Gl. (7.17)

V_G normierte Grenzfrequenz des Grundmodus, $V_G = V_{01G}$, Gl. (2.118)

V_{mG} normierte Grenzfrequenz des Modus m, Gl. (2.60)

V_p Volumen des Impulsraums, Gl. (3.7)

V_R Volumen der aktiven Zone eines Lasers, Gl. (3.88)

V_S normierte Frequenz des Streifenwellenleiters, $V_S^2 = u_S^2 + w_S^2$, Gl. (2.68)

V_{St} äquivalente normierte Frequenz der Ersatz-Stufenprofilfaser, Gl. (2.126)

$V_{\nu\mu G}$ normierte Grenzfrequenz des $LP_{\nu\mu}$-Modus, Gl. (2.81), Gl. (2.90)

V_ϕ Phasenraumvolumen, Gl. (2.47), Gl. (3.7)

v Medium-Phasengeschwindigkeit einer Welle der Ausbreitungskonstanten k, $v = \frac{\omega}{k}$, Gl. (2.14), Gl. (2.18)

$v(t)$ reelles, dimensionsloses Nachrichtensignal, Gl. (7.2)

$\vec{v}$ Vektor der Geschwindigkeit

$v_a(t)$ abgetastetes Nachrichtensignal $v(t)$, Gl. (7.2)

v_g Gruppengeschwindigkeit im Medium der Ausbreitungskonstanten $k = nk_0$, $v_g = \frac{d\omega}{dk}$, Gl. (2.18), Gl. (3.93)

v_n Driftgeschwindigkeit der Elektronen, Gl. (4.8)

$\vec{v}_n$ Vektor der Geschwindigkeit der Elektronen

v_p Driftgeschwindigkeit der Löcher, Gl. (4.8)

$\vec{v}_p$ Vektor der Geschwindigkeit der Löcher

W Koeffizient der Wellenleiterdispersion erster Ordnung, Gl. (2.62), Gl. (2.119); Energie; Energie eines Empfangsimpulses, Gl. (7.36)

W_0 Energie des LB-Zustands, definiert durch Gl. (3.6)

W_1, W_2 Energie des Grundzustands und des angeregten Niveaus, Abb. 3.2

W_3 Energie des Pumpniveaus, Abb. 3.2

W_A Energie des Akzeptorniveaus, Abb. 3.5

W_D Energie des Donatorniveaus, Abb. 3.5

W_F Energie des Ferminiveaus, Fermi-Energie, Gl. (3.16)

W_{Fn} Quasiferminiveau der Elektronen im Leitungsband, Gl. (3.19)

W_{Fp} Quasiferminiveau der Löcher im Valenzband, Gl. (3.19)

W_G Bandabstand, Gl. (3.8)

W_{Geff} effektiver Bandabstand, Abb. 3.5

$W_i(k_\mu)$ Bandstruktur des i-ten Bandes, Gl. (3.1)

W_{ion} Ionisierungsenergie, Gl. (4.22)

$W_{i\mu}$ Energien der Zustände im Band i, Gl. (3.1)

W_L Energie der Leitungsbandkante, Gl. (3.14)

W_{min} minimale Empfangsimpulsenergie, Gl. (7.47)

W_T vom Träger zwischen zwei Stößen im Feld aufgenommene Energie, Gl. (4.22)

W_V	Energie der Valenzbandkante, Gl. (3.14)
W_α	Energie der Absorptionskante eines Halbleiters, Gl. (3.87)
W_ϕ	Austrittsarbeit, Abb. 3.9
$W_{\xi n}$	Energieniveau im Quantenfilm oberhalb W_L, Gl. (3.30)
$W_{\xi p}$	Energieniveau im Quantenfilm unterhalb W_V, Gl. (3.34)
$W_{\xi \zeta n}$	Energieniveau im Quantendraht oberhalb W_L, Gl. (3.37)
$W_{\xi \eta \zeta n}$	Energieniveau im Quantentopf oberhalb W_L, Gl. (3.40)
W_χ	Elektronenaffinität, Abb. 3.9
WAN	Fernbereichsnetz (wide area network), Abschn. 7.6
WDM	Wellenlängenmultiplexverfahren (wavelength division multiplex), Abschn. 7.6
w	transversales Dämpfungsmaß, Gl. (2.58), Gl. (2.77)
$w(t)$	Wirkungsfunktion, Gl. (2.166)
$w^{(\mathrm{a})}$	Wahrscheinlichkeit der Absorption eines Photons, Gl. (3.43)
$w^{(\mathrm{aM})}$	Wahrscheinlichkeit der Absorption eines Photons aus einem bestimmten Modus, Gl. (3.46)
$w^{(\mathrm{e})}$	Wahrscheinlichkeit der Emission eines Photons, Gl. (3.43)
$w^{(\mathrm{eM})}$	Wahrscheinlichkeit der Emission eines Photons in einen bestimmten Modus, Gl. (3.46)
w_0	Strahlradius des Grundmodus einer Faser mit unendlich ausgedehntem Parabelprofil, Gl. (2.88)
w_{0x}, w_{0y}	Strahlradius des Gaußschen Strahls in x-Richtung und in y-Richtung, Gl. (2.25)
$w_{0\xi}$, $w_{0\eta}$	1/e-Raumfrequenz-Bandbreite des Gaußschen Strahls in x-Richtung und in y-Richtung, Gl. (2.25)
w_A	Länge der Absorptionszone eines Detektors, Gl. (4.2)
$w_{\mathrm{ind}}^{(\mathrm{a})}$	Wahrscheinlichkeit der Absorption eines Photons, Gl. (3.43)
$w_{\mathrm{ind}}^{(\mathrm{aM})}$	Wahrscheinlichkeit der Absorption eines Photons aus einem bestimmten Modus, Gl. (3.46)
$w_{\mathrm{ind}}^{(\mathrm{e})}$	Wahrscheinlichkeit der induzierten Emission eines Photons, Gl. (3.43)
$w_{\mathrm{ind}}^{(\mathrm{eM})}$	Wahrscheinlichkeit der induzierten Emission eines Photons in einen bestimmten Modus, Gl. (3.46)
w_L	Länge der Lawinenzone, Gl. (4.1)
w_S	transversales Dämpfungsmaß des Streifenwellenleiters, Gl. (2.68)
w_{sp}	Wahrscheinlichkeit einer spontanen Emission in irgendeinen der Moden des Feldes, Gl. (3.44)
$w_{\mathrm{sp}}^{(\mathrm{e})}$	Wahrscheinlichkeit der spontanen Emission eines Photons, Gl. (3.43)
$w_{\mathrm{sp}}^{(\mathrm{eM})}$	Wahrscheinlichkeit der spontanen Emission eines Photons in einen bestimmten Modus, Gl. (3.46)
$w_x(x)$	Wahrscheinlichkeit (Wahrscheinlichkeitsdichte) der Größe x
x	Parameter des Zusatzrauschfaktors, Gl. (6.164); normierte Frequenz bei der Emission von Strahlung durch Halbleiter, Abb. 3.14
$\breve{x}(f;T)$	Fourier-Transformierte der abgeschnittenen Zeitfunktion, Gl. (6.25)
x_{ind}	x-Wert für maximale Gewinnkonstante und feste Trägerdichte, Abb. 3.14
x_{sp}	x-Wert für maximale spontane Emission in einen Modus (feste Trägerdichte), Abb. 3.14
$x_T(t)$	abgeschnittene Zeitfunktion, Gl. (6.24)

Y_{1E} Eingangsadmittanz eines Vierpols, Gl. (6.176)

$Y_c = G_c + j\,B_c$ Korrelationsleitwert, Gl. (6.171)

$Y_F = G_F + j\,B_F$ Rückkopplungsadmittanz (Transadmittanz), Gl. (6.178), Gl. (7.20)

Y_{ij}, $i, j = 1, 2$ Leitwertparameter eines linearen Vierpols, Gl. (6.170)

$Y_Q = G_Q + j\,B_Q$ Innenadmittanz der Signalquelle, Gl. (6.169)

Z Anzahl der Zustände, Gl. (3.10); mittleres Schwankungsquadrat der Anzahl von Ladungsträgern, die durch stationäre Rauschströme in den Verstärker injiziert werden, Gl. (7.42)

Z_F Transimpedanz, Gl. (6.181)

Z_{inst} mittleres Schwankungsquadrat der Anzahl von Ladungsträgern, die durch instationäre Rauschströme in den Verstärker injiziert werden, Gl. (7.39)

$z(t)$ mittlere Anzahl der primären Photoelektronen, Gl. (6.146)

z_t Anzahl der primären Photoelektronen im Intervall $0 \leq t_1 \leq t$, Gl. (6.146)

α Leistungs-Dämpfungskonstante (km^{-1}), Gl. (2.49), Gl. (3.87); Henry-Faktor, Linienverbreiterungsfaktor, Gl. (3.106), Gl. (3.180)

α_B Leistungsdämpfungskonstante einer gekrümmten Faser, Gl. (2.98)

α_{Het} Dämpfungskonstante der Heteroschicht, Gl. (3.103)

α_{IS} Temperaturkoeffizient des Schwellenstroms, Gl. (3.156)

α_i Ionisierungskoeffizient von Elektronen, Gl. (4.23)

$\alpha_{i\infty}$ Anpassungsparameter des Ionisierungskoeffizienten der Elektronen, Gl. (4.23)

α_p Leistungsdämpfungskonstante für Mikrokrümmungen, Gl. (2.102)

α_R äquivalente Dämpfungskonstante für beide Laserspiegel, Gl. (3.94), Gl. (3.95)

α_{Ri}, $i = 1, 2$ äquivalente Dämpfungskonstante der Laserspiegel, Gl. (3.94), Gl. (3.95)

α_S Leistungs-Dämpfungskonstante für Rayleigh-Streuung, Text vor Gl. (2.51)

α_V Dämpfungskonstante (nicht zufolge Band-Band-Übergängen), Gl. (3.91)

α_{Ve} Dämpfungskonstante des Schichtwellenleiters, Gl. (3.103)

α_{zus} Dämpfungskonstante für zusätzliche Verluste, Gl. (3.103)

β Ausbreitungskonstante (Phasenkonstante) eines Wellenleitermodus, Gl. (2.57), eines Fasermodus (meist statt $\beta_{\nu\mu}$), Gl. (2.75); Kurzschlußstromverstärkung der Bipolartransistor-Emitterschaltung, Gl. (7.18)

β_B Phasenkonstante eines Wellenleitermodus bei der Bragg-Frequenz, Gl. (3.169)

β_D betragsmäßige Differenz der Ausbreitungskonstanten bei Doppelbrechung, Gl. (2.128)

β_i Ionisierungskoeffizient von Löchern, Gl. (4.23)

$\beta_{i\infty}$ Anpassungsparameter des Ionisierungskoeffizienten der Löcher, Gl. (4.23)

$\beta_m(\omega)$ Ausbreitungskonstante des Felds im Wellenleitermodus m, Gl. (2.175), Gl. (2.176)

$\beta_m^{(i)}$ $i$te Ableitung der Ausbreitungskonstanten des Wellenleitermodus m nach der Kreisfrequenz bei $\omega = \omega_0$, Gl. (2.176)

β_{mn} Ausbreitungskonstante des Streifenwellenleiters, $\beta_{mn} = \beta_S$, Gl. (2.67)

β_S Ausbreitungskonstante des Streifenwellenleiters, $\beta_S = \beta_{mn}$, Gl. (2.67), Gl. (2.68)

$\beta_{\nu\mu}$ Ausbreitungskonstante eines Fasermodus (meist nur β), Gl. (2.74)

Γ Feldkonzentrationsfaktor, Gl. (3.101)

Γ_{LP} Feldkonzentrationsfaktor eines LP-Modus, Gl. (2.84)

Γ_{TE} Feldkonzentrationsfaktor für TE-Moden, Gl. (3.99)

Γ_{TM} Feldkonzentrationsfaktor für TM-Moden, Abschn. 3.5.2

γ Winkel außerhalb des Wellenleiters von der z-Achse aus, Abb. 2.9; Signal-Rauschleistungsverhältnis, Gl. (6.8)

γ_0 asymptotischer Öffnungswinkel des Gaußschen Strahls, Gl. (2.26); Anfangswinkel zur z-Achse eines Lichtstrahls außerhalb der Faser (häufig nur γ), Abb. 2.25, Gl. (2.133); $g - \alpha_V$ auf der Achse eines GGL, Gl. (3.127)

γ_1 Parameter für den lateralen Abfall von $g - \alpha_V$ eines GGL, Gl. (3.127)

γ_1, γ_2 Divergenzwinkel der Strahlung vor und hinter einem Koppelelement, Gl. (5.3)

γ_{FM} Parameter der Kleinsignal-Frequenzmodulation eines Lasers, Gl. (3.210)

γ_H halbe Winkelhalbwertsbreite des Fernfeldes, Gl. (3.168)

γ_{LV} SRV nach der Detektion bei Verwendung eines optischen Verstärkers, Gl. (6.192)

γ_{lat} halbe laterale Halbwertsbreite des Fernfeldes eines Lasers, Abschn. 3.6.5

γ_{lN} maximaler Akzeptanzwinkel für die Anregung von Leckwellen, Gl. (2.143)

γ_M signifikante Winkelausdehnung des Fernfelds, Text nach Gl. (2.107)

γ_{max} maximales Signal-Rauschleistungsverhältnis bei direktem Empfang, Gl. (6.184), Gl. (6.185)

γ_N Winkel der numerischen Apertur im Vakuum von der z-Achse aus, Gl. (2.56); maximaler Akzeptanzwinkel, Gl. (2.141)

$\gamma_N(r)$ lokaler Akzeptanzwinkel, Gl. (2.141)

γ_r Dämpfungskonstante, Gl. (4.20); Gl. (3.185)

γ_{vert} halbe vertikale Halbwertsbreite des Fernfeldes eines Lasers, Abschn. 3.6.5

γ_x, γ_y Projektionswinkel in die Ebenen $x = 0$, $y = 0$, Abb. 2.2

Δ relative Brechzahldifferenz, Gl. (2.56), Gl. (2.77)

Δ_{op} optimale relative Brechzahldifferenz Δ für eine dämpfungsbegrenzte Dickkernfaser mit maximaler Ausgangsleistung, Gl. (2.217)

Δ_{St} äquivalente relative Brechzahldifferenz der Ersatz-Stufenprofilfaser, Gl. (2.126)

$\Delta F_1, \Delta F_2$ strahlende Fläche vor und hinter einem Koppelelement, Gl. (5.3)

Δf Bandbreite eines Signals, Gl. (2.46)

$\Delta f_{1/2}$ Halbwertsbreite der Einhüllenden der spektralen Emission eines GGL, Gl. (3.163)

Δf_{ab} Bereich der Abstimmung eines Lasers ohne Modensprung, Gl. (3.167)

Δf_H Halbwertsbreite, Gl. (3.45)

Δf_{kor} Korrelationsbandbreite einer Multimodenfaser, Gl. (6.197)

Δf_L Linienbreite eines Lasers, Gl. (3.164)

Δf_{L0} leistungsunabhängiger Anteil der Linienbreite eines Lasers, Abschn. 3.6.5

Δf_{Le} Linienbreite (Halbwertsbreite) des Lasers mit externer Rückkopplung, Gl. (6.131)

Δf_q Abstand benachbarter Fabry-Perot-Resonanzen des Lasers, Gl. (3.167)

Δf_{Sb} Frequenzhub des Subträgers, Gl. (7.4)

Δf_α spektrale Breite der Frequenzmodulation durch den Chirp, Gl. (2.193)

$\Delta f_{\Theta H}$ spektrale Halbwertsbreite des einseitigen Leistungsspektrums des reellen unmodulierten Quellensignals $a(t)$, Gl. (2.181)

Δk_q Inkremente der Ausbreitungskonstanten in $q = x, y, z$-Richtung, $\Delta k_q = \frac{2\pi}{L_q}$, Gl. (2.40)

Δn Brechzahldifferenz

Δn_{dyn} dynamische Brechzahländerung eines QIG-Lasers, Abb. 3.24

Δn_{stat} statische Brechzahldifferenz eines QIG-Lasers, Abb. 3.24

$|\Delta n|_\lambda$ Änderung der Brechzahl im Raumbereich einer Mediumwellenlänge λ/n, Abschn. 2.1.4, Gl. (2.34)

Δt_g Gruppenlaufzeitdifferenz, Gl. (2.52), Gl. (2.62)

Δt_{gD} Gruppenlaufzeitdifferenz bei Doppelbrechung, Gl. (2.128)

$\Delta t_{g\max}$ maximale Gruppenlaufzeitdifferenz, Gl. (2.87), Gl. (2.92), Gl. (2.163), Gl. (6.197)

Δt_H Halbwertsbreite, Gl. (2.170)

Δx Differenz zweier x-Werte

$\Delta\beta$ Differenz der Ausbreitungskonstanten von Vektormoden, die zu einem LP-Modus gehören, Gl. (2.73)

$\Delta\Omega_1, \Delta\Omega_2$ Raumwinkel der Strahlung vor und hinter einem Koppelelement, Gl. (5.3)

$\Delta\omega_0$ Änderung der Oszillationskreisfrequenz eines Lasers, Gl. (3.209)

δ normierte Ausbreitungskonstante, Gl. (2.58), Gl. (2.77)

$\overline{\delta u_A^2}$ mittleres Schwankungsquadrat der Empfänger-Ausgangsspannung, Gl. (7.25)

$(\delta/\Delta)_i$ normierte, bezogene Ausbreitungskonstante für geführte Moden ($i = g$), Leckwellen ($i = l$) und Strahlungsmoden ($i = s$), Gl. (2.134)

ϵ Dielektrizitätskonstante

ε Winkel der Strecke $\overline{QP}$ zur z-Achse, Abb. 2.2

ε_G Gewinnsättigungsparameter cm^3, Gl. (3.181)

ϵ_r relative Dielektrizitätskonstante

$\epsilon_r(f)$ Realteil der frequenzabhängigen relativen Dielektrizitätskonstanten $\bar{\epsilon}$, Gl. (2.4)

$\bar{\epsilon}_r(f)$ komplexe frequenzabhängige relative Dielektrizitätskonstante, Gl. (2.5)

$\epsilon_{ri}(f)$ negativer Imaginärteil der frequenzabhängigen relativen Dielektrizitätskonstanten $\bar{\epsilon}$, Gl. (2.4)

ζ Zählindex; Raumfrequenz in z-Richtung, Gl. (2.17), Gl. (2.101)

η Zählindex; Raumfrequenz in y-Richtung, Gl. (2.17); Quantenwirkungsgrad des Photodetektors, Gl. (4.17); Kopplungsgrad eines Koppelements, Gl. (5.1)

η_d differentieller Quantenwirkungsgrad eines Lasers, Gl. (3.148)

η_{ext} externer Quantenwirkungsgrad, nach außen abgegebene Photonenanzahl pro Elektron, Gl. (3.82)

$\eta_{\mathrm{ext}}^{\mathrm{LD}}$ externer Quantenwirkungsgrad eines Lasers, Gl. (3.145)

η_g maximaler Kopplungsgrad zwischen einer LED und einem Faserwellenleiter, Gl. (2.148), Gl. (5.10)

η_{gF} Kopplungsgrad zwischen einer LED und einem Faserwellenleiter, Gl. (2.148), Gl. (5.10)

η_I Einfügegrad, Gl. (5.18)

η_{ind} Wirkungsgrad der induzierten Emission, Gl. (3.150)

η_{int} interner Quantenwirkungsgrad (erzeugte Photonenanzahl pro Elektron), Gl. (3.72)

$\eta_{\mathrm{int}}^{\mathrm{LD}}$ interner Quantenwirkungsgrad eines Lasers, Gl. (3.145)

η_K Kopplungsgrad, Gl. (5.18)

η_{kop} optischer Wirkungsgrad der Leistungsankopplung an einen Wellenleiter, Gl. (4.42)

η_{opt} optischer Wirkungsgrad der LED: Quotient abgegebene/erzeugte Lichtleistung, Gl. (3.81)

η_R Richtkopplungsgrad, Gl. (5.18)

η_{rV} Kopplungsgrad bei radialem Versatz, Gl. (2.97), Gl. (2.110)

η_{Sb} — Phasenhub des Subträgers, Gl. (7.4)

η_V — Verlustgrad, Gl. (5.18)

$\eta_{\nu\mu}$ — Kopplungsgrad, Gl. (2.95)

$\eta_{\varrho V}$ — Kopplungsgrad bei Winkelversatz, Gl. (2.110)

$\Theta_a(f)$ — Leistungsspektrum des reellen Signals $a(t)$, Gl. (2.173), Gl. (2.181)

$\Theta_{\underline{a}}(f)$ — Leistungsspektrum des komplexen analytischen Signals $\underline{a}(t)$, Gl. (2.173)

$\Theta_{NP}(f)$ — zweiseitiges Leistungsspektrum der Intensitätsschwankungen, Gl. (6.77)

$\Theta_{u_c}(f)$ — Leistungsspektrum der binären PCM-Zufallsfolge, Gl. (7.9)

$\Theta_x(f)$ — zweiseitiges Leistungsspektrum der Funktion $x(t)$, Gl. (6.28)

$\Theta_{\delta f}(f')$ — zweiseitiges Leistungsspektrum der Frequenzabweichungen, Gl. (6.49)

$\Theta_{\Omega}(f)$ — zweiseitiges Leistungsspektrum der Kreisfrequenzabweichungen, Gl. (6.44)

ϑ — Winkel im Wellenleiter von der z-Achse aus, Abb. 2.9

ϑ_0 — Anfangswinkel zur z-Achse eines Lichtstrahls im Faserinnneren (häufig nur ϑ), Abb. 2.25

$\vartheta_a(\tau)$ — Korrelationsfunktion des reellen Signals $a(t)$, Gl. (2.173)

$\vartheta_{\underline{a}}(\tau)$ — Korrelationsfunktion des komplexen analytischen Signals $\underline{a}(t)$, Gl. (2.173)

ϑ_B — Brewster-Winkel, Text nach Gl. (2.30)

ϑ_g — Winkel zur z-Achse im Faserinneren für geführte Moden, Gl. (2.135)

ϑ_l — Winkel zur z-Achse im Faserinneren für Leckwellen, Gl. (2.135)

ϑ_N — maximaler Akzeptanzwinkel im Inneren der Faser, Gl. (2.141)

$\vartheta_s,\ s = 1, 2, 3$ — Winkel des einfallenden, transmittierten und reflektierten Feldes zur Grenzfläche, Abb. 2.4

ϑ_s — Winkel zur z-Achse im Faserinneren für Strahlungsmoden, Gl. (2.135)

ϑ_T — Grenzwinkel der Totalreflexion, Gl. (2.28), Gl. (3.81)

$\vartheta_{u_c}(\tau)$ — Korrelationsfunktion der binären PCM-Zufallsfolge, Gl. (7.9)

$\vartheta_x(\tau)$ — Korrelationsfunktion der Funktion $x(t)$, Gl. (6.26)

κ — Raumfrequenz im Medium, $\kappa = nk_0/(2\pi) = nf/c = n/\lambda$, Gl. (2.17); Kopplungskonstante des DFB-Lasers, Gl. (3.170)

$\vec{\kappa}$ — Raumfrequenzvektor im Medium, $\vec{\kappa} = \xi\vec{e}_x + \eta\vec{e}_y + \zeta\vec{e}_z$, Gl. (2.17)

κ_e — Rückkopplungskonstante, Gl. (6.124)

κ_{sp} — effektiver Inversionsparameter eines Wanderwellen-Laserverstärkers, Gl. (6.186)

Λ — Schwebungslänge eines LP-Modus, Gl. (2.73); Periodenlänge der Korrugation, Gl. (3.169); Periodenlänge der Bahnkurve eines Lichtstrahls, Gl. (5.7)

λ — Vakuumwellenlänge, $\lambda = c/f$

λ_0 — Nullstelle des Material-Dispersionskoeffizienten erster Ordnung, $M(\lambda_0) = 0$, Gl. (2.54)

λ_B — Bragg-Wellenlänge, Text nach Gl. (3.169)

Λ_D — Schwebungslänge bei Doppelbrechung, Gl. (2.128)

λ_G — Grenzwellenlänge, Tabelle 3.2

λ_{mG} — Grenzwellenlänge des Modus m, Gl. (2.60)

λ_{μ} — de Broglie-Wellenlänge, Gl. (3.6)

μ — Zählindex; radialer Modenindex, Gl. (2.74)

μ_i — Multiplikationsfaktor der i-ten Stufe eines Photovervielfachers, Gl. (6.165)

μ_n Beweglichkeit der Elektronen, Gl. (3.18)

μ_p Beweglichkeit der Löcher, Gl. (3.27)

μ_r relative Permeabilitätskonstante, hier: $\mu_r = 1$, Gl. (2.1)

ν azimutaler Modenindex, Gl. (2.74)

$\nu(t)$ Rate eines zeitabhängigen Poisson-Prozesses, Gl. (6.146)

ξ Zählindex; Raumfrequenz in x-Richtung, Gl. (2.17)

ρ Raumladungsdichte

ϱ Raumfrequenz in radialer Richtung, $\varrho^2 = \xi^2 + \eta^2$, Gl. (2.17)

$\rho(f)$ Linienform, Gl. (3.45)

$\rho(W)$ Zustandsdichte in einem Band, Gl. (3.11)

$\varrho(\Delta N_P, \Omega)$ Korrelationskoeffizient zwischen Kreisfrequenz- und Intensitätsschwankungen, Gl. (6.82)

ϱ_{eff} effektive Fernfeldweite, Gl. (2.112)

$\rho_L(W)$ Zustandsdichte im Leitungsband, Gl. (3.14)

ϱ_V Raumfrequenzversatz, Gl. (2.110)

$\rho_V(W)$ Zustandsdichte im Valenzband, Gl. (3.14)

σ Streuung (effektive Breite) des Gauß-Impulses, Gl. (2.170)

$\sigma_i, \ i = 0, 1$ Standardabweichungen der Spannung am Entscheider für logische Null, Eins, Gl. (6.2)

σ_{P_m} Streuung des Empfangs-Leistungsimpulses im Modus m, Gl. (2.182)

σ_p Streuung des Leistungs-Modulationsimpulses, Gl. (2.181)

$\sigma_{p\,\text{op}}$ Optimalwert der Leistungs-Modulationsimpuls-Streuung, Gl. (2.184)

σ_S Streuung der Impulsschwerpunkte, Gl. (2.203)

$\sigma_{S\infty}$ Streuung der Impulsschwerpunkte nach unendlich langer Laufzeit, Gl. (2.204)

σ_{S0} Streuung der Impulsschwerpunkte am Anfang einer Strecke, Gl. (2.204)

$\sigma_{\text{Sys},m}$ Systemstreuung im Modus m, Gl. (2.182)

σ_x Standardabweichung der Größe x

σ_Θ Streuung des einseitigen Leistungsspektrums des reellen unmodulierten Quellensignals $a(t)$, Gl. (2.181)

$\tau^{(e)}$ Lebensdauer für die Kombination von spontanen und induzierten Übergängen, Gl. (3.53)

τ_1 halbe Stoßzeit bei Stoßionisierung, Gl. (4.58)

τ_{Au} Lebensdauer für Auger-Rekombination, Gl. (3.71)

τ_e Umlaufzeit im externen Resonator, Gl. (6.123)

τ_{eff} effektive Lebensdauer (strahlend und nichtstrahlend), Gl. (3.70)

τ_K Kohärenzzeit, Gl. (2.46), Gl. (6.44), Gl. (6.45)

τ_L Trägerlaufzeit durch die Lawinenzone, Gl. (4.58)

τ_{LB} Intraband-Relaxationszeit im Leitungsband, Gl. (3.18)

τ_{lS} Lebensdauer für nichtstrahlende Rekombination durch lokalisierte Störstellen, Gl. (3.71)

τ_n Laufzeit der Elektronen durch die Absorptionszone, Gl. (4.13)

τ_{ns} Lebensdauer für nichtstrahlende Übergänge, Gl. (3.71)

τ_P Photonenlebensdauer, Gl. (3.88)

τ_p Laufzeit der Löcher durch die Absorptionszone, Gl. (4.13)

τ_R äquivalente Zeitkonstante beider Laserspiegel, Gl. (3.88)

τ_{Ri}, $i = 1, 2$ äquivalente Zeitkonstanten der Laserspiegel, Gl. (3.88)

τ_r Relaxationszeit von Ladungsträgern, Gl. (2.7)

τ_{sp} Lebensdauer für spontane strahlende Rekombination, Gl. (3.44)

τ_{th} Wärme-Zeitkonstante eines Lasers, Abschn. 3.6.4

τ_U Umlaufzeit für ein Signal im Laserresonator, Gl. (3.93)

τ_V äquivalente Zeitkonstante der Verluste (nicht durch Band-Band-Übergänge), Gl. (3.88)

τ_{VB} Intraband-Relaxationszeit im Valenzband, Abschn. 3.2.2

τ_Λ charakteristische Zeitspanne der Dynamik von Quantensystemen, Abschn. 3.2.4

$\Phi(r, \varphi, z)$ skalares Feld, Gl. (2.93)

$\Phi(\zeta)$ Raumfrequenzspektrum von Mikrokrümmungen, Gl. (2.101)

$\Phi_m(t, r, \varphi, 0)$ skalares Feld des Modus m am Eingang eines Wellenleiters, Gl. (2.177)

φ Potential, Phase einer Schwingung

φ_0 Anfangspolarwinkel für den Einschußpunkt eines Lichtstrahls ($\varphi_0 = 0$), Abb. 2.25

$\phi_i(y)$ System von orthogonalen Funktionen, Gl. (3.140)

$\chi(f)$ Realteil der analytischen Spektralfunktion der Suszeptibilität $\underline{\chi}(f)$, Gl. (2.4)

$\underline{\chi}(f)$ analytische Spektralfunktion der Suszeptibilität, Gl. (2.4)

χ_1 lineare Suszeptibilität, Gl. (2.209)

χ_3 nichtlineare Suszeptibilität, Gl. (2.209)

$\chi_i(f)$ Imaginärteil der analytischen Spektralfunktion der Suszeptibilität $\underline{\chi}(f)$, Gl. (2.4)

$\chi_x(s)$ erzeugende Funktion, Gl. (6.134)

$\Psi(r)$ skalare, radiale Wellenfunktion eines Fasermodus (meist statt $\Psi_\mu^{(\nu)}(r)$), Gl. (2.76)

$\Psi(t, \vec{r})$ Wellenfunktion, Gl. (2.11)

$\Psi^{(\nu)}(r)$ radialer Anteil eines Nahfelds mit der Winkelabhängigkeit $\cos\nu\varphi$, $\sin\nu\varphi$, Gl. (2.23)

$\Psi^{(\nu)}(\varphi)$ skalare, azimutale Wellenfunktion eines Fasermodus, Gl. (2.74)

$\Psi_A(r), \Psi_B(r)$ Nahfeld der Faser A oder B, Gl. (2.110)

$\Psi_F(\varrho)$ komplexes Fernfeld im homogenen Medium, Gl. (2.105)

$\Psi_{Fn}(\varrho)$ normiertes, relles Fernfeld im homogenen Medium, Gl. (2.105)

$\Psi_{FnG}(\varrho)$ Fernfeld des Gaußschen Strahls Gl. (2.108)

$\Psi_{Fn\,\nu\mu}(\varrho, \Phi)$ Fernfeld der Moden einer Faser mit unendlich ausgedehntem Parabelprofil, Gl. (2.109)

$\Psi_{i\mu}(x)$ Wahrscheinlichkeitsdichteamplitude, Gl. (3.1)

$\Psi_m(r, \varphi)$ skalare Wellenfunktion des Modus m, Gl. (2.177)

$\Psi_m(x)$ skalare Wellenfunktion des Schichtwellenleiters, Gl. (2.64)

Ψ_N Normierungsfaktor der skalaren Wellenfunktion des Streifenwellenleiters, Gl. (2.64)

$\Psi_N(r)$ Nahfeld im homogenen Medium, Gl. (2.106)

Ψ_{N0} Amplitude des Nahfelds, Gl. (2.107), Gl. (2.108)

$\Psi_{NG}(r)$ Nahfeld des Gaußschen Strahls, Gl. (2.108)

$\Psi_{N\,\nu\mu}(r, \varphi)$ Nahfeld der Moden einer Faser mit unendlich ausgedehntem Parabelprofil, Gl. (2.109)

$\Psi_\mu^{(\nu)}(r)$ skalare, radiale Wellenfunktion eines Fasermodus (meist nur $\Psi(r)$), Gl. (2.74)

$\Psi_{\nu\mu}(r,\varphi)$ skalare, transversale Wellenfunktion eines Fasermodus (meist nur $\Psi(r,\varphi)$), Gl. (2.74)

$\Psi_{\nu\mu}(r,\varphi,z)$ skalare, z-abhängige Wellenfunktion eines Fasermodus, Gl. (2.74)

$\psi(r)$ skalare, radiale, transformierte Wellenfunktion der Faser, $\psi(r) = \Psi(r)\sqrt{r}$, $r \geq 0$, Gl. (2.76)

$\psi(y)$ laterale Strukturfunktion des Feldes eines GGL, Gl. (3.129)

ψ_0 Anfangsazimutwinkel eines Lichtstrahls (häufig nur ψ), Abb. 2.25, Gl. (2.133)

Ω Raumwinkel

$\Omega(t)$ Abweichung von der stationären Kreisfrequenz, Gl. (6.41)

$\Omega_e(t)$ Kreisfrequenzabweichung beim Laser mit externer Rückkopplung, Gl. (6.129)

Ω_K Kohärenzraumwinkel, zentriert auf den Winkel γ zur Normalen der Kohärenzfläche F_K, Gl. (2.44)

Ω_P Raumwinkel, aus dem Strahlung ins dünnere Medium austritt, Gl. (3.81)

Ω_τ mittlere Kreisfrequenzabweichung in der Beobachtungszeit τ, Gl. (6.50)

ω Kreisfrequenz, $\omega = 2\pi f$

ω_0 mittlere Kreisfrequenz eines optischen Trägers, Gl. (2.172); Resonanz-Kreisfrequenz des Lasers, Gl. (3.89)

ω_{3dB} Grenzkreisfrequenz der Intensitäts-Kleinsignalmodulation, Gl. (3.190)

ω_G Grenzfrequenz der Kleinsignalmodulation einer LED, Gl. (3.84)

ω_{KI} Resonanzkreisfrequenz der Intensitäts-Kleinsignalmodulation, Gl. (3.189)

ω_r Eigen-Resonanzkreisfrequenz gebundener Ladungen, Gl. (2.7); Relaxationskreisfrequenz des Lasers, Gl. (3.185); Resonanzfrequenz, Gl. (4.20)

Sachwortverzeichnis

Zahlenwerte: